Claude Cohen-Tannoudji, Bernard Diu, Franck Laloë
Quantenmechanik
De Gruyter Studium

Weitere empfehlenswerte Titel

Quantenmechanik
Band 1
Claude Cohen-Tannoudji, Bernard Diu, Franck Laloë, 2019
ISBN 978-3-11-062600-1, e-ISBN (PDF) 978-3-11-063873-8,
e-ISBN (EPUB) 978-3-11-063930-8

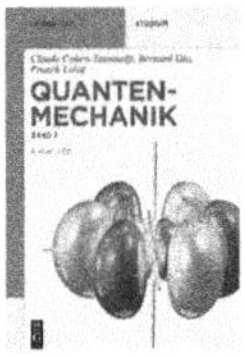

Quantenmechanik
Band 2
Claude Cohen-Tannoudji, Bernard Diu, Franck Laloë, 2019
ISBN 978-3-11-062609-4, e-ISBN (PDF) 978-3-11-063876-9,
e-ISBN (EPUB) 978-3-11-063933-9

Quantenmechanik 1
Pfadintegralformulierung und Operatorformalismus
Hugo Reinhardt, 2018
ISBN 978-3-11-058595-7, e-ISBN: 978-3-11-058602-2,
e-ISBN (EPUB) 978-3-11-058647-3

Quantenmechanik 2
Pfadintegralformulierung und Operatorformalismus
Hugo Reinhardt, 2019
ISBN 978-3-11-058596-4, e-ISBN (PDF) 978-3-11-058607-7,
e-ISBN (EPUB) 978-3-11-058649-7

Quantenchemie
Eine Einführung
Michael Springborg, 2017
ISBN 978-3-11-050079-0, e-ISBN (PDF) 978-3-11-050080-6,
e-ISBN (EPUB) 978-3-11-049813-4

Quantenelektrodynamik kompakt
Karl Schilcher, 2019
ISBN 978-3-11-048858-6, e-ISBN: 978-3-11-048859-3,
e-ISBN (EPUB) 978-3-11-048860-9

Claude Cohen-Tannoudji,
Bernard Diu, Franck Laloë

Quantenmechanik

Band 3: Fermionen, Bosonen, Photonen, Korrelationen und Verschränkung

Aus dem Französischen übersetzt von Carsten Henkel

DE GRUYTER

Physics and Astronomy Classification Scheme 2010
03.65.-w

Titel der Originalausgabe
Claude Cohen-Tannoudji, Bernard Diu, Franck Laloë
Mécanique Quantique. Tome III
Fermions, bosons, photons, corrélations et intrication

Übersetzer
Prof. Dr. Carsten Henkel
Institut für Physik und Astronomie
Universität Potsdam

ISBN 978-3-11-062064-1
e-ISBN (PDF) 978-3-11-064913-0
e-ISBN (EPUB) 978-3-11-064921-5

Library of Congress Control Number: 2020941881

Bibliografische Information der Deutschen Nationalbibliothek
Die Deutsche Nationalbibliothek verzeichnet diese Publikation in der Deutschen Nationalbibliografie; detaillierte bibliografische Daten sind im Internet über http://dnb.dnb.de abrufbar.

Einbandabbildung: Winter, Dr. Mark J./Science Photo Library
Satz: le-tex publishing services GmbH, Leipzig
Druck und Bindung: Hubert & Co. GmbH & Co. KG, Göttingen

www.degruyter.com

Wichtiger Hinweis

Dieses Buch besteht aus drei Bänden mit insgesamt 21 Kapiteln. Zu jedem Kapitel gehören Ergänzungen.

Die Kapitel bilden für sich eine Einheit und können unabhängig von den Ergänzungen gelesen werden.

Die Ergänzungen schließen jeweils an das entsprechende Kapitel an und sind in der Kopfzeile durch das Zeichen • gesondert gekennzeichnet. Sie beginnen mit einer kurzen Inhaltsübersicht, die als Leseanleitung verstanden werden kann.

Die Abschnitte in den Ergänzungen sind von verschiedener Art: Einige erleichtern das Verständnis des zugehörigen Kapitels oder dienen der weiteren Präzisierung; andere befassen sich mit konkreten physikalischen Anwendungen oder verweisen auf bestimmte Teilgebiete der Physik. Ein Abschnitt enthält schließlich die Aufgaben zum betreffenden Kapitel. Es wird nicht erwartet und ist auch nicht immer zweckmäßig, die Ergänzungen in der angegebenen Reihenfolge zu erarbeiten.

In den beiden ersten Bänden wird gelegentlich auf die Anhänge I bis III verwiesen. Diese befinden sich am Ende des zweiten Bands.

https://doi.org/10.1515/9783110649130-201

Vorwort

Die Bedeutung der Quantenmechanik ist in der Physik über die letzten Jahrzehnte ständig gestiegen. Sie ist natürlich ein wesentliches Werkzeug, um Struktur und Dynamik von mikroskopischen Körpern zu verstehen, etwa von Atomen, Molekülen sowie ihrer Wechselwirkung mit elektromagnetischer Strahlung. Die Quantenmechanik liefert aber auch das grundlegende Verständnis für zahlreiche technische Systeme: Quellen von Laserlicht (mit Anwendungen in Telekommunikation, Medizintechnik, Materialbearbeitung), Atomuhren (zentrale Bausteine insbesondere für die Navigationssysteme GPS und Galileo), Transistoren (Computer- und Kommunikationstechnik), bildgebende Tomographen per Magnetresonanz, Energiegewinnung (Solarzellen, Kerntechnik) usw. – die Liste der Anwendungen hört praktisch nicht auf. Überraschende physikalische Erscheinungen wie Supraflüssigkeiten und Supraleiter haben eine quantenmechanische Erklärung. Großes Interesse wird derzeit bestimmten verschränkten Quanten-Zuständen gewidmet, die nicht-intuitive Eigenschaften aufweisen: sie sind nicht-lokal, nicht in ihre Teile separierbar und versprechen bemerkenswerte Anwendungen auf dem Gebiet der Quanten-Informatik. Unsere Zivilisation wird also mehr und mehr von technologischen Anwendungen durchdrungen, deren Wurzeln in den Konzepten der Quantenmechanik liegen. Demzufolge verdient das Lernen und Lehren dieser Konzepte besondere Aufmerksamkeit. Das vorliegende dreibändige Werk will einen Beitrag zu diesem Ziel leisten.

In der Tat können die ersten Kontakte mit der Quantenmechanik sehr verstörend sein. Dieses Buch entstand aus zahlreichen Lehrveranstaltungen für Studierende mit dem Vorsatz, ihnen den Zugang zu erleichtern und das Verständnis der Leserin und des Lesers von Anfang an bis auf ein fortgeschrittenes Niveau hin stetig zu vertiefen. Die ersten beiden Bände erschienen vor mehr als vierzig Jahren in erster Auflage, sie fanden auf allen Kontinenten Verwendung und wurden in viele Sprachen übersetzt. Sie beschränkten sich inhaltlich allerdings auf ein mittleres Niveau; seit 2017 werden sie durch den dritten Band ergänzt, der den Lesern erlaubt, weitere Schritte zu gehen. Das gesamte Werk verfolgt systematisch die Strategie, sich den Fragestellungen schrittweise zu nähern: keine Schwierigkeit wird verschwiegen, und jeder Aspekt der diversen Probleme wird im Detail besprochen. Dabei erinnern wir oft an die Begriffe aus der klassischen Physik (d. h. aus der makroskopischen Welt oder vor der Quanten-Ära).

Dieser Wunsch, den Dingen auf den Grund zu gehen, nichts zu „vertuschen" und keine „Abkürzungen" einzuschlagen, spiegelt sich in der Struktur des Lehrwerks wider: der Leser findet zwei verschiedene, aber ineinander verschränkte Stränge – *Kapitel* und *Ergänzungen*. Die Kapitel stellen in ihrer Abfolge die Ideen und Begriffe allgemein vor. Auf jedes Kapitel folgen eine oder mehrere Ergänzungen, die die zuvor erarbeiteten Methoden und Konzepte illustrieren. Die Ergänzungen sind voneinander unabhängig, ihr Ziel ist es, einen breiten Fächer von Anwendungen und interessanten

https://doi.org/10.1515/9783110649130-202

Vertiefungen vorzustellen. Damit der Leser sich in seiner Auswahl besser orientieren kann, endet jedes Kapitel mit einer Übersicht, die mit ein paar Kommentaren die darauf folgenden Ergänzungen kurz anreißt.

In Band 1 beginnen wir mit einer allgemeinen Einführung in das Thema, darauf folgt eine detaillierte Beschreibung des mathematischen Handwerkzeugs für die Quantenmechanik. Dieses Kapitel II mag ein wenig lang und dicht erscheinen, die Autoren haben allerdings in der Lehre die Erfahrung gemacht, dass diese Art der Darstellung letztendlich die größte Wirkung zeitigt. Beginnend mit dem dritten Kapitel werden die Axiome sorgfältig formuliert und in zahlreichen Ergänzungen veranschaulicht. Einige wichtige Themen der Quantenmechanik werden dann durchgenommen, etwa der harmonische Oszillator, der sehr viele Anwendungen findet (Molekülschwingungen, Phonon usw.); eine Reihe von ihnen werden in eigenen Ergänzungen besprochen.

Diesen Weg beschreiten wir weiter im Band 2, erweitern den Blickwinkel und erreichen einen etwas höheren Schwierigkeitsgrad. Der Stoff wendet sich der Streutheorie zu, dem Spin und der Addition von Drehimpulsen, sowie der Behandlung von stationären und zeitabhängigen Störungen. Mit einem ersten Blick auf die Beschreibung von ununterscheidbaren Teilchen endet Band 2. Wie im vorangehenden Band wird jeder theoretische Begriff sofort an Hand von diversen Anwendungen in den Ergänzungen veranschaulicht. Beide Bände wurden in der Neuausgabe 2018 an zahlreichen Stellen korrigiert; dem Kapitel XIII wurden zwei Abschnitte (§§ D und E) hinzugefügt, die sich mit zufälligen Störungen befassen, sowie eine weitere Ergänzung mit der Modellierung von Relaxationsprozessen.

Der Band 3 ergänzt seit der Neuausgabe die ersten beiden Bände und siedelt sich auf einem fortgeschrittenen Niveau an. Seine Grundlage bildet der Formalismus der Erzeuger- und Vernichter-Operatoren (zweite Quantisierung), der in der Quantenfeldtheorie durchgängig verwendet wird. Wir beginnen mit Systemen von ununterscheidbaren Teilchen wie Fermi- und Bose-Gasen. Die Eigenschaften eines idealen Gases im thermischen Gleichgewicht werden dargestellt. Für Fermionen wird das Hartree-Fock-Verfahren im Detail eingeführt: es bildet die Grundlage für zahlreiche Untersuchungen in der Chemie, der Atomphysik, der Festkörperphysik usw. Für Bosonen diskutieren wir die Gross-Pitaevskii-Gleichung und die Bogoliubov-Theorie. Mit Hilfe einer originellen Formulierung, die die Bildung von Paaren sowohl von Fermionen als auch von Bosonen erfasst, können die BCS-Theorie (Bardeen-Cooper-Schrieffer) der Supraleitung und die Bogoliubov-Theorie einheitlich dargestellt werden. Ein zweiter Teil von Band 3 ist der Quanten-Elektrodynamik gewidmet: diese wird allgemein eingeführt, wir untersuchen Wechselwirkungen zwischen Atomen und Photonen sowie diverse Anwendungen (spontaner Zerfall, Multiphoton-Übergänge, optisches Pumpen usw.). Wir stellen die Methode der „beleuchteten Zustände" (*dressed atom*) vor und veranschaulichen sie an Hand von konkreten Beispielen. Ein abschließendes Kapitel behandelt den Begriff der quantenmechanischen Verschränkung und gewisse fundamentale Fragen, insbesondere die Bellschen Ungleichungen und ihre Verletzung.

Es muss erwähnt sein, dass wir uns weder der Diskussion um die philosophischen Konsequenzen aus dem Weltbild der Quantenmechanik noch ihren zahlreichen Interpretationen zuwenden, trotz des großen Interesses, das diesen Themen entgegengebracht wird. Wir haben uns in der Tat darauf beschränkt, den so genannten „orthodoxen Standpunkt" vorzustellen. Nur das Kapitel XXI nähert sich ein wenig gewissen Fragestellungen, die die Grundlagen der Quantenmechanik betreffen (etwa die Nicht-Lokalität). Wir haben diese Wahl getroffen, weil es uns scheint, dass man sich noch wirksamer mit diesen Problemen befassen kann, wenn man sich vorher eine gewisse Geläufigkeit in der quantenmechanischen Praxis und ihren zahlreichen Anwendungen erarbeitet hat. Diese Themen behandelt etwa das Buch *Do we really understand quantum mechanics?* (F. Laloë, Cambridge University Press 2012, französisches Original: *Comprenons-nous vraiment la mécanique quantique?*, EDP Sciences/CNRS Editions, 2. Auflage 2017). Weitere Verweise bietet der Abschnitt 5 des Literaturverzeichnisses in Band 1 und 2.

Danksagung

Den Ausgangspunkt für das vorliegende Lehrbuch bilden Lehrveranstaltungen, die wir über mehrere Jahre hinweg in Teamarbeit durchgeführt haben. Es ist uns ein Anliegen, allen Mitgliedern der Arbeitsgruppen, denen wir angehört haben, unseren Dank auszusprechen, ganz besonders aber Jacques Dupont-Roc und Serge Haroche für die freundschaftliche Zusammenarbeit und die fruchtbaren Diskussionen während der wöchentlichen Gruppensitzungen sowie für die Ideen zu Aufgaben und Übungen, die sie mit uns geteilt haben. Ohne ihren Enthusiasmus und ihre Unterstützung hätten wir dieses Werk niemals unternehmen und zu Ende schreiben können. Unvergessen bleibt auch, was wir den Physikern schulden, die uns in das Forschen eingeweiht haben: für zwei von uns waren dies Alfred Kastler und Jean Brossel, für den dritten war es Maurice Lévy. In dem „Stallgeruch" ihrer Labore durften wir entdecken, was für ein schönes und und mächtiges Instrument die Quantenmechanik ist. Eine bleibende wichtige Erinnerung sind für uns die Vorlesungen über moderne Physik, die am *Commissariat pour l'Energie Atomique* (C. E. A.) von Albert Messiah, Claude Bloch und Anatole Abragam in einer Zeit gehalten wurden, als es noch keine universitäre Lehre (« *troisième cycle* ») jenseits des Magisters/Diploms gab.

Wir sind Nicole und Dan Ostrowsky sehr dankbar, die uns zahlreiche Verbesserungen und Begriffsklärungen vorgeschlagen haben, als sie den Text ins Englische übersetzt haben. Danach hat uns auch Carsten Henkel bei seiner Übersetzung ins Deutsche zahlreiche nützliche Vorschläge gemacht, die in einen verbesserten Text eingeflossen sind; wir sprechen ihm unseren herzlichen Dank aus. Viele weitere Kollegen und Freunde haben dazu beigetragen, die Feineinstellungen für diesen Band vorzunehmen. Besonders wertvoll war dabei, dass jeder von ihnen mit seinem eigenen Stil Bemerkungen und Vorschläge gemacht hat, die stets hilfreich waren. Unser Dank geht besonders an Pierre-François Cohadon, Jean Dalibard, Sébastien Gleyzes, Markus Holzmann, Thibaut Jacqmin, Philippe Jacquier, Amaury Mouchet, Jean-Michel Raimond, Félix Werner. Eine große Hilfe waren uns Marco Picco und Pierre Cladé, um gewisse sensible Aufgaben im Latex-Schriftsatz zu meistern und um die Abbildungen in Vektor-Grafiken umzuwandeln. Roger Balian, Edouard Brézin und William Mullin haben uns mit ihren Vor- und Ratschlägen bereichert. Und für ihre Unterstützung mit einer Reihe von Abbildungen danken wir herzlich Geneviève Tastevin, Pierre-François Cohadon und Samuel Deléglise.

Inhalt

Inhaltsübersicht zu Band 1

Inhaltsübersicht zu Band 2

XV Erzeugungs- und Vernichtungsoperatoren von identischen Teilchen

Einleitung

Wir betrachten in diesem Kapitel erneut aus vielen Teilchen zusammengesetzte Systeme. In Kapitel XIV sind die Teilchen durchnummeriert worden, aber dies kann offensichtlich keine physikalische Bedeutung haben, wenn es sich um identische, nicht unterscheidbare Teilchen handelt. Und sobald ein System aus mehr als ein paar Teilchen besteht, werden Rechnungen oft sehr kompliziert, wenn man mit nummerierten Teilchen beginnt und das Symmetriepostulat berücksichtigt. Betrachten wir als ein Beispiel den Mittelwert eines symmetrischen Operators: Man muss nicht nur die Zustände Bra und Ket symmetrisieren, sondern auch noch den Operator, und so entsteht eine große Anzahl von Termen.[1] Diese Terme sind scheinbar durchaus verschieden, allerdings stellt man oft am Ende der Rechnung fest, dass viele von ihnen untereinander gleich sind oder sich gegenseitig wegheben. Es gibt nun eine äquivalente Methode, die diesen Aufwand vermeidet: Man kann Operatoren verwenden, die Teilchen erzeugen und vernichten. Das Postulat einer (anti-)symmetrischen Wellenfunktion ist dann vollständig in den einfachen Vertauschungsregeln oder (Anti-)Kommutatoren enthalten, die diese Erzeugungs- und Vernichtungsoperatoren erfüllen. Das unphysikalische

1 Ein symmetrischer Einteilchenoperator enthält bereits eine Summe von N Termen (s. § B) und der Bra und der Ket jeweils $N!$ Terme; das Matrixelement erzeugt also $N(N!)^2$ Terme. Diese Zahl wächst sehr schnell, sobald N größer als zwei oder drei ist.

https://doi.org/10.1515/9783110649130-001

Nummerieren der Teilchen wird vollständig aufgegeben und durch den Begriff der *Besetzungszahl* der Einteilchenzustände ersetzt, der für ununterscheidbare Teilchen viel natürlicher ist.

Die Methode, die in diesem und dem folgenden Kapitel erklärt wird, wird häufig die *zweite Quantisierung* genannt.[2] Sie verwendet Operatoren, die die Teilchenzahl verändern und deswegen in einem größeren Raum von Zuständen wirken, als wir bislang gewöhnt sind; dieser Raum wird *Fock-Raum* (§ A) genannt. Die Operatoren, die die Teilchenzahl verändern, spielen meist die Rolle von mathematischen Hilfsmitteln, und häufig tauchen sie nur in solchen Kombinationen auf, die am Ende die Gesamtzahl der Teilchen erhalten. Wir werden uns als Beispiel die symmetrischen Einteilchenoperatoren ansehen (§ B), etwa den Gesamtimpuls oder den Gesamtdrehimpuls eines Systems aus identischen Teilchen. Wir untersuchen dann symmetrische Operatoren für zwei Teilchen (§ C), wie etwa die Energie eines Systems wechselwirkender Teilchen, seine räumliche Korrelationsfunktion usw. In der Quantenstatistik bietet sich der Fock-Raum für das Rechnen im *großkanonischen* Ensemble an, in dem ein System mit einem äußeren Reservoir Teilchen austauschen darf, so dass seine Gesamtteilchenzahl fluktuiert. Wie wir in den weiteren Kapiteln noch sehen werden, ist dieser Fock-Raum besonders gut geeignet, um Prozesse zu beschreiben, in denen sich die Teilchenzahl tatsächlich ändert, zum Beispiel bei der Absorption oder Emission von Photonen.

A Allgemeiner Formalismus

Wir nennen $\mathcal{H}_N$ den Raum der Zustände eines Systems aus N Teilchen:

$$\mathcal{H}_N = \mathcal{H}_1(1) \otimes \mathcal{H}_1(2) \otimes \cdots \otimes \mathcal{H}_1(N) \tag{A-1}$$

Zwei Unterräume von $\mathcal{H}_N$ sind besonders wichtig, wenn es sich um ein System identischer Teilchen handelt: Sie enthalten die physikalischen Zustände, die das System einnehmen kann. Für Bosonen ist dies der Raum $\mathcal{H}_S(N)$ der vollständig symmetrischen Zustände, für Fermionen der Raum $\mathcal{H}_A(N)$ der vollständig antisymmetrischen Zustände. Die Beziehungen (B-49) und (B-50) aus Kapitel XIV liefern die Projektoren auf diese beiden Unterräume:

$$S_N = \frac{1}{N!} \sum_\alpha P_\alpha \tag{A-2}$$

$$A_N = \frac{1}{N!} \sum_\alpha \varepsilon_\alpha P_\alpha \tag{A-3}$$

2 Die Bezeichnung ist eigentlich irreführend, denn es handelt sich um keine neue Quantisierung, die die bekannten Postulate der Quantenmechanik ersetzen würde. Der Kern der Methode liegt eher im Symmetrisieren von Operatoren und Zuständen identischer Teilchen. Der Begriff wird allerdings häufig verwendet.

Hier sind P_α die Operatoren, die die N Teilchen permutieren ($N!$ an der Zahl), und $\varepsilon_\alpha = \pm 1$ ist die Parität von P_α. (In diesem Kapitel ist es zweckmäßig, diese Projektoren mit dem Index N zu versehen.)

A-1 Zustände und Fock-Raum

In Kapitel XIV, § C-3-d haben wir eine Basis für den Zustandsraum von N identischen Teilchen konstruiert. Ausgehend von einer orthonormierten Basis $\{u_k\}$ des Zustandsraums für ein Teilchen* sind die Basisvektoren von $\mathcal{H}_S(N)$ und $\mathcal{H}_A(N)$ durch die Besetzungszahlen $\{n_k\}$ mit der Nebenbedingung

$$n_1 + n_2 + \cdots + n_k + \cdots = N \tag{A-4}$$

charakterisiert. Hier ist n_1 die Besetzungszahl des ersten Zustands u_1, n_2 die des zweiten $u_2, \ldots$ n_k die von u_k. In dieser Folge können einige Zahlen (oder sogar unendlich viele) null sein, denn es gibt ja keinen besonderen Grund, dass ein Zustand immer besetzt sein sollte. Deswegen ist es bequem, nur die Besetzungszahlen anzugeben, die nicht verschwinden. Bezeichnen wir diese mit $n_i, n_j, \ldots n_l, \ldots$, so ist gemeint, dass u_i der erste Basiszustand ist, der mindestens ein Teilchen aufnimmt, und zwar $n_i \geq 1$ Teilchen, der zweite Zustand u_j ist mit n_j Teilchen besetzt usw. Wie in Gl. (A-4) zu sehen, ergeben diese Besetzungszahlen in der Summe die Gesamtteilchenzahl N.

Bemerkung:
In diesem Kapitel werden wir ständig Indizes mit verschiedenen Bedeutungen verwenden, die nicht verwechselt werden dürfen. Die Indizes vom Typ $i, j, k, l, \ldots$ bezeichnen verschiedene Vektoren einer Basis $\{u_i | i = 1, 2, \ldots\}$ im Raum der Einteilchenzustände; jeder von ihnen läuft über die Dimension dieses Raums, häufig ein unendlicher Wertebereich. Sie sind zu unterscheiden von den Indizes, die die einzelnen Teilchen bezeichnen: Diese werden q, q' notiert und können N verschiedene Werte annehmen. Der Index α schließlich unterscheidet die verschiedenen Permutationen der N Teilchen und nimmt $N!$ verschiedene Werte an.

A-1-a Fock-Zustände für identische Bosonen

Die Basisvektoren für Bosonen können wir gemäß Gl. (C-15) aus Kapitel XIV hinschreiben:

$$\begin{aligned} &|n_i, n_j, \ldots n_l, \ldots\rangle \\ &\quad = c\, S_N \left|1 : u_i; 2 : u_i; \ldots n_i : u_i; n_i + 1 : u_j; \ldots n_i + n_j : u_j; \ldots\right\rangle \end{aligned} \tag{A-5}$$

* Anm. d. Ü.: Diese Zustände werden in diesem Kapitel *Einteilchenzustände* genannt, um sie von den quantenmechanischen Zuständen des N-Teilchen-Systems zu unterscheiden. Einige Autoren verwenden auch den Begriff *Mode*, der in der Quantenoptik geläufig ist. Ein verwandtes Wort, aber nicht damit identisch, ist das *Orbital* aus Chemie, Atom- und Molekülphysik. Um den Unterschied in der Notation sichtbar zu machen, verwenden wir systematisch Bras und Kets für N-Teilchenzustände, lassen diese aber häufig für die Einteilchenzustände weg.

mit einem Normierungsfaktor c. Auf der rechten Seite sind die Teilchen mit den Nummern $q = 1, 2, \ldots n_i$ im Zustand u_i platziert, die nächsten n_j Teilchen im Zustand u_j usw. Wegen der Symmetrisierung (durch den Operator S_N) ist in dem Ket auf der linken Seite die Reihenfolge der Zustände ohne Bedeutung.

Berechnen wir einmal die Norm dieses Zustands. Sie enthält $N!$ Terme, die von den $N!$ Permutationen in S_N herrühren, aber diese Terme sind nicht alle untereinander orthogonal: Zum Beispiel liefern alle Permutationen denselben Ket, die die ersten n_i Teilchen untereinander vertauschen und dann die nächsten n_j untereinander usw. Sobald eine Permutation allerdings den Zustand eines (oder mehr) Teilchens verändert, erhalten wir einen anderen Ket; er ist sogar zum ersten orthogonal. Ganz allgemein können wir die Permutationen in S_N in Familien von $n_i!\, n_j! \ldots n_l! \ldots$ äquivalenten Permutationen zusammenfassen, die alle auf denselben Ket führen. Wegen des Faktors $1/N!$ in der Definition (A-2) für S_N erhält jeder von diesen Kets einen Faktor $n_i!\, n_j! \ldots n_l! \ldots /N!$, und dieser zum Quadrat geht in das Normquadrat des symmetrisierten Zustands ein. Die Zahl dieser orthogonalen Kets ist nun gerade $N!/(n_i!\, n_j! \ldots n_l! \ldots)$. Deswegen wäre das Normquadrat unseres Zustands (A-5) gerade

$$\frac{N!}{n_i!\, n_j! \ldots n_l! \ldots} \left[\frac{n_i!\, n_j! \ldots n_l! \ldots}{N!} \right]^2 = \frac{n_i!\, n_j! \ldots n_l! \ldots}{N!} \tag{A-6}$$

hätten wir die Normierung $c = 1$ gewählt. Wir wählen stattdessen das Inverse der Wurzel dieser Zahl und erhalten als normierten Zustand

$$|n_i, n_j, \ldots n_l, \ldots\rangle = \sqrt{\frac{N!}{n_i!\, n_j! \ldots n_l! \ldots}}\, S_N \,|1 : u_i; 2 : u_i; \ldots n_i : u_i; n_i + 1 : u_j; \ldots n_i + n_j : u_j; \ldots\rangle \tag{A-7}$$

Diese Zustände heißen *Fock-Zustände* oder auch *Anzahlzustände* (engl.: *number states*). In ihnen sind alle Besetzungszahlen scharf definiert.

Es ist manchmal praktisch, leicht unterschiedliche Schreibweisen für die Fock-Zustände zu verwenden. Auf der linken Seite von Gl. (A-7) sind die Fock-Zustände durch die Besetzungszahlen ($n_i \geq 1$) der tatsächlich besetzten Zustände definiert, nur diese treten auf der rechten Seite auf. (Man sagt manchmal, der Zustand ist in der Besetzungszahldarstellung angegeben.) Man kann auch alle Besetzungszahlen angeben, selbst die, die verschwinden[3], – diese Schreibweise hätten wir auch in Gl. (A-5) verwenden können. Dieselben Kets werden dann in der Form

$$|n_1, n_2, \ldots, n_i, \ldots, n_l, \ldots\rangle \tag{A-8}$$

geschrieben, wobei die Indizes $1, 2, \ldots$ die Basisvektoren im Einteilchenzustandsraum abzählen. Man kann auch eine Liste von N besetzten Zuständen erstellen [ähn-

3 Wir erinnern uns daran, dass per Definition $0! = 1$ gilt.

lich zu der rechten Seite von Gl. (A-5)], in der man n_i-mal den Zustand u_i einträgt, n_j-mal den Zustand u_j usw.:

$$|\underbrace{u_i, u_i, \ldots,}_{n_i\text{-mal}} \underbrace{u_j, u_j, \ldots,}_{n_j\text{-mal}} \ldots\rangle \tag{A-9}$$

(Hier zählen die Einträge im Ket die Teilchen durch.) Wir werden sehen, dass diese Schreibweise manchmal nützlich ist, um Rechnungen durchzuführen, in denen sowohl Bosonen als auch Fermionen auftreten.

A-1-b Fock-Zustände für identische Fermionen

Wenn man bei fermionischen Teilchen den Operator A_N auf einen Ket anwendet, in dem zwei (oder mehr) nummerierte Teilchen denselben Einteilchenzustand besetzen, dann ist das Ergebnis null: Man erhält keinen Zustand in dem physikalischen Unterraum $\mathcal{H}_A(N)$. (Dies ist natürlich ein Ausdruck des Pauli-Prinzips.) Wir müssen uns also auf den Fall beschränken, dass alle Besetzungszahlen entweder null oder eins sind. Wenn wir mit $u_i, u_j, \ldots, u_l, \ldots$ die Zustände bezeichnen, die mit einem Teilchen besetzt sind, dann können wir den fermionischen Zustand, der Gl. (A-7) entspricht, in folgender Weise schreiben:

$$|u_i, u_j, \ldots u_l, \ldots\rangle = \begin{cases} \sqrt{N!}\, A_N\, |1 : u_i; 2 : u_j; \ldots q : u_l; \ldots\rangle & \text{falls alle } u_i \text{ verschieden sind} \\ 0 & \text{falls zwei } u_i \text{ identisch sind} \end{cases} \tag{A-10}$$

Wegen des Faktors $1/N!$ in der Definition (A-3) von A_N ist der Ket auf der rechten Seite eine Linearkombination mit Koeffizienten $\pm 1/\sqrt{N!}$ von $N!$ Kets, die untereinander alle orthogonal sind. (Wir erinnern uns, dass die Einteilchenzustände $\{u_k\}$ eine orthonormierte Basis bilden.) Der Zustand (A-10) ist also normiert. In ihrer Gesamtheit bilden diese Kets die Fock-Zustände für Fermionen. Im Gegensatz zu den Bosonen spielt also nicht der Begriff der Besetzungszahl die zentrale Rolle, sondern der der besetzten (oder leeren) Zustände.

Ein weiterer Unterschied zu den Bosonen ist, dass es auf die Reihenfolge der Einteilchenzustände ankommt. Wenn wir zum Beispiel die ersten beiden Zustände u_i und u_j vertauschen, erhalten wir den Ket mit dem entgegengesetzten Vorzeichen:

$$|u_j, u_i, \ldots, u_l, \ldots\rangle = -|u_i, u_j, \ldots, u_l, \ldots\rangle \tag{A-11}$$

obwohl dies offensichtlich nicht die physikalische Bedeutung des Zustands ändert.

A-1-c Der Fock-Raum

Die Fock-Zustände bilden die elementaren Bausteine für das gesamte Kapitel. Bislang haben wir die Räume $\mathcal{H}_{\mathrm{S,A}}(N)$ betrachtet, die zu einem festen Wert N der Teilchenzahl gehören. Wir werden diese jetzt zu einem Raum zusammenfassen, dem *Fock-Raum*, der als direkte Summe[4] dieser Teilräume entsteht. Für Bosonen haben wir also

$$\mathcal{H}^{\mathrm{S}}_{\mathrm{Fock}} = \mathcal{H}_{\mathrm{S}}(0) \oplus \mathcal{H}_{\mathrm{S}}(1) \oplus \mathcal{H}_{\mathrm{S}}(2) \oplus \cdots \oplus \mathcal{H}_{\mathrm{S}}(N) \oplus \cdots \tag{A-12}$$

und analog für Fermionen

$$\mathcal{H}^{\mathrm{A}}_{\mathrm{Fock}} = \mathcal{H}_{\mathrm{A}}(0) \oplus \mathcal{H}_{\mathrm{A}}(1) \oplus \mathcal{H}_{\mathrm{A}}(2) \oplus \cdots \oplus \mathcal{H}_{\mathrm{A}}(N) \oplus \cdots \tag{A-13}$$

(Die Summen haben natürlich unendlich viele Terme.) In beiden Fällen haben wir einen ersten Summanden hinzugefügt, in dem die Teilchenzahl gleich null ist. Der zugehörige Raum $\mathcal{H}_{\mathrm{S,A}}(0)$ ist per Definition von der Dimension eins und enthält einen einzigen Zustand $|0\rangle$, der das *Vakuum* genannt wird. (In der englischsprachigen Literatur wird dieser Zustand auch $|\mathrm{vac}\rangle$ für *vacuum* geschrieben.)

Sowohl für Bosonen als auch für Fermionen erhalten wir eine orthonormierte Basis für den Fock-Raum, indem wir die Fock-Zustände $|n_1, n_2, \ldots, n_i, \ldots n_l, \ldots\rangle$ nehmen und die Einschränkung (A-4) fallen lassen: Die Besetzungszahlen sind dann frei, über alle natürlichen Zahlen (einschließlich der Null) zu laufen. Sind etwa alle null, so ergibt sich der Vakuum-Ket $|0\rangle$. Durch lineares Kombinieren dieser Basisvektoren erzeugen wir alle Zustände im Fock-Raum, insbesondere auch Superpositionen von Kets mit verschiedenen Teilchenzahlen. Man muss solchen Linearkombinationen nicht zwingend eine physikalische Bedeutung beimessen, sie können einfach nur als Zwischenergebnis einer Rechnung angesehen werden. Es gibt natürlich im Fock-Raum auch viele Zustände mit einer scharf definierten Gesamtteilchenzahl, nämlich diejenigen in einem Unterraum $\mathcal{H}_{\mathrm{S}}(N)$ oder $\mathcal{H}_{\mathrm{A}}(N)$ (für Bosonen oder Fermionen). Zwei Kets, deren Teilchenzahl sich unterscheidet, sind immer orthogonal; so sind zum Beispiel alle Zustände mit einer Besetzung ungleich null orthogonal zum Vakuum.

Bemerkungen:

1. Der Fock-Raum darf nicht mit dem Raum für N Teilchen verwechselt werden. Der letztere ist das Tensorprodukt der Zustandsräume, die den nummerierten Teilchen $1, 2, \ldots q, \ldots$ zugeordnet werden [s. Gl. (A-1)]. Ein erster Unterschied ist, dass der Fock-Raum nur den vollständig (anti-)symmetrischen Unterraum dieses Tensorprodukts enthält. Weiterhin ist der Fock-Raum eine direkte Summe von solchen Unterräumen mit allen möglichen Werten der Teilchenzahl N.

4 Die direkte Summe zweier Räume $\mathcal{H}_P$ (mit Dimension P) und $\mathcal{H}_Q$ (mit Dimension Q) ist ein Raum $\mathcal{H}_P \oplus \mathcal{H}_Q$ mit Dimension $P+Q$, der durch alle Linearkombinationen aus Vektoren des einen Raums mit Vektoren des anderen Raums entsteht. Eine Basis von $\mathcal{H}_{P+Q}$ erhält man einfach, indem man die Vereinigung einer Basis von $\mathcal{H}_P$ mit einer von $\mathcal{H}_Q$ bildet. Die Vektoren der zweidimensionalen Ebene zum Beispiel gehören zu einem Raum, der die direkte Summe von Räumen mit je einer Dimension ist. Diese Räume bestehen aus Vektoren, die parallel zu einer von zwei Achsen in der Ebene sind.

Dagegen kann der Fock-Raum in der Tat als Tensorprodukt von Fock-Räumen $\mathcal{H}_{\text{Fock}}^{u_i}$ aufgefasst werden, die von den Kets $|n_i\rangle$ mit $n_i = 0, 1, 2, \ldots$ gebildet werden. (für Fermionen gilt $n_i = 0, 1$):

$$\mathcal{H}_{\text{Fock}}^{\text{S,A}} = \mathcal{H}_{\text{Fock}}^{u_1} \otimes \mathcal{H}_{\text{Fock}}^{u_2} \otimes \cdots \otimes \mathcal{H}_{\text{Fock}}^{u_i} \otimes \cdots \tag{A-14}$$

In der Tat können die Fock-Zustände, die eine Basis von $\mathcal{H}_{\text{Fock}}^{\text{S,A}}$ bilden, in der Besetzungszahldarstellung als ein Tensorprodukt geschrieben werden:

$$|n_1, n_2, \ldots, n_i, \ldots\rangle = |n_1\rangle \otimes |n_2\rangle \otimes \cdots \otimes |n_i\rangle \otimes \cdots \tag{A-15}$$

Man sagt häufig, dass jeder einzelne Einteilchenzustand (u_i) eine *Mode* für das System identischer Teilchen ist. Dank der Tensorprodukt-Struktur des Fock-Raums können wir die Moden so auffassen, dass sie verschiedene messbare Variablen beschreiben. Dieser Standpunkt wird sich gelegentlich als nützlich erweisen, zum Beispiel in den Ergänzungen B_{XV}, B_{XV}, D_{XV}, E_{XV} und in Kapitel XVII.

2. Man darf nicht glauben, dass ein beliebiger Ket im Fock-Raum immer die Struktur eines Fock-Zustands hätte. Die Besetzungszahlen der Einteilchenzustände sind in einem Fock-Zustand alle scharf definiert (auf Englisch spricht man deswegen von einem *number state*). Ein allgemeiner Ket im Fock-Raum ist gerade eine Superposition, in der dieselben Moden mit verschiedenen Besetzungen auftreten können (unscharfe Besetzungszahlen).

A-2 Erzeugungsoperatoren

Für eine gegebene Basis $\{u_i | i = 1, 2, \ldots\}$ aus Einteilchenzuständen wollen wir jetzt den Operator $a_{u_i}^\dagger$ definieren, der ein Teilchen im Zustand u_i erzeugt, insbesondere seine Wirkung im Fock-Raum.[5]

A-2-a Bosonen

Für Bosonen konstruieren wir die Wirkung des linearen Operators $a_{u_i}^\dagger$ wie folgt:

$$a_{u_i}^\dagger |n_1, n_2, \ldots, n_i, \ldots\rangle = \sqrt{n_i + 1}\,|n_1, n_2, \ldots, n_i + 1, \ldots\rangle \tag{A-16}$$

Da die Kets $|n_1, n_2, \ldots\rangle$ mit ihren Linearkombinationen den ganzen Fock-Raum aufspannen, ist die Wirkung von $a_{u_i}^\dagger$ damit auf dem ganzen Raum definiert. Dieser Operator fügt ein Teilchen dem System hinzu, bildet also einen Zustand aus dem Raum $\mathcal{H}_\text{S}(N)$ auf einen Zustand in $\mathcal{H}_\text{S}(N+1)$ ab. Speziell wird das Vakuum auf einen Zustand abgebildet, in dem genau ein Einteilchenzustand besetzt ist.

Mit diesen Operatoren, genannt *Erzeugungsoperatoren* oder Erzeuger, kann man die Anzahlzustände ausgehend vom Vakuum ausdrücken. Indem wir Gl. (A-16) iterie-

5 Um den Unterschied zwischen Zuständen eines Teilchens und des N-Teilchen-Systems in der Notation deutlich zu machen, wird in diesem Kapitel versucht, die Dirac-Notation mit Bras und Kets vor allem für N-Teilchenzustände zu verwenden. Die Einteilchenzustände dagegen werden einfach etwa als u_i notiert. Die Notation a und $a^\dagger$ für die Vernichter und Erzeuger ist mit Absicht analog zu den Leiteroperatoren des harmonischen Oszillators gewählt, s. Kapitel V.

ren, erhalten wir in der Tat

$$|n_1, n_2, \ldots, n_i, \ldots\rangle = \frac{1}{\sqrt{n_1!\, n_2! \ldots n_i! \ldots}} \left[a^\dagger_{u_1}\right]^{n_1} \left[a^\dagger_{u_2}\right]^{n_2} \ldots \left[a^\dagger_{u_i}\right]^{n_i} \ldots |0\rangle \quad \text{(A-17)}$$

[Aus Gl. (A-16) folgt, dass die Reihenfolge der Erzeuger in dieser Gleichung beliebig gewählt werden kann.]

Bemerkung:
Man kann sich fragen, warum der Erzeuger in Gl. (A-16) mit dem Faktor $\sqrt{n_1 + 1}$ eingeführt worden ist. Wir werden sehen (§ B), dass dieser Faktor sich bequem mit denen aus Gl. (A-7) kombiniert.

A-2-b Fermionen

Für Fermionen definieren wir den Operator $a^\dagger_{u_i}$ wie folgt:

$$a^\dagger_{u_i}|u_j, \ldots, u_k, \ldots, u_l \ldots\rangle = |u_i, u_j, \ldots, u_k, \ldots, u_l \ldots\rangle \quad \text{(A-18)}$$

wobei der erzeugte Zustand u_i am Anfang der Liste der Zustände im Ket auf der rechten Seite steht. Sollte im Ausgangszustand dieser Einteilchenzustand bereits besetzt sein ($n_i = 1$), dann führt die Anwendung des Erzeugers auf den Nullvektor. In diesem Fall ist ja

$$a^\dagger_{u_i}|u_j, \ldots, u_i, \ldots, u_l \ldots\rangle = |u_i, u_j, \ldots, u_i, \ldots, u_l \ldots\rangle = 0 \quad \text{(A-19)}$$

siehe Gl. (A-10). Die Gleichungen (A-16) und (A-17) sind auch für Fermionen gültig, wobei die Besetzungszahlen entweder null oder eins sind (sonst sind beide Seiten gleich null). Aus Gl. (A-18) folgt allerdings, dass es in Gl. (A-17) auf die Reihenfolge der Erzeuger ankommt.

Bemerkung:
Die Definition (A-18) muss konsistent bleiben, wenn man die Reihenfolge der Einteilchenzustände $u_j, \ldots, u_k, \ldots, u_l \ldots$ ändert, auf die der Operator $a^\dagger_{u_i}$ wirkt. Es ist einfach zu überprüfen, dass jede Permutation der Zustände nur dazu führt, dass beide Seiten der Gleichung mit der Parität der Permutation multipliziert werden. Gl. (A-18) bleibt also wahr, unabhängig von der einmal gewählten Reihenfolge der Einteilchenzustände.

A-3 Vernichtungsoperatoren

Nun untersuchen wir den zu $a^\dagger_{u_i}$ hermitesch konjugierten Operator, den wir einfach mit a_{u_i} bezeichnen wollen, weil das zweimalige hermitesch Konjugieren wieder auf den Anfangsoperator führt ($A^{\dagger\dagger} = A$).

A-3-a Bosonen

Aus der Gl. (A-16) lesen wir die einzigen nicht verschwindenden Matrixelemente von $a^\dagger_{u_i}$ in der orthonormierten Basis der Fock-Zustände ab:

$$\langle n_1, n_2, \ldots, n_i + 1, \ldots |\, a^\dagger_{u_i}\, |n_1, n_2, \ldots, n_i, \ldots\rangle = \sqrt{n_i + 1} \quad \text{(A-20)}$$

Die Matrixelemente verbinden also zwei Vektoren, deren Besetzungszahlen alle gleich sind, bis auf eine, die sich um eins vergrößert, wenn man vom Ket zum Bra übergeht.

Die allgemeine Definition (B-49) aus Kapitel II bestimmt die Matrixelemente des zu $a^\dagger_{u_i}$ adjungierten Operators. Aufgrund von Gl. (A-20) sind also die nicht verschwindenden Matrixelemente von a_{u_i} gegeben durch

$$\langle n_1, n_2, \ldots, n_i, \ldots | a_{u_i} | n_1, n_2, \ldots, n_i + 1, \ldots \rangle = \sqrt{n_i + 1} \tag{A-21}$$

Da die Basis eine vollständige ist, schließen wir daraus, dass die Wirkung von a_{u_i} auf Anzahlzuständen folgendermaßen aussieht:

$$a_{u_i} | n_1, n_2, \ldots, n_i, \ldots \rangle = \sqrt{n_i} \, | n_1, n_2, \ldots, n_i - 1, \ldots \rangle \tag{A-22}$$

[Wir haben in Gl. (A-21) n_i durch $n_i - 1$ ersetzt.] Im Gegensatz zu $a^\dagger_{u_i}$, der ein Teilchen im Zustand u_i hinzufügt, wird durch a_{u_i} eines entfernt. Der Operator liefert null, wenn er auf einen Ket angewandt wird, in dem der Zustand u_i nicht besetzt wird; speziell auf dem Vakuumzustand erhalten wir also*

$$a_{u_i} | 0 \rangle = 0 \tag{A-23}$$

Wir werden a_{u_i} den *Vernichtungsoperator* oder kurz Vernichter im Zustand u_i nennen.

A-3-b Fermionen

Die Matrixelemente des Erzeugers können wir aus Gl. (A-18) ablesen:

$$\langle u_i, u_j, \ldots, u_k, \ldots, u_l \ldots | a^\dagger_{u_i} | u_j, \ldots, u_k, \ldots, u_l \ldots \rangle = 1 \tag{A-24}$$

Nur diejenigen Matrixelemente sind nicht null, bei denen Bra und Ket alle besetzten Einteilchenzustände gemeinsam haben, bis auf den Zustand u_i, der im Ket fehlt, aber im Bra auftritt. Ausgedrückt durch Besetzungszahlen: Keine von ihnen ändert sich, bis auf n_i, die von null (Ket) auf eins (Bra) anwächst.

Einmal hermitesch Konjugieren liefert demnach die Wirkung des dazugehörigen Vernichtungsoperators:

$$a_{u_i} | u_i, u_j, u_k, \ldots, u_l, \ldots \rangle = | u_j, u_k, \ldots, u_l, \ldots \rangle \tag{A-25}$$

oder, falls der Zustand u_i nicht besetzt ist:

$$a_{u_i} | u_j, u_k, \ldots, u_l, \ldots \rangle = 0 \tag{A-26}$$

Die Gleichungen (A-22) und (A-23) bleiben auch für Fermionen gültig, allerdings auch hier mit der Einschränkung, dass alle Besetzungszahlen null oder eins sind; ansonsten reduziert sich die Gleichung auf $0 = 0$.

---

* Anm. d. Ü.: Es lohnt sich, Studierende darauf hinzuweisen, dass die beiden Nullen in dieser Gleichung ganz unterschiedliche Bedeutungen haben: Als Vektorraum hat der Fock-Raum auch eine Null 0, die allerdings kein physikalischer Zustand ist, weil sie die Norm null hat.

Bemerkung:
Wie ist Gl. (A-25) anzuwenden, wenn der Zustand u_i bereits besetzt ist, aber nicht an der ersten Stelle steht? Dann muss man ihn dorthin bringen. Wenn dazu eine ungerade Permutation nötig ist, dann ergibt sich ein Vorzeichenwechsel. Zum Beispiel:

$$a_{u_2}|u_1, u_2\rangle = -|u_1\rangle \tag{A-27}$$

Wir halten fest, dass die Wirkung der beiden fermionischen Operatoren a und $a^\dagger$ den Einteilchenzustand betrifft, der als erstes in der Liste der besetzten Zustände im N-Teilchen-Ket steht: a vernichtet den ersten Zustand in der Liste, $a^\dagger$ erzeugt einen neuen, der die erste Stelle einnimmt. Man riskiert Vorzeichenfehler, wenn dieser Umstand vergessen wird.

A-4 Besetzungszahloperatoren

Wir betrachten den Operator

$$\widehat{n}_{u_i} = a^\dagger_{u_i} a_{u_i} \tag{A-28}$$

und seine Wirkung auf einem Fock-Zustand. Für Bosonen können wir Gl. (A-22) und dann Gl. (A-16) anwenden. Wir sehen dann, dass dieser Operator denselben Fock-Zustand liefert, allerdings mit seiner Besetzungszahl n_i multipliziert. Für Fermionen zeigt Gl. (A-26) sofort, dass $\widehat{n}_{u_i}$ einen Fock-Zustand auf null abbildet, wenn in ihm der Zustand u_i nicht besetzt ist. Ist u_i jedoch besetzt, dann permutiert man erst einmal die Einteilchenzustände so, dass u_i als erster in der Liste steht. Das führt möglicherweise auf einen Vorzeichenwechsel im Ket. Auf den so erhaltenen Ket wenden wir Gl. (A-25) und dann Gl. (A-19) an und stellen fest, dass er vom Operator $\widehat{n}_{u_i}$ nicht geändert wird. Schließlich permutieren wir den Zustand u_i wieder zurück auf seinen alten Platz – ein eventuell auftretendes Vorzeichen kompensiert den Vorzeichenwechsel vom Anfang. Insgesamt erhalten wir also dasselbe Ergebnis wie bei den Bosonen, allerdings ist n_i für Fermionen auf die Werte eins und null eingeschränkt.

In beiden Fällen sind die Fock-Zustände also Eigenvektoren zum Operator $\widehat{n}_{u_i}$, die dazugehörigen Eigenwerte sind die Besetzungszahlen. Deswegen nennt man $\widehat{n}_{u_i}$ die *Besetzungszahl im Zustand u_i*. Der Operator $\widehat{N}$, der die Gesamtzahl der Teilchen beschreibt, ist einfach die Summe

$$\widehat{N} = \sum_i \widehat{n}_{u_i} = \sum_i a^\dagger_{u_i} a_{u_i} \tag{A-29}$$

[Diese Formel stellt die Beziehung (A-4) durch Operatoren dar.]

A-5 Vertauschungsrelationen

Die Erzeugungs- und Vernichtungsoperatoren haben besonders einfache Kommutatoren (für Bosonen) bzw. Antikommutatoren (für Fermionen). Diese Beziehungen bilden den symmetrischen oder antisymmetrischen Charakter der Zustandsvektoren in sehr bequemer Weise ab.

Um die Notation zu vereinfachen, schreiben wir ab jetzt immer a_i statt a_{u_i}, solange es offensichtlich ist, dass alle Gleichungen sich auf eine feste Basis $\{u_i\}$ von Einteilchenzuständen beziehen. Sobald dagegen eine Mehrdeutigkeit auftreten sollte, werden wir zur vollständigen Notation zurückkehren.*

A-5-a Bosonen: Vertauschungsrelationen

Betrachten wir zwei bosonische Operatoren $a_i^\dagger$ und $a_j^\dagger$. Wenn sich die beiden Indizes i und j unterscheiden, gehören sie zu zwei orthogonalen Zuständen u_i und u_j. Die wiederholte Anwendung von (A-16) liefert dann sofort

$$a_i^\dagger a_j^\dagger |n_1, n_2, \ldots, n_i, \ldots, n_j, \ldots\rangle$$
$$= \sqrt{n_i + 1}\sqrt{n_j + 1}\,|n_1, n_2, \ldots, n_i + 1, \ldots, n_j + 1, \ldots\rangle \tag{A-30}$$

Wenn wir die beiden Operatoren in der anderen Reihenfolge anwenden, erhalten wir dasselbe Ergebnis. Weil die Fock-Zustände eine Basis bilden, folgt daraus, dass der Kommutator von $a_i^\dagger$ und $a_j^\dagger$ für $i \neq j$ verschwindet. In gleicher Weise sieht man, dass die beiden Operatorprodukte $a_i a_j$ und $a_j a_i$, angewandt auf denselben Ket auf dasselbe Ergebnis führen (hier werden zwei Besetzungszahlen um eins verkleinert); a_i und a_j kommutieren also für $i \neq j$. Die gleiche Überlegung führt schließlich darauf, dass auch a_i und $a_j^\dagger$ für $i \neq j$ kommutieren.

Für den Fall $i = j$ haben wir also den Kommutator $[a_i, a_i^\dagger] = a_i a_i^\dagger - a_i^\dagger a_i$ von a_i mit $a_i^\dagger$ auszuwerten. Wir wenden die Gleichungen (A-16) und (A-22) an, einmal in dieser Reihenfolge und einmal umgekehrt:

$$\begin{aligned} a_i a_i^\dagger |n_1, n_2, \ldots, n_i, \ldots\rangle &= (n_i + 1)|n_1, n_2, \ldots, n_i, \ldots\rangle \\ a_i^\dagger a_i |n_1, n_2, \ldots, n_i, \ldots\rangle &= n_i\,|n_1, n_2, \ldots, n_i, \ldots\rangle \end{aligned} \tag{A-31}$$

Der Kommutator von a_i mit $a_i^\dagger$ ergibt also eins für alle i.

Alle bislang erhaltenen Beziehungen können wir in drei Gleichungen zusammenfassen, die für Bosonen gelten:

$$\left[a_i, a_j\right] = 0 \qquad \left[a_i^\dagger, a_j^\dagger\right] = 0 \qquad \left[a_i, a_j^\dagger\right] = \delta_{ij} \tag{A-32}$$

A-5-b Fermionen: Antikommutatoren

Für Fermionen beginnen wir wieder mit dem Fall, dass die beiden Indizes i und j sich unterscheiden. Das wiederholte Anwenden von $a_i^\dagger$ und $a_j^\dagger$ auf einen Ket in der Besetzungszahldarstellung liefert nur dann einen Vektor ungleich null, wenn $n_i = n_j = 0$

* Anm. d. Ü.: In den folgenden Überlegungen wird folgende Eigenschaft aus der Topologie verwendet: Im Raum der Einteilchenzustände gibt es eine abzählbare Menge, die einen Unterraum erzeugt, von dem ausgehend man per Linearkombination jeden Zustand beliebig genau darstellen kann. So ein Unterraum heißt *dicht* im Zustandsraum, und ein Zustandsraum mit dieser Eigenschaft wird *separabel* genannt.

gilt. Verwenden wir zweimal Gl. (A-18), erhalten wir

$$a_i^\dagger a_j^\dagger \,|u_k, u_l, \ldots, u_m, \ldots\rangle = \left|u_i, u_j, u_k, u_l, \ldots, u_m, \ldots\right\rangle \tag{A-33}$$

aber

$$\begin{aligned} a_j^\dagger a_i^\dagger \,|u_k, u_l, \ldots, u_m, \ldots\rangle &= \left|u_j, u_i, u_k, u_l, \ldots, u_m, \ldots\right\rangle \\ &= -\left|u_i, u_j, u_k, u_l, \ldots, u_m, \ldots\right\rangle \end{aligned} \tag{A-34}$$

Das Minuszeichen, das mit dem Vertauschen der Reihenfolge der Zustände einhergeht, führt also hier auf

$$a_i^\dagger a_j^\dagger = -a_j^\dagger a_i^\dagger \quad \text{für } i \neq j \tag{A-35}$$

Wir definieren den Antikommutator $[A, B]_+$ von zwei Operatoren A und B durch

$$[A, B]_+ = AB + BA \tag{A-36}$$

und können so (A-35) in folgender Form schreiben:

$$\left[a_i^\dagger, a_j^\dagger\right]_+ = 0 \quad \text{für } i \neq j \tag{A-37}$$

Indem wir die Gleichung (A-35) hermitesch konjugieren, erhalten wir

$$a_i a_j = -a_j a_i \quad \text{für } i \neq j \tag{A-38}$$

oder eben

$$\left[a_i, a_j\right]_+ = 0 \quad \text{für } i \neq j \tag{A-39}$$

Rechnet man schließlich den Antikommutator von a_i und $a_j^\dagger$ nach demselben Verfahren aus, findet man null als Ergebnis, es sei denn, die Operatoren wirken auf einen Ket, in dem $n_i = 1$ und $n_j = 0$ ist; diese beiden Besetzungszahlen werden dann ausgetauscht. Wir schreiben die Rechnung einmal ausführlich auf:

$$a_j^\dagger a_i \,|u_i, u_l, \ldots, u_m, \ldots\rangle = a_j^\dagger \,|u_l, \ldots, u_m, \ldots\rangle = \left|u_j, u_l, \ldots, u_m, \ldots\right\rangle \tag{A-40}$$

sowie

$$\begin{aligned} a_i a_j^\dagger \,|u_i, u_l, \ldots, u_m, \ldots\rangle &= a_i^\dagger \left|u_j, u_i, u_l, \ldots, u_m, \ldots\right\rangle \\ &= -a_i^\dagger \left|u_i, u_j, u_l, \ldots, u_m, \ldots\right\rangle \\ &= -\left|u_j, u_l, \ldots, u_m, \ldots\right\rangle \end{aligned} \tag{A-41}$$

Die Summe dieser beiden Ergebnisse ist null, und daraus folgt das Verschwinden des Antikommutators:

$$\left[a_i, a_j^\dagger\right]_+ = 0 \quad \text{für } i \neq j \tag{A-42}$$

Im Fall $i = j$ erhält man wegen des eingeschränkten Wertebereichs der fermionischen Besetzungszahlen (höchstens eins)

$$\left(a_i\right)^2 = 0 \quad \text{und} \quad \left(a_i^\dagger\right)^2 = 0 \tag{A-43}$$

Die Gleichungen (A-37) und (A-39) bleiben also gültig, wenn i und j zusammenfallen. Es bleibt uns nur noch der Antikommutator von a_i und $a_i^\dagger$. Wir untersuchen zunächst das Produkt $a_i a_i^\dagger$. Es liefert null, wenn man es auf einen Ket mit der Besetzungszahl $n_i = 1$ anwendet. Jeden Ket mit $n_i = 0$ lässt es aber unverändert, denn das von $a_i^\dagger$ erzeugte Teilchen wird gleich wieder vernichtet. Wir finden das umgekehrte Verhalten für das Produkt $a_i^\dagger a_i$ mit der anderen Reihenfolge: Seine Wirkung ergibt null für $n_i = 0$ und lässt den Ket unverändert für $n_i = 1$. Letztendlich liefert im Antikommutator jeweils ein Term null, der andere eins, egal auf welchen Anzahlzustand man ihn anwendet – im Ergebnis bleibt der Zustand unverändert. Also:

$$\left[a_i, a_i^\dagger\right]_+ = 1 \tag{A-44}$$

Alle diese Beziehungen sind in den drei Gleichungen

$$\left[a_i, a_j\right]_+ = 0 \qquad \left[a_i^\dagger, a_j^\dagger\right]_+ = 0 \qquad \left[a_i, a_j^\dagger\right]_+ = \delta_{ij} \tag{A-45}$$

zusammengefasst, die für Fermionen die Entsprechung zu den Kommutatoren (A-32) der Bosonen bilden.

A-5-c Zusammengefasste Notation

Die Ergebnisse für Bosonen und Fermionen können in einem Satz von Gleichungen zusammengefasst werden. Wir führen folgende Schreibweise ein:

$$[A, B]_{-\eta} = AB - \eta\, BA \tag{A-46}$$

mit

$$\begin{aligned} \eta &= 1 \quad \text{für Bosonen} \\ \eta &= -1 \quad \text{für Fermionen} \end{aligned} \tag{A-47}$$

Der Ausdruck (A-46) bedeutet für Bosonen den Kommutator und für Fermionen den Antikommutator. Damit haben wir

$$\begin{aligned} \left[a_i, a_j\right]_{-\eta} &= 0 \quad \text{für alle } i \text{ und } j \\ \left[a_i^\dagger, a_j^\dagger\right]_{-\eta} &= 0 \quad \text{für alle } i \text{ und } j \end{aligned} \tag{A-48}$$

und die einzigen Kombinationen, die nicht verschwinden, sind

$$\left[a_i, a_j^\dagger\right]_{-\eta} = \delta_{ij}\,, \qquad \left[a_i^\dagger, a_j\right]_{-\eta} = -\eta\, \delta_{ij} \tag{A-49}$$

A-6 Basiswechsel

Untersuchen wir nun, welche Auswirkungen ein Wechsel der Basis der Einteilchenzustände auf die Erzeugungs- und Vernichtungsoperatoren hat. Die Operatoren $a^\dagger_{u_i}$ und a_{u_i} sind durch ihre Wirkung auf Fock-Zustände definiert, und diese haben wir in einer gegebenen Basis $\{u_i | i = 1, \ldots\}$ von Einteilchenzuständen definiert [s. die Beziehungen (A-7) und (A-10)]. Man kann aber genauso gut eine andere Basis $\{v_s | s = 1, \ldots\}$ verwenden und in gleicher Weise Fock-Zustände und Erzeuger $a^\dagger_{v_s}$ und Vernichter a_{v_s} einführen. Was sind dann die Beziehungen zwischen diesen Operatoren und denen in der anfänglichen Basis?

Wenn es sich um Erzeugungsoperatoren und ihre Wirkung auf den Vakuumzustand $|0\rangle$ handelt, hat diese Frage eine fast offensichtliche Antwort. In der Tat erzeugt der Operator $a^\dagger_{v_s}$ aus $|0\rangle$ einen Ket mit einem Teilchen, den wir so zerlegen können:*

$$a^\dagger_{v_s}|0\rangle = |1 : v_s\rangle = \sum_i \langle u_i|v_s\rangle |1 : u_i\rangle = \sum_i \langle u_i|v_s\rangle a^\dagger_{u_i}|0\rangle \tag{A-50}$$

Wegen dieses Ergebnisses dürfen wir eine einfache lineare Beziehung

$$a^\dagger_{v_s} = \sum_i \langle u_i|v_s\rangle \, a^\dagger_{u_i} \tag{A-51}$$

sowie die hermitesch konjugierte Beziehung

$$a_{v_s} = \sum_i \langle v_s|u_i\rangle \, a_{u_i} \tag{A-52}$$

erwarten. Aus der Gleichung (A-51) folgt, dass die Erzeugungsoperatoren durch dieselbe unitäre Beziehung auseinander hervorgehen, die auch die Einteilchenzustände transformiert. Die Kommutatoren bzw. Antikommutatoren bleiben unter dieser Transformation unverändert, denn wir haben

$$\left[a_{v_s}, a^\dagger_{v_t}\right]_{-\eta} = \sum_{i,j} \langle v_s|u_i\rangle\langle u_j|v_t\rangle \left[a_{u_i}, a^\dagger_{u_j}\right]_{-\eta} = \sum_{i,j} \langle v_s|u_i\rangle\langle u_j|v_t\rangle \, \delta_{ij} \tag{A-53}$$

also

$$\left[a_{v_s}, a^\dagger_{v_t}\right]_{-\eta} = \sum_i \langle v_s|u_i\rangle\langle u_i|v_t\rangle = \delta_{st} \tag{A-54}$$

und so muss es auch sein.† Es ist außerdem offensichtlich, dass die transformierten Erzeugungsoperatoren untereinander (anti-)kommutieren; dasselbe gilt für die Vernichtungsoperatoren.

---

* Anm. d. Ü.: Hier bedeutet $\langle u_i|v_s\rangle$ das Skalarprodukt zwischen den Einteilchenzuständen u_i und v_s.

† Anm. d. Ü.: Aus der Beziehung (A-54) kann man auch den Kommutator zwischen Erzeuger und Vernichter in zwei beliebigen Einteilchenzuständen u und v bestimmen:

$$\left[a_u, a^\dagger_v\right]_{-\eta} = \langle u|v\rangle$$

Damit kann man die hier durchgeführten Rechnungen auch auf ebene Wellen $|v\rangle = |\mathbf{k}\rangle$ (nicht normierbar) und Wellenpakete ($|u\rangle$ ein normierbarer Zustand) verallgemeinern, ohne ein endliches Quantisierungsvolumen verwenden zu müssen.

Äquivalenz von zwei Basen:
Damit haben wir allerdings noch nicht die vollständige Gleichwertigkeit der beiden Basen gezeigt. Dafür gibt es zwei mögliche Vorgehensweisen. Einerseits können wir die Erzeuger und Vernichter in der neuen Basis durch die Gleichungen (A-51) und (A-52) definieren. Die Fock-Zustände zur neuen Basis führen wir durch Gl. (A-17) (Bosonen) und Gl. (A-18) (Fermionen) ein, indem wird in diesen Ausdrücken die $a_{u_i}^{\dagger}$ durch $a_{v_s}^{\dagger}$ ersetzen. Es müsste dann gezeigt werden, dass die neuen Fock-Zustände immer noch über die Beziehungen (A-7) und (A-10) mit den Zuständen für nummerierte Teilchen zusammenhängen.
Wir werden hier einen alternativen Zugang ausführen, in dem die beiden Basen als vollständig gleichwertig betrachtet werden. Wir beginnen bei den Definitionen (A-7) und (A-10) für die neuen Zustände, wobei die v_s statt der alten u_i verwendet werden, und erhalten so die neue Basis des Fock-Raums. Die Operatoren $a_{v_s}^{\dagger}$ werden dann durch ihre Wirkung analog zu den Gleichungen (A-17) und (A-18) auf diesen Basiszuständen definiert. Es muss nun gezeigt werden, dass diese Operatoren die Gl. (A-51) erfüllen und zwar ganz allgemein und nicht nur in ihrer Wirkung auf das Vakuum [Gl. (A-50)].
1. Bosonen
Aus den Gleichungen (A-7) und (A-17) erhalten wir

$$\left[a_{u_i}^{\dagger}\right]^{n_i}\left[a_{u_j}^{\dagger}\right]^{n_j}\ldots|0\rangle=\sqrt{N!}\,S_N\,|1:u_i;2:u_i;\ldots n_i:u_i;n_i+1:u_j;\ldots;n_i+n_j:u_j;\ldots\rangle \quad \text{(A-55)}$$

In dem Zustand auf der rechten Seite besetzen die ersten n_i Teilchen denselben Einteilchenzustand u_i, die nächsten n_j Teilchen, nummeriert von n_i+1 bis n_i+n_j, den Zustand u_j usw. Die entsprechende Beziehung in der anderen Basis lautet

$$\left[a_{v_s}^{\dagger}\right]^{p_s}\left[a_{v_t}^{\dagger}\right]^{p_t}\ldots|0\rangle=\sqrt{N!}\,S_N\,|1:v_s;2:v_s;\ldots p_s:v_s;p_s+1:v_t;\ldots;p_s+p_t:v_t;\ldots\rangle \quad \text{(A-56)}$$

wobei

$$n_i+n_j+\cdots=p_s+p_t+\cdots=N \quad \text{(A-57)}$$

Auf der rechten Seite von Gl. (A-56) können wir den Ket $|v_s\rangle$ des ersten Teilchens folgendermaßen zerlegen:

$$|v_s\rangle=\sum_i\langle u_i|v_s\rangle|u_i\rangle \quad \text{(A-58)}$$

und erhalten so die Linearkombination

$$\sum_i\langle u_i|v_s\rangle\sqrt{N!}\,S_N\,|1:u_i;2:v_s;\ldots p_s:v_s;p_s+1:v_t;\ldots;p_s+p_t:v_t;\ldots\rangle \quad \text{(A-59)}$$

In gleicher Weise drücken wir alle Basisvektoren in diesem Zustand durch die u_i aus und erhalten

$$\sum_i\langle u_i|v_s\rangle\sum_{i'}\langle u_{i'}|v_s\rangle\cdots\sum_j\langle u_j|v_t\rangle\sum_{j'}\langle u_{j'}|v_t\rangle\ldots$$
$$\times\sqrt{N!}\,S_N\,\Big|1:u_i;2:u_{i'};\ldots p_s+1:u_j;p_s+2:u_{j'};\ldots\Big\rangle \quad \text{(A-60)}$$

Wegen Gl. (A-55) schreiben wir dies um als[6]

$$\left[\sum_i\langle u_i|v_s\rangle a_{u_i}^{\dagger}\right]\left[\sum_{i'}\langle u_{i'}|v_s\rangle a_{u_{i'}}^{\dagger}\right]\ldots\left[\sum_j\langle u_j|v_t\rangle a_{u_j}^{\dagger}\right]\left[\sum_{j'}\langle u_{j'}|v_t\rangle a_{u_{j'}}^{\dagger}\right]\ldots|0\rangle \quad \text{(A-61)}$$

Wir sehen also, dass die Anwendung der Operatoren $[a_{v_s}^{\dagger}]^{p_s}[a_{v_t}^{\dagger}]^{p_t}\ldots$ auf das Vakuum denselben Zustand liefert wie die Linearkombinationen aus Gl. (A-51), jeweils p_s-mal, p_t-mal … angewandt.

---

6 In diesem Ausdruck sind die ersten p_s Summen alle identisch, die nächsten p_t genauso usw.

Da die Besetzungszahlen $p_s, p_t, \ldots$ beliebig sind, erzeugen die Kets (A-56) den gesamten Fock-Raum. Wenn wir die erhaltene Gleichung für $p_s + 1$ statt p_s hinschreiben, sehen wir, dass die Wirkung von $a^\dagger_{v_s}$ und von $\sum_i \langle u_i | v_s \rangle a^\dagger_{u_i}$ dasselbe Ergebnis liefert, und zwar für alle Basis-Kets des Raums. Damit haben wir die Gleichheit der beiden Operatoren gezeigt. Die Beziehung (A-52) ergibt sich sofort durch hermitesch Konjugieren.

2. Fermionen
Der Beweis kann in gleicher Weise geführt werden, allerdings mit der Einschränkung, dass die Besetzungszahlen höchstens eins sind. Es ist nicht nötig, die Reihenfolge der Operatoren oder der Zustände zu verändern, und deswegen spielen Vorzeichenwechsel keine Rolle.

B Symmetrische Einteilchenoperatoren

Das Arbeiten mit physikalisch relevanten Operatoren im Fock-Raum, die alle symmetrisch unter Teilchenaustausch sind (§ C-4-a-β in Kapitel XIV), ist viel einfacher, wenn man den Formalismus der Erzeugungs- und Vernichtungsoperatoren verwendet. Die einfachsten Observablen sind die, die jeweils auf nur ein Teilchen wirken – man nennt sie *Einteilchenoperatoren.*

B-1 Definition

Sei $\hat{f}$ ein Operator, der auf dem Hilbert-Raum der Einteilchenzustände definiert ist. Wir schreiben ihn als $\hat{f}(q)$, wenn er auf dem Raum für das q-te Teilchen wirkt. Man kann zum Beispiel an den Impuls des q-ten Teilchens denken oder an seinen Drehimpuls relativ zum Ursprung. Wir wollen hier den Operator konstruieren, der den Gesamtimpuls oder Gesamtdrehimpuls des N-Teilchen-Systems beschreibt – und erwarten eine Summe von Operatoren $\hat{f}(q)$ über alle Teilchen.

Wir definieren also einen symmetrischen Einteilchenoperator in seiner Wirkung auf dem Raum $\mathcal{H}_S(N)$ für Bosonen – oder auf $\mathcal{H}_A(N)$ für Fermionen – in folgender Form

$$\hat{F}^{(N)} = \sum_{q=1}^{N} \hat{f}(q) \tag{B-1}$$

(Im Gegensatz zu den Zuständen, die sich entweder symmetrisch oder antisymmetrisch unter Teilchenaustausch verhalten, sind die physikalischen Operatoren immer symmetrisch.) Wir führen den Operator $\hat{F}$, der auf dem gesamten Fock-Raum definiert ist, als den ein, der auf jedem der Unterräume $\mathcal{H}_S(N)$ [bzw. $\mathcal{H}_A(N)$] wie $\hat{F}^{(N)}$ wirkt. Da wir eine Basis des Fock-Raums durch die Vereinigung aller Basen dieser Unterräume erhalten, ist der Operator $\hat{F}$ auf diese Weise auf der direkten Summe der N-Teilchen-Räume definiert. Kurz zusammengefasst:

$$\hat{F}^{(N)}\,; \quad N = 1, 2 \ldots \quad \Rightarrow \quad \hat{F} \tag{B-2}$$

Aus Gleichung (B-1) erhalten wir sofort die Matrixelemente von $\widehat{F}$, allerdings sind die Rechnungen manchmal sehr aufwendig: Wir beginnen mit dem Operator als eine Summe über nummerierte Teilchen und multiplizieren ihn von rechts und links mit N-Teilchenzuständen. Der Bra und der Ket müssen symmetrisiert werden, und die Symmetrie des Operators muss berücksichtigt werden. Dies führt auf mehrere Summen (über die N Teilchen und ihre Permutationen), die man geschickt umordnen sollte, um sie zu vereinfachen (s. Fußnote auf S.1589). Wir werden sehen, dass man $\widehat{F}$ auch durch Erzeuger und Vernichter ausdrücken kann. Dadurch werden alle diese Zwischenschritte vermieden, während das Symmetriepostulat exakt implementiert wird.

B-2 Formulierung mit Erzeugungs- und Vernichtungsoperatoren

Sei gegeben eine Basis $\{u_i\}$ des Hilbert-Raums der Einteilchenzustände. Die Matrixelemente f_{kl} eines Einteilchenoperators $\widehat{f}$ sind dann

$$f_{kl} = \langle u_k|\widehat{f}|u_l\rangle \tag{B-3}$$

und liefern folgende Entwicklung des Operators für Teilchen q:

$$\widehat{f}(q) = \sum_{k,l} |q:u_k\rangle\langle q:u_k|\widehat{f}(q)|q:u_l\rangle\langle q:u_l| = \sum_{k,l} f_{kl}|q:u_k\rangle\langle q:u_l| \tag{B-4}$$

B-2-a Wirkung von $\widehat{F}^{(N)}$ auf einem N-Teilchen-Zustand

Wir setzen den Ausdruck (B-4) für $\widehat{f}(q)$ in (B-1) ein und finden

$$\widehat{F}^{(N)} = \sum_{k,l} f_{kl} \sum_{q=1}^{N} |q:u_k\rangle\langle q:u_l| \tag{B-5}$$

Die Wirkung von $\widehat{F}^{(N)}$ auf einen symmetrischen Ket vom Typ (A-9) enthält also eine Summe über k und l mit den Termen

$$\left[\sum_{q=1}^{N} |q:u_k\rangle\langle q:u_l|\right] |u_i, u_i, \ldots, u_j, u_j, \ldots\rangle \tag{B-6}$$

und den Koeffizienten f_{kl}. Für ein gegebenes Paar k, l nutzen wir die Darstellungen (A-7) oder (A-10) für diesen Ket. Der Operator in den eckigen Klammern verhält sich symmetrisch unter Teilchenaustausch und deswegen können wir ihn mit den Operatoren S_N und A_N vertauschen (Kapitel XIV, § C-4-a). Wir können diesen Ket also folgendermaßen schreiben:

$$\sqrt{\frac{N!}{n_i!\, n_j! \ldots n_m! \ldots}}\; \begin{matrix} S_N \\ A_N \end{matrix} \left[\sum_{q=1}^{N} |q:u_k\rangle\langle q:u_l|\right] \times |1:u_i; \ldots n_i:u_i; n_i+1:u_j; \ldots q:u_m \ldots\rangle \tag{B-7}$$

In der Summe über q verschwinden alle Terme bis auf die, in denen der Einteilchenzustand u_l mit dem Zustand u_m des Teilchens Nummer q im Ket auf der rechten Seite übereinstimmt. Sei n_l die Anzahl der Werte für q, die wir so finden (sie ist null oder eins für Fermionen). Für diese n_l Terme verwandelt der Operator $|q : u_k\rangle\langle q : u_l|$ den Zustand u_m in u_k, und dann macht S_N (oder A_N) daraus wieder einen symmetrisierten Ket (allerdings noch nicht normiert):

$$\sqrt{\frac{N!}{n_i!\,n_j!\ldots n_m!\ldots}}\;\begin{matrix} S_N \\ A_N \end{matrix}\,|1 : u_i; \ldots ; n_i + 1 : u_j; \ldots q : u_k \ldots\rangle \tag{B-8}$$

Dieser Ket ist derselbe für jede Wahl der Teilchennummer q unter den n_l verschiedenen Möglichkeiten. (Für Fermionen verschwindet der Ket, falls der Zustand u_k anfangs schon besetzt war.) Wir unterscheiden jetzt zwei Fälle

1. $k \neq l$: für Bosonen ist der Ket aus Gl. (B-8) identisch zu

   $$\sqrt{\frac{n_k + 1}{n_l}}\,|u_i, u_i, \ldots, u_j, u_j, \ldots, u_k, \ldots\rangle \tag{B-9}$$

   wobei die Wurzel aus den veränderten Besetzungszahlen der Zustände u_k und u_l entsteht, die in dem Vorfaktor des Fock-Zustands in Gl. (A-7) auftreten. Diesen Ket erhalten wir n_l-mal, so dass wir das Gewicht $\sqrt{(n_k + 1)n_l}$ erhalten. Nun ist diese Wurzel genau der Faktor, den wir aus der Wirkung des Operators $a_k^\dagger a_l$ auf denselben symmetrischen Ket erhalten: Ein Teilchen wird im Zustand $|u_l\rangle$ vernichtet (Faktor $\sqrt{n_l}$) und ein Teilchen im Zustand u_k erzeugt (Faktor $\sqrt{n_k + 1}$). Der Operator $a_k^\dagger a_l$ hat also dieselbe Wirkung wie die Summe über q in den eckigen Klammern von Gl. (B-6).

   Für Fermionen ist das Ergebnis null, es sei denn, der Zustand u_l war anfangs mit einem Teilchen besetzt und der Zustand u_k unbesetzt; der Vorfaktor ist dann einfach eins. Auch in diesem Fall erzeugen wir genau dieselbe Wirkung wie mit dem Operator $a_k^\dagger a_l$.
2. $k = l$: für Bosonen ist der einzige numerische Faktor die Zahl n_l, die angibt, wie viele Terme in der Summe über q denselben Ket liefern. Für Fermionen verschwindet das Ergebnis nur dann nicht, wenn der Zustand u_l besetzt ist, was auch auf einen Faktor n_l führt. In beiden Fällen liefert die Summe über q dieselbe Wirkung wie der Operator $a_k^\dagger a_k$.

Wir haben also gezeigt, dass gilt

$$\sum_{q=1}^{N} |q : u_k\rangle\langle q : u_l| = a_k^\dagger a_l \tag{B-10}$$

Summiert über k und l ergibt Gl. (B-5) den Ausdruck

$$\widehat{F}^{(N)} = \sum_{k,l} f_{kl}\, a_k^\dagger a_l = \sum_{k,l} \langle u_k|\widehat{f}|u_l\rangle\, a_k^\dagger a_l \tag{B-11}$$

B-2-b Wirkung auf dem ganzen Fock-Raum

Die rechte Seite von (B-11) ist ein Operator, der vollständig unabhängig von dem Raum $\mathcal{H}_S(N)$ oder $\mathcal{H}_A(N)$ ist, auf den der Operator $\widehat{F}^{(N)}$ eingeschränkt war. Per Definition wirkt aber der Operator $\widehat{F}$ wie seine Einschränkung $\widehat{F}^{(N)}$ auf jedem Unterraum mit festem N. Wir können also einfacher schreiben

$$\boxed{\widehat{F} = \sum_{k,l} \langle u_k|\widehat{f}|u_l\rangle \, a_k^\dagger a_l} \qquad \text{(B-12)}$$

und dies ist der gesuchte Ausdruck für einen symmetrischen Einteilchenoperator.

Wir haben solche Operatoren damit in einer Form ausgedrückt, die von N abhängig ist und in der die Nummern der Teilchen nicht mehr auftreten. Die Erzeuger und Vernichter verändern nur die Besetzungszahlen der Zustände. Sie treten in gleicher Anzahl auf (jeweils einmal).

Bemerkung:
Man kann den Operator $\widehat{f}$ durch einen Wechsel in eine geeignete Basis immer diagonalisieren, so dass

$$f_{kl} = f_k \, \delta_{kl} \quad \text{mit} \quad \widehat{f}|u_k\rangle = f_k|u_k\rangle \qquad \text{(B-13)}$$

gilt. Der Ausdruck (B-12) vereinfacht sich dann zu

$$\widehat{F} = \sum_k f_k a_k^\dagger a_k = \sum_k f_k \widehat{n}_k \qquad \text{(B-14)}$$

wobei $\widehat{n}_k = \widehat{n}_{u_k}$ der Anzahloperator für die Teilchen im Zustand u_k ist [s. Gl. (A-28)].

B-3 Beispiele

Ein erstes ganz einfaches Beispiel ist der Operator $\widehat{N}$ für die Gesamtzahl der Teilchen, der uns in Gl. (A-29) schon begegnet ist:

$$\widehat{N} = \sum_i \widehat{n}_i = \sum_i a_i^\dagger a_i \qquad \text{(B-15)}$$

Es ist zu erwarten, dass dieser Operator nicht von der Basis $\{u_i\}$ abhängt, die den Einteilchenzustandsraum aufspannt. In der Tat können wir die unitären Transformationen (A-51) und (A-52) der Erzeuger und Vernichter verwenden und finden

$$\sum_i a_{u_i}^\dagger a_{u_i} = \sum_i \sum_{s,t} \langle v_s|u_i\rangle\langle u_i|v_t\rangle \, a_{v_s}^\dagger a_{v_t} = \sum_{s,t} \delta_{st} \, a_{v_s}^\dagger a_{v_t} \qquad \text{(B-16)}$$

(Um jede Mehrdeutigkeit zu vermeiden, sind wir für einen Augenblick auf die etwas ausführlichere Schreibweise der Operatoren zurückgekommen.) Es ergibt sich so

$$\widehat{N} = \sum_i a_{u_i}^\dagger a_{u_i} = \sum_s a_{v_s}^\dagger a_{v_s} \qquad \text{(B-17)}$$

Als nächstes betrachten wir für ein spinloses Teilchen den Operator für die Wahrscheinlichkeitsdichte am Punkt **r**:

$$\widehat{f} = |\mathbf{r}\rangle\langle\mathbf{r}| \tag{B-18}$$

Gleichung (B-12) liefert dann folgenden Ausdruck für den Operator *lokale Teilchendichte* (oder *Einteilchendichte*):

$$\widehat{D}(\mathbf{r}) = \sum_{k,l} u_k^*(\mathbf{r}) u_l(\mathbf{r})\, a_k^\dagger a_l \tag{B-19}$$

Analog zur Teilchenzahl beweist man, dass dieser Operator bezüglich aller Basen $\{u_i\}$ im Einteilchen-Hilbert-Raum dieselbe Form hat.

Nehmen wir einmal an, dass wir als Basis ebene Wellen $|\mathbf{k}_i\rangle$ mit dem Impuls $\hbar\mathbf{k}_i$ verwenden.* Seien a_i die entsprechenden Vernichter. Dann wird der Gesamtimpuls des Vielteilchensystems durch den Operator

$$\widehat{\mathbf{P}} = \sum_i \hbar\mathbf{k}_i\, a_i^\dagger a_i = \sum_i \hbar\mathbf{k}_i\, \widehat{n}_i \tag{B-20}$$

ausgedrückt. Die kinetische Energie der Teilchen wird dargestellt durch

$$\widehat{H}_0 = \sum_i \frac{\hbar^2 \mathbf{k}_i{}^2}{2m}\, a_i^\dagger a_i = \sum_i \frac{\hbar^2 \mathbf{k}_i{}^2}{2m}\, \widehat{n}_i \tag{B-21}$$

B-4 Reduzierter Einteilchen-Dichteoperator

Betrachten wir nun den Mittelwert eines Einteilchenoperators $\widehat{F}$ in einem beliebigen Quantenzustand von N Teilchen. Wegen (B-12) können wir ihn durch die Mittelwerte der Operatorprodukte $a_k^\dagger a_l$ ausdrücken:

$$\langle\widehat{F}\rangle = \sum_{k,l} \sum_{k,l} \langle u_k|\widehat{f}|u_l\rangle \langle a_k^\dagger a_l\rangle \tag{B-22}$$

Nun erinnert dieser Ausdruck an den Mittelwert für ein System, das aus einem Teilchen besteht. Erinnern wir uns daran, dass wir so ein System durch einen Dichteoperator beschreiben können, den wir $\widehat{\rho}_1(1)$ notieren wollen (Ergänzung E_{III}, § 4-b). Der Mittelwert eines Operators $\widehat{f}(1)$ ist dann

$$\langle\widehat{f}(1)\rangle = \mathrm{Tr}\left\{\widehat{f}(1)\,\widehat{\rho}_1(1)\right\} = \sum_{k,l} \langle u_k|\widehat{f}|u_l\rangle \langle u_l|\widehat{\rho}_1|u_k\rangle \tag{B-23}$$

* Anm. d. Ü.: Diese Wellenvektoren sind diskret und abzählbar, wenn man die ebenen Wellen in einem endlich großen Volumen normiert und etwa periodische Randbedingungen verwendet (s. Ergänzung C_{XIV}, § 1-c).

Wir bringen die beiden Ausdrücke zur Übereinstimmung, indem wir für das System aus N identischen Teilchen einen *reduzierten Einteilchen-Dichteoperator* $\widehat{\rho}_1$ definieren, dessen Matrixelemente folgende Werte haben:

$$\langle u_l|\widehat{\rho}_1|u_k\rangle = \langle a_k^\dagger a_l\rangle \tag{B-24}$$

Mit diesem reduzierten Operator können wir alle Mittelwerte für Einteilchenoperatoren berechnen – so als ob unser System nur ein Teilchen hätte:

$$\langle \widehat{F}\rangle = \mathrm{Tr}\left\{\widehat{f}\,\widehat{\rho}_1\right\} \tag{B-25}$$

Die Spur ist hier und in Gl. (B-23) nur über den Hilbert-Raum für ein Teilchen zu nehmen.

Die Spur des reduzierten Dichteoperators, den wir gerade eingeführt haben, ist allerdings nicht gleich eins, sondern liefert die Zahl der Teilchen. Aus den Gleichungen (B-24) und (B-15) erhalten wir in der Tat

$$\mathrm{Tr}\{\widehat{\rho}_1\} = \sum_k \langle a_k^\dagger a_k\rangle = \langle \widehat{N}\rangle \tag{B-26}$$

Diese Vereinbarung hat ihre praktischen Seiten; so können wir zum Beispiel das diagonale Matrixelement von $\widehat{\rho}_1$ in der Ortsdarstellung sofort mit der lokalen Teilchendichte identifizieren [s. Gl. (B-19)]:

$$\langle \mathbf{r}|\widehat{\rho}_1|\mathbf{r}\rangle = \langle \widehat{D}(\mathbf{r})\rangle \tag{B-27}$$

Es ist natürlich auch möglich, den reduzierten Dichteoperator anders zu normieren: Wenn wir auf der rechten Seite von Gl. (B-24) einen Faktor $1/\langle\widehat{N}\rangle$ ergänzen, wird die Spur von $\widehat{\rho}_1$ den Wert eins haben.

C Zweiteilchenoperatoren

Die erhaltenen Ergebnisse erweitern wir nun auf Operatoren, die auf Paare von Teilchen wirken.

C-1 Definition

Wir betrachten eine physikalische Größe, die von zwei Teilchen, etwa q und q', abhängt. Sie wird durch einen Operator $\widehat{g}(q, q')$ dargestellt, der in dem Zustandsraum für zwei Teilchen wirkt (dem Tensorprodukt von zwei Einteilchenräumen). Die einfachste Möglichkeit, aus diesem Paaroperator einen symmetrischen Operator für N Teilchen zu gewinnen, ist eine Summation über alle Teilchen q und q', mit Indizes $1 \leq q, q' \leq N$. Die Terme mit $q = q'$ liefern natürlich einen Einteilchenoperator von dem Typ, den wir in § B studiert haben. Wir erhalten einen Operator, der wesentlich von Paaren abhängt, indem wir die Terme $q = q'$ aus der Summe streichen:

$$\widehat{G}^{(N)} = \frac{1}{2} \sum_{\substack{q,q'=1 \\ q \neq q'}}^{N} \widehat{g}(q, q') \tag{C-1}$$

Der Vorfaktor 1/2 in diesem Ausdruck ist nichts anderes als eine bequeme Konvention. Beschreibt der Operator zum Beispiel die Wechselwirkungsenergie, die von allen Paaren von Teilchen herrührt, dann beschreiben $\widehat{g}(q, q')$ und $\widehat{g}(q', q)$ dasselbe Paar und liefern denselben Beitrag. Jede Paarwechselwirkung tritt in der Doppelsumme also zweimal auf, so dass der Faktor 1/2 die doppelte Zählung vermeidet. Für einen Zweiteilchenoperator mit $\widehat{g}(q, q') = \widehat{g}(q', q)$ ist es natürlich äquivalent, $\widehat{G}^{(N)}$ in folgender Form zu schreiben:

$$\widehat{G}^{(N)} = \sum_{q<q'}^{N} \widehat{g}(q, q') \tag{C-2}$$

Analog zu den Einteilchenoperatoren definiert Gl. (C-1) symmetrische Operatoren durch ihre Wirkung auf den Teilräumen mit jeweils N Teilchen. Die Definition kann einfach auf den ganzen Fock-Raum ausgedehnt werden, der aus diesen Teilräumen ja durch eine direkte Summe über alle Werte von N entsteht. Wir erhalten so einen allgemeineren Operator $\widehat{G}$, gemäß dem Schema (B-2):

$$\widehat{G}^{(N)}; \quad N = 1, 2 \ldots \quad \Rightarrow \quad \widehat{G} \tag{C-3}$$

C-2 Einfacher Fall: Operatorprodukte

Nehmen wir zunächst an, dass der Operator $\widehat{g}(q, q')$ in ein Produkt faktorisiert werden kann:

$$\widehat{g}(q, q') = \widehat{f}(q)\widehat{h}(q') \tag{C-4}$$

Der Ausdruck (C-1) liefert dann folgenden Operator:

$$\widehat{G}^{(N)} = \frac{1}{2} \sum_{\substack{q,q'=1 \\ q \neq q'}}^{N} \widehat{f}(q)\widehat{h}(q') = \frac{1}{2}\left[\sum_{q=1}^{N} \widehat{f}(q) \sum_{q'=1}^{N} \widehat{h}(q') - \sum_{q=1}^{N} \widehat{f}(q)\widehat{h}(q) \right] \tag{C-5}$$

Auf der rechten Seite erkennen wir ein Produkt aus Einteilchenoperatoren wieder. Mit Gl. (B-11) können wir beide Faktoren durch Erzeuger und Vernichter darstellen:

$$\begin{aligned} \sum_{q=1}^{N} \widehat{f}(q) &= \sum_{i,k} \langle u_i | \widehat{f} | u_k \rangle \; a_i^\dagger a_k \\ \sum_{q'=1}^{N} \widehat{h}(q') &= \sum_{j,l} \langle u_j | \widehat{h} | u_l \rangle \; a_j^\dagger a_l \end{aligned} \tag{C-6}$$

Der letzte Term in den eckigen Klammern von Gl. (C-5) ist bereits ein Einteilchenoperator

$$\sum_{q=1}^{N} \widehat{f}(q)\widehat{h}(q) = \sum_{i,l} \langle u_i|\widehat{f}\,\widehat{h}|u_l\rangle a_i^\dagger a_l \tag{C-7}$$

und so erhalten wir

$$\widehat{G}^{(N)} = \frac{1}{2}\left[\sum_{i,j,k,l} \langle u_i|\widehat{f}\,|u_k\rangle\,\langle u_j|\,\widehat{h}\,|u_l\rangle\left(a_i^\dagger a_k\right)\left(a_j^\dagger a_l\right) - \sum_{i,l} \langle u_i|\widehat{f}\,\widehat{h}\,|u_l\rangle\ a_i^\dagger a_l\right] \tag{C-8}$$

Man benutzt nun die Kommutatorrelationen (A-49), um das Operatorprodukt umzuschreiben:*

$$\left(a_i^\dagger a_k\right)\left(a_j^\dagger a_l\right) = \eta\, a_i^\dagger a_j^\dagger a_k a_l + \delta_{kj}\, a_i^\dagger a_l = a_i^\dagger a_j^\dagger a_l a_k + \delta_{kj}\, a_i^\dagger a_l \tag{C-9}$$

Eingesetzt in (C-8) liefert der Term mit δ_{kj}:

$$\sum_{i,l}\sum_{k} \langle u_i|\widehat{f}|u_k\rangle\langle u_k|\widehat{h}|u_l\rangle\ a_i^\dagger a_l = \sum_{i,l} \langle u_i|\widehat{f}\,\widehat{h}|u_l\rangle\ a_i^\dagger a_l \tag{C-10}$$

und dies hebt sich exakt mit der zweiten Summe in Gl. (C-8) weg. Übrig bleibt damit der einfache Ausdruck

$$\widehat{G}^{(N)} = \frac{1}{2}\sum_{i,j,k,l} \langle u_i|\widehat{f}|u_k\rangle\ \langle u_j|\widehat{h}|u_l\rangle a_i^\dagger a_j^\dagger a_l a_k \tag{C-11}$$

Weil er dieselbe Form in jedem Unterraum mit festem N hat, liefert dieser Ausdruck sofort den Operator $\widehat{G}$, der auf dem gesamten Fock-Raum wirkt.

C-3 Allgemeiner Fall

Wir können einen beliebigen Zweiteilchenoperator $\widehat{g}(q, q')$ immer in eine Summe von Operatorprodukten zerlegen:

$$\widehat{g}(q, q') = \sum_{\alpha,\beta} c_{\alpha,\beta}\widehat{f}_\alpha(q)\widehat{h}_\beta(q') \tag{C-12}$$

Hier werden die Einteilchenoperatoren $\widehat{f}_\alpha(q)$ und $\widehat{h}_\beta(q')$ mit reellen Zahlen $c_{\alpha,\beta}$ multipliziert.[7] Aus dem Ausdruck (C-1) erhalten wir also

$$\widehat{G}^{(N)} = \frac{1}{2}\sum_{\substack{q,q'=1\\ q\neq q'}}^{N} \widehat{g}(q, q') = \frac{1}{2}\sum_{\alpha,\beta} c_{\alpha,\beta}\sum_{q=1}^{N}\sum_{\substack{q'=1\\ q'\neq q}}^{N} \widehat{f}_\alpha(q)\widehat{h}_\beta(q') \tag{C-13}$$

7 Der Zweiteilchenzustandsraum ist das Tensorprodukt von zwei Einteilchenräumen (Kapitel II, § F-4-b). In gleicher Weise ist der Raum der Operatoren, die auf zwei Teilchen wirken, ein Tensorpro-

* Anm. d. Ü.: Die Reihenfolge des Operatorprodukts auf der rechten Seite von Gl. (C-9) wird auch *normale Ordnung* genannt: die Vernichter rechts, die Erzeuger links.

In dieser Linearkombination mit den Koeffizienten $c_{\alpha,\beta}$ hat jeder der Terme genau die Form (C-5) aus dem letzten Abschnitt. Wir können ihn durch Gl. (C-11) ersetzen und finden

$$\widehat{G}^{(N)} = \frac{1}{2} \sum_{\alpha\beta} c_{\alpha,\beta} \sum_{i,j,k,l} \langle u_i|\widehat{f}_\alpha|u_k\rangle\langle u_j|\widehat{h}_\beta|u_l\rangle\, a_i^\dagger a_j^\dagger a_l a_k \tag{C-14}$$

Der Operator auf der rechten Seite hat dieselbe Form in allen Räumen mit N Teilchen, so dass wir bereits das Ergebnis für den Operator $\widehat{G}$ auf dem Fock-Raum gefunden haben. Außerdem erkennen wir unter der Summe über α und β das Matrixelement wieder, das aus Gl. (C-12) folgt:

$$g_{i,j,k,l} = \langle 1:u_i; 2:u_j|\widehat{g}(1,2)|1:u_k; 2:u_l\rangle = \sum_{\alpha,\beta} c_{\alpha,\beta}\langle u_i|\widehat{f}_\alpha|u_k\rangle\langle u_j|\widehat{h}_\beta|u_l\rangle \tag{C-15}$$

Insgesamt haben wir also folgenden Ausdruck gefunden:

$$\boxed{\widehat{G} = \frac{1}{2} \sum_{i,j,k,l} \langle 1:u_i; 2:u_j|\widehat{g}(1,2)|1:u_k; 2:u_l\rangle\, a_i^\dagger a_j^\dagger a_l a_k} \tag{C-16}$$

Auf diese Weise stellt man einen beliebigen Zweiteilchenoperator in symmetrischer Form auf dem Fock-Raum dar.

Wir für die Einteilchenoperatoren beobachten wir auch in Gl. (C-16), dass jeder Term die gleiche Zahl von Erzeugern und Vernichtern enthält. Diese symmetrischen Operatoren verändern also nicht die Gesamtzahl der Teilchen. Etwas anderes wäre freilich von Anfang an nicht zu erwarten gewesen.

C-4 Reduzierter Zweiteilchen-Dichteoperator

Aus der Beziehung (C-16) lesen wir den Mittelwert eines Zweiteilchenoperators ab:

$$\langle\widehat{G}\rangle = \frac{1}{2} \sum_{i,j,k,l} \langle 1:u_i; 2:u_j|\widehat{g}(1,2)|1:u_k; 2:u_l\rangle\, \langle a_i^\dagger a_j^\dagger a_l a_k\rangle \tag{C-17}$$

Dies erinnert an den Mittelwert eines Operators $\widehat{g}(1,2)$ für ein System aus zwei Teilchen, das durch den Dichteoperator $\widehat{\rho}_2(1,2)$ beschrieben wird:

$$\langle\widehat{g}(1,2)\rangle = \sum_{i,j,k,l} \langle 1:u_i; 2:u_j|\widehat{g}(1,2)|1:u_k; 2:u_l\rangle \times \langle 1:u_k; 2:u_l|\widehat{\rho}_2(1,2)|1:u_i; 2:u_j\rangle \tag{C-18}$$

dukt von Operatorräumen, die getrennt auf die beiden Teilchen wirken. So kann man zum Beispiel den Wechselwirkungsoperator für zwei Teilchen in eine Summe von Produkten von zwei Operatoren zerlegen: Der erste Operator ist eine Funktion der einen Teilchenkoordinate, der zweite eine Funktion der anderen Koordinate.

Diese Beobachtung motiviert die Definition des reduzierten Zweiteilchen-Dichteoperators über das Matrixelement

$$\langle 1:u_k;2:u_l|\widehat{\rho}_2|1:u_i;2:u_j\rangle = \langle a_i^\dagger a_j^\dagger a_k a_l\rangle \tag{C-19}$$

In diesem Ausdruck haben wir den Faktor 1/2 aus Gl. (C-17) fallen gelassen, weil es sich herausstellen wird, dass die Normierung von $\widehat{\rho}_2$ so bequemer ist. Die Matrixelemente von $\widehat{\rho}_2$ in der Ortsdarstellung liefern dann sofort die Paardichte sowie die Korrelationsfunktionen des Feldes, die wir in Kapitel XVI, § B-3-b untersuchen werden. Für die Spur von $\widehat{\rho}_2$ erhalten wir

$$\begin{aligned}\mathrm{Tr}\{\widehat{\rho}_2\} &= \sum_{i,j}\langle a_i^\dagger a_j^\dagger a_j a_i\rangle = \sum_{i,j}\langle a_i^\dagger a_i a_j^\dagger a_j - \delta_{ij} a_i^\dagger a_i\rangle \\ &= \langle\widehat{N}(\widehat{N}-1)\rangle\end{aligned} \tag{C-20}$$

Es ist natürlich genauso gut möglich, in der Definition (C-19) von $\widehat{\rho}_2$ durch den Faktor 2 oder sogar durch $\langle\widehat{N}(\widehat{N}-1)\rangle$ zu dividieren. Im zweiten Fall wäre die Spur von $\widehat{\rho}_2$ auf eins normiert.

C-5 Physikalische Interpretation. Teilchenaustausch

Wie in der Einleitung zu diesem Kapitel erwähnt, konnten wir hier Gleichungen entwickeln, aus denen die nummerierten Teilchen, die Permutationen und die (Anti-)Symmetrisierungsvorschriften vollständig verschwunden sind. Sogar die Gesamtzahl N der Teilchen tritt nicht mehr auf. Wir nehmen jetzt die Diskussion aus Kapitel XIV, § D-2 wieder auf, in der wir die Austauschterme besprochen haben; wir werden dies hier in etwas allgemeinerer Form tun können, weil wir die Teilchenzahl N nicht mehr angeben müssen.

C-5-a Zwei Beiträge zur Wechselwirkung

Betrachten wir den in Abb. 1 skizzierten physikalischen Prozess: Zwei Teilchen in den Zuständen $|u_{k_\alpha}\rangle$ und $|u_{k_\beta}\rangle$ gehen durch eine Wechselwirkung in die Zustände $|u_{k_\gamma}\rangle$ und $|u_{k_\delta}\rangle$ über. Wir nehmen an, dass die vier Zustände sich alle unterscheiden. In der

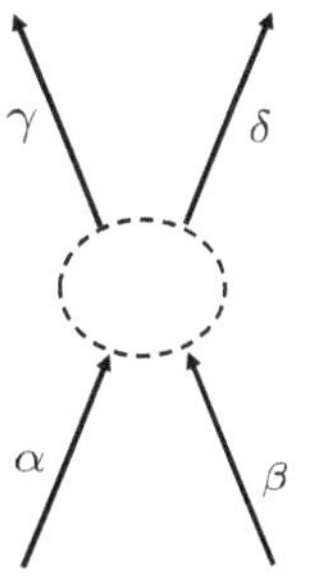

Abb. 1: Eine Wechselwirkung zwischen identischen Teilchen, in der zwei von ihnen, anfangs in den Zuständen $|u_{k_\alpha}\rangle$ und $|u_{k_\beta}\rangle$ (in der Abbildung durch α und β dargestellt), in die Zustände $|u_{k_\gamma}\rangle$ und $|u_{k_\delta}\rangle$ übergehen (γ und δ in der Abbildung).

Summe über i, j, k, l in Gl. (C-16) wird dieser Prozess durch genau die Terme beschrieben, für die der Bra $\langle 1 : u_i; 2 : u_j|$ entweder die Indizes $i = k_\gamma$ und $j = k_\delta$ oder aber umgekehrt $i = k_\delta$ und $j = k_\gamma$ enthält. In gleicher Weise muss der Ket entweder $k = k_\alpha$ und $l = k_\beta$ oder umgekehrt $k = k_\beta$ und $l = k_\alpha$ enthalten. Insgesamt bleiben also vier Terme übrig:

$$\begin{aligned}
&\tfrac{1}{2}\langle 1 : u_{k_\gamma}; 2 : u_{k_\delta}|\hat{g}|1 : u_{k_\alpha}; 2 : u_{k_\beta}\rangle\, a^\dagger_{k_\gamma} a^\dagger_{k_\delta} a_{k_\beta} a_{k_\alpha}\\
&\tfrac{1}{2}\langle 1 : u_{k_\delta}; 2 : u_{k_\gamma}|\hat{g}|1 : u_{k_\beta}; 2 : u_{k_\alpha}\rangle\, a^\dagger_{k_\delta} a^\dagger_{k_\gamma} a_{k_\alpha} a_{k_\beta}\\
&\tfrac{1}{2}\langle 1 : u_{k_\gamma}; 2 : u_{k_\delta}|\hat{g}|1 : u_{k_\beta}; 2 : u_{k_\alpha}\rangle\, a^\dagger_{k_\gamma} a^\dagger_{k_\delta} a_{k_\alpha} a_{k_\beta}\\
&\tfrac{1}{2}\langle 1 : u_{k_\delta}; 2 : u_{k_\gamma}|\hat{g}|1 : u_{k_\alpha}; 2 : u_{k_\beta}\rangle\, a^\dagger_{k_\delta} a^\dagger_{k_\gamma} a_{k_\beta} a_{k_\alpha}
\end{aligned} \tag{C-21}$$

Die Nummern der Teilchen verhalten sich hier allerdings wie stumme Variablen, so dass in (C-21) die ersten beiden Matrixelemente das Gleiche ergeben; genauso gilt das für die anderen beiden Zeilen.* Für die Erzeuger und Vernichter können wir folgende Beziehungen verwenden, die sowohl für Bosonen ($\eta = 1$) als auch für Fermionen ($\eta = -1$) anwendbar sind

$$\begin{aligned}
a^\dagger_{k_\delta} a^\dagger_{k_\gamma} a_{k_\alpha} a_{k_\beta} &= a^\dagger_{k_\gamma} a^\dagger_{k_\delta} a_{k_\beta} a_{k_\alpha}\\
a^\dagger_{k_\gamma} a^\dagger_{k_\delta} a_{k_\alpha} a_{k_\beta} &= a^\dagger_{k_\delta} a^\dagger_{k_\gamma} a_{k_\beta} a_{k_\alpha} = \eta\, a^\dagger_{k_\gamma} a^\dagger_{k_\delta} a_{k_\beta} a_{k_\alpha}
\end{aligned} \tag{C-22}$$

Für Bosonen sind diese Beziehungen trivial, denn man vertauscht nur die Erzeuger untereinander (oder die Vernichter). Für Fermionen antikommutieren die a-Operatoren untereinander und so bekommen wir einen Vorzeichenwechsel, der sich aber wieder weghebt, wenn er zweimal auftritt (etwa wenn auch zwei $a^\dagger$ vertauscht werden). Wir zählen nun den ersten und den letzten Term in (C-21) zusammen, multiplizieren mit zwei und erhalten folgenden Beitrag zum Operator (C-16):

$$\begin{aligned}
a^\dagger_{k_\gamma} a^\dagger_{k_\delta} a_{k_\beta} a_{k_\alpha}\, \big[&\langle 1 : u_{k_\gamma}; 2 : u_{k_\delta}|\hat{g}|1 : u_{k_\alpha}; 2 : u_{k_\beta}\rangle\\
&+\eta\,\langle 1 : u_{k_\delta}; 2 : u_{k_\gamma}|\hat{g}|1 : u_{k_\alpha}; 2 : u_{k_\beta}\rangle\big]
\end{aligned} \tag{C-23}$$

Wir sehen hier zwei Terme, die mit einem relativen Vorzeichen auftreten, das von der Natur (Bosonen oder Fermionen) der identischen Teilchen abhängt. Sie gehören zu zwei unterschiedlichen „Streckenführungen" der einfallenden und ausfallenden Einteilchenzustände (Abb. 2).

Wenn für Bosonen das Produkt aus vier Operatoren in Gl. (C-23) auf einen Ket in der Besetzungszahldarstellung wirkt, erhalten wir die Wurzel

$$\sqrt{n_{k_\alpha} n_{k_\beta} (n_{k_\gamma} + 1)(n_{k_\delta} + 1)} \tag{C-24}$$

* Anm. d. Ü.: Wir verwenden hier, dass die Wechselwirkung symmetrisch ist: $\hat{g}(1, 2) = \hat{g}(2, 1)$.

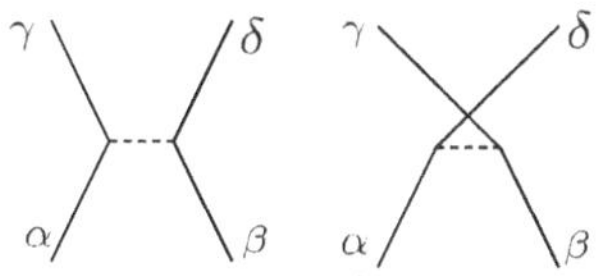

Abb. 2: Schematische Darstellung der beiden Terme in Gl. (C-23). Die beiden Diagramme gehen auseinander hervor, indem man die Zustände γ und δ der Teilchen nach der Wechselwirkung austauscht. Sie beschreiben in gewisser Weise verschiedene Streckenführungen von den einfallenden zu den ausfallenden Zuständen. Die durchgezogenen Linien symbolisieren die freie Ausbreitung der Teilchen, die gestrichelten Linien ihre paarweise Wechselwirkung.

Sind die Besetzungszahlen groß, dann erhöht diese Wurzel deutlich den Wert des Matrixelements. Für Fermionen kann diese Verstärkung nicht auftreten; wenn außerdem die beiden Matrixelemente in Gl. (C-23) gleich sind, dann kompensieren sich der direkte Term (der erste) und der Austauschterm, und die Übergangsamplitude für den Prozess verschwindet.

C-5-b Paarwechselwirkung, direkter Term und Austauschterm

In vielen physikalischen Fragestellungen spielt die mittlere Wechselwirkungsenergie eines N-Teilchen-Systems eine Rolle. Um die Diskussion zu vereinfachen, betrachten wir hier nur spinlose Teilchen (oder, was auf dasselbe hinausläuft, den Fall, dass sich alle Teilchen in demselben Spinzustand befinden, so dass die entsprechende Quantenzahl keine Rolle spielt) und eine reine Paarwechselwirkung. Der Operator $\widehat{W}_{\text{int}}$, der diese Wechselwirkung beschreibt,* ist dann ein diagonaler Operator bezüglich der Basis $\{|\mathbf{r}_1, \mathbf{r}_2, \ldots \mathbf{r}_N\rangle\}$ (Ortseigenzustände für alle Teilchen) und multipliziert jeden dieser Zustände mit der Funktion

$$W_{\text{int}}(\mathbf{r}_1, \mathbf{r}_2, \ldots \mathbf{r}_N) = \sum_{q<q'} W_2(\mathbf{r}_q, \mathbf{r}_{q'}) \tag{C-25}$$

In diesem Ausdruck bestimmt die Funktion $W_2(\mathbf{r}_q, \mathbf{r}_{q'})$ die diagonalen Matrixelemente des Operators $\widehat{W}_2(\mathbf{R}_q, \mathbf{R}_{q'})$, der die Wechselwirkung für das Teilchenpaar (q, q') beschreibt. Um die Matrixelemente dieses Operators in einer beliebigen Basis $|u_k; u_l\rangle$ zu finden, genügt es, eine Vollständigkeitsrelation für die beiden Ortszustände einzusetzen. So erhalten wir

$$\begin{aligned}&\langle 1 : u_i; 2 : u_j|\widehat{W}_2(\mathbf{R}_q, \mathbf{R}_{q'})|1 : u_k; 2 : u_l\rangle \\ &= \int \mathrm{d}^3 r_1 \int \mathrm{d}^3 r_2\; W_2(\mathbf{r}_1, \mathbf{r}_2)\, u_i^*(\mathbf{r}_1) u_j^*(\mathbf{r}_2)\, u_k(\mathbf{r}_1) u_l(\mathbf{r}_2)\end{aligned} \tag{C-26}$$

* Anm. d. Ü.: Der Index „int“ geht auf den englischen/französischen Begriff *interaction* zurück.

α Allgemeiner Ausdruck

Wir ersetzen in Gl. (C-16) den Operator $\widehat{g}(1,2)$ durch $\widehat{W}_{\text{int}}(\mathbf{R}_1, \mathbf{R}_2)$. Wegen (C-26) ergibt sich

$$\widehat{W}_{\text{int}} = \frac{1}{2} \sum_{i,j,k,l} \int \mathrm{d}^3 r_1 \int \mathrm{d}^3 r_2 \; W_2(\mathbf{r}_1, \mathbf{r}_2)\, u_i^*(\mathbf{r}_1) u_j^*(\mathbf{r}_2)\, u_k(\mathbf{r}_1) u_l(\mathbf{r}_2)\, a_i^\dagger a_j^\dagger a_l a_k \tag{C-27}$$

Der Mittelwert der Wechselwirkungsenergie in einem beliebigen normierten Zustand $|\Phi\rangle$ ist demnach von der Form

$$\langle \widehat{W}_{\text{int}} \rangle = \langle \Phi | \widehat{W}_2 | \Phi \rangle = \frac{1}{2} \int \mathrm{d}^3 r_1 \int \mathrm{d}^3 r_2 \; W_2(\mathbf{r}_1, \mathbf{r}_2)\, G_2(\mathbf{r}_1, \mathbf{r}_2) \tag{C-28}$$

Hier ist $G_2(\mathbf{r}_1, \mathbf{r}_2)$ eine räumliche Korrelationsfunktion und wie folgt definiert:

$$G_2(\mathbf{r}_1, \mathbf{r}_2) = \sum_{i,j,k,l} u_i^*(\mathbf{r}_1) u_j^*(\mathbf{r}_2)\, u_k(\mathbf{r}_1) u_l(\mathbf{r}_2)\, \langle \Phi | a_i^\dagger a_j^\dagger a_l a_k | \Phi \rangle \tag{C-29}$$

Wenn die Korrelationsfunktion $G_2(\mathbf{r}_1, \mathbf{r}_2)$ für den Zustand $|\Phi\rangle$ gegeben ist, dann kann man also die mittlere Wechselwirkungsenergie in diesem Zustand direkt berechnen, indem man das doppelte Integral in (C-28) ausführt.

In der Tat ist $G_2(\mathbf{r}_1, \mathbf{r}_2)$ nichts anderes als die *Paardichte* (oder Zweiteilchendichte). Wir werden in Kapitel XVI, § B-3 im Detail sehen, dass $G_2(\mathbf{r}_1, \mathbf{r}_2)$ die Wahrscheinlichkeit angibt, ein Teilchen am Ort $\mathbf{r}_1$ zu finden und ein anderes bei $\mathbf{r}_2$. Diese Deutung macht Gl. (C-28) anschaulich verständlich: Die mittlere Wechselwirkungsenergie ist die Summe von $W_{\text{int}}(\mathbf{r}_1, \mathbf{r}_2)$ über alle Teilchenpaare, gewichtet mit der Wahrscheinlichkeit, an den Orten $\mathbf{r}_1$ und $\mathbf{r}_2$ je ein Teilchen zu finden. (Der Faktor $1/2$ verhindert, dass jedes Paar doppelt gezählt wird.)

β Spezialfall: Fock-Zustände

Nehmen wir nun an, dass der Zustand $|\Phi\rangle$ ein Fock-Zustand ist, also durch seinen Satz von Besetzungszahlen charakterisiert ist:

$$|\Phi\rangle = |n_1 : u_1; n_2 : u_2; \ldots n_i : u_i; \ldots\rangle \tag{C-30}$$

Dann kann man die Mittelwerte

$$\langle \Phi | a_i^\dagger a_j^\dagger a_l a_k | \Phi \rangle \tag{C-31}$$

die in der Korrelationsfunktion (C-29) auftreten, explizit durch die n_i ausdrücken. Wir stellen zunächst fest: Es ist nur der Fall zu betrachten, dass die zwei $a^\dagger$-Operatoren die Teilchen in denselben Zuständen wieder erzeugen, in denen die a-Operatoren sie vernichtet haben. Sonst bewirken die vier Operatoren nämlich, dass der Ket $|\Phi\rangle$ auf einen anderen, orthogonalen Ket abgebildet wird – so dass der Mittelwert dann null ist. Wir haben also zwei Fälle: Entweder gilt paarweise $(i, j) = (k, l)$ oder umgekehrt $(i, j) = (l, k)$. Der Spezialfall, dass alle Indizes gleich sind, kann natürlich auch auftreten. Im ersten Fall nennen wir den entstehenden Ausdruck den *direkten Term*, im zweiten Fall den *Austauschterm*. Wir berechnen diese jetzt explizit.

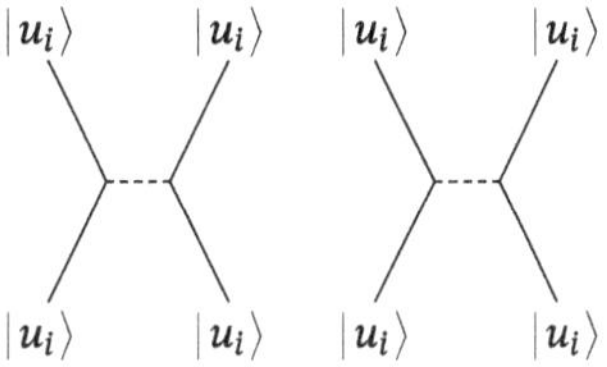

Abb. 3: Symbolische Darstellung eines direkten Terms (links, jedes Teilchen bleibt in seinem Zustand) und eines Austauschterms (rechts, die Teilchen wechseln ihre Zustände). Wie in Abb. 2 stellen die durchgezogenen Linien die freie Ausbreitung der Teilchen dar, die gestrichelte Linie ihre paarweise Wechselwirkung.

1. Direkter Term, $(i, j) = (k, l)$, in Abb. 3 links symbolisch dargestellt. Falls $i = j = k = l$, dann stellen die vier Operatoren in ihrer Wirkung auf $|\Phi\rangle$ denselben Zustand wieder her, multipliziert mit $n_i(n_1 - 1)$. Das Ergebnis ist null für Fermionen. Ist $i \neq j$, dann kann man, ohne das Ergebnis zu ändern, den ersten Operator $a_k = a_i$ an zwei Operatoren vorbeischieben und ihn mit $a_i^\dagger$ zum Anzahloperator $\widehat{n}_i$ kombinieren. Bei Bosonen schiebt man a_k in der Tat an Operatoren vorbei, die mit ihm kommutieren; bei Fermionen liefert das Antikommutieren zwei Vorzeichenwechsel, die sich wegheben. Die Operatoren mit den Indizes j können wir nun zum Anzahloperator $\widehat{n}_j$ zusammenfassen. Insgesamt erhalten wir für den direkten Term
$$G_2^{\text{dir}}(\mathbf{r}_1, \mathbf{r}_2) = \sum_{i \neq j} |u_i(\mathbf{r}_1)|^2 |u_j(\mathbf{r}_1)|^2 n_i n_j + \sum_i |u_i(\mathbf{r}_1)|^2 |u_i(\mathbf{r}_1)|^2 n_i(n_i - 1) \tag{C-32}$$
wobei die letzte Summe bei Fermionen immer verschwindet (es ist entweder $n_i = 0$ oder $n_i = 1$).
2. Austauschterm, $(i, j) = (l, k)$, in Abb. 3 rechts. Den Fall, dass alle vier Indizes zusammenfallen, haben wir schon im direkten Term abgehandelt. Wir wollen nun das Produkt $\widehat{n}_i \widehat{n}_j$ aus dem Ausdruck $a_i^\dagger a_j^\dagger a_i a_j$ erhalten – hier genügt es, die beiden mittleren Operatoren $a_j^\dagger a_i$ zu vertauschen. Wegen $i \neq j$ hat diese Operation keine weiteren Auswirkungen für Bosonen, liefert aber einen Vorzeichenwechsel bei Fermionen (die Operatoren antikommutieren). Wir erhalten also für den Austauschterm den Ausdruck $\eta\, G_2^{\text{ex}}(\mathbf{r}_1, \mathbf{r}_2)$ mit[8]
$$G_2^{\text{ex}}(\mathbf{r}_1, \mathbf{r}_2) = \sum_{i \neq j} n_i n_j \left[u_i^*(\mathbf{r}_1) u_j^*(\mathbf{r}_2)\, u_i(\mathbf{r}_2) u_j(\mathbf{r}_1) \right] \tag{C-33}$$

So haben wir schließlich bewiesen, dass die räumliche Korrelationsfunktion (oder Paardichte) $G_2(\mathbf{r}_1, \mathbf{r}_2)$ in eine Summe aus dem direkten und dem Austauschterm zerfällt:
$$G_2(\mathbf{r}_1, \mathbf{r}_2) = G_2^{\text{dir}}(\mathbf{r}_1, \mathbf{r}_2) + \eta\, G_2^{\text{ex}}(\mathbf{r}_1, \mathbf{r}_2) \tag{C-34}$$
wobei daran zu erinnern ist, dass das Vorzeichen η vor dem Austauschterm den Wert +1 für Bosonen und −1 für Fermionen hat. Der direkte Term enthält nur Produkte von Wahrscheinlichkeitsdichten $|u_i(\mathbf{r}_1)|^2 |u_j(\mathbf{r}_1)|^2$, die man den Einteilchenzuständen $u_i(\mathbf{r}_1)$ und $u_j(\mathbf{r}_2)$ zuordnen kann; wir können ihn einfach als den Beitrag nicht

8 Die übliche Bezeichnung „ex" für den Austauschterm geht auf das englische Wort *exchange* zurück.

korrelierter Teilchen interpretieren.* Allerdings muss man noch den Austauschterm addieren, der mathematisch verwickelter ist. Er beschreibt die Korrelationen, die charakteristisch für die Ununterscheidbarkeit der Teilchen sind (der Vielteilchenzustand ist entweder symmetrisch oder antisymmetrisch) – und die selbst dann existieren, wenn keine Wechselwirkung zwischen den Teilchen vorliegt. Man nennt diese Korrelationen manchmal *statistische Korrelationen.* In der Ergänzung A_{XVI} werden wir ihre Ortsabhängigkeit genauer untersuchen.

Zusammenfassung

Die Erzeugungs- und Vernichtungsoperatoren, die in diesem Kapitel eingeführt worden sind, liefern eine kompakte und allgemeine Darstellung von Operatoren, die auf eine beliebige Zahl N von Teilchen wirken. In dieser Darstellung ist das Durchnummerieren von Teilchen spurlos verschwunden, dagegen tauchen die Besetzungszahlen der Einteilchenzustände auf. Auf diese Weise werden Berechnungen für N-Teilchen-Systeme vereinfacht, in denen N identische Bosonen oder Fermionen in Wechselwirkung treten. Es fällt mit diesem Zugang auch leichter, bestimmte Näherungen durchzuführen, zum Beispiel die *Molekularfeldnäherung* (engl.: *mean field approximation*) in der Hartree-Fock-Methode (Ergänzung D_{XV}).

Wir haben gezeigt, dass dieser Zugang vollständig gleichwertig zu demjenigen ist, in dem das Verhalten von nummerierten Teilchen unter Teilchenaustausch explizit berücksichtigt wird. In einer Reihe von physikalischen Anwendungen ist es wichtig, diese Verbindung genau zu verstehen. Obwohl der Formalismus der Erzeuger und Vernichter sehr leistungsfähig ist, kann es manchmal nützlich oder sogar unverzichtbar sein, das Nummerieren der Teilchen beizubehalten. Dies geschieht oft in numerischen Rechnungen, denn Computer sind besser dafür geeignet, mit Zahlen und gewöhnlichen Funktionen als mit Operatoren zu rechnen. In diesen Funktionen muss man dann die Teilchen sorgfältig durchzählen und anschließend ihre Wellenfunktionen (anti-)symmetrisieren.

Wir haben in diesem Kapitel nur solche Erzeuger und Vernichter betrachtet, die mit einem diskreten Index abgezählt werden können – dies ist eine Folge unserer Wahl einer diskreten Basis $\{|u_i\rangle\}$ oder $\{|v_j\rangle\}$ für die Einteilchenzustände. Andere Basen können natürlich auch verwendet werden, wie die Ortseigenzustände $\{|\mathbf{r}\rangle\}$ eines spinlosen Teilchens. Die Erzeugungs- und Vernichtungsoperatoren hängen dann von einen kontinuierlichen Index $\mathbf{r}$ ab. Auf diese Weise entstehen operatorwertige Felder, die an jedem Punkt im Raum definiert sind. Man nennt sie *Feldoperatoren*, und wir werden sie im nächsten Kapitel untersuchen.

* Anm. d. Ü.: Für nicht korrelierte Teilchen zerfällt die Paardichte in ein Produkt von Einteilchendichten. In diesem Fall sind die beiden Teilchen unabhängig voneinander, wenn man die Ein- und Zweiteilchendichten als Wahrscheinlichkeiten auffasst.

Übersicht über die Ergänzungen zu Kapitel XV

A_{XV}	**Teilchen und Löcher**	In einem idealen Gas von Fermionen kann man Erzeugungs- und Vernichtungsoperatoren für Löcher (fehlendes Teilchen) definieren, die den Grundzustand auf angeregte Zustände abbilden. Dieser Begriff ist in der Festkörperphysik wichtig. Diese Ergänzung ist in gewisser Weise ein einfacher Vorspann zu E_{XV}. (*Elementare Übung mit den Erzeugungs- und Vernichtungsoperatoren.*)
B_{XV}	**Ideale Fermi- und Bose-Gase. Quantenstatistik**	Wir betrachten ein ideales Gas von Fermionen oder Bosonen im thermischen Gleichgewicht und führen Verteilungsfunktionen ein, die die physikalischen Eigenschaften eines Teilchens oder eines Teilchenpaars bestimmen. Diese Verteilungen werden in mehreren Ergänzungen verwendet, insbesondere in G_{XV} und H_{XV}. Wir führen das Phänomen der Bose-Einstein-Kondensation von Bosonen ein und diskutieren die Zustandsgleichung für zwei Typen von Teilchen. (*Erklärt an Hand einfacher Beispiele grundlegende Begriffe, die im Folgenden immer wieder verwendet werden.*)
		In den folgenden vier Ergänzungen beschreiben wir das Verhalten von wechselwirkenden Teilchen mit Hilfe eines gemittelten Potentials (auch Molekularfeld genannt), das die anderen Teilchen erzeugen. Dies ist eine wichtige Anwendung der Molekularfeldtheorie, die in weiten Bereichen der Physik und Chemie nützlich ist.
C_{XV}	**Kondensierte Bosonen. Gross-Pitaevskii-Gleichung**	Die Ergänzung C_{XV} zeigt, wie man über eine Variationsmethode den Grundzustand eines Systems von wechselwirkenden Bosonen bestimmen kann. Das System wird durch eine Einteilchen-Wellenfunktion beschrieben, in der sich alle Teilchen des Systems sammeln. Diese Wellenfunktion ist eine Lösung der Gross-Pitaevskii-Gleichung. (*Einfacher Fall des Variationsverfahrens.*)
D_{XV}	**Zeitabhängige Gross-Pitaevskii-Gleichung**	In D_{XV} wird die vorhergehende Ergänzung auf den Fall verallgemeinert, dass die Gross-Pitaevskii-Wellenfunktion von der Zeit abhängt. Wir erhalten das (Bogoliubov-)Spektrum der Anregungen und diskutieren die Stabilität von supraflüssigen Strömungen. (*Technisch etwas schwieriger.*)

E_{XV}	**Wechselwirkende Fermionen. Hartree-Fock-Verfahren**	Ein System von wechselwirkenden Fermionen kann mit Hilfe einer Variationsmethode behandelt werden, der Hartree-Fock-Näherung, die eine wesentliche Rolle in der Atom-, Molekül- und Festkörperphysik spielt. In dieser Näherung werden die Wechselwirkungen eines jeden Teilchens mit allen anderen durch ein gemitteltes Feld (oder Molekularfeld) ersetzt, das die anderen Teilchen erzeugen. Man vernachlässigt zwar die durch Wechselwirkungen zwischen Teilchen entstehenden Korrelationen, aber die Ununterscheidbarkeit der Fermionen wird exakt berücksichtigt. Die Genauigkeit der Energieniveaus des Systems, die mit der Hartree-Fock-Näherung erreicht wird, ist in vielen Fällen bereits zufriedenstellend. (*Methodisch etwas aufwendiger, lohnt den Aufwand.*)
F_{XV}	**Zeitabhängiges Hartree-Fock-Verfahren**	Für Systeme von Fermionen treten häufig zeitabhängige Fragestellungen auf, zum Beispiel die Bewegung der Elektronen eines Moleküls unter der Wirkung eines oszillierenden elektrischen Felds. Auch auf solche Probleme kann die Molekularfeldnäherung nach Hartree und Fock angewendet werden. Man erhält einen Satz von gekoppelten Bewegungsgleichungen, in denen ein Hartree-Fock-Potential auftaucht, das demjenigen eines zeitunabhängigen Problems sehr ähnlich ist. (*Ähnliche Technik wie im Schritt von Ergänzung C_{XV} nach D_{XV}.*)

		Mit der Molekularfeldnäherung kann man auch den thermischen Gleichgewichtszustand von wechselwirkenden Fermionen oder Bosonen beschreiben. Die Variationsmethode besteht darin, einen Ansatz für den Einteilchen-Dichteoperator zu optimieren. Mit ihrer Hilfe kann man eine Reihe von Ergebnissen für das ideale Gas (Ergänzung B_{XV}) auf den Fall wechselwirkender Teilchen verallgemeinern.
G_{XV}	**Hartree-Fock-Verfahren im thermischen Gleichgewicht**	Mit Hilfe der Variationsrechnung gelingt es, einen Ansatz für den Dichteoperator bei endlichen Temperaturen zu optimieren. Man erhält einen Satz von selbstkonsistenten Hartree-Fock-Gleichungen, die von derselben Struktur wie die aus der Ergänzung E_{XV} sind. Daraus wird ein Näherungswert für das thermodynamische Potential gewonnen. (*Mittlere Schwierigkeit.*)
H_{XV}	**Anwendung: Wechselwirkende Fermi- und Bose-Gase**	In dieser Ergänzung werden verschiedene Anwendungen der in Ergänzung G_{XV} entwickelten Methode vorgestellt: die spontane Magnetisierung eines Systems von sich abstoßenden Fermionen, die Zustandsgleichung für Bosonen und eine Instabilität bei Bosonen mit einer anziehenden Wechselwirkung. (*Nicht sehr technisch, betont die physikalische Interpretation.*)

Ergänzung A_{XV}
Teilchen und Löcher

Die Festkörperphysik verwendet häufig Erzeugungs- und Vernichtungsoperatoren, und die Begriffe von Teilchen und Loch spielen dort eine zentrale Rolle. Dies betrifft besonders Metalle und Halbleiter, wo man zum Beispiel davon spricht, dass durch die Absorption eines Photons ein Elektron-Loch-Paar entsteht. Ein „Loch" bezeichnet die Abwesenheit eines Teilchens, es hat allerdings ähnliche Eigenschaften wie ein Teilchen: eine Masse, einen Impuls, eine Energie. Die Löcher sind derselben Fermi-Statistik unterworfen wie die Elektronen, die sie ersetzen. Indem man Erzeugungs- und Vernichtungsoperatoren verwendet, kann man besser verstehen, wie der Begriff des Lochs zu rechtfertigen ist. Wir werden das an dem einfachen Beispiel eines Gases von Teilchen durchführen, die sich frei und ohne Wechselwirkung bewegen. Die Idee kann aber auch auf den Fall von Teilchen in einem Potential verallgemeinert werden: dies kann ein äußeres Potential sein oder das mittlere Potential, das in der Hartree-Fock-Näherung die Wechselwirkung unter den Teilchen beschreibt.

1 Grundzustand eines idealen Fermi-Gases

Wir betrachten ein System von Fermionen ohne Wechselwirkung und interessieren uns für seinen Grundzustand. Zur Vereinfachung nehmen wir an, dass sich alle Fermionen im gleichen Spinzustand befinden, denn dann müssen wir keine Spinindizes mitführen (die Verallgemeinerung auf mehrere Spinzustände stellt allerdings keine besondere Schwierigkeit dar). Wie wir in der Ergänzung C_{XIV} gesehen haben, sind im Grundzustand dieses Systems die Besetzungszahlen aller Einteilchenzustände mit einer Energie kleiner als die Fermi-Energie E_F gleich 1, alle anderen Einteilchenzustände sind unbesetzt. Im Impulsraum sind alle Einteilchenzustände mit einem Wellenvektor $\mathbf{k}$ innerhalb einer Kugel mit Radius k_F (der *Fermi-Kugel*) besetzt; dieser Radius ist durch

$$\frac{\hbar^2 (k_F)^2}{2m} = E_F = \frac{\hbar^2}{2m} \left[\frac{6\pi^2 N}{L^3} \right]^{2/3} \tag{1}$$

gegeben[1], wobei wir die Notation aus Gl. (7) in der Ergänzung C_{XIV} verwendet haben: E_F ist die Fermi-Energie, proportional zur Teilchendichte hoch $2/3$, und L die Länge

1 In der Ergänzung C_{XIV} haben wir angenommen, dass beide Spinzustände des Elektronengases besetzt sind. Dies ist hier nicht der Fall, deswegen enthält die eckige Klammer in Gl. (1) einen Faktor $6\pi^2 N$ statt $3\pi^2 N$.

https://doi.org/10.1515/9783110649130-002

des Würfels, in dem sich N Teilchen befinden. Im Grundzustand sind alle Zustände im Inneren der Fermi-Kugel besetzt und umgekehrt alle Zustände außerhalb der Kugel sind leer. Benutzen wir als Basis die ebenen Wellen, hier über den Wellenvektor **k** indiziert: $\{|\mathbf{k}\rangle\}$, dann sind die Besetzungszahlen

$$\begin{aligned} n_{\mathbf{k}} &= 1 \quad \text{falls } |\mathbf{k}| \leq k_{\mathrm{F}} \\ n_{\mathbf{k}} &= 0 \quad \text{falls } |\mathbf{k}| > k_{\mathrm{F}} \end{aligned} \tag{2}$$

In einem makroskopischen System ist die Anzahl der besetzten Zustände sehr groß, vergleichbar mit der Loschmidt-Avogadro-Zahl ($\simeq 10^{23}$). Die Energie des Grundzustands ist

$$E_0 = \sum_{|\mathbf{k}|\leq k_{\mathrm{F}}} e_{\mathbf{k}} \rightarrow \left(\frac{L}{2\pi}\right)^3 \int_{|\mathbf{k}|\leq k_{\mathrm{F}}} \mathrm{d}^3k\, e_{\mathbf{k}} \tag{3}$$

mit

$$e_{\mathbf{k}} = \frac{\hbar^2 (k_i)^2}{2m} \tag{4}$$

Die Summe in Gl. (3) über die **k** muss man als eine Summe über alle Werte von **k** verstehen, die mit den periodischen Randbedingungen in dem Volumen L^3 verträglich sind und deren Länge kleiner oder gleich k_{F} ist.*

2 Neue Definition der Erzeugungs- und Vernichtungsoperatoren

Die zentrale Idee ist es, den Grundzustand des Fermi-Gases als neues „Vakuum" $|\tilde{0}\rangle$ zu betrachten. Die neuen Erzeugungsoperatoren erzeugen aus diesem Vakuum angeregte Zustände des Systems. Deswegen definieren wir

$$\begin{aligned} &\text{falls } |\mathbf{k}| \leq k_{\mathrm{F}}: \quad \begin{cases} b_{\mathbf{k}}^{\dagger} = a_{\mathbf{k}} \\ b_{\mathbf{k}} = a_{\mathbf{k}}^{\dagger} \end{cases} \\ &\text{falls } |\mathbf{k}| > k_{\mathrm{F}}: \quad \begin{cases} c_{\mathbf{k}} = a_{\mathbf{k}} \\ c_{\mathbf{k}}^{\dagger} = a_{\mathbf{k}}^{\dagger} \end{cases} \end{aligned} \tag{5}$$

Außerhalb der Fermi-Kugel sind die neuen Operatoren $c_{\mathbf{k}}^{\dagger}$ und $c_{\mathbf{k}}$ gewöhnliche Erzeugungs- und Vernichtungsoperatoren für ein Teilchen in einem Impulszustand, der im Grundzustand nicht besetzt ist. Im Inneren der Fermi-Kugel sind die Rollen vertauscht. Nach Anwenden des Operators $b_{\mathbf{k}}^{\dagger}$ fehlt ein Teilchen: Eine solche Fehlstelle nennen wir „Loch". Der adjungierte Operator $b_{\mathbf{k}}$ besetzt den Zustand erneut, so

* Anm. d. Ü.: Der Integralausdruck in Gl. (3) ist für ein makroskopisches Volumen L^3 anwendbar, für das die diskreten **k** praktisch dicht in der Fermi-Kugel liegen.

dass das Loch „gestopft“ (vernichtet) wird. Die Antivertauschungsrelationen der neuen Operatoren:

$$\begin{aligned}[b_{\mathbf{k}}, b_{\mathbf{k}'}]_+ &= \left[b_{\mathbf{k}}^\dagger, b_{\mathbf{k}'}^\dagger\right]_+ = 0 \\ \left[b_{\mathbf{k}}, b_{\mathbf{k}'}^\dagger\right]_+ &= \delta_{\mathbf{k},\mathbf{k}'}\end{aligned} \tag{6}$$

sowie

$$\begin{aligned}[c_{\mathbf{k}}, c_{\mathbf{k}'}]_+ &= \left[c_{\mathbf{k}}^\dagger, c_{\mathbf{k}'}^\dagger\right]_+ = 0 \\ \left[c_{\mathbf{k}}, c_{\mathbf{k}'}^\dagger\right]_+ &= \delta_{\mathbf{k},\mathbf{k}'}\end{aligned} \tag{7}$$

sind ganz leicht zu überprüfen; sie sind dieselben wie bei gewöhnlichen fermionischen Teilchen.* Für die gemischten Antivertauschungsrelationen erhält man noch:

$$\left[c_{\mathbf{k}}, b_{\mathbf{k}'}^\dagger\right]_+ = \left[c_{\mathbf{k}}^\dagger, b_{\mathbf{k}'}\right]_+ = [c_{\mathbf{k}}, b_{\mathbf{k}'}]_+ = \left[c_{\mathbf{k}}^\dagger, b_{\mathbf{k}'}^\dagger\right]_+ = 0\,. \tag{8}$$

3 Der Vakuumzustand der Anregungen

Nehmen wir einmal an, dass wir von diesem neuen Standpunkt aus einen Vernichtungoperator $b_{\mathbf{k}}$ auf das „neue Vakuum“ $|\tilde{0}\rangle$ anwenden: Dies muss null ergeben, denn man kann kein Loch vernichten, das es nicht gibt. In unserem früheren Bild läuft dies wegen Gl. (5) daraus hinaus, den Erzeugungsoperator $a_{\mathbf{k}}^\dagger$ auf einen Zustand anzuwenden, in dem der Einteilchenzustand $|\mathbf{k}\rangle$ bereits besetzt ist – so dass das Ergebnis null ist, wie es wegen des Pauli-Prinzips auch sein muss. Dagegen liefert die Anwendung des Erzeugers $b_{\mathbf{k}}^\dagger$ mit $|\mathbf{k}| \le k_{\mathrm{F}}$ nicht null: Im früheren Bild wird ein Teilchen in einem besetzten Zustand vernichtet; im neuen Bild wird ein Loch erzeugt, das es vorher nicht gab. Die beiden Standpunkte sind also miteinander konsistent.

Statt von Teilchen und Löchern kann man auch von Anregungen oder *Quasiteilchen* sprechen. Der Erzeugungsoperator für eine Anregung $|\mathbf{k}| \le k_{\mathrm{F}}$ ist $b_{\mathbf{k}}^\dagger$, der ein Loch erzeugt; der Erzeuger für eine Anregung mit $|\mathbf{k}| > k_{\mathrm{F}}$ ist $c_{\mathbf{k}}^\dagger$, der ein Teilchen erzeugt. Das frühere Vakuum ist ein gemeinsamer Eigenvektor aller Vernichtungsoperatoren (mit Eigenwert null); analog dazu erscheint das neue Vakuum $|\tilde{0}\rangle$ als ein gemeinsamer Eigenvektor aller Vernichtungsoperatoren für Anregungen. Die voll besetzte Fermi-Kugel kann also als das *Vakuum der Quasiteilchen* aufgefasst werden.

Da es im idealen Gas keine Wechselwirkungen zwischen den Teilchen gibt, kann der Hamilton-Operator des Systems folgendermaßen aufgeschrieben werden:

$$\widehat{H} = \sum_{\mathbf{k}} e_{\mathbf{k}} n_{\mathbf{k}} = \sum_{\mathbf{k}} e_{\mathbf{k}} a_{\mathbf{k}}^\dagger a_{\mathbf{k}} = \sum_{|\mathbf{k}| \le k_{\mathrm{F}}} e_{\mathbf{k}} b_{\mathbf{k}} b_{\mathbf{k}}^\dagger + \sum_{|\mathbf{k}| > k_{\mathrm{F}}} e_{\mathbf{k}} c_{\mathbf{k}}^\dagger c_{\mathbf{k}} \tag{9}$$

was wegen der Antivertauschungsrelationen zwischen $b_{\mathbf{k}}$ und $b_{\mathbf{k}}^\dagger$ dasselbe ist wie

$$\widehat{H} - E_0 = - \sum_{|\mathbf{k}| \le k_{\mathrm{F}}} e_{\mathbf{k}} b_{\mathbf{k}}^\dagger b_{\mathbf{k}} + \sum_{|\mathbf{k}| > k_{\mathrm{F}}} e_{\mathbf{k}} c_{\mathbf{k}}^\dagger c_{\mathbf{k}} \tag{10}$$

* Anm. d. Ü.: Man beachte, dass diese Konstruktion nicht auf Bosonen anwendbar ist: Unter Austausch von Erzeugern und Vernichtern ändert sich das Vorzeichen des Kommutators.

Hier ist E_0 die Grundzustandsenergie aus Gl. (3); sie verschiebt einfach den Energienullpunkt für alle Zustände des Systems. Man sieht aus Gl. (10), dass die Löcher (die Anregungen mit $|\mathbf{k}| \leq k_F$) eine negative Energie haben: Dies gibt den Umstand wieder, dass sie fehlende Teilchen darstellen. Um ausgehend vom Grundzustand die Energie des Systems zu erhöhen (bei konstanter Gesamtzahl der Teilchen), wendet man auf ihn den Operator $b^\dagger_{\mathbf{k}} c^\dagger_{\mathbf{k}'}$ an, der sowohl ein Teilchen als auch ein Loch erzeugt; die Energie des Systems ändert sich um die Größe $e_{\mathbf{k}'} - e_{\mathbf{k}}$.* Um umgekehrt die Energie des Systems zu verringern, wendet man den adjungierten Operator $c_{\mathbf{k}'} b_{\mathbf{k}}$ an.†

Bemerkungen:

1. Wir haben den Begriff des Lochs im Zusammenhang von freien Teilchen eingeführt, aber nichts in unseren Überlegungen beruht darauf, dass das Einteilchen-Energiespektrum in Gl. (4) quadratisch ist. In der Halbleiterphysik zum Beispiel hat man es häufig mit Teilchen zu tun, die sich in einem periodischen Potential bewegen. Sie besetzen Zustände, die das *Valenzband* bilden, wenn ihre Energie unterhalb des Fermi-Niveaus liegt, während die anderen Zustände das *Leitungsband* bilden, das vom Valenzband durch eine Energielücke (engl. *gap*) getrennt ist. Die Absorption eines Photons mit einer Energie größer als diese Lücke erzeugt dann ein „Elektron-Loch-Paar", das man mit dem Operator $b^\dagger_{\mathbf{k}} c^\dagger_{\mathbf{k}'}$ aus dem hier vorgestellten Formalismus gut beschreiben kann.
Eine ähnliche Situation ergibt sich im Rahmen der relativistischen Wellengleichung von Dirac, in der zwei kontinuierliche Energiespektren auftreten: einerseits die Energien oberhalb der Ruheenergie mc^2 (m ist die Elektronenmasse und c die Lichtgeschwindigkeit), die Elektronen beschreiben, und andererseits ein Kontinuum von negativen Energien kleiner als $-mc^2$, die dem Positron zugeordnet werden (dem Antiteilchen des Elektrons, mit einer positiven Ladung). Die Energieeigenwerte sind relativistisch und unterscheiden sich also von Gl. (4), und zwar schon in beiden Kontinua. Die oben eingeführten Konzepte bleiben allerdings anwendbar, und die Operatoren $b^\dagger_{\mathbf{k}}$ und $b_{\mathbf{k}}$ beschreiben nun jeweils das Erzeugen und Vernichten eines Positrons. Die Dirac-Gleichung führt freilich zu einigen Schwierigkeiten, inbesondere weil sie eine unendliche Zahl von Zuständen mit negativer Energie vorhersagt, die man alle als besetzt annehmen muss, um Probleme zu vermeiden.‡ Erst der Formalismus der Quantenfeldtheorie führt zu einer besseren Behandlung dieses relativistischen Problems.

2. Ein beliebiger Fock-Zustand $|\Phi\rangle$ mit N Teilchen muss nicht notwendigerweise der Grundzustand sein, um formal die Rolle des „Vakuums der Quasiteilchen" zu spielen. Es reicht aus, die Erzeuger eines Lochs (also einer Anregung) mit denjenigen Vernichtungsoperatoren zu identifizieren, die im Zustand $|\Phi\rangle$ zu den besetzten Einteilchenzuständen gehören. Die Loch-Vernichter werden dazu analog eingeführt. Der Zustand $|\Phi\rangle$ wird damit zu einem gemeinsamen Eigenvektor aller Vernichtungsoperatoren. Diese Konstruktion ist manchmal im Zusammenhang mit dem Wick-Theorem nützlich (Ergänzung C_{XVI}). In Kapitel XVII, § A werden wir uns ein anderes Beispiel für ein Vakuum von Quasiteilchen ansehen: In jenem Fall werden die neuen Vernichter nicht ausgehend von Einteilchenzuständen, sondern von Zuständen mit Teilchenpaaren definiert.

---

* Anm. d. Ü.: In der Tat ist dies eine positive Energiedifferenz: e_j liegt oberhalb und e_i unterhalb der Fermi-Energie.

† Anm. d. Ü.: Was natürlich nur für angeregte Zustände ein sinnvolles Ergebnis liefert. Das Vakuum der Anregungen wird so vernichtet.

‡ Anm. d. Ü.: Wegen des Kontinuums negativer Energien hätte die Dirac-Theorie sonst keinen Grundzustand.

Ergänzung B_{XV}

Ideale Fermi- und Bose-Gase. Quantenstatistik

In dieser Ergänzung widmen wir uns den Mittelwerten von Ein- und Zweiteilchenoperatoren eines idealen Gases, das sich im thermischen Gleichgewicht befindet. Wir werden hier einige nützliche Eigenschaften der Fermi-Dirac- und Bose-Einstein-Verteilungen diskutieren, die wir in Kapitel XIV schon kurz eingeführt hatten.

Um das thermische Gleichgewicht zu beschreiben, benutzt man in der statistischen Mechanik häufig das großkanonische Ensemble, in dem die Zahl der Teilchen fluktuieren kann; ihr Mittelwert wird durch das chemische Potential μ eingestellt (vgl. den Anhang VI, in dem einige Begriffe zusammen gestellt sind, die für die Lektüre dieser Ergänzung nützlich sein können). Das chemische Potential spielt für die Teilchenzahl eine ähnliche Rolle wie die inverse Temperatur β für die Energie. In der statistischen Mechanik von quantenmechanischen Systemen ist der Fock-Raum besonders gut für das großkanonische Ensemble geeignet, weil er es sehr bequem erlaubt, die Gesamtzahl der Teilchen zu verändern. Wir werden in der Tat sehen, dass das Berechnen der Mittelwerte von symmetrischen Ein- und Zweiteilchenoperatoren eines Systems identischer Teilchen im thermischen Gleichgewicht eine konkrete Anwendung der Ergebnisse aus den §B und §C in Kapitel XV darstellt.

Wir beginnen in §1 mit dem Dichteoperator für Teilchen ohne Wechselwirkung und werden in den Abschnitten 2 und 3 sehen, dass die Mittelwerte von symmetrischen Operatoren vollständig über die Verteilungsfunktionen nach Fermi-Dirac bzw. Bose-Einstein ausgedrückt werden können. Deren Anwendungsbereich und Wichtig-

https://doi.org/10.1515/9783110649130-003

keit werden dadurch erweitert. In § 5 untersuchen wir die Zustandsgleichung eines idealen Fermi- oder Bose-Gases, das sich bei der Temperatur T in einem Volumen $\mathcal{V}$ befindet.*

1 Großkanonische Beschreibung eines Systems ohne Wechselwirkungen

Wir erinnern zu Beginn dran, wie die statistische Mechanik ein ideales Gas (Teilchen ohne Wechselwirkungen) im großkanonischen Ensemble beschreibt. Weitere Einzelheiten dazu findet man im Anhang VI, § 1-c.

1-a Dichteoperator

Der großkanonische Dichteoperator wird durch die Gleichungen (42) und (43) aus Anhang VI gegeben:†

$$\widehat{\rho}_{\text{eq}} = \frac{1}{Z} \mathrm{e}^{-\beta(\widehat{H}-\mu\widehat{N})} \tag{1}$$

Er ist so normiert, dass seine Spur gleich eins ist. Hier ist Z die großkanonische Zustandssumme

$$Z = \mathrm{Tr}\left\{\mathrm{e}^{-\beta(\widehat{H}-\mu\widehat{N})}\right\} \tag{2}$$

In diesen Ausdrücken ist $\beta = 1/(k_{\mathrm{B}}T)$ die inverse absolute Temperatur (mit der Boltzmann-Konstanten k_{B}) und μ das chemische Potential (dessen Wert durch ein Teilchenreservoir festgelegt werden kann). Die Operatoren $\widehat{H}$ und $\widehat{N}$ sind jeweils der Hamilton-Operator und der Gesamt-Teilchenzahloperator des Systems, wobei der letztere in Gl. (B-15) in Kapitel XV definiert wurde.

Wir nehmen an, dass es keine Wechselwirkung zwischen den Teilchen gibt. Der Hamilton-Operator $\widehat{H}$ ist dann wie in Kapitel XV, Gl. (B-1) eine Summe aus Einteilchenoperatoren. In jedem Unterraum mit festem Wert N der Teilchenzahl gilt dann

$$\widehat{H} = \sum_{q=1}^{N} \widehat{h}(q) \tag{3}$$

Sei $\{|u_k\rangle\}$ die Basis der Einteilchenzustände, die Eigenzustände zum Operator $\widehat{h}$ sind. Die Erzeugungs- und Vernichtungsoperatoren für ein Teilchen in diesen Zuständen

* Anm. d. Ü.: In diesem Band verwenden wir die Notation $\mathcal{V}$ für das Volumen, während die potentielle Energie $\widehat{V}$ geschrieben wird.

† Anm. d. Ü.: Der Index „eq“ steht für einen Zustand im thermodynamischen Gleichgewicht (engl.: *thermal equilibrium*).

notieren wir $a_k^\dagger$ und a_k, so dass wir für $\widehat{H}$ einen Ausdruck wie in Gl. (B-14) erhalten:

$$\widehat{H} = \sum_k e_k\, a_k^\dagger a_k = \sum_k e_k\, \widehat{n}_k \tag{4}$$

wobei e_k die Eigenwerte von $\widehat{h}$ sind. Man kann den Dichteoperator (1) auch in folgender Form aufschreiben:

$$\widehat{\rho}_{\text{eq}} = \frac{1}{Z}\mathrm{e}^{-\beta\sum_k(e_k-\mu)a_k^\dagger a_k} = Z^{-1}\bigotimes_k \mathrm{e}^{-\beta(e_k-\mu)a_k^\dagger a_k} \tag{5}$$

wobei $\bigotimes_k$ ein Tensorprodukt beschreibt, das im nächsten Absatz erklärt wird. Wir wollen nun die Mittelwerte von allen Ein- und Zweiteilchenoperatoren bestimmen, wenn das Gesamtsystem durch den Dichteoperator (5) beschrieben wird.

1-b Großkanonische Zustandssumme und Potential

In der statistischen Mechanik des großkanonischen Ensembles wird das *großkanonische Potential* (engl.: *grand potential*) als der (natürliche) Logarithmus der Zustandssumme eingeführt, multipliziert mit $-k_\mathrm{B}T$ (s. Anhang VI, § 1-c-β):*

$$\Phi = -k_\mathrm{B}T\,\log Z \tag{6}$$

Die Zustandssumme Z ist durch Gl. (2) gegeben. Die Spur in jener Gleichung kann man bequem in der Basis der Fock-Zustände ausrechnen, die von den Einteilchenzuständen $\{|u_k\rangle\}$ erzeugt werden. In der Tat ist die Spur eines Tensorprodukts von Operatoren einfach das Produkt der Spuren von jedem einzelnen Operator (s. Kapitel II, § F-2-b). Nun hat der Fock-Raum die Struktur eines Tensorprodukts aus den Unterräumen, die zu jedem Einteilchenzustand $|u_k\rangle$ gehören und von den Kets mit einer Besetzungszahl $n_k = 0, 1 \ldots$ erzeugt werden, s. die Bemerkung 1 in Kapitel XV, § A-1-c. Es genügt also, das Produkt der Spuren über alle diese Zustandsräume zu berechnen. Für ein festes k summieren wir über alle Werte von n_k. Das anschließende Multiplizieren von allen k liefert dann

$$Z = \prod_k \sum_{n_k} \exp\left[-\beta n_k\,(e_k - \mu)\right] \tag{7}$$

α Fermionen

In diesem Fall haben die Besetzungszahlen nur die Werte $n_k = 0, 1$ (Pauli-Prinzip: zwei Fermionen können niemals denselben Einteilchenzustand besetzen). Die

* Anm. d. Ü.: In dieser Ergänzung ist mit log immer der natürliche Logarithmus gemeint. Das großkanonische Potential (6) wird in der deutschen und englischen Literatur auch mit Ω notiert.

Zustandssumme ist also (Index F für Fermionen)

$$Z_F = \prod_k \left[1 + e^{-\beta(e_k - \mu)}\right] \tag{8}$$

und das großkanonische Potential

$$\Phi_F = -k_B T \sum_k \log\left[1 + e^{-\beta(e_k - \mu)}\right] \tag{9}$$

Die Summe über k erstreckt sich über alle Einteilchenzustände. Wenn diese durch einen orbitalen und einen Spinindex beschrieben werden, ist also über diese beiden Indizes zu summieren. Betrachten wir etwa Teilchen mit dem Spin S, die sich in einem Volumen $\mathcal{V}$ mit periodischen Randbedingungen befinden. Die stationären Einteilchenzustände sind dann ebene Wellen, die wir als Kets $|\mathbf{k}, \nu\rangle$ notieren können, wobei der Wellenvektor $\mathbf{k}$ den periodischen Randbedingungen genügt (Ergänzung C_{XIV}, § 1-c), die Spinquantenzahl ν kann $2S + 1$ verschiedene Werte annehmen. Bewegen sich die Teilchen frei in dem Volumen (es gibt keinen spinabhängigen Term im Hamilton-Operator), dann liefert jeder Wert der Quantenzahl ν denselben Beitrag zu Φ_F. Wir nehmen den Grenzfall eines großen Volumens, und der Ausdruck (9) wird zu

$$\Phi_F = -(2S+1)\, k_B T \frac{\mathcal{V}}{(2\pi)^3} \int d^3k \log\left[1 + e^{-\beta(e_k - \mu)}\right] \tag{10}$$

β Bosonen

Hier laufen die Besetzungszahlen von $n_k = 0$ bis unendlich, und die Zustandssumme enthält eine geometrische Reihe, die wir explizit aufsummieren können. Man erhält aus Gl. (7)

$$Z_B = \prod_k \frac{1}{1 - e^{-\beta(e_k - \mu)}} \tag{11}$$

so dass

$$\Phi_B = k_B T \sum_k \log\left[1 - e^{-\beta(e_k - \mu)}\right] \tag{12}$$

Wir betrachten wieder ein System freier Teilchen mit Spin S und mit periodischen Randbedingungen. Im Grenzfall eines großen Volumens erhält man

$$\Phi_B = (2S+1)\, k_B T \frac{\mathcal{V}}{(2\pi)^3} \int d^3k \log\left[1 - e^{-\beta(e_k - \mu)}\right] \tag{13}$$

Das großkanonische Potential ist ganz allgemein, für Bosonen und Fermionen, proportional zum Druck P:

$$\Phi = -P\mathcal{V} \tag{14}$$

Die partiellen Ableitungen dieses Potentials nach den relevanten Gleichgewichtsparametern (Temperatur, chemisches Potential, Volumen) liefern dann weitere thermodynamische Zustandsgrößen wie die Energie und die spezifische Wärme usw. [s. Anhang VI, Gl. (60)].

2 Mittelwerte von Einteilchenoperatoren

In Kapitel XV, § B und § C haben wir allgemein symmetrische Operatoren eingeführt, zunächst solche, die auf ein Teilchen wirken, und dann auch Zweiteilchenoperatoren. Der allgemeine Ausdruck eines Einteilchenoperators $\widehat{F}$ ist in Gl. (B-12) dieses Kapitels gegeben. Sein Mittelwert ist

$$\langle \widehat{F} \rangle = \sum_{i,j} \langle u_i | \widehat{f} | u_j \rangle \langle a_i^\dagger a_j \rangle \tag{15}$$

Wird der Zustand des Systems durch den Dichteoperator (1) beschrieben, dann gilt

$$\langle a_i^\dagger a_j \rangle = \mathrm{Tr} \left\{ \widehat{\rho}_{\mathrm{eq}} \, a_i^\dagger a_j \right\} = Z^{-1} \, \mathrm{Tr} \left\{ \mathrm{e}^{-\beta(\widehat{H} - \mu \widehat{N})} a_i^\dagger a_j \right\} \tag{16}$$

Wir berechnen nun diese Spur in der Basis der Fock-Zustände $|n_1, \ldots, n_i, \ldots, n_j, \ldots \rangle$ wobei die Indizes die Zustände der Eigenbasis $\{|u_k\rangle\}$ von $\widehat{h}$ durchzählen. Für $i \neq j$ vernichtet der Operator $a_i^\dagger a_j$ ein Teilchen im Zustand $|u_j\rangle$ und erzeugt eines in einem anderen Zustand $|u_i\rangle$. Der Fock-Zustand $|n_1, \ldots, n_i, \ldots, n_j, \ldots \rangle$ wird also auf einen anderen Fock-Zustand, nämlich $|n_1, \ldots, n_i - 1, \ldots, n_j + 1, \ldots \rangle$, abgebildet. Dann wirkt der Operator $\widehat{\rho}_{\mathrm{eq}}$ und multipliziert diesen Ket mit einer Konstante. Weil die beiden Fock-Zustände hier orthogonal sind, verschwinden alle Diagonalelemente des Operators, von dem wir in Gl. (16) die Spur nehmen. Die Spur verschwindet also auch. Für $i = j$ berechnen wir den Mittelwert von $a_i^\dagger a_i$ genau wie in der Zustandssumme und nutzen wieder aus, dass der Fock-Raum ein Tensorprodukt von Räumen ist, die von Einteilchenzuständen erzeugt werden. Die Spur liefert ein Produkt, das in allen Faktoren der Zustandssumme (7) gleicht, bis auf den Wert i des Index k. Zusammengefasst erhalten wir

$$\langle a_i^\dagger a_j \rangle = \delta_{ij} \, Z^{-1} \left\{ \sum_{n_i} n_i \exp\left[-\beta n_i (e_i - \mu)\right] \right\} \times \prod_{k \neq i} \left\{ \sum_{n_k} \exp\left[-\beta n_k (e_k - \mu)\right] \right\} \tag{17}$$

Im Fall $i = j$ liefert dieser Ausdruck genau die mittlere Teilchenzahl im Einteilchenzustand $|u_i\rangle$.

2-a Verteilungsfunktion für Fermionen

Wir beginnen wieder mit Fermionen, so dass die Besetzungszahlen nur die Werte null und eins annehmen können. Die erste Klammer im Ausdruck (17) ist also gleich $[\mathrm{e}^{-\beta(e_i - \mu)}]$. In der zweiten Klammer tragen die anderen Moden $k \neq i$ denselben Wert bei, den sie für die oben ausgerechnete Zustandssumme liefern. So ergibt sich

$$\langle a_i^\dagger a_j \rangle = \delta_{ij} \, Z^{-1} \left[\mathrm{e}^{-\beta(e_i - \mu)} \right] \times \prod_{k \neq i} \left[1 + \mathrm{e}^{-\beta(e_k - \mu)} \right] \tag{18}$$

Wir erweitern mit $1 + e^{-\beta(e_i-\mu)}$ und fassen diesen Faktor mit dem Produkt über $k \neq i$ zusammen. So ergibt sich Z, was wir in Gl. (18) kürzen können, und es bleibt übrig

$$\langle a_i^\dagger a_j \rangle = \delta_{ij} \frac{e^{-\beta(e_i-\mu)}}{1 + e^{-\beta(e_i-\mu)}} = \delta_{ij} f_\beta^{FD}(e_i - \mu) \tag{19}$$

Wir haben also die Fermi-Dirac-Verteilung f_β^{FD} wiedergefunden, die bereits in Ergänzung C_{XIV}, § 1-b eingeführt wurde:

$$f_\beta^{FD}(\varepsilon - \mu) = \frac{e^{-\beta(\varepsilon-\mu)}}{1 + e^{-\beta(\varepsilon-\mu)}} = \frac{1}{e^{\beta(\varepsilon-\mu)} + 1} \tag{20}$$

Diese Verteilungsfunktion gibt die mittlere Besetzung eines jeden Einteilchenzustands mit der Energie ε an. Ihr Zahlenwert ist immer kleiner oder gleich eins, wie es für Fermionen auch sein muss.

Das Ergebnis (19) in Gl. (15) eingesetzt, ergibt den Mittelwert eines beliebigen Einteilchenoperators $\widehat{F}$.

2-b Verteilungsfunktion für Bosonen

Der Beitrag der i-ten Mode in Gl. (17) ist

$$\begin{aligned} \sum_{n_i=0}^{\infty} n_i \exp\left[-\beta n_i(e_i - \mu)\right] &= \frac{1}{\beta}\frac{\partial}{\partial\mu} \sum_{n_i=0}^{\infty} \exp\left[-\beta n_i(e_i - \mu)\right] \\ &= \frac{1}{\beta}\frac{\partial}{\partial\mu} \frac{1}{1 - \exp\left[-\beta(e_i - \mu)\right]} \end{aligned} \tag{21}$$

Damit ergibt sich

$$\langle a_i^\dagger a_j \rangle = \frac{\delta_{i,j}}{Z} \frac{e^{-\beta(e_i-\mu)}}{\left[1 - e^{-\beta(e_i-\mu)}\right]^2} \times \prod_{k\neq i} \frac{1}{1 - e^{-\beta(e_k-\mu)}} \tag{22}$$

Mit Gl. (11) erhalten wir schließlich

$$\langle a_i^\dagger a_j \rangle = \delta_{ij} f_\beta^{BE}(e_i - \mu) \tag{23}$$

wobei die Bose-Einstein-Verteilung f_β^{BE} durch

$$f_\beta^{BE}(\varepsilon - \mu) = \frac{e^{-\beta(\varepsilon-\mu)}}{1 - e^{-\beta(\varepsilon-\mu)}} = \frac{1}{e^{\beta(\varepsilon-\mu)} - 1} \tag{24}$$

definiert wird. Diese Verteilungsfunktion beschreibt die mittlere Besetzung eines Einteilchenzustands mit der Energie ε. Für Bosonen ist diese Besetzung nur dadurch eingeschränkt, dass sie positiv ist. Das chemische Potential μ ist immer kleiner als die kleinste Einteilchenenergie $e_0 = \min_k e_k$. Ist diese gleich null, muss μ also immer negativ sein, um jede Divergenz der Funktion f_β^{BE} auszuschließen.

Für Bosonen setzen wir das Ergebnis (23) in Gl. (15) ein und erhalten den Mittelwert eines beliebigen Einteilchenoperators $\widehat{F}$.

2-c Zusammengefasste Schreibweise

Wir definieren die Verteilung f_β so, dass sie für Fermionen die Fermi-Dirac-Verteilung f_β^{FD} und für Bosonen die Bose-Einstein-Verteilung f_β^{BE} beschreibt. In den beiden Fällen haben wir jeweils

$$f_\beta(\varepsilon - \mu) = \frac{1}{\mathrm{e}^{\beta(\varepsilon-\mu)} - \eta} \tag{25}$$

wobei die Zahl η folgende Werte annimmt:

$$\begin{aligned} \eta &= -1 \quad \text{für Fermionen} \\ \eta &= +1 \quad \text{für Bosonen} \end{aligned} \tag{26}$$

2-d Eigenschaften der Fermi-Dirac- und Bose-Einstein-Verteilungen

Das typische Verhalten der Fermi-Dirac-Verteilung haben wir bereits in der Ergänzung $\mathrm{C_{XIV}}$ (Abb. 3) diskutiert. In Abb. 1 vergleichen wir es mit dem Verhalten der Bose-Einstein-Verteilung. Außerdem haben wir (gestrichelt) die klassische Boltzmann-Verteilung eingetragen:

$$f_\beta^{\mathrm{B}}(\varepsilon - \mu) = \mathrm{e}^{-\beta(\varepsilon-\mu)} \tag{27}$$

Zahlenmäßig liefert sie Werte zwischen den beiden quantenmechanischen Verteilungen.

Für ein ideales, räumlich homogenes Gas (in einem Volumen mit periodischen Randbedingungen) ist die kleinstmögliche Energie e_0 gleich null, und alle anderen Energien e_k sind positiv. Die e-Funktion $\mathrm{e}^{\beta(e_k-\mu)}$ ist also immer größer als $\mathrm{e}^{-\beta\mu}$. Wir werden im Folgenden verschiedene Fälle unterscheiden und beginnen mit negativen Werten für das chemische Potential.

1. Sei $\beta\mu$ negativ und vom Betrag her groß gegen eins (dies bedeutet, dass $-\mu \gg k_{\mathrm{B}}T$ gilt, wir sind dann auf der rechten Seite von Abb. 1). Dann ist die e-Funktion im Nenner von Gl. (25) sehr groß gegen eins, und zwar für jede Energie ε. Die Verteilungsfunktionen nähern sich dann der klassischen Boltzmann-Verteilung (27) an. In diesem Fall sind die quantenmechanischen Verteilungen praktisch dieselben für Bosonen und Fermionen; man sagt, dass das Gas *nicht entartet* ist.
2. Für ein fermionisches Gas gibt es für das chemische Potential keine obere Grenze, aber die Besetzung eines Einteilchenzustands kann niemals größer als eins sein. Ist μ positiv mit $\mu \gg k_{\mathrm{B}}T$, dann gilt:
   - Für kleine Werte der Energie dominiert in Gl. (25) die Eins im Nenner im Vergleich zu der e-Funktion; die Besetzung eines jeden Einteilchenzustands erreicht also fast ihren Maximalwert eins.
   - Ist die Energie e_k vergleichbar mit μ, dann nimmt die Besetzung ab; für $e_k \gg \mu$ hat sie praktisch denselben Wert, den auch die e-Funktion der Boltzmann-Verteilung (27) liefert.

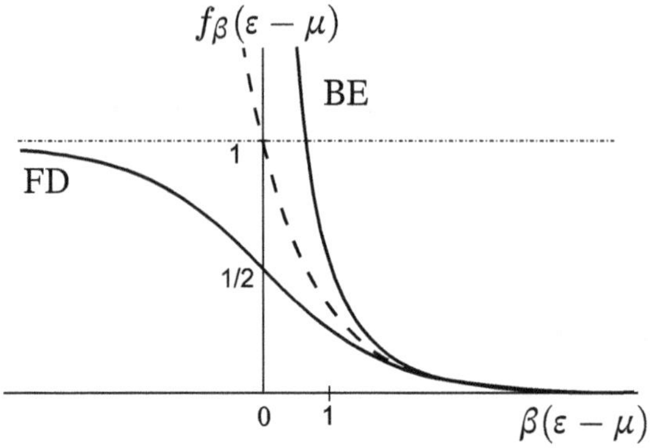

Abb. 1: Verhalten der Quantenverteilungen nach Fermi-Dirac f_β^{FD} (für Fermionen, untere Kurve) und nach Bose-Einstein f_β^{BE} (für Bosonen, obere Kurve) als Funktion der dimensionslosen Energievariablen $\beta(\varepsilon - \mu)$. Die dazwischen liegende Kurve (gestrichelt) stellt die klassische Boltzmann-Verteilung $\exp[-\beta(\varepsilon - \mu)]$ dar. Auf der rechten Seite ist das chemische Potential μ groß und negativ, die Zahl der Teilchen ist klein (geringe Dichte), und die beiden Verteilungen unterscheiden sich praktisch kaum von der Boltzmann-Verteilung. Man sagt, das System sei nichtentartet oder verhalte sich klassisch. Wächst μ an, erreicht man den mittleren und linken Bereich der Abbildung: Die Verteilungen unterscheiden sich immer mehr, weil in dem Gas die Quantenentartung einsetzt. Für Bosonen kann μ den Wert e_0 der am tiefsten liegenden Einteilchenenergie nicht überschreiten (für die Abbildung ist $e_0 = 0$ gewählt). Die Divergenz bei $\mu = 0$ entspricht der Bose-Einstein-Kondensation. Für Fermionen ist μ nicht eingeschränkt: Wächst das chemische Potential, strebt die Verteilungsfunktion für jeden Wert der Energie gegen eins. (Sie kann wegen des Pauli-Prinzips den Wert eins niemals überschreiten.)

Die meisten Teilchen besetzen allerdings Zustände mit Energien, die kleiner als oder vergleichbar mit μ sind; ihre Besetzung ist in der Nähe von eins (s. die linke Seite von Abb. 1). Man sagt, dass das fermionische System *entartet* ist.

3. Für Bosonen kann das chemische Potential niemals größer als die kleinste Einteilchenenergie e_0 sein, die wir zu null angenommen haben. Nähert sich μ von negativen Werten her kommend dieser Grenze und ist $0 < -\mu \ll k_B T$, dann ist der Nenner der Verteilungsfunktion (24) fast null für kleine Werte der Energie: Die Besetzung dieser Zustände kann dann sehr groß werden. Das Bose-Gas wird dann als *entartet* bezeichnet. Bei größeren Energien, vergleichbar oder größer als $-\mu$, nähert sich die Verteilung wie bei den Fermionen praktisch der Boltzmann-Verteilung an.
4. Liegt schließlich eine Situation zwischen den genannten Extremfällen vor, spricht man von einem *teilweise entarteten* Quantengas.

3 Zweiteilchenoperatoren

Die symmetrischen Operatoren $\widehat{G}$, die auf zwei Teilchen wirken, werden durch Gleichung (C-16) in Kapitel XV gegeben:

$$\langle\widehat{G}\rangle = \frac{1}{2}\sum_{i,j,k,l}\langle 1:u_i;2:u_j|\,\widehat{g}(1,2)\,|1:u_k;2:u_l\rangle\;\langle a_i^\dagger a_j^\dagger a_l a_k\rangle \tag{28}$$

mit

$$\langle a_i^\dagger a_j^\dagger a_l a_k\rangle = \frac{1}{Z}\,\mathrm{Tr}\left\{\mathrm{e}^{-\beta(\widehat{H}-\mu\widehat{N})}a_i^\dagger a_j^\dagger a_l a_k\right\} \tag{29}$$

Die operatorwertige e-Funktion unter der Spur ist diagonal in der Basis der Fock-Zustände $|n_1,\ldots,n_i,\ldots,n_j,\ldots\rangle$, und deswegen verschwindet die Spur nur dann nicht, wenn die mit i und j nummerierten Zustände, die zu den Erzeugungsoperatoren gehören, genau dieselben sind, die zu den Vernichtungsoperatoren mit den Indizes k und l gehören. Mit anderen Worten finden wir ein Ergebnis ungleich null nur dann, wenn entweder $(i,j) = (l,k)$ oder $(i,j) = (k,l)$ (oder beides) gilt.

3-a Fermionen

Zwei Fermionen können nicht denselben Zustand besetzen, und deswegen ist das Produkt $a_i^\dagger a_j^\dagger$ gleich null, wenn $i = j$. Wir können also $i \neq j$ annehmen und berechnen wegen der Produktform des Ausdrucks (5) für den Dichteoperator $\widehat{\rho}_{\mathrm{eq}}$ die verschiedenen Moden unabhängig voneinander. Der Fall $(i,j) = (l,k)$ liefert aufgrund der Antikommutatorrelationen der Erzeuger und Vernichter [Kapitel XV, Gl. (A-45)]

$$a_i^\dagger a_j^\dagger a_i a_j = -\left(a_i^\dagger a_i\right)\left(a_j^\dagger a_j\right) \tag{30}$$

während wir für den Fall $(i,j) = (k,l)$

$$a_i^\dagger a_j^\dagger a_j a_i = +\left(a_i^\dagger a_i\right)\left(a_j^\dagger a_j\right) \tag{31}$$

finden. Betrachten wir zunächst den Ausdruck (30). Weil i und j sich unterscheiden, wirken die Operatoren $a_i^\dagger a_i$ und $a_j^\dagger a_j$ auf Moden, die zu verschiedenen Faktoren in dem Dichteoperator (5) gehören. Der Mittelwert des Produkts ist also einfach das Produkt der Mittelwerte:

$$\left\langle \left(a_i^\dagger a_i\right)\left(a_j^\dagger a_j\right)\right\rangle = \langle a_i^\dagger a_i\rangle\langle a_j^\dagger a_j\rangle \tag{32}$$

$$= f_\beta^{\mathrm{FD}}(e_i-\mu)f_\beta^{\mathrm{FD}}(e_j-\mu) \tag{33}$$

Für den anderen Ausdruck (31) finden wir einfach das entgegengesetzte Vorzeichen. Schließlich ergibt sich

$$\langle a_i^\dagger a_j^\dagger a_l a_k\rangle = \left[\delta_{ik}\delta_{jl} - \delta_{il}\delta_{jk}\right]f_\beta^{\mathrm{FD}}(e_i-\mu)f_\beta^{\mathrm{FD}}(e_j-\mu) \tag{34}$$

Den ersten Term auf der rechten Seite nennen wir den *direkten Term*, den zweiten den *Austauschterm*. Er trägt mit einem negativen Vorzeichen bei, was für Fermionen typisch ist.

3-b Bosonen

Bei Bosonen kommutieren die a-Operatoren untereinander.

α Berechnung der Mittelwerte

Für verschiedene Moden, $i \neq j$, liefert eine Rechnung ähnlich wie vorhin

$$\langle a_i^\dagger a_j^\dagger a_l a_k \rangle = [\delta_{ik}\delta_{jl} + \delta_{il}\delta_{jk}]\, f_\beta^{\mathrm{BE}}(e_i - \mu) f_\beta^{\mathrm{BE}}(e_j - \mu) \tag{35}$$

Im Vergleich zum Ergebnis (34) für Fermionen stellen wir zwei Unterschiede fest: Hier taucht die Bose-Einstein-Verteilung auf, und der Austauschterm (der zweite in der eckigen Klammer) ist positiv.

Im Fall $i = j$ betrifft die Rechnung genau einen Einteilchenzustand, und wir müssen noch einmal genauer hinsehen. Angesichts der Produktstruktur von $\hat{\rho}_{\mathrm{eq}}$ in Gl. (5) werden wir auf eine ähnliche Reihe wie in Gl. (11) geführt:

$$\langle a_i^\dagger a_i^\dagger a_i a_i \rangle = \frac{1}{Z} \sum_{n_i=0}^{\infty} n_i\,(n_i - 1) \exp\left[-\beta n_i (e_i - \mu)\right] \times \prod_{k \neq i} \frac{1}{1 - \mathrm{e}^{-\beta(e_k - \mu)}} \tag{36}$$

Die Summation führen wir mit einem ähnlichen Kunstgriff wie in Gl. (21) auf eine geometrische Reihe zurück:

$$\begin{aligned} \sum_{n_i=0}^{\infty} n_i\,(n_i - 1)\, \exp\left[-\beta n_i (e_i - \mu)\right] &= \left[\frac{1}{\beta^2}\frac{\partial^2}{\partial\mu^2} - \frac{1}{\beta}\frac{\partial}{\partial\mu}\right] \sum_{n_i=0}^{\infty} \exp\left[-\beta n_i (e_i - \mu)\right] \\ &= \left[\frac{1}{\beta^2}\frac{\partial^2}{\partial\mu^2} - \frac{1}{\beta}\frac{\partial}{\partial\mu}\right] \frac{1}{1 - \mathrm{e}^{-\beta(e_i - \mu)}} \end{aligned} \tag{37}$$

Die erste Ableitung ergibt

$$\frac{1}{\beta}\frac{\partial}{\partial\mu}\frac{1}{1 - \mathrm{e}^{-\beta(e_i - \mu)}} = -\frac{\mathrm{e}^{-\beta(e_i - \mu)}}{\left[1 - \mathrm{e}^{\beta(e_i - \mu)}\right]^2} \tag{38}$$

und die zweite

$$\frac{1}{\beta^2}\frac{\partial^2}{\partial\mu^2}\frac{1}{1 - \mathrm{e}^{-\beta(e_i - \mu)}} = -\frac{\mathrm{e}^{-\beta(e_i - \mu)}}{\left[1 - \mathrm{e}^{-\beta(e_i - \mu)}\right]^2} + 2\frac{\left[\mathrm{e}^{-\beta(e_i - \mu)}\right]^2}{\left[1 - \mathrm{e}^{-\beta(e_i - \mu)}\right]^3} \tag{39}$$

Die Differenz der beiden Terme ist

$$\frac{2\left[\mathrm{e}^{-\beta(e_i - \mu)}\right]^2}{\left[1 - \mathrm{e}^{-\beta(e_i - \mu)}\right]^3} = \frac{2}{1 - \mathrm{e}^{-\beta(e_i - \mu)}} \left[f_\beta^{\mathrm{BE}}(e_i - \mu)\right]^2 \tag{40}$$

Wir kommen auf Gl. (36) zurück und fassen den Vorfaktor mit dem unendlichen Produkt in Gl. (36) zusammen. Es entsteht so die Zustandssumme, die wir gegen $1/Z$ kürzen. Es bleibt schließlich übrig

$$\langle a_i^\dagger a_i^\dagger a_l a_k \rangle = 2\, \delta_{il}\delta_{ik} \left[f_\beta^{\mathrm{BE}}(e_i - \mu)\right]^2 \tag{41}$$

Dieses Ergebnis zeigt, dass der Ausdruck (35) auch für den Fall $i = j$ gültig ist.

β Physikalische Interpretation: Fluktuation der Besetzungszahlen

Wenn die Indizes i und j zwei verschiedene physikalische Zustände bezeichnen, dann stimmt der Mittelwert $\langle a_i^\dagger a_j^\dagger a_j a_i \rangle$ in einem idealen Gas einfach mit dem Produkt der Mittelwerte $\langle a_i^\dagger a_i \rangle = f_\beta^{\mathrm{BE}}(e_i - \mu)$ und $\langle a_j^\dagger a_j \rangle = f_\beta^{\mathrm{BE}}(e_j - \mu)$ überein. Dies folgt daraus, dass es überhaupt keine Wechselwirkung zwischen den Teilchen gibt. Genauso verhält es sich mit dem Mittelwert $\langle a_i^\dagger a_j^\dagger a_i a_j \rangle$, weil die Operatoren a_i und a_j miteinander vertauschen.

Ist allerdings $i = j$, tritt in Gl. (41) der Faktor 2 auf. Er ist dafür verantwortlich, dass die Teilchenzahl im Zustand $|u_i\rangle$, die durch den Anzahloperator $\widehat{n}_i$ beschrieben wird, starken Fluktuationen unterworfen ist. Für die Standardabweichung dieses Operators berechnen wir zunächst

$$\begin{aligned} \left\langle (\widehat{n}_i)^2 \right\rangle &= \langle a_i^\dagger a_i a_i^\dagger a_i \rangle = \langle a_i^\dagger a_i^\dagger a_i a_i \rangle + \langle a_i^\dagger a_i \rangle \\ &= 2 \left[f_\beta^{\mathrm{BE}}(e_i - \mu) \right]^2 + f_\beta^{\mathrm{BE}}(e_i - \mu) \end{aligned} \tag{42a}$$

und finden

$$\begin{aligned} (\Delta n_i)^2 &= \left\langle (\widehat{n}_i)^2 \right\rangle - \left\langle \widehat{n}_i \right\rangle^2 = \left[f_\beta^{\mathrm{BE}}(e_i - \mu) \right]^2 + f_\beta^{\mathrm{BE}}(e_i - \mu) \\ &= \left\langle \widehat{n}_i \right\rangle^2 + \left\langle \widehat{n}_i \right\rangle \end{aligned} \tag{42b}$$

Die Fluktuation dieses Operators ist also größer als sein Mittelwert. Dies bedeutet, dass die Besetzung eines jeden Zustands $|u_i\rangle$ im thermischen Gleichgewicht notwendigerweise schlecht definiert ist.[1] Dieses Verhalten ist umso ausgeprägter, je größer der Mittelwert $\langle \widehat{n}_i \rangle$ ist: Wenn ein bosonischer Einteilchenzustand in einem idealen Gas stark besetzt ist, dann sind auch die Fluktuationen dieser Besetzung groß. Diese Schwankungen haben ihre Ursache in der Form der Bose-Einstein-Verteilung (24), die eine abklingende e-Funktion ist, deren maximaler Wert am Ursprung angenommen wird. Die am häufigsten vorkommende Besetzungszahl ist also $n_i = 0$. Mit solch einer abklingenden e-Funktion ist es unmöglich, einen großen Mittelwert $\langle \widehat{n}_i \rangle$ zu erhalten, ohne dass die Besetzungszahl n_i nicht auch über ein breites Intervall gestreut wird. Wir werden in Ergänzung $\mathrm{H_{XV}}$, § 4-a, einige Folgerungen dieser Fluktuationen für ein wechselwirkendes Gas betrachten. Es ist auch anzumerken, dass die Fluktuationen kleiner werden, sobald eine schwache abstoßende Wechselwirkung zwischen den Teilchen vorhanden ist. Die Schwankungen verschwinden dann fast vollständig (weil sie zu einem starken Anstieg der potentiellen Energie führen).

---

1 Eine physikalische Observable ist in einem gegebenen Quantenzustand *gut definiert*, wenn ihre Standardabweichung klein gegenüber dem Betrag ihres Mittelwerts ist.

3-c Zusammengefasste Notation

Abschließend halten wir fest, dass alle bislang betrachteten Fälle wie folgt zusammengefasst werden können:

$$\langle a_i^\dagger a_j^\dagger a_l a_k \rangle = [\delta_{ik}\delta_{jl} + \eta\, \delta_{il}\delta_{jk}]\, f_\beta(e_i - \mu) f_\beta(e_j - \mu) \tag{43}$$

wobei

$$\begin{cases} \text{für Fermionen:} & \eta = -1\,, \quad f_\beta = f_\beta^{\text{FD}} \\ \text{für Bosonen:} & \eta = +1\,, \quad f_\beta = f_\beta^{\text{BE}} \end{cases} \tag{44}$$

Wegen der Beziehung (C-19) aus Kapitel XV ist dieser Mittelwert nichts anderes als das Matrixelement $\langle 1 : u_k;\ 2 : u_l | \widehat{\rho}_2 | 1 : u_i;\ 2 : u_j \rangle$ des reduzierten Zweiteilchen-Dichteoperators. Um den Mittelwert eines beliebigen symmetrischen Zweiteilchenoperators zu erhalten, müssen wir lediglich Gl. (43) in den Ausdruck (28) einsetzen. Die Mittelwerte aller dieser Operatoren können wir für unabhängige Teilchen also allein durch die quantenstatistischen Verteilungen nach Fermi-Dirac und Bose-Einstein ausdrücken.

In der Ergänzung C_{XVI} werden wir sehen, wie diese Ergebnisse mit Hilfe des Wick-Theorems auf Operatoren verallgemeinert werden können, die auf eine beliebige Zahl von Teilchen wirken.

4 Gesamtteilchenzahl

Der Operator $\widehat{N}$ beschreibt die gesamte Teilchenzahl als Summe über die Besetzungen aller Einteilchenzustände:

$$\widehat{N} = \sum_{i=1}^{\infty} a_i^\dagger a_i \tag{45}$$

Sein Mittelwert ist

$$\langle \widehat{N} \rangle = \text{Tr}\left\{ \widehat{N} \widehat{\rho}_{\text{eq}} \right\} = \sum_{i=1}^{\infty} f_\beta(e_i - \mu) \tag{46}$$

Weil f_β eine wachsende Funktion von μ ist, wird die Gesamtteilchenzahl durch das chemische Potential bestimmt (bei fester Temperatur $1/\beta$).

4-a Fermionen

Der Einfachheit halber berücksichtigen wir im idealen Gas die Spinquantenzahl nicht. Dies ist dann gerechtfertigt, wenn sich alle Teilchen in demselben Spinzustand befinden. (Es bereitet keine Schwierigkeiten, dies zu verallgemeinern: Man muss nur die Beiträge der verschiedenen Spinzustände addieren.) Handelt es sich um ein makroskopisches System, dann liegen seine Energieniveaus sehr dicht, und wir können die Summe in Gl. (46) durch ein Integral über den Wellenvektor **k** ersetzen. Man erhält so

$$\langle\widehat{N}\rangle = N_{\text{id}}^{\text{FD}}(\beta,\mu) \tag{47}$$

wobei die Funktion $N_{\text{id}}^{\text{FD}}(\beta,\mu)$ wie folgt definiert ist (der Index „id“ steht für das ideale Gas):

$$N_{\text{id}}^{\text{FD}}(\beta,\mu) = \frac{\mathcal{V}}{(2\pi)^3}\int d^3k \frac{1}{e^{\beta(e_k-\mu)}+1} \tag{48}$$

Die Abb. 2 illustriert das typische Verhalten von $N_{\text{id}}^{\text{FD}}(\beta,\mu)$ als Funktion des chemischen Potentials μ, bei fester Temperatur $1/\beta$ und festem Volumen $\mathcal{V}$.

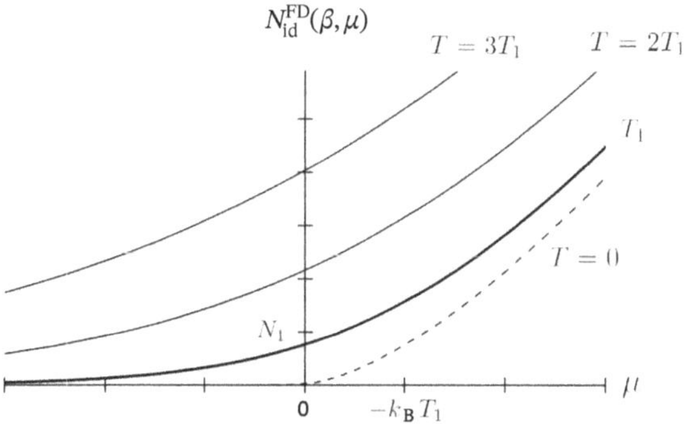

Abb. 2: Verhalten der Teilchenzahl $N_{\text{id}}^{\text{FD}}(\beta,\mu)$ eines idealen Fermi-Gases als Funktion des chemischen Potentials μ bei fester Temperatur T; $\beta = 1/(k_B T)$. Die Abbildung zeigt Kurven für verschiedene Temperaturen: Bei $T = 0$ (untere Kurve, gestrichelt) verschwindet die Teilchenzahl für $\mu < 0$ und ist proportional zu $\mu^{3/2}$ für $\mu > 0$. Für eine Temperatur $T = T_1 > 0$ (dick ausgezogene Kurve) liegt die Kurve oberhalb der für $T = 0$, und $N_{\text{id}}^{\text{FD}}(\beta,\mu)$ ist nirgendwo null. Die Abbildung zeigt auch die Kurven für die Temperaturen $T = 2T_1, 3T_1$. Wir verwenden die thermische Energie $k_B T_1$ als Energieskala für das chemische Potential μ. Die Abszisse wird in Einheiten von $N_1 = \mathcal{V}/(\lambda_{T_1})^3$ angegeben, wobei λ_{T_1} die thermische De-Broglie-Wellenlänge bei der Temperatur T_1 ist.
Das Gebiet mit großen, negativen Werten von μ ist das klassische Regime, wo das Fermi-Gas nicht entartet ist. Die Gleichungen für das klassische ideale Gas sind dort in guter Näherung anwendbar. Auf der anderen Seite, für $\mu \gg k_B T$, ist das Gas tief entartet, so dass sich im Impulsraum eine scharf begrenzte Fermi-Kugel ausbildet. Die gesamte Teilchenzahl hängt dann kaum von der Temperatur ab und ist näherungsweise proportional zu $\mu^{3/2}$.
Wir danken Geneviève Tastevin für das Erstellen dieser Abbildung.

Eine charakteristische Längenskala, mit der man bequem dimensionslose Größen einführen kann, ist die *thermische De-Broglie-Wellenlänge*

$$\lambda_\mathrm{T} = \hbar\sqrt{\frac{2\pi}{m k_\mathrm{B} T}} = \hbar\sqrt{\frac{2\pi\beta}{m}} \tag{49}$$

Um das Integral (48) auszuführen, bietet sich folgende dimensionslose Variable an:

$$\kappa = \frac{k\lambda_\mathrm{T}}{2\sqrt{\pi}} \tag{50}$$

Damit können wir schreiben:

$$N_\mathrm{id}^\mathrm{FD}(\beta,\mu) = \frac{\mathcal{V}}{(\lambda_\mathrm{T})^3} I_{3/2}(\beta\mu) \tag{51}$$

mit dem dimensionslosen Integral[2]

$$I_{3/2}(\beta\mu) = \frac{1}{\pi^{3/2}}\int \mathrm{d}^3\kappa \frac{1}{\mathrm{e}^{\kappa^2-\beta\mu}+1} = \frac{2}{\sqrt{\pi}}\int_0^\infty \mathrm{d}x \frac{\sqrt{x}}{\mathrm{e}^{x-\beta\mu}+1} \tag{52}$$

Im zweiten Schritt haben wir die Substitution

$$x = \kappa^2 \tag{53}$$

vorgenommen. Die Funktion $I_{3/2}$ hängt nur von dem dimensionslosen Produkt $\beta\mu$ ab.

Haben die Teilchen den Spin 1/2, dann addieren sich die Teilchenzahlen $\langle\widehat{N}_+\rangle$ und $\langle\widehat{N}_-\rangle$ für die beiden Spinzustände in Gleichung (46). Liegt außerdem kein Magnetfeld an dem System an, dann sind die Energien der Einteilchenzustände unabhängig von der Ausrichtung ihres Spins. Im Ergebnis ist die gesamte Teilchenzahl einfach das Doppelte der Teilchenzahl pro Spinzustand.

$$\langle\widehat{N}\rangle = \langle\widehat{N}_+\rangle + \langle\widehat{N}_-\rangle = 2N_\mathrm{id}^\mathrm{FD}(\beta,\mu) \tag{54}$$

---

2 Der Index 3/2 bezieht sich auf Funktionen $f_m(z)$, die in der Physik häufig Fermi-Funktionen genannt werden. Sie sind durch die Reihe

$$f_m(z) = -\sum_{l=1}^{\infty}\frac{(-z)^l}{l^m}$$

definiert, wobei z die *Fugazität* $z = \mathrm{e}^{\beta\mu}$ ist. Indem man in dem Integral (52) den Bruch

$$\frac{1}{1+z^{-1}\mathrm{e}^x} = \frac{z\,\mathrm{e}^{-x}}{1+z\,\mathrm{e}^{-x}}$$

in eine Reihe in z entwickelt und die Eigenschaften der Eulerschen Gamma-Funktion verwendet, kann man zeigen, dass gilt: $I_{3/2}(\beta\mu) = f_{3/2}(\mathrm{e}^{\beta\mu})$.

4-b Bosonen

Auch hier nehmen wir der Einfachheit halber an, dass die Teilchen keinen Spin tragen. Es ist allerdings ohne besondere Schwierigkeiten möglich, mehrere Spinzustände mitzunehmen. Für Bosonen müssen wir die Bose-Einstein-Verteilung (24) verwenden. Die mittlere Teilchenzahl ist

$$\langle \widehat{N} \rangle = \sum_k f_\beta^{\mathrm{BE}}(e_k - \mu) = \sum_k \frac{1}{\mathrm{e}^{\beta(e_k-\mu)} - 1} \tag{55}$$

Wir betrachten wieder periodische Randbedingungen in einem makroskopischen Volumen der Kantenlänge L. Die kleinste Einteilchenenergie[3] ist $e_0 = 0$. Damit der Ausdruck (55) sinnvoll bleibt, muss μ negativ oder null sein:

$$\mu \leq 0 \tag{56}$$

Es sind nun zwei Fälle möglich, je nachdem ob das Bosonensystem kondensiert ist oder nicht.

α Nicht kondensiertes Bose-Gas

Ist der Parameter μ negativ und vom Betrag her groß („viel negativer“ als $-e_1$, wobei e_1 die Energie des ersten angeregten Zustands ist), dann zeigt die Bose-Funktion in Gl. (55) ein genügend glattes Verhalten, so dass wir die Summe durch ein Integral ersetzen können. Die mittlere Teilchenzahl können wir dann so schreiben:

$$\langle \widehat{N} \rangle = N_{\mathrm{id}}^{\mathrm{BE}}(\beta, \mu) \tag{57}$$

mit

$$N_{\mathrm{id}}^{\mathrm{BE}}(\beta, \mu) = \frac{\mathcal{V}}{(2\pi)^3} \int \mathrm{d}^3 k \, \frac{1}{\mathrm{e}^{\beta(e_k-\mu)} - 1} \tag{58}$$

Die gleiche Substitution wie vorhin beim Fermi-Gas liefert uns folgenden Ausdruck:

$$N_{\mathrm{id}}^{\mathrm{BE}}(\beta, \mu) = \frac{\mathcal{V}}{(\lambda_{\mathrm{T}})^3} K_{3/2}(\beta\mu) \tag{59}$$

mit[4]

$$K_{3/2}(\beta\mu) = \frac{1}{\pi^{3/2}} \int \mathrm{d}^3\kappa \frac{1}{\mathrm{e}^{\kappa^2-\beta\mu} - 1} = \frac{2}{\sqrt{\pi}} \int_0^\infty \mathrm{d}x \frac{\sqrt{x}}{\mathrm{e}^{x-\beta\mu} - 1} \tag{60}$$

---

3 Für andere Bedingungen auf dem Rand des Würfels wird die Energie e_0 des Grundzustands im Allgemeinen nicht null sein. Wir können diesen Wert als gemeinsamen Nullpunkt der Energie und des chemischen Potentials festlegen und die weiteren Überlegungen dann unverändert übernehmen.

4 Der Index $3/2$ bezieht sich auf die Funktionen $g_m(z)$, die in der Physik häufig Bose-Funktionen (oder Polylogarithmen) genannt werden. Sie sind über die Reihe

$$g_m(z) = \sum_{l=1}^{\infty} \frac{z^l}{l^m}$$

definiert (vgl. die Fußnote 2 auf S. 1638). Die Zahl ζ in Gl. (61) wird durch die Reihe $\zeta = \sum_{l=1}^{\infty} l^{-3/2} = g_{3/2}(1)$ definiert. In den Anhängen B, D und E von Pathria (1972) sind weitere Details über die Eigenschaften der Bose- und Fermi-Funktionen zu finden.

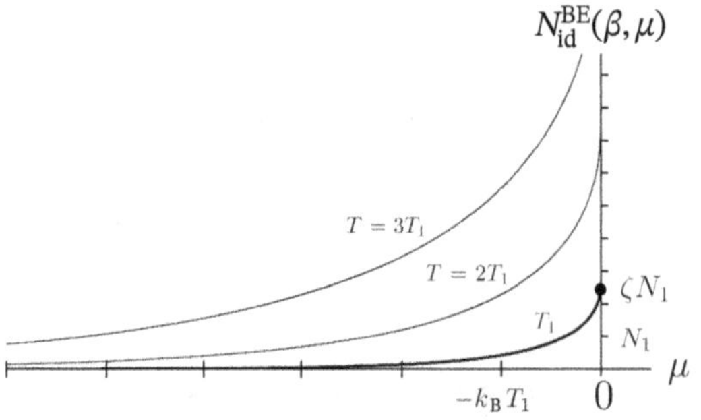

Abb. 3: Verhalten der Teilchenzahl $N_{\text{id}}^{\text{BE}}(\beta, \mu)$ für ein ideales, nicht kondensiertes Bose-Gas als Funktion von μ bei fester Temperatur [$\beta = 1/(k_B T)$]. Das chemische Potential μ muss negativ bleiben. Die Abbildung zeigt Kurven für drei Werte der Temperatur, $T = T_1$ (dick ausgezogen), $T = 2T_1$ und $3T_1$. Die Einheiten auf den Achsen sind dieselben wie in Abb. 2: die thermische Energie $k_B T_1$ zu der Kurve mit $T = T_1$ und die Teilchenzahl $N_1 = \mathcal{V}/(\lambda_{T_1})^3$, mit der thermischen Wellenlänge λ_{T_1} bei dieser Temperatur. Wenn μ nach null strebt, nimmt die Teilchenzahl einen endlichen Wert an. Für $T = T_1$ ist dieser Wert gleich ζN_1 (Punkt auf der Ordinate) mit ζ aus Gl. (61). Wir danken Geneviève Tastevin für das Erstellen dieser Abbildung.

Das Verhalten der Teilchenzahl $N_{\text{id}}^{\text{BE}}(\beta, \mu)$ als Funktion von μ ist in Abb. 3 gezeigt. Es ist zu beobachten, dass sie durch eine obere Grenze $\zeta(\mathcal{V}/\lambda_T^3)$ beschränkt ist, wenn sich das chemische Potential von der negativen Seite her kommend dem Wert null nähert. Hier ist ζ die Zahl

$$\zeta = K_{3/2}(0) = 2.612\ldots \tag{61}$$

Die Teilchenzahl ist eine mit μ wachsende Funktion, es gilt also stets

$$N_{\text{id}}^{\text{BE}}(\beta, \mu) \leq \zeta \frac{\mathcal{V}}{(\lambda_T)^3} \tag{62}$$

Somit gibt es also eine nicht zu überschreitende obere Grenze für die Teilchenzahl in einem idealen, nichtkondensierten Bose-Gas.

β Kondensierte Bosonen

Betrachten wir nun den Fall, dass μ nach null strebt. Die Besetzung N_0 des Grundzustands mit der Energie $e_0 = 0$ ist dann

$$\mu \to 0: \quad N_0 \equiv f_\beta^{\text{BE}}(e_0 - \mu) = \frac{1}{\mathrm{e}^{-\beta\mu} - 1} \to \frac{1}{\beta\,|\mu|} \tag{63}$$

Diese Besetzung divergiert für $\mu = 0$: Sie wird beliebig groß, falls $|\mu|$ nur genügend klein ist. Sie kann zum Beispiel proportional zum Volumen $\mathcal{V}$ und damit makroskopisch groß werden. In diesem Fall trägt der Grundzustand auch für $\mathcal{V} \to \infty$ mit $N_0/\mathcal{V}$ zur Teilchendichte (Anzahl der Teilchen pro Volumen) bei.[5] Dieses Verhalten tritt nur

5 Den Grenzfall $\mathcal{V} \to \infty$ bei einer festen Dichte nennt man oft den thermodynamischen Limes.

für den Grundzustand auf, der also eine besondere Rolle spielt, die sich deutlich von den anderen Energieniveaus unterscheidet. Überprüfen wir einmal, ob sich die Besetzung des ersten angeregten Zustands ähnlich verhalten kann: Wir denken uns das System wieder in einem würfelförmigen Volumen mit Seitenlänge L enthalten.[6] Die Besetzung des ersten angeregten Zustands mit der Energie $e_1 \simeq \pi^2\hbar^2/(2mL^2)$ hat dann den Wert

$$\mu \to 0: \quad f_\beta^{\mathrm{BE}}(e_1 - \mu) = \frac{1}{\mathrm{e}^{\beta(e_1-\mu)} - 1} \to \frac{1}{\beta e_1} \sim \left(\frac{L}{\lambda_{\mathrm{T}}}\right)^2 \tag{64}$$

(Wir nehmen an, dass das Volumen genügend groß ist, so dass $L \gg \lambda_{\mathrm{T}}$ gilt, woraus $\beta e_1 \ll 1$ folgt.) Die Besetzung (64) ist proportional zum Quadrat von L, also zu $\mathcal{V}^{2/3}$. Dieser Exponent ist klein genug, so dass dieser Zustand im Grenzfall $\mathcal{V} \to \infty$ keinen Beitrag zur Teilchendichte liefern kann. Genauso verhalten sich auch die weiteren angeregten Zustände, ihre Beiträge sind sogar noch kleiner. Nur der Grundzustand kann somit einen nichtverschwindenden Beitrag zur Teilchendichte in einem großen Volumen liefern.

Der Beitrag des Grundzustands zur Teilchendichte, der im Grenzfall $\mu \to 0$ beliebige Werte annehmen kann, ist offenbar in der Formel (59) nicht enthalten, die eine nach oben beschränkte Dichte $N_{\mathrm{id}}^{\mathrm{BE}}(\beta, \mu)/\mathcal{V}$ vorhersagt [s. Gl. (62)]. Dieser Umstand sollte nicht überraschen, denn aufgrund des extrem großen Unterschieds in den Besetzungen des tiefsten und des nächsthöheren Energieniveaus ist es nicht mehr möglich, die Summe in der Teilchenzahl (55) durch ein Integral zu nähern; wir müssen genauer rechnen. Man kann nun zeigen, dass allein die Besetzung des Grundzustands separat behandelt werden muss. Die Summe über die Besetzungen der angeregten Zustände (von denen für sich genommen keiner eine signifikante Dichte im thermodynamischen Limes liefert) kann wie vorher durch ein Integral bestimmt werden. Die gesamte Teilchenzahl im physikalischen System ist also einfach die Summe aus der Besetzung N_0 des Grundzustands [Gl. (63)] und des Integrals in Gl. (57, 58):

$$\langle \widehat{N} \rangle = N_0 + N_{\mathrm{id}}^{\mathrm{BE}}(\beta, 0) \tag{65}$$

Wir erhalten so folgendes Verhalten für $\mu \to 0$: Die gesamte Besetzung aller angeregten Zustände (mit Energien oberhalb des Grundzustands) bleibt praktisch konstant bei ihrer oberen Grenze (62); nur die Besetzung N_0 wächst unbegrenzt. Dieses Verhalten setzt ein, wenn N_0 vergleichbar mit der gesamten Besetzung der angeregten Zustände ist, wenn also der Ausdruck (63) von der gleichen Größenordnung wie die

6 Wie vorhin nehmen wir periodische Randbedingungen auf den Grenzflächen des Volumens. Würde man etwa Dirichlet-Randbedingungen fordern (d. h., die Wellenfunktionen verschwinden am Rand), dann würden die Energieeigenwerte andere numerische Koeffizienten enthalten, aber ansonsten würde sich nichts an unseren Überlegungen ändern.

obere Grenze (62) der Teilchenzahl im nichtkondensierten Gas ist. Dies bedeutet:

$$\mu \gtrsim -k_B T \frac{\lambda_T^3}{\mathcal{V}} \quad \Rightarrow \quad N_0 \gtrsim \frac{\mathcal{V}}{\lambda_T^3} \tag{66}$$

(μ bleibt natürlich immer negativ.) Wenn diese Bedingung erfüllt ist, dann sammelt sich ein signifikanter Anteil der Teilchen im Einteilchen-Grundzustand $|u_0\rangle$; man sagt, dass dieses Energieniveau eine *makroskopische Besetzung* besitzt (proportional zum Volumen $\mathcal{V}$ des Systems). Es kann sogar der Fall eintreten, dass die meisten Teilchen denselben Quantenzustand $|u_0\rangle$ besetzen. Dieser Vorgang trägt den Namen *Bose-Einstein-Kondensation* und wurde von Einstein 1925 nach Arbeiten von Bose über die Quantenstatistik von Photonen vorhergesagt. Die Kondensation ereignet sich, wenn die gesamte Dichte n_{tot} die obere Grenze in Gl. (62) erreicht:

$$n_{\text{tot}} = \frac{\zeta}{\lambda_T^3} \simeq \frac{2.612}{\lambda_T^3} \tag{67}$$

Aus dieser Bedingung lesen wir ab, dass der mittlere Abstand zwischen den Teilchen mit der thermischen De-Broglie-Wellenlänge λ_T vergleichbar ist.

Anfangs ist die Bose-Einstein-Kondensation mehr als mathematische Kuriosität denn als ein wichtiges physikalisches Phänomen abgetan worden. Später hat man verstanden, dass sie eine wichtige Rolle für den suprafüssigen Zustand von Helium 4 spielt, obwohl dies ein System ist, in dem die Teilchen ständig miteinander wechselwirken, das also weit von einem idealen Gas entfernt ist. In verdünnten Gasen wurden Bose-Einstein-Kondensate zum ersten Mal 1995 beobachtet und sind daraufhin in sehr vielen Experimenten untersucht worden.

5 Zustandsgleichung. Druck

Die thermodynamische Beziehung, die in einem Fluid im thermischen Gleichgewicht den Druck, das Volumen und die Temperatur $T = 1/k_B\beta$ verbindet (bei fester Teilchenzahl N), nennt man *Zustandsgleichung*. Wir haben bereits das Verhalten der mittleren Teilchenzahl untersucht und wenden uns nun dem Druck von idealen Fermi- und Bose-Gasen zu.

5-a Fermionen

Das großkanonische Potential eines idealen Fermi-Gases haben wir in Gl. (9) berechnet. Der Beziehung (14) entnehmen wir, dass dieses Potential bis auf ein Vorzeichen das Produkt aus Druck P und Volumen $\mathcal{V}$ liefert, wenn sich das System im thermischen

Gleichgewicht befindet. Wir haben also

$$
\begin{aligned}
P\mathcal{V} &= k_{\mathrm{B}}T\sum_k \log\left[1+\mathrm{e}^{-\beta(e_k-\mu)}\right] \\
&= \frac{\mathcal{V}}{(2\pi)^3}k_{\mathrm{B}}T\int \mathrm{d}^3k\,\log\left[1+\mathrm{e}^{-\beta(e_k-\mu)}\right]
\end{aligned}
\tag{68}
$$

(Der zweite Ausdruck gilt für ein großes Volumen.) Wir dividieren durch $\mathcal{V}$ und erhalten den Druck eines fermionischen Systems im thermodynamischen Limes:

$$
\begin{aligned}
P &= (2\pi)^{-3}\,k_{\mathrm{B}}T\int \mathrm{d}^3k\,\log\left[1+\mathrm{e}^{-\beta(e_k-\mu)}\right] \\
&= \frac{1}{\beta\lambda_{\mathrm{T}}^3}I_{5/2}(\beta\mu)
\end{aligned}
\tag{69}
$$

mit

$$
I_{5/2}(\beta\mu) = \frac{1}{\pi^{3/2}}\int \mathrm{d}^3\kappa\,\log\left[1+\mathrm{e}^{\beta\mu-\kappa^2}\right] = \frac{2}{\sqrt{\pi}}\int_0^\infty \mathrm{d}x\,\sqrt{x}\,\log\left[1+\mathrm{e}^{\beta\mu-x}\right]
\tag{70}
$$

wobei die Variablen κ und x in den Gleichungen (50) und (53) definiert wurden.

Um die Zustandsgleichung zu erhalten, müssen wir bei festgehaltener Teilchenzahl den Druck P mit dem Volumen $\mathcal{V}$ und der Temperatur T des Systems in Verbindung bringen. Allerdings haben wir bislang das großkanonische Ensemble verwendet (vgl. Anhang VI), in dem zwar die Temperatur (über den Parameter β) und das Volumen fixiert sind, die Teilchenzahl aber nicht: Sein Mittelwert wird über das chemische Potential μ bestimmt (bei gegebenem β und $\mathcal{V}$). Der Druck P erscheint also mathematisch als eine Funktion von $\mathcal{V}$, T und μ und nicht als eine Funktion von $\mathcal{V}$, T und der Teilchenzahl. Wenn wir allerdings den Parameter μ verändern, dann erhalten wir sowohl die Werte für den Druck als auch für die Teilchenzahl des physikalischen Systems – auf diese Weise können wir die Zustandsgleichung parametrisch bestimmen. Will man sie explizit berechnen, muss man das chemische Potential aus den Gleichungen (47) und (69) eliminieren. Dies ist im Allgemeinen nicht exakt möglich (wir finden keinen algebraischen Ausdruck), so dass man sich in der Regel mit der parametrischen Form der Zustandsgleichung begnügt, aus der man ja bereits alle möglichen Werte der Zustandsgrößen erhalten kann. Wir bemerken, dass es eine „Virialentwicklung" in Potenzen des Parameters $\mathrm{e}^{\beta\mu}$ (der Fugazität) gibt, in der man Ordnung für Ordnung das chemische Potential μ eliminieren kann. Eine genauere Diskussion würde allerdings den Rahmen dieses Lehrbuchs sprengen.

5-b Bosonen

Der Druck in einem idealen Bose-Gas wird durch das großkanonische Potential (12) gegeben, wenn wir Gl. (14) verwenden, die es mit dem Druck P und dem Volumen $\mathcal{V}$

verbindet. Wir haben

$$\begin{aligned} P\mathcal{V} &= -k_B T \sum_k \log\left[1 - e^{-\beta(e_k-\mu)}\right] \\ &= -\frac{\mathcal{V}}{(2\pi)^3} k_B T \int d^3k \, \log\left[1 - e^{-\beta(e_k-\mu)}\right] \end{aligned} \tag{71}$$

(Der zweite Ausdruck gilt für große Volumina.) Daraus folgt

$$\begin{aligned} P &= -\frac{k_B T}{(2\pi)^3} \int d^3k \, \log\left[1 - e^{-\beta(e_k-\mu)}\right] \\ &= \frac{1}{\beta\lambda_T^3} K_{5/2}(\beta\mu) \end{aligned} \tag{72}$$

mit

$$K_{5/2}(\beta\mu) = -\frac{1}{\pi^{3/2}} \int d^3\kappa \, \log\left[1 - e^{\beta\mu-\kappa^2}\right] = \frac{-2}{\sqrt{\pi}} \int_0^\infty dx \sqrt{x} \, \log\left[1 - e^{\beta\mu-x}\right] \tag{73}$$

Andererseits finden wir im Grenzfall $\mu \to 0$ (kondensiertes Bose-Gas) folgenden Beitrag des Grundzustands zum Druck [s. Gl. (71)]:

$$P_0 = -\frac{k_B T}{\mathcal{V}} \log\left[1 - e^{\beta\mu}\right] \simeq -\frac{k_B T}{\mathcal{V}} \log(-\beta\mu) \tag{74}$$

oder, wenn wir das chemische Potential durch Gl. (66) ausdrücken:

$$P_0 \simeq \frac{k_B T}{\mathcal{V}} \log \frac{\mathcal{V}}{\lambda_T^3} \tag{75}$$

Dies verschwindet im Grenzfall großer Volumina. Für ein makroskopisches System liefert der Grundzustand also einen Beitrag zum Druck, der vernachlässigbar klein gegenüber dem der anderen Einteilchen-Energieniveaus ist. Der Grund hierfür liegt darin, dass unter den angeregten Zuständen umso mehr Niveaus beitragen, je größer das System ist. Wir stellen also hier das entgegengesetzte Verhalten zur Teilchenzahl fest: die kondensierten Teilchen liefern keinen Beitrag zum Druck eines makroskopisches System.

Wie für die Fermionen ergibt sich die Zustandsgleichung, indem wir das chemische Potential μ aus Gl. (72) für den Druck und Gl. (65) für die Teilchenzahl eliminieren. Allerdings finden wir hier ein anderes Verhalten: Während im Fermi-Gas die Teilchenzahl und der Druck ohne jede Einschränkung wachsen, wenn μ und die Dichte größer werden, gibt es eine obere Grenze für den Druck in einem bosonischen System. Sobald das System die Kondensation erreicht, wächst nur die Teilchenzahl (und zwar im Grundzustand), aber der Druck bleibt konstant. Anders ausgedrückt: Wir erhalten ein System mit einer unendlich großen Kompressibilität. Dies ist in Wirklichkeit nur grenzwertig pathologisch: ein System wäre nur dann instabil, wenn dessen Druck sich bei wachsendem Volumen verringerte. Die Pathologie ist darauf zurückzuführen, dass wir die Wechselwirkungen zwischen den Teilchen vollständig ignoriert haben. Sobald man hier eine repulsive Wechselwirkung berücksichtigt, wie schwach auch immer, wird die Kompressibilität endlich und das pathologische Verhalten verschwindet.

Als Fazit dieser Ergänzung dürfen wir festhalten, dass ideale Quantengase ein schönes Beispiel für die Vereinfachungen liefern, die mit der systematischen Verwendung von Erzeugungs- und Vernichtungsoperatoren einhergehen. Wir werden in den folgenden Ergänzungen sehen, dass diese Vereinfachungen sich auch durchziehen, wenn man Wechselwirkungen zwischen den Teilchen berücksichtigt, vorausgesetzt man tut dies im Rahmen der Molekularfeldnäherung (engl.: *mean field approximation*). Wir werden in Ergänzung B_{XVI} sehen, dass sogar ohne diese Näherung die quantenstatistischen Verteilungsfunktionen des idealen Gases weiter sinnvoll verwendet werden können, um in einem wechselwirkenden System diverse physikalisch relevante Mittelwerte zu berechnen.

Ergänzung C_{XV}
Kondensierte Bosonen. Gross-Pitaevskii-Gleichung

Das Phänomen der Bose-Einstein-Kondensation von N ununterscheidbaren Bosonen haben wir in Ergänzung B_{XV}, § 4-b-β für ein ideales Gas (ohne Wechselwirkungen) kennengelernt. In dieser Ergänzung zeigen wir, wie man den Fall beschreiben kann, dass die Bosonen untereinander wechselwirken. Wir werden als Näherung ein Variationsverfahren verwenden (s. Ergänzung E_{XI}), das den Grundzustand dieses physikalischen Systems im Rahmen der Molekularfeldnäherung (engl.: *mean field approximation*) liefert. Wir führen zunächst (§ 1) die Notation und den Variationsansatz für den Grundzustand ein. Wir betrachten dann spinlose Bosonen (§ 2), einen Fall, in dem die Argumentation mit Wellenfunktionen recht leicht ist; die Rechnungen wären nicht deutlich einfacher, wenn man Erzeugungs- und Vernichtungsoperatoren verwenden würde. Wir erhalten so eine erste Fassung der Gross-Pitaevskii-Gleichung. In § 3 kommen wir auf die Bra-Ket-Notation von Dirac und die Erzeugungsoperatoren zurück und behandeln den allgemeineren Fall, dass die Teilchen einen Spin haben. Dies führt uns auf die Definition des Gross-Pitaevskii-Potentialoperators und liefert eine verallgemeinerte Form der Gross-Pitaevskii-Gleichung. Wir besprechen einige physikalische Eigenschaften dieser Gleichung in § 4: die Rolle des chemischen Potentials, das Auftreten einer charakteristischen Längenskala und die Energiebilanz eines „fragmentierten“ Kondensats (diese Begriffe werden in § 4-c eingeführt).

https://doi.org/10.1515/9783110649130-004

1 Notation. Variationsrechnung

Wir beginnen damit, eine Familie von Zuständen einzuführen, mit der man relativ einfach per Variationsrechnung den Grundzustand für ein System von wechselwirkenden Bosonen finden kann.

1-a Hamilton-Operator

Wir betrachten einen Hamilton-Operator, der aus der kinetische Energie $\widehat{H}_0$, der potentiellen Energie pro Teilchen $\widehat{V}_{\text{ext}}$ und der Wechselwirkung $\widehat{W}_{\text{int}}$ besteht:

$$\widehat{H} = \widehat{H}_0 + \widehat{V}_{\text{ext}} + \widehat{W}_{\text{int}} \tag{1}$$

Der erste Term ist einfach eine Summe über die kinetischen Energien $K_0(q)$ aller Teilchen q:

$$\widehat{H}_0 = \sum_q K_0(q) \tag{2}$$

mit

$$K_0(q) = \frac{\mathbf{P}_q^2}{2m} \tag{3}$$

($\mathbf{P}_q$ ist der Impulsoperator des Teilchens q.) Entsprechend ist $\widehat{V}_{\text{ext}}$ die Summe über die potentiellen Energien $V_1(\mathbf{R}_q)$, die von dem Ortsoperator $\mathbf{R}_q$ des Teilchens q abhängen:

$$\widehat{V}_{\text{ext}} = \sum_{q=1}^{N} V_1(\mathbf{R}_q) \tag{4}$$

Schließlich ist $\widehat{W}_{\text{int}}$ die Summe über die Wechselwirkungen zwischen allen Paaren von Teilchen:

$$\widehat{W}_{\text{int}} = \frac{1}{2} \sum_{q \neq q'=1}^{N} W_2(\mathbf{R}_q, \mathbf{R}_{q'}) \tag{5}$$

(Diese Summe kann man auch über alle $q < q'$ ausführen und dann den Vorfaktor 1/2 weglassen.)

1-b Variationsansatz für den Kondensatzustand

Wir beginnen mit einem normierten Einteilchenzustand $|\theta\rangle$:

$$\langle\theta|\theta\rangle = 1 \tag{6}$$

und bezeichnen mit $a_\theta^\dagger$ den dazugehörigen Erzeugungsoperator. Die Variationsrechnung führen wir mit der folgenden Familie von N-Teilchen-Kets durch:

$$|\widetilde{\Psi}\rangle = \frac{1}{\sqrt{N!}} \left[a_\theta^\dagger\right]^N |0\rangle \tag{7}$$

Der Zustand $|\theta\rangle$ muss der Nebenbedingung (6) genügen, ist aber sonst beliebig. Wir betrachten eine Basis $\{|\theta_k\rangle\}$ im Hilbert-Raum der Einteilchenzustände, deren erster Basisvektor gerade $|\theta_1\rangle = |\theta\rangle$ ist. Aus Kapitel XV, Gl. (A-17), lesen wir ab, dass $|\widetilde{\Psi}\rangle$ in Gl. (7) ein einfacher Fock-Zustand ist, in dem nur die erste Besetzungszahl ungleich null ist:

$$|\widetilde{\Psi}\rangle = |n_1 = N, n_2 = 0, n_3 = 0, \ldots\rangle \tag{8}$$

Ein System von Bosonen, die alle denselben Einteilchenzustand besetzen, wird ein *Bose-Einstein-Kondensat* genannt.

Wegen der Beziehung (7) sind die Kets $|\widetilde{\Psi}\rangle$ alle auf eins normiert. Wir werden $|\theta\rangle$ und damit $|\widetilde{\Psi}\rangle$ variieren mit dem Ziel, die mittlere Energie zu minimieren:

$$\widetilde{E} = \langle\widetilde{\Psi}|\widehat{H}|\widetilde{\Psi}\rangle \tag{9}$$

2 Eine skalare Wellenfunktion für das Kondensat

Wir beginnen mit dem einfachen Fall von spinlosen Bosonen. Hier können wir mit einer Wellenfunktion argumentieren und vermeiden komplizierte Rechnungen.

2-a Wellenfunktionsansatz für spinlose Bosonen. Mittlere Energie

Weil wir annehmen, dass nur ein einziger Einteilchenzustand besetzt ist, ist die Wellenfunktion $\widetilde{\Psi}(\mathbf{r}_1, \mathbf{r}_2, \ldots, \mathbf{r}_N)$ einfach das Produkt aus N Wellenfunktionen $\theta(\mathbf{r})$:

$$\widetilde{\Psi}(\mathbf{r}_1, \mathbf{r}_2, \ldots, \mathbf{r}_N) = \theta(\mathbf{r}_1)\theta(\mathbf{r}_2)\ldots\theta(\mathbf{r}_N) \tag{10}$$

mit

$$\theta(\mathbf{r}) = \langle\mathbf{r}|\theta\rangle \tag{11}$$

Diese N-Teilchen-Wellenfunktion verhält sich natürlich symmetrisch, wenn beliebige Teilchen ausgetauscht werden, und ist deswegen für ununterscheidbare Bosonen ein physikalischer Zustand.

In der Ortsdarstellung ist jeder der Operatoren für die kinetische Energie $K_0(q) = (-\hbar^2/2m)\nabla_q^2$ in Gl. (3) proportional zum Laplace-Operator bezüglich der Position $\mathbf{r}_q$. Wir haben also

$$\langle\widehat{H}_0\rangle = -\frac{\hbar^2}{2m}\sum_{q=1}^{N}\int \mathrm{d}^3r_1\ldots\int \mathrm{d}^3r_q\ldots\int \mathrm{d}^3r_N$$
$$\times\,\theta^*(\mathbf{r}_1)\ldots\theta^*(\mathbf{r}_q)\ldots\theta^*(\mathbf{r}_N)\times\theta(\mathbf{r}_1)\ldots\,\nabla^2\theta(\mathbf{r}_q)\ldots\,\theta(\mathbf{r}_N) \tag{12}$$

In diesem Ausdruck entsprechen die Integrale, die nicht über $\mathbf{r}_q$ laufen, einfach dem Normquadrat der Funktion $\theta(\mathbf{r})$, also eins. Für das d^3r_q-Integral spielt $\mathbf{r}_q$ die Rolle einer stummen (Integrations-)Variablen, so dass sein Wert unabhängig von q ist. Alle

Terme in der Summe über q liefern also denselben Beitrag, so dass wir schließlich

$$\langle \widehat{H}_0 \rangle = \frac{-\hbar^2}{2m} N \int \mathrm{d}^3r \; \theta^*(\mathbf{r}) \nabla^2 \theta(\mathbf{r}) = \frac{\hbar^2}{2m} N \int \mathrm{d}^3r \; |\nabla\theta(\mathbf{r})|^2 \tag{13}$$

erhalten.* Die mittlere Energie der Teilchen im äußeren Potential berechnet man genauso und findet

$$\langle \widehat{V}_{\text{ext}} \rangle = N \int \mathrm{d}^3r \; \theta^*(\mathbf{r}) V_1(\mathbf{r}) \theta(\mathbf{r}) \tag{14}$$

Nun zur Wechselwirkungsenergie, die eine ähnliche Struktur hat: Wir müssen hier allerdings über zwei statt einer Variablen integrieren. Man erhält ein Ergebnis proportional zur Zahl $N(N-1)/2$ der Teilchenpaare:

$$\langle \widehat{W}_2 \rangle = \frac{N(N-1)}{2} \int \mathrm{d}^3r \int \mathrm{d}^3r' \; \theta^*(\mathbf{r}) \theta^*(\mathbf{r}') W_2(\mathbf{r}, \mathbf{r}') \theta(\mathbf{r}) \theta(\mathbf{r}') \tag{15}$$

Die mittlere Energie $\widetilde{E}$ unseres Variationsansatzes besteht aus diesen drei Termen:

$$\widetilde{E} = \langle \widehat{H}_0 \rangle + \langle \widehat{V}_{\text{ext}} \rangle + \langle \widehat{W}_2 \rangle \tag{16}$$

2-b Optimierung der Energie

Wir führen nun eine Variation der Energie aus, um die Wellenfunktion $\theta(\mathbf{r})$ zu finden, die den kleinstmöglichen Wert des gerade berechneten Ausdrucks für die Energie liefert.

α Variation der Wellenfunktion

Die Variation der Wellenfunktion $\theta(\mathbf{r})$ schreiben wir in folgender Weise:

$$\theta(\mathbf{r}) \quad \mapsto \quad \theta(\mathbf{r}) + \mathrm{e}^{\mathrm{i}\chi} \, \delta f(\mathbf{r}) \tag{17}$$

wobei $\delta f(\mathbf{r})$ eine infinitesimal kleine Funktion und χ eine beliebige reelle Zahl ist. Eigentlich muss $\delta f(\mathbf{r})$ so gewählt sein, dass die Normierungsbedingung (6) stets erfüllt ist: Das Integral über das Betragsquadrat von $\theta(\mathbf{r})$ muss konstant bleiben. Wir werden dies mit der Methode der Lagrange-Multiplikatoren (s. Anhang V) berücksichtigen. Demnach führen wir den Multiplikator μ ein (wir werden in § 4-a sehen, dass er als chemisches Potential zu interpretieren ist) und minimieren die Funktion

$$\widetilde{A} = \widetilde{E} - \mu \int \mathrm{d}^3r \; \theta^*(\mathbf{r}) \theta(\mathbf{r}) \tag{18}$$

---

* Anm. d. Ü.: Die zweite Form entsteht durch partielle Integration (Satz von Gauß), wobei die Randterme im Unendlichen verschwinden. An dieser Formel ist abzulesen, dass die mittlere kinetische Energie positiv ist.

Der Vorteil dieses Verfahrens ist, dass die infinitesimale Funktion $\delta f(\mathbf{r})$ nun frei (ohne Nebenbedingung) variiert werden kann. Die Variation $\delta\widetilde{A}$ der Funktion $\widetilde{A}$ enthält vier Terme, drei aus Gl. (16) und einen aus dem Integral in Gl. (18). Als Beispiel schreiben wir die Variation von $\langle\widehat{H}_0\rangle$ aus:

$$\delta\langle\widehat{H}_0\rangle = -\frac{\hbar^2}{2m} N \int d^3r \left(e^{-i\chi}\, \delta f^*(\mathbf{r})\nabla^2\theta(\mathbf{r}) + e^{i\chi}\, \theta^*(\mathbf{r})\nabla^2\delta f(\mathbf{r})\right) \tag{19}$$

also ein Beitrag mit $e^{-i\chi}$ und ein zweiter mit $e^{i\chi}$. Ganz allgemein wird die Variation $\delta\widetilde{A}$ durch zwei Summanden ausgedrückt:

$$\delta\widetilde{A} = \delta c_1\, e^{-i\chi} + \delta c_2\, e^{i\chi} \tag{20}$$

von denen der erste durch $\delta f^*(\mathbf{r})$ zustande kommt und der zweite durch $\delta f(\mathbf{r})$. Damit $\widetilde{A}$ ein Extremum annimmt, muss die Variation $\delta\widetilde{A}$ für jede Wahl der Phase χ verschwinden. Wählen wir $\chi = 0$, dann bedeutet dies $\delta c_1 + \delta c_2 = 0$; mit $\chi = \pi/2$ erhalten wir $\delta c_1 - \delta c_2 = 0$. Durch Addieren und Subtrahieren dieser beiden Gleichungen sehen wir, dass beide Variationen, sowohl δc_1 als auch δc_2, notwendigerweise verschwinden müssen. Anders ausgedrückt: Die Variation $\delta\widetilde{A}$ muss null sein, wenn $\theta^*(\mathbf{r})$ variiert wird, aber nicht $\theta(\mathbf{r})$; unter einer Variation von $\theta(\mathbf{r})$ gilt das Entsprechende.[1]

β Stationarität: Gross-Pitaevskii-Gleichung

Wir schreiben nun die Bedingung auf, dass $\widetilde{A}$ stationär unter einer Variation von $\theta^*(\mathbf{r})$ ist. Es sind die Beiträge der Gleichungen (13), (14), und (15) zu addieren; für den letztgenannten sind die Variationen von $\theta^*(\mathbf{r})$ und von $\theta^*(\mathbf{r}')$ zu berücksichtigen. Sie unterscheiden sich nur in der Notation der Integrationsvariablen, sind also untereinander gleich. Schließlich ist noch die Variation des Integrals (18) zu addieren, und wir erhalten

$$\delta\widetilde{A} = N \int d^3r\, \delta f^*(\mathbf{r}) \times \left\{\left[\frac{-\hbar^2}{2m}\nabla^2 + V_1(\mathbf{r}) - \mu\right] + (N-1)\int d^3r'\, W_2\left(\mathbf{r},\mathbf{r}'\right)\theta^*(\mathbf{r}')\theta(\mathbf{r}')\right\}\theta(\mathbf{r}) \tag{21}$$

Dieser Ausdruck muss für jede Wahl der Funktion $\delta f^*(\mathbf{r})$ verschwinden. Dies ist nur möglich, wenn der Ausdruck in der geschweiften Klammer, der unter dem Integral mit $\delta f^*(\mathbf{r})$ multipliziert wird, selbst verschwindet. Daraus ergibt sich, dass $\theta(\mathbf{r})$ eine Lösung der folgenden Gleichung für $\varphi(\mathbf{r})$ sein muss:*

$$\boxed{\left\{\left[-\frac{\hbar^2}{2m}\nabla^2 + V_1(\mathbf{r})\right] + (N-1)\int d^3r'\, W_2(\mathbf{r},\mathbf{r}')|\varphi(\mathbf{r}')|^2\right\}\varphi(\mathbf{r}) = \mu\,\varphi(\mathbf{r})} \tag{22}$$

1 Auf diese Weise können wir Real- und Imaginärteil von $\theta(\mathbf{r})$ unabhängig voneinander variieren, um die Bedingung für eine stationäre Energie zu finden.

* Anm. d. Ü.: Die Notation unterscheidet den optimalen Wert $\varphi(\mathbf{r})$ der Wellenfunktion von dem Ansatz $\theta(\mathbf{r})$, der zunächst beliebig ist.

Dies ist die Gross-Pitaevskii-Gleichung in zeitunabhängiger Form. Sie hat die Struktur einer stationären Schrödinger-Gleichung mit dem Energieeigenwert μ, allerdings enthält das Potential

$$V_1(\mathbf{r}) + (N-1)\int d^3r'\, W_2(\mathbf{r},\mathbf{r}')|\varphi(\mathbf{r}')|^2 \tag{23}$$

die Wellenfunktion φ selbst unter dem d^3r'-Integral. Wir haben es also mit einer nichtlinearen Integralgleichung zu tun. Die hier angewandte Molekularfeldnäherung (engl.: *mean field approximation*) ermöglicht folgende anschauliche Bedeutung des W_2-Terms: Jedes Teilchen bewegt sich in dem mittleren Potential, das die anderen Teilchen erzeugen, die alle durch dieselbe Wahrscheinlichkeitsdichte $|\varphi(\mathbf{r}')|^2$ beschrieben werden. Der Faktor $N-1$ entsteht dadurch, dass jedes Teilchen mit $N-1$ anderen Teilchen in Wechselwirkung steht. Die Gross-Pitaevskii-Gleichung wird oft verwendet, um die Eigenschaften eines Systems von Bosonen im Grundzustand (also das Bose-Einstein-Kondensat) zu beschreiben.

γ Kurzreichweitige Wechselwirkungen

Die Gross-Pitaevskii-Gleichung wird oft in Verbindung mit einer kurzreichweitigen Wechselwirkung zwischen den Teilchen verwendet. Dann darf man die Näherung machen, dass die Reichweite des Potentials mikroskopisch klein ist, und zwar viel kleiner als die Längenskalen, auf denen sich die Wellenfunktion $\varphi(\mathbf{r})$ ändert. Wir nehmen also folgende Ersetzung vor:

$$W_2(\mathbf{r},\mathbf{r}') \quad \mapsto \quad g\,\delta(\mathbf{r}-\mathbf{r}') \tag{24}$$

wobei die Größe g *Kopplungskonstante* genannt wird. So eine Paarwechselwirkung wird manchmal *Kontaktpotential* oder in einem anderen Zusammenhang auch *Fermi-Wechselwirkung* genannt. Es ergibt sich

$$\left[-\frac{\hbar^2}{2m}\nabla^2 + V_1(\mathbf{r}) + (N-1)g|\varphi(\mathbf{r})|^2\right]\varphi(\mathbf{r}) = \mu\varphi(\mathbf{r}) \tag{25}$$

Ob nun in dieser Form[2] oder in der etwas allgemeineren aus Gl. (22), die Gleichung enthält einen in $\varphi(\mathbf{r})$ kubischen Term. Die mathematische Lösung wird dadurch natürlich komplizierter, allerdings entsteht so auch eine Reihe von interessanten physikalischen Effekten. Mit dieser Gleichung können wir z. B. quantisierte Wirbel im suprafüssigen Helium verstehen.

2 Genau genommen spricht man von der Gross-Pitaevskii-Gleichung, wenn die Kopplungskonstante durch $g = 4\pi\hbar^2 a_0/m$ gegeben ist. Hier ist a_0 die „s-Wellen-Streulänge“. Diese wird durch die Streuphase $\delta_l(k)$ der Relativbewegung von zwei Teilchen definiert (s. Kapitel VIII, § C), und zwar für den Drehimpuls $l = 0$ und im Grenzfall $k \to 0$: $\delta_0(k) \simeq -ka_0$. Die Streulänge hängt vom Wechselwirkungspotential $W_2(\mathbf{r},\mathbf{r}')$ ab, ist zu ihm im Allgemeinen aber nicht proportional, im Unterschied zu den Matrixelementen von $W_2(\mathbf{r},\mathbf{r}')$. Man muss die Gross-Pitaevskii-Gleichung dann mit besonderen Methoden herleiten, z. B. der des *Pseudopotentials*.

δ Normierung auf die Teilchendichte

Anstatt die Wellenfunktion $\varphi(\mathbf{r})$ auf eins im ganzen Raum zu normieren, ist manchmal eine Normierung vorzuziehen, die die Teilchenzahl berücksichtigt:

$$\int d^3r \; |\varphi(\mathbf{r})|^2 = N \tag{26}$$

Dies ist natürlich gleichbedeutend damit, die Wellenfunktion, die wir bislang verwendet haben, mit einem Faktor $\sqrt{N}$ zu multiplizieren. In dieser Formulierung ist die Teilchendichte $n(\mathbf{r})$ in jedem Punkt durch

$$n(\mathbf{r}) = |\varphi(\mathbf{r})|^2 \tag{27}$$

gegeben. Den Faktor $N - 1$ in Gl. (25) müssen wir durch $(N-1)/N$ ersetzen, was man in der Regel mit 1 nähert, weil die Teilchenzahl N groß ist. Die Gross-Pitaevskii-Gleichung wird dann zu

$$\boxed{\left[-\frac{\hbar^2}{2m}\nabla^2 + V_1(\mathbf{r}) + g\,|\varphi(\mathbf{r})|^2\right]\varphi(\mathbf{r}) = \mu\varphi(\mathbf{r})} \tag{28}$$

Wie bereits erwähnt, werden wir in § 4-a sehen, dass μ nichts anderes als das chemische Potential ist.

3 Verallgemeinerung in Dirac-Notation

Wir nehmen die soeben durchgeführten Überlegungen in einem etwas allgemeineren Fall wieder auf und lassen die Annahme fallen, die Bosonen hätten den Spin null. Wir variieren die Zustände innerhalb der Familie von N-Teilchen-Zuständen aus Gl. (7). Das Einteilchenpotential darf nun sowohl von der Position $\mathbf{r}$ abhängen, als auch auf den Spin wirken (beides wäre etwa der Fall in einem Magnetfeldgradienten).

3-a Mittlere Energie

Wir berechnen den Mittelwert $\langle\widetilde{\Psi}|\widehat{H}|\widetilde{\Psi}\rangle$ der Energie in einer Basis $\{|\theta_k\rangle\}$ für die Einteilchenzustände, in der der erste Basisvektor durch $|\theta_1\rangle = |\theta\rangle$ gegeben ist.

Wegen Gl. (B-12) aus Kapitel XV dürfen wir den Mittelwert $\langle\widehat{H}_0\rangle$ in folgender Form schreiben:

$$\langle\widehat{H}_0\rangle = \sum_{k,l} \langle\theta_k|\,K_0\,|\theta_l\rangle\,\langle\widetilde{\Psi}|a_k^\dagger a_l|\widetilde{\Psi}\rangle \tag{29}$$

Nun ist $|\widetilde{\Psi}\rangle$ ein Fock-Zustand, in dem alle Besetzungen bis auf die des ersten Zustands $|\theta_1\rangle$ verschwinden. Der Ket $a_k^\dagger a_l|\widetilde{\Psi}\rangle$ ist also nur dann nicht der Nullvektor, wenn $l = 1$

gilt. Und für den Index $k \neq 1$ ist er orthogonal zu $|\widetilde{\Psi}\rangle$. In der Summe über k, l bleibt also nur der Term $k = l = 1$ übrig, und die Wirkung des Operators $a_1^\dagger a_1$ läuft darauf hinaus, mit der Besetzung N zu multiplizieren. Somit gilt

$$\langle \widehat{H}_0 \rangle = N\langle \theta_1 | K_0 | \theta_1 \rangle \tag{30}$$

Mit den gleichen Überlegungen finden wir

$$\langle \widehat{V}_{\text{ext}} \rangle = N\langle \theta_1 | V_1 | \theta_1 \rangle \tag{31}$$

Für die Wechselwirkungsenergie liefert uns die Gleichung (C-16) aus Kapitel XV den Mittelwert[3]

$$\langle \widehat{W}_2 \rangle = \frac{1}{2} \sum_{k,l,m,n} \langle 1:\theta_k; 2:\theta_l | W_2(1,2) | 1:\theta_m; 2:\theta_n \rangle \langle \widetilde{\Psi} | a_k^\dagger a_l^\dagger a_n a_m | \widetilde{\Psi} \rangle \tag{32}$$

Hier verschwindet das zweite Matrixelement dann nicht, wenn die folgenden Bedingungen erfüllt sind: es müssen beide Indizes m und n gleich 1 sein, und beide Indizes k und l genauso (sonst würde der Operator einen zu $|\widetilde{\Psi}\rangle$ orthogonalen Zustand erzeugen). Sind alle Indizes gleich 1, dann multipliziert der Operator $(a_1^\dagger)^2 a_1^2$ den Zustand $|\widetilde{\Psi}\rangle$ mit $N(N-1)$. Es folgt

$$\langle \widehat{W}_2 \rangle = \frac{N(N-1)}{2} \langle 1:\theta_1; 2:\theta_1 | \, W_2(1,2) \, | 1:\theta_1; 2:\theta_1 \rangle \tag{33}$$

Die mittlere Wechselwirkungsenergie ist also einfach das Produkt aus der Anzahl $N(N-1)/2$ aller Paare, die man aus N Teilchen bilden kann, und der gemittelten Wechselwirkung für ein Paar.

Wir lassen im Folgenden den Index 1 weg, denn die Zustände $|\theta_1\rangle$ und $|\theta\rangle$ sind nach Konstruktion identisch. Die zu minimierende Energie ist die Summe aus den Gleichungen (30), (31) und (33):

$$\widetilde{E} = N \langle \theta | \, [K_0 + V_1] \, | \theta \rangle + \frac{N(N-1)}{2} \langle 1:\theta; 2:\theta | W_2(1,2) | 1:\theta; 2:\theta \rangle \tag{34}$$

3-b Minimierung der Energie

Wir betrachten nun folgende Variation von $|\theta\rangle$:

$$|\theta\rangle \;\mapsto\; |\theta\rangle + e^{i\chi} \, |\delta\alpha\rangle \tag{35}$$

wobei $|\delta\alpha\rangle$ irgendein infinitesimaler Ket im Einteilchen-Zustandsraum ist, χ ist eine beliebige reelle Phase. Die Normierung (6) von $|\theta\rangle$ bleibt erhalten, wenn wir fordern, dass $|\delta\alpha\rangle$ senkrecht auf $|\theta\rangle$ steht:

$$\langle \delta\alpha | \theta \rangle = 0 \tag{36}$$

Auf diese Weise bleibt $\langle \theta | \theta \rangle$ auf dem Wert eins (bis einschließlich der ersten Ordnung in $|\delta\alpha\rangle$).

---

3 Wir kürzen die Notation ab, indem wir statt $W_2(\mathbf{R}_1, \mathbf{R}_2)$ einfach $W_2(1,2)$ schreiben.

Wenn wir Gl. (35) in (34) einsetzen, um die Variation $\delta\widetilde{E}$ der Energie zu berechnen, erhalten wir zwei Terme: Der erste stammt von der Änderung in $|\theta\rangle$ und ist proportional zu $e^{i\chi}$, der zweite entsteht durch die Änderung des Bras $\langle\theta|$ und enthält den Faktor $e^{-i\chi}$. Das Ergebnis hat also die folgende Struktur:

$$\delta\widetilde{E} = \delta c_1 \, e^{i\chi} + \delta c_2 \, e^{-i\chi} \tag{37}$$

Die Bedingung, dass die Energie $\widetilde{E}$ stationär ist (ein Extremum annimmt), muss für jeden Wert der Phase χ gelten. Wie oben in § 2-b-α ergibt sich daraus, dass sowohl δc_1 als auch δc_2 verschwinden müssen. Die Energie $\widetilde{E}$ ist also extremal, wenn sie sowohl unter einer Variation des Bras $\langle\theta|$ als auch des Kets $|\theta\rangle$ konstant bleibt.

Die Variation des Bras führt uns auf folgende Bedingung:

$$\begin{aligned} 0 = N\,\langle\delta\alpha|\left[K_0 + V_1 - \mu\right]|\theta\rangle + \frac{N(N-1)}{2}\,&(\langle 1:\delta\alpha; 2:\theta|W_2(1,2)|1:\theta; 2:\theta\rangle \\ &+\langle 1:\theta; 2:\delta\alpha|W_2(1,2)|1:\theta; 2:\theta\rangle) \end{aligned} \tag{38}$$

Weil der Wechselwirkungsoperator $W_2(1,2)$ ein symmetrischer ist, sind die beiden letzten Terme in den eckigen Klammern untereinander gleich. Wir finden also (einmal den Faktor N gekürzt)

$$0 = \langle\delta\alpha|\left[K_0 + V_1 - \mu\right]|\theta\rangle + (N-1)\langle 1:\delta\alpha; 2:\theta|W_2(1,2)|1:\theta; 2:\theta\rangle \tag{39}$$

3-c Herleitung der Gross-Pitaevskii-Gleichung

Wir schreiben nun die Gleichung (39) um und führen den Gross-Pitaevskii-Operator ein. Es handelt sich dabei um einen Einteilchenoperator, dessen Matrixelemente in einer Basis $\{|u_i\rangle\}$ wie folgt definiert seien:

$$\langle u_i|V_{GP}^{\theta}|u_j\rangle = (N-1)\langle 1:u_i; 2:\theta|W_2(1,2)|1:u_j; 2:\theta\rangle \tag{40}$$

Daraus folgt sofort, dass

$$\langle v|V_{GP}^{\theta}|v'\rangle = (N-1)\langle 1:v; 2:\theta|W_2(1,2)|1:v'; 2:\theta\rangle \tag{41}$$

gilt, wobei $|v\rangle$ und $|v'\rangle$ zwei beliebige Einteilchenzustände sind; um dies zu zeigen, zerlegt man diese Zustände in Linearkombinationen der Basisvektoren $\{|u_i\rangle\}$ und wendet Gl. (40) auf alle Terme an. Die Leserin beachte, dass es in diesem Potentialoperator keinen Austauschterm gibt – dieser Term fällt in Gl. (38) weg, wenn sich die beiden wechselwirkenden Teilchen in demselben Einteilchen-Quantenzustand befinden. Die Gleichung (39) nimmt nun folgende Form an:

$$0 = \langle\delta\alpha|\left[K_0 + V_1 + V_{GP}^{\theta}\right]|\theta\rangle \tag{42}$$

Diese Bedingung für die Stationarität der Energie muss für jeden Bra $\langle\delta\alpha|$ orthogonal zu $|\theta\rangle$ erfüllt sein [s. Gl. (36)]. Sie drückt aus, dass die Wirkung des Operators

$[K_0 + V_1 + V_{\text{GP}}^{\theta}]$ auf $|\theta\rangle$ einen Ket erzeugt, dessen Komponenten bezüglich aller Vektoren orthogonal zu $|\theta\rangle$ verschwinden. Die einzige Komponente ungleich null kann nur die bezüglich $|\theta\rangle$ sein. Mit anderen Worten: Wir erhalten einen Ket parallel zum Zustand $|\theta\rangle$, also einen Eigenvektor zu diesem Operator. Wenn wir den entsprechenden Eigenwert mit μ bezeichnen (eine reelle Zahl, weil der Operator hermitesch ist), erhalten wir

$$\left[K_0 + V_1 + V_{\text{GP}}^{\theta}\right]|\theta\rangle = \mu|\theta\rangle \tag{43}$$

Der „optimale" Zustand $|\varphi\rangle$ in der Familie, die von den $|\theta\rangle$ erzeugt wird, ist also eine Lösung der Gross-Pitaevskii-Gleichung:

$$\left[K_0 + V_1 + V_{\text{GP}}^{\varphi}\right]|\varphi\rangle = \mu\,|\varphi\rangle \tag{44}$$

Hier wird Gl. (28) auf Teilchen mit Spin* und auf beliebige Paarpotentiale verallgemeinert. Die Interpretation des Operators V_{GP}^{φ} ist die, dass er die Wechselwirkung zwischen den Teilchen (die alle den Zustand $|\varphi\rangle$ besetzen) durch ein gemitteltes Potential beschreibt; dieses wird als Molekularfeld (engl.: *mean field*) bezeichnet.

Bemerkung:
Den Gross-Pitaevskii-Operator V_{GP}^{θ} können wir auch als eine partielle Spur über das zweite Teilchen auffassen:

$$V_{\text{GP}}^{\theta}(1) = (N-1)\,\text{Tr}_2\left\{P^{\theta}(2)W_2(1,2)\right\} \tag{45}$$

wobei $P^{\theta}(2)$ der Operator ist, der den Zustand von Teilchen 2 auf $|\theta\rangle$ projiziert:

$$P^{\theta}(2) = \sum_k |1:u_k\rangle\langle 1:u_k| \otimes |2:\theta\rangle\langle 2:\theta| = \sum_k |1:u_k;2:\theta\rangle\langle 1:u_k;2:\theta| \tag{46}$$

Überprüfen wir dies, indem wir auf der rechten Seite von Gl. (45) die partielle Spur ausschreiben (s. Ergänzung E_{III}, § 5-b). Wir nutzen dafür eine Basis $\{|\theta_n\rangle\}$, in der der erste Basisvektor mit dem Zustand $|\theta\rangle$ übereinstimmt: $|\theta_1\rangle = |\theta\rangle$. Wir betrachten außerdem ein beliebiges Matrixelement von $V_{\text{GP}}^{\theta}(1)$ und stoßen auf den Ausdruck

$$\langle u_i|\,\text{Tr}_2\left\{P^{\theta}(2)W_2(1,2)\right\}|u_j\rangle = \sum_n \langle 1:u_i;2:\theta_n|P^{\theta}(2)W_2(1,2)|1:u_j;2:\theta_n\rangle \tag{47}$$

Wir ersetzen $P^{\theta}(2)$ durch die Summe über k in Gl. (46) und beobachten, dass die Skalarprodukte zwischen den Zuständen von Teilchen 1 und 2 jeweils auf die Faktoren δ_{ik} und δ_{n1} führen. Das Ergebnis ist also

$$\langle u_i|\,\text{Tr}_2\left\{P^{\theta}(2)W_2(1,2)\right\}|u_j\rangle = \langle 1:u_i;2:\theta|W_2(1,2)|1:u_j;2:\theta\rangle \tag{48}$$

und wir haben die Definition (40) von V_{GP}^{θ} wiedergefunden. Damit ist gezeigt, dass Gl. (45) eine alternative Möglichkeit ist, das Gross-Pitaevskii-Potential zu definieren.

---

* Anm. d. Ü.: In Gl. (44) können die Kets auch Spinquantenzahlen enthalten, während wir in Gl. (28) mit einer skalaren Wellenfunktion (also Spin null) gerechnet haben.

4 Physikalische Interpretation

Wir haben bislang den Zustand untersucht, der zu einem Minimum der mittleren Energie führt, aber nicht den minimalen Wert der Energie selbst. Diesen sehen wir uns in diesem Abschnitt an und zeigen dabei, dass der Parameter μ das chemische Potential des Systems aus wechselwirkenden Bosonen ist. Wir führen den Begriff der Relaxationslänge ein und untersuchen das Verhalten der mittleren Energie, wenn ein Kondensat in mehrere Kondensate „fragmentiert", die durch verschiedene Einteilchenzustände beschrieben werden.

4-a Energie und chemisches Potential

Weil der Ket $|\varphi\rangle$ normiert ist, erhalten wir aus Gl. (44) nach Multiplikation von links mit dem Bra $\langle\varphi|$ (und dem Faktor N) folgenden Ausdruck:

$$N\,\langle\varphi|\left[K_0 + V_1 + V_{\text{GP}}^{\varphi}\right]|\varphi\rangle = N\mu \tag{49}$$

Wir erkennen auf der linken Seite sofort die Mittelwerte der kinetischen Energie und des äußeren Potentials wieder. Gemäß der Definition (41) des Gross-Pitaevskii-Operators V_{GP}^{φ} haben wir außerdem

$$N\,\langle\varphi|\,V_{\text{GP}}^{\varphi}\,|\varphi\rangle = N(N-1)\,\langle 1:\varphi; 2:\varphi|\,W_2(1,2)\,|1:\varphi; 2:\varphi\rangle \tag{50}$$

Dies ist gerade der doppelte Mittelwert des Wechselwirkungspotentials aus Gl. (33), wenn wir dort $|\theta_1\rangle = |\varphi\rangle$ setzen. Es ist also [s. Gl. (34)]

$$N\mu = \langle H_0\rangle + \langle V_1\rangle + 2\,\langle\widehat{W}_2\rangle = \widetilde{E} + \langle\widehat{W}_2\rangle \tag{51}$$

Diese Beziehung zeigt uns, dass $N\mu/2$ die Summe aus der Wechselwirkungsenergie $\langle\widehat{W}_2\rangle$ und der halben kinetischen und äußeren potentiellen Energie darstellt. Um die Energie $\widetilde{E}$ zu berechnen, können wir einfach die fehlenden beiden halben Terme addieren:

$$\widetilde{E} = \frac{N}{2}\left[\mu + \langle\varphi|\,(K_0 + V_1)\,|\varphi\rangle\right] \tag{52}$$

Diese Formel hat den Vorteil, dass sie nur von Operatoren abhängt, die auf ein Teilchen wirken, und nicht von Zweiteilchenoperatoren, was die Rechnungen vereinfacht. Die Wechselwirkungsenergie ist implizit in μ enthalten.

Die Größe μ stellt also nicht direkt die mittlere Energie dar. Leiten wir allerdings die Gleichung (34) nach der Teilchenzahl N ab, erhalten wir (wir schreiben wieder $|\varphi\rangle$ statt $|\theta\rangle$)

$$\frac{\mathrm{d}\widetilde{E}}{\mathrm{d}N} = \langle\varphi|\,[K_0 + V_1]\,|\varphi\rangle + \left(N - \tfrac{1}{2}\right)\langle\varphi,\varphi|\,W_2(1,2)\,|\varphi,\varphi\rangle \tag{53}$$

Für große Werte von N dürfen wir ohne einen nennenswerten Fehler $N - \frac{1}{2}$ durch $N - 1$ ersetzen. Mit N multipliziert, erscheint dann eine Summe über mittlere Energien:

$$N \frac{\mathrm{d}\widetilde{E}}{\mathrm{d}N} = \langle H_0 \rangle + \langle V_1 \rangle + 2 \langle \widehat{W}_2 \rangle \tag{54}$$

die wegen Gl. (51) auf

$$\frac{\mathrm{d}\widetilde{E}}{\mathrm{d}N} = \mu \tag{55}$$

führt. Im kanonischen Ensemble bei Temperatur null ist nun die Ableitung der Energie nach der Teilchenzahl (bei festem Volumen) gerade gleich dem chemischen Potential (Anhang VI, § 2-b). Die Größe μ, die wir mathematisch als Lagrange-Multiplikator eingeführt hatten, kann also genauso gut als das chemische Potential verstanden werden.

4-b Relaxations- oder Kohärenzlänge

Ein wichtiger Begriff in der Physik von Bose-Kondensaten ist die *Relaxationslänge* (engl.: *healing length* oder *coherence length*). Diese Länge charakterisiert die Skala, auf der eine Lösung der stationären Gross-Pitaeveskii-Gleichung auf eine räumliche Randbedingung reagiert, wenn die Wellenfunktion etwa auf einer Wand oder im Inneren verschwinden muss. Wir leiten die Größenordnung dieser Länge her und beschränken uns dazu auf eine qualitative Rechnung.

Wir nehmen an, das äußere Potential $V_1(\mathbf{r})$ verschwinde in dem betrachteten Raumgebiet, und teilen Gl. (28) durch $\varphi(\mathbf{r})$; es ergibt sich

$$-\frac{\hbar^2}{2m} \frac{\nabla^2 \varphi(\mathbf{r})}{\varphi(\mathbf{r})} + g \left|\varphi(\mathbf{r})\right|^2 = \mu \tag{56}$$

und wir lesen ab, dass die linke Seite dieser Gleichung unabhängig von $\mathbf{r}$ ist. Weil das äußere Potential konstant null ist, dürfen wir annehmen, dass $\varphi(\mathbf{r})$ in einem ganzen räumlichen Gebiet konstant ist. Sei die Teilchendichte dort n_0:

$$n_0 = \left|\varphi(\mathbf{r})\right|^2 \tag{57}$$

Was geschieht, wenn $\varphi(\mathbf{r})$ am Rand des Gebietes verschwinden muss? Um das Problem zu vereinfachen, reduzieren wir es auf eine relevante Koordinate und nehmen an, dass $\varphi(\mathbf{r})$ nur von x abhängt und in der Ebene $x = 0$ den Wert null hat. Wir wollen größenordnungsmäßig die Breite ξ des Übergangsbereichs finden, auf dem die Wellenfunktion von null auf einen praktisch konstanten Wert ansteigt. In dem Gebiet, in dem $\varphi(\mathbf{r})$ konstant ist, liefert Gl. (56)

$$\mu = g n_0 \tag{58}$$

In dem Übergangsbereich, vor allem ganz in der Nähe von $x = 0$, haben wir dagegen

$$-\frac{\hbar^2}{2m}\frac{\nabla^2\varphi(\mathbf{r})}{\varphi(\mathbf{r})} \approx \mu = gn_0 \tag{59}$$

In einer Dimension erhalten wir so folgende Differentialgleichung:[4]

$$-\frac{\hbar^2}{2m}\frac{\mathrm{d}^2}{\mathrm{d}x^2}\varphi(x) \approx gn_0\varphi(x) \tag{60}$$

die man mit einer Kombination aus e-Funktionen $\mathrm{e}^{\pm \mathrm{i}x/\xi}$ lösen kann; hier ist

$$\xi = \sqrt{\frac{\hbar^2}{2mgn_0}} \tag{61}$$

die sogenannte *Relaxationslänge*. Die Lösung, die bei $x = 0$ verschwindet, ist proportional zur Differenz der e-Funktionen, also zu $\sin(x/\xi)$. Diese Funktion wächst auf der charakteristischen Skala ξ an. Das Verhalten der Wellenfunktion (genauer berechnet) ist in Abb. 1 dargestellt.

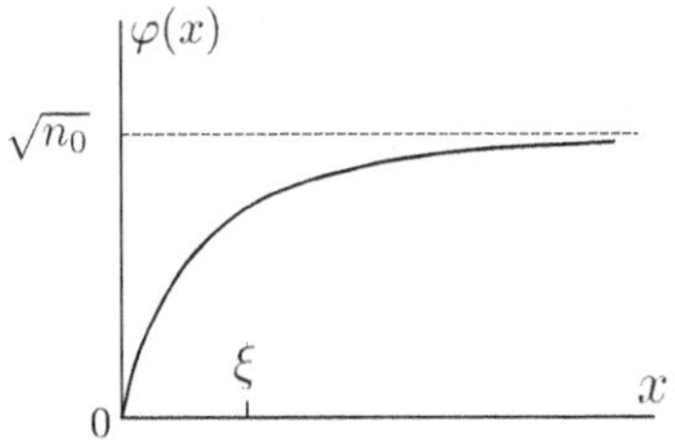

Abb. 1: Verhalten der Wellenfunktion $\varphi(x)$ in der Nähe einer Wand (bei $x = 0$), wo sie gleich null ist. Der Anstieg von null erfolgt auf einer Skala von der Größenordnung der Relaxationslänge ξ in Gl. (61). Diese ist umso kürzer, je stärker die Wechselwirkung zwischen den Teilchen sind. Weit von der Wand entfernt nimmt die Wellenfunktion den konstanten Wert $\sqrt{n_0}$ an (gestrichelte Linie).

Die Relaxationslänge ist umso kürzer, je stärker die Wechselwirkung ist: Sie ist invers proportional zur Wurzel der Kopplungskonstanten g und der Dichte n_0. Anschaulich gesprochen ist sie das Ergebnis des Wettbewerbs zwischen den abstoßenden Kräften zwischen den Teilchen (die dazu führen, dass sich die Wellenfunktion räumlich „so wenig wie möglich" ändert) und der kinetischen Energie (die die räumlichen Ableitungen so klein wie möglich halten will, obwohl die Wellenfunktion bei $x = 0$ verschwinden muss). Wir bemerken, dass ξ bis auf einen Faktor 2π gerade die De-Broglie-Wellenlänge eines freien Teilchens ist, das sich mit einer kinetischen Energie vergleichbar mit der abstoßenden Wechselwirkungsenergie gn_0 in dem Bose-Gas bewegt.

4 Eine genauere Rechnung zeigt, dass man Gl. (56) in einer Dimension mit der Funktion $\varphi(x) = \sqrt{n_0}\tanh(x/\xi\sqrt{2})$ lösen kann.

4-c Energiebilanz für ein fragmentiertes Kondensat

Wir zeigen in diesem Abschnitt, dass repulsive Wechselwirkungen ein Bose-Kondensat stabilisieren, also einen Zustand, in dem alle Teilchen dieselbe Mode* besetzen, im Gegensatz zu einem „fragmentierten" Zustand, in dem einzelne Teilchen eine andere Mode besetzen, auch wenn diese sich energetisch nur sehr wenig unterscheidet. Wir lassen den Ansatz (7) fallen, in dem alle Teilchen in einer Mode $|\theta\rangle$ ein „reines" Bose-Einstein-Kondensat bilden, und „fragmentieren" dieses Kondensat, indem die N Teilchen auf zwei verschiedene Moden verteilt werden. Unser Ansatz ist also ein Zustand mit N_a Teilchen in der Mode $|\theta_a\rangle$ und $N_b = N - N_a$ Teilchen in der orthogonalen Mode $|\theta_b\rangle$:

$$|\widetilde{\Psi}\rangle = \frac{1}{\sqrt{N_a!N_b!}} \left[a^\dagger_{\theta_a}\right]^{N_a} \left[a^\dagger_{\theta_b}\right]^{N_b} |0\rangle \tag{62}$$

Wir berechnen, wie sich jetzt die zu minimierende mittlere Energie verhält. In Gleichung (29) für die kinetische Energie suchen wir wieder die Werte der Indizes k und l, für die die Wirkung des Operators $a^\dagger_k a_l$ zu einem Fock-Zustand proportional zu $|\widetilde{\Psi}\rangle$ führt. Es muss dazu entweder $k = l = a$ oder $k = l = b$ sein. Daraus ergibt sich

$$\left\langle \widehat{H}_0 \right\rangle = N_a \langle\theta_a| K_0 |\theta_a\rangle + N_b \langle\theta_b| K_0 |\theta_b\rangle \tag{63}$$

Den Mittelwert für den Einteilchenoperator der potentiellen Energie berechnet man genauso:

$$\left\langle \widehat{V}_{\text{ext}} \right\rangle = N_a \langle\theta_a| V_1 |\theta_a\rangle + N_b \langle\theta_b| V_1 |\theta_b\rangle \tag{64}$$

In beiden Fällen finden wir, dass die beiden besetzten Zustände gemäß ihren Besetzungen beitragen: Dies war zu erwarten für Energien, die nur von je einem Teilchen abhängen.

Für die Wechselwirkungsenergie (ein Zweiteilchenoperator) benutzen wir erneut die Beziehung (32). Der dort auftretende Operator $a^\dagger_k a^\dagger_l a_n a_m$ führt uns in einem der folgenden Fälle zurück zum Zustand $|\widetilde{\Psi}\rangle$:

- Alle vier Indizes k, l, m, n sind untereinander gleich und entweder gleich a oder gleich b. Addieren beider Einträge ergibt:

$$\begin{aligned}&\tfrac{1}{2}N_a(N_a-1)\,\langle 1:\theta_a; 2:\theta_a|\, W_2(1,2)\,|1:\theta_a; 2:\theta_a\rangle\\ &\quad + \tfrac{1}{2}N_b(N_b-1)\,\langle 1:\theta_b; 2:\theta_b|\, W_2(1,2)\,|1:\theta_b; 2:\theta_b\rangle\end{aligned} \tag{65}$$

- Entweder gilt paarweise $(k, l) = (m, n) = (a, b)$, oder aber $(k, l) = (m, n) = (b, a)$. Diese beiden Möglichkeiten liefern denselben Beitrag, weil der Operator W_2 symmetrisch ist. Der Faktor 1/2 hebt sich dann weg, und wir finden den *direkten Term*:

$$N_a N_b \langle 1:\theta_a; 2:\theta_b| W_2(1,2) |1:\theta_a; 2:\theta_b\rangle \tag{66}$$

---

* Anm. d. Ü.: Um Missverständnisse zu vermeiden und die Sprache etwas zu vereinfachen, benutzen wir in diesem Abschnitt den Begriff „Mode" statt „Einteilchenzustand".

– Schließlich können noch die Fälle $(k, l) = (n, m) = (a, b)$ oder $(k, l) = (n, m) = (b, a)$ auftreten. Wir erhalten so den *Austauschterm* (auch ohne den Faktor 1/2):

$$N_a N_b \langle 1 : \theta_a; 2 : \theta_b | W_2(1, 2) | 1 : \theta_b; 2 : \theta_a \rangle \tag{67}$$

Der direkte und der Austauschterm sind schematisch in Kapitel XV, Abb. 3 links und rechts dargestellt (man muss in der Abbildung die Moden $|u_i\rangle$ und $|u_j\rangle$ jeweils durch $|\theta_a\rangle$ und $|\theta_b\rangle$ ersetzt denken).

Die zu minimierende Energie ist insgesamt durch folgende Summe gegeben:

$$\begin{aligned}\widetilde{E} = {} & N_a \langle \theta_a | [K_0 + V_1] | \theta_a \rangle + N_b \langle \theta_b | [K_0 + V_1] | \theta_b \rangle \\ & + \tfrac{1}{2} N_a (N_a - 1) \langle 1 : \theta_a; 2 : \theta_a | W_2(1, 2) | 1 : \theta_a; 2 : \theta_a \rangle \\ & + \tfrac{1}{2} N_b (N_b - 1) \langle 1 : \theta_b; 2 : \theta_b | W_2(1, 2) | 1 : \theta_b; 2 : \theta_b \rangle \\ & + N_a N_b \langle 1 : \theta_a; 2 : \theta_b | W_2(1, 2) | 1 : \theta_a; 2 : \theta_b \rangle \\ & + N_a N_b \langle 1 : \theta_a; 2 : \theta_b | W_2(1, 2) | 1 : \theta_b; 2 : \theta_a \rangle \end{aligned} \tag{68}$$

Wie vorhin ist die Wechselwirkungsenergie zwischen den Teilchen in der Mode $|\theta_a\rangle$ proportional zur Zahl $N_a(N_a - 1)/2$ der Paare von Teilchen in dieser Mode; dasselbe gilt für die Teilchen in der Mode $|\theta_b\rangle$. Der direkte Term (vorletzte Zeile) drückt die Wechselwirkung zwischen den Teilchen in verschiedenen Moden durch das Produkt $N_a N_b$ aus, was auch die Anzahl von Paaren ist. Allerdings müssen wir noch den Austauschterm (letzte Zeile) addieren, der ebenfalls zu $N_a N_b$ proportional ist. Dies deutet auf eine zusätzliche Wechselwirkung hin. Der physikalische Grund für diese verstärkte Wechselwirkung liegt in dem Effekt des *Gruppierens* (engl.: *bunching*) von zwei Bosonen in verschiedenen Quantenzuständen. Wir werden dies genauer in Ergänzung A_{XVI}, § 3-b untersuchen, können hier aber schon vorwegnehmen: Weil die zwei Bosonen ununterscheidbar sind, weisen sie in orthogonalen Moden Korrelationen zwischen ihren Positionen auf. Diese führen dazu, dass die Wahrscheinlichkeit wächst, beide Teilchen am selben Ort zu finden.* Es ist festzuhalten, dass diese Verstärkung nicht auftritt, wenn die beiden Bosonen dieselbe Mode besetzen.

Im Weiteren nehmen wir zur Vereinfachung an, dass die Mittelwerte (die diagonalen Matrixelemente) von $K_0 + V_1$ in den Zuständen $|\theta_a\rangle$ und $|\theta_b\rangle$ praktisch dieselben sind. Dies tritt z. B. dann auf, wenn spinlose Teilchen die zwei am tiefsten liegenden Zustände in einem würfelförmigen Volumen der Kantenlänge L besetzen – ihre Energiedifferenz ist dann proportional zu $1/L^2$, also für große L sehr klein. Genauso nehmen wir an, dass die Matrixelemente von $W_2(1, 2)$ alle gleich sind. Dies ist etwa der Fall, wenn die (mikroskopische) Reichweite der Wechselwirkung zwischen den

* Anm. d. Ü.: Bei Fermionen tritt der Austauschterm mit dem entgegengesetzten Vorzeichen auf (s. Kapitel XV, § C-5-a) und verringert die Wahrscheinlichkeit, die Teilchen am selben Ort zu finden. Dies spiegelt erneut das Pauli-Prinzip wider.

Teilchen sehr klein gegenüber den Skalen ist, auf denen sich die Wellenfunktionen der beiden Moden ändern. Wir dürfen dann in allen Matrixelementen die Moden $|\theta_a\rangle$ und $|\theta_b\rangle$ durch ein und denselben Ket $|\theta\rangle$ ersetzen. Wegen $N_a + N_b = N$ erhalten wir schließlich

$$\begin{aligned}\widetilde{E} &= N\,\langle\theta|\,[K_0 + V_1]\,|\theta\rangle \\ &\quad + \tfrac{1}{2}\,[N_a(N_a-1) + N_b(N_b-1) + 2N_aN_b]\,\langle 1:\theta; 2:\theta|W_2(1,2)|1:\theta; 2:\theta\rangle \\ &\quad + N_aN_b\langle 1:\theta; 2:\theta|W_2(1,2)|1:\theta; 2:\theta\rangle \end{aligned} \tag{69}$$

Nun gilt aber

$$N(N-1) = (N_a + N_b)(N_a + N_b - 1) = N_a(N_a-1) + N_b(N_b-1) + 2N_aN_b \tag{70}$$

so dass wir erhalten

$$\widetilde{E} = N\,\langle\theta|\,[K_0 + V_1]\,|\theta\rangle + \tfrac{1}{2}N(N-1)\langle 1:\theta; 2:\theta|W_2(1,2)|1:\theta; 2:\theta\rangle + \Delta\widetilde{E}_{\text{ex}} \tag{71}$$

wobei

$$\Delta\widetilde{E}_{\text{ex}} = N_aN_b\,\langle 1:\theta; 2:\theta|\,W_2(1,2)\,|1:\theta; 2:\theta\rangle \tag{72}$$

Wir finden hier das Ergebnis (34) wieder, aber mit dem zusätzlichen Beitrag $\Delta\widetilde{E}_{\text{ex}}$, der seinem Ursprung nach ein Austauschterm ist. Es sind nun zwei Fälle denkbar, und zwar für anziehende oder abstoßende Wechselwirkungen zwischen den Teilchen. Im ersten Fall verringert die Fragmentation des Kondensats die Energie* und führt auf einen stabileren Zustand. Ein reines Kondensat, in dem nur eine Mode besetzt ist, wird sich also unter dem Einfluss von anziehenden Wechselwirkungen in zwei Kondensate aufspalten (deswegen der Begriff Fragmentation), die sich ihrerseits aufspalten können usw. Dies weist darauf hin, dass das anfängliche Kondensat instabil ist. (Wir kommen auf diese Instabilität in Ergänzung F_{XV}, § 2-b zurück und betrachten dort den allgemeineren Fall des Gleichgewichts bei einer Temperatur $T > 0$.) Sind die Wechselwirkungen dagegen repulsiv, dann führt $\Delta\widetilde{E}_{\text{ex}}$ zu einer höheren Energie: Das Fragmentieren liefert einen weniger stabilen Zustand. Repulsive Wechselwirkungen stabilisieren also ein reines Kondensat mit einer einzigen besetzten Mode.[5] Wir werden dieses Ergebnis in Ergänzung A_{XVI}, § 3-b anschaulich interpretieren. Dazu untersuchen wir die räumlichen Korrelationsfunktionen der Teilchen, an denen das bosonische Gruppieren abzulesen ist. Für das ideale Bose-Gas halten wir fest, dass es ein marginaler Grenzfall ist: Sobald man eine anziehende Wechselwirkung einführt, wie klein auch immer, wird das Kondensat instabil.

---

5 Wir betrachten hier nur spinlose Teilchen in einem endlichen Volumen. Stehen den Bosonen mehrere interne Spinzustände zur Verfügung oder liegen bestimmte andere Geometrien vor, dann können kompliziertere Szenarien vorkommen, in denen der Grundzustand fragmentiert (Mueller, Ho, Ueda und Baym, 2006).

* Anm. d. Ü.: Der Mittelwert von $W_2(1,2)$ ist dann negativ.

Ergänzung D_{XV}
Zeitabhängige Gross-Pitaevskii-Gleichung

Hier werden die Überlegungen aus Ergänzung C_{XV} zu einem System von Bosonen, die alle denselben Einteilchenzustand besetzen, wieder aufgenommen und auf den Fall verallgemeinert, dass dieser Zustand von der Zeit abhängt. Wir untersuchen die zeitliche Änderung des N-Teilchen-Zustands mit einer Variationsmethode ähnlich wie in Ergänzung C_{XV}. Wir werden so eine zeitabhängige Molekularfeldnäherung erhalten. Sie führt in § 1 auf die zeitabhängige Gross-Pitaevskii-Gleichung, von der wir einige Eigenschaften diskutieren, wie etwa kleine Schwingungen (die Bogoliubov-Phononen*). In § 2 leiten wir die lokalen Erhaltungssätze her, die aus dieser Gleichung folgen. Es bietet sich an, diese in Analogie zur Hydrodynamik zu formulieren. Wir diskutieren das Auftreten einer charakteristischen Längenskala. In § 3 zeigen wir schließlich, wie die Gross-Pitaevskii-Gleichung die Existenz von metastabilen Strömungen und Supraflüssigkeiten vorhersagt.

1 Zeitliche Entwicklung

Wir nehmen an, dass der Ket für ein System aus N Bosonen wie in Ergänzung C_{XV}, Gl. (7) geschrieben werden kann:

$$|\widetilde{\Psi(t)}\rangle = \frac{1}{\sqrt{N!}} \left[a_\theta^\dagger(t)\right]^N |0\rangle \tag{1}$$

Wir betrachten allerdings einen zeitabhängigen Einteilchenzustand $|\theta\rangle = |\theta(t)\rangle$. Der Erzeugungsoperator in dieser Mode ist also ein zeitabhängiger Operator†

$$a_\theta^\dagger(t)\,|0\rangle = |\theta(t)\rangle \tag{2}$$

* Anm. d. Ü.: Seltener begegnet man der deutschen Transkription Bogoljubow.

† Anm. d. Ü.: Nicht zu verwechseln mit der Zeitabhängigkeit dieser Operatoren im Heisenberg-Bild.

https://doi.org/10.1515/9783110649130-005

Wir nehmen, dass sich $|\theta(t)\rangle$ als Funktion der Zeit beliebig ändert, allerdings stets normiert bleibt:

$$\langle\theta(t)|\theta(t)\rangle = 1 \tag{3}$$

Unser Ziel wird es sein, die zeitliche Änderung von $|\theta(t)\rangle$ so zu bestimmen, dass der Zustand $|\widetilde{\Psi(t)}\rangle$ so dicht wie möglich an der Lösung der zeitabhängigen Schrödinger-Gleichung für den exakten N-Teilchen-Zustand liegt. Dabei können wir auch zulassen, dass das Einteilchenpotential von der Zeit abhängt, wir schreiben also $V_1 = V_1(t)$.

1-a Wirkungsfunktional der Schrödinger-Gleichung

Betrachten wir folgendes Funktional des Zustands $|\Psi(t)\rangle$:

$$S\left[|\Psi(t)\rangle\right] = \left\{\int_{t_0}^{t_1} \mathrm{d}t\, \langle\Psi(t)| \left[i\hbar\frac{\mathrm{d}}{\mathrm{d}t} - H(t)\right] |\Psi(t)\rangle\right\} + \frac{i\hbar}{2}\left[\langle\Psi(t_0)|\Psi(t_0)\rangle - \langle\Psi(t_1)|\Psi(t_1)\rangle\right] \tag{4}$$

Man kann zeigen, dass dieses Funktional für genau den Zustand $|\Psi(t)\rangle$ ein Extremum annimmt, der eine Lösung der zeitabhängigen Schrödinger-Gleichung ist.* (Dieser Beweis wird in Ergänzung F_{XV}, § 2 im Detail geführt.) In der Variationsrechnung suchen wir einen stationären Punkt dieses Funktionals innerhalb einer Familie von Kets, von der wir noch nicht wissen, ob sie die exakte Lösung $|\Psi(t)\rangle$ enthält. So identifizieren wir die beste Näherung an die Lösung der Schrödinger-Gleichung. Wir werden im Folgenden die Familie von Zuständen $|\widetilde{\Psi(t)}\rangle$ aus Gl. (1) betrachten, mit einem zeitabhängigen Einteilchenzustand $|\theta(t)\rangle$, und in dieser Familie den stationären Punkt des Wirkungsfunktionals suchen.

Die Normierungsbedingung (3) führt dazu, dass sich in der zweiten Zeile des Funktionals (4) die letzten beiden Terme wegheben. Unter dem Integral müssen wir also den Mittelwert des Hamilton-Operators $H(t)$ berechnen; dazu verwenden wir das Ergebnis (34) aus Ergänzung C_{XV}:

$$\langle\widetilde{\Psi(t)}|H(t)|\widetilde{\Psi(t)}\rangle = N\,\langle\theta(t)|\left[K_0 + V_1(t)\right]|\theta(t)\rangle + \frac{N(N-1)}{2}\langle 1:\theta(t); 2:\theta(t)|W_2(1,2)|1:\theta(t); 2:\theta(t)\rangle \tag{5}$$

Es bleibt noch der Term mit der Zeitableitung in Gl. (4). Diesen Term kann man nach Produktregel wie folgt als ein diagonales Matrixelement schreiben:

$$\langle\widetilde{\Psi(t)}|\, i\hbar\frac{\mathrm{d}}{\mathrm{d}t}\,|\widetilde{\Psi(t)}\rangle = \frac{i\hbar}{N!}\,\langle 0|\left[a_\theta(t)\right]^N \sum_{k=0}^{N-1}\left[a_\theta^\dagger(t)\right]^k \frac{\mathrm{d}a_\theta^\dagger}{\mathrm{d}t}\left[a_\theta^\dagger(t)\right]^{N-k-1}|0\rangle \tag{6}$$

* Anm. d. Ü.: Der Name *Wirkungsfunktional* und die Notation S in Gl. (4) drücken aus, dass diese Formulierung analog zum Prinzip der kleinsten Wirkung in der klassischen Mechanik ist.

Ausgedrückt durch das Differential $\mathrm{d}t$, ist der abgeleitete Operator $\mathrm{d}a_\theta^\dagger/\,\mathrm{d}t$ proportional zu der Differenz $a_\theta^\dagger(t+\mathrm{d}t)-a_\theta^\dagger(t)$. Dies ist eine Differenz zwischen zwei Erzeugungsoperatoren, die bezüglich zweier leicht unterschiedlicher Orthonormalbasen definiert sind. Für Bosonen kommutieren allerdings alle Erzeuger untereinander, und dies gilt für jede Basis. Wir können also in allen Termen der Summe den abgeleiteten Operator ganz nach rechts durchschieben. Dadurch erhalten wir für jedes k dasselbe Resultat. Die Summe ergibt also einfach N-mal den Ausdruck

$$\frac{\mathrm{i}\hbar}{N!}\,\langle 0|\,[a_\theta(t)]^N\left[a_\theta^\dagger(t)\right]^{N-1}\frac{\mathrm{d}a_\theta^\dagger}{\mathrm{d}t}\,|0\rangle \tag{7}$$

Nun gilt aber:*

$$[a_\theta(t)]^{N-1}\left[a_\theta^\dagger(t)\right]^N|0\rangle = N!\,|1:\theta(t)\rangle = N!\;a_\theta^\dagger(t)\,|0\rangle \tag{8}$$

Wir bilden durch hermitesch Konjugieren einen Bra und setzen ihn in Gl. (6) ein. Mit dem Faktor N aus der Summe über k erhalten wir

$$\langle\widetilde{\Psi(t)}|\,\mathrm{i}\hbar\frac{\mathrm{d}}{\mathrm{d}t}\,|\widetilde{\Psi(t)}\rangle = \mathrm{i}\hbar N\,\langle 0|\,a_\theta(t)\frac{\mathrm{d}a_\theta^\dagger}{\mathrm{d}t}\,|0\rangle = N\,\langle\theta(t)|\,\mathrm{i}\hbar\frac{\mathrm{d}}{\mathrm{d}t}\,|\theta(t)\rangle \tag{9}$$

Diese Ergebnisse zusammengefasst, ergibt sich das Wirkungsfunktional für diesen Variationsansatz von Zuständen zu

$$\begin{aligned} S\left[|\widetilde{\Psi(t)}\rangle\right] = -\int_{t_0}^{t_1}\mathrm{d}t\,\Bigg\{&N\langle\theta(t)|\left[[K_0+V_1(t)]-\mathrm{i}\hbar\frac{\mathrm{d}}{\mathrm{d}t}\right]|\theta(t)\rangle\\ &+\frac{N(N-1)}{2}\,\langle 1:\theta(t);2:\theta(t)|\,W_2(1,2)\,|1:\theta(t);2:\theta(t)\rangle\Bigg\}\end{aligned} \tag{10}$$

1-b Variationsrechnung: Zeitabhängige Gross-Pitaevskii-Gleichung

Wir betrachten nun folgende Variation von $|\theta(t)\rangle$:

$$|\theta(t)\rangle \mapsto |\theta(t)\rangle + \mathrm{e}^{\mathrm{i}\chi}\,|\delta\theta(t)\rangle \tag{11}$$

um die Kets $|\theta(t)\rangle$ zu finden, die das Funktional $S[|\widetilde{\Psi(t)}\rangle]$ in Gl. (10) stationär machen. Wir erhalten Variationen, die durch den infinitesimalen Ket $\mathrm{e}^{\mathrm{i}\chi}|\delta\theta(t)\rangle$ und durch den Bra $\mathrm{e}^{-\mathrm{i}\chi}\langle\delta\theta(t)|$ entstehen, ähnlich wie bei der Suche nach der Lösung der stationären Gross-Pitaevskii-Gleichung (s. Ergänzung C_{XV}, § 2-b). Wie dort argumentieren wir hier, dass beide Variationen verschwinden müssen, weil die Phase χ beliebig ist. Schreiben wir die Variation aus, die von dem Bra $\langle\delta\theta(t)|$ herrührt, dann liefert die Bedingung, dass das Wirkungsfunktional stationär ist, folgende Bewegungsgleichung (hier

* Anm. d. Ü.: Diese Formel folgt sofort, wenn man N-mal den Operator $a_\theta(t)^\dagger$ gemäß Gl. (A-16) und $(N-1)$-mal $a_\theta(t)$ nach Gl. (A-22) aus Kapitel XV anwendet. Eine Besetzung mit einem Teilchen bleibt übrig.

für den Zustand $|\varphi(t)\rangle$ aufgeschrieben):

$$i\hbar\frac{d}{dt}|\varphi(t)\rangle = \left[K_0 + V_1(t) + V_{GP}^{\varphi}(t)\right]|\varphi(t)\rangle \tag{12}$$

Der Operator $V_{GP}^{\varphi}(t)$ für das Molekularfeld, das die Wechselwirkung näherungsweise beschreibt, ist wie in Ergänzung C_{XV}, Gl. (45, 46) über eine partielle Spur definiert:

$$V_{GP}^{\varphi}(1, t) = (N-1)\,\mathrm{Tr}_2\left\{P^{\varphi(t)}(2)\,W_2(1,2)\right\} \tag{13}$$

Hierbei ist $P^{\varphi(t)}$ der Projektor auf den zeitabhängigen Ket $|\varphi(t)\rangle$:

$$P^{\varphi(t)} = |\varphi(t)\rangle\,\langle\varphi(t)| \tag{14}$$

Der Zustand des Teilchens Nummer 2, über das hier die Spur genommen wird, hängt von der Zeit ab, und deswegen haben wir im Operator $V_{GP}^{\varphi}(1,t)$ das Argument t ergänzt. Der Ausdruck (12) gibt die allgemeine Form der zeitabhängigen Gross-Pitaevskii-Gleichung an.

Wir gehen nun wie in Ergänzung C_{XV}, § 2 zu dem einfachen Fall von spinlosen Bosonen über, die durch ein Kontaktpotential wechselwirken:

$$W_2(\mathbf{r}, \mathbf{r}') = g\,\delta(\mathbf{r} - \mathbf{r}') \tag{15}$$

Die Definition (13) des Gross-Pitaevskii-Potentials ist in der Ortsdarstellung leicht auszuwerten. Dieselben Rechnungen wie in Ergänzung C_{XV}, §§ 2-b-β, 2-b-γ führen von dem Ausdruck (12) auf die zeitabhängige Gross-Pitaevskii-Gleichung (im engeren Sinn)

$$i\hbar\frac{\partial}{\partial t}\varphi(\mathbf{r}, t) = \left[-\frac{\hbar^2}{2m}\nabla^2 + V_1(\mathbf{r}, t) + Ng|\varphi(\mathbf{r}, t)|^2\right]\varphi(\mathbf{r}, t) \tag{16}$$

wobei wir N groß genug angenommen haben, um die Näherung $N - 1 \simeq N$ durchzuführen. Wird die skalare Wellenfunktion auf die Teilchenzahl N normiert [beachte die Schreibweise $\phi(\mathbf{r}, t)$],

$$\int d^3r\,|\phi(\mathbf{r}, t)|^2 = N \tag{17}$$

dann vereinfacht sich Gl. (16) zu

$$i\hbar\frac{\partial}{\partial t}\phi(\mathbf{r}, t) = \left[-\frac{\hbar^2}{2m}\nabla^2 + V_1(\mathbf{r}, t) + g|\phi(\mathbf{r}, t)|^2\right]\phi(\mathbf{r}, t) \tag{18}$$

Hier geht die Teilchenzahl nicht mehr explizit, sondern nur noch über die Normierung (17) ein (d. Ü.).

Bemerkung:
Es bleibt zu überprüfen, dass die Bewegungsgleichung (16) die Norm von $|\varphi(t)\rangle$ erhält, wie es in Gl. (3) gefordert wird. Ohne den nichtlinearen Term wäre diese Aussage trivial, denn man weiß, dass die Norm unter der gewöhnlichen Schrödinger-Gleichung erhalten ist. Mit dem nichtlinearen Term ist der Beweis dafür noch einmal aufzurollen, was wir in § 2-a durchführen werden.

1-c Phononen und Bogoliubov-Spektrum

Wir bleiben bei den spinlosen Bosonen und betrachten nun ein homogenes System von Teilchen, die sich in einem Volumen der Kantenlänge L in Ruhe befinden. Das äußere Potential $V_1(\mathbf{r})$ ist null im Inneren dieses Volumens und unendlich außerhalb. Eine Möglichkeit, dieses Potential zu berücksichtigen, besteht in Dirichlet-Randbedingungen (d. h., die Wellenfunktion verschwindet) auf den Wänden des Volumens. In vielen Anwendungen ist es allerdings bequemer, mit periodischen Randbedingungen zu arbeiten (s. Ergänzung C_{XIV}, § 1-c). Die Wellenfunktion des Einteilchenzustands mit der kleinsten Energie ist dann einfach konstant im Inneren des Volumens. Wir werden also ein System im Grundzustand betrachten, dessen Gross-Pitaevskii-Wellenfunktion unabhängig von $\mathbf{r}$ ist (und auf eins normiert)

$$\varphi(\mathbf{r},t) = \varphi_0(t) = \frac{1}{L^{3/2}} \mathrm{e}^{-\mathrm{i}\mu t/\hbar} \tag{19}$$

Der Wert für μ folgt aus der Gross-Pitaevskii-Gleichung (16):

$$\mu = \frac{Ng}{L^3} = g n_0 \tag{20}$$

wobei $n_0 = N/L^3$ die Dichte des Systems ist. Wir vergleichen mit Gl. (58) aus Ergänzung C_{XV} und stellen fest, dass μ das chemische Potential im Grundzustand ist. Wir nehmen in diesem Abschnitt weiter an, dass eine abstoßende Wechselwirkung zwischen den Teilchen vorliegt (s. die Bemerkung auf S. 1670):

$$g \geq 0 \tag{21}$$

α Ausbreitung von elementaren Anregungen

Wir fragen jetzt nach den Anregungen, die sich in diesem physikalischen System ausbreiten können. Dieses wird dazu durch eine Wellenfunktion beschrieben, die räumlich nicht mehr konstant ist. Wir werden folgende Form ansetzen:

$$\varphi(\mathbf{r},t) = \varphi_0(t) + \delta\varphi(\mathbf{r},t) \tag{22}$$

mit einer genügend kleinen Störung $\delta\varphi(\mathbf{r},t)$, bezüglich der wir die Gleichungen linearisieren werden (Störungsrechnung in erster Ordnung). Wenn dieser Ausdruck in die rechte Seite von Gl. (16) eingesetzt und bis zur ersten Ordnung entwickelt wird, dann erscheint in dem Term für die Wechselwirkung folgender Ausdruck:

$$\begin{aligned} \delta\left[Ng\varphi^2(\mathbf{r},t)\varphi^*(\mathbf{r},t)\right] &= Ng\left[(2\varphi_0\delta\varphi)\,\varphi_0^* + \varphi_0^2\delta\varphi^*\right] \\ &= gn_0\left[2\delta\varphi + \mathrm{e}^{-2\mathrm{i}\mu t/\hbar}\delta\varphi^*\right] \end{aligned} \tag{23}$$

In dieser Ordnung erhalten wir also:

$$i\hbar\frac{\partial}{\partial t}\delta\varphi(\mathbf{r},t) = \left[-\frac{\hbar^2}{2m}\nabla^2 + 2gn_0\right]\delta\varphi(\mathbf{r},t) + gn_0\,\mathrm{e}^{-2i\mu t/\hbar}\delta\varphi^*(\mathbf{r},t) \tag{24}$$

und dies zeigt uns, dass die Bewegungsgleichung für $\delta\varphi(\mathbf{r},t)$ an diejenige von $\delta\varphi^*(\mathbf{r},t)$ gekoppelt ist. Die komplex konjugierte Gleichung hat die Form

$$i\hbar\frac{\partial}{\partial t}\delta\varphi^*(\mathbf{r},t) = \left[\frac{\hbar^2}{2m}\nabla^2 - 2gn_0\right]\delta\varphi^*(\mathbf{r},t) - gn_0\,\mathrm{e}^{2i\mu t/\hbar}\delta\varphi(\mathbf{r},t) \tag{25}$$

Die zeitabhängigen e-Funktionen auf der rechten Seite eliminieren wir mit der Transformation

$$\begin{aligned}\delta\varphi(\mathbf{r},t) &= \overline{\delta\varphi}(\mathbf{r},t)\mathrm{e}^{-i\mu t/\hbar}\\ \delta\varphi^*(\mathbf{r},t) &= \overline{\delta\varphi}^*(\mathbf{r},t)\mathrm{e}^{i\mu t/\hbar}\end{aligned} \tag{26}$$

und dies führt uns auf zwei lineare, gekoppelte Differentialgleichungen mit konstanten Koeffizienten, die man bequem in Matrixform zusammenfasst:

$$i\hbar\frac{\partial}{\partial t}\begin{pmatrix}\overline{\delta\varphi}(\mathbf{r},t)\\ \overline{\delta\varphi}^*(\mathbf{r},t)\end{pmatrix} = \begin{pmatrix}\left[-\frac{\hbar^2}{2m}\nabla^2 + gn_0\right] & gn_0\\ -gn_0 & \left[\frac{\hbar^2}{2m}\nabla^2 - gn_0\right]\end{pmatrix}\begin{pmatrix}\overline{\delta\varphi}(\mathbf{r},t)\\ \overline{\delta\varphi}^*(\mathbf{r},t)\end{pmatrix} \tag{27}$$

Hier haben wir die Definition (20) des chemischen Potentials μ genutzt, um $2gn_0 - \mu$ durch gn_0 zu ersetzen. Wir machen schließlich den Ansatz, dass die gesuchte Anregung sich räumlich wie eine ebene Welle verhält:

$$\begin{aligned}\overline{\delta\varphi}(\mathbf{r},t) &= \widetilde{\delta\varphi}(\mathbf{k},t)\mathrm{e}^{i\mathbf{k}\cdot\mathbf{r}}\\ \overline{\delta\varphi}^*(\mathbf{r},t) &= \widetilde{\delta\varphi}^*(\mathbf{k},t)\,\mathrm{e}^{-i\mathbf{k}\cdot\mathbf{r}}\end{aligned} \tag{28}$$

Die Bewegungsgleichung (27) nimmt dann folgende Form an:

$$i\hbar\frac{\partial}{\partial t}\begin{pmatrix}\widetilde{\delta\varphi}(\mathbf{k},t)\\ \widetilde{\delta\varphi}^*(\mathbf{k},t)\end{pmatrix} = \begin{pmatrix}\left[\frac{\hbar^2k^2}{2m} + gn_0\right] & gn_0\\ -gn_0 & \left[-\frac{\hbar^2k^2}{2m} - gn_0\right]\end{pmatrix}\begin{pmatrix}\widetilde{\delta\varphi}(\mathbf{k},t)\\ \widetilde{\delta\varphi}^*(\mathbf{k},t)\end{pmatrix} \tag{29}$$

Die Eigenwerte $\hbar\omega(\mathbf{k})$ dieser Matrix gewinnen wir aus der charakteristischen Gleichung

$$\left[\frac{\hbar^2k^2}{2m} + gn_0 - \hbar\omega(\mathbf{k})\right]\left[-\frac{\hbar^2k^2}{2m} - gn_0 - \hbar\omega(\mathbf{k})\right] + (gn_0)^2 = 0 \tag{30}$$

und ausmultipliziert

$$[\hbar\omega(\mathbf{k})]^2 - \left[\frac{\hbar^2k^2}{2m} + gn_0\right]^2 + (gn_0)^2 = 0 \tag{31}$$

Der Energieeigenwert ist damit*

$$\hbar\omega(\mathbf{k}) = \sqrt{\left[\frac{\hbar^2 k^2}{2m} + gn_0\right]^2 - (gn_0)^2} = \sqrt{\frac{\hbar^2 k^2}{2m}\left[\frac{\hbar^2 k^2}{2m} + 2gn_0\right]} \tag{32}$$

(Eine weitere Eigenfrequenz hat das umgekehrte Vorzeichen, was nicht verwunderlich ist, weil wir die gekoppelte zeitliche Entwicklung von $\widetilde{\delta\varphi}(t)$ und der komplex konjugierten Wellenfunktion suchen. Für unsere Überlegungen begnügen wir uns mit den positiven Eigenfrequenzen.) Mit der Abkürzung†

$$k_0 = \frac{2}{\hbar}\sqrt{gn_0 m} \tag{33}$$

können wir Gl. (32) auch so schreiben:

$$\omega(\mathbf{k}) = \frac{\hbar k}{2m}\sqrt{k^2 + k_0^2} \tag{34}$$

Die Dispersionsrelation (32) ist in Abb. 1 dargestellt. Man sieht ein Verhalten linear in k bei tiefen Energien und ein quadratisches bei höheren Energien. Diese Formel wird das *Bogoliubov-Spektrum* des bosonischen Systems genannt.

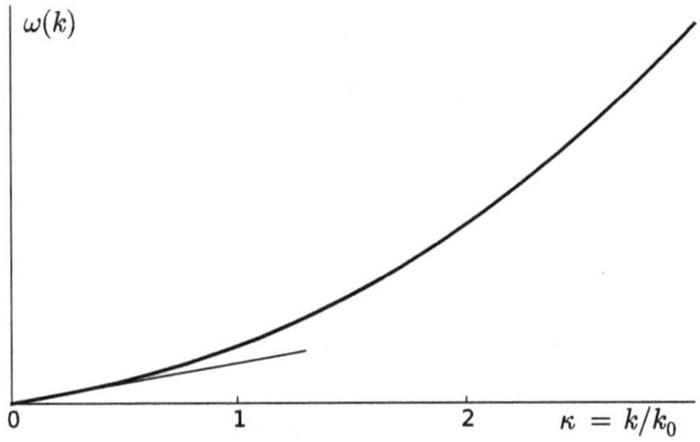

Abb. 1: Bogoliubov-Spektrum: Verhalten der Dispersionsrelation $\omega(\mathbf{k})$ aus Gl. (32) mit dem dimensionslosen Wellenvektor $\kappa = k/k_0$. Bei $\kappa \ll 1$ (große Wellenlängen) ist die Dispersion linear, und die Steigung liefert die *Schallgeschwindigkeit* c [s. Gl. (39)]. Für $\kappa \gg 1$ ist das Spektrum wie bei freien Teilchen quadratisch.

---

* Anm. d. Ü.: Der Ausdruck $\omega(\mathbf{k})$ bestimmt die sogenannte Dispersionsrelation der elementaren Anregungen des Kondensats.

† Anm. d. Ü.: Das Inverse dieser Wellenzahl ist vergleichbar mit der Relaxationslänge ξ aus Ergänzung C_{XV}, § 4-b: $1/k_0 = \xi/\sqrt{2}$.

β Diskussion

Berechnen wir nun die räumliche und zeitliche Entwicklung der Teilchendichte $n(\mathbf{r}, t)$, wenn eine Störung $\delta\varphi(\mathbf{r}, t)$ der Kondensatwellenfunktion nach Formel (22) und (28) vorliegt. Die Dichte der Teilchen an einem Punkt $\mathbf{r}$ ist die Summe über die Aufenthaltswahrscheinlichkeiten aller Teilchen, also N mal das Quadrat der Wellenfunktion $\varphi(\mathbf{r}, t)$. In der ersten Ordnung in $\delta\varphi(\mathbf{r}, t)$ und der hier gewählten Normierung erhalten wir

$$\delta n(\mathbf{r}, t) = N\left[\varphi_0\, \mathrm{e}^{-\mathrm{i}\mu t/\hbar}\right]^* \left[\delta\varphi(\mathbf{r}, t)\right] + \text{c. c.} \tag{35}$$

(Mit c. c. ist das komplex Konjugierte des voranstehenden Ausdrucks gemeint.) Daraus wird unter Benutzung der Gleichungen (26) und (28)

$$\begin{aligned} \delta n(\mathbf{r}, t) &= N\left[\varphi_0^*(t)\, \mathrm{e}^{\mathrm{i}\mu t/\hbar}\right]\left[\mathrm{e}^{-\mathrm{i}\mu t/\hbar}\widetilde{\delta\varphi}(\mathbf{k}, 0)\mathrm{e}^{\mathrm{i}[\mathbf{k}\cdot\mathbf{r}-\omega(\mathbf{k})t]}\right] + \text{c. c.} \\ &= \frac{N}{L^{3/2}}\left[\widetilde{\delta\varphi}(\mathbf{k}, 0)\, \mathrm{e}^{\mathrm{i}[\mathbf{k}\cdot\mathbf{r}-\omega(\mathbf{k})t]} + \text{c. c.}\right] \end{aligned} \tag{36}$$

Die Anregungen, deren Spektrum wir gerade bestimmt haben, sind also Dichtewellen, die sich in dem Bose-Gas mit einer Phasengeschwindigkeit $\omega(\mathbf{k})/k$ ausbreiten.

Wenn wir die Wechselwirkung zwischen den Teilchen abschalten ($g = k_0 = 0$), dann ist das Spektrum einfach

$$\hbar\omega(\mathbf{k}) = \frac{\hbar^2 k^2}{2m} \tag{37}$$

und wir finden die gewöhnliche Dispersionsrelation (Energie-Impuls-Beziehung) für ein freies Teilchen wieder. Die bedeutet anschaulich, dass die Anregungen des idealen Bose-Gases darin bestehen, ein Teilchen aus dem Einteilchen-Grundzustand herauszunehmen, in dem seine Wellenfunktion $\varphi_0(\mathbf{r})$ und seine kinetische Energie null war, und es in einen Zustand $\varphi_{\mathbf{k}}(\mathbf{r})$ mit der Energie $\hbar^2k^2/2m$ anzuheben.

Sind Wechselwirkungen zwischen den Teilchen vorhanden, dann ist es nicht mehr möglich, die Anregung auf ein Teilchen zu beschränken, weil diese sich sofort auf die anderen Teilchen überträgt. Die Anregungen des Bose-Gases werden dann *elementare Anregungen* genannt: Es läuft dann eine kollektive Bewegung aller Teilchen und eine Oszillation der Dichte des Gases ab. Wir beobachten, dass aus Gl. (34) für $k \ll k_0$ die lineare Dispersion

$$\omega(\mathbf{k}) \simeq kc \tag{38}$$

folgt, wobei die Geschwindigkeit c durch

$$c = \frac{\hbar k_0}{2m} = \sqrt{\frac{g n_0}{m}} \tag{39}$$

definiert ist. Für große Wellenlängen (kleine Werte von k) führen die Wechselwirkungen also statt eines quadratischen [Gl. 37] zu einem linearen Spektrum. Die Größe c

bestimmt die konstante Phasengeschwindigkeit aller Anregungen in diesem Regime von Wellenvektoren. Man nennt sie die *Schallgeschwindigkeit* des wechselwirkenden Bose-Gases, analog zu einem klassischen Fluid, wo die Dispersionsrelation der Schallwellen linear ist, wie von der Helmholtz-Gleichung vorhergesagt. Wir werden in § 3 sehen, dass die Geschwindigkeit c eine wichtige Rolle für die Suprafluidität des Systems spielt, insbesondere für die kritische Geschwindigkeit von Strömungen. Betrachten wir umgekehrt große Wellenvektoren $k \gg k_0$, dann wird aus dem Spektrum

$$\hbar\omega(\mathbf{k}) \simeq \frac{\hbar^2 k^2}{2m} + gn_0 + \cdots \tag{40}$$

[die nächsten Terme gehen mit $(k_0/k)^2$, $(k_0/k)^4$, usw.]. Wir finden mit einer kleinen Korrektur das Spektrum eines freien Teilchens wieder. Wird also genügend viel Energie in das System eingebracht, dann ist es möglich, ein einzelnes Teilchen fast so anzuregen, als ob es unabhängig wäre. Die Abb. 1 stellt das vollständige Verhalten des Spektrums (32) dar und zeigt den glatten Übergang von einer linearen Region bei tiefen Energien zu einer quadratischen bei hohen Energien.

Bemerkung:
Wir haben hier abstoßende Wechselwirkungen angenommen [s. Gl. (21)], und deswegen sind die Quadratwurzeln in den Gleichungen (32) und (39) wohldefiniert. Wäre die Kopplungskonstante g allerdings negativ, dann erhielten wir eine imaginäre Schallgeschwindigkeit c. Aus Gl. (32) entnimmt man, dass das auch für die Eigenfrequenzen $\omega(k)$ gilt (zumindest für kleine Werte von k). In der Bewegungsgleichung (29) ergeben sich dann Lösungen mit reellen e-Funktionen, die mit der Zeit kleiner werden oder anwachsen statt zu oszillieren. Eine wachsende e-Funktion ist das Signal für eine Instabilität in dem System: Wir finden auf diese Weise wieder, dass ein Bose-Gas durch eine beliebig schwache, anziehende Wechselwirkung destabilisiert wird (s. auch Ergänzung C_{XV}, § 4-c). In Ergänzung H_{XV}, § 4-b werden wir sehen, dass diese Instabilität auch dann noch vorkommt, wenn die Temperatur nicht null ist.
Ganz allgemein können wir sagen, dass ein Bose-Kondensat mit anziehenden Wechselwirkungen, das über ein größeres Volumen ausgedehnt ist, in sich zusammenstürzen wird, um sich auf ein immer kleineres Volumen zusammenzuziehen. Ist das Gas allerdings in einem endlich großen Gebiet eingesperrt (diese Situation kommt in Experimenten vor, in denen kalte Atome etwa in einer magneto-optischen Falle gefangen sind), dann erhöht jeder Versuch, sich der Instabilität durch eine Deformation der Wellenfunktion zu nähern, die (kinetische) Energie des Gases. Auf diese Weise kann ein anziehendes Bose-Gas ein metastabiles Kondensat bilden.

2 Hydrodynamische Formulierung

Wir kehren nun zur zeitabhängigen Gross-Pitaevskii-Wellenfunktion und den Änderungen der Dichte $n(\mathbf{r}, t)$ zurück und lassen die Annahme fallen, das Bose-Gas sei nur ganz wenig vom homogenen Gleichgewichtszustand entfernt. Wir werden sehen, dass man die Gross-Pitaevskii-Gleichung in einer Form schreiben kann, die den hydrodynamischen Gleichungen für eine Flüssigkeit ähnlich sind. Es ist für diese Überlegungen bequem, mit der Konvention (17) zu arbeiten, so dass die Gross-Pitaevskii-Wellenfunktion $\phi(\mathbf{r}, t)$ auf die Teilchendichte normiert ist. Aus der Gleichung (16) wird dann

$$i\hbar\frac{\partial}{\partial t}\phi(\mathbf{r}, t) = \left[-\frac{\hbar^2}{2m}\nabla^2 + V_1(\mathbf{r}, t) + gn(\mathbf{r}, t)\right]\phi(\mathbf{r}, t) \quad (41)$$

wobei die Teilchendichte im Punkt **r** durch

$$n(\mathbf{r}, t) = |\phi(\mathbf{r}, t)|^2 \quad (42)$$

gegeben ist.

2-a Wahrscheinlichkeitsstrom

Offenbar gilt für die Änderung der Dichte

$$\frac{\partial}{\partial t}n(\mathbf{r}, t) = \phi^*(\mathbf{r}, t)\frac{\partial}{\partial t}\phi(\mathbf{r}, t) + \phi(\mathbf{r}, t)\frac{\partial}{\partial t}\phi^*(\mathbf{r}, t) \quad (43)$$

Wir multiplizieren Gl. (41) mit $\phi^*(\mathbf{r}, t)$ und die komplex konjugierte Gleichung mit $\phi(\mathbf{r}, t)$. In der Summe verschwinden die Potentialterme* mit $V_1(\mathbf{r}, t)$ und $gn(\mathbf{r}, t)$, und es bleibt übrig

$$\frac{\partial}{\partial t}n(\mathbf{r}, t) = -\frac{\hbar}{2im}\left[\phi^*(\mathbf{r}, t)\nabla^2\phi(\mathbf{r}, t) - \phi(\mathbf{r}, t)\nabla^2\phi^*(\mathbf{r}, t)\right] \quad (44)$$

Wir führen ein Vektorfeld $\mathbf{J}(\mathbf{r}, t)$ ein

$$\mathbf{J}(\mathbf{r}, t) = \frac{\hbar}{2im}\left[\phi^*(\mathbf{r}, t)\nabla\phi(\mathbf{r}, t) - \phi(\mathbf{r}, t)\nabla\phi^*(\mathbf{r}, t)\right] \quad (45)$$

und überlegen uns seine Divergenz $\nabla \cdot \mathbf{J}$. Die gemischten Terme mit $\nabla\phi^* \cdot \nabla\phi$ heben sich weg und die übrigen liefern die rechte Seite von Gl. (44) mit einem Minuszeichen. So gewinnen wir den Erhaltungssatz (Kontinuitätsgleichung):

$$\frac{\partial}{\partial t}n(\mathbf{r}, t) + \nabla \cdot \mathbf{J}(\mathbf{r}, t) = 0 \quad (46)$$

Damit können wir $\mathbf{J}(\mathbf{r}, t)$ als den Wahrscheinlichkeitsstrom† des Bose-Gases interpretieren. Die Gleichung (46) wird einmal über den ganzen Raum integriert, anschließend benutzt man den Satz von Gauß und nimmt an, dass $\phi(\mathbf{r}, t)$ (und deswegen auch der Strom) im Unendlichen verschwindet. So erhält man

$$\frac{\partial}{\partial t}\int d^3r\, n(\mathbf{r}, t) = \frac{\partial}{\partial t}\int d^3r\, |\phi(\mathbf{r}, t)|^2 = 0 \quad (47)$$

Dies zeigt wie vorhin angekündigt, dass die Norm der Wellenfunktion (die Gesamtzahl der Teilchen) unter der Gross-Pitaevskii-Gleichung eine Erhaltungsgröße ist.

---

* Anm. d. Ü.: Dies ist sogar der Fall, wenn man wie in Gl. (12) ein allgemeines Zweikörperpotential verwendet.

† Anm. d. Ü.: Den Begriff des Wahrscheinlichkeitsstroms aus Gl. (45) haben wir schon in der linearen Einteilchen-Quantenmechanik kennengelernt (s. Kapitel III, § D-1-c-β). Wegen der Normierung der kollektiven Wellenfunktion sind auch hier die Namen *Teilchenstrom* und *Stromdichte* passend.

Wir zerlegen die Wellenfunktion nun in Betrag und Phase:

$$\phi(\mathbf{r}, t) = \sqrt{n(\mathbf{r}, t)}\mathrm{e}^{\mathrm{i}\alpha(\mathbf{r},t)} \tag{48}$$

Den Gradienten dieses Ausdrucks berechnet man zu

$$\nabla\phi(\mathbf{r}, t) = \mathrm{e}^{\mathrm{i}\alpha(\mathbf{r},t)}\left[\nabla\sqrt{n(\mathbf{r}, t)} + \mathrm{i}\sqrt{n(\mathbf{r}, t)}\nabla\alpha(\mathbf{r}, t)\right] \tag{49}$$

Wir setzen dies in Gl. (45) ein und finden

$$\mathbf{J}(\mathbf{r}, t) = n(\mathbf{r}, t)\frac{\hbar}{m}\nabla\alpha(\mathbf{r}, t) \tag{50}$$

Der Strom nimmt die aus der Hydrodynamik bekannte Form an, wenn wir das Geschwindigkeitsfeld $\mathbf{v}(\mathbf{r}, t)$ über das Verhältnis von Strom und Dichte definieren:

$$\mathbf{v}(\mathbf{r}, t) = \frac{\mathbf{J}(\mathbf{r}, t)}{n(\mathbf{r}, t)} = \frac{\hbar}{m}\nabla\alpha(\mathbf{r}, t) \tag{51}$$

Das Geschwindigkeitsfeld ist vergleichbar mit der Geschwindigkeit einer strömenden Flüssigkeit. Wir halten fest, dass seine Rotation $(\nabla\times\mathbf{J})$ an jedem Punkt verschwindet.*

2-b Bewegungsgleichung für das Geschwindigkeitsfeld

Wir berechnen nun die Ableitung der Geschwindigkeit nach der Zeit. Ausgehend von Gl. (48) erhalten wir

$$\mathrm{i}\hbar\frac{\partial}{\partial t}\phi(\mathbf{r}, t) = \mathrm{e}^{\mathrm{i}\alpha(\mathbf{r},t)}\mathrm{i}\hbar\frac{\partial}{\partial t}\sqrt{n(\mathbf{r}, t)} - \hbar\sqrt{n(\mathbf{r}, t)}\,\mathrm{e}^{\mathrm{i}\alpha(\mathbf{r},t)}\frac{\partial}{\partial t}\alpha(\mathbf{r}, t) \tag{52}$$

Wir lösen nach der Ableitung von $\alpha(\mathbf{r}, t)$ auf, indem wir die Kombination

$$\mathrm{i}\hbar\left[\phi^*(\mathbf{r}, t)\,\frac{\partial}{\partial t}\phi(\mathbf{r}, t) - \phi(\mathbf{r}, t)\,\frac{\partial}{\partial t}\phi^*(\mathbf{r}, t)\right] = -2\hbar\,n(\mathbf{r}, t)\,\frac{\partial}{\partial t}\alpha(\mathbf{r}, t) \tag{53}$$

bilden. Die linke Seite dieser Gleichung können wir mit der Gross-Pitaevskii-Gleichung (18) und der komplex konjugierten Gleichung auswerten. Dabei entsteht der Laplace-Operator angewandt auf $\phi(\mathbf{r}, t)$; wir berechnen ihn aus der Divergenz von Gl. (49):

$$\begin{aligned}\nabla^2\phi(\mathbf{r}, t) = \mathrm{e}^{\mathrm{i}\alpha(\mathbf{r},t)}\Big[&\nabla^2\sqrt{n(\mathbf{r}, t)} + 2\mathrm{i}\left(\nabla\sqrt{n(\mathbf{r}, t)}\right)\cdot\nabla\alpha(\mathbf{r}, t)\\ &+\mathrm{i}\sqrt{n(\mathbf{r}, t)}\,\nabla^2\alpha(\mathbf{r}, t) - \sqrt{n(\mathbf{r}, t)}\,(\nabla\alpha(\mathbf{r}, t))^2\Big]\end{aligned} \tag{54}$$

---

* Anm. d. Ü.: Man sagt dann, die Strömung sei *wirbelfrei*. In der Hydrodynamik würde man $(\hbar/m)\alpha(\mathbf{r}, t)$ das *Geschwindigkeitspotential* nennen.

Setzt man alle Terme der Gross-Pitaevskii-Gleichung in die linke Seite von Gl. (53) ein, so kürzen sich die rein imaginären Terme aus den Ausdruck (54) heraus und wir erhalten

$$\begin{aligned} &-\frac{\hbar^2}{2m}\left[\phi^*(\mathbf{r},t)\nabla^2\phi(\mathbf{r},t)+\phi(\mathbf{r},t)\nabla^2\phi^*(\mathbf{r},t)\right]+2\left[V_1(\mathbf{r},t)+g\,n(\mathbf{r},t)\right]|\phi(\mathbf{r},t)|^2 \\ &=-\frac{\hbar^2}{2m}\left[2\sqrt{n(\mathbf{r},t)}\,\nabla^2\sqrt{n(\mathbf{r},t)}-2n(\mathbf{r},t)\,(\nabla\alpha(\mathbf{r},t))^2\right] \\ &\quad+2\left[V_1(\mathbf{r},t)+g\,n(\mathbf{r},t)\right]n(\mathbf{r},t) \end{aligned} \tag{55}$$

Dieser Ausdruck muss gleich der rechten Seite von Gl. (53) sein. Den Faktor $-2n(\mathbf{r},t)$ kürzt sich heraus und wir erhalten

$$\hbar\frac{\partial}{\partial t}\alpha(\mathbf{r},t)=\frac{\hbar^2}{2m}\left[\frac{1}{\sqrt{n(\mathbf{r},t)}}\nabla^2\sqrt{n(\mathbf{r},t)}-(\nabla\alpha(\mathbf{r},t))^2\right]-\left[V_1(\mathbf{r},t)+g\,n(\mathbf{r},t)\right] \tag{56}$$

Wir bilden den Gradienten [s. Gl. (51)] und kommen auf die Bewegungsgleichung für die Geschwindigkeit:

$$m\frac{\partial}{\partial t}\mathbf{v}(\mathbf{r},t)=-\nabla\left[V_1(\mathbf{r},t)+g\,n(\mathbf{r},t)+\frac{m\mathbf{v}^2(\mathbf{r},t)}{2}+\frac{\hbar^2}{2m}\frac{1}{\sqrt{n(\mathbf{r},t)}}\nabla^2\sqrt{n(\mathbf{r},t)}\right] \tag{57}$$

Dies sieht wie eine klassische Newtonsche Bewegungsgleichung aus. Auf der rechten Seite sehen wir in der Tat eine Summe von Kräften, die aus dem äußeren Potential $V_1(\mathbf{r},t)$ und dem mittleren Wechselwirkungspotential $g\,n(\mathbf{r})$ entstehen. Der dritte Term unter dem Gradienten ist der klassische Ausdruck für die kinetische Energie[1] und ist aus der Bernoulli-Gleichung der klassischen Hydrodynamik bekannt. Nur der letzte Term ist dem Wesen nach ein Quantenbeitrag, wovon auch der Vorfaktor $\hbar^2$ zeugt. Dieser Quantenterm hängt von den räumlichen Gradienten der Dichte ab und ist nur dann wichtig, wenn die relativen Änderungen $\delta n/n$ auf genügend kleinen Skalen auftreten (er würde für eine homogene Dichte verschwinden). Man spricht hier manchmal von dem *Quantenpotential*, vom einem *Quantendruck* oder in einem anderen Zusammenhang von dem *Bohm-Potential*. Eine häufig verwendete Näherung besteht in der Annahme, dass sich die Dichte $n(\mathbf{r},t)$ räumlich langsam genug ändert, so dass das Quantenpotential vernachlässigt werden kann. Dies führt auf die sogenannte Thomas-Fermi-Näherung.

Wir finden also für ein Vielteilchensystem eine Reihe von Eigenschaften wieder, die auch bei der quantenmechanischen Wellenfunktion für ein einzelnes Teilchen auftreten: etwa eine lokale Geschwindigkeit, die proportional zum Gradienten der Phase

1 Dieser Term erzeugt die *totale Ableitung*, d. h. die Zeitableitung für entlang der Strömung mitbewegte Teilchen. Eine einfache Rechnung mit Hilfe der Vektoranalysis zeigt, dass dieser Term auf $m(\mathbf{v}\cdot\nabla)\mathbf{v}$ führt, wobei man nach Gl. (51) ausnutzt, dass die Geschwindigkeit wirbelfrei ist. Kombiniert man dies mit der partiellen Zeitableitung $\partial\mathbf{v}/\partial t$ auf der linken Seite, ergibt sich die totale Ableitung $\mathrm{d}/\mathrm{d}t=\partial/\partial t+\mathbf{v}\cdot\nabla$.

ist.[2] Wir halten schließlich fest, dass der einzige Unterschied zur Einteilchen-Wellenmechanik das zusätzliche Wechselwirkungspotential $gn(\mathbf{r}, t)$ ist, das zum äußeren Potential $V_1(\mathbf{r}, t)$ dazukommt. Dadurch wird die Form der Gleichungen nur wenig geändert, allerdings ermöglicht die eingeführte Nichtlinearität ganz neue physikalischen Phänomene.

3 Metastabile Strömungen. Supraflüssigkeiten

Wir betrachten hier ein Bose-Gas mit abstoßenden Wechselwirkungen in einem ringförmigen Volumen, das um die z-Achse rotationssymmetrisch ist (Abb. 2). Es ist für unsere Überlegungen nicht wesentlich, ob der Querschnitt des Rings rund oder rechteckig (wie in der Abbildung) ist. Wir werden die Zylinderkoordinaten r, φ und z verwenden. Als ersten Schritt geben wir Lösungen der Gross-Pitaevskii-Gleichung in dieser Geometrie an, die einer Rotationsbewegung des Bose-Gases um die z-Achse im Inneren des ringförmigen Volumens entsprechen. Wir zeigen dann, dass diese Rotationszustände metastabil sind: Sie müssen eine makroskopisch große Potentialbarriere überwinden, um die Drehbewegung zu verringern. So erklärt sich der physikalische Ursprung der Suprafluidität.

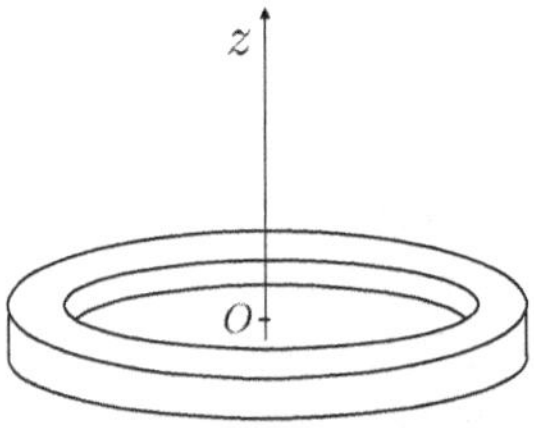

Abb. 2: Ringförmiger Behälter (auch Torus genannt, Symmetrieachse entlang *Oz*) für ein Bose-Gas mit abstoßender Wechselwirkung. Anfangs seien alle Bosonen in ein und demselben Quantenzustand mit einem definierten Drehimpuls um diese Achse. Wir zeigen im Text, dass die Dämpfung (Relaxation) dieser Drehbewegung nur möglich ist, wenn das System eine makroskopische Potentialbarriere überwindet, deren Ursprung die Abstoßung zwischen den Teilchen ist. Aus diesem Grund kann die Drehung des Systems auf keiner zugänglichen Zeitskala relaxieren: man beobachtet also eine Flüssigkeit, die sich beliebig lang in dem Ring dreht. Ein derartiges System wird supraflüssig genannt.

---

2 Das Quantenpotential tritt auch für ein einzelnes Teilchen auf. Die Leserin beobachte, dass dieses Potential nicht verschwindet, wenn man in der hydrodynamischen Gleichung (57) die Kopplungskonstante g auf null setzt. Nun geht in diesem Grenzfall die Gross-Pitaevskii-Gleichung offenbar in die gewöhnliche Schrödinger-Gleichung über, die für einzelne Teilchen gilt.

3-a Ringförmige Geometrie. Quantisierte Zirkulation und Wirbel

Wir schreiben hier χ für die (auf die Dichte normierte) Gross-Pitaevskii-Wellenfunktion, um sie von der Winkelkoordinate φ zu unterscheiden. Die zeitunabhängige Gross-Pitaevskii-Gleichung hat dann in Zylinderkoordinaten die folgende Form

$$-\frac{\hbar^2}{2m}\left[\frac{1}{r}\frac{\partial}{\partial r}\left(r\frac{\partial \chi}{\partial r}\right)+\frac{1}{r^2}\frac{\partial^2\chi}{\partial\varphi^2}+\frac{\partial^2\chi}{\partial z^2}\right]+g\,|\chi(\mathbf{r})|^2\,\chi(\mathbf{r})=\mu\chi(\mathbf{r}) \tag{58}$$

wobei wir annehmen, dass außer den Wänden des Behälters kein weiteres Potential auftritt. Wir machen den Lösungsansatz

$$\chi_l(\mathbf{r})=u_l(r,z)\,\mathrm{e}^{\mathrm{i}l\varphi} \tag{59}$$

mit einer ganzen Zahl l (sonst wäre die Wellenfunktion mehrwertig). Eine solche Lösung hat einen definierten Drehimpuls entlang der z-Achse, und zwar $l\hbar$ pro Teilchen. Eingesetzt in Gl. (58) erhalten wir für $u_l(r,z)$ die Gleichung

$$-\frac{\hbar^2}{2m}\left[\frac{1}{r}\frac{\partial}{\partial r}\left(r\frac{\partial u_l(r,z)}{\partial r}\right)+\frac{\partial^2 u_l(r,z)}{\partial z^2}\right]+\left[g\,|u_l(r,z)|^2+\frac{l^2\hbar^2}{2mr^2}\right]u_l(r,z)$$
$$=\mu\, u_l(r,z) \tag{60}$$

Sie liefert, in Verbindung mit den Randbedingungen aufgrund der ringförmigen Geometrie, den Grundzustand des Systems (der zu dem kleinsten Wert von μ führt). Der Term $l^2\hbar^2/2mr^2$ beschreibt die kinetische Energie der Drehbewegung um die z-Achse. Ist der Radius R des Rings viel größer als die Dimensionen des Ringquerschnitts, dann dürfen wir diesen Term in guter Näherung durch eine Konstante ersetzen: $l^2/r^2 \simeq l^2/R^2$. Mit einer einzigen Lösung von Gl. (60) können wir dann alle Quantenzahlen l beschreiben, indem wir diese Konstante zum chemischen Potential addieren wird. Zu jedem Wert des Drehimpulses gibt es also einen Grundzustand, dessen chemisches Potential umso größer ist, je größer l ist. Da die Gleichung reelle Koeffizienten hat, dürfen wir ohne Beschränkung der Allgemeinheit mit reellen Funktionen $u_l(r,z)$ rechnen.

Wegen Gl. (59) für die Wellenfunktion hängt ihre Phase nur von der φ-Koordinate ab. Für die Geschwindigkeit (51) des Quantengases finden wir also

$$\mathbf{v}=\frac{1}{r}\frac{l\hbar}{m}\mathbf{e}_\varphi \tag{61}$$

wo $\mathbf{e}_\varphi$ der azimutale Einheitsvektor in Zylinderkoordinaten ist (er steht senkrecht auf dem Ortsvektor $\mathbf{r}$ und der z-Achse). Die Flüssigkeit strömt also entlang der ringförmigen Röhre mit einer Geschwindigkeit proportional zu l. Weil $\mathbf{v}$ der Gradient der Phase α ist [s. Gl. (51)], verschwindet das Linienintegral über jeden geschlossenen Weg, den man stetig auf einen Punkt zusammenziehen kann. Macht der Weg allerdings eine Runde um den Ring, dann ist dies nicht möglich: Wir können den Wert des Integrals (es wird „Zirkulation“ genannt) entlang eines Kreises im Inneren des Torus berechnen. Er wird parametrisiert durch den Radius r bei konstantem z und den Winkel φ von 0 bis 2π. Weil der Kreisumfang $2\pi r$ beträgt, ergibt sich die Zirkulation zu

$$\oint \mathbf{v} \cdot \mathrm{d}\mathbf{s} = \pm l \frac{2\pi\hbar}{m} \tag{62}$$

Das Vorzeichen + (−) gehört zu einem Kreisweg mit mathematisch positivem (negativem) Drehsinn.* Weil l ganzzahlig ist, ist die Zirkulation des Geschwindigkeitsfelds um die Ringachse also in Einheiten von h/m quantisiert. Dies ist offenbar ein reiner Quanteneffekt, denn für ein klassisches Fluid kann die Zirkulation ein Kontinuum von Werten annehmen.

Um die Rechnung zu vereinfachen, haben wir hier angenommen, dass die Flüssigkeit sich als Ganzes (engl. und frz.: *en bloc*) in Inneren des Rings dreht. Aber komplexere Strömungen sind natürlich auch möglich und führen zu anderen geometrischen Verhältnissen. Ein wichtiger Fall, auf den wir weiter unten zurückkommen, ist eine Drehung im Inneren der Flüssigkeit. Die Gross-Pitaevskii-Wellenfunktion verschwindet dann entlang einer Linie im Inneren des Fluids. Wir erhalten eine linienförmige Singularität. Es ergibt sich dann, dass die Phase um diese Linie herum um 2π anwächst. Diese Situation nennt man einen *Wirbel* (engl.: *vortex*), und es liegt dann ein kleiner Wirbelsturm in der Flüssigkeit vor. Die singuläre Linie (das Auge des Orkans) wird *Wirbelfaden* (engl.: *vortex core*) genannt, er läuft grob von oben nach unten parallel zur z-Achse. Weil die Zirkulation der Geschwindigkeit nur von der Phase entlang des Weges um den Wirbelfaden herum abhängt, bleibt die Quantisierungsbedingung (62) gültig. Für die Historie ist anzumerken, dass die Gross-Pitaevskii-Gleichung genau für die Untersuchung von Wirbeln in einer Supraflüssigkeit (Helium-4) und ihre quantisierte Zirkulation eingeführt wurde.

3-b Potentialbarriere zwischen Drehimpuls-Quantenzahlen

Eine rotierende Flüssigkeit wird in der klassischen Physik immer abgebremst und nach einer gewissen Zeit zur Ruhe kommen, was durch die Reibung an den Wänden des Behälters zustande kommt. In diesem Vorgang wird die makroskopische kinetische Energie, die zu der Drehbewegung der Flüssigkeit als Ganzes gehört, nach und nach in viele kleine Anregungen auf kleineren Skalen zerfallen, die dann schließlich die Flüssigkeit aufwärmen. Wir stellen die Frage, ob rotierende, wechselwirkende Bosonen, die als Quantenflüssigkeit durch die Wellenfunktion $\chi_l(\mathbf{r})$ beschrieben werden, sich genauso verhalten: Wird die Strömung ihren Drehimpuls verlieren, erst in den

* Anm. d. Ü.: Es gilt die *Rechte-Hand-Regel*: Zeigt der Daumen entlang der z-Achse, geben die Finger die positive Drehrichtung an.

Zustand $\chi_{l-1}(\mathbf{r})$ übergehen, dann nach $\chi_{l-2}(\mathbf{r})$ usw., bis das Bose-Gas im Zustand $\chi_0(\mathbf{r})$ endet?

Wir haben in Ergänzung $\mathrm{C_{XV}}$, § 4-c gesehen, dass es Energie kostet, das Bose-Gas zu fragmentieren. Deswegen verbleibt es in einem Zustand, in dem alle Teilchen dieselbe Mode besetzen. So konnten wir die Beschreibung mit Hilfe der Gross-Pitaevskii-Gleichung (18) rechtfertigen. Ein ähnliches Argument werden wir auch hier anführen.

α Einfaches Modell mit zwei Drehimpuls-Quantenzahlen

Wir beginnen mit einem einfachen Modell: Die Wellenfunktion $\chi(\mathbf{r}, t)$ des System gehe „kontinuierlich" von einer Drehimpuls-Quantenzahl l in eine andere l' über. Dies kann man durch

$$\chi(\mathbf{r}, t) = c_l(t)\chi_l(\mathbf{r}) + c_{l'}(t)\chi_{l'}(\mathbf{r}) \tag{63}$$

ausdrücken, wobei die Amplitude $c_l(t)$ im Lauf der Zeit kleiner wird (ihr Betrag sei anfangs eins und am Ende null), während wir für $c_{l'}(t)$ das umgekehrte Verhalten erwarten. Wegen der Normierung muss zu jedem Zeitpunkt t gelten*

$$|c_l(t)|^2 + |c_{l'}(t)|^2 = 1 \tag{64}$$

In dem Zustand (63) wird sich die Teilchendichte $n(r, \varphi, z; t)$ als Funktion des Winkels φ ändern. (Dies war nicht der Fall, als wir die Zustände l oder l' getrennt betrachtet haben.) Als Funktion der Variablen r und z allerdings (also über den Querschnitt des ringförmigen Behälters), können wir annehmen, dass die Zustände χ_l und $\chi_{l'}$ praktisch dieselbe Dichte haben.[3] Die Dichte des Gases $n(r, \varphi, z; t)$ berechnen wir zu

$$\begin{aligned} n(r, \varphi, z; t) &= \left|c_l(t)\, u_l(r, z)\, \mathrm{e}^{\mathrm{i}l\varphi} + c_{l'}(t)\, u_{l'}(r, z)\, \mathrm{e}^{\mathrm{i}l'\varphi}\right|^2 \\ &= |c_l(t)|^2\, |u_l(r, z)|^2 + |c_{l'}(t)|^2\, |u_{l'}(r, z)|^2 \\ &\quad + c_l(t)c_{l'}^*(t)\, u_l(r, z)u_{l'}(r, z)\, \mathrm{e}^{\mathrm{i}(l-l')\varphi} + \text{c. c.} \end{aligned} \tag{65}$$

Die ersten beiden Terme sind unabhängig von φ und beschreiben einfach den gewichteten Mittelwert der Dichten der Zustände mit l und l'. Die Terme der letzten Zeile oszillieren in φ mit einer Amplitude $|c_l(t)|\,|c_{l'}(t)|$, die nur dann verschwindet, wenn einer der beiden Koeffizienten $c_l(t)$ oder $c_{l'}(t)$ null ist. Schreiben wir φ_l für die Phase des Koeffizienten $c_l(t)$, dann ist diese letzte Zeile proportional zu

$$c_l(t)c_{l'}^*(t)\, \mathrm{e}^{\mathrm{i}(l-l')\varphi} + \text{c. c.} = 2\,|c_l(t)|\,|c_{l'}(t)|\,\cos\left[(l - l')\varphi + \varphi_l - \varphi_{l'}\right] \tag{66}$$

3 Dies ist exakt, wenn die *radialen* Funktionen $u_l(r, z)$ und $u_{l'}(r, z)$ gleich sind.

* Anm. d. Ü.: Für $l \neq l'$ sind die Eigenzustände zum Drehimpuls um die z-Achse natürlich orthogonal.

Welchen Wert auch immer diese Phasen haben, die Kosinusfunktion oszilliert zwischen −1 und 1 als Funktion von φ. Indem wir diese Phasen anpassen, können wir die Positionen der Maxima und Minima der Dichte zwar beliebig entlang der φ-Koordinate verschieben, aber die Maxima und Minima werden mit Sicherheit irgendwo entlang des Rings auftreten. Die Superposition der beiden Zustände erzeugt also notwendigerweise eine räumliche Modulation der Dichte.

Wir werten nun die Konsequenzen dieser modulierten Dichte für die innere Wechselwirkungsenergie des Bose-Fluids aus. Wir verwenden wieder als Näherung das Kontaktpotential (15), das eine beliebig kurze Reichweite hat. Eingesetzt in den Ausdruck (15) aus Ergänzung C_{XV}, erhalten wir wegen der Normierung (17) der Wellenfunktion folgende Wechselwirkungsenergie:

$$\langle \widehat{W}_2 \rangle_\chi = \frac{g}{2} \int d^3r\, |\chi(\mathbf{r}, t)|^4 = \frac{g}{2} \int_0^\infty dr \int_0^{2\pi} d\varphi \int_{-\infty}^{+\infty} dz\, [n(r, \varphi, z; t)]^2 \tag{67}$$

Wir müssen in dieses Integral das Quadrat von Gl. (65) einsetzen. Die dabei entstehenden Terme wollen wir nun einzeln durchgehen. Der erste, mit dem Faktor $|c_l(t)|^4$, liefert den Beitrag

$$|c_l(t)|^4 \langle \widehat{W}_2 \rangle_l \tag{68}$$

wobei $\langle \widehat{W}_2 \rangle_l$ die Wechselwirkungsenergie in dem Zustand $\chi_l(\mathbf{r})$ bezeichnet. Der zweite Term entsteht für l' in analoger Weise. Ein dritter Beitrag ist das gekreuzte Produkt $2|c_l(t)|^2 |c_{l'}(t)|^2$ aus der ersten Zeile in Gl. (65). Zur Vereinfachung nehmen wir an, dass die Dichten der beiden Zustände mit l und l' praktisch dieselben sind. Dann ergibt die Summe über diese drei Terme

$$\left[|c_l(t)|^2 + |c_{l'}(t)|^2\right]^2 \langle \widehat{W}_2 \rangle_l = \langle \widehat{W}_2 \rangle_l \tag{69}$$

Bis hier ist noch keine Änderung der Energie für die innere Abstoßung der Teilchen zu verzeichnen. Die gekreuzten Produkte aus den Termen unabhängig von φ in Gl. (65) und denen mit $e^{\pm i(l-l')\varphi}$ verschwinden, wenn wir über φ integrieren. Es bleibt schließlich das gekreuzte Produkt aus $e^{\pm i(l-l')\varphi}$ und dem c. c.-Term übrig, das nach Integration über φ auf

$$2\, |c_l(t)|^2\, |c_{l'}(t)|^2\, |u_l(r, z)|^2\, |u_{l'}(r, z)|^2 \tag{70}$$

führt. Wir benutzen wieder, dass die Dichten der Zustände l und l' praktisch dieselben sind, um über r und z zu integrieren. Wir erhalten

$$2\, |c_l(t)|^2\, |c_{l'}(t)|^2 \langle \widehat{W}_2 \rangle_l \tag{71}$$

und zusammen mit dem Ergebnis (69)

$$\langle \widehat{W}_2 \rangle_\chi = \left[1 + 2\, |c_l(t)|^2\, |c_{l'}(t)|^2\right] \langle \widehat{W}_2 \rangle_l \tag{72}$$

Auf diese Weise sehen wir, dass eine Superposition von Drehimpulszuständen eine räumlich modulierte Dichte erzeugt, die die Wechselwirkungsenergie vergrößert. Die Modulation verringert natürlich lokal die Energie dort, wo die Dichte kleiner wird, aber vergrößert sie in Gebieten mit höherer Dichte. Diese Vergrößerung gewinnt schließlich und liefert eine positive Änderung der Energie (weil die abstoßende Wechselwirkung quadratisch in der Dichte ist). Die innere Energie ändert sich also zwischen $\langle \widehat{W}_2 \rangle_l$ und einem Maximum von $(3/2)\langle \widehat{W}_2 \rangle_l$ (dieses wird erreicht, wenn beide Amplituden $c_l(t)$ und $c_{l'}(t)$ den Betrag $1/\sqrt{2}$ haben).

β Weitere Geometrien. Zerfallskanäle

Es gibt natürlich noch viel mehr Möglichkeiten, wie die Gross-Pitaevskii-Wellenfunktion von einem Drehimpulszustand in einen anderen übergehen kann. Wir haben bloß ein einfaches Modell untersucht, um uns dem Begriff der Potentialbarriere mit einem Minimum an Rechenaufwand zu nähern. Der Strömung ist es ohne weiteres möglich, einen Weg über Zwischenzustände mit einer komplexeren Geometrie zu nehmen. Ein häufig vorkommendes Szenario sind Wirbel, die sich an den Wänden des Behälters bilden, kleine Tornados, über die wir kurz am Ende von § 3-a gesprochen haben. In so einem Wirbel wächst die Phase um 2π, wenn man den singulären Wirbelfaden einmal umrundet, auf dem die Wellenfunktion verschwindet. Ist so ein Wirbel einmal erzeugt, dann hängt die Zirkulation des Geschwindigkeitsfelds von der Form des Integrationsweges ab, der eine Runde in dem ringförmigen Behälter macht. Anders als in Gl. (62) ändert sich die Zirkulation um $2\pi\hbar/m$, je nachdem, auf welcher Seite des Wirbelfadens der Weg entlangführt. Man kann zeigen, dass der Anteil des Fluids mit der anfänglichen Zirkulation abnimmt und der Anteil mit einer niedrigeren Zirkulation anwächst, wenn sich der Wirbelfaden in dem Fluid von einer Wand zur anderen bewegt. Diese Bewegung ändert damit den Drehimpuls der Flüssigkeit: Löst sich der Wirbel erst einmal auf der anderen Wand auf, dann hat sich die Quantenzahl l um eins verringert.

Die kontinuierliche Bewegung eines Wirbels von einer Wand zur anderen bietet dem Suprafluid also einen anderen Mechanismus, um seinen Drehimpuls zu reduzieren. Allerdings kann ein Wirbel nur dann erzeugt werden, wenn eine räumlich inhomogene Dichte in dem Gross-Pitaevskii-Fluid entsteht (sie muss ja auf dem Wirbelfaden verschwinden). Diese Inhomogenität geht wie oben besprochen mit einer erhöhten mittleren Wechselwirkungsenergie zwischen den Teilchen einher (dies entspricht der elastischen Energie des Fluids). So kann man sich klar machen, dass es auch für diesen Prozess eine Potentialbarriere gibt. (Wir kommen auf diesen Punkt in dem abschließenden Abschnitt zurück.) Kurz gefasst, liefert das Entstehen und Wandern von Wirbeln einen anderen „Relaxationskanal" für die Strömung in einem Bose-Fluid, den man durch eine Barriere und eine typische Relaxationszeit charakterisieren kann.

Es ist offensichtlich, dass man sich andere Geometrien denken kann, um die suprafl üssige Strömung zu verändern. Zu jeder von ihnen gehört eine Potentialbarriere und damit eine gewisse Lebensdauer. Der Relaxationskanal mit der kürzesten Lebensdauer wird in der Regel die zeitliche Dämpfung der Geschwindigkeit bestimmen; in manchen Fällen ist diese Zeit freilich riesig groß (Jahrzehnte oder länger), was den Begriff des *Suprafluids* rechtfertigt.

3-c Kritische Geschwindigkeit

Wir diskutieren in diesem Absatz, dass die Stabilität eines strömenden Bose-Gases auch von seiner Geschwindigkeit relativ zu den Wänden des Behälters abhängt. Der Einfachheit halber führen wir die Überlegungen im Rahmen der einfachen Ringgeometrie aus § 3-a durch. Die Argumente können aber ohne größere Änderungen auf andere Geometrien angewandt werden, z. B. wenn Wirbel in dem Fluid entstehen. Es muss nur die Höhe der Potentialbarriere angepasst werden.[4]

Im Rahmen dieser einfachen Geometrie ist die potentielle Energie in Gl. (60) eine Summe aus dem abstoßenden Wechselwirkungspotential $g|u_l(r,z)|^2$ und der kinetischen Energie $l^2\hbar^2/2mr^2$ der Drehbewegung um die z-Achse. Für einen Zustand mit einer festen Quantenzahl l können wir diese Beiträge durch zwei Geschwindigkeiten ausdrücken. In der Tat liefert Gl. (61) die Drehgeschwindigkeit v_l des Zustands:

$$v_l = \frac{l\hbar}{m\,r} \tag{73}$$

und dazu gehört die kinetische Energie*

$$\langle E_{\text{rot}}\rangle_l = \frac{l^2\hbar^2}{2mr^2} = \frac{m}{2}v_l^2 \tag{74}$$

Wir bringen die Wechselwirkungsenergie in eine bequeme Form, indem wir wie oben die Teilchendichte

$$n_0 = |u_l(r,z)|^2 \tag{75}$$

und nach Definition (39) die Schallgeschwindigkeit c einführen. Damit ergibt sich

$$gn_0 = mc^2 \tag{76}$$

was eine ganz ähnliche Struktur wie Gl. (74) hat. Mit Hilfe der beiden Geschwindigkeiten v_l und c können wir also in einfacher Weise die kinetische und die potentielle Energie eines Zustands mit dem Drehimpuls l angeben.

4 Stehen dem System mehrere Relaxationskanäle zur Verfügung, dann wird derjenige mit der niedrigsten Barriere die Entwicklung diktieren.

* Anm. d. Ü.: Hier und in Gl. (73) wird vereinfachend angenommen, dass für den gesamten Querschnitt des Torus der Abstand von der z-Achse konstant r beträgt.

Wir vergleichen nun diese beiden Beiträge zur Energie, und zwar in Zuständen mit fester Quantenzahl l und in Superpositionen wie in Gl. (63). Wir werden dies anhand eines konkreten Beispiels tun. Um eine ganze Familie von Zuständen in eine Abbildung eintragen zu können, benutzen wir eine kontinuierliche Variable, nämlich den Mittelwert $\langle J_z \rangle$ des Drehimpulses entlang der z-Achse:

$$\langle J_z \rangle = l\hbar \, |c_l(t)|^2 + l'\hbar \, |c_{l'}(t)|^2 \tag{77}$$

Dieser Ausdruck wächst von $l\hbar$ nach $l'\hbar$, wenn die relativen Gewichte $|c_l(t)|^2$ und $|c_{l'}(t)|^2$ sich ändern. Die kontinuierliche Variable

$$x = \langle J_z \rangle \, / \hbar \tag{78}$$

interpoliert also zwischen den diskreten, ganzzahligen Werten von l.

Wegen Gl. (64) für die Normierung der Wellenfunktion (63) können wir x auch nur durch $|c_l(t)|^2$ ausdrücken:

$$x = (l - l') \, |c_l(t)|^2 + l' \tag{79}$$

Die Variable x kann also als ein Parameter verstanden werden, der die Beträge der beiden Summanden im Ansatz (63) für die Wellenfunktion charakterisiert. Die relative Phase der beiden Koeffizienten liefert uns noch eine weitere Variable, wie etwa in Gl. (66). Wir werden nun die Entwicklung des Systems im Rahmen dieser zweiparametrigen Familie von Zuständen untersuchen.

Eine qualitative Überlegung soll für unsere Zwecke ausreichen, und zwar aus mehreren Gründen. Zunächst ist es nicht ohne Weiteres möglich, die Kopplung des Fluids mit den äußeren Wänden exakt zu beschreiben; ein entsprechender Hamilton-Operator müsste in der Lage sein, den Drehimpuls zu ändern, indem etwa die Rauigkeit der Wände Energie und Impuls auf das eingesperrte System überträgt. Außerdem ist eine präzise Lösung der zeitabhängigen Gross-Pitaevskii-Gleichung wegen deren Nichtlinearität nur mit numerischen Methoden möglich. Deswegen beschränken wir die Diskussion auf qualitative Aspekte der Potentialbarriere, die wir in § 3-b eingeführt hatten. Je höher sie ist, desto effektiver verhindert sie den Übergang von $x = l$ nach $x = l'$. Wir werten also die Änderung der mittleren Energie als Funktion von x aus.

Die kinetische Energie der Drehbewegung verhält sich für ganzzahliges x quadratisch [s. Gl. (74)]; zwischen diesen Werten ist sie gemäß Gl. (77) zu interpolieren. Was die potentielle Energie betrifft, haben wir bereits gesehen, dass eine stetige Änderung von $c_l(t)$ und $c_{l'}(t)$ notwendigerweise eine kohärente Superposition bedingt, die mit einer Erhöhung der abstoßenden potentiellen (Wechselwirkungs-)Energie einhergeht. Diese wird mit dem Faktor $3/2$ multipliziert, wenn die beiden Amplituden $c_l(t)$ und $c_{l'}(t)$ dem Betrag nach gleich sind (die Variable x liegt dann genau zwischen zwei ganzen Zahlen, ist also halbzahlig).

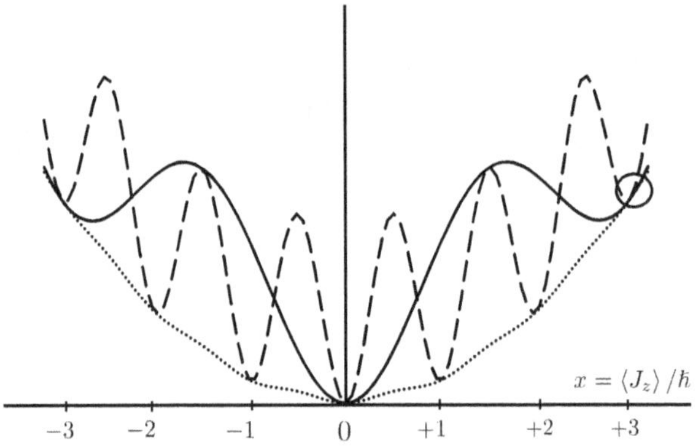

Abb. 3: Darstellung der Energie eines Bose-Fluids mit abstoßender Wechselwirkung, das sich in einer Superposition von zwei Drehimpulszuständen mit Quantenzahlen l und l' befindet. Die Energie ist als Funktion des mittleren Drehimpulses $\langle J_z \rangle$ dargestellt. Untere Kurve (punktiert): $l' = l - 1$ und kleine Kopplungskonstante g (fast ideales Gas). Die potentielle (Wechselwirkungs-)Energie kann vernachlässigt werden und die Gesamtenergie hat ein einziges Minimum bei $\langle J_z \rangle = 0$. Daraus folgt, dass das Bose-Fluid für jede anfängliche Drehbewegung in den Ruhezustand $l = 0$ relaxieren wird, ohne dass eine Potentialbarriere zu überqueren ist. Die kinetische Energie der Drehbewegung geht also verloren (wird dissipiert), das Fluid verhält sich wie eine normale Flüssigkeit. Die beiden anderen Kurven stellen den Fall dar, dass g größer ist – dann ist wegen Gl. (39) die Geschwindigkeit c viel größer. Die gestrichelte Kurve gehört zu einer Superposition von Drehzuständen l und $l' = l - 1$ und die durchgezogene Kurve zu einer Superposition des Zustands $l = 3$ (in der Abbildung mit einem Kreis markiert) und des Grundzustands $l' = 0$. Bei der durchgezogenen Kurve ist die Potentialbarriere weniger hoch, sie bestimmt also, wie (meta)stabil die Strömung ist.
Die Quantenzahlen l, bei denen ein Energieminimum auftritt, sind umso zahlreicher, je größer die Kopplungskonstante g ist. Für diese Zustände ist die Strömungsgeschwindigkeit in dem ringförmigen Behälter kleiner als die kritische Geschwindigkeit. Um etwa von dem Zustand $l = 1$ in den Ruhezustand $l = 0$ überzugehen, muss das System eine makroskopisch große Potentialbarriere überwinden. Dies geschieht mit einer derart kleinen Wahrscheinlichkeit, dass man sie vernachlässigen kann. Es liegt dann eine permanent rotierende Strömung vor, die über Jahre andauern kann. Man sagt, das Bose-System ist suprafluid. Dagegen gibt es höhere Quantenzahlen l, an denen die Kurve kein Minimum aufweist. Für sie verhält sich das Fluid normal, und die Drehbewegung kommt unter dem Einfluss von Störungen (etwa raue Wände des Behälters) zur Ruhe wie in einer viskosen Strömung (die kinetische Energie wird dann in Wärme dissipiert).

Zu dem quadratischen Verhalten der kinetischen Energie müssen wir also eine oszillierende potentielle Energie addieren, die für alle ganzzahligen Werte von x minimal und dazwischen für alle halbzahligen Werte maximal ist. Die Amplitude dieser Oszillation ist

$$\frac{gn_0}{2} = \frac{1}{2}mc^2 \tag{80}$$

In Abb. 3 sind drei Kurven zu sehen, die das Verhalten der Systemenergie als Funktion des Mittelwerts $\langle J_z \rangle = \hbar x$ darstellen. Die unterste Kurve (punktiert) gehört zu einer Superposition der Drehimpuls-Quantenzahlen l und $l - 1$ und einer sehr kleinen

Kopplungskonstanten g (schwache Wechselwirkung, fast ideales Gas). Wegen Gl. (39) ist die Schallgeschwindigkeit sehr klein, so dass wir uns im Fall $c \ll v_l$ befinden. Aus dem Vergleich von (74) und (80) lesen wir ab, dass man den Beitrag der potentiellen Energie gegenüber der Änderung der kinetischen Energie zwischen den beiden Zuständen vernachlässigen kann. Daraus folgt, dass die Modulation der Kurve in Abb. 3 kaum zu sehen ist: Sie hat ein einziges Minimum bei $x = 0$. Was auch immer der Anfangszustand der Rotationsbewegung sein mag, keine Potentialbarriere verhindert, dass die Drehgeschwindigkeit des Fluids nach null relaxiert (etwa unter dem Einfluss der rauen Wände des Behälters).

Für die beiden anderen Kurven ist die Kopplungskonstante g viel größer, also ist wegen (39) die Geschwindigkeit c viel größer. Es gibt dann eine Reihe von l-Quantenzahlen, für die v_l klein gegenüber c ist. Für die gestrichelte Kurve haben wir wie für die punktierte eine Superposition zwischen den Zuständen l und $l' = l - 1$ gewählt. Für die durchgezogene Kurve liegt eine Superposition zwischen $l = 3$ und dem Grundzustand $l' = 0$ vor, mit demselben Wert für g. In diesem Fall würde das System direkt von dem Zustand $l = 3$ in den Grundzustand $l' = 0$ in dem ringförmigen Behälter übergehen. Man beobachtet sofort, dass der Zustand $l = 3$ (siehe den Kreis in der Abbbildung) entlang dieser Kurve der am wenigsten hohen Barriere begegnet. Dies ist zu erwarten, weil mit ihr die größte Änderung der kinetischen Energie einhergeht. So kann die Energie abgesenkt werden, um das Anwachsen der potentiellen Energie zu kompensieren. Der „direkte Weg“ von $l = 3$ nach $l' = 0$ wird also bestimmen, ob es dem System möglich (oder unmöglich) ist, in einen Zustand mit einer langsameren Drehung überzugehen. Um die Änderung der kinetischen Energie und die Potentialbarriere zu vergleichen, verwenden wir erneut die Gleichungen (74) und (80). Alle Quantenzahlen l mit Strömungsgeschwindigkeiten v_l viel größer als c haben eine kinetische Energie, die den Maximalwert der mittleren potentielle Energie bei weitem übersteigt. In diesen Fällen tritt keine Potentialbarriere auf. Die Zustände dagegen, für die v_l viel kleiner als c ist, können ihren Drehimpuls nicht verringern, ohne eine Potentialbarriere überwinden zu müssen.

Zwischen diesen beiden Extremfällen gibt es (für ein gegebene Kopplungskonstante g) eine *kritische Drehimpulsquantenzahl* l_c, für den sich eine Potentialbarriere gerade ausbildet. Dazu gehört eine *kritische Geschwindigkeit* $v_c = l_c\hbar/mr$, die mit der Schallgeschwindigkeit c vergleichbar ist: Sie bestimmt den größten Wert von v_l, für den es eine Potentialbarriere gibt. Ist die Strömungsgeschwindigkeit des Fluids in dem Ring größer als v_c, kann es seine Drehung verringern, ohne eine Barriere zu überwinden. Die Dissipation der kinetischen Energie erfolgt dann wie in einer gewöhnlichen viskosen Flüssigkeit – man sagt dann, dass es sich um ein *normales* Fluid handelt. Ist dagegen die Geschwindigkeit kleiner als die kritische Geschwindigkeit ($v_l < v_c$), muss das System eine (oder mehrere) Potentialbarriere überwinden, um nach und nach den Zustand $l = 0$ zu erreichen. Es ist hier zu beachten, dass diese Barriere einen makroskopischen Wert hat, denn sie entsteht durch die abstoßende Wechselwirkung zwischen allen Teilchen und ihren Nachbarn. Es ist zwar im Prinzip möglich, eine beliebig hohe Barriere zu überwinden, entweder durch thermische Aktivierung oder durch quantenmechanisches Tunneln. Dafür kann allerdings eine riesige Zeit vonnöten sein: Einerseits ist es sehr unwahrscheinlich, dass eine thermische Fluktuation makroskopische Werte annimmt, andererseits wird die Tunnelwahrscheinlichkeit mit wachsender Höhe der Barriere exponentiell klein; sie wird zudem noch kleiner, wenn das tunnelnde System makroskopisch groß ist. Die Relaxationszeiten der Strömung können also extrem lang werden, so dass die Drehbewegung auf jeder menschlich zugänglichen Skala praktisch unendlich lang andauert. Dieses Phänomen nennt man *Suprafluidität.*

3-d Verallgemeinerung. Die Rolle der Topologie

Unsere Überlegungen sind bislang aus mehreren Gründen von qualitativer Natur geblieben. Wir haben zunächst gezeigt, dass es in dem Bose-Fluid eine kritische Geschwindigkeit gibt, vergleichbar mit c, aber wir haben für diese keinen genauen Wert berechnet. Dazu wäre es nötig, Potentialkurven wie die aus Abb. 3 genauer zu untersuchen und die exakten Parameter zu bestimmen, bei denen eine Potentialbarriere entsteht oder verschwindet. Außerdem (wir haben dies weiter oben schon angemerkt) müsste man noch weitere Möglichkeiten für die die Verformung der Wellenfunktion berücksichtigen. Es gibt keinen Grund, sich auf die bisher betrachteten einfachen Geometrien zu beschränken, die nur von der φ-Koordinate abhängen. In der Tat können verschiedene Situationen auftreten, etwa das Erzeugen von Wirbeln oder noch kompliziertere Prozesse, deren Untersuchung mathematisch aufwendiger und verwickelter als das wäre, was wir hier vorgestellt haben. Anders ausgedrückt, müsste man sich weitere Relaxationskanäle ansehen, über die das strömende Fluid zur Ruhe kommen kann, und herausfinden, entlang welchem von ihnen die niedrigste Potentialbarriere auftritt – welcher also die Lebensdauer der suprafüssigen Strömung bestimmt.

Wir können aber auch ein etwas allgemeineres Argument anführen, mit dessen Hilfe man einsehen kann, dass unsere Schlussfolgerungen im Wesentlichen nicht auf den bislang untersuchten Spezialfall beschränkt sind. Dieses Argument stützt sich auf die topologischen Eigenschaften der Phase der Wellenfunktion. In der Tat ist ein Anwachsen der Phase um $2l\pi$, wenn man einmal um den Ring herumwandert, eine topologische Eigenschaft, die man mit der „Windungszahl" l charakterisiert. Dies ist eine ganze Zahl, die sich nicht stetig, sondern nur sprunghaft ändern kann. Aus diesem Grund ist es unmöglich (solange die Phase überall im Fluid wohldefiniert ist, die Wellenfunktion also nicht verschwindet), von einem Wert l stetig nach $l \pm 1$ überzugehen. Genau dies kann man übrigens an dem Beispiel (63) für die Wellenfunktion überprüfen: Wenn sich sich $c_l(t)$ im Lauf der Zeit von einem Wert mit Betrag eins auf null verringert und $c_{l'}(t)$ im Gegenzug wächst, dann gibt es notwendigerweise einen Zeitpunkt, zu dem die Wellenfunktion in einer Ebene mit einem bestimmten Wert von φ durch Interferenz verschwindet. In dieser Ebene ist ihre Phase also nicht definiert und ändert sich sprunghaft, wenn man die Ebene durchquert. Verschwindet die kollektive Wellenfunktion für eine große Zahl von kondensierten Bosonen, wird dort die Teilchendichte null sein und muss deswegen an anderen Orten größer sein. Diese räumliche Änderung der Dichte führt automatisch zu einer Erhöhung der Energie, weil das Fluid nämlich eine endliche Kompressibilität hat. Wie in § 3-b wird die erhöhte Energie in dichten Regionen die verringerte Energie in verdünnten Regionen überkompensieren. Daraus folgt, dass es eine energetische Barriere gibt, die der Änderung der Windungszahl l im Weg steht. Man muss ihre Höhe mit der Änderung der kinetischen Energie vergleichen. Wie oben ausgeführt, findet man dann, dass sich das Strömungsverhalten radikal unterscheidet, je nachdem ob die Geschwindigkeit des Fluids kleiner oder größer als eine gewisse kritische Geschwindigkeit ist. Im ersten Fall führt die Suprafluidität zu einer reibungsfreien Strömung, die praktisch unendlich lang andauert; im anderen Fall gibt es keinen energetischen Grund, welcher der Dissipation entgegenwirkt, und die Drehbewegung kommt nach und nach wie in einer gewöhnlichen Flüssigkeit zur Ruhe.

Der Leser darf also als wesentliches Konzept mitnehmen, dass der Ursprung von Suprafluidität in den abstoßenden Wechselwirkungen zwischen den Bosonen liegt. Dabei gibt es zwei Aspekte. Der erste ist die energetische Barriere, die zu metastabilen Strömungen führt. Der zweite Aspekt ist möglicherweise noch wesentlicher: Die abstoßende Wechselwirkung führt dazu, dass die Bosonen ständig das Bestreben haben, alle denselben Quantenzustand zu besetzen (s. Ergänzung C_{XV}, § 4-c). Ohne diese Eigenschaft hätten wir die Zwischenzustände der Drehbewegung nicht so einfach durch eine Wellenfunktion wie in Gl. (63) beschreiben können. Die Tatsache, dass die Quantenflüssigkeit durch diese Wellenfunktion charakterisiert werden kann, hat zur Folge, dass das System nur Zugang zu einer extrem kleinen Zahl von Zuständen hat, wenn wir mit dem Fall vergleichen, dass die Teilchen unterscheidbar wären. Es kann deswegen seine Energie nicht in Wärme dissipieren, wie es ein klassisches Fluid tun würde, und bleibt auf derart langen Zeitskalen in Bewegung, dass es praktisch unmöglich ist, die Relaxation der Strömung zu beobachten.

Ergänzung E_{XV}
Wechselwirkende Fermionen. Hartree-Fock-Verfahren

Einleitung

Eine sehr wichtige Fragestellung in Physik und Chemie betrifft die Energieniveaus eines Systems aus N Elektronen in einem äußeren Potential $V_1(\mathbf{r})$, die untereinander durch elektrostatische Kräfte in Wechselwirkung stehen. Die Frage betrifft etwa die Energieniveaus von Atomen (in diesem Fall befinden sich die Elektronen in dem Coulomb-Potential $-Zq^2/4\pi\varepsilon_0 r$ des Kerns[1]), aber auch von Molekülen oder von Elektronen in einem Festkörper (dort sind sie einem periodischen Potential unterworfen), in einem Aggregat oder einem Nanokristall (Quantenpunkt) usw. In diesen Problemen spielen zwei Aspekte eine entscheidende Rolle: Elektronen sind Fermionen und dürfen nicht denselben Einteilchenzustand besetzen; außerdem stoßen sie einander ab. Könnte man die Coulomb-Wechselwirkung der Elektronen vernachlässigen, wären die Rechnungen relativ einfach, man würde sie ähnlich wie für ein ideales Fermi-Gas durchführen (s. Ergänzung C_{XIV}, § 1). Es reichte aus, die dort verwendeten ebenen Wellen durch die stationären Energieeigenzustände eines Teilchens in dem Potential $V_1(\mathbf{r})$ zu ersetzen. Dazu müsste man eine Schrödinger-Gleichung in drei Dimensionen lösen, und dies kann man mit hoher Genauigkeit durchführen, auch wenn es praktisch nie explizite analytische Lösungen gibt.

Nun ist es aber so, dass die abstoßenden Kräfte zwischen Elektronen in einem Atom oder einem Festkörper eine wesentliche Rolle spielen. Ohne sie würden zum Beispiel Atome mit wachsender Kernladungszahl Z kleiner werden, weil die Anziehung

1 Wir machen hier die Näherung, dass der Kern unendlich viel schwerer als die Elektronen sind. Dann darf man das Elektronensystem für eine feste Position des Kerns betrachten, die man üblicherweise in den Ursprung des Koordinatensystems legt.

https://doi.org/10.1515/9783110649130-006

durch den Kern zunimmt. In Wirklichkeit ist das Gegenteil der Fall![2] Wenn N Teilchen miteinander wechselwirken, muss man die Lösung der Schrödinger-Gleichung in einem Raum mit $3N$ Dimensionen suchen, selbst wenn man den Spin nicht berücksichtigt. Dies ist selbst mit sehr leistungsfähigen Computern nicht möglich, wenn N groß wird. Man muss also auf Näherungsverfahren zurückgreifen. Das am häufigsten verwendete ist die Hartree-Fock-Näherung. Sie führt das Problem auf die Lösung eines Systems von Gleichungen in einem dreidimensionalen Raum zurück. Dieses Verfahren wird in dieser Ergänzung vorgestellt. Wir nehmen also an, dass wir es mit fermionischen Teilchen zu tun haben.

Die Hartree-Fock-Methode beruht auf einem Variationsverfahren (s. Ergänzung E_{XI}). Wir konstruieren als Ansatz eine Familie von Zustandsvektoren, innerhalb der wir den Zustand mit der kleinsten mittleren Energie auswählen. Die Familie besteht aus allen Fock-Zuständen, die für ein System aus N Fermionen physikalisch möglich sind. In dieser Methode ist es möglich, ein *selbstkonsistentes Molekularfeld* zu definieren und zu berechnen, in dem sich jedes Elektron bewegt und das die Abstoßung der anderen Elektronen näherungsweise beschreibt. So kann man etwa die Zentralfeldnäherung aus Ergänzung A_{XIV} rechtfertigen. Das Verfahren kann man nicht nur auf den Grundzustand anwenden, sondern auf alle stationären Zustände von Atomen. Man kann es auf viele weitere Systeme verallgemeinern, z. B. auf Moleküle oder auf Atomkerne, deren Grundzustand und angeregte Zustände gebundene Zustände eines Systems von Protonen und Neutronen sind. Diese Ergänzung stellt die Hartree-Fock-Methode in zwei Schritten vor. Am Anfang (§ 1) steht ein elementarer Zugang mit Hilfe von Wellenfunktionen, der in § 2 auf Operatoren und Projektoren in der Dirac-Notation verallgemeinert wird. Die Leserin mag je nach Vorliebe beide Schritte durchgehen oder gleich mit dem zweiten einsteigen. In § 1 lassen wir den Spin der Teilchen weg, weil man so die wesentlichen physikalischen Konzepte, insbesondere das Molekularfeld mit minimalem Aufwand einführen kann. Die erweiterte Perspektive in § 2 erlaubt uns dann, einige Punkte genauer zu fassen. Es wird der effektive Hartree-Fock-Hamilton-Operator definiert (mit und ohne Spin), mit dessen Hilfe die Wechselwirkung mit den anderen Teilchen durch ein mittleres Feld (*Molekularfeld*, engl.: *mean field*) dargestellt wird. Der Leser kann mehr Details über die Hartree-Fock-Methoden in den Kapiteln 7 und 8 von Blaizot und Ripka (1986) finden, insbesondere über den Zusammenhang mit dem Wick-Theorem (s. Ergänzung C_{XVI}).

---

2 Es reicht nicht aus, für die Größe eines Atoms als Funktion von Z nur mit dem Pauli-Prinzip zu argumentieren. Man kann wie folgt einen hypothetischen Atomradius abschätzen, wenn die Elektronen nicht miteinander wechselwirken. Seine Ausdehnung ist durch den Radius des letzten Orbitals gegeben, das die Elektronen besetzen. Der Bohr-Radius a_0 skaliert mit $1/Z$, während die Hauptquantenzahl n des letzten Orbitals ungefähr proportional zu $Z^{1/3}$ ist. Der gesuchte Radius $n^2 a_0$ skaliert also etwa mit $Z^{-1/3}$.

1 Grundlagen der Methode

Wir beginnen mit einem einfachen Fall, um die Grundlagen der Hartree-Fock-Methode vorzustellen. Die Teilchen seien spinlos (d. h., sie befinden sich alle im selben Spinzustand*), so dass es nicht nötig ist, die Einteilchenzustände mit einer Spinquantenzahl zu bezeichnen; es genügt, eine Wellenfunktion anzugeben. In diesem Rahmen führen wir die Notation für eine Familie von N-Teilchen-Zuständen ein, mit der die Variationsrechnung durchgeführt wird.

1-a Variationsansatz und Hamilton-Operator

Unser Ansatz für den Zustand des N-Fermionen-Systems hat die folgende Struktur

$$|\widetilde{\Psi}\rangle = a^\dagger_{\theta_1} a^\dagger_{\theta_2} \ldots a^\dagger_{\theta_N} |0\rangle \tag{1}$$

wobei die Erzeugungsoperatoren $a^\dagger_{\theta_1}, a^\dagger_{\theta_2}, \ldots, a^\dagger_{\theta_N}$ zu einer Reihe von orthonormierten Einteilchenzuständen $|\theta_1\rangle, |\theta_2\rangle, \ldots, |\theta_N\rangle$ gehören. Weil sie alle verschieden sind, ist der Zustand $|\widetilde{\Psi}\rangle$ auf eins normiert. Für den Augenblick sind diese Zustände beliebig; sie genauer zu bestimmen ist gerade das Ziel der durchzuführenden Variationsrechnung.

Für spinlose Teilchen kann man die Wellenfunktion $\widetilde{\Psi}(\mathbf{r}_1, \mathbf{r}_2, \ldots \mathbf{r}_N)$ als eine Slater-Determinante darstellen (s. Kapitel XIV, § C-3-c-β):

$$\widetilde{\Psi}(\mathbf{r}_1, \mathbf{r}_2, \ldots \mathbf{r}_N) = \frac{1}{\sqrt{N!}} \begin{vmatrix} \theta_1(\mathbf{r}_1) & \theta_2(\mathbf{r}_1) & \ldots & \theta_N(\mathbf{r}_1) \\ \theta_1(\mathbf{r}_2) & \theta_2(\mathbf{r}_2) & \ldots & \theta_N(\mathbf{r}_2) \\ \ldots & \ldots & \ldots & \ldots \\ \theta_1(\mathbf{r}_N) & \theta_2(\mathbf{r}_N) & \ldots & \theta_N(\mathbf{r}_N) \end{vmatrix} \tag{2}$$

Der Hamilton-Operator des Systems besteht aus der kinetischen Energie, der potentiellen Energie äußerer Felder und der Wechselwirkung:

$$\widehat{H} = \widehat{H}_0 + \widehat{V}_{\text{ext}} + \widehat{W}_{\text{int}} \tag{3}$$

Der erste Term $\widehat{H}_0$ beschreibt die kinetische Energie der Fermionen als eine Summe von Einteilchentermen

$$\widehat{H}_0 = \sum_{q=1}^{N} \frac{(\mathbf{P}_q)^2}{2m} \tag{4}$$

---

* Anm. d. Ü.: Wie bereits erwähnt, behandeln wir in dieser Ergänzung Systeme von Fermionen und diese haben einen Spin 1/2 oder größer. Ein konkretes Beispiel für den hier diskutierten Fall wäre also ein spinpolarisiertes Fermi-Gas, in dem alle Teilchenspins entlang einer festen Achse ausgerichtet sind.

mit der Teilchenmasse m und dem Impulsoperator $\mathbf{P}_q$ für das q-te Teilchen. Der zweite Beitrag $\widehat{V}_{\text{ext}}$ ist der Operator für die Energie in einem äußeren Potential V_1:

$$\widehat{V}_{\text{ext}} = \sum_{q=1}^{N} V_1(\mathbf{R}_q) \tag{5}$$

mit dem Ortsoperator $\mathbf{R}_q$ für das q-te Teilchen. Befinden sich Elektronen mit der Ladung q_e in dem Coulomb-Potential eines Kerns mit der Ladung $-Zq_e$ (im Ursprung platziert), dann ist dieses Potential das anziehende Potential

$$V_1(\mathbf{r}) = -\frac{Zq_e^2}{4\pi\varepsilon_0}\frac{1}{|\mathbf{r}|} \tag{6}$$

mit der Vakuumpermittivität ε_0. Schließlich ist die paarweise Wechselwirkungsenergie

$$\widehat{W}_{\text{int}} = \frac{1}{2}\sum_{q \neq q'} W_2(\mathbf{R}_q, \mathbf{R}_{q'}) \tag{7}$$

zwischen Elektronen durch das Coulomb-Potential

$$W_2(\mathbf{r}, \mathbf{r}') = \frac{q_e^2}{4\pi\varepsilon_0}\frac{1}{|\mathbf{r} - \mathbf{r}'|} \tag{8}$$

gegeben. Die hier angeführten Ausdrücke sind nur Beispiele; wie bereits erwähnt, kann die Hartree-Fock-Methode nicht nur auf elektronische Energieniveaus in einem Atom angewandt werden.

1-b Mittelwert der Energie

Da der Zustand (1) normiert ist, liefert er als mittlere Energie

$$\widetilde{E} = \langle\widetilde{\Psi}|\widehat{H}|\widetilde{\Psi}\rangle \tag{9}$$

Wir werten nun die drei Terme aus Gl. (3) aus und erhalten einen Ausdruck, den wir dann per Variationsrechnung minimieren.

α Kinetische Energie

Sei $\{|\theta_s\rangle | s = 1, 2, \ldots, N, \ldots D\}$ eine orthonormierte Basis für den Hilbert-Raum der Einteilchenzustände, die die Reihe der Zustände $|\theta_1\rangle \ldots |\theta_N\rangle$ fortsetzt und mit weiteren orthonormierten Vektoren vervollständigt. (Die Dimension D kann unendlich sein.) Wir können dann den Operator $\widehat{H}_0$ gemäß Gl. (B-12) aus Kapitel XV entwickeln:

$$\widehat{H}_0 = \sum_{r,s} \langle\theta_r| \frac{\mathbf{P}^2}{2m} |\theta_s\rangle\, a^{\dagger}_{\theta_r} a_{\theta_s} \tag{10}$$

wobei die Summation über r und s jeweils von 1 bis D läuft.* Der Mittelwert der kinetischen Energie im Zustand $|\widetilde{\Psi}\rangle$ ist also

$$\langle \widehat{H}_0 \rangle = \sum_{r,s} \langle \theta_r | \frac{\mathbf{P}^2}{2m} | \theta_s \rangle \langle 0 | a_{\theta_N} \dots a_{\theta_2} a_{\theta_1} \left(a^\dagger_{\theta_r} a_{\theta_s} \right) a^\dagger_{\theta_1} a^\dagger_{\theta_2} \dots a^\dagger_{\theta_N} | 0 \rangle \tag{11}$$

Wir erkennen hier ein Skalarprodukt zwischen dem Ket

$$\left(a_{\theta_s} \right) a^\dagger_{\theta_1} a^\dagger_{\theta_2} \dots a^\dagger_{\theta_N} | 0 \rangle = \left(a_{\theta_s} \right) | \theta_1, \theta_2, \dots, \theta_N \rangle \tag{12}$$

und dem Bra

$$\langle 0 | a_{\theta_N} \dots a_{\theta_2} a_{\theta_1} \left(a^\dagger_{\theta_r} \right) = \langle \theta_1, \theta_2, \dots, \theta_N | \left(a^\dagger_{\theta_r} \right) \tag{13}$$

In dem Ket (12) liefert der Vernichter a_{θ_s} null, wenn er auf einen Ket wirkt, in dem der Zustand $|\theta_s\rangle$ unbesetzt ist. Das Ergebnis verschwindet also nur dann nicht, wenn der Zustand $|\theta_s\rangle$ bereits in der Reihe der N Zustände $|\theta_1\rangle \dots |\theta_N\rangle$ enthalten ist. Indem wir Gl. (13) hermitesch konjugieren, sehen wir, dass auch der Zustand $|\theta_r\rangle$ in der Liste enthalten sein muss. Außerdem erhalten wir für $r \neq s$ zwei Kets mit verschiedenen Besetzungszahlen, die orthogonal sind. Das Skalarprodukt liefert also nur einen Beitrag, wenn $r = s$ gilt. Um seinen Wert auszurechnen, muss man den Zustand $|\theta_r\rangle$ im Bra und im Ket an die erste Stelle der Liste schieben. Dazu ist dieselbe Permutation nötig, deren Vorzeichen sich weghebt. Wenn man dann die Wirkung der Operatoren auswertet, bleiben ein Bra und Ket übrig, in denen dieselben Zustände besetzt sind. Ihr Skalarprodukt ist also eins. Wir erhalten schließlich

$$\langle \widehat{H}_0 \rangle = \sum_{i=1}^{N} \langle \theta_i | \frac{\mathbf{P}^2}{2m} | \theta_i \rangle \tag{14}$$

Der Mittelwert der kinetischen Energie ist also einfach die Summe der mittleren kinetischen Energien über alle besetzten Zustände $|\theta_i\rangle$.

Für spinlose Teilchen kann man den Operator der kinetischen Energie als den Differentialoperator $-\hbar^2\nabla^2/2m$, angewandt auf die Einteilchen-Wellenfunktionen, darstellen:

$$\langle \widehat{H}_0 \rangle = -\frac{\hbar^2}{2m} \int \mathrm{d}^3 r \sum_{i=1}^{N} \theta_i^*(\mathbf{r}) \nabla^2 \theta_i(\mathbf{r}) = \frac{\hbar^2}{2m} \int \mathrm{d}^3 r \sum_{i=1}^{N} |\nabla \theta_i(\mathbf{r})|^2 \tag{15}$$

(In der zweiten Form wurde partiell integriert, mit im Unendlichen verschwindenden Randtermen.)

* Anm. d. Ü.: Die Indizes $i, j \dots$ zählen besetzte Zustände ab, was man auch an den Grenzen der Summen sieht, während $r, s \dots$ beliebige Basisvektoren bezeichnen. Alle sind im Hilbert-Raum der Einteilchenzustände zu verstehen.

β Potentielle Energie

Ihren Mittelwert $\widehat{V}_1$ kann man genauso ausrechnen wie die kinetische Energie, denn auch hier handelt es sich um einen Einteilchenoperator. Man findet so den Ausdruck

$$\langle \widehat{V}_{\mathrm{ext}} \rangle = \sum_{i=1}^{N} \langle \theta_i | \, V_1(\mathbf{r}) \, | \theta_i \rangle \tag{16}$$

oder auch, für spinlose Teilchen,

$$\langle \widehat{V}_{\mathrm{ext}} \rangle = \int \mathrm{d}^3 r \, V_1(\mathbf{r}) \sum_{i=1}^{N} |\theta_i(\mathbf{r})|^2 \tag{17}$$

Wie in Gl. (15) ist dies eine Summe über die Mittelwerte, die zu den besetzten Einteilchenzuständen gehören.

γ Wechselwirkungsenergie

Den Mittelwert der Wechselwirkung $\widehat{W}_{\mathrm{int}}$ in dem Zustand $|\widetilde{\Psi}\rangle$ haben wir bereits in Kapitel XV, § C-5 ausgerechnet. In den dortigen Gleichungen (C-28) und (C-32) bis (C-34) müssen wir nur für alle besetzten Zustände $|\theta_i\rangle$ $(i = 1, \ldots, N)$ die Besetzungszahlen $n_i = 1$ setzen und $n_s = 0$ für die anderen $(s > N)$. Mit der hier verwendeten Notation $\theta_i(\mathbf{r})$ statt $u_i(\mathbf{r})$ erhalten wir

$$\begin{aligned} \langle \widehat{W}_{\mathrm{int}} \rangle = \langle \widetilde{\Psi} | \widehat{W}_{\mathrm{int}} | \widetilde{\Psi} \rangle &= \frac{1}{2} \int \mathrm{d}^3 r \int \mathrm{d}^3 r' \, W_2(\mathbf{r}, \mathbf{r}') \\ &\times \sum_{i,j=1}^{N} \left[|\theta_i(\mathbf{r})|^2 \left|\theta_j(\mathbf{r}')\right|^2 - \theta_i^*(\mathbf{r})\theta_j^*(\mathbf{r}')\theta_i(\mathbf{r}')\theta_j(\mathbf{r}) \right] \end{aligned} \tag{18}$$

Wir haben hier die Bedingung $i \neq j$ weggelassen, weil die Terme mit $i = j$ sich sowieso wegheben. In der zweiten Zeile erkennen wir den direkten und den Austauschterm wieder.

Dieses Ergebnis kann man noch etwas kompakter schreiben, indem man den Projektor P_N auf den Unterraum $\mathscr{F}_N$ einführt, der von den N Kets $|\theta_i\rangle$ erzeugt wird:*

$$P_N = \sum_{i=1}^{N} |\theta_i\rangle \langle \theta_i| \tag{19}$$

Seine Matrixelemente sind

$$\langle \mathbf{r} | P_N | \mathbf{r}' \rangle = \sum_{i=1}^{N} \theta_i(\mathbf{r}) \theta_i^*(\mathbf{r}') \tag{20}$$

Wir erhalten dann

$$\langle \widehat{W}_{\mathrm{int}} \rangle = \frac{1}{2} \int \mathrm{d}^3 r \int \mathrm{d}^3 r' \, W_2(\mathbf{r}, \mathbf{r}') \left(\langle \mathbf{r} | P_N | \mathbf{r} \rangle \langle \mathbf{r}' | P_N | \mathbf{r}' \rangle - \langle \mathbf{r} | P_N | \mathbf{r}' \rangle \langle \mathbf{r}' | P_N | \mathbf{r} \rangle \right) \tag{21}$$

---

* Anm. d. Ü.: Die Leserin beachte, dass $\mathscr{F}_N$ in dem Hilbert-Raum der Einteilchenzustände liegt, im Unterschied zu den N-Teilchen-Räumen, die im Kapitel XV, § A eingeführt wurden.

Bemerkung:
Die Matrixelemente des Projektors P_N in der Ortsdarstellung liefern die Korrelationsfunktion $G_1(\mathbf{r},\mathbf{r}')$, die wir in Kapitel XVI, § B-3-a definieren werden. Diese Korrelationsfunktion kann man durch einen Feldoperator $\Psi(\mathbf{r})$ als den Mittelwert

$$G_1(\mathbf{r},\mathbf{r}') = \langle \Psi^\dagger(\mathbf{r})\Psi(\mathbf{r}')\rangle \tag{22}$$

ausdrücken. In der Tat gilt für ein System aus N Fermionen in den Zuständen $|\theta_1\rangle, |\theta_2\rangle, \ldots, |\theta_N\rangle$

$$\begin{aligned} G_1(\mathbf{r},\mathbf{r}') &= \langle \theta_1,\theta_2,\ldots,\theta_N|\, \Psi^\dagger(\mathbf{r})\Psi(\mathbf{r}')\, |\theta_1,\theta_2,\ldots,\theta_N\rangle \\ &= \sum_{r,s} \langle \theta_1,\theta_2,\ldots,\theta_N|\left[\theta_r^*(\mathbf{r})\, a_r^\dagger\right]\left[\theta_s(\mathbf{r}')\, a_s\right]|\theta_1,\theta_2,\ldots,\theta_N\rangle \\ &= \sum_{i=1}^{N} \theta_i^*(\mathbf{r})\theta_i(\mathbf{r}') = \langle \mathbf{r}'|P_N|\mathbf{r}\rangle \end{aligned} \tag{23}$$

[Für den Übergang zur dritten Zeile werden die Überlegungen zu Gl. (11) angewendet, d. Ü.] Dies eingesetzt in Gleichung (18) ergibt

$$\langle \widehat{W}_{\text{int}}\rangle = \frac{1}{2}\int \mathrm{d}^3r \int \mathrm{d}^3r'\; W_2(\mathbf{r},\mathbf{r}')\left[G_1(\mathbf{r},\mathbf{r})\, G_1(\mathbf{r}',\mathbf{r}') - G_1(\mathbf{r},\mathbf{r}')\, G_1(\mathbf{r}',\mathbf{r})\right] \tag{24}$$

Man vergleiche diesen Ausdruck mit Gleichung (C-28) aus Kapitel XV für denselben Mittelwert: Die eckigen Klammern auf der rechten Seite liefern die *diagonale* Zweiteilchen-Korrelationsfunktion $G_2(\mathbf{r},\mathbf{r}')$. In einem Fock-Zustand kann man diese also auf ein Produkt von zwei Einteilchenkorrelationen (22) zurückführen:

$$G_2(\mathbf{r},\mathbf{r}') = G_1(\mathbf{r},\mathbf{r})\, G_1(\mathbf{r}',\mathbf{r}') - G_1(\mathbf{r},\mathbf{r}')\, G_1(\mathbf{r}',\mathbf{r}) \tag{25}$$

[Diese Formel gilt allgemein in einem idealen Fermi-Gas, s. Ergänzung C_{XVI}, Gl. (41).]

1-c Optimierung der Wellenfunktion

Wir werden nun den Zustand $|\widetilde{\Psi}\rangle$ variieren, um die Gesamtenergie $\widetilde{E}$

$$\widetilde{E} = \langle \widehat{H}_0\rangle + \langle \widehat{V}_{\text{ext}}\rangle + \langle \widehat{W}_{\text{int}}\rangle \tag{26}$$

zu minimieren. Die ersten drei Terme haben wir in den Gleichungen (15), (16) und (18) berechnet. Wir variieren dazu einen beliebigen der Kets, etwa $|\theta_k\rangle$ (mit $1 \le k \le N$):

$$|\theta_k\rangle \quad \mapsto \quad |\theta_k\rangle + |\delta\theta_k\rangle \tag{27}$$

Als Einteilchen-Wellenfunktion geschrieben, heißt das

$$\theta_k(\mathbf{r}) \quad \mapsto \quad \theta_k(\mathbf{r}) + \delta\theta_k(\mathbf{r}) \tag{28}$$

Die Variation der Energie enthält folgende Terme:

$$\delta\langle \widehat{H}_0\rangle = \frac{-\hbar^2}{2m}\int \mathrm{d}^3r \left[\delta\theta_k^*(\mathbf{r})\nabla^2\theta_k(\mathbf{r}) + \theta_k^*(\mathbf{r})\nabla^2\delta\theta_k(\mathbf{r})\right] \tag{29}$$

sowie

$$\delta\langle \widehat{V}_{\text{ext}}\rangle = \int \mathrm{d}^3r\; V_1(\mathbf{r})\left[\delta\theta_k^*(\mathbf{r})\theta_k(\mathbf{r}) + \theta_k^*(\mathbf{r})\delta\theta_k(\mathbf{r})\right] \tag{30}$$

Für die Variation von $\langle\widehat{W}_{\text{int}}\rangle$ sind zwei Beiträge in Gl. (18) zu berücksichtigen: die Terme mit $i = k$ und die mit $j = k$. Sie sind aber gleich, denn sie unterscheiden sich nur im Buchstaben für einen stummen Summationsindex. Der Vorfaktor 1/2 kürzt sich also weg, und man erhält

$$\delta\langle\widehat{W}_{\text{int}}\rangle = \int d^3r \int d^3r'\, W_2(\mathbf{r},\mathbf{r}') \sum_{j=1}^{N} \Big\{\left[\delta\theta_k^*(\mathbf{r})\theta_k(\mathbf{r}) + \theta_k^*(\mathbf{r})\delta\theta_k(\mathbf{r})\right]\left|\theta_j(\mathbf{r}')\right|^2 \\ -\delta\theta_k^*(\mathbf{r})\theta_j^*(\mathbf{r}')\,\theta_k(\mathbf{r}')\theta_j(\mathbf{r}) - \theta_k^*(\mathbf{r})\theta_j^*(\mathbf{r}')\,\delta\theta_k(\mathbf{r}')\theta_j(\mathbf{r})\Big\} \quad (31)$$

Die Variation von $\widetilde{E}$ ist die Summe der Gleichungen (29), (30) und (31).

Wir betrachten nun eine Variation von $\delta\theta_k$ in folgender Form:

$$\delta\theta_k(\mathbf{r}) = \delta\varepsilon\, e^{i\chi}\,\theta_l(\mathbf{r}) \quad \text{mit } l > N \quad (32)$$

Hier ist $\delta\varepsilon$ ein infinitesimal kleiner Parameter, in dem wir bis zur ersten Ordnung entwickeln. Diese Variation ist proportional zu der Wellenfunktion $\theta_l(\mathbf{r})$ eines nicht besetzten Zustands, mit dem wir die Basis des Zustandsraums vervollständigt hatten (s. § 1-b-α). Die Phase χ ist beliebig. In der ersten Ordnung in $\delta\varepsilon$ ändert eine derartige Variation weder die Norm des Zustands $|\theta_k\rangle$ noch sein Skalarprodukt mit allen besetzten Zuständen $i \leq N$. Deswegen bleibt die Basis der besetzten Zustände orthonormiert, wie wir es in den bisherigen Rechnungen angenommen haben. Die Variation $\delta\widetilde{E}$ der Energie erhalten wir, indem wir $\delta\theta_k$ und sein komplex Konjugiertes $\delta\theta_k^*$ in die Gleichungen (29), (30) und (31) einsetzen. Daraus ergeben sich einerseits Terme mit $e^{i\chi}$ und andererseits mit $e^{-i\chi}$. In dem gesuchten Minimum von $\widetilde{E}$ müssen aber alle Variationen verschwinden, was auch immer der Wert von χ ist. Eine Summe aus Termen mit $e^{i\chi}$ und $e^{-i\chi}$ kann aber nur dann verschwinden, wenn die Terme jeweils einzeln null sind. Wir können also so rechnen, als ob $\delta\theta_k$ und $\delta\theta_k^*$ unabhängig voneinander variiert werden. Eine hinreichende Bedingung für ein Minimum der Energie erhalten wir aus der Variation in $\delta\theta_k^*$:

$$\int d^3r\, \delta\theta_k^*(\mathbf{r}) \Bigg\{ \frac{-\hbar^2}{2m}\nabla^2\theta_k(\mathbf{r}) + V_1(\mathbf{r})\theta_k(\mathbf{r}) \\ + \int d^3r'\, W_2(\mathbf{r},\mathbf{r}') \sum_{j=1}^{N} \left[\theta_k(\mathbf{r})\left|\theta_j(\mathbf{r}')\right|^2 - \theta_j^*(\mathbf{r}')\theta_k(\mathbf{r}')\theta_j(\mathbf{r})\right]\Bigg\} = 0 \quad (33)$$

oder mit dem Projektor P_N aus Gl. (20) ausgedrückt:

$$\int d^3r\, \delta\theta_k^*(\mathbf{r}) \Bigg\{ \frac{-\hbar^2}{2m}\nabla^2\theta_k(\mathbf{r}) + V_1(\mathbf{r})\theta_k(\mathbf{r}) \\ + \int d^3r'\, W_2(\mathbf{r},\mathbf{r}') \left[\langle\mathbf{r}'|P_N|\mathbf{r}'\rangle\theta_k(\mathbf{r}) - \langle\mathbf{r}|P_N|\mathbf{r}'\rangle\theta_k(\mathbf{r}')\right]\Bigg\} = 0 \quad (34)$$

Diese Beziehung kann man auch so schreiben:

$$\delta\varepsilon \int \mathrm{d}^3 r\, \theta_l^*(\mathbf{r}) \mathcal{D}\left[\theta_k(\mathbf{r})\right] = 0 \tag{35}$$

wobei der Integro-Differentialoperator $\mathcal{D}$ folgendermaßen in seiner Wirkung auf eine Wellenfunktion $\theta(\mathbf{r})$ definiert ist:

$$\begin{aligned}\mathcal{D}\left[\theta(\mathbf{r})\right] = &\left\{\frac{-\hbar^2}{2m}\nabla^2 + V_1(\mathbf{r}) + \int \mathrm{d}^3 r'\, W_2(\mathbf{r},\mathbf{r}')\langle\mathbf{r}'|P_N|\mathbf{r}'\rangle\right\}\theta(\mathbf{r})\\ &- \int \mathrm{d}^3 r'\, W_2(\mathbf{r},\mathbf{r}')\langle\mathbf{r}|P_N|\mathbf{r}'\rangle\,\theta(\mathbf{r}')\end{aligned} \tag{36}$$

Dieser Operator hängt von der Korrelationsfunktion der Zustände ab, die in dem N-Fermionen-System besetzt sind, und zwar sowohl von ihren diagonalen $\langle\mathbf{r}'|P_N|\mathbf{r}'\rangle$ als auch von den nichtdiagonalen Elementen $\langle\mathbf{r}|P_N|\mathbf{r}'\rangle$ [s. Gl. (23)].

Aus der Gleichung (35) ist abzulesen, dass die Anwendung des Differentialoperators $\mathcal{D}$ auf die Funktion $\theta_k(\mathbf{r})$ zu einer Funktion führt, die zu allen Zuständen $\theta_l(\mathbf{r})$ mit $l > N$ orthogonal ist. Deswegen muss $\mathcal{D}[\theta_k(\mathbf{r})]$ eine Linearkombination der besetzten Zustände sein. Das Minimum der Energie $\tilde{E}$ kann man also durch die einfache Bedingung charakterisieren: Der N-dimensionale Vektorraum $\mathcal{F}_N$, den die Funktionen $\theta_i(\mathbf{r})$ ($i = 1, 2, \ldots, N$) aufspannen,* ist invariant unter dem Operator $\mathcal{D}$.

Bemerkung:
Die Leserin mag sich fragen, warum wir in Gl. (32) nur bestimmte Variationen $\delta\theta_k$ des Zustands betrachtet haben, nämlich solche, die zu den nicht besetzten Einteilchenzuständen proportional sind. Der Grund dafür wird in § 2 klarer werden, wo wir eine allgemeinere Methode benutzen, die uns die wirklich relevanten Variationen der besetzten Zustände liefert (s. insbesondere am Ende von § 2-a). Hier schon können wir festhalten, dass man einen Zustand lediglich in Norm oder Phase ändert, wenn seine Variation $\delta\theta_k$ proportional zu ihm selbst ist. Dadurch bleibt aber der physikalische Zustand derselbe (wobei eine Änderung der Norm nicht einmal mit den Annahmen hinter unseren Formeln für die mittleren Energien verträglich ist). Ändert sich der Zustand nicht, dann muss die Energie $\tilde{E}$ konstant bleiben, so dass wir keine Information über ein mögliches Minimum erhalten. Genauso wenig sinnvoll ist eine Variation von $\theta_k(\mathbf{r})$ entlang einer anderen besetzten Wellenfunktion $\theta_j(\mathbf{r})$ (mit $1 \leq j \leq N$). Unter dieser Änderung erhält der Erzeuger $a_k^\dagger$ einen Anteil entlang $a_j^\dagger$ (s. Kapitel XV, § A-6), was wiederum den N-Teilchen-Zustandsvektor (1) unverändert lässt: Man erzeugt nämlich einen Anteil proportional zum Quadrat von $a_j^\dagger$, das für Fermionen wegen der Antikommutationsbeziehungen verschwindet. Auch in diesem Fall bleibt die Energie „automatisch" unverändert.

* Anm. d. Ü.: Es handelt sich bei $\mathcal{F}_N$ um einen Vektorraum von Wellenfunktionen, der zu dem Zustandsraum $\mathscr{F}_N$, den die Kets $|\theta_i\rangle$ aufspannen, isomorph ist. Für die Unterscheidung dieser Räume siehe Kapitel II.

1-d Äquivalente Formulierung für das Energieminimum

Aus der Definition (36) kann man direkt zeigen, dass der Operator $\mathcal{D}$ auf dem Unterraum $\mathcal{F}_N$ diagonalisiert werden kann.[3] Wir geben einen weiteren Beweis in § 2 an. Seien also $\varphi_n(\mathbf{r})$ seine Eigenfunktionen. Sie sind Linearkombinationen der Wellenfunktionen $\theta_j(\mathbf{r})$, die in dem N-Teilchen-Ket aus Gl. (1) die besetzten Zustände darstellen. Aufgrund der Antisymmetrie erzeugen sie denselben N-Teilchen-Zustand.[4] Der Basiswechsel von $\{\theta_i(\mathbf{r})\}$ nach $\{\varphi_n(\mathbf{r})\}$ hat keine Auswirkung auf den Projektor P_N auf den Unterraum $\mathscr{F}_N$, dessen Matrixelemente (36) dieselbe Form wie in Gl. (20) haben:

$$\langle \mathbf{r}|P_N|\mathbf{r}'\rangle = \sum_{n=1}^{N} \varphi_n(\mathbf{r})\varphi_n^*(\mathbf{r}') \tag{37}$$

Die Eigenfunktionen des Operators $\mathcal{D}$ erfüllen also folgende Gleichungen:

$$\boxed{\begin{aligned}&\left[\frac{-\hbar^2}{2m}\nabla^2 + V_1(\mathbf{r}) + \int \mathrm{d}^3r'\, W_2(\mathbf{r},\mathbf{r}') \sum_{p=1}^{N} \left|\varphi_p(\mathbf{r}')\right|^2\right]\varphi_n(\mathbf{r})\\ &\quad - \int \mathrm{d}^3r'\, W_2(\mathbf{r},\mathbf{r}') \sum_{p=1}^{N} \varphi_p^*(\mathbf{r}')\varphi_p(\mathbf{r})\varphi_n(\mathbf{r}') = \widetilde{e}_n\varphi_n(\mathbf{r})\end{aligned}} \tag{38}$$

wobei $\widetilde{e}_n$ die dazugehörigen Eigenwerte sind. Dies sind die sogenannten *Hartree-Fock-Gleichungen.**

3 Dafür genügt es zu zeigen, dass $\mathcal{D}$ hermitesch ist, denn jeder hermitesche Operator ist diagonalisierbar. Es ist also zu überprüfen, ob die entsprechenden Matrixelemente aus Gl. (36) zueinander komplex konjugiert sind. Es geht dabei um die beiden Integrale $\int \mathrm{d}^3r\, \theta_1^*(\mathbf{r})\mathcal{D}[\theta_2(\mathbf{r})]$ und $\int \mathrm{d}^3r\, \theta_2^*(\mathbf{r})\mathcal{D}[\theta_1(\mathbf{r})]$. Die Beiträge der kinetischen Energie und des Potentials V_1 führt man auf die bekannten Beziehungen zurück, die für hermitesche Operatoren gelten. Für den direkten Term in der Wechselwirkung stellt man genauso fest, dass die beiden Integrale zueinander konjugiert sind. Im Austauschterm der Wechselwirkung vertauschen wir die Integrationsvariablen d^3r und d^3r' und benutzen, dass $W_2(\mathbf{r},\mathbf{r}')$ eine in ihren zwei Argumenten symmetrische Funktion ist.

4 Eine Determinante ändert ihren Wert bekanntlich nicht, wenn man zu einem Spaltenvektor eine Linearkombination der anderen Spalten addiert. Dies können wir ausnutzen und zu der ersten Spalte der Slater-Determinante (2) eine Linearkombination aus den Funktionen $\theta_2(\mathbf{r})$, $\theta_3(\mathbf{r})$, … derart addieren, dass dort eine Funktion proportional zu $\varphi_1(\mathbf{r})$ entsteht. Genauso kann man die zweite Spalte proportional zur Eigenfunktion $\varphi_2(\mathbf{r})$ machen. Von Spalte zu Spalte erhält man auf diese Weise einen neuen Ausdruck für die N-Teilchen-Wellenfunktion $\widetilde{\Psi}(\mathbf{r}_1, \mathbf{r}_2, \ldots, \mathbf{r}_N)$, der die Slater-Determinante der Eigenfunktionen $\varphi_i(\mathbf{r})$ enthält. Die Wellenfunktion ist also proportional zu dieser Determinante; dass die beiden sogar (bis auf einen Phasenfaktor) identisch sind, werden wir in § 2 beweisen.

* Anm. d. Ü.: Der Leser beachte, dass in Gl. (38) ein nichtlineares Eigenwertproblem vorliegt, weil in die Wechselwirkungsenergie Produkte aus drei Wellenfunktionen eingehen. Dieses strukturelle Element hat die Hartree-Fock-Theorie für Fermionen mit der Gross-Pitaevskii-Gleichung für Bosonen gemein, s. Ergänzung $\mathrm{C_{XV}}$, Gl. (22).

Wir haben also Folgendes gefunden: Wenn ein Zustand von der Struktur (1) zu einem Minimum der mittleren Energie führt, dann wird er notwendigerweise durch N orthogonale Wellenfunktionen $\{\varphi_1, \varphi_2, \ldots, \varphi_N\}$ erzeugt, die die Hartree-Fock-Gleichungen (38) für $n = 1, 2, \ldots, N$ lösen. Umgekehrt ist dies eine hinreichende Bedingung: Wenn man die Variation der Energie aus Gl. (34) ausrechnet und dabei anstelle von $\{\theta_k(\mathbf{r})\}$ die Wellenfunktionen $\{\varphi_n(\mathbf{r})\}$ einsetzt, die Lösungen der Hartree-Fock-Gleichungen sind, dann erhält man den Ausdruck

$$\delta\widetilde{E} = \int \mathrm{d}^3 r\, \delta\varphi_k^*(\mathbf{r}) \mathcal{D}\left[\varphi_n(\mathbf{r})\right] = \widetilde{e}_n \int \mathrm{d}^3 r\, \delta\varphi_k^*(\mathbf{r})\, \varphi_n(\mathbf{r}) \tag{39}$$

Dieser verschwindet aber für alle Variationen $\delta\varphi_k(\mathbf{r})$, die gemäß Gl. (32) orthogonal zu den N Lösungen $\{\varphi_n(\mathbf{r})\}$ sein sollen. Die Beziehungen (38) sind also äquivalent zur Minimierung der Energie.

1-e Minimalwert der Energie

Nehmen wir an, wir hätten Lösungen für die Hartree-Fock-Gleichungen gefunden, also einen Satz von N Eigenfunktionen $\varphi_n(\mathbf{r})$ und die dazugehörigen Eigenwerte $\widetilde{e}_n$. Wir können dann den minimalen Wert der Energie $\widetilde{E}_{\mathrm{HF}}$ des N-Teilchen-Systems berechnen. Diese Energie ist die Summe (26) aus kinetischer, potentieller und Wechselwirkungsenergie, wobei wir in den Gleichungen (15), (16) und (18) die Wellenfunktionen $\theta_i(\mathbf{r})$ durch die Eigenfunktionen $\varphi_n(\mathbf{r})$ ersetzen:

$$\widetilde{E}_{\mathrm{HF}} = \langle \widehat{H}_0 \rangle_{\mathrm{HF}} + \langle \widehat{V}_{\mathrm{ext}} \rangle_{\mathrm{HF}} + \langle \widehat{W}_{\mathrm{int}} \rangle_{\mathrm{HF}} \tag{40}$$

(Mit dem Index HF zeigen wir an, dass es sich um die mittlere Energie handelt, die wir als Minimum der Variationsrechnung innerhalb des Hartree-Fock-Ansatzes erhalten.) Man könnte intuitiv erwarten, dass diese Gesamtenergie einfach die Summe der einzelnen Eigenwerte $\widetilde{e}_n$ ist – dies ist aber nicht der Fall, was man wie folgt sehen kann. Multipliziere Gl. (38) von links mit $\varphi_n^*(\mathbf{r})$, integriere über $\mathbf{r}$ und erhalte

$$\begin{aligned}\widetilde{e}_n = \int \mathrm{d}^3 r\, \varphi_n^*(\mathbf{r}) \Bigg\{ &\left[\frac{-\hbar^2}{2m}\nabla^2 + V_1(\mathbf{r})\right] \varphi_n(\mathbf{r}) \\ &+ \int \mathrm{d}^3 r'\, W_2(\mathbf{r}, \mathbf{r}') \sum_{p=1}^{N} \left[\left|\varphi_p(\mathbf{r}')\right|^2 \varphi_n(\mathbf{r}) - \varphi_p^*(\mathbf{r}')\varphi_n(\mathbf{r}')\varphi_p(\mathbf{r})\right] \Bigg\}\end{aligned} \tag{41}$$

Summiere über n und benutze die Gleichungen (15), (16) und (18) mit φ_n statt θ_i, und es ergibt sich

$$\sum_{n=1}^{N} \widetilde{e}_n = \langle \widehat{H}_0 \rangle_{\mathrm{HF}} + \langle \widehat{V}_{\mathrm{ext}} \rangle_{\mathrm{HF}} + 2\langle \widehat{W}_{\mathrm{int}} \rangle_{\mathrm{HF}} \tag{42}$$

Dieser Ausdruck liefert also nicht den stationären Wert der Gesamtenergie, sondern eine Summe, in der die Wechselwirkungsenergie zwischen den Teilchen doppelt gezählt wird. Dies ist anschaulich verständlich, denn in der Energie eines jeden Teilchens ist die Wechselwirkung mit allen anderen enthalten. Summiert man nun die Energien über die Teilchen, werden in dieser Summe alle Paare von Teilchen zweimal gezählt.

Trotzdem können wir eine nützliche Information aus der Summe über die Eigenwerte $\widetilde{e}_n$ gewinnen – und es so vermeiden, den Beitrag der Wechselwirkungsenergie explizit zu berechnen. Wir können nämlich $\langle\widehat{W}_{\text{int}}\rangle$ aus Gl. (40) und Gl. (42) eliminieren, was auf folgende Gleichung führt:

$$\widetilde{E}_{\text{HF}} = \frac{1}{2}\left[\sum_{n=1}^{N}\widetilde{e}_n + \langle\widehat{H}_0\rangle_{\text{HF}} + \langle\widehat{V}_{\text{ext}}\rangle_{\text{HF}}\right] \tag{43}$$

Hier tritt die Wechselwirkungsenergie nicht mehr auf. Die Mittelwerte $\langle\widehat{H}_0\rangle_{\text{HF}}$ und $\langle\widehat{V}_{\text{ext}}\rangle_{\text{HF}}$ kann man mit den Hartree-Fock-Wellenfunktionen aus Gl. (38) ausrechnen. Setzt man die Gleichungen (15) und (17) in diese Beziehung ein, erhält man so die Gesamtenergie in folgender Form:

$$\widetilde{E}_{\text{HF}} = \frac{1}{2}\left[\sum_{n=1}^{N}\widetilde{e}_n - \frac{\hbar^2}{2m}\sum_{n=1}^{N}\int \mathrm{d}^3r'\,\varphi_n^*(\mathbf{r}')\nabla^2\varphi_n(\mathbf{r}') + \sum_{n=1}^{N}\int \mathrm{d}^3r'\,\left|\varphi_n(\mathbf{r}')\right|^2\,V_1(\mathbf{r}')\right] \tag{44}$$

Sie ist also die halbe Summe aus dem Eigenwert $\widetilde{e}_n$, der mittleren kinetischen Energie und der potentiellen (Einteilchen-)Energie, summiert über alle besetzten Hartree-Fock-Wellenfunktionen.

1-f Die Hartree-Fock-Gleichungen

Wir können Gl. (38) in folgender Form schreiben:

$$\boxed{\left[-\frac{\hbar^2}{2m}\nabla^2 + V_1(\mathbf{r}) + V^{\text{dir}}(\mathbf{r})\right]\varphi_n(\mathbf{r}) - \int \mathrm{d}^3r'\,V^{\text{ex}}(\mathbf{r},\mathbf{r}')\varphi_n(\mathbf{r}') = \widetilde{e}_n\,\varphi_n(\mathbf{r})} \tag{45}$$

Dabei treten zwei Potentiale auf, das *direkte* oder *Hartree-Potentiel* $V^{\text{dir}}(\mathbf{r})$ und das *Austausch-*[5] oder *Fock-Potential* $V^{\text{ex}}(\mathbf{r},\mathbf{r}')$:

$$\boxed{\begin{aligned} V^{\text{dir}}(\mathbf{r}) &= \sum_{p=1}^{N}\int \mathrm{d}^3r'\,\left|\varphi_p(\mathbf{r}')\right|^2\,W_2(\mathbf{r},\mathbf{r}') \\ V^{\text{ex}}(\mathbf{r},\mathbf{r}') &= \sum_{p=1}^{N}\varphi_p^*(\mathbf{r}')\,\varphi_p(\mathbf{r})W_2(\mathbf{r},\mathbf{r}') \end{aligned}} \tag{46}$$

Man bemerke, dass sich in Gl. (45) die Terme $p = n$ gegenseitig wegheben. Wir können sie also in den beiden Potentialen weglassen, ohne das Endergebnis zu ändern.

5 Die Abkürzung ex geht auf das im Englischen verwendete Wort *exchange* zurück.

Das Hartree-Potential $V^{\text{dir}}(\mathbf{r})$ kann man anschaulich einfach verstehen. Ohne den Term $p = n$ entspricht es der Wechselwirkung eines Teilchens am Ort $\mathbf{r}$ mit allen anderen an den Orten $\mathbf{r}'$, gewichtet mit ihren jeweiligen Dichteverteilungen $|\varphi_p(\mathbf{r}')|^2$. Trotz seines Namens ist das Austauschpotential $V^{\text{ex}}(\mathbf{r}, \mathbf{r}')$ genau genommen kein Potential. Es ist in der Ortsdarstellung nicht diagonal, selbst wenn es seinem Ursprung nach von einer Wechselwirkung herstammt, die diagonal im Ort ist.* Seine ungewöhnliche, nichtdiagonale Struktur entsteht aus der Verbindung der antisymmetrischen Wellenfunktion mit der Form des gewählten Variationsansatzes. Die physikalische Dimension des Austauschpotentials ist eine Energie pro Volumen.† Das Austauschintegral in Gl. (45) ist freilich ein hermitescher Operator. Davon kann man sich leicht überzeugen, weil nämlich das Ausgangspotential $W_2(\mathbf{r}, \mathbf{r}')$ reell und symmetrisch in $\mathbf{r}$ und $\mathbf{r}'$ ist.

Manchmal wird eine vereinfachte und intuitivere Version der Hartree-Gleichungen verwendet, die auf Hartree zurückgeht: Man lässt das Austauschpotential in Gl. (45) weg. Ohne den Integralterm haben diese Gleichungen dann dieselbe Struktur wie unabhängige Einteilchen-Schrödinger-Gleichungen: Jedes Teilchen bewegt sich in dem mittleren Potential, das die anderen erzeugen [falls man den Term $p = n$ im direkten Potential V^{dir} in Gl. (46) weglässt]. Im Prinzip muss die Genauigkeit der Rechnung aber steigen, wenn man den Fock-Term berücksichtigt.

Setzt man beide Ausdrücke (46) in die Hartree-Fock-Gleichungen ein, dann liegt mit Gl. (45) ein System von N gekoppelten Gleichungen vor. Dieses ist nichtlinear, weil das direkte und das Austauschpotential selbst von allen Wellenfunktionen $\{\varphi_n(\mathbf{r})\}$ abhängen. Obwohl sie wie lineare Eigenwertgleichungen für die Eigenfunktionen $\varphi_n(\mathbf{r})$ aussehen, kann man sie nicht mit den üblichen Methoden für lineare Gleichungen lösen, weil man für die Potentiale (46) die Lösungen bereits im Voraus kennen müsste. Man benutzt im Allgemeinen den Begriff *selbstkonsistent*[6], um diese Lage der Dinge und auch die Wellenfunktionen $\varphi_n(\mathbf{r})$ selbst zu beschreiben, die man schließlich erhält.

Es gibt keine allgemeine analytische Methode, mit der man ein derartiges selbstkonsistentes, nichtlineares Gleichungssystem lösen könnte, selbst in der vereinfachten Version von Hartree. Es werden also häufig numerische Näherungsverfahren verwendet, die iterativ vorgehen. Im ersten Schritt wird ein Satz von Funktionen $\{\varphi_n^{(0)}(\mathbf{r})\}$ verwendet, die bereits plausibel scheinen, und man berechnet mit ihrer Hilfe aus Gl. (46) die dazugehörigen Potentiale. Diese sind nun gegeben, und man kann

6 Im Englischen begegnet einem häufig der Ausdruck *self-consistent*.

* Anm. d. Ü.: Damit ist gemeint, dass die Wechselwirkungsenergie nur von den Positionsoperatoren des Teilchenpaares abhängt, s. Gl. (7).

† Anm. d. Ü.: Weil es ein sogenannter Integralkern ist.

Gl. (45) als ein lineares Eigenwertproblem lösen. Dies stellt keine größeren numerischen Herausforderungen, weil man es mit Gleichungen in einem dreidimensionalen Raum zu tun hat (statt in einem $3N$-dimensionalen Raum). Die Diagonalisierung des hermitischen Operators führt also auf einen neuen Satz von orthonormierten Funktionen, sagen wir $\{\varphi_n^{(1)}(\mathbf{r})\}$, und Eigenwerten $\{\tilde{e}_n^{(1)}\}$. In der zweiten Iteration nimmt man diese Funktionen, berechnet daraus die Potentiale und erhält neue lineare Differentialgleichungen. Deren Lösung führt auf Eigenfunktionen $\varphi_n^{(2)}(\mathbf{r})$ und Eigenwerte $\tilde{e}_n^{(2)}$ usw. Nach einigen Iterationen darf man hoffen, dass die $\{\varphi_n^{(i)}(\mathbf{r})\}$ und $\{\tilde{e}_n^{(i)}\}$ sich nicht mehr signifikant mit dem Iterationsindex i ändern. Dann betrachtet man diese als eine gute Näherung an die Lösungen der Hartree-Fock-Gleichungen. Aus Gl. (44) wird dann schließlich die gesuchte (Grundzustands-)Energie berechnet. Es kommt auch vor, dass aus physikalischen Gründen bereits der Ansatz $\{\varphi_n^{(0)}(\mathbf{r})\}$ eine gute Näherung an die Wellenfunktionen ist. Dann kann man diesen ohne eine Iteration in Gl. (44) einsetzen und die Energie erhalten.

Bemerkungen:

1. Es gibt keine Garantie dafür, dass die Hartree-Fock-Gleichungen eine eindeutige Lösung besitzen. In dem beschriebenen iterativen Verfahren kann es vorkommen, dass man auf verschiedene Lösungen kommt, je nachdem welche Wellenfunktionen $\{\varphi_n^{(0)}(\mathbf{r})\}$ zu Beginn gewählt werden. Diese Mehrdeutigkeit der Lösungen macht die Methode aber gerade interessant, weil man mit ihrer Hilfe nicht nur den Grundzustand, sondern auch angeregte Zustände finden kann.

2. Wir werden in § 2 sehen, dass es nicht wirklich kompliziert ist, den Spin der Elektronen in den Hartree-Fock-Gleichungen zu berücksichtigen. Man nimmt im Allgemeinen an, dass das Einteilchenpotential diagonal in einer Basis $|+\rangle$ und $-\rangle$ von Spinzuständen ist und dass die Wechselwirkung nicht auf die Spins wirkt. Dann reicht es aus, die Gleichungen in zwei Sätze von jeweils N_+ und N_- Gleichungen zu zerlegen: N_+ Wellenfunktionen $\{\varphi_n^+(\mathbf{r})\}$ beschreiben die Teilchen im Spinzustand $|+\rangle$, und N_- Wellenfunktionen $\{\varphi_n^-(\mathbf{r})\}$ die im anderen Spinzustand. Die beiden Sätze von Gleichungen sind nicht unabhängig, denn sie enthalten dasselbe direkte Potential, das man aus Gl. (46) erhält, indem man die p-Summe über alle $N = N_+ + N_-$ Wellenfunktionen ausführt. Für den Austauschterm gibt es diese Kopplung zwischen den Spinzuständen nicht: In der zweiten Zeile von Gl. (46) läuft der Index p nur über Wellenfunktionen mit derselben Spinquantenzahl. Der physikalische Grund dafür liegt darin, dass Fermionen mit entgegengesetzten Spinquantenzahlen an genau diesen unterschieden werden können und deswegen nicht wie ununterscheidbare Teilchen dem Pauli-Prinzip unterworfen sind. (Hier nehmen wir an, dass die Wechselwirkungen nicht auf die Spins wirken.) Die Austauschwechselwirkung macht sich also nur zwischen Teilchen im selben Spinzustand bemerkbar.

2 Verallgemeinerung: Operatorwertige Variationsrechnung

Wir stellen hier die Hartree-Fock-Methode in einer allgemeineren Form vor, die mit Hilfe einer Operatorformulierung kompaktere Beziehungen erzielt und dabei auch den Spin der Teilchen deutlicher sichtbar berücksichtigt. Es ist ja weithin bekannt, dass der Elektronenspin eine entscheidende Rolle für den Aufbau der Atome spielt. Wir werden das mathematische Objekt, um das es in dieser Variationsrechnung geht, genauer fassen können. Es handelt sich dabei um einen Projektor, und dieser ist nichts anderes als der Einteilchen-Dichteoperator, der in Kapitel XV, § B-4 definiert wurde. Diese Formulierung führt uns auf Beziehungen, die kompakter und allgemeiner als die bislang hergeleiteten Hartree-Fock-Gleichungen sind. Sie bringt einen Hartree-Fock-Operator ins Spiel, der in einem Einteilchen-Zustandsraum wirkt, so als ob es sich um ein einzelnes Teilchen handelte. Der Operator enthält allerdings ein über eine partielle Spur definiertes Potential, das die Wechselwirkung mit den anderen Teilchen im Sinne der Molekularfeldnäherung ausdrückt. Er ist insofern nützlich, weil er eine Näherung an die Energie des Gesamtsystems liefert, in die nur Einteilchenenergie eingehen; diese kann man genauso wie in einem Einteilchenproblem als Energieeigenwerte in einem mittleren Potential ausrechnen. Mit diesem Zugang können wir besser verstehen, in welcher Weise das Molekularfeld eine Näherung für die Wechselwirkung zwischen allen Teilchen ist. Außerdem liefert er den Ausgangspunkt für genauere Näherungsverfahren.

Wir beginnen wie in § 1 mit dem folgenden Variationsansatz für den N-Teilchen-Zustandsvektor $|\widetilde{\Psi}\rangle$

$$|\widetilde{\Psi}\rangle = a^\dagger_{\theta_1} a^\dagger_{\theta_2} \ldots a^\dagger_{\theta_N} |0\rangle \tag{47}$$

Dieser Ket wird von N orthonormierten Einteilchen-Kets $|\theta_i\rangle$ erzeugt. Allerdings können diese jetzt auch Teilchen mit einem Spin beschreiben. Wir betrachten die orthonormale Basis $\{|\theta_k\rangle\}$ des Einteilchen-Zustandsraums, die den Satz $|\theta_i\rangle$ $(i = 1, 2, \ldots, N)$ von besetzten Zuständen mit weiteren orthonormierten Zuständen vervollständigt. Sei P_N der Projektor auf den Unterraum $\mathscr{F}_N$ der besetzten Zustände, also die Summe der Projektoren auf die N ersten Zustände $|\theta_i\rangle$:

$$P_N = \sum_{i=1}^{N} |\theta_i\rangle \langle\theta_i| \tag{48}$$

Nun ist dieser Operator gerade der Einteilchen-Dichteoperator, den wir in Kapitel XV, § B-4 eingeführt hatten. (Seine Spur ist auf die Teilchenzahl N und nicht auf eins normiert.) In der Tat liefert uns Gl. (B-24) aus dem genannten Kapitel diesen Einteilchen-Dichteoperator, dargestellt in der Basis der $|\theta_k\rangle$-Zustände:

$$\langle\theta_l| \widehat{\rho}_1 |\theta_k\rangle = \langle a^\dagger_k a_l \rangle \tag{49}$$

Der Erwartungswert $\langle a^\dagger_k a_l\rangle$ ist in dem Zustand (47) zu nehmen. Aber für einen derartigen Fock-Zustand verschwindet der Mittelwert nur dann nicht, wenn der Erzeugungsoperator $a_k^\dagger$ genau die von a_l vernichtete Besetzung wiederherstellt. Es muss also $k = l$ gelten, und in diesem Fall ergibt der Mittelwert die Besetzung n_k des Einteilchenzustands $|\theta_k\rangle$. Nun sind in dem Variationsansatz in Gl. (47) alle Besetzungen null, bis auf die der ersten Zustände $|\theta_i\rangle$ mit $i = 1, 2, \ldots, N$. Diese sind genau einmal besetzt. Deswegen wird der Einteilchen-Dichteoperator durch eine Matrix dargestellt, die in der Basis der $\{|\theta_k\rangle\}$ diagonal ist. Die ersten N Elemente auf der Diagonalen sind eins, alle weiteren sind null. Diese Matrix ist genau die, die den Projektor P_N darstellt. Wir können also schreiben

$$\widehat{\rho}_1 = P_N \tag{50}$$

Wir werden sehen, dass die Mittelwerte, die man für die Variation der Energie benötigt, in einfacher Weise durch diesen Operator ausgedrückt werden können.

2-a Mittlere Energie

Wir berechnen nun die einzelnen Terme, aus denen sich der Mittelwert der Energie zusammensetzt, und beginnen mit den Einteilchenoperatoren.

α Kinetische Energie und äußeres Potential

Den Mittelwert der kinetischen Energie $\langle \widehat{H}_0 \rangle$ erhalten wir aus Gl. (B-12) in Kapitel XV:

$$\langle \widehat{H}_0 \rangle = \sum_{k,l} \langle \theta_k | \frac{\mathbf{P}^2}{2m} | \theta_l \rangle \langle a_k^\dagger a_l \rangle \tag{51}$$

Die gleiche Überlegung, die wir eben für die Matrixelemente (49) von $\widehat{\rho}_1$ angestellt haben, zeigt uns, dass in dem Zustand (47) der Mittelwert $\langle a_k^\dagger a_l \rangle$ nur für $k = l$ ungleich null ist; und in diesem Fall ist er gleich eins für $k \leq N$ und sonst null. So ergibt sich

$$\langle \widehat{H}_0 \rangle = \sum_{i=1}^{N} \langle \theta_i | \frac{\mathbf{P}^2}{2m} | \theta_i \rangle = \mathrm{Tr}_1 \left\{ P_N \frac{\mathbf{P}^2}{2m} \right\} \tag{52}$$

Wir haben der Spur den Index 1 gegeben, um klarzumachen, dass sie im Hilbert-Raum der Einteilchenzustände und nicht im Fock-Raum zu nehmen ist. Die beiden Operatoren unter der Spur wirken nur auf ein Teilchen, dem wir eine beliebige Nummer geben können – schließlich spielen sie alle dieselbe Rolle. Die potentielle Energie aufgrund eines äußeren Potentials wird in exakt gleicher Weise berechnet und führt auf

$$\langle \widehat{V}_{\text{ext}} \rangle = \sum_{i=1}^{N} \langle \theta_i | V_1 | \theta_i \rangle = \mathrm{Tr}_1 \{ P_N V_1 \} \tag{53}$$

β Mittlere Wechselwirkung. Hartree-Fock-Operator

Um den Mittelwert der Wechselwirkungsenergie $\widehat{W}_{\text{int}}$ zu berechnen, beginnen wir mit dem allgemeinen Ausdruck (C-16) aus Kapitel XV für einen Zweiteilchenoperator:[7]

$$\langle \widehat{W}_{\text{int}} \rangle = \frac{1}{2} \sum_{i,j,k,l} \langle 1:\theta_i; 2:\theta_j | \, W_2(1,2) | 1:\theta_k; 2:\theta_l \rangle \langle a_i^\dagger a_j^\dagger a_l a_k \rangle \tag{54}$$

Damit der Mittelwert von $a_i^\dagger a_j^\dagger a_l a_k$ in dem Fock-Zustand $|\widetilde{\Psi}\rangle$ nicht verschwindet, darf dieser Operator die Besetzungen der Einteilchenzustände $|\theta_i\rangle$ und $|\theta_j\rangle$ nicht ändern. Wie in Kapitel XV, § C-5-b gezeigt, gibt es dafür zwei Möglichkeiten: entweder $(i,j) = (k,l)$ (direkter Term) oder $(i,j) = (l,k)$ (Austauschterm). Indem man die Operatoren geeignet (anti-)kommutiert, erhält man

$$\begin{aligned} \langle a_i^\dagger a_j^\dagger a_l a_k \rangle &= \delta_{ik}\, \delta_{jl} \, \langle a_i^\dagger a_j^\dagger a_j a_i \rangle + \delta_{il}\, \delta_{jk} \, \langle a_i^\dagger a_j^\dagger a_i a_j \rangle \\ &= [\delta_{ik}\, \delta_{jl} - \delta_{il}\, \delta_{jk}] \, n_i n_j \end{aligned} \tag{55}$$

wobei n_i und n_j jeweils die Besetzungen der Zustände $|\theta_i\rangle$ und $|\theta_j\rangle$ sind. Nun sind diese Besetzungen nur dann ungleich null, wenn i und j zwischen 1 und N liegen – und dann sind sie genau eins. (Wir beobachten auch, dass der Ausdruck (55) im Fall $i = j$ verschwindet.) Schließlich erhalten wir so

$$\begin{aligned} \langle \widehat{W}_{\text{int}} \rangle = \frac{1}{2} \sum_{i \neq j}^{N} \big[& \langle 1:\theta_i; 2:\theta_j | \, W_2(1,2) \, | 1:\theta_i; 2:\theta_j \rangle \\ & - \langle 1:\theta_i; 2:\theta_j | \, W_2(1,2) \, | 1:\theta_j; 2:\theta_i \rangle \big] \end{aligned} \tag{56}$$

(Die Indizes 1 und 2 bezeichnen hier zwei beliebige (verschiedene) Teilchen, die man auch mit q und q' nummerieren könnte.) Man kann die Einschränkung $i \neq j$ auch weglassen, weil der entsprechende Summand auf der rechten Seite identisch null ist. Daraus folgt

$$\langle \widehat{W}_{\text{int}} \rangle = \frac{1}{2} \sum_{i,j=1}^{N} \langle 1:\theta_i; 2:\theta_j | \, W_2(1,2) \, [1 - P_{\text{ex}}(1,2)] \, | 1:\theta_i; 2:\theta_j \rangle \tag{57}$$

wobei $P_{\text{ex}}(1,2)$ den Austauschoperator (engl.: *exchange operator*) der Teilchen 1 und 2 bezeichnet (also die Transposition, die ihre Plätze vertauscht).

Wir können dieses Ergebnis auf eine Form bringen, die ähnlich wie in Gl. (53) ein *Hartree-Fock-Potential* W_{HF} enthält, das analog zu einem äußeren Potential in dem Zustandsraum von Teilchen 1 wirkt. Dieser Potentialoperator wird durch folgende Matrixelemente definiert:

$$\langle \theta_i | \, W_{\text{HF}}(1) \, | \theta_k \rangle = \sum_{j=1}^{N} \langle 1:\theta_i; 2:\theta_j | \, W_2(1,2) \, [1 - P_{\text{ex}}(1,2)] \, | 1:\theta_k; 2:\theta_j \rangle \tag{58}$$

---

7 Wie in der voranstehenden Ergänzung vereinfachen wir die Notation, indem wir $W_2(1,2)$ statt $W_2(\mathbf{R}_1, \mathbf{R}_2)$ schreiben.

Er ist hermitesch, denn

$$\begin{aligned}\langle\theta_k|\, W_{\mathrm{HF}}(1)\,|\theta_i\rangle &= \sum_{j=1}^{N} \langle 1:\theta_k; 2:\theta_j|\, W_2(1,2)\,[1-P_{\mathrm{ex}}(1,2)]\,|1:\theta_i; 2:\theta_j\rangle \\ &= \sum_{j=1}^{N} \langle 1:\theta_i; 2:\theta_j|\,[1-P_{\mathrm{ex}}(1,2)]\, W_2(1,2)\,|1:\theta_k; 2:\theta_j\rangle^* \\ &= \langle\theta_i|\, W_{\mathrm{HF}}(1)\,|\theta_k\rangle^* \end{aligned} \tag{59}$$

wobei wir in der zweiten und dritten Zeile benutzt haben, dass beide Operatoren P_{ex} und W_2 hermitesch sind und miteinander vertauschen. Außerdem erkennen wir in Gl. (58) eine partielle Spur über das Teilchen 2 wieder (s. Ergänzung $\mathrm{E_{III}}$, § 5-b), so dass gilt

$$\boxed{W_{\mathrm{HF}}(1) = \mathrm{Tr}_2\,\{P_N(2)\, W_2(1,2)\,[1-P_{\mathrm{ex}}(1,2)]\}} \tag{60}$$

Der Projektor P_N unter der Spur begrenzt die Summation auf die N ersten (besetzten) Basiszustände, so wie in Gl. (57). Der Einteilchenoperator $W_{\mathrm{HF}}(1)$ entsteht also aus einem Produkt von Zweiteilchenoperatoren, in dem das zweite Teilchen (willkürlich als 2 notiert) „ausgespurt" wird.

In der Wechselwirkungsenergie (57) haben wir damit die Summe über j berücksichtigt. Die Summe über i können wir auch als eine Spur über das übriggebliebene Teilchen 1 auffassen, so dass man

$$\langle \widehat{W}_{\mathrm{int}} \rangle = \frac{1}{2}\,\mathrm{Tr}_1\,\{P_N(1) W_{\mathrm{HF}}(1)\} \tag{61}$$

erhält. Dieser Mittelwert hängt von dem Unterraum $\mathscr{F}_N$ ab, den wir über den Variationsansatz $|\widetilde{\Psi}\rangle$ gewählt hatten, und zwar auf zwei Arten: in expliziter Weise durch den Projektor $P_N(1)$ [wie oben schon in den Gleichungen (52) und (53)] und implizit durch das Hartree-Fock-Potential $W_{\mathrm{HF}}(1)$ [s. Gl. (60)].

γ Rolle des Einteilchen-Dichteoperators

Alle benötigen Mittelwerte kann man also durch den Projektor P_N auf den Unterraum $\mathscr{F}_N$ ausdrücken, der im Raum der Einteilchenzustände von den N Zuständen $|\theta_1\rangle$, $|\theta_2\rangle$, … $|\theta_N\rangle$ erzeugt wird. Dieser Projektor ist wegen Gl. (50) äquivalent zum reduzierten Einteilchen-Dichteoperator $\widehat{\rho}_1$ und ist damit eigentlich die Größe, die in der Variationsrechnung zum Minimieren der Energie verwendet wird. Der Satz der besetzten Einteilchenzustände enthält im Grunde zu viele Freiheitsgrade. Der Projektor P_N wird nämlich durch bestimmte Variationen in diesem Satz nicht geändert, so dass diese für die Optimierung irrelevant sind.

Außerdem enthält der Projektor P_N dieselbe Information wie der Ket $|\widetilde{\Psi}\rangle$. Unser Ansatz für den N-Teilchen-Zustand aus Gl. (1) hängt nämlich nicht von der Basis ab, die man in dem Unterraum $\mathscr{F}_N$ wählt. Wenn man von einer anderen orthonormierten Basis in diesem Unterraum ausgeht, etwa $\{|u_j\rangle\}$, und in Gl. (1) statt der Erzeuger $a^\dagger_{\theta_i}$ die Operatoren $a^\dagger_{u_j}$ verwendet, dann ändert sich der Ket $|\widetilde{\Psi}\rangle$ höchstens um einen Phasenfaktor.* Wie wir in Kapitel XV, § A-6 gesehen haben, sind die Operatoren $a^\dagger_{u_j}$ Linearkombinationen der $a^\dagger_{\theta_i}$. Das Produkt von allen $a^\dagger_{u_j}$ ($j = 1, 2, \ldots, N$) enthält alle möglichen Produkte der N Operatoren $a^\dagger_{\theta_i}$. Wegen Gl. (A-43) aus Kapitel XV verschwinden aber die Quadrate aller Erzeugungsoperatoren, übrig bleiben nur solche Produkte, in denen jeder der N Operatoren $a^\dagger_{\theta_i}$ genau einmal auftritt. Jedes dieser Produkte erzeugt bis auf ein Vorzeichen den Ket $|\widetilde{\Psi}\rangle$, den wir aus den $a^\dagger_{\theta_i}$ konstruiert haben: Ihre Summe ist also auch zum Zustand $|\widetilde{\Psi}\rangle$ proportional. Die Definition (1) unseres Variationsansatzes garantiert aber einen normierten Zustand: Die beiden N-Teilchen-Kets können sich also höchstens um einen Phasenfaktor unterscheiden und sind deswegen physikalisch äquivalent. Im Projektor $P_N = \widehat{\rho}_1$ ist damit die relevante Information aus $|\widetilde{\Psi}\rangle$ am besten zusammengefasst.

2-b Optimierung des Einteilchen-Dichteoperators

Wir führen jetzt die Variation von $P_N = \widehat{\rho}_1$ aus, um das Minimum der Gesamtenergie zu finden:

$$\widetilde{E} = \langle H_0\rangle + \langle V_1\rangle + \langle \widehat{W}_{\text{int}}\rangle = \text{Tr}_1\left\{P_N\left[\frac{\mathbf{P}^2}{2m} + V_1 + \frac{1}{2}W_{\text{HF}}\right]\right\} \tag{62}$$

Dazu betrachten wir eine infinitesimale Änderung

$$P_N \quad\mapsto\quad P_N + \delta P_N \tag{63}$$

und erhalten folgende Änderungen in den Mittelwerten der Einteilchenenergien:

$$\delta\langle H_0\rangle + \delta\langle V_1\rangle = \text{Tr}_1\left\{\delta P_N\left[\frac{\mathbf{P}^2}{2m} + V_1\right]\right\} \tag{64}$$

In der Wechselwirkungsenergie ergeben sich zwei Terme:

$$\delta\langle \widehat{W}_{\text{int}}\rangle = \frac{1}{2}\,\text{Tr}_1\left\{\delta P_N W_{\text{HF}}\right\} + \frac{1}{2}\,\text{Tr}_1\left\{P_N \delta W_{\text{HF}}\right\} \tag{65}$$

---

* Anm. d. Ü.: Die folgende Überlegung ähnelt nicht von ungefähr der Fußnote auf S. 1695, wo es um die Slater-Determinante ging. Ein Produkt von N fermionischen Erzeugern verschwindet nur dann nicht, wenn es durch eine Permutation aus der Standardreihenfolge der Basisvektoren hervorgeht (wegen des Pauli-Prinzips). In der Bemerkung zu Gl. (A-18) aus Kapitel XV hatten wir festgehalten, dass als relativer Faktor die Parität der Permutation entsteht, wenn man die Erzeuger in die Standardreihenfolge umordnet. Die Summe über die im Text beschriebenen Terme liefert somit die Determinante der Basistransformation im Zustandsraum. Dies liefert den erwähnten Phasenfaktor, denn solche Basistransformationen sind unitär.

die allerdings gleich sind. Es gilt nämlich*

$$\mathrm{Tr}_1\,\{P_N(1)\delta W_{\mathrm{HF}}(1)\} = \mathrm{Tr}_{1,2}\left\{P_N(1)\delta P_N(2)\widehat{W}_2(1,2)\,[1 - P_{\mathrm{ex}}(1,2)]\right\} \tag{66}$$

und auf der rechten Seite erkennen wir eine Spur über das Teilchen 2 wieder:

$$\mathrm{Tr}_2\,\{\delta P_N(2) W_{\mathrm{HF}}(2)\} \tag{67}$$

Da die Teilchen beliebig mit Nummern 1 oder 2 bezeichnet werden können, hängt der Wert der Spur nicht davon ab, und wir erhalten den ersten Term in Gl. (65). Zusammengefasst ist die Variation der Energie damit

$$\delta\widetilde{E} = \mathrm{Tr}_1\left\{\left[\frac{\mathbf{P}^2}{2m} + V_1 + W_{\mathrm{HF}}\right]\delta P_N\right\} \tag{68}$$

Für die Variation von P_N greifen wir einen Basisvektor $|\theta_k\rangle$ aus den besetzten Basiszuständen heraus und nehmen folgende Veränderung vor:

$$|\theta_k\rangle \quad \mapsto \quad |\theta_k\rangle + \mathrm{e}^{\mathrm{i}\chi}\,|\delta\theta\rangle \tag{69}$$

Dabei ist $|\delta\theta\rangle$ ein beliebiger infinitesimaler Ket aus dem Raum der Einteilchenzustände und χ eine beliebige Phase. Außer $|\theta_k\rangle$ bleiben alle anderen Zustände unverändert. Die Variation von P_N ist also

$$\delta P_N = \mathrm{e}^{\mathrm{i}\chi}\,|\delta\theta\rangle\,\langle\theta_k| + \mathrm{e}^{-\mathrm{i}\chi}\,|\theta_k\rangle\,\langle\delta\theta| \tag{70}$$

Wir nehmen nun an, dass der Vektor $|\delta\theta\rangle$ orthogonal zu allen Vektoren $|\theta_i\rangle$ ist; er liegt also nicht im Unterraum $\mathscr{F}_N$, denn sonst würde sich weder $\mathscr{F}_N$ noch der Projektor P_N ändern. Anders ausgedrückt:

$$P_N\,|\delta\theta\rangle = 0 \tag{71}$$

Daraus folgt insbesondere, dass die Norm von $|\theta_k\rangle$ in der ersten Ordnung der Variation konstant bleibt.[8] Einsetzen von Gl. (70) in Gl. (68) ergibt

$$\begin{aligned}\delta\widetilde{E} = {} & \mathrm{e}^{\mathrm{i}\chi}\,\mathrm{Tr}_1\left\{\left[\frac{\mathbf{P}^2}{2m} + V_1 + W_{\mathrm{HF}}\right]|\delta\theta\rangle\,\langle\theta_k|\right\} \\ & + \mathrm{e}^{-\mathrm{i}\chi}\,\mathrm{Tr}_1\left\{\left[\frac{\mathbf{P}^2}{2m} + V_1 + W_{\mathrm{HF}}\right]|\theta_k\rangle\,\langle\delta\theta|\right\}\end{aligned} \tag{72}$$

8 Weil $|\delta\theta\rangle$ orthogonal zu allen Linearkombinationen der Vektoren $|\theta_i\rangle$ ist [Gl. (71)], ergibt sich für die Norm $(\langle\theta_k| + \langle\delta\theta|)(|\theta_k\rangle + |\delta\theta\rangle) = \langle\theta_k|\theta_k\rangle + \langle\delta\theta|\delta\theta\rangle = 1 +$ Terme zweiter Ordnung.

* Anm. d. Ü.: Die Operatoren $P_N(1)$ und $\delta P_N(2)$ vertauschen miteinander, weil sie jeweils auf verschiedene Zustandsräume wirken. Führt man in Gl. (66) rechts die Spur über Teilchen 1 aus, entsteht $W_{\mathrm{HF}}(2)$, s. Gl. (60).

Ein Minimum der Energie ist erreicht, wenn dieser Ausdruck für jede Variation verschwindet, inbesondere für jede Wahl von χ. Nun kann aber eine Linearkombination von zwei e-Funktionen $e^{i\chi}$ und $e^{-i\chi}$ nur dann verschwinden, wenn ihre Koeffizienten beide null sind. Aus $\delta\widetilde{E} = 0$ folgt also, dass in Gl. (72) beide Terme null sind. Aus dem ersten erhält man

$$0 = \text{Tr}_1 \left\{ \left[\frac{\mathbf{P}^2}{2m} + V_1 + W_{\text{HF}} \right] |\theta_k\rangle \langle\delta\theta| \right\} = \langle\delta\theta| \left[\frac{\mathbf{P}^2}{2m} + V_1 + W_{\text{HF}} \right] |\theta_k\rangle \tag{73}$$

Wir führen schließlich den Hartree-Fock-Operator (definiert auf dem Raum der Einteilchenzustände, d. Ü.) ein:

$$\boxed{H_{\text{HF}} = \frac{\mathbf{P}^2}{2m} + V_1 + W_{\text{HF}}} \tag{74}$$

Weil die Beziehung (73) für alle $|\delta\theta\rangle$ orthogonal zum Unterraum $\mathscr{F}_N$ erfüllt sein muss, dürfen wir schließen, dass der Ket $H_{\text{HF}}|\theta_k\rangle$ in $\mathscr{F}_N$ liegt. Die Bedingung für das Minimum der Gesamtenergie ist also

$$H_{\text{HF}}\,|\theta_k\rangle \in \mathscr{F}_N \tag{75}$$

Nun war der Zustand $|\theta_k\rangle$ unter den besetzten Zuständen $|\theta_1\rangle, |\theta_2\rangle, \ldots, |\theta_N\rangle$ beliebig gewählt. Die Gleichung (75) bedeutet damit, dass der Unterraum $\mathscr{F}_N$ unter der Wirkung des in Gl. (74) definierten Operators H_{HF} invariant ist.*

2-c Molekularfeldoperator

Betrachten wir nun die Einschränkung von H_{HF} auf diesen Unterraum:

$$\overline{H}_{\text{HF}} = P_N(1) \left[\frac{\mathbf{P}^2}{2m} + V_1(1) + W_{\text{HF}}(1) \right] P_N(1) \tag{76}$$

Dies ist ein linearer und hermitescher Operator und kann damit in dem Raum $\mathscr{F}_N$, den die N Kets $|\theta_i\rangle$ $(i = 1, \ldots, N)$ erzeugen, diagonalisiert werden. Seien $|\varphi_n\rangle$ seine Eigenvektoren $(n = 1, 2, \ldots, N)$ und $\widetilde{e}_n$ die Eigenwerte. Aus Bedingung (75) entnehmen wir, dass die $|\varphi_n\rangle$ nicht nur Eigenvektoren der Einschränkung $\overline{H}_{\text{HF}}$, sondern auch des Operators H_{HF} selbst sind, der auf dem gesamten Einteilchen-Zustandsraum definiert ist (welcher größer als $\mathscr{F}_N$ ist). Wir haben also

$$\boxed{H_{\text{HF}}\,|\varphi_n\rangle = \widetilde{e}_n\,|\varphi_n\rangle} \tag{77}$$

* Anm. d. Ü.: Der Begriff *invarianter Unterraum* bedeutet *nicht*, dass ein beliebiger Vektor in $\mathscr{F}_N$ unter H_{HF} auf sich selbst abgebildet wird. Es wird lediglich gefordert, dass das Bild wiederum in dem Unterraum $\mathscr{F}_N$ liegt.

Gleichung (74) definiert den Operator H_{HF} unter Verwendung des Hartree-Fock-Potentials W_{HF} [Gl. (60)], das von dem Projektor P_N abhängt. Diesen können wir durch die Eigenvektoren $|\varphi_n\rangle$ in gleicher Weise wie durch die ursprünglichen Basisvektoren $|\theta_i\rangle$ ausdrücken [s. Gl. (48)]:*

$$P_N = \sum_{n=1}^{N} |\varphi_n\rangle \langle\varphi_n| \tag{78}$$

Gleichung (77), kombiniert mit W_{HF} [Gl. (60)] unter Verwendung von Gl. (78), bildet ein Gleichungssystem, aus dem man die $|\varphi_n\rangle$ in *selbstkonsistenter* Weise bestimmen kann, – die Hartree-Fock-Gleichungen. Ihre Operatorformulierung in Gl. (77) ist einfacher als die aus § 1-c, und bringt die Ähnlichkeit mit einem Eigenwertproblem für ein einzelnes Teilchen zum Vorschein. Dieses Teilchen bewegt sich in einem *äußeren Potential* $V_1 + W_{\text{HF}}$, dem Inbegriff eines selbstkonsistenten Molekularfelds (*mean field*). Man muss sich freilich dessen bewusst bleiben, dass dieses Molekularfeld von dem Satz der Zustände abhängt, die die Teilchen besetzen, und zwar über den Projektor (78), der in W_{HF} eingeht. Außerdem handelt es sich um eine Näherung (Variationsrechnung) und nicht um eine exakte Theorie.

Die Bemerkungen aus § 1-f sind hier wieder anzuwenden: Um die Hartree-Fock-Gleichungen zu lösen, müssen wir eine iteratives Näherungsverfahren verwenden. Sie sind ja nichtlinear, weil W_{HF} von den Eigenzuständen $|\varphi_n\rangle$ abhängt. Man beginnt mit einem Satz von N Einteilchenzuständen $\{|\varphi_n^0\rangle\}$ und konstruiert einen ersten Näherungswert von P_N und W_{HF}, woraus man den Hartree-Fock-Hamilton-Operator (74) erhält. Dieser wird nun als fester Operator betrachtet, so dass die Hartree-Fock-Gleichungen (77) als lineares Eigenwertproblem mit den üblichen Methoden gelöst werden können. Am Ende dieser ersten Iteration steht die nächste Näherung $\{|\varphi_n^1\rangle\}$ an die gesuchten Eigenzustände. Im zweiten Schritt wird aus diesen der Projektor P_N und ein neuer Wert des Molekularfeldoperators W_{HF} berechnet. Diesen festgehalten, löst man erneut das lineare Eigenwertproblem und erhält als zweite Iteration die Zustände $\{|\varphi_n^2\rangle\}$ usw. Ist der Anfangssatz $\{|\varphi_n^0\rangle\}$ physikalisch plausibel, dann darf man auf eine schnelle Konvergenz der Iteration gegen die gesuchten Lösungen $\{|\varphi_n\rangle\}$ der nichtlinearen Hartree-Fock-Gleichungen hoffen.

Das Variationsverfahren hat die Energie minimiert, deren Wert man mit derselben Methode wie in § 1-e berechnen kann. Wir multiplizieren Gleichung (77) von links mit dem Bra $\langle\varphi_n|$ und erhalten

$$\tilde{e}_n = \langle\varphi_n| \left[\frac{\mathbf{P}^2}{2m} + V_1 + W_{\text{HF}}\right] |\varphi_n\rangle \tag{79}$$

und nach Summation über n

$$\sum_{n=1}^{N} \tilde{e}_n = \sum_{n=1}^{N} \langle\varphi_n| \left[\frac{\mathbf{P}^2}{2m} + V_1 + W_{\text{HF}}\right] |\varphi_n\rangle = \text{Tr}_1 \left\{P_N(1) \left[\frac{\mathbf{P}^2}{2m} + V_1 + W_{\text{HF}}\right]\right\} \tag{80}$$

* Anm. d. Ü.: Beide Basen spannen denselben Unterraum $\mathscr{F}_N$ auf, und ihre Vollständigkeitsrelationen liefern denselben Projektor, nämlich P_N.

Unter Verwendung von Gl. (51), (53) und (61) ergibt sich

$$\sum_{n=1}^{N} \widetilde{e}_n = \langle H_0 \rangle_{\text{HF}} + \langle V_1 \rangle_{\text{HF}} + 2\langle \widehat{W}_{\text{int}} \rangle_{\text{HF}} \tag{81}$$

wo die Wechselwirkungsenergie zwischen den Teilchen zweimal gezählt ist. Um $\widetilde{E}$ zu erhalten, eliminiert man $\langle \widehat{W}_{\text{int}} \rangle$ aus Gl. (26) und dieser Beziehung und erhält

$$\widetilde{E} = \frac{1}{2} \left[\sum_{n=1}^{N} \widetilde{e}_n + \langle H_0 \rangle_{\text{HF}} + \langle V_1 \rangle_{\text{HF}} \right] \tag{82}$$

2-d Hartree-Fock-Gleichungen für Elektronen

Wir wenden uns nun fermionischen Teilchen mit Spin 1/2 zu, etwa einem System von Elektronen. Die Basis für die Einteilchenzustände aus § 1 wird dann auf die Kets $\{|\mathbf{r}, \nu\rangle\}$ ausgedehnt, wobei ν ein Spinindex mit den zwei Einstellungen $\nu = \pm 1/2$ oder einfacher $\nu = \pm$ ist. Alle Integrale über $\mathrm{d}^3 r$ müssen nun um eine Summation über die zwei Werte der Spinquantenzahl ν ergänzt werden. Ein Zustand $|\varphi\rangle$ im Raum der Einteilchenzustände wird folgendermaßen geschrieben:

$$|\varphi\rangle = \sum_{\nu=\pm} \int \mathrm{d}^3 r \, \varphi(\mathbf{r}, \nu) \, |\mathbf{r}, \nu\rangle \tag{83}$$

mit

$$\varphi(\mathbf{r}, \nu) = \langle \mathbf{r}, \nu | \varphi \rangle \tag{84}$$

Die Argumente $\mathbf{r}$ und ν dieser *Spinor-Wellenfunktion* (d. Ü.) spielen gleichwertige Rollen. Allerdings ist das erste Argument kontinuierlich und das zweite diskret, und dieser Unterschied könnte in der Schreibweise $(\mathbf{r}, \nu)$ übersehen werden. Deswegen werden wir oft die diskrete Spinquantenzahl als Index an die Wellenfunktion φ schreiben:

$$\varphi^{\nu}(\mathbf{r}) = \langle \mathbf{r}, \nu | \varphi \rangle \tag{85}$$

Wir konstruieren nun einen Variationsansatz für den N-Teilchen-Zustand $|\widetilde{\Psi}\rangle$ ausgehend von N orthonormierten Zuständen $|\varphi_n^{\nu_n}\rangle$ $(n = 1, 2, \ldots, N)$. Jeder dieser Zustände beschreibt einen Einteilchenzustand, ausgedrückt durch Spin- und Ortsvariablen. Man könnte etwa vereinbaren, dass die ersten N_+ Werte von ν_n $(n = 1, 2, \ldots, N_+)$ gleich $+1/2$ sind, die letzten N_- gleich $-1/2$, wobei $N_+ + N_- = N$ ist.

(Wir nehmen zunächst an, dass N_+ und N_- fest sind; man könnte sie aber genauso gut variieren, um den Variationsansatz weiter zu fassen.) In dem Raum der Einteilchenzustände führen wir eine vollständige Basis $\{|\varphi_k^{\nu_k}\rangle\}$ ein, in der die ersten N Zustände mit den Kets $|\varphi_n^{\nu_n}\rangle$ zusammenfallen, der Index k aber von 1 bis ∞ läuft.[9]

Wir nehmen zur Vereinfachung an, dass die Matrixelemente des äußeren Potentials V_1 diagonal in ν sind. Die beiden Diagonalelemente $V_1^{\pm}(\mathbf{r})$ dürfen verschieden sein: So kann man ein äußeres Magnetfeld berücksichtigen, das an die Spins koppelt. Die Wechselwirkung $W_2(1,2)$ zwischen zwei Teilchen sei unabhängig von den Spins und diagonal in der Ortsdarstellung der beiden Teilchen. Dies ist zum Beispiel der Fall für die Coulomb-Wechselwirkung zwischen Elektronen.* Der Hamilton-Operator kann damit keine Zustände koppeln, die sich in den Besetzungen N_+ und N_- der Spinzustände unterscheiden.

Untersuchen wir nun, wie die allgemeinen Hartree-Fock-Gleichungen in der $\{|\mathbf{r},\nu\rangle\}$-Darstellung aufzuschreiben sind. Die Wirkung der Operatoren der kinetischen und potentiellen Energie in dieser Darstellung ist wohlbekannt; es bleibt nur noch der Mittelwert des Hartree-Fock-Potentials W_{HF}. Wer erhalten seine Matrixelemente, indem wir die partielle Spur in Gleichung (60) bezüglich der Basis $\{|1:\mathbf{r},\nu;2:\varphi_k^{\nu_k}\rangle\}$ der Zweiteilchenzustände auswerten:

$$\langle\mathbf{r},\nu|W_{\mathrm{HF}}(1)|\mathbf{r}',\nu'\rangle = \sum_{k=1}^{\infty}\langle 1:\mathbf{r},\nu;2:\varphi_k^{\nu_k}|\left[\sum_{p=1}^{N}\left|2:\varphi_p^{\nu_p}\right\rangle\left\langle 2:\varphi_p^{\nu_p}\right|\right] + W_2(1,2)\,[1-P_{\mathrm{ex}}(1,2)]\,|1:\mathbf{r}',\nu';2:\varphi_k^{\nu_k}\rangle \tag{86}$$

Auf der rechten Seite entsteht das Skalarprodukt $\langle 2:\varphi_k^{\nu_k}|2:\varphi_p^{\nu_p}\rangle = \delta_{kp}$. Damit verschwindet die Summe über k und wir erhalten

$$\langle\mathbf{r},\nu|W_{\mathrm{HF}}(1)|\mathbf{r}',\nu'\rangle = \sum_{p=1}^{N}\left\langle 1:\mathbf{r},\nu;2:\varphi_p^{\nu_p}\right|W_2(1,2)\,[1-P_{\mathrm{ex}}(1,2)]\left|1:\mathbf{r}',\nu';2:\varphi_p^{\nu_p}\right\rangle \tag{87}$$

9 Bei k und n handelt es sich um *Multi-Indizes*, die sowohl das Orbital also auch den Spinzustand des Teilchens bezeichnen; ν ist kein unabhängiger Index, sondern durch den Wert von k bzw. n fixiert.

* Anm. d. Ü.: Mit diagonal ist *nicht* gemeint, dass die Wechselwirkung nur für $\mathbf{r}_1=\mathbf{r}_2$ auftritt, sondern dass sie in der Ortsdarstellung durch Multiplikation mit der Funktion $W_2(\mathbf{r}_1,\mathbf{r}_2)$ wirkt, s. Gl. (89) und Gl. (93).

1. *Direkter Term*
Sehen wir uns zunächst den direkten Term an (mit der 1 in der eckigen Klammer). Wir formen den Ket $|2:\varphi_p^{\nu_p}\rangle$ in die Orts-Spin-Darstellung um:

$$\left|2:\varphi_p^{\nu_p}\right\rangle = \int d^3r_2\, \varphi_p^{\nu_p}(\mathbf{r}_2)\,|2:\mathbf{r}_2,\nu_p\rangle \tag{88}$$

Weil der Wechselwirkungsoperator diagonal in der Ortsdarstellung angenommen wurde, dürfen wir schreiben

$$\begin{aligned} W_2(1,2)\left|1:\mathbf{r}',\nu';2:\varphi_p^{\nu_p}\right\rangle &= W_2(1,2)\int d^3r_2\, \varphi_p^{\nu_p}(\mathbf{r}_2)\left|1:\mathbf{r}',\nu';2:\mathbf{r}_2,\nu_p\right\rangle \\ &= \int d^3r_2\, \varphi_p^{\nu_p}(\mathbf{r}_2) W_2(\mathbf{r}',\mathbf{r}_2)\left|1:\mathbf{r}',\nu';2:\mathbf{r}_2,\nu_p\right\rangle \end{aligned} \tag{89}$$

Wir nehmen das Matrixelement und erhalten für den direkten Term aus Gl. (87)

$$\int d^3r_2 \sum_{p=1}^{N} W_2(\mathbf{r}',\mathbf{r}_2)\varphi_p^{\nu_p}(\mathbf{r}_2)\left\langle 1:\mathbf{r},\nu;2:\varphi_p^{\nu_p}\right| 1:\mathbf{r}',\nu';2:\mathbf{r}_2,\nu_p\rangle \tag{90}$$

Das Skalarprodukt zwischen dem Bra und dem Ket liefert $\delta_{\nu\nu'}\delta(\mathbf{r}-\mathbf{r}')[\varphi_p^{\nu_p}(\mathbf{r}_2)]^*$. Wir erhalten somit das Ergebnis*

$$\delta_{\nu\nu'}\delta(\mathbf{r}-\mathbf{r}')\int d^3r_2\, W_2(\mathbf{r},\mathbf{r}_2)\sum_{p=1}^{N}\left|\varphi_p^{\nu_p}(\mathbf{r}_2)\right|^2 = \delta_{\nu\nu'}\delta(\mathbf{r}-\mathbf{r}')V_{\text{dir}}(\mathbf{r}) \tag{91}$$

mit

$$V_{\text{dir}}(\mathbf{r}) = \sum_{p=1}^{N}\int d^3r'\, W_2(\mathbf{r},\mathbf{r}')\left|\varphi_p^{\nu_p}(\mathbf{r}')\right|^2 \tag{92}$$

Dieser Beitrag zum Molekularfeld (der Hartree-Term) ist also eine Summe über alle besetzten Zustände, unabhängig von deren Spinquantenzahlen; außerdem ist er unabhängig vom Spin.

2. *Austauschterm*
Es bleibt noch der Term, der aus dem Operator $P_{\text{ex}}(1,2)$ in der eckigen Klammer in Gl. (87) entsteht. Wir berechnen ihn, indem wir die beiden Operatoren $W_2(1,2)$ und $P_{\text{ex}}(1,2)$ vertauschen† und $P_{\text{ex}}(1,2)$ nach links auf den Bra wirken lassen, so dass die beiden Teilchen ausgetauscht werden. Inklusive des Minuszeichens vor dem Austauschoperator erhalten wir

$$-\int d^3r_2 \sum_{p=1}^{N} W_2(\mathbf{r}',\mathbf{r}_2)\varphi_p^{\nu_p}(\mathbf{r}_2)\left\langle 1:\varphi_p^{\nu_p};2:\mathbf{r},\nu\right| 1:\mathbf{r}',\nu';2:\mathbf{r}_2,\nu_p\rangle \tag{93}$$

---

* Anm. d. Ü.: Der direkte Term der Wechselwirkung liefert also ein in den Orts- und Spinvariablen diagonales Potential.

† Anm. d. Ü.: Die beiden Operatoren kommutieren, weil die Wechselwirkung $W_2(1,2)$ ein symmetrischer Zweiteilchenoperator ist (s. Kapitel XV, § C).

Es erscheint wieder ein Skalarprodukt, diesmal mit dem Wert $\delta_{\nu\nu_p}\delta_{\nu_p\nu'}\delta(\mathbf{r}-\mathbf{r}_2)$, so dass das d^3r_2-Integral trivial wird. Wir beobachten, dass dieser Term verschwindet, wenn sich die Spinindizes unterscheiden ($\nu \neq \nu'$), so dass wir einen Faktor $\delta_{\nu\nu'}$ erhalten. Wegen $W_2(\mathbf{r}',\mathbf{r}) = W_2(\mathbf{r},\mathbf{r}')$ bleibt schließlich übrig

$$-\delta_{\nu\nu'}\sum_{p,\nu_p=\nu} W_2(\mathbf{r},\mathbf{r}')\varphi_p^{\nu_p}(\mathbf{r})\left[\varphi_p^{\nu_p}(\mathbf{r}')\right]^* = -\delta_{\nu\nu'}V_{\mathrm{ex}}^{\nu}(\mathbf{r},\mathbf{r}') \tag{94}$$

Dabei erstreckt sich die Summe über alle Werte von p, für die $\nu_p = \nu$ gilt (sie läuft also in der oben erwähnten Zählkonvention je nach dem Wert von ν über die ersten N_+ oder die letzten N_- Werte von p). Das Austauschpotential V_{ex}^{ν} ist dabei durch

$$V_{\mathrm{ex}}^{\nu}(\mathbf{r},\mathbf{r}') = \sum_{p,\nu_p=\nu} W_2(\mathbf{r},\mathbf{r}')\left[\varphi_p^{\nu_p}(\mathbf{r}')\right]^*\varphi_p^{\nu_p}(\mathbf{r}) \tag{95}$$

definiert. Wegen des Faktors $\delta_{\nu\nu'}$ ist also auch der Austauschterm diagonal in den Spinquantenzahlen. Er unterscheidet sich trotzdem von dem direkten Term, und zwar aus zwei Gründen: Einerseits erstreckt sich die Summe über p nur über Zustände mit demselben Spin (deswegen kann das Austauschpotential vom Spin abhängen), andererseits ist er nichtdiagonal in dem Teilchenkoordinaten [s. Gl. (96) unten]. Der Austauschterm kann also nicht als ein gewöhnliches Potential aufgefasst werden (manchmal spricht man von einem *nichtlokalen Potential*, um dies zu unterstreichen).

Mit diesen Ergebnissen ausgerüstet, können wir nun die Gleichung (77) von links skalar mit $\langle\mathbf{r},\nu|$ multiplizieren und erhalten aus der Wechselwirkung W_{HF} drei Potentiale: den direkten Term $V_{\mathrm{dir}}(\mathbf{r})$ und für jede Spinquantenzahl $\nu = \pm$ eine Austauschwechselwirkung $V_{\mathrm{ex}}^{\nu}(\mathbf{r},\mathbf{r}')$. In der Ort-Spin-Darstellung $\{|\mathbf{r},\nu\rangle\}$ nimmt Gl. (77) schließlich folgende Form an:*

$$\boxed{\left[-\frac{\hbar^2}{2m}\nabla^2 + V_1^{\nu_n}(\mathbf{r}) + V_{\mathrm{dir}}(\mathbf{r})\right]\varphi_n^{\nu_n}(\mathbf{r}) - \int \mathrm{d}^3r'\, V_{\mathrm{ex}}^{\nu_n}(\mathbf{r},\mathbf{r}')\varphi_n^{\nu_n}(\mathbf{r}') = \tilde{e}_n\varphi_n^{\nu_n}(\mathbf{r})} \tag{96}$$

Auf diese Weise haben wir die Hartree-Fock-Gleichungen mit Spin in der Ortsdarstellung erhalten; sie werden in Physik und Quantenchemie oft verwendet. In den Wechselwirkungspotentialen $V_{\mathrm{dir}}(\mathbf{r})$ [Gl. (92)] und $V_{\mathrm{ex}}^{\nu_n}(\mathbf{r},\mathbf{r}')$ [Gl. (95)] ist es egal, ob man in den Summen den Term $p = n$ mitnimmt oder nicht [also die Kopplung an die gesuchte Eigenfunktion $\phi_n^{\nu_n}(\mathbf{r})$ selbst], denn die beiden Terme heben sich zwischen dem direkten und dem Austauschpotential gegenseitig weg.

* Anm. d. Ü.: Weil der Hartree-Fock-Operator W_{HF} verschiedene Spinquantenzahlen nicht koppelt, können wir der n-ten Eigenfunktion $\varphi_n^{\nu_n}(\mathbf{r})$ eine feste Spinquantenzahl zuordnen, die wir mit ν_n bezeichnen.

Die zwei Wechselwirkungspotentiale, der *Hartree-Term*, wie man das direkte Potential auch nennt, und der *Fock-Term* (das Austauschpotential) haben dieselbe physikalische Bedeutung, die in § 1-f diskutiert wurde. Der Hartree-Term enthält den Beitrag aller anderen Elektronen zum mittleren Feld (Molekularfeld), das ein Elektron „spürt". Die Austauschwechselwirkung dagegen entsteht nur zwischen Elektronen, die dieselbe Spinquantenzahl haben. Dafür gibt es eine einfache Deutung: Der Austauschterm entsteht nur dann, wenn zwei Teilchen vollständig ununterscheidbar sind. Befinden sie sich in zwei orthogonalen Spinzuständen, sind sie unterscheidbar und man kann im Prinzip stets wissen, welches das eine und welches das andere Teilchen ist (an dieser Stelle geht ein, dass die Wechselwirkung die Spinzustände nicht verändert oder koppelt). Der quantenmechanische Austauscheffekt verschwindet in diesem Fall. Wir haben bereits darauf hingewiesen, dass das Austauschpotential genau genommen kein Potential ist. Es ist nichtdiagonal in der Ortsdarstellung, obwohl es seinem Ursprung nach von einer Wechselwirkung zwischen den Teilchen herrührt, die diagonal in den Teilchenkoordinaten ist. Das Antisymmetriepostulat für Fermionen, zusammen mit dem gewählten Variationsansatz, führt auf diese besondere Form (eines Integraloperators, d. Ü.). Die Austauschwechselwirkung stellt trotzdem einen hermiteschen Operator dar. Davon kann man sich einfach überzeugen, indem man verwendet, dass die Zweiteilchen-Wechselwirkung $W_2(\mathbf{r}, \mathbf{r}')$ reell und symmetrisch in den Koordinaten $\mathbf{r}$ und $\mathbf{r}'$ ist.

2-e Diskussion

Die Hartree-Fock-Gleichungen werden wegen ihrer Nichtlinearität in der Regel mit einem iterativen Näherungsverfahren gelöst, wie in § 1-f skizziert. Es gibt freilich keinen Grund, warum dies auf eine eindeutige Lösung führen sollte,[10] im Gegenteil: Das Verfahren führt auf Lösungen, die von den Anfängszuständen der Iteration abhängen. In der Tat können die Gleichungen ein ganzes Spektrum an möglichen Energien für das System liefern. Bei Atomen werden in der Regel auf diese Weise der Grundzustand sowie angeregte Niveaus berechnet. Man kann so einigen wichtigen Begriffen aus der Atomphysik eine genauere Bedeutung geben: den elektronischen Orbitalen in einem Atom (s. Ergänzung E_{VII}), der Zentralfeldnäherung und den „Elektronenkonfigurationen" (s. Ergänzung B_{XIV}). Wir bemerken *en passant*, dass die Austauschenergie, die in der letztgenannten Ergänzung eingeführt wurde, ein Spezialfall des Austauschterms im Hartree-Fock-Potential ist. Es gibt natürlich weitere Systeme, in denen dieselben Konzepte Anwendung finden: Atomkerne (die Coulomb-Kraft wird hier durch die Wechselwirkung zwischen den Nukleonen ersetzt), Aggregate von Atomen (dort

10 Alle Lösungen liefern natürlich wegen des verwendeten Variationsprinzips eine obere Schranke für die Energie des Grundzustands.

hat das Zweiatompotential einen abstoßenden und einen anziehenden Anteil, s. Ergänzungen C_{XI} und G_{XI}) und viele weitere Systeme.

Hat man einmal eine Hartree-Fock-Lösung für ein komplexes System gefunden, muss man dort nicht stehen bleiben. Der so erhaltene Satz von Basisfunktionen ist Ausgangspunkt für genauere Rechnungen, die die Korrelationen zwischen den Teilchen berücksichtigen, z. B. mit Hilfe der Störungstheorie (s. Kapitel XI). In den Spektren von Atomen taucht manchmal der Fall auf, dass zwei Elektronenkonfigurationen ganz ähnliche Energien (im Rahmen der Molekularfeldnäherung) haben. Die Korrekturen jenseits des Molekularfelds werden dann besonders deutlich zu Tage treten. Eine Störungsrechnung, die sich auf den Raum der betreffenden Konfigurationen beschränkt, kann dann bereits eine verbesserte Näherung für die Energieniveaus und ihre Wellenfunktion liefern. Man spricht in diesem Fall von *Mischung* oder *Wechselwirkung zwischen Konfigurationen* (engl.: CI für *configuration interaction*).

Bemerkung:
Der Variationsansatz in Form eines Fock-Zustands ist nicht der einzige, aus dem man die Hartree-Fock-Gleichungen herleiten kann. Man kann genauso von einer Näherung für den Zweiteilchen-Dichteoperator $\widehat{\rho}_{\mathrm{II}}$ ausgehen

$$\widehat{\rho}_{\mathrm{II}}(1,2) \sim \frac{1}{2}\left[1 - P_{\mathrm{ex}}(1,2)\right]\widehat{\rho}_{\mathrm{I}}(1) \otimes \widehat{\rho}_{\mathrm{I}}(2) \tag{97}$$

wobei $\widehat{\rho}_{\mathrm{I}}$ ein Einteilchen-Dichteoperator ist. Man berechnet damit die Energie des N-Teilchen-Systems als Funktion von $\widehat{\rho}_{\mathrm{I}}$ und minimiert sie unter einer Variation dieses Operators. Im Ergebnis findet man dieselben Gleichungen wieder. Aus diesem Ansatz wird deutlich, dass man hierbei die Hierarchie von Gleichungen für N Körper auf eine bestimmte Weise abschließt (s. Kapitel XVI, § C-4). Wir hatten bereits in Gleichung (21) und in § 2-a gesehen, dass die Hartree-Fock-Näherung darauf hinausläuft, die Zweiteilchen-Korrelationsfunktion durch diejenige für ein Teilchen auszudrücken. In der Sprache von Korrelationsfunktionen (s. Ergänzung A_{XVI}) bedeutet dies, dass man die Korrelationsfunktion für zwei Teilchen (eine sogenannte Vierpunktfunktion) durch ein Produkt von Einteilchenfunktionen (Zweipunktfunktionen) nähert, unter Einbeziehung eines Austauschterms.
Eine weitere Methode benutzt schließlich eine Störungstheorie, die mit Hilfe von Diagrammen dargestellt wird. Die Hartree-Fock-Näherung erhält man in diesem Zusammenhang dadurch, dass man nur eine gewissen Klasse von Diagrammen (die Klasse der zusammenhängenden Diagramme, engl.: *connected diagrams*) berücksichtigt.

Wir erwähnen abschließend noch, dass es außer der Hartree-Fock-Näherung noch andere Verfahren gibt, um Näherungslösungen der Schrödinger-Gleichung für wechselwirkende Fermionen zu finden, insbesondere die *Dichtefunktionaltheorie*. (Wir erinnern, dass ein Funktional einer Funktion eine Zahl zuordnet, wie es etwa das Wirkungsintegral in der klassischen Mechanik mit einer Teilchenbahn macht.) Diese Theorie ist eine Standardmethode, um in Physik, Chemie und Materialwissenschaft die elektronische Struktur von Molekülen oder Festkörpern zu berechnen. Ihre Darstellung würde allerdings den Rahmen dieses Buches überschreiten. Wir verweisen die Leserin auf die einführende Darstellung im Wikipedia-Eintrag Dichtefunktionaltheorie (2020), wo auch weitere Literaturhinweise zu finden sind.

Ergänzung F_{XV}
Zeitabhängiges Hartree-Fock-Verfahren

Die Molekularfeldnäherung nach Hartree und Fock ist in der Ergänzung E_{XV} für zeitunabhängige Problemstellungen eingeführt worden: Sie liefert die stationären Zustände eines Systems von wechselwirkenden Fermionen. (Thermische Gleichgewichtszustände für dieses System werden in Ergänzung G_{XV} behandelt.) In dieser Ergänzung zeigen wir, dass dieselbe Molekularfeldnäherung auch auf zeitabhängige Probleme angewendet werden kann. Dazu lassen wir in § 1 eine Zeitabhängigkeit in dem Hartree-Fock-Variationsansatz (ein zeitabhängiger Fock-Zustand) zu. In § 2 führen wir dann ein allgemeineres Variationsprinzip ein, mit dessen Hilfe man die zeitabhängige Schrödinger-Gleichung lösen kann. Wir werten in § 3 das Funktional aus, das mit dem zuvor konstruierten Fock-Zustand optimiert wird, und stellen fest, dass derselbe Molekularfeldoperator wie in Ergänzung E_{XV} auch hier eine nützliche Rolle spielt. Die zeitabhängigen Hartree-Fock-Gleichungen erhalten wir schließlich in § 4 und diskutieren ihre Bedeutung. Der Leser kann mehr Details über Hartree-Fock-Verfahren im Allgemeinen in Kapitel 7 von Blaizot und Ripka (1986) finden. Zeitabhängige Probleme werden in jenem Lehrwerk in Kapitel 9 behandelt.

1 Variationsansatz und Notation

Wir setzen den zeitabhängigen N-Teilchen Zustand $|\widetilde{\Psi}(t)\rangle$ in folgender Form an:

$$|\widetilde{\Psi}(t)\rangle = a^\dagger_{\theta_1(t)} a^\dagger_{\theta_2(t)} \cdots a^\dagger_{\theta_N(t)} |0\rangle \tag{1}$$

Dabei gehören die Erzeugungsoperatoren zu einem Satz von orthonormierten Einteilchenzuständen $|\theta_1(t)\rangle, |\theta_2(t)\rangle, \ldots, |\theta_N(t)\rangle$ gehören, die von der Zeit t abhängen. Dieser

https://doi.org/10.1515/9783110649130-007

Satz von Zuständen ist zunächst beliebig, und wir werden mit Hilfe der Variationsrechnung jetzt ihre Zeitabhängigkeit bestimmen.

Wie in den vorangegangenen Ergänzungen nehmen wir an, dass der Hamilton-Operator $\widehat{H}$ in eine Summe aus der kinetischen Energie, einem äußeren Potential und der Wechselwirkung unter den Teilchen zerfällt:

$$\widehat{H} = \widehat{H}_0 + \widehat{V}_{\text{ext}}(t) + \widehat{W}_{\text{int}} \tag{2}$$

mit

$$\widehat{H}_0 = \sum_{q=1}^{N} \frac{(\mathbf{P}_q)^2}{2m} \tag{3}$$

(m ist die Masse der Teilchen und $\mathbf{P}_q$ der Impulsoperator für das q-te Teilchen)

$$\widehat{V}_{\text{ext}}(t) = \sum_{q=1}^{N} V_1(\mathbf{R}_q, t) \tag{4}$$

und schließlich

$$\widehat{W}_{\text{int}} = \frac{1}{2} \sum_{q \neq q'} W_2(\mathbf{R}_q, \mathbf{R}_{q'}) \tag{5}$$

Der Leser beachte, dass $\widehat{V}_{\text{ext}}(t)$ in beliebiger Weise von der Zeit abhängen darf.

2 Variationsverfahren

Wir führen jetzt ein allgemeines Variationsprinzip ein, mit dessen Hilfe man die zeitabhängige Schrödinger-Gleichung aus dem stationären Punkt eines Funktionals S erhält, das von der „Geschichte“ des Zustandsvektors $|\Psi(t)\rangle$ in einem gegebenen Zeitintervall abhängt. (Wir führen hier die Rechnungen im Detail vor, deren Ergebnis bereits in Ergänzung D_{XV}, § 1-a verwendet wurde.)

2-a Das Wirkungsfunktional der Schrödinger-Gleichung

Sei $H(t)$ ein beliebiger zeitabhängiger Hamilton-Operator und $|\Psi(t)\rangle$ ein beliebig zeitabhängiger Zustand. Wir konstruieren einen Ket $|\overline{\Psi}(t)\rangle$, der zu $|\Psi(t)\rangle$ physikalisch äquivalent ist und dessen Norm konstant ist:

$$|\overline{\Psi}(t)\rangle = \frac{|\Psi(t)\rangle}{\sqrt{\langle\Psi(t)|\Psi(t)\rangle}} \tag{6}$$

Das Wirkungsfunktional S definieren wir durch das folgende Integral:[1]

$$S\left[|\overline{\Psi}(t)\rangle\right] = \int_{t_0}^{t_1} \mathrm{d}t \,\mathrm{Re}\langle\overline{\Psi}(t)| \left[\mathrm{i}\hbar\frac{\mathrm{d}}{\mathrm{d}t} - H(t)\right] |\overline{\Psi}(t)\rangle$$

$$= \int_{t_0}^{t_1} \mathrm{d}t \left\{\frac{\mathrm{i}\hbar}{2}\left[\left\langle\overline{\Psi}(t)\middle|\frac{\mathrm{d}}{\mathrm{d}t}\overline{\Psi}(t)\right\rangle - \left\langle\frac{\mathrm{d}}{\mathrm{d}t}\overline{\Psi}(t)\middle|\overline{\Psi}(t)\right\rangle\right] - \langle\overline{\Psi}(t)|H(t)|\overline{\Psi}(t)\rangle\right\} \tag{7}$$

Hier sind t_0 und t_1 zwei beliebige Zeitpunkte mit $t_0 < t_1$. In dem Fall, dass $|\overline{\Psi}(t)\rangle$ eine Lösung $|\overline{\Psi}_S(t)\rangle$ der Schrödinger-Gleichung

$$\mathrm{i}\hbar\frac{\mathrm{d}}{\mathrm{d}t}|\overline{\Psi}_S(t)\rangle = H(t)|\overline{\Psi}_S(t)\rangle \tag{8}$$

ist, sieht man sofort, dass die eckige Klammer unter dem Integral in der ersten Zeile von Gl. (7) verschwindet. Wir haben also

$$S\left[|\overline{\Psi}_S(t)\rangle\right] = 0 \tag{9}$$

Wir können das Wirkungsfunktional vereinfachen, indem wir in der zweiten Zeile von Gl. (7) den zweiten Term partiell integrieren. Dadurch erscheint unter dem Integral der erste Term noch einmal.[2] Zusammen mit den Randtermen haben wir also

$$S\left[|\overline{\Psi}(t)\rangle\right] = \int_{t_0}^{t_1} \mathrm{d}t \langle\overline{\Psi}(t)| \left[\mathrm{i}\hbar\frac{\mathrm{d}}{\mathrm{d}t} - H(t)\right] |\overline{\Psi}(t)\rangle + \frac{\mathrm{i}\hbar}{2}\left[\langle\overline{\Psi}(t_0)|\overline{\Psi}(t_0)\rangle - \langle\overline{\Psi}(t_1)|\overline{\Psi}(t_1)\rangle\right]$$

$$= \int_{t_0}^{t_1} \mathrm{d}t \langle\overline{\Psi}(t)| \left[\mathrm{i}\hbar\frac{\mathrm{d}}{\mathrm{d}t} - H(t)\right] |\overline{\Psi}(t)\rangle \tag{10}$$

In der zweiten Zeile haben wir benutzt, dass die Norm von $|\overline{\Psi}(t)\rangle$ konstant ist. Dieser Ausdruck für S hat dieselbe Struktur wie Gleichung (7), es wird aber nicht der Realteil genommen.

2-b Stationäres Wirkungsfunktional

Ist der Zustand $|\overline{\Psi}(t)\rangle$ zwischen t_0 und t_1 beliebig von der Zeit abhängig, dann hat das Funktional S einen gewissen Wert, der im Allgemeinen nicht null ist. Wir untersuchen

1 Wir vereinbaren, dass Ableitungen $\mathrm{d}/\mathrm{d}t$ nur auf die direkt rechts davon stehenden Ausdrücke wirken.

2 Würde man den ersten Term partiell integrieren, ergäbe sich statt Gl. (10) das komplex konjugierte Integral und damit keine neue Information.

nun, unter welchen Bedingungen S stationär ist, und variieren dazu den Zustand um eine infinitesimale Änderung $|\delta\overline{\Psi}(t)\rangle$:

$$|\overline{\Psi}(t)\rangle \mapsto |\overline{\Psi}(t)\rangle + |\delta\overline{\Psi}(t)\rangle \tag{11}$$

Es ist bequem, die Nebenbedingung (6) einer konstanten Norm von $|\overline{\Psi}(t)\rangle$ durch einen Lagrange-Multiplikator $\lambda(t)$ zu berücksichtigen.[3] Wir dürfen dann beliebige Variationen von $|\overline{\Psi}(t)\rangle$ zulassen, um das Wirkungsfunktional

$$\begin{aligned}\overline{S}\left[|\overline{\Psi}(t)\rangle\right] &= S\left[|\overline{\Psi}(t)\rangle\right] - \int_{t_0}^{t_1} \mathrm{d}t\,\lambda(t)\langle\overline{\Psi}(t)|\overline{\Psi}(t)\rangle \\ &= \int_{t_0}^{t_1} \mathrm{d}t\langle\overline{\Psi}(t)|\left[\mathrm{i}\hbar\frac{\mathrm{d}}{\mathrm{d}t} - H(t) - \lambda(t)\right]|\overline{\Psi}(t)\rangle\end{aligned} \tag{12}$$

zu minimieren, wobei $\lambda(t)$ eine beliebige reelle Funktion der Zeit t ist. In der ersten Zeile stellt das zweite Integral sicher, dass $|\overline{\Psi}(t)\rangle$ zu jedem Zeitpunkt zwischen t_0 und t_1 normiert ist (s. Anhang V).

Die Variation $\delta\overline{S}$ der Wirkung (12) erhält man durch Einsetzen von Gl. (11) in Gl. (10) und Entwickeln bis zur ersten Ordnung. Es ergibt sich eine Summe $\delta\overline{S}_1 + \delta\overline{S}_2$, in der die Terme jeweils den Ket $|\delta\overline{\Psi}(t)\rangle$ und den Bra $\langle\delta\overline{\Psi}(t)|$ enthalten:

$$\begin{aligned}\delta\overline{S}_1 &= \int_{t_0}^{t_1} \mathrm{d}t\langle\overline{\Psi}(t)|\left[\mathrm{i}\hbar\frac{\mathrm{d}}{\mathrm{d}t} - H(t) - \lambda(t)\right]|\delta\overline{\Psi}(t)\rangle \\ \delta\overline{S}_2 &= \int_{t_0}^{t_1} \mathrm{d}t\langle\delta\overline{\Psi}(t)|\left[\mathrm{i}\hbar\frac{\mathrm{d}}{\mathrm{d}t} - H(t) - \lambda(t)\right]|\overline{\Psi}(t)\rangle\end{aligned} \tag{13}$$

Betrachten wir eine andere Variation des Zustandsvektors

$$|\overline{\Psi}(t)\rangle \mapsto |\overline{\Psi}(t)\rangle + \mathrm{i}|\delta\overline{\Psi}(t)\rangle \tag{14}$$

so ist die Änderung der Wirkung wieder eine Summe $\delta'\overline{S}_1 + \delta'\overline{S}_2$, in der der Term mit dem Ket $|\delta\overline{\Psi}(t)\rangle$ durch $\delta'\overline{S}_1 = \mathrm{i}\delta\overline{S}_1$ gegeben ist. Der zweite Summand $\delta'\overline{S}_2 = -\mathrm{i}\delta\overline{S}_2$ enthält den Faktor $\langle\delta\overline{\Psi}(t)|$. Wenn das Funktional für $|\overline{\Psi}(t)\rangle$ stationär ist, müssen beide Änderungen $\delta\overline{S}$ und $\delta'\overline{S}$ notwendigerweise verschwinden. Dies gilt dann genauso für die Kombinationen $\delta\overline{S} - \mathrm{i}\delta'\overline{S}$ und $\delta\overline{S} + \mathrm{i}\delta'\overline{S}$, in denen wir jeweils die Änderungen $\delta\overline{S}_1$ und $\delta\overline{S}_2$ wiedererkennen. Diese beiden müssen also nicht nur in der Summe, sondern auch einzeln verschwinden. Auf diese Weise können wir die Bedingung für eine

3 Die Norm von $|\overline{\Psi}(t)\rangle$ ist genau dann bis zur ersten Ordnung erhalten, wenn das Skalarprodukt $\langle\overline{\Psi}(t)|\delta\overline{\Psi}(t)\rangle$ null oder rein imaginär ist. In diesem Fall wäre der Lagrange-Multiplikator $\lambda(t)$ nicht nötig.

extremale Wirkung separat als eine Variation bezüglich des Bra- bzw. des Ket-Vektors aufschreiben.

Die Bedingung $\delta\overline{S}_2 = 0$ zum Beispiel ist gleichbedeutend mit dem Verschwinden des Integrals in der zweiten Zeile von Gleichung (13). Weil sich der Bra $\langle\delta\overline{\Psi}(t)|$ zwischen t_0 und t_1 beliebig ändern darf, folgt daraus, dass der Ket, mit dem er unter dem Integral skalar multipliziert wird, zu jedem Zeitpunkt der Nullvektor sein muss. Damit muss $|\overline{\Psi}(t)\rangle$ die Gleichung

$$\left[\mathrm{i}\hbar\frac{\mathrm{d}}{\mathrm{d}t} - H(t) - \lambda(t)\right]|\overline{\Psi}(t)\rangle = 0 \quad \text{für} \quad t_0 \le t \le t_1 \tag{15}$$

erfüllen, was nichts anderes als die zeitabhängige Schrödinger-Gleichung für den Hamilton-Operator $H(t)+\lambda(t)$ ist.[4] Der Lagrange-Parameter $\lambda(t)$ liefert eigentlich nur eine Verschiebung des Energienullpunkts. Wir können ihn durch eine Änderung der globalen Phase des Zustands wegtransformieren[5], die physikalisch ohne Bedeutung ist. Ohne Beschränkung der Allgemeinheit werden wir also diesen Lagrange-Multiplikator ignorieren und setzen im Folgenden

$$\lambda(t) = 0 \tag{16}$$

Eine notwendige Bedingung für eine extremale Wirkung ist also, dass $|\overline{\Psi}(t)\rangle$ die Schrödinger-Gleichung (8) erfüllt oder einer derartigen Lösung physikalisch äquivalent ist (sich von ihr nur um einen globalen zeitabhängigen Phasenfaktor unterscheidet). Nehmen wir nun umgekehrt an, $|\overline{\Psi}(t)\rangle$ sei eine Lösung der Schrödinger-Gleichung. Variieren wir diesen Ket wie in Gl. (11), dann verschwindet offenbar die zweite Zeile in Gl. (13). Die erste Zeile $\delta\overline{S}_1$ können wir durch eine partielle Integration auf das komplex Konjugierte von $\delta\overline{S}_2$ zurückführen: Sie ist also auch null. Das Funktional S hat damit für jede exakte Lösung der Schrödinger-Gleichung ein Extremum.

Betrachten wir schließlich den Fall, dass die Kets $|\widetilde{\Psi}(t)\rangle$ eine Familie $\mathcal{F}$ von Zuständen bilden ist und dass es in dieser Familie einen (*optimalen*) Zustand $|\widetilde{\Psi}^{\mathrm{opt}}(t)\rangle$ gibt, der S extremal macht. Ein besonders einfacher Fall liegt vor, wenn die Familie die exakte Lösung der Schrödinger-Gleichung enthält, wir notieren so eine Familie $\mathcal{F}_0$. Wie wir gesehen haben, ist die Wirkung S an der exakten Lösung extremal, diese muss also zu $|\widetilde{\Psi}^{\mathrm{opt}}(t)\rangle$ äquivalent sein. In diesem Fall können wir also über die Bedingung, dass die Variation von S verschwindet, die gesuchte exakte Lösung innerhalb der Familie $\mathcal{F}_0$ finden. Sei $\mathcal{F}$ nun ein Satz von Zuständen, den wir durch eine stetige Verformung aus $\mathcal{F}_0$ erhalten. Im Allgemeinen wird die exakte Lösung der Schrödinger-Gleichung dort nicht mehr enthalten sein. Wir können allerdings den Zustand $|\widetilde{\Psi}^{\mathrm{opt}}_{\mathcal{F}}(t)\rangle$

4 Die analoge Überlegung ausgehend von $\delta S - \mathrm{i}\delta' S$ führt auf das komplex Konjugierte von Gl. (15), also im Grunde auf dasselbe Resultat.

5 Gehen wir mit der Transformation $|\overline{\Psi}(t)\rangle = \mathrm{e}^{-\mathrm{i}\alpha(t)}|\overline{\Theta}(t)\rangle$ in Gleichung (15) hinein, stellen wir fest, dass $|\overline{\Theta}(t)\rangle$ eine zeitabhängige Schrödinger-Gleichung mit der Ersetzung $\lambda(t) \mapsto \lambda(t) - \hbar(\mathrm{d}\alpha/\mathrm{d}t)$ erfüllt. Dieser Term verschwindet, wenn $\alpha(t)$ das zeitliche Integral von $\lambda(t)$ ist.

verfolgen, der ein Extremum von S ist. Ausgehend von einer exakten Lösung kann er sich aufgrund der Stetigkeit der Verformung nicht sehr weit von ihr entfernen, solange $\mathcal{F}$ in der Nähe von $\mathcal{F}_0$ bleibt. Auf diese Weise können wir mit Hilfe des Prinzips der kleinsten Wirkung ein Element der Familie $\mathcal{F}$ identifizieren, dessen Entwicklung in der Nähe einer Lösung der Schrödinger-Gleichung bleibt. Mit diesem Verfahren werden wir im Folgenden eine bestimmte Familie von Variationsansätzen konstruieren und optimieren, und zwar eine, die aus Fock-Zuständen besteht.

2-c Spezialfall: Zeitunabhängiger Hamilton-Operator

Ist der Hamilton-Operator zeitunabhängig, dann kann man Ket-Zustände $|\overline{\Psi}\rangle$ suchen, die ebenfalls zeitunabhängig sind und das Funktional S stationär machen. Der Integrand in der Wirkung (12) wird dann auch zeitunabhängig, so dass sich das Funktional zu

$$S = (t_1 - t_0)\,\langle\overline{\Psi}|H|\overline{\Psi}\rangle \tag{17}$$

vereinfacht. Weil die Zeitpunkte t_0 und t_1 fest sind, ist dieser Ausdruck für S stationär, wenn dies für den Mittelwert des Hamilton-Operators $\langle\overline{\Psi}|H|\overline{\Psi}\rangle$ gilt. Wir finden so das zeitunabhängige Variationsprinzip (s. auch Ergänzung $\mathrm{E_{XI}}$) wieder, mit dem wir in der vorangehenden Ergänzung gearbeitet haben. Es ist offenbar ein Spezialfall eines allgemeineren zeitabhängigen Variationsverfahrens. Man sollte sich also nicht wundern, wenn beide Hartree-Fock-Methoden, zeitabhängig oder nicht, auf dasselbe Hartree-Fock-Potential führen – genau das werden wir im Folgenden sehen.

3 Auswertung des Wirkungsfunktionals

Wir betrachten einen Variationsansatz, der durch die Fock-Zustände $|\widetilde{\Psi}(t)\rangle$ aus Gleichung (1) gegeben ist. Wir müssen nun den Integranden in dem Funktional (10) auswerten, wenn man dort $|\widetilde{\Psi}(t)\rangle$ einsetzt.

3-a Mittlere Energie

Der Ausdruck mit $H(t)$ wird genau so berechnet, wie wir es bereits in Ergänzung $\mathrm{E_{XV}}$, § 1-b getan haben. Die orthonormierten besetzten Zustände $|\theta_i(t)\rangle$ $(i = 1, 2, \ldots, N)$ werden durch weitere Zustände mit den Indizes $i = N + 1, N + 2, \ldots$ zu einer vollständigen orthonormierten Basis im Raum der Einteilchenzustände ergänzt. Bezüglich dieser Basis verwenden wir die Ergebnisse aus Kapitel XV: den Ausdruck (B-12) für die Einteilchenoperatoren und Gleichung (C-16) für die Zweiteilchenoperatoren. Die Mittelwerte von Produkten aus Erzeugungs- und Vernichtungsoperatoren sind in einem Fock-Zustand einfach zu berechnen. Sie verschwinden nur dann nicht, wenn das Operatorprodukt die Besetzungen der Einteilchenzustände invariant lässt. Aus Ergänzung E_{XV} bleiben die Beziehungen (52), (53) und (57) gültig, wenn man dort eine Zeitabhängigkeit der Zustände $|\theta_i\rangle$ zulässt. Die mittlere kinetische Energie ist damit

$$\langle \widehat{H}_0 \rangle = \sum_{i=1}^{N} \langle \theta_i(t)| \frac{\mathbf{P}^2}{2m} |\theta_i(t)\rangle \tag{18}$$

und das mittlere äußere Potential

$$\langle \widehat{V}_{\text{ext}}(t) \rangle = \sum_{i=1}^{N} \langle \theta_i(t) | V_1(\mathbf{R}, t) | \theta_i(t) \rangle \tag{19}$$

und schließlich die Wechselwirkungsenergie

$$\langle \widehat{W}_{\text{int}} \rangle = \frac{1}{2} \sum_{i,j=1}^{N} \langle 1:\theta_i(t); 2:\theta_j(t) | W_2(1,2) \left[1 - P_{\text{ex}}(1,2)\right] |1:\theta_i(t); 2:\theta_j(t)\rangle \tag{20}$$

wobei $P_{\text{ex}}(1,2)$ die Zustände der Teilchen 1 und 2 vertauscht.

3-b Hartree-Fock-Potential

Die Matrixelemente des Hartree-Fock-Potentials $W_{\text{HF}}(1,t)$ werden allgemein durch Gl. (58) aus Ergänzung E_{XV} definiert:

$$\begin{aligned} &\langle \theta_i(t) | \, W_{\text{HF}}(1,t) \, | \theta_k(t) \rangle \\ &= \sum_{j=1}^{N} \langle 1:\theta_i(t); 2:\theta_j(t) | \, W_2(1,2) \left[1 - P_{\text{ex}}(1,2)\right] |1:\theta_k(t); 2:\theta_j(t)\rangle \end{aligned} \tag{21}$$

und in Gleichung (20) erkennen wir sein Diagonalement $i = k$ wieder. Wir erinnern uns, dass in Ergänzung E_{XV} gezeigt wurde, dass $W_{\text{HF}}(1,t)$ ein hermitescher Operator ist.

Es ist häufig bequem, das Hartree-Fock-Potential als eine partielle Spur darzustellen:

$$\boxed{W_{\text{HF}}(1,t) = \text{Tr}_2 \left\{ P_N(2,t) \, W_2(1,2) \left[1 - P_{\text{ex}}(1,2)\right] \right\}} \tag{22}$$

Dabei ist P_N der Projektor auf den Unterraum, den die N Zustände $|\theta_i(t)\rangle$ aufspannen:

$$P_N(q,t) = \sum_{i=1}^{N} |q:\theta_i(t)\rangle \langle q:\theta_i(t)| \qquad q = 1, 2, \ldots \tag{23}$$

Diesen Projektor kann man auch, wie wir gesehen haben, als den reduzierten Einteilchen-Dichteoperator $\widehat{\rho}_1$ auffassen, dessen Spur auf die Gesamtzahl N der Teilchen normiert ist:

$$P_N(1,t) = \widehat{\rho}_1(1,t) \tag{24}$$

Den Mittelwert der Wechselwirkungsenergie kann man damit in folgender Form aufschreiben:

$$\boxed{\langle \widehat{W}_{\text{int}} \rangle = \frac{1}{2} \operatorname{Tr}_1 \{\widehat{\rho}_1(1,t)\, W_{\text{HF}}(1,t)\}} \tag{25}$$

3-c Zeitliche Ableitung

Der Term in der Wirkung mit der Ableitung des Zustands $|\widehat{\Psi}(t)\rangle$ nach der Zeit liefert folgenden Beitrag zum Integranden [s. Gl. (1)]:

$$\sum_{i=1}^{N} \langle 0|\, a_{\theta_N(t)} \dots a_{\theta_i(t)} \dots a_{\theta_1(t)} a^\dagger_{\theta_1(t)} \dots \left[\frac{\mathrm{d}}{\mathrm{d}t} a^\dagger_{\theta_i(t)}\right] \dots a^\dagger_{\theta_N(t)} \,|0\rangle \tag{26}$$

Alle Produkte mit $j \neq i$, in denen keine Ableitung auftritt, liefern den Ausdruck

$$\langle 0|\, a_{\theta_j(t)} a^\dagger_{\theta_j(t)} \,|0\rangle = 1 \tag{27}$$

Es ergibt sich 1, weil dies das Normquadrat des Zustands $a^\dagger_{\theta_j(t)}|0\rangle$ ist, der eben mit dem Fock-Zustand $|n_j = 1\rangle$ identisch ist. Der Zustand i trägt einen Faktor bei, den man als ein Skalarprodukt im Einteilchen-Zustandsraum schreiben kann:*

$$\langle 0|\, a_{\theta_i(t)} \frac{\mathrm{d}}{\mathrm{d}t} a^\dagger_{\theta_i(t)} \,|0\rangle = \left\langle \theta_i(t) \middle| \frac{\mathrm{d}}{\mathrm{d}t} \theta_i(t) \right\rangle \tag{28}$$

3-d Ergebnis

Fassen wir alle diese Ausdrücke zusammen, erhalten wir folgendes Ergebnis für das Funktional S:

$$\begin{aligned} S\left[|\widetilde{\Psi}(t)\rangle\right] = \sum_{i=1}^{N} \int_{t_0}^{t_1} \mathrm{d}t \Bigg\{ & i\hbar \left\langle \theta_i(t) \middle| \frac{\mathrm{d}}{\mathrm{d}t} \theta_i(t) \right\rangle - \left\langle \theta_i(t) \right| \left[\frac{\mathbf{P}^2}{2m} + V_1(t) \right] \left| \theta_i(t) \right\rangle \\ & - \frac{1}{2} \sum_{j=1}^{N} \langle 1:\theta_i(t); 2:\theta_j(t)|\, W_2(1,2)\,[1 - P_{\text{ex}}(1,2)]\, |1:\theta_i(t); 2:\theta_j(t)\rangle \Bigg\} \end{aligned} \tag{29}$$

---

* Anm. d. Ü.: Wie man über eine Entwicklung von $\theta_i(t)$ in einer festen Basis sieht, liefert die Ableitung in der Tat den Erzeuger $a^\dagger_{\mathrm{d}\theta_i/\mathrm{d}t}$. Danach verwenden wir die Identität aus Fußnote † in Kapitel XV, S. 1602.

4 Bewegungsgleichungen

Wir variieren nun einen der besetzten Kets, etwa $|\theta_k(t)\rangle$:

$$|\theta_k(t)\rangle \mapsto |\theta_k(t)\rangle + |\delta\theta_k(t)\rangle \quad \text{mit} \;\; 1 \leq k \leq N \tag{30}$$

Wie in Ergänzung E_{XV}, § 1-c berücksichtigen wir nur Variationen $|\delta\theta_k(t)\rangle$, die zu einer wirklichen Änderung des N-Teilchen-Zustands $|\widetilde{\Psi}(t)\rangle$ führen. Ist $|\delta\theta_k(t)\rangle$ zum Beispiel proportional zu einem besetzten Zustand $|\theta_j(t)\rangle$ ($j \leq N$), dann erzeugt dies keine Variation von $|\widetilde{\Psi}(t)\rangle$, höchstens einen Phasenfaktor, und ändert damit nicht den Wert von S. Ganz analog zu den Beziehungen (32) oder (69) aus Ergänzung E_{XV} betrachten wir die folgende Variation

$$|\delta\theta_k(t)\rangle = \delta f(t)\, \mathrm{e}^{\mathrm{i}\chi}\, |\theta_l(t)\rangle \quad \text{mit} \;\; l > N \tag{31}$$

wobei $\delta f(t)$ eine beliebige, infinitesimal kleine Funktion der Zeit und χ eine beliebige Phase ist.

Die weiteren Rechnungen laufen ganz analog zu Ergänzung E_{XV}, § 2-b. Unter der Variation (31) von $|\theta_k(t)\rangle$ (alle anderen besetzten Zustände bleiben unverändert) ändert sich nur der Term $i = k$ in der ersten Zeile von Gl. (29). In der zweiten Zeile gibt es eine Variation der Terme $i = k$ oder $j = k$. Weil der Operator $W_2(1, 2)$ sich symmetrisch unter Teilchenaustausch verhält, liefern beide Variationen, $i = k$ und $j = k$, denselben Beitrag. So wird einfach der Vorfaktor 1/2 gekürzt. Alle Beiträge zur Variation enthalten entweder den Ket $\mathrm{e}^{\mathrm{i}\chi}|\delta\theta_k(t)\rangle$ oder den Bra $\langle\delta\theta_k(t)|\mathrm{e}^{-\mathrm{i}\chi}$. Die Summe dieser Terme kann nur dann für einen beliebigen Wert von χ verschwinden, wenn beide Terme einzeln null sind. Die Bedingung, dass der Term mit $\mathrm{e}^{-\mathrm{i}\chi}$ verschwindet, liefert folgende Gleichung [wir haben die Variation (31) von $|\theta_k(t)\rangle$ eingesetzt]:

$$\int_{t_0}^{t_1} \mathrm{d}t\, \delta f(t) \left\{ \mathrm{i}\hbar \left\langle \theta_l(t) \middle| \frac{\mathrm{d}}{\mathrm{d}t} \theta_k(t) \right\rangle - \left\langle \theta_l(t) \right| \left[\frac{\mathbf{P}^2}{2m} + V_1(t) \right] \left| \theta_k(t) \right\rangle \right.$$
$$\left. - \sum_{j=1}^{N} \langle 1 : \theta_l(t); 2 : \theta_j(t)|\, W_2(1, 2)\, [1 - P_{\mathrm{ex}}(1, 2)]\, |1 : \theta_k(t); 2 : \theta_j(t)\rangle \right\} = 0 \tag{32}$$

Unter dem Integral erkennen wir in der zweiten Zeile den Operator für das Hartree-Fock-Potential $W_{\mathrm{HF}}(1, t)$ wieder [s. Definition (21)]. Die Wirkung ist also extremal für

$$\int_{t_0}^{t_1} \mathrm{d}t\, \delta f(t) \left\{ \langle \theta_l(t)| \left[\mathrm{i}\hbar \frac{\mathrm{d}}{\mathrm{d}t} - \frac{\mathbf{P}^2}{2m} - V_1(t) - W_{\mathrm{HF}}(t) \right] |\theta_k(t)\rangle \right\} = 0 \tag{33}$$

mit $l > N$.

4-a Zeitabhängige Hartree-Fock-Gleichungen

Da die Funktion $\delta f(t)$ beliebig gewählt war, kann Gleichung (33) nur dann erfüllt sein, wenn die geschweifte Klammer im Integranden für alle t null ist. Die Wirkung ist also stationär, wenn in dem Ket

$$\left[i\hbar \frac{\mathrm{d}}{\mathrm{d}t} - \frac{\mathbf{P}^2}{2m} - V_1(t) - W_{\mathrm{HF}}(t) \right] |\theta_k(t)\rangle \tag{34}$$

alle Komponenten entlang der unbesetzten Zustände $|\theta_l(t)\rangle$ mit $l > N$ verschwinden. Anders ausgedrückt muss für alle Werte $k = 1, \ldots N$ gelten

$$i\hbar \frac{\mathrm{d}}{\mathrm{d}t} |\theta_k(t)\rangle = \left[\frac{\mathbf{P}^2}{2m} + V_1(t) + W_{\mathrm{HF}}(t) \right] |\theta_k(t)\rangle + |\xi_k(t)\rangle \tag{35}$$

wobei der Ket $|\xi_k(t)\rangle$ irgendeine Linearkombination der besetzten Zustände $|\theta_i(t)\rangle$ ($i \leq N$) ist. Allerdings hatten wir schon zu Beginn von § 4 notiert, dass es den N-Teilchen-Zustand nicht ändert (bis auf einen möglichen Phasenfaktor), wenn man zu einem der Zustände $|\theta_k(t)\rangle$ eine Komponente entlang der bereits besetzten Zustände addiert. Das Funktional S ändert sich dabei auch nicht: Es bleibt stationär, welchen Wert auch immer wir dem Ket $|\xi_k(t)\rangle$ in Gl. (35) geben. Deswegen kann dieser beliebig gewählt werden, wir wählen zum Beispiel den Nullvektor.

Wir fassen zusammen: Wählen wir für die besetzten Einteilchenzustände $|\theta_k(t)\rangle$ ($1 \leq k \leq N$) die Lösungen $|\varphi_n(t)\rangle$ der N Gleichungen

$$\boxed{i\hbar \frac{\mathrm{d}}{\mathrm{d}t} |\varphi_n(t)\rangle = \left[\frac{\mathbf{P}^2}{2m} + V_1(t) + W_{\mathrm{HF}}(t) \right] |\varphi_n(t)\rangle} \qquad n = 1, \ldots, N \tag{36}$$

dann ist das Funktional S in der Tat zu jedem Zeitpunkt extremal. Weil $W_{\mathrm{HF}}(t)$ ein hermitescher Operator ist (s. Ergänzung $\mathrm{E_{XV}}$, § 2-a-β), ist der Operator in den eckigen Klammern in Gleichung (36) auch hermitesch. Daraus folgt, dass die N Kets $|\varphi_n(t)\rangle$ einer Zeitentwicklung folgen, die ähnlich einer gewöhnlichen Schrödinger-Gleichung ist, nämlich beschrieben durch einen unitären Entwicklungsoperator (s. etwa Ergänzung $\mathrm{F_{III}}$). So ein Operator ändert weder die Norm noch die Skalarprodukte der Kets. Bilden die Zustände $|\varphi_n(t_0)\rangle$ anfangs ein Orthonormalsystem, dann trifft dies auch zu jedem späteren Zeitpunkt $t \geq t_0$ zu. Unsere Rechnung ist also insgesamt konsistent. Wir können insbesondere überprüfen, dass der N-Teilchen-Zustand $|\widetilde{\Psi}(t)\rangle$ seine Norm im Lauf der Zeit nicht ändert.

Mit Gl. (36) haben wir die zeitabhängigen Hartree-Fock-Gleichungen bewiesen. Indem man einen Molekularfeldoperator auf der Ebene der Einteilchenoperatoren einführt, kann man also nicht nur stationäre Energieniveaus berechnen, sondern auch zeitabhängige Probleme behandeln.

4-b Spinpolarisierte Teilchen

Als ein Beispiel betrachten wir Fermionen, die sich alle in demselben Spinzustand befinden (so wie in Ergänzung E_{XV}, § 1). Die Hartree-Fock-Gleichungen können wir dann in folgender Form für Wellenfunktionen formulieren:

$$i\hbar\frac{\partial}{\partial t}\varphi_n(\mathbf{r},t) = \left[-\frac{\hbar^2}{2m}\Delta + V_1(\mathbf{r}) + V_{\text{dir}}(\mathbf{r};t)\right]\varphi_n(\mathbf{r},t) - \int \mathrm{d}^3r'\, V_{\text{ex}}(\mathbf{r},\mathbf{r}';t)\,\varphi_n(\mathbf{r}',t) \qquad (37)$$

Dabei sind die Definitionen (46) aus jener Ergänzung für das direkte und das Austauschpotential anzuwenden; diese sind hier zeitabhängig. Die enge Verwandtschaft zwischen den beiden Hartree-Fock-Methoden für stationäre und zeitabhängige Probleme wird somit offensichtlich [vgl. dort Gl. (45)].

4-c Diskussion der Ergebnisse

Genau wie in Ergänzung E_{XV}, wo die stationären Hartree-Fock-Gleichungen (77) eine Näherung des Grundzustands liefern, stellt man hier eine starke Ähnlichkeit zwischen Gl. (36) und einer gewöhnlichen Schrödinger-Gleichung für ein Teilchen fest. Eine exakte Lösung ist wieder in der Regel unmöglich, und man muss auf iterative Näherungsverfahren zurückgreifen. Nehmen wir etwa an, dass das äußere Potential $V_1(t)$ bis zum Zeitpunkt t_0 null ist und das System sich für $t < t_0$ in einem stationären Zustand befindet. Die stationäre Hartree-Fock-Theorie liefert uns eine Näherung für diesen Zustand, also einen Satz von Anfangswerten $|\varphi_n(t_0)\rangle$ für die besetzten Einteilchenzustände. Das Hartree-Fock-Potential können wir anfangs also als bekannt voraussetzen. Zwischen dem Zeitpunkt t_0 und einem kurz danach liegenden $t_0 + \Delta t$ kann man die Bewegungsgleichung (36) lösen und die Wirkung des äußeren Potentials $V_1(t)$ (das bei t_0 „eingeschaltet" wird) auf die Einteilchenzustände bestimmen; man erhält so die Zustände $|\varphi_n(t_0 + \Delta t)\rangle$. Mit ihnen wird das Hartree-Fock-Potential auf den aktuellen Stand gebracht, und mit seiner Hilfe kann man die Zeitentwicklung der $|\varphi_n(t)\rangle$ bis zum Zeitpunkt $t_0 + 2\Delta t$ fortschreiben. Man erhält so schrittweise die Entwicklung bis zum Endzeitpunkt t_1. Natürlich ist ein derartiges Verfahren nur dann genau, wenn Δt genügend klein gewählt wird, so dass sich das Hartree-Fock-Potential während einer zeitlichen „Etappe" nur sehr wenig ändert.

Ein alternativer Lösungsweg geht analog zu der iterativen Strategie vor, die wir für die Suche der stationären Zustände skizziert haben. Man beginnt mit einer ersten Familie von orthonormierten Kets (die hier zeitabhängig sind), die über das ganze Zeitintervall gegeben und nicht allzuweit von der gesuchten Lösung entfernt sind. Dann verbessert man diese Lösung iterativ. Indem man die erste Familie von Zuständen in Gl. (21) einsetzt, erhält man eine erste Näherung für das Hartree-Fock-Potential als

Funktion der Zeit. Man löst dann die dazugehörige Bewegungsgleichung mit denselben Anfangsbedingungen bei $t = t_0$ und erhält einen neuen orthonormierten Funktionensatz. Gleichung (21) liefert einen neuen Wert für das Hartree-Fock-Potential, und man beginnt von vorn. Das Verfahren wird beendet, wenn die Konvergenz gut genug scheint.

Es gibt zahlreiche Anwendungen dieser Methode, inbesondere in der Atom-, Molekül- und Kernphysik. Man kann sich zum Beispiel für die oszillierenden Elektronenwolken in einem Atom, Molekül oder Festkörper interessieren, wenn ein äußeres, zeitabhängiges elektrisches Feld darauf einwirkt (dynamische oder optische Polarisierbarkeit); oder für die Schwingungen der Nukleonen in einem Kern. Wir haben am Schluss von Ergänzung E_{XV} darauf hingewiesen, dass die stationäre Hartree-Fock-Methoden häufig durch die Dichtefunktionaltheorie ersetzt werden. Dies ist im Rahmen von zeitabhängigen Fragestellungen auch möglich.

Als Schlussbemerkung wollen wir erneut die enge Analogie unterstreichen, die man zwischen den stationären und zeitabhängigen Hartree-Fock-Theorien des Molekularfelds (engl.: *mean field theories*) beobachten kann. In der Tat treten in beiden Fällen dieselben Hartree-Fock-Potentiale auf. Dies erklärt, warum diese Operatoren so häufig in Gebrauch sind, selbst wenn sie nur eine Näherung darstellen.

Ergänzung G_{XV}
Hartree-Fock-Verfahren im thermischen Gleichgewicht

In vielen physikalischen Fragestellungen ist es notwendig, das thermische Gleichgewicht eines Systems von ununterscheidbaren Teilchen zu verstehen, die untereinander in Wechselwirkung stehen. Dazu gehören etwa die elektronischen Eigenschaften eines Leiters oder Halbleiters, die Eigenschaften von flüssigem Helium oder von ultrakalten Gasen usw. Die Wechselwirkungen sind wesentlich bei der Untersuchung von Phasenübergängen, von denen es eine breite Palette in der Physik von Festkörpern und Flüssigkeiten gibt. In einem System bildet sich unterhalb einer kritischen Temperatur spontan eine Magnetisierung aus, in einem anderen ändert sich die elektrische Leitfähigkeit sprunghaft, und vieles mehr. Nun ist der Hamilton-Operator eines Systems von ununterscheidbaren Teilchen zwar im Allgemeinen bekannt, trotzdem kann man seine Eigenschaften in einem Gleichgewichtszustand aber nicht vollständig ausrechnen. Die Rechnungen scheitern an erheblichen Schwierigkeiten bei der Behandlung von Zustandsvektoren und Wechselwirkungsoperatoren, in denen nichttriviale Kombinationen von Erzeugungs- und Vernichtungsoperatoren auftreten. Man ist gezwungen, sich auf eine oder mehrere Näherungen einzulassen. Die Molekularfeldnäherung (engl.: *mean field approximation*) ist vermutlich die am häufigsten verwendete, und wir haben in Ergänzung E_{XV} gesehen, dass sie die Grundlage der Hartree-Fock-Näherung bildet. In jener Ergänzung haben wir gezeigt, wie man mit der Methode näherungsweise die Energieniveaus eines Systems von wechselwirkenden Teilchen erhält. Wir konnten dabei mit Zuständen oder Wellenfunktionen arbeiten. Hier behandeln wir eine komplexere Aufgabe, in der man einen Dichteoperator verwenden muss, nämlich den thermischen Gleichgewichtszustand des Systems. Wir zeigen, wie die Hartree-Fock-Methode auf diesen Fall verallgemeinert werden kann.

https://doi.org/10.1515/9783110649130-008

Mit Hilfe dieses Zugangs wird klar werden, dass man in der Tat kompakte Formeln aufstellen kann, die einen Näherungswert für den Dichteoperator im thermischen Gleichgewicht liefern. Wir verwenden dazu das großkanonische Ensemble. Die zu lösenden Gleichungen sind von ihrer Struktur her relativ ähnlich[1] zu denen aus Ergänzung E_{XV}. Das Hartree-Fock-Verfahren liefert auch einen Ausdruck für das großkanonische thermodynamische Potential, aus dem man direkt den Druck des Systems erhält. Weitere thermodynamische Größen bestimmt man daraus durch partielle Ableitung nach den Parametern des Gleichgewichtszustands (Volumen, Temperatur, chemisches Potential, eventuell ein äußeres Feld), s. Anhang VI. Das Verfahren ist also sehr leistungsfähig, bleibt aber natürlich insofern eine Näherung, als die Wechselwirkung zwischen den Teilchen nur mit Hilfe eines mittleren Felds behandelt wird. Gewisse Korrelationen werden nicht berücksichtigt. Außerdem ist die Methode bei Bosonen nur weit weg von der Bose-Einstein-Kondensation anwendbar. Die Gründe hierfür werden im Detail in Ergänzung H_{XV}, § 4-a diskutiert.

Wir beginnen mit einer Wiederholung der Notation und einiger Grundbegriffe (§ 1) und leiten ein Variationsprinzip her, das auf jeden Dichteoperator angewendet werden kann. Mit seiner Hilfe kann man aus einer beliebigen Familie von Operatoren denjenigen herausfinden, der dem Dichteoperator im thermischen Gleichgewicht am nächsten kommt. Dann (§ 2) konstruieren wir einen Ansatz für den Dichteoperator, dessen Form von der Molekularfeldnäherung inspiriert ist. Wir wenden das Variationsprinzip an, um im Rahmen dieses Ansatzes den optimalen Operator zu finden. Man erhält so die Hartree-Fock-Gleichungen bei endlicher Temperatur, und wir untersuchen abschließend in § 3 einige ihrer Eigenschaften. Die Ergänzung H_{XV} stellt mehrere Anwendungen des Verfahrens vor.

Die grobe Idee und der Ablauf der Rechnungen sind dieselben wie in Ergänzung E_{XV}, von der wir die Notation übernehmen. Man stellt eine Zielfunktion auf, die optimiert werden soll; eine Familie von Zuständen (Dichteoperatoren) wird konstruiert, innerhalb derer variiert wird, um eine optimale Beschreibung des System zu erhalten. Diese Ergänzung ist zwar als in sich geschlossene Darstellung angelegt, aber aus dem genannten Grund kann die Lektüre von Ergänzung E_{XV} nützlich sein.

1 Es ist allerdings nicht ausreichend, einfach die Gleichungen aus Ergänzung E_{XV} parallel zu lösen. Man hätte auf die Idee kommen können, erst einmal alle Energieniveaus zu bestimmen und über diese dann thermisch zu mitteln. Wir werden aber sehen (z. B. in § 2-d-β), dass man bei der Berechnung jedes einzelnen Niveaus bereits eine thermische Mittelung verwenden muss, so dass die beiden Aufgaben nicht entkoppeln.

1 Variationsprinzip

Wir führen zunächst die Notation ein und stellen ein paar allgemeine Werkzeuge aus der statistischen Physik bereit. (Eine ausführlichere Darstellung findet die Leserin in Anhang VI.)

1-a Notation und Problemstellung

Für den Hamilton-Operator nehmen wir folgende Summe an:

$$\widehat{H} = \widehat{H}_0 + \widehat{V}_{\text{ext}} + \widehat{W}_{\text{int}} \tag{1}$$

Sie besteht aus der kinetischen Energie $\widehat{H}_0$, der potentiellen Energie in einem äußeren Feld

$$\widehat{V}_{\text{ext}} = \sum_q V_1(q) \tag{2}$$

und der Wechselwirkung zwischen den Teilchen, die wir in der Form

$$\widehat{W}_{\text{int}} = \frac{1}{2} \sum_{q \neq q'} W_2(\mathbf{R}_q, \mathbf{R}_{q'}) \tag{3}$$

ansetzen. (Der Faktor 1/2 verhindert, dass Paare doppelt gezählt werden.)

Wer werden das *großkanonische Ensemble* (s. Anhang VI, § 1-c) verwenden, in dem die Teilchenzahl nicht festgelegt ist; ihr Mittelwert wird durch das chemische Potential μ bestimmt. In diesem Fall wirkt der Dichteoperator $\widehat{\rho}$ auf dem ganzen Fock-Raum $\mathcal{H}_F$ (die Teilchenzahl N kann dort beliebige Werte annehmen) und nicht nur in dem echt kleineren Unterraum $\mathcal{H}_N$ mit genau N Teilchen. Wir schreiben wie üblich

$$\beta = \frac{1}{k_B T} \tag{4}$$

mit der Boltzmann-Konstante k_B und der absoluten Temperatur T. Im großkanonischen Gleichgewicht hängt der Dichteoperator des Systems von zwei Parametern ab, der inversen Temperatur β und dem chemischen Potential μ. Sie hat die Form:*

$$\widehat{\rho}_{\text{eq}} = \frac{1}{Z} \exp\left[-\beta(\widehat{H} - \mu\widehat{N})\right] \tag{5}$$

Die Beziehung

$$Z = \text{Tr}\left\{\exp\left[-\beta(\widehat{H} - \mu\widehat{N})\right]\right\} \tag{6}$$

folgt aus der Normierungsbedingung $\text{Tr}\,\widehat{\rho}_{\text{eq}} = 1$ für die Spur des Dichteoperators. Die Funktion Z heißt *großkanonische Zustandssumme* (Anhang VI, § 1-c). Der Operator $\widehat{N}$

* Anm. d. Ü.: Der Index „eq" rührt von dem englischen Wort *equilibrium* (Gleichgewicht) her.

für die Gesamtzahl der Teilchen ist in Kapitel XV, Gl. (B-17) definiert. Die Temperatur T und das chemische Potential μ sind zwei intensive Größen, die jeweils zur Energie und zur Teilchenzahl konjugiert sind.

Aufgrund der Wechselwirkungen zwischen den Teilchen führen diese Formeln im Allgemeinen auf Rechnungen, die zu kompliziert sind, um auf ein konkretes Endergebnis zu führen. Das Ziel dieser Ergänzung ist es, Näherungen für $\widehat{\rho}_{\text{eq}}$ und Z zu bestimmen, die einfacher zu verwenden sind. Ausgangspunkt ist die Molekularfeldnäherung (engl. *mean field approximation*).

1-b Eine nützliche Ungleichung

Seien $\widehat{\rho}$ und $\widehat{\rho}'$ zwei auf Spur 1 normierte Dichteoperatoren:

$$\operatorname{Tr}\left\{\widehat{\rho}\right\} = \operatorname{Tr}\left\{\widehat{\rho}'\right\} = 1 \tag{7}$$

Wir werden beweisen, dass dann die Beziehung*

$$\operatorname{Tr}\left\{\widehat{\rho}\,\log\widehat{\rho}\right\} \geq \operatorname{Tr}\left\{\widehat{\rho}\,\log\widehat{\rho}'\right\} \tag{8}$$

gilt. Dazu beobachten wir, dass für $x \geq 0$ die Funktion $x\log x$ immer oberhalb der Geraden $x - 1$ liegt, die ihre Tangente im Punkt $x = 1$ ist (s. Abb. 1). Sind x und y zwei positive Zahlen, gilt also stets

$$\frac{x}{y}\log\frac{x}{y} \geq \frac{x}{y} - 1 \tag{9}$$

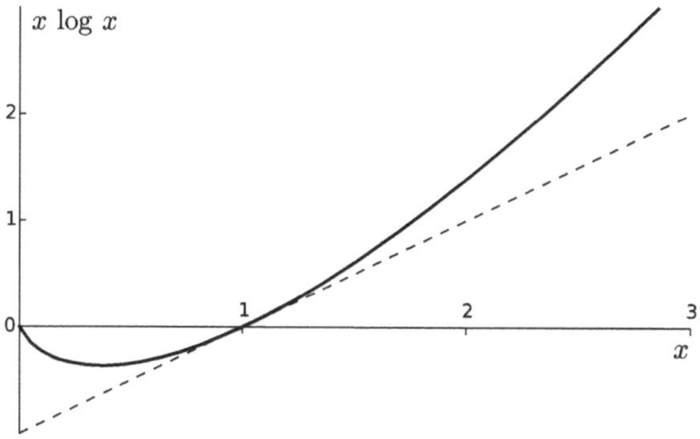

Abb. 1: Graph der Funktion $x \mapsto x\log x$. Er berührt in $x = 1$ die Gerade $x \mapsto x - 1$ (gestrichelt). Der Ausdruck $x\log x$ ist also überall größer als $x - 1$.

* Anm. d. Ü.: Wie auch schon in Ergänzung B_{XV} ist hier mit log immer der natürliche Logarithmus gemeint, der oft als ln notiert wird. Der Logarithmus $\log\widehat{\rho}$ des Operators $\widehat{\rho}$ wird in der Praxis immer in der Eigenbasis von $\widehat{\rho}$ ausgewertet, s. z. B. Gl. (13).

Multiplizieren wir beide Seiten mit y, dann erhalten wir

$$x \log x - x \log y \geq x - y \tag{10}$$

wobei Gleichheit genau dann gilt, wenn $x = y$ ist.

Seien nun p_n die Eigenwerte von $\hat{\rho}$ mit den dazugehörigen normierten Eigenvektoren $|u_n\rangle$, und p'_m die Eigenwerte von $\hat{\rho}'$ mit den Eigenvektoren $|v_m\rangle$. Anwendung von Ungleichung (10) auf die positiven Zahlen p_n und p'_m ergibt

$$p_n \log p_n - p_n \log p'_m \geq p_n - p'_m \tag{11}$$

Wir multiplizieren diesen Ausdruck mit dem Quadrat des Skalarprodukts

$$|\langle u_n|v_m\rangle|^2 = \langle u_n|v_m\rangle\langle v_m|u_n\rangle \tag{12}$$

und summieren über m und n. Bei dem ersten Term $p_n \log p_n$ in Gl. (11) führt die Summe über m auf eine Zerlegung des Einsoperators in der Basis $\{|v_m\rangle\}$. Für jedes n erhalten wir dann: $\langle u_n|u_n\rangle = 1$. Die Summe über n liefert genau die Spur $\mathrm{Tr}\{\hat{\rho} \log \hat{\rho}\}$ (weil die $|u_n\rangle$ die Eigenvektoren auch dieses Operators sind, d. Ü.). Der zweite Term $p_n \log p'_m$ über m summiert ergibt

$$\sum_m \log(p'_m)\, |v_m\rangle\langle v_m| = \log \hat{\rho}' \tag{13}$$

so dass wir schreiben können

$$\sum_n \langle u_n|\, p_n \log \hat{\rho}'\, |u_n\rangle = \sum_n \langle u_n|\, \hat{\rho} \log \hat{\rho}'\, |u_n\rangle = \mathrm{Tr}\left\{\hat{\rho} \log \hat{\rho}'\right\} \tag{14}$$

Von den Termen auf der rechten Seite der Ungleichung (11) ergibt der mit p_n

$$\sum_{m,n} \langle v_m|u_n\rangle p_n \langle u_n|v_m\rangle = \sum_m \langle v_m|\, \hat{\rho}\, |v_m\rangle = \mathrm{Tr}\left\{\hat{\rho}\right\} = 1 \tag{15}$$

und der Term mit p'_m ergibt nach derselben Rechnung auch 1. Die beiden Terme heben sich also gegenseitig weg. Wir erhalten schließlich

$$\mathrm{Tr}\left\{\hat{\rho} \log \hat{\rho}\right\} - \mathrm{Tr}\left\{\hat{\rho} \log \hat{\rho}'\right\} \geq 0 \tag{16}$$

womit die Ungleichung (8) bewiesen ist.

Bemerkung:
Es stellt sich die Frage, unter welchen Bedingungen Gleichheit auftritt. Dazu muss in allen Ausdrücken (11) Gleichheit herrschen, solange das Skalarprodukt (12) nicht verschwindet.* Daraus folgt $p_n = p'_m$, d. h., die Operatoren $\hat{\rho}$ und $\hat{\rho}'$ müssen dieselben Eigenwerte haben. Weil das Skalarprodukt zwischen zwei Eigenvektoren mit verschiedenen Eigenwerten verschwinden muss, kann man zeigen, dass die Unterräume zusammenfallen, die die Eigenvektoren $|u_n\rangle$ und $|v_m\rangle$ zu einem gemeinsamen Eigenwert aufspannen. Mit anderen Worten, die beiden Operatoren haben dieselben Eigenwerte und dieselben Eigenunterräume, was mit $\hat{\rho} = \hat{\rho}'$ gleichbedeutend ist.†

---

* Anm. d. Ü.: Denn wir haben Gl. (16) durch eine Summe mit positiven Koeffizienten, eine sogenannte konvexe Summe, erhalten.

† Anm. d. Ü.: Aus diesen Gründen kann die Differenz in Gl. (16) als eine Art Metrik (oder Abstandsmaß) auf dem Raum der Dichteoperatoren aufgefasst werden, auch wenn sie nicht symmetrisch ist. Sie wird manchmal mit $D(\hat{\rho}\|\hat{\rho}')$ notiert und als *relative Entropie* [s. Gl. (17)] oder Kullback-Leibler-Abstand bezeichnet.

1-c Minimierung des thermodynamischen Potentials

Die Entropie eines Dichteoperators mit Spur 1 ist durch Gl. (6) in Anhang VI definiert:

$$S = -k_B \operatorname{Tr}\{\widehat{\rho} \log \widehat{\rho}\} \tag{17}$$

Das thermodynamische Potential im großkanonischen Ensemble wird *großkanonisches Potential* genannt und hängt mit $\widehat{\rho}$ über die Beziehung*

$$\Phi = \langle \widehat{H} \rangle - TS - \mu \langle \widehat{N} \rangle = \operatorname{Tr}\left\{\left[\widehat{H} + k_B T \log \widehat{\rho} - \mu \widehat{N}\right] \widehat{\rho}\right\} \tag{18}$$

zusammen (s. Anhang VI, § 1-c-β). Im Gleichgewicht hat das großkanonische Potential den Wert Φ_{eq}, den man durch Einsetzen von (5) in Gl. (18) erhält:

$$\begin{aligned}\Phi_{eq} &= \operatorname{Tr}\left\{\left[\widehat{H} + \beta^{-1}(-\beta\widehat{H} + \beta\mu\widehat{N} - \log Z) - \mu\widehat{N}\right] \widehat{\rho}_{eq}\right\} \\ &= -\beta^{-1}(\log Z) \operatorname{Tr}\{\widehat{\rho}_{eq}\}\end{aligned} \tag{19}$$

also

$$\Phi_{eq} = -k_B T \log Z \quad \text{oder} \quad Z = e^{-\beta\Phi_{eq}} \tag{20}$$

Sei $\widehat{\rho}$ nun ein beliebiger Dichteoperator und Φ das daraus gemäß Gl. (18) bestimmte Potential. Dann folgt aus den Gleichungen (5) und (20)

$$-\beta(\widehat{H} - \mu\widehat{N}) = \log \widehat{\rho}_{eq} + \log Z = \log \widehat{\rho}_{eq} - \beta\Phi_{eq} \tag{21}$$

Dies eingesetzt in Gl. (18) ergibt

$$\begin{aligned}\Phi &= \operatorname{Tr}\left\{\beta^{-1}\left(-\log \widehat{\rho}_{eq} + \beta\Phi_{eq} + \log \widehat{\rho}\right) \widehat{\rho}\right\} \\ &= \beta^{-1} \operatorname{Tr}\{(-\log \widehat{\rho}_{eq} + \log \widehat{\rho}) \widehat{\rho}\} + \Phi_{eq}\end{aligned} \tag{22}$$

Aber aus der Beziehung (16) mit $\widehat{\rho}' = \widehat{\rho}_{eq}$ folgt

$$\operatorname{Tr}\{(\log \widehat{\rho} - \log \widehat{\rho}_{eq}) \widehat{\rho}\} \geq 0 \tag{23}$$

So können wir aus Gl. (22) schließen, dass für jeden Dichteoperator $\widehat{\rho}$ mit der Spur 1 gilt

$$\Phi \geq \Phi_{eq} \tag{24}$$

wobei die Gleichheit genau dann auftritt, wenn $\widehat{\rho} = \widehat{\rho}_{eq}$.

---

* Anm. d. Ü.: In der deutschen und englischen Literatur wird für das großkanonische Potential (6) häufig die Notation Ω verwendet.

Die Ungleichung (24) erlaubt uns also, das folgende Variationsverfahren zu formulieren:

- Konstruiere eine Familie von Dichteoperatoren $\widehat{\rho}$ der Spur 1.
- Suche in dieser Familie den Operator, der den kleinsten Wert des großkanonischen Potentials Φ liefert. Diesen Operator nennen wir den *optimalen Operator* innerhalb der Familie.
- Der optimale Operator liefert uns eine obere Schranke für das Potential Φ_{eq}, deren Fehler von der zweiten Ordnung in dem Fehler (d. h. der Abweichung zwischen $\widehat{\rho}$ und $\widehat{\rho}_{\text{eq}}$) ist.

2 Durchführung der Variationsrechnung

Ausgerüstet mit diesem Variationsprinzip werden wir nun einen Ansatz für eine Familie von Dichteoperatoren konstruieren, mit dem man auch konkret rechnen kann.*

2-a Ansatz für den Dichteoperator

Die Hartree-Fock-Methode stützt sich auf die Hypothese, dass man bereits eine gute Näherung für das Problem erhält, wenn man annimmt, dass jedes Teilchen von den anderen unabhängig ist, wobei es sich freilich in einem mittleren Potential bewegt, das die anderen Teilchen erzeugen. Die Näherung besteht darin, den Dichteoperator als Gleichgewichtszustand zu einem Hamilton-Operator $\widetilde{H}$ zu konstruieren, der N unabhängige Teilchen beschreibt:

$$\widetilde{H} = \sum_{q=1}^{N} \widetilde{h}(q) \tag{25}$$

[Natürlich unterscheidet sich $\widetilde{H}$ von dem exakten Hamilton-Operator $\widehat{H}$ aus Gl. (1).] Wir führen eine Basis von Eigenzuständen $|\widetilde{\theta}_k\rangle$ des Einteilchenoperators $\widetilde{h}$ ein und die dazugehörigen Erzeugungs- und Vernichtungsoperatoren:

$$a_k^\dagger |0\rangle = |\widetilde{\theta}_k\rangle \quad \text{mit} \quad \widetilde{h}|\widetilde{\theta}_k\rangle = \widetilde{e}_k|\widetilde{\theta}_k\rangle \tag{26}$$

Den symmetrischen Einteilchenoperator $\widetilde{H}$ können wir gemäß Gl. (B-14) aus Kapitel XV aufschreiben:

$$\widetilde{H} = \sum_k \widetilde{e}_k a_k^\dagger a_k \tag{27}$$

wobei die reellen Konstanten $\widetilde{e}_k$ gerade die Eigenwerte von $\widetilde{h}$ sind.

* Anm. d. Ü.: Es ist anzumerken, dass bislang nirgendwo eine Wahl zwischen Bosonen oder Fermionen getroffen werden musste. Der Leser wird sehen, dass der Formalismus beide Fälle in weiten Teilen „parallel" behandeln kann.

Wir wählen als Ansatz für den Dichteoperator im Fock-Raum die Operatoren $\widetilde{\rho}$, die wir als Gleichgewichtszustände im großkanonischen Ensemble [s. Gl. (5) sowie Gl. (42) in Anhang VI] kennengelernt haben:

$$\widetilde{\rho} = \widetilde{Z}^{-1} \exp\left[-\beta(\widetilde{H} - \mu\widehat{N})\right] \tag{28}$$

Dabei ist β die inverse Temperatur [s. Gl. (4)], $\widehat{N}$ der Teilchenzahloperator und μ das chemische Potential. Die Zustandssumme $\widetilde{Z}$ normiert die Spur von $\widetilde{\rho}$:

$$\widetilde{Z} = \text{Tr}\left\{\exp\left[-\beta(\widetilde{H} - \mu\widehat{N})\right]\right\} \tag{29}$$

Die freien Parameter in unserem Variationsverfahren sind also die Zustände $|\widetilde{\theta}_k\rangle$ (eine Orthonormalbasis in dem Einteilchen-Zustandsraum) und ihre Energien $\widetilde{e}_k$. Sie bestimmen die Operatoren $\{a_k\}$ und $\widetilde{H}$ (während β und μ vorgegeben sind, d. Ü.). Das Ziel der Variationsrechnung ist es, diejenigen Parameter zu finden, die das großkanonische Potential

$$\widetilde{\Phi} = \text{Tr}\left\{\left[\widehat{H} + k_{\text{B}}T \log\widetilde{\rho} - \mu\widehat{N}\right]\widetilde{\rho}\right\} \tag{30}$$

minimieren.

Aufgrund von Gl. (27) und Gl. (28) haben wir

$$\widetilde{\rho} = \frac{1}{\widetilde{Z}} \exp\left[-\sum_k \beta(\widetilde{e}_k - \mu)\, a_k^\dagger a_k\right] \tag{31}$$

Die folgenden Rechnungen werden dadurch vereinfacht, dass der Fock-Raum als ein Tensorprodukt von unabhängigen Zustandsräumen aufgefasst werden kann, die zu je einem Einteilchenzustand $|\widetilde{\theta}_k\rangle$ gehören. Den Ansatz (31) für den Dichteoperator können wir etwa als ein Tensorprodukt von Operatoren aufschreiben, von denen jeder nur auf eine Mode k wirkt:

$$\widetilde{\rho} = \frac{1}{\widetilde{Z}} \bigotimes_k \exp\left[-\beta(\widetilde{e}_k - \mu)\, a_k^\dagger a_k\right] \tag{32}$$

2-b Zustandssumme und Verteilungsfunktionen

Der Ausdruck (32) hat dieselbe Struktur wie der Dichteoperator (5) aus Ergänzung B_{XV}, bis auf die Ersetzung der Einteilchenenergien $e_k = \hbar^2 k^2/2m$ durch die Energien $\widetilde{e}_k$ (die wir bislang nicht kennen). Diese Ersetzung berührt nicht seine mathematische Form, so dass wir direkt die Ergebnisse aus Ergänzung B_{XV} übernehmen dürfen.

α Zustandssumme

Die Funktion $\widetilde{Z}$ hängt nur von den Variationsparametern $\widetilde{e}_k$ ab. In der Tat kann man die Spur von (32) in der Basis der Anzahlzustände $\{|n_k\rangle, n_k = 0, 1 \ldots\}$ für jede Mode k

berechnen. Das Ergebnis ist

$$\widetilde{Z} = \prod_k \sum_{n_k} \exp\left[-n_k\beta(\widetilde{e}_k - \mu)\right] \tag{33}$$

Wir erhalten also einen Ausdruck ähnlich dem für das ideale Gas [s. Gl. (7) aus Ergänzung B_{XV}].

Für Fermionen sind die erlaubten Besetzungszahlen $n_k = 0, 1$ und wir haben

$$\widetilde{Z}_F = \prod_k \left[1 + e^{-\beta(\widetilde{e}_k - \mu)}\right] \tag{34}$$

während für Bosonen n_k über die natürlichen Zahlen von 0 bis unendlich läuft, so dass

$$\widetilde{Z}_B = \prod_k \frac{1}{1 - e^{-\beta(\widetilde{e}_k - \mu)}} \tag{35}$$

Beide Fälle können wir zusammenfassen

$$\log \widetilde{Z} = -\eta \sum_k \log\left[1 - \eta\, e^{-\beta(\widetilde{e}_k - \mu)}\right] \tag{36}$$

mit $\eta = +1$ für Bosonen und $\eta = -1$ für Fermionen.

Die Entropie kann man genauso berechnen. Weil der Ansatz $\widetilde{\rho}$ die Struktur eines idealen Gases im thermischen Gleichgewicht hat, dürfen wir die Formeln aus Ergänzung B_{XV} (Gas ohne Wechselwirkungen) sofort auf das System, das durch $\widetilde{\rho}$ beschrieben wird, übertragen.

β Reduzierter Einteilchen-Dichteoperator

Berechnen wir nun den Mittelwert von $a_i^\dagger a_j$ in dem gemischten Zustand $\widetilde{\rho}$:

$$\langle a_i^\dagger a_j \rangle_{\widetilde{\rho}} = \mathrm{Tr}\left\{a_i^\dagger a_j \widetilde{\rho}\right\} \tag{37}$$

Dem § 2-c in Ergänzung B_{XV} entnehmen wir

$$\mathrm{Tr}\left\{a_i^\dagger a_j \widetilde{\rho}\right\} = \delta_{ij} f_\beta(\widetilde{e}_i - \mu) \tag{38}$$

wobei f_β die Verteilungsfunktion (mittlere Besetzungszahl) ist. Für Fermionen und Bosonen ist dies jeweils die Fermi-Dirac- bzw. Bose-Einstein-Verteilung:

$$f_\beta(\varepsilon - \mu) = \begin{cases} f_\beta^{\mathrm{FD}}(\varepsilon - \mu) = \dfrac{1}{e^{\beta(\varepsilon-\mu)} + 1} & \text{für Fermionen} \\ f_\beta^{\mathrm{BE}}(\varepsilon - \mu) = \dfrac{1}{e^{\beta(\varepsilon-\mu)} - 1} & \text{für Bosonen} \end{cases} \tag{39}$$

Wenn das System also durch den Dichteoperator $\widetilde{\rho}$ beschrieben wird, dann sind die mittleren Besetzungen der Einteilchenzustände $|\widetilde{\theta}_k\rangle$ durch die üblichen Fermi-Dirac- und Bose-Einstein-Verteilungen gegeben. Von nun an werden wir, um die Notation zu verschlanken, die Zustände $|\widetilde{\theta}_k\rangle$ einfach mit $|\theta_k\rangle$ bezeichnen.

Wir führen einen *reduzierten Einteilchen-Dichteoperator* $\tilde{\rho}_1(1)$ ein:[2]

$$\tilde{\rho}_1(1) = \sum_k f_\beta(\tilde{e}_k - \mu)\,|1:\theta_k\rangle\langle 1:\theta_k| \tag{40}$$

Der Index 1 weist darauf hin, dass es sich um einen Einteilchenoperator handelt, im Unterschied zu $\tilde{\rho}$, der auf dem viel größeren Fock-Raum wirkt. Mit dem Argument (1) indizieren wir ein beliebig gewähltes Teilchen, es hat nichts mit der anfänglichen Nummerierung $q = 1, \ldots N$ der Teilchen zu tun [s. z. B. Gl. (2) und Gl. (3)]. Die diagonalen Matrixelemente von $\tilde{\rho}_1(1)$ sind die Besetzungen der Einteilchenzustände. Mit diesem Operator kann man also alle Mittelwerte von Einteilchenoperatoren $\widehat{M}$ berechnen:

$$\langle \widehat{M} \rangle_{\tilde{\rho}} = \operatorname{Tr}\left\{\widehat{M}\,\tilde{\rho}\right\} \tag{41}$$

Unter Verwendung von Gl. (B-12) aus Kapitel XV und Gl. (38) erhält man in der Tat:[3]

$$\begin{aligned}\langle \widehat{M} \rangle_{\tilde{\rho}} &= \sum_{k,l} \langle\theta_k|\,\widehat{m}\,|\theta_l\rangle \operatorname{Tr}\left\{a_k^\dagger a_l\,\tilde{\rho}\right\} = \sum_k \langle\theta_k|\,\widehat{m}\,|\theta_k\rangle\, f_\beta(\tilde{e}_k - \mu) \\ &= \sum_k \langle\theta_k|\,\widehat{m}\,\tilde{\rho}_1(1)\,|\theta_k\rangle \end{aligned} \tag{42}$$

was gerade

$$\langle \widehat{M} \rangle_{\tilde{\rho}} = \operatorname{Tr}_1\left\{\widehat{m}\,\tilde{\rho}_1(1)\right\} \tag{43}$$

ergibt. Es ist bequem, den Dichteoperator $\tilde{\rho}_1(1)$ zu verwenden, denn wir werden sehen, dass man mit seiner Hilfe in einfacher Weise alle Mittelwerte berechnen kann, die im Hartree-Fock-Verfahren auftreten. Die Variationsrechnung läuft also darauf hinaus, $\tilde{\rho}_1(1)$ zu variieren. Dieser Operator fasst in gewisser Weise die Eigenschaften des Ansatzes $\tilde{\rho}$ für den Dichteoperator im Fock-Raum [Gl. (28)] zusammen. Er spielt dieselbe Rolle wie der Projektor P_N, der in Ergänzung E_{XV} eingeführt wird und die wesentlichen Eigenschaften des Ansatzes für den N-Teilchen-Zustandsvektor zusammenfasst.[4] Etwas allgemeiner kann man sagen, dass die zentrale Idee der Hartree-Fock-Methode darin besteht, die Zweiteilchen-Korrelationsfunktionen des Systems auf Korrelationen zurückzuführen, die nur ein Teilchen betreffen.* (Wir kommen auf diesen Punkt noch ausführlicher in Ergänzung C_{XVI}, § 2-b zurück.)

2 Die Spur dieses reduzierten Operators ist nicht gleich eins, im Unterschied zu den üblichen Dichteoperatoren, sondern ergibt die mittlere Teilchenzahl, vgl. Gl. (44). Diese Normierung ist für Vielteilchensysteme mit einer großen Teilchenzahl bequemer.

3 Wir wechseln von der Notation $\widehat{F}$ und $\widehat{f}$ aus Kapitel XV auf $\widehat{M}$ und $\widehat{m}$, um Verwechslungen mit den Verteilungsfunktionen f_β zu vermeiden.

4 Für Fermionen geht bei verschwindender Temperatur die Verteilungsfunktion f_β^{FD} in eine Stufenfunktion über. In diesem Grenzfall fallen $\rho_1(1)$ und $P_N(1)$ in der Tat zusammen.

* Anm. d. Ü.: Die „Ordnung" einer Korrelationsfunktion kann man in der zweiten Quantisierung daran ablesen, wie viele Faktoren von Vernichtungsoperatoren darin auftreten.

Der Mittelwert des Operators $\widehat{N}$ für die Gesamtteilchenzahl ist

$$\langle \widehat{N} \rangle_{\widetilde{\rho}} = \mathrm{Tr}\left\{\widehat{N}\,\widetilde{\rho}\right\} = \mathrm{Tr}_1\left\{\widetilde{\rho}_1(1)\right\} = \sum_{i=1}^{\infty} f_\beta(\widetilde{e}_i - \mu) \tag{44}$$

Beide Verteilungsfunktionen f_β^{FD} und f_β^{BE} wachsen als Funktion von μ; bei einer festen Temperatur wird die Gesamtteilchenzahl über das chemische Potential eingestellt. Haben wir es mit einem makroskopischen System mit dicht beieinander liegenden Energieniveaus zu tun, dann könne wir die Summe über die orbitalen Anteile der Einteilchenzustände in Gl. (44) durch ein Integral ersetzen. In Ergänzung B_{XV} zeigt Abb. 1 das Verhalten der Fermi-Dirac- und Bose-Einstein-Verteilungen. Wir haben dort ebenfalls bemerkt, dass das chemische Potential für ein System von Bosonen immer kleiner als das Minimum e_0 der Energien e_i sein muss. Nähert sich μ diesem Wert von unten, dann divergiert die Besetzung des entsprechenden Niveaus – wir haben es dann mit dem Phänomen der Bose-Einstein-Kondensation zu tun, auf das wir in der nächsten Ergänzung zurückkommen. Bei Fermionen gibt es dagegen keine obere Schranke für das chemische Potential, denn die Besetzung der Zustände kann niemals größer als eins werden.

γ Zweiteilchenoperator, Verteilungsfunktionen

Wir betrachten nun einen beliebigen Zweiteilchenoperator $\widehat{G}$ und berechnen seinen Mittelwert bezüglich des Dichteoperators $\widetilde{\rho}$. Aus Kapitel XV, Gl. (C-16) entnehmen wir einen allgemeinen Ausdruck für einen symmetrischen Zweiteilchenoperator, der für unseren Fall auf

$$\langle \widehat{G} \rangle_{\widetilde{\rho}} = \mathrm{Tr}\left\{\widehat{G}\,\widetilde{\rho}\right\} = \frac{1}{2}\sum_{i,j,k,l} \langle 1:\theta_i; 2:\theta_j|\,\widehat{g}(1,2)\,|1:\theta_k; 2:\theta_l\rangle\, \mathrm{Tr}\left\{a_i^\dagger a_j^\dagger a_l a_k\,\widetilde{\rho}\right\} \tag{45}$$

führt. Die weiteren Überlegungen sind analog zu denen aus Ergänzung E_{XV}, § 2-a. Wir werden die Molekularfeldnäherung verwenden, um den Mittelwert dieses Zweiteilchenoperators auf Mittelwerte von Einteilchenoperatoren zurückzuführen. Dazu können wir z. B. aus Ergänzung B_{XV} die Gleichung (43) verwenden:

$$\mathrm{Tr}\left\{a_i^\dagger a_j^\dagger a_l a_k\,\widetilde{\rho}\right\} = \left[\delta_{ik}\delta_{jl} + \eta\,\delta_{il}\delta_{jk}\right] f_\beta(\widetilde{e}_i - \mu) f_\beta(\widetilde{e}_j - \mu) \tag{46}$$

Es ergibt sich also

$$\langle \widehat{G} \rangle_{\widetilde{\rho}} = \frac{1}{2}\sum_{i,j} f_\beta(\widetilde{e}_i - \mu) f_\beta(\widetilde{e}_j - \mu) \\ \times \left[\langle 1:\theta_i; 2:\theta_j|\,\widehat{g}(1,2)\,|1:\theta_i; 2:\theta_j\rangle + \eta\,\langle 1:\theta_i; 2:\theta_j|\,\widehat{g}(1,2)\,|1:\theta_j; 2:\theta_i\rangle\right] \tag{47}$$

was wir wegen Gl. (40) auch durch den Einteilchen-Dichteoperator ausdrücken können:

$$\langle \widehat{G} \rangle_{\widetilde{\rho}} = \frac{1}{2}\sum_{i,j} \langle 1:\theta_i|\widetilde{\rho}_1(1)|1:\theta_i\rangle\, \langle 2:\theta_j|\widetilde{\rho}_1(2)\,|2:\theta_j\rangle \\ \times \langle 1:\theta_i; 2:\theta_j|\,\widehat{g}(1,2)\,\left[1 + \eta P_{\mathrm{ex}}(1,2)\right]|1:\theta_i; 2:\theta_j\rangle \tag{48}$$

Hier bezeichnet $P_{\text{ex}}(1,2)$ den Austauschoperator zwischen den Teilchen 1 und 2. Wegen

$$\langle 1:\theta_i|\widetilde{\rho}_1(1)|1:\theta_i\rangle\ \langle 2:\theta_j|\widetilde{\rho}_1(2)\,|2:\theta_j\rangle = \langle 1:\theta_i;2:\theta_j|\,\widetilde{\rho}_1(1)\otimes\widetilde{\rho}_1(2)\,|1:\theta_i;2:\theta_j\rangle \quad (49)$$

und weil die Operatoren $\widetilde{\rho}_1(1)$ und $\widetilde{\rho}_1(2)$ diagonal in der Zustandsbasis $\{|\theta_i\rangle\}$ sind, dürfen wir die rechte Seite von Gl. (48) in der Form

$$\frac{1}{2}\sum_{i,j}\langle 1:\theta_i;2:\theta_j|\,[\widetilde{\rho}_1(1)\otimes\widetilde{\rho}_1(2)]\ \widehat{g}(1,2)\ [1+\eta P_{\text{ex}}(1,2)]\,|1:\theta_i;2:\theta_j\rangle \quad (50)$$

schreiben, was nichts anderes als die Spur über zwei Teilchen 1 und 2 darstellt:

$$\langle\widehat{G}\rangle_{\widetilde{\rho}} = \frac{1}{2}\,\mathrm{Tr}_{1,2}\left\{[\widetilde{\rho}_1(1)\otimes\widetilde{\rho}_1(2)]\ \widehat{g}(1,2)\ [1+\eta P_{\text{ex}}(1,2)]\right\} \quad (51)$$

Wie oben angekündigt, haben wir den Mittelwert des Zweiteilchenoperators $\widehat{G}$ im Rahmen der Hartree-Fock-Näherung durch den reduzierten Einteilchen-Dichteoperator $\widetilde{\rho}_1$ ausdrücken können. Wir halten fest, dass diese Beziehung nichtlinear ist.

Bemerkung:
Wir können die Analogie zu den Rechnungen aus Ergänzung E_{XV} noch unterstreichen, indem wir von dort die Gleichungen (57) und (58) zusammenfassen und die Wechselwirkungsenergie als

$$\langle\widehat{W}_{\text{int}}\rangle = \frac{1}{2}\,\mathrm{Tr}_{1,2}\left\{[P_N(1)\otimes P_N(2)]\ W_2(1,2)\ [1+\eta P_{\text{ex}}(1,2)]\right\} \quad (52)$$

aufschreiben. Ersetzen wir hier $W_2(1,2)$ durch $\widehat{g}(1,2)$, dann erkennen wir eine Beziehung wieder, die Gl. (51) ganz ähnlich ist. Der einzige Unterschied ist, dass die Projektoren P_N durch die Einteilchenoperatoren $\widetilde{\rho}_1$ zu ersetzen sind. Wir kommen in § 3-d auf den Zusammenhang zwischen den Ergebnissen für Temperatur null und eine endliche Temperatur zurück.

2-c Ausdruck für das großkanonische Potential

Wir müssen nun das großkanonische Potential $\widetilde{\Phi}$ aus Gl. (30) auswerten. Die exponentielle Form unseres Ansatzes (28) für den Dichteoperator liefert sofort einen Ausdruck für $\log\widetilde{\rho}$. Die Terme mit $\mu\widehat{N}$ heben sich dann gegenseitig auf, und wir erhalten

$$\widetilde{\Phi} = \mathrm{Tr}\left\{\left[\widehat{H}-\widetilde{H}\right]\widetilde{\rho}\right\} - k_{\text{B}}T\log\widetilde{Z} \quad (53)$$

Auszuwerten bleibt also noch der Mittelwert bezüglich $\widetilde{\rho}$ der Differenz zwischen dem vollständigen Hamilton-Operator $\widehat{H}$ [Gl. (1)] und seiner Einteilchennäherung $\widetilde{H}$ [Gl. (25)].

Wir berechnen zunächst den ersten Term

$$\mathrm{Tr}\left\{\widehat{H}\,\widetilde{\rho}\right\} = \langle\widehat{H}\rangle_{\widetilde{\rho}} \quad (54)$$

und beginnen dazu mit der kinetischen Energie $\widehat{H}_0$ in Gl. (1). Sei K_0 der Operator der kinetischen Energie für ein Teilchen:

$$K_0 = \frac{\mathbf{P}^2}{2m} \tag{55}$$

(m ist die Masse der Teilchen). Der Ausdruck (43) angewandt auf $\widehat{H}_0$ liefert sofort den Mittelwert der kinetischen Energie im Zustand $\widetilde{\rho}$:

$$\langle \widehat{H}_0 \rangle_{\widetilde{\rho}} = \mathrm{Tr}_1 \left\{ K_0\, \widetilde{\rho}_1(1) \right\} = \sum_i \langle \theta_i | \, K_0 \, | \theta_i \rangle \, f_\beta(\widetilde{e}_i - \mu) \tag{56}$$

Dieses Ergebnis kann man einfach verstehen: Jeder Einteilchenzustand trägt mit seiner mittleren kinetischen Energie bei, gewichtet mit seiner Besetzungszahl.

Den Mittelwert $\langle \widehat{V}_{\text{ext}} \rangle_{\widetilde{\rho}}$ berechnet man genauso:

$$\langle \widehat{V}_{\text{ext}} \rangle_{\widetilde{\rho}} = \mathrm{Tr}_1 \left\{ V_1\, \widetilde{\rho}_1(1) \right\} = \sum_i \langle \theta_i | \, V_1 \, | \theta_i \rangle \, f_\beta(\widetilde{e}_i - \mu) \tag{57}$$

Wie in Ergänzung B_{XV} bezeichnet der Operator V_1 das äußere Potential pro Teilchen.

Im Mittelwert von $\widehat{H}$ bleibt nun noch die Spur $\mathrm{Tr}\{\widehat{W}_{\text{int}}\, \widetilde{\rho}\}$ übrig: die mittlere Wechselwirkungsenergie, wenn das System durch $\widetilde{\rho}$ beschrieben wird. Mit Beziehung (51) können wir diesen Mittelwert als eine doppelte Spur aufschreiben:

$$\langle \widehat{W}_{\text{int}} \rangle_{\widetilde{\rho}} = \frac{1}{2} \mathrm{Tr}_{1,2} \left\{ \left[\widetilde{\rho}_1(1) \otimes \widetilde{\rho}_1(2) \right] \, W_2(1,2) \left[1 + \eta P_{\text{ex}}(1,2) \right] \right\} \tag{58}$$

Kommen wir schließlich zum Mittelwert von $\widetilde{H}$. Die Rechnung ist hier einfacher, weil dieser Operator, wie $\widehat{H}_0$, ein Einteilchenoperator ist. Außerdem sind die Zustände $|\theta_i\rangle$ per Konstruktion [vgl. Gl. (26)] die Eigenvektoren von $\widetilde{h}$ mit den Eigenwerten $\widetilde{e}_i$. Wenn wir also in Gl. (56) die Ersetzung $\widehat{H}_0 \mapsto \widetilde{H}$ vornehmen, erhalten wir

$$\langle \widetilde{H} \rangle_{\widetilde{\rho}} = \sum_i \langle \theta_i | \, \widetilde{e}_i \, | \theta_i \rangle \, f_\beta(\widetilde{e}_i - \mu) = \sum_i \widetilde{e}_i f_\beta(\widetilde{e}_i - \mu) \tag{59}$$

Wir fassen diese Ausdrücke zusammen und verwenden den Ausdruck (36) für die Zustandssumme. Im Ergebnis erhalten wir das großkanonische Potential als eine Summe von drei Termen:

$$\widetilde{\Phi} = \widetilde{\Phi}_1 + \widetilde{\Phi}_2 + \widetilde{\Phi}_3 \tag{60}$$

mit

$$\begin{aligned} \widetilde{\Phi}_1 &= \mathrm{Tr}_1 \left\{ \widetilde{\rho}_1(1) \, \left[K_0 + V_1 \right] \right\} \\ \widetilde{\Phi}_2 &= \frac{1}{2} \mathrm{Tr}_{1,2} \left\{ \left[\widetilde{\rho}_1(1) \otimes \widetilde{\rho}_1(2) \right] \, W_2(1,2) \left[1 + \eta P_{\text{ex}}(1,2) \right] \right\} \\ \widetilde{\Phi}_3 &= \sum_i \left\{ -\widetilde{e}_i f_\beta(\widetilde{e}_i - \mu) + \eta \, k_{\mathrm{B}} T \log \left[1 - \eta \, \mathrm{e}^{-\beta(\widetilde{e}_i - \mu)} \right] \right\} \end{aligned} \tag{61}$$

2-d Optimierung

Jetzt geht es darum, denjenigen Dichteoperator $\widetilde{\rho}$ zu finden, der den Mittelwert $\widetilde{\Phi}$ des Potentials minimiert. Dazu variieren wir die Eigenwerte $\widetilde{e}_k$ und die Zustände $|\theta_k\rangle$ von $\widetilde{H}$. Wir beginnen mit dem zweiten Punkt und variieren die Eigenzustände. Der Summand $\widetilde{\Phi}_3$ in Gl. (61) ändert sich dabei nicht. Die Rechnungen sind im Grunde sehr ähnlich zu denen aus Ergänzung E_{XV}, mit denselben Zwischenschritten: Variation der Zustandsvektoren und dann der Nachweis, dass die Bedingung für ein stationäres Potential äquivalent zu einem Satz von Eigenwertgleichungen für einen Hartree-Fock-Operator (ein Einteilchenoperator) ist. Wir führen die Berechnung hier trotzdem aus, weil es ein paar Unterschiede gibt. Insbesondere ist die Anzahl der variierten Zustände $|\theta_i\rangle$ nicht mehr über die Teilchenzahl N festgelegt, anders als in Ergänzung E_{XV}. Diese Zustände bilden eine vollständige Basis im Einteilchen-Zustandsraum, und im Allgemeinen gibt es unendlich viele davon. Es ist also nicht mehr möglich, einen (oder mehrere) Zustände so zu variieren, dass die Variation orthogonal zu allen anderen $|\theta_j\rangle$ ist – sie muss notwendigerweise eine Linearkombinationen der letzteren sein. In einem zweiten Schritt variieren wir die Energien $\widetilde{e}_k$.

α Variation der Eigenzustände

Wenn wir die Eigenzustände $|\theta_i\rangle$ variieren, müssen wir die Orthonormierungsbedingungen

$$\langle\theta_i|\theta_j\rangle = \delta_{ij} \tag{62}$$

beachten. Es wäre das Einfachste, nur einen von ihnen zu variieren, etwa $|\theta_l\rangle$, und zwar in folgender Form:

$$|\theta_l\rangle \quad \mapsto \quad |\theta_l\rangle + |\delta\theta_l\rangle \tag{63}$$

Allerdings würden uns die Relationen (62) dann die Bedingung

$$\langle\theta_i|\delta\theta_l\rangle = 0 \quad \text{für alle} \quad i \neq l \tag{64}$$

auferlegen, d. h., die Komponenten von $|\delta\theta_l\rangle$ müssten entlang aller Basisvektoren $|\theta_i\rangle$ (mit $i \neq l$) verschwinden. Es bliebe also nur die Möglichkeit, dass $|\delta\theta_l\rangle$ kollinear mit $|\theta_l\rangle$ ist. Weil dieser Zustand aber normiert bleiben muss, wäre die einzig erlaubte Variation eine Änderung der Phase – was aber physikalisch nichts ändern würde, weder den Dichteoperator $\widetilde{\rho}_1(1)$ noch irgendeinen Mittelwert bezüglich des Dichteoperators $\widetilde{\rho}$. Diese Variation ist also unwirksam und damit uninteressant.

Es ist sinnvoller, gleichzeitig zwei Eigenvektoren zu variieren, etwa $|\theta_l\rangle$ und $|\theta_m\rangle$. So kann man dem Zustand $|\theta_l\rangle$ eine Komponente entlang $|\theta_m\rangle$ geben (und umgekehrt). Der Unterraum, den diese beiden Vektoren erzeugen, wird dadurch nicht verändert, und sie bleiben orthogonal zu allen anderen Basisvektoren. Wir werden also zwei Vektoren folgende infinitesimale Variationen geben (dabei seien die Energien $\widetilde{e}_l$ und $\widetilde{e}_m$ unverändert):

$$\begin{cases} |\delta\theta_l\rangle &= \delta\alpha\, \mathrm{e}^{\mathrm{i}\chi}\, |\theta_m\rangle \\ |\delta\theta_m\rangle &= -\delta\alpha\, \mathrm{e}^{-\mathrm{i}\chi}\, |\theta_l\rangle \end{cases} \quad \text{mit } l \neq m \tag{65}$$

Hier ist $\delta\alpha$ eine infinitesimale reelle Zahl und χ eine beliebige Phase. Man überprüft leicht, dass bis zur ersten Ordnung in $\delta\alpha$ die Variation der Norm $\langle\theta_l|\theta_l\rangle$ verschwindet (sie enthält das Skalarprodukt $\langle\theta_l|\theta_m\rangle = 0$ und sein komplex Konjugiertes). Dasselbe gilt für die Norm $\langle\theta_m|\theta_m\rangle$. Für das Skalarprodukt finden wir schließlich

$$\delta\langle\theta_l|\theta_m\rangle = \delta\alpha\, \mathrm{e}^{-\mathrm{i}\chi}\, \langle\theta_m|\theta_m\rangle - \delta\alpha\, \mathrm{e}^{-\mathrm{i}\chi}\, \langle\theta_l|\theta_l\rangle = 0 \tag{66}$$

Die Variationen (65) sind also für jeden Wert von χ zulässig.

Wir können nun berechnen, welche Änderung der Operator $\widetilde{\rho}_1(1)$, definiert in Gl. (40), erfährt. In der Summe über k ändern sich nur die Terme mit $k = l$ und $k = m$. Der erste liefert

$$\delta\alpha\, f_\beta(\widetilde{e}_l - \mu)\left(\mathrm{e}^{\mathrm{i}\chi}\, |\theta_m\rangle\langle\theta_l| + \mathrm{e}^{-\mathrm{i}\chi}\, |\theta_l\rangle\langle\theta_m|\right) \tag{67}$$

während der zweite ($k = m$) einen ähnlichen Ausdruck ergibt, wobei statt der Verteilungsfunktion $f_\beta(\widetilde{e}_l - \mu)$ der Wert $-f_\beta(\widetilde{e}_m - \mu)$ auftritt. Zusammengefasst:

$$\delta\widetilde{\rho}_1(1) = \delta\alpha\left[f_\beta(\widetilde{e}_l - \mu) - f_\beta(\widetilde{e}_m - \mu)\right]\left(\mathrm{e}^{\mathrm{i}\chi}\, |\theta_m\rangle\, \langle\theta_l| + \mathrm{e}^{-\mathrm{i}\chi}\, |\theta_l\rangle\, \langle\theta_m|\right) \tag{68}$$

Diese Variation müssen wir nun in die drei Terme des großkanonischen Potentials [Gl. (61)] einsetzen. Die Verteilungen f_β ändern sich nicht, so dass nur die Terme $\widetilde{\Phi}_1$ und $\widetilde{\Phi}_2$ betroffen sind. Die infinitesimale Änderung von $\widetilde{\Phi}_1$ kann man so schreiben:

$$\delta\widetilde{\Phi}_1 = \mathrm{Tr}_1\left\{\delta\widetilde{\rho}_1(1)\left[K_0 + V_1\right]\right\} \tag{69}$$

Der Ausdruck $\delta\widetilde{\Phi}_2$ mit der Wechselwirkung enthält zwei Beiträge: Einer entsteht aus $\delta\widetilde{\rho}_1(1)$, der andere aus $\delta\widetilde{\rho}_1(2)$. Beide sind allerdings gleich, weil der Operator $W_2(1,2)$ symmetrisch ist, die beiden Teilchen 1 und 2 spielen also gleichwertige Rollen. Auf diese Weise kürzt sich der Vorfaktor 1/2 und man erhält

$$\delta\widetilde{\Phi}_2 = \mathrm{Tr}_{1,2}\left\{\left[\delta\widetilde{\rho}_1(1) \otimes \widetilde{\rho}_1(2)\right] W_2(1,2)\left[1 + \eta P_{\mathrm{ex}}(1,2)\right]\right\} \tag{70}$$

Die Ausdrücke (69) und (70) können wir zusammenfassen, weil man für jeden Operator $O(1,2)$ die doppelte Spur wie folgt aufteilen kann:[5]

$$\mathrm{Tr}_{1,2}\left\{\delta\widetilde{\rho}_1(1)\,O(1,2)\right\} = \mathrm{Tr}_1\left\{\delta\widetilde{\rho}_1(1)\;\mathrm{Tr}_2\{O(1,2)\}\right\} \tag{71}$$

Für unseren Fall bedeutet dies

$$\delta\widetilde{\Phi} = \delta\widetilde{\Phi}_1+\delta\widetilde{\Phi}_2 = \mathrm{Tr}_1\left\{\delta\widetilde{\rho}_1(1)\left[K_0 + V_1 + \mathrm{Tr}_2\left\{\widetilde{\rho}_1(2)W_2(1,2)\left[1+\eta P_{\mathrm{ex}}(1,2)\right]\right\}\right]\right\} \tag{72}$$

Nun können wir den Ausdruck (68) für die Variation $\delta\widetilde{\rho}_1(1)$ einsetzen. Zwei Terme ergeben sich, einer mit $e^{i\chi}$, der andere mit $e^{-i\chi}$. Der zweite davon ist

$$\begin{aligned}&\delta\alpha e^{-i\chi}\left[f_\beta(\widetilde{e}_l-\mu)-f_\beta(\widetilde{e}_m-\mu)\right]\\&\quad\times\mathrm{Tr}_1\left\{|\theta_l\rangle\langle\theta_m|\left[K_0+V_1+\mathrm{Tr}_2\left\{\widetilde{\rho}_1(2)W_2(1,2)\left[1+\eta P_{\mathrm{ex}}(1,2)\right]\right\}\right]\right\}\end{aligned} \tag{73}$$

Die Spur über den „schiefen Projektor“ $|\theta_l\rangle\langle\theta_m|$ greift von einem beliebigen Operator $O(1)$ genau ein Matrixelement heraus (d. Ü.):

$$\mathrm{Tr}_1\left\{|\theta_l\rangle\langle\theta_m|\,O(1)\right\} = \sum_k\langle\theta_k|\theta_l\rangle\langle\theta_m|\,O(1)\,|\theta_k\rangle = \langle\theta_m|\,O(1)\,|\theta_l\rangle \tag{74}$$

Damit erhalten wir für die Variation (73)

$$\begin{aligned}&\delta\alpha e^{-i\chi}\left[f_\beta(\widetilde{e}_l-\mu)-f_\beta(\widetilde{e}_m-\mu)\right]\\&\quad\langle\theta_m|\left[K_0+V_1+\mathrm{Tr}_2\left\{\widetilde{\rho}_1(2)W_2(1,2)\left[1+\eta P_{\mathrm{ex}}(1,2)\right]\right\}\right]|\theta_l\rangle\end{aligned} \tag{75}$$

Der Term mit $e^{i\chi}$ hat eine ähnliche Struktur, es ist allerdings nicht nötig ihn auszurechnen. In der Tat ist die Variation $\delta\widetilde{\Phi}$ eine Summe aus zwei Termen:

$$\delta\widetilde{\Phi} = \delta\alpha\left(c_1\,e^{-i\chi}+c_2\,e^{i\chi}\right) \tag{76}$$

und das Potential $\widetilde{\Phi}$ ist dann minimal, wenn $\delta\widetilde{\Phi} = 0$ für jede Wahl der Phase χ gilt. Wenn wir $\chi = 0$ und $\chi = \pi/2$ wählen, muss jeweils die Summe $c_1 + c_2$ und die Differenz $c_1 - c_2$ verschwinden. Dies ist nur möglich, wenn beide Koeffizienten c_1 und c_2 null sind. Die Terme mit $e^{\pm i\chi}$ verschwinden also einzeln, und daraus folgt Gl. (75).

5 Für den Beweis von Gl. (71) schreiben wir die Spur über die linke Seite als eine Doppelsumme aus

$$\sum_{i,j}\langle 1:\theta_i; 2:\theta_j|\,\delta\widetilde{\rho}_1(1)\,O(1,2)\,|1:\theta_i; 2:\theta_j\rangle$$

Zwischen die beiden Operatoren schiebe man eine Vollständigkeitsrelation („nahrhafte Eins“) über die Zustände $|1:\theta_k; 2:\theta_{k'}\rangle$ ein. Weil $\delta\widetilde{\rho}_1(1)$ nicht auf das Teilchen 2 wirkt, folgt sofort $k' = j$. Es bleibt

$$\sum_{i,k}\langle 1:\theta_i|\,\delta\widetilde{\rho}_1(1)\,|1:\theta_k\rangle\sum_j\langle 1:\theta_k; 2:\theta_j|\,O(1,2)\,|1:\theta_i; 2:\theta_j\rangle$$

Die innere Summe über j definiert genau die Matrixelemente der partiellen Spur $\mathrm{Tr}_2\,O(1,2)$ über Teilchen 2 zwischen $\langle 1:\theta_k|$ und $|1:\theta_i\rangle$ [s. Ergänzung E_{III}, § 5-b sowie Ergänzung C_{XV}, Gl. (47)]. So erhält man schließlich die rechte Seite von Gl. (71).

Sind nun die Energien $\widetilde{e}_l$ und $\widetilde{e}_m$ verschieden, dann dürfen wir durch die Differenz der Verteilungsfunktionen f_β in Gl. (75) kürzen und erhalten[6]

$$\langle\theta_m|\left[K_0 + V_1 + \mathrm{Tr}_2\left\{\widetilde{\rho}_1(2)W_2(1,2)\left[1+\eta P_{\mathrm{ex}}(1,2)\right]\right\}\right]|\theta_l\rangle = 0 \tag{77}$$

β Variation der Energien

Untersuchen wir nun, welche Folgerungen sich aus einer Änderung $\widetilde{e}_l \mapsto \widetilde{e}_l + \delta\widetilde{e}_l$ der Energie ergeben. Die Verteilungsfunktion $f_\beta(\widetilde{e}_l-\mu)$ verändert sich um δf_β^l, und daraus folgt wegen Gl. (40) eine Variation von $\widetilde{\rho}_1$:

$$\delta\widetilde{\rho}_1 = |\theta_l\rangle\langle\theta_l|\,\delta f_\beta^l \tag{78}$$

Dies verändert die Summanden $\widetilde{\Phi}_1$ und $\widetilde{\Phi}_2$ in Gl. (61). Die Summe ihrer Variationen ist

$$\delta\widetilde{\Phi}_1 + \delta\widetilde{\Phi}_2 = \mathrm{Tr}_1\left\{\delta\widetilde{\rho}_1(1)\left[K_0 + V_1 + \mathrm{Tr}_2\left\{\widetilde{\rho}_1(2)W_2(1,2)\left[1+\eta P_{\mathrm{ex}}(1,2)\right]\right\}\right]\right\} \tag{79}$$

wobei der Faktor 1/2 vor $\widetilde{\Phi}_2$ wieder gekürzt wird, weil sich die Beiträge von $\delta\widetilde{\rho}_1(1)$ und $\delta\widetilde{\rho}_1(2)$ aufaddieren. Setzen wir Gl. (78) in diesen Ausdruck ein, erhalten wir unter erneuter Verwendung von (74)

$$\delta\widetilde{\Phi}_1 + \delta\widetilde{\Phi}_2 = \delta f_\beta^l\,\langle\theta_l|\left[K_0 + V_1 + \mathrm{Tr}_2\left\{\widetilde{\rho}_1(2)W_2(1,2)\left[1+\eta P_{\mathrm{ex}}(1,2)\right]\right\}\right]|\theta_l\rangle \tag{80}$$

In dem Term $\widetilde{\Phi}_3$ ist die Variation eine Summe von zwei Arten von Termen: In einem tritt die Energie $\widetilde{e}_l$ explizit auf [Gl. (61), dritte Zeile], der andere enthält die Veränderung δf_β^l der Verteilungsfunktion. Es ergibt sich nun, dass der erste Beitrag, in dem sich nur die Energie verändert (aber die Verteilungsfunktion konstant ist), verschwindet. Nach der Entwicklung des Logarithmus haben wir nämlich

$$-\delta\widetilde{e}_l f_\beta(\widetilde{e}_l-\mu) + \eta\, k_{\mathrm{B}}T\frac{\eta\beta\,\mathrm{e}^{-\beta(\widetilde{e}_l-\mu)}}{1-\eta\,\mathrm{e}^{-\beta(\widetilde{e}_l-\mu)}}\delta\widetilde{e}_l = \left[-f_\beta(\widetilde{e}_l-\mu)+f_\beta(\widetilde{e}_l-\mu)\right]\delta\widetilde{e}_l = 0 \tag{81}$$

Es genügt also, die Variation δf_β^l der Verteilungsfunktion mitzunehmen. Wir erhalten den einfachen Ausdruck

$$\delta\widetilde{\Phi}_3 = -\widetilde{e}_l\delta f_\beta^l \tag{82}$$

Schließlich führt die Bedingung für ein stationäres Potential $\delta\widetilde{\Phi} = \delta\widetilde{\Phi}_1 + \delta\widetilde{\Phi}_2 + \delta\widetilde{\Phi}_3 = 0$ unter einer Variation δf_β^l auf

$$\langle\theta_l|\left[K_0 + V_1 - \widetilde{e}_l + \mathrm{Tr}_2\left\{\widetilde{\rho}_1(2)\;W_2(1,2)\left[1+\eta P_{\mathrm{ex}}(1,2)\right]\right\}\right]|\theta_l\rangle = 0 \tag{83}$$

Dieser Ausdruck ähnelt der Gleichung (77), aber hier fallen die Indizes l und m zusammen; außerdem enthält die eckige Klammer den Term $-\widetilde{e}_l$.

---

6 Falls dagegen $\widetilde{e}_l = \widetilde{e}_m$ gilt, dann ist die Variation $\delta\widetilde{\Phi}$ null und wir erhalten aus der Stationarität keine besondere Bedingung. Dies war zu erwarten, weil sich in diesem Fall der Ansatz des Dichteoperators nicht ändert. Man dreht nur die Basisvektoren innerhalb eines entarteten Unterraums. – Wir erinnern uns, dass die Lage bei $T=0$ in Ergänzung E_{XV} ähnlich war: Die Zustände $|\theta_l\rangle$ und $|\theta_m\rangle$ waren jeweils besetzt $[f_\beta(\widetilde{e}_l-\mu)=1]$ und leer $[f_\beta(\widetilde{e}_m-\mu)=0]$, d. Ü.

3 Temperaturabhängige Hartree-Fock-Gleichungen

Wir werden jetzt sehen, wie man die Minimierung des großkanonischen Potentials mit Hilfe des Hartree-Fock-Operators, der auf dem Raum der Einteilchenzustände wirkt, in einer kompakteren Form aufschreiben kann, die auch bequemer zu verwenden ist.

3-a Struktur des Problems

Der Hartree-Fock-Operator ist der temperaturabhängige Operator, der als partielle Spur in den oben entwickelten Gleichungen auftritt:

$$\boxed{W_{\text{HF}}(\beta) = \text{Tr}_2\left\{\widetilde{\rho}_1(2)W_2(1,2)\left[1 + \eta P_{\text{ex}}(1,2)\right]\right\}} \tag{84}$$

Es handelt also um einen Einteilchenoperator. Zu der Definition (84) äquivalent ist die Angabe seiner Matrixelemente zwischen Einteilchenzuständen:

$$\begin{aligned}&\langle\theta_k|\, W_{\text{HF}}(\beta)\,|\theta_l\rangle \\ &\quad = \sum_j f_\beta(\widetilde{e}_j - \mu)\,\langle 1:\theta_k; 2:\theta_j|\; W_2(1,2)\;\left[1 + \eta P_{\text{ex}}(1,2)\right]|1:\theta_l; 2:\theta_j\rangle\end{aligned} \tag{85}$$

Wir erinnern, dass Gleichung (77) für alle Paare von Indizes l und m anwendbar ist, solange $\widetilde{e}_l \neq \widetilde{e}_m$ gilt. Für ein festes l liefert sie die einfache Aussage, dass der Ket

$$\left[K_0 + V_1 + W_{\text{HF}}(\beta)\right]|\theta_l\rangle \tag{86}$$

orthogonal auf allen Basisvektoren $|\theta_m\rangle$ (mit $\widetilde{e}_m \neq \widetilde{e}_l$) steht. Die Komponente dieses Kets entlang $|\theta_l\rangle$ (die als einzige nicht verschwindet) können wir Gl. (83) entnehmen: Sie ist genau $\widetilde{e}_l|\theta_l\rangle$. Nun bildet der Satz von Eigenvektoren $\{|\theta_i\rangle\}$ von $\widetilde{h}$ [s. Gl. (26)] eine Basis des Einteilchen-Zustandsraums; und zwei Fälle können auftreten:

1. Ist der Eigenwert $\widetilde{e}_l$ von $\widetilde{h}$ nicht entartet, dann legen unsere Ergebnisse (77) und (83) alle Komponenten des Kets $[K_0 + V_1 + W_{\text{HF}}(\beta)]|\theta_l\rangle$ fest. Es handelt sich um einen Eigenvektor des Operators $K_0 + V_1 + W_{\text{HF}}$ mit dem Eigenwert $\widetilde{e}_l$.
2. Falls dieser Eigenwert von $\widetilde{h}$ entartet ist, dann können wir Gl. (77) lediglich entnehmen, dass der entsprechende Unterraum von Eigenvektoren von $\widetilde{h}$ zum Eigenwert $\widetilde{e}_l$ invariant unter der Wirkung des Operators $K_0 + V_1 + W_{\text{HF}}$ ist. Über die Komponenten des Kets (86) innerhalb dieses Unterraums können wir nichts aussagen. Es ist allerdings möglich, den Operator $K_0 + V_1 + W_{\text{HF}}$ in jedem der Eigenräume von $\widetilde{h}$ zu diagonalisieren. So erhält man einen neuen Satz von Basisvektoren $\{|\varphi_n\rangle\}$, die gemeinsame Eigenvektoren von $\widetilde{h}$ und $K_0 + V_1 + W_{\text{HF}}$ sind.

Wir können nun die bisherigen Überlegungen auf diese Basis übertragen. So ist etwa $[K_0 + V_1 + W_{\text{HF}}(\beta)]|\varphi_n\rangle$ parallel zu $|\varphi_n\rangle$. Wegen Gl. (83) erhalten wir dann

$$\boxed{\left[K_0 + V_1 + W_{\text{HF}}(\beta)\right]|\varphi_n\rangle = \widetilde{e}_n\,|\varphi_n\rangle} \tag{87}$$

Wie wir gerade gesehen haben, betrifft der Basiswechsel von den $\{|\theta_l\rangle\}$ zu den $\{|\varphi_n\rangle\}$ nur den Unterraum der Eigenvektoren von $\widetilde{h}$ zu einem festen Eigenwert. Wir können also in der Definition (40) des Dichteoperators $\widetilde{\rho}_1(1)$ auch diese neue Basis verwenden und erhalten

$$\boxed{\widetilde{\rho}_1(1) = \sum_n f_\beta(\widetilde{e}_n - \mu)\,|1:\varphi_n\rangle\langle 1:\varphi_n|} \tag{88}$$

Setzen wir diese Formel in die Definition (84) des Hartree-Fock-Operators $W_{\mathrm{HF}}(\beta)$ ein, erhalten wir einen Satz von Gleichungen, in dem nur noch die Eigenvektoren $|\varphi_n\rangle$ auftreten.

Dieser Satz von Beziehungen [die Gleichungen (87) für alle Werte von n, zusammen mit den Gleichungen (84) und (88), die den Dichteoperator $\widetilde{\rho}_1$ und das Hartree-Fock-Potential $W_{\mathrm{HF}}(\beta)$ durch die Zustände $\{|\varphi_n\rangle\}$ und die Energieeigenwerte $\{\widetilde{e}_n\}$ definieren] stellen die Grundlage für das Hartree-Fock-Verfahren (auch Molekularfeldnäherung genannt) bei einer endlichen Temperatur dar.

3-b Eigenschaften und Grenzfälle

Wir besprechen nun, wie die soeben hergeleiteten Molekularfeldgleichungen angewendet werden können, und diskutieren ihre Gültigkeit; wir werden sehen, dass dafür bei Bosonen strengere Bedingungen als bei Fermionen auftreten.

α Verfahren für selbstkonsistente Lösung

Die Hartree-Fock-Theorie besteht aus einem selbstkonsistenten, nichtlinearen Satz von Gleichungen: Die Eigenvektoren $|\varphi_n\rangle$ und ihre Energieeigenwerte $\widetilde{e}_n$, die den Dichteoperator $\widetilde{\rho}_1(1)$ definieren, sind Lösungen einer Eigenwertgleichung (87), die von $\widetilde{\rho}_1(1)$ selbst abhängt. Diese Situation haben wir ähnlich bereits mit den Hartree-Fock-Gleichungen bei Temperatur null (Ergänzung E_{XV}) kennengelernt. Aus denselben Gründen wie dort ist es nicht möglich, exakte Lösungen dieser Gleichungen zu finden.

Man kann allerdings wieder iterativ vorgehen. Ausgehend von einem Einteilchen-Dichteoperator $\widehat{\rho}_1$, der aus physikalischen Gründen plausibel erscheint, setzt man diesen in die Definition (84) des Hartree-Fock-Potentials ein. Der Operator $K_0 + V_1 + W_{\mathrm{HF}}(\beta)$ wird dann diagonalisiert, und man erhält seine Eigen-Kets und Eigenwerte $\overline{e}_n$. Mit ihnen konstruiert man den Operator $\overline{\rho}_1$. Er hat diese Kets als Eigenvektoren, seine Eigenwerte sind die Besetzungen $f_\beta(\overline{e}_n - \mu)$. Setzt man diesen neuen Operator $\overline{\rho}_1$ in Gl. (84) ein, erhält man die nächste Iteration des Hartree-Fock-Operators. Er wird erneut diagonalisiert, und aus seinen neuen Eigenwerten und Eigenvektoren wird die nächste Näherung $\overline{\overline{\rho}}_1$ an $\widetilde{\rho}_1$ konstruiert usw. Nach einigen Iterationen darf man hoffen, dass das Verfahren gegen eine selbstkonsistente Lösung konvergiert.

β Jenseits der Molekularfeldnäherung

Für ein System von Fermionen gibt es im Prinzip keine allgemeine Schranke, die der Verwendung der Hartree-Fock-Näherung entgegenstehen könnte. Natürlich hängt die Genauigkeit der Lösungen davon ab, wie gut man mit dem Molekularfeld näherungsweise die Wechselwirkungen behandeln kann. Intuitiv ist es klar, dass die Zahl der Teilchen, die auf ein gegebenes Teilchen wirken, umso größer ist, je größer die Reichweite der Wechselwirkung ist; die Mittelung, die der Molekularfeldnäherung zugrundeliegt, geschieht dann auch physikalisch umso besser. Ist dagegen jedes Teilchen nur an einen Nachbar gekoppelt, dann können starke Zweikörperkorrelationen auftreten, die man mit einem Molekularfeld, das auf unabhängige Teilchen wirkt, nicht korrekt abbilden kann.

Für Bosonen sind dieselben allgemeinen Beobachtungen anzuwenden, allerdings können hier Besetzungen größer als ein Teilchen pro Zustand auftreten. Bei der Bose-Einstein-Kondensation zum Beispiel wird eine Besetzung viel größer als die anderen. Diese singuläre Situation wird in den oben durchgeführten Rechnungen nicht berücksichtigt. Im Vergleich zum fermionischen Fall ist die Hartree-Fock-Näherung für Bosonen also strikteren Grenzen unterworfen, die wir nun diskutieren wollen. Sind in einem System von Bosonen viele Einteilchenzustände in vergleichbarem Maß besetzt, dann liefert das Hartree-Fock-Molekularfeld eine genauso gute Näherung für die Wechselwirkungen wie bei Fermionen. Nähert sich das System dagegen der Kondensation oder ist es bereits kondensiert, dann sind die Gleichungen der Molekularfeldtheorie, die wir oben entwickelt haben, eigentlich nicht mehr gültig. Der Grund dafür ist, dass der Ansatz für den Dichteoperator in Gl. (31) eine Verteilungsfunktion enthält, in der die Statistik der Besetzungen für jeden Einteilchenzustand sich wie in einem idealen Gas verhält, also die Wahrscheinlichkeiten mit zunehmender Besetzungszahl exponentiell abnehmen. In Ergänzung B_{XV}, § 3-b-β haben wir gesehen, dass ein ideales Gas Fluktuationen in der Besetzung eines jeden Einteilchenzustands hat, die mit der mittleren Besetzung vergleichbar sind. Ist ein bestimmter Zustand also stark besetzt, dann sind auch diese Fluktuationen sehr groß. Diese Annahme wird allerdings unphysikalisch, sobald eine abstoßende Wechselwirkung zwischen den Teilchen vorliegt. Jede Fluktuation Δn der Besetzung vergrößert auch den Mittelwert $\langle \hat{n}^2 \rangle$ des Quadrats der Besetzungszahl ($\langle \hat{n}^2 \rangle = \langle \hat{n} \rangle^2 + (\Delta n)^2$) und damit auch die mittlere Wechselwirkungsenergie (proportional zu $\langle \hat{n}^2 \rangle$). Große Fluktuationen der Besetzungen würden also sofort zu einer starken Erhöhung der repulsiven Wechselwirkungen führen, was im Widerspruch zum Prinzip der Minimierung des thermodynamischen Potentials steht. Dazu äquivalent kann man die endlich große Kompressibilität anführen, die aufgrund von Wechselwirkungen in dem physikalischen System entsteht. Diese wirkt allzu großen Fluktuation der Teilchendichte entgegen. Daraus folgt, dass die großen Fluktuationen der Zahl der kondensierten Teilchen, die der Hartree-Fock-Ansatz für den Dichteoperator vorhersagt, im Fall der Kondensation physikalisch nicht sinnvoll sein können.

Es ist lehrreich, die begrenzte Gültigkeit der Hartree-Fock-Näherung auf die Korrelationen zwischen Teilchen zurückzuführen. Wir erinnern daran, dass in Gl. (51) der Zweiteilchenoperator $\widehat{G}$ beliebig war. Diese Gleichung zeigt uns also, dass man für Bosonen folgende Näherung für den Zweiteilchen-Dichteoperator macht:

$$\widetilde{\rho}_2(1,2) = [\widetilde{\rho}_1(1) \otimes \widetilde{\rho}_1(1)]\,[1 + P_{\text{ex}}(1,2)] \tag{89}$$

Hierbei ist $\widetilde{\rho}_1$ der Ansatz (31) für den Einteilchen-Dichteoperator. Die diagonalen Matrixelemente von Gl. (89) sind damit

$$\begin{aligned} &\langle 1:\theta_i; 2:\theta_j|\widetilde{\rho}_2(1,2)|1:\theta_i; 2:\theta_j\rangle \\ &\quad = \langle 1:\theta_i|\widetilde{\rho}_1|1:\theta_i\rangle\langle 2:\theta_j|\widetilde{\rho}_1|2:\theta_j\rangle + \langle 1:\theta_i|\widetilde{\rho}_1|1:\theta_j\rangle\langle 2:\theta_j|\widetilde{\rho}_1|2:\theta_i\rangle \end{aligned} \tag{90}$$

also eine Summe aus einem direkten und einem Austauschterm. Für $i \neq j$ ist es nicht verwunderlich, dass ein Austauschterm auftritt; dies entspricht den allgemeinen Überlegungen aus Kapitel XV, § C-5. In Gl. (C-34) von Kapitel XV sind wir einer analogen Struktur für die räumliche Korrelationsfunktion $G_2(\mathbf{r}_1, \mathbf{r}_2)$ begegnet, einer Summe aus einem direkten Beitrag (C-32) und einem Austauschbeitrag (C-33). Der letztere ist positiv für $r_1 \simeq r_2$, so dass der Austausch zu dem physikalischen Effekt des Gruppierens (*bunching*) der Bosonen führt. Ist allerdings $i = j$, so ist es verwunderlich, dass der Austauschterm in Gl. (90) immer noch auftritt, obwohl das Konzept selbst nicht mehr anwendbar ist. Wenn wir es nur mit einem einzelnen Einteilchenzustand zu tun haben, dann bleibt nämlich von den vier Termen in Kapitel XV, Gl. (C-21) nur noch einer übrig, und zwar der direkte Term. In Kapitel XV, Gl. (C-34) kann man überprüfen, dass in dem Austauschterm explizit die Bedingung $i \neq j$ auftritt. Er kann also für den Fall $i = j$ keinen Beitrag liefern. In Ergänzung A_{XVI}, § 3 werden wir außerdem bestätigen, dass es bei Bosonen, die sich alle in demselben Quantenzustand befinden, keine räumlichen Korrelationen gibt: Sie zeigen also weder Gruppierung noch Austauscheffekt. In der mathematischen Struktur des Hartree-Fock-Ansatzes (89) für den Zweiteilchen-Dichteoperator sind also „zu viele" Austauschterme enthalten. Solange das bosonische System weit entfernt von der Kondensation ist, bleibt dieser Fehler ohne große Konsequenzen. Die Terme mit $i = j$ spielen eine vernachlässigbar kleine Rolle im Vergleich zu den Termen $i \neq j$, wenn man für die Wechselwirkungsenergie über alle i und j summiert. Sobald aber die Besetzung eines einzelnen Niveaus stark anwächst, werden die Fehler größer und man muss die Hartree-Fock-Näherung aufgeben. Es gibt allerdings verfeinerte Theorien, die auf diesen Fall besser anwendbar sind.

3-c Vergleich mit der Hartree-Fock-Theorie für den Grundzustand (Fermionen)

Das Verfahren, das wir hier verwendet haben, unterscheidet sich von den Ergänzungen C_{XV} und E_{XV} im Wesentlichen dadurch, dass jene nur einen Eigenzustand des Vielteilchen-Hamilton-Operators $\widetilde{H}$ gesucht haben, in der Regel den Grundzustand. Interessiert man sich für mehrere dieser Zustände, muss man die Rechnung für jeden neu durchführen. Man könnte also denken, dass man den thermischen Gleichgewichtszustand konstruieren kann, indem man die Rechnung für eine gewisse Zahl von Zuständen wiederholt und dann die Ergebnisse über die thermischen Besetzungswahrscheinlichkeiten mittelt. Es ist aber klar, dass diese Methode für ein makroskopisches System mit sehr vielen Energieniveaus sehr aufwendig, wenn nicht unmöglich ist. Dagegen liefern die in dieser Ergänzung formulierten Hartree-Fock-Gleichungen auf einen Schlag die thermischen Mittelwerte sowie die Eigenvektoren des Einteilchen-Dichteoperators mit ihren Energien.

Ein weiterer wichtiger Unterschied ist das Auftreten eines temperaturabhängigen Hartree-Fock-Operators. Diese Abhängigkeit entsteht aufgrund der Besetzungszahlen (Fermi-Dirac-Verteilung), die in Gl. (85) eingehen und sich mit der Temperatur ändern. Dazu gleichwertig ist, dass in Gleichung (84) ein Operator $\widetilde{\rho}_1(2)$ auftritt, der von β abhängt und an Stelle des Projektors $P_N(2)$ über die besetzten Zustände steht. Die hergeleiteten Gleichungen erinnern also an die für unabhängige Teilchen: Für jedes wird sein thermisches Gleichgewicht durch ein selbstkonsistentes mittleres Potential bestimmt, das alle anderen Teilchen erzeugen und einen Austauschbeitrag enthält. (In einem vereinfachten Verfahren, der Hartree-Näherung, wird der Austauschbeitrag vernachlässigt.)

Man muss sich allerdings dessen bewusst bleiben, dass in das Hartree-Fock-Potential für jeden Einteilchenzustand die Besetzungen einer unendlich großen Zahl von anderen Zuständen eingehen, die von deren Energien und der Temperatur abhängen. Anders ausgedrückt läuft das Hartree-Fock-Verfahren im thermischen Gleichgewicht wegen seiner nichtlinearen Struktur gerade nicht darauf hinaus, einfach hintereinander einzelne stationäre Zustände in einem Molekularfeld zu berechnen.

3-d Grenzfall $T \longrightarrow 0$ (Fermionen)

Betrachten wir nun den Grenzfall sehr tiefer Temperaturen. Der Begriff der Quantenentartung eines idealen Gases wurde in Ergänzung B_{XV}, § 2-d eingeführt. Er kann auf ein wechselwirkendes Gas verallgemeinert werden: In einem System von Fermionen spricht man von Entartung, wenn $\mu \gg k_B T$ gilt. Sinkt die Temperatur also auf null, dann werden Fermionen notwendigerweise mehr und mehr entarten. Können wir in diesem Fall ausgehend von der vorliegenden Theorie die Ergebnisse aus Ergänzung E_{XV} wiederfinden?

Die Temperatur geht, wie wir sahen, in die Definition (85) des mittleren Potentials *à la* Hartree-Fock ein. Bei sehr tiefen Temperaturen entartet die Fermi-Dirac-Verteilung $f_\beta(\widetilde{e}_k - \mu)$ [s. Definition (40) von $\widetilde{\rho}_1(1)$] zu einer Stufenfunktion mit dem Wert 1 falls $\widetilde{e}_k < \mu$ und 0 andernfalls (s. Abb. 1 aus Ergänzung B_{XV}). Das heißt, dass mit genau einem Fermion besetzte Zustände nur bei Energien unterhalb von μ, dem Fermi-Niveau, vorkommen. Unter diesen Bedingungen wird aus $\widetilde{\rho}_1(2)$ in Gl. (84) praktisch der Projektor $P_N(2)$, der in Ergänzung E_{XV} in die Definition (58) des Hartree-Fock-Potentials bei Temperatur null eingeht. Die partielle Spur in Gl. (85) wäre dann strikt auf die Einteilchenzustände mit den tiefsten Energien begrenzt. Auf diese Weise finden wir die Hartree-Fock-Gleichungen bei Temperatur null wieder und erhalten mit ihrer Hilfe einen Satz von Einteilchenzuständen, aus denen man genau einen N-Teilchen-Grundzustand konstruieren kann.

3-e Gleichungen für die Wellenfunktionen

Wir formulieren nun die Hartree-Fock-Gleichungen (87) mit Hilfe von Wellenfunktionen; diese Formulierung ist exakt äquivalent zu Gl. (87), die mit Operatoren und Ket-Zuständen arbeitet, allerdings ist sie von ihrer Struktur her manchmal bequemer zu verwenden, vor allem bei numerischen Rechnungen.

Wir nehmen an, dass die Teilchen einen Spin haben. Diesen berücksichtigen wir, indem wir Wellenfunktionen $\varphi^{\nu}(\mathbf{r})$ verwenden mit*

$$\varphi^{\nu}(\mathbf{r}) = \langle \mathbf{r}, \nu | \varphi \rangle \tag{91}$$

(Für ein Teilchen mit Spin S kann die Spinquantenzahl (ν) $2S+1$ verschiedene Werte annehmen; je nach Natur der Teilchen treten Spins $S = 0, 1/2, 1, \ldots$ auf. Für Elektronen: $S = 1/2$.) Wie in Ergänzung E_{XV}, § 2-d führen wir eine vollständige Basis $\{|\varphi_k^{\nu_k}\rangle\}$ des Einteilchen-Zustandsraums ein. Alle diese Kets sind Eigenvektoren der Komponente des Spinoperators entlang einer festen Quantisierungsachse mit dem Eigenwert ν_k. Für jeden Wert von k hat die Spinquantenzahl also einen festen Wert $\nu = \nu_k$, es handelt sich nicht um einen unabhängigen Index.

Für die Potentiale nehmen wir erneut an, dass das äußere Potential V_1 diagonal in ν ist; seine diagonalen Matrixelemente $V_1^{\nu}(\mathbf{r})$ dürfen allerdings von ν abhängen (z. B. in einem äußeren Magnetfeld). Die Wechselwirkung werde dagegen durch eine Funktion $W_2(\mathbf{r}, \mathbf{r}')$ beschrieben, die nur von $\mathbf{r} - \mathbf{r}'$ abhängt, aber nicht auf die Spins wirkt.

Wir berechnen die Matrixelemente von $W_{\text{HF}}(\beta)$ in der $\{|\mathbf{r}, \nu\rangle\}$-Darstellung und benutzen in Gl. (85) die Basiszustände $|\varphi_k^{\nu_k}\rangle$ an Stelle der $|\theta_j\rangle$. Wir multiplizieren beide Seiten mit $\langle \mathbf{r}, \nu | \varphi_k^{\nu_k}\rangle$ und $\langle \varphi_l^{\nu_l} | \mathbf{r}', \nu\rangle$ und summieren über k und l. Auf beiden Seiten entstehen so die Vollständigkeitsrelationen

$$\sum_k \langle \mathbf{r}, \nu | \varphi_k^{\nu_k}\rangle\langle \varphi_k^{\nu_k}| = \langle \mathbf{r}, \nu| \quad \text{und} \quad \sum_l |\varphi_l^{\nu_l}\rangle\langle \varphi_l^{\nu_l}|\mathbf{r}', \nu'\rangle = |\mathbf{r}', \nu'\rangle \tag{92}$$

und es ergibt sich

$$\begin{aligned} &\langle \mathbf{r}, \nu | W_{\text{HF}}(\beta) | \mathbf{r}', \nu'\rangle \\ &\quad = \sum_j f_\beta(\tilde{e}_j - \mu)\langle 1:\mathbf{r}, \nu; 2:\varphi_j^{\nu_j}| W_2(1,2)\,[1 + \eta P_{\text{ex}}(1,2)]\,|1:\mathbf{r}', \nu'; 2:\varphi_j^{\nu_j}\rangle \end{aligned} \tag{93}$$

* Anm. d. Ü.: Wellenfunktionen für Elektronen mit zwei Komponenten $\nu = \pm$ nennt man auch *spinorwertig* (s. Kapitel IX) oder *Pauli-Spinoren*.

Wie in Kapitel XV, § C-5 erhalten wir eine Summe aus einem direkten Term (die Eins in der eckigen Klammer) und einem Austauschterm (mit ηP_{ex}). Dieser Ausdruck enthält dasselbe Matrixelement wie die Gleichung (87) aus Ergänzung $\mathrm{E_{XV}}$; der einzige Unterschied ist der Koeffizient $f_\beta(\widetilde{e}_j - \mu)$ vor jedem Term der Summe (die nun über unendlich viele Terme läuft).

1. *Direkter Term*

   Wie in Gl. (88) aus Ergänzung $\mathrm{E_{XV}}$ stellen wir den Ket $|2:\varphi_j^{\nu_j}\rangle$ durch seine Wellenfunktion dar:

$$|2:\varphi_j^{\nu_j}\rangle = \int \mathrm{d}^3 r_2\, \varphi_j^{\nu_j}(\mathbf{r}_2)|2:\mathbf{r}_2, \nu_j\rangle \tag{94}$$

   Weil die Wechselwirkung diagonal in der Ortsdarstellung ist und nicht auf die Spinvariablen wirkt, nimmt der direkte Term des Matrixelements in Gl. (93) folgende Form an:

$$\int \mathrm{d}^3 r_2 |\varphi_j^{\nu_j}(\mathbf{r}_2)|^2 \langle 1:\mathbf{r}, \nu; 2:\mathbf{r}_2|W_2(1,2)|1:\mathbf{r}', \nu'; 2:\mathbf{r}_2\rangle \tag{95}$$

   Der gesamte direkte Term kann damit so aufgeschrieben werden:*

$$\delta_{\nu\nu'}\delta(\mathbf{r}-\mathbf{r}') \int \mathrm{d}^3 r_2\, W_2(\mathbf{r}, \mathbf{r}_2) \sum_j f_\beta(\widetilde{e}_j - \mu)|\varphi_j^{\nu_j}(\mathbf{r}_2)|^2 \tag{96}$$

   Hier haben wir das Pendant zu Gl. (91) aus Ergänzung $\mathrm{E_{XV}}$ gefunden.

2. *Austauschterm*

   Im rechten Ket in Gl. (93) müssen wir nun die beiden Teilchenzustände vertauschen. Der diagonale Charakter von $W_2(1,2)$ in der Ortsdarstellung liefert dann den Ausdruck

$$\langle 1:\mathbf{r}, \nu|1:\varphi_j^{\nu_j}\rangle\langle 2:\varphi_j^{\nu_j}|2:\mathbf{r}', \nu'\rangle W_2(\mathbf{r}, \mathbf{r}') \tag{97}$$

   Das erste Skalarprodukt verschwindet nur dann nicht, wenn der Index j so gewählt ist, dass $\nu_j = \nu$ gilt. Genauso ergibt sich aus dem zweiten Skalarprodukt die Bedingung $\nu_j = \nu'$. Beide zusammen können nur erfüllt sein, wenn wir $\nu = \nu'$ haben. Der Austauschterm in Gl. (93) ist also

$$\eta\, \delta_{\nu\nu'} \sum_{j \text{ mit } \nu_j=\nu} f_\beta(\widetilde{e}_j - \mu) \left[\varphi_j^{\nu_j}(\mathbf{r})\right] \left[\varphi_j^{\nu_j}(\mathbf{r}')\right]^* W_2(\mathbf{r}, \mathbf{r}') \tag{98}$$

   wobei die Summe über alle Basiszustände j mit der Spinquantenzahl $\nu_j = \nu$ läuft. Der Austauschterm existiert nur dann, wenn zwei wechselwirkende Teilchen vollständig ununterscheidbar sind; sie müssen also im selben Spinzustand sein (vgl. die Diskussion in Ergänzung $\mathrm{E_{XV}}$, § 2-d).

* Anm. d. Ü.: Die Leserin benutze erneut die Eigenschaften von $W_2(1,2)$ bezüglich der jeweils ersten Faktoren der Produktzustände. Beobachte, dass die Summe in Gl. (96) die mittlere Teilchendichte am Ort $\mathbf{r}_2$ darstellt, und zwar über beide Spineinstellungen summiert.

Das direkte und das Austauschpotential werden nun wie folgt definiert:

$$\begin{aligned} V_{\text{dir}}(\mathbf{r}) &= \int d^3r'' \, W_2(\mathbf{r},\mathbf{r}'') \sum_j f_\beta(\widetilde{e}_j - \mu) \, |\varphi_j^{\nu_j}(\mathbf{r}'')|^2 \\ V_{\text{ex}}^{\nu}(\mathbf{r},\mathbf{r}') &= W_2(\mathbf{r},\mathbf{r}') \sum_{j \text{ mit } \nu_j=\nu} f_\beta(\widetilde{e}_j - \mu) \left[\varphi_j^{\nu_j}(\mathbf{r})\right] \left[\varphi_j^{\nu_j}(\mathbf{r}')\right]^* \end{aligned} \tag{99}$$

Die Beziehungen (87) führen dann auf die Hartree-Fock-Gleichungen in der Ortsdarstellung:

$$\boxed{\left[-\frac{\hbar^2}{2m}\nabla^2 + V_1^{\nu_n}(\mathbf{r}) + V_{\text{dir}}(\mathbf{r})\right] \varphi_n^{\nu_n}(\mathbf{r}) + \eta \int d^3r' \, V_{\text{ex}}^{\nu_n}(\mathbf{r},\mathbf{r}') \varphi_n^{\nu_n}(\mathbf{r}') = \widetilde{e}_n \, \varphi_n^{\nu_n}(\mathbf{r})} \tag{100}$$

Die allgemeine Diskussion aus § 3-b findet auch hier Anwendung. Diese Gleichungen sind nichtlinear und müssen selbstkonsistent gelöst werden. Das direkte und das Austauschpotential (99) hängen selbst von den Lösungen $\varphi_j^{\nu_j}(\mathbf{r})$ der Eigenwertgleichungen (100) ab. In dieser Beziehung ist die Lage also dieselbe wie bei Temperatur null, und man muss auf iterative Verfahren zurückgreifen, um Lösungen zu finden. Allerdings haben wir es hier nicht mit einer Zahl N an Gleichungen, sondern mit unendlich vielen zu tun, wie bereits in § 3-c erwähnt. Der Satz von Eigenfunktionen muss nämlich den Raum der Einteilchenzustände vollständig aufspannen. Auch in den Definitionen (99) des direkten und des Austauschpotentials sind die Summen über j unendlich und nicht auf N Terme beschränkt. Obwohl man im Prinzip eine unendliche Zahl von Wellenfunktionen benötigt, wird man in der Praxis bei numerischen Rechnungen eine große, endliche Zahl verwenden. Als Anfangswerte für die Iteration könnte man z. B. die Zustände und Energien für ein ideales Fermi-Gas verwenden; jede andere Vermutung ist freilich genauso gut möglich.

Schlussbemerkungen

Es gibt sehr viele Bereiche, in denen die hier ausgeführten Rechnungen und die Molekularfeldtheorie (engl.: *mean field theory*) im Allgemeinen Anwendung finden. In der nächsten Ergänzung werden einige Beispiele vorgestellt, sie schöpfen die Breite der Anwendungen aber bei weitem nicht aus. Die zentrale Idee dabei ist, soweit wie möglich die Berechnung verschiedener physikalischer Größen auf eine ähnliche Rechnung für ein ideales Gas zurückzuführen, in dem sich die Teilchen unabhängig voneinander bewegen. In der Tat haben wir gesehen, dass die Besetzungen der einzelnen Zustände und damit auch die Gesamtzahl der Teilchen durch dieselben Verteilungsfunktionen f_β gegeben werden, die bereits für ein ideales Gas gelten, s. etwa die Beziehungen (38) und (44). Genauso verhält es sich mit der Entropie S des Systems, wie bereits am Ende von § 2-b-α bemerkt. Die Analogie zu unabhängigen Teilchen ist also sehr eng; es genügt, bei ihren Energien die Werte für freie Teilchen durch modifizierte Eigenwerte $\tilde{e}_n$ zu ersetzen.

Will man allerdings andere thermodynamische Größen berechnen, etwa die mittlere Energie, dann darf man nicht mehr die Formeln für das ideale Gas verwenden, sondern muss auf die Gleichungen aus § 2-c zurückgreifen. Das großkanonische Potential erhält man aus Gl. (61), indem man dort die Zustände $\{|\theta_n\rangle\}$ und die Energien $\tilde{e}_n$ aus den Hartree-Fock-Gleichungen einsetzt. Eine alternative Methode stützt sich auf die Tatsache, dass die mittlere Teilchenzahl $\langle \widehat{N} \rangle$ aus den Formeln für das ideale Gas mit der Verteilungsfunktion f_β bekannt ist, so dass also keine weiteren Rechnungen nötig sind. Nun gilt

$$\langle \widehat{N} \rangle = \frac{1}{\beta} \frac{\partial}{\partial \mu} \log Z \tag{101}$$

und man kann $\langle \widehat{N} \rangle$ als Funktion des chemischen Potentials integrieren (von $\mu = -\infty$ bis zum gewünschten Wert μ, bei konstantem β). So erhält man $\log Z$ und damit das großkanonische Potential Φ. Alle weiteren thermodynamischen Größen kann man aus Φ durch geeignete Ableitungen berechnen. Eine Ableitung nach β liefert etwa die mittlere Energie. Wir werden uns ein Beispiel für dieses Verfahren in der folgenden Ergänzung H_{XV}, § 4-a anschauen.

Man muss sich aber dessen bewusst bleiben, dass diese Rechnungen sich auf die Molekularfeldnäherung stützen, also auf den Ansatz, dass der exakte Dichteoperator im Gleichgewicht durch einen Operator mit der Struktur unabhängiger Teilchen [s. Gl. (32)] ersetzt werden kann. Es stimmt zwar, dass dies in vielen Fällen eine gute oder ausgezeichnete Näherung ist. Sie ist insbesondere dann anwendbar, wenn die Wechselwirkungen zwischen den Teilchen eine große Reichweite haben. Die Mittelung in der Theorie findet dann in der Summe über viele Wechselwirkungspartner für jedes Teilchen eine wirksame physikalische Entsprechung. Das Verfahren bleibt aber eine Näherung, die nicht alle Fälle abdecken kann – zum Beispiel wenn die Wechselwirkung zwischen den Teilchen einen *harten Kern* (engl.: *hard core*) aufweist. Dies bedeutet, dass das Potential unendlich groß wird, wenn sich die Teilchen näher als eine gewisse mikroskopische Distanz kommen. Es ist klar, dass in so einem Fall Abstände kürzer als der Durchmesser dieses harten Kerns niemals auftreten können – allerdings wird diese Bedingung durch den Hartree-Fock-Ansatz Gl. (32) in keiner Weise berücksichtigt. Man kann also nicht davon ausgehen, dass die Molekularfeldnäherung im Prinzip jedes System beschreiben kann; in der Tat gibt es Fälle, in denen sie versagt.

Ergänzung H_{XV}
Anwendung: wechselwirkende Fermi- und Bose-Gase

In der vorangegangenen Ergänzung haben wir das Hartree-Fock-Verfahren (Molekularfeldnäherung, engl.: *mean field approximation*) im thermischen Gleichgewicht kennengelernt. Es hat zahlreiche Anwendungen, von denen wir in dieser Ergänzung einige kennenlernen werden. In § 1 wiederholen wir kurz aus Ergänzung G_{XV} die wesentlichen Ergebnisse, die wir hier nutzen werden. Dann untersuchen wir in § 2 einige allgemeine Eigenschaften eines homogenen Systems, ein wichtiger Fall, dem man häufig begegnet. Die letzten beiden Abschnitte legen den Schwerpunkt auf Phasenübergänge in homogenen Systemen. Der § 3 betrifft Fermionen. Wir leiten mit Hilfe der Molekularfeldnäherung einen Phasenübergang her, bei dem in einem fermionischen System spontan eine Magnetisierung entsteht, wenn es eine abstoßende Wechselwirkung zwischen den Teilchen gibt (obwohl diese völlig unabhängig von den Spins ist). In § 4 wechseln wir zu Bosonen und diskutieren ihre Zustandsgleichung. Wir zeigen, dass für eine anziehende Wechselwirkung in der Nähe der Bose-Einstein-Kondensation eine Instabilität auftritt.

1 Wiederholung der Grundbegriffe

Die hier kurz wiederholten Ergebnisse wurden in Ergänzung B_{XV}, § 2 und Ergänzung G_{XV}, § 3 hergeleitet. Wir werden sie im Folgenden verwenden.

Für ein ideales Gas sind die mittleren Besetzungszahlen für eine Mode (d. h. für einen Einteilchenzustand) mit der Energie ε durch die Fermi-Dirac- und die Bose-Einstein-Verteilungen gegeben:

$$f_\beta(\varepsilon-\mu) = \begin{cases} f_\beta^{\text{FD}}(\varepsilon-\mu) = \dfrac{1}{e^{\beta(\varepsilon-\mu)}+1} & \text{für Fermionen} \\ f_\beta^{\text{BE}}(\varepsilon-\mu) = \dfrac{1}{e^{\beta(\varepsilon-\mu)}-1} & \text{für Bosonen} \end{cases} \tag{1}$$

https://doi.org/10.1515/9783110649130-009

Dabei ist $\beta = 1/k_B T$ die inverse Temperatur und μ das chemische Potential. Die mittlere Gesamtzahl der Teilchen $\langle \widehat{N} \rangle$ erhält man, indem man über alle zugänglichen Einteilchenzustände summiert (mit dem Index n durchnummeriert):

$$\langle \widehat{N} \rangle = \sum_{n=1}^{\infty} f_\beta(\widetilde{e}_n - \mu) \tag{2}$$

Die Energien $\widetilde{e}_n$ sind (verallgemeinerte) Eigenwerte der temperaturabhängigen Hartree-Fock-Gleichungen (*mean field equations*). Ihre Form in der Ortsdarstellung können wir Ergänzung $\mathrm{G_{XV}}$, Gl. (100) entnehmen:

$$\left[-\frac{\hbar^2}{2m}\nabla^2 + V_1^{\nu_n}(\mathbf{r}) + V_{\text{dir}}(\mathbf{r}) \right] \varphi_n^{\nu_n}(\mathbf{r}) + \eta \int \mathrm{d}^3 r' \; V_{\text{ex}}^{\nu_n}(\mathbf{r}, \mathbf{r}') \varphi_n^{\nu_n}(\mathbf{r}') = \widetilde{e}_n \varphi_n^{\nu_n}(\mathbf{r}) \tag{3}$$

Für Bosonen ist $\eta = +1$ und für Fermionen ist $\eta = -1$. Die Eigenzustände $\varphi_n^{\nu_n}(\mathbf{r})$ haben eine wohldefinierte Spinquantenzahl ν_n. Die *direkte* Potential $V_{\text{dir}}(\mathbf{r})$ und die Austauschwechselwirkung $V_{\text{ex}}^{\nu}(\mathbf{r}, \mathbf{r}')$ sind durch Gl. (99) aus derselben Ergänzung gegeben:

$$\begin{aligned} V_{\text{dir}}(\mathbf{r}) &= \int \mathrm{d}^3 r'' \; W_2(\mathbf{r}, \mathbf{r}'') \sum_j f_\beta(\widetilde{e}_j - \mu) |\varphi_j^{\nu_j}(\mathbf{r}'')|^2 \\ V_{\text{ex}}^{\nu}(\mathbf{r}, \mathbf{r}') &= W_2(\mathbf{r}, \mathbf{r}') \sum_{j \text{ mit } \nu_j = \nu} f_\beta(\widetilde{e}_j - \mu) \left[\varphi_j^{\nu_j}(\mathbf{r}) \right] \left[\varphi_j^{\nu_j}(\mathbf{r}') \right]^* \end{aligned} \tag{4}$$

Wir nehmen hier an, dass die Wechselwirkung $W_2(\mathbf{r}, \mathbf{r}')$ zweier Teilchen nicht von ihren Spinquantenzahlen ν abhängt.

2 Homogenes System

Von nun an werden wir ein System betrachten, das durch ein äußeres Potential in einem würfelförmigen Volumen der Kantenlänge L eingesperrt ist. Im Inneren des Volumens verschwindet das Potential ($\widehat{V}_1 = 0$). Um diese Situation zu beschreiben, werden wir periodische Randbedingungen verwenden (s. Ergänzung $\mathrm{C_{XIV}}$, § 1-c), so dass die normierten Eigenfunktionen der kinetischen Energie lauten

$$\frac{\mathrm{e}^{\mathrm{i}\mathbf{k}\cdot\mathbf{r}}}{L^{3/2}} \tag{5}$$

Die möglichen $\mathbf{k}$-Vektoren haben jeweils ganzzahlige Vielfache von $2\pi/L$ als kartesische Komponenten. Wir berücksichtigen den Spin und indizieren die Eigenzustände der kinetischen Energie $|\mathbf{k}, \nu\rangle$ durch den Wellenvektor $\mathbf{k}$ und die Spinquantenzahl ν:

$$\langle \mathbf{r}, \nu | \mathbf{k}, \nu \rangle = \varphi_{\mathbf{k}}^{\nu}(\mathbf{r}) = \frac{\mathrm{e}^{\mathrm{i}\mathbf{k}\cdot\mathbf{r}}}{L^{3/2}} \tag{6}$$

Die Indizes n oder j, mit denen wir Basiszustände in den vorangegangenen Ergänzungen abgezählt hatten, werden hier durch zwei Indizes $\mathbf{k}$ und ν ersetzt, die unabhängig sind (im Unterschied zu den n und ν_n, die etwa in Ergänzung G_{XV}, § 3-e verwendet wurden). Schließlich nehmen wir an, dass die Wechselwirkung zwischen den Teilchen translationsinvariant ist und nicht auf die Spins wirkt: $W_2(\mathbf{r}_1, \mathbf{r}_2)$ hängt nur von der Differenz $\mathbf{r}_1 - \mathbf{r}_2$ ab.

Wir werden sehen, dass man in so einem Fall die Lösungen der Hartree-Fock-Gleichungen finden kann, ohne die Eigenfunktionen des Hartree-Fock-Operators auf der linken Seite von Gl. (3) konstruieren zu müssen. Diese Lösungen sind einfach die ebenen Wellen aus Gl. (5). Die einzige Rechnung, die wir noch durchzuführen haben, betrifft die Eigenwerte $\widetilde{e}_{\mathbf{k},\nu}$, die man als die Energien von unabhängigen Teilchen, genannt *Quasiteilchen* interpretieren kann (s. § 2-b).

Bemerkung:
Wir werden überprüfen, dass die ebenen Wellen in der Tat Lösungen der Hartree-Fock-Gleichungen sind; sie sind allerdings nicht notwendigerweise die einzigen und auch nicht die mit der kleinsten Energie des Gesamtsystems. Es kann nämlich das Phänomen der *Symmetriebrechung* auftreten (hier der Translationssymmetrie), bei dem Wellenfunktionen entstehen, deren Amplitude sich räumlich ändert und die auf eine niedrigere Gesamtenergie führen. Ein Beispiel ist der Wigner-Kristall von Elektronen, in dem die Teilchendichte spontan eine periodische Modulation ausbildet. Ein weiteres Beispiel einer spontanen Symmetriebrechung diskutieren wir in § 3-c dieser Ergänzung. Es gibt viele weitere Fälle dieses Phänomens (insbesondere in der Kernphysik), die man mit der Hartree-Fock-Methode untersuchen kann.

2-a Berechnung des Molekularfelds

Die ebenen Wellen sind natürlich Eigenfunktionen der kinetischen Energie, und da das Potential im Inneren des Volumens null ist, bleibt nur noch zu zeigen, dass sie auch Eigenfunktionen des direkten und des Austauschpotentials sind. Setzen wir Gl. (5) in Gl. (4) ein, erhalten wir in der Tat

$$\begin{aligned} V_{\text{dir}}(\mathbf{r}) &= \frac{1}{L^3} \sum_{\mathbf{k},\nu} f_\beta(\widetilde{e}_{\mathbf{k},\nu} - \mu) \int \mathrm{d}^3 r''\, W_2(\mathbf{r} - \mathbf{r}'') \\ &= \frac{\overline{V}_0}{L^3} \sum_{\mathbf{k},\nu} f_\beta(\widetilde{e}_{\mathbf{k},\nu} - \mu) \end{aligned} \tag{7}$$

wobei $\overline{V}_0$ durch

$$\overline{V}_0 = \int \mathrm{d}^3 r''\, W_2(\mathbf{r} - \mathbf{r}'') = \int \mathrm{d}^3 s\, W_2(\mathbf{s}) \tag{8}$$

definiert ist (Substitution $\mathbf{s} = \mathbf{r} - \mathbf{r}''$). Das direkte Potential ist also eine von der Position $\mathbf{r}$ unabhängige Konstante. Wenn eine e-Funktion $\mathrm{e}^{\mathrm{i}\mathbf{k}\cdot\mathbf{r}}$ damit multipliziert wird, liefert das eine dazu proportionale Funktion, so dass $\mathrm{e}^{\mathrm{i}\mathbf{k}\cdot\mathbf{r}}$ in der Tat eine Eigenfunktion ist.

Für das Austauschpotential erhalten wir aus der zweiten Gleichung in (4)

$$V_{\text{ex}}^{\nu}(\mathbf{r}, \mathbf{r}') = \frac{1}{L^3} \sum_{\mathbf{k}'} f_\beta(\widetilde{e}_{\mathbf{k}',\nu} - \mu)\, \mathrm{e}^{\mathrm{i}\mathbf{k}'\cdot(\mathbf{r}-\mathbf{r}')}\, W_2(\mathbf{r} - \mathbf{r}') \tag{9}$$

Es ist also auch invariant unter Translationen (es hängt nur von der Differenz $\mathbf{r} - \mathbf{r}'$ ab). Angewendet auf die ebene Welle $e^{i\mathbf{k}\cdot\mathbf{r}}/L^{3/2}$, finden wir für den letzten Term auf der linken Seite von Gl. (3)

$$\frac{\eta}{L^3}\sum_{\mathbf{k}'} f_\beta(\tilde{e}_{\mathbf{k}',\nu} - \mu) \int d^3r' \, e^{i\mathbf{k}'\cdot(\mathbf{r}-\mathbf{r}')} W_2(\mathbf{r} - \mathbf{r}') \frac{e^{i\mathbf{k}\cdot\mathbf{r}'}}{L^{3/2}}$$
$$= \frac{e^{i\mathbf{k}\cdot\mathbf{r}}}{L^{3/2}} \sum_{\mathbf{k}'} f_\beta(\tilde{e}_{\mathbf{k}',\nu} - \mu) \frac{\eta}{L^3} \overline{V}_{\mathbf{k}'-\mathbf{k}} \tag{10}$$

mit den Fourier-Koeffizienten des Wechselwirkungspotentials (Substitution $\mathbf{s} = \mathbf{r} - \mathbf{r}'$)

$$\overline{V}_{\mathbf{q}} = \int d^3s \, e^{-i\mathbf{q}\cdot\mathbf{s}} \, W_2(\mathbf{s}) \tag{11}$$

Der Austauschterm multipliziert also die ebene Welle mit

$$\frac{\eta}{L^3}\sum_{\mathbf{k}'} f_\beta(\tilde{e}_{\mathbf{k}',\nu} - \mu) \, \overline{V}_{\mathbf{k}'-\mathbf{k}} \tag{12}$$

Wir bestätigen somit, dass für ein homogenes System die ebenen Wellen die Lösungen der Hartree-Fock-Gleichungen (3) sind. Damit sind die Eigenvektoren gefunden. Für die Eigenwerte $\tilde{e}_{\mathbf{k},\nu}$ genügt es, in Gl. (3) die $\varphi_n^{\nu_n}(\mathbf{r})$ durch ebene Wellen zu ersetzen. Dies führt auf

$$\boxed{\tilde{e}_{\mathbf{k},\nu} = e_k + \frac{\overline{V}_0}{L^3} \sum_{\mathbf{k}',\nu'} f_\beta(\tilde{e}_{\mathbf{k}',\nu'} - \mu) + \frac{\eta}{L^3} \sum_{\mathbf{k}'} f_\beta(\tilde{e}_{\mathbf{k}',\nu} - \mu) \overline{V}_{\mathbf{k}'-\mathbf{k}}} \tag{13}$$

wobei der erste Term e_k die kinetische Energie eines freien Teilchens ist:

$$e_k = \frac{\hbar^2 \mathbf{k}^2}{2m} \tag{14}$$

Das Ergebnis ist eine implizite Gleichung für Eigenwerte. Sie hat die Struktur eines Satzes von gekoppelten nichtlinearen Gleichungen, weil nämlich die Verteilungsfunktionen $f_\beta(\tilde{e}_{\mathbf{k}',\nu} - \mu)$ selbst von den Energien $\tilde{e}_{\mathbf{k}',\nu}$ abhängen.

Bemerkung:

Der Austauschterm enthält die räumliche Fourier-Transformierte des Wechselwirkungspotentials bei dem Wellenvektor $\mathbf{q} = \mathbf{k}' - \mathbf{k}$. Der direkte Term enthält dagegen die Fourier-Komponente bei dem Wellenvektor null. Dies kann man leicht anschaulich verstehen. Betrachten wir einmal zwei Teilchen mit den Impulsen $\hbar\mathbf{k}$ und $\hbar\mathbf{k}'$. In Kapitel VIII, § B-4-a haben wir gesehen, dass eine Wechselwirkung in niedrigster Ordnung (Bornsche Näherung) zu einer Streuamplitude proportional zur Fourier-Transformierten des Wechselwirkungspotentials führt. Die Fourier-Transformierte ist auszuwerten an der Differenz des relativen Impulses der Teilchen (Kapitel VII, § B-2-a). Diese Änderung ist nichts anderes als der Impulsübertrag zwischen den Teilchen durch die Wechselwirkung. Es scheint also nur natürlich, dass die Energie des Systems aus zwei Termen besteht: ein direkter Term, in dem kein Teilchen seinen Impuls ändert (der Impulsübertrag ist null, die Fourier-Variable verschwindet), und ein weiterer, in dem die beiden Teilchen ihren Impuls austauschen, so dass der Relativimpuls $\Delta\mathbf{p} = \frac{1}{2}\hbar(\mathbf{k} - \mathbf{k}')$ sein Vorzeichen wechselt. Deswegen ist die Fourier-Variable proportional zum Wellenvektorübertrag $\mathbf{q} = \mathbf{k}' - \mathbf{k}$.

2-b Der Begriff des Quasiteilchens

Aus Gleichung (13) sehen wir, dass die Energien $\widetilde{e}_{\mathbf{k},\nu}$ der Hartree-Fock-Eigenzustände sich aus der kinetischen Energie eines freien Teilchens und einem Wechselwirkungsbeitrag zusammensetzen. Man kann dies so interpretieren, dass es sich um die Energien von identifzierbaren Objekten handelt, die man *Quasiteilchen* nennt.[1] Die Besetzungen der entsprechenden Energieniveaus und die Gesamtzahl der Quasiteilchen erhält man durch dieselben Verteilungsfunktionen f_β wie in einem idealen Gas, vgl. in Ergänzung G_{XV} die Formeln (39) und (44). Genauso verhält es sich mit der Entropie des Systems, wie wir am Ende von § 2-b-α jener Ergänzung festgestellt haben. Solange man statt der kinetischen Energie eines freien Teilchens die verschobenen Energien $\widetilde{e}_{\mathbf{k},\nu}$ verwendet, besteht also eine enge Analogie zu einem System unabhängiger Teilchen.

3 Spontane Magnetisierung von Fermionen

Betrachten wir ein System von Fermionen mit Spin 1/2, eingesperrt in einem großen Behälter. Wir treffen einige vereinfachende Annahmen, um die Rechnungen bequemer durchführen zu können. Sie führen uns auf ein einfaches Modell, an dem man die Nichtlinearität der Hartree-Fock-Theorie sehr elegant untersuchen kann: Man muss ein nichtlineares Gleichungssystem mit nur zwei Unbekannten lösen [s. weiter unten Gl. (22)]. Das Modell wurde 1939 von Edmund C. Stoner zur Erklärung des Ferromagnetismus vorgeschlagen.*

3-a Vereinfachende Annahmen

Wir nehmen an, dass die Wechselwirkung zwischen den Teilchen abstoßend und von einer sehr kleinen Reichweite r_0 ist („harte Kugeln", d.Ü). In Gl. (13) spielen nur solche Vektoren $\mathbf{k}$ und $\mathbf{k}'$ eine Rolle, für die die Besetzungen $f_\beta(\widetilde{e}_{\mathbf{k},\nu} - \mu)$ und $f_\beta(\widetilde{e}_{\mathbf{k}',\nu} - \mu)$

---

1 Der Begriff des Quasiteilchens ist nicht nur auf homogene Systeme anwendbar, in denen die wechselwirkenden Teilchen sich vor und nach Stößen frei bewegen. Er bleibt auch sinnvoll, wenn das äußere Potential V_1 nicht verschwindet. Im ersten Term in Gl. (13) muss man dann die Energie eines Teilchens in dem Potential V_1 verwenden, und der direkte und der Austauschterm haben eine andere Form, weil die Eigenfunktionen keine ebenen Wellen mehr sind.

* Anm. d. Ü.: Siehe Stoner (1939). Im deutschen Sprachraum wird auch die Bezeichnung Stoner-Wohlfarth-Modell verwendet; Erich P. Wohlfarth, ein Student von Stoner, behandelte etwas später zahlreiche Fragestellungen im Ferromagnetismus.

nicht vernachlässigbar klein sind. Wenn wir annehmen, dass für alle diese Vektoren die Produkte kr_0 und $k'r_0$ sehr klein gegen 1 sind, dann darf man in guter Näherung in Gl. (11) das Produkt $\mathbf{q} \cdot \mathbf{s} = (\mathbf{k}' - \mathbf{k}) \cdot \mathbf{s}$ durch Null ersetzen, so dass sich

$$\overline{V}_{\mathbf{k}'-\mathbf{k}} \simeq \overline{V}_0 \tag{15}$$

ergibt.

α Energien der Quasiteilchen. Spinpopulationen

Weil für Fermionen $\eta = -1$ gilt, vereinfachen sich der direkte und der Austauschterm in Gl. (13) zu:

$$\tilde{e}_{\mathbf{k},\nu} = e_k + \frac{\overline{V}_0}{L^3}\left[\sum_{\mathbf{k}',\nu'} f_\beta(\tilde{e}_{\mathbf{k}',\nu'} - \mu) - \sum_{\mathbf{k}'} f_\beta(\tilde{e}_{\mathbf{k}',\nu} - \mu)\right] \tag{16}$$

$$= e_k + \frac{\overline{V}_0}{L^3} \sum_{\mathbf{k}',\nu'\neq\nu} f_\beta(\tilde{e}_{\mathbf{k}',\nu'} - \mu) \tag{17}$$

Die Energie eines Quasiteilchens verändert sich also relativ zum idealen Gas nur durch die Wechselwirkung mit Teilchen mit anderen Spinquantenzahlen $\nu' \neq \nu$ (für Elektronen: mit antiparallelen Spins). Dieses Ergebnis spiegelt die einfache Tatsache wider, dass zwei Quasiteilchen mit parallelen Spins nicht unterscheidbar sind: das Pauli-Prinzip greift dann vollständig und verhindert, dass sie sich bis auf den Abstand r_0 nahekommen und dann in Wechselwirkung treten. Sind ihre beiden Spins aber antiparallel, dann kann man sie im Prinzip an der Richtung der Spins unterscheiden und sie verhalten sich wie unterscheidbare Teilchen (hier geht ein, dass die Wechselwirkung die Spins nicht verändert). Der Austauscheffekt findet nicht statt, und ihre Wechselwirkungen können einen Beitrag liefern.

Seien $\langle \widehat{N}_+ \rangle$ und $\langle \widehat{N}_- \rangle$ jeweils die Gesamtzahl der Teilchen im Spinzustand $|+\rangle$ oder $|-\rangle$:

$$\langle \widehat{N}_\nu \rangle = \sum_{\mathbf{k}} f_\beta(\tilde{e}_{\mathbf{k},\nu} - \mu) \quad \text{mit } \nu = \pm \tag{18}$$

Die Gleichung (17) zeigt, dass die Energien der Spinquantenzahlen + und − sich gemäß

$$\tilde{e}_{\mathbf{k},+} = e_k + g\langle \widehat{N}_- \rangle \quad \text{und} \quad \tilde{e}_{\mathbf{k},-} = e_k + g\langle \widehat{N}_+ \rangle \tag{19}$$

verschieben. Hier ist die Kopplungskonstante (von der Dimension einer Energie) durch

$$g = \frac{\overline{V}_0}{L^3} \tag{20}$$

definiert.

Weil die Besetzungszahlen nur von der Differenz zwischen ihrer Energie $\tilde{e}_{\mathbf{k},\nu}$ und dem chemischen Potential μ abhängen, kann man die Energieverschiebungen proportional zu g in Gl. (19) dadurch berücksichtigen, dass man die Teilchen bei der freien kinetischen Energie e_k belässt, aber das chemische Potential anpasst, $\mu \mapsto \mu_\pm$, und zwar verschoben um eine Größe $g\langle\widehat{N}_\pm\rangle$. Wenn wir wie in Ergänzung B_{XV}, Gl. (47) die Teilchenzahl

$$N_{\text{id}}^{\text{FD}}(\beta,\mu) = \left(\frac{L}{2\pi}\right)^3 \int \text{d}^3k \frac{1}{\text{e}^{\beta(e_k-\mu)}+1} \tag{21}$$

für ein ideales Fermigas einführen, dann erhalten wir für ein wechselwirkendes Gas:

$$\begin{cases} \langle\widehat{N}_+\rangle = N_{\text{id}}^{\text{FD}}(\beta,\mu - g\langle\widehat{N}_-\rangle) \\ \langle\widehat{N}_-\rangle = N_{\text{id}}^{\text{FD}}(\beta,\mu - g\langle\widehat{N}_+\rangle) \end{cases} \tag{22}$$

Mit diesen Gleichungen können wir die Besetzungen der beiden Spinzustände als Funktion der Parameter β (also der Temperatur), μ und des Volumens $\mathcal{V} = L^3$ bestimmen. Es handelt sich um zwei gekoppelte Gleichungen, weil die Besetzung $\langle\widehat{N}_+\rangle$ von der Besetzung $\langle\widehat{N}_-\rangle$ abhängt und umgekehrt. Um ihre Lösung zu finden, werden wir zunächst geeignete dimensionslose Variablen einführen und dann grafisch vorgehen.

β Neue Variablen

Es ist bequemer, die obigen Beziehungen mit skalierten Variablen aufzuschreiben. Dazu führen wir die *thermische De-Broglie-Wellenlänge* λ_T ein:

$$\lambda_T = \hbar\sqrt{\frac{2\pi}{mk_BT}} = \hbar\sqrt{\frac{2\pi\beta}{m}} \tag{23}$$

Wie in Ergänzung B_{XV}, § 4-a können wir die Integrationsvariable $\mathbf{k}$ in Gl. (21) substituieren:

$$\kappa = k\,\frac{\lambda_T}{2\sqrt{\pi}} \tag{24}$$

Wir erhalten dann

$$N_{\text{id}}^{\text{FD}}(\beta,\mu) = \left(\frac{L}{\lambda_T}\right)^3 I_{3/2}(\beta\mu) \tag{25}$$

mit

$$I_{3/2}(\beta\mu) = \pi^{-3/2} \int \text{d}^3\kappa\,\frac{1}{\text{e}^{\kappa^2-\beta\mu}+1} \tag{26}$$

Diese beiden Formeln hatten wir schon in Ergänzung B_{XV}, Gl. (51) und Gl. (52) gefunden. Die Funktion $I_{3/2}$ hängt nur von der dimensionslosen Variablen $\beta\mu$ ab. Im Gegensatz zu der *extensiven* Größe $N_{\text{id}}^{\text{FD}}$ (proportional zum Volumen $\mathcal{V}$) ist $I_{3/2}(\beta\mu)$ eine *intensive* Größe (vom Volumen unabhängig).[2]

Die beiden unbekannten Besetzungen $\langle\widehat{N}_\pm\rangle$ können wir ebenfalls durch zwei dimensionslose intensive Variablen $x_\pm$ ausdrücken (skalierte Teilchendichten):

$$x_\pm = \lambda_{\mathrm{T}}^3 \frac{\langle\widehat{N}_\pm\rangle}{L^3} \tag{27}$$

Schließlich können wir die Wechselwirkungen, die in den Beziehungen (22) über die Kopplungskonstante g enthalten sind, durch den dimensionslosen Parameter $\overline{g}$ beschreiben:

$$\overline{g} = \beta g \left(\frac{L}{\lambda_{\mathrm{T}}}\right)^3 = \frac{m\overline{V}_0}{2\pi\hbar^2\lambda_{\mathrm{T}}} \tag{28}$$

Diese Notation bringt Gleichung (22) in die einfache Form

$$\begin{cases} x_+ = F^{(1)}(x_-) \\ x_- = F^{(1)}(x_+) \end{cases} \tag{29}$$

wobei die Funktion $F^{(1)}$ durch

$$F^{(1)}(x) = I_{3/2}(\beta\mu - \overline{g}x) \tag{30}$$

definiert ist. Neben der Variablen x hängt sie auch von den Parametern $\beta\mu$ und $\overline{g}$ ab. (Im nächsten Abschnitt wird klar werden, warum der Index 1 verwendet wird.) Genau wie in Gl. (22) besteht das System (29) aus zwei gekoppelten Gleichungen: Aus x_- können wir direkt x_+ berechnen und umgekehrt.

3-b Iterative grafische Lösung

Wir skizzieren nun, wie man die Gleichungen (29) grafisch lösen kann (s. die Abb. 1 unten). Die beiden Variablen x_+ und x_- kann man entkoppeln, indem man die eine Gleichung in die andere einsetzt:

$$x_+ = F^{(1)}(F^{(1)}(x_+)) \tag{31}$$

Dieselbe Gleichung gilt auch für x_-. Führen wir also die zweifach iterierte Funktion $F^{(2)}$ ein ($F^{(1)}$ in sich selbst eingesetzt):

$$F^{(2)}(x) = F^{(1)}(F^{(1)}(x)) \tag{32}$$

---

2 In Anhang VI definieren wir in allgemeiner Weise den Begriff einer extensiven und intensiven Größe. Eine *extensive* Größe A skaliert im thermodynamischen Limes (Volumen $\mathcal{V} \to \infty$ bei festen T und μ) linear mit dem Volumen $\mathcal{V}$, so dass das Verhältnis $A/\mathcal{V}$ gegen eine Konstante strebt. Eine Größe heißt *intensiv*, wenn sie in diesem Limes selbst konstant wird.

dann erhalten wir

$$x_+ = F^{(2)}(x_+) \tag{33}$$

Diese Gleichung definiert die Fixpunkte von $F^{(2)}$: An diesen Stellen x liefert die Funktion $F^{(2)}$ erneut den Wert x. Grafisch erhält man die Fixpunkte einer Funktion F, indem man die Schnittpunkte ihres Graphen mit der ersten Winkelhalbierenden im Koordinatensystem bestimmt (s. Abb. 1).

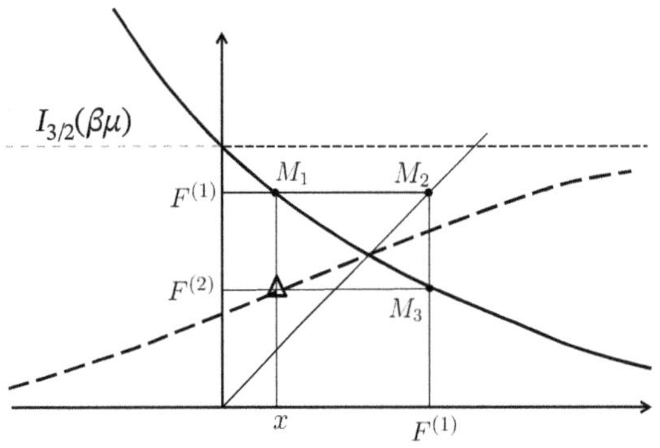

Abb. 1: Verhalten der Funktionen $F^{(1)}(x)$ (durchgezogene Linie) und $F^{(2)}(x)$ (dicke gestrichelte Linie). Die Abbildung skizziert, wie man grafisch $F^{(2)}(x)$ erhält. Ausgehend von einem Punkt x auf der Abszisse platziert man einen Punkt M_1 auf dem Graphen der Funktion $F^{(1)}(x)$. Eine Parallele zur x-Achse durch diesen Punkt schneidet die erste Winkelhalbierende in dem Punkt M_2, dessen Abszisse $F^{(1)}(x)$ beträgt. Der Schnittpunkt M_3 zwischen dem Funktionsgraphen und einer vertikalen Geraden durch M_2 liefert den Funktionswert der zweifach iterierten Funktion $F^{(2)}$ an dieser Stelle. Diesen Wert tragen wir an der Abszisse der Variablen x ein (mit einem Dreieck markiert); so konstruiert man punktweise die dick gestrichelte Kurve. Dieses Verfahren illustriert, dass sich der Graph von $F^{(2)}(x)$ für $x \to -\infty$ asymptotisch der x-Achse nähert; im Grenzfall $x \to +\infty$ wandert M_2 in den Ursprung und man erhält als Asymptote eine horizontale Linie (dünn gestrichelt), die im Punkt $F^{(1)}(0) = I_{3/2}(\beta\mu)$ parallel zur x-Achse verläuft. Die zweifach iterierte Funktion $F^{(2)}(x)$ verhält sich also typischerweise wie in der Abbildung dick gestrichelt skizziert. Zwischen den beiden asymptotischen Werten hat sie einen monoton ansteigenden Graphen. In dem hier dargestellten Fall ist die Kopplungskonstante $\overline{g}$ klein genug, so dass beide Graphen die erste Winkelhalbierende mit einer Steigung schneiden, die dem Betrag nach kleiner als 1 ist. Dann ergibt sich genau ein stabiler Fixpunkt, in dem x_- und x_+ gleich sind und das Spinsystem global nicht magnetisiert ist.

α Exkurs: Fixpunkte einer Funktion

Treten wir einen Schritt zurück und betrachten eine allgemeine Fixpunktgleichung

$$x = G(x) \tag{34}$$

für eine Funktion G. Ihre Lösungen kann man iterativ finden. Ausgehend von einem Näherungswert x_1 für die Lösung berechnet man $G(x_1)$ und setzt $x_2 = G(x_1)$ erneut ein, um $x_3 = G(x_2)$ zu erhalten usw. Man kann zeigen, dass diese Iteration gegen eine

Lösung von Gl. (34), also einen Fixpunkt auf der ersten Winkelhalbierenden konvergiert, wenn die Steigung der Funktion im Fixpunkt dem Betrag nach kleiner als 1 ist, also für

$$-1 < G'(x) < +1 \tag{35}$$

wobei G' die Ableitung von G ist. Man spricht in diesem Fall von einem stabilen Fixpunkt. Liegt die Steigung $G'(x)$ dagegen außerhalb des Intervalls $[-1, +1]$, dann wird der Fixpunkt auf der ersten Winkelhalbierenden instabil. Das iterative Verfahren, G mehrfach anzuwenden, konvergiert dann nicht mehr.

Man kann auch die *zweifach iterierte* Funktion $G^{(2)}(x) = G(G(x))$ einführen. Jeder Fixpunkt von G ist auch ein Fixpunkt von $G^{(2)}$, aber nicht umgekehrt. Es ist nämlich möglich, dass man einen *Zyklus zweiter Ordnung* findet, bei dem die wiederholte Anwendung von G zwischen zwei Werten hin- und herschaltet:

$$\begin{aligned} x_2 &= G(x_1) \\ x_1 &= G(x_2) \end{aligned} \tag{36}$$

In so einem Fall sind x_1 und x_2 jeweils Fixpunkte von $G^{(2)}$, aber nicht von G. (In Abb. 3 weiter unten liegt so eine Situation vor.) Diese Fixpunkte können bezüglich $G^{(2)}$ stabil sein. In diesem Fall spricht man von einem *stabilen Zyklus der Ordnung zwei* für die Funktion G: Nach einer gewissen Zahl von Iterationen endet man in einer Reihe, die zwischen den verschiedenen Werten x_1 und x_2 alterniert.

Dieser Prozess kann sich fortsetzen, d. h., es ist möglich, dass der Fixpunkt von $G^{(2)}$ erneut instabil wird und zu einem Zyklus höherer Ordnung wird, der ein Fixpunkt einer mehr als zweimal iterierten Form von G ist (Periodenverdopplung). Dies kann bis zu chaotischem Verhalten führen (d. Ü.).

β Verhalten der Funktion $F^{(1)}$

Der Beziehung (25) entnehmen wir, dass das Verhalten von $I_{3/2}(x)$ als Funktion von x dem der Teilchenzahl $N_{\text{id}}^{\text{FD}}(\beta, \mu)$ als Funktion des chemischen Potentials μ entspricht. Dieses haben wir in Ergänzung B_{XV}, Abb. 2 untersucht. Die Gleichung $F^{(1)}(x) = I_{3/2}(\beta\mu - \overline{g}x)$ zeigt uns, wie wir aus dem Graphen von $I_{3/2}(x)$ auf das Verhalten von $F^{(1)}(x)$ schließen können:

- das Vorzeichen der Variablen x wechseln (Spiegelung an der vertikalen Achse),
- die Variable x mit $\overline{g}$ multiplizieren (Umskalierung der horizontalen Achse),
- den Koordinatenursprung um die Größe $\beta\mu$ nach rechts verschieben.

Dies führt auf die durchgezogene Kurve in Abb. 1, eine monoton fallende Funktion (bei konstanten β, μ und $\overline{g}$).

Ändert sich nun der Kopplungsparameter $\overline{g}$ (bei festen β und μ), dann erhält man eine Kurvenschar, die $F^{(1)}(x)$ für jeden Wert von $\overline{g}$ darstellt (ausgewählte Werte sind in den Abb. 1, 2 und 3 dargestellt). Für $x = 0$ haben alle diese Kurven denselben Schnittpunkt bei $I_{3/2}(\beta\mu)$ mit der vertikalen Achse. Ist etwa $\overline{g} = 0$, dann liegt einfach eine horizontale Gerade durch diesen Punkt vor. Für ein kleines, positives $\overline{g}$ haben wir einen fallenden Graphen mit einer sehr großen Breite entlang der x-Achse; die Steigung bei $x = 0$ ist negativ, aber klein. Wächst $\overline{g}$ immer mehr, dann nähert sich sich der Graph immer mehr der vertikalen Achse und die Steigung im Ursprung wird immer negativer. Im Grenzfall $\overline{g} \to \infty$ erhalten wir eine vertikale Gerade.

γ Verhalten der Funktion $F^{(2)}$

In Abb. 1 ist auch die geometrische Konstruktion skizziert, mit der man den Graphen der Funktion $F^{(2)}$ aus dem von $F^{(1)}$ erhält. Für einen festen Wert von x suche man den Punkt M_1 mit der Ordinate $F^{(1)}(x)$; von ihm ausgehend schneidet eine horizontale Gerade die erste Winkelhalbierende in dem Punkt M_2, dessen x-Koordinate genau dem Wert $F^{(1)}(x)$ entspricht. Eine vertikale Gerade schneidet den Graphen von $F^{(1)}$ im Punkt M_3 mit der Ordinaten $F^{(2)}(x)$; zusammen mit der x-Koordinate des Ausgangspunkts liefert dieser Wert die Koordinaten eines Punkts auf dem Graphen von $F^{(2)}$ (mit einem Dreieck markiert).

Diese Konstruktion zeigt, dass $F^{(2)}(x)$ eine monoton wachsende Funktion von x mit horizontalen Asymptoten ist: die x-Achse und die dazu parallele Gerade mit der Ordinate $I_{3/2}(\beta\mu)$. Diese Funktion wächst umso schneller, je größer der Wert von $\overline{g}$ ist.

δ Einfluss der Wechselwirkung auf die Fixpunkte

Welche Rolle spielt nun die Größe des Parameters $\overline{g} \sim \overline{V}_0$ für die Stabilität des Fixpunkts (oder der Fixpunkte)?

1. Für Fermionen ohne Wechselwirkung ($\overline{g} = \overline{V}_0 = 0$) ist es besonders einfach: Beide Kurven (für $F^{(1)}$ und $F^{(2)}$) fallen dann in einer horizontalen Geraden zusammen. Die Steigung ist null, und der Schnittpunkt mit der ersten Winkelhalbierenden ist offenbar stabil. So finden wir die Ergebnisse des idealen Gases wieder, mit identischen Werten für die skalierten Dichten x_+ und x_-.
2. Solange $\overline{g}$ und $\overline{V}_0$ genügend klein sind, ist die Steigung von $F^{(1)}$ im Schnittpunkt klein und der dazugehörige Fixpunkt immer noch stabil, wie in Abb. 1 gezeigt. Die Funktion $F^{(2)}$ hat dann natürlich denselben Punkt als Fixpunkt. Wenn wir die Steigung von $f[f(x)]$ berechnen, finden wir $f'[f(x)]f'(x) = [f'(x)]^2$ in dem Fixpunkt $x = f(x)$. Die Steigung von $F^{(2)}$ ist also auch kleiner als 1, und damit ist der Fixpunkt stabil.

   In so einem Fall haben beide Funktionen nur einen (gemeinsamen) Fixpunkt, der die Lösung des Satzes von Gleichungen liefert. Die Dichten x_+ und x_- sind dann gleich. Die einzige Auswirkung der Abstoßung zwischen den Fermionen ist es, die Dichte zu verringern, und zwar für die beiden Spinzustände in gleicher Weise.

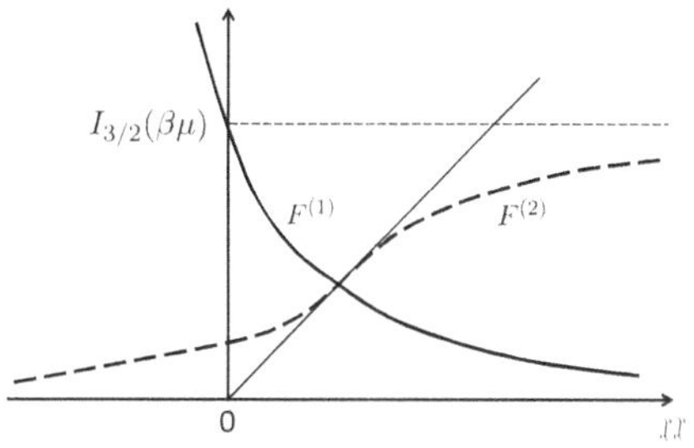

Abb. 2: Verhalten der Funktionen $F^{(1)}(x)$ (durchgezogene Kurve) und $F^{(2)}(x)$ (gestrichelt) im kritischen Fall $\overline{g} = g_c$. Im Schnittpunkt mit der ersten Winkelhalbierenden hat die Funktion $F^{(1)}$ die Steigung -1. Dort hat die Funktion $F^{(2)}$ die Steigung $+1$ und schmiegt sich an die Winkelhalbierende an, so dass dort sogar ein dreifacher Schnittpunkt vorliegt. Dieser zerfällt in drei Schnittpunkte für $\overline{g} > g_c$ (s. Abb. 3).

3. Falls allerdings $\overline{g}$ (oder $\overline{V}_0$) weiter wächst, dann erreicht man bei einem gewissen kritischen Wert g_c die Situation, dass die Steigung von $F^{(1)}$ im Schnittpunkt mit der ersten Winkelhalbierenden den Wert -1 erreicht. Die Steigung von $F^{(2)}$ wird dann $+1$ (s. oben Punkt 2., d. Ü). Diese „kritische Situation" ist in Abb. 2 dargestellt: man sieht, dass der Graph von $F^{(2)}$ und die erste Winkelhalbierende sich in ihrem Schnittpunkt berühren.[3] Für beide Funktionen liegt der Fixpunkt dann an der Stabilitätsgrenze.
4. Was jenseits der kritischen Kopplung geschieht, ist in Abb. 3 skizziert. Der Graph von $F^{(2)}$ schneidet die erste Winkelhalbierende in drei Punkten. Der mittlere Schnittpunkt ist instabil, weil dort die Steigung größer als 1 ist. Das iterative Verfahren verlässt diesen Punkt unter jeder noch so kleinen Störung. Die beiden äußeren Punkte sind dagegen stabil, weil bei ihnen die Steigungen von $F^{(2)}$ zwischen -1 und $+1$ liegen. Ihnen entsprechen physikalisch sinnvolle Lösungen der Gleichungen (29). Hier liegt kein Fixpunkt von $F^{(1)}$ vor, so dass zwei verschiedene Werte x_+ und x_- alternieren, wenn man $F^{(1)}$ wiederholt anwendet. (Dieser Zyklus zweiter Ordnung ist durch die Pfeile in der Abbildung darstellt.) Wir erhalten so eine Lösung, in der die Besetzungen der beiden Spinzustände sich unterscheiden. Das Gas wird sich also spontan magnetisieren, wenn die Abstoßung einen gewissen kritischen Wert überschreitet: An dieser Stelle findet ein Phasenübergang statt.

---

3 Es handelt sich sogar um einen *Schmiegepunktg*, in dem erste und zweite Ableitungen der Kurven zusammenfallen. Aus der ersten Ableitung $f'[f(x)]f'(x)$ der Funktion $f[f(x)]$ berechnen wir die zweite Ableitung zu

$$f''(x)f'[f(x)] + [f'(x)]^2 f''[f(x)]$$

In einem Fixpunkt wird daraus

$$f'(x)f''(x)[1 + f'(x)]$$

und dies verschwindet für $f'(x) = -1$. Erst in der dritten Ordnung um den Fixpunkt unterscheidet sich $y = F^{(2)}(x)$ von der ersten Winkelhalbierenden $y = x$.

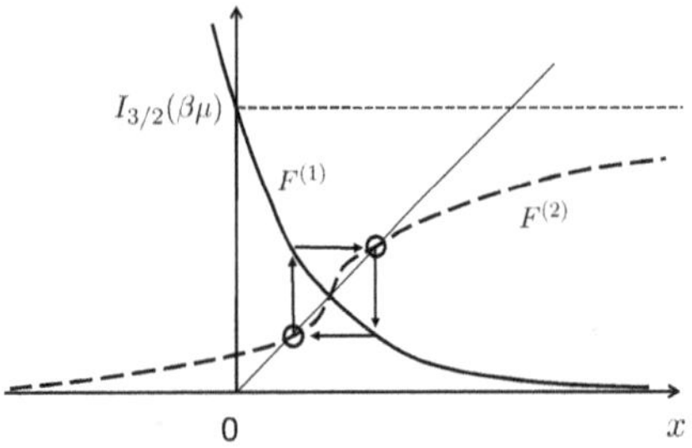

Abb. 3: Jenseits des kritischen Punkts schneidet der Graph von $F^{(1)}$ die Winkelhalbierende mit einer Steigung kleiner als −1; und der Graph von $F^{(2)}$ schneidet sie in drei Schnittpunkten. Im mittleren (instabilen) Schnittpunkt hat $F^{(2)}$ eine Steigung größer als +1, aber die beiden äußeren Fixpunkte (mit Kreisen markiert) sind stabil. Diese beiden Punkte werden durch $F^{(1)}$ aufeinander abgebildet und erzeugen so einen Zyklus zweiter Ordnung (Pfeile). Dies führt zu zwei verschiedenen Dichten der beiden Spinzustände, also dem spontanen Auftreten einer Spinpolarisation.

Bemerkung:
Aus reiner Bequemlichkeit haben wir das Auftreten einer spontanen Spinpolarisation als Funktion des Parameters $\overline{g} \sim \overline{V}_0$ bei konstanten β und μ diskutiert. Die Kurven sind dann einfacher zu skizzieren, weil man bei einer Änderung von $\overline{g}$ lediglich die x-Achse skalieren muss. Im Allgemeinen untersucht man diesen Phasenübergang allerdings unter einer Änderung entweder der Dichte oder der Temperatur des Systems, bei unveränderten Wechselwirkungen. Unsere Überlegungen könbnen wir aber auf diesen Fall anpassen. Wir können etwa die Wechselwirkungen fest lassen und entweder das chemische Potential μ (das die Teilchendichte festlegt) oder die inverse Temperatur β durchfahren. Wenn irgendeiner dieser beiden Parameter wächst, dann steigt auch der Wert $I_{3/2}(\beta\mu) = F^{(1)}(0)$, was die Steigungen der Funktionen $F^{(1)}$ und $F^{(2)}$ (dem Betrag nach) vergrößert. Das gleiche Phänomen wie oben diskutiert (Instabilität und Phasenübergang) wird sich also auch einstellen, wenn die Temperatur sinkt oder die Dichte zunimmt. Falls $I_{3/2}(\beta\mu) \gg 1$ gilt, dann zeigt die Formel (25), dass sich in einem Volumen von der Ordnung λ_T^3 eine große Zahl von Teilchen befinden. Dies bedeutet, dass der mittlere Abstand zwischen den Teilchen kleiner als die thermische Wellenlänge λ_T ist; das Fermi-Gas ist dann also entartet.

3-c Physikalische Interpretation

Weil der Elektronenspin mit einem magnetischen Moment einhergeht, ist eine spontane Polarisierung der Spins gleichbedeutend mit dem Übergang in eine ferromagnetische Phase. Die treibende Kraft für dieses Phänomen ist ein Wettbewerb zwischen zwei entgegengesetzten Bestrebungen. Einerseits versucht das System, die abstoßende, kurzreichweitige Wechselwirkung zu minimieren, indem alle Teilchen denselben Spinzustand einnehmen (polarisiertes System). Wegen des Pauli-Prinzips können sich spinpolarisierte Fermionen nicht an derselben Position befinden, so dass sie einander aufgrund der Quantenstatistik „ausweichen“. Andererseits erhöht sich in einem polarisierten System (bei konstanter Gesamtdichte) die kinetische Energie. Man muss nämlich dieselbe Zahl von Teilchen in einer einzigen Fermi-Kugel (statt zwei) unterbringen. Dies führt auf eine größere Fermi-Kugel und damit eine höhere Fermi-Energie. Auch die Entropie wird davon beeinflusst. Der Kompromiss, den das System zwischen Absenken und Erhöhen des großkanonischen Potentials findet, verändert sich mit den äußeren Parametern. Wenn deren Werte zu einem Gleichgewicht zwischen Gewinn und Verlust führen, dann wird ein spontaner Übergang in eine ferromagnetische Phase stattfinden.

Man könnte dieses Phänomen noch genauer untersuchen. Der Form der oben skizzierten Kurven entnehmen wir die Bedingungen für eine spontane Magnetisierung: starke Abstoßung, hohe Dichte, tiefe Temperatur. Es ist wichtig festzuhalten, dass es keinen (zusätzlichen) Hamilton-Operator gibt, der bei diesem Phasenübergang auf die Spins wirkt. Selbst wenn die Wechselwirkungen völlig unabhängig von den Spins sind, ist es der Einfluss der Fermi-Dirac-Statistik, der zu der Existenz einer spinpolarisierten Phase führt.

Am kritischen Punkt (s. Abb. 2) erscheinen zwei neue stabile Fixpunkte an derselben Stelle und entfernen sich dann stetig voneinander. Wir haben es also mit einem kontinuierlichen Übergang zu tun, auch bekannt als ein Phasenübergang zweiter Ordnung. Kritische Phänomene im Allgemeinen sind ein wichtiges Teilgebiet der Physik, auf das wir hier nicht im Einzelnen eingehen können. Es ist allerdings nicht schwer, unsere Analyse der Lösungen für die Fixpunktgleichungen ein wenig weiter zu treiben: Man stellt fest, dass der Abstand zwischen den beiden stabilen Punkten jenseits des kritischen Punktes μ_c und β_c proportional zur Wurzel aus $\mu - \mu_c$ (oder $\beta - \beta_c$) wächst. Dies bedeutet, dass die spontane Magnetisierung sich wie die Wurzel aus dem Abstand zum kritischen Punkt verhält. Ein derartiges Szenario ist typisch für eine sogenannte *Hopf-Bifurkation*. Des Weiteren folgt daraus, dass am kritischen Punkt die magnetische Suszeptibilität divergiert.

Bemerkungen:

1. Wir begegnen hier einem weiteren allgemeinen Konzept und zwar dem der *spontanen Symmetriebrechung*. Als erstes ist festzustellen, dass die Symmetrie zwischen den beiden entgegengesetzten Spineinstellungen (entlang der Quantisierungsachse in z-Richtung) gebrochen wird. Die Gleichungen (29) sind zwar invariant, wenn man x_+ und x_- austauscht: Zu jeder Lösung der Gleichungen gibt es eine andere, in der die Spinmagnetisierung in die entgegengesetzte Richtung zeigt. Dies war zu erwarten, weil beide Richtungen physikalisch gleichwertig sind. Man spricht von einer gebrochenen Symmetrie, wenn die stabilen Lösungen des Gleichungssystems asymmetrisch sind, also verschiedene Werte für x_+ und x_- liefern. Es gibt dann notwendigerweise (mindestens) zwei verschiedene Lösungen, die durch eine Spiegelung auseinander hervorgehen. Allerdings ist die verwendete Quantisierungsachse völlig beliebig. Hätten wir eine andere gewählt, würde sie die Richtung der spontanen Magnetisierung bestimmen. Diese Beliebigkeit war auch zu erwarten, denn das vorliegende Problem ist invariant unter Drehungen. An dem ferromagnetischen Phasenübergang, den wir untersucht haben, findet also eine spontane Brechung der Rotationssymmetrie im Ortsraum statt. Wegen der dazugehörigen Drehgruppe spricht man auch von einer *Brechung der SO(3)-Symmetrie* Es gibt natürlich noch weitere Phasenübergänge zweiter Ordnung, in denen diverse andere Symmetrien gebrochen werden, etwa die U(1)-Symmetrie beim Übergang zu einem Suprafluid, usw.

2. Mit Hilfe einer *Mean-Field*-Theorie wie der von uns verwendeten – die natürlich eine Näherung darstellt – kann man das Auftreten eines kritischen Punkts (Phasenübergang zweiter Ordnung) zwar ähnlich wie hier nachweisen, aber nicht alle seine Eigenschaften erfassen. Insbesondere in der Nähe des kritischen Punkts gibt es Eigenschaften (etwa kritische Fluktuationen auf großen Skalen), die sich dieser Näherung vollständig entziehen; um sie zu untersuchen, sind verfeinerte theoretische Methoden nötig.

4 Instabilität eines Bose-Gases

Die Gleichungen (3), die wir bislang für Fermionen verwendet haben, kann man in ganz ähnlicher Weise auch für Bosonen aufstellen – es genügt, den Wert $\eta = +1$ einzusetzen, also im Austauschpotential das Vorzeichen zu wechseln. Für ein schwach entartetes System ändert dies den Beitrag der Wechselwirkung, führt aber sonst zu keiner qualitativen Änderung. Die Situation ist allerdings radikal anders, wenn die Bosonen im entarteten Regime sind. In der Tat divergiert die Verteilungsfunktion $f_\beta(\varepsilon - \mu)$ in Gl. (1), wenn $\epsilon - \mu$ verschwindet; eine derartige Singularität tritt bei Fermionen nicht auf. Wie wir in Ergänzung B_{XV} gesehen haben, ist dies der Grund für das Einsetzen von *Bose-Einstein-Kondensation*: Wächst das chemische Potential μ (von negativen Werten her kommend) an, beginnt das singuläre Verhalten der Besetzungen eine Rolle zu spielen. Wenn μ sich dem kleinsten Wert der Einteilchenenergien nähert, also der Grundzustandsenergie e_0, wächst die Besetzung dieses Niveaus mehr und mehr und kann „extensiv“ werden (proportional zum Volumen des Systems im thermodynamischen Grenzfall, s. die Fußnote auf S. 1759).

Für kondensierte Bosonen führen die Hartree-Fock-Gleichungen auf einige Schwierigkeiten – wir kommen darauf noch kurz zurück, s. die Bemerkung 2 in § 4-a. Deswegen beschränken wir uns hier auf nichtkondensierte Systeme, diese dürfen sich allerdings der Kondensation nähern. Wir nehmen an, dass die Bosonen keinen Spin tragen und dass ihre Wechselwirkung $W_2(\mathbf{s})$ eine kurze Reichweite hat. Aus Gl. (11) folgt dann

$$\overline{V}_{\mathbf{q}} = V_0 \tag{37}$$

Unter diesen Bedingungen sind direkter und Austauschbeitrag in Gl. (13) gleich groß und addieren sich. Für ein homogenes System nimmt die Einteilchenenergie schließlich die folgende Form an:

$$\tilde{e}_{\mathbf{k}} = e_k + \frac{2\overline{V}_0}{L^3} \sum_{\mathbf{k}'} f_\beta(\tilde{e}_{\mathbf{k}'} - \mu) = e_k + \frac{2\overline{V}_0}{L^3} \langle \widehat{N} \rangle \tag{38}$$

wobei $\langle \widehat{N} \rangle$ der Mittelwert der Gesamtteilchenzahl ist:

$$\langle \widehat{N} \rangle = \sum_{\mathbf{k}} f_\beta(\tilde{e}_{\mathbf{k}} - \mu) = \sum_{\mathbf{k}} f_\beta(e_k - \mu - \Delta\mu) \tag{39}$$

mit

$$\Delta\mu = -\frac{2\overline{V}_0}{L^3} \langle \widehat{N} \rangle \tag{40}$$

Die Teilchenzahl wird also durch dieselbe Formel wie in einem idealen Bose-Gas bestimmt, sofern man das chemische Potential μ durch ein effektives Potential $\tilde{\mu} = \mu + \Delta\mu$ ersetzt. Dasselbe gilt auch für die mittlere Besetzung eines jeden Einteilchenzustands mit Wellenvektor **k**.

Wie in Ergänzung $\mathrm{B_{XV}}$ bezeichnen wir mit $N_{\text{id}}^{\text{BE}}(\beta, \mu)$ die Teilchenzahl für ein ideales Bose-Gas, definiert durch

$$N_{\text{id}}^{\text{BE}}(\beta, \mu) = \sum_{\mathbf{k}} f_\beta(e_k - \mu) = \frac{L^3}{(2\pi)^3} \int \mathrm{d}^3k \frac{1}{\mathrm{e}^{\beta(e_k - \mu)} - 1} \tag{41}$$

(Der zweite Ausdruck gilt für ein großes Volumen L^3.) Aus Gleichung (39) wird so

$$\langle \hat{N} \rangle = N_{\text{id}}^{\text{BE}}(\beta, \tilde{\mu}) \equiv N_{\text{id}}^{\text{BE}}(\beta, \mu + \Delta\mu) \tag{42}$$

4-a Abstoßende Wechselwirkung

Die Abb. 4 illustriert eine grafische Lösung von Gl. (42) für den Fall abstoßender Wechselwirkung. Die Abstoßung (d. h. $\overline{V}_0 > 0$) führt dazu, dass die Teilchenzahl bei festem chemischen Potential abnimmt: Das System entfernt sich damit von der kondensierten Phase. Die Beschreibung mit Hilfe des Hartree-Fock-Verfahrens ist dann eine gute Näherung.

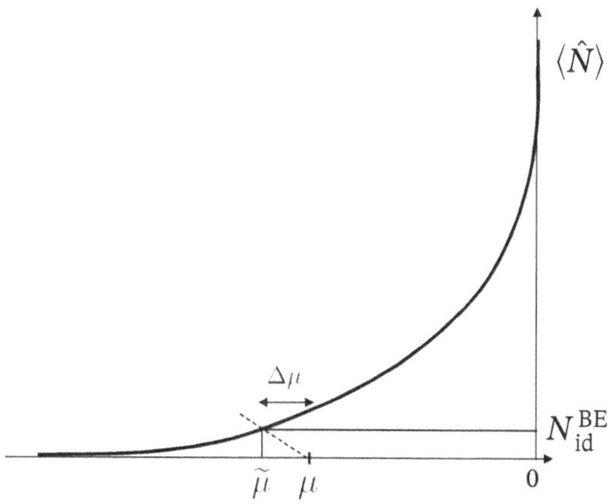

Abb. 4: Grafische Lösung von Gl. (40) und Gl. (42) für Bosonen mit abstoßender Wechselwirkung. Die Kurve gibt die Gesamtzahl der Teilchen als Funktion des chemischen Potentials an. Man trägt ausgehend von dem Punkt mit Abszisse μ eine Gerade (gestrichelt) mit der Steigung $-L^3/2\overline{V}_0$ ab. Der Schnittpunkt mit dem Graphen der Teilchenzahl hat als Koordinaten das verschobene chemische Potential $\tilde{\mu}$ und die Teilchenzahl $N_{\text{id}}^{\text{BE}}$. Eine abstoßende Wechselwirkung ($\overline{V}_0 > 0$) setzt die Dichte des Gases herab (bei konstanter Temperatur und chemischem Potential). Im Text wird beschrieben, wie man aus dieser Konstruktion die Zustandsgleichung des wechselwirkenden Gases erhält.

Beschränkt man sich auf eine Rechnung in erster Ordnung in dem Wechselwirkungsparameter $\overline{V}_0$, dann wird aus Gl. (42) näherungsweise

$$\begin{aligned}\langle\widehat{N}\rangle &\simeq N_{\text{id}}^{\text{BE}}(\beta,\mu)+\Delta\mu\frac{\partial}{\partial\mu}N_{\text{id}}^{\text{BE}}(\beta,\mu)\\ &\simeq N_{\text{id}}^{\text{BE}}(\beta,\mu)-2\overline{V}_0\frac{N_{\text{id}}^{\text{BE}}(\beta,\mu)}{L^3}\frac{\partial}{\partial\mu}N_{\text{id}}^{\text{BE}}(\beta,\mu)\end{aligned}\tag{43}$$

Wenn wir mit $\Phi(\beta,\mu)$ das großkanonische Potential bezeichnen, entnehmen wir aus Gleichung (62) in Anhang VI

$$\langle N\rangle=\frac{1}{\beta}\frac{\partial}{\partial\mu}\log Z=-\frac{\partial}{\partial\mu}\Phi(\beta,\mu)\tag{44}$$

Wir setzen Gl. (43) links ein, integrieren beiden Seiten über das chemische Potential von $-\infty$ bis μ und erhalten so das großkanonische Potential

$$\Phi(\beta,\mu)\simeq\Phi_{\text{id}}(\beta,\mu)+\frac{\overline{V}_0}{L^3}\left[N_{\text{id}}^{\text{BE}}(\beta,\mu)\right]^2\tag{45}$$

wobei $\Phi_{\text{id}}(\beta,\mu)$ das Potential des idealen Gases bei denselben Werten für Temperatur und chemisches Potential ist. Aus der Beziehung (62) in Anhang VI wissen wir außerdem, dass das großkanonische Potential das Produkt aus Druck P und Volumen ist:

$$\Phi(\beta,\mu)=-P\mathcal{V}\tag{46}$$

Wenn man also bei konstantem β in Gl. (43) und Gl. (45) das chemische Potential durchfährt, dann erhält man in der $\langle\widehat{N}\rangle$-$P$-Ebene eine Kurve, die den Druck als Funktion der Teilchenzahl darstellt. Diese Kurve nennt man die isotherme Zustandsgleichung. Man kann diese Konstruktion für mehrere Werte von β wiederholen und erhält dann eine Kurvenschar, die alle Werte der Zustandsgleichung abdeckt, und zwar unter Berücksichtigung einer schwachen Wechselwirkungen zwischen den Teilchen.

Bemerkungen:

1. Um die Rechnung so weit wie möglich zu vereinfachen, haben wir uns auf die erste Ordnung in $\overline{V}_0$ beschränkt. Es ist freilich möglich, die genauere grafische Lösung aus Abb. 4 zu verwenden, um die nächsten Ordnungen zu berücksichtigen.
2. In Ergänzung G_{XV}, § 3-b-β haben wir die Grenzen der Hartree-Fock-Näherung für Bosonen besprochen und stellten fest, dass diese nicht mehr anwendbar ist, wenn sich das System zu dicht an der kondensierte Phase befindet. Die grafische Lösung aus Abb. 4 ist also physikalisch nicht mehr sinnvoll, wenn der Schnittpunkt der Geraden und der Kurve zu nah an der Stelle liegt, wo die Kurve die vertikale Achse berührt.

4-b Anziehende Wechselwirkung

Wenn die Bosonen einander anziehen ($\overline{V}_0<0$), dann vergrößert die Wechselwirkung das effektive chemische Potential [s. Gl. (40)] und damit auch den Wert von $\langle\widehat{N}\rangle$. Dadurch wird wiederum das chemische Potential vergrößert – diese positive Rückkopplung kann zu einer „Kettenreaktion“ führen, in der das System instabil wird, falls μ zu dicht bei null (d. h. der Grundzustandsenergie e_0) liegt.

In Abb. 5 skizzieren wir die grafische Lösung von Gl. (40) und Gl. (42). Die Verschiebung $\Delta\mu$ und die Teilchenzahl $\langle\widehat{N}\rangle$ sind durch den Schnittpunkt zwischen einer Geraden und der Kurve $\mu \mapsto N_{\text{id}}^{\text{BE}}(\beta, \mu)$ bestimmt. Wenn $\overline{V}_0$ genügend klein ist (die Steigung der Geraden ist proportional zu $-1/\overline{V}_0$), dann gibt es zwei Schnittpunkte als mögliche Lösungen. Davon ist nur einer physikalisch, nämlich der mit einer kleinen Verschiebung $\Delta\mu$. In dem anderen Schnittpunkt ist $\Delta\mu$ viel größer, was zu einer radikalen Erhöhung der Dichte des Systems führen würde. Es ist wahrscheinlich, dass die näherungsweise Beschreibung der Wechselwirkungen über das Molekularfeld dann nicht mehr gültig wäre. Allerdings gibt es einen Wert von $\overline{V}_0$, für den die Gerade die Kurve berührt (der Fall 2 in Abb. 5): Für noch stärkere Wechselwirkungen haben die beiden Gleichungen (40) und (42) keine Lösung, und es gibt keinen stabilen Punkt mehr.

Die Abb. 5 zeigt ebenfalls, dass eine anziehende Wechselwirkung einen umso stärkeren Einfluss hat, je dichter das chemische Potential bei null liegt. Eine schwache Anziehung genügt dann bereits, um das System instabil zu machen. Der Grund dafür, dass wir keine Lösung der Gleichungen finden, liegt darin, dass wir von einem Ansatz ausgegangen sind, in dem die Teilchendichte exakt homogen ist. Diese Eigenschaft kann jenseits einer gewissen Stärke der Wechselwirkung nicht länger zutreffen. Man muss das Modell also verallgemeinern und die Möglichkeit eines inhomogenen Systems berücksichtigen. Eine genauere Untersuchung zeigt dann, dass sich lokale

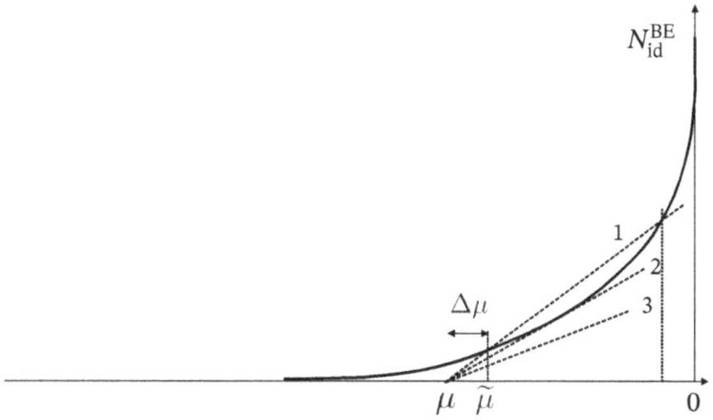

Abb. 5: Grafische Lösung ähnlich wie in Abb. 4, aber für ein Bose-Gas mit anziehenden Wechselwirkungen ($\overline{V}_0 < 0$). Falls der Parameter $\overline{V}_0$ nicht zu groß ist, gibt es zwei Schnittpunkte zwischen der Gerade und der Kurve (Fall 1). Einer von ihnen (mit dem chemischen Potential $\widetilde{\mu}$) befindet sich in der Nähe des Werts μ für das ideale Gas und ist deswegen die physikalisch sinnvolle Lösung im Rahmen der angewendeten Näherung. Wenn die Wechselwirkungen stärker werden ($|\overline{V}_0|$ wird größer), gibt es einen kritischen Wert, an dem die Gerade die Kurve berührt (mit 2 markiert), und für eine noch stärkere Anziehung gibt es keinen Schnittpunkt mehr (Gerade 3). Diese Situation weist auf eine Instabilität des Gases hin: Die anziehenden Kräfte zwischen den Teilchen führen zu einem Kollaps des Systems. Wenn man mit einem idealen Gas beginnt, dann gilt: Je dichter das System an dem Phasenübergang ist, desto schwächer ist die Wechselwirkung, die ausreicht, um den Kollaps auszulösen.

Instabilitäten ausbilden und spontan die Translationssymmetrie brechen. Man stellt dabei fest, dass ein homogenes, kondensiertes Bose-Gas im thermodynamischen Limes unter dem Einfluss einer noch so kleinen anziehenden Wechselwirkung in sich zusammenstürzt.[4]

Abschließend halten wir fest, dass die Ergebnisse des Hartree-Fock-Verfahrens für Fermionen in einem sehr weiten Parameterbereich gültig sind. Man kann damit etwa den Einfluss der Wechselwirkung auf die Teilchenzahl und den Druck des Systems berechnen. Außerdem kann die Methode Vorhersagen für Phasenübergänge treffen. Ähnlich verhält es sich bei nicht entarteten Bosonen. Die Molekularfeldnäherung (engl.: *mean field approximation*) hat auch dort sehr viele Anwendungen, die wir in diesem Werk nicht im Detail behandeln können. Man muss sich allerdings dessen bewusst bleiben, dass gewisse Vorhersagen, nicht auf wirkliche beobachtete Systeme zutreffen, wenn Bose-Einstein-Kondensation eintritt. Diese Aussagen stützen sich dann zu sehr auf die Molekularfeldnäherung, die die Korrelationen zwischen den Teilchen nicht exakt beschreibt.

4 Mit einem Wechselwirkungspotential, das bei großen Abständen anziehend, aber bei kleinen stark abstoßend ist („harte Kugeln"), kann sich das System spontan zu einer Flüssigkeit oder einem Festkörper mit hoher Dichte zusammenziehen. Im Experiment hat man auch beobachten können, dass einige der Teilchen nach dem Kollaps mit hohen kinetischen Energien auseinanderfliegen [in Analogie zu dem Kollaps eines Sterns *Bose-Nova* genannt (Donley et al., 2001), d. Ü.].

XVI Feldoperatoren

Einleitung

Dieses Kapitel ist eine direkte Fortsetzung des vorangegangen und verwendet dieselben mathematischen Werkzeuge. Der wesentliche Unterschied ist, dass wir bislang eine diskrete (abzählbare) Basis im Raum der Einteilchenzustände verwendet haben, etwa die Zustände $|u_i\rangle$ $(i = 1, 2, \ldots)$, während wir hier mit einer kontinuierlichen Basis arbeiten. Für spinlose Teilchen sind dies die Eigenzustände $|\mathbf{r}\rangle$ $(\mathbf{r} \in \mathbb{R}^3)$ des Ortsoperators (s. Band I, Kapitel II, § E). Die Erzeugungs- und Vernichtungsoperatoren hängen nun von der Position $\mathbf{r}$ ab, die man als einen kontinuierlichen Index auffassen kann, und werden so zu operatorwertigen Feldern. Sie stellen die quantisierte Version von klassischen Feldern dar (die jedem Raumpunkt eine Zahl oder einen Vektor zuordnen), und man nennt sie oft *Feldoperatoren* oder *Quantenfelder*. Dieser Begriff ist nützlich, um in kompakter Form zahlreiche Eigenschaften eines Systems identischer Teilchen zu beschreiben; sie erfüllen etwa Kommutations- oder Antikommutationsbeziehungen (für Bosonen oder Fermionen). Dieses Kapitel liefert auch eine Vorbereitung auf die Kapitel XIX und XX, wo wir das elektromagnetische Feld quantisieren werden.

In § A-1 definieren wir einen Feldoperator und besprechen einige seiner Eigenschaften. Seine (Anti-)Kommutatoren untersuchen wir in § A-2. Wie in Kapitel XV behandeln wir dann, wie symmetrische Operatoren durch die Feldoperatoren ausgedrückt werden (§ B); ein besonderes Augenmerk liegt auf den Operatoren, deren Mittelwerte die Korrelationsfunktionen des Felds liefern. In § C wechseln wir ins Heisenberg-Bild und sehen uns die Zeitabhängigkeit der Operatoren an. Die abschließenden Bemerkungen in § D gehen noch einmal kurz auf die Quantisierung von Feldern ein und verknüpfen diese mit dem Begriff der identischen Teilchen.

https://doi.org/10.1515/9783110649130-010

A Konstruktion

Wir definieren den Feldoperator als einen Vernichtungsoperator wie etwa a_i, aber bezüglich einer Basis der Einteilchenzustände, deren Elemente statt durch einen abzählbaren Index i durch den kontinuierlichen Index $\mathbf{r}$ (Position im Raum) bezeichnet werden. Als Ausgangspunkt dient die Beziehung für einen Basiswechsel [Kapitel XV, Gl. (A-52)]:

$$a_{v_s} = \sum_i \langle v_s | u_i \rangle \, a_{u_i} \tag{A-1}$$

Dabei bezeichnen die Indizes i und s die Kets von je zwei orthonormierten Basen $\{|u_i\rangle\}$ und $\{|v_s\rangle\}$ im Einteilchen-Zustandsraum.* Im Folgenden werden wir für den Index u_i oft einfach i schreiben (und v_s durch s ersetzen).

A-1 Definition

Wir beginnen mit einem Feldoperator für spinlose Teilchen (auch *skalares Quantenfeld* genannt, d. Ü.) und behandeln dann Teilchen mit Spin.

A-1-a Spinlose Teilchen

In Gl. (A-1) ersetzen wir die Basisvektoren $\{|v_s\rangle\}$ durch die Zustände $\{|\mathbf{r}\rangle\}$, wobei $\mathbf{r}$ für drei kontinuierliche Indizes steht (die Komponenten des Ortsvektors). Aus dem Operator a_{v_s} wird dann eine Größe, die von dem kontinuierlichen Index $\mathbf{r}$ abhängt. Wir nennen sie den *Feldoperator* des betrachteten Systems aus ununterscheidbaren Teilchen. Man könnte für dieses Objekt einfach $a_{\mathbf{r}}$ schreiben, doch wir werden hier dem allgemeinen Sprachgebrauch folgen und die übliche Notation $\Psi(\mathbf{r})$ verwenden. Wie jeder andere Vernichter wirkt auch $\Psi(\mathbf{r})$ im Fock-Raum und verringert dort die Teilchenzahl um eins. In Gleichung (A-1) steht unter der Summe ein Koeffizient, den wir mit der Wellenfunktion $u_i(\mathbf{r})$ identifizieren können. Sie entspricht dem Ket $|u_i\rangle$ in der Ortsdarstellung:

$$u_i(\mathbf{r}) = \langle \mathbf{r} | u_i \rangle \tag{A-2}$$

Damit erhalten wir folgende *Modenentwicklung*

$$\boxed{\Psi(\mathbf{r}) = \sum_i u_i(\mathbf{r}) \, a_i} \tag{A-3}$$

Formal sieht die Definition (A-3) in der Tat wie die Entwicklung einer Wellenfunktion in den Basisfunktionen $u_i(\mathbf{r})$ aus. Allerdings sind die „Komponenten" a_i hier nicht

* Anm. d. Ü.: Diese Einteilchenzustände werden wir auch als *Moden* bezeichnen.

einfach komplexe Zahlen, sondern Operatoren. Weil der Vernichter a_{v_s} in Gl. (A-1) ein Teilchen im Zustand $|v_s\rangle$ vernichtet, interpretiert man Gleichung (A-3) so, dass $\Psi(\mathbf{r})$ ein Teilchen am Ort **r** vernichtet.

Der Feldoperator $\Psi(\mathbf{r})$ hängt nicht von der Basis $\{|u_i\rangle\}$ ab, also den Wellenfunktionen, die wir in der Definition (A-3) verwendet haben. Dies können wir leicht überprüfen, indem wir eine Vollständigkeitsrelation für eine beliebige andere Basis $\{|v_s\rangle\}$ einschieben und erneut Gl. (A-1) verwenden (wir kommen für einen Augenblick auf die explizite Notation der Vernichter zurück):

$$\Psi(\mathbf{r}) = \sum_i \sum_s \langle \mathbf{r}|v_s\rangle \langle v_s|u_i\rangle \, a_{u_i} = \sum_s \langle \mathbf{r}|v_s\rangle \, a_{v_s} \tag{A-4}$$

$$= \sum_s v_s(\mathbf{r}) \, a_{v_s} \tag{A-5}$$

In der neuen Basis wird $\Psi(\mathbf{r})$ also durch eine Beziehung gegeben, die dieselbe Form wie Gleichung (A-3) hat.

Bilden wir zu Gl. (A-3) den hermitesch konjugierten Ausdruck

$$\Psi^\dagger(\mathbf{r}) = \sum_i u_i^*(\mathbf{r}) \, a_i^\dagger \tag{A-6}$$

dann erzeugt der Operator $\Psi^\dagger(\mathbf{r})$ ein Teilchen am Ort **r**. Dies können wir überprüfen, indem wir zum Beispiel den Ket untersuchen, der durch die Anwendung auf den Vakuumzustand entsteht:

$$\Psi^\dagger(\mathbf{r})|0\rangle = \sum_i u_i^*(\mathbf{r}) \, a_i^\dagger|0\rangle = \sum_i u_i^*(\mathbf{r}) \, |u_i\rangle \tag{A-7}$$

oder

$$\Psi^\dagger(\mathbf{r})|0\rangle = \sum_i |u_i\rangle\langle u_i|\mathbf{r}\rangle = |\mathbf{r}\rangle \tag{A-8}$$

Dies ist in der Tat der (verallgemeinerte) Zustand für ein am Ort **r** lokalisiertes Teilchen.*

Die Formeln (A-3) und (A-6) lassen sich leicht invertieren, indem wir die Orthogonalität der Wellenfunktionen $\{u_i(\mathbf{r})\}$ verwenden:

$$\int d^3r \, u_i^*(\mathbf{r}) \, \Psi(\mathbf{r}) = \int d^3r \, u_i^*(\mathbf{r}) \sum_j u_j(\mathbf{r}) \, a_j = \sum_j \delta_{ij} \, a_j = a_i \tag{A-9}$$

Einmal hermitesch konjugiert, wird daraus:

$$\int d^3r \, u_i(\mathbf{r}) \, \Psi^\dagger(\mathbf{r}) = a_i^\dagger \tag{A-10}$$

* Anm. d. Ü.: Es wird hier verwendet, dass der Einteilchen-Zustandsraum in natürlicher Weise als Unterraum in den Fock-Raum eingebettet werden kann. Man spricht in diesem Zusammenhang manchmal von dem *Einteilchensektor* im Fock-Raum.

A-1-b Teilchen mit Spin

Tragen die Teilchen einen Spin $S \geq \frac{1}{2}$, dann müssen wir den Satz $\{|\mathbf{r}\rangle\}$ von Basiszuständen durch die Vektoren $\{|\mathbf{r}, \nu\rangle\}$ ersetzen, wobei der Spinindex $\nu = -S, \ldots S-1, S$ durch $2S+1$ verschiedene Werte läuft. Alle d^3r-Integrale müssen wir um eine Summe über diese Werte des Spinindex ν erweitern. Einen Basisvektor $|u_i\rangle$ im Raum der Einteilchenzustände zum Beispiel können wir in der Form

$$|u_i\rangle = \sum_{\nu=-S}^{S} \int \mathrm{d}^3r \, u_i(\mathbf{r}, \nu) \, |\mathbf{r}, \nu\rangle \tag{A-11}$$

mit

$$u_i(\mathbf{r}, \nu) = \langle \mathbf{r}, \nu | u_i \rangle \tag{A-12}$$

darstellen. Die Variablen $\mathbf{r}$ und ν spielen zwar eine ähnliche Rolle, aber die eine ist kontinuierlich und die andere diskret. Dieser Unterschied wird verwischt, wenn man beide in eine Klammer schreibt. Deswegen notiert man die diskrete Quantenzahl ν lieber als Index an die Wellenfunktion, zum Beispiel

$$u_i^\nu(\mathbf{r}) = \langle \mathbf{r}, \nu | u_i \rangle \tag{A-13}$$

Kommen wir nun wieder auf die Beziehung (A-1) zurück. Auf der linken Seite wollen wir den Index ν_s nun als eine Position $\mathbf{r}$, kombiniert mit einer Spinquantenzahl ν, auffassen. Dies legt nahe, einen Feldoperator $\Psi_\nu(\mathbf{r})$ mit $2S+1$ Komponenten einzuführen (einen *operatorwertigen Spinor*, d. Ü.). Wenn wir den Ausdruck (A-13) in die rechte Seite von Gl. (A-1) einsetzen, erhalten wir

$$\boxed{\Psi_\nu(\mathbf{r}) = \sum_i u_i^\nu(\mathbf{r}) \, a_i} \tag{A-14}$$

Der hermitesch konjugierte Operator $\Psi_\nu^\dagger(\mathbf{r})$ erzeugt ein Teilchen am Ort $\mathbf{r}$ mit dem Spin ν:

$$\Psi_\nu^\dagger(\mathbf{r})|0\rangle = \sum_i \langle u_i | \mathbf{r}, \nu \rangle |u_i\rangle = |\mathbf{r}, \nu\rangle \tag{A-15}$$

Wie oben schon kann man diese Beziehungen invertieren. In der zu Gl.(A-1) hermitesch konjugierten Gleichung für den Basiswechsel ersetzen wir ν_s durch u_i und u_i durch $\mathbf{r}$, ν. Die Summe über i wird also zu einem d^3r-Integral und einer Summe über ν. Einsetzen von Gl. (A-13) ergibt

$$a_i^\dagger = \sum_{\nu=-S}^{S} \int \mathrm{d}^3r \, u_i^\nu(\mathbf{r}) \Psi_\nu^\dagger(\mathbf{r}) \tag{A-16}$$

Damit haben wir für Teilchen mit Spin die zu Gl. (A-10) analoge Beziehung gefunden.

A-2 Kommutatoren und Antikommutatoren

Die Kommutatorrelationen der Feldoperatoren ergeben sich analog zu denen, die wir in Kapitel XV, § A-5 konstruiert haben. Es wird lediglich der diskrete Index i durch eine kontinuierliche Ortsvariable ersetzt.

A-2-a Spinlose Teilchen

Der Kommutator (oder Antikommutator) von zwei Feldoperatoren*

$$\left[\Psi(\mathbf{r}), \Psi(\mathbf{r}')\right]_{-\eta} = \sum_{i,j} u_i(\mathbf{r}) u_j(\mathbf{r}') \left[a_i, a_j\right]_{-\eta} = 0 \tag{A-17}$$

verschwindet erwartungsgemäß, weil dies auch für die beiden Vernichter der Fall ist [wegen Kapitel XV, Gl. (A-48)]. Indem wir Gl. (A-17) hermitesch konjugieren, erhalten wir

$$\left[\Psi^\dagger(\mathbf{r}), \Psi^\dagger(\mathbf{r}')\right]_{-\eta} = \sum_{i,j} u_i^*(\mathbf{r}) u_j^*(\mathbf{r}') \left[a_i^\dagger, a_j^\dagger\right]_{-\eta} = 0 \tag{A-18}$$

Bilden wir allerdings den (Anti-)Kommutator aus dem Feldoperator und seinem Adjungierten,

$$\left[\Psi(\mathbf{r}), \Psi^\dagger(\mathbf{r}')\right]_{-\eta} = \sum_{i,j} u_i(\mathbf{r}) u_j^*(\mathbf{r}') \left[a_i, a_j^\dagger\right]_{-\eta} \tag{A-19}$$

können wir die Relation $[a_i, a_j^\dagger]_{-\eta} = \delta_{ij}$ aus Kapitel XV, Gl. (A-49) verwenden. So ergibt sich

$$\left[\Psi(\mathbf{r}), \Psi^\dagger(\mathbf{r}')\right]_{-\eta} = \sum_{i} u_i(\mathbf{r}) u_i^*(\mathbf{r}') = \sum_{i} \langle \mathbf{r} | u_i \rangle \langle u_i | \mathbf{r}' \rangle = \langle \mathbf{r} | \mathbf{r}' \rangle \tag{A-20}$$

und damit schließlich

$$\boxed{\left[\Psi(\mathbf{r}), \Psi^\dagger(\mathbf{r}')\right]_{-\eta} = \delta(\mathbf{r} - \mathbf{r}')} \tag{A-21}$$

Diese Beziehung ist das Analogon zu den Kommutatoren (A-49) aus Kapitel XV in einer kontinuierlichen Basis.

A-2-b Teilchen mit Spin

Der Kommutator (A-17) nimmt mit Spinindizes folgende Form an

$$\left[\Psi_\nu(\mathbf{r}), \Psi_{\nu'}(\mathbf{r}')\right]_{-\eta} = \sum_{i,j} u_i^\nu(\mathbf{r}) u_j^{\nu'}(\mathbf{r}') \left[a_i, a_j\right]_{-\eta} = 0 \tag{A-22}$$

* Anm. d. Ü.: Wir erinnern uns, dass $\eta = 1$ für Bosonen und $\eta = -1$ für Fermionen gilt. Der (Anti-)Kommutator $[A, B]_{-\eta} = AB - \eta BA$ wurde in Kapitel XV, Gl. (A-46) eingeführt.

Auch Gleichung (A-18) bleibt gültig, wenn die Feldoperatoren Spinindizes tragen. Die Beziehung (A-19) wird zu

$$\begin{aligned}\left[\Psi_\nu(\mathbf{r}), \Psi^\dagger_{\nu'}(\mathbf{r}')\right]_{-\eta} &= \sum_{i,j} u_i(\mathbf{r}, \nu) u_j^*(\mathbf{r}', \nu') \left[a_i, a_j^\dagger\right]_{-\eta} \\ &= \langle \mathbf{r}, \nu | \mathbf{r}', \nu' \rangle \end{aligned} \tag{A-23}$$

also

$$\boxed{\left[\Psi_\nu(\mathbf{r}), \Psi^\dagger_{\nu'}(\mathbf{r}')\right]_{-\eta} = \delta_{\nu\nu'} \delta(\mathbf{r} - \mathbf{r}')} \tag{A-24}$$

B Symmetrische Operatoren

Im vorangegangenen Kapitel haben wir symmetrische Ein- und Zweiteilchenoperatoren durch die Erzeuger und Vernichter in den abzählbaren Zuständen $|u_i\rangle$ ausgedrückt. Nun werden wir diese Operatoren mit Hilfe des Feldoperators und seines hermitesch Adjungierten konstruieren.

B-1 Allgemeine Form

Beginnen wir mit spinlosen Teilchen. Man kann entweder die Beziehungen (B-12) und (C-16) aus Kapitel XV direkt in die kontinuierliche Basis $\{|\mathbf{r}\rangle\}$ übertragen, indem man die Summen durch Integrale ersetzt. Oder man setzt in diese Ausdrücke die Formel (A-9) für die Operatoren a_i ein. Beide Verfahren führen auf

$$\widehat{F} = \int \mathrm{d}^3 r \int \mathrm{d}^3 r' \langle \mathbf{r} | \widehat{f} | \mathbf{r}' \rangle \Psi^\dagger(\mathbf{r}) \Psi(\mathbf{r}') \tag{B-1}$$

sowie

$$\begin{aligned}\widehat{G} = \frac{1}{2} \int \mathrm{d}^3 r \int \mathrm{d}^3 r' \int \mathrm{d}^3 r'' \int \mathrm{d}^3 r''' \\ \langle 1 : \mathbf{r}; 2 : \mathbf{r}' | \widehat{g} | 1 : \mathbf{r}''; 2 : \mathbf{r}''' \rangle \Psi^\dagger(\mathbf{r}) \Psi^\dagger(\mathbf{r}') \Psi(\mathbf{r}''') \Psi(\mathbf{r}'')\end{aligned} \tag{B-2}$$

Der Leser beachte, dass die Vernichter in umgekehrter Reihenfolge im Vergleich zu den Ortskoordinaten im Matrixelement auftreten [dies wurde auch in Kapitel XV, Gl. (C-16) beobachtet].

Der Ausdruck (B-1) erinnert an den Mittelwert $\langle \widehat{f}(1) \rangle$ eines Einteilchenoperators für ein einzelnes spinloses Teilchen, das durch die Wellenfunktion $\psi(\mathbf{r}_1)$ beschrieben wird:

$$\langle \widehat{f}(1) \rangle = \int \mathrm{d}^3 r_1 \int \mathrm{d}^3 r_1' \langle \mathbf{r}_1 | \widehat{f} | \mathbf{r}_1' \rangle \psi^*(\mathbf{r}_1) \psi(\mathbf{r}_1') \tag{B-3}$$

Es liegt hier allerdings keine Äquivalenz vor, denn Gleichung (B-1) betrifft nicht nur ein Teilchen, sondern eine beliebige Anzahl von ununterscheidbaren Teilchen. Außerdem handelt es sich bei den $\Psi(\mathbf{r})$ um Operatoren und es kommt auf ihre Reihenfolge an [bei den Wellenfunktionen $\psi(\mathbf{r}_1)$ in Gl. (B-3) spielt diese keine Rolle]. Auch für den Zweiteilchenoperator in Gl. (B-2) erscheint eine ähnliche Struktur wie für den Mittelwert $\langle\widehat{g}(1,2)\rangle$ eines Operators, der auf die Teilchen 1 und 2 wirkt, deren Zustand durch dieselbe Wellenfunktion ψ beschrieben wird. Wiederum wäre die Reihenfolge der Wellenfunktionen ohne Belang, während in Gl. (B-2) die der Feldoperatoren wichtig ist.

Für Teilchen mit Spin erhalten wir die entsprechenden Formeln, indem wir jedes $d^3\mathbf{r}$-Integral um eine Summe über Spinindizes ν ergänzen. Der entsprechende Index ist in die Matrixelemente einzutragen, und die Feldoperatoren tragen auch einen Spinindex. Die Beziehung (B-1) zum Beispiel nimmt folgende Form an:

$$\widehat{F} = \int d^3r \int d^3r' \sum_{\nu=-S}^{S} \sum_{\nu'=-S}^{S} \langle \mathbf{r}, \nu|\widehat{f}|\mathbf{r}', \nu'\rangle \Psi_\nu^\dagger(\mathbf{r})\Psi_{\nu'}(\mathbf{r}') \tag{B-4}$$

In Gl. (B-2) sind vier Summen über Spinindizes aufzuschreiben, während in den Bras und Kets rechts und links von dem Operator $\widehat{g}$ zusätzlich zu jeder Variablen $\mathbf{r}$ noch ein Spinindex ν steht.

B-2 Beispiele

Wir beginnen mit einigen einfachen Beispielen für skalare Einteilchenoperatoren (d. h. spinlose Teilchen). Für ein einzelnes Teilchen mit der Nummer 1 ist der Operator, der die Aufenthaltswahrscheinlichkeit im Punkt $\mathbf{r}_1$ angibt, bekanntlich

$$|\mathbf{r}_1\rangle\langle\mathbf{r}_1| \tag{B-5}$$

und seine Matrixelemente in der Ortsdarstellung haben die Form

$$\langle\mathbf{r}|\mathbf{r}_1\rangle\langle\mathbf{r}_1|\mathbf{r}'\rangle = \delta(\mathbf{r}-\mathbf{r}_1)\delta(\mathbf{r}'-\mathbf{r}_1) \tag{B-6}$$

Der entsprechende N-Teilchen-Operator hat die Form

$$\widehat{D}^{(N)}(\mathbf{r}) = \sum_{q=1}^{N} |q:\mathbf{r}\rangle\langle q:\mathbf{r}| \tag{B-7}$$

Indem wir $\widehat{f} = |\mathbf{r}\rangle\langle\mathbf{r}|$ in Gl. (B-1) einsetzen (und die Integrationsvariablen kurzzeitig umbenennen), erhalten wir den Operator für die Teilchendichte auf dem Fock-Raum:

$$\widehat{D}(\mathbf{r}) = \Psi^\dagger(\mathbf{r})\Psi(\mathbf{r}) \tag{B-8}$$

Er vernichtet ein Teilchen am Ort $\mathbf{r}$ und erzeugt es erneut an der gleichen Stelle. Sein Mittelwert

$$\widehat{D}(\mathbf{r}) = \langle\Phi|\widehat{D}(\mathbf{r})|\Phi\rangle \tag{B-9}$$

liefert für ein System aus N Teilchen in dem normierten Zustand $|\Phi\rangle$ die Teilchendichte am Punkt $\mathbf{r}$.

Der Operator $\widehat{N}$ für die Gesamtzahl der Teilchen wurde in Kapitel XV, Gl. (B-15) bereits aufgeschrieben. Indem wir auf den kontinuierlichen Index **r** übergehen, wird aus der Summe ein Integral über den gesamten Ortsraum:

$$\widehat{N} = \int d^3r\, \Psi^\dagger(\mathbf{r})\Psi(\mathbf{r}) \tag{B-10}$$

Wie zu erwarten war, erkennen wir hier das Integral des Teilchendichteoperators aus Gl. (B-8) wieder.

Der Operator $V_1(\mathbf{r})$, der die potentielle Energie pro Teilchen beschreibt, ist ebenfalls diagonal in der Ortsdarstellung. Wir schreiben $\widehat{V}_1$ für seine Fortsetzung auf den Fock-Raum:

$$\widehat{V}_1 = \int d^3r\, V_1(\mathbf{r})\, \Psi^\dagger(\mathbf{r})\Psi(\mathbf{r}) \tag{B-11}$$

Die Teilchenstromdichte können wir aus der Stromdichte $\widehat{\mathbf{j}}(\mathbf{r})$ ableiten, die zu einem Teilchen der Masse m gehört. Sie ist das Produkt aus der lokalen Dichte $|\mathbf{r}\rangle\langle\mathbf{r}|$ und der Geschwindigkeit $\widehat{\mathbf{p}}/m$ (es sind natürlich die Faktoren zu symmetrisieren):

$$\widehat{\mathbf{j}}(\mathbf{r}) = \frac{1}{2}\left[|\mathbf{r}\rangle\langle\mathbf{r}|\frac{\widehat{\mathbf{p}}}{m} + \frac{\widehat{\mathbf{p}}}{m}|\mathbf{r}\rangle\langle\mathbf{r}|\right] \tag{B-12}$$

Wird das Teilchen durch eine Wellenfunktion $\psi(\mathbf{r})$ beschrieben, dann bestätigt eine einfache Rechnung[1], dass der Mittelwert dieses Stromdichteoperators den üblichen Ausdruck für den Wahrscheinlichkeitsstrom liefert [s. Kapitel III, Gl. (D-17)]:

$$\mathbf{J}(\mathbf{r}) = \frac{\hbar}{2im}\left[\psi^*(\mathbf{r})\nabla\psi(\mathbf{r}) - \psi(\mathbf{r})\nabla\psi^*(\mathbf{r})\right] \tag{B-14}$$

Für den Operator $\widehat{\mathbf{J}}(\mathbf{r})$ der Stromdichte eines Vielteilchensystems ersetzen wir in Gl. (B-1) die Größe $\widehat{f}$ durch $\widehat{\mathbf{j}}(\mathbf{r})$ und erhalten

$$\widehat{\mathbf{J}}(\mathbf{r}) = \frac{\hbar}{2im}\left[\Psi^\dagger(\mathbf{r})\nabla\Psi(\mathbf{r}) - \Psi(\mathbf{r})\nabla\Psi^\dagger(\mathbf{r})\right] \tag{B-15}$$

Der Vergleich dieser beiden Ausdrücke legt nahe, dass wir auch die Korrespondenz nutzen können, die wir bereits beobachtet haben (§ B-1). Den gesuchten Operator auf dem Fock-Raum erhält man, indem man in einem Einteilchenmittelwert die Wellenfunktion $\psi(\mathbf{r})$ durch den Feldoperator $\Psi(\mathbf{r})$ ersetzt.

---

1 Berechnen wir den Mittelwert $\langle\psi|\widehat{\mathbf{j}}(\mathbf{r})|\psi\rangle$: Der erste Term auf der rechten Seite von Gl. (B-12) liefert

$$\frac{1}{2m}\langle\psi|\mathbf{r}\rangle\langle\mathbf{r}|\widehat{\mathbf{p}}|\psi\rangle = \frac{\hbar}{2im}\psi^*(\mathbf{r})\nabla\psi(\mathbf{r}) \tag{B-13}$$

denn in der Ortsdarstellung wirkt der Operator $\widehat{\mathbf{p}}$ als Ableitung $(\hbar/i)\nabla$. Der zweite Term ist das komplex Konjugierte, so dass man Gl. (B-14) erhält.

Bei Teilchen mit Spin ist es sinnvoll, eine Aufenthaltswahrscheinlichkeit am Punkt **r** mit dem Spinindex ν aufzuschreiben:

$$\widehat{D}^{(N)}(\mathbf{r}, \nu) = \sum_{q=1}^{N} |q : \mathbf{r}, \nu\rangle\langle q : \mathbf{r}, \nu| \tag{B-16}$$

Diese erzeugt im Fock-Raum den Operator

$$\widehat{D}(\mathbf{r}, \nu) = \Psi_\nu^\dagger(\mathbf{r})\Psi_\nu(\mathbf{r}) \tag{B-17}$$

Die gesamte Teilchendichte erhalten wir durch Summieren über ν:

$$\widehat{D}(\mathbf{r}) = \sum_{\nu=-S}^{S} \Psi_\nu^\dagger(\mathbf{r})\Psi_\nu(\mathbf{r}) \tag{B-18}$$

In gleicher Weise ergeben sich für Teilchen mit Spin die Operatoren für die Gesamtteilchenzahl $\widehat{N}$ und die lokale Stromdichte $\widehat{\mathbf{J}}(\mathbf{r})$.

B-3 Korrelationsfunktionen

Mit Hilfe der Feldoperatoren kann man auch Operatoren definieren, deren Mittelwerte die räumlichen Korrelationsfunktionen liefern. Diese sind sehr nützlich, um die Eigenschaften des Vielteilchensystems an verschiedenen Punkten im Raum zu beschreiben. Wenn man mit dem Feldbegriff arbeitet, ist es üblich, jede Korrelationsfunktion durch die Anzahl der dort auftretenden Koordinatenpunkte zu bezeichnen. Mit dieser Konvention werden die Korrelationen allerdings nicht nach der Zahl der Teilchen abgezählt: Eine „Zweipunktfunktion" gibt Eigenschaften wieder, die *ein* Teilchen betreffen, eine „Vierpunktfunktion" betrifft *zwei* Teilchen usw. Dafür gibt es einen einfachen Grund: ein Einteilchen-Dichteoperator $\widehat{\rho}_\mathrm{I}$ wird zum Beispiel in der Ortsdarstellung durch Matrixelemente $\langle\mathbf{r}'|\widehat{\rho}_\mathrm{I}|\mathbf{r}\rangle$ charakterisiert, die von zwei Positionen abhängen. Genauso hängen die Matrixelemente des Zweiteilchen-Dichteoperators $\widehat{\rho}_\mathrm{II}$ von vier Koordinaten ab usw.

B-3-a Zweipunktkorrelationen

Wir können den Projektor (B-5) zu einem nichtdiagonalen Operator verallgemeinern, der von zwei Parametern **r** und **r**′ abhängt:

$$|\mathbf{r}\rangle\langle\mathbf{r}'| \tag{B-19}$$

Ganz ähnlich wie in der Herleitung von Gl. (B-7) kann man daraus einen symmetrischen N-Teilchen-Operator konstruieren (es genügt, einen Strich an den zweiten **r** zu setzen):*

$$\widehat{D}^{(N)}(\mathbf{r},\mathbf{r}') = \sum_{q=1}^{N} |q:\mathbf{r}\rangle\langle q:\mathbf{r}'| \tag{B-20}$$

der im Fock-Raum den Ausdruck

$$\widehat{D}(\mathbf{r},\mathbf{r}') = \Psi^\dagger(\mathbf{r})\Psi(\mathbf{r}') \tag{B-21}$$

erzeugt. Hier liegt ein Operator vor, der am Ort $\mathbf{r}'$ ein Teilchen vernichtet und eines an einem anderen Ort $\mathbf{r}$ erzeugt.

Sei ein N-Teilchen-System durch den Quantenzustand $|\Phi\rangle$ beschrieben; man nennt dann den folgenden Mittelwert eine *Zweipunkt-Korrelationsfunktion*

$$G_1(\mathbf{r},\mathbf{r}') = \langle\Psi^\dagger(\mathbf{r})\Psi(\mathbf{r}')\rangle = \langle\Phi|\Psi^\dagger(\mathbf{r})\Psi(\mathbf{r}')|\Phi\rangle \tag{B-22}$$

Sie kann auch als das Matrixelement des Dichteoperators $\widehat{\rho}_{\mathrm{I}}$ in der Ortsdarstellung aufgefasst werden:[2]

$$G_1(\mathbf{r},\mathbf{r}') = \langle\Psi^\dagger(\mathbf{r})\Psi(\mathbf{r}')\rangle = \langle\mathbf{r}'|\widehat{\rho}_{\mathrm{I}}|\mathbf{r}\rangle \tag{B-23}$$

Beweis:
Der Dichteoperator $\widehat{\rho}_{\mathrm{I}}^{(q)}$ für das q-te Teilchen hat die Matrixelemente

$$\langle\mathbf{r}'|\widehat{\rho}_{\mathrm{I}}^{(q)}|\mathbf{r}\rangle = \mathrm{Tr}\left\{\widehat{\rho}_{\mathrm{I}}^{(q)}|q:\mathbf{r}\rangle\langle q:\mathbf{r}'|\right\} = \langle|q:\mathbf{r}\rangle\langle q:\mathbf{r}'|\rangle \tag{B-24}$$

Dieser Ausdruck, über alle Teilchen des Systems summiert, definiert den Einteilchen-Dichteoperator $\widehat{\rho}_{\mathrm{I}}$:

$$\widehat{\rho}_{\mathrm{I}} = \sum_{q=1}^{N} \widehat{\rho}_{\mathrm{I}}^{(q)} \tag{B-25}$$

(Es ist zu beachten, dass die Spur dieses Operators N und nicht eins beträgt.) Ein Matrixelement von $\widehat{\rho}_{\mathrm{I}}$ ist dann eine Summe über die Mittelwerte aus Gl. (B-24). Es ist umgekehrt der Mittelwert des Einteilchenoperators, der aus $|q:\mathbf{r}\rangle\langle q:\mathbf{r}'|$ durch die Summation über q entsteht. Diese Summe ist nichts anderes als der Operator $\widehat{D}^{(N)}(\mathbf{r},\mathbf{r}')$ aus Gl. (B-20). Er erzeugt, wie wir gesehen haben, im Fock-Raum den Ausdruck (B-21). Gleichung (B-23) ergibt sich also, indem wir auf beiden Seiten dieser Beziehung zwischen Operatoren der Mittelwert nehmen.

Die Zweipunkt-Korrelationsfunktion (B-22) spielt eine wichtige Rolle bei der Bose-Einstein-Kondensation. Für ein typisches System im thermischen Gleichgewicht strebt sie

2 Der Leser beachte die umgekehrte Reihenfolge der Variablen in der Funktion G_1 (der Argumente von $\Psi^\dagger$ und Ψ) im Vergleich zu dem Matrixelement von $\widehat{\rho}_{\mathrm{I}}$.

* Anm. d. Ü.: Wir erinnern, dass ein symmetrischer Operator invariant unter dem Austausch (Permutation) aller Teilchen ist (s. Kapitel XV, § B-1).

im Allgemeinen nach null, wenn der Abstand zwischen den Punkten $\mathbf{r}$ und $\mathbf{r}'$ wächst; nur für mikroskopisch kleine Abstände ist sie ungleich null. Ist ein Gas allerdings bosekondensiert, dann verändert diese Funktion ihr Verhalten vollständig: Auch bei großen Abständen verschwindet sie nicht. Bei diesem Unterschied setzt das *Penrose-Onsager-Kriterium* an. Demnach liegt ein Kondensat genau dann vor, wenn die nichtdiagonalen Matrixelemente von $\widehat{\rho}_{\mathrm{I}}$ bei großen Abständen nicht null sind. Diese Definition kann allgemein angewendet werden und zwar nicht nur für ideale Gase, sondern auch für Systeme von wechselwirkenden Teilchen.

Teilchen mit Spin:
In diesem Fall nutzt man eine Basis aus Kets $|\mathbf{r}, \nu\rangle$ mit den Spinzuständen $|\nu\rangle = |-S\rangle, \ldots, |S-1\rangle, |S\rangle$, und der Feldoperator bekommt einen Index ν. Man definiert dann $(2S+1)^2$ verschiedene Zweipunkt-Korrelationsfunktionen als die Mittelwerte

$$\langle \Psi_\nu^\dagger(\mathbf{r})\Psi_{\nu'}(\mathbf{r}')\rangle = G_1(\mathbf{r}, \nu; \mathbf{r}', \nu') \tag{B-26}$$

Die Herleitung von Gl. (B-23) erfolgt genauso wie bei spinlosen Teilchen, d. h., es werden einfach die Bras und Kets $|\mathbf{r}\rangle$ durch $|\mathbf{r}, \nu\rangle$ ersetzt. Die Korrelationsfunktionen liefern die Matrixelemente des Einteilchen-Dichteoperators:

$$\langle \mathbf{r}', \nu' |\widehat{\rho}_{\mathrm{I}}| \mathbf{r}, \nu\rangle = \langle \Psi_\nu^\dagger(\mathbf{r})\Psi_{\nu'}(\mathbf{r}')\rangle \tag{B-27}$$

(Auch hier normieren wir die Spur dieses Operators auf die Teilchenzahl N.)

B-3-b Korrelationen höherer Ordnung

Betrachten wir etwa den Zweiteilchenoperator (er hängt von vier Koordinaten ab)

$$\widehat{g}(1:\mathbf{r}, \mathbf{r}'; 2:\mathbf{r}'', \mathbf{r}''') = |1:\mathbf{r}\rangle\langle 1:\mathbf{r}'| \otimes |2:\mathbf{r}''\rangle\langle 2:\mathbf{r}'''| \tag{B-28}$$

Hier liegt mit $\widehat{g}$ kein Operator vor, der sich unter dem Austausch von Teilchen 1 und 2 symmetrisch verhält, im Unterschied etwa zu einer Wechselwirkungsenergie. Wir definieren deswegen den entsprechenden N-Teilchen-Operator ohne den Vorfaktor 1/2 gemäß Gl. (C-1) aus Kapitel XV:

$$\widehat{G}^{(N)}(\mathbf{r}, \mathbf{r}', \mathbf{r}'', \mathbf{r}''') = \sum_{\substack{q,q'=1 \\ q \neq q'}}^{N} \widehat{g}(q:\mathbf{r}, \mathbf{r}'; q':\mathbf{r}'', \mathbf{r}''') \tag{B-29}$$

Im Fock-Raum entsteht daraus der Operator $\widehat{G}(\mathbf{r}, \mathbf{r}', \mathbf{r}'', \mathbf{r}''')$. Gleichung (B-2) (ohne den Faktor 1/2) ergibt dann

$$\widehat{G}(\mathbf{r}, \mathbf{r}', \mathbf{r}'', \mathbf{r}''') = \Psi^\dagger(\mathbf{r})\Psi^\dagger(\mathbf{r}'')\Psi(\mathbf{r}''')\Psi(\mathbf{r}') \tag{B-30}$$

Dieser Operator vernichtet zwei Teilchen an zwei Orten und erzeugt sie erneut an zwei anderen Orten.

Die Rechnung, die auf die Gleichungen (B-22) und (B-23) führte, können wir hier sehr ähnlich durchführen; sie liefert ausgehend von Gl. (B-2) folgenden Ausdruck[3] für die Matrixelemente des Zweiteilchen-Dichteoperators $\widehat{\rho}_{\text{II}}$:

$$\langle 1:\mathbf{r}'; 2:\mathbf{r}'''|\,\widehat{\rho}_{\text{II}}\,|1:\mathbf{r}; 2:\mathbf{r}''\rangle = \langle \Psi^\dagger(\mathbf{r})\Psi^\dagger(\mathbf{r}'')\Psi(\mathbf{r}''')\Psi(\mathbf{r}')\rangle \tag{B-31}$$

Dieser Dichteoperator [seine Spur ist gleich $N(N-1)$] liefert ebenfalls wichtige Informationen über die Korrelationen zwischen den Teilchen.

Ein besonders nützliches Beispiel für eine höhere Korrelation ist die Wahrscheinlichkeit, ein (irgendein) Teilchen bei $\mathbf{r}$ und irgendein anderes bei $\mathbf{r}''$ zu finden. Dazu setzen wir in Gleichung (B-31) $\mathbf{r}' = \mathbf{r}$ und $\mathbf{r}''' = \mathbf{r}''$. Wir erhalten

$$\begin{aligned} \widehat{G}^{(N)}(\mathbf{r},\mathbf{r},\mathbf{r}'',\mathbf{r}'') &= \sum_{q,q'=1;q\neq q'}^{N} |q:\mathbf{r}\rangle\langle q:\mathbf{r}| \otimes |q':\mathbf{r}''\rangle\langle q':\mathbf{r}''| \\ &= \sum_{q,q'=1;q\neq q'}^{N} |q:\mathbf{r}; q':\mathbf{r}''\rangle\langle q:\mathbf{r}; q':\mathbf{r}''| \end{aligned} \tag{B-32}$$

was auf dem Fock-Raum den Operator

$$\widehat{G}(\mathbf{r},\mathbf{r},\mathbf{r}'',\mathbf{r}'') = \Psi^\dagger(\mathbf{r})\Psi^\dagger(\mathbf{r}'')\Psi(\mathbf{r}'')\Psi(\mathbf{r}) \tag{B-33}$$

erzeugt.

In diesem Ausdruck erkennen wir in der Mitte den Operator für die Teilchendichte am Punkt $\mathbf{r}''$ wieder. Die beiden äußeren Operatoren liefern, für sich genommen, die Teilchendichte bei $\mathbf{r}$. So wie der Mittelwert (B-9) die Einteilchendichte liefert, können wir den Mittelwert

$$\langle \widehat{G}(\mathbf{r},\mathbf{r},\mathbf{r}'',\mathbf{r}'')\rangle = \langle \Phi|\widehat{G}(\mathbf{r},\mathbf{r},\mathbf{r}'',\mathbf{r}'')|\Phi\rangle = G_2(\mathbf{r},\mathbf{r}'') \tag{B-34}$$

als die *Paardichte* oder *Zweiteilchendichte* auffassen. Sie gibt uns Informationen über die Korrelationen zwischen den Teilchenpaaren im Ortsraum.

Wir können nun erneut den Ausdruck (C-28) aus Kapitel XV herleiten und den Mittelwert für die Wechselwirkungsenergie aus Gl. (C-27) dort genauer interpretieren. Dazu ersetzen wir in Gl. (B-33) die Feldoperatoren und ihre Adjungierten durch die Entwicklung (A-3) in den Vernichtern a_i und Erzeugern $a_i^\dagger$. Es ergibt sich dann Gl. (C-28) aus Kapitel XV mit den Ersetzungen $\mathbf{r}_1 \mapsto \mathbf{r}$ und $\mathbf{r}_2 \mapsto \mathbf{r}'$, wie weiter unten in Gl. (B-41) zu sehen ist.

3 Dasselbe Ergebnis erhält man auch aus Gleichung (C-19) in Kapitel XV.

Für zwei verschiedene Punkte kann man einfach überprüfen[4], dass der Vierpunktoperator (B-33) in ein Produkt aus Einteilchendichten [s. Gl. (B-8)] zerfällt:*

$$\widehat{G}(\mathbf{r},\mathbf{r},\mathbf{r}'',\mathbf{r}'') = \Psi^\dagger(\mathbf{r})\Psi^\dagger(\mathbf{r}'')\Psi(\mathbf{r}'')\Psi(\mathbf{r}) = \widehat{D}(\mathbf{r})\,\widehat{D}(\mathbf{r}'') \quad \text{falls } \mathbf{r} \neq \mathbf{r}'' \tag{B-35}$$

Man darf aus dieser Beziehung zwischen Operatoren natürlich nicht schließen, dass die Paardichte $G_2(\mathbf{r},\mathbf{r}'')$ einfach das Produkt $\langle\widehat{D}(\mathbf{r})\rangle\langle\widehat{D}(\mathbf{r}'')\rangle$ aus den Einteilchendichten wäre – der Mittelwert eines Produkts fällt ja im Allgemeinen nicht mit dem Produkt der Mittelwerte zusammen. In Kapitel XV, § C-5-b, als wir die Funktion G_2 untersuchten, haben wir in der Tat festgestellt, dass der Austauschterm zu sogenannten *statistischen Korrelationen* zwischen den Teilchen führt, und dies selbst in einem idealen System ohne Wechselwirkungen.

Teilchen mit Spin:
Wieder müssen wir einen Spinindex bei allen Bras und Kets und dem Feldoperator ergänzen. Die Zahl der Vierpunktfunktionen steigt damit auf $(2S+1)^4$. Die Matrixelemente des Zweiteilchen-Dichteoperators sind z. B. durch folgende Mittelwerte gegeben:

$$\langle 1:\mathbf{r}',\nu';2:\mathbf{r}''',\nu'''|\widehat{\rho}_{\mathrm{II}}|1:\mathbf{r},\nu;2:\mathbf{r}'',\nu''\rangle = \langle \Psi^\dagger_\nu(\mathbf{r})\Psi^\dagger_{\nu''}(\mathbf{r}'')\Psi_{\nu'''}(\mathbf{r}''')\Psi_{\nu'}(\mathbf{r}')\rangle \tag{B-36}$$

B-4 Hamilton-Operator

Wir benutzen nun den Formalismus der Feldoperatoren, um einen Ausdruck für den Hamilton-Operator eines Systems identischer (spinloser) Teilchen zu konstruieren. Zwei Formeln sind hierzu nützlich. Die erste ist eine dreidimensionale Darstellung der δ-Funktion [eine Verallgemeinerung von Gl. (34) aus Anhang II]:

$$\delta(\mathbf{r}-\mathbf{r}') = \frac{1}{(2\pi)^3}\int \mathrm{d}^3k\, \mathrm{e}^{\mathrm{i}\mathbf{k}\cdot(\mathbf{r}-\mathbf{r}')} \tag{B-37}$$

Daraus folgt die zweite, indem man zweimal nach $\mathbf{r}$ ableitet:

$$\nabla^2\delta(\mathbf{r}-\mathbf{r}') = -\frac{1}{(2\pi)^3}\int \mathrm{d}^3k\, k^2\, \mathrm{e}^{\mathrm{i}\mathbf{k}\cdot(\mathbf{r}-\mathbf{r}')} \tag{B-38}$$

Für die kinetische Energie eines Teilchens kann man folgende Matrixelemente angeben:

$$\frac{1}{2m}\langle\mathbf{r}|\widehat{\mathbf{p}}^2|\mathbf{r}'\rangle = \int \mathrm{d}^3k\langle\mathbf{r}|\mathbf{k}\rangle\frac{\hbar^2k^2}{2m}\langle\mathbf{k}|\mathbf{r}'\rangle = -\frac{\hbar^2}{2m}\nabla^2\delta(\mathbf{r}-\mathbf{r}') \tag{B-39}$$

4 Bei bosonischen Teilchen darf man den Operator $\Psi(\mathbf{r})$ nach links durchschieben, weil er in diesem Fall mit den anderen kommutiert. Bei Fermionen liefern die zwei Platzwechsel zwischen Nachbarn jeweils ein Minuszeichen, die sich wegheben.

* Anm. d. Ü.: Eine genauere Rechnung zeigt, dass Gl. (B-35) wegen des (Anti-)Kommutators (A-21) auf der rechten Seite den zusätzlichen Term $-\delta(\mathbf{r}-\mathbf{r}'')\,\widehat{D}(\mathbf{r})$ enthält.

Im Fock-Raum erzeugt dies folgenden Operator:

$$\widehat{H}_0 = -\frac{\hbar^2}{2m}\int d^3r\,\Psi^\dagger(\mathbf{r})\nabla^2\Psi(\mathbf{r}) = \frac{\hbar^2}{2m}\int d^3r\,\nabla\Psi^\dagger(\mathbf{r})\cdot\nabla\Psi(\mathbf{r}) \tag{B-40}$$

(Eine partielle Integration führt von der ersten auf die zweite Form.[5]) Wie in § B-1 erhalten wir hier einen Ausdruck, der wie der Mittelwert eines Operators für ein Teilchen (hier seiner kinetischen Energie) aussieht. Man muss allerdings den Gradienten der Wellenfunktion durch den des Feldoperators ersetzen, und es kommt auf die Reihenfolge der Operatoren an.

Der Hamilton-Operator des Systems enthält im Allgemeinen noch eine Wechselwirkung zwischen den Teilchen, so dass wir es (mindestens) mit einem Zweiteilchenoperator zu tun haben und Gleichung (B-2) benutzen müssen. Es ist bekannt, dass die Wechselwirkung für ein System aus zwei Teilchen ein bezüglich der Ortsdarstellung in $\{|\mathbf{r},\mathbf{r}'\rangle\}$ diagonaler Operator ist. Außerdem gehen in die Wechselwirkung die beiden Koordinaten $\mathbf{r}$ und $\mathbf{r}'$ nur über die Relativkoordinate $\mathbf{r}-\mathbf{r}'$ ein. (Oft ist die Wechselwirkung isotrop und hängt nur vom relativen Abstand $|\mathbf{r}-\mathbf{r}'|$ ab.) Deswegen hat das Matrixelement in Gl. (B-2) die Struktur

$$\langle 1:\mathbf{r}, 2:\mathbf{r}'|\widehat{g}|1:\mathbf{r}'', 2:\mathbf{r}'''\rangle = \delta(\mathbf{r}-\mathbf{r}'')\,\delta(\mathbf{r}'-\mathbf{r}''')\,W_2(\mathbf{r}-\mathbf{r}') \tag{B-41}$$

wobei $W_2(\mathbf{r}-\mathbf{r}')$ das Wechselwirkungspotential zwischen den beiden Teilchen ist. Ausgehend von (B-2) erhalten wir so folgenden Ausdruck für den Hamilton-Operator:

$$\begin{aligned}\widehat{H} = &\int d^3r\left[\frac{\hbar^2}{2m}\nabla\Psi^\dagger(\mathbf{r})\cdot\nabla\Psi(\mathbf{r}) + V_1(\mathbf{r})\Psi^\dagger(\mathbf{r})\Psi(\mathbf{r})\right]\\ &+\frac{1}{2}\int d^3r'\int d^3r''\,W_2(\mathbf{r}'-\mathbf{r}'')\,\Psi^\dagger(\mathbf{r}')\Psi^\dagger(\mathbf{r}'')\Psi(\mathbf{r}'')\Psi(\mathbf{r}')\end{aligned} \tag{B-42}$$

Der erste Term entspricht der kinetischen Energie der Teilchen, der zweite dem äußeren Potential $V_1(\mathbf{r})$, das jedes einzelne Teilchen „spürt", und der dritte der paarweisen Wechselwirkung zwischen den Teilchen. Wir halten fest, dass in diesen letzten Beitrag vier Feldoperatoren eingehen, während es für die ersten beiden nur zwei sind. Und erneut beobachten wir, dass dieser Ausdruck an die mittlere Energie eines Systems aus zwei Teilchen erinnert, die durch dieselbe Wellenfunktion beschrieben werden. Allerdings handelt es sich hier um nichtvertauschbare Feldoperatoren.

Man kann den Hamilton-Operator auch direkt durch den Dichteoperator $\widehat{D}(\mathbf{r},\mathbf{r}')$ für ein Teilchen und den für zwei Teilchen, $\widehat{G}(\mathbf{r}',\mathbf{r}',\mathbf{r}'',\mathbf{r}'')$, ausdrücken. Wir setzen

5 Die integrierten (Rand-)Terme befinden sich im Unendlichen, und wir nehmen an, dass alle physikalischen Zustände des Systems ein endliches Volumen einnehmen. Die Randterme spielen also keine Rolle und können weggelassen werden.

die Formeln (B-21) und (B-30) in Gl. (B-42) ein und erhalten

$$\widehat{H} = \int \mathrm{d}^3 r \left[\frac{\hbar^2}{2m} \nabla_{\mathbf{r}} \cdot \nabla_{\mathbf{r}'} \widehat{D}(\mathbf{r}, \mathbf{r}') \Big|_{\mathbf{r}'=\mathbf{r}} + V_1(\mathbf{r}) \widehat{D}(\mathbf{r}, \mathbf{r}) \right]$$
$$+ \frac{1}{2} \int \mathrm{d}^3 r' \int \mathrm{d}^3 r'' \, W_2(\mathbf{r}' - \mathbf{r}'') \, \widehat{G}(\mathbf{r}', \mathbf{r}', \mathbf{r}'', \mathbf{r}'') \tag{B-43}$$

wobei die Gradienten $\nabla_{\mathbf{r}}$ und $\nabla_{\mathbf{r}'}$ bezüglich der ersten bzw. zweiten Variablen von $\widehat{D}$ zu nehmen sind und dann beide am Punkt $\mathbf{r}$ ausgewertet werden. Diese Verbindung zwischen dem Hamilton-Operator und den Ein- und Zweiteilchendichten kann in der Praxis nützlich sein. Nehmen wir etwa die Grundzustandsenergie eines Systems aus N Teilchen. Es ist nicht nötig, die Wellenfunktion dieses Zustands mit allen ihren Korrelationen (von den Ordnungen 1 bis N) zu berechnen, die Kenntnis der Mittelwerte der Ein- und Zweiteilchendichten reicht vollständig aus. Es stehen nun in bestimmten Fällen Verfahren zur Verfügung, die die Ein- und Zweiteilchendichten in guter Näherung abschätzen, – sie geben mit Hilfe von Gl. (B-43) auch einen Zugang zur N-Teilchen-Energie. In Ergänzung $\mathrm{E_{XV}}$ und $\mathrm{G_{XV}}$ stellen wir die Hartree-Fock-Methode vor, die sich auf eine Näherung stützt, die den Zweiteilchen-Dichteoperator durch eine einfache Formel mit dem Einteilchen-Dichteoperator verbindet (s. Ergänzung $\mathrm{G_{XV}}$, § 2-b-γ). In dieser sogenannten Molekularfeldnäherung nehmen die Rechnungen eine relativ bequeme Form an. Über diese Näherung hinaus gehen gepaarte Zustände, die wir in Kapitel XVII und seinen Ergänzungen besprechen.

C Heisenberg-Bild: Zeitabhängiges Quantenfeld

Die bislang betrachteten Operatoren waren alle im Schrödinger-Bild zu verstehen, in dem die Entwicklung des Systems durch einen zeitabhängigen Zustandsvektor beschrieben wird. Es kann allerdings bequemer sein, im Heisenberg-Bild zu arbeiten, in dem diese zeitliche Entwicklung auf die Operatoren übertragen wird, die die physikalischen Eigenschaften des Systems darstellen (s. Ergänzung $\mathrm{G_{III}}$). Für spinlose Teilchen nennen wir $\Psi(\mathbf{r}; t)$ den Operator, der im Heisenberg-Bild zu $\Psi(\mathbf{r})$ gehört:*

$$\Psi(\mathbf{r}; t) = \mathrm{e}^{\mathrm{i}\widehat{H}t/\hbar} \, \Psi(\mathbf{r}) \, \mathrm{e}^{-\mathrm{i}\widehat{H}t/\hbar} \tag{C-1}$$

Hier ist $\widehat{H}$ der Hamilton-Operator. Dazu gehört bekanntlich die folgende Bewegungsgleichung

$$\mathrm{i}\hbar \frac{\partial}{\partial t} \Psi(\mathbf{r}; t) = \left[\Psi(\mathbf{r}; t), \widehat{H}(t) \right] \tag{C-2}$$

* Anm. d. Ü.: Heisenberg-Operatoren sind daran zu erkennen, dass sie die Zeit als zusätzliches Argument tragen.

wobei wir $\widehat{H} = \widehat{H}(t)$ verwendet haben.* Wir rechnen diesen Kommutator nun aus und müssen im Hamilton-Operator $\widehat{H}(t)$ drei Terme berücksichtigen [s. Gl. (B-42)]: kinetische, potentielle und Wechselwirkungsenergie.

C-1 Kinetische Energie

Wir übertragen als erstes die Kommutationsbeziehungen (A-17), (A-18) und (A-21) in das Heisenberg-Bild. Sie können dort ohne weitere Änderungen verwendet werden, weil ein Produkt von Operatoren unter der unitären Transformation (C-1) in ein Produkt von transformierten Operatoren abgebildet wird. Der transformierte (Anti-)Kommutator ist also der (Anti-)Kommutator der Heisenberg-Operatoren, während Zahlen wie null oder die Funktion $\delta(\mathbf{r}-\mathbf{r}')$ unter der Transformation invariant sind. Diese drei Beziehungen sind also im Heisenberg-Bild gültig.

Wir benötigen als Zwischenergebnis zunächst die Ableitung der Feldkommutatoren nach der Ortskoordinate. Nur Gl. (A-21) führt auf ein nichtverschwindendes Ergebnis:

$$\left[\Psi(\mathbf{r};t), \nabla\Psi^\dagger(\mathbf{r}';t)\right]_{-\eta} = \nabla_{\mathbf{r}'}\,\delta(\mathbf{r}-\mathbf{r}') = -\nabla_{\mathbf{r}}\,\delta(\mathbf{r}-\mathbf{r}') \tag{C-3}$$

Gemäß Gl. (B-40) ist der Kommutator mit der kinetischen Energie auszuwerten:†

$$\left[\Psi(\mathbf{r};t), \widehat{H}_0(t)\right] = \frac{\hbar^2}{2m}\int \mathrm{d}^3r'\,\left[\Psi(\mathbf{r};t), \nabla\Psi^\dagger(\mathbf{r}';t)\cdot\nabla\Psi(\mathbf{r}';t)\right] \tag{C-4}$$

Im Integranden entsteht jeweils ein Faktor η, wenn wir zwei Feldoperatoren oder zwei adjungierte Operatoren vertauschen. Vertauscht man einen Operator und seinen Adjungierten, erhalten wir zusätzlich den Term auf der rechten Seite von Gl. (C-3). Indem wir geschickt einen Term addieren und subtrahieren, können wir den Integranden umformen und anschließend die (Anti-)Kommutatoren zusammenfassen:

$$\begin{aligned}
&\Psi(\mathbf{r};t)\,\nabla\Psi^\dagger(\mathbf{r}';t)\cdot\nabla\Psi(\mathbf{r}';t) - \eta\,\nabla\Psi^\dagger(\mathbf{r}';t)\cdot\Psi(\mathbf{r};t)\nabla\Psi(\mathbf{r}';t)\\
&\qquad + \eta\,\nabla\Psi^\dagger(\mathbf{r}';t)\cdot\Psi(\mathbf{r};t)\nabla\Psi(\mathbf{r}';t) - \nabla\Psi^\dagger(\mathbf{r}';t)\cdot\nabla\Psi(\mathbf{r}';t)\,\Psi(\mathbf{r};t) \qquad \text{(C-5)}\\
&\quad = \left[\Psi(\mathbf{r};t), \nabla\Psi^\dagger(\mathbf{r}';t)\right]_{-\eta}\cdot\nabla\Psi(\mathbf{r}';t) + \eta\,\nabla\Psi^\dagger(\mathbf{r}';t)\cdot\left[\Psi(\mathbf{r};t), \nabla\Psi(\mathbf{r}';t)\right]_{-\eta}\\
&\quad = \nabla_{\mathbf{r}'}\delta(\mathbf{r}-\mathbf{r}')\cdot\nabla\Psi(\mathbf{r}',t) \qquad \text{(C-6)}
\end{aligned}$$

* Anm. d. Ü.: Diese Beziehung ergibt sich aus Gl. (C-1). Für die Rechnung im Heisenberg-Bild ist es wesentlich, dass in den Kommutator in Gl. (C-2) Operatoren eingehen, die zum gleichen Zeitpunkt genommen sind. Mit $\widehat{H}(t)$ ist hier nicht ein explizit von der Zeit abhängiger Operator gemeint (der etwa eine externe Störung beschreiben würde). Diesen Fall haben wir in Band II, Kapitel XIII mit Hilfe der zeitabhängigen Störungstheorie betrachtet.

† Anm. d. Ü.: In Gl. (C-3) ist für den Gradienten $\nabla\Psi^\dagger$ keine Verwechslung möglich: Er wirkt immer auf die im Feldoperator angegebene Ortsvariable.

Wir berechnen das d^3r'-Integral durch partielle Integration und erhalten schließlich aus Gl. (C-4) den Laplace-Operator des Feldoperators:

$$\left[\Psi(\mathbf{r};t), \widehat{H}_0(t)\right] = -\frac{\hbar^2}{2m}\nabla^2\Psi(\mathbf{r};t) \tag{C-7}$$

C-2 Potentielle Energie

Anstelle von Gl. (C-4) müssen wir den Kommutator

$$\left[\Psi(\mathbf{r};t), \widehat{V}_1(t)\right] = \int d^3r'\, V_1(\mathbf{r}')\left[\Psi(\mathbf{r};t), \Psi^\dagger(\mathbf{r}';t)\Psi(\mathbf{r}';t)\right] \tag{C-8}$$

berechnen. Dies erfolgt ähnlich wie soeben, aber ohne die Gradienten vor den Feldoperatoren. Statt der zweiten Zeile von Gl. (C-6) erhalten wir als Integranden einfach

$$\delta(\mathbf{r}-\mathbf{r}')\Psi(\mathbf{r}') \tag{C-9}$$

so dass das d^3r'-Integral trivial wird und wir

$$\left[\Psi(\mathbf{r};t), \widehat{V}_1(t)\right] = V_1(\mathbf{r})\,\Psi(\mathbf{r};t) \tag{C-10}$$

erhalten.

C-3 Wechselwirkungsenergie

Nun müssen wir $\Psi(\mathbf{r};t)$ unter einem Integral mit einem Produkt aus vier Operatoren kommutieren:

$$\left[\Psi(\mathbf{r};t), \Psi^\dagger(\mathbf{r}';t)\Psi^\dagger(\mathbf{r}'';t)\Psi(\mathbf{r}'';t)\Psi(\mathbf{r}';t)\right] \tag{C-11}$$

Diese Rechnung ist ein wenig umständlich, stellt aber keine besondere Schwierigkeit dar, deswegen führen wir sie hier nicht aus. Wie in den vorangegangen Fällen genügt es, wiederholt die (Anti-)Kommutationsbeziehungen anzuwenden. Als Ergebnis erhalten wir folgenden Ausdruck für den Beitrag der Wechselwirkungsenergie:

$$\int d^3r'\, W_2(\mathbf{r}-\mathbf{r}')\Psi^\dagger(\mathbf{r}';t)\Psi(\mathbf{r}';t)\Psi(\mathbf{r};t) \tag{C-12}$$

Im Vergleich zu Gl. (B-43) hat sich hier der Faktor 1/2 herausgekürzt (d. Ü.).

C-4 Bewegungsgleichung

Fassen wir die drei Terme (C-7), (C-10) und (C-12) zusammen, erhalten wir die Bewegungsgleichung für den Heisenberg-Operator in der Form

$$\left[i\hbar\frac{\partial}{\partial t} + \frac{\hbar^2}{2m}\nabla^2 - V_1(\mathbf{r})\right]\Psi(\mathbf{r};t) = \int d^3r'\, W_2(\mathbf{r}-\mathbf{r}')\Psi^\dagger(\mathbf{r}';t)\Psi(\mathbf{r}';t)\Psi(\mathbf{r};t) \tag{C-13}$$

Auf der linken Seite erkennen wir den Differentialoperator der üblichen Schrödinger-Gleichung eines Teilchens im Potential $V_1(\mathbf{r})$ wieder. Wie bereits bemerkt, ist allerdings Ψ ein Operator und keine Wellenfunktion. Auf der rechten Seite steht der Beitrag der paarweisen Wechselwirkungen – er führt dazu, dass die Bewegungsgleichung für den Feldoperator nicht „geschlossen" ist. Damit meint man, dass die Zeitentwicklung von Ψ nicht nur von diesem Operator selbst bestimmt wird, sondern auch von einem Produkt von drei Feldern abhängt.

Man könnte nun die Bewegungsgleichung für ein solches Produkt aufstellen und würde nach analogen Rechnungen feststellen, dass sie dasselbe Produkt, aber auch einen Produktterm aus fünf Feldern enthält. Die Bewegungsgleichung für diesen Term enthält ein Produkt aus sieben Feldern usw. Man erhält so eine Reihe von Gleichungen (auch *Hierarchie* genannt), die immer komplizierter werden. Im Allgemeinen kann man sie nicht exakt lösen. Deswegen nutzt man häufig die Näherung, dass die Hierarchie an einer gewissen Stelle abgebrochen wird. Entweder lässt man den Wechselwirkungsterm kurzerhand weg oder ersetzt ihn durch einen bequemeren Ausdruck.* Zahlreiche Verfahren sind vorgeschlagen worden, wie dies zu tun sei, von denen die bekannteste die Molekularfeldnäherung ist (s. Ergänzung $\mathrm{E_{XV}}$ und $\mathrm{G_{XV}}$).

D Quantisierte Felder und *N*-Teilchen-Systeme

Wir beschließen dieses Kapitel mit einigen allgemeinen Bemerkungen zur Feldquantisierung und ihrer Verbindung mit dem Begriff der identischen Teilchen. Betrachten wir zunächst ein einzelnes, spinloses Teilchen in einem äußeren Potential und seien $\varphi_i(\mathbf{r})$ die Wellenfunktionen der stationären Zustände in diesem Potential (mit dem Index $i = 0, 1, \ldots$, wir nehmen zur Vereinfachung ein rein diskretes Spektrum an). Die Funktionen $\varphi_i(\mathbf{r})$ bilden eine Basis, bezüglich der wir jede beliebige Wellenfunktion $\psi(\mathbf{r})$ des Teilchens darstellen können:

$$\psi(\mathbf{r}) = \sum_i c_i\,\varphi_i(\mathbf{r}) \tag{D-1}$$

Wir haben bereits angemerkt, wie sehr diese Formel der Gleichung (A-3) für den Feldoperator $\Psi(\mathbf{r})$ ähnelt, wobei die Zahlen c_i durch Operatoren a_i ersetzt werden. In gleicher Weise ähneln die Beziehungen (B-8) und (B-15) für $\Psi^\dagger(\mathbf{r})\Psi(\mathbf{r})$ und $\hat{\mathbf{J}}(\mathbf{r})$ der Aufenthaltswahrscheinlichkeit und der quantenmechanischen Stromdichte eines Teilchens. Der Wechselwirkungsoperator (B-42) schließlich ist analog zum Mittelwert der Energie eines Systems von zwei Teilchen, deren Zustand durch dieselbe Wellenfunktion $\psi(\mathbf{r})$ beschrieben wird, wenn man diese gewöhnliche Funktion durch einen von $\mathbf{r}$ abhängi-

* Anm. d. Ü.: Wir erhalten etwa die Gross-Pitaevskii-Gleichung (18) aus Ergänzung $\mathrm{D_{XV}}$, indem wir die Existenz des Mittelwerts $\varphi(\mathbf{r}, t) = \langle\Psi(\mathbf{r}; t)\rangle$ postulieren, von Gl. (C-13) den Mittelwert nehmen und das dreifache Operatorprodukt näherungsweise durch das Produkt der Mittelwerte ersetzen.

gen Operator ersetzt. Das Verfahren der Erzeuger und Vernichter liefert also scheinbar eine Art *zweite Quantisierung*: Man führt die quantenmechanische Wellenfunktion für ein oder zwei Teilchen (die *erste Quantisierung*) ein und ersetzt im nächsten Schritt die Koeffizienten dieser Wellenfunktionen oder die Wellenfunktionen selbst durch Operatoren (*zweite Quantisierung*). Man muss sich allerdings dessen bewusst bleiben, dass man hier in Wirklichkeit nicht zweimal dasselbe physikalische System quantisiert. Der wesentliche Unterschied besteht darin, dass man von einer kleinen Zahl (eins oder zwei) auf eine beliebige Zahl von ununterscheidbaren Teilchen übergeht.

Es ist noch anzumerken, dass Feldoperatoren auch in Erscheinung treten, wenn man ein klassisches Feld quantisiert, etwa die elektromagnetische Strahlung. Wir werden dies in den Kapiteln XIX und XX durchführen und kommen so zu dem Begriff des *Photons* als der elementaren Anregung (Feldquantum) des elektromagnetischen Felds. Elektrische und magnetische Felder, die bislang klassische Funktionen waren, werden zu operatorwertigen Feldern im Ortsraum, die Photonen erzeugen und vernichten.

Ganz allgemein gibt es einen engen Zusammenhang zwischen einem Vielteilchensystem aus ununterscheidbaren Bosonen und dem Quantenfeld, das man durch Quantisierung aus einem klassischen Feld erhält. Die Feldoperatoren folgen in beiden Fällen denselben Bewegungsgleichungen, in denen die Teilchen des ersten Systems die Rollen von Feldquanten des zweiten spielen. Die Feldoperatoren erfüllen Kommutationsbeziehungen (bosonische Felder). Die beiden physikalischen Systeme sind also vollständig äquivalent, und im Fall des elektromagnetischen Felds sind die betreffenden Teilchen die Photonen. Deren Masse verschwindet bekanntlich, was aber für andere Felder im Allgemeinen nicht zutrifft. Es gibt außerdem Quantenfelder, die zu Systemen aus identischen Fermionen gehören. Für sie gibt es kein direktes Pendant als klassisches Feld, und die entsprechenden Feldoperatoren erfüllen Antikommutationsbeziehungen. In der Teilchenphysik hantiert man mit diversen fermionischen und bosonischen Feldern gleichzeitig, die zu massiven oder masselosen Teilchen gehören.

Übersicht über die Ergänzungen zu Kapitel XVI

A_{XVI}	**Korrelationen in idealen Bose- und Fermi-Gasen**	Diese Ergänzung untersucht räumliche Korrelationsfunktionen in Fermi- und Bose-Gasen. Es wird gezeigt, dass bei Fermionen ein *Austauschloch* auftritt, weil sich zwei Teilchen mit parallelen Spins nicht am selben Ort befinden dürfen. Das Gegenteil geschieht mit Bosonen, die sich räumlich gruppieren (*bunching*). (*Für die erste Lektüre empfohlen.*)
B_{XVI}	**Greensche Funktionen und Korrelationen**	Greensche Funktionen sind ein weit verbreitetes Werkzeug in der Theorie von N-Teilchen-Systemen. Sie werden hier zunächst im Ortsraum eingeführt und dann in den reziproken Raum (also in den Impulsraum) übertragen. Wir zeigen, wie man aus diesen Korrelationsfunktionen eine Reihe von physikalischen Eigenschaften des Systems berechnen kann. (*Ein wenig schwieriger als Ergänzung A_{XVI}.*)
C_{XVI}	**Wick-Theorem**	Mit dem Wick-Theorem kann man Mittelwerte von beliebigen Operatorprodukten aus Erzeugern und Vernichtern erhalten, solange das physikalische System ein ideales Gas im thermischen Gleichgewicht ist. In der Rechnung taucht ein sehr nützlicher Begriff auf: die *Kontraktion* von Operatoren. (*In der Quantenfeldtheorie ein nützliches Werkzeug für die Störungstheorie (Feynman-Diagramme); wird in diesem Buch ab und an verwendet.*)

Ergänzung A_{XVI}
Korrelationen in idealen Bose- und Fermi-Gasen

In dieser Ergänzung leiten wir für Korrelationsfunktionen eine Reihe von Eigenschaften her, die allein aus der Quantenstatistik der Teilchen folgen (also daraus, dass sie entweder Bosonen oder Fermionen sind), unabhängig von möglichen Wechselwirkungen. Um die Rechnungen zu vereinfachen, nehmen wir an, dass sich die N Teilchen in einem Fock-Zustand befinden, der durch den Satz von Besetzungszahlen $\{n_i\}$ der Einteilchenzustände $\{u_i\}$ bestimmt sei. Wir werden sehen, dass das Verhalten von Bosonen und Fermionen sehr unterschiedlich ist. Die einen neigen dazu, sich zusammen zu „gruppieren", die anderen „vermeiden" einander, was man an einem *Austauschloch* in der fermionischen Korrelationsfunktion ablesen kann (eine Folge des Pauli-Prinzips, d. Ü.).

In § 1 führen wir allgemeine Ausdrücke für die Korrelationsfunktionen ein, ohne irgendwelche Annahmen über die verwendeten Einteilchenzustände zu treffen; das System muss nicht räumlich homogen (d. h. invariant unter Verschiebungen) sein. In § 2 und 3 untersuchen wir jeweils Fermionen und Bosonen in einem Volumen $\mathcal{V}$, in dem sich die Teilchen frei bewegen können. Besonders einfach werden die Rechnungen mit periodischen Randbedingungen (s. Ergänzungen F_{XI} und C_{XIV}), die das Volumen des Systems berücksichtigen und gleichzeitig Translationsinvarianz sichern. (Das System ist im Raum dann vollständig homogen.) Für spinlose Teilchen verwenden wir als Basiszustände die im Volumen $\mathcal{V}$ normierten ebenen Wellen

$$u_i(\mathbf{r}) = \frac{\exp(\mathrm{i}\mathbf{k}_i \cdot \mathbf{r})}{\sqrt{\mathcal{V}}} \tag{1}$$

wobei die erlaubten Wellenvektoren $\mathbf{k}_i$ sich aus den periodischen Randbedingungen ergeben.

https://doi.org/10.1515/9783110649130-011

1 System in einem Fock-Zustand

Sei also der Zustand $|\Phi\rangle$ des N-Teilchen-Systems ein Fock-Zustand bezüglich einer Basis im Einteilchenraum. Wir zählen diese Basiszustände ab: $\{u_0, u_1, u_2, \ldots u_i, \ldots\}$ und schreiben für den Zustand $|\Phi\rangle$ die entsprechenden Besetzungszahlen $\{n_i\}$ auf (bei Fermionen sind sie 0 oder 1):

$$|\Phi\rangle = \left|n_0, n_1, n_2, \ldots n_i, \ldots\right\rangle \tag{2}$$

Diese Situation wird vorliegen, wenn die Teilchen nicht miteinander wechselwirken (ideales Gas) und wenn das System sich in einem stationären Zustand befindet, etwa in seinem Grundzustand.

1-a Zweipunktkorrelationen

Für spinlose Teilchen führen die Beziehungen (A-3) und (B-21) aus Kapitel XVI auf den *Zweipunktoperator*:

$$\widehat{D}(\mathbf{r}, \mathbf{r}') = \Psi^\dagger(\mathbf{r})\,\Psi(\mathbf{r}') = \sum_{i,j} u_i^*(\mathbf{r}) u_j(\mathbf{r}') a_i^\dagger a_j \tag{3}$$

Der Mittelwert des Produkts $a_i^\dagger a_j$ in dem Fock-Zustand $|\Phi\rangle$ verschwindet, falls $i \neq j$. Nacheinander angewandt, erzeugen die beiden Operatoren einen anderen Fock-Zustand mit derselben Gesamtteilchenzahl, aber verschiedenen Besetzungen für zwei Zustände – also einen orthogonalen Zustand. Ist dagegen $i = j$, dann haben wir es mit dem Operator $\widehat{n}_i$ für die Besetzungszahl im Zustand u_i zu tun, zu dem der Ket $|\Phi\rangle$ ein Eigenzustand ist. Somit gilt

$$\langle\Phi|a_i^\dagger a_j|\Phi\rangle = \delta_{ij}\, n_i \tag{4}$$

mit dem Kronecker-Symbol δ_{ij}, und dies liefert die Korrelationsfunktion [s. Kapitel XVI, Gl. (B-22)

$$G_1(\mathbf{r}, \mathbf{r}') = \left\langle \Psi^\dagger(\mathbf{r})\,\Psi(\mathbf{r}')\right\rangle = \sum_i n_i\, u_i^*(\mathbf{r}) u_i(\mathbf{r}') \tag{5}$$

Physikalisch können wir dieses Ergebnis folgendermaßen interpretieren: Die Funktion G_1 würde einfach $u_i^*(\mathbf{r})u_i(\mathbf{r}')$ liefern, läge ein einziges Teilchen im Zustand $|u_i\rangle$ vor. In dem System aus N Teilchen trägt jeder Einteilchenzustand mit seiner Besetzung bei.

Teilchen mit Spin:
Wir definieren die spinorwertigen Basisfunktionen $u_i^\nu(\mathbf{r})$ durch

$$u_i^\nu(\mathbf{r}) = \langle \mathbf{r}, \nu|u_i\rangle \tag{6}$$

Wenn wir den Spinindex ν zu der Koordinate $\mathbf{r}$ hinzufügen, dann wird aus der Formel (3)

$$\Psi_\nu^\dagger(\mathbf{r})\,\Psi_{\nu'}(\mathbf{r}') = \sum_{i,j} [u_i^\nu(\mathbf{r})]^*\, u_j^{\nu'}(\mathbf{r}')\, a_i^\dagger a_j \tag{7}$$

Mit denselben Überlegungen findet man

$$G_1(\mathbf{r},\nu;\mathbf{r}',\nu') = \langle \Psi_\nu^\dagger(\mathbf{r})\,\Psi_{\nu'}(\mathbf{r}')\rangle = \sum_i n_i\,[u_i^\nu(\mathbf{r})]^*\,u_i^{\nu'}(\mathbf{r}') \tag{8}$$

was physikalisch so ähnlich wie oben interpretiert werden kann.
Man kann die Basis $\{|u_i\rangle\}$ der Einteilchenzustände häufig so wählen, dass jeder Ket einen bestimmten Wert des Spinindex hat. Der Index i enthält also die Information über das Einteilchenorbital *und* den Wert von ν (man könnte ν_i als Funktion von i auffassen). In diesem Fall ist für ein festes i die Wellenfunktion $u_i^\nu(\mathbf{r})$ nur für genau einen Wert des Index ν ungleich null. Deswegen tragen für ein festes ν die Wellenfunktionen $u_i^\nu(\mathbf{r})$ nur dann bei, wenn ihr Index i zu einer gewissen Menge $D(\nu)$ gehört. Im Ausdruck (8) sind ν und ν' fest und der Index i muss also zur Schnittmenge von $D(\nu)$ und $D(\nu')$ gehören, andernfalls verschwindet sein Beitrag. Wir haben also

$$G_1(\mathbf{r},\nu;\mathbf{r}',\nu') = \delta_{\nu\nu'}\sum_{i\in D(\nu)} n_i\,[u_i^\nu(\mathbf{r})]^*\,u_i^\nu(\mathbf{r}') \tag{9}$$

Diese Korrelationsfunktion ist damit diagonal in den Spinindizes ν,ν'.

1-b Vierpunktkorrelationen

Wir beschränken uns darauf, die Korrelationsfunktion $\langle\Psi^\dagger(\mathbf{r})\Psi^\dagger(\mathbf{r}'')\,\Psi(\mathbf{r}''')\Psi(\mathbf{r}')\rangle$ nur für den „diagonalen" Fall auszuwerten, in dem $\mathbf{r}' = \mathbf{r}$ und $\mathbf{r}''' = \mathbf{r}''$ gilt. Wir werden diese beiden Koordinaten jeweils $\mathbf{r}_1$ und $\mathbf{r}_2$ nennen. Eine derartige diagonale Korrelationsfunktion $G_2(\mathbf{r}_1,\mathbf{r}_2)$ haben wir in Kapitel XV, § C-5-a und in Kapitel XVI, Gl. (B-34) aufgeschrieben und festgestellt, dass sie etwa beim Auswerten der Wechselwirkungsenergie der Teilchen auftritt, denn der entsprechende Operator ist diagonal in der Ortsdarstellung.

Ohne Spin und für einen Fock-Zustand haben wir die Korrelationsfunktion $G_2(\mathbf{r}_1,\mathbf{r}_2) = \langle\Psi^\dagger(\mathbf{r}_1)\Psi^\dagger(\mathbf{r}_2)\Psi(\mathbf{r}_2)\Psi(\mathbf{r}_1)\rangle$ bereits in Kapitel XV, § C-5-b ausgerechnet. Die Ergebnisse (C-32) bis (C-34) dort führen auf den folgenden Ausdruck

$$\begin{aligned} G_2(\mathbf{r}_1,\mathbf{r}_2) &= \sum_i n_i(n_i-1)\,|u_i(\mathbf{r}_1)|^2\,|u_i(\mathbf{r}_2)|^2 \\ &\quad + \sum_{i\neq j} n_i n_j\left(|u_i(\mathbf{r}_1)|^2|u_j(\mathbf{r}_2)|^2 + \eta\,u_i^*(\mathbf{r}_1)u_i(\mathbf{r}_2)\,u_j^*(\mathbf{r}_2)u_j(\mathbf{r}_1)\right) \end{aligned} \tag{10}$$

wobei $\eta = +1$ für Bosonen und $\eta = -1$ für Fermionen gilt. Die erste Zeile tritt nur für Bosonen auf und beschreibt den Beitrag eines Paars von Teilchen, die denselben Zustand besetzen. In der zweiten Zeile haben wir einen *direkten Term* vorliegen, der von den Quadraten der Wellenfunktionen bestimmt wird, und den *Austauschterm*, in den auch ihre Phasen eingehen. Das Vorzeichen des Austauschterms ist für Bosonen und Fermionen unterschiedlich.

Teilchen mit Spin:
Wie oben muss man Spinindizes ν ergänzen. Die Zweiteilchen-Korrelationsfunktion wird dann zu

$$G_2(\mathbf{r}_1,\nu_1;\mathbf{r}_2,\nu_2) = \sum_i n_i(n_i-1)\,|u_i^{\nu_1}(\mathbf{r}_1)|^2\,|u_i^{\nu_2}(\mathbf{r}_2)|^2 + \sum_{i\neq j} n_i n_j \Big(|u_i^{\nu_1}(\mathbf{r}_1)|^2|u_j^{\nu_2}(\mathbf{r}_2)|^2 + \eta\,[u_i^{\nu_1}(\mathbf{r}_1)]^*u_i^{\nu_2}(\mathbf{r}_2)\,[u_j^{\nu_2}(\mathbf{r}_2]^*u_j^{\nu_1}(\mathbf{r}_1)\Big) \quad (11)$$

Wenn man wie in Gl. (9) eine Basis $\{|u_i\rangle\}$ wählt, in der jeder Ket eine wohldefinierte Spinquantenzahl hat, dann kann man die Summe vereinfachen und erhält

$$\begin{aligned} G_2(\mathbf{r}_1,\nu_1;\mathbf{r}_2,\nu_2) = \delta_{\nu_1\nu_2} \sum_{i\in D(\nu_1)} & n_i(n_i-1)\,|u_i^{\nu_1}(\mathbf{r}_1)|^2\,|u_i^{\nu_1}(\mathbf{r}_2)|^2 \\ + \sum_{\substack{i\in D(\nu_1)\\ j\in D(\nu_2), j\neq i}} & n_i n_j \Big(\left|u_i^{\nu_1}(\mathbf{r}_1)\right|^2 \left|u_j^{\nu_2}(\mathbf{r}_2)\right|^2 + \\ & +\eta\,\delta_{\nu_1\nu_2}\,[u_i^{\nu_1}(\mathbf{r}_1)]^*u_i^{\nu_2}(\mathbf{r}_2)\,[u_j^{\nu_2}(\mathbf{r}_2)]^*u_j^{\nu_1}(\mathbf{r}_1)\Big) \end{aligned} \quad (12)$$

Wie schon oben bezeichnet $D(\nu)$ die Menge von Indizes i, für die die Wellenfunktion $u_i^{\nu_i}(\mathbf{r})$ den Spinindex $\nu_i = \nu$ trägt. Sind die Spinzustände $\nu_1 \neq \nu_2$ verschieden, dann trägt nur der direkte Term in der zweiten Zeile zur Korrelationsfunktion bei. Der Austauschterm in der dritten Zeile tritt nur für Teilchen in demselben Spinzustand auf; er hat für Bosonen und Fermionen ein unterschiedliches Vorzeichen. Für Teilchen mit orthogonalen Spins gibt es keinen Austauschterm. Man kann dies so verstehen, dass zwei Teilchen nur dann ununterscheidbar sind, wenn sie denselben Spinzustand besetzen. Andernfalls könnte man sie (zumindest im Prinzip) an der unterschiedlichen Spinausrichtung unterscheiden.

2 Fermi-Gas im Grundzustand

Wir betrachten nun ein ideales Fermi-Gas mit Spin 1/2 (Elektronen) in einem Volumen $\mathcal{V}$. Die möglichen Werte des Spinindex sind $\nu = \pm 1/2$, das Gas sei in seinem Grundzustand. In einem idealen Gas ist dies ein Fock-Zustand: Für jeden Spinzustand sind alle Einteilchenzustände bis zu einer gewissen Energie (genannt Fermi-Niveau) mit genau einem Teilchen besetzt, alle anderen Besetzungszahlen sind null.

Wir gehen wie in Ergänzung C_{XIV} vor (insbesondere wie in § 1-b-β zur magnetischen Suszeptibilität) und geben den beiden Spinzuständen je ein anderes Fermi-Niveau – so kann man eine mittlere Spinausrichtung berücksichtigen, etwa unter dem Einfluss eines Magnetfelds. Alle Zustände mit $\nu = +1/2$ haben eine Besetzungszahl von eins, wenn ihr Wellenvektor in Gl. (1) kleiner als der Fermi-Vektor k_F^+ ist; die anderen Besetzungen sind null. Dieser Fermi-Vektor hängt mit der Fermi-Energie E_F^+ über die Beziehung

$$E_F^+ = \frac{\hbar^2 (k_F^+)^2}{2m} \quad (13)$$

zusammen, wobei m die Masse der Teilchen ist. Genauso gehen wir mit den Spinzuständen $\nu = -1/2$ vor: Bis zu einem Fermi-Vektor k_F^- sind alle besetzt, und dieser wird wie in Gl. (13) mit dem Index – statt + gegeben. Die Gesamtzahlen $N_\pm$ aller Teilchen in den beiden Spinzuständen sind jeweils die Summen

$$N_\pm = \sum_{|\mathbf{k}_i| \le k_F^\pm} 1 \tag{14}$$

über alle Zustände mit der Besetzung eins. Im thermodynamischen Limes eines großen Volumens geht dieser Ausdruck in ein Integral über:

$$N_\pm = \frac{\mathcal{V}}{(2\pi)^3} \int_{|\mathbf{k}| \le k_F^\pm} \mathrm{d}^3 k = \frac{\mathcal{V}}{2\pi^2} \int_0^{k_F^\pm} k^2 \, \mathrm{d}k = \frac{(k_F^\pm)^3}{6\pi^2} \mathcal{V} \tag{15}$$

Je nachdem, ob k_F^+ größer oder kleiner als k_F^- ist, sind die + oder – Spins in der Mehrheit; für $k_F^+ = k_F^-$ sind ihre Konzentrationen $N_\pm/\mathcal{V}$ gleich.

2-a Zweipunktkorrelationen

Wir berechnen hier den Mittelwert des Operators $\widehat{D}(\mathbf{r}, \nu; \mathbf{r}', \nu') = \Psi_\nu^\dagger(\mathbf{r}) \Psi_{\nu'}(\mathbf{r}')$ aus Gl. (3) und unterscheiden zwischen gleichen und verschiedenen Spinindizes.

1. Parallele Spins, $\nu = \nu'$

Gleichung (9) entnehmen wir unter Berücksichtigung von Gl. (1)

$$G_1(\mathbf{r}, \pm; \mathbf{r}', \pm) = \langle \widehat{D}(\mathbf{r}, \pm; \mathbf{r}', \pm) \rangle = \frac{1}{\mathcal{V}} \sum_{|\mathbf{k}_i| \le k_F^\pm} \mathrm{e}^{\mathrm{i}\mathbf{k}_i \cdot (\mathbf{r}' - \mathbf{r})} \tag{16}$$

(wir schreiben kürzer ± statt ±1/2). Im thermodynamischen Limes wird aus der Summe über die $\mathbf{k}_i$ ein Integral:

$$G_1(\mathbf{r}, \pm; \mathbf{r}', \pm) = \frac{1}{(2\pi)^3} \int_{|\mathbf{k}| \le k_F^\pm} \mathrm{d}^3 k \, \mathrm{e}^{\mathrm{i}\mathbf{k} \cdot (\mathbf{r}' - \mathbf{r})} \tag{17}$$

Für $\mathbf{r} = \mathbf{r}'$ liefert diese Funktion einfach die Teilchendichte $N_\pm/\mathcal{V}$, die wir in Gl. (15) berechnet haben. Für $\mathbf{r} \neq \mathbf{r}'$ erkennen wir die Fourier-Transformation einer Funktion von $\mathbf{k}$ wieder, die nur vom Betrag k abhängt. Mit der Formel (59) aus Anhang I (s. Band II) ergibt sich

$$G_1(\mathbf{r}, \pm; \mathbf{r}', \pm) = \frac{N_\pm}{\mathcal{V}} \frac{F_\pm(|\mathbf{r}' - \mathbf{r}|)}{F_\pm(0)} \tag{18}$$

mit[1]

$$\begin{aligned} F_\pm(r) &= \frac{3}{(k_F^\pm)^3 \, r} \int_0^{k_F^\pm} k \, \mathrm{d}k \sin kr = \frac{3}{(k_F^\pm)^3 \, r} \left[\frac{1}{r^2} \sin kr - \frac{k}{r} \cos kr \right]_0^{k_F^\pm} \\ &= \frac{3}{(k_F^\pm r)^3} \left(\sin k_F^\pm r - k_F^\pm r \cos k_F^\pm r \right) \end{aligned} \tag{19}$$

1 Mit Hilfe des Vorfaktors $3/(k_F^\pm)^3$ haben wir F so normiert, dass $F_\pm(0) = 1$ gilt.

so dass die Zweipunktkorrelation schließlich durch

$$G_1(\mathbf{r}, \pm; \mathbf{r}', \pm) = \frac{N_\pm}{\mathcal{V}} F_\pm\left(\left|\mathbf{r}' - \mathbf{r}\right|\right) \tag{20}$$

ausgedrückt wird. In Abb. 1 zeigen wir das Verhalten von $F_\pm(r)$ als Funktion des Abstands r zwischen den zwei Punkten. Wir sehen, dass die *nichtdiagonale* Korrelation G_1 für jeden Spinzustand bei $r = 0$ (d. h. $\mathbf{r} = \mathbf{r}'$) maximal ist und dann auf einer Längenskala von einigen Fermi-Wellenlängen $\lambda_F^\pm = 2\pi/k_F^\pm$ auf null abfällt. Man sagt, dass ein ideales Fermi-Gas im Grundzustand keine langreichweitige *nichtdiagonale Ordnung* aufweist.*

2. Entgegengesetzte Spins

Aus Gleichung (9) entnehmen wir, dass die Korrelationsfunktion für zwei verschiedene Spinzustände verschwindet. Es gibt in diesem Fall also keine nichtdiagonale Ordnung.

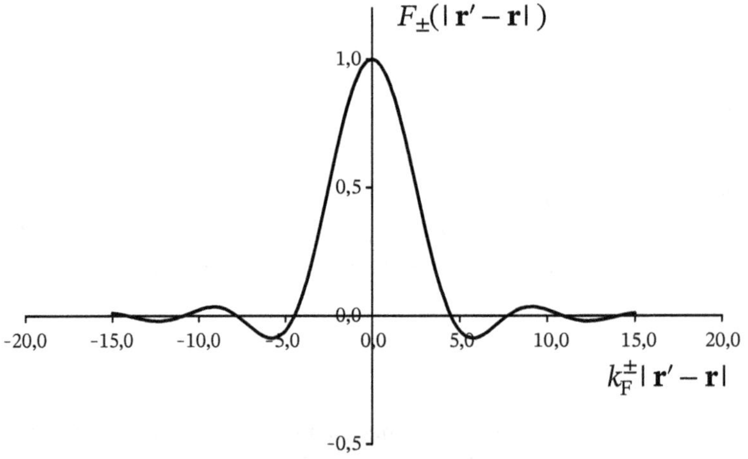

Abb. 1: Verhalten von $F_\pm(|\mathbf{r} - \mathbf{r}'|)$ aus Gl. (19) als Funktion des dimensionslosen Abstands $k_F^\pm|\mathbf{r} - \mathbf{r}'|$.

2-b Paarkorrelationen

Wir verwenden die Beziehung (12). Für Fermionen verschwindet die erste Summe, weil nur Besetzungen $n_i = 0, 1$ erlaubt sind. In der zweiten Summe können wir die Einschränkung $i \neq j$ fallen lassen, weil sich für $i = j$ die Beiträge von direktem und Austauschterm gegenseitig wegheben. Wieder unterscheiden wir zwei Fälle.

* Anm. d. Ü.: Der Begriff *nichtdiagonal* geht vermutlich auf die Darstellung des Einteilchen-Dichteoperators $\langle \mathbf{r}' | \rho_I | \mathbf{r} \rangle$ als Matrix zurück. Er betrifft also hier die Ortskoordinaten, nicht die Spinindizes.

1. Parallele Spins

Für $\nu_1 = \nu_2$ tragen in Gleichung (12) die Terme aus der zweiten und dritten Zeile bei und liefern*

$$
\begin{aligned}
G_2(\mathbf{r}_1, \pm; \mathbf{r}_2, \pm) &= \left[\sum_{i \in D(\nu=\pm)} n_i |u_i^\pm(\mathbf{r}_1)|^2 \right]^2 - \left| \sum_{i \in D(\nu=\pm)} n_i \left[u_i^\pm(\mathbf{r}_1)\right]^* u_i^\pm(\mathbf{r}_2) \right|^2 \\
&= \left[\frac{N_\pm}{\mathcal{V}} \right]^2 - \left| \frac{1}{\mathcal{V}} \sum_{|\mathbf{k}_i| \le k_\mathrm{F}^\pm} \mathrm{e}^{\mathrm{i}\mathbf{k}_i \cdot (\mathbf{r}_2 - \mathbf{r}_1)} \right|^2
\end{aligned}
\tag{21}
$$

Es erscheint schließlich dieselbe Summe wie in Gl. (17). Im thermodynamischen Limes ergibt sich also

$$
G_2(\mathbf{r}_1, \pm; \mathbf{r}_2, \pm) = \left[\frac{N_\pm}{\mathcal{V}} \right]^2 \left\{ 1 - \left[F_\pm\left(|\mathbf{r}_2 - \mathbf{r}_1|\right)\right]^2 \right\}
\tag{22}
$$

An diesem Ausdruck können wir eine Konsequenz aus dem Pauli-Prinzip sehen: Es verbietet bekanntlich, dass zwei spinparallele Teilchen sich in demselben Zustand befinden. Hier verschwindet die Zweiteilchen-Korrelationsfunktion für $\mathbf{r}_1 = \mathbf{r}_2$. Wenn der Abstand zwischen den Teilchen wächst, geht die Funktion $F_\pm(|\mathbf{r}_2 - \mathbf{r}_1|)$ nach null und die Korrelation geht in das Quadrat der Teilchendichte $N_\pm/\mathcal{V}$ über. Dies bedeutet, dass die Zweiteilchenkorrelationen bei großen Abständen verschwinden. Die charakteristische Längenskala, auf der dieses Verhalten auftritt, ist vergleichbar mit der Fermi-Wellenlänge $\lambda_\mathrm{F}^\pm$, und sie ist dieselbe Skala, auf der nichtdiagonale Ordnung in der G_1-Korrelation zu beobachten ist. In Abb. 2 ist das Verhalten der Korrelationsfunktion dargestellt. Man sieht deutlich ein *Austauschloch*, das man auf das gegenseitige Ausschließen der Teilchen auf der Skala der Fermi-Wellenlänge zurückführen kann.

2. Entgegengesetzte Spins

Für $\nu_1 \neq \nu_2$ bleibt von den drei Termen in Gleichung (12) nur der zweite (der direkte) Term übrig. Er liefert die Konstante

$$
G_2(\mathbf{r}_1, \pm; \mathbf{r}_2, \mp) = \frac{N_+ N_-}{\mathcal{V}^2}
\tag{23}
$$

Man erhält einfach das Produkt der Dichten (Konzentrationen) der beiden Spinzustände, und somit weisen Teilchen mit verschiedenen Spins ohne Wechselwirkungen auch keine Korrelationen auf. Der physikalische Grund dafür ist, dass die beiden Teilchen an ihren Spins unterschieden werden können. Sie verhalten sich also nicht wirklich wie identische Teilchen, so dass die Effekte der Fermi-Statistik nicht greifen. Und weil wir ansonsten alle Wechselwirkungen zwischen den Teilchen vernachlässigt haben, entsteht keine räumliche Korrelation.

---

* Anm. d. Ü.: Im ersten Term taucht eigentlich ein Produkt von Summen, ausgewertet bei $\mathbf{r}_1$ und $\mathbf{r}_2$, auf. Weil die Quadrate der Wellenfunktionen aber räumlich konstant sind, liefern beide Summen dieselbe Dichte.

Bemerkung:
Um die Rechnungen zu vereinfachen, haben wir ein ideales Fermi-Gas angenommen (keine Wechselwirkungen) und das System im Grundzustand eines kubischen Volumens betrachtet. Die hier behandelten Eigenschaften sind allerdings viel allgemeiner. Man kann insbesondere zeigen, dass ein System von Fermionen immer ein Austauschloch für Teilchen mit parallelen Spins aufweist, ob diese nun wechselwirken oder nicht. Für ein System im thermischen Gleichgewicht nimmt die Größe des Austauschlochs ab, wenn die Temperatur zunimmt, und geht von der Fermi-Wellenlänge (entartetes System, tiefe Temperaturen) in die thermische Wellenlänge (nichtentartetes System, hohe Temperaturen) über.

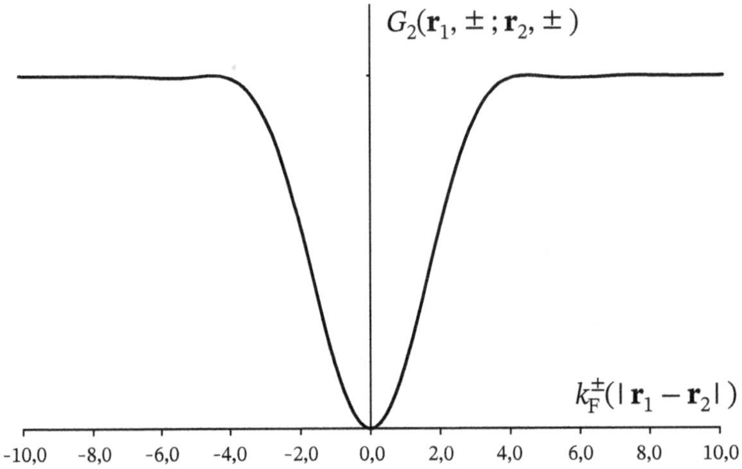

Abb. 2: Korrelationsfunktion $G_2(\mathbf{r}_1, \pm; \mathbf{r}_2, \pm)$ zwischen den Koordinaten $\mathbf{r}$ und $\mathbf{r}''$ zweier Teilchen in demselben Spinzustand, für ein ideales Fermi-Gas. Die Korrelation ist gegen den dimensionslosen Abstand $k_F^{\pm}|\mathbf{r}_1 - \mathbf{r}_2|$ aufgetragen. Das Pauli-Prinzip verbietet den beiden Teilchen, sich im selben Zustand zu befinden, und deswegen verschwindet die Korrelationsfunktion im Ursprung. Dieses Verhalten nennt man das *Austauschloch*. Wenn der Abstand wächst, geht die Funktion gegen eine Konstante; dies geschieht auf einer Längenskala von der Ordnung des inversen Fermi-Vektors für diesen Spinzustand.

3 Bose-Gase

Bosonen zeigen tiefgreifend andere Korrelationen, weil es nämlich keine obere Grenze für die Besetzungszahlen n_i gibt. Wir beschränken uns weiterhin auf ein System mit periodischen Randbedingungen in einem Volumen $\mathcal{V}$.

3-a Grundzustand: Bose-Kondensat

Im Grundzustand eines idealen, spinlosen Bose-Gases besetzen alle Teilchen den Einteilchenzustand u_0 mit der tiefsten Energie, dessen Besetzungszahl $n_0 = N$ ist. Alle anderen Besetzungen sind null. Die Einteilchen-Korrelationsfunktion (5) wird dann zu

$$G_1(\mathbf{r};\mathbf{r}') = \langle \widehat{D}(\mathbf{r},\mathbf{r}') \rangle = \langle \Psi^\dagger(\mathbf{r})\Psi(\mathbf{r}') \rangle = N\, u_0^*(\mathbf{r})u_0(\mathbf{r}') \tag{24}$$

Weil sich die Wellenfunktion $u_0(\mathbf{r})$ über das gesamte Volumen erstreckt, nimmt der Betrag dieser Funktion nicht ab, wenn der Abstand zwischen den Punkten $\mathbf{r}$ und $\mathbf{r}'$ zunimmt (bis er vergleichbar mit den makroskopischen Abmessungen des Systems wird) – ganz im Gegensatz zu dem Ergebnis für Fermionen. Die Tatsache, dass $G_1(\mathbf{r};\mathbf{r}')$ asymptotisch in ein Produkt von zwei Wellenfunktionen zerfällt, wurde von Oliver Penrose und Lars Onsager dafür verwendet, ein allgemeines Kriterium für das Einsetzen von Bose-Einstein-Kondensation zu formulieren, das auch für bosonische Systeme mit Wechselwirkungen anwendbar ist (diesen Fall behandeln wir in Ergänzung E_{XVII}).

Die Zweiteilchenkorrelationen ergeben sich aus Formel (10). Weil nur ein Zustand besetzt ist, trägt lediglich die erste Zeile bei:

$$G_2(\mathbf{r}_1,\mathbf{r}_2) = \langle \Psi^\dagger(\mathbf{r}_1)\Psi^\dagger(\mathbf{r}_2)\Psi(\mathbf{r}_2)\Psi(\mathbf{r}_1) \rangle = N(N-1)\,|u_0(\mathbf{r}_1)|^2\,|u_0(\mathbf{r}_2)|^2 \tag{25}$$

Wenn die Wellenfunktion des Grundzustands von der Form $e^{i\mathbf{k}_0\cdot\mathbf{r}}/\sqrt{\mathcal{V}}$ ist, dann liefert Gl. (25) einfach eine Konstante $N(N-1)/\mathcal{V}^2$ unabhängig von $\mathbf{r}_1$ und $\mathbf{r}_2$. Ein System von Bosonen, die sich alle in demselben Quantenzustand befinden, weist also keine räumliche Korrelationen auf.

3-b Fragmentierter Zustand

Betrachten wir nun ein System von N Bosonen, das *fragmentiert* ist. Ein solches N-Teilchen-System befindet sich nicht in einem einzigen Quantenzustand, sondern N_1 Teilchen* befinden sich im Zustand $|u_1\rangle$ und N_2 Teilchen im Zustand $|u_2\rangle$ (mit $N = N_1 + N_2$). Unter diesen Voraussetzungen liefert die Formel (5)

$$G_1(\mathbf{r};\mathbf{r}') = N_1\, u_1^*(\mathbf{r})u_1(\mathbf{r}') + N_2\, u_2^*(\mathbf{r})u_2(\mathbf{r}') \tag{26}$$

Für $\mathbf{r} = \mathbf{r}'$ führt dies auf die Betragsquadrate der Wellenfunktionen $u_i(\mathbf{r})$, die alle gleich $1/\mathcal{V}$ sind. Die Formeln (24) und (26) liefern also beide dasselbe Ergebnis. Für unterschiedliche Positionen $\mathbf{r}$ und $\mathbf{r}'$ stimmen allerdings die Phasen der beiden Terme in

---

* Anm. d. Ü.: Wir schreiben N_1 statt n_1 für die Besetzung dieser Zustände, weil es sich hier um makroskopische Zahlen handelt. Im thermodynamischen Limes hat die Teilchendichte $N_1/\mathcal{V}$ für ein Fragment einen endlichen Grenzwert.

Gl. (26) nicht überein, so dass der Betrag von $G_1(\mathbf{r};\mathbf{r}')$ durch destruktive Interferenz reduziert wird. Auf diese Weise führt die Fragmentierung des Systems zu kleineren Nichtdiagonaltermen in $G_1(\mathbf{r};\mathbf{r}')$. Es ist klar, dass diese Reduktion der nichtdiagonalen Ordnung umso ausgeprägter ist, je größer die Zahl der Zustände ist, in die das System fragmentiert.

Für die Zweiteilchenkorrelation liefert die Beziehung (10)

$$\begin{aligned} G_2(\mathbf{r}_1,\mathbf{r}_2) &= N_1(N_1-1)\,|u_1(\mathbf{r}_1)|^2\,|u_1(\mathbf{r}_2)|^2 + N_2(N_2-1)\,|u_2(\mathbf{r}_1)|^2\,|u_2(\mathbf{r}_2)|^2 \\ &\quad + N_1N_2\left[2|u_1(\mathbf{r}_1)|^2|u_2(\mathbf{r}_2)|^2 + (u_1^*(\mathbf{r}_1)u_1(\mathbf{r}_2)\,u_2^*(\mathbf{r}_2)u_2(\mathbf{r}_1) + \text{c. c.})\right] \end{aligned} \tag{27}$$

wobei der Faktor 2 in der zweiten Zeile sich aus den Fällen $(i,j) = (1,2)$ und $= (2,1)$ zusammen ergibt. Die letzten beiden Terme kommen durch den Austauschterm zustande. (Die Notation + c. c. bedeutet, zu dem voranstehenden Term sein komplex Konjugiertes zu addieren.) Wenn wir annehmen, dass N_1 und N_2 makroskopisch groß sind, und die Wellenfunktionen aus Gl. (1) einsetzen, dann können wir einige Terme zum Quadrat $(N_1+N_2)^2 = N^2$ zusammenfassen. Wir erhalten

$$G_2(\mathbf{r}_1,\mathbf{r}_2) = \left(\frac{N}{\mathcal{V}}\right)^2 + 2\frac{N_1N_2}{\mathcal{V}^2}\cos\left[(\mathbf{k}_2-\mathbf{k}_1)\cdot(\mathbf{r}_1-\mathbf{r}_2)\right] + \mathcal{O}\left(\frac{N}{\mathcal{V}^2}\right) \tag{28}$$

Der erste Term ist einfach das Quadrat der Teilchendichte und räumlich konstant. Dies würde man erwarten, wenn es keine Korrelationen zwischen den Teilchen gäbe. Der Austauschterm dagegen hängt von den Ortskoordinaten ab, ist maximal für $\mathbf{r}_1 = \mathbf{r}_2$ und oszilliert mit dem Wellenvektor $\mathbf{k}_2 - \mathbf{k}_1$. Er führt also dazu, dass die Wahrscheinlichkeit, zwei Bosonen dicht beieinander zu finden, erhöht wird. Man nennt diesen durch die Bose-Einstein-Statistik hervorgerufenen Effekt das *Gruppieren* (engl.: *bunching*) der Teilchen. Die Wahrscheinlichkeit, die beiden Teilchen bei größeren Abständen zu finden, wird zunächst kleiner, dann wieder größer usw. Benutzt man allerdings diese Korrelationsfunktion, um den Mittelwert einer Wechselwirkung mit kurzer Reichweite zu berechnen, dann spielt nur das erste Maximum eine Rolle: Die Wechselwirkung wird durch das Gruppieren also erhöht. Wir haben in Ergänzung C_{XV}, § 4-c einige Folgerungen dieses Effekts für die innere Wechselwirkungsenergie eines bosonischen Systems behandelt.

3-c Andere Zustände

Wir werden nun einige Fälle betrachten, in denen sich das System in einem Fock-Zustand befindet, in dem die Besetzung des Grundzustands $n_0 = N_0$ makroskopisch groß ist, aber auch weitere Zustände $|u_i\rangle$, $i \neq 0$, besetzt sind, allerdings mit Besetzungen n_i, die viel kleiner als N_0 sind.

1. Partiell kondensiertes System

Man kann zum Beispiel den Grundzustand mit einem endlichen Anteil N_0/N von Teilchen bevölkern und den restlichen Anteil $1 - N_0/N$ auf eine große Zahl von Zuständen verteilen, deren einzelne Besetzungen klein sind und eine reguläre Funktion des Index i sind. So erhält man für die Einteilchenkorrelation

$$G_1(\mathbf{r};\mathbf{r}') = N_0\, u_0^*(\mathbf{r}_1)u_0(\mathbf{r}') + Q(\mathbf{r}-\mathbf{r}') \tag{29}$$

wobei die Funktion $Q(\mathbf{r}-\mathbf{r}')$ durch

$$Q(\mathbf{r}-\mathbf{r}') = \frac{1}{\mathcal{V}}\sum_{i\neq 0} n_i\, \mathrm{e}^{\mathrm{i}\mathbf{k}_i\cdot(\mathbf{r}'-\mathbf{r})} = \int \frac{\mathrm{d}^3k}{(2\pi)^3}\, n(\mathbf{k})\, \mathrm{e}^{\mathrm{i}\mathbf{k}\cdot(\mathbf{r}'-\mathbf{r})} \tag{30}$$

definiert ist. Sie ist die Fourier-Transformierte der Verteilungsfunktion $n(\mathbf{k})$ für $\mathbf{k} \neq 0$.* Weil alle $n(\mathbf{k})$ entweder positiv oder null sind, ist $Q(\mathbf{r}-\mathbf{r}')$ maximal für $\mathbf{r} = \mathbf{r}'$. Alle e-Funktionen $\mathrm{e}^{\mathrm{i}\mathbf{k}\cdot(\mathbf{r}'-\mathbf{r})}$ addieren sich dann in Phase. Die Funktion fällt mit wachsendem Abstand $|\mathbf{r}-\mathbf{r}'|$ auf null ab, weil die Phasen auseinanderlaufen. Ist die Verteilung $n(\mathbf{k})$ eine reguläre Funktion mit der Breite Δk (etwa eine Gaußsche Glockenkurve), dann wird $Q(\mathbf{r}-\mathbf{r}')$ auf einer Skala von der Ordnung $\Delta l \simeq 1/\Delta k$ auf null abfallen, die im Allgemeinen viel kleiner als die Größe des makroskopischen Systems ist.

In Abb. 3 zeigen wir das qualitative Verhalten der Korrelation $G_1(\mathbf{r};\mathbf{r}')$ für Teilchen in einem homogenen System. Wir haben angenommen, dass es sich bei $|u_0\rangle$ um den Grundzustand handelt. Die entsprechende Wellenfunktion ist dann einfach $u_0(\mathbf{r}) = 1/\sqrt{\mathcal{V}}$, so dass wir aus Gleichung (29) erhalten:

$$G_1(\mathbf{r};\mathbf{r}') = \rho_0 + Q(\mathbf{r}-\mathbf{r}') \tag{31}$$

wobei ρ_0 die Dichte der Atome im Grundzustand ist:

$$\rho_0 = \frac{N_0}{\mathcal{V}} \tag{32}$$

Nachdem die Funktion $Q(\mathbf{r}-\mathbf{r}')$ auf null abgeklungen ist (was auf Abständen $\Delta l \simeq 1/\Delta k$ geschieht), strebt die Korrelationsfunktion G_1 nicht nach null (wie es bei Fermionen der Fall wäre), sondern gegen einen konstanten Wert, der zur Grundzustandsbesetzung N_0 proportional ist. Wie oben schon angemerkt, liefert dieses Verhalten die Grundlage für das Kriterium von Penrose und Onsager. Dieses definiert ganz allgemein das Einsetzen von Bose-Einstein-Kondensation durch einen Wert ungleich null, den $G_1(\mathbf{r};\mathbf{r}')$ für makroskopisch große Abstände $|\mathbf{r}-\mathbf{r}'| \to \infty$ annimmt. Dieser Grenzwert liefert den kondensierten Anteil der Teilchen, und das Kondensat ist dadurch charakterisiert, dass es eine langreichweitige, nichtdiagonale Ordnung erzeugt.

---

* Anm. d. Ü.: Der Punkt $\mathbf{k} \neq 0$ trägt für eine reguläre Verteilung $n(\mathbf{k})$ als Menge vom Maß null nicht zum Integral bei. Er wird durch den ersten Term $\sim N_0$ in Gl. (29) berücksichtigt. Diese „Sonderbehandlung" der Kondensatmode im thermodynamischen Grenzfall geht auf Einstein und Bose zurück.

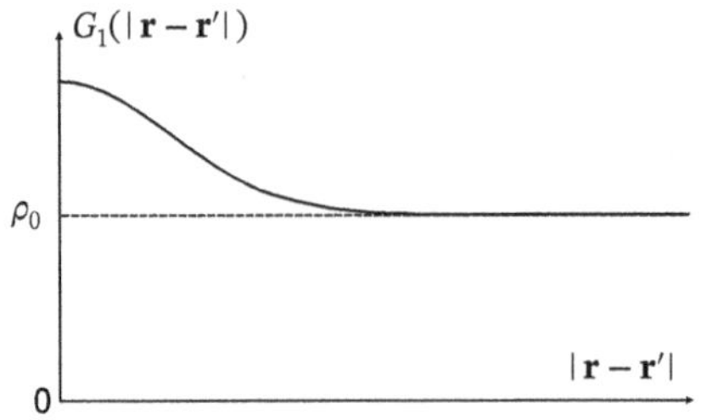

Abb. 3: Darstellung der Einteilchen-Korrelationsfunktion $G_1(\mathbf{r};\mathbf{r}') = \rho_0 + Q(\mathbf{r}-\mathbf{r}')$ für Bosonen als Funktion des Abstands $|\mathbf{r}-\mathbf{r}'|$. Auf einer Skala von der Ordnung $1/\Delta k$ klingt diese Funktion ab und strebt dann für große Abstände gegen eine Konstante ρ_0, die proportional zur Besetzung des Grundzustands ist. Dieses Verhalten (G_1 strebt für große Abstände nicht nach null) charakterisiert die langreichweitige, nichtdiagonale Ordnung und ist der Beweis dafür, dass ein einzelnes Niveau makroskopisch besetzt ist.

Für die Zweiteilchen-Korrelationsfunktion lesen wir aus Gleichung (10) ab, dass drei Terme beitragen, wenn in dem System der Kondensatzustand $|u_0\rangle$ makroskopisch besetzt ist:

- In der ersten Zeile von Gl. (10) stehen die Terme, die zu zwei Teilchen im Kondensatzustand gehören.[2] Sie liefern erneut das Ergebnis (25) mit N_0 an Stelle von N.
- Die gemischten Terme proportional zu $N_0 n_i$, sie ergeben

$$N_0 \sum_{i\neq 0} n_i \left(2\,|u_i(\mathbf{r}_1)|^2\;|u_0(\mathbf{r}_2)|^2 + u_0^*(\mathbf{r}_1)u_0(\mathbf{r}_2)u_i^*(\mathbf{r}_2)u_i(\mathbf{r}_1) + \text{c. c.}\right) \tag{33}$$

Wenn wir hier den Ausdruck (1) der Wellenfunktionen einsetzen, dann erhalten wir folgenden Beitrag zur Korrelation $G_2(\mathbf{r}_1,\mathbf{r}_2)$:

$$\frac{N_0}{\mathcal{V}^2}\sum_{i\neq 0} n_i \left[2 + e^{i\mathbf{k}_i\cdot(\mathbf{r}_1-\mathbf{r}_2)} + e^{i\mathbf{k}_i\cdot(\mathbf{r}_2-\mathbf{r}_1)}\right] \tag{34}$$

Mit der Beziehung $\sum_{i\neq 0} n_i = N - N_0$ können wir diesen Ausdruck umformen:

$$\frac{2N_0}{\mathcal{V}}\left[\frac{N-N_0}{\mathcal{V}} + \text{Re}\,Q(\mathbf{r}-\mathbf{r}')\right] \tag{35}$$

wobei Re den Realteil bezeichnet und die Funktion Q in Gl. (30) definiert wurde.

---

2 Wir haben angenommen, dass im thermodynamischen Limes die Teilchenzahl N_0 im Kondensat die einzige Besetzung ist, die proportional zum Volumen skaliert. In der ersten Zeile von Gl. (10) liefert der Term $i = 0$ also das Produkt aus N_0^2 und dem Quadrat von zwei Wellenfunktionen, die beide proportional zu $1/\mathcal{V}$ sind. Dieser Term strebt also im Limes gegen die Konstante ρ_0^2 [das Quadrat der Kondensatdichte aus Gl. (32)]. Die Terme $i \neq 0$ aus der zweiten Zeile enthalten dagegen eine Summe über i, die einen Faktor proportional zum Volumen enthält, wenn man den thermodynamischen Limes nimmt. Das Ergebnis ist ein Beitrag, der mit $1/\mathcal{V}$ skaliert und im Limes vernachlässigbar klein gegenüber dem Beitrag des Kondensats ist.

– Der letzte Term gehört zu zwei Teilchen außerhalb des Kondensats, er ergibt

$$\sum_{\substack{i,j\neq 0\\ i\neq j}} \frac{n_i n_j}{\mathcal{V}^2}\left[1 + e^{i(\mathbf{k}_i-\mathbf{k}_j)\cdot(\mathbf{r}_2-\mathbf{r}_1)}\right] \tag{36}$$

Sowohl im Ausdruck (34) als auch in (36) stellt man fest, dass die Zustände $i \neq 0$ im Allgemeinen verschiedene Phasenfaktoren beitragen, die allerdings für $\mathbf{r}_1 = \mathbf{r}_2$ allesamt in Phase sind. Die Korrelationsfunktion weist dort also ein Maximum auf. Wir finden hier die Tendenz zum Gruppieren der Bosonen wieder. Sie zeigt sich auf Abständen von der Ordnung $\Delta l \simeq 1/\Delta k$, als ob die Bosonen sich anziehen würden. Man darf allerdings nicht vergessen, dass dies allein aufgrund der Quantenstatistik für Bosonen entsteht. In unseren Rechnungen haben wir schließlich angenommen, dass die Teilchen nicht miteinander wechselwirken.

2. Nichtkondensiertes System

Es kann auch der Fall auftreten, dass die Verteilung der Besetzungen eine reguläre Funktion ist, aber kein Zustand makroskopisch besetzt ist. Der Beitrag von n_0 verschwindet dann im thermodynamischen Limes und es bleiben nur die Terme proportional zu $n_i n_j$ aus Gl. (36) übrig. Aus denselben Gründen wie vorhin ist ihr Beitrag bei $\mathbf{r}_1 = \mathbf{r}_2$ maximal. Die Zweiteilchenkorrelation verhält sich dann ähnlich wie in Abb. 3 mit einem Maximum am Ursprung; sie strebt aber nach null für große Abstände (in diesem Fall ist $\rho_0 = 0$). Auch hier beobachten wir also das Gruppieren von identischen Bosonen.

Bemerkung:

Wir können die Annahme, dass das Bose-Gas sich in einem Fock-Zustand (einem reinen Zustand) befindet, fallen lassen und einen thermischen Gleichgewichtszustand betrachten. Die Ergebnisse für die Korrelationen sind dann ganz ähnlich wie die hier erzielten; die Längenskala Δl wird durch die thermische Wellenlänge λ_T der Teilchen gegeben (Cohen-Tannoudji und Guéry-Odelin, 2011). Das Gruppieren (*bunching*) von Bosonen ist also eine ganz allgemeine Tendenz.

Ergänzung B_{XVI}
Greensche Funktionen und Korrelationen

In dieser Ergänzung besprechen wir die Eigenschaften von räumlich-zeitlichen Korrelationsfunktionen eines Systems ununterscheidbarer Teilchen. Diese verallgemeinern die räumlichen Korrelationsfunktionen aus Kapitel XV, § C-5-b und Kapitel XVI, § B-3 und stehen im Zusammenhang mit den Greenschen Funktionen, die wir hier auch einführen. In einem ersten Schritt (§ 1) untersuchen wir normal und antinormal geordnete Korrelationen sowie Greensche Funktionen und erarbeiten uns einige ihrer Eigenschaften, wobei das ideale Gas als Beispiel dient. In § 2 betrachten wir die Fourier-Transformierten dieser Funktionen für Systeme, die räumlich und zeitlich translationsinvariant sind. Ein allgemeiner Ausdruck, der auch in Gegenwart von Wechselwirkungen gültig bleibt, wird hergeleitet. Die Ergänzung schließt in § 3 mit dem Begriff der *Spektralfunktion*, mit deren Hilfe man eine Reihe von physikalischen Größen für wechselwirkende Teilchen in einfacher Weise berechnen kann; die entstehenden Formeln gleichen denen für ein ideales Gas.

1 Definitionen im Ortsraum

In der vorigen Ergänzung haben wir uns mit der räumlichen Abhängigkeit von Korrelationsfunktionen befasst, wobei alle Größen zum selben Zeitpunkt t zu verstehen waren. Hier werden wir ihr zeitliches Verhalten in den Blick nehmen und dazu das Heisenberg-Bild (s. Ergänzung G_{III}) verwenden, in dem die Operatoren von der Zeit abhängen. Um die Notation zu vereinfachen, nehmen wir an, dass wir es entweder mit spinlosen Bosonen ($S = 0$) zu tun haben oder dass sich die Teilchen (ob Bosonen oder Fermionen) in demselben Spinzustand befinden. Die Verallgemeinerung auf einen Spin $S \neq 0$ erfordert lediglich, einen Spinindex ν bei allen Operatoren zu ergänzen, wie wir es bereits in Kapitel XVI, § A-1-b gesehen haben. Im Heisenberg-Bild wird

https://doi.org/10.1515/9783110649130-012

aus $\Psi(\mathbf{r})$ ein Feldoperator $\Psi(\mathbf{r},t)$, der von der Zeit abhängt:*

$$\Psi(\mathbf{r},t) = e^{iHt/\hbar}\,\Psi(\mathbf{r})\,e^{-iHt/\hbar} \tag{1}$$

Dabei ist $e^{-iHt/\hbar}$ der Zeitentwicklungsoperator. Er wird von dem Hamilton-Operator H des Systems erzeugt (der natürlich alle etwaigen Wechselwirkungen unter den Teilchen enthält); wir nehmen an, dass H nicht von der Zeit abhängt.†

Wir betrachten N ununterscheidbare Teilchen, Fermionen oder Bosonen, deren Zustand durch den Dichteoperator ρ beschrieben sei. Die räumlich-zeitlichen Korrelationen und die Greenschen Funktionen sind durch Mittelwerte bezüglich ρ definiert, wobei Produkte aus Feldoperatoren $\Psi(\mathbf{r},t)$ und ihren hermitesch Konjugierten $\Psi^\dagger(\mathbf{r},t)$ auftreten, und zwar ausgewertet an verschiedenen Raum-Zeit-Punkten $(\mathbf{r},t)$, $(\mathbf{r}',t'),\ldots$ s. etwa Gl. (2) unten. (Wir arbeiten hier im Heisenberg-Bild, in dem der Zustand ρ zeitunabhängig ist.)

1-a Räumlich-zeitliche Korrelationen

Der Dichteoperator ρ kann sehr komplexe Korrelationen zwischen Teilchen enthalten, deren Zeitentwicklung wegen der Wechselwirkungen sehr verwickelt sein kann. Wir werden eine Reihe von Funktionen definieren, an denen man nützliche Eigenschaften von ρ ablesen kann und die nur eine kleine Zahl von Teilchen betreffen.

α Normal und antinormal geordnete Einteilchenkorrelationen

Wir führen räumlich-zeitliche Einteilchenkorrelationen G_1^{N} in *Normalordnung* und G_1^{AN} in *Antinormalordnung* ein, indem wir definieren

$$\boxed{\begin{aligned} G_1^{\mathrm{N}}(\mathbf{r},t;\mathbf{r}',t') &= \mathrm{Tr}\left\{\rho\Psi^\dagger(\mathbf{r},t)\,\Psi(\mathbf{r}',t')\right\} = \langle\Psi^\dagger(\mathbf{r},t)\,\Psi(\mathbf{r}',t')\rangle \\ G_1^{\mathrm{AN}}(\mathbf{r},t;\mathbf{r}',t') &= \mathrm{Tr}\left\{\rho\Psi(\mathbf{r}',t')\,\Psi^\dagger(\mathbf{r},t)\right\} = \langle\Psi(\mathbf{r}',t')\,\Psi^\dagger(\mathbf{r},t)\rangle \end{aligned}} \tag{2}$$

ein.[1] In Normalordnung steht der Erzeugungsoperator links und der Vernichtungsoperator rechts, in der Antinormalordnung ist es umgekehrt. Es ist zu beachten, dass die

1 Unsere Notation folgt der in Kapitel XVI, § B getroffenen Verabredung, dass unter der Spur der erste Satz von Koordinaten $(\mathbf{r},t)$ der G_1-Funktion zu dem Operator $\Psi^\dagger$ gehört und der zweite Satz $(\mathbf{r}',t')$ zum Operator Ψ. Der Leser beachte, dass andere Autoren allerdings die umgekehrte Konvention verwenden.

* Anm. d. Ü.: Heisenberg-Operatoren sind daran zu erkennen, dass sie die Zeit als zusätzliches Argument tragen.

† Anm. d. Ü.: Damit folgt aus Gl. (1) sofort, dass im Heisenberg-Bild $H(t) = H$ gilt.

beiden Funktionen G_1^{N} und G_1^{AN} sich nur in der Reihenfolge der beiden Operatoren unterscheiden; die räumlichen und zeitlichen Variablen der Operatoren Ψ und $\Psi^\dagger$ bleiben dieselben.

Im Fall gleicher Zeiten, $t' = t$, reduziert sich die normal geordnete Korrelationsfunktion auf die Matrixelemente des Einteilchen-Dichteoperators [vgl. in Kapitel XVI die Formeln (B-22) und (B-23)]. Die normal geordnete Korrelation verallgemeinert dieses Matrixelement also auf verschiedene Zeiten; wir werden im Weiteren sehen, warum diese Größe nützlich ist.

Wir wollen nun die Bedeutung dieser Definitionen anschaulich verstehen und beginnen mit der antinormal geordneten Korrelation. Betrachten wir den einfachen Fall von N Teilchen in einem reinen Zustand $|\Phi_0\rangle$, etwa dem Grundzustand des Systems. Dann ergibt sich

$$\begin{aligned} G_1^{AN}(\mathbf{r}, t; \mathbf{r}', t') &= \langle\Phi_0|\,\Psi(\mathbf{r}', t')\Psi^\dagger(\mathbf{r}, t)\,|\Phi_0\rangle \\ &= \langle\Phi_0|\,e^{iHt'/\hbar}\,\Psi(\mathbf{r}')\,e^{-iH(t'-t)/\hbar}\Psi^\dagger(\mathbf{r})\,e^{-iHt/\hbar}\,|\Phi_0\rangle \end{aligned} \tag{3}$$

Auf der rechten Seite lesen wir (von rechts nach links) ab: Der anfängliche Zustand $|\Phi_0\rangle$ entwickelt sich gemäß seinem Hamilton-Operator bis zum Zeitpunkt t, an dem am Ort $\mathbf{r}$ ein Teilchen erzeugt wird. So entsteht ein System aus $N+1$ Teilchen, das sich weiter bis zum Zeitpunkt t' entwickelt, an dem ein Teilchen am Ort $\mathbf{r}'$ vernichtet wird. Die Funktion G_1^{AN} ist also der Überlapp zwischen dem so erzeugten Zustand und dem Ket $e^{-iHt'/\hbar}|\Phi_0\rangle$, also dem sich bis zum selben Zeitpunkt t' frei entwickelten Ausgangszustand („frei“ heißt hier, dass keine Teilchen erzeugt oder vernichtet worden sind). Anders ausgedrückt: Das Erzeugen eines Teilchens, gefolgt von seinem Vernichten, ist eine Störung, die den Zustand des Systems verändert. Der Wert von G_1^{AN} ist gerade die Wahrscheinlichkeitsamplitude, dass man in diesem Prozess denselben Zustand wiederfindet, den das System ohne die Störung erreicht hätte.

Die soeben entwickelte Interpretation erscheint als eine natürliche, solange $t' \geq t$ gilt. Andernfalls ist die Definition von G_1^{AN} zwar noch dieselbe, aber die Zwischenschritte entsprechen einer Entwicklung rückwärts in der Zeit. Natürlich wird in diesem Prozess die Dynamik des Systems vollständig berücksichtigt, auch die Wechselwirkungen zwischen den Teilchen (sie sind im Hamilton-Operator H enthalten, d. Ü.). Allerdings darf man sich das zusätzliche Teilchen nicht als eines vorstellen, das man den anderen einfach hinzufügt, denn es ist wie alle Teilchen den Auswirkungen der Ununterscheidbarkeit unterworfen. (Wir kommen in § 1-a-β auf diesen Punkt zurück.)

In der normal geordneten Funktion steht $\Psi(\mathbf{r}', t')$ rechts und links davon $\Psi^\dagger(\mathbf{r}, t)$. Eine anschauliche Interpretation ist also möglich, wenn $t \geq t'$ gilt: Das System entwickelt sich frei bis zum Zeitpunkt t' – in diesem Moment wird ein Teilchen vernichtet (dies läuft auf das Erzeugen eines *Loches* hinaus, s. Ergänzung A_{XV}) – das $(N-1)$-Teilchen-System entwickelt sich frei bis t – ein Teilchen wird erzeugt (also das Loch wird vernichtet). Die normale Korrelation ist also analog zur antinormalen zu verstehen, wenn das zusätzliche Teilchen durch ein Loch ersetzt und die zeitliche Reihenfolge umgekehrt wird.

β Anschauliche Bedeutung

In der Definition der Korrelationsfunktionen stehen Erzeugungs- und Vernichtungsoperatoren; dies bedeutet aber natürlich nicht, dass sich solche Prozesse wirklich in dem System abspielen. Es ist zwar mathematisch bequem, von einem N-Teilchen-System zu einem mit $N-1$ Teilchen überzugehen. Dieser Zustand spielt aber nur eine untergeordnete Rolle, denn am Ende kehrt man mit einem zweiten Operator wieder zu derselben Teilchenzahl zurück. Der Operator $\Psi(\mathbf{r})$ stellt außerdem nicht einfach das punktförmig lokalisierte Vernichten eines Teilchens dar, genauso wenig wie $\Psi^\dagger(\mathbf{r})$ das Erscheinen eines Teilchens am Ort $\mathbf{r}$, das sich zu den anderen gesellt. Denn die Quantenstatistik spielt wegen der Ununterscheidbarkeit der Teilchen (auch des zusätzlichen) eine entscheidende Rolle.

Einfache Beispiele:

1. In der normal geordneten Korrelation beginnt die Störung mit dem Vernichten eines Teilchens (dem Erzeugen eines Lochs); daraufhin wird ein Teilchen erzeugt (das Loch „gestopft"). Betrachten wir den Zeitpunkt $t=0$, für den wir den Vernichtungsoperator $\Psi(\mathbf{r}',0)=\Psi(\mathbf{r}')$ gemäß Kapitel XVI, Gl. (A-3)

$$\Psi(\mathbf{r}') = \sum_i u_i(\mathbf{r}')\, a_i \tag{4}$$

nach den Einteilchenzuständen $u_i(\mathbf{r}')$ entwickeln können. Die Wirkung eines jeden Operators a_i hängt von der Besetzung n_i dieser Zustände ab und führt auf einen Faktor $\sqrt{n_i}$. Ein ganz einfacher Fall wäre ein Gas von Bosonen, die alle denselben Zustand $|u_0\rangle$ besetzen (ein ideales, vollständig kondensiertes Bose-Gas). Wirkt der Operator (4) auf diesen Quantenzustand, dann liefern alle Terme in der Summe bis auf $i=0$ null. In Wirklichkeit wird also ein Teilchen in dem Zustand $|u_0\rangle$ vernichtet. Wenn man die Position $\mathbf{r}'$ durchfährt, dann erhalten wir immer denselben Zustand, allerdings mit dem Faktor $u_0(\mathbf{r}')$ multipliziert. Ist das ideale Gas etwa in einem Potential gefangen, in dem der Einteilchen-Grundzustand $|u_0\rangle$ räumlich lokalisiert ist, dann führt der Operator $\Psi(\mathbf{r}')$ nur dann auf einen Ket mit einer nennenswerten Norm, wenn $\mathbf{r}'$ in dem Raumgebiet liegt, in dem $u_0(\mathbf{r}')$ nicht gerade verschwindend klein ist. Liegt der Punkt außerhalb dieses Gebiets, dann erhält man praktisch den Nullvektor. Ganz allgemein kann $\Psi(\mathbf{r}')$ sowohl für Fermionen als auch für Bosonen ein Teilchen nur in einem bereits besetzten Zustand vernichten. Bei Bosonen führt die Wurzel $\sqrt{n_i}$ dazu, dass der Operator $\Psi(\mathbf{r}')$ die stark besetzten Zustände mehr gewichtet als die schwach besetzten. Das Erzeugen eines Lochs ist also nicht wirklich ein räumlich lokalisierter Prozess.

2. In der antinormal geordneten Korrelation wird zunächst ein Teilchen durch den Operator $\Psi^\dagger(\mathbf{r})$ erzeugt. Bei Bosonen führt der Operator $a_i^\dagger$ wegen des Faktors $\sqrt{n_i+1}$ dazu, dass das Teilchen bevorzugt in stark besetzten Zuständen $|u_i\rangle$ auftaucht. Betrachten wir wieder das Beispiel von vielen Bosonen, die sich alle in demselben Zustand $|u_0\rangle$ in einem Potentialtopf befinden. Falls an der Position $\mathbf{r}$ die Wellenfunktion $u_0(\mathbf{r})$ nicht verschwindet, dann wird das zusätzliche Boson auch in diesem Zustand erzeugt. An Orten, die von dem Minimum des Potentials weit entfernt sind, ist dagegen $u_0(\mathbf{r})$ praktisch null, und das bei $\mathbf{r}$ neu erscheinende Boson wird durch die bereits vorhandenen Teilchen sehr wenig beeinflusst.

Im Gegensatz zu Bosonen können Fermionen nicht einem bereits besetzten Zustand hinzugefügt werden. In einem Fock-Zustand kann ein zusätzliches Fermion nur in einem Zustand erzeugt werden, der orthogonal zu allen bereits besetzten ist. Betrachten wir ein ideales Fermi-Gas in einem harmonischen Potential in seinem Grundzustand. Alle Energieniveaus bis zur Fermi-Energie sind also gefüllt. An einem Punkt nahe dem Minimum des Potentials erzeugt der Operator $\Psi^\dagger(\mathbf{r})$ ein zusätzliches Teilchen in einem Zustand, den man in die Eigenzustände des Potentials entwickeln kann. Man erhält einen Zustand, der zu allen besetzten Zuständen orthogonal ist und nur Komponenten von unbesetzten Zuständen enthält, mit einer Energie oberhalb des Fermi-Niveaus. Nun haben die entsprechenden Wellenfunktionen nah dem Potentialminimum relativ kleine Amplituden, und ihre maximalen Werte treten in der Nähe der klassischen Umkehrpunkte auf, also am Rand der Fermionenwolke oder sogar noch weiter vom Potentialminimum entfernt.[2] Obwohl die Koordinate **r** nah dem Minimum des Potentials liegt, wird das zusätzliche Fermion also am Rand oder außerhalb der Wolke von Fermionen hinzugefügt. Liegt **r** dagegen außerhalb dieser Wolke, wo alle besetzten Zustände praktisch verschwinden, dann wird das zusätzliche Teilchen in der Tat quasilokal am Ort **r** erzeugt. Wir werden uns einige Beispiele dieser Fälle in § 1-c ansehen.

γ Allgemeine Eigenschaften

Bilden wir das komplex Konjugierte von G_1^{N}, sind die Operatoren in (2) hermitesch zu konjugieren und in ihrer Reihenfolge zu vertauschen:

$$\left[G_1^{\mathrm{N}}(\mathbf{r}, t; \mathbf{r}', t')\right]^* = \langle \Psi^\dagger(\mathbf{r}', t')\Psi(\mathbf{r}, t)\rangle = G_1^{\mathrm{N}}(\mathbf{r}', t'; \mathbf{r}, t) \tag{5}$$

Das komplex Konjugieren ist also gleichwertig zum Austausch der Koordinaten $(\mathbf{r}, t)$ und $(\mathbf{r}', t')$, was einer (Raum-)Spiegelung der Variablen $\mathbf{r} - \mathbf{r}'$ und $t - t'$ gleichkommt. Dieselbe Eigenschaft zeigt man genauso für G_1^{AN}. Daraus folgt, dass die Fourier-Transformierten dieser Funktionen bezüglich der Differenzvariablen $\mathbf{r} - \mathbf{r}'$ und $t - t'$ reell sind. Ist das System außerdem durch einen Zustand charakterisiert, der invariant unter Verschiebungen im Raum und in der Zeit ist,[3] dann hängen die Korrelationsfunktionen nur von diesen Differenzvariablen ab.*

Wir beobachten, dass wir die Linearkombination $G_1^{\mathrm{AN}}(\mathbf{r}, t; \mathbf{r}', t') - \eta\, G_1^{\mathrm{N}}(\mathbf{r}, t; \mathbf{r}', t')$ durch den Mittelwert von

$$\left[\Psi(\mathbf{r}', t'), \Psi^\dagger(\mathbf{r}, t)\right]_{-\eta} \tag{6}$$

ausdrücken können; hier ist der Parameter $\eta = +1$ für Bosonen und $\eta = -1$ für Fermionen. Setzen wir $t = t'$, dann gilt für diesen (Anti-)Kommutator die Gleichung (A-19) in Kapitel XVI, so dass wir erhalten:

$$G_1^{\mathrm{AN}}(\mathbf{r}, t; \mathbf{r}', t) - \eta\, G_1^{\mathrm{N}}(\mathbf{r}, t; \mathbf{r}', t) = \mathrm{Tr}\left\{\rho\delta(\mathbf{r} - \mathbf{r}')\right\} = \delta(\mathbf{r} - \mathbf{r}') \tag{7}$$

---

2 Das Betragsquadrat der Wellenfunktion eines stationären Zustands liefert bekanntlich die Dichte seiner Aufenthaltswahrscheinlichkeit im Raum. Diese Wahrscheinlichkeit ist dort besonders groß, wo sich das Teilchen, nach den Begriffen der klassischen Mechanik, besonders lange aufhält, wo also seine Geschwindigkeit klein ist; dies ist insbesondere an den klassischen Umkehrpunkten der Fall. Ein Beispiel dafür ist in Band I, Kapitel V, Abb. 6 zu finden.

3 Dies trifft insbesondere für ein System mit einem zeitunabhängigen Hamilton-Operator zu, wenn es sich in einem Eigenzustand von H befindet oder wenn es durch einen Dichteoperator beschrieben wird, der eine Funktion von H ist.

* Anm. d. Ü.: Man spricht dann auch von einem räumlich „homogenen" und zeitlich „stationären" System.

δ Bewegungsgleichungen

Wir bilden die Bewegungsgleichung für $\Psi^\dagger(\mathbf{r}, t)$, indem wir Gl. (C-13) aus Kapitel XVI hermitesch konjugieren. Dann setzen wir sie in die Definition (2) von G_1^{N} ein und erhalten

$$\begin{aligned}\left[-\mathrm{i}\hbar\frac{\partial}{\partial t} + \frac{\hbar^2}{2m}\nabla_{\mathbf{r}}^2 - V_1(\mathbf{r})\right] G_1^{\mathrm{N}}(\mathbf{r}, t; \mathbf{r}', t') \\ = \int \mathrm{d}^3 r''\, W_2(\mathbf{r} - \mathbf{r}'') \left\langle \Psi^\dagger(\mathbf{r}, t)\Psi^\dagger(\mathbf{r}'', t)\Psi(\mathbf{r}'', t)\Psi(\mathbf{r}', t')\right\rangle \\ = \int \mathrm{d}^3 r''\, W_2(\mathbf{r} - \mathbf{r}'') G_2^{\mathrm{N}}(\mathbf{r}, t; \mathbf{r}', t; \mathbf{r}'', t; \mathbf{r}'', t)\end{aligned} \tag{8}$$

wobei eine Zweiteilchen-Korrelationsfunktion (auch Vierpunktfunktion genannt) auftaucht, die man ganz allgemein wie folgt definiert:*

$$G_2^{\mathrm{N}}(\mathbf{r}, t; \mathbf{r}', t'; \mathbf{r}'', t''; \mathbf{r}''', t''') = \mathrm{Tr}\left\{\rho\Psi^\dagger(\mathbf{r}, t)\Psi^\dagger(\mathbf{r}'', t'')\Psi(\mathbf{r}''', t''')\Psi(\mathbf{r}', t')\right\} \tag{9}$$

Dies ist die zeitabhängige Variante der Formel (B-30) aus Kapitel XVI (genauer gesagt, ihres Mittelwerts). In ähnlicher Weise wie in Gl. (8) können wir eine Bewegungsgleichung für G_1^{N} oder auch G_1^{AN} bezüglich der anderen Variablen $\mathbf{r}'$ und t' erhalten.

Die vier Raum-Zeit-Koordinaten, von denen die Funktion G_2^{N} abhängt, sind im Allgemeinen unabhängig. Allerdings benötigt man häufig nur den *diagonalen* Anteil $G_2^{\mathrm{N}}(\mathbf{r}_1, t_1; \mathbf{r}_2, t_2) = \langle\Psi^\dagger(\mathbf{r}_1, t_1)\Psi^\dagger(\mathbf{r}_2, t_2)\Psi(\mathbf{r}_2, t_2)\Psi(\mathbf{r}_1, t_1)\rangle$, den man erhält, wenn man in Gleichung (9) $\mathbf{r} = \mathbf{r}' = \mathbf{r}_1$, $t = t' = t_1$ und $\mathbf{r}'' = \mathbf{r}''' = \mathbf{r}_2$, $t'' = t''' = t_2$ einsetzt. Dieser diagonale Anteil beschreibt die (normal geordneten) Dichte-Dichte-Korrelationen und ist analog zu der Zweiteilchen-Korrelationsfunktion (zwei Orte, zwei Zeiten) der klassischen statistischen Mechanik. Ist das System invariant unter Verschiebungen im Raum und der Zeit, dann hängt auch diese Funktion nur von den Differenzen $\mathbf{r}_1 - \mathbf{r}_2$ und $t_1 - t_2$ ab.

Während in der Funktion G_1^{N} ein Loch erzeugt und dann wieder vernichtet wird, werden in G_2^{N} zwei Löcher erzeugt und dann vernichtet. Die natürliche zeitliche Ordnung der Zeitpunkte ergibt sich durch die Zeitargumente der Feldoperatoren auf der rechten Seite von Gl. (9), von rechts nach links gelesen. Man könnte analog eine Funktion G_2^{AN} einführen, in der man zwei Teilchen erzeugt und zu späteren Zeitpunkten wieder vernichtet (man vertauscht also die Rolle von Teilchen und Löchern im Vergleich zu der normal geordneten Korrelation).

Für wechselwirkende Teilchen enthält die Bewegungsgleichung (8) für G_1^{N} damit eine Korrelationsfunktion von höherer Ordnung, nämlich G_2^{N}. Weiterhin geht in die Bewegungsgleichung von G_2^{N} eine Dreikörperkorrelation G_3^{N} ein usw. Die Wechselwirkung führt also dazu, dass dieses System von Bewegungsgleichungen nicht „abgeschlossen“ ist, sondern eine komplexe „Hierarchie“ aus vielen Gleichungen bildet, in die Korrelationen immer höherer Ordnung eingehen.

---

* Anm. d. Ü.: Es wird hier folgende Konvention für die Reihenfolge der Argumente von G_2 verwendet: Die ersten beiden Argumente entsprechen den Feldoperatoren, die „ganz außen“ im Produkt stehen; mit den weiteren Argumenten werden die weiter innen stehenden Feldoperatoren bezeichnet.

1-b Greensche Funktionen

Die Gleichung (8) ist eine lineare partielle Differentialgleichung, in der auf der rechten Seite ein sogenannter *Quellterm* steht. In unserem Fall steht dort eine reguläre Funktion. Schreibt man an dieser Stelle allerdings eine δ-Funktion, dann nennt man die Lösungen der entsprechenden Gleichung die *Greenschen Funktionen*, die wir mit $\mathcal{G}$ bezeichnen. Wir werden sehen, wie man Greensche Funktionen für unser Problem einführen kann.

α Zweipunkt-Green-Funktion

Die sogenannte Zweipunkt-Green-Funktion $\mathcal{G}_1$ erhält man, wenn man die beiden Korrelationsfunktionen aus § 1-a geeignet kombiniert. Wir haben in § 1-a gesehen, dass für $t' > t$ die antinormal geordnete Korrelationsfunktion die „natürlichere" ist, weil sie die Ausbreitung eines Teilchens von t nach t' enthält. Dagegen beschreibt für $t' < t$ die normal geordnete Funktion die Ausbreitung eines Lochs von t' nach t. Wir werden diese beiden Möglichkeiten durch folgende Definition in einer Funktion zusammenfassen:

$$\boxed{\mathcal{G}_1(\mathbf{r}, t; \mathbf{r}', t') = \theta(t' - t)\, G_1^{\text{AN}}(\mathbf{r}, t; \mathbf{r}', t') + \eta\, \theta(t - t')\, G_1^{\text{N}}(\mathbf{r}, t; \mathbf{r}', t')} \tag{10}$$

Hierbei ist $\theta(t' - t)$ die Sprungfunktion nach Heaviside (gleich 1 für $t' > t$ und sonst 0) und es gilt wieder $\eta = +1$ für Bosonen ($\eta = -1$ für Fermionen). Wir werden etwas später, etwa in § 1-c-γ, sehen, dass der Faktor η die nun folgenden Rechnungen vereinfacht.

Wenn man die Zweipunkt-Green-Funktion $\mathcal{G}_1$ nach der Zeit ableitet, dann erzeugen die Unstetigkeiten der Heaviside-Funktionen δ-Funktionen – wir werden das genauer in § 1-c-γ für ein ideales Gas ausrechnen und überprüfen dort, dass $\mathcal{G}_1$ in der Tat eine Greensche Funktion ist. Es zeigt sich, dass diese Korrelationsfunktion für eine Reihe von Rechnungen nützlich ist, wenn man etwa mit Fourier-Transformierten arbeitet oder Störungsrechnungen durchführt.

β Vierpunkt-Green-Funktion

Analog zu Gl. (9) definieren wir eine Greensche Funktion für zwei Körper (oder vier Punkte) durch

$$\boxed{\mathcal{G}_2(\mathbf{r}, t; \mathbf{r}', t'; \mathbf{r}'', t''; \mathbf{r}''', t''') = \text{Tr}\left\{\rho \mathcal{T} \Psi(\mathbf{r}', t') \Psi(\mathbf{r}''', t''') \Psi^\dagger(\mathbf{r}'', t'') \Psi^\dagger(\mathbf{r}, t)\right\}} \tag{11}$$

Die Notation $\mathcal{T}$ ist dabei eine Vorschrift, nach der die vier Operatoren in der Zeit von links nach rechts geordnet werden. (Per Definition enthält diese Vorschrift bei Fermionen einen Faktor ε_α, der die Parität der Permutation darstellt, die das Sortieren realisiert. Man kann so einen Vorzeichenwechsel erhalten.)

1-c Beispiel: Ideales Gas

Für ein ideales Gas kann man die soeben definierten Funktionen explizit ausrechnen. Wir nehmen an, dass das Gas in einem Volumen $\mathcal{V}$ mit periodischen Randbedingungen eingesperrt ist (s. Ergänzungen F_{XI} und C_{XIV}). Wir verwenden aus Kapitel XVI die Beziehung (A-3) für ebene Wellen als Wellenfunktionen $u_i(\mathbf{r})$, so dass man den Feldoperator $\Psi(\mathbf{r})$ in der Form

$$\Psi(\mathbf{r}) = \sum_i \frac{\mathrm{e}^{\mathrm{i}\mathbf{k}_i\cdot\mathbf{r}}}{\sqrt{\mathcal{V}}} a_i \tag{12}$$

aufschreiben kann. Die Summe läuft über alle Wellenvektoren $\mathbf{k}_i$, die die periodischen Randbedingungen erfüllen. Diese Entwicklung ist bequem, weil für ein ideales Gas die Zeitabhängigkeit der Heisenberg-Operatoren $a_i(t)$ besonders einfach ist. Den Hamilton-Operator können wir in der Tat so aufschreiben:

$$H = \sum_i \hbar\omega_i\, a_i^\dagger a_i \tag{13}$$

mit

$$\omega_i = \frac{\hbar\mathbf{k}_i^2}{2m} \tag{14}$$

Wir berücksichtigen, dass der Operator $a_i^\dagger a_i$ mit jedem Vernichtungsoperator a_j für einen anderen Impuls kommutiert, aber bei gleichen Impulsen $[a_i, a_i^\dagger a_i] = a_i$ gilt.[4] Daraus folgt für die Heisenberg-Bewegungsgleichung

$$\mathrm{i}\hbar\frac{\mathrm{d}a_i}{\mathrm{d}t} = [a_i, H] = \hbar\omega_i\, a_i \tag{15}$$

Im Heisenberg-Bild ergibt sich also die folgende Zeitentwicklung

$$a_i(t) = \mathrm{e}^{-\mathrm{i}\omega_i t}\, a_i \tag{16}$$

und wir erhalten für den Feldoperator $\Psi(\mathbf{r}, t)$

$$\Psi(\mathbf{r}, t) = \sum_i \frac{\mathrm{e}^{\mathrm{i}(\mathbf{k}_i\cdot\mathbf{r}-\omega_i t)}}{\sqrt{\mathcal{V}}}\, a_i \tag{17}$$

α Normal geordnete Korrelationsfunktion

Wir setzen den Ausdruck (17) in Gleichung (2) und erhalten

$$G_1^{\mathrm{N}}(\mathbf{r}, t; \mathbf{r}', t') = \sum_{i,j} \frac{\mathrm{e}^{-\mathrm{i}(\mathbf{k}_j\cdot\mathbf{r}-\omega_j t)}\mathrm{e}^{\mathrm{i}(\mathbf{k}_i\cdot\mathbf{r}'-\omega_i t')}}{\mathcal{V}} \langle a_j^\dagger a_i\rangle \tag{18}$$

---

4 Bei Fermionen entstehen hier wegen der Antikommutationsbeziehungen zwei Minuszeichen, die sich aufheben. Sind die Impulse gleich, so haben wir $a_i a_i^\dagger a_i = -a_i^\dagger a_i a_i + a_i = 0 + a_i$ sowie $a_i^\dagger a_i a_i = 0$, so dass sich schließlich $[a_i, a_i^\dagger a_i] = a_i$ ergibt.

Es zeigt sich nun, dass der Mittelwert $\langle a_j^\dagger a_i \rangle$ für $\mathbf{k}_j \neq \mathbf{k}_i$ verschwindet. Dies kann man z. B. sehen, wenn das System durch einen Dichteoperator im thermischen Gleichgewicht, $\rho_{\text{eq}} = \mathrm{e}^{-\beta H}/Z$, beschrieben wird. Dieser Operator ist diagonal in der Basis der Fock-Zustände, so dass die Spur über $\rho\, a_j^\dagger a_i$ verschwindet, wenn Vernichter und Erzeuger nicht zu derselben ebenen Welle unter den Einteilchenzuständen gehören. Ein endliches Ergebnis erhalten wir also nur für $\mathbf{k}_j = \mathbf{k}_i$. Dasselbe gilt im großkanonischen Ensemble für den Dichteoperator $\rho_{\text{eq}} = \mathrm{e}^{-\beta(H-\mu N)}/Z$. Ganz allgemein kann man zeigen, dass für einen unter Verschiebungen invarianten Dichteoperator ρ gilt[5]

$$\langle a_j^\dagger a_i \rangle = \operatorname{Tr}\left\{\rho\, a_j^\dagger a_i\right\} = \delta_{ij}\, n_i \tag{19}$$

wobei n_i der Mittelwert des Besetzungsoperators $\widehat{n}_i$ ist:

$$n_i = \langle \widehat{n}_i \rangle \tag{20}$$

Aus Gleichung (18) wird also

$$G_1^{\mathrm{N}}(\mathbf{r}, t; \mathbf{r}', t') = \frac{1}{\mathcal{V}} \sum_i n_i \mathrm{e}^{\mathrm{i}[\mathbf{k}_i\cdot(\mathbf{r}'-\mathbf{r})-\omega_i(t'-t)]} \tag{21}$$

Die normal geordnete Korrelationsfunktion ist also einfach die Summe über alle besetzten Einteilchenzustände; jeder Zustand wird mit seiner mittleren Besetzung n_i gewichtet und trägt ein räumlich-zeitliches Verhalten bei, das durch die entsprechende ebene Welle $\mathrm{e}^{\mathrm{i}[\mathbf{k}_i\cdot(\mathbf{r}'-\mathbf{r})-\omega_i(t'-t)]}$ gegeben ist.

Wie es für ein System zu erwarten ist, das räumlich und zeitlich translationsinvariant ist, hängt diese Korrelationsfunktion nur von den Differenzen $\mathbf{r} - \mathbf{r}'$ und $t - t'$ ab. Wegen Gl. (14) ist sie eine Lösung der partiellen Differentialgleichung

$$\left[\mathrm{i}\frac{\partial}{\partial t'} + \frac{\hbar}{2m}\nabla_{\mathbf{r}'}^2\right] G_1^{\mathrm{N}}(\mathbf{r}, t; \mathbf{r}', t') = 0 \tag{22}$$

die die freie Ausbreitung der Teilchen in einem idealen Gas beschreibt. (Es gilt eine analoge Gleichung in den Variablen t und $\mathbf{r}$, die sich im Vorzeichen der Zeitableitung unterscheidet.)

Anhand des Ausdrucks (21) können wir noch einmal die anschauliche Interpretation der normal geordneten Korrelationsfunktion aus § 1-a überprüfen, in der ein *Loch* in dem N-Teilchen-System erzeugt und später wieder vernichtet wird. In einem idealen Gas besteht jeder Term in der Summe (21) aus einer ebenen Welle: Ohne Wechselwirkungen sind die Teilchen frei, sich geradlinig auszubreiten. Der Faktor n_i in dieser Formel zeigt, dass sich ein Loch nur in den bereits besetzten Einteilchenzuständen ausbreiten kann. In einem Zustand muss sich mindestens ein Teilchen befinden, um

5 Ein möglicher Beweis benutzt die Beobachtung, dass der Operator $a_j^\dagger a_i$ nur für $\mathbf{k}_j = \mathbf{k}_i$ translationsinvariant ist. Dies folgt aus der Formel für den Operator für räumliche Verschiebungen, der das Exponential des Operators für den Gesamtimpuls ist (s. Ergänzung E_{II}, § 3 und die Bemerkung in § 2-a).

dort ein Loch zu erzeugen, wie wir in § 1-a-β angemerkt haben. Daraus folgt, dass das Loch kein wirklich punktförmiges, am Ort $\mathbf{r}'$ erzeugtes Objekt ist. Es besteht lediglich aus einer Überlagerung von *besetzten* ebenen Wellen, während für eine wirklich punktförmige Anregung eine Summe über alle Impulse $\hbar\mathbf{k}_i$ nötig ist, die bis ins Unendliche läuft.

β Antinormal geordnete Korrelationsfunktion

Die Rechnungen für $G_1^{\text{AN}}(\mathbf{r}, t; \mathbf{r}', t')$ sind praktisch dieselben, der einzige Unterschied besteht in der umgekehrten Reihenfolge der Operatoren $a_{\mathbf{k}}$ und $a_{\mathbf{k}}^{\dagger}$. Man erhält

$$G_1^{\text{AN}}(\mathbf{r}, t; \mathbf{r}', t') = \frac{1}{\mathcal{V}} \sum_i (1 + \eta\, n_i) \mathrm{e}^{\mathrm{i}[\mathbf{k}_i \cdot (\mathbf{r}' - \mathbf{r}) - \omega_i (t' - t)]} \tag{23}$$

Diese Funktion erfüllt dieselbe partielle Differentialgleichung wie die normal geordnete Korrelation. Es folgt aus Gl. (21) und (23), dass die Linearkombination

$$G_1^{\text{AN}}(\mathbf{r}, t; \mathbf{r}', t') - \eta\, G_1^{\text{N}}(\mathbf{r}, t; \mathbf{r}', t') = \frac{1}{\mathcal{V}} \sum_i \mathrm{e}^{\mathrm{i}[\mathbf{k}_i \cdot (\mathbf{r}' - \mathbf{r}) - \omega_i (t' - t)]} \tag{24}$$

unabhängig vom Zustand des Systems (den Besetzungen n_i) ist. Für $t = t'$ reduziert sie sich auf die Funktion $\delta(\mathbf{r} - \mathbf{r}')$. Wir sehen weiter unten, wie dieser Ausdruck mit dem allgemeinen Begriff der Spektralfunktion zusammenhängt.

Auch hier können wir erneut die anschauliche Diskussion aus § 1-a-β nachvollziehen, um die Wirkung des Operators $\Psi^{\dagger}(\mathbf{r})$ zu verstehen. In einem fermionischen System ($\eta = -1$) wird ein Teilchen niemals in einem bereits besetzten Zustand mit Impuls $\mathbf{k}_i$ erzeugt, weil dann $n_i = 1$ gilt und der entsprechende Term verschwindet. Die Anregung erzeugt also ein Objekt, das keine Komponente entlang der besetzten Zustände enthält. Seine Wellenfunktion muss orthogonal zu denen der bereits vorhandenen Fermionen sein. Für ein bosonisches System tritt der umgekehrte Effekt auf. Ist etwa ein Zustand im Vergleich zu den anderen bereits stark besetzt, dann führt der große Faktor $n_i + 1$ in Gl. (23) dazu, dass dieser Term dominiert: Das zusätzliche Teilchen wird also vor allem in demselben Zustand wie die (meisten) anderen Teilchen auftauchen. Nur im Vakuumzustand ($n_i = 0$ für alle Impulse) kann man davon sprechen, dass $G_1^{\text{AN}}(\mathbf{r}, t; \mathbf{r}', t')$ die Propagation eines punktförmigen Teilchens von $(\mathbf{r}, t)$ nach $(\mathbf{r}', t')$ beschreibt.

γ Zweipunkt-Green-Funktion

Aus der Definition (10) erhalten wir für die Greensche Funktion

$$\begin{aligned} &\mathcal{G}_1(\mathbf{r}, t; \mathbf{r}', t') \\ &= \frac{1}{\mathcal{V}} \sum_i \mathrm{e}^{\mathrm{i}[\mathbf{k}_i \cdot (\mathbf{r}' - \mathbf{r}) - \omega_i (t' - t)]} \left\{ \theta(t' - t)(1 + \eta\, n_i) + \eta\, \theta(t - t') n_i \right\} \end{aligned} \tag{25}$$

Leitet man nach der Zeit t' ab, dann liefern die Heaviside-Funktionen δ-Funktionen mit entgegengesetzten Vorzeichen. Wir finden folgende partielle Differentialgleichung:

$$\left[\mathrm{i}\frac{\partial}{\partial t'} + \frac{\hbar}{2m}\nabla^2_{\mathbf{r}'}\right] \mathcal{G}_1(\mathbf{r}, t; \mathbf{r}', t') = \frac{\mathrm{i}\,\delta(t-t')}{\mathcal{V}} \sum_i \mathrm{e}^{\mathrm{i}\mathbf{k}_i\cdot(\mathbf{r}'-\mathbf{r})}(1 + \eta\, n_i - \eta\, n_i) \tag{26}$$

also (im Kontinuumslimes $\mathcal{V} \to \infty$)

$$\left[\mathrm{i}\frac{\partial}{\partial t'} + \frac{\hbar}{2m}\nabla^2_{\mathbf{r}'}\right] \mathcal{G}_1(\mathbf{r}, t; \mathbf{r}', t') = \mathrm{i}\,\delta(t-t')\,\delta(\mathbf{r}'-\mathbf{r}) \tag{27}$$

Auf der rechten Seite finden wir in der Tat ein Produkt aus δ-Funktionen wieder, das für eine Greensche Funktion charakteristisch ist.

In Gegenwart von Wechselwirkungen gilt diese partielle Differentialgleichung nicht mehr, denn man muss auf der rechten Seite den Beitrag von Wechselwirkungen berücksichtigen; er enthält Greensche Funktionen höherer Ordnung [vgl. Gl. (8)].

δ Vierpunktfunktionen

Diese Korrelationsfunktionen werden genauso wie die vorherigen ausgerechnet: Man setzt die Darstellung (17) des Feldoperators ein und erhält explizite Ausdrück für ein ideales Gas. Die Ergebnisse sind fast dieselben wie in Ergänzung A_{XVI}, etwa in Gleichung (21) dort. Man muss lediglich jede ebene Welle $\mathrm{e}^{\mathrm{i}\mathbf{k}_i\cdot\mathbf{r}}$ mit dem entsprechenden Faktor $\mathrm{e}^{-\mathrm{i}\omega_i t}$ für die zeitliche Entwicklung multiplizieren.

2 Korrelationen in der Energie-Impuls-Domäne

Im Folgenden beschränken wir uns auf Systeme, die invariant unter Verschiebungen im Raum und in der Zeit sind. Die Korrelationsfunktionen hängen dann nur über die Differenzen $\mathbf{r}' - \mathbf{r}$ und $t' - t$ von ihren Koordinaten ab.

2-a Allgemeine Definition

Man kann die Fourier-Transformierten bezüglich des Orts und der Zeit durch

$$\boxed{\overline{G}_1^{\mathrm{N,\,AN}}(\mathbf{k}, \omega) = \int \mathrm{d}^3 r' \int \mathrm{d}t'\; \mathrm{e}^{\mathrm{i}(\omega t' - \mathbf{k}\cdot\mathbf{r}')}\, G_1^{\mathrm{N,\,AN}}(\mathbf{0}, 0; \mathbf{r}', t')} \tag{28}$$

einführen. (Wir haben in den Funktionen $G_1^{\mathrm{N,\,AN}}$ jeweils $\mathbf{r} = \mathbf{0}$ und $t = 0$ gesetzt.) Aus der Symmetriebeziehung (5) folgt, dass diese Fourier-Transformierten reell sind.

Die Fourier-Transformierte $\overline{\mathcal{G}}_1$ der Greenschen Funktion $\mathcal{G}_1$ [in Gl. (10) definiert] wird der *Einteilchenpropagator* genannt. Seine Definition lautet

$$\boxed{\overline{\mathcal{G}}_1(\mathbf{k},\omega)=\int d^3r'\int dt'\,e^{i(\omega t'-\mathbf{k}\cdot\mathbf{r}')}\mathcal{G}_1(\mathbf{0},0;\mathbf{r}',t')} \tag{29}$$

Für ein System in einem Volumen $\mathcal{V}$ mit periodischen Randbedingungen sind die d^3r'-Integrale in diesen Gleichungen über das Volumen $\mathcal{V}$ zu nehmen. Sie liefern dann die Koeffizienten einer Fourier-Reihe, in der die Wellenvektoren $\mathbf{k}=\mathbf{k}_i$ durch die diskreten Werte festgelegt sind, die die periodischen Randbedingungen erfüllen. Diese Fourier-Reihe bestimmt das räumliche Verhalten von $\mathcal{G}_1(\mathbf{r},t;\mathbf{r}',t')$. Die zeitliche Abhängigkeit wird durch eine kontinuierliche Fourier-Transformation bestimmt.[6] Die inverse Fourier-Transformation liefert

$$G_1^{\text{N, AN}}(\mathbf{0},0;\mathbf{r}',t')=\frac{1}{\mathcal{V}}\sum_i\int\frac{d\omega}{2\pi}e^{i(\mathbf{k}_i\cdot\mathbf{r}'-\omega t')}\,\overline{G}_1^{\text{N, AN}}(\mathbf{k}_i,\omega) \tag{30}$$

Im Grenzfall eines großen Volumens wird aus der Summe über die $\mathbf{k}_i$ ein Integral mit einem Vorfaktor $\mathcal{V}/(2\pi)^3$:

$$G_1^{\text{N, AN}}(\mathbf{r},t;\mathbf{r}',t')=\int\frac{d^3k}{(2\pi)^3}\int\frac{d\omega}{2\pi}e^{i[\mathbf{k}\cdot(\mathbf{r}'-\mathbf{r})-\omega(t'-t)]}\,\overline{G}_1^{\text{N, AN}}(\mathbf{k},\omega) \tag{31}$$

Hier haben wir der Vollständigkeit halber die Abhängigkeit von beiden Sätzen von Koordinaten $(\mathbf{r},t)$ und $(\mathbf{r}',t')$ ausgeschrieben (d. Ü.).

Bemerkung:
Es ist auch möglich, die Funktionen $\overline{G}_1^{\text{N, AN}}(\mathbf{k},\omega)$ nicht über die Fourier-Transformation (28), sondern direkt über die Mittelwerte der Erzeuger $a_j^\dagger$ und Vernichter a_j in den Einteilchenzuständen $|\mathbf{k}_j\rangle$ zu definieren. Der Darstellung (17) für den Feldoperator entnehmen wir

$$\Psi(\mathbf{r}',t')=\frac{1}{\sqrt{\mathcal{V}}}\sum_j e^{i\mathbf{k}_j\cdot\mathbf{r}'}a_j(t')\quad\text{und}\quad\Psi^\dagger(\mathbf{r})=\frac{1}{\sqrt{\mathcal{V}}}\sum_{j'}e^{-i\mathbf{k}_{j'}\cdot\mathbf{r}}a_{j'}^\dagger \tag{32}$$

Einsetzen in die Gleichungen (2) und (28) ergibt

$$\overline{G}_1^{\text{N}}(\mathbf{k}_i,\omega)=\frac{1}{\mathcal{V}}\int d^3r'\int dt'\,e^{i(\omega t'-\mathbf{k}_i\cdot\mathbf{r}')}\sum_{j,j'}e^{i\mathbf{k}_j\cdot\mathbf{r}'}\langle a_{j'}^\dagger a_j(t')\rangle \tag{33}$$

wobei $a_j(t')$ der Heisenberg-Operator zu a_j ist. Das d^3r'-Integral greift den Term $j=i$ heraus und kürzt sich mit dem Volumen $\mathcal{V}$ weg. Wegen der Translationsinvarianz verschwinden sowohl für den Dichteoperator ρ als auch für den Hamilton-Operator des Systems alle Matrixelemente

6 Im Gegensatz zu den räumlichen Variablen ist die Zeit nicht auf ein endliches Intervall eingeschränkt. Daraus folgt, dass die zeitlichen Fourier-Transformationen singulär werden können. Im idealen Gas werden wir in § 2-b dafür ein Beispiel sehen: Man führt Konvergenz erzeugende Faktoren $e^{\pm\varepsilon t}$ ein und schickt ε durch positive Werte nach null.

zwischen Zuständen mit verschiedenem Gesamtimpuls. Nun vergrößert der Operator $a_{j'}^\dagger$ diesen Impuls um $\hbar\mathbf{k}_{j'}$ und $a_j(t')$ verringert ihn um $\hbar\mathbf{k}_j$. Der Mittelwert $\langle a_{j'}^\dagger a_j(t')\rangle$ verschwindet also, falls sich j' und j unterscheiden – damit löst sich auch die Summe über j' auf. Schlussendlich erhalten wir

$$\overline{G}_1^{\mathrm{N}}(\mathbf{k}_i,\omega) = \int \mathrm{d}t'\mathrm{e}^{\mathrm{i}\omega t'}\,\langle a_i^\dagger a_i(t')\rangle \tag{34}$$

In derselben Weise ergibt sich

$$\overline{G}_1^{\mathrm{AN}}(\mathbf{k}_i,\omega) = \int \mathrm{d}t'\mathrm{e}^{\mathrm{i}\omega t'}\,\langle a_i(t') a_i^\dagger\rangle \tag{35}$$

2-b Ideales Gas

Für ein Gas in einem Volumen mit periodischen Randbedingungen bilden die Wellenvektoren $\mathbf{k}$ eine diskrete Menge. Setzen wir in Gleichung (28) $\mathbf{k} = \mathbf{k}_i$ und verwenden den Ausdruck (21) (mit einer Summe über $\mathbf{k}_j$), dann ist ein Integral über ein Produkt von e-Funktionen zu nehmen. Das d^3r'-Integral kürzt den Faktor $1/\mathcal{V}$ weg und liefert ein Kronecker-Symbol $\delta_{\mathbf{k}_j,\mathbf{k}_i}$, das die Summe über $\mathbf{k}_j$ auflöst. Das $\mathrm{d}t'$-Integral erzeugt $2\pi\delta(\omega-\omega_i)$, so dass wir erhalten:

$$\overline{G}_1^{\mathrm{N}}(\mathbf{k}_i,\omega) = 2\pi\, n_i\, \delta(\omega-\omega_i) \tag{36}$$

Dies folgt auch sofort aus Gl. (34). In ähnlicher Weise ergibt sich

$$\overline{G}_1^{\mathrm{AN}}(\mathbf{k}_i,\omega) = 2\pi\,(1+\eta\, n_i)\,\delta(\omega-\omega_i) \tag{37}$$

und daraus folgt

$$\overline{G}_1^{\mathrm{AN}}(\mathbf{k}_i,\omega) - \eta\,\overline{G}_1^{\mathrm{N}}(\mathbf{k}_i,\omega) = 2\pi\,\delta(\omega-\omega_i) \tag{38}$$

Diese Ausdrücke sind zwar besonders einfach, verlieren aber ihre Gültigkeit, wenn die Teilchen untereinander wechselwirken. Sie liefern einen nützlichen Vergleichspunkt, um die Konsequenzen der Wechselwirkungen zu verstehen.

Den Einteilchenpropagator $\overline{\mathcal{G}}_1(\mathbf{k},\omega)$ [definiert in Gl. (29)] erhalten wir mit derselben Methode: Das d^3r'-Integral bleibt unverändert, aber das zeitliche Integral führt nun auf

$$\int \mathrm{d}t'\mathrm{e}^{\mathrm{i}(\omega-\omega_i)t'}\left\{\theta(t')\,(1+\eta\, n_i) + \eta\,\theta(-t')\, n_i\right\} \tag{39}$$

was nicht konvergiert. In dem Term mit $\theta(t')$ sichert man nach einem bewährten Verfahren die Konvergenz, indem man die Ersetzung $\omega \mapsto \omega + \mathrm{i}\varepsilon$ mit $\varepsilon > 0$ vornimmt und $\varepsilon \to 0$ betrachtet. Der Term mit $\theta(-t')$ wird analog mit $\omega \mapsto \omega - \mathrm{i}\varepsilon$ behandelt. Als Ergebnis erhält man

$$\begin{aligned}\overline{\mathcal{G}}_1(\mathbf{k}_i,\omega) &= -\frac{1+\eta\, n_i}{\mathrm{i}(\omega-\omega_i+\mathrm{i}\varepsilon)} + \frac{\eta\, n_i}{\mathrm{i}(\omega-\omega_i-\mathrm{i}\varepsilon)}\\ &= \frac{\mathrm{i}}{\omega-\omega_i+\mathrm{i}\varepsilon} + \eta\, n_i\frac{2\varepsilon}{(\omega-\omega_i)^2+\varepsilon^2}\end{aligned} \tag{40}$$

In der ersten Zeile tragen im Grenzfall $\varepsilon \to 0$ beide Brüche jeweils einen Hauptwert und eine δ-Funktion bei [s. Band II, Anhang II, Formel (12)]. In der zweiten Zeile erzeugt der erste Bruch den Hauptwert $\mathcal{P}[1/(\omega - \omega_i)]$ und eine δ-Funktion $\delta(\omega - \omega_i)$, während der zweite nur eine δ-Funktion $\delta(\omega - \omega_i)$ mit dem Faktor $\eta\, n_i$ erzeugt. Ist das System stark verdünnt, dann befindet es sich im klassischen (nicht entarteten) Regime und alle Besetzungszahlen sind klein gegen eins; die Austauscheffekte sind schwach. Den zweiten Term, der die Ununterscheidbarkeit der Teilchen berücksichtigt, kann man dann vernachlässigen.

2-c Allgemeine Formeln mit Wechselwirkungen

Ein unter räumlichen Translationen invariantes System wird von einem Hamilton-Operator H beschrieben, der mit dem Gesamtimpuls kommutiert. Man kann dann eine Basis von Zustandsvektoren konstruieren, in denen neben der Teilchenzahl N und dem Gesamtimpuls $\hbar\mathbf{K}$ auch die Energie E als Eigenwert von H einen scharfen Werte hat. Wir werden diese Energien mit $E_{N,\mathbf{K}}$ bezeichnen, weil es nützlich ist, explizit zu sehen, zu welchem Unterraum (mit den „Quantenzahlen“ N und $\mathbf{K}$) dieser Energieeigenwert gehört. Die entsprechenden Eigenzustände wollen wir mit $|\Phi^N_{E,\mathbf{K},\alpha}\rangle$ bezeichnen, wobei der Index α mögliche Entartungen berücksichtigt.

Sei der Zustand des Systems also stationär und invariant unter Verschiebungen, so dass sein Dichteoperator ρ keine nichtdiagonalen Matrixelemente zwischen Eigenzuständen mit unterschiedlichen Energien und Impulsen haben kann. In jedem Unterraum mit festen Werten dieser beiden Größen kann man eine Basis $|\Phi^N_{E,\mathbf{K},\alpha}\rangle$ so wählen, dass ρ bezüglich dieser diagonal ist. Wir definieren

$$\rho^N_{E,\mathbf{K},\alpha} = \langle \Phi^N_{E,\mathbf{K},\alpha}|\rho|\Phi^N_{E,\mathbf{K},\alpha}\rangle \tag{41}$$

und nutzen diese Basis, um die Spur für die Korrelationsfunktion G_1^{N} in Gl. (2) zu berechnen.

Wir drücken nach Gl. (12) den Feldoperator und sein komplex Konjugiertes durch die Operatoren a_i aus.* Die Zeitentwicklungsoperatoren aus dem Heisenberg-Operator [s. Gl. (1)] führen auf e-Funktionen der Zeitvariablen, so dass wir finden:

$$G_1^{\mathrm{N}}(\mathbf{0}, 0; \mathbf{r}', t') = \frac{1}{\mathcal{V}} \sum_{i,j} \mathrm{e}^{\mathrm{i}\mathbf{k}_j\cdot\mathbf{r}'} \sum_{N,\mathbf{K},E,\alpha} \; \sum_{N',\mathbf{K}',E',\alpha'} \rho^N_{E,\mathbf{K},\alpha}$$
$$\times \langle \Phi^N_{E,\mathbf{K},\alpha}|a_i^\dagger|\Phi^{N'}_{E',\mathbf{K}',\alpha'}\rangle \langle \Phi^{N'}_{E',\mathbf{K}',\alpha'}|a_j|\Phi^N_{E,\mathbf{K},\alpha}\rangle \, \mathrm{e}^{\mathrm{i}(E'_{N',\mathbf{K}'} - E_{N,\mathbf{K}})t'/\hbar} \tag{42}$$

In diesem Ausdruck sind einige Vereinfachungen möglich. Der Operator a_j vernichtet ein Teilchen, so dass sein Matrixelement nur für $N' = N - 1$ nicht verschwindet; damit

* Anm. d. Ü.: Dieser Operator vernichtet zwar ein Teilchen mit dem Impuls $\hbar\mathbf{k}_i$, es entsteht aber wegen der Wechselwirkungen im System auf diese Weise kein Energieeigenzustand. Weil die Wechselwirkungen allerdings den Impuls und die Teilchenzahl des Gesamtsystems erhalten, kann man noch gewisse allgemeine Aussagen treffen.

erledigt sich die Summe über N'. Derselbe Operator verringert auch den Gesamtimpuls um $\hbar\mathbf{k}_j$, so dass wir $\mathbf{K}' = \mathbf{K} - \mathbf{k}_j$ erhalten und die Summe über $\mathbf{K}'$ entfällt. Betrachten wir nun das Matrixelement von $a_i^\dagger$. Dieser Operator vergrößert den Impuls $\hbar\mathbf{K}' = \hbar\mathbf{K} - \hbar\mathbf{k}_j$ um $\hbar\mathbf{k}_i$, und wir erhalten den Ausgangsimpuls $\hbar\mathbf{K}$, falls $\mathbf{k}_i = \mathbf{k}_j$ gilt. Die beiden Matrixelemente sind also zueinander komplex konjugiert. Nach diesen Vereinfachungen setzen wir das Ergebnis in die Definition (28) von $\overline{G}_1^{\mathrm{N}}(\mathbf{k}, \omega)$ ein und erhalten

$$\begin{aligned}\overline{G}_1^{\mathrm{N}}(\mathbf{k}, \omega) = \frac{1}{\mathcal{V}} \int \mathrm{d}^3 r' \int \mathrm{d}t'\, \mathrm{e}^{\mathrm{i}(\omega t' - \mathbf{k}\cdot\mathbf{r}')} \sum_j \mathrm{e}^{\mathrm{i}\mathbf{k}_j\cdot\mathbf{r}'} \sum_{N,\mathbf{K}} \sum_{E,E',\alpha,\alpha'} \rho^N_{E,\mathbf{K},\alpha} \\ \times \left| \langle \Phi^N_{E,\mathbf{K},\alpha} | a_j^\dagger | \Phi^{N-1}_{E',\mathbf{K}-\mathbf{k}_j,\alpha'} \rangle \right|^2 \mathrm{e}^{\mathrm{i}(E'_{N-1,\mathbf{K}-\mathbf{k}_j} - E_{N,\mathbf{K}})t'/\hbar}\end{aligned} \tag{43}$$

In der ersten Zeile führen wir das $\mathrm{d}^3 r'$-Integral aus, es fixiert $\mathbf{k}_j = \mathbf{k}$. Das Zeitintegral erzeugt eine δ-Funktion in der Variablen $\hbar\omega + E'_{N-1,\mathbf{K}-\mathbf{k}} - E_{N,\mathbf{K}}$ mit einem Vorfaktor $2\pi\hbar$. Wir erhalten schließlich

$$\begin{aligned}&\overline{G}_1^{\mathrm{N}}(\mathbf{k}, \omega) \\ &= 2\pi\hbar \sum_{N,\mathbf{K}} \sum_{E,E',\alpha,\alpha'} \rho^N_{E,\mathbf{K},\alpha} \left| \langle \Phi^N_{E,\mathbf{K},\alpha} | a_{\mathbf{k}}^\dagger | \Phi^{N-1}_{E',\mathbf{K}-\mathbf{k},\alpha'} \rangle \right|^2 \delta\left(\hbar\omega - E_{N,\mathbf{K}} + E'_{N-1,\mathbf{K}-\mathbf{k}}\right)\end{aligned} \tag{44}$$

Eine Rechnung von derselben Art liefert außerdem

$$\begin{aligned}&\overline{G}_1^{\mathrm{AN}}(\mathbf{k}, \omega) \\ &= 2\pi\hbar \sum_{N,\mathbf{K}} \sum_{E,E',\alpha,\alpha'} \rho^N_{E,\mathbf{K},\alpha} \left| \langle \Phi^N_{E,\mathbf{K},\alpha} | a_{\mathbf{k}} | \Phi^{N+1}_{E',\mathbf{K}+\mathbf{k},\alpha'} \rangle \right|^2 \delta\left(\hbar\omega - E'_{N+1,\mathbf{K}+\mathbf{k}} + E_{N,\mathbf{K}}\right)\end{aligned} \tag{45}$$

Nehmen wir nun weiter an, dass sich das System im thermischen Gleichgewicht befindet und durch den großkanonischen Dichteoperator

$$\rho = \frac{1}{Z} \mathrm{e}^{-\beta(\widehat{H} - \mu\widehat{N})} \tag{46}$$

beschrieben wird. Wir verwenden die bekannte Notation: Der Operator $\widehat{N}$ beschreibt die Gesamtzahl der Teilchen, $\beta = 1/k_{\mathrm{B}}T$ ist bis auf die Boltzmann-Konstante k_{B} die inverse Temperatur und $Z = \mathrm{Tr}\{\mathrm{e}^{-\beta(\widehat{H} - \mu\widehat{N})}\}$ die großkanonische Zustandssumme. Die beiden Funktionen $\overline{G}_1^{\mathrm{N}}$ und $\overline{G}_1^{\mathrm{AN}}$ erfüllen dann folgende einfache Beziehung, die oft *Randbedingung* genannt wird:*

$$\boxed{\overline{G}_1^{\mathrm{AN}}(\mathbf{k}, \omega) = \mathrm{e}^{\beta(\hbar\omega - \mu)} \overline{G}_1^{\mathrm{N}}(\mathbf{k}, \omega)} \tag{47}$$

Diese Beziehung ist für eine Reihe von Rechnungen mit Greenschen Funktionen entscheidend; wir werden sie in § 3 verwenden.

* Anm. d. Ü.: Gleichung (47) ist ein Spezialfall der KMS-Relation, benannt nach Ryogo Kubo, Paul C. Martin und Julian Schwinger. Mit dieser Relation kann man in der mathematischen Physik den Begriff des thermischen Gleichgewichts allgemeiner fassen. Er kann dann auch Situationen beschreiben, in denen etwa die Zustandssumme nicht mehr konvergiert.

Beweis von Gl. (47):
Wir schreiben den Ausdruck (45) für $\overline{G}_1^{\text{AN}}$ auf und benutzen, dass $a_{\mathbf{k}}$ und $a_{\mathbf{k}}^\dagger$ zueinander hermitesch konjugiert sind:

$$\overline{G}_1^{\text{AN}}(\mathbf{k},\omega) = 2\pi\hbar \sum_{N,\mathbf{K}} \sum_{E,E',\alpha,\alpha'} \rho_{\mathbf{K},E,\alpha}^N \times \left|\langle \Phi_{E',\mathbf{K}+\mathbf{k},\alpha'}^{N+1} | a_{\mathbf{k}}^\dagger | \Phi_{E,\mathbf{K},\alpha}^N \rangle\right|^2 \delta\left(\hbar\omega - E'_{N+1,\mathbf{K}+\mathbf{k}} + E_{N,\mathbf{K}}\right) \tag{48}$$

Wir tauschen die Indizes $(E',\alpha') \leftrightarrow (E,\alpha)$, und verschieben die Summationsindizes N und $\mathbf{K}$ auf $N' = N+1$ und $\mathbf{K}' = \mathbf{K}+\mathbf{k}$. So erhalten wir

$$\overline{G}_1^{\text{AN}}(\mathbf{k},\omega) = 2\pi\hbar \sum_{N',\mathbf{K}'} \sum_{E,E',\alpha,\alpha'} \rho_{\mathbf{K}'-\mathbf{k},E',\alpha'}^{N'-1} \times \left|\langle \Phi_{E,\mathbf{K}',\alpha}^{N'} | a_{\mathbf{k}}^\dagger | \Phi_{E',\mathbf{K}'-\mathbf{k},\alpha'}^{N'-1} \rangle\right|^2 \delta\left(\hbar\omega - E_{N',\mathbf{K}'} + E'_{N'-1,\mathbf{K}'-\mathbf{k}}\right) \tag{49}$$

In dieser Summe beginnt wie in Gl. (44) für $\overline{G}_1^{\text{N}}(\mathbf{k},\omega)$ der Index N' mit dem kleinsten Wert $N' = 1$; wir erhalten also denselben Ausdruck wie dort (in allen stummen Indizes machen die Striche natürlich keinen Unterschied), bis auf die Ersetzung von $\rho_{\mathbf{K},E,\alpha}^N$ durch $\rho_{\mathbf{K}-\mathbf{k},E',\alpha'}^{N-1}$. Aus Gl. (41) und Gl. (46) für den großkanonischen Dichteoperator erhalten wir allerdings

$$\rho_{\mathbf{K},E,\alpha}^N = \frac{1}{Z} e^{-\beta(E_{N,\mathbf{K}}-\mu N)} \tag{50}$$

so dass das Verhältnis der beiden Matrixelemente unter der Summe folgenden Faktor liefert:

$$\frac{\rho_{\mathbf{K}-\mathbf{k},E',\alpha'}^{N-1}}{\rho_{\mathbf{K},E,\alpha}^N} = e^{-\beta[E'_{N-1,\mathbf{K}-\mathbf{k}} - \mu(N-1) - E_{N,\mathbf{K}} + \mu N]} = e^{\beta(E_{N,\mathbf{K}} - E'_{N-1,\mathbf{K}-\mathbf{k}} - \mu)} \tag{51}$$

Wegen der δ-Funktion in Gl. (49) können wir diese Energiedifferenz durch $\hbar\omega$ ersetzen:

$$e^{\beta(E_{N,\mathbf{K}} - E'_{N-1,\mathbf{K}-\mathbf{k}} - \mu)} \longrightarrow e^{\beta(\hbar\omega-\mu)} \tag{52}$$

Diesen Faktor ziehen wir aus der Summe heraus, so dass Gl. (47) bewiesen ist.

2-d Physikalische Interpretation

Die Formeln (44) und (45) erlauben uns einen Einblick in das Verhalten der Funktionen $\overline{G}_1^{\text{N}}$ und $\overline{G}_1^{\text{AN}}$. Für ein ideales Gas haben wir in Gl. (36) und Gl. (37) gesehen, dass dies singuläre Funktionen sind: Die δ-Funktionen legen die Energie $\hbar\omega$ genau auf die kinetische Energie $\hbar^2k^2/2m$ eines Teilchens mit dem Impuls $\hbar\mathbf{k}$ fest. Dafür gibt es einen einfachen Grund. In einem idealen Gas sind die stationären Zustände $|\Phi_{E,\mathbf{K},\alpha}^N\rangle$ gerade die Fock-Zustände, in denen jeder Einteilchenzustand mit einem festen Impuls $\hbar\mathbf{k}$ eine wohldefinierte Besetzung hat. In diesem Fall kann der Operator $a_{\mathbf{k}}$ in der Funktion $\overline{G}_1^{\text{AN}}$ [s. Gl. (45)] nur ausgehend von genau einenem Zustand $|\Phi_{E',\mathbf{K}+\mathbf{k},\alpha'}^{N+1}\rangle$ den Ausgangszustand $|\Phi_{E,\mathbf{K},\alpha}^N\rangle$ liefern: nämlich ausgehend von dem Fock-Zustand, in dem die Besetzungszahl $n_{\mathbf{k}}$ um eins größer ist. Die Energiedifferenz

$E'_{N+1,\mathbf{K}+\mathbf{k}} - E_{N,\mathbf{K}}$ hat deswegen immer denselben Wert: die Energie $\hbar^2 k^2/2m$ eines einzelnen Teilchens mit dem Impuls $\hbar\mathbf{k}$. Auf diese Weise finden wir die Ergebnisse aus § 2-b wieder.

Betrachten wir nun den Fall, dass in dem System Wechselwirkungen zwischen den Teilchen vorliegen. Das Matrixelement $\langle \Phi^N_{E,\mathbf{K},\alpha} | a_\mathbf{k} | \Phi^{N+1}_{E',\mathbf{K}+\mathbf{k},\alpha'} \rangle$ ist dann das Skalarprodukt zwischen einem stationären Zustand des Systems mit N Teilchen und einem anderen Zustand, in dem ein Teilchen mit dem Impuls $\hbar\mathbf{k}$ aus einem stationären Zustand eines $(N+1)$-Teilchen-Systems herausgenommen wurde. Wegen der Wechselwirkung zwischen den Teilchen gibt es keinen Grund, dass dabei ein stationärer Zustand entsteht. Man darf damit rechnen, dass dieser Zustand einen Überlapp mit einer ganzen Reihe von Kets $|\Phi^N_{E,\mathbf{K},\alpha}\rangle$ bei verschiedenen Energien hat; es wird davon umso mehr geben, je größer das System ist. Die Summe über E beschränkt sich dann also nicht nur auf einen Wert; im Grenzfall eines großen Systems wird daraus ein Integral, das die δ-Funktion in der Energie in Gl. (44) kompensiert. Die Funktion $\overline{G}_1^{\mathrm{AN}}(\mathbf{k}, \omega)$ ist also für ein gegebenes $\mathbf{k}$ in einem ganzen Band von Frequenzen ω ungleich null. Ihr Verhalten in diesem Frequenzbereich kann im Prinzip beliebig sein. Sind die Wechselwirkungen allerdings nicht sehr stark, dann darf man in Analogie zum idealen Gas erwarten, dass das Skalarprodukt vor allem in einem Energiebereich $E' \approx E_{N,\mathbf{K}} + \hbar^2 k^2/2m$ signifikant ist. Die Wechselwirkungen führen also dazu, dass für jedes $\mathbf{k}$ die unendlich schmale Linie, die wir in Gl. (36) für ein ideales Gas erhielten, verbreitert wird und dies umso mehr, je stärker die Wechselwirkungen sind. Man interpretiert diese Breite als einen Hinweis auf die endliche Lebensdauer der Anregung, die durch das Herausnehmen eines Teilchens entsteht. Weil die Matrixelemente $\langle \Phi^N_{E,\mathbf{K},\alpha} | a_\mathbf{k} | \Phi^{N+1}_{E',\mathbf{K}+\mathbf{k},\alpha'} \rangle$ und $\langle \Phi^{N+1}_{E',\mathbf{K}+\mathbf{k},\alpha'} | a^\dagger_\mathbf{k} | \Phi^N_{E,\mathbf{K},\alpha} \rangle$ denselben Betrag haben, kann man diese Lebensdauer auch derjenigen Anregung zuschreiben, die durch das Hinzufügen eines Teilchens mit dem Impuls $\hbar\mathbf{k}$ zu einem stationären Zustand des N-Teilchen-Systems entsteht.

3 Spektralfunktion

Gleichung (7) legt folgende Definition einer reellen Funktion $A(\mathbf{k}, \omega)$ nahe:

$$\boxed{\begin{aligned} A(\mathbf{k}, \omega) &= \overline{G}_1^{\mathrm{AN}}(\mathbf{k}, \omega) - \eta\, \overline{G}_1^{\mathrm{N}}(\mathbf{k}, \omega) && \text{(53a)} \\ &= \int \mathrm{d}t'\, \mathrm{e}^{\mathrm{i}\omega t'} \langle [a_\mathbf{k}(t'), a^\dagger_\mathbf{k}]_{-\eta} \rangle && \text{(53b)} \end{aligned}}$$

In der zweiten Zeile haben wir die Gleichungen (34) und (35) verwendet. [Den (Anti-) Kommutator $[A, B]_{-\eta} = AB - \eta BA$ hatten wir in Kapitel XV, Gl. (A-46) eingeführt.] Man nennt die Größe $A(\mathbf{k}, \omega)$ die *Spektralfunktion*. Sie ist reell, weil dies auch für die Funktionen $\overline{G}_1^{\mathrm{N}}$ und $\overline{G}_1^{\mathrm{AN}}$ der Fall ist.

In einem idealen Gas folgt mit Gleichung (38) der einfache Ausdruck

$$A(\mathbf{k}, \omega) = 2\pi\, \delta(\omega - \omega_{\mathbf{k}}) \tag{54}$$

was aber nicht mehr zutrifft, wenn die Teilchen wechselwirken. Wir werden sehen, dass man Korrelationsfunktionen mit Hilfe der Spektralfunktion durch allgemein gültige Formeln berechnen kann, die eine sehr ähnliche Struktur wie für ein ideales Gas haben, aber auch wechselwirkende Systeme beschreiben.

3-a Darstellung der Einteilchenkorrelationen

Wenn wir die Beziehung (47) zwischen normal und antinormal geordneten Korrelationen in die Definition (53) von $A(\mathbf{k}, \omega)$ einsetzen, erhalten wir (im thermischen Gleichgewicht)

$$A(\mathbf{k}, \omega) = \overline{G}_1^{\mathrm{N}}(\mathbf{k}, \omega) \left[\mathrm{e}^{\beta(\hbar\omega - \mu)} - \eta \right] \tag{55}$$

also

$$\overline{G}_1^{\mathrm{N}}(\mathbf{k}, \omega) = A(\mathbf{k}, \omega) f_\beta^\eta(\hbar\omega - \mu) \tag{56}$$

wobei $f_\beta^\eta(\hbar\omega - \mu)$ die übliche Verteilungsfunktion ist, d. h. die Bose-Einstein-Verteilung für Bosonen ($\eta = +1$) und die Fermi-Dirac-Verteilung für Fermionen ($\eta = +1$):

$$f_\beta^\eta(\hbar\omega - \mu) = \frac{1}{\mathrm{e}^{\beta(\hbar\omega - \mu)} - \eta} \tag{57}$$

Wir verwenden Gl. (47) erneut und erhalten

$$\overline{G}_1^{\mathrm{AN}}(\mathbf{k}, \omega) = \mathrm{e}^{\beta(\hbar\omega - \mu)} A(\mathbf{k}, \omega) f_\beta^\eta(\hbar\omega - \mu) = A(\mathbf{k}, \omega) \left[1 + \eta f_\beta^\eta(\hbar\omega - \mu) \right] \tag{58}$$

Die Kenntnis der Spektralfunktion $A(\mathbf{k}, \omega)$ erlaubt uns also, die Einteilchen-Korrelationsfunktionen durch Formeln auszudrücken, die analog zu einem idealen Gas sind und dieselbe Verteilungsfunktion f_β^η verwenden. Allerdings sind für ein wechselwirkendes System die Variablen Energie $\hbar\omega$ und Impuls $\hbar\mathbf{k}$ unabhängig, während sie in einem idealen Gas durch die Dispersionsrelation $\omega = \omega_{\mathbf{k}}$ zusammenhängen [s. Gl. (54)].

3-b Summenregel

Setzen wir die Beziehungen (2) und (28) in Gleichung (53a) ein und erinnern uns, dass für $t = 0$ Schrödinger-Operator $\Psi^\dagger$ und Heisenberg-Operator $\Psi^\dagger(t)$ zusammenfallen, dann ergibt sich

$$A(\mathbf{k}, \omega) = \int \mathrm{d}^3 r' \int \mathrm{d}t'\, \mathrm{e}^{\mathrm{i}(\omega t' - \mathbf{k}\cdot\mathbf{r}')}\, \mathrm{Tr}\left\{ \rho \left[\Psi(\mathbf{r}', t'), \Psi^\dagger(\mathbf{r} = \mathbf{0}) \right]_{-\eta} \right\} \tag{59}$$

Die Integration über ω erzeugt eine δ-Funktion in t', so dass

$$\int d\omega\, A(\mathbf{k}, \omega) = 2\pi \int d^3r'\, e^{-i\mathbf{k}\cdot\mathbf{r}'}\, \mathrm{Tr}\left\{\rho\, \left[\Psi(\mathbf{r}'), \Psi^\dagger(\mathbf{r} = \mathbf{0})\right]_{-\eta}\right\} \tag{60}$$

also unter Verwendung des Feldkommutators

$$\int \frac{d\omega}{2\pi} A(\mathbf{k}, \omega) = \int d^3r'\, e^{-i\mathbf{k}\cdot\mathbf{r}'}\, \delta(\mathbf{r}') = 1 \tag{61}$$

Diese Formel bezeichnet man als eine Summenregel für $A(\mathbf{k}, \omega)$. In einem wechselwirkenden System ist im Allgemeinen nicht bekannt, wie die Spektralfunktion von $\mathbf{k}$ und ω abhängt. Allerdings gilt für jedes $\mathbf{k}$, dass die Wechselwirkungen nur die Verteilung der Frequenzen ändern können – das Integral der Spektralfunktion über ω bleibt konstant.

Wir haben gesehen, dass die Wechselwirkungen zwischen den Gasteilchen die Spektralfunktion über ein bestimmtes Frequenzintervall „verbreitern"; dabei ist allerdings die Summenregel (61) zu beachten. Es gibt keinen Grund, weshalb die Spektralfunktion eine bestimmte Form haben sollte oder immer noch δ-Funktionen in der Frequenz auftreten sollten. Es kommt allerdings häufig vor, dass sie ausgeprägte Maxima (*Peaks*) zeigt, aus deren kleiner Breite man ablesen kann, dass es Anregungen im System gibt, die sich fast wie freie Teilchen verhalten (ihre Lebensdauer ist relativ groß). Diese Anregungen nennt man Quasiteilchen, weil sie in gewisser Weise den Begriff von unabhängigen Teilchen in einem idealen Gas auf wechselwirkende Systeme verallgemeinern. Ein Quasiteilchen mit dem Impuls $\hbar\mathbf{k}$ zeigt im Allgemeinen einen *Peak*, der nicht mehr an der Energie $\hbar\omega_k = \hbar^2 k^2/2m$ eines freien Teilchens zentriert ist. Die Wechselwirkungen verbreitern die Spektralfunktion nicht nur, sondern verschieben auch die Energien der Quasiteilchen. Dieses Verhalten (verbreitern und verschieben) erinnert an die Ergebnisse aus Ergänzung D_{XIII}, wo wir die Kopplung eines Zustands an ein Kontinuum untersucht haben. Wir können diese Analogie anschaulich so erklären, dass die Wechselwirkungen den Zustand eines zusätzlichen Teilchens mit dem Impuls $\hbar\mathbf{k}$ an ein Kontinuum von Zuständen mit verschiedenen Impulsen koppeln. Unsere Ergebnisse betreffen hier freilich nicht ein Teilchen, sondern ein ganzes System von ununterscheidbaren Teilchen, das sich zudem im thermischen Gleichgewicht befindet. Dies ist physikalisch eine andere Situation.

Fassen wir zusammen: Der Übergang von einem idealen Gas (in dem notwendigerweise $\omega = \omega_\mathbf{k}$ gilt) zu einem mit Wechselwirkungen geschieht so, dass für jedes $\mathbf{k}$ in den Greenschen Funktionen Frequenzen mit einem durch die Spektralfunktion $A(\mathbf{k}, \omega)$ gegebenen Gewicht beitragen. Diese beschreibt die Verteilung über ein gewisses Frequenzband. Wir werden sehen, dass man allein aus der Kenntnis der Spektralfunktion schon eine Reihe von physikalischen Eigenschaften eines wechselwirkenden Systems berechnen kann. Dies heißt natürlich nicht, dass sie einfach zu finden wäre! Im Gegenteil ist die Spektralfunktion für die meisten wechselwirkenden Systeme nicht exakt bekannt. Allerdings steht uns allein aufgrund der Tatsache, dass es sie gibt, ein sehr nützliches Werkzeug für die physikalische Beschreibung zur Verfügung.

3-c Ausdrücke für physikalische relevante Größen

Die Spektralfunktion enthält Informationen über eine Reihe von physikalischen Eigenschaften eines wechselwirkenden Systems, und zwar in einer viel kompakteren Weise als der Dichteoperator des N-Teilchen-Systems selbst, der zwar die gesamte Information in sich trägt, aber mathematisch ein viel komplizierteres Objekt als eine einfache Funktion ist.

Betrachten wir zunächst die Teilchendichte, die durch

$$n(\mathbf{r}) = \langle \Psi^\dagger(\mathbf{r})\Psi(\mathbf{r})\rangle = G_1^{\mathrm{N}}(\mathbf{r}, 0; \mathbf{r}, 0) \tag{62}$$

gegeben ist, gemäß Definition (2) für die normal geordnete Korrelationsfunktion G_1^{N}. In einem translationsinvarianten System ist diese Dichte unabhängig von $\mathbf{r}$, und wir können $\mathbf{r} = \mathbf{0}$ setzen. Die Dichte ist also der Wert im Ursprung der normal geordneten Korrelation (31). Mit Hilfe von Gl. (56) finden wir

$$n = \int \frac{\mathrm{d}^3k}{(2\pi)^3} \int \frac{\mathrm{d}\omega}{2\pi} \overline{G}_1^{\mathrm{N}}(\mathbf{k}, \omega) = \int \frac{\mathrm{d}^3k}{(2\pi)^3} \int \frac{\mathrm{d}\omega}{2\pi} A(\mathbf{k}, \omega) f_\beta^\eta(\hbar\omega - \mu) \tag{63}$$

Untersuchen wir nun eine Größe, die das System etwas genauer beschreibt, nämlich die Impulsverteilung der Teilchen. Dazu berechnen wir die mittlere Zahl $\langle \hat{n}_{\mathbf{k}} \rangle$ von Teilchen mit dem Impuls $\hbar\mathbf{k}$. Wir nehmen an, das System befinde sich in einem Volumen $\mathcal{V}$. Die Beziehungen (A-9) und (A-10) aus Kapitel XVI, angewendet auf ebene Wellen als Basisfunktionen [wie in Gl. (12)], führen dann auf

$$\langle \hat{n}_{\mathbf{k}} \rangle = \langle a_{\mathbf{k}}^\dagger a_{\mathbf{k}} \rangle = \frac{1}{\mathcal{V}} \int \mathrm{d}^3r' \int \mathrm{d}^3r \, \mathrm{e}^{\mathrm{i}\mathbf{k}\cdot(\mathbf{r}'-\mathbf{r})} \langle \Psi^\dagger(\mathbf{r}')\Psi(\mathbf{r})\rangle \tag{64}$$

Wir substituieren das d^3r-Integral auf die Differenzvariable $\mathbf{s} = \mathbf{r} - \mathbf{r}'$, so dass der Mittelwert $\langle \Psi^\dagger(\mathbf{r}')\Psi(\mathbf{r}' + \mathbf{s})\rangle$ erscheint. Dieser ist in dem translationsinvarianten System unabhängig von $\mathbf{r}'$, so dass das d^3r'-Integral einfach das Volumen $\mathcal{V}$ ergibt. Übrig bleibt*

$$\langle \hat{n}_{\mathbf{k}} \rangle = \int \mathrm{d}^3s \, \mathrm{e}^{-\mathrm{i}\mathbf{k}\cdot\mathbf{s}} \langle \Psi^\dagger(\mathbf{0})\Psi(\mathbf{s})\rangle \tag{65}$$

Wenn wir die Definition (28) von $\overline{G}_1^{\mathrm{N}}(\mathbf{k}, \omega)$ über ω integrieren, dann erhalten wir wegen Gl. (2)

$$\begin{aligned}\int \mathrm{d}\omega \, \overline{G}_1^{\mathrm{N}}(\mathbf{k}, \omega) &= 2\pi \int \mathrm{d}^3r' \, \mathrm{e}^{-\mathrm{i}\mathbf{k}\cdot\mathbf{r}'} G_1^{\mathrm{N}}(\mathbf{0}, 0; \mathbf{r}', 0) \\ &= 2\pi \int \mathrm{d}^3r' \, \mathrm{e}^{-\mathrm{i}\mathbf{k}\cdot\mathbf{r}'} \langle \Psi^\dagger(\mathbf{0})\Psi(\mathbf{r}')\rangle \end{aligned} \tag{66}$$

* Anm. d. Ü.: Wir finden hier die Wiener-Chintschin-Formel wieder [s. Band II, Kapitel XIII, Gl. (D-8)]: die (Impuls-)Verteilung ist die Fourier-Transformierte der (räumlichen) Autokorrelationsfunktion.

worin wir bis auf einen Faktor 2π den Ausdruck (65) wiedererkennen. Daraus folgt[7]

$$\langle \hat{n}_{\mathbf{k}} \rangle = \frac{1}{2\pi} \int \mathrm{d}\omega\, \overline{G}_1^{\mathrm{N}}(\mathbf{k}, \omega) = \int \frac{\mathrm{d}\omega}{2\pi} A(\mathbf{k}, \omega) f_\beta^\eta(\hbar\omega - \mu) \tag{67}$$

In gleicher Weise kann man folgende Beziehung für die mittlere Energiedichte des Systems herleiten:[8]

$$\frac{\langle \widehat{H} \rangle}{\mathcal{V}} = \int \frac{\mathrm{d}^3 k}{(2\pi)^3} \int \frac{\mathrm{d}\omega}{2\pi} \left[\hbar \frac{\omega + \omega_{\mathbf{k}}}{2} \right] A(\mathbf{k}, \omega) f_\beta^\eta(\hbar\omega - \mu) \tag{68}$$

wobei $\omega_{\mathbf{k}}$ die Dispersionsrelation für ein freies Teilchen aus Gl. (14) ist. Ist diese Energiedichte als Funktion von β bekannt, dann liefert ihr Integral bezüglich β den Logarithmus der Zustandssumme [s. Anhang VI, Gl. (58)] und damit auch alle anderen thermodynamischen Größen (Teilchendichte, Druck usw.). Es ist bemerkenswert, dass alle diese Größen, in die auch Wechselwirkungen und Korrelationen zwischen den Teilchen eingehen, allein aus der Spektralfunktion gewonnen werden; schließlich ist $A(\mathbf{k}, \omega)$ nur über die Einteilchen-Green-Funktion definiert worden, enthält also scheinbar nur Information über den Einteilchen-Dichteoperator. Dieses Verfahren führt somit die Größen eines N-Teilchen-Systems auf Funktionen zurück, die formal nur für ein Teilchen definiert worden sind. Es verallgemeinert in gewisser Weise die Gleichungen für das ideale Gas und berücksichtigt dabei exakt die Quantenstatistik ununterscheidbarer Teilchen im thermischen Gleichgewicht; wir haben es also mit einem sehr leistungsfähigen Werkzeug zu tun.

Dies heißt natürlich nicht, dass wir damit alle Eigenschaften eines wechselwirkenden Systems im Gleichgewicht abschließend berechnet haben. In der Praxis stellt uns die genaue Auswertung der Spektralfunktion vor ein anspruchsvolles mathematisches Problem. Um es zu lösen, sind viele Näherungsmethoden entwickelt worden, in denen insbesondere der Begriff der *Selbstenergie* und eine Darstellung der Störungstheorie mit Hilfe von Feynman-Diagrammen eine Rolle spielen. Dies geht allerdings über den Rahmen dieser Ergänzung hinaus.

---

7 In einem idealen Bose-Gas ist das chemische Potential immer kleiner als die Energie des Einteilchen-Grundzustands, so dass die Divergenz der Verteilungsfunktion f_β^η niemals berührt wird. In Gleichung (67) scheint sie aber unvermeidlich, weil das Frequenzintegral von $\omega = -\infty$ bis $+\infty$ läuft. Die Beziehung (55) zeigt uns allerdings, dass die Spektralfunktion $A(\mathbf{k}, \omega)$ für Bosonen an der Stelle $\hbar\omega = \mu$ verschwindet, solange die Funktion $\overline{G}_1^{\mathrm{N}}(\mathbf{k}, \omega)$ an diesem Punkt nicht divergiert. Die Integranden in den Gleichungen (63), (67) und (68) verhalten sich an dieser Frequenz also regulär.

8 Für den Beweis kann man zunächst die Bewegungsgleichungen von $\Psi(\mathbf{r}, t)$ und $\Psi^\dagger(\mathbf{r}, t')$ [s. Kapitel XVI, Gl. (C-13)] bemühen, um einen Ausdruck für $i\hbar(\partial/\partial t - \partial/\partial t')\Psi^\dagger(\mathbf{r}, t')\Psi(\mathbf{r}, t)$ zu gewinnen. Davon nimmt man den Mittelwert und geht zur Fourier-Darstellung über, um den Mittelwert der Energie zu finden. Siehe etwa § 2.2 in Kadanoff und Baym (1976).

Ergänzung C_{XVI}
Wick-Theorem

In der vorangegangenen Ergänzung B_{XV} haben wir für ein ideales Gas im thermischen Gleichgewicht Mittelwerte für Ein- und Zweiteilchenoperatoren berechnet und konnten sie alle durch die quantenstatistischen Verteilungen f_β für ein Teilchen (Fermi-Dirac oder Bose-Einstein) ausdrücken. Wir leiten in dieser Ergänzung ein Theorem her, mit dem man diese Ergebnisse auf Operatoren verallgemeinern kann, die aus beliebig vielen Faktoren bestehen. In § 1 widmen wir uns dem Beweis dieses Wick-Theorems, in § 2 besprechen wir seine Anwendung auf Korrelationsfunktionen eines idealen Gases.

1 Herleitung

Wir betrachten ein ideales Gas im thermischen Gleichgewicht und beschreiben es im großkanonischen Ensemble (Anhang VI, § 1-c) durch den Dichteoperator

$$\rho_{\text{eq}} = \frac{1}{Z} e^{-\beta(\widehat{H}-\mu\widehat{N})} \tag{1}$$

mit der inversen Temperatur $\beta = 1/k_B T$ (k_B ist die Boltzmann-Konstante), dem chemischen Potential μ, dem Teilchenzahloperator $\widehat{N}$ und dem Hamilton-Operator $\widehat{H}$:

$$\widehat{H} = \sum_{\mathbf{k}} e_k \, a_k^\dagger a_k \tag{2}$$

Die großkanonische Zustandssumme Z ist als die Spur

$$Z = \text{Tr}\left\{e^{-\beta(\widehat{H}-\mu\widehat{N})}\right\} \tag{3}$$

über den Fock-Raum definiert.

https://doi.org/10.1515/9783110649130-013

1-a Aufgabenstellung

Wir interessieren uns für den Mittelwert $\langle A_P \rangle$ eines Operatorprodukts

$$A_P = b_1 b_2 \ldots b_P \tag{4}$$

in dem die Operatoren b_k entweder Vernichter a_k oder Erzeuger $a_k^\dagger$ sind:

$$b_k = \begin{cases} a_k \\ a_k^\dagger \end{cases} \tag{5}$$

Aus den (Anti-)Kommutatoren in Kapitel XV, Gl. (A-48) und (A-49) ergibt sich

$$\begin{aligned} \left[b_i, b_j\right]_{-\eta} &= b_i b_j - \eta b_j b_i \\ &= \begin{cases} 0 & \text{falls beide, } b_i \text{ und } b_j\text{, Erzeuger oder Vernichter sind} \\ \delta_{ij} & \text{falls } b_i \text{ Vernichter und } b_j \text{ Erzeuger ist} \\ -\eta\, \delta_{ij} & \text{falls } b_i \text{ Erzeuger und } b_j \text{ Vernichter ist} \end{cases} \end{aligned} \tag{6}$$

Hier gilt wieder $\eta = +1$ bei Bosonen und $\eta = -1$ bei Fermionen.

Für den Mittelwert von A_P nehmen wir an, dass der Quantenzustand des Gases durch den Dichteoperator ρ_{eq} aus Gl. (1) gegeben ist; wir haben also

$$\langle A_P \rangle = \operatorname{Tr}\left\{\rho_{\text{eq}}\, b_1 b_2 \ldots b_P\right\} \tag{7}$$

Weil ρ_{eq} in der Basis der Fock-Zustände diagonal ist, die von den $a_k^\dagger$ erzeugt werden, wird dieser Mittelwert nur dann nicht verschwinden, wenn der Satz von b-Operatoren für jeden Erzeuger $a_k^\dagger$ auch einen Vernichter a_k in demselben Einteilchenzustand enthält. Die letzteren müssen die ersteren kompensieren und genauso oft auftreten. Daraus folgt insbesondere, dass der Mittelwert $\langle A_P \rangle$ verschwindet, wenn P ungerade ist. Wir dürfen also annehmen, dass $P = 2n$ gerade ist.

1-b Rekursionsbeziehung

Um die Spur

$$\langle A_{2n} \rangle = \operatorname{Tr}\left\{\rho_{\text{eq}}\, b_1 b_2 \ldots b_{2n}\right\} \tag{8}$$

zu berechnen, vertauschen wir die Operatoren b_1 und b_2 unter Verwendung einer der Kommutatorbeziehungen (6). Wir vertauschen b_1 dann mit b_3, mit b_4 und schieben b_1 so Schritt für Schritt weiter nach rechts, bis er schließlich rechts von b_{2n} an der letzten Stelle steht. Indem wir unter der Spur die Faktoren in dem Produkt zyklisch vertauschen, kommt b_1 an die erste Stelle, links von ρ_{eq}. Eine letzte Vertauschung mit ρ_{eq}, die wir weiter unten auswerten, bringt ihn wieder an seinen Ausgangsplatz. Wie wir gleich sehen werden, führt dieses Verfahren den Mittelwert von $\langle A_{2n} \rangle$ auf Produkte von $2(n-1)$ Operatoren zurück, denn jeder (Anti-)Kommutator ist eine Zahl, die man aus dem Mittelwert herausziehen kann.

Im Detail sehen die Rechnungen wie folgt aus:

$$\begin{aligned}
\langle A_{2n} \rangle &= \mathrm{Tr}\left\{\rho_{\mathrm{eq}}\,[b_1, b_2]_{-\eta}\, b_3 b_4 \dots b_{2n}\right\} + \eta\,\mathrm{Tr}\left\{\rho_{\mathrm{eq}}\, b_2 b_1 b_3 b_4 \dots b_{2n}\right\} \\
&= [b_1, b_2]_{-\eta}\,\mathrm{Tr}\left\{\rho_{\mathrm{eq}}\, b_3 b_4 \dots b_{2n}\right\} + \eta\,[b_1, b_3]_{-\eta}\,\mathrm{Tr}\left\{\rho_{\mathrm{eq}}\, b_2 b_4 \dots b_{2n}\right\} \\
&\quad + \mathrm{Tr}\left\{\rho_{\mathrm{eq}}\, b_2 b_3 b_1 b_4 \dots b_{2n}\right\} \\
&= [b_1, b_2]_{-\eta}\,\mathrm{Tr}\left\{\rho_{\mathrm{eq}}\, b_3 b_4 \dots b_{2n}\right\} + \eta\,[b_1, b_3]_{-\eta}\,\mathrm{Tr}\left\{\rho_{\mathrm{eq}}\, b_2 b_4 \dots b_{2n}\right\} \\
&\quad + \dots + \eta^{2n-2}\,[b_1, b_{2n}]_{-\eta}\,\mathrm{Tr}\left\{\rho_{\mathrm{eq}}\, b_2 b_3 b_4 \dots b_{2n-1}\right\} \\
&\quad + \eta^{2n-1}\,\mathrm{Tr}\left\{\rho_{\mathrm{eq}}\, b_2 b_3 b_4 \dots b_{2n} b_1\right\}
\end{aligned} \tag{9}$$

Die meisten Terme auf der rechten Seite sind im Allgemeinen null. Der erste verschwindet nur dann nicht, wenn die Operatoren b_1 und b_2 zueinander konjugiert sind (einer erzeugt und einer vernichtet Teilchen in demselben Zustand). Im zweiten Term müssen b_1 und b_3 zueinander konjugiert sein usw.

Mit einer zyklischen Vertauschung unter der Spur bringen wir den letzten Term in Gl. (9) auf die Form

$$\eta^{2n-1}\,\mathrm{Tr}\left\{b_1 \rho_{\mathrm{eq}}\, b_2 b_3 \dots b_{2n}\right\} \tag{10}$$

Wir stellen nun den Zusammenhang zwischen den Operatoren $b_1 \rho_{\mathrm{eq}}$ und $\rho_{\mathrm{eq}} b_1$ her und zeigen, dass sie zueinander proportional sind. Ist b_1 etwa ein Erzeuger, $b_1 = a_q^\dagger$, dann vertauscht er mit allen Faktoren $k \neq q$, die im Operator ρ_{eq} aus Gl. (1) auftreten. Wir müssen also nur noch folgende zwei Produkte vergleichen (hier geht die Annahme eines thermischen Gleichgewichtszustands ein):

$$a_q^\dagger\, \mathrm{e}^{-\beta(e_q-\mu)\, a_q^\dagger a_q} \quad \text{und} \quad \mathrm{e}^{-\beta(e_q-\mu)\, a_q^\dagger a_q}\, a_q^\dagger \tag{11}$$

Indem wir beide auf Fock-Zustände anwenden, überprüfen wir die Beziehung

$$a_q^\dagger\, \mathrm{e}^{-\beta(e_q-\mu)\, a_q^\dagger a_q} = \mathrm{e}^{\beta(e_q-\mu)} \mathrm{e}^{-\beta(e_q-\mu)\, a_q^\dagger a_q}\, a_q^\dagger \tag{12}$$

und haben schließlich

$$a_q^\dagger\, \rho_{\mathrm{eq}} = \mathrm{e}^{\beta(e_q-\mu)} \rho_{\mathrm{eq}}\, a_q^\dagger \tag{13}$$

Ist b_1 dagegen ein Vernichter, so führt dieselbe Überlegung auf den Faktor $\mathrm{e}^{-\beta(e_n-\mu)}$. Beide Fälle zusammenfassend schreiben wir

$$b_1\, \rho_{\mathrm{eq}} = \mathrm{e}^{\pm\beta(e_1-\mu)} \rho_{\mathrm{eq}}\, b_1 \tag{14}$$

wobei das Vorzeichen + im Exponenten zu verwenden ist, wenn b_1 ein Erzeuger ist, das Vorzeichen – für einen Vernichter.

Der letzte Term in Gl. (9) führt damit auf $e^{\pm\beta(e_1-\mu)}\langle A_{2n}\rangle$ mit einem Vorfaktor $\eta^{2n-1} = \eta$, denn es ist ja $\eta = \pm 1$. Bringen wir dies auf die linke Seite, erhalten wir

$$\begin{aligned}\langle A_{2n}\rangle\left[1-\eta\, e^{\pm\beta(e_1-\mu)}\right] &= [b_1, b_2]_{-\eta}\,\mathrm{Tr}\left\{\rho_{\mathrm{eq}}\, b_3 \dots b_{2n}\right\}\\ &\quad + \eta\,[b_1, b_3]_{-\eta}\,\mathrm{Tr}\left\{\rho_{\mathrm{eq}}\, b_2 b_4 \dots b_{2n}\right\} + \cdots\\ &\quad + \eta^{2n-2}\,[b_1, b_{2n}]_{-\eta}\,\mathrm{Tr}\left\{\rho_{\mathrm{eq}}\, b_2 b_3 \dots b_{2n-1}\right\}\end{aligned} \tag{15}$$

Auf der rechten Seite sind alle (Anti-)Kommutatoren $[b_1, b_q]_{-\eta}$ effektiv Zahlen [deswegen durften wir sie in der zweiten Zeile in Gl. (9) aus der Spur herausziehen]. Wie oben erwähnt, verschwinden die meisten von ihnen, es sei denn, die beiden b-Operatoren sind zueinander konjugiert. Wir haben damit den Mittelwert des Produkts aus $2n$ Operatoren durch eine Linearkombination von Mittelwerten aus $2n-2$ Faktoren ausgedrückt.

1-c Kontraktionen

Wir definieren nun die *Kontraktion* von zwei Operatoren b_i und b_j als die Zahl

$$\overbracket{b_i b_j} = \frac{1}{1-\eta\, e^{\pm\beta(e_i-\mu)}}\,[b_i, b_j]_{-\eta} = -\eta f_\beta(\pm(e_i-\mu))\,[b_i, b_j]_{-\eta} \tag{16}$$

wobei wie vorhin das Vorzeichen + (−) zu nehmen ist, wenn b_i ein Erzeuger (Vernichter) ist. Die Funktion f_β ist die Fermi-Dirac-Verteilung (für Fermionen) oder die Bose-Einstein-Verteilung (für Bosonen):

$$f_\beta(\varepsilon-\mu) = \frac{1}{e^{\beta(\varepsilon-\mu)}-\eta} \tag{17}$$

Die Kontraktion verschwindet, wenn die Operatoren b_i und b_j zu verschiedenen Einteilchenzuständen gehören oder wenn beide Erzeuger oder beide Vernichter in demselben Zustand sind. Ist aber b_i ein Erzeuger und b_j der Vernichter in demselben Zustand, dann ist die Kontraktion einfach

$$\overbracket{b_i b_j} = \overbracket{a_i^\dagger a_i} = \frac{-\eta}{1-\eta\, e^{+\beta(e_i-\mu)}} = f_\beta(e_i-\mu) \tag{18}$$

also die Verteilungsfunktion $f_\beta(e_i-\mu)$. Im umgekehrten Fall (antinormal geordnete Faktoren) ist die Kontraktion

$$\overbracket{b_i b_j} = \overbracket{a_i a_i^\dagger} = \frac{1}{1-\eta\, e^{-\beta(e_i-\mu)}} = 1 + \eta\, f_\beta(e_i-\mu) \tag{19}$$

Mit dieser Notation können wir die Rekursionsbeziehung (15) wie folgt aufschreiben (die Spuren werden durch Erwartungswerte ersetzt)

$$\begin{aligned}\langle A_{2n}\rangle &= \overbracket{b_1 b_2}\langle b_3 \dots b_{2n}\rangle + \eta\,\overbracket{b_1 b_3}\langle b_2 b_4 \dots b_{2n}\rangle + \cdots\\ &\quad + \eta^{2n-2}\,\overbracket{b_1 b_{2n}}\langle b_2 b_3 \dots b_{2n-1}\rangle\end{aligned} \tag{20}$$

Man hangelt sich nun iterativ weiter. Die Mittelwerte auf der rechten Seite von Gl. (20) haben dieselbe Struktur wie $\langle A_{2n}\rangle$ [s. Gl. (8)], nur ist die Zahl n um 1 kleiner. Wir führen jeden dieser Mittelwerte $\langle A_{2n-2}\rangle$ in gleicher Weise auf Produkte von $2n-4$ Termen zurück, so dass wir für $\langle A_{2n}\rangle$ eine Doppelsumme über jeweils zwei Kontraktionen und Mittelwerte $\langle A_{2n-4}\rangle$ erhalten. Dieser Schritt wird so oft wie nötig wiederholt, um $\langle A_{2n}\rangle$ schließlich in die Form einer Summe über diverse Produkte aus n Kontraktionen zu bringen.

Um das Verfahren ein wenig konkreter zu machen, untersuchen wir einige einfache Fälle. Ist $n = 1$, ergibt sich sofort

$$\boxed{\langle b_1 b_2\rangle = \overline{b_1 b_2}} \tag{21}$$

Diese Beziehung kann auch statt Gl. (16) als Definition einer Kontraktion dienen. Ist b_1 ein Erzeuger und b_2 der dazu konjugierte Vernichter, dann erhält man Gl. (18), was zu den Ergebnissen (19) und (23) aus Ergänzung $\mathrm{B_{XV}}$ äquivalent ist. Stehen die Operatoren in der anderen Reihenfolge, erhält man Gl. (19) – das folgt auch direkt aus der (Anti-)Kommutatorbeziehung (6). In allen anderen Fällen verschwinden beide Seiten der Gleichung.

Für $n = 2$ benutzen wir einmal die Beziehung (20) und erhalten

$$\langle b_1 b_2 b_3 b_4\rangle = \overline{b_1 b_2}\,\langle b_3 b_4\rangle + \eta\,\overline{b_1 b_3}\,\langle b_2 b_4\rangle + \overline{b_1 b_4}\,\langle b_2 b_3\rangle \tag{22}$$

Alle Mittelwerte von Produkten aus zwei Operatoren b werden mit Gl. (21) ausgewertet, was schließlich liefert:*

$$\begin{aligned}\langle b_1 b_2 b_3 b_4\rangle &= \overline{b_1 b_2}\;\overline{b_3 b_4} + \eta\,\overline{b_1 b_3}\;\overline{b_2 b_4} + \overline{b_1 b_4}\;\overline{b_2 b_3}\\ &= \overline{b_1 b_2}\;\overline{b_3 b_4} + \overline{b_1 \underline{b_2 b_3}}\underline{b_4} + \overline{b_1 \underline{b_2 b_3} b_4}\end{aligned} \tag{23}$$

In der zweiten Zeile haben wir die Notation der Kontraktionen verallgemeinert. Wenn sich in einer Kontraktion zwei Operatoren nicht nebeneinander befinden, dann ist eine Permutation anzuwenden, um sie paarweise zu gruppieren. Bei Fermionen muss man dann ein Vorzeichen ergänzen, das durch die Parität dieser Permutation gegeben wird. Bei Bosonen gibt es keinen Vorzeichenwechsel. Sind die Kontraktionen ineinander verschachtelt, dann gruppiert man analog jedes Operatorpaar und multipliziert bei Fermionen mit der Parität der angewendeten Permutation. In unserem Fall haben wir

$$\overline{b_1 \underline{b_2 b_3}}\underline{b_4} = \eta\,\overline{b_1 b_3}\;\overline{b_2 b_4} \quad \text{sowie} \quad \overline{b_1 \underline{b_2 b_3} b_4} = \overline{b_1 b_4}\;\overline{b_2 b_3} \tag{24}$$

---

* Anm. d. Ü.: Man nennt diese Form *vollständig kontrahiert*, weil jeder Operator b_i in einer Kontraktion vorkommt. Die drei Terme in der zweiten Zeile stellen je ein *System von Kontraktionen* dar, das aus den vier Faktoren gebildet werden kann.

Schließlich erhalten wir aus Gl. (23) nur noch Produkte von zwei Kontraktionen, also von zwei Verteilungsfunktionen. Man überprüft leicht, dass von diesen drei Produkten höchstens zwei ungleich null sind.

Bemerkungen:

1. Man verwendet auch die Notation, dass in einem Mittelwert Kontraktionen und Operatoren verschachtelt sind, zum Beispiel*

$$\langle b_1 b_2 \dots \overbracket{b_i \dots b_j \dots b_l} \dots b_{2n}\rangle = \varepsilon_\alpha \, \overbracket{b_i b_l} \, \langle b_1 b_2 \dots b_j \dots b_{2n}\rangle \tag{25}$$

Hier ist für Fermionen ε_α die Parität der Permutation, die den Operator b_l an die rechte Seite von b_i tauscht. Für Bosonen ist $\varepsilon_\alpha = 1$. Diese Beziehung wird analog auf Fälle verallgemeinert, in denen mehrere Kontraktionen (verschachtelt oder nicht) auftreten.

2. Falls die Temperatur $T = 0$ ist ($\beta \to \infty$), kann man Beziehung (16) vereinfachen:

$$\overbracket{b_i b_j} = 0 \quad \text{wenn beide, } b_i \text{ und } b_j\text{, entweder Erzeuger oder Vernichter sind} \tag{26}$$

$$\overbracket{a_i a_j^\dagger} = \delta_{ij} \times \begin{cases} 1 & \text{falls } e_i > \mu \\ 0 & \text{falls } e_i < \mu \end{cases} \tag{27}$$

und

$$\overbracket{a_i^\dagger a_j} = \delta_{ij} \times \begin{cases} 0 & \text{falls } e_i > \mu \\ 1 & \text{falls } e_i < \mu \end{cases} \tag{28}$$

(Die Fallunterscheidungen $e_i < \mu$ in diesen Formeln betreffen nur Fermionen, weil für Bosonen das chemische Potential μ kleiner als alle e_i sein muss.)

1-d Formulierung des Theorems

Die oben hergeleitete rekursive Beziehung bezüglich der Anzahl $2n$ führt uns auf das folgende Theorem.

Wick-Theorem. *Der Mittelwert $\langle b_1 b_2 \dots b_{2n}\rangle$ ist gleich der Summe über alle vollständigen Systeme von Kontraktionen, die man in dem Satz von Operatoren $b_1 b_2 \dots b_{2n}$ bilden kann. Jedes System trägt mit einem Produkt von paarweisen Kontraktionen (16) bei. Für Fermionen wird dieses Produkt mit den Paritäten ε_α multipliziert, die zu den einzelnen Kontraktionen gehören.*

Mit der Bezeichnung *vollständiges System von Kontraktionen* ist gemeint, dass jeder Operator in der Folge der b_i genau einmal in einer Kontraktion auftaucht [s. Gl. (23)]. Der Paritätsfaktor enthält zunächst die Parität ε_{α_1} derjenigen Permutation, die den Operator, der als erstes mit b_1 kontrahiert wird, an die Stelle gleich rechts von b_1 bringt. Diese beiden Operatoren werden dann aus der Liste der b_i gestrichen. In dem

* Anm. d. Ü.: Der Mittelwert auf der rechten Seite enthält $2n - 2$ Operatoren, es fehlen b_i und b_l.

verbleibenden Satz berechnet man erneut die Parität ε_{α_2} der Permutation, die die nächsten beiden zu kontrahierenden Operatoren auf benachbarte Plätze abbildet; diese Parität wird mit ε_{α_1} multipliziert. Man verfährt so weiter, bis alle Kontraktionen berücksichtigt sind und das Produkt $\varepsilon_{\alpha_1}\varepsilon_{\alpha_2}\ldots\varepsilon_{\alpha_n}$ der Paritäten von allen benötigten Permutationen dasteht. Natürlich verschwinden viele Systeme von Kontraktionen: Es tragen nur diejenigen bei, in denen alle Kontraktionen einen Erzeuger und einen Vernichter für jeweils denselben Einteilchenzustand enthalten. Aufgrund dieser Regel ist schließlich die Zahl der Kontraktionen, die tatsächlich auftreten, relativ begrenzt.

Wie wir oben gesehen haben, finden wir auf diese Weise die Ergebnisse aus Ergänzung B_{XV} wieder. Als weiteres Beispiel nehmen wir den Ausdruck für symmetrische Zweiteilchenoperatoren aus § 3 in der genannten Ergänzung. Die ersten beiden Operatoren b sind dann Erzeuger, die nächsten zwei Vernichter [s. Gl. (39) weiter unten]. Das erste System von Kontraktionen in Gl. (23) verschwindet dann, und nur die nächsten beiden tragen bei. Man findet so die beiden Terme aus Ergänzung B_{XV}, Gl. (43). Der Vorteil des Wick-Theorems ist allerdings, dass man praktisch ohne weitere Rechnung die Mittelwerte von Produkten mit beliebig vielen Operatoren erhalten kann.

Bemerkung:
Bislang haben wir angenommen, dass die b-Operatoren Teilchen bezüglich einer festen Basis von Zuständen erzeugen oder vernichten, die Eigenzustände des Einteilchen-Hamilton-Operators sind. Ist dies nicht der Fall und sucht man Mittelwerte von Operatoren $a^\dagger_{v_s}$ und a_{v_s} bezüglich irgendeiner Basis, dann drückt man diese mit den Formeln (A-51) und (A-52) aus Kapitel XV durch die Operatoren aus, die zu der Eigenbasis des Einteilchen-Hamilton-Operators gehören, und wendet dann das Wick-Theorem an.

2 Anwendung: Korrelationen in idealen Gasen

Um die Verwendung des Wick-Theorems zu illustrieren, berechnen wir nun Korrelationsfunktionen höherer Ordnung für ein ideales Gas im thermischen Gleichgewicht. Das Theorem drückt sie alle durch Produkte von Korrelationen erster Ordnung aus. Wir werden zunächst Ergebnisse aus Ergänzung B_{XV}, § 3 wiederfinden, aber mit weniger Aufwand. Anschließend verallgemeinern wir auf Korrelationen höherer Ordnung.

Wir betrachten spinlose Teilchen, die in einem kubischen Volumen der Seitenlänge L eingesperrt sind und verwenden dazu periodische Randbedingungen (s. Ergänzung C_{XIV}, § 1-c). Der Einteilchen-Hamilton-Operator reduziert sich auf die kinetische Energie, dessen Eigenfunktionen $u_{\mathbf{k}}(\mathbf{r})$ ebene Wellen sind:

$$u_{\mathbf{k}}(\mathbf{r}) = \frac{1}{L^{3/2}}\mathrm{e}^{\mathrm{i}\mathbf{k}\cdot\mathbf{r}} \quad \text{mit} \quad e_{\mathbf{k}} = \frac{\hbar^2 k^2}{2m} \tag{29}$$

Für die möglichen Wellenvektoren sind alle drei kartesischen Komponenten ganzzahlige Vielfache von $2\pi/L$.

2-a Einteilchenkorrelationen

In Kapitel XVI, Gl. (B-21) haben wir die Korrelationsfunktion erster Ordnung G_1 definiert, sie hängt von zwei Punkten, $\mathbf{r}_1$ und $\mathbf{r}_1'$, ab:

$$G_1(\mathbf{r}_1, \mathbf{r}_1') = \langle \Psi^\dagger(\mathbf{r}_1)\Psi(\mathbf{r}_1') \rangle \tag{30}$$

Mit Hilfe von Gl. (A-3) und Gl. (A-6) aus Kapitel XVI können wir den Feldoperator Ψ durch die Vernichter $a_\mathbf{k}$ für die Zustände (29) ausdrücken [s. unten Gl. (35)] und den adjungierten Operator $\Psi^\dagger$ durch die Erzeuger $a_\mathbf{k}^\dagger$. Dies führt auf

$$G_1(\mathbf{r}_1, \mathbf{r}_1') = \frac{1}{L^3} \sum_\mathbf{k} \sum_{\mathbf{k}'} \mathrm{e}^{\mathrm{i}(\mathbf{k}' \cdot \mathbf{r}_1' - \mathbf{k} \cdot \mathbf{r}_1)} \langle a_\mathbf{k}^\dagger a_{\mathbf{k}'} \rangle \tag{31}$$

Im thermischen Gleichgewicht ist der Mittelwert $\langle A \rangle$ eines Operators A bezüglich des Dichteoperators ρ_{eq} aus Gl. (1) zu nehmen:

$$\langle A \rangle = \mathrm{Tr}\left\{\rho_{\mathrm{eq}} A\right\} \tag{32}$$

Wir können also das Wick-Theorem in einem besonders einfachen Fall verwenden, denn in Gl. (31) kommt nur eine Kontraktion vor, nämlich $\overline{a_\mathbf{k}^\dagger a_{\mathbf{k}'}}$. Die Beziehung (18) findet dann Anwendung, und wir erhalten

$$G_1(\mathbf{r}_1, \mathbf{r}_1') = \frac{1}{L^3} \sum_\mathbf{k} \mathrm{e}^{\mathrm{i}\mathbf{k} \cdot (\mathbf{r}_1' - \mathbf{r}_1)} f_\beta(e_\mathbf{k} - \mu) \tag{33}$$

Die Korrelationsfunktion $G_1(\mathbf{r}, \mathbf{r}')$ ist also, bis auf einen konstanten Faktor, die Fourier-Transformierte der Verteilungsfunktion $f_\beta(e_\mathbf{k} - \mu)$ selbst.

Wir können die Definition von G_1 verallgemeinern, indem wir Operatoren im Heisenberg-Bild verwenden (am zusätzlichen Zeitargument zu erkennen). Dies führt auf eine Korrelationsfunktion, die von Orten und Zeiten abhängt:

$$G_1(\mathbf{r}_1, t; \mathbf{r}_1', t') = \langle \Psi^\dagger(\mathbf{r}_1, t)\Psi(\mathbf{r}_1', t') \rangle \tag{34}$$

Für freie Teilchen (ideales Gas) gilt die Entwicklung (Ergänzung B_{XVI}, § 1-c)

$$\Psi(\mathbf{r}, t) = \frac{1}{L^{3/2}} \sum_\mathbf{k} \mathrm{e}^{\mathrm{i}(\mathbf{k} \cdot \mathbf{r} - \omega_\mathbf{k} t)} a_\mathbf{k} \tag{35}$$

in der $\omega_\mathbf{k}$ die Bohrsche (Kreis-)Frequenz ist, die der Energie eines Teilchens mit dem Wellenvektor $\mathbf{k}$ entspricht:

$$\omega_\mathbf{k} = \frac{\hbar k^2}{2m} \tag{36}$$

Dabei ist m die Teilchenmasse. Im idealen Gas genügt es also, jede e-Funktion $\mathrm{e}^{\mathrm{i}\mathbf{k} \cdot \mathbf{r}}$ mit dem Faktor $\mathrm{e}^{-i\omega_\mathbf{k} t}$ zu multiplizieren, um vom Schrödinger-Bild ins Heisenberg-Bild zu wechseln. Das Ergebnis (33) wird also zu

$$G_1(\mathbf{r}_1, t; \mathbf{r}_1', t') = \frac{1}{L^3} \sum_\mathbf{k} \mathrm{e}^{\mathrm{i}[\mathbf{k} \cdot (\mathbf{r}_1' - \mathbf{r}_1) - \omega_\mathbf{k}(t' - t)]} f_\beta(e_\mathbf{k} - \mu) \tag{37}$$

verallgemeinert. Die Leserin beobachte, dass diese Korrelationsfunktion nur von der Differenz der Ortskoordinaten (räumlich homogenes System) und der Zeiten (zeitlich stationäres System) abhängt.

2-b Paarkorrelationen

α Anwendung des Wick-Theorems

Die Korrelationsfunktion zweiter Ordnung ist durch den Mittelwert

$$G_2(\mathbf{r}_1, \mathbf{r}'_1; \mathbf{r}_2, \mathbf{r}'_2) = \langle \Psi^\dagger(\mathbf{r}_1)\Psi^\dagger(\mathbf{r}_2)\Psi(\mathbf{r}'_2)\Psi(\mathbf{r}'_1)\rangle \tag{38}$$

definiert. Auch hier ist dieser bezüglich des Dichteoperators im thermischen Gleichgewicht zu nehmen. Dieselbe Rechnung wie in § 2-a führt auf

$$G_2(\mathbf{r}_1, \mathbf{r}'_1; \mathbf{r}_2, \mathbf{r}'_2) = \frac{1}{L^6} \sum_{\mathbf{k}} \sum_{\mathbf{k}'} \sum_{\mathbf{k}''} \sum_{\mathbf{k}'''} \mathrm{e}^{\mathrm{i}(\mathbf{k}'\cdot\mathbf{r}'_1 + \mathbf{k}'''\cdot\mathbf{r}'_2 - \mathbf{k}\cdot\mathbf{r}_1 - \mathbf{k}''\cdot\mathbf{r}_2)} \langle a^\dagger_{\mathbf{k}} a^\dagger_{\mathbf{k}''} a_{\mathbf{k}'''} a_{\mathbf{k}'}\rangle \tag{39}$$

Wie in Gl. (23) bereits gesehen, bleiben aus dem Wick-Theorem nun zwei Systeme von Kontraktionen übrig:

$$a^\dagger_{\mathbf{k}} a^\dagger_{\mathbf{k}''} a_{\mathbf{k}'''} a_{\mathbf{k}'} \quad \text{und} \quad a^\dagger_{\mathbf{k}} a^\dagger_{\mathbf{k}''} a_{\mathbf{k}'''} a_{\mathbf{k}'}$$

Im ersten Ausdruck entstehen die Impulspaarungen $\mathbf{k} = \mathbf{k}'$ und $\mathbf{k}'' = \mathbf{k}'''$, im zweiten sind es die Paarungen $\mathbf{k} = \mathbf{k}'''$ und $\mathbf{k}' = \mathbf{k}''$. In der zweiten Kontraktion tritt eine ungerade Permutation auf, so dass wir einen Faktor η erhalten. Wir schreiben beide Terme in Summen über $\mathbf{k}$ und $\mathbf{k}'$ um und erhalten

$$G_2(\mathbf{r}_1, \mathbf{r}'_1; \mathbf{r}_2, \mathbf{r}'_2) = \frac{1}{L^6} \sum_{\mathbf{k}} \sum_{\mathbf{k}'} \left\{ \mathrm{e}^{\mathrm{i}[\mathbf{k}\cdot(\mathbf{r}'_1 - \mathbf{r}_1) + \mathbf{k}'\cdot(\mathbf{r}'_2 - \mathbf{r}_2)]} + \eta\, \mathrm{e}^{\mathrm{i}[\mathbf{k}\cdot(\mathbf{r}'_2 - \mathbf{r}_1) + \mathbf{k}'\cdot(\mathbf{r}'_1 - \mathbf{r}_2)]} \right\} f_\beta(e_{\mathbf{k}} - \mu) f_\beta(e_{\mathbf{k}'} - \mu) \tag{40}$$

oder auch, unter Verwendung von Gl. (33),*

$$G_2(\mathbf{r}_1, \mathbf{r}'_1; \mathbf{r}_2, \mathbf{r}'_2) = G_1(\mathbf{r}_1, \mathbf{r}'_1)\, G_1(\mathbf{r}_2, \mathbf{r}'_2) + \eta\, G_1(\mathbf{r}_1, \mathbf{r}'_2)\, G_1(\mathbf{r}_2, \mathbf{r}'_1) \tag{41}$$

Die Korrelationsfunktion zweiter Ordnung enthält also einfach zwei Produkte von Korrelationen erster Ordnung. Der erste Terme ist der direkte Term und beschreibt vollständig unkorrelierte Teilchen. Der zweite ist der Austauschterm und folgt aus der Quantenstatistik der ununterscheidbaren Teilchen; sein Vorzeichen ist für Fermionen und Bosonen entgegengesetzt. Wie in Ergänzung A_{XVI} werden wir sehen, dass dieser Term für Korrelationen zwischen den Teilchen verantwortlich ist.

* Anm. d. Ü.: Dieses Ergebnis kann man auch direkt aus Gl. (38) erhalten, indem man in dem Mittelwert die Technik der Kontraktionen direkt auf die Feldoperatoren Ψ und $\Psi^\dagger$ anwendet. Es entstehen die beiden oben angegebenen Systeme von Kontraktionen; jede einzelne Kontraktion liefert eine Korrelationsfunktion G_1.

β Paardichte

Oft interessiert man sich für die *diagonalen* Werte der Zweiteilchenkorrelationen, für die in der Funktion $G_2(\mathbf{r}_1, \mathbf{r}'_1; \mathbf{r}_2, \mathbf{r}'_2)$ die Argumente $\mathbf{r}_1 = \mathbf{r}'_1$ und $\mathbf{r}_2 = \mathbf{r}'_2$ eingesetzt werden. Man erhält auf diese Weise die *Paardichte* $G_2(\mathbf{r}_1, \mathbf{r}_2) = G_2(\mathbf{r}_1, \mathbf{r}_1; \mathbf{r}_2, \mathbf{r}_2)$, die die Wahrscheinlichkeit angibt, ein Teilchen am Ort $\mathbf{r}_1$ und ein weiteres am Ort $\mathbf{r}_2$ zu finden. Das soeben erhaltene Ergebnis (41) vereinfacht sich dann zu

$$G_2(\mathbf{r}_1, \mathbf{r}_2) = G_1(\mathbf{r}_1, \mathbf{r}_1)\, G_1(\mathbf{r}_2, \mathbf{r}_2) + \eta\, G_1(\mathbf{r}_1, \mathbf{r}_2)\, G_1(\mathbf{r}_2, \mathbf{r}_1) \tag{42}$$

Setzt man außerdem noch $\mathbf{r}_1 = \mathbf{r}_2$, dann gibt diese Funktion die Wahrscheinlichkeit, zwei Teilchen am selben Ort zu finden. Man findet so

$$G_2(\mathbf{r}; \mathbf{r}) = \begin{cases} 0 & \text{für Fermionen} \\ 2\,[G_1(\mathbf{r}, \mathbf{r})]^2 & \text{für Bosonen} \end{cases} \tag{43}$$

Bei Fermionen findet man die Tatsache wieder, dass sich zwei Teilchen niemals am selben Ort befinden können, eine Folge des Pauli-Prinzips. Bei Bosonen findet man, dass die Paardichte zweimal so groß wie das Quadrat der Einteilchendichte ist. Wären die beiden Teilchen unkorreliert, dann wäre die Paardichte einfach das Quadrat, ohne den Faktor 2. Dieser Faktor 2 beschreibt eine erhöhte Wahrscheinlichkeit, zwei Bosonen am selben Ort im Raum zu finden, also die Neigung identischer Bosonen zum Gruppieren (engl.: *bunching*). Dies ist allein eine Folgerung aus der Quantenstatistik, denn wir waren von einem idealen Bose-Gas ohne Wechselwirkungen ausgegangen. Diese Ergebnisse behandeln wir auch in Ergänzung A_{XVI}, wo $G_1(\mathbf{r}_1, \mathbf{r}'_1)$ in Abb. 3 dargestellt ist.

Das Hartree-Fock-Verfahren (oder die Molekularfeldnäherung), das in den Ergänzungen E_{XV} und F_{XV} vorgestellt wird, verwendet einen Variationsansatz für den Ket (oder den Dichteoperator), der so konstruiert ist, dass die Zweikörperkorrelation $G_2(\mathbf{r}_1, \mathbf{r}_2)$ die Beziehung (42) erfüllt, und zwar auch, wenn Wechselwirkungen vorliegen. Man kann das Hartree-Fock-Verfahren übrigens auch so einführen, dass man für das wechselwirkende System direkt diese Form für die Zweikörperkorrelation annimmt. So kann man bequem die Wechselwirkungsenergie berechnen. Obwohl dieses Verfahren viele Anwendungen findet und in gewissen Fällen sehr genaue Ergebnisse liefert, beruht es auf einer Näherung. Denn es gibt keinen Grund dafür, dass die Beziehung (42) zwischen G_2 und G_1, die man für das ideale Gas erhält, auch allgemein gültig ist.

γ Zeitabhängige Korrelationen

Wie in den Korrelationsfunktionen erster Ordnung kann man zeitabhängige Feldoperatoren einführen und die Funktion

$$G_2(\mathbf{r}_1, t_1; \mathbf{r}'_1, t'_1; \mathbf{r}_2, t_2; \mathbf{r}'_2, t'_2) = \langle \Psi^\dagger(\mathbf{r}_1, t_1)\, \Psi^\dagger(\mathbf{r}_2, t_2)\, \Psi(\mathbf{r}'_2, t'_2)\, \Psi(\mathbf{r}'_1, t'_1) \rangle \tag{44}$$

definieren. Die Zeitabhängigkeit kann man so berücksichtigen, dass zu jeder e-Funktion des Orts mit dem Wellenvektor $\mathbf{k}$ ein zeitabhängiger Faktor mit der dazugehörigen Winkelfrequenz $-\omega_{\mathbf{k}}$ eingefügt wird. Dies führt auf

$$\begin{aligned}
&G_2(\mathbf{r}_1, t_1; \mathbf{r}'_1, t'_1; \mathbf{r}_2, t_2; \mathbf{r}'_2, t'_2) \\
&= \frac{1}{L^6} \sum_{\mathbf{k}} \sum_{\mathbf{k}'} \Big\{ \mathrm{e}^{\mathrm{i}[\mathbf{k}\cdot(\mathbf{r}'_1-\mathbf{r}_1)-\omega_{\mathbf{k}}(t'_1-t_1)+\mathbf{k}'\cdot(\mathbf{r}'_2-\mathbf{r}_2)-\omega_{\mathbf{k}'}(t'_2-t_2)]} \\
&\qquad + \eta\, \mathrm{e}^{\mathrm{i}[\mathbf{k}\cdot(\mathbf{r}'_2-\mathbf{r}_1)-\omega_{\mathbf{k}}(t'_2-t_1)+\mathbf{k}'\cdot(\mathbf{r}'_1-\mathbf{r}_2)-\omega_{\mathbf{k}'}(t'_1-t_2)]} \Big\} f_\beta(e_{\mathbf{k}} - \mu) f_\beta(e_{\mathbf{k}'} - \mu) \\
&= G_1(\mathbf{r}_1, t_1; \mathbf{r}'_1, t'_1)\, G_1(\mathbf{r}_2, t_2; \mathbf{r}'_2, t'_2) + \eta\, G_1(\mathbf{r}_1, t_1; \mathbf{r}'_2, t'_2)\, G_1(\mathbf{r}_2, t_2; \mathbf{r}'_1, t'_1)
\end{aligned} \tag{45}$$

Wenn die zeitlichen Variablen auf diese Weise eingeführt sind, erhält man erneut eine Faktorisierung ähnlich wie in Gl. (41). Und wie oben folgt aus der Homogenität (im Ortsraum) und der Stationarität (bezüglich Translationen in der Zeit), dass in der Korrelationsfunktion nur Differenzen von Variablen auftreten.

2-c Korrelationen höherer Ordnung

Etwas allgemeiner können wir eine Korrelationsfunktion G_n der Ordnung n einführen:[1]

$$G_n(\mathbf{r}_1, \mathbf{r}'_1; \mathbf{r}_2, \mathbf{r}'_2; \ldots; \mathbf{r}_n, \mathbf{r}'_n) = \langle \Psi^\dagger(\mathbf{r}_1)\, \Psi^\dagger(\mathbf{r}_2) \ldots \Psi^\dagger(\mathbf{r}_n) \Psi(\mathbf{r}'_n) \ldots \Psi(\mathbf{r}'_2)\, \Psi(\mathbf{r}'_1) \rangle \tag{46}$$

Hier treten zur Rechten genauso viele Feldoperatoren Ψ auf, wie Adjungierte $\Psi^\dagger$ zur Linken auftreten. Diese Funktionen liefern Informationen über Korrelationen von n-Teilchen-Gruppen im Gleichgewichtszustand des idealen Gases. Mit dem Wick-Theorem kann man alle diese Funktionen durch die Einteilchenkorrelation $G_1(\mathbf{r}_1, \mathbf{r}'_1)$ ausdrücken. Als Beispiel betrachten wir die Korrelation dritter Ordnung:

$$\begin{aligned}
&G_3(\mathbf{r}_1, \mathbf{r}'_1; \mathbf{r}_2, \mathbf{r}'_2; \mathbf{r}_3, \mathbf{r}'_3) = \langle \Psi^\dagger(\mathbf{r}_1)\Psi^\dagger(\mathbf{r}_2)\Psi^\dagger(\mathbf{r}_3)\Psi(\mathbf{r}'_3)\Psi(\mathbf{r}'_2)\Psi(\mathbf{r}'_1) \rangle \\
&= \frac{1}{L^9} \sum_{\mathbf{k}} \sum_{\mathbf{k}'} \sum_{\mathbf{k}''} \sum_{\mathbf{k}'''} \sum_{\mathbf{k}''''} \sum_{\mathbf{k}'''''} \\
&\qquad \mathrm{e}^{\mathrm{i}(\mathbf{k}'\cdot\mathbf{r}'_1 + \mathbf{k}'''\cdot\mathbf{r}'_2 + \mathbf{k}'''''\cdot\mathbf{r}'_3 - \mathbf{k}\cdot\mathbf{r}_1 - \mathbf{k}''\cdot\mathbf{r}_2 - \mathbf{k}''''\cdot\mathbf{r}_3)} \langle a^\dagger_{\mathbf{k}} a^\dagger_{\mathbf{k}''} a^\dagger_{\mathbf{k}''''} a_{\mathbf{k}'''''} a_{\mathbf{k}'''} a_{\mathbf{k}'} \rangle
\end{aligned} \tag{47}$$

In der Berechnung dieses Mittelwerts treten sechs verschiedene Systeme von Kontraktionen auf. Eines von ihnen können wir so aufschreiben:

$$\underbrace{a^\dagger_{\mathbf{k}}\, \overbrace{a^\dagger_{\mathbf{k}''}\, a^\dagger_{\mathbf{k}''''}\, a_{\mathbf{k}'''''}\, a_{\mathbf{k}'''}}}\, a_{\mathbf{k}'}$$

---

1 Wir betrachten hier allerdings nur sogenannte *normalgeordnete* Korrelationen, in denen die Feldoperatoren $\Psi^\dagger$ links von den Ψ stehen. In Ergänzung $\mathrm{B}_{\mathrm{XVI}}$ besprechen wir noch allgemeinere Korrelationsfunktionen.

Dann können wir die drei Vektoren $\mathbf{k}'$, $\mathbf{k}'''$ und $\mathbf{k}'''''$ noch permutieren, was fünf weitere Terme erzeugt. In jedem Term reduziert sich die sechsfache Summe über die Wellenvektoren auf eine dreifache, und es erscheint ein Produkt aus drei G_1-Funktionen.* Wir erhalten auf diese Weise

$$\begin{aligned} G_3(\mathbf{r}_1,\mathbf{r}_1';\mathbf{r}_2,\mathbf{r}_2';\mathbf{r}_3,\mathbf{r}_3') &= G_1(\mathbf{r}_1,\mathbf{r}_1')\,G_1(\mathbf{r}_2,\mathbf{r}_2')\,G_1(\mathbf{r}_3,\mathbf{r}_3') \\ &+ G_1(\mathbf{r}_1,\mathbf{r}_2')\,G_1(\mathbf{r}_2,\mathbf{r}_3')\,G_1(\mathbf{r}_3,\mathbf{r}_1') + G_1(\mathbf{r}_1,\mathbf{r}_3')\,G_1(\mathbf{r}_2,\mathbf{r}_1')\,G_1(\mathbf{r}_3,\mathbf{r}_2') \\ &+ \eta\, G_1(\mathbf{r}_1,\mathbf{r}_1')\,G_1(\mathbf{r}_2,\mathbf{r}_3')\,G_1(\mathbf{r}_3,\mathbf{r}_2') + \eta\, G_1(\mathbf{r}_1,\mathbf{r}_3')\,G_1(\mathbf{r}_2,\mathbf{r}_2')\,G_1(\mathbf{r}_3,\mathbf{r}_1') \\ &+ \eta\, G_1(\mathbf{r}_1,\mathbf{r}_2')\,G_1(\mathbf{r}_2,\mathbf{r}_1')\,G_1(\mathbf{r}_3,\mathbf{r}_3') \end{aligned} \tag{48}$$

Eine derartige Rechnung überträgt sich auf Korrelationen beliebiger Ordnung. Im idealen Gas sind diese also nicht unabhängig, sondern können allesamt auf einfache Produkte von Korrelationen erster Ordnung zurückgeführt werden. Mit anderen Worten enthält die G_1-Funktion bereits alle nötigen Informationen über Korrelationen beliebig hoher Ordnung.

Man kann schließlich die Dreikörper- oder *Tripeldichte* $G_3(\mathbf{r}_1,\mathbf{r}_2,\mathbf{r}_3)$ einführen, indem man die 6-Punkt-Funktion G_3 aus Gl. (48) an den Koordinaten $\mathbf{r}_1 = \mathbf{r}_1'$ sowie $\mathbf{r}_2 = \mathbf{r}_2'$ und $\mathbf{r}_3 = \mathbf{r}_3'$ auswertet. Der Spezialfall $\mathbf{r}_1 = \mathbf{r}_2 = \mathbf{r}_3$, dass alle drei Koordinaten zusammenfallen, ist von besonderem Interesse.† Bei Fermionen ist die Tripeldichte null, aus demselben Grund wie für die Paardichte oben: Das Pauli-Prinzip verbietet es, dass sich mehrere Fermionen in demselben Raumpunkt befinden. Für Bosonen findet man

$$G_3(\mathbf{r},\mathbf{r};\mathbf{r}) = 6\,[G_1(\mathbf{r},\mathbf{r})]^3 \tag{49}$$

Drei ununterscheidbare Bosonen haben also aufgrund der Quantenstatistik eine noch stärkere Neigung zum Gruppieren als Paare (der Faktor 6 ist größer als 2).

Bemerkung:

Wir haben diese Ergebnisse für ein System erhalten, dessen Dichteoperator (1) ein ideales Gas im thermischen Gleichgewicht beschreibt. Für einen anderen Zustand kann natürlich etwas ganz anderes herauskommen. Wenn wir etwa annehmen (wie in Ergänzung A_{XVI}), dass sich das System in einem Fock-Zustand befindet, dann entstehen völlig andere Beziehungen der Korrelationsfunktionen untereinander. Der einfachste Fall ist der eines idealen Bose-Gases in seinem Grundzustand, in dem alle N Bosonen denselben Einteilchenzustand besetzen. Die Gleichungen (24) und (25) aus der genannten Ergänzung liefern dann:

$$G_2(\mathbf{r}_1,\mathbf{r}_2) = \frac{N-1}{N} G_1(\mathbf{r}_1,\mathbf{r}_1)\,G_1(\mathbf{r}_2,\mathbf{r}_2) \simeq G_1(\mathbf{r}_1,\mathbf{r}_1)\,G_1(\mathbf{r}_2,\mathbf{r}_2) \tag{50}$$

---

* Anm. d. Ü.: Für das oben angegebene System von Kontraktionen sind die Wellenvektoren paarweise durch $\mathbf{k} = \mathbf{k}'$ sowie $\mathbf{k}'' = \mathbf{k}'''$ und $\mathbf{k}'''' = \mathbf{k}'''''$ festgelegt.

† Anm. d. Ü.: In ultrakalten Gasen bestimmt die Tripeldichte die Rate von sogenannten Dreikörperstößen, in denen aus drei Teilchen ein binäres Molekül und ein Teilchen entstehen. Die dabei frei werdende molekulare Bindungsenergie führt in der Regel dazu, dass die Stoßprodukte aus dem Potential entweichen, in dem die Teilchen gefangen sind.

Die Zweiteilchenkorrelation G_2 ist also einfach das Produkt von zwei G_1-Funktionen ohne den Austauschterm in Gl. (42). Der Faktor 2 aus Gleichung (43) ist verschwunden. Genauso würde man sehen, dass der Faktor 6 in Gl. (49) fehlt. Ganz allgemein gilt für ein kondensiertes Bose-System, in dem alle Teilchen denselben Zustand besetzen, dass die quantenstatistische Neigung zur Gruppierung unterdrückt ist.
Wir halten in diesem Zusammenhang fest, dass es nicht möglich ist, einen derartigen Projektor auf einen Fock-Zustand zu konstruieren, indem man in dem thermischen Dichteoperator (1) den Grenzwert bildet, dass die Temperatur nach Null strebt (oder $\beta \rightarrow \infty$). (Die einzige Ausnahme wäre der Vakuumzustand mit $N = 0$ Teilchen.) Der Grund dafür ist, dass dieser Dichteoperator in jedem Einteilchenzustand eine Wahrscheinlichkeitsverteilung der Besetzungszahl liefert, die eine exponentiell abklingende Funktion ist. Niemals würde eine Kurve mit einem scharfen Maximum bei einer großen Besetzungszahl auftreten. In jedem Einteilchenzustand zeigen die Besetzungen deswegen starke Fluktuationen, und auf sie kann man die Faktoren 2 und 6 in Gl. (43) und Gl. (49) zurückführen, die für jede Temperatur dieselben sind.

Zusammenfassend bemerken wir, dass das Wick-Theorem in vielen verschiedenen Formen bekannt ist, bei Temperatur null oder im thermischen Gleichgewicht [der Leser findet dazu weitere Informationen in Kapitel 4 von Blaizot und Ripka (1986)]. Wir haben gesehen, dass das Theorem es erlaubt, für unabhängige Teilchen Korrelationsfunktionen von beliebiger Ordnung, stationär oder zeitabhängig, zu berechnen. Das Ergebnis ist ein Produkt aus Korrelationsfunktionen erster Ordnung. Dies ist natürlich ein großer Rechenvorteil. Eine derartige Eigenschaft erinnert an gaußverteilte Zufallsvariablen in der klassischen Statistik: Auch in diesem Fall kann man Momente beliebig hoher Ordnung auf Produkte von ersten und zweiten Momenten zurückführen. Solche Ergebnisse sind freilich typisch für ein ideales Gas. Liegen Wechselwirkungen zwischen den Teilchen vor, dann sind die höheren Korrelationsfunktionen im Prinzip nicht mehr durch das Wick-Theorem eingeschränkt. Die Anwendungen des Theorems beschränken sich aber nicht auf ideale Gase, sondern sind viel allgemeiner. Es ist besonders in der Störungsrechnung von Vorteil, wo man eine Entwicklung in Ordnungen der Wechselwirkung durchführt (Blaizot und Ripka, 1986).

XVII Gepaarte Zustände identischer Teilchen

Einleitung

In Kapitel XV wurden Fock- (oder Anzahl-)Zustände durch die Wirkung eines Produkts von Operatoren, die je ein Teilchen erzeugen, auf das Vakuum eingeführt. Einige der Eigenschaften dieser Zustände wurden in Kapitel XV, § C-5-b-β und in Ergänzung A_{XVI} besprochen (das Austauschloch bei Fermionen, das Gruppieren von Bosonen). Wir haben Fock-Zustände auch in den Ergänzungen C_{XV}, D_{XV} und F_{XV} als Variationsansatz verwendet, um näherungsweise die Wechselwirkung zwischen Teilchen zu berücksichtigen. Für Fermionen und Bosonen führt dies auf eine Molekularfeldtheorie (Mean-Field-Theorie), mit der anschaulichen Vorstellung, dass jedes Teilchen sich in dem mittleren Feld bewegt, das die anderen Teilchen erzeugen.

In diesem Kapitel wollen wir zeigen, wie man die Genauigkeit dieser Ergebnisse verbessern kann, indem man die Variation innerhalb einer größeren Familie von Zuständen durchführt; wir beziehen so mehr physikalische Eigenschaften ein, die ein System ununterscheidbarer Teilchen haben kann. Es handelt sich hier um *gepaarte Zustände*, die wir so konstruieren, dass auf das Vakuum Produkte von Erzeugern angewendet werden, und zwar von Erzeugern, die nicht einzelne Teilchen, sondern Teilchenpaare erzeugen. Wenn man diese Paare als ein Molekül betrachtet, handelt es sich um Erzeugungsoperatoren für Moleküle. Die gepaarten Zustände sind allgemeiner als Fock-Zustände, denn diese erhält man nur für bestimmte Parameter des Paars,

https://doi.org/10.1515/9783110649130-014

wie wir in diesem Kapitel sehen werden.[1] Im Sinne der Variationsrechnung arbeitet man also mit einer größeren Klasse von Zuständen, so dass man eine verbesserte Näherung als allein mit Fock-Zuständen erzielt.

Der wesentliche Grund dafür ist einfach anzugeben: Indem man die Eigenschaften der Paarwellenfunktion anpasst, aus der der gepaarte Zustand konstruiert ist, verändert man die Zweikörperkorrelationen in dem N-Teilchen-System. Hinzu kommen die bereits bekannten Stärken des Molekularfeldverfahrens: Mit einem Fock-Zustand als Variationsansatz berücksichtigt man die Korrelationen quantenstatistischen Ursprungs (aufgrund der Ununterscheidbarkeit der Teilchen) und die gepaarten Zustände erlauben es nun auch, *dynamische Korrelationen* (aufgrund der Wechselwirkungen) wiederzugeben. Genau diese Korrelationen spielen eine wichtige Rolle. Für Zweikörper-Wechselwirkungen (wie bei den üblichen Hamilton-Operatoren) bestimmen sie den Mittelwert der potentiellen Energie (Kapitel XV, § C-5-b). Die Drei- oder Vierkörperkorrelationen usw. sind in dem System zwar auch vorhanden, kommen aber nicht direkt in der Energie vor. So kann man sich erklären, warum eine Variationsrechnung, die mit Hilfe von gepaarten Zuständen allein die Zweikörperkorrelationen optimiert, bereits zu sehr guten Ergebnissen in der N-Teilchen-Physik führt. Die Anwendungen, die so für Fermionen und Bosonen ermöglicht werden, werden in den Ergänzungen besprochen.

In diesem Kapitel widmen wir uns den mathematischen Werkzeugen, die für gepaarte Zustände und ihre Eigenschaften von Nutzen sind. Wir werden Fermionen und Bosonen parallel behandeln und in den Ergebnissen zahlreiche Analogien beobachten. Zunächst führen wir in § A die Erzeugungs- und Vernichtungsoperatoren für Teilchenpaare ein. Wir konstruieren dann in § B gepaarte Vielteilchenzustände und behandeln einige ihrer Eigenschaften. Dabei werden wir auf die Begriffe der *normalen* und *anomalen Mittelwerte* stoßen. Die einen gehören zu Operatoren, die die Teilchenzahl erhalten; die Operatoren der anderen verändern die Teilchenzahl (§ C). In § D zeigen wir, wie die gepaarten Zustände es in der Tat erlauben, die räumlichen Korrelationsfunktionen eines Systems identischer Teilchen zu verändern. Wir werden sehen, dass dabei eine neue Funktion erscheint, die in der Folge eine wichtige Rolle spielt: die Paarwellenfunktion, die mit den anomalen Mittelwerten zusammenhängt. In § E behandeln wir schließlich eine weitere interessante Eigenschaft der gepaarten Zustände, die mit dem Begriff des *Quasiteilchens* zusammenhängen. Dabei nimmt man eine lineare Transformation der Erzeuger und Vernichter vor (Bogoliubov-Valatin-Transformation), und der gepaarte Zustand erscheint als derjenige Zustand, der von einem neuen Satz von Vernichtungsoperatoren auf null abgebildet wird. Mit anderen Worten: Er bildet das *Vakuum der Quasiteilchen*. Die Transformation liefert auch Erzeugungsoperatoren, die jedem gepaarten Zustand eine ganze Orthogonalbasis von ele-

---

1 Am Ende von § C-1-a beschreiben wir etwas genauer, in welchem Sinn das Hartree-Fock-Verfahren als ein Sonderfall der Methode gepaarter Teilchen angesehen werden kann.

mentaren Anregungen zuordnen, die man als mit Quasiteilchen besetzte Zustände interpretieren kann.

Die hier eingeführten Werkzeuge, die uns mit gepaarten Zuständen hantieren lassen, werden in zwei Ergänzungen weiterentwickelt. In Ergänzung A_{XVII} beleuchten wir gepaarte Teilchen aus einer komplementären Perspektive und führen Feldoperatoren für Paare ein. Mit ihrer Hilfe kann man die kollektiven Effekte in gepaarten Zuständen charakterisieren, denn genau in diesen Zuständen ist ihr Mittelwert ungleich null. Dies kann zu der spontanen Entstehung eines Ordnungsparameters in dem System führen, der durch dieselbe Paarwellenfunktion beschrieben wird, die auch in den Korrelationsfunktionen eines gepaarten Zustands auftritt. In Ergänzung A_{XVII} sehen wir außerdem, dass die Kommutationsbeziehungen für diese Operatoren ähnlich zu denen von bosonischen Feldern sind: In gewisser Weise verhält sich das aus zwei Teilchen zusammengesetzte Objekt wie ein Boson (dabei können die Konstituenten sowohl Fermionen als auch Bosonen sein). Es handelt sich dabei allerdings um eine Näherung, wie man an den Korrekturtermen sehen kann, die in den Kommutatoren auftauchen und manchmal eine wichtige Rolle spielen. In Ergänzung B_{XVII} werten wir im Detail den Mittelwert der Energie in einem gepaarten Zustand aus, und auf diese Ausdrücke stützen sich die folgenden Ergänzungen. Wir sehen dort, in welcher Weise die normalen und anomalen Mittelwerte in die Rechnung eingehen.

Die letzten drei Ergänzungen verwenden die so erhaltenen Ergebnisse im Rahmen eines Variationsverfahrens für wechselwirkende Bosonen oder Fermionen. In Ergänzung C_{XVII} und D_{XVII} sehen wir, dass Paare von Fermionen eine wesentliche Rolle in der BCS-Theorie der Supraleitung spielen (um 1957 von John Bardeen, Leon Cooper und John R. Schrieffer entwickelt). Wir betrachten dazu Fermionen mit einer anziehenden Wechselwirkung und erklären, wie kollektive Effekte zum Auftreten eines Feldes von Paaren führen. Außerdem spielen gepaarte Zustände eine bemerkenswerte Rolle in der Kernphysik und in ultrakalten Gasen aus fermionischen Atomen. Bei Bosonen unter abstoßender Wechselwirkung sind gepaarte Zustände nützlich, um die Eigenschaften des Grundzustands zu untersuchen, insbesondere den akustischen Zweig des Bogoliubov-Spektrums (Ergänzung E_{XVII}). In diesem Fall entstehen die gepaarten Teilchen aus einem Zustand, der das Bose-Einstein-Kondensat beschreibt, in dem ein makroskopisch großer Anteil von Teilchen in einer einzigen quantenmechanischen Wellenfunktion akkumuliert ist.

A Erzeugungs- und Vernichtungsoperatoren für ein Teilchenpaar

Wir führen nun Operatoren ein, die nicht ein, sondern zwei Teilchen in einem gewissen Zustand erzeugen (oder vernichten). Wir beginnen mit spinlosen Teilchen (oder spinpolarisierten Teilchen, die sich alle in demselben Spinzustand befinden, so dass die Spinvariablen nicht explizit aufzuschreiben sind).

A-1 Spinlose oder spinpolarisierte Teilchen

Betrachten wir zwei ununterscheidbare Teilchen (Bosonen oder Fermionen) an den Koordinaten $\mathbf{r}_1$ und $\mathbf{r}_2$. Die beiden Teilchen bilden einen gebundenen Zustand, der durch die normierte Wellenfunktion $\chi(\mathbf{r}_1 - \mathbf{r}_2)$ beschrieben wird, eine Art zweiatomiges *Molekül*. Diese Wellenfunktion beschreibt den Zustand des Systems bezüglich der Relativbewegung der Teilchen und ihrer Spinvariablen (die hier beide gleich sind, so dass wir sie im Weiteren nicht explizit mitnehmen müssen). Dazu kommt die Bewegung der Schwerpunktskoordinaten, so dass die normierte Wellenfunktion des *Moleküls* mit dem Gesamtimpuls $\hbar\mathbf{K}$ durch

$$\begin{aligned}\phi_{\mathbf{K}}(\mathbf{r}_1, \mathbf{r}_2) &= \frac{\mathrm{e}^{\mathrm{i}\mathbf{K}\cdot(\mathbf{r}_1+\mathbf{r}_2)/2}}{L^{3/2}}\chi(\mathbf{r}_1 - \mathbf{r}_2) \\ &= \frac{1}{L^3}\sum_{\mathbf{k}} g_{\mathbf{k}}\, \mathrm{e}^{\mathrm{i}(\frac{1}{2}\mathbf{K}+\mathbf{k})\cdot\mathbf{r}_1}\, \mathrm{e}^{\mathrm{i}(\frac{1}{2}\mathbf{K}-\mathbf{k})\cdot\mathbf{r}_2}\end{aligned} \tag{A-1}$$

gegeben ist. Hier ist $g_{\mathbf{k}}$ die Fourier-Transformierte von χ:

$$\begin{aligned} g_{\mathbf{k}} &= \frac{1}{L^{3/2}}\int_{L^3} \mathrm{d}^3 r\, \mathrm{e}^{-\mathrm{i}\mathbf{k}\cdot\mathbf{r}}\chi(\mathbf{r}) \\ \chi(\mathbf{r}) &= \frac{1}{L^{3/2}}\sum_{\mathbf{k}} g_{\mathbf{k}}\, \mathrm{e}^{\mathrm{i}\mathbf{k}\cdot\mathbf{r}}\end{aligned} \tag{A-2}$$

Das System befinde sich in einem Volumen L^3 der Seitenlänge L, und wir nehmen an, dass die Wellenfunktionen der Teilchen periodische Randbedingungen erfüllen (s. Ergänzung $\mathrm{C}_{\mathrm{XIV}}$, § 1-c). In Gl. (A-1) ist jede Komponente der Wellenvektoren $\mathbf{k}$ ein ganzzahliges Vielfaches von $2\pi/L$ (positiv, negativ oder null). Die Normierung der Wellenfunktionen χ und g bedeutet:

$$\int_{L^3} \mathrm{d}^3 r\, |\chi(\mathbf{r})|^2 = \sum_{\mathbf{k}} |g_{\mathbf{k}}|^2 = 1 \tag{A-3}$$

Für ununterscheidbare Teilchen folgt aus dem Symmetriepostulat, dass $\chi(\mathbf{r})$ und ihre Fourier-Transformierte $g(\mathbf{k})$ unter Raumspiegelung die Parität η haben:

$$g_{-\mathbf{k}} = \eta\, g_{\mathbf{k}} \tag{A-4}$$

(Es gilt wieder $\eta = +1$ für Bosonen und für Fermionen $\eta = -1$.)

Geschrieben als Ket-Vektor wird aus Gl. (A-1)

$$\begin{aligned}|\phi_{\mathbf{K}}(1,2)\rangle &= \frac{1}{L^3}\int \mathrm{d}^3 r_1 \int \mathrm{d}^3 r_2 \sum_{\mathbf{k}} g_{\mathbf{k}}\, \mathrm{e}^{\mathrm{i}(\frac{1}{2}\mathbf{K}+\mathbf{k})\cdot\mathbf{r}_1}\, \mathrm{e}^{\mathrm{i}(\frac{1}{2}\mathbf{K}-\mathbf{k})\cdot\mathbf{r}_2}\, |1:\mathbf{r}_1; 2:\mathbf{r}_2\rangle \\ &= \sum_{\mathbf{k}} g_{\mathbf{k}} \left|1:\left(\tfrac{1}{2}\mathbf{K}+\mathbf{k}\right); 2:\left(\tfrac{1}{2}\mathbf{K}-\mathbf{k}\right)\right\rangle\end{aligned} \tag{A-5}$$

Mit Gleichung (A-4) und einem Vorzeichentausch in der Summationsvariablen **k** können wir diesen Zustand auch wie folgt aufschreiben:

$$|\phi_{\mathbf{K}}(1,2)\rangle = \frac{1}{2}\sum_{\mathbf{k}} g_{\mathbf{k}} \left\{ \left|1:\left(\tfrac{1}{2}\mathbf{K}+\mathbf{k}\right); 2:\left(\tfrac{1}{2}\mathbf{K}-\mathbf{k}\right)\right\rangle + \eta \left|1:\left(\tfrac{1}{2}\mathbf{K}-\mathbf{k}\right); 2:\left(\tfrac{1}{2}\mathbf{K}+\mathbf{k}\right)\right\rangle \right\} \tag{A-6}$$

Im Ausdruck auf der rechten Seite wird über (anti-)symmetrisierte Zweiteilchen-Kets summiert, in denen ein Teilchen den Impuls $\hbar(\mathbf{K}/2+\mathbf{k})$ und das andere den Impuls $\hbar(\mathbf{K}/2-\mathbf{k})$ hat. Wir können nun zwei Fälle unterscheiden:

1. Für $\mathbf{k} \neq 0$ wird der Ket in den geschweiften Klammern durch den Faktor $1/\sqrt{2}$ normiert. Man erhält so einen Fock-Zustand, in dem zwei verschiedene Einteilchenzustände besetzt sind (s. Kapitel XV, § A-1). Den Ket in den Klammern können wir also

$$\sqrt{2}\, a^{\dagger}_{\frac{1}{2}\mathbf{K}+\mathbf{k}} a^{\dagger}_{\frac{1}{2}\mathbf{K}-\mathbf{k}} |0\rangle \tag{A-7}$$

schreiben, wobei $|0\rangle$ der Vakuumzustand ist.

2. Für $\mathbf{k} = 0$ steht bei Bosonen in den geschweiften Klammern das Doppelte eines Fock-Zustands, in dem ein einzelnes Niveau mit zwei Teilchen besetzt ist; diesen Ket können wir

$$\sqrt{2}\left(a^{\dagger}_{\frac{1}{2}\mathbf{K}}\right)^2 |0\rangle \tag{A-8}$$

schreiben. Bei Fermionen verschwindet in Gl. (A-6) der Ket in den Klammern, was aber auch für Gl. (A-8) wegen der Antikommutationsbeziehungen der Erzeuger gilt. Wir können also in jedem Fall, für Fermionen oder Bosonen, für $\mathbf{k} = \mathbf{0}$ oder nicht, den Zustand in Gl. (A-6) durch den Ausdruck (A-7) erzeugen. Daraus folgt schließlich

$$|\phi_{\mathbf{K}}\rangle = \frac{1}{\sqrt{2}}\sum_{\mathbf{k}} g_{\mathbf{k}}\, a^{\dagger}_{\frac{1}{2}\mathbf{K}+\mathbf{k}} a^{\dagger}_{\frac{1}{2}\mathbf{K}-\mathbf{k}} |0\rangle \tag{A-9}$$

Für spinpolarisierte Teilchen erinnern wir daran, dass in diesem Ausdruck die Spinindizes nicht explizit hingeschrieben sind: Sie würden mit identischen Werten an beiden Erzeugungsoperatoren neben den Impulsvariablen stehen [s. etwa Gl. (A-23) weiter unten mit verschiedenen Spinindizes].

Wir können also wie folgt einen Erzeugungsoperator $A^{\dagger}_{\mathbf{K}}$ für ein „Molekül" mit dem Gesamtimpuls $\hbar\mathbf{K}$ definieren:

$$A^{\dagger}_{\mathbf{K}} = \frac{1}{\sqrt{2}}\sum_{\mathbf{k}} g_{\mathbf{k}}\, a^{\dagger}_{\frac{1}{2}\mathbf{K}+\mathbf{k}} a^{\dagger}_{\frac{1}{2}\mathbf{K}-\mathbf{k}} \tag{A-10}$$

Seine Wirkung besteht darin, mit der Wahrscheinlichkeitsamplitude $g_{\mathbf{k}}$ zwei Teilchen bei den Impulsen $\hbar(\frac{1}{2}\mathbf{K} \pm \mathbf{k})$ zu erzeugen. Weil η die Parität von $g_{\mathbf{k}}$ ist, stellen wir fest

$$g_{-\mathbf{k}}\, a^{\dagger}_{\frac{1}{2}\mathbf{K}-\mathbf{k}} a^{\dagger}_{\frac{1}{2}\mathbf{K}+\mathbf{k}} = \eta\, g_{\mathbf{k}}\, a^{\dagger}_{\frac{1}{2}\mathbf{K}-\mathbf{k}} a^{\dagger}_{\frac{1}{2}\mathbf{K}+\mathbf{k}} = g_{\mathbf{k}}\, a^{\dagger}_{\frac{1}{2}\mathbf{K}+\mathbf{k}} a^{\dagger}_{\frac{1}{2}\mathbf{K}-\mathbf{k}} \tag{A-11}$$

Die Werte von $\mathbf{k}$ mit entgegensetzten Vorzeichen liefern also in Gl. (A-10) denselben Beitrag. Diese doppelte Zählung wird uns in § B-2 stören, wo wir ein Tensorprodukt aufschreiben, und deswegen wollen wir sie bereits hier vermeiden. Dazu schränken wir die Summe über $\mathbf{k}$ auf einen Halbraum D der Wellenvektoren ein und schreiben den Erzeuger $A_{\mathbf{K}}^{\dagger}$ in der Form

$$A_{\mathbf{K}}^{\dagger} = \sqrt{2} \sum_{\mathbf{k} \in D} g_{\mathbf{k}}\, a_{\frac{1}{2}\mathbf{K}+\mathbf{k}}^{\dagger} a_{\frac{1}{2}\mathbf{K}-\mathbf{k}}^{\dagger} \tag{A-12}$$

Daraus wird für ein „Molekül" mit Gesamtimpuls null:

$$A_{\mathbf{K}=\mathbf{0}}^{\dagger} = \sqrt{2} \sum_{\mathbf{k} \in D} g_{\mathbf{k}}\, a_{\mathbf{k}}^{\dagger} a_{-\mathbf{k}}^{\dagger} \tag{A-13}$$

Der Vernichter für ein „Molekül" mit Impuls $\hbar\mathbf{K}$ ist einfach der zu Gl. (A-12) adjungierte Operator:

$$A_{\mathbf{K}} = \sqrt{2} \sum_{\mathbf{k} \in D} g_{\mathbf{k}}^{*}\, a_{\frac{1}{2}\mathbf{K}-\mathbf{k}} a_{\frac{1}{2}\mathbf{K}+\mathbf{k}} \tag{A-14}$$

Wir haben in diesen Überlegungen zwar an erzeugte oder vernichtete „Moleküle" gedacht, aber nirgendwo verwendet, dass die Wellenfunktion $\chi(\mathbf{r})$ und ihre Fourier-Transformierte $g_{\mathbf{k}}$ sich auf einen besonderen gebundenen Zustand beziehen oder dass es überhaupt eine anziehende Wechselwirkung zwischen den Konstituenten dieses „Moleküls" gibt. In der Tat werden im Folgenden die Amplituden $g_{\mathbf{k}}$ eher die Rolle von frei wählbaren Parametern spielen, zum Beispiel innerhalb eines Variationsverfahrens. Um dieser allgemeineren Situation Rechnung zu tragen, sprechen wir von nun an statt von Molekülen von *Paaren* von Teilchen.

Bemerkung:

Falls man für $g_{\mathbf{k}}$ ein Kronecker-δ annimmt,

$$g_{\mathbf{k}} = \frac{1}{\sqrt{2}} \left(\delta_{\mathbf{k},\mathbf{k}_0} + \eta\, \delta_{\mathbf{k},-\mathbf{k}_0}\right) \tag{A-15}$$

dann ergibt sich aus Gl. (A-10)

$$A_{\mathbf{K}}^{\dagger} = \frac{1}{2} \left(a_{\frac{1}{2}\mathbf{K}+\mathbf{k}_0}^{\dagger} a_{\frac{1}{2}\mathbf{K}-\mathbf{k}_0}^{\dagger} + \eta\, a_{\frac{1}{2}\mathbf{K}-\mathbf{k}_0}^{\dagger} a_{\frac{1}{2}\mathbf{K}+\mathbf{k}_0}^{\dagger} \right) = a_{\frac{1}{2}\mathbf{K}+\mathbf{k}_0}^{\dagger} a_{\frac{1}{2}\mathbf{K}-\mathbf{k}_0}^{\dagger} \tag{A-16}$$

Die beiden Impulse können hier beliebige Werte annehmen, indem man den Gesamtimpuls $\mathbf{K}$ und den Relativimpuls $\mathbf{k}_0$ geeignet wählt. Mit diesem Satz von Parametern für das Teilchenpaar kann man so zwei Teilchen in beliebigen Impulszuständen beschreiben. Indem man P-mal Operatoren $A_{\mathbf{K}}^{\dagger}$ (mit verschiedenen Werten von $\mathbf{K}$ und $\mathbf{k}_0$) auf den Vakuumzustand anwendet, kann man jeden Fock-Zustand mit $2P$ Teilchen und beliebigen Impulsen erhalten.

A-2 Singulett-Paare von Fermionen

Wir nehmen der Einfachheit halber an, dass der Zustand des Teilchenpaars ein Tensorprodukt aus einem Orbitalzustand (in $\mathbf{r}_1 - \mathbf{r}_2$) und einem Spinzustand $|\chi_S\rangle$ ist. Gleichung (A-1) muss dann durch

$$\begin{aligned}\phi_{\mathbf{K}}^{\nu_1,\nu_2}(\mathbf{r}_1,\mathbf{r}_2) &= \langle 1:\mathbf{r}_1,\nu_1;2:\mathbf{r}_2,\nu_2|\phi_{\mathbf{K}}\rangle \\ &= \frac{e^{i\mathbf{K}\cdot(\mathbf{r}_1+\mathbf{r}_2)/2}}{L^{3/2}}\chi(\mathbf{r}_1-\mathbf{r}_2)\langle\nu_1,\nu_2|\chi_S\rangle \\ &= \frac{1}{L^3}\sum_{\mathbf{k}} g_{\mathbf{k}}\, e^{i(\frac{1}{2}\mathbf{K}+\mathbf{k})\cdot\mathbf{r}_1}\, e^{i(\frac{1}{2}\mathbf{K}-\mathbf{k})\cdot\mathbf{r}_2}\langle\nu_1,\nu_2|\chi_S\rangle \end{aligned} \tag{A-17}$$

ersetzt werden. Wir haben in $\phi_{\mathbf{K}}^{\nu_1,\nu_2}(\mathbf{r}_1,\mathbf{r}_2)$ die Spinindizes ν_1,ν_2 ergänzt und mit $\langle\nu_1,\nu_2|\chi_S\rangle$ multipliziert. Aus der Beziehung (A-5) wird dann

$$\begin{aligned}|\phi_{\mathbf{K}}(1,2)\rangle &= \frac{1}{L^3}\int d^3r_1\int d^3r_2\sum_{\mathbf{k}} g_{\mathbf{k}}\, e^{i(\frac{1}{2}\mathbf{K}+\mathbf{k})\cdot\mathbf{r}_1}\, e^{i(\frac{1}{2}\mathbf{K}-\mathbf{k})\cdot\mathbf{r}_2} \\ &\qquad\times\sum_{\nu_1,\nu_2}\langle\nu_1,\nu_2|\chi_S\rangle\,|1:\mathbf{r}_1,\nu_1;2:\mathbf{r}_2,\nu_2\rangle \\ &= \sum_{\mathbf{k}} g_{\mathbf{k}}\sum_{\nu_1,\nu_2}\langle\nu_1,\nu_2|\chi_S\rangle\,\left|1:\left(\tfrac{1}{2}\mathbf{K}+\mathbf{k}\right),\nu_1;2:\left(\tfrac{1}{2}\mathbf{K}-\mathbf{k}\right),\nu_2\right\rangle\end{aligned} \tag{A-18}$$

Die Wellenfunktion $\chi(\mathbf{r}_1-\mathbf{r}_2)$ habe die orbitale Parität η_o und der Spinzustand $|\chi_S\rangle$ die Parität η_s (unter Teilchenaustausch); natürlich muss

$$\eta_o\,\eta_s = \eta \tag{A-19}$$

gelten. Also ist

$$\begin{aligned}|\phi_{\mathbf{K}}(1,2)\rangle = \frac{1}{2}\sum_{\mathbf{k}} g_{\mathbf{k}}\sum_{\nu_1,\nu_2}\langle\nu_1,\nu_2|\chi_S\rangle\Big\{&\left|1:\left(\tfrac{1}{2}\mathbf{K}+\mathbf{k}\right),\nu_1;2:\left(\tfrac{1}{2}\mathbf{K}-\mathbf{k}\right),\nu_2\right\rangle \\ &+\eta\left|1:\left(\tfrac{1}{2}\mathbf{K}-\mathbf{k}\right),\nu_2;2:\left(\tfrac{1}{2}\mathbf{K}+\mathbf{k}\right),\nu_1\right\rangle\Big\}\end{aligned} \tag{A-20}$$

so dass wir analog zu Gl. (A-5) und Gl. (A-6) folgenden Paarerzeuger ablesen:

$$A_{\mathbf{K}}^\dagger = \frac{1}{\sqrt{2}}\sum_{\mathbf{k}} g_{\mathbf{k}}\sum_{\nu_1,\nu_2}\langle\nu_1,\nu_2|\chi_S\rangle\; a^\dagger_{\frac{1}{2}\mathbf{K}+\mathbf{k},\nu_1}\, a^\dagger_{\frac{1}{2}\mathbf{K}-\mathbf{k},\nu_2} \tag{A-21}$$

Haben die Fermionen etwa den Spin 1/2 und bilden sie einen Singulett-Zustand, dann gilt

$$A_{\mathbf{K}}^\dagger = \frac{1}{2}\sum_{\mathbf{k}} g_{\mathbf{k}}\left[a^\dagger_{\frac{1}{2}\mathbf{K}+\mathbf{k},\nu=+}\, a^\dagger_{\frac{1}{2}\mathbf{K}-\mathbf{k},\nu=-} - a^\dagger_{\frac{1}{2}\mathbf{K}+\mathbf{k},\nu=-}\, a^\dagger_{\frac{1}{2}\mathbf{K}-\mathbf{k},\nu=+}\right] \tag{A-22}$$

Hier ist $\eta_s = -1$ und die Funktionen $\chi(\mathbf{r})$ und $g_{\mathbf{k}}$ sind gerade. Diese Parität können wir ausnutzen und den Summationsindex im zweiten Term $\mathbf{k} \mapsto -\mathbf{k}$ umbenennen. Vertauschen wir noch die beiden Erzeuger, ergibt sich ein Vorzeichenwechsel (die fermionischen Operatoren antikommutieren), so dass der erste und zweite Term dasselbe ergeben. Wir haben also

$$A_{\mathbf{K}}^\dagger = \sum_{\mathbf{k}} g_{\mathbf{k}}\, a^\dagger_{\frac{1}{2}\mathbf{K}+\mathbf{k},\uparrow}\, a^\dagger_{\frac{1}{2}\mathbf{K}-\mathbf{k},\downarrow} \tag{A-23}$$

wobei die folgende Notation eingeführt wird, die wir für Fermionen jetzt immer verwenden:

$$a_{\mathbf{k}\uparrow} = a_{\mathbf{k},\nu=+}$$
$$a_{\mathbf{k}\downarrow} = a_{\mathbf{k},\nu=-} \qquad \text{(A-24)}$$

(Ähnliche Bezeichnungen gelten natürlich für Erzeugungsoperatoren.) Wir beobachten *en passant*, dass wegen der entgegengesetzten Spinzustände in Gl. (A-23) keine Zustände mehrfach gezählt werden; es ist also nicht nötig, die Summe auf einen Halbraum einzuschränken.

Bemerkungen:

1. Verwenden wir für $g_{\mathbf{k}}$ wie in Gl. (A-15) eine (anti-)symmetrisierte δ-Funktion, dann sieht man ähnlich wie in Gl. (A-16), dass Fock-Zustände mit beliebigen Impulsen und (geraden) Teilchenzahlen durch die wiederholte Anwendung von Paaroperatoren $A^{\dagger}_{\mathbf{K}}$ auf das Vakuum entstehen. Es besteht lediglich die Einschränkung, dass die Besetzungen der beiden Spinzustände gleich sind.
2. Wählt man in Gl. (A-22) statt einer geraden eine ungerade Funktion $g_{\mathbf{k}}$, dann haben wir es mit einem Fermionenpaar in einem Zustand mit Gesamtspin $S = 1$ (und Projektion $M = 0$) zu tun, das der Operator $A^{\dagger}_{\mathbf{K}}$ in Gl. (A-23) erzeugt. In der Tat steht dann in der geschweiften Klammer von Gleichung (A-22) ein Triplett-Zustand mit einem Pluszeichen anstelle des Minuszeichens. Eine analoge Argumentation wie oben liefert erneut den Operator (A-23).

B Konstruktion von gepaarten Zuständen

Wir werden nun die einfachst möglichen gepaarten Zustände $|\Psi_P\rangle$ konstruieren, um allzu komplizierte Rechnungen zu vermeiden. Dabei dient uns das Variationsverfahren von Gross und Pitaevskii (s. Ergänzung C_{XV}) als Ausgangspunkt. Wir hatten dort angenommen, dass der Zustand eines N-Teilchen-Systems durch das Erzeugen von N Teilchen in demselben Einteilchenzustand entsteht. Hier werden wir auch einen Erzeuger wiederholt auf das Vakuum anwenden, aber statt des Operators $a^{\dagger}_{\mathbf{k}}$, der ein Teilchen erzeugt, werden wir den Paarerzeuger $A^{\dagger}_{\mathbf{K}}$ verwenden. Dieser Unterschied ist wesentlich, insbesondere bei Fermionen. Es wäre unmöglich, mehrere Fermionen in demselben Einteilchenzustand zu platzieren, denn das Quadrat und alle höheren Potenzen eines Erzeugungsoperators verschwinden ja. Wir werden in der Tat sehen, dass das Erzeugen von P *Paaren* von Fermionen in demselben Quantenzustand nicht auf einen Nullvektor führt.

B-1 Feste Teilchenzahl

Der gepaarte Zustand $|\Psi_P(\mathbf{K})\rangle$ wird also als derjenige (nichtnormierte) Zustandsvektor definiert, in dem $N = 2P$ Teilchen P Paare bilden, wobei jedes Paar den Gesamtimpuls $\hbar\mathbf{K}$ hat:

$$|\Psi_P(\mathbf{K})\rangle = \left[A^{\dagger}_{\mathbf{K}}\right]^P |0\rangle \qquad \text{(B-1)}$$

Der hier auftretende Erzeuger $A_{\mathbf{K}}^{\dagger}$ ist durch Gl. (A-12) oder Gl. (A-23) definiert. Wir nehmen in der Folge an, dass alle Paare den Gesamtimpuls null haben. Sollte das nicht der Fall sein, können wir das durch einen Wechsel in ein anderes Inertialsystem erreichen (dieses System würde sich mit allen Teilchenpaaren mitbewegen). Der gepaarte Zustand $|\Psi_P\rangle$ ist also

$$|\Psi_P\rangle = \left[A_{\mathbf{K}=\mathbf{0}}^{\dagger}\right]^P |0\rangle \tag{B-2}$$

Wie in § A-1 untersuchen wir zunächst spinlose oder spinpolarisierte Teilchen (Bosonen oder Fermionen). Fermionen mit verschiedenen Spins werden wir von nun an nur für den Singulett-Zustand untersuchen (wie in § A-2), um aufwendige Rechnungen zu vermeiden, die im Prinzip nichts Neues liefern. In beiden Fällen sind die Fourier-Koeffizienten $g_{\mathbf{k}}$ die einzigen Parameter, von denen dieser Zustand mit $2P$ Teilchen abhängt. Für $P > 1$ werden wir überprüfen, dass die Normierung von $|\Psi_P(\mathbf{K})\rangle$ *nicht* durch die einfache Bedingung (A-3) an die Norm von $g_{\mathbf{k}}$ gesichert ist. Deswegen werden wir von nun an diese Koeffizienten als vollständig freie Variationsparameter behandeln. Durch Multiplikation mit einer globalen Konstanten kann man zum Beispiel die Norm von $|\Psi_P(\mathbf{K})\rangle$ festlegen. Wir sind damit „flexibler" und die Rechnungen gestalten sich am Ende etwas einfacher.

B-1-a Spinpolarisierte Teilchen

Für Teilchen in demselben Spinzustand hat der Paarerzeuger die Form (A-13), und dies führt auf

$$|\Psi_P\rangle = \left\{\sum_{\mathbf{k}\in D} \sqrt{2}\, g_{\mathbf{k}}\, a_{\mathbf{k}}^{\dagger} a_{-\mathbf{k}}^{\dagger}\right\}^P |0\rangle \tag{B-3}$$

Hier ist D der oben eingeführte Halbraum der Wellenvektoren $\mathbf{k}$. Wir erinnern daran, dass die möglichen $\mathbf{k}$ durch periodische Randbedingungen in einem Volumen Volumen L^3 festgelegt sind. Der Spinindex ist unterdrückt: $a_{\mathbf{k}}^{\dagger}$ erzeugt ein Teilchen in dem Zustand mit dem Impuls $\hbar\mathbf{k}$ und der allen Teilchen gemeinsamen Spinquantenzahl.

Die Parameter $g_{\mathbf{k}}$, die in den Ket $|\Psi_P\rangle$ eingehen, sind ursprünglich als die Fourier-Komponenten einer normierten Wellenfunktion $\chi(\mathbf{r})$ eingeführt worden [s. Gl. (A-2)]. Dies garantiert aber nicht die Normierung von $|\Psi_P\rangle$, denn wenn man die Erzeuger in der P-ten Potenz aus Gl. (B-3) ausmultipliziert, dann enstehen diverse Wurzeln aus Besetzungszahlen, sobald ein Index $\mathbf{k}$ mehrfach auftritt. Der Ket $|\Psi_P\rangle$ ist also kein einfaches Tensorprodukt und seine Norm nicht die P-te Potenz der Summe über alle $|g_{\mathbf{k}}|^2$. Wie oben erwähnt ist es in der Folge bequemer, die Normierungsbedingung an die $g_{\mathbf{k}}$ fallen zu lassen und sie als freie Parameter zu betrachten.

Man kann die $g_{\mathbf{k}}$ so wählen, dass endlich oder unendlich viele von ihnen nicht verschwinden. Der einfachste Fall ist der eines einzigen Impulses, $g_{\mathbf{k}} \propto \delta_{\mathbf{k},\mathbf{k}_0}$, wie oben bereits angemerkt. Der Ket $|\Psi_P\rangle$ wäre in diesem Fall proportional zu einem einfachen Fock-Zustand mit zwei besetzten Zuständen, deren Impulse entgegengesetzt sind. Für andere Wahlen von $g_{\mathbf{k}}$ erhält man einen Zustandsvektor mit einer komplexeren Struktur, und seine Korrelationen zwischen den Teilchen können deswegen genauer als in einem einfachen Fock-Zustand justiert werden.

B-1-b Fermionenpaare im Singulett-Zustand

Ein häufig auftretender Fall ist der von Fermionen in einem Singulett-Zustand, so dass der Paarerzeuger (A-23) anzuwenden ist. Der gepaarte Zustand mit $N = 2P$ Teilchen ist

$$|\Psi_P\rangle = \left[A^{\dagger}_{\mathbf{K}=\mathbf{0}}\right]^P |0\rangle = \left\{\sum_{\mathbf{k}} g_{\mathbf{k}}\, a^{\dagger}_{\mathbf{k}\uparrow} a^{\dagger}_{-\mathbf{k}\downarrow}\right\}^P |0\rangle \tag{B-4}$$

Die Summe über **k** läuft über alle Wellenvektoren, ohne die Einschränkung auf einen Halbraum aus Formel (B-3). (Wegen der Spinquantenzahlen unterscheiden sich die Zustände $\mathbf{k}\uparrow, -\mathbf{k}\downarrow$ von $-\mathbf{k}\uparrow, \mathbf{k}\downarrow$.)

Auch hier beobachten wir, dass die Normierung von $|\Psi_P\rangle$ nicht durch Gl. (A-3) gesichert ist. Für $P > 1$ kann ein Index **k** nämlich zweimal oder mehr auftreten, wenn man die P-te Potenz in Gl. (B-4) ausmultipliziert. Der entsprechende Term verschwindet, weil er das Quadrat eines fermionischen Erzeugers enthält. Die Norm des Zustands $|\Psi_P\rangle$ ist also ein komplizierter Ausdruck. Es ist einfacher, ihn nicht zu normieren und mit den Koeffizienten $g_{\mathbf{k}}$ als vollkommen freien Variationsparametern zu arbeiten.

B-1-c Folgerungen aus der Symmetrisierung

Die Zustände (B-3) und (B-4) enthalten nicht einfach P Teilchenpaare nebeneinander, die alle durch die Wellenfunktion $\chi(\mathbf{r})$ ihrer Relativkoordinaten (bzw. durch deren Fourier-Transformierte $g_{\mathbf{k}}$) beschrieben würden. Wir haben bereits gesehen, dass die Norm der gepaarten Zustände mit $2P$ Teilchen von der (Anti-)Symmetrisierung des Zustands stark beeinflusst wird. Diese spielt auch eine wesentliche Rolle für die Struktur des Zustands selbst, der überhaupt nicht dem Tensorprodukt von P Paarzuständen gleicht. Bei Fermionen ist dies besonders offensichtlich: Wenn man die Potenz der geschweiften Klammer in Gl. (B-4) ausmultipliziert, bleiben nur die Terme übrig, in denen P verschiedene Indizes $\mathbf{k}_1, \mathbf{k}_2, \ldots, \mathbf{k}_P$ auftreten; alle anderen verschwinden wegen des Pauli-Prinzips.

Es gibt allerdings einen Grenzfall, in dem der gepaarte Zustand praktisch ein Nebeneinander von P zweiatomigen Molekülen beschreibt: wenn nämlich die Reichweite der Wellenfunktion $\chi(\mathbf{r}_1 - \mathbf{r}_2)$ sehr kurz ist, so dass zu der Fourier-Transformierten $g_{\mathbf{k}}$ sehr viele Wellenvektoren **k** beitragen. Ist die Anzahl dieser Komponenten viel größer als die Zahl der Paare P, dann wiederholen sich in den meisten beim Ausmultiplizieren entstehenden Produkten keine Operatoren. In diesem Fall ist der gepaarte Zustandsvektor nicht sehr verschieden von einem Tensorprodukt von Teilchenpaaren. Er beschreibt dann ein Gas von stark gebundenen Molekülen, die sich alle im Molekularfeld (engl.: *mean field*) der anderen bewegen (eine Art Fock-Zustand von Molekülen).

Dies ist allerdings ein Spezialfall, und im Allgemeinen kann man mit einer beliebigen Wellenfunktion χ noch ganz andere physikalische Systeme beschreiben – und genau darin liegt der Nutzen der gepaarten Zustände.

Obwohl also formal die Wellenfunktion $\chi(\mathbf{r})$ mit ihren Koeffizienten $g_{\mathbf{k}}$ als *Molekülzustand* den Ausgangspunkt für den gepaarten Zustand $|\Psi_P\rangle$ bildete, besitzt dieser Zustand nach der (Anti-)Symmetrisierung eine komplexe Struktur, die man kaum durch den Begriff des Moleküls wiedergeben kann. Eine einfache Eigenschaft kann man diesem Zustand dagegen zuschreiben, nämlich genau $N = 2P$ Teilchen und P Teilchenpaare zu enthalten. Dies kann man an allen nicht verschwindenden Termen ablesen: Sie sind Produkte von $2P$ Erzeugern und mit jedem Impuls $\hbar\mathbf{k}$ tritt auch der entgegengesetzte Impuls $-\hbar\mathbf{k}$ auf.

B-2 Unbestimmte Teilchenzahl

Mit dem soeben eingeführten Zustand $|\Psi_P\rangle$ kann man leider nicht bequem rechnen (insbesondere seine Normierung ist kompliziert). Die geschweifte Klammer enthält sehr viele Einteilchenzustände $\mathbf{k}$, und dann muss man davon noch die P-te Potenz bilden. Aus diesen Gründen führen wir einen anderen Variationsansatz $|\Psi_{\text{gep}}\rangle$ für den Zustand der gepaarten Teilchen ein, in dem die Gesamtteilchenzahl nicht fixiert ist. Mit diesem Zustand sind die Rechnungen bequemer.[2] Ausgehend von Gl. (B-2) wird er durch

$$|\Psi_{\text{gep}}\rangle = \sum_{P=0}^{\infty} \frac{1}{P!} |\Psi_P\rangle = \sum_{P=0}^{\infty} \frac{1}{P!} \left[A^\dagger_{\mathbf{K}=\mathbf{0}}\right]^P |0\rangle \tag{B-5}$$

definiert. Die Zustände $|\Psi_P\rangle$ sind nicht normiert, wie wir gesehen hatten. Indem man $g_{\mathbf{k}}$ und damit $A_{\mathbf{K}=\mathbf{0}}$ um einen globalen Faktor α ändert, wird ihre Norm mit α^P multipliziert. Dadurch wird das relative Gewicht der Terme in der Reihe (B-5) verändert: Je größer α ist, desto stärker werden große Werte von P gewichtet. Auf diese Weise kann man die mittlere Teilchenzahl variieren.

Wir erkennen in Gleichung (B-5) die Entwicklung einer Exponentialfunktion wieder:

$$|\Psi_{\text{gep}}\rangle = \exp\left\{A^\dagger_{\mathbf{K}=\mathbf{0}}\right\} |0\rangle \tag{B-6}$$

Diese Eigenschaft wird uns die weiteren Rechnungen außerordentlich vereinfachen; sie liefert die wesentliche Motivation dafür, Fluktuationen in der Gesamtteilchenzahl zuzulassen.

Mit dem Zustand (B-5) haben wir es mit Superpositionen von Kets zu tun, die zu verschiedenen Werten für die Gesamtteilchenzahl N gehören, obwohl es in unserem

---

2 Es ist allerdings nicht unmöglich, mit einer festen Teilchenzahl die Variationsrechnung durchzuführen, siehe etwa das Kapitel über die BCS-Theorie bei Leggett (2006), § 5.4 und Anhang 5C.

Modell keinen physikalischen Prozess gibt, der eine derartige kohärente Superposition erzeugen könnte. Dieses Verfahren erinnert an den Übergang vom kanonischen zum großkanonischen Ensemble, in dem man verschiedene Werte von N statistisch (inkohärent) mischt, weil damit bequemer zu rechnen ist. Hier allerdings haben wir willkürlich eine kohärente Superposition eingeführt. Ändern wir damit nicht drastisch die Physik des Problems? Dem ist nicht so, und dafür gibt es zwei Gründe. Zunächst werden wir überprüfen, dass die Komponenten von $|\Psi_{\text{gep}}\rangle$ für große Werte von N nur in einem engen Bereich um den Mittelwert der Teilchenzahl signifikant sind. Die Verteilung von N ist, relativ gesehen, ziemlich scharf, so dass die Teilchenzahl sehr gut definiert ist. Der zweite Grund ist der, dass wir Mittelwerte von Operatoren berechnen werden, die wie die Energie $\widehat{H}$ die Gesamtteilchenzahl erhalten und deswegen unabhängig von den Kohärenzen des Zustandsvektors zwischen Kets mit verschiedenen N sind. Der Mittelwert in dem kohärenten Zustand $|\Psi_{\text{gep}}\rangle$ ist also lediglich eine Gewichtung über Mittelwerte für feste N, die näherungsweise dieselben sind, weil für eine große mittlere Teilchenzahl die Verteilung in N relativ eng ist. Anders ausgedrückt berechnen wir Mittelwerte, die eine gute Näherung an diejenigen sind, die man mit der Projektion von $|\Psi_{\text{gep}}\rangle$ auf eine seiner signifikanten Komponenten mit festem N erhalten würde. Die kohärente Superposition (B-5) bringt uns also große Vereinfachungen in der Rechnung, ohne die physikalisch relevanten Ergebnisse gravierend zu stören. Wir gehen in Ergänzung B_{XVII}, § 1 noch genauer auf diese Frage ein.

B-2-a Spinpolarisierte Teilchen

Wir setzen Gl. (A-13) in den Zustand (B-6) ein und erhalten

$$|\Psi_{\text{gep}}\rangle = \exp\left\{\sum_{\mathbf{k}\in D} \sqrt{2}\, g_{\mathbf{k}}\, a^{\dagger}_{\mathbf{k}} a^{\dagger}_{-\mathbf{k}}\right\} |0\rangle \tag{B-7}$$

Die Operatoren $a^{\dagger}_{\mathbf{k}} a^{\dagger}_{-\mathbf{k}}$ und $a^{\dagger}_{\mathbf{k}'} a^{\dagger}_{-\mathbf{k}'}$ kommutieren untereinander für $\mathbf{k} \neq \mathbf{k}'$ (bei spinpolarisierten Fermionen folgt dies mit zwei Vorzeichenwechseln aus den Antikommutatorrelationen). Daraus folgt, dass die e-Funktion der Summe in ein (Tensor-)Produkt von e-Funktionen zerfällt:[3]

$$|\Psi_{\text{gep}}\rangle = \left\{\bigotimes_{\mathbf{k}\in D} \exp\left[\sqrt{2}\, g_{\mathbf{k}}\, a^{\dagger}_{\mathbf{k}} a^{\dagger}_{-\mathbf{k}}\right]\right\} |0\rangle = \bigotimes_{\mathbf{k}\in D} |\varphi_{\mathbf{k}}\rangle \tag{B-8}$$

3 Der Fock-Raum kann als Tensorprodukt der Räume aufgefasst werden, die für jeden Einteilchenzustand durch die Anzahlzustände mit beliebigen Besetzungen aufgespannt werden (s. die Bemerkung 1 in § A-1-c von Kapitel XV). Man kann diese Räume auch in Paaren zu entgegengesetzten Werten von $\mathbf{k}$ zusammenfassen und Räume $\mathcal{H}^{\text{Paar}}(\mathbf{k})$ einführen, die für alle $\mathbf{k} \in D$ den Fock-Raum ebenfalls als Tensorprodukt aufspannen. In jedem dieser Räume gibt es eine Basis, die durch die Angabe von zwei Besetzungszahlen erzeugt wird. Die hier verwendete Einschränkung der Summe über die $\mathbf{k}$ auf den Halbraum D sichert also, dass das Produkt (B-8) in der Tat ein Tensorprodukt ohne doppelt auftretende Faktoren ist.

Der (kohärente) gepaarte Zustand ist also einfach ein Tensorprodukt von Zweiteilchenzuständen:*

$$|\varphi_{\mathbf{k}}\rangle = \exp\left[\sqrt{2}\, g_{\mathbf{k}}\, a^{\dagger}_{\mathbf{k}} a^{\dagger}_{-\mathbf{k}}\right] |0\rangle \tag{B-9}$$

Bei spinpolarisierten Fermionen können wir dies weiter vereinfachen, weil das Quadrat eines jeden Erzeugers verschwindet. In dem Exponential bleiben nur die ersten zwei Terme seiner Reihenentwicklung übrig:

$$|\varphi_{\mathbf{k}}\rangle = \left[1 + \sqrt{2}\, g_{\mathbf{k}}\, a^{\dagger}_{\mathbf{k}} a^{\dagger}_{-\mathbf{k}}\right] |0\rangle \qquad \text{(Fermionen)} \tag{B-10}$$

B-2-b Fermionenpaare im Singulett-Zustand

Für Fermionen ist der gepaarte Zustand als *BCS-Zustand* bekannt (s. Ergänzung C_{XVII}). Wir schreiben daher $|\Psi_{\text{gep}}\rangle = |\Psi_{\text{BCS}}\rangle$ und verwenden Gl. (A-23) mit $\mathbf{K} = \mathbf{0}$. Im Exponential steht eine Summe von kommutierenden Operatoren,[4] und deswegen erhalten wir ein Operatorprodukt

$$|\Psi_{\text{BCS}}\rangle = \exp\left\{\sum_{\mathbf{k}} g_{\mathbf{k}}\, a^{\dagger}_{\mathbf{k}\uparrow} a^{\dagger}_{-\mathbf{k}\downarrow}\right\} |0\rangle = \bigotimes_{\mathbf{k}} |\varphi_{\mathbf{k}}\rangle \tag{B-11}$$

mit

$$|\varphi_{\mathbf{k}}\rangle = \exp\left[g_{\mathbf{k}}\, a^{\dagger}_{\mathbf{k}\uparrow} a^{\dagger}_{-\mathbf{k}\downarrow}\right] |0\rangle \tag{B-12}$$

Auch hier bricht die Entwicklung des Exponentials nach den ersten beiden Termen ab, weil das Quadrat eines fermionischen Erzeugers verschwindet:

$$|\varphi_{\mathbf{k}}\rangle = \left[1 + g_{\mathbf{k}}\, a^{\dagger}_{\mathbf{k}\uparrow} a^{\dagger}_{-\mathbf{k}\downarrow}\right] |0\rangle \qquad \text{(Fermionen)} \tag{B-13}$$

B-3 Teilchenpaare und Modenpaare

Ein wichtiger Begriff in diesem Zusammenhang ist das Zustandspaar oder *Modenpaar*, das mit nicht mit einem Paar von Teilchen verwechseln darf.† Sowohl in Gl. (B-7) als auch in Gl. (B-11) treten die Einteilchenzustände (oder *Moden*) immer als Paare $(\mathbf{k}\uparrow, -\mathbf{k}\downarrow)$ auf. Die Anzahl dieser Paare ist unabhängig von der Teilchenzahl und im

4 Für $\mathbf{k} \neq \mathbf{k}'$ vertauschen die Operatoren $a^{\dagger}_{\mathbf{k}\uparrow} a^{\dagger}_{-\mathbf{k}\downarrow}$ und $a^{\dagger}_{\mathbf{k}',\uparrow} a^{\dagger}_{-\mathbf{k}',\downarrow}$ aus dem nach Gl. (B-7) angeführten Grund: Es handelt sich um ein Produkt aus zwei fermionischen Erzeugern.

* Anm. d. Ü.: Für Paare von Photonen (s. Ergänzung E_{XX}) sind die Zustände $|\varphi_{\mathbf{k}}\rangle$ als „zwei-Moden gequetschte Zustände" bekannt.

† Anm. d. Ü.: Wir verwenden die Worte *Mode* und *Modenpaar*, um die Unterscheidung zwischen Einteilchenzuständen (etwa ebenen Wellen, auch Moden genannt) und Zuständen des Vielteilchensystems (etwa $|\Psi_{\text{gep}}\rangle$ oder $|\Psi_{\text{BCS}}\rangle$) zu unterstreichen.

Übrigen unendlich, wenn D unendlich ist. Für im Singulett-Zustand gepaarte Fermionen ist es praktisch, das Modenpaar nach dem Impuls $\mathbf{k}$ des Spinzustands $\uparrow$ zu benennen, wobei immer der Spinzustand $\downarrow$ mit dem Impuls $-\mathbf{k}$ dazugehört. Wir werden diese Bezeichnung im Folgenden der Einfachheit halber systematisch verwenden.

C Eigenschaften der gepaarten Zustände

Wir sehen uns nun einige Eigenschaften der Zustände $|\varphi_{\mathbf{k}}\rangle$ an, die im Weiteren nützlich sein werden. Dieser § C beschränkt sich auf die einfachen Fälle von spinpolarisierten Bosonen oder Singulett-Paaren von Fermionen. Die Erweiterung auf andere Fälle stellt allerdings keine besondere Schwierigkeit dar.

C-1 Normierung

Es ist einfacher, hier mit Fermionen zu beginnen, weil die Zustände $|\varphi_{\mathbf{k}}\rangle$ einfacher zu normieren sind. Dies liegt daran, dass das Exponential (B-12) nach zwei Termen abbricht, wie wir in Gl. (B-10) und Gl. (B-13) gesehen hatten. Im Unterschied zu § A und § B kommen die spinpolarisierten Bosonen erst als zweites Beispiel an die Reihe.

C-1-a Fermionenpaare im Singulett-Zustand

Wir werden jeden Faktor $|\varphi_{\mathbf{k}}\rangle$ im Tensorprodukt (B-11) separat normieren und dazu mit einem Faktor $u_{\mathbf{k}}$ multiplizieren. Benutzen wir den Ausdruck (B-13), dann hat dieser normierte Zustand die Form

$$|\overline{\varphi}_{\mathbf{k}}\rangle = \left[u_{\mathbf{k}} + v_{\mathbf{k}}\, a^{\dagger}_{\mathbf{k}\uparrow} a^{\dagger}_{-\mathbf{k}\downarrow}\right] |0\rangle \tag{C-1}$$

mit

$$v_{\mathbf{k}} = u_{\mathbf{k}}\, g_{\mathbf{k}} \tag{C-2}$$

Die Summanden in Gl. (C-1) sind orthogonal, so dass die Normierungsbedingung

$$|u_{\mathbf{k}}|^2 + |v_{\mathbf{k}}|^2 = 1 \tag{C-3}$$

die Koeffizienten $u_{\mathbf{k}}$ und $v_{\mathbf{k}}$ festlegt. Eine natürliche Parametrisierung ist offenbar

$$\begin{aligned} u_{\mathbf{k}} &= \mathrm{e}^{-\mathrm{i}\zeta_{\mathbf{k}}} \cos\theta_{\mathbf{k}} \\ v_{\mathbf{k}} &= \mathrm{e}^{\mathrm{i}\zeta_{\mathbf{k}}} \sin\theta_{\mathbf{k}} \end{aligned} \tag{C-4}$$

Der Zustand $|\overline{\varphi}_{\mathbf{k}}\rangle$ wird also durch die beiden Winkel $\theta_{\mathbf{k}}$ und $\zeta_{\mathbf{k}}$ festgelegt.[5] Der Winkel $\theta_{\mathbf{k}}$ kann auf den Wertebereich

$$0 \le \theta_{\mathbf{k}} \le \frac{\pi}{2} \tag{C-5}$$

5 Der Winkel $\zeta_{\mathbf{k}}$ bestimmt die Phasendifferenz $2\zeta_{\mathbf{k}}$ zwischen den Amplituden $v_{\mathbf{k}}$ und $u_{\mathbf{k}}$. Wir hätten auch einen Parameter für die Summe der Phasen einführen können. Dieser ändert aber nur die globale Phase des Kets $|\overline{\varphi}_{\mathbf{k}}\rangle$ und damit nicht seine physikalischen Eigenschaften.

eingeschränkt werden, so dass $\cos\theta_{\mathbf{k}}$ und $\sin\theta_{\mathbf{k}}$ positiv sind und die Beträge von $u_{\mathbf{k}}$ und $v_{\mathbf{k}}$ liefern. Wir haben in § A-2 die Bedingung $g_{\mathbf{k}} = g_{-\mathbf{k}}$ angeführt: Sie liefert hier, dass $\theta_{\mathbf{k}}$ und $\zeta_{\mathbf{k}}$ gerade Funktionen von $\mathbf{k}$ sind.

Den Variationsansatz $|\Psi_{\mathrm{BCS}}\rangle$ können wir nun durch den normierten Ket

$$|\overline{\Psi}_{\mathrm{BCS}}\rangle = \bigotimes_{\mathbf{k}} \left[u_{\mathbf{k}} + v_{\mathbf{k}}\, a^{\dagger}_{\mathbf{k}\uparrow} a^{\dagger}_{-\mathbf{k}\downarrow}\right] |0\rangle$$
$$= \bigotimes_{\mathbf{k}} \left[\mathrm{e}^{-\mathrm{i}\zeta_{\mathbf{k}}} \cos\theta_{\mathbf{k}} + \mathrm{e}^{\mathrm{i}\zeta_{\mathbf{k}}} \sin\theta_{\mathbf{k}}\, a^{\dagger}_{\mathbf{k}\uparrow} a^{\dagger}_{-\mathbf{k}\downarrow}\right] |0\rangle \tag{C-6}$$

ersetzen.

Bemerkung:
Als einen Spezialfall können wir die $\theta_{\mathbf{k}}$ auf die Werte 0 oder $\pi/2$ setzen. Der Zustand $|\overline{\Psi}_{\mathrm{BCS}}\rangle$ ist dann ein einfacher Fock-Zustand, in dem die Besetzungszahlen entweder null oder eins sind (nämlich in den Paaren von ebenen Wellen, für die $\theta_{\mathbf{k}} = \pi/2$ gilt). In diesem Fall spielen die Phasen $\zeta_{\mathbf{k}}$ keine Rolle, weil sie lediglich die globale Phase des Zustands ändern.
Wählt man etwa $\theta_{\mathbf{k}} = \pi/2$ für alle Wellenvektoren mit $|\mathbf{k}| \leq k_{\mathrm{F}}$ und $\theta_{\mathbf{k}} = 0$ sonst, dann beschreibt der gepaarte Zustand ein System, in dem zwei Fermi-Kugeln (je eine pro Spinzustand) voll besetzt sind, also den Grundzustand eines idealen Fermi-Gases. In diesem Fall reduziert sich der $|\overline{\Psi}_{\mathrm{BCS}}\rangle$ also auf den Variationsansatz nach Hartree und Fock aus Ergänzung B_{XV}. Jenes Verfahren erscheint also ein Spezialfall der in diesem Kapitel eingeführten, allgemeineren Methode der gepaarten Zustände.

C-1-b Spinpolarisierte Bosonen

Hier erhalten wir leicht andere Formeln. Um die Analogie zu den Fermionen zu betonen, werden wir die Parameter des gepaarten Zustands mit denselben Symbolen $\theta_{\mathbf{k}}$ und $\zeta_{\mathbf{k}}$ bezeichnen. Es werden bei Bosonen allerdings hyperbolische Funktionen von $\theta_{\mathbf{k}}$ auftreten. Wir entwickeln zunächst den Ausdruck (B-9):

$$|\varphi_{\mathbf{k}}\rangle = \sum_{q=0}^{\infty} \frac{1}{q!} \left[\sqrt{2}\, g_{\mathbf{k}}\, a^{\dagger}_{\mathbf{k}} a^{\dagger}_{-\mathbf{k}}\right]^{q} |0\rangle = \sum_{q=0}^{\infty} \frac{1}{q!} \left[-x_{\mathbf{k}}\right]^{q} \left[a^{\dagger}_{\mathbf{k}} a^{\dagger}_{-\mathbf{k}}\right]^{q} |0\rangle \tag{C-7}$$

in Potenzen von[6]

$$x_{\mathbf{k}} = -\sqrt{2}\, g_{\mathbf{k}} \tag{C-8}$$

Den Spinindex schreiben wir wie oben schon nicht explizit mit, weil er immer denselben Wert hat, man kann ihn sich neben $\mathbf{k}$ dazudenken. Das Normquadrat von (C-7) ist

$$\langle \varphi_{\mathbf{k}} | \varphi_{\mathbf{k}} \rangle = \sum_{q=0}^{\infty} \left(\frac{1}{q!}\right)^{2} |x_{\mathbf{k}}|^{2q} \left(\sqrt{q!}\right)^{4} = \sum_{q=0}^{\infty} |x_{\mathbf{k}}|^{2q}$$
$$= \frac{1}{1 - |x_{\mathbf{k}}|^{2}} \tag{C-9}$$

6 Das Minuszeichen ist hier willkürlich eingeführt und kann nicht die physikalische Bedeutung der Wellenfunktion $\chi(\mathbf{r})$ und ihrer Fourier-Koeffizienten $g_{\mathbf{k}}$ ändern. Es ist aber bequem, so ein Vorzeichen in den Exponenten von Gl. (C-13) zu schreiben, weil dieselbe Konvention auch in § E verwendet wird.

Die Reihe konvergiert, solange

$$|x_{\mathbf{k}}|^2 < 1 \tag{C-10}$$

gilt. Es ist natürlich, die komplexe Größe $x_{\mathbf{k}}$ durch zwei reelle Zahlen zu parametrisieren: $\theta_{\mathbf{k}}$ beschreibt ihren Betrag und der Winkel $\zeta_{\mathbf{k}}$ ihre Phase. Wir definieren

$$x_{\mathbf{k}} = e^{2i\zeta_{\mathbf{k}}} \tanh \theta_{\mathbf{k}} \quad \text{mit} \quad \theta_{\mathbf{k}} \geq 0 \tag{C-11}$$

Die Bedingung (C-10) ist automatisch erfüllt (der Graph der tanh-Funktion liegt zwischen -1 und $+1$). Wegen Gl. (A-4) ist die Funktion $g_{\mathbf{k}}$ gerade und dies muss auch auf $x_{\mathbf{k}}$, $\theta_{\mathbf{k}}$ und $\zeta_{\mathbf{k}}$ zutreffen.[7] Das Normquadrat ist damit

$$\langle \varphi_{\mathbf{k}} | \varphi_{\mathbf{k}} \rangle = \frac{1}{1 - \tanh^2 \theta_{\mathbf{k}}} = \cosh^2 \theta_{\mathbf{k}} \tag{C-12}$$

und wir können normierte Zustände $|\overline{\varphi}_{\mathbf{k}}\rangle$ einführen:

$$|\overline{\varphi}_{\mathbf{k}}\rangle = \frac{1}{\cosh \theta_{\mathbf{k}}} |\varphi_{\mathbf{k}}\rangle = \frac{1}{\cosh \theta_{\mathbf{k}}} \exp\left[-x_{\mathbf{k}}\, a^\dagger_{\mathbf{k}} a^\dagger_{-\mathbf{k}}\right] |0\rangle \tag{C-13}$$

Verwenden wir diese Zustände statt $|\varphi_{\mathbf{k}}\rangle$ im Ket $|\Psi_{\text{gep}}\rangle$, erhalten wir einen normierten Vielteilchenzustand.

Wir haben die Kets $|\overline{\varphi}_{\mathbf{k}}\rangle$ zunächst nur für Wellenvektoren $\mathbf{k}$ in dem Halbraum D eingeführt. Mit den Formeln (C-7) und (C-13) können wir sie aber auf allen Werten von $\mathbf{k}$ definieren. Es gilt einfach $|\overline{\varphi}_{\mathbf{k}}\rangle = |\overline{\varphi}_{-\mathbf{k}}\rangle$ – eine zu erwartende Beziehung, weil in $|\overline{\varphi}_{\mathbf{k}}\rangle$ die beiden Einteilchenzustände $\mathbf{k}$ und $-\mathbf{k}$ in derselben Weise eingehen.

C-2 Mittelwert und Unschärfe der Teilchenzahl

Die Teilchenzahl im Einteilchenzustand $\mathbf{k}$ wird durch den Operator

$$\hat{n}_{\mathbf{k}} = a^\dagger_{\mathbf{k}} a_{\mathbf{k}} \tag{C-14}$$

dargestellt. Wir berechnen nun den Mittelwert und die Standardabweichung der Teilchenzahl, erst für ein Modenpaar, dann für das Gesamtsystem.

C-2-a Fermionenpaare im Singulett-Zustand

Der gepaarte Zustand $|\overline{\Psi}_{\text{BCS}}\rangle$ ist das Tensorprodukt von Zuständen $|\overline{\varphi}_{\mathbf{k}}\rangle$, die zu je einem Modenpaar $(\mathbf{k}\uparrow, -\mathbf{k}\downarrow)$ gehören. Wir vereinbaren, dass der Wellenvektor $\mathbf{k}$ des Teil-

7 In rotationsinvarianten Systemen hängen diese Funktionen im Allgemeinen nur vom Betrag $k = |\mathbf{k}|$ ab.

chens mit dem Spin ↑ als „Etikett" für das Modenpaar dient. Die Teilchenzahl in den beiden Moden des Paars zusammen wird durch den Operator

$$\widehat{n}_{(\text{Paar}\,\mathbf{k})} = \widehat{n}_{\mathbf{k}\uparrow} + \widehat{n}_{-\mathbf{k}\downarrow} = a^\dagger_{\mathbf{k}\uparrow} a_{\mathbf{k}\uparrow} + a^\dagger_{-\mathbf{k}\downarrow} a_{-\mathbf{k}\downarrow} \tag{C-15}$$

dargestellt, dessen Eigenwerte 0, 1 und 2 sind. Nun enthält der Zustand $|\overline{\varphi}_{\mathbf{k}}\rangle$ in Gl. (C-1) zwei Komponenten, eine mit keinen Teilchen und eine mit zwei Teilchen. Also gilt [s. auch Gl. (C-25) unten]:

$$\langle\overline{\varphi}_{\mathbf{k}}|\, \widehat{n}_{(\text{Paar}\,\mathbf{k})}\, |\overline{\varphi}_{\mathbf{k}}\rangle = 2\,|v_{\mathbf{k}}|^2 = 2\sin^2\theta_{\mathbf{k}} \tag{C-16}$$

sowie

$$\langle\overline{\varphi}_{\mathbf{k}}|\, \left(\widehat{n}_{(\text{Paar}\,\mathbf{k})}\right)^2\, |\overline{\varphi}_{\mathbf{k}}\rangle = 4\,|v_{\mathbf{k}}|^2 = 4\sin^2\theta_{\mathbf{k}} \tag{C-17}$$

Die Standardabweichung der Teilchenzahl in einem Modenpaar ist demnach

$$\Delta n_{(\text{Paar}\,\mathbf{k})} = \sqrt{4\,|v_{\mathbf{k}}|^2\left(1 - |v_{\mathbf{k}}|^2\right)} = 2\sin\theta_{\mathbf{k}}\,\cos\theta_{\mathbf{k}} \tag{C-18}$$

Es kann also starke Fluktuationen der Teilchenzahl in jedem Modenpaar geben.*

Die Gesamtteilchenzahl zeigt dagegen nur kleine Abweichungen vom Mittelwert. Dazu summieren wir über alle Modenpaare und erhalten als mittlere Gesamtzahl

$$\langle\widehat{N}\rangle = 2\sum_{\mathbf{k}} |v_{\mathbf{k}}|^2 = 2\sum_{\mathbf{k}} \sin^2\theta_{\mathbf{k}} \tag{C-19}$$

Für die Varianz von $\widehat{N}$ kann man folgenden Ausdruck angeben (Beweis folgt unten):

$$(\Delta N)^2 = 4\sum_{\mathbf{k}} |v_{\mathbf{k}}|^2\left(1 - |v_{\mathbf{k}}|^2\right) = 4\sum_{\mathbf{k}} \sin^2\theta_{\mathbf{k}}\,\cos^2\theta_{\mathbf{k}} \tag{C-20}$$

Wegen $\cos^2\theta_{\mathbf{k}} \leq 1$ können wir nach oben abschätzen

$$(\Delta N)^2 \leq 4\sum_{\mathbf{k}} \sin^2\theta_{\mathbf{k}} = 2\,\langle\widehat{N}\rangle \tag{C-21}$$

so dass gilt

$$\frac{\Delta N}{\langle\widehat{N}\rangle} \leq \sqrt{\frac{2}{\langle\widehat{N}\rangle}} \tag{C-22}$$

Für ein großes System mit $\langle\widehat{N}\rangle \gg 1$ sind die relativen Fluktuationen der Teilchenzahl also sehr klein und gehen mit der inversen Wurzel aus dem Mittelwert nach null (wenn nicht noch schneller).

* Anm. d. Ü.: Die einzigen Ausnahmen sind die Werte $\theta_{\mathbf{k}} = 0, \pi/2$, für die der gepaarte Zustand in einen Fock-Zustand übergeht, wie am Ende von § C-1-a angemerkt wurde.

Beweis:
Der Operator für das Quadrat der Teilchenzahl ist

$$\widehat{N}^2 = \sum_{\mathbf{k}} \left(\widehat{n}_{(\text{Paar}\,\mathbf{k})}\right)^2 + \sum_{\mathbf{k}\neq\mathbf{k}'} \widehat{n}_{(\text{Paar}\,\mathbf{k})}\widehat{n}_{(\text{Paar}\,\mathbf{k}')} \tag{C-23}$$

Nun ist der Zustand $|\overline{\Psi}_{\text{BCS}}\rangle$ ein Tensorprodukt aus Zuständen für Modenpaare, diese sind also nicht korreliert. Den Mittelwert berechnen wir deswegen zu

$$\begin{aligned}\left\langle\overline{\Psi}_{\text{BCS}}\right|\widehat{N}^2\left|\overline{\Psi}_{\text{BCS}}\right\rangle \\ = \sum_{\mathbf{k}} \langle\overline{\varphi}_{\mathbf{k}}|\left(\widehat{n}_{(\text{Paar}\,\mathbf{k})}\right)^2|\overline{\varphi}_{\mathbf{k}}\rangle + \sum_{\mathbf{k}\neq\mathbf{k}'} \langle\overline{\varphi}_{\mathbf{k}}|\,\widehat{n}_{(\text{Paar}\,\mathbf{k})}\,|\overline{\varphi}_{\mathbf{k}}\rangle\,\langle\overline{\varphi}_{\mathbf{k}'}|\,\widehat{n}_{(\text{Paar}\,\mathbf{k}')}\,|\overline{\varphi}_{\mathbf{k}'}\rangle\end{aligned} \tag{C-24}$$

Der Formel (C-1) für $|\overline{\varphi}_{\mathbf{k}}\rangle$ entnehmen wir

$$\widehat{n}_{(\text{Paar}\,\mathbf{k})}\,|\overline{\varphi}_{\mathbf{k}}\rangle = 2v_{\mathbf{k}}\,|\mathbf{k}\uparrow;-\mathbf{k}\downarrow\rangle \quad \text{und} \quad \left(\widehat{n}_{(\text{Paar}\,\mathbf{k})}\right)^2|\overline{\varphi}_{\mathbf{k}}\rangle = 4v_{\mathbf{k}}\,|\mathbf{k}\uparrow;-\mathbf{k}\downarrow\rangle \tag{C-25}$$

und somit ist

$$\langle\widehat{N}^2\rangle = 4\sum_{\mathbf{k}}|v_{\mathbf{k}}|^2 + 4\sum_{\mathbf{k}\neq\mathbf{k}'}|v_{\mathbf{k}}|^2\,|v_{\mathbf{k}'}|^2 \tag{C-26}$$

Läge in der zweiten Summe nicht die Einschränkung $\mathbf{k}\neq\mathbf{k}'$ vor, so würde sie das Quadrat des Mittelwerts (C-19) liefern. Die Varianz ist deswegen

$$(\Delta N)^2 = \langle\widehat{N}^2\rangle - \langle\widehat{N}\rangle^2 = 4\sum_{\mathbf{k}}\left(|v_{\mathbf{k}}|^2 - |v_{\mathbf{k}}|^4\right) \tag{C-27}$$

was sofort auf Gl. (C-20) führt.

C-2-b Spinpolarisierte Bosonen

Hier besteht jedes Paar aus zwei Moden mit entgegensetztem Wellenvektor $\mathbf{k}$. Für jede Mode gilt (Beweis folgt unten)

$$\langle\widehat{n}_{\mathbf{k}}\rangle = \sinh^2\theta_{\mathbf{k}} \tag{C-28}$$

sowie

$$\langle\widehat{n}_{\mathbf{k}}^2\rangle = 2\,\langle\widehat{n}_{\mathbf{k}}\rangle^2 + \langle\widehat{n}_{\mathbf{k}}\rangle \tag{C-29}$$

Die Standardabweichung der Verteilung der Besetzungszahlen $n_{\mathbf{k}}$ ist also

$$\begin{aligned}\Delta n_{\mathbf{k}} &= \sqrt{\langle\widehat{n}_{\mathbf{k}}^2\rangle - \langle\widehat{n}_{\mathbf{k}}\rangle^2} = \sqrt{\langle\widehat{n}_{\mathbf{k}}\rangle^2 + \langle\widehat{n}_{\mathbf{k}}\rangle} \\ &= \sinh\theta_{\mathbf{k}}\,\cosh\theta_{\mathbf{k}}\end{aligned} \tag{C-30}$$

(Für die mittlere Teilchenzahl in einem Modenpaar ergibt sich $2\langle\widehat{n}_{\mathbf{k}}\rangle$, die Standardabweichung dieser Größe ist $2\,\Delta n_{\mathbf{k}}$.)

Beweis:
Weil der gepaarte Zustand $|\varphi_{\mathbf{k}}\rangle$ sich symmetrisch bezüglich der beiden Moden $\mathbf{k}$ und $-\mathbf{k}$ verhält, haben wir

$$\langle\widehat{n}_{\mathbf{k}}\rangle = \langle\widehat{n}_{-\mathbf{k}}\rangle \quad \text{und} \quad \langle\widehat{n}_{\mathbf{k}}\widehat{n}_{-\mathbf{k}}\rangle = \left\langle\widehat{n}_{-\mathbf{k}}^2\right\rangle \tag{C-31}$$

Wir benutzen die Entwicklung (C-7) des nichtnormierten Zustands $|\varphi_{\mathbf{k}}\rangle$ und den Ausdruck (C-9) für sein Normquadrat:

$$\begin{aligned}\langle\varphi_{\mathbf{k}}|\,\widehat{n}_{\mathbf{k}}\,|\varphi_{\mathbf{k}}\rangle &= \sum_{q=0}^{\infty} |x_{\mathbf{k}}|^{2q}\; q = |x_{\mathbf{k}}|^2 \frac{\partial}{\partial\,|x_{\mathbf{k}}|^2}\langle\varphi_{\mathbf{k}}|\varphi_{\mathbf{k}}\rangle \\ &= \frac{|x_{\mathbf{k}}|^2}{\left(1-|x_{\mathbf{k}}|^2\right)^2} = \frac{\tanh^2\theta_{\mathbf{k}}}{\left(1-\tanh^2\theta_{\mathbf{k}}\right)^2}\end{aligned} \tag{C-32}$$

So erhalten wir

$$\langle\widehat{n}_{\mathbf{k}}\rangle = \frac{\langle\varphi_{\mathbf{k}}|\,\widehat{n}_{\mathbf{k}}\,|\varphi_{\mathbf{k}}\rangle}{\langle\varphi_{\mathbf{k}}|\varphi_{\mathbf{k}}\rangle} = \frac{|x_{\mathbf{k}}|^2}{1-|x_{\mathbf{k}}|^2} = \frac{\tanh^2\theta_{\mathbf{k}}}{1-\tanh^2\theta_{\mathbf{k}}} \tag{C-33}$$

und damit die Behauptung (C-28).
Das Quadrat der Teilchenzahl wird genauso gemittelt. Wir schreiben $q^2 = q(q-1)+q$, um eine zweite Ableitung bezüglich $|x_{\mathbf{k}}|^2$ zum Vorschein zu bringen, und berechnen

$$\begin{aligned}\langle\varphi_{\mathbf{k}}|\,\widehat{n}_{\mathbf{k}}^2\,|\varphi_{\mathbf{k}}\rangle &= \sum_{q=0}^{\infty} |x_{\mathbf{k}}|^{2q}\; q^2 \\ &= |x_{\mathbf{k}}|^4 \frac{\partial^2}{\left(\partial\,|x_{\mathbf{k}}|^2\right)^2}\langle\varphi_{\mathbf{k}}|\varphi_{\mathbf{k}}\rangle + |x_{\mathbf{k}}|^2\frac{\partial}{\partial\,|x_{\mathbf{k}}|^2}\langle\varphi_{\mathbf{k}}|\varphi_{\mathbf{k}}\rangle \\ &= \frac{2\,|x_{\mathbf{k}}|^4}{\left(1-|x_{\mathbf{k}}|^2\right)^3} + \frac{|x_{\mathbf{k}}|^2}{\left(1-|x_{\mathbf{k}}|^2\right)^2}\end{aligned} \tag{C-34}$$

woraus schließlich Gl. (C-29) folgt

$$\langle\widehat{n}_{\mathbf{k}}^2\rangle = \frac{\langle\varphi_{\mathbf{k}}|\,\widehat{n}_{\mathbf{k}}^2\,|\varphi_{\mathbf{k}}\rangle}{\langle\varphi_{\mathbf{k}}|\varphi_{\mathbf{k}}\rangle} = 2\,\langle\widehat{n}_{\mathbf{k}}\rangle^2 + \langle\widehat{n}_{\mathbf{k}}\rangle \tag{C-35}$$

Die Gesamtteilchenzahl summieren wir mit Gl. (C-28) zu

$$\langle\widehat{N}\rangle = \sum_{\mathbf{k}}\langle\widehat{n}_{\mathbf{k}}\rangle = \sum_{\mathbf{k}}|v_{\mathbf{k}}|^2 = \sum_{\mathbf{k}}\sinh^2\theta_{\mathbf{k}} \tag{C-36}$$

(Jedes Modenpaar tritt zweimal in der Summe auf, man könnte auch über den Halbraum D summieren und mit 2 multiplizieren.) Außerdem haben wir

$$\begin{aligned}\langle\widehat{N}^2\rangle &= \Big\langle\sum_{\mathbf{k}}\widehat{n}_{\mathbf{k}}\sum_{\mathbf{k}'}\widehat{n}_{\mathbf{k}'}\Big\rangle = \Big\langle\sum_{\mathbf{k}}\widehat{n}_{\mathbf{k}}\Big[\widehat{n}_{\mathbf{k}} + \widehat{n}_{-\mathbf{k}} + \sum_{\mathbf{k}'\neq\pm\mathbf{k}}\widehat{n}_{\mathbf{k}'}\Big]\Big\rangle \\ &= \sum_{\mathbf{k}}\left[\langle\widehat{n}_{\mathbf{k}}^2\rangle + \langle\widehat{n}_{\mathbf{k}}\widehat{n}_{-\mathbf{k}}\rangle\right] + \sum_{\mathbf{k}}\sum_{\mathbf{k}'\neq\pm\mathbf{k}}\langle\widehat{n}_{\mathbf{k}}\rangle\langle\widehat{n}_{\mathbf{k}'}\rangle\end{aligned} \tag{C-37a}$$

Im letzten Term haben wir benutzt, dass der gepaarte Zustand ein Tensorprodukt von nicht korrelierten Modenpaaren ist. Dieser Zustand ist symmetrisch in $\mathbf{k}$ und $-\mathbf{k}$, und die Operatoren $\widehat{n}_{\mathbf{k}}$ und $\widehat{n}_{-\mathbf{k}}$ wirken in derselben Weise auf ihn. Deswegen:

$$\begin{aligned}\langle\widehat{N}^2\rangle &= 2\sum_{\mathbf{k}}\langle\widehat{n}_{\mathbf{k}}^2\rangle + \sum_{\mathbf{k}}\sum_{\mathbf{k}'\neq\pm\mathbf{k}}\langle\widehat{n}_{\mathbf{k}}\rangle\langle\widehat{n}_{\mathbf{k}'}\rangle \\ &= 2\sum_{\mathbf{k}}\left[\langle\widehat{n}_{\mathbf{k}}^2\rangle - \langle\widehat{n}_{\mathbf{k}}\rangle^2\right] + \sum_{\mathbf{k},\mathbf{k}'}\langle\widehat{n}_{\mathbf{k}}\rangle\langle\widehat{n}_{\mathbf{k}'}\rangle\end{aligned} \tag{C-37b}$$

In der zweiten Zeile haben wir einen Term subtrahiert und addiert, der in der Doppelsumme exakt die Einschränkung $\mathbf{k}' \neq \pm\mathbf{k}$ an die Wellenvektoren aufhebt. Damit folgt

$$\langle \widehat{N}^2 \rangle = 2 \sum_{\mathbf{k}} (\Delta n_{\mathbf{k}})^2 + \langle \widehat{N} \rangle^2 \tag{C-37c}$$

Die Größe $\Delta n_{\mathbf{k}}$ haben wir in Gl. (C-30) berechnet. Die Varianz der Gesamtteilchenzahl ist schließlich

$$(\Delta N)^2 = 2 \sum_{\mathbf{k}} (\Delta n_{\mathbf{k}})^2 = 2 \sum_{\mathbf{k}} \sinh^2 \theta_{\mathbf{k}} \cosh^2 \theta_{\mathbf{k}} \tag{C-38}$$

Wie für Fermionen enthält diese Varianz nur noch eine Summe über $\mathbf{k}$, während im Quadrat der Teilchenzahl eine Doppelsumme steht. Die Anzahl der zu diesen Summen signifikant beitragenden Terme ist ungefähr die Anzahl der nötigen Fourier-Komponenten, um die Wellenfunktion χ zu beschreiben, von der wir bei der Konstruktion des gepaarten Zustands in § B ausgegangen sind. In einem Gesamtvolumen der Kantenlänge L (s. § A-1) skaliert die Zahl der Fourier-Koeffizienten mit der dritten Potenz des Verhältnisses zwischen L und der räumlichen Ausdehnung der Wellenfunktion. Dies ist ein Verhältnis zwischen einem makroskopischen und einem mikroskopischen Volumen und damit eine sehr große Zahl. Eine Doppelsumme über $\mathbf{k}$ enthält also viel mehr signifikante Terme als eine einfache, und weil alle Terme positiv und ungefähr vergleichbar sind, ergibt sich

$$\langle \widehat{N} \rangle^2 \gg (\Delta N)^2 \tag{C-39}$$

Damit ist auch für Bosonen die Gesamtteilchenzahl scharf definiert.

C-3 Anomale Mittelwerte

Wenn wir die mittlere Energie berechnen (insbesondere in Ergänzung B_{XVII}), werden wir auch Mittelwerte benötigen, in denen zwei Erzeuger oder zwei Vernichter auftreten, zum Beispiel für Bosonen:

$$\langle \overline{\varphi}_{\mathbf{k}} | a^\dagger_{\mathbf{k}} a^\dagger_{-\mathbf{k}} | \overline{\varphi}_{\mathbf{k}} \rangle \quad \text{sowie} \quad \langle \overline{\varphi}_{\mathbf{k}} | a_{\mathbf{k}} a_{-\mathbf{k}} | \overline{\varphi}_{\mathbf{k}} \rangle \tag{C-40}$$

Es ist sofort offensichtlich, dass wir es hier mit Operatoren zu tun haben, die die Teilchenzahl nicht erhalten – aus diesem Grund spricht man hier von *anomalen Mittelwerten*. Es mag überraschend sein, dass solche Mittelwerte für physikalische Prozesse eine Rolle spielen sollen, in denen nicht wirklich Teilchen erzeugt oder vernichtet werden. Wir werden allerdings sehen, dass sie ganz natürlich auftreten, wenn man den Mittelwert einer Wechselwirkung berechnet, die die Teilchenzahl erhält. Der Grund dafür liegt einfach darin, dass der Zustand $|\overline{\varphi}_{\mathbf{k}}\rangle$ nur eine Komponente des Gesamtzustands (B-8) ist, in dem viele andere $|\overline{\varphi}_{\mathbf{k}'}\rangle$ vorkommen. Im Gesamtzustand kann sich etwa die Teilchenzahl in $|\overline{\varphi}_{\mathbf{k}}\rangle$ um zwei verringern, während gleichzeitig die im Zustand $|\overline{\varphi}_{\mathbf{k}'}\rangle$ um zwei zunimmt. Unter dem Strich arbeitet man also doch mit Komponenten des Gesamtzustands, die dieselbe feste Gesamtteilchenzahl haben. Die Mittelwerte (C-40) sind nur scheinbar „anomal", weil man dabei nämlich nur einen Teil des Gesamtzustands im Blick hat.

C-3-a Fermionenpaare im Singulett-Zustand

Betrachten wir zunächst die Wirkung des Operators $a_{-\mathbf{k}\downarrow}a_{\mathbf{k}\uparrow}$ auf den Ket $|\overline{\varphi}_{\mathbf{k}}\rangle$ aus Gl. (C-1). Nur der Anteil mit dem Koeffizienten $v_{\mathbf{k}}$ verschwindet nicht, und nach zwei Antivertauschungen erhalten wir

$$a_{-\mathbf{k}\downarrow}a_{\mathbf{k}\uparrow}|\overline{\varphi}_{\mathbf{k}}\rangle = v_{\mathbf{k}}\, a_{-\mathbf{k}\downarrow}a_{\mathbf{k}\uparrow}a^{\dagger}_{\mathbf{k}\uparrow}a^{\dagger}_{-\mathbf{k}\downarrow}|0\rangle = v_{\mathbf{k}}\left[a_{-\mathbf{k}\downarrow}a^{\dagger}_{-\mathbf{k}\downarrow}\right]\left[a_{\mathbf{k}\uparrow}a^{\dagger}_{\mathbf{k}\uparrow}\right]|0\rangle$$
$$= v_{\mathbf{k}}|0\rangle \tag{C-41}$$

Von links mit dem Bra $\langle\overline{\varphi}_{\mathbf{k}}|$ skalar multipliziert, bleibt nur dessen Komponente $u^{*}_{\mathbf{k}}\langle 0|$ übrig; der gesuchte Mittelwert ist also

$$\langle\overline{\varphi}_{\mathbf{k}}|\, a_{-\mathbf{k}\downarrow}a_{\mathbf{k}\uparrow}\,|\overline{\varphi}_{\mathbf{k}}\rangle = u^{*}_{\mathbf{k}}v_{\mathbf{k}} = \mathrm{e}^{2\mathrm{i}\zeta_{\mathbf{k}}}\sin\theta_{\mathbf{k}}\cos\theta_{\mathbf{k}} \tag{C-42}$$

Indem wir die beiden Operatoren einmal antivertauschen oder Gl. (C-42) hermitesch konjugieren, finden wir außerdem

$$\langle\overline{\varphi}_{\mathbf{k}}|\, a_{\mathbf{k}\uparrow}a_{-\mathbf{k}\downarrow}\,|\overline{\varphi}_{\mathbf{k}}\rangle = -u^{*}_{\mathbf{k}}v_{\mathbf{k}} = -\mathrm{e}^{2\mathrm{i}\zeta_{\mathbf{k}}}\sin\theta_{\mathbf{k}}\cos\theta_{\mathbf{k}} \tag{C-43}$$
$$\langle\overline{\varphi}_{\mathbf{k}}|\, a^{\dagger}_{\mathbf{k}\uparrow}a^{\dagger}_{-\mathbf{k}\downarrow}\,|\overline{\varphi}_{\mathbf{k}}\rangle = u_{\mathbf{k}}v^{*}_{\mathbf{k}} = \mathrm{e}^{-2\mathrm{i}\zeta_{\mathbf{k}}}\sin\theta_{\mathbf{k}}\cos\theta_{\mathbf{k}} \tag{C-44}$$
$$\langle\overline{\varphi}_{\mathbf{k}}|\, a^{\dagger}_{-\mathbf{k}\downarrow}a^{\dagger}_{\mathbf{k}\uparrow}\,|\overline{\varphi}_{\mathbf{k}}\rangle = -\mathrm{e}^{-2\mathrm{i}\zeta_{\mathbf{k}}}\sin\theta_{\mathbf{k}}\cos\theta_{\mathbf{k}} \tag{C-45}$$

Wir haben in § C-1-a gesehen, dass die Funktionen $\theta_{\mathbf{k}}$ und $\zeta_{\mathbf{k}}$ gerade sind. Diese Beziehungen bleiben also gültig, wenn man in diesen Formeln auf der linken Seite das Vorzeichen von **k** ändert.

C-3-b Spinpolarisierte Bosonen

Es ist hier bequemer, zunächst den Mittelwert von zwei Erzeugern zu berechnen:

$$\langle\overline{\varphi}_{\mathbf{k}}|\, a^{\dagger}_{\mathbf{k}}a^{\dagger}_{-\mathbf{k}}\,|\overline{\varphi}_{\mathbf{k}}\rangle = \frac{1}{\cosh^{2}\theta_{\mathbf{k}}}\langle\varphi_{\mathbf{k}}|\, a^{\dagger}_{\mathbf{k}}a^{\dagger}_{-\mathbf{k}}\,|\varphi_{\mathbf{k}}\rangle \tag{C-46}$$

Dieser Ausdruck enthält das Produkt des Kets

$$a^{\dagger}_{\mathbf{k}}a^{\dagger}_{-\mathbf{k}}|\varphi_{\mathbf{k}}\rangle = a^{\dagger}_{\mathbf{k}}a^{\dagger}_{-\mathbf{k}}\sum_{q=0}^{\infty}(-x_{\mathbf{k}})^{q}|n_{\mathbf{k}} = q; n_{-\mathbf{k}} = q\rangle$$
$$= \sum_{q=0}^{\infty}(q+1)(-x_{\mathbf{k}})^{q}|n_{\mathbf{k}} = q+1; n_{-\mathbf{k}} = q+1\rangle \tag{C-47}$$

mit dem Bra

$$\sum_{q'=0}^{\infty}(-x^{*}_{\mathbf{k}})^{q'}\langle n_{\mathbf{k}} = q'; n_{-\mathbf{k}} = q'| \tag{C-48}$$

Es bleiben nur die Terme mit $q' = q + 1$ übrig, die auf

$$(q+1)(-x_{\mathbf{k}})^q(-x^*_{\mathbf{k}})^{q+1} \tag{C-49}$$

führen. Summiert über q erhalten wir mit Gl. (C-32)

$$\sum_{q=0}^{\infty}(q+1)(-x^*_{\mathbf{k}})\,|x_{\mathbf{k}}|^{2q} = (-x^*_{\mathbf{k}})\left(\langle n_{\mathbf{k}}\rangle + 1\right)\langle\varphi_{\mathbf{k}}|\varphi_{\mathbf{k}}\rangle \tag{C-50}$$

Wir teilen durch die Normierung $\langle\varphi_{\mathbf{k}}|\varphi_{\mathbf{k}}\rangle$ wie in Gl. (C-46) und setzen die parametrische Form (C-11) von $x_{\mathbf{k}}$ ein:

$$\begin{aligned}\langle\overline{\varphi}_{\mathbf{k}}|\,a^\dagger_{\mathbf{k}}a^\dagger_{-\mathbf{k}}\,|\overline{\varphi}_{\mathbf{k}}\rangle &= -\mathrm{e}^{-2\mathrm{i}\zeta_k}\tanh\theta_{\mathbf{k}}\left(\sinh^2\theta_{\mathbf{k}} + 1\right)\\ &= -\mathrm{e}^{-2\mathrm{i}\zeta_k}\sinh\theta_{\mathbf{k}}\,\cosh\theta_{\mathbf{k}}\end{aligned} \tag{C-51}$$

Bilden wir hiervon das komplex Konjugierte, erhalten wir das andere anomale Mittel

$$\langle\overline{\varphi}_{\mathbf{k}}|\,a_{\mathbf{k}}a_{-\mathbf{k}}\,|\overline{\varphi}_{\mathbf{k}}\rangle = -\mathrm{e}^{2\mathrm{i}\zeta_k}\,\sinh\theta_{\mathbf{k}}\,\cosh\theta_{\mathbf{k}} \tag{C-52}$$

Wie bei den Fermionen sind die Funktionen $\theta_{\mathbf{k}}$ und $\zeta_{\mathbf{k}}$ gerade. Die Formeln gelten also auch, wenn auf der linken Seite **k** mit dem entgegengesetzten Vorzeichen auftritt.

D Korrelationen zwischen Teilchen. Paarwellenfunktion

Wie in der Einleitung erwähnt, sind die gepaarten Zustände vor allem deswegen von Interesse, weil man mit ihnen die räumlichen Korrelationsfunktionen eines N-Teilchen-Systems variieren kann. Außer den rein statistischen Korrelationen, die allein von der quantenmechanischen Ununterscheidbarkeit der Teilchen herrühren und bereits in einem idealen Gas existieren, kann man nun auch dynamische Korrelationen aufgrund der Wechselwirkungen abbilden. Auf diese Weise wird die Energie noch genauer als mit einem Fock-Zustand optimiert. Wir werden uns hier auf diagonale Zweikörperkorrelationen beschränken, denn diese bestimmen den Mittelwert des Wechselwirkungsoperators. Dabei wird eine neue Wellenfunktion zum Vorschein kommen, die wir die *Paarwellenfunktion* nennen werden.* In den Ergänzungen dieses Kapitels behandeln wir auch nichtdiagonale Korrelationen, etwa die Zweipunkt-Korrelationsfunktion, an deren Verhalten bei großen Abständen man ablesen kann, ob ein Bose-Einstein-Kondensat vorliegt, sowie beliebige Vierpunktkorrelationen.

Es stellt sich allerdings die Frage nach der physikalischen Bedeutung von Korrelationen, die man für die Zustände $|\Psi_{\text{gep}}\rangle$ oder $|\Psi_{\text{BCS}}\rangle$ ausrechnet, weil diese ja kohärente Superpositionen von Kets mit verschiedenen Teilchenzahlen N sind. Nun sind

* Anm. d. Ü.: Nicht zu verwechseln mit der Zweiteilchen-Wellenfunktion $\chi(\mathbf{r}_1 - \mathbf{r}_2)$, mit der wir anfangs die gepaarten Zustände eingeführt hatten.

aber diese Korrelationen die Mittelwerte von Operatoren, die die Teilchenzahl erhalten, und sie werden deswegen nicht von den Kohärenzen zwischen Kets mit verschiedenen Werten von N beeinflusst. Außerdem haben wir in § C-2 gesehen, dass für ein großes System mit vielen Teilchen die relativen Fluktuationen der Teilchenzahl zu vernachlässigen sind. Im Grenzfall $\langle \widehat{N} \rangle \gg 1$ dürfen wir also davon ausgehen, dass die mit $|\Psi_{\text{gep}}\rangle$ oder $|\Psi_{\text{BCS}}\rangle$ erzielten Ergebnisse sehr nahe an denen liegen, die man mit den Zuständen $|\Psi_P\rangle$ erhalten würde, bei denen die Teilchenzahl scharf definiert ist. Wir kommen in Ergänzung B_{XVII}, § 1 im Detail auf diese Frage zurück.

Für gepaarte Teilchen in demselben Spinzustand sind die Korrelationsfunktionen etwas einfacher zu untersuchen, weil man außer den räumlichen Koordinaten keine Spinindizes mitnehmen muss. Wir fangen deswegen mit diesem Fall an und behandeln danach in einem Singulett-Zustand gepaarte Fermionen.

D-1 Spinpolarisierte Teilchen

In Kapitel XVI, Gl. (B-34) hatten wir folgenden Ausdruck der diagonalen Korrelationsfunktion für zwei Teilchen gefunden:

$$G_2(\mathbf{r}_1, \mathbf{r}_2) = G_2(\mathbf{r}_1, \mathbf{r}_1, \mathbf{r}_2, \mathbf{r}_2) = \left\langle \Psi^\dagger(\mathbf{r}_1)\Psi^\dagger(\mathbf{r}_2)\Psi(\mathbf{r}_2)\Psi(\mathbf{r}_1) \right\rangle \tag{D-1}$$

Wenn wir die Feldoperatoren durch ihre Entwicklungen aus Kapitel XVI, Gl. (A-3) und Gl. (A-6) nach ebenen Wellen einsetzen, erhalten wir

$$G_2(\mathbf{r}_1, \mathbf{r}_2) = \frac{1}{L^6} \sum_{\mathbf{k}_1,\mathbf{k}_2,\mathbf{k}_3,\mathbf{k}_4} e^{i[(\mathbf{k}_4-\mathbf{k}_1)\cdot\mathbf{r}_1+(\mathbf{k}_3-\mathbf{k}_2)\cdot\mathbf{r}_2]} \left\langle a^\dagger_{\mathbf{k}_1} a^\dagger_{\mathbf{k}_2} a_{\mathbf{k}_3} a_{\mathbf{k}_4} \right\rangle \tag{D-2}$$

Hier ist der Mittelwert der vier Erzeugungs- und Vernichtungsoperatoren in einem gepaarten Zustand zu nehmen. In Abb. 1 sind die auftretenden Terme symbolisch dargestellt.

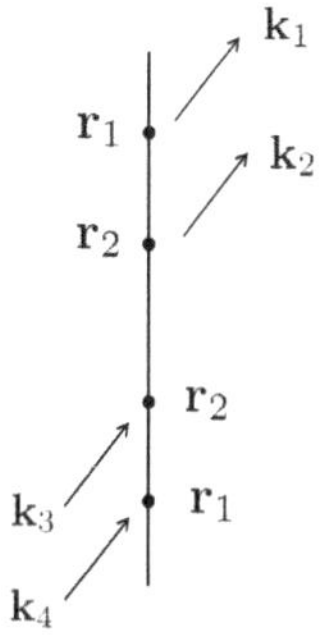

Abb. 1: Symbolische Darstellung der Terme, die in der Zweikörper-Korrelationsfunktion auftreten. Die beiden Teilchen befinden sich an den Orten $\mathbf{r}_1$ und $\mathbf{r}_2$. Die unten links einlaufenden Pfeile stellen Teilchen dar, die unter der Wirkung der Vernichtungsoperatoren verschwinden; sie gehören zur einer e-Funktion in Gl. (D-2), in deren Phase ein positives Vorzeichen vor der Ortskoordinate steht. Die oben rechts auslaufenden Pfeile symbolisieren Teilchen, die durch die Erzeuger entstehen; sie tragen mit einer Phase bei, in der die Ortskoordinate ein negatives Vorzeichen trägt. Die Korrelationsfunktion ist die Summe über diese Terme für alle Werte der vier Wellenvektoren $\mathbf{k}_1 \ldots \mathbf{k}_4$.

D-1-a Vereinfachungen in gepaarten Zuständen

Die Rechnungen vereinfachen sich enorm, weil in einem gepaarten Zustand die Besetzungen der ebenen Wellen (oder Moden) $\mathbf{k}$ und $-\mathbf{k}$ immer exakt gleich sind. Es tragen also nur diejenigen Kombinationen der vier Operatoren bei, die diese Gleichheit der Besetzungen respektieren. Drei Fälle sind möglich:

Fall (**I**): Die beiden Vernichter operieren auf ebenen Wellen, die nicht gepaart sind (d. h. $\mathbf{k}_3 \neq \pm\mathbf{k}_4$). Die beiden Erzeuger müssen dann die Besetzungen dieser ebenen Wellen auf ihren Ausgangswert bringen, sonst würde der Mittelwert der vier Operatoren verschwinden. Diese Terme nennt man manchmal *Vorwärtsstreuung*. Es ergeben sich daraus entweder die Fixierungen $\mathbf{k}_1 = \mathbf{k}_4$ und $\mathbf{k}_2 = \mathbf{k}_3$ (direkter Term) oder $\mathbf{k}_2 = \mathbf{k}_4$ und $\mathbf{k}_1 = \mathbf{k}_3$ (Austauschterm).*

Fall (**II**): Die beiden Vernichter operieren auf einem Paar von ebenen Wellen ($\mathbf{k}_3 = -\mathbf{k}_4$) und die beiden Erzeuger auf einem anderen Paar ($\mathbf{k}_2 = -\mathbf{k}_1$). Wir sprechen dann von ein Prozess der *Paarvernichtung und -erzeugung*.

Fall (**III**): Die Vernichter operieren auf einem Paar von Moden und die Erzeuger auf demselben Paar (dies ist ein Spezialfall von Fall II). Eine andere Möglichkeit ist, dass die beiden Vernichter auf derselben ebenen Welle operieren; dann müssen alle vier Wellenvektoren gleich sein.

Wenn man diese Bedingungen an die Wellenvektoren in Gl. (D-2) berücksichtigt, dann wird sofort klar, dass die Fälle I und II zu einer Doppelsumme führen, während im Fall III nur noch eine Summe übrig bleibt. Diese enthält nun aber viel weniger Terme, wenn das Volumen L^3 makroskopisch groß ist und dementsprechend über sehr viele Wellenvektoren zu summieren ist. Wir werden also seinen Beitrag gegenüber dem der Fälle I und II vernachlässigen. Aus demselben Grund werden wir in der Auswertung die Einschränkungen $\mathbf{k}_1 \neq \pm\mathbf{k}_2$ oder $\mathbf{k}_3 \neq \pm\mathbf{k}_2$ fallen lassen, weil der Fehler dabei genauso vernachlässigbar klein ist.

D-1-b Berechnung der Korrelationsfunktion

Man erhält den direkten Term aus $\mathbf{k}_1 = \mathbf{k}_4$ und $\mathbf{k}_2 = \mathbf{k}_3$ und damit hängt Gl. (D-2) nicht mehr von den Koordinaten $\mathbf{r}_1$ und $\mathbf{r}_2$ ab. Weil sich $\mathbf{k}_1$ und $\mathbf{k}_2$ unterscheiden, können wir den Mittelwert auch in der Form $\langle a^\dagger_{\mathbf{k}_1} a_{\mathbf{k}_1} a^\dagger_{\mathbf{k}_2} a_{\mathbf{k}_2} \rangle$ schreiben – bei Fermionen entsteht zweimal ein Minuszeichen, wenn man den letzten Vernichter nach links an die zweite Stelle schiebt. Nun hatten wir in Gl. (B-8) gesehen, dass der gepaarte Zustand ein Tensorprodukt von Paarzuständen ist. Deswegen zerfällt der gesuchte Mittelwert in nichts anderes als ein Produkt aus zwei Mittelwerten für je einen Besetzungszahl-

* Anm. d. Ü.: Diese beiden Beiträge erscheinen auch in Ergänzung C_{XVI}, unter Verwendung des Begriffs der Kontraktion [s. dort nach Gl. (39)].

operator. Wir erhalten damit als einen ersten Beitrag

$$G_2^{\text{dir}}(\mathbf{r}_1, \mathbf{r}_2) = \frac{1}{L^6} \sum_{\mathbf{k}_1, \mathbf{k}_2} \langle \hat{n}_{\mathbf{k}_1} \rangle \langle \hat{n}_{\mathbf{k}_2} \rangle = \frac{\langle \widehat{N} \rangle^2}{L^6} \tag{D-3}$$

wobei wir, wie bereits erwähnt, unabhängig über $\mathbf{k}_1$ und $\mathbf{k}_2$ summieren durften, ohne einen signifikanten Fehler zu machen.

Den Austauschterm erhalten wir für $\mathbf{k}_2 = \mathbf{k}_4$ und $\mathbf{k}_1 = \mathbf{k}_3$, und bei ihm bleibt eine räumlich veränderliche Korrelation stehen. Wie im direkten Term gruppieren wir die Erzeuger und Vernichter paarweise nach Moden. Dazu genügt hier eine (Anti-)Vertauschung, so dass ein Faktor η entsteht:

$$G_2^{\text{ex}}(\mathbf{r}_1, \mathbf{r}_2) = \frac{\eta}{L^6} \sum_{\mathbf{k}_1, \mathbf{k}_2} \mathrm{e}^{\mathrm{i}(\mathbf{k}_2 - \mathbf{k}_1)\cdot(\mathbf{r}_1 - \mathbf{r}_2)} \langle \hat{n}_{\mathbf{k}_1} \rangle \langle \hat{n}_{\mathbf{k}_2} \rangle \tag{D-4}$$

Im Term mit der Paarvernichtung und -erzeugung haben wir $\mathbf{k}_3 = -\mathbf{k}_4$ und $\mathbf{k}_2 = -\mathbf{k}_1$ und finden auch eine räumliche Abhängigkeit, aber hier können wir nicht mit den Besetzungszahloperatoren arbeiten. Es ergibt sich in der Tat

$$G_2^{\text{Paar-Paar}}(\mathbf{r}_1, \mathbf{r}_2) = \frac{1}{L^6} \sum_{\mathbf{k}_1, \mathbf{k}_4} \mathrm{e}^{\mathrm{i}(\mathbf{k}_4 - \mathbf{k}_1)\cdot(\mathbf{r}_1 - \mathbf{r}_2)} \langle a^\dagger_{\mathbf{k}_1} a^\dagger_{-\mathbf{k}_1} \rangle \langle a_{-\mathbf{k}_4} a_{\mathbf{k}_4} \rangle \tag{D-5}$$

was symbolisch in Abb. 2 dargestellt ist. Wir erkennen hier Mittelwerte von Operatoren wieder, die die Teilchenzahl nicht erhalten, sondern je zwei Teilchen erzeugen oder vernichten; es handelt sich also um anomale Mittelwerte, wie in § C-3 eingeführt. Wir beobachten hier, dass diese anomalen Mittelwerte ganz natürlich auftreten, wenn man den Mittelwert eines Operators berechnet, der die Zahl der Teilchen erhält. Die Gründe dafür haben wir in § C-3 besprochen. Wir führen nun eine *Paarwellenfunktion*

$$\phi_{\text{Paar}}(\mathbf{r}) = \frac{1}{L^3} \sum_{\mathbf{k}} \mathrm{e}^{-\mathrm{i}\mathbf{k}\cdot\mathbf{r}} \langle a_{\mathbf{k}} a_{-\mathbf{k}} \rangle = \frac{1}{L^3} \sum_{\mathbf{k}} \mathrm{e}^{\mathrm{i}\mathbf{k}\cdot\mathbf{r}} \langle a_{-\mathbf{k}} a_{\mathbf{k}} \rangle \tag{D-6}$$

ein und können damit diesen Beitrag zur Korrelationsfunktion einfach als

$$G_2^{\text{Paar-Paar}}(\mathbf{r}_1, \mathbf{r}_2) = |\phi_{\text{Paar}}(\mathbf{r}_1 - \mathbf{r}_2)|^2 \tag{D-7}$$

schreiben.

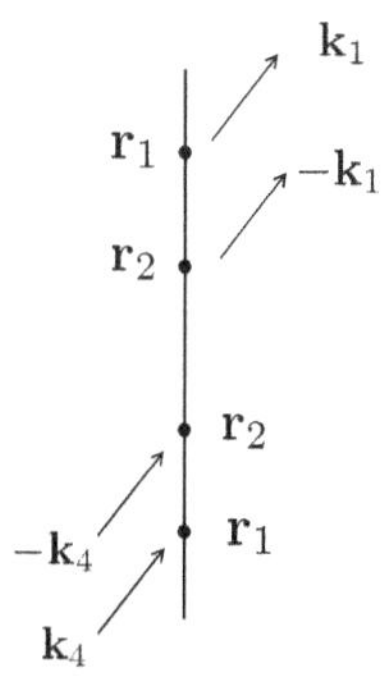

Abb. 2: Symbolische Darstellung des Paar-Paar-Terms in der Zweikörper-Korrelationsfunktion. Die Notation ist dieselbe wie in Abb. 1. Die einlaufenden und auslaufenden Linien beschreiben jeweils ein Paar von Teilchen (ihre Impulse addieren sich zu null).

Die gesamte Zweikörper-Korrelationsfunktion $G_2(\mathbf{r}_1, \mathbf{r}_2)$ ist somit eine Summe aus drei Beiträgen:

$$G_2(\mathbf{r}_1, \mathbf{r}_2) = G_2^{\text{dir}}(\mathbf{r}_1, \mathbf{r}_2) + G_2^{\text{ex}}(\mathbf{r}_1, \mathbf{r}_2) + G_2^{\text{Paar-Paar}}(\mathbf{r}_1, \mathbf{r}_2) \tag{D-8}$$

Setzen wir für spinpolarisierte Bosonen die Mittelwerte aus den Gleichungen (C-28), (C-51) und (C-52) ein, so erhalten wir einen Ausdruck, der explizit von den Parametern $\theta_{\mathbf{k}}$ und den Phasen $\zeta_{\mathbf{k}}$ abhängt, die den gepaarten Zustand beschreiben. Diese liefern uns also die Möglichkeit, die Korrelationsfunktion anzupassen. Wir finden etwa für die Paarwellenfunktion

$$\phi_{\text{Paar}}(\mathbf{r}) = -\frac{1}{L^3} \sum_{\mathbf{k}} \sinh \theta_{\mathbf{k}} \cosh \theta_{\mathbf{k}} \, \mathrm{e}^{-\mathrm{i}(\mathbf{k}\cdot\mathbf{r} - 2\zeta_{\mathbf{k}})} \tag{D-9}$$

Wir werden sehen, dass die hier eingehenden Phasen $\zeta_{\mathbf{k}}$ besonders wichtig für die Variation der Energie sind. Bei Bosonen ist die Paarwellenfunktion immer gerade, weil dies für die Parameter $\theta_{\mathbf{k}}$ und $\zeta_{\mathbf{k}}$ gilt [s. Gl. (C-11)].

Bemerkung:
Haben wir es mit wechselwirkenden Bosonen in einem Bose-Einstein-Kondensat zu tun, dann werden diese außer dem gepaarten Zustand $|\Psi_{\text{gep}}\rangle$ noch die Kondensatmode $\mathbf{k} = 0$ makroskopisch besetzen. Dadurch entstehen in den Korrelationen weitere Terme, die wir in Ergänzung $\mathrm{B}_{\mathrm{XVII}}$, § 4) und in Ergänzung $\mathrm{E}_{\mathrm{XVII}}$ behandeln. Sie liefern sogar den größten Beitrag, wenn die meisten Teilchen den Kondensatzustand besetzen.

D-2 Fermionenpaare im Singulett-Zustand

Für Spin-1/2-Teilchen gibt es wegen der Spinquantenzahlen eine größere Zahl von Korrelationsfunktionen. Einige davon werden wir in Ergänzung $\mathrm{C}_{\mathrm{XVII}}$, § 2 behandeln. Hier wollen wir uns auf eine Korrelationsfunktion mit antiparallelen Spins beschränken (sie spielt auch in der Tat die wichtigste Rolle):

$$G_2(\mathbf{r}_1, \uparrow; \mathbf{r}_2, \downarrow) = \langle \Psi_{\uparrow}^{\dagger}(\mathbf{r}_1) \Psi_{\downarrow}^{\dagger}(\mathbf{r}_2) \Psi_{\downarrow}(\mathbf{r}_2) \Psi_{\uparrow}(\mathbf{r}_1) \rangle \tag{D-10}$$

Aus der Beziehung (D-2) wird nun

$$G_2(\mathbf{r}_1, \uparrow; \mathbf{r}_2, \downarrow) = \frac{1}{L^6} \sum_{\mathbf{k}_1, \mathbf{k}_2, \mathbf{k}_3, \mathbf{k}_4} \mathrm{e}^{\mathrm{i}[(\mathbf{k}_4 - \mathbf{k}_1)\cdot\mathbf{r}_1 + (\mathbf{k}_3 - \mathbf{k}_2)\cdot\mathbf{r}_2]} \langle a_{\mathbf{k}_1,\uparrow}^{\dagger} a_{\mathbf{k}_2,\downarrow}^{\dagger} a_{\mathbf{k}_3,\downarrow} a_{\mathbf{k}_4,\uparrow} \rangle \tag{D-11}$$

In dem symbolischen Diagramm aus Abb. 1 würden wir den ein- und auslaufenden Linien noch einen Spinindex zuordnen, s. Ergänzung $\mathrm{C}_{\mathrm{XVII}}$, Abb. 4.

Die Rechnung wird analog zu § D-1 durchgeführt. Wir schreiben den direkten Term auf

$$G_2^{\text{dir}}(\mathbf{r}_1, \uparrow; \mathbf{r}_2, \downarrow) = \frac{1}{L^6} \sum_{\mathbf{k}_1, \mathbf{k}_2} \langle \widehat{n}_{\mathbf{k}_1,\uparrow} \rangle \langle \widehat{n}_{\mathbf{k}_2,\downarrow} \rangle = \frac{\langle \widehat{N}_{\uparrow} \rangle \langle \widehat{N}_{\downarrow} \rangle}{L^6} \tag{D-12}$$

und erhalten die Gesamtbesetzungen $\langle \widehat{N}_{\uparrow} \rangle$, $\langle \widehat{N}_{\downarrow} \rangle$ der beiden Spinzustände.

Es gibt keinen Austauschterm mit $\mathbf{k}_4 = \mathbf{k}_2$ und $\mathbf{k}_3 = \mathbf{k}_1$, denn dann hätten wir es mit einem Operator zu tun, der je einen Spin in zwei verschiedenen Paaren umklappt. Dadurch wird das Gleichgewicht der Spinbesetzungen in den Paaren gestört, und das Matrixelement dieses Operators im gepaarten Zustand muss verschwinden. (Die einzige Ausnahme ist der Fall $\mathbf{k}_1 = -\mathbf{k}_2$, dessen Beitrag aber vernachlässigbar klein ist.)

Es bleibt also nur der Term der Paarvernichtung und -erzeugung mit $\mathbf{k}_3 = -\mathbf{k}_4$ und $\mathbf{k}_2 = -\mathbf{k}_1$:

$$G_2^{\text{Paar-Paar}}(\mathbf{r}_1,\uparrow;\mathbf{r}_2,\downarrow) = \frac{1}{L^6}\sum_{\mathbf{k}_1,\mathbf{k}_4} e^{i(\mathbf{k}_4-\mathbf{k}_1)\cdot(\mathbf{r}_1-\mathbf{r}_2)} \langle a^\dagger_{\mathbf{k}_1,\uparrow} a^\dagger_{-\mathbf{k}_1,\downarrow}\rangle \langle a_{-\mathbf{k}_4,\downarrow} a_{\mathbf{k}_4,\uparrow}\rangle \tag{D-13}$$

Hier treten wieder die anomalen Mittelwerte auf, die wir in der Paarwellenfunktion ϕ_{Paar} zusammenfassen:

$$\phi_{\text{Paar}}(\mathbf{r}) = \frac{1}{L^3}\sum_{\mathbf{k}} e^{-i\mathbf{k}\cdot\mathbf{r}} \langle a_{\mathbf{k}\downarrow} a_{-\mathbf{k}\uparrow}\rangle = \frac{1}{L^3}\sum_{\mathbf{k}} e^{i\mathbf{k}\cdot\mathbf{r}} \langle a_{-\mathbf{k}\downarrow} a_{\mathbf{k}\uparrow}\rangle \tag{D-14}$$

Wie bereits angemerkt, ist $\phi_{\text{Paar}}(\mathbf{r})$ eine gerade Funktion. Ihr Betragsquadrat bestimmt die Korrelationsfunktion

$$G_2^{\text{Paar-Paar}}(\mathbf{r}_1,\uparrow;\mathbf{r}_2,\downarrow) = |\phi_{\text{Paar}}(\mathbf{r}_1-\mathbf{r}_2)|^2 \tag{D-15}$$

Wir setzen den Ausdruck (C-42) für den anomalen Mittelwert in Gl. (D-14) ein:

$$\phi_{\text{Paar}}(\mathbf{r}) = \frac{1}{L^3}\sum_{\mathbf{k}} u^*_{\mathbf{k}} v_{\mathbf{k}}\, e^{i\mathbf{k}\cdot\mathbf{r}} = \frac{1}{L^3}\sum_{\mathbf{k}} \sin\theta_{\mathbf{k}}\,\cos\theta_{\mathbf{k}}\, e^{i(\mathbf{k}\cdot\mathbf{r}+2\zeta_{\mathbf{k}})} \tag{D-16}$$

In Ergänzung C_{XVII} wird die wichtige Rolle betont, die diese Paarwellenfunktion in der BCS-Kondensation spielt. Wir sehen dort, dass sie nicht nur in der diagonalen Zweikörperkorrelation auftritt. Sie bestimmt auch das nichtdiagonale, langreichweitige Verhalten des Dichteoperators und übernimmt damit die Rolle eines Ordnungsparameters.

Die gesamte Korrelationsfunktion ist also

$$G_2(\mathbf{r}_1,\uparrow;\mathbf{r}_2,\downarrow) = \frac{\langle\widehat{N}_\uparrow\rangle\langle\widehat{N}_\downarrow\rangle}{L^6} + |\phi_{\text{Paar}}(\mathbf{r}_1-\mathbf{r}_2)|^2 \tag{D-17}$$

Man sieht, dass man sie über die Parameter $\theta_{\mathbf{k}}$ und $\zeta_{\mathbf{k}}$ des BCS-Zustands variieren kann, indem man für $\phi_{\text{Paar}}(\mathbf{r})$ den Ausdruck (D-16) verwendet.

Bemerkung:

Falls alle $\theta_{\mathbf{k}} = 0$ oder $\pi/2$ sind, dann haben wir am Ende von § C-1-a bemerkt, dass der gepaarte Zustand zu einem Fock-Zustand wird, in dem die Phasen $\zeta_{\mathbf{k}}$ keine Rolle mehr spielen. Sämtliche anomalen Mittelwerte sowie die Paarwellenfunktion $\phi_{\text{Paar}}(\mathbf{r})$ verschwinden in diesem Fall, wie man leicht überprüft. Für alle anderen Werte von $\theta_{\mathbf{k}}$ sind die Phasen allerdings wesentlich, was wir z. B. in Ergänzung C_{XVII} sehen werden.

E Quasiteilchen und Bogoliubov-Valatin-Transformation

Den Hamilton-Operator für ein System nicht wechselwirkender Teilchen können wir in der Form

$$\widehat{H}_0 = \sum_i (\hbar\omega_i)\, a_i^\dagger a_i \tag{E-1}$$

ausdrücken (s. Kapitel XV), wobei $\hbar\omega_i$ die Energie des Einteilchenzustands mit dem Index i bezeichnet. Als Eigenzustand von $\widehat{H}_0$ mit der kleinsten Energie ergibt sich das Vakuum $|0\rangle$, es ist Eigenzustand zu allen Vernichtern a_i mit dem Eigenwert null:

$$a_i\,|0\rangle = 0 \tag{E-2}$$

Der gepaarte Zustand $|\Psi_{\text{gep}}\rangle$ ist natürlich kein Eigenvektor der gewöhnlichen Vernichter a_i. Wir werden allerdings in § E-1 eine lineare Transformation einführen, unter der die a_i und $a_i^\dagger$ in neue Vernichter und Erzeuger abgebildet werden. In § E-2 zeigen wir schließlich, dass $|\Psi_{\text{gep}}\rangle$ ein Eigenzustand zu allen diesen neuen Vernichtern ist. Man kann ihn also als eine Art *Vakuumzustand* auffassen. Weiter (§ E-3) konstruieren wir ausgehend von $|\Psi_{\text{gep}}\rangle$ eine Familie von Operatoren, die dieselbe Struktur wie der Hamilton-Operator (E-1) haben, in denen aber die a_i und $a_i^\dagger$ durch die neuen Vernichter und Erzeuger ersetzt werden. Der Nutzen dieser Konstruktion liegt darin, dass man in gewissen Fällen (s. dazu die Ergänzungen) innerhalb dieser Familie einen Operator identifizieren kann, der ein gegebenes physikalisches Problem beschreibt, möglicherweise mit einigen Näherungen. Damit wäre für dieses Problem die Aufgabe gelöst, den Grundzustand und die angeregten Zustände zu finden, und auf ein System unabhängiger Teilchen (ohne Wechselwirkungen) zurückgeführt. Der Zustand $|\Psi_{\text{gep}}\rangle$ erscheint dann als der Grundzustand eines Hamilton-Operators von unabhängigen *Quasiteilchen*, während man mit den neuen Erzeugungsoperatoren eine orthogonale Basis von angeregten Zuständen konstruieren kann.

E-1 Transformation der Erzeugungs- und Vernichtungsoperatoren

Bei spinpolarisierten Bosonen ist der gepaarte Zustand $|\varphi_{\mathbf{k}}\rangle$ ein Element des Unterraums $\mathcal{H}_{\mathbf{k}}^{\text{Paar}}$, der zu dem Paar $(\mathbf{k}, -\mathbf{k})$ von ebenen Wellen gehört. Dieser Raum wird durch die Wirkung der Erzeuger $a_{\mathbf{k}}^\dagger$ und $a_{-\mathbf{k}}^\dagger$ auf das Vakuum erzeugt. Bei Fermionen mit Singulett-Paarung trifft dies immer noch zu, wenn wir verabreden, den Zustand $\mathbf{k}\uparrow$ mit $\mathbf{k}$ zu bezeichnen (und $-\mathbf{k}\downarrow$ mit $-\mathbf{k}$; wir benutzen also den Wellenvektor $\mathbf{k}$ zum Spinzustand $\uparrow$ als Etikett). Wir werden nun für beide Fälle ein neues Paar von Erzeugern und Vernichtern einführen, die auf diesem Unterraum $\mathcal{H}_{\mathbf{k}}^{\text{Paar}}$ wirken.

Wir definieren zwei neue Vernichter $b_{\mathbf{k}}$ und $b_{-\mathbf{k}}$ (mit $\mathbf{k} \neq 0$) sowie ihre hermitesch konjugierten Operatoren wie folgt:

$$\begin{aligned} b_{\mathbf{k}} &= u_{\mathbf{k}} a_{\mathbf{k}} + \eta\, v_{\mathbf{k}} a^{\dagger}_{-\mathbf{k}} & b^{\dagger}_{\mathbf{k}} &= u^{*}_{\mathbf{k}} a^{\dagger}_{\mathbf{k}} + \eta\, v^{*}_{\mathbf{k}} a_{-\mathbf{k}} \\ b_{-\mathbf{k}} &= u_{\mathbf{k}} a_{-\mathbf{k}} + v_{\mathbf{k}} a^{\dagger}_{\mathbf{k}} & b^{\dagger}_{-\mathbf{k}} &= u^{*}_{\mathbf{k}} a^{\dagger}_{-\mathbf{k}} + v^{*}_{\mathbf{k}} a_{\mathbf{k}} \end{aligned} \tag{E-3}$$

Bislang sind $u_{\mathbf{k}}$ und $v_{\mathbf{k}}$ hier zwei beliebige komplexe Zahlen. Diese lineare Transformation kann man mit einer 4×4-Matrix darstellen,

$$\begin{pmatrix} b_{\mathbf{k}} \\ b_{-\mathbf{k}} \\ b^{\dagger}_{\mathbf{k}} \\ b^{\dagger}_{-\mathbf{k}} \end{pmatrix} = \begin{pmatrix} u_{\mathbf{k}} & & & \eta\, v_{\mathbf{k}} \\ & u_{\mathbf{k}} & v_{\mathbf{k}} & \\ & \eta\, v^{*}_{\mathbf{k}} & u^{*}_{\mathbf{k}} & \\ v^{*}_{\mathbf{k}} & & & u^{*}_{\mathbf{k}} \end{pmatrix} \begin{pmatrix} a_{\mathbf{k}} \\ a_{-\mathbf{k}} \\ a^{\dagger}_{\mathbf{k}} \\ a^{\dagger}_{-\mathbf{k}} \end{pmatrix} \tag{E-4}$$

die in zwei Unterblöcke zerfällt.

Wie in Kapitel XV und XVI schreiben wir $[A, B]_{-\eta}$ für den Kommutator von A und B bei Bosonen ($\eta = 1$) und für den Antikommutator bei Fermionen ($\eta = -1$). Wir zeigen nun, dass man $u_{\mathbf{k}}$ und $v_{\mathbf{k}}$ so wählen kann, dass diese Operatoren die bekannten (Anti-) Kommutatorrelationen für Erzeuger und Vernichter erfüllen.

Berechnen wir zunächst $[b_{\mathbf{k}}, b_{-\mathbf{k}}]_{-\eta}$. Weil $a_{\mathbf{k}}$ und $a_{-\mathbf{k}}$ sowie $a^{\dagger}_{-\mathbf{k}}$ und $a^{\dagger}_{-\mathbf{k}}$ untereinander jeweils (anti-)kommutieren, bleiben nur die gemischten Terme übrig, proportional zu $u_{\mathbf{k}} v_{\mathbf{k}}$:

$$[b_{\mathbf{k}}, b_{-\mathbf{k}}]_{-\eta} = u_{\mathbf{k}} v_{\mathbf{k}} \left\{ \left[a_{\mathbf{k}}, a^{\dagger}_{\mathbf{k}}\right]_{-\eta} + \eta \left[a^{\dagger}_{-\mathbf{k}}, a_{-\mathbf{k}}\right]_{-\eta} \right\} \tag{E-5}$$

Bei Bosonen ergeben die beiden Kommutatoren jeweils 1 und −1. Bei Fermionen ergeben beide 1. In beiden Fällen haben wir also

$$[b_{\mathbf{k}}, b_{-\mathbf{k}}]_{-\eta} = u_{\mathbf{k}} v_{\mathbf{k}} \{1 - 1\} = 0 \tag{E-6}$$

und einmal hermitesch Konjugieren liefert sofort

$$\left[b^{\dagger}_{\mathbf{k}}, b^{\dagger}_{-\mathbf{k}}\right]_{-\eta} = 0 \tag{E-7}$$

Betrachten wir nun $[b_{\mathbf{k}}, b^{\dagger}_{\mathbf{k}}]_{-\eta}$. Es tragen nur die Terme proportional zu $|u_{\mathbf{k}}|^2$ und $|v_{\mathbf{k}}|^2$ bei. Der erste enthält den (Anti-)Kommutator $[a_{\mathbf{k}}, a^{\dagger}_{\mathbf{k}}]_{-\eta} = 1$; der zweite führt bei Bosonen auf den Kommutator $[a^{\dagger}_{-\mathbf{k}}, a_{-\mathbf{k}}] = -1$, während bei Fermionen der entsprechende Antikommutator den Wert +1 hat. Es ergibt sich insgesamt

$$\left[b_{\mathbf{k}}, b^{\dagger}_{\mathbf{k}}\right]_{-\eta} = |u_{\mathbf{k}}|^2 - \eta\, |v_{\mathbf{k}}|^2 \tag{E-8}$$

und in gleicher Weise

$$\left[b_{-\mathbf{k}}, b^{\dagger}_{-\mathbf{k}}\right]_{-\eta} = |u_{\mathbf{k}}|^2 - \eta\, |v_{\mathbf{k}}|^2 \tag{E-9}$$

Schließlich bleiben noch $[b_{\mathbf{k}}, b^{\dagger}_{-\mathbf{k}}]_{-\eta}$ und $[b_{-\mathbf{k}}, b^{\dagger}_{\mathbf{k}}]_{-\eta}$ übrig. Der erste Ausdruck verschwindet, weil $a_{\mathbf{k}}$ sowohl mit $a^{\dagger}_{-\mathbf{k}}$ als auch mit sich selbst (anti-)kommutiert.[8] Für den anderen Term argumentiert man genauso und damit

$$\begin{aligned} \left[b_{\mathbf{k}}, b^{\dagger}_{-\mathbf{k}}\right]_{-\eta} &= 0 \\ \left[b_{-\mathbf{k}}, b^{\dagger}_{\mathbf{k}}\right]_{-\eta} &= 0 \end{aligned} \tag{E-10}$$

Wir fassen zusammen: Es genügt, für alle **k** die Bedingung

$$|u_{\mathbf{k}}|^2 - \eta\, |v_{\mathbf{k}}|^2 = 1 \tag{E-11}$$

zu erfüllen, und wir haben als einzige nicht verschwindende (Anti-)Kommutatoren

$$\begin{aligned} \left[b_{\mathbf{k}}, b^{\dagger}_{\mathbf{k}}\right]_{-\eta} &= 1 \\ \left[b_{-\mathbf{k}}, b^{\dagger}_{-\mathbf{k}}\right]_{-\eta} &= 1 \end{aligned} \tag{E-12}$$

Anders ausgedrückt: Die Operatoren $b_{\mathbf{k}}$, $b_{-\mathbf{k}}$ und ihre Adjungierten erfüllen dieselben (Anti-)Kommutationsbeziehungen wie die üblichen Vernichter und Erzeuger von ununterscheidbaren Teilchen.

Bei Fermionen ist diese Bedingung analog zu Gl. (C-3), und wir können die Transformation wie in Gleichung (C-4) parametrisieren:

$$\begin{aligned} u_{\mathbf{k}} &= \mathrm{e}^{-\mathrm{i}\zeta_{\mathbf{k}}} \cos\theta_{\mathbf{k}} \\ v_{\mathbf{k}} &= \mathrm{e}^{\mathrm{i}\zeta_{\mathbf{k}}} \sin\theta_{\mathbf{k}} \end{aligned} \tag{E-13}$$

Die lineare Abbildung (E-4), die Erzeuger und Vernichter vermischt, wird *Bogoliubov-Valatin-Transformation* genannt.

Für Bosonen wählt man zweckmäßiger

$$\begin{aligned} u_{\mathbf{k}} &= \mathrm{e}^{-\mathrm{i}\zeta_{\mathbf{k}}} \cosh\theta_{\mathbf{k}} \\ v_{\mathbf{k}} &= \mathrm{e}^{\mathrm{i}\zeta_{\mathbf{k}}} \sinh\theta_{\mathbf{k}} \end{aligned} \tag{E-14}$$

Ein Vergleich mit der Beziehung (C-11) zeigt also

$$x_{\mathbf{k}} = \frac{v_{\mathbf{k}}}{u_{\mathbf{k}}} \tag{E-15}$$

Bei Bosonen heißt die lineare Abbildung der Erzeuger und Vernichter *Bogoliubov-Transformation.**

8 Für Fermionen verschwindet das Quadrat dieses Operators.

* Anm. d. Ü.: Beide Transformationen werden von unitären Operatoren S derart erzeugt, dass z. B. $b_{\mathbf{k}} = S a_{\mathbf{k}} S^{\dagger}$ gilt. Für spinpolarisierte Bosonen gilt $S = \exp[\theta_{\mathbf{k}}(\mathrm{e}^{-\mathrm{i}\zeta_{\mathbf{k}}} a_{\mathbf{k}} a_{-\mathbf{k}} - \mathrm{e}^{\mathrm{i}\zeta_{\mathbf{k}}} a^{\dagger}_{-\mathbf{k}} a^{\dagger}_{\mathbf{k}})]$, auch bekannt als *Zweimoden-Quetschoperator* (Walls und Milburn, 1994). In Gl. (C-13) wird S in normal geordneter Form auf den Vakuumzustand angewendet und erzeugt so den normierten gepaarten Zustand $|\overline{\varphi}_{\mathbf{k}}\rangle = S|0\rangle$.

E-2 Transformation der gepaarten Zustände

Wir zeigen nun, dass $|\overline{\varphi}_{\mathbf{k}}\rangle$ Eigenzustand der beiden Vernichter $b_{\mathbf{k}}$ und $b_{-\mathbf{k}}$ mit Eigenwert null ist. Wegen dieser Eigenschaft ähnelt dieser Zustand einem gewöhnlichen Vakuumzustand, den alle Vernichter $a_{\mathbf{k}}$ bekanntlich auf null abbilden.

E-2-a Fermionenpaare im Singulett-Zustand

Wenden wir also die Operatoren $b_{\pm\mathbf{k}}$ auf den Ket $|\overline{\varphi}_{\mathbf{k}}\rangle$ aus Gl. (C-1) an. Wir verwenden die oben erklärte vereinfachte Notation (**k** gehört zum Spinindex ↑ und −**k** zum Spinindex ↓). Beginnen wir mit $b_{\mathbf{k}}$ aus Gl. (E-3):

$$b_{\mathbf{k}}\,|\overline{\varphi}_{\mathbf{k}}\rangle = \left(u_{\mathbf{k}}a_{\mathbf{k}} - v_{\mathbf{k}}a^{\dagger}_{-\mathbf{k}}\right)\left[u_{\mathbf{k}} + v_{\mathbf{k}}\,a^{\dagger}_{\mathbf{k}}a^{\dagger}_{-\mathbf{k}}\right]|0\rangle \tag{E-16}$$

Der Anteil mit $u_{\mathbf{k}}^2$ verschwindet, weil der Vernichter auf das Vakuum wirkt. Im nächsten Term reduziert $a_{\mathbf{k}}$ die Teilchenzahl im Zustand **k**↑ von eins auf null, denn es gilt

$$a_{\mathbf{k}}a^{\dagger}_{\mathbf{k}}a^{\dagger}_{-\mathbf{k}}|0\rangle = a^{\dagger}_{-\mathbf{k}}|0\rangle \tag{E-17}$$

Der Term mit $v_{\mathbf{k}}^2$ verschwindet, weil er das Quadrat des fermionischen Erzeugers $a^{\dagger}_{-\mathbf{k}}$ enthält. Es bleibt ein weiterer gemischter Term übrig, und wir finden schließlich

$$b_{\mathbf{k}}\,|\overline{\varphi}_{\mathbf{k}}\rangle = \left(u_{\mathbf{k}}v_{\mathbf{k}}a^{\dagger}_{-\mathbf{k}} - v_{\mathbf{k}}u_{\mathbf{k}}a^{\dagger}_{-\mathbf{k}}\right)|0\rangle = 0 \tag{E-18}$$

Fast dieselbe Rechnung können wir für $b_{-\mathbf{k}} = u_{\mathbf{k}}a_{-\mathbf{k}} + v_{\mathbf{k}}a^{\dagger}_{\mathbf{k}}$ durchführen, mit dem Unterschied, dass $a_{-\mathbf{k}}$ einmal mit $a^{\dagger}_{\mathbf{k}}$ antivertauscht werden muss. Dies führt auf einen Vorzeichenwechsel, aber weil $b_{-\mathbf{k}}$ in Gl. (E-3) ohne ein Minuszeichen definiert ist (im Unterschied zu $b_{\mathbf{k}}$), findet man erneut

$$b_{-\mathbf{k}}\,|\overline{\varphi}_{\mathbf{k}}\rangle = u_{\mathbf{k}}v_{\mathbf{k}}\left(-a^{\dagger}_{\mathbf{k}} + a^{\dagger}_{\mathbf{k}}\right)|0\rangle = 0 \tag{E-19}$$

Also wird der Zustand $|\overline{\varphi}_{\mathbf{k}}\rangle$ von beiden Operatoren $b_{\mathbf{k}}$ und $b_{-\mathbf{k}}$ vernichtet (auf den Nullvektor abgebildet).

E-2-b Spinpolarisierte Bosonen

Aus der Reihenentwicklung (C-7) des gepaarten Zustands wird unter Berücksichtigung von Gl. (E-15)

$$|\varphi_{\mathbf{k}}\rangle = \sum_{q=0}^{\infty}\frac{1}{q!}\left(-\frac{v_{\mathbf{k}}}{u_{\mathbf{k}}}\right)^q\left(a^{\dagger}_{\mathbf{k}}a^{\dagger}_{-\mathbf{k}}\right)^q|0\rangle \tag{E-20}$$

Nun ist

$$a_{\mathbf{k}}\left(a^{\dagger}_{\mathbf{k}}a^{\dagger}_{-\mathbf{k}}\right)^q|0\rangle = \left(a_{\mathbf{k}}a^{\dagger}_{\mathbf{k}}\right)\left(a^{\dagger}_{\mathbf{k}}\right)^{q-1}\left(a^{\dagger}_{-\mathbf{k}}\right)^q|0\rangle = q\left(a^{\dagger}_{\mathbf{k}}\right)^{q-1}\left(a^{\dagger}_{-\mathbf{k}}\right)^q|0\rangle \tag{E-21}$$

und wir haben

$$u_{\mathbf{k}}a_{\mathbf{k}}\,|\varphi_{\mathbf{k}}\rangle = u_{\mathbf{k}}\sum_{q=0}^{\infty}\frac{q}{q!}\left(-\frac{v_{\mathbf{k}}}{u_{\mathbf{k}}}\right)^q\left(a^{\dagger}_{\mathbf{k}}\right)^{q-1}\left(a^{\dagger}_{-\mathbf{k}}\right)^q|0\rangle \tag{E-22}$$

Weil $a^\dagger_{-\mathbf{k}}$ mit den anderen Operatoren kommutiert, können wir diesen Ausdruck folgendermaßen schreiben (man setze $q' = q - 1$):

$$\begin{aligned} u_{\mathbf{k}} a_{\mathbf{k}} |\varphi_{\mathbf{k}}\rangle &= -v_{\mathbf{k}} a^\dagger_{-\mathbf{k}} \sum_{q'=0}^{\infty} \frac{1}{q'!} \left(-\frac{v_{\mathbf{k}}}{u_{\mathbf{k}}}\right)^{q'} \left(a^\dagger_{\mathbf{k}}\right)^{q'} \left(a^\dagger_{-\mathbf{k}}\right)^{q'} |0\rangle \\ &= -v_{\mathbf{k}} a^\dagger_{-\mathbf{k}} |\varphi_{\mathbf{k}}\rangle \end{aligned} \tag{E-23}$$

Damit ist aber

$$\left(u_{\mathbf{k}} a_{\mathbf{k}} + v_{\mathbf{k}} a^\dagger_{-\mathbf{k}}\right) |\varphi_{\mathbf{k}}\rangle = 0 \tag{E-24}$$

und unter Verwendung der Definition (E-3) von $b_{\mathbf{k}}$ erhalten wir

$$b_{\mathbf{k}} |\varphi_{\mathbf{k}}\rangle = 0 \tag{E-25}$$

Der Ket $|\varphi_{\mathbf{k}}\rangle$ wird also von $b_{\mathbf{k}}$ vernichtet.

Dieselbe Rechnung führt auf

$$u_{\mathbf{k}} a_{-\mathbf{k}} |\varphi_{\mathbf{k}}\rangle = -v_{\mathbf{k}} a^\dagger_{\mathbf{k}} |\varphi_{\mathbf{k}}\rangle \tag{E-26}$$

und damit

$$b_{-\mathbf{k}} |\varphi_{\mathbf{k}}\rangle = 0 \tag{E-27}$$

Wir erhalten dasselbe Ergebnis wie für Fermionen: Die Operatoren $b_{\mathbf{k}}$ und $b_{-\mathbf{k}}$ vernichten den Ket $|\overline{\varphi}_{\mathbf{k}}\rangle$.

E-3 Basis von angeregten Zuständen. Quasiteilchen

Wir haben gesehen, dass die neuen Erzeuger und Vernichter aus Gl. (E-3) für Bosonen und Fermionen dieselben Eigenschaften wie gewöhnliche Erzeugungs- und Vernichtungsoperatoren haben. Insbesondere können wir die beiden Operatoren

$$\widehat{n}(b_{\mathbf{k}}) = b^\dagger_{\mathbf{k}} b_{\mathbf{k}} \qquad \widehat{n}(b_{-\mathbf{k}}) = b^\dagger_{-\mathbf{k}} b_{-\mathbf{k}} \tag{E-28}$$

analog zu den bekannten Besetzungszahlen interpretieren. Ihre Eigenwerte sind nichtnegative ganze Zahlen. Es scheint also natürlich, parallel zu Gleichung (E-1) den Operator

$$\widehat{H}_{\mathrm{B}} = \sum_{\mathbf{k} \in D} \hbar\omega_k \left(b^\dagger_{\mathbf{k}} b_{\mathbf{k}} + b^\dagger_{-\mathbf{k}} b_{-\mathbf{k}}\right) \tag{E-29}$$

einzuführen. Im Augenblick sind die Frequenzen ω_k freie Parameter, so wie die Parameter $\theta_{\mathbf{k}}$ und $\zeta_{\mathbf{k}}$ der gepaarten Zustände auch. (Sie werden später je nach konkretem Problem festgelegt.) Die Summe in Gl. (E-29) ist auf einen Halbraum eingeschränkt, um das doppelte Zählen von entgegengesetzten Impulsen zu vermeiden. Die Eigenwerte von $\widehat{H}_B$ sind alle von der Form

$$E_B = \sum_{\mathbf{k} \in D} [n(b_\mathbf{k}) + n(b_{-\mathbf{k}})] \hbar\omega_k \tag{E-30}$$

wobei $n(b_\mathbf{k})$ und $n(b_{-\mathbf{k}})$ nichtnegative ganze Zahlen sind (für Bosonen insoweit beliebig und bei Fermionen auf 0 und 1 eingeschränkt).

Der Grundzustand $|\Phi_0(b)\rangle$ von $\widehat{H}_B$ wird von allen Operatoren $b_\mathbf{k}$ und $b_{-\mathbf{k}}$ vernichtet (auf null abgebildet). Nun haben wir in Gl. (B-8) (Bosonen) und Gl. (B-11) (Fermionen) gesehen, dass der gepaarte Zustand ein Tensorprodukt aus den Zuständen $|\varphi_\mathbf{k}\rangle$ ist, die genau von diesen beiden Operatoren auf null abgebildet werden. Der gepaarte Zustand, $|\Psi_{\text{gep}}\rangle$ für Bosonen oder $|\Psi_{\text{BCS}}\rangle$ für Fermionen ist also Eigenzustand zu $\widehat{H}_B$ mit dem Eigenwert null (und damit der Grundzustand).[9]

Indem wir die adjungierten Operatoren $b^\dagger_\mathbf{k}$ und $b^\dagger_{-\mathbf{k}}$ auf den Grundzustand $|\Phi_0(b)\rangle$ anwenden, erzeugen wir weitere Eigenzustände von $\widehat{H}_B$ (elementare Anregungen). Bei Bosonen kann man dies beliebig oft wiederholen, bei Fermionen erhält man nur drei angeregte Zustände, indem man entweder $b^\dagger_\mathbf{k}$, oder $b^\dagger_{-\mathbf{k}}$ oder das Produkt der beiden anwendet. Wegen der Antikommutatoren verschwinden alle anderen Potenzen und Produkte. Wir halten abschließend fest, dass der Operator (E-29) viele Eigenschaften mit dem Hamilton-Operator eines Systems aus nicht wechselwirkenden Teilchen gemeinsam hat. Genau wie die üblichen Erzeuger einem System freier Teilchen zusätzliche Teilchen hinzufügen, kann man die $b^\dagger_\mathbf{k}$ und $b^\dagger_{-\mathbf{k}}$ so verstehen, dass dem System zusätzlich *Quasiteilchen* hinzugefügt werden. Diese Quasiteilchen sind von den Teilchen eines Systems ohne Wechselwirkungen zu unterscheiden: Dies kann man an der Form ihrer Erzeugungsoperatoren ablesen. Sie liefern allerdings eine Basis von Zuständen, bezüglich der man wie in einem idealen Gas argumentieren kann; man hat damit ein sehr leistungsfähiges Verfahren zur Verfügung, das in vielen physikalischen Gebieten Anwendungen findet.

Es bleibt natürlich zu zeigen, dass die hier angestellten Überlegungen physikalisch relevant sind. Kann man den Hamilton-Operator für ein gegebenes Problem durch $\widehat{H}_B$ annähern, indem man die Parameter $u_\mathbf{k}$, $v_\mathbf{k}$ und ω_k geeignet wählt? Die Antwort darauf ist nicht von vornherein klar, denn der Hamilton-Operator eines Systems von Teilchen enthält im Allgemeinen Wechselwirkungen zwischen Paaren, die durch Produkte aus zwei Erzeugern und zwei Vernichtern dargestellt werden, also insgesamt vier Operatoren. Wenn man aber die Formeln (E-3) für die neuen Erzeuger in $\widehat{H}_B$ aus Gl. (E-29) einsetzt, dann erhält man höchstens quadratische Ausdrücke in den alten Operatoren $a_\mathbf{k}$ und $a^\dagger_\mathbf{k}$. Es sind also gewisse Näherungen nötig, um $\widehat{H}_B$ auf einen physikalisch relevanten Hamilton-Operators abzubilden. Dies ist in der Tat möglich, und wir werden in den Ergänzungen dafür Beispiele sehen.

9 Bei Bosonen werden wir in Ergänzung B_{XVII} noch einen kohärenten Zustand $|\varphi_0\rangle$ hinzunehmen, um den Grundzustand $|\Phi_B\rangle$ zu konstruieren. Weil aber keiner der Operatoren $b_\mathbf{k}$ oder $b_{-\mathbf{k}}$ auf dem Fock-Raum zu der ebenen Welle $\mathbf{k} = \mathbf{0}$ wirkt, bleiben unsere Überlegungen auch für $|\Phi_B\rangle$ gültig.

Zusammenfassung

Die in diesem Kapitel eingeführten gepaarten Zustände stellen uns ein leistungsfähiges Werkzeug zur Verfügung, das man sowohl auf Fermionen als auch auf Bosonen anwenden kann. Wir erhalten ein systematisches Verfahren, um die Variationsrechnung für wechselwirkende Systeme flexibler zu gestalten. Insbesondere kann man einen gepaarten Grundzustand konstruieren, aus dem eine ganze Basis von angeregten Zuständen erzeugt wird, indem man geeignet transformierte Erzeuger und Vernichter verwendet. In den Ergänzungen werden wir gepaarte Zustände für die Untersuchung diverser Systeme verwenden und dabei für jedes System die optimalen Parameter berechnen. Natürlich werden die physikalischen Ergebnisse in diesen Fällen große Unterschiede aufweisen, vor allem wenn man Fermionen und Bosonen vergleicht. Der Vorteil der gepaarten Zustände liegt gerade darin, dass man die Modelle in einen einheitlichen Rahmen stellen kann.

Übersicht über die Ergänzungen zu Kapitel XVII

A_{XVII}	**Feldoperatoren für gepaarte Teilchen**	Den Feldoperator für Teilchenpaare kann man analog zu dem üblichen Feldoperator verstehen. Er ist besonders gut geeignet, um Mittelwerte in einem gepaarten Zustand zu berechnen. Die Kommutationsbeziehungen des Operators für Fermionenpaare erinnern an die für Bosonen, aber der Kommutator enthält einen zusätzlichen Term, weil das Paar aus Fermionen besteht. (*Einige Rechnungen sind etwas schwieriger.*)
B_{XVII}	**Auswertung der mittleren Energie von gepaarten Teilchen**	In dieser Ergänzung wird die mittlere Energie in einem Paarzustand ausgewertet. Für Bosonen fügen wir ein Kondensat hinzu, das mit einem kohärenten Zustand beschrieben wird. Die Ergebnisse werden in Ergänzung C_{XVII} und E_{XVII} verwendet. (*Relativ technisch, aber ohne größere Schwierigkeiten.*)
		Diese drei Ergänzungen stellen physikalische Anwendungen von gepaarten Zuständen in fermionischen und bosonischen Systemen vor.
C_{XVII}	**BCS-Theorie**	Selbst schwache Wechselwirkungen können den Grundzustand eines fermionischen Systems radikal verändern, und dies geschieht über den BCS-Mechanismus der Paarbildung. In dieser Ergänzung diskutieren wir die Theorie dieses Phänomens, das die Grundlage für Supraleitung bildet, erarbeiten die Konsequenzen für die Verteilungs- und Korrelationsfunktionen und stellen die Verbindung zur Bose-Einstein-Kondensation von Teilchenpaaren her. (*Verwendet Begriffe und Ergebnisse aus A_{XVII} und B_{XVII}, ist aber auch unabhängig davon zugänglich.*)
D_{XVII}	**Das Cooper-Modell**	Das einfache Cooper-Modell beschreibt schwach gebundene Zustände von zwei Teilchen am Rand einer Fermi-Kugel, die den Teilchen verbietet, Zustände im Inneren zu besetzen. Üblicherweise gibt es einen Minimalwert für eine anziehende Wechselwirkung, um in drei Dimensionen einen gebundenen Zustand zu bilden. Hier führt die Fermi-Kugel dazu, dass es den gebundenen Zustand immer gibt, wie schwach die Anziehung auch sein mag. Im Rahmen des Cooper-Modells kann man einige Ergebnisse der BCS-Theorie intuitiv verstehen. (*Elementare Überlegungen, für die erste Lektüre empfohlen.*)
E_{XVII}	**Kondensierte Bosonen mit abstoßenden Wechselwirkungen**	In einem bosonischen System führt die Verwendung von Paarzuständen in der Variationsrechnung auf dieselben Ergebnisse wie die Operatortransformation von Bogoliubov. Man kann so das Bogoliubov-Spektrum erhalten, die *Entvölkerung* (engl.: *depletion*) des Kondensats aufgrund der Wechselwirkungen berechnen usw. (*Einige Begriffe und Ergebnisse aus A_{XVII} und B_{XVII} werden hier verwendet.*)

Ergänzung A_{XVII}
Feldoperatoren für gepaarte Teilchen

Wir haben in Kapitel XVI einen Feldoperator $\Psi(\mathbf{r})$ eingeführt, der auf dem Zustandsraum eines Systems identischer Teilchen wirkt. Dieser Operator kann als eine Linearkombination von Vernichtern definiert werden, die jeweils zu Moden mit einem festen Impuls gehören. Er ist ein bequemes Rechenwerkzeug und eignet sich besonders für Korrelationsfunktionen. In Kapitel XVII zeigten wir, warum gepaarte Zustände interessant sind, in denen ununterscheidbare Teilchen in gewisser Weise in Zweiergruppen auftreten; dabei haben wir Erzeuger und Vernichter ($A^\dagger_{\mathbf{K}}$ und $A_{\mathbf{K}}$) von Teilchenpaaren mit einem festen Gesamtimpuls eingeführt. Es scheint also natürlich, auch einen Feldoperator $\Phi_\chi(\mathbf{R})$ für Teilchenpaare zu konstruieren. Dieser vernichtet ein Paar, dessen Schwerpunkt sich am Ort $\mathbf{R}$ befindet und dessen innerer Zustand durch die Wellenfunktion $\chi(\mathbf{r}_1-\mathbf{r}_2)$ in der Relativkoordinate beschrieben wird. Der adjungierte Operator $\Phi^\dagger_\chi(\mathbf{R})$ erzeugt ein Teilchenpaar in demselben Zustand. Wir werden diese Operatoren in dieser Ergänzung konstruieren und einige von ihren Eigenschaften untersuchen.

In § 1 geben wir Formeln für die Feldoperatoren $\Phi_{\chi_n}(\mathbf{R})$ und $\Phi^\dagger_{\chi_n}(\mathbf{R})$ an, die mit Paaren in einem Orbitalzustand χ_n hantieren. Wir betrachten die Fälle von spinpolarisierten Teilchen und von in einem Singulett-Zustand gepaarten Fermionen. In § 2 berechnen wir Mittelwerte der Paarfeldoperatoren und ihrer Produkte in einem gepaarten Zustand. Sie zeigen interessante Eigenschaften: es erscheint insbesondere eine neue Funktion $\phi_{\text{Paar}}(\mathbf{r})$, die wir die *Paarwellenfunktion* nennen werden. Sie ist zu unterscheiden von der Zweiteilchen-Wellenfunktion $\chi(\mathbf{r}_1-\mathbf{r}_2)$, die als Ausgangspunkt für den gepaarten Zustand diente. Die Paarwellenfunktion ist deswegen nützlich, weil sie explizit in die räumlichen Zweikörperkorrelationen eingeht, wie wir in § 2-c sehen werden. Außerdem hängt ihre Norm mit der Anzahl der Feldquanten in dem kondensierten Paarfeld zusammen. Die Paarwellenfunktion entsteht dann, wenn Teilchenpaare in kollektiver Weise zu einem Feld beitragen, dessen Mittelwert die Rolle eines *Ordnungsparameters* spielt. Dieser Parameter ist dann ungleich null, wenn man den Paaren ein makroskopisches Feld zuordnen kann. Wir zeigen, wie er die anomalen Mittelwerte (von Operatoren, die die Teilchenzahl nicht erhalten) mit den Mittelwer-

https://doi.org/10.1515/9783110649130-015

ten von Operatorprodukten aus $\Phi_{\chi_n}(\mathbf{R})$ und $\Phi^\dagger_{\chi_n}(\mathbf{R})$ verbindet, die die Teilchenzahl konstant lassen. In § 2-c berechnen wir Korrelationsfunktionen des Paarfeldoperators in einem BCS-gepaarten Zustand und ziehen einige Folgerungen aus der Existenz eines makroskopischen Paarfelds. Wir untersuchen schließlich in § 3 die Kommutatoren dieser Operatoren. Wir zeigen, dass sie sich ähnlich wie die von Bosonen verhalten (und zwar sowohl für bosonische als auch fermionische Konstituenten), aber nicht ganz: Es gibt Korrekturen. Wir werden sehen, dass stark gebundene Paare, deren räumliche Ausdehnung viel kleiner als alle anderen charakteristischen Längenskalen des Problems sind, zu einem bosonischen Kommutator führen, so dass man die Paare in der Tat als Bosonen betrachten kann. Der umgekehrte Fall einer schwachen Bindung tritt im BCS-Mechanismus auf (den wir in Ergänzung $\mathrm{C_{XVII}}$ genauer besprechen): Dann kann man die Paare nicht als eigenständige Objekte betrachten, weil die fermionischen Eigenschaften ihrer Bausteine eine wichtige Rolle spielen und nicht vernachlässigt werden dürfen.

1 Paarerzeuger und -vernichter

Wir führen den Feldoperator für Paare von Teilchen analog zu dem Operator ein, der einzelne Teilchen erzeugt oder vernichtet. Der adjungierte Operator erzeugt direkt ein Teilchenpaar in einem festen internen Zustand* an einem gegebenen Ort. Der Operator selbst vernichtet dieses Paar.

1-a Spinpolarisierte Teilchen

In Kapitel XVII, § A hatten wir Erzeuger und Vernichter, $A^\dagger_{\mathbf{K}}$ und $A_{\mathbf{K}}$, für spinlose Teilchenpaare (oder Teilchen in demselben Spinzustand) eingeführt:

$$\begin{aligned} A^\dagger_{\mathbf{K}} &= \frac{1}{\sqrt{2}} \sum_{\mathbf{k}} g_{\mathbf{k}}\, a^\dagger_{\frac{1}{2}\mathbf{K}+\mathbf{k}} a^\dagger_{\frac{1}{2}\mathbf{K}-\mathbf{k}} \\ A_{\mathbf{K}} &= \frac{1}{\sqrt{2}} \sum_{\mathbf{k}} g^*_{\mathbf{k}}\, a_{\frac{1}{2}\mathbf{K}-\mathbf{k}} a_{\frac{1}{2}\mathbf{K}+\mathbf{k}} \end{aligned} \tag{1}$$

In diesem Ausdruck ist $\hbar\mathbf{K}$ der Gesamtimpuls des Paars und $g_{\mathbf{k}}$ die Fourier-Transformierte der Wellenfunktion $\chi(\mathbf{r}_1 - \mathbf{r}_2)$, die den *internen Zustand* des Paars beschreibt:

$$g_{\mathbf{k}} = \frac{1}{L^{3/2}} \int_{L^3} \mathrm{d}^3 r\, \mathrm{e}^{-\mathrm{i}\mathbf{k}\cdot\mathbf{r}} \chi(\mathbf{r}) \tag{2}$$

* Anm. d. Ü.: Mit dem *internen Zustand* ist die Angabe einer Wellenfunktion für die Relativkoordinaten der beiden Teilchen gemeint. Das Verhalten der Schwerpunktskoordinate eines Paars wird durch den *externen Zustand* beschrieben.

Hier ist L^3 das Volumen, in dem das System von Teilchen eingesperrt ist (das wir in den folgenden räumlichen Integralen nicht mehr explizit anschreiben).

Diese Definitionen verallgemeinern wir nun auf den Fall, dass sich das Paar bezüglich der Relativkoordinaten in einem beliebigen Orbitalzustand befindet. Dieser ist Element einer orthonormierten Zustandsbasis $\{|\chi_n; n = 1, \ldots \infty\rangle\}$, die durch einen Satz von Wellenfunktionen $\chi_n(\mathbf{r})$ mit den Fourier-Transformierten $g_{\mathbf{k}}^n$ dargestellt wird. Es genügt also, der obigen Definition einen Index n hinzuzufügen, etwa

$$A_{\mathbf{K},n}^{\dagger} = \frac{1}{\sqrt{2}} \sum_{\mathbf{k}} g_{\mathbf{k}}^n \, a_{\frac{1}{2}\mathbf{K}+\mathbf{k}}^{\dagger} a_{\frac{1}{2}\mathbf{K}-\mathbf{k}}^{\dagger} \tag{3}$$

In Kapitel XVII haben wir gesehen, dass je nach dem Charakter der Teilchen (Bosonen oder Fermionen) die Funktionen $g_{\mathbf{k}}^n$ bezüglich einer Punktspiegelung im $\mathbf{k}$-Raum die Parität η haben müssen. Dies bedeutet

$$g_{-\mathbf{k}}^n = \eta \, g_{\mathbf{k}}^n \quad \text{mit} \quad \eta = \begin{cases} +1 & \text{(Bosonen)} \\ -1 & \text{(Fermionen)} \end{cases} \tag{4}$$

Mit Hilfe der (Anti-)Kommutatorrelationen der Erzeuger (Kapitel XV, § A-5-c) kann man einfach überprüfen, dass $A_{\mathbf{K},n}^{\dagger}$ in Gl. (3) verschwindet, falls $g_{\mathbf{k}}^n$ die zu Gl. (4) entgegengesetzte Parität haben sollte. Wir dürfen also davon ausgehen, dass Gl. (4) gilt. Fordert man allerdings, dass die Zustände $\{|\chi_n\rangle\}$ eine vollständige Basis bilden, dann kommen dort Zustände mit allen Paritäten ± 1 vor. Es ist dann zu beachten, dass die Operatoren $A_{\mathbf{K},n}^{\dagger}$ verschwinden, sobald die Wellenfunktion zum Index n die Parität $-\eta$ hat.

α Zusammenhang mit dem Feldoperator

Wir verwenden aus Kapitel XVI die Beziehung (A-10), um die Erzeuger $a_{\mathbf{k}}^{\dagger}$ durch den Feldoperator darzustellen:

$$a_{\mathbf{k}}^{\dagger} = \frac{1}{L^{3/2}} \int \mathrm{d}^3 r \, \mathrm{e}^{\mathrm{i}\mathbf{k}\cdot\mathbf{r}} \, \Psi^{\dagger}(\mathbf{r}) \tag{5}$$

Hierbei ist $\Psi^{\dagger}(\mathbf{r})$ der adjungierte Feldoperator, der das Vielteilchensystem der Bausteine der Paare beschreibt (die „Atome“, die die „Moleküle“ bilden). Setzen wir dies in Gl. (3) ein, erhalten wir

$$A_{\mathbf{K},n}^{\dagger} = \frac{1}{\sqrt{2}\,L^3} \sum_{\mathbf{k}} g_{\mathbf{k}}^n \int \mathrm{d}^3 r \int \mathrm{d}^3 r' \, \mathrm{e}^{\mathrm{i}(\frac{1}{2}\mathbf{K}+\mathbf{k})\cdot\mathbf{r}} \mathrm{e}^{\mathrm{i}(\frac{1}{2}\mathbf{K}-\mathbf{k})\cdot\mathbf{r}'} \, \Psi^{\dagger}(\mathbf{r}) \, \Psi^{\dagger}(\mathbf{r}') \tag{6}$$

was mit den Substitutionen auf Schwerpunkts- und Relativkoordinaten, $\mathbf{R} = \frac{1}{2}(\mathbf{r} + \mathbf{r}')$ und $\mathbf{x} = \mathbf{r} - \mathbf{r}'$, auf

$$A_{\mathbf{K},n}^{\dagger} = \frac{1}{\sqrt{2}\,L^3} \int \mathrm{d}^3 R \, \mathrm{e}^{\mathrm{i}\mathbf{K}\cdot\mathbf{R}} \int \mathrm{d}^3 x \sum_{\mathbf{k}} g_{\mathbf{k}}^n \, \mathrm{e}^{\mathrm{i}\mathbf{k}\cdot\mathbf{x}} \, \Psi^{\dagger}(\mathbf{R} + \tfrac{1}{2}\mathbf{x}) \, \Psi^{\dagger}(\mathbf{R} - \tfrac{1}{2}\mathbf{x}) \tag{7}$$

führt. Die Summe über **k** liefert die zu Gl. (2) inverse Fourier-Transformation [s. auch Kapitel XVII, Gl. (A-2)], so dass sich

$$A^{\dagger}_{\mathbf{K},n} = \frac{1}{\sqrt{2L^3}} \int d^3R\, e^{i\mathbf{K}\cdot\mathbf{R}} \int d^3x\, \chi_n(\mathbf{x})\, \Psi^{\dagger}(\mathbf{R} + \tfrac{1}{2}\mathbf{x})\, \Psi^{\dagger}(\mathbf{R} - \tfrac{1}{2}\mathbf{x}) \tag{8}$$

ergibt. Im Vergleich zum Ausdruck (3) ist hier offensichtlich, dass dieser Operator, wenn er auf den Vakuumzustand wirkt, ein Teilchenpaar in einem Molekülzustand erzeugt, dessen Schwerpunktsbewegung durch eine ebene Welle mit dem Impuls $\hbar\mathbf{K}$ (*externe Variablen*) und dessen innere Variablen durch die Wellenfunktion χ_n beschrieben werden.

β Feldoperator für Paare

Wir können nun für jeden internen Zustand $|\chi_n\rangle$ des Paars mit Hilfe von Gleichung (A-3) aus Kapitel XVI einen Operator $\Phi^{\dagger}_{\chi_n}(\mathbf{R})$ einführen, der am Punkt **R** ein Paar in diesem Zustand erzeugt:

$$\Phi^{\dagger}_{\chi_n}(\mathbf{R}) = \frac{1}{L^{3/2}} \sum_{\mathbf{K}} e^{-i\mathbf{K}\cdot\mathbf{R}} A^{\dagger}_{\mathbf{K},n} \tag{9}$$

Wir setzen hier den Ausdruck (8) ein (mit $\mathbf{R}'$ als Integrationsvariablen) und erhalten

$$\Phi^{\dagger}_{\chi_n}(\mathbf{R}) = \frac{1}{\sqrt{2}\, L^3} \sum_{\mathbf{K}} \int d^3R'\, e^{i\mathbf{K}\cdot(\mathbf{R}'-\mathbf{R})} \int d^3x\, \chi_n(\mathbf{x})\, \Psi^{\dagger}(\mathbf{R}' + \tfrac{1}{2}\mathbf{x})\, \Psi^{\dagger}(\mathbf{R}' - \tfrac{1}{2}\mathbf{x}) \tag{10}$$

Die Summe über **K** liefert eine δ-Funktion $L^3\,\delta(\mathbf{R}-\mathbf{R}')$, die das d^3R'-Integral absorbiert. Wir erhalten

$$\Phi^{\dagger}_{\chi_n}(\mathbf{R}) = \frac{1}{\sqrt{2}} \int d^3x\, \chi_n(\mathbf{x})\, \Psi^{\dagger}(\mathbf{R} + \tfrac{1}{2}\mathbf{x})\, \Psi^{\dagger}(\mathbf{R} - \tfrac{1}{2}\mathbf{x}) \tag{11}$$

Dieser Paarfeldoperator ist also ein Produkt aus Feldoperatoren, die jeweils ein Teilchen des Paars erzeugen, was anschaulich verständlich ist. Die beiden Atome werden relativ zu **R** symmetrisch versetzt erzeugt, also nicht am selben Ort und mit einer räumlichen Amplitudenverteilung, die durch die Wellenfunktion $\chi(\mathbf{x})$ des „Moleküls" bestimmt wird. Das beitragende Raumgebiet erstreckt sich über die typischen Ausdehnungen dieser Wellenfunktion (die Bindungslänge des Molekülzustands).

Der andere Paarfeldoperator (der ein Paar vernichtet) ist durch die hermitesch konjugierte Beziehung definiert:

$$\Phi_{\chi_n}(\mathbf{R}) = \frac{1}{\sqrt{2}} \int d^3x\, \chi^*_n(\mathbf{x})\, \Psi(\mathbf{R} - \tfrac{1}{2}\mathbf{x})\, \Psi(\mathbf{R} + \tfrac{1}{2}\mathbf{x}) \tag{12}$$

Wir können unter Verwendung von Kapitel XVI, Gl. (A-3) auch wieder zu den Vernichtern bezüglich der Eigenzustände des Impulses zurückkehren. Zweimal in (12) eingesetzt, ergibt sich

$$\Phi_{\chi_n}(\mathbf{R}) = \frac{1}{\sqrt{2}\, L^3} \int d^3x\, \chi^*_n(\mathbf{x}) \sum_{\mathbf{k}_1,\mathbf{k}_2} e^{i\mathbf{k}_1\cdot(\mathbf{R}-\frac{1}{2}\mathbf{x})} e^{i\mathbf{k}_2\cdot(\mathbf{R}+\frac{1}{2}\mathbf{x})}\, a_{\mathbf{k}_1}\, a_{\mathbf{k}_2} \tag{13}$$

Diese Formel wird später noch Verwendung finden.

γ Umkehrung der Operatorbeziehungen. Wechselwirkungsenergie

Nehmen wir an, die Zustände $\{|\chi_n\rangle\}$ bilden eine vollständige Basis. Ihre Vollständigkeitsrelation hat dann in der Impulsdarstellung die Form

$$\sum_n \langle \mathbf{k}|\chi_n\rangle \langle \chi_n|\mathbf{k}'\rangle = \sum_n (g^n_{\mathbf{k}})(g^n_{\mathbf{k}'})^* = \delta_{\mathbf{k},\mathbf{k}'} \tag{14}$$

Wenn wir Gleichung (3) mit $(g^n_{\mathbf{k}'})^*$ multiplizieren und über n summieren, erhalten wir

$$\sum_n (g^n_{\mathbf{k}'})^* A^\dagger_{\mathbf{K},n} = \frac{1}{\sqrt{2}} a^\dagger_{\frac{1}{2}\mathbf{K}+\mathbf{k}'}\, a^\dagger_{\frac{1}{2}\mathbf{K}-\mathbf{k}'} \tag{15}$$

Es ist also möglich, die Beziehungen (3) umzukehren und jedes Produkt aus zwei Erzeugern als eine Summe über Paarerzeuger darzustellen, gemäß der Identität

$$a^\dagger_{\mathbf{k}_1} a^\dagger_{\mathbf{k}_2} = \sqrt{2}\sum_n \left(g^n_{(\mathbf{k}_1-\mathbf{k}_2)/2}\right)^* A^\dagger_{\mathbf{k}_1+\mathbf{k}_2,n} \tag{16}$$

Hier haben wir $\mathbf{K} = \mathbf{k}_1 + \mathbf{k}_2$ ausgeschrieben und $\mathbf{k}'$ durch $\frac{1}{2}(\mathbf{k}_1 - \mathbf{k}_2)$ ersetzt. Durch hermitesch Konjugieren erhalten wir einen ähnlichen Ausdruck für ein Produkt $a_{\mathbf{k}_3} a_{\mathbf{k}_4}$ aus zwei Vernichtern.

Wechselwirkungspotential:
Jede Zweikörper-Wechselwirkung $\widehat{W}_{\text{int}}$ [s. etwa Kapitel XV, Gl. (C-16)] können wir mit Gl. (16) in folgender Form darstellen:

$$\widehat{W}_{\text{int}} = \sum_{\mathbf{k}_1,\mathbf{k}_2,\mathbf{k}_3,\mathbf{k}_4} \langle 1:\mathbf{k}_1; 2:\mathbf{k}_2|\, W_2(1,2)\,|1:\mathbf{k}_3; 2:\mathbf{k}_4\rangle \times \sum_{n,n'} \left(g^n_{(\mathbf{k}_1-\mathbf{k}_2)/2}\right)^* \left(g^{n'}_{(\mathbf{k}_3-\mathbf{k}_4)/2}\right) A^\dagger_{\mathbf{K},n} A_{\mathbf{K},n'} \tag{17}$$

wobei $W_2(1,2)$ die Wechselwirkung zwischen Teilchen 1 und 2 beschreibt (s. dazu auch Ergänzung E_{XV}). Mit Hilfe der Impulserhaltung konnten wir schreiben

$$\mathbf{K} = \mathbf{k}_1 + \mathbf{k}_2 = \mathbf{k}_3 + \mathbf{k}_4 \tag{18}$$

Ausgedrückt durch Erzeuger und Vernichter von Paaren stellt sich der Operator $\widehat{W}_{\text{int}}$ als eine Summe über quadratische (bilineare) Ausdrücke dar; ausgedrückt durch die Einteilchenoperatoren war er bekanntlich von vierter Ordnung. Die Beziehung (17) sollte allerdings nicht ohne Vorsichtsmaßnahmen verwendet werden, denn wir werden in § 3 sehen, dass die Erzeuger und Vernichter von Paaren nicht die üblichen Kommutatorrelationen erfüllen. Insbesondere folgt daraus, dass die Wirkung eines Operators $A_{\mathbf{K},n}$ auf einen gepaarten Zustand (den man durch die Anwendung von $(A^\dagger_{\mathbf{K}',n})^P$ auf das Vakuum erhält) für $\mathbf{K} \neq \mathbf{K}'$ nicht notwendigerweise null ergibt. Mit den Paarerzeugern ist also nicht ganz so einfach zu hantieren wie mit den gewöhnlichen Erzeugern.

1-b Fermionenpaare im Singulett-Zustand

Hier verwenden wir aus Kapitel XVII die Beziehung (A-23); ergänzt um den Index n des internen Orbitalzustands, lautet sie

$$A^\dagger_{\mathbf{K},n} = \sum_{\mathbf{k}} g^n_{\mathbf{k}}\, a^\dagger_{\frac{1}{2}\mathbf{K}+\mathbf{k},\uparrow}\, a^\dagger_{\frac{1}{2}\mathbf{K}-\mathbf{k},\downarrow} \tag{19}$$

Die nun folgenden Rechnungen betreffen zunächst in einem Spinsinglett gepaarte Fermionen. Für sie muss die Funktion $g_{\mathbf{k}}^n$ gerade unter Raumspiegelung von $\mathbf{k}$ sein. Wir erinnern freilich daran, dass man Fermionen in einem Spintriplett auch so behandeln kann (s. Kapitel XVII, Bemerkung 2 kurz vor § B); die Funktion $g_{\mathbf{k}}^n$ wäre dann ungerade. Obwohl wir diesen Fall in der Diskussion mitnehmen könnten, werden wir der Einfachheit halber immer von Singulett-Paaren sprechen.

α Zusammenhang mit dem Feldoperator

Aus der Beziehung (A-9) aus Kapitel XVI wird hier, mit den nötigen Spinindizes,

$$a_{\mathbf{k},\nu}^{\dagger} = \frac{1}{L^{3/2}} \int \mathrm{d}^3 r \, \mathrm{e}^{\mathrm{i}\mathbf{k}\cdot\mathbf{r}} \, \Psi_{\nu}^{\dagger}(\mathbf{r}) \qquad \nu = \uparrow, \downarrow \tag{20}$$

Dies eingesetzt in Gl. (19) führt auf

$$A_{\mathbf{K},n}^{\dagger} = \frac{1}{L^3} \sum_{\mathbf{k}} g_{\mathbf{k}}^n \int \mathrm{d}^3 r \int \mathrm{d}^3 r' \, \mathrm{e}^{\mathrm{i}(\frac{1}{2}\mathbf{K}+\mathbf{k})\cdot\mathbf{r}} \mathrm{e}^{\mathrm{i}(\frac{1}{2}\mathbf{K}-\mathbf{k})\cdot\mathbf{r}'} \, \Psi_{\uparrow}^{\dagger}(\mathbf{r}) \, \Psi_{\downarrow}^{\dagger}(\mathbf{r}') \tag{21}$$

Dieselbe Substitution auf Schwerpunkts- und Relativkoordinaten ($\mathbf{R}$ und $\mathbf{x}$), die uns auf Gl. (7) führte, bringt auch hier die Wellenfunktion $\chi_n(\mathbf{x})$ ins Spiel:

$$A_{\mathbf{K},n}^{\dagger} = \frac{1}{L^{3/2}} \int \mathrm{d}^3 R \, \mathrm{e}^{\mathrm{i}\mathbf{K}\cdot\mathbf{R}} \int \mathrm{d}^3 x \, \chi_n(\mathbf{x}) \, \Psi_{\uparrow}^{\dagger}(\mathbf{R} + \tfrac{1}{2}\mathbf{x}) \, \Psi_{\downarrow}^{\dagger}(\mathbf{R} - \tfrac{1}{2}\mathbf{x}) \tag{22}$$

Dieser Operator erzeugt aus dem Vakuumzustand ein Teilchenpaar in einem Singlett-Molekülzustand, der durch eine ebene Welle mit dem Wellenvektor $\mathbf{K}$ (für die externen Variablen) und die Wellenfunktion $\chi_n(\mathbf{x})$ (für die internen orbitalen Variablen) bestimmt ist.

β Feldoperator für Paare

Wir setzen nun Gl. (22) in die Definition (9) des Paarfeldoperators ein und erhalten

$$\Phi_{\chi_n}^{\dagger}(\mathbf{R}) = \frac{1}{L^3} \sum_{\mathbf{K}} \int \mathrm{d}^3 R' \, \mathrm{e}^{\mathrm{i}\mathbf{K}\cdot(\mathbf{R}'-\mathbf{R})} \int \mathrm{d}^3 x \, \chi_n(\mathbf{x}) \, \Psi_{\uparrow}^{\dagger}(\mathbf{R}' + \tfrac{1}{2}\mathbf{x}) \, \Psi_{\downarrow}^{\dagger}(\mathbf{R}' - \tfrac{1}{2}\mathbf{x}) \tag{23}$$

Wie oben in Gl. (11) absorbiert die Summe über $\mathbf{K}$ das $\mathrm{d}^3 R'$-Integral:

$$\Phi_{\chi_n}^{\dagger}(\mathbf{R}) = \int \mathrm{d}^3 x \, \chi_n(\mathbf{x}) \, \Psi_{\uparrow}^{\dagger}(\mathbf{R} + \tfrac{1}{2}\mathbf{x}) \, \Psi_{\downarrow}^{\dagger}(\mathbf{R} - \tfrac{1}{2}\mathbf{x}) \tag{24}$$

Hier können wir ähnliche Beobachtungen wie in § 1-a-*β* anstellen. Dieser Operator erzeugt die beiden Atome des Paars an zwei verschiedenen Orten, mit einer durch die interne Wellenfunktion $\chi_n(\mathbf{x})$ bestimmten Wahrscheinlichkeitsamplitude, die vom Abstand zwischen den Orten abhängt.

Den Feldoperator selbst erhalten wir durch hermitesch Konjugieren:

$$\Phi_{\chi_n}(\mathbf{R}) = \int d^3x\, \chi_n^*(\mathbf{x})\, \Psi_\downarrow(\mathbf{R} - \tfrac{1}{2}\mathbf{x})\, \Psi_\uparrow(\mathbf{R} + \tfrac{1}{2}\mathbf{x}) \tag{25}$$

Es wird oft günstig sein, auf die Erzeuger und Vernichter in der Impulsbasis zurückzukommen. Deren Darstellung (A-14) aus Kapitel XVI zweimal hier eingesetzt, führt auf

$$\Phi_{\chi_n}(\mathbf{R}) = \frac{1}{L^3} \int d^3x\, \chi_n^*(\mathbf{x}) \sum_{\mathbf{k}_1,\mathbf{k}_2} e^{i\mathbf{k}_1\cdot(\mathbf{R}-\frac{1}{2}\mathbf{x})} e^{i\mathbf{k}_2\cdot(\mathbf{R}+\frac{1}{2}\mathbf{x})} a_{\mathbf{k}_1\downarrow}\, a_{\mathbf{k}_2\uparrow} \tag{26}$$

Bemerkung:
Für Singulett-Paare könnten wir wie oben diese Beziehungen umkehren und die Wechselwirkung durch Paarerzeuger und -vernichter darstellen. Dies ist in diesem Fall allerdings ein wenig komplizierter als bei spinpolarisierten Teilchen. Wir werden in § 2-c-α noch sehen, dass man dazu einen weiteren Paarerzeuger braucht (der ein Triplett-Paar erzeugt). Um die Diskussion so einfach wie nötig zu halten, lassen wir diese Rechnung beiseite.

2 Mittelwerte in einem Paarzustand

Wir betrachten nun Mittelwerte von einem oder zwei Paaroperatoren in dem gepaarten Zustand $|\Psi_{\text{gep}}\rangle$, den wir in Kapitel XVII konstruiert hatten. Wir verwenden die Formeln (13) oder (26), je nachdem ob es sich um spinpolarisierte Teilchen oder Singulett-Paare handelt. In beiden Fällen müssen wir für dazu Mittelwerte von Produkten von zwei Vernichtern auswerten – also die anomalen Mittel, die wir in Kapitel XVII, § C-3 eingeführt hatten.

2-a Paarwellenfunktion und Ordnungsparameter

Wir erinnern, dass man die Kets für gepaarte Zustände in Kapitel XVII, § B-2 als Tensorprodukte von Paarzuständen auffassen kann, die keine Eigenzustände der Besetzungszahloperatoren sind (also keine Fock-Zustände). Diese Paare haben den Gesamtimpuls null und deswegen setzen wir von nun an $\mathbf{K} = \mathbf{0}$. Wir werden sehen, dass der Mittelwert eines Paarfeldoperators in diesen Zuständen zu einer neuen Wellenfunktion führt, die wir *Paarwellenfunktion* nennen wollen.

α Spinpolarisierte Teilchen

Wir beginnen mit den Formeln (B-8) und (B-9) aus Kapitel XVII für den gepaarten Zustand eines Systems mit einer großen Teilchenzahl:

$$|\Psi_{\text{gep}}\rangle = \bigotimes_{\mathbf{k}\in D} \exp\left\{\sqrt{2}\, g_{\mathbf{k}}\, a_{\mathbf{k}}^\dagger\, a_{-\mathbf{k}}^\dagger\right\} |0\rangle \tag{27}$$

Hier hat die Funktion $g_{\mathbf{k}}$ im Prinzip nichts mit den Basisfunktionen $g_{\mathbf{k}}^n$ zu tun, die in die Paarfeldoperatoren eingehen. Die Moden $\mathbf{k}$ und $-\mathbf{k}$ sind im Zustand $|\Psi_{\text{gep}}\rangle$ immer gleich besetzt; außerdem verschwinden die Mittelwerte $\langle a_{\mathbf{k}_1} a_{\mathbf{k}_2} \rangle$ nur dann nicht, wenn die Vernichter auf die beiden Moden desselben Paars, also mit antiparallelen Impulsen wirken. Weil der Gesamtimpuls der Paare null ist, bleiben in dem Mittelwert von Gl. (13) nur die Terme $\mathbf{k}_1 = -\mathbf{k}_2$ übrig, und wir erhalten

$$\begin{aligned}\left\langle \Phi_{\chi_n}(\mathbf{R}) \right\rangle &= \frac{1}{\sqrt{2}\,L^3} \int \mathrm{d}^3x\, \chi_n^*(\mathbf{x}) \sum_{\mathbf{k}_1} \mathrm{e}^{-\mathrm{i}\mathbf{k}_1\cdot\mathbf{x}} \left\langle a_{\mathbf{k}_1} a_{-\mathbf{k}_1} \right\rangle \\ &= \int \mathrm{d}^3x\, \chi_n^*(\mathbf{x})\, \phi_{\mathrm{Paar}}(\mathbf{x}) \end{aligned} \tag{28}$$

wobei wir die (nichtnormierte) *Paarwellenfunktion* aus Kapitel XVII, Gl. (D-6) wiederfinden:

$$\boxed{\phi_{\mathrm{Paar}}(\mathbf{x}) = \langle \mathbf{x} | \phi_{\mathrm{Paar}} \rangle = \frac{1}{\sqrt{2}\,L^3} \sum_{\mathbf{k}} \mathrm{e}^{-\mathrm{i}\mathbf{k}\cdot\mathbf{x}} \langle a_{\mathbf{k}} a_{-\mathbf{k}} \rangle} \tag{29}$$

Wenn wir die Summe auf $-\mathbf{k}$ umgeschreiben, sehen wir, dass man die Paarwellenfunktion in der Impulsdarstellung wie folgt schreiben kann:

$$\langle \mathbf{k} | \phi_{\mathrm{Paar}} \rangle = \frac{1}{\sqrt{2}\,L^{3/2}} \langle a_{-\mathbf{k}} a_{\mathbf{k}} \rangle \tag{30}$$

Das gemittelte Paarfeld aus Gl. (28) beträgt also

$$\left\langle \Phi_{\chi_n}(\mathbf{R}) \right\rangle = \left\langle \Phi_{\chi_n} \right\rangle = \langle \chi_n | \phi_{\mathrm{Paar}} \rangle \tag{31}$$

Dass dieser Wert räumlich konstant ist und nicht von $\mathbf{R}$ abhängt, hätte man aufgrund der Translationsinvarianz des Systems erwarten können. Der formale Grund dafür liegt darin, dass der Mittelwert von $\Phi_{\chi_n}(\mathbf{R})$ [Gl. (13)] im gepaarten Zustand $|\Psi_{\mathrm{gep}}\rangle$ nur von Teilchenpaaren mit Gesamtimpuls null ($\mathbf{k}_1 + \mathbf{k}_2 = \mathbf{0}$) bestimmt wird, deren Wellenfunktionen in der Schwerpunktskoordinate konstant sind. Dagegen hängt er vom internen Zustand $|\chi_n\rangle$ ab und wird maximal, wenn wir für $|\chi_n\rangle$ einen (normierten) Zustand proportional zu $|\phi_{\mathrm{Paar}}\rangle$ wählen:

$$|\phi_{\mathrm{Paar}}^{\mathrm{norm}}\rangle = \frac{|\phi_{\mathrm{Paar}}\rangle}{\sqrt{\langle \phi_{\mathrm{Paar}} | \phi_{\mathrm{Paar}} \rangle}} \tag{32}$$

Die Rechnung führt uns also auf eine neue Wellenfunktion $|\phi_{\mathrm{Paar}}\rangle$, die sich von $|\chi\rangle$ unterscheidet, mit der wir in Gl. (27) den gepaarten Zustand $|\Psi_{\mathrm{gep}}\rangle$ eingeführt hatten. Wenn wir durch Gl. (32) den ersten Basiszustand $|\chi_1\rangle$ der internen Zustände definieren, dann beträgt der Mittelwert des Paarfelds

$$\boxed{\left\langle \Phi_{\chi_1}(\mathbf{R}) \right\rangle = \left\langle \Phi_{\chi_1} \right\rangle = \sqrt{\langle \phi_{\mathrm{Paar}} | \phi_{\mathrm{Paar}} \rangle}} \tag{33}$$

Diesen Mittelwert nennt man oft den *Ordnungsparameter der Paare*: Wenn er nicht verschwindet, erhalten wir die wichtige Information, dass es in dem System ein aus den Paaren gebildetes, kollektives Feld gibt. Der Mittelwert dieses Felds hängt nicht von **R** ab, weil im gepaarten Zustand nur Paare mit Gesamtimpuls $\mathbf{K} = \mathbf{0}$ eingehen.

Die Mittelwerte $\langle a_{\mathbf{k}} a_{-\mathbf{k}} \rangle$, die gemäß Gl. (29) die Paarwellenfunktion bestimmen, haben wir in Kapitel XVII, § C-3 anomale Mittelwerte genannt, weil sie aus Operatoren entstehen, die die Teilchenzahl nicht erhalten. Für spinpolarisierte Bosonen wurde in Gl. (C-52) jenes Kapitels gefunden

$$\langle a_{\mathbf{k}} a_{-\mathbf{k}} \rangle = -e^{2i\zeta_k} \sinh \theta_{\mathbf{k}} \cosh \theta_{\mathbf{k}} \tag{34}$$

Man darf sich natürlich fragen, wozu es nützlich sein soll, einen anomalen Mittelwert zu berechnen, wo dieser doch in jedem Zustand verschwinden muss, in dem die Gesamtzahl der Teilchen fest ist. Wir werden in § 2-b zeigen, dass die anomalen Mittelwerte ein bequemes Werkzeug sind, um mit Operatoren zu rechnen, die die Teilchenzahl erhalten und damit auch eine physikalische Interpretation haben.

Für Bosonen kommutieren die Operatoren $a_{\mathbf{k}}$ und $a_{-\mathbf{k}}$, so dass wir aus der Definition (29) der Paarwellenfunktion ablesen, dass diese eine gerade Funktion ist:

$$\phi_{\text{Paar}}(-\mathbf{x}) = \phi_{\text{Paar}}(\mathbf{x}) \tag{35}$$

Der Mittelwert (31) des Paarfeldoperators wird also für jeden Molekülzustand χ_n verschwinden, dessen Wellenfunktion ungerade ist. Dies ist eine Folge des Symmetriepostulats für die (bosonischen) Konstituenten des Paars, das ungerade Orbitalzustände verbietet.[1]

β Fermionen in Singulett-Paarung

Hier liefern uns aus Kapitel XVII die Beziehungen (B-11) und (B-12) den gepaarten Zustand $|\Psi_{\text{BCS}}\rangle$:

$$|\Psi_{\text{BCS}}\rangle = \bigotimes_{\mathbf{k}} \exp\left[g_{\mathbf{k}}\, a^{\dagger}_{\mathbf{k}\uparrow} a^{\dagger}_{-\mathbf{k}\downarrow}\right] |0\rangle \tag{36}$$

Um den Paarfeldoperator zu erhalten, müssen wir gemäß (26) die ebene Welle **k** mit einem Spinindex ↓ (und −**k** mit dem Index ↑) versehen. Der Mittelwert der beiden Vernichter $a_{\mathbf{k}_1\downarrow}\, a_{\mathbf{k}_2\uparrow}$ in Gleichung (26) verschwindet im BCS-Zustand nur dann nicht, wenn ihre Wellenvektoren antiparallel sind, so dass wir finden

$$\begin{aligned}\langle \Phi_{\chi_n}(\mathbf{R}) \rangle &= \frac{1}{L^3} \int d^3x\, \chi_n^*(\mathbf{x}) \sum_{\mathbf{k}} e^{-i\mathbf{k}\cdot\mathbf{x}} \langle a_{\mathbf{k}\downarrow} a_{-\mathbf{k}\uparrow} \rangle \\ &= \langle \chi_n | \phi_{\text{Paar}} \rangle \end{aligned} \tag{37}$$

1 Hätten wir es mit Paaren von spinpolarisierten Fermionen zu tun, dann kämen wir auf die umgekehrten Ergebnisse: Die Paarwellenfunktion wäre ungerade, weil die Operatoren $a_{\mathbf{k}}$ und $a_{-\mathbf{k}}$ antikommutieren, und die Mittelwerte für gerade interne Zustände χ_n würden verschwinden.

wobei wir den nichtnormierten Paarzustand $|\phi_{\text{Paar}}\rangle$ verwendet haben, dessen Wellenfunktion durch

$$\boxed{\phi_{\text{Paar}}(\mathbf{x}) = \langle \mathbf{x}|\phi_{\text{Paar}}\rangle = \frac{1}{L^3}\sum_{\mathbf{k}} \mathrm{e}^{-\mathrm{i}\mathbf{k}\cdot\mathbf{x}} \langle a_{\mathbf{k}\downarrow} a_{-\mathbf{k}\uparrow}\rangle} \tag{38}$$

gegeben ist [s. Kapitel XVII, Gl. (D-14)]. Äquivalent dazu kann man die Paarwellenfunktion in der Impulsdarstellung durch

$$\langle \mathbf{k}|\phi_{\text{Paar}}\rangle = \frac{1}{L^{3/2}} \langle a_{-\mathbf{k}\downarrow} a_{\mathbf{k}\uparrow}\rangle \tag{39}$$

definieren. Diese Wellenfunktion kann man so verstehen, dass sie die internen Variablen (Relativkoordinaten) des Singulett-Paars beschreibt. Wie in Gl. (32) kann man den normierten Ket $|\phi_{\text{Paar}}^{\text{norm}}\rangle$ einführen. Der Mittelwert (37) verschwindet für orthogonale $|\chi_n\rangle$ und $|\phi_{\text{Paar}}\rangle$, er ist maximal, wenn $|\chi_n\rangle = |\chi_1\rangle \equiv |\phi_{\text{Paar}}^{\text{norm}}\rangle$ gilt. Man erhält in diesem Fall den Wert

$$\boxed{\left\langle \Phi_{\chi_1}(\mathbf{R})\right\rangle = \left\langle \Phi_{\chi_1}\right\rangle = \sqrt{\langle \phi_{\text{Paar}}|\phi_{\text{Paar}}\rangle}} \tag{40}$$

der den Ordnungsparameter des Systems definiert. Dieser weist die Existenz eines Feldes nach, das die Paare in kollektiver Weise bilden. Wie oben hängt dieser Mittelwert nicht von $\mathbf{R}$ ab, weil jedes Paar den Gesamtimpuls null trägt.

Die Mittelwerte, die in der Definition (38) der Paarwellenfunktion auftreten, haben wir in Kapitel XVII, Gl. (C-42) berechnet:

$$\langle a_{\mathbf{k}\downarrow} a_{-\mathbf{k}\uparrow}\rangle = u_{\mathbf{k}}^* v_{\mathbf{k}} = \mathrm{e}^{2\mathrm{i}\zeta_{\mathbf{k}}} \sin\theta_{\mathbf{k}} \cos\theta_{\mathbf{k}} \tag{41}$$

Wir hatten in diesem Kapitel am Ende von § C-1-a bemerkt, dass der gepaarte Zustand zu einem gewöhnlich Fock-Zustand wird, wenn die Parameter $\theta_{\mathbf{k}} = 0$ oder $\pi/2$ gewählt werden. In diesem Fall enthält der Ket keine gepaarten Teilchen und die Paarwellenfunktion (41) verschwindet.

2-b Korrelationsfunktion des Paarfelds

Feldoperatoren erhalten nicht die Teilchenzahl im Gegensatz zu den üblichen Operatoren für die Energie, den Gesamtimpuls, die Paardichte usw. Das Produkt $\Phi_{\chi_n}^\dagger(\mathbf{R})\Phi_{\chi_{n'}}(\mathbf{R}')$ lässt die Teilchenzahl allerdings unverändert: Es zeigt sich, dass sein Mittelwert uns ein Werkzeug an die Hand gibt, um in einfacher und physikalisch anschaulicher Weise die Eigenschaften von gepaarten Teilchen zu untersuchen.

α Spinpolarisierte Teilchen

Die Beziehung (13) liefert in diesem Fall

$$\begin{aligned}\langle \Phi^\dagger_{\chi_n}(\mathbf{R})\Phi_{\chi_{n'}}(\mathbf{R}')\rangle \\ = \frac{1}{2L^6}\int \mathrm{d}^3x\,\chi_n(\mathbf{x})\int \mathrm{d}^3x'\,\chi^*_{n'}(\mathbf{x}') \\ \times \sum_{\mathbf{k}_1,\mathbf{k}_2,\mathbf{k}_3,\mathbf{k}_4} \mathrm{e}^{-\mathrm{i}\mathbf{k}_1\cdot(\mathbf{R}+\frac{1}{2}\mathbf{x})}\mathrm{e}^{-\mathrm{i}\mathbf{k}_2\cdot(\mathbf{R}-\frac{1}{2}\mathbf{x})}\mathrm{e}^{\mathrm{i}\mathbf{k}_3\cdot(\mathbf{R}'-\frac{1}{2}\mathbf{x}')}\mathrm{e}^{\mathrm{i}\mathbf{k}_4\cdot(\mathbf{R}'+\frac{1}{2}\mathbf{x}')}\langle a^\dagger_{\mathbf{k}_1}a^\dagger_{\mathbf{k}_2}a_{\mathbf{k}_3}a_{\mathbf{k}_4}\rangle\end{aligned} \quad (42)$$

Die d^3x- und d^3x'-Integrale ergeben die Fourier-Transformation der Wellenfunktion $\chi_n(\mathbf{x})$

$$g_n(\mathbf{k}) = \frac{1}{L^{3/2}}\int \mathrm{d}^3x\,\mathrm{e}^{-\mathrm{i}\mathbf{k}\cdot\mathbf{x}}\,\chi_n(\mathbf{x}) \quad (43)$$

Um die Formeln etwas bequemer zu schreiben, haben wir die Notation $g^n_{\mathbf{k}}$ hier durch $g_n(\mathbf{k})$ ersetzt. Damit ergibt sich

$$\begin{aligned}\langle \Phi^\dagger_{\chi_n}(\mathbf{R})\,\Phi_{\chi_{n'}}(\mathbf{R}')\rangle = \frac{1}{2L^3}\sum_{\mathbf{k}_1,\mathbf{k}_2,\mathbf{k}_3,\mathbf{k}_4} g_n\big(\tfrac{1}{2}(\mathbf{k}_1-\mathbf{k}_2)\big)\,g^*_{n'}\big(\tfrac{1}{2}(\mathbf{k}_4-\mathbf{k}_3)\big) \\ \times\,\mathrm{e}^{\mathrm{i}[(\mathbf{k}_3+\mathbf{k}_4)\mathbf{R}'-(\mathbf{k}_1+\mathbf{k}_2)\cdot\mathbf{R}]}\langle a^\dagger_{\mathbf{k}_1}a^\dagger_{\mathbf{k}_2}a_{\mathbf{k}_3}a_{\mathbf{k}_4}\rangle\end{aligned} \quad (44)$$

Es ist nun der Mittelwert $\langle a^\dagger_{\mathbf{k}_1}a^\dagger_{\mathbf{k}_2}a_{\mathbf{k}_3}a_{\mathbf{k}_4}\rangle$ zu berechnen. Dazu gehen wir genauso wie in Kapitel XVII, § D vor. (Eine ähnliche Rechnung wird in Ergänzung B_{XVII}, § 3-a-β für die Wechselwirkungsenergie durchgeführt.) Drei Fälle sind zu unterscheiden:

- Fall (I)

  Die Terme aus der *Vorwärtsstreuung* mit $\mathbf{k}_4 = \mathbf{k}_1$ und $\mathbf{k}_3 = \mathbf{k}_2$ (direkter Term) sowie $\mathbf{k}_4 = \mathbf{k}_2$ und $\mathbf{k}_3 = \mathbf{k}_1$ (Austauschterm). Wir nehmen an, dass diese Prozesse der Vorwärtsstreuung verschiedene Paare betreffen (d. h. $\mathbf{k}_1 \neq \pm\mathbf{k}_2$). Dann dürfen wir (anti-)vertauschen und faktorisieren:

  $$\langle a^\dagger_{\mathbf{k}_1}a^\dagger_{\mathbf{k}_2}a_{\mathbf{k}_2}a_{\mathbf{k}_1}\rangle = \eta^2\langle a^\dagger_{\mathbf{k}_1}a_{\mathbf{k}_1}a^\dagger_{\mathbf{k}_2}a_{\mathbf{k}_2}\rangle = \langle \hat{n}_{\mathbf{k}_1}\rangle\,\langle \hat{n}_{\mathbf{k}_2}\rangle \quad (45)$$

  Beide Terme zusammen liefern den Beitrag

  $$\begin{aligned}\langle \Phi^\dagger_{\chi_n}(\mathbf{R})\,\Phi_{\chi_{n'}}(\mathbf{R}')\rangle_{\text{vorw}} \\ = \frac{1}{2L^3}\sum_{\mathbf{k}_1,\mathbf{k}_2} g_n(\mathbf{k})\,(g^*_{n'}(\mathbf{k}) + \eta\,g^*_{n'}(-\mathbf{k}))\,\mathrm{e}^{\mathrm{i}\mathbf{K}\cdot(\mathbf{R}'-\mathbf{R})}\langle \hat{n}_{\mathbf{k}_1}\rangle\,\langle \hat{n}_{\mathbf{k}_2}\rangle\end{aligned} \quad (46)$$

  (Wie in Kapitel XVII, § D-1-a summieren wir unabhängig voneinander über $\mathbf{k}_1$ und $\mathbf{k}_2$, weil der Fehler für ein makroskopisches Volumen L^3 zu vernachlässigen ist.) Die Kombinationen von Impulsen schreiben sich mit

  $$\begin{aligned}\mathbf{K} &= \mathbf{k}_1 + \mathbf{k}_2 \\ \mathbf{k} &= \tfrac{1}{2}\,(\mathbf{k}_1 - \mathbf{k}_2)\end{aligned} \quad (47)$$

  etwas einfacher. Falls $g_{n'}(\mathbf{k})$ von der Parität η ist (wie es für spinpolarisierte Teilchen sein muss), dann liefern beide Terme in der eckigen Klammer von Gl. (46)

denselben Beitrag und wir erhalten die einfachere Form

$$\langle \Phi^\dagger_{\chi_n}(\mathbf{R})\, \Phi_{\chi_{n'}}(\mathbf{R}')\rangle_{\text{vorw}} = \frac{1}{L^3} \sum_{\mathbf{k}_1,\mathbf{k}_2} g_n(\mathbf{k}) g^*_{n'}(\mathbf{k})\, \mathrm{e}^{\mathrm{i}\mathbf{K}\cdot(\mathbf{R}'-\mathbf{R})} \langle \hat{n}_{\mathbf{k}_1}\rangle \langle \hat{n}_{\mathbf{k}_2}\rangle \tag{48}$$

Das Ergebnis hängt nur von der Differenz $\mathbf{R} - \mathbf{R}'$ ab (translationsinvariantes System). Die räumliche Skala, auf der dieser Ausdruck als Funktion des Abstands $|\mathbf{R}' - \mathbf{R}|$ nach null geht, kann man aus der inversen Breite $1/\delta K$ der Impulsverteilung bestimmen, die man aus Gl. (48) erhält, wenn man die Summe über $\mathbf{k}$ ausführt.

- Fall (**II**)
  Die Terme, die verschiedene Paare vernichten und erzeugen, also $\mathbf{k}_2 = -\mathbf{k}_1$ und $\mathbf{k}_4 = -\mathbf{k}_3$ mit der Einschränkung $\mathbf{k}_4 \neq \pm\mathbf{k}_2$. Ihr Beitrag ist

$$\begin{aligned} &\langle \Phi^\dagger_{\chi_n}(\mathbf{R})\, \Phi_{\chi_{n'}}(\mathbf{R}')\rangle_{\text{Paar-Paar}} \\ &= \frac{1}{2L^3} \sum_{\mathbf{k}_1} \langle a^\dagger_{\mathbf{k}_1} a^\dagger_{-\mathbf{k}_1}\rangle\, g_n(\mathbf{k}_1) \sum_{\mathbf{k}_4} \langle a_{-\mathbf{k}_4} a_{\mathbf{k}_4}\rangle\, g^*_{n'}(\mathbf{k}_4) \end{aligned} \tag{49}$$

  Nun gilt aber wegen Gl. (30) und gemäß Definition (2) der Fourier-Transformation von $|\chi_n\rangle$ für die zweite Summe

$$\frac{1}{\sqrt{2}\,L^{3/2}} \sum_{\mathbf{k}_4} \langle a_{-\mathbf{k}_4} a_{\mathbf{k}_4}\rangle\, g^*_{n'}(\mathbf{k}_4) = \sum_{\mathbf{k}_4} \langle \mathbf{k}_4 | \phi_{\text{Paar}}\rangle \langle \chi_{n'} | \mathbf{k}_4\rangle = \langle \chi_{n'} | \phi_{\text{Paar}}\rangle \tag{50}$$

  Die erste Summe wird genauso berechnet. Auf der rechten Seite von Gl. (49) entstehen auf diese Weise zwei Skalarprodukte

$$\langle \Phi^\dagger_{\chi_n}(\mathbf{R})\, \Phi_{\chi_{n'}}(\mathbf{R}')\rangle_{\text{Paar-Paar}} = \langle \phi_{\text{Paar}} | \chi_n\rangle \langle \chi_{n'} | \phi_{\text{Paar}}\rangle \tag{51}$$

  Im Unterschied zu dem Beitrag der Vorwärtsstreuung ist dieser Ausdruck unabhängig von $\mathbf{R}$ und $\mathbf{R}'$.
- Fall (**III**)
  Das Vernichten und Erzeugen desselben Paars, also $\mathbf{k}_1 = -\mathbf{k}_2 = \pm\mathbf{k}_3 = \mp\mathbf{k}_4$. Für $\mathbf{k}_1 = -\mathbf{k}_2$ erhalten wir einen Term in der Summe (46), wir müssen ihn also nicht erneut berechnen. Schließlich bleiben noch die Terme $\mathbf{k}_1 = \mathbf{k}_2$, für die alle vier Impulse gleich sind. Wir hatten sie in Fall (**I**) ausgeschlossen, aber sie sind im Vergleich zu Gl. (46) zu vernachlässigen, weil sie nur eine Summe enthalten – deswegen berücksichtigen wir diese Terme nicht.

Die beiden Fälle (**I**) + (**II**) ergeben zusammen den Ausdruck

$$\langle \Phi^\dagger_{\chi_n}(\mathbf{R})\, \Phi_{\chi_{n'}}(\mathbf{R}')\rangle = \langle \Phi^\dagger_{\chi_n}(\mathbf{R})\, \Phi_{\chi_{n'}}(\mathbf{R}')\rangle_{\text{vorw}} + \langle \Phi^\dagger_{\chi_n}(\mathbf{R})\, \Phi_{\chi_{n'}}(\mathbf{R}')\rangle_{\text{Paar-Paar}} \tag{52}$$

in dem der zweite Term auch für große Abstände $|\mathbf{R}' - \mathbf{R}|$ nicht nach null geht – es liegt also eine nichtdiagonale, langreichweitige Ordnung vor. Gemäß Gl. (51) ist dieser zweite Term maximal, wenn beide internen Zustände $|\chi_n\rangle$ und $|\chi_{n'}\rangle$ mit dem normierten Paarzustand $|\phi_{\text{Paar}}^{\text{norm}}\rangle$ aus Gl. (32) zusammenfallen. Dieser Beitrag zu der Korrelationsfunktion des Paarfeldoperators beschreibt das kollektive Feld von Paaren mit dem Schwerpunktsimpuls $\mathbf{K} = \mathbf{0}$ und dem internen Zustand $|\phi_{\text{Paar}}^{\text{norm}}\rangle$.

Der Vergleich der Ausdrücke (31) und (51) zeigt

$$\langle \Phi_{\chi_n}^\dagger(\mathbf{R})\, \Phi_{\chi_{n'}}(\mathbf{R}')\rangle_{\text{Paar-Paar}} = \langle \Phi_{\chi_n}(\mathbf{R})\rangle^* \langle \Phi_{\chi_{n'}}(\mathbf{R}')\rangle \tag{53}$$

Dieser Anteil der Zweipunktkorrelation zerfällt also in ein Produkt aus zwei Einpunkt-Mittelwerten. Für $n = 1$ finden wir hier den *Ordnungsparameter* aus Gl. (33) wieder. Wie in § 2-a-α bemerkt, hängt dieser nicht von $\mathbf{R}$ ab, weil die Paare sich in einem Zustand mit Gesamtimpuls null befinden. Viel wichtiger ist aber die Beobachtung, dass dieser Ordnungsparameter, der scheinbar ohne physikalische Bedeutung eingeführt wurde (es handelt sich um einen anomalen Mittelwert, der die Teilchenzahl nicht erhält), sehr nützlich ist, um diese Korrelationsfunktion (und weitere Größen) zu berechnen. Wir werden die Verbindung zwischen der faktorisierten Korrelation (53) und dem Penrose-Onsager-Kriterium für Bose-Einstein-Kondensation noch in § 2-b-γ besprechen.

β Fermionen in Singulett-Paarung

Wir verwenden Gl. (26) für $\Phi_{\chi_n}(\mathbf{R})$ und finden eine Korrelationsfunktion, die sehr ähnlich zum Ausdruck (42) für die Paarfeldkorrelation $\langle \Phi_{\chi_n}^\dagger(\mathbf{R})\Phi_{\chi_{n'}}(\mathbf{R}')\rangle$

ist. Es fällt der Vorfaktor 1/2 weg, und wir müssen Spinindizes ergänzen:

$$\langle a_{\mathbf{k}_1}^\dagger a_{\mathbf{k}_2}^\dagger a_{\mathbf{k}_3} a_{\mathbf{k}_4}\rangle \mapsto \langle a_{\mathbf{k}_1,\uparrow}^\dagger a_{\mathbf{k}_2,\downarrow}^\dagger a_{\mathbf{k}_3,\downarrow} a_{\mathbf{k}_4,\uparrow}\rangle \tag{54}$$

Aus der Formel (44) wird dann

$$\langle \Phi_{\chi_n}^\dagger(\mathbf{R})\, \Phi_{\chi_{n'}}(\mathbf{R}')\rangle = \frac{1}{L^3} \sum_{\mathbf{k}_1,\mathbf{k}_2,\mathbf{k}_3,\mathbf{k}_4} g_n\big(\tfrac{1}{2}(\mathbf{k}_1 - \mathbf{k}_2)\big)\; g_{n'}^*\big(\tfrac{1}{2}(\mathbf{k}_4 - \mathbf{k}_3)\big) \times \mathrm{e}^{\mathrm{i}[(\mathbf{k}_3+\mathbf{k}_4)\cdot\mathbf{R}'-(\mathbf{k}_1+\mathbf{k}_2)\cdot\mathbf{R}]} \langle a_{\mathbf{k}_1,\uparrow}^\dagger a_{\mathbf{k}_2,\downarrow}^\dagger a_{\mathbf{k}_3,\downarrow} a_{\mathbf{k}_4,\uparrow}\rangle \tag{55}$$

Die weitere Rechnung ist sehr ähnlich zu der oben durchgeführten. Wieder entsteht eine Summe aus drei Termen:

- Fall (**I**)
  Die Terme für die Vorwärtsstreuung mit $\mathbf{k}_4 = \mathbf{k}_1$ und $\mathbf{k}_3 = \mathbf{k}_2$. In zwei Paaren vernichtet man je ein Teilchen und erzeugt es wieder in derselben ebenen Welle. (Wegen der verschiedenen Spinindizes gibt es keinen Austauschterm.) Die Umformungen, die auf Gleichung (48) für spinpolarisierte Teilchen führten, sind hier auch anwendbar. Mit den Bezeichnungen (47) für die Wellenvektoren $\mathbf{K}$ und $\mathbf{k}$ erhält man

$$\langle \Phi_{\chi_n}^\dagger(\mathbf{R})\Phi_{\chi_{n'}}(\mathbf{R}')\rangle_{\text{vorw}} = \frac{1}{L^3} \sum_{\mathbf{k}_1,\mathbf{k}_2} g_n(\mathbf{k}) g_{n'}^*(\mathbf{k})\, \mathrm{e}^{\mathrm{i}\mathbf{K}\cdot(\mathbf{R}'-\mathbf{R})} \langle \hat{n}_{\mathbf{k}_1\uparrow}\rangle \langle \hat{n}_{\mathbf{k}_2\downarrow}\rangle \tag{56}$$

- Fall (**II**)
  Die Terme mit $\mathbf{k}_2 = -\mathbf{k}_1$ und $\mathbf{k}_3 = -\mathbf{k}_4$ beschreiben das Vernichten und Erzeugen von Paaren. Die Rechnung, die zu Gl. (51) führte, findet erneut Anwendung. Das Ergebnis (55) nimmt hier die folgende Form an:

$$\frac{1}{L^3}\sum_{\mathbf{k}_1,\mathbf{k}_4} g_n(\mathbf{k}_1)g^*_{n'}(\mathbf{k}_4)\langle a^\dagger_{\mathbf{k}_1\uparrow}a^\dagger_{-\mathbf{k}_1\downarrow}\rangle\langle a_{-\mathbf{k}_4\downarrow}a_{\mathbf{k}_4\uparrow}\rangle \tag{57}$$

  Gemäß Definition (38) für die Paarwellenfunktion erhalten wir erneut

$$\langle \Phi^\dagger_{\chi_n}(\mathbf{R})\Phi_{\chi_{n'}}(\mathbf{R}')\rangle_{\text{Paar-Paar}} = \langle \phi_{\text{Paar}}|\chi_n\rangle\ \langle\chi_{n'}|\phi_{\text{Paar}}\rangle \tag{58}$$

  Wie vorhin ist dieser Mittelwert räumlich konstant, weil die Paare jeweils den Gesamtimpuls null tragen.
- Fall (**III**)
  Die Terme, die dasselbe Paar vernichten und erzeugen, also $\mathbf{k}_2 = \mathbf{k}_3 = -\mathbf{k}_1 = -\mathbf{k}_4$. Sie sind proportional zu $\langle\hat{n}_{\mathbf{k}_1\uparrow}\rangle\langle\hat{n}_{-\mathbf{k}_1\downarrow}\rangle$ und bereits in Fall (**I**) enthalten. Die Terme, in denen alle Wellenvektoren identisch sind, sind wie oben zu vernachlässigen.

Zusammengefasst erhält man erneut

$$\begin{aligned}\langle \Phi^\dagger_{\chi_n}(\mathbf{R})\Phi_{\chi_{n'}}(\mathbf{R}')\rangle &= \langle \Phi^\dagger_{\chi_n}(\mathbf{R})\Phi_{\chi_{n'}}(\mathbf{R}')\rangle_{\text{vorw}} + \langle \Phi^\dagger_{\chi_n}(\mathbf{R})\Phi_{\chi_{n'}}(\mathbf{R}')\rangle_{\text{Paar-Paar}}\\ &= \langle \Phi^\dagger_{\chi_n}(\mathbf{R})\Phi_{\chi_{n'}}(\mathbf{R}')\rangle_{\text{vorw}} + \langle \Phi_{\chi_n}(\mathbf{R})\rangle^*\langle \Phi_{\chi_{n'}}(\mathbf{R}')\rangle\end{aligned} \tag{59}$$

Wir erhalten also dieselben Ergebnisse wie für spinlose Bosonen: eine nichtdiagonale, langreichweitige Ordnung, die wie in Gl. (53) in Ordnungsparameter faktorisiert. Wir werden in Ergänzung C_{XVII}, § 2-c sehen, dass die langreichweitige Ordnung eng mit den Eigenschaften des BCS-Phasenübergangs zusammenhängt. Erneut halten wir fest, dass anomale Mittelwerte ein nützliches Werkzeug gewesen sind, um „normale" Mittelwerte zu berechnen, die die Teilchenzahl erhalten.

γ Bose-Einstein-Kondensation von Paaren

Der Paarordnungsparameter ist ein zuverlässiger Indikator dafür, dass Teilchenpaare ein Bose-Einstein-Kondensat bilden. Um dies zu sehen, führen wir einen Dichteoperator für zwei Teilchen ein;* zur Vereinfachung betrachten wir nur spinlose Teilchen. Erinnern wir uns, dass der Einteilchen-Dichteoperator ρ_{I} für ein System ununterscheidbarer Teilchen in seinen Matrixelementen mit dem Feldoperator zusammenhängt [Kapitel XVI, Gl. (B-26)]:

$$\langle \mathbf{r}', \nu'|\rho_{\text{I}}|\mathbf{r}, \nu\rangle = \langle \Psi^\dagger_\nu(\mathbf{r})\Psi_{\nu'}(\mathbf{r}')\rangle \tag{60}$$

* Anm. d. Ü.: Dieser Dichteoperator [s. Gl. (61)] ist von ähnlicher Struktur wie der Zweiteilchen-Dichteoperator, der in Kapitel XVI, § B-3-b kurz angesprochen wird. Hier sind allerdings die zwei Teilchenkoordinaten in Schwerpunkts- und Relativkoordinaten ausgedrückt und die letzteren auf die Paarwellenfunktionen projiziert. Deswegen die scheinbar kleinere Anzahl von Argumenten in ρ_{I}.

Dabei ist **r** die Position des Teilchens und ν seine Spinquantenzahl. Für Paare von Teilchen vereinbaren wir die analoge Definition[2]

$$\langle \mathbf{R}', \chi_{n'} | \rho_{\mathrm{I}}^{\mathrm{Paar}} | \mathbf{R}, \chi_n \rangle = \langle \Phi_{\chi_n}^{\dagger}(\mathbf{R}) \Phi_{\chi_{n'}}(\mathbf{R}') \rangle \tag{61}$$

wobei **R** die Schwerpunktskoordinate des Paars ist und χ_n und $\chi_{n'}$ seinen internen Zustand bestimmen. Der Index n spielt hier also die Rolle einer Spinquantenzahl, obwohl es sich um einen internen Orbitalzustand und nicht um ein elementares Teilchen handelt.

Wir finden in der Impulsdarstellung folgendes Diagonalelement für den Paardichteoperator:

$$\langle \mathbf{K}', \chi_n | \rho_{\mathrm{I}}^{\mathrm{Paar}} | \mathbf{K}', \chi_n \rangle = \frac{1}{L^3} \int \mathrm{d}^3 R \int \mathrm{d}^3 R' \, \mathrm{e}^{\mathrm{i}\mathbf{K}' \cdot (\mathbf{R} - \mathbf{R}')} \langle \Phi_{\chi_n}^{\dagger}(\mathbf{R}) \Phi_{\chi_n}(\mathbf{R}') \rangle \tag{62}$$

Weil der Mittelwert $\langle \Phi_{\chi_n}^{\dagger}(\mathbf{R}) \Phi_{\chi_{n'}}(\mathbf{R}') \rangle$ nur von der Differenz $\mathbf{R}' - \mathbf{R}$ abhängt, können wir nach der Substitution $\mathbf{X} = \mathbf{R}' - \mathbf{R}$ das andere Integral ausführen (es kürzt sich mit dem Faktor $1/L^3$) und erhalten

$$\langle \mathbf{K}', \chi_n | \rho_{\mathrm{I}}^{\mathrm{Paar}} | \mathbf{K}', \chi_n \rangle = \int \mathrm{d}^3 X \, \mathrm{e}^{-\mathrm{i}\mathbf{K}' \cdot \mathbf{X}} \langle \Phi_{\chi_n}^{\dagger}(\mathbf{R}) \Phi_{\chi_n}(\mathbf{R} + \mathbf{X}) \rangle \tag{63}$$

Wenn wir hier die Beziehung (52) einsetzen, finden wir eine Summe aus dem Term der Vorwärtsstreuung und dem Paar-Paar-Term.

1. Den ersten Term erhalten wir durch Einsetzen von Gl. (48) in (63). Das d^3X-Integral erzeugt eine δ-Funktion $L^3 \, \delta_{\mathbf{K},\mathbf{K}'}$. Die Impulse sind also teilweise durch $\mathbf{k}_1 + \mathbf{k}_2 = \mathbf{K}'$ festgelegt, und es bleibt nur noch eine einfache Summe über **k** übrig:

$$\sum_{\mathbf{k}} |g_n(\mathbf{k})|^2 \, \langle \widehat{n}_{\frac{1}{2}\mathbf{K}'+\mathbf{k}} \rangle \langle \widehat{n}_{\frac{1}{2}\mathbf{K}'-\mathbf{k}} \rangle \tag{64}$$

   Dieses Ergebnis verhält sich als Funktion von $\mathbf{K}'$ regulär, wenn dies für die Abhängigkeit der Besetzungszahlen vom Wellenvektor der Fall ist.

2. Der Paar-Paar-Term enthält das Integral über das Produkt (53) aus zwei konstanten Ordnungsparametern. Wir erhalten

$$\delta_{\mathbf{K}',\mathbf{0}} \, L^3 \left| \langle \Phi_{\chi_n} \rangle \right|^2 \tag{65}$$

   Die δ-Funktion bedeutet hier, dass die ebene Welle mit $\mathbf{K}' = \mathbf{0}$ eine zusätzliche Besetzung trägt, die für keinen anderen Impuls $\mathbf{K}' \neq \mathbf{0}$ auftritt. Diese Besetzung kann man als eine Anzahl von Quanten des Paarfelds verstehen, sie ist genau das Quadrat des Ordnungsparameters, multipliziert mit dem Systemvolumen, und damit extensiv. Dies ist der entscheidende Hinweis darauf, dass sich in dem physikalischen System ein Bose-Einstein-Kondensat von Teilchenpaaren gebildet hat.

---

2 Die Paarfeldoperatoren erfüllen nicht exakt die Kommutatorrelationen für Bosonen, wie wir in § 3 sehen werden. Deswegen definiert Gl. (61) genau genommen keinen Dichteoperator. Um diesen Unterschied zu betonen, nennt man $\rho_{\mathrm{I}}^{\mathrm{Paar}}$ manchmal einen *Quasidichteoperator*.

Die Kondensatbesetzung ist proportional zum Quadrat des Ordnungsparameters. Auf diese Weise drückt sich die enge Beziehung zwischen der nichtdiagonalen, langreichweitigen Ordnung und dem Kondensat aus. Die Faktorisierung, die wir in Gl. (53) beobachtet haben und die auf den Term (65) führt, wird häufig das *Penrose-Onsager-Kriterium* für Kondensation genannt.

2-c Anwendung auf Zweikörperkorrelationen

Die gemittelten Paaroperatoren sind auch nützlich, wenn wir Korrelationen zwischen den Teilchen berechnen. Wir werden insbesondere zeigen, dass die G_2-Korrelationsfunktion einen *inkohärenten* Term enthält, der unabhängig von den Teilchenkoordinaten ist, und einen *kohärenten* Term, in den die weiter oben eingeführte Paarwellenfunktion eingeht. Der Kürze halber beschränken wir uns auf ein System von Fermionen in Singulett-Paaren, die Übertragung auf spinlose Teilchen stellt aber keine besondere Schwierigkeit dar.[3]

In der Beziehung (24) ist der konjungierte Paarfeldoperator durch Produkte von Erzeugern der Bausteine des Paars definiert. Wir beginnen damit, diese Beziehung umzukehren.

α Umkehrung der Felddarstellung

Die Orthonormalbasis $\{\chi_n(\mathbf{r}); n = 1, 2, \ldots\}$ erfüllt die Vollständigkeitsrelation

$$\sum_n \chi_n^*(\mathbf{x}')\chi_n(\mathbf{x}) = \delta(\mathbf{x} - \mathbf{x}') \tag{66}$$

In dieser Summe über n sind sowohl gerade als auch ungerade orbitale Funktionen enthalten. (Das Paarfeld Φ_{χ_n} beschreibt im einem Fall Fermionen, die in einem Singulett-Zustand gepaart sind, im anderen die Paarung im Triplett-Zustand.) Wir multiplizieren Gleichung (24) mit $\chi_n^*(\mathbf{x}')$ und summieren über n. Damit erscheint die Vollständigkeitsrelation unter dem Integral, und es ergibt sich

$$\sum_n \chi_n^*(\mathbf{x}')\Phi_{\chi_n}^\dagger(\mathbf{R}) = \Psi_\uparrow^\dagger(\mathbf{R} + \tfrac{1}{2}\mathbf{x}')\,\Psi_\downarrow^\dagger(\mathbf{R} - \tfrac{1}{2}\mathbf{x}') \tag{67}$$

und deswegen

$$\Psi_\uparrow^\dagger(\mathbf{r}_1)\,\Psi_\downarrow^\dagger(\mathbf{r}_2) = \sum_n \chi_n^*(\mathbf{r}_1 - \mathbf{r}_2)\,\Phi_{\chi_n}^\dagger\big(\tfrac{1}{2}(\mathbf{r}_1 + \mathbf{r}_2)\big) \tag{68}$$

3 Kondensierte Bosonen werden in Ergänzung $\mathrm{E}_{\mathrm{XVII}}$ untersucht. Wir sehen dort, dass die Eigenschaften der gepaarten Zustände für $\mathbf{k} \neq 0$ nicht allein von den Wechselwirkung zwischen diesen Teilchenpaaren abhängen, sondern auch von der Kopplung an ein Kondensat (im Zustand $\mathbf{k} = \mathbf{0}$), das von dem gepaarten Ket zu unterscheiden ist. Es handelt sich deswegen um ein ganz anderes System.

Es ist also äquivalent, zwei Teilchen mit antiparallelen Spins an den Orten $\mathbf{r}_1$ und $\mathbf{r}_2$ zu erzeugen oder aber eine kohärente Superposition von Paaren mit dem Schwerpunkt $\frac{1}{2}(\mathbf{r}_1+\mathbf{r}_2)$, gewichtet mit den Amplituden χ_n^* der orbitalen Wellenfunktionen. (In dieser Superposition sind sowohl Singlett- als auch Triplett-Zustände vertreten.)

Wir berechnen den Mittelwert dieses Ausdrucks in einem gepaarten Zustand und verwenden Gl. (37); dies führt auf

$$\langle \Psi_\uparrow^\dagger(\mathbf{r}_1)\, \Psi_\downarrow^\dagger(\mathbf{r}_2)\rangle = \sum_n \chi_n^*(\mathbf{r}_1 - \mathbf{r}_2)\, \langle \chi_n | \phi_{\text{Paar}}\rangle \tag{69}$$

Weil ϕ_{Paar} eine gerade Funktion ist, tragen nur die geraden Molekülzustände χ_n bei, und die Mittelwerte des Feldoperators für Triplett-Paare (ungerade χ_n) verschwinden.

Wir können wie in § 2-a-β die orthogonale Basis $\{|\chi_n\rangle\,,\ n = 1, 2, \ldots\}$ so wählen, dass der erste Ket $|\chi_1\rangle$ mit der normierten Paarwellenfunktion aus Gl. (32) übereinstimmt. Damit finden wir

$$\langle \Psi_\uparrow^\dagger(\mathbf{r}_1)\Psi_\downarrow^\dagger(\mathbf{r}_2)\rangle = \frac{\phi_{\text{Paar}}^*(\mathbf{r}_1 - \mathbf{r}_2)}{\sqrt{\langle \phi_{\text{Paar}} | \phi_{\text{Paar}}\rangle}} \frac{\langle \phi_{\text{Paar}} | \phi_{\text{Paar}}\rangle}{\sqrt{\langle \phi_{\text{Paar}} | \phi_{\text{Paar}}\rangle}} = \phi_{\text{Paar}}^*(\mathbf{r}_1 - \mathbf{r}_2) \tag{70}$$

Die Paarwellenfunktion ist also einfach der Mittelwert eines Produkts aus zwei Fermionenfeldern mit antiparallelen Spins.

β Vierpunktkorrelationen

Gemäß Gleichung (68) können wir die Vierpunkt-Korrelationsfunktion für antiparallele Spins wie folgt berechnen:

$$\begin{aligned}&\langle \Psi_\uparrow^\dagger(\mathbf{r}_1)\Psi_\downarrow^\dagger(\mathbf{r}_2)\, \Psi_\downarrow(\mathbf{r}_2')\Psi_\uparrow(\mathbf{r}_1')\rangle \\ &\quad = \sum_{n,n'} \chi_n^*(\mathbf{r}_1 - \mathbf{r}_2)\chi_{n'}(\mathbf{r}_1' - \mathbf{r}_2')\langle \Phi_{\chi_n}^\dagger\left(\tfrac{1}{2}(\mathbf{r}_1 + \mathbf{r}_2)\right)\, \Phi_{\chi_{n'}}\left(\tfrac{1}{2}(\mathbf{r}_1' + \mathbf{r}_2')\right)\rangle\end{aligned} \tag{71}$$

Wir haben sie als eine Zweipunkt-Korrelationsfunktion von Paaroperatoren ausgedrückt, wobei der Index n den internen (orbitalen) Zustand des „Moleküls" beschreibt. Wir leiten weiter unten das folgende Ergebnis her:

$$\begin{aligned}\langle \Psi_\uparrow^\dagger(\mathbf{r}_1)\Psi_\downarrow^\dagger(\mathbf{r}_2)\, \Psi_\downarrow(\mathbf{r}_2')\Psi_\uparrow(\mathbf{r}_1')\rangle &= G_1(\mathbf{r}_1,\uparrow;\mathbf{r}_1',\uparrow)\; G_1(\mathbf{r}_2,\downarrow;\mathbf{r}_2',\downarrow) \\ &\quad + \phi_{\text{Paar}}^*(\mathbf{r}_1 - \mathbf{r}_2)\; \phi_{\text{Paar}}(\mathbf{r}_1' - \mathbf{r}_2')\end{aligned} \tag{72}$$

Dabei ist $G_1(\mathbf{r},\uparrow;\mathbf{r}',\uparrow)$ die nichtdiagonale Einteilchen-Korrelationsfunktion, die man aus den Spinbesetzungen ausrechnen kann:

$$G_1(\mathbf{r}, \nu; \mathbf{r}', \nu) = \frac{1}{L^3} \sum_{\mathbf{k}} \mathrm{e}^{\mathrm{i}\mathbf{k}\cdot(\mathbf{r}'-\mathbf{r})}\, \langle n_{\mathbf{k},\nu}\rangle \qquad (\nu = \uparrow, \downarrow) \tag{73}$$

In Gl. (72) bezeichnet ϕ_{Paar} die Paarwellenfunktion aus Gl. (38).

Die Korrelation $G_1(\mathbf{r},\uparrow;\mathbf{r}',\uparrow)$ ist die Fourier-Transformierte der regulären Verteilungsfunktion $\langle n_{\mathbf{k}\uparrow}\rangle$. Sie strebt deswegen nach null, wenn der Abstand $|\mathbf{r} - \mathbf{r}'|$ größer als eine gewisse mikroskopische Längenskala ist (*inkohärenter* Beitrag). Es bleiben in Gleichung (72) dann nur die (*kohärenten*) Terme der zweiten Zeile übrig. Nehmen wir an, dass die Koordinaten $\mathbf{r}_1$ und $\mathbf{r}_2$ dicht beieinander liegen, genau wie $\mathbf{r}'_1$ und $\mathbf{r}'_2$. Diese beiden Paare seien aber weit voneinander entfernt, d. h. $|\mathbf{r}_1 - \mathbf{r}'_1|$ ist makroskopisch. Dann faktorisiert die nichtdiagonale Korrelationsfunktion in ein Produkt aus Paarwellenfunktionen ϕ_{Paar} – wir befinden uns also in einer Situation, in der man das Penrose-Onsager-Kriterium für die Kondensation von Bosonen anwenden kann (Ergänzung A_{XVI}, § 3-a), allerdings auf der Ebene der nichtdiagonalen Vierpunkt- statt der Zweipunktkorrelation. Wir sehen hier auch die wichtige Rolle des Ordnungsparameters, der durch die Norm von ϕ_{Paar} definiert wird.

Ein wichtiger Sonderfall der Vierpunktkorrelation ist die (diagonale) Zweikörperkorrelation für antiparallele Spins:

$$G_2(\mathbf{r}_1,\uparrow;\mathbf{r}_2,\downarrow) = \langle \Psi^\dagger_\uparrow(\mathbf{r}_1)\Psi^\dagger_\downarrow(\mathbf{r}_2)\,\Psi_\downarrow(\mathbf{r}_2)\Psi_\uparrow(\mathbf{r}_1)\rangle \tag{74}$$

Wegen Gl. (72) ist die Intensität (Dichte) des Paarfelds durch

$$\begin{aligned} G_2(\mathbf{r}_1,\uparrow;\mathbf{r}_2,\downarrow) &= \frac{1}{L^6}\sum_{\mathbf{k}_1,\mathbf{k}_2} \langle \hat{n}_{\mathbf{k}_1\uparrow}\rangle\,\langle \hat{n}_{\mathbf{k}_2\downarrow}\rangle + \left|\phi_{\text{Paar}}(\mathbf{r}_1-\mathbf{r}_2)\right|^2 \\ &= \frac{\langle \widehat{N}_\uparrow\rangle\langle \widehat{N}_\downarrow\rangle}{L^6} + \left|\phi_{\text{Paar}}(\mathbf{r}_1-\mathbf{r}_2)\right|^2 \end{aligned} \tag{75}$$

gegeben. Wir haben damit aus Kapitel XVII die Gleichung (D-17) wiedergefunden, aber mit einem anderen Verfahren. Die Zweikörperkorrelation zerfällt in eine Summe aus einem Produkt von zwei konstanten Faktoren, das allein genommen keinerlei Korrelation liefern würde, und dem Quadrat der Paarwellenfunktion. Dieser Beitrag entsteht aus dem Term, der die langreichweitige Ordnung beschreibt (also das Bose-Einstein-Kondensat). Wir haben es hier mit einer wichtigen Eigenschaft zu tun, die die Grundlage für die BCS-Theorie sein wird; die Konsequenzen aus Gl. (75) werden wir im Detail in Ergänzung B_{XVII} besprechen.

Beweis von Gl. (72):
Wir setzen die Beziehungen (56) und (58) in Gleichung (71) ein. Aus dem Term für Vorwärtsstreuung entsteht folgender Ausdruck:

$$\begin{aligned} &\sum_{n,n'} \chi_n^*(\mathbf{r}_1-\mathbf{r}_2)\chi_{n'}(\mathbf{r}'_1-\mathbf{r}'_2)\,g_n(\mathbf{k})g^*_{n'}(\mathbf{k})\,\mathrm{e}^{\mathrm{i}\mathbf{K}\cdot(\mathbf{r}'_1+\mathbf{r}'_2-\mathbf{r}_1-\mathbf{r}_2)/2} \\ &= \sum_{n,n'} \langle\chi_n|\mathbf{r}_1-\mathbf{r}_2\rangle\,\langle\mathbf{r}'_1-\mathbf{r}'_2|\chi_{n'}\rangle\,\langle\mathbf{k}|\chi_n\rangle\,\langle\chi_{n'}|\mathbf{k}\rangle\;\mathrm{e}^{\mathrm{i}\mathbf{K}\cdot(\mathbf{r}'_1+\mathbf{r}'_2-\mathbf{r}_1-\mathbf{r}_2)/2} \\ &= \langle\mathbf{k}|\mathbf{r}_1-\mathbf{r}_2\rangle\,\langle\mathbf{r}'_1-\mathbf{r}'_2|\mathbf{k}\rangle\;\mathrm{e}^{\mathrm{i}\mathbf{K}\cdot(\mathbf{r}'_1+\mathbf{r}'_2-\mathbf{r}_1-\mathbf{r}_2)/2} \\ &= \frac{1}{L^3}\mathrm{e}^{\mathrm{i}(\mathbf{k}_2-\mathbf{k}_1)\cdot(\mathbf{r}'_1-\mathbf{r}'_2-\mathbf{r}_1+\mathbf{r}_2)/2}\;\mathrm{e}^{\mathrm{i}(\mathbf{k}_1+\mathbf{k}_2)\cdot(\mathbf{r}'_1+\mathbf{r}'_2-\mathbf{r}_1-\mathbf{r}_2)/2} \\ &= \frac{1}{L^3}\mathrm{e}^{\mathrm{i}\mathbf{k}_2\cdot(\mathbf{r}'_1-\mathbf{r}_1)}\;\mathrm{e}^{\mathrm{i}\mathbf{k}_1\cdot(\mathbf{r}'_2-\mathbf{r}_2)} \end{aligned} \tag{76}$$

wobei $\mathbf{k}$ und $\mathbf{K}$ wie in Gl. (47) mit $\mathbf{k}_1$ und $\mathbf{k}_2$ zusammenhängen. Eingesetzt in Gl. (71) erhalten wir den ersten Term auf der rechten Seite von Gleichung (72).

Das Vernichten und Erzeugen von Paaren trägt mit dem Ausdruck (58) bei und führt auf

$$\begin{aligned}
&\langle \Psi_\uparrow^\dagger(\mathbf{r}_1)\Psi_\downarrow^\dagger(\mathbf{r}_2)\,\Psi_\downarrow(\mathbf{r}_2')\Psi_\uparrow(\mathbf{r}_1')\rangle_{\text{Paar-Paar}} \\
&\quad = \sum_{n,n'} \chi_n^*(\mathbf{r}_1-\mathbf{r}_2)\chi_{n'}(\mathbf{r}_1'-\mathbf{r}_2')\,\langle \phi_{\text{Paar}}|\chi_n\rangle\,\langle \chi_{n'}|\phi_{\text{Paar}}\rangle \\
&\quad = \sum_{n,n'} \langle \mathbf{r}_1'-\mathbf{r}_2'|\chi_{n'}\rangle\,\langle \chi_{n'}|\phi_{\text{Paar}}\rangle\,\langle \phi_{\text{Paar}}|\chi_n\rangle\,\langle \chi_n|\mathbf{r}_1-\mathbf{r}_2\rangle \\
&\quad = \phi_{\text{Paar}}^*(\mathbf{r}_1-\mathbf{r}_2)\phi_{\text{Paar}}(\mathbf{r}_1'-\mathbf{r}_2')
\end{aligned} \tag{77}$$

Wir erhalten damit den zweiten Term in Gl. (72). Nur die geraden Funktionen χ_n (Singulett-Paare) tragen hier bei.

3 Vertauschungsrelationen

Wir untersuchen nun die Kommutatorrelationen für die oben eingeführten Paarfeldoperatoren. Dem *Spin-Statistik-Theorem* (s. Band II, Kapitel XIV, § C-1) entnehmen wir, dass Teilchen mit ganzzahligem Spin Bosonen sind, während Fermionen einen halbzahligen Spin haben. Für zwei gepaarte Fermionen sagen uns die Regeln für die Addition von Drehimpulsen (Band II, Kapitel X), dass der Spin des zusammengesetzten Systems notwendigerweise ganzzahlig ist. Man könnte also intuitiv erwarten, dass jedes System von zwei gebundenen Fermionen sich wie ein Boson verhält. In diesem Abschnitt wollen wir diese Frage untersuchen und rechnen dazu die Kommutatoren zwischen den Operatoren $A_{\mathbf{K}}$ und $A_{\mathbf{K}}^\dagger$ aus. Es wird sich zeigen, dass die fermionische *Mikrostruktur* der Teilchenpaare zu Korrekturen führt.

3-a Spinpolarisierte Teilchen

Wir beginnen mit dem einfachen Fall von spinlosen Teilchen, an dem man bereits die wesentlichen Vertauschungseigenschaften der Paaroperatoren ablesen kann. Wären die Paare, die die Operatoren $A_{\mathbf{K}}$ und $A_{\mathbf{K}'}^\dagger$ erzeugen und vernichten, wirklich Bosonen, dann müssten diese beiden Operatoren zu $\delta_{\mathbf{KK}'}$ kommutieren. Diesen Term werden wir zwar wiederfinden, aber es gibt dazu Korrekturen.

α Kommutator der Paarerzeuger und -vernichter

Ein Produkt aus zwei Erzeugern kommutiert mit jedem anderen Produkt aus zwei Erzeugern. (Bei Fermionen heben sich zwei Minuszeichen weg, wenn man die Operatoren aneinander vorbeischiebt.) Dasselbe gilt für Produkte von zwei Vernichtern. Wegen Gl. (19) haben wir also

$$\begin{aligned}
\left[A_{\mathbf{K},n}^\dagger\,,\,A_{\mathbf{K}',n'}^\dagger\right] &= 0 \\
\left[A_{\mathbf{K},n}\,,\,A_{\mathbf{K}',n'}\right] &= 0
\end{aligned} \tag{78}$$

Es bleibt noch der Kommutator

$$\left[A_{\mathbf{K},n}\,,\,A^\dagger_{\mathbf{K}',n'}\right]=\frac{1}{2}\sum_{\mathbf{k}}(g^n_{\mathbf{k}})^*\sum_{\mathbf{k}'}g^{n'}_{\mathbf{k}'}\left[a_{\frac{1}{2}\mathbf{K}-\mathbf{k}}a_{\frac{1}{2}\mathbf{K}+\mathbf{k}}\,,\,a^\dagger_{\frac{1}{2}\mathbf{K}'+\mathbf{k}'}a^\dagger_{\frac{1}{2}\mathbf{K}'-\mathbf{k}'}\right] \tag{79}$$

und für ihn leiten wir in § 3-a-β folgendes Ergebnis her:

$$\begin{aligned}\left[A_{\mathbf{K},n}\,,\,A^\dagger_{\mathbf{K}',n'}\right]&=\delta_{\mathbf{K},\mathbf{K}'}\,\delta_{n,n'}+2\eta\sum_{\mathbf{k}}(g^n_{\mathbf{k}})^*\,g^{n'}_{\frac{1}{2}(\mathbf{K}-\mathbf{K}')+\mathbf{k}}a^\dagger_{\mathbf{K}'-\frac{1}{2}\mathbf{K}-\mathbf{k}}\,a_{\frac{1}{2}\mathbf{K}-\mathbf{k}}\\&=\delta_{\mathbf{K},\mathbf{K}'}\,\delta_{n,n'}+2\eta\sum_{\boldsymbol{\kappa}}\left(g^n_{\boldsymbol{\kappa}-\frac{1}{2}\mathbf{K}}\right)^*g^{n'}_{\boldsymbol{\kappa}-\frac{1}{2}\mathbf{K}'}a^\dagger_{\mathbf{K}'-\boldsymbol{\kappa}}\,a_{\mathbf{K}-\boldsymbol{\kappa}}\end{aligned} \tag{80}$$

(In der zweiten Zeile haben wir die Summe über $\boldsymbol{\kappa}=\mathbf{k}+\mathbf{K}/2$ geschrieben. Falls dies nötig ist, kann man η wegtransformieren, indem man im Wellenvektor von g oder g^* das Vorzeichen ändert.)

Hier entspricht der erste Term mit den Kronecker-δ exakt dem Kommutator für zwei Bosonen, die sich in den internen Zuständen n und n' befinden (dies könnten z. B. Spinzustände sein). Er ist nur dann von null verschieden, wenn die externen und internen Quantenzahlen übereinstimmen (auch wenn hier eigentlich orbitale statt interne Zustände vorliegen). Dieser Kommutator wird allerdings durch einen Term korrigiert, in dem die fermionische Struktur der Paare weiter eine Rolle spielt. Es handelt sich übrigens um einen in Kapitel XV, § B definierten Einteilchenoperator. Mit der Beziehung (B-12) aus jenem Kapitel können wir die Matrixelemente des entsprechenden Operators $\widehat{f}$ berechnen. Weil die Korrektur zum Kommutator Erzeuger und Vernichter in Normalordnung enthält, verschwindet sie, falls alle Einteilchenzustände nicht besetzt sind. In diesem Fall verhalten sich die Teilchenpaare exakt wie Bosonen.

Betrachten wir den Korrekturterm für Paare mit gleichen externen und internen Quantenzahlen ($\mathbf{K}'=\mathbf{K}$ und $n=n'$). Dann vereinfacht sich Gl. (80) zu

$$\left[A_{\mathbf{K},n}\,,\,A^\dagger_{\mathbf{K},n}\right]=1+2\eta\sum_{\boldsymbol{\kappa}}\left|g^n_{\boldsymbol{\kappa}-\frac{1}{2}\mathbf{K}}\right|^2\widehat{n}_{\mathbf{K}-\boldsymbol{\kappa}} \tag{81}$$

mit dem wie üblich definierten Besetzungsoperator

$$\widehat{n}_{\mathbf{k}}=a^\dagger_{\mathbf{k}}a_{\mathbf{k}} \tag{82}$$

Die Korrekturen zu einem rein bosonischen Kommutator sind also proportional zur Besetzung der Einteilchenzustände (aus denen die Teilchenpaare zusammengesetzt sind). Ist die Summe über diese Besetzungen genügend klein, dann darf man die Korrekturen vernachlässigen.

β Beweis von Gl. (80)

Wir berechnen zunächst den Kommutator

$$\left[a_1 a_2\,,\,a_3^\dagger a_4^\dagger\right] = a_1 a_2 a_3^\dagger a_4^\dagger - a_3^\dagger a_4^\dagger a_1 a_2 \tag{83}$$

wobei die Indizes 1, 2, 3, 4 beliebige Einteilchenzustände bezeichnen. Es ergibt sich

$$\begin{aligned} a_1 a_2 a_3^\dagger a_4^\dagger &= \delta_{23}\, a_1 a_4^\dagger + \eta\, a_1 a_3^\dagger a_2 a_4^\dagger \\ &= \delta_{23}\, a_1 a_4^\dagger + \eta\, \delta_{13}\, a_2 a_4^\dagger + a_3^\dagger a_1 a_2 a_4^\dagger \\ &= \delta_{23}\, a_1 a_4^\dagger + \eta\, \delta_{13}\, a_2 a_4^\dagger + \delta_{24}\, a_3^\dagger a_1 + \eta\, a_3^\dagger a_1 a_4^\dagger a_2 \\ &= \delta_{23}\, a_1 a_4^\dagger + \eta\, \delta_{13}\, a_2 a_4^\dagger + \delta_{24}\, a_3^\dagger a_1 + \eta\, \delta_{14}\, a_3^\dagger a_2 + a_3^\dagger a_4^\dagger a_1 a_2 \end{aligned} \tag{84}$$

und daraus

$$\left[a_1 a_2\,,\,a_3^\dagger a_4^\dagger\right] = \delta_{23}\, a_1 a_4^\dagger + \delta_{24}\, a_3^\dagger a_1 + \eta\left(\delta_{13}\, a_2 a_4^\dagger + \delta_{14}\, a_3^\dagger a_2\right) \tag{85}$$

Wir bringen alle Operatoren in Normalordnung und erhalten[4]

$$\left[a_1 a_2,\,a_3^\dagger a_4^\dagger\right] = \delta_{23}\delta_{14} + \eta\, \delta_{13}\delta_{24} + \delta_{24}\, a_3^\dagger a_1 + \delta_{13}\, a_4^\dagger a_2 + \eta\left(\delta_{23}\, a_4^\dagger a_1 + \delta_{14}\, a_3^\dagger a_2\right) \tag{86}$$

Indem wir hier die Wellenvektoren aus dem Kommutator in Gleichung (79) eintragen, erhalten wir für diesen

$$\begin{aligned} &\delta_{\mathbf{K},\mathbf{K}'}\, \delta_{\mathbf{k},\mathbf{k}'} + \eta\, \delta_{\mathbf{K},\mathbf{K}'}\, \delta_{\mathbf{k},-\mathbf{k}'} + \\ &\quad + \delta_{\frac{1}{2}(\mathbf{K}-\mathbf{K}'),-\mathbf{k}-\mathbf{k}'}\, a^\dagger_{\frac{1}{2}\mathbf{K}'+\mathbf{k}'}\, a_{\frac{1}{2}\mathbf{K}-\mathbf{k}} + \delta_{\frac{1}{2}(\mathbf{K}-\mathbf{K}'),\mathbf{k}+\mathbf{k}'}\, a^\dagger_{\frac{1}{2}\mathbf{K}'-\mathbf{k}'}\, a_{\frac{1}{2}\mathbf{K}+\mathbf{k}} \\ &\quad + \eta\left(\delta_{\frac{1}{2}(\mathbf{K}-\mathbf{K}'),\mathbf{k}'-\mathbf{k}}\, a^\dagger_{\frac{1}{2}\mathbf{K}'-\mathbf{k}'}\, a_{\frac{1}{2}\mathbf{K}-\mathbf{k}} + \eta\, \delta_{\frac{1}{2}(\mathbf{K}-\mathbf{K}'),\mathbf{k}-\mathbf{k}'}\, a^\dagger_{\frac{1}{2}\mathbf{K}'+\mathbf{k}'}\, a_{\frac{1}{2}\mathbf{K}+\mathbf{k}}\right) \end{aligned} \tag{87}$$

Wenn wir die ersten beiden Terme in Gl. (79) einsetzen, finden wir folgenden Beitrag zum gesuchten Kommutator $[A_{\mathbf{K},n}\,,\,A^\dagger_{\mathbf{K}',n'}]$:

$$\frac{1}{2}\delta_{\mathbf{K},\mathbf{K}'} \sum_{\mathbf{k}} \left(g^n_{\mathbf{k}}\right)^* \left(g^{n'}_{\mathbf{k}} + \eta\, g^{n'}_{-\mathbf{k}}\right) = \delta_{\mathbf{K},\mathbf{K}'} \sum_{\mathbf{k}} \left(g^n_{\mathbf{k}}\right)^* g^{n'}_{\mathbf{k}} = \delta_{\mathbf{K},\mathbf{K}'}\, \delta_{n,n'} \tag{88}$$

Dabei haben wir verwendet, dass die Funktionen $g^n_{\mathbf{k}}$ bezüglich **k** die Parität η haben [s. Gl. (4)] und untereinander orthonormiert sind. Wie oben bereits besprochen, erhalten wir hieraus das für Bosonen zu erwartende Ergebnis. Es gibt allerdings in Gleichung (87) vier weitere Terme, die wir wie folgt aufschreiben können:

$$\begin{aligned} &\frac{1}{2}\sum_{\mathbf{k}} \left(g^n_{\mathbf{k}}\right)^*\, g^{n'}_{\frac{1}{2}(\mathbf{K}'-\mathbf{K})-\mathbf{k}}\, a^\dagger_{\mathbf{K}'-\frac{1}{2}\mathbf{K}-\mathbf{k}}\, a_{\frac{1}{2}\mathbf{K}-\mathbf{k}} \\ &\frac{1}{2}\sum_{\mathbf{k}} \left(g^n_{\mathbf{k}}\right)^*\, g^{n'}_{\frac{1}{2}(\mathbf{K}-\mathbf{K}')-\mathbf{k}}\, a^\dagger_{\mathbf{K}'-\frac{1}{2}\mathbf{K}+\mathbf{k}}\, a_{\frac{1}{2}\mathbf{K}+\mathbf{k}} \\ &\frac{\eta}{2}\sum_{\mathbf{k}} \left(g^n_{\mathbf{k}}\right)^*\, g^{n'}_{\frac{1}{2}(\mathbf{K}-\mathbf{K}')+\mathbf{k}}\, a^\dagger_{\mathbf{K}'-\frac{1}{2}\mathbf{K}-\mathbf{k}}\, a_{\frac{1}{2}\mathbf{K}-\mathbf{k}} \\ &\frac{\eta}{2}\sum_{\mathbf{k}} \left(g^n_{\mathbf{k}}\right)^*\, g^{n'}_{\frac{1}{2}(\mathbf{K}'-\mathbf{K})+\mathbf{k}}\, a^\dagger_{\mathbf{K}'-\frac{1}{2}\mathbf{K}+\mathbf{k}}\, a_{\frac{1}{2}\mathbf{K}+\mathbf{k}} \end{aligned} \tag{89}$$

In allen Termen darf man das Vorzeichen der Summationsvariablen **k** umkehren, ohne das Ergebnis zu ändern. Wir können auch die Vorzeichen der Wellenvektoren der Funktionen g und g^* umkehren

4 Der (Anti-)Kommutator $[a_i\,,\,a_j^\dagger]_{-\eta} = \delta_{ij}$ führt auf $a_i\, a_j^\dagger = \eta\, a_j^\dagger a_i + \delta_{ij}$.

(dabei entsteht ein Vorfaktor η). Schreiben wir etwa in der zweite Zeile die Summe über $-\mathbf{k}$ statt über $\mathbf{k}$ und kehren wir das Vorzeichen der Wellenvektoren in g und g^* um (zwei Faktoren η verändern das Vorzeichen nicht). Dann sieht man, dass diese Zeile dasselbe wie die erste liefert. In der dritten Zeile genügt es, den Wellenvektor $\frac{1}{2}(\mathbf{K}-\mathbf{K}')+\mathbf{k}$ von g umzukehren (der Vorfaktor η kürzt sich dann weg), und wir erhalten die erste Zeile. In der vierten Zeile schließlich schreiben wir die Summe auf $-\mathbf{k}$ um und verändern das Vorzeichen in g^*, um ebenfalls die erste Zeile zu erhalten. Alle vier Zeilen liefern also denselben Beitrag. Wir nutzen die dritte Zeile mit einer Summation über $\boldsymbol{\kappa}=\mathbf{k}+\mathbf{K}/2$ statt $\mathbf{k}$ und erhalten den zweiten Term in Gleichung (80).

γ Kommutatoren des Paarfelds

Die Feldoperatoren $\Phi_{\chi_n}(\mathbf{R})$ kommutieren untereinander aus denselben Gründen wie oben in Gl. (78) die Vernichtungsoperatoren, und dasselbe gilt für ihre Adjungierten $\Phi^\dagger_{\chi_n}(\mathbf{R})$. Es bleiben also nur noch die gemischten Kommutatoren zwischen $\Phi_{\chi_n}(\mathbf{R})$ und $\Phi^\dagger_{\chi_{n'}}(\mathbf{R}')$. Aus Gl. (11) und (12) lesen wir ab:

$$\begin{aligned}\left[\Phi_{\chi_n}(\mathbf{R}),\Phi^\dagger_{\chi_{n'}}(\mathbf{R}')\right]&=\frac{1}{2}\int \mathrm{d}^3x\,\chi_n^*(\mathbf{x})\int \mathrm{d}^3x'\,\chi_{n'}(\mathbf{x}')\\&\quad\times\left[\Psi(\mathbf{R}-\tfrac{1}{2}\mathbf{x})\Psi(\mathbf{R}+\tfrac{1}{2}\mathbf{x}),\,\Psi^\dagger(\mathbf{R}'+\tfrac{1}{2}\mathbf{x}')\Psi^\dagger(\mathbf{R}'-\tfrac{1}{2}\mathbf{x}')\right]\end{aligned}\tag{90}$$

Weil es keine besondere Schwierigkeit gibt, dies auszurechnen, geben wir nur das Ergebnis an:

$$\begin{aligned}&\left[\Phi_{\chi_n}(\mathbf{R}),\Phi^\dagger_{\chi_{n'}}(\mathbf{R}')\right]\\&\quad=\delta(\mathbf{R}-\mathbf{R}')\delta_{n,n'}\\&\qquad+16\int \mathrm{d}^3x\,\chi_n^*(\mathbf{x})\chi_{n'}\left(2(\mathbf{R}'-\mathbf{R})-\mathbf{x}\right)\Psi^\dagger(2\mathbf{R}'-\mathbf{R}-\tfrac{1}{2}\mathbf{x})\,\Psi(\mathbf{R}-\tfrac{1}{2}\mathbf{x})\\&\quad=\delta(\mathbf{R}-\mathbf{R}')\delta_{n,n'}\\&\qquad+16\eta\int \mathrm{d}^3z\,\chi_n^*(\mathbf{R}-\mathbf{R}'+\mathbf{z})\chi_{n'}(\mathbf{R}'-\mathbf{R}+\mathbf{z})\\&\qquad\qquad\times\Psi^\dagger\left(\tfrac{1}{2}(\mathbf{R}+\mathbf{R}'+\mathbf{z})+\mathbf{R}'-\mathbf{R}\right)\Psi\left(\tfrac{1}{2}(\mathbf{R}+\mathbf{R}'+\mathbf{z})+\mathbf{R}-\mathbf{R}'\right)\end{aligned}\tag{91}$$

In der zweiten, etwas symmetrischeren Formulierung haben die Substitution $\mathbf{z}=\mathbf{R}'-\mathbf{R}-\mathbf{x}$ verwendet. (Wie bereits erwähnt, haben wir einen Vorfaktor η zum Vorschein gebracht, indem wir das Vorzeichen des Arguments von χ_n^* umgekehrt haben.) Dieser Kommutator liefert die Ortsdarstellung der Vertauschungsrelation (80).

Im Kommutator sehen wir also mehrere Terme. Der erste mit $\delta(\mathbf{R}-\mathbf{R}')\,\delta_{n,n'}$ ist der für bosonische Felder übliche (er entsteht sowohl für bosonische als auch für fermionische Teilchen, die sich paaren). Das Kronecker-$\delta_{n,n'}$ bedeutet, dass die Komponenten des Paarfelds für verschiedene interne Orbitale untereinander kommutieren. Dazu tritt eine Korrektur, die über die Funktionen $\chi_n(\mathbf{r})$ und $\chi_{n'}(\mathbf{r})$ von der Struktur des Paars abhängt. Es bestätigt sich also, was wir vorhin gefunden haben: Zunächst ergibt sich ein einfacher bosonischer Kommutator, in den nur das Vernichten und Erzeugen von beiden Bestandteilen eines „Moleküls“ am selben Ort eingeht. Dieser Kommutator wird korrigiert, weil es noch weitere Möglichkeiten gibt, die Teilchen zu vernichten und zu erzeugen. In die Korrektur gehen die elementaren Bausteine der Paare mit ihren Feldoperatoren ein, und nicht die Paare selbst. Wir erkennen einen Einteilchenoperator, der in der Ortsdarstellung nichtdiagonal ist, weil er ein Teilchen am Ort $\mathbf{r}$ vernichtet und eines am Ort $\mathbf{r} + 2(\mathbf{R}' - \mathbf{R})$ erzeugt, immer an demselben Abstand.

Nehmen wir zur Vereinfachung an, dass die Ausdehnung der „Moleküle", die das Paarfeld mit den internen Zuständen n und n' definieren, von der Größenordnung a_0 sei. Die Wellenfunktionen $\chi_n(\mathbf{r})$ und $\chi_{n'}(\mathbf{r})$ verschwinden also beide für $|\mathbf{r}| \gg a_0$. In Gleichung (91) sehen wir, dass unter dem Integral nur solche Werte von $\mathbf{x}$ signifikant beitragen, für die sowohl $\chi_n^*(\mathbf{x})$ als auch $\chi_{n'}(2(\mathbf{R} - \mathbf{R}') - \mathbf{x})$ nicht zu vernachlässigen sind. Dazu dürfen sowohl $|\mathbf{x}|$ als auch $|2(\mathbf{R} - \mathbf{R}') - \mathbf{x}|$ höchstens von der Ordnung a_0 sein. Aus diesen beiden folgt die Bedingung $|\mathbf{R}-\mathbf{R}'| \simeq a_0$: Nur dann ist das d^3x-Integral nicht zu vernachlässigen. Gilt umgekehrt $|\mathbf{R} - \mathbf{R}'| \gg a_0$, dann überlappen die Gebiete nicht, in denen die Funktionen χ_n^* und $\chi_{n'}$ signifikant beitragen, und die Korrektur ist sehr klein. Die Reichweite a_0 der Molekülwellenfunktion spielt also eine wesentliche Rolle für die Korrektur zum Kommutator.

Wir können den Grenzfall $a_0 \to 0$ betrachten, indem wir die Funktion χ proportional zu einer δ^ε-Funktion (s. Anhang II, § 1-b) machen, deren Breite für $\varepsilon \to 0$ nach null strebt und deren Integral auf eins normiert ist. Der Einfachheit halber wählen wir $n' = n$; weil das Quadrat von χ_n auf eins normiert ist (und nicht χ_n selbst), müssen wir setzen

$$\chi_n(\mathbf{r}) \simeq \varepsilon^{3/2}\, \delta^\varepsilon(\mathbf{r}) \tag{92}$$

Mit diesem Modell erkennen wir in dem d^3z-Integral in Gl. (91) eine Faltung von zwei δ-Funktionen wieder, die auf $\delta(\mathbf{R} - \mathbf{R}')$ führt, multipliziert mit dem Operator $\Psi^\dagger(\mathbf{R})\Psi(\mathbf{R})$ und dem Vorfaktor ε^3. Wegen dieses Vorfaktors ergibt sich null im Grenzfall $\varepsilon \to 0$. Sind die Moleküle also sehr klein im Vergleich zu allen anderen charakteristischen Längen des Systems (etwa ihrem Abstand), dann sind die Kommutatoren für die Paarfeldoperatoren exakt durch die für bosonische Felder gegeben.

Aus dieser Diskussion ziehen wir den Schluss, dass für „Moleküle" ohne räumlichen Überlapp[5] die einzigen wichtigen Erzeugungs- und Vernichtungsprozesse diejenigen sind, bei denen jeweils ein Paar von Teilchen beteiligt ist. Überlappen sich dagegen zwei Moleküle, dann werden auch Prozesse mit einzelnen Teilchen möglich sein. Sind die Moleküle nur schwach gebunden, wie dies für die Paarung von Fermionen im BCS-Mechanismus der Fall ist, dann ist es nicht mehr möglich, die Paare als strukturlose Bosonen zu betrachten – man muss dann mit dem vollständigen Kommutator arbeiten.

5 Dies bedeutet nicht, dass der Abstand zwischen den Molekülen groß im Vergleich zu der De-Broglie-Wellenlänge für ihre Schwerpunktsbewegugng sein muss: Es ist durchaus denkbar, dass das Molekülgas entartet ist.

3-b Fermionen in Singulett-Paarung

Wir berechnen nun die Kommutatoren für gepaarte Fermionen, wie in § 1-b.

α Kommutator der Paarerzeuger und -vernichter

Ein Produkt aus zwei Erzeugern kommutiert mit allen anderen Produkten aus zwei Erzeugern, dasselbe gilt für Produkte von zwei Vernichtern. Die Kommutatorrelationen (78) sind also auch hier erfüllt. Den nächsten Kommutator können wir so schreiben:

$$\left[A_{\mathbf{K},n}\,,\,A^{\dagger}_{\mathbf{K}',n'}\right]=\sum_{\mathbf{k}}(g^n_{\mathbf{k}})^*\sum_{\mathbf{k}'}g^{n'}_{\mathbf{k}'}\left[a_{\frac{1}{2}\mathbf{K}-\mathbf{k},\downarrow}a_{\frac{1}{2}\mathbf{K}+\mathbf{k},\uparrow}\,,\,a^{\dagger}_{\frac{1}{2}\mathbf{K}'+\mathbf{k}',\uparrow}a^{\dagger}_{\frac{1}{2}\mathbf{K}'-\mathbf{k}',\downarrow}\right]\tag{93}$$

Wir leiten weiter unten folgendes Ergebnis her:

$$\begin{aligned}&\left[A_{\mathbf{K},n}\,,\,A^{\dagger}_{\mathbf{K}',n'}\right]\\&=\delta_{\mathbf{K}\mathbf{K}'}\delta_{n,n'}+\eta\sum_{\mathbf{k}}\left(g^n_{\mathbf{k}}\right)^*g^{n'}_{\frac{1}{2}(\mathbf{K}-\mathbf{K}')+\mathbf{k}}\left(a^{\dagger}_{\mathbf{K}'-\frac{1}{2}\mathbf{K}-\mathbf{k},\downarrow}\,a_{\frac{1}{2}\mathbf{K}-\mathbf{k},\downarrow}+a^{\dagger}_{\mathbf{K}'-\frac{1}{2}\mathbf{K}-\mathbf{k},\uparrow}\,a_{\frac{1}{2}\mathbf{K}-\mathbf{k},\uparrow}\right)\\&=\delta_{\mathbf{K}\mathbf{K}'}\delta_{n,n'}+\eta\sum_{\boldsymbol{\kappa}}\left(g^n_{\boldsymbol{\kappa}-\frac{1}{2}\mathbf{K}}\right)^*g^{n'}_{\boldsymbol{\kappa}-\frac{1}{2}\mathbf{K}'}\left(a^{\dagger}_{\mathbf{K}'-\boldsymbol{\kappa},\downarrow}\,a_{\mathbf{K}-\boldsymbol{\kappa},\downarrow}+a^{\dagger}_{\mathbf{K}'-\boldsymbol{\kappa},\uparrow}\,a_{\mathbf{K}-\boldsymbol{\kappa},\uparrow}\right)\end{aligned}\tag{94}$$

(In der letzten Zeile wurde die Substitution $\boldsymbol{\kappa}=\mathbf{k}+\frac{1}{2}\mathbf{K}$ angewandt.) Auch hier finden wir für den Kommutator zwischen einem Paarvernichter und einem Paarerzeuger ein rein bosonisches Ergebnis (erste Zeile) und Korrekturen mit normal geordneten Operatorprodukten (sie verschwinden also für verdünnte Systeme); jeder Spinzustand trägt einen Korrekturterm bei.

Beweis von Gl. (94):

Wir verwenden erneut die Beziehung (86). Weil die Indizes 1, 2, 3 und 4 symbolisch für alle Quantenzahlen je eines Einteilchenzustands stehen, enthalten sie neben den Wellenvektoren auch Spinindizes. Aus dem Kommutator in Gl. (93) lesen wir ab, dass die Zustände 1 und 3 sowie 2 und 4 orthogonal sind (antiparallele Spins). Es bleiben auf der rechten Seite von Gleichung (86) also nur die Terme mit δ_{23} und δ_{14} übrig, so dass wir

$$\begin{aligned}\left[A_{\mathbf{K},n}\,,\,A^{\dagger}_{\mathbf{K}',n'}\right]=\sum_{\mathbf{k}}(g^n_{\mathbf{k}})^*\sum_{\mathbf{k}'}g^{n'}_{\mathbf{k}'}\Big[&\delta_{\mathbf{K}\mathbf{K}'}\delta_{\mathbf{k}\mathbf{k}'}\\&+\eta\left(\delta_{\frac{1}{2}(\mathbf{K}-\mathbf{K}'),\mathbf{k}'-\mathbf{k}}\,a^{\dagger}_{\frac{1}{2}\mathbf{K}'-\mathbf{k}',\downarrow}\,a_{\frac{1}{2}\mathbf{K}-\mathbf{k},\downarrow}+\delta_{\frac{1}{2}(\mathbf{K}-\mathbf{K}'),\mathbf{k}-\mathbf{k}'}\,a^{\dagger}_{\frac{1}{2}\mathbf{K}'+\mathbf{k}',\uparrow}\,a_{\frac{1}{2}\mathbf{K}+\mathbf{k},\uparrow}\right)\Big]\end{aligned}\tag{95}$$

erhalten. Weil die Funktionen $g^n_{\mathbf{k}}$ eine Orthonormalbasis bilden, wird hieraus

$$\delta_{\mathbf{K}\mathbf{K}'}\delta_{n,n'}+\eta\sum_{\mathbf{k}}(g^n_{\mathbf{k}})^*\left(g^{n'}_{\frac{1}{2}(\mathbf{K}-\mathbf{K}')+\mathbf{k}}\,a^{\dagger}_{\mathbf{K}'-\frac{1}{2}\mathbf{K}-\mathbf{k},\downarrow}\,a_{\frac{1}{2}\mathbf{K}-\mathbf{k},\downarrow}+g^{n'}_{\frac{1}{2}(\mathbf{K}'-\mathbf{K})+\mathbf{k}}\,a^{\dagger}_{\mathbf{K}'-\frac{1}{2}\mathbf{K}+\mathbf{k},\uparrow}\,a_{\frac{1}{2}\mathbf{K}+\mathbf{k},\uparrow}\right)\tag{96}$$

Der zweite Term in der Klammer ist fast identisch mit dem ersten. Dies sieht man, indem man die Summation über $-\mathbf{k}$ schreibt und die definierte Parität der Funktionen g und g^* verwendet. Der einzige Unterschied sind die Spinindizes, und deswegen erhalten wir Gl. (94).

β Kommutatoren des Paarfelds

Die Rechnungen, die auf Gleichung (91) führten, können wir hier analog durchführen. Es ergibt sich

$$\begin{aligned}&\left[\Phi_\chi(\mathbf{R}), \Phi_\chi^\dagger(\mathbf{R}')\right]\\&\quad = \delta(\mathbf{R}-\mathbf{R}')\delta_{n,n'}\\&\qquad + 8\eta \int \mathrm{d}^3x\, \chi_n^*(\mathbf{x})\chi_{n'}\left(2(\mathbf{R}'-\mathbf{R})-\mathbf{x}\right)\\&\qquad\qquad \times \left(\Psi_\downarrow^\dagger(2\mathbf{R}'-\mathbf{R}-\tfrac{1}{2}\mathbf{x})\,\Psi_\downarrow(\mathbf{R}-\tfrac{1}{2}\mathbf{x}) + \Psi_\uparrow^\dagger(2\mathbf{R}'-\mathbf{R}-\tfrac{1}{2}\mathbf{x})\,\Psi_\uparrow(\mathbf{R}-\tfrac{1}{2}\mathbf{x})\right) \quad (97)\end{aligned}$$

(Auch hier könnte man eine symmetrische Form mit der Substitution $\mathbf{z} = \mathbf{R}' - \mathbf{R} - \mathbf{x}$ erhalten.) Der Kommutator ist der für elementare Bosonen (erster Term) plus eine Korrektur. Diese erstreckt sich über Abstände $\mathbf{R}' - \mathbf{R}$ vergleichbar mit der räumlichen Ausdehnung der Molekülwellenfunktionen χ_n und besteht aus zwei unabhängigen Beiträgen der beiden Spineinstellungen.

Zusammenfassung

Wir bemerken abschließend, dass der Paarfeldoperator einen interessanten Einblick in die physikalischen Eigenschaften von gepaarten Zuständen mit vielen Teilchen vermittelt. In einem N-Teilchen-Zustand, der ausgehend von einer Zweiteilchen-Wellenfunktion χ konstruiert wird, erscheint eine neue Paarwellenfunktion ϕ_{Paar}, wenn man die Ununterscheidbarkeit der Teilchen berücksichtigt. Im Rahmen der BCS-Theorie werden wir sehen, wie man mit dieser Paarwellenfunktion die kollektiven Effekte aufgrund der paarweisen Wechselwirkung abbilden kann. Auch der Begriff des Ordnungsparameters ist nützlich, um die Verbindung zwischen anomalen Mittelwerten (die die Teilchenzahl nicht erhalten) und normalen Mittelwerten herzustellen. Unsere Ergebnisse unterscheiden sich für Bosonen und Fermionen in gepaarten Zuständen. Es besteht allerdings eine weitgehende Analogie zwischen diesen beiden Fällen; sie erlaubt es uns, völlig verschiedene Phänomene in einem einheitlichen Rahmen zu analysieren, etwa die Bose-Einstein-Kondensation von bosonischen Teilchen oder von gepaarten Fermionen.

Ergänzung B_{XVII}
Auswertung der mittleren Energie von gepaarten Teilchen

In Kapitel XVII haben wir ganz allgemein gepaarte Zustände eingeführt, ohne jemals einen Hamilton-Operator zu verwenden. Um die Zustände $|\Psi_{\text{gep}}\rangle$ im Rahmen eines Variationsverfahrens zu verwenden, also die mittlere Energie eines N-Teilchen-Systems zu minimieren, ist zunächst der Mittelwert der Energie in diesem Zustand zu berechnen – dies ist das Ziel dieser Ergänzung. Wir beginnen in § 1 mit den Konsequenzen daraus, dass die gepaarten Zustände keine Eigenvektoren des Operators $\widehat{N}$ für die Gesamtteilchenzahl sind. Die weitere Notation und den Ausdruck für den Hamilton-Operator $\widehat{H}$ geben wir in § 2 an. In § 3 und § 4 behandeln wir nacheinander gepaarte Fermionen und Bosonen. Die letzteren sind ein wenig komplizierter, weil man noch einen weiteren Zustand hinzunehmen muss, um ein Bose-Einstein-Kondensat zu beschreiben.

1 Zustände ohne feste Teilchenzahl

Die gepaarten Zustände $|\Psi_{\text{gep}}\rangle$ (s. Kapitel XVII, § B-2) sind kohärente Superpositionen von Zuständen mit verschiedenen Teilchenzahlen. Es stellt sich also die Frage, inwiefern Mittelwerte in solchen Zuständen überhaupt für ein physikalisches System von Bedeutung sein sollen, in dem die Teilchenzahl N fest ist. Wir haben in Kapitel XVII, § D bereits darauf hingewiesen, dass die gepaarten Zustände durchaus relevant sind, solange die mittlere Teilchenzahl groß ist und man es mit Operatoren zu tun hat, die die Teilchenzahl erhalten (d. h. dass sie mit dem Operator $\widehat{N}$ kommutieren, was auf den Hamilton-Operator $\widehat{H}$ zutrifft). Wir zeigen nun etwas genauer, dass unter diesen Bedingungen die Mittelwerte nicht von den Kohärenzen beeinflusst werden, die im Zustandsvektor zwischen verschiedenen Werten von N vorliegen, so dass man in der Tat mit gepaarten Zuständen rechnen darf.

https://doi.org/10.1515/9783110649130-016

1-a Mittelwerte

Der in Kapitel XVII, Gl. (B-5) definierte gepaarte Zustand $|\Psi_{\text{gep}}\rangle$ ist eine Superposition von Zuständen $|\Psi_P\rangle$, in denen genau $N = 2P$ Teilchen vorliegen:

$$|\Psi_{\text{gep}}\rangle = \sum_{P=0}^{\infty} \frac{1}{P!} |\Psi_P\rangle \tag{1}$$

Weil die Matrixelemente von $\widehat{H}$ zwischen Eigenvektoren von $\widehat{N}$ mit verschiedenen Eigenwerten verschwinden, haben wir

$$\langle\Psi_{\text{gep}}|\widehat{H}|\Psi_{\text{gep}}\rangle = \sum_{P=0}^{\infty} \left[\frac{1}{P!}\right]^2 \langle\Psi_P|\widehat{H}|\Psi_P\rangle \tag{2}$$

Sei E_P die gemittelte Energie im Zustand $|\Psi_P\rangle$:

$$E_P = \frac{\langle\Psi_P|\widehat{H}|\Psi_P\rangle}{\langle\Psi_P|\Psi_P\rangle} \tag{3}$$

Wir führen die Gewichtungsfunktion $\mathcal{D}(P)$ ein

$$\mathcal{D}(P) = \frac{\langle\Psi_P|\Psi_P\rangle}{(P!)^2} \tag{4}$$

und können das Matrixelement von $\widehat{H}$ im Zustand $|\Psi_{\text{gep}}\rangle$ in der Form

$$\langle\Psi_{\text{gep}}|\widehat{H}|\Psi_{\text{gep}}\rangle = \sum_{P=0}^{\infty} \mathcal{D}(P)\, E_P \tag{5}$$

schreiben. Indem man durch das Normquadrat $\langle\Psi_{\text{gep}}|\Psi_{\text{gep}}\rangle$ teilt, erhält man den Mittelwert $\langle\widehat{H}\rangle$.

Ganz allgemein berechnet man das diagonale Matrixelement eines Operators $\widehat{A}$, der mit $\widehat{N}$ kommutiert, über eine Summe von Mittelwerten in den Zuständen $|\Psi_P\rangle$, die jeweils mit dem Faktor $\mathcal{D}(P)$ gewichtet werden. Sei etwa $F(\widehat{N})$ eine beliebige Funktion des Anzahloperators, dann gilt

$$\langle\Psi_{\text{gep}}|F(\widehat{N})|\Psi_{\text{gep}}\rangle = \sum_{P=0}^{\infty} \mathcal{D}(P)\, F(2P) \tag{6}$$

1-b Eine gute und nützliche Näherung

In einem System mit fester Teilchenzahl $N = 2P$ würden wir die Energieeigenwerte E_P und die Kets $|\Psi_P\rangle$ suchen. Das übliche Verfahren würde also jeden der Kets $|\Psi_P\rangle$ variieren, um den optimalen Wert für E_P zu finden. Wir würden dabei allerdings in komplizierte Rechnungen hineinlaufen. In der Praxis ist es viel bequemer, das Variationsverfahren mit dem Zustand $|\Psi_{\text{gep}}\rangle$ durchzuführen und die entsprechende Energie zu optimieren. Für große Teilchenzahlen läuft dies praktisch auf dasselbe Ergebnis hinaus.

In der Tat haben wir in Kapitel XVII, § C-2 überprüft, dass die Fluktuation der Teilchenzahl im Zustand $|\Psi_{\text{gep}}\rangle$ relativ zu $\langle\widehat{N}\rangle$ sehr klein ist (für ein großes System). Dem entnehmen wir, dass die Gewichte $\mathcal{D}(P)$ eine sehr scharfe Verteilung um einen Mittelwert P_0 herum beschreiben, der die halbe gemittelte Teilchenzahl festlegt. Wenn die Energien E_P sich in diesem engen Bereich der Teilchenzahlen nur langsam verändern, dann kann man das Matrixelement (5) des Hamilton-Operators wie folgt vereinfachen:

$$
\begin{aligned}
\langle\Psi_{\text{gep}}|\,\widehat{H}\,|\Psi_{\text{gep}}\rangle &\simeq E_{P_0}\sum_{P=0}^{\infty}\left[\frac{1}{P!}\right]^2\langle\Psi_P|\Psi_P\rangle \\
&= E_{P_0}\,\langle\Psi_{\text{gep}}|\Psi_{\text{gep}}\rangle
\end{aligned}
\tag{7}
$$

Deswegen ist es äquivalent, das Minimum dieses Matrixelements zu suchen (bei konstanter Norm von $|\Psi_{\text{gep}}\rangle$) oder das Minimum der Energie E_{P_0}. Haben wir einmal einen Wert für das Matrixelement von $\widehat{H}$ gefunden, dann erhalten wir auch eine gute Näherung für die gesuchte Energie E_{P_0} (indem wir durch das Normquadrat von $|\Psi_{\text{gep}}\rangle$ teilen). Außerdem können wir den gepaarten Zustand $|\Psi_{\text{gep}}\rangle$ nach der Optimierung auf die verschiedenen Unterräume mit fester Teilchenzahl projizieren und so die Zustände $|\Psi_P\rangle$ erhalten, die eine Näherung für die stationären Zustände mit fester Teilchenzahl liefern. In den folgenden Ergänzungen werden wir deswegen statt der Zustände $|\Psi_P\rangle$ mit fester Teilchenzahl die gepaarten Zustände verwenden.

Bemerkung:
In den Ergänzungen C_{XVII} und E_{XVII} suchen wir nicht das Minimum der mittleren Energie, sondern des großkanonischen Potentials $\widehat{H}-\mu\widehat{N}$, wobei μ das chemische Potential ist. Weil beide Operatoren $\widehat{H}$ und $\widehat{N}$ mit der Gesamtteilchenzahl kommutieren, findet die oben skizzierte Argumentation auch auf diesen Fall Anwendung.

2 Hamilton-Operator

Wir betrachten ein homogenes System von Fermionen oder Bosonen.

2-a Notation und explizite Darstellung

Der Hamilton-Operator $\widehat{H}$ ist derselbe, den wir auch anderweitig verwenden, z. B. in der Ergänzung E_{XV}. Hier werden wir allerdings das äußere Potential auf null setzen:

$$
\widehat{H} = \widehat{H}_0 + \widehat{W}_{\text{int}} \tag{8}
$$

Der Operator $\widehat{H}_0$ ist die Summe der kinetischen Energien $K_0(q)$ aller Teilchen (mit dem Index q durchnummeriert):

$$\widehat{H}_0 = \sum_q K_0(q) = \sum_{q=1}^{N} \frac{\mathbf{P}_q^2}{2m} \tag{9}$$

und $\widehat{W}_{\text{int}}$ beschreibt die paarweise Wechselwirkung zwischen den Teilchen:

$$\widehat{W}_{\text{int}} = \frac{1}{2} \sum_{q \neq q'} W_2(\mathbf{R}_q - \mathbf{R}_{q'}) \tag{10}$$

Dabei nehmen wir an, dass $W_2(\mathbf{R}_q - \mathbf{R}_{q'})$ nur vom Abstand $\mathbf{R}_q - \mathbf{R}_{q'}$ abhänge (translationsinvariantes System) und nicht auf die Spins wirke.

Wir drücken $\widehat{H}$ nun durch Erzeugungs- und Vernichtungsoperatoren aus, unter Verwendung der Formeln aus Kapitel XV. Dazu verwenden wir als Basis die Einteilchenzustände $|\mathbf{k}, \nu\rangle$ (ebene Wellen) mit einem Impuls $\hbar\mathbf{k}$ und einer Spinquantenzahl ν. (Die Impulse erfüllen periodische Randbedingungen in einem Volumen L^3, das das System enthält.) Befinden sich die Teilchen alle in demselben Spinzustand, dann kann man den Index ν in den Formeln unten weglassen. Wir erhalten für die Energie

$$\begin{aligned}\widehat{H} = &\sum_{\mathbf{k},\nu} e_k \, a^\dagger_{\mathbf{k},\nu} a_{\mathbf{k},\nu} \\ &+ \frac{1}{2} \sum_{\substack{\mathbf{k},\nu,\mathbf{k}',\nu',\\ \mathbf{k}'',\mathbf{k}'''}} \left\langle 1:\mathbf{k}'', \nu; 2:\mathbf{k}''', \nu' \right| W_2(\mathbf{R}_1 - \mathbf{R}_2) \left| 1:\mathbf{k}, \nu; 2:\mathbf{k}', \nu' \right\rangle \\ &\qquad \times a^\dagger_{\mathbf{k}'',\nu} a^\dagger_{\mathbf{k}''',\nu'} a_{\mathbf{k}',\nu'} a_{\mathbf{k},\nu}\end{aligned} \tag{11}$$

mit

$$e_k = \frac{\hbar^2 k^2}{2m} \tag{12}$$

[Weil wir annehmen, dass die Wechselwirkung nicht auf die Spins wirkt, konnten wir zwei von vier Spinindizes zu $(\nu'', \nu''') = (\nu, \nu')$ vereinfachen.] Das Matrixelement von W_2, das hier auftritt, kann man so aufschreiben:

$$\int \mathrm{d}^3 r_1 \int \mathrm{d}^3 r_2 \; W_2(\mathbf{r}_1 - \mathbf{r}_2) \frac{1}{L^6} \, \mathrm{e}^{\mathrm{i}(\mathbf{k}-\mathbf{k}'')\cdot\mathbf{r}_1} \, \mathrm{e}^{\mathrm{i}(\mathbf{k}'-\mathbf{k}''')\cdot\mathbf{r}_2} \tag{13}$$

Wir substituieren auf Schwerpunkts- und Relativkoordinaten, $\mathbf{R} = \frac{1}{2}(\mathbf{r}_1 + \mathbf{r}_2)$ und $\mathbf{r} = \mathbf{r}_1 - \mathbf{r}_2$. Das $\mathrm{d}^3 R$-Integral erzeugt ein Kronecker-δ

$$\frac{1}{L^3} \int \mathrm{d}^3 R \, \mathrm{e}^{\mathrm{i}(\mathbf{k}+\mathbf{k}'-\mathbf{k}''-\mathbf{k}''')\cdot\mathbf{R}} = \delta_{\mathbf{k}+\mathbf{k}',\mathbf{k}''+\mathbf{k}'''} \tag{14}$$

was auf die Erhaltung des Gesamtimpulses führt:*

$$\mathbf{k} + \mathbf{k}' = \mathbf{k}'' + \mathbf{k}''' \tag{15}$$

* Anm. d. Ü.: Wir verwenden das Wort Impuls für **k** nur der Anschaulichkeit halber, natürlich sind die Impulse jeweils $\hbar\mathbf{k}$.

Das d^3r-Integral erzeugt die Fourier-Transformierte $V_\mathbf{q}$ des Wechselwirkungspotentials:[1]

$$V_\mathbf{q} = \frac{1}{L^3} \int d^3r\, e^{-i\mathbf{q}\cdot\mathbf{r}}\, W_2(\mathbf{r}) \tag{16}$$

mit dem Impulsübertrag

$$\mathbf{q} = \tfrac{1}{2}\left(\mathbf{k}'' - \mathbf{k}\right) - \tfrac{1}{2}\left(\mathbf{k}''' - \mathbf{k}'\right) \tag{17}$$

den man wegen Gl. (15) auch

$$\mathbf{q} = \mathbf{k}'' - \mathbf{k} = \mathbf{k}' - \mathbf{k}''' \tag{18}$$

schreiben kann. Die Größe $\hbar\mathbf{q}$ gibt also an, wie viel Impuls in der Wechselwirkung auf das Teilchen 1 übertragen wird (oder, bis auf ein Minuszeichen, wie groß die Änderung des Impulses von Teilchen 2 ist). Weil das Potential $W_2(\mathbf{r}_1 - \mathbf{r}_2)$ sich symmetrisch unter dem Austausch der Variablen $\mathbf{r}_1$ und $\mathbf{r}_2$ verhält, sind beide Funktionen $W_2(\mathbf{r})$ und $V_\mathbf{q}$ gerade und reell.

Das Matrixelement des Wechselwirkungspotential ist also

$$\left\langle 1:\mathbf{k}'', \nu; 2:\mathbf{k}''', \nu' \middle| W_2(\mathbf{R}_1 - \mathbf{R}_2) \middle| 1: \mathbf{k}, \nu; 2:\mathbf{k}', \nu' \right\rangle = \delta_{\mathbf{k}+\mathbf{k}',\mathbf{k}''+\mathbf{k}'''}\, V_\mathbf{q} \tag{19}$$

und ist symbolisch in Abb. 1 dargestellt. Die horizontale Linie steht für den zwischen den Teilchen ausgetauschten Impuls $\hbar\mathbf{q}$, was aufgrund der Wechselwirkung zwischen den ein- und auslaufenden Teilchen geschieht. Damit können wir den Operator für die Teilchenwechselwirkung wie folgt aufschreiben:

$$\widehat{W}_{\text{int}} = \frac{1}{2} \sum_{\mathbf{k},\mathbf{k}',\mathbf{k}'',\mathbf{k}'''}{}' V_{\mathbf{k}''-\mathbf{k}} \sum_{\nu,\nu'} a^\dagger_{\mathbf{k}'',\nu} a^\dagger_{\mathbf{k}''',\nu'} a_{\mathbf{k}',\nu'} a_{\mathbf{k},\nu} \tag{20}$$

Der Strich an der Summe ist eine Erinnerung daran, dass von den Wellenvektoren wegen der Impulserhaltung (15) nur drei unabhängig sind.

Eine häufig verwendete Näherung ist eine Wechselwirkung, deren Reichweite viel kleiner als alle De-Broglie-Wellenlängen der beteiligten Teilchen ist (ein sogenanntes

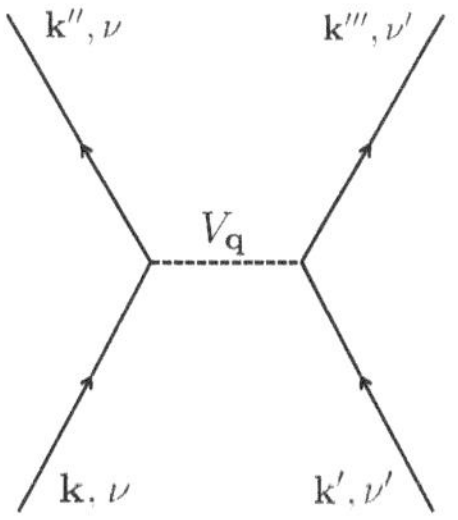

Abb. 1: Dieses Diagramm stellt symbolisch eine paarweise Wechselwirkung dar, in der Teilchen mit den Impulsen $\hbar\mathbf{k}$ und $\hbar\mathbf{k}'$ (einlaufende Linien) durch Teilchen mit den Impulsen $\hbar\mathbf{k}''$ und $\hbar\mathbf{k}'''$ ersetzt werden. Die Indizes ν und ν' bezeichnen die Spinquantenzahlen, die von der Wechselwirkung nicht verändert werden. Die gestrichelte Linie stellt den Impulsübertrag $\hbar\mathbf{q}$ dar, dessen Wert durch Gl. (18) gegeben ist.

1 Der Vorfaktor $1/L^3$ in Gl. (16) hängt mit der Normierung der ebenen Wellen im Volumen L^3 zusammen. Seinetwegen hat $V_\mathbf{q}$ die Dimension einer Energie.

Kontaktpotential). Man darf dann die Abhängigkeit der Fourier-Koeffizienten $V_{\mathbf{q}}$ von $\mathbf{q}$ vernachlässigen, so dass in allen Matrixelementen der Wechselwirkung eine Kopplungskonstante V_0 auftritt:

$$V_0 = \frac{1}{L^3} \int d^3r \, W_2(\mathbf{r}) \tag{21}$$

[Dies ist natürlich nicht auf alle Matrixelemente anwendbar: Die Impulse müssen der Impulserhaltung (14) genügen, ansonsten würde das Matrixelement (20) verschwinden.]

2-b Vereinfachungen für gepaarte Teilchen

Im Allgemeinen ist es wegen der vielen Wechselwirkungsterme sehr kompliziert, den Mittelwert von (11) zu berechnen. Wir haben allerdings bereits in Kapitel XVII, § D-1-a gesehen, dass sich in einem gepaarten Zustand einige Vereinfachungen ergeben. Der Grund dafür ist, dass in allen Komponenten eines gepaarten Zustand bezüglich der Fock-Basis immer gepaarte Moden (Einteilchenzustände) mit derselben Besetzung auftreten. Wir erhalten also nur dann einen Mittelwert ungleich null, wenn die Kombination von Erzeugern und Vernichtern im Wechselwirkungsoperator diese Bedingung respektiert.

Nun ist die Wechselwirkung (20) eine Summe aus Termen, die links zwei Vernichter und rechts zwei Erzeuger enthalten. Es gibt nur zwei Möglichkeiten dafür, dass diese vier Operatoren das Gleichgewicht der Besetzungen aller Paare respektieren. Entweder stellen die Erzeuger die Besetzungen der vernichteten Zustände wieder her (in diesem Fall ändert sich keine Besetzungszahl.) oder die beiden Vernichter wirken auf Teilchen in einem Modenpaar und die Erzeuger erzeugen ein anderes Paar (in diesem Fall wird die Besetzung des ersten Modenpaars um zwei kleiner und die des anderen Paars wächst um zwei).[2] Beide Möglichkeiten fallen zusammen, wenn die Erzeuger exakt die Teilchen wiederherstellen, die unter den Vernichtern verschwunden sind. Wir stoßen hier auf dieselbe Liste, die wir in Kapitel XVII, § D-1-a aufgestellt haben:

- Fall (**I**): Vorwärtsstreuung mit direktem und Austauschterm,
- Fall (**II**): Vernichten und Erzeugen eines Paars und
- Fall (**III**): Kombination von (**I**) und (**II**) (in der Summe vernachlässigbar).

2 Wir erinnern an Kapitel XVII, § C-2 und die Definition des Besetzungsoperators $\widehat{n}_{(\text{Paar}\,\mathbf{k})}$ als die Summe der Besetzungen der beiden gepaarten Moden.

3 Fermionen in Singulett-Paarung

Wir werten nun alle Terme im Mittelwert $\langle\widehat{H}\rangle$ des Hamilton-Operators (11) in dem gepaarten Zustand aus, den wir in Kapitel XVII, § B-2-b definiert hatten. Bei der Wechselwirkungsenergie werden wir sehen, dass die Terme aus Fall (**I**) die in der Molekularfeldnäherung (*mean field approximation*) üblichen Beiträge liefern (s. die Ergänzungen E_{XV} bis H_{XV}). An den Termen aus Fall (**II**) kann man die Konsequenzen aus der Bildung von Fermionenpaaren ablesen, sie kommen hier neu dazu und spielen eine zentrale Rolle in der BCS-Theorie (Ergänzung C_{XVII}). Die Terme aus Fall (**III**) sind ein Spezialfall der anderen beiden und können im Allgemeinen vernachlässigt werden.

3-a Beiträge zur Gesamtenergie

α Kinetische Energie

Wie die mittlere Teilchenzahl zerfällt die kinetische Energie in eine Summe über Modenpaare, die wir mit dem Wellenvektor **k** abzählen (beide Moden haben dieselbe kinetische Energie):

$$\begin{aligned}\left\langle\widehat{H}_0\right\rangle &= \sum_{\mathbf{k}} e_k \left\langle\overline{\varphi}_{\mathbf{k}}\right|\widehat{n}_{(\text{Paar}\,\mathbf{k})}\left|\overline{\varphi}_{\mathbf{k}}\right\rangle = 2\sum_{\mathbf{k}} e_k\,|v_{\mathbf{k}}|^2 \\ &= 2\sum_{\mathbf{k}} e_k \sin^2\theta_{\mathbf{k}}\end{aligned} \tag{22}$$

(Für Details zu den $v_{\mathbf{k}}$ und den verwendeten Paaroperatoren, s. Kapitel XVII, § C-2-a.)

β Wechselwirkung

Die mittlere Wechselwirkungsenergie entsteht gemäß Gleichung (20) aus Mittelwerten $\langle a^{\dagger}_{\mathbf{k}'',\nu} a^{\dagger}_{\mathbf{k}''',\nu'} a_{\mathbf{k}',\nu'} a_{\mathbf{k},\nu}\rangle$, die wir in die oben eingeführten Fälle (**I**) bis (**III**) einteilen und nacheinander berechnen.

Fall (**I**)

Die Erzeuger füllen dieselben Zustände auf, die von den Vernichtern „entvölkert“ wurden. In diesen Termen ändern sich die Besetzungen der Einteilchenzustände (Moden) nicht durch den Wechselwirkungsprozess. In diesem Sinne haben wir es mit *diagonalen Termen* zu tun, die manchmal auch Mean-Field-Terme genannt werden. Wir unterscheiden zwischen Spinquantenzahlen ν, ν' in Gl. (20), die entweder gleich oder verschieden sind.

1. Für antiparallele Spins ($\nu' = -\nu$) kann man jedes Teilchen an seiner Spinquantenzahl erkennen und „verfolgen“; diese ist in der Tat konstant, weil die Wechselwirkung nicht auf die Spins wirkt. Die Teilchen verhalten sich, als ob sie unterscheidbar wären. Wenn die Erzeuger exakt dieselben Moden wieder besetzen, in denen Teilchen von den Vernichtern entfernt worden sind, dann bleibt

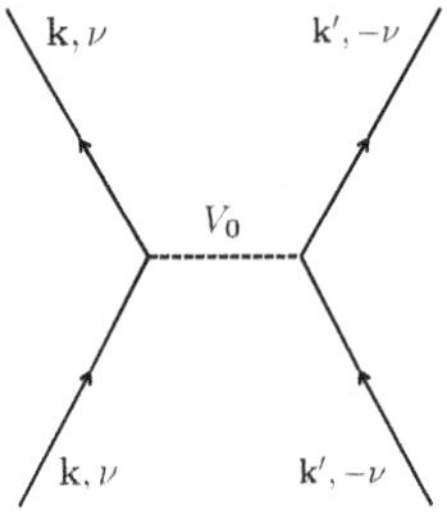

Abb. 2: Darstellung der Wechselwirkung zwischen ungepaarten Teilchen mit antiparallelen Spins (*Vorwärtsstreuung*). Dieses Diagramm ist ein Beitrag zum Molekularfeld im Hartree-Fock-Verfahren.

als einzige Möglichkeit die in Abb. 2 dargestellte: die *Vorwärtsstreuung*. Der Impulsübertrag $\mathbf{q} = \mathbf{k}'' - \mathbf{k}$ verschwindet, und das Potential geht über die Kopplungskonstante V_0 ein. So erhalten wir folgenden Beitrag zur mittleren Energie:

$$\frac{V_0}{2} \sum_{\mathbf{k}\neq-\mathbf{k}',\nu} \left\langle \overline{\Psi}_{\text{BCS}} \right| a^\dagger_{\mathbf{k},\nu} a^\dagger_{\mathbf{k}',-\nu}\, a_{\mathbf{k}',-\nu} a_{\mathbf{k},\nu} \left| \overline{\Psi}_{\text{BCS}} \right\rangle \tag{23}$$

[Die Einschränkung $\mathbf{k} \neq -\mathbf{k}'$ kommt daher, dass im Fall (I) die Paare verschieden sind und jedes Paar mit dem Wellenvektor für den Spinzustand $\nu = \uparrow$ bezeichnet wird.] Mit zwei Antivertauschungen schieben wir den letzten Operator $a_{\mathbf{k},\nu}$ auf den Platz neben $a^\dagger_{\mathbf{k},\nu}$ und verwenden, dass der Zustand $|\overline{\Psi}_{\text{BCS}}\rangle$ in ein Produkt über Paare zerfällt. Die Summe über ν ausgeschrieben, erhalten wir schließlich

$$\begin{aligned} \frac{V_0}{2} \sum_{\mathbf{k}\neq-\mathbf{k}'} \Big[& \langle \overline{\varphi}_{\mathbf{k}} | a^\dagger_{\mathbf{k}\uparrow} a_{\mathbf{k}\uparrow} | \overline{\varphi}_{\mathbf{k}} \rangle \langle \overline{\varphi}_{-\mathbf{k}'} | a^\dagger_{\mathbf{k}'\downarrow} a_{\mathbf{k}'\downarrow} | \overline{\varphi}_{-\mathbf{k}'} \rangle \\ & + \langle \overline{\varphi}_{-\mathbf{k}} | a^\dagger_{\mathbf{k}\downarrow} a_{\mathbf{k}\downarrow} | \overline{\varphi}_{-\mathbf{k}} \rangle \langle \overline{\varphi}_{\mathbf{k}'} | a^\dagger_{\mathbf{k}'\uparrow} a_{\mathbf{k}'\uparrow} | \overline{\varphi}_{\mathbf{k}'} \rangle \Big] \end{aligned} \tag{24}$$

Die beiden Terme in der Klammer sind dieselben, weil sie durch eine Vertauschung der beiden stummen Variablen $\mathbf{k}, \mathbf{k}'$ auseinander hervorgehen. Ein Faktor zwei und ein Vorzeichenwechsel in $\mathbf{k}'$ liefern dann [s. Kapitel XVII, Gl. (C-1) und (C-16)]

$$\begin{aligned} V_0 \sum_{\mathbf{k}\neq\mathbf{k}'} \langle \overline{\varphi}_{\mathbf{k}} | a^\dagger_{\mathbf{k}\uparrow} a_{\mathbf{k}\uparrow} | \overline{\varphi}_{\mathbf{k}} \rangle \langle \overline{\varphi}_{\mathbf{k}'} | a^\dagger_{-\mathbf{k}'\downarrow} a_{-\mathbf{k}'\downarrow} | \overline{\varphi}_{\mathbf{k}'} \rangle &= V_0 \sum_{\mathbf{k}\neq\mathbf{k}'} |v_{\mathbf{k}}|^2 \, |v_{\mathbf{k}'}|^2 \\ &= V_0 \sum_{\mathbf{k}\neq\mathbf{k}'} \sin^2\theta_{\mathbf{k}} \sin^2\theta_{\mathbf{k}'} \end{aligned} \tag{25}$$

Wenn die Teilchen über eine große Zahl von Moden verteilt sind, dann ändert sich diese Summe kaum, wenn wir die Einschränkung $\mathbf{k} \neq \mathbf{k}'$ fallen lassen [s. Fall (III) unten]. Unter Verwendung von Gl. (C-19) aus Kapitel XVII können wir diesen Beitrag durch die mittlere Teilchenzahl $\langle \widehat{N} \rangle$ ausdrücken:

$$\frac{V_0}{4} \langle \widehat{N} \rangle^2 \tag{26}$$

Wegen Gl. (21) skaliert die Kopplungskonstante V_0 invers mit dem Volumen L^3. Wir können diesen Term also als einen Beitrag des Molekularfelds interpretieren, in dem eine Zahl $\frac{1}{2}\langle \widehat{N} \rangle$ von Teilchen mit Spin $\uparrow$ und dieselbe Zahl von Teilchen mit Spin $\downarrow$ wechselwirken. Ein Teilchen mit einer festen Spinquantenzahl spürt das mittlere Potential, das die anderen mit dem entgegengesetzten Spin erzeugen und das proportional zu deren Dichte $\langle \widehat{N} \rangle / (2L^3)$ ist.

2. Bei gleichen Spinquantenzahlen, $v' = v$, ist es nicht mehr möglich, die beiden Teilchen an ihrem Spin zu unterscheiden: Die quantenmechanischen Effekte der Ununterscheidbarkeit kommen voll zum Tragen. Zwei Fälle sind in den *diagonalen Termen* zu unterscheiden: ein *direkter* Term mit $\mathbf{k}'' = \mathbf{k}$ und $\mathbf{k}''' = \mathbf{k}'$ (Abb. 3 links) und ein *Austauschterm* mit $\mathbf{k}''' = \mathbf{k}$ und $\mathbf{k}'' = \mathbf{k}'$ (Abb. 3 rechts). In beiden Fällen sind nach der Wechselwirkung dieselben Einteilchenzustände besetzt wie vorher [die Leserin vergleiche die Erzeuger links mit den Vernichtern rechts in Gl. (20)]. Deswegen spricht man auch hier von einem *diagonalen Prozess* und rechnet ihn zu den Mean-Field-Beiträgen.

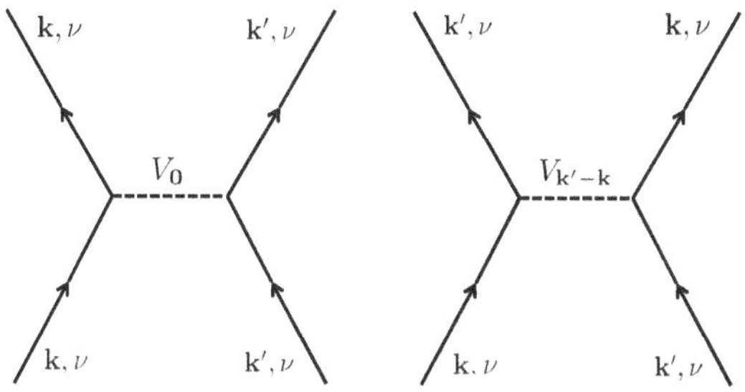

Abb. 3: Wechselwirkung zwischen spinpolarisierten Teilchen. Links der direkte Term (reine Vorwärtsstreuung), rechts der Austauschterm. Beide Diagramme sind zu dem aus Abb. 2 zu addieren und liefern das Molekularfeld (*mean field*) der Teilchen.

Im direkten Term ändert kein Teilchen seinen Impuls, so dass wieder eine *Vorwärtsstreuung* vorliegt. Der Impulsübertrag verschwindet und das Potential geht über V_0 aus Gl. (21) ein (s. Abb. 3 links). Den Mittelwert dieses Beitrags können wir so aufschreiben:

$$\frac{V_0}{2} \sum_{\mathbf{k}\neq\mathbf{k}',v} \langle \Psi_{\text{BCS}} | \, a^\dagger_{\mathbf{k},v} a^\dagger_{\mathbf{k}',v} a_{\mathbf{k}',v} a_{\mathbf{k},v} \, | \Psi_{\text{BCS}} \rangle \tag{27}$$

Auch hier muss $\mathbf{k} \neq \mathbf{k}'$ gelten (sonst würde das Quadrat eines fermionischen Vernichters null ergeben). Wir antivertauschen $a_{\mathbf{k},v}$ an zwei Operatoren vorbei nach links und erhalten wie in Gl. (24) und (25)

$$\begin{aligned} \frac{V_0}{2} \sum_{\mathbf{k}\neq\mathbf{k}',v} \langle \varphi_{\mathbf{k}} | \, a^\dagger_{\mathbf{k},v} a_{\mathbf{k},v} \, | \varphi_{\mathbf{k}} \rangle \langle \varphi_{\mathbf{k}'} | \, a^\dagger_{\mathbf{k}',v} a_{\mathbf{k}',v} \, | \varphi_{\mathbf{k}'} \rangle &= V_0 \sum_{\mathbf{k}\neq\mathbf{k}'} |v_{\mathbf{k}}|^2 \, |v_{\mathbf{k}'}|^2 \\ &= V_0 \sum_{\mathbf{k}\neq\mathbf{k}'} \sin^2\theta_{\mathbf{k}} \, \sin^2\theta_{\mathbf{k}'} \end{aligned} \tag{28}$$

(Beide Spineinstellungen v liefern denselben Beitrag, deswegen kürzt sich in den Summen rechts der Faktor 1/2 weg.)

Im Austauschterm (s. Abb. 3 rechts) ist der Impulsübertrag nicht null, sondern

$$\mathbf{q} = \mathbf{k}' - \mathbf{k} \tag{29}$$

so dass das Potential über den Fourier-Koeffizienten $V_{\mathbf{k}'-\mathbf{k}}$ aus Gl. (16) eingeht. Außerdem haben wir für $\mathbf{k} \neq \mathbf{k}'$

$$a^\dagger_{\mathbf{k},v} a^\dagger_{\mathbf{k}',v} a_{\mathbf{k},v} a_{\mathbf{k}',v} = -a^\dagger_{\mathbf{k},v} a_{\mathbf{k},v} a^\dagger_{\mathbf{k}',v} a_{\mathbf{k}',v} \tag{30}$$

Abgesehen von diesem Vorzeichen läuft die weitere Rechnung wie vorhin für den direkten Term.

Beide Beiträge zusammen liefern also

$$\sum_{\mathbf{k}\neq\mathbf{k}'} (V_0 - V_{\mathbf{k}'-\mathbf{k}}) |v_\mathbf{k}|^2 |v_{\mathbf{k}'}|^2 = \sum_{\mathbf{k}\neq\mathbf{k}'} (V_0 - V_{\mathbf{k}'-\mathbf{k}}) \sin^2\theta_\mathbf{k} \sin^2\theta_{\mathbf{k}'} \tag{31}$$

Wir bemerken, dass dieser Ausdruck verschwindet, wenn man ein Kontaktpotential einsetzt, also $V_{\mathbf{k}'-\mathbf{k}} = V_0$ setzt. Das Pauli-Prinzip und das Austauschloch (s. Ergänzung A_{XVI}, § 2-b) verhindern nämlich, dass Fermionen mit demselben Spin über ein kurzreichweitiges Potential wechselwirken.

Fall (**II**)
Teilchen verschwinden in einem Modenpaar und erscheinen in einem anderen Modenpaar. Dieser Term hat eine Struktur von Erzeugern und Vernichtern derart, dass man den entsprechenden Prozess auch das *Vernichten und Erzeugen von Paaren* nennen darf. Den entsprechenden Teil des Hamilton-Operators nennt man häufig den *Paarungsterm* (engl.: *pairing term*).

In diesem Term sind die Impulse wie folgt einander zugeordnet:* $\mathbf{k}' = -\mathbf{k}$ und $\mathbf{k}''' = -\mathbf{k}''$ mit $\nu' \neq \nu$ (Singulett-Paare). Daraus folgt als Impulsübertrag $\mathbf{q} = \mathbf{k}'' - \mathbf{k}$ [s. Gl. (17) und das Diagramm 4]. Wir rechnen unten folgenden Beitrag zur mittleren Energie aus:

$$\sum_{\mathbf{k}\neq\mathbf{k}''} V_{\mathbf{k}''-\mathbf{k}} \sin\theta_\mathbf{k} \cos\theta_\mathbf{k} \sin\theta_{\mathbf{k}''} \cos\theta_{\mathbf{k}''}\, \mathrm{e}^{2\mathrm{i}(\zeta_\mathbf{k}-\zeta_{\mathbf{k}''})} \tag{32}$$

Diesen Term gibt es im Unterschied zu den vorigen nicht in der Molekularfeldnäherung, er entsteht allein durch die Paarung der Teilchen.

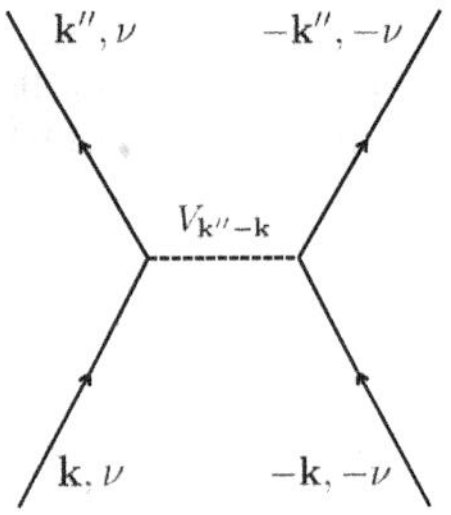

Abb. 4: Wechselwirkung zwischen Teilchen eines Singulett-Paars. Es handelt sich um einen Prozess, in dem die Teilchen eines Paares vernichtet und zwei Teilchen in einem anderen Paar erzeugt werden. Im Gegensatz zu den Prozessen aus Abb. 2 und 3 entsteht hier ein Beitrag, der von der Paarung der Teilchen abhängt und im Englischen manchmal *pairing term* genannt wird. Dieser Prozess erklärt den Energiegewinn durch die Bildung von Teilchenpaaren in der BCS-Theorie (Ergänzung C_{XVII}).

* Anm. d. Ü.: Wir erinnern, dass diese Bedingungen eine Möglichkeit darstellen, den Einschränkungen aus § 2-b in den Modenbesetzungen des gepaarten Zustands $|\overline{\Psi}_{BCS}\rangle$ Rechnung zu tragen.

Beweis von Gl. (32):
Wir wählen $\nu = \uparrow$ und setzen die Beziehungen zwischen den Wellenvektoren ein. So entsteht ein Beitrag von anomalen Mittelwerten:

$$\begin{aligned}&\frac{1}{2}\sum_{\mathbf{k}\neq\mathbf{k}''} V_{\mathbf{k}''-\mathbf{k}} \left\langle \overline{\Psi}_{\mathrm{BCS}} \right| a^{\dagger}_{\mathbf{k}''\uparrow} a^{\dagger}_{-\mathbf{k}''\downarrow} a_{-\mathbf{k}\downarrow} a_{\mathbf{k}\uparrow} \left| \overline{\Psi}_{\mathrm{BCS}} \right\rangle \\ &= \frac{1}{2}\sum_{\mathbf{k}\neq\mathbf{k}''} V_{\mathbf{k}''-\mathbf{k}} \langle \overline{\varphi}_{\mathbf{k}''} | a^{\dagger}_{\mathbf{k}''\uparrow} a^{\dagger}_{-\mathbf{k}''\downarrow} | \overline{\varphi}_{\mathbf{k}''} \rangle \langle \overline{\varphi}_{\mathbf{k}} | a_{-\mathbf{k}\downarrow} a_{\mathbf{k}\uparrow} | \overline{\varphi}_{\mathbf{k}} \rangle \end{aligned} \tag{33}$$

Diese hatten wir in Gl. (C-42), (C-44) aus Kapitel XVII durch die Parameter des BCS-Zustands ausgedrückt:

$$\begin{aligned}&= \frac{1}{2}\sum_{\mathbf{k}\neq\mathbf{k}''} V_{\mathbf{k}''-\mathbf{k}}\, u_{\mathbf{k}''} v^{*}_{\mathbf{k}''} u^{*}_{\mathbf{k}} v_{\mathbf{k}} \\ &= \frac{1}{2}\sum_{\mathbf{k}\neq\mathbf{k}''} V_{\mathbf{k}''-\mathbf{k}} \sin\theta_{\mathbf{k}} \cos\theta_{\mathbf{k}} \sin\theta_{\mathbf{k}''} \cos\theta_{\mathbf{k}''}\, \mathrm{e}^{2\mathrm{i}(\zeta_{\mathbf{k}}-\zeta_{\mathbf{k}''})}\end{aligned} \tag{34}$$

Für $\nu = \downarrow$ stehen anomale Mittelwerte da, die in Kapitel XVII, Gl. (C-43) und Gl. (C-45) berechnet wurden. Man findet damit

$$\begin{aligned}&\frac{1}{2}\sum_{\mathbf{k}\neq\mathbf{k}''} V_{\mathbf{k}''-\mathbf{k}} \left\langle \overline{\Psi}_{\mathrm{BCS}} \right| a^{\dagger}_{\mathbf{k}''\downarrow} a^{\dagger}_{-\mathbf{k}''\uparrow} a_{-\mathbf{k}\uparrow} a_{\mathbf{k}\downarrow} \left| \overline{\Psi}_{\mathrm{BCS}} \right\rangle \\ &= \frac{1}{2}\sum_{\mathbf{k}\neq\mathbf{k}''} V_{\mathbf{k}''-\mathbf{k}}\, v^{*}_{-\mathbf{k}''} u_{-\mathbf{k}''} v_{-\mathbf{k}} u^{*}_{-\mathbf{k}}\end{aligned} \tag{35}$$

Dieser Ausdruck liefert dasselbe Ergebnis wie der andere Spin. Es genügt, das Vorzeichen der stummen Impulse $\mathbf{k}$ und $\mathbf{k}''$ zu wechseln und sich daran zu erinnern, dass $V_{\mathbf{q}}$ sowie die BCS-Parameter gerade Funktionen sind. Die Gleichung (34) mal zwei ergibt dann das Ergebnis (32).

Fall (**III**)
Zwei Teilchen werden in einem Paar vernichtet und erscheinen erneut in demselben Paar. Hier haben wir erneut $\mathbf{k}' = -\mathbf{k}$ und $\nu' \neq \nu$, aber zusätzlich $\mathbf{k}'' = \mathbf{k}$ und $\mathbf{k}''' = -\mathbf{k}$, wie in Abb. 5 gezeigt. Damit ist auch dies ein Beitrag zur Vorwärtsstreuung.

Überprüfen wir, dass man diesen Term vernachlässigen darf. Sein Beitrag zur Energie ist

$$\frac{V_0}{2}\sum_{\mathbf{k},\nu} \left\langle \overline{\Psi}_{\mathrm{BCS}} \right| a^{\dagger}_{\mathbf{k},\nu} a^{\dagger}_{-\mathbf{k},-\nu} a_{-\mathbf{k},-\nu} a_{\mathbf{k},\nu} \left| \overline{\Psi}_{\mathrm{BCS}} \right\rangle \tag{36}$$

Für $\nu = \uparrow$ erhält man nach zwei Antivertauschungen

$$\frac{V_0}{2}\sum_{\mathbf{k}} \langle \overline{\varphi}_{\mathbf{k}} | \left(a^{\dagger}_{\mathbf{k}\uparrow} a_{\mathbf{k}\uparrow} \right) \left(a^{\dagger}_{-\mathbf{k}\downarrow} a_{-\mathbf{k}\downarrow} \right) | \overline{\varphi}_{\mathbf{k}} \rangle = \frac{V_0}{2}\sum_{\mathbf{k}} |v_{\mathbf{k}}|^2 \tag{37}$$

und im anderen Fall $\nu = \downarrow$

$$\frac{V_0}{2}\sum_{\mathbf{k}} \langle \overline{\varphi}_{-\mathbf{k}} | \left(a^{\dagger}_{\mathbf{k}\downarrow} a_{\mathbf{k}\downarrow} \right) \left(a^{\dagger}_{-\mathbf{k}\uparrow} a_{-\mathbf{k}\uparrow} \right) | \overline{\varphi}_{-\mathbf{k}} \rangle = \frac{V_0}{2}\sum_{\mathbf{k}} |v_{-\mathbf{k}}|^2 \tag{38}$$

Dies ist dasselbe, weil dieser Term sich nur in dem Vorzeichen der stummen Variablen **k** unterscheidet. Wir erhalten also mit Gl. (C-19) aus Kapitel XVII für die mittlere Teilchenzahl $\langle\widehat{N}\rangle$

$$V_0 \sum_{\mathbf{k}} |v_{\mathbf{k}}|^2 = \frac{V_0}{2} \langle\widehat{N}\rangle \tag{39}$$

Diesen Beitrag können wir als die mittlere Anziehungsenergie pro Paar mal der Zahl $\frac{1}{2}\langle\widehat{N}\rangle$ der Paare interpretieren. Für ein System mit einer großen Teilchenzahl können wir diesen Beitrag im Vergleich zu Gl. (26) [Fall (I)] vernachlässigen. Bei den hier diskutierten Paarungseffekten geht es also nicht um die Anziehungsenergie innerhalb eines Paares.

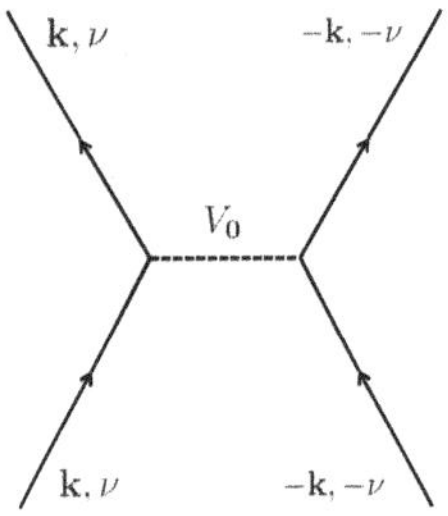

Abb. 5: Wechselwirkung, in der zwei Teilchen eines Paars in dasselbe Paar („vorwärts") gestreut werden.

3-b Gesamtenergie

Wir fassen zusammen: die Ausdrücke (22), (26), (31) und (34) (der letztgenannte zählt zweimal) liefern als mittlere Energie im BCS-Zustand[3]

$$\langle\widehat{H}\rangle = 2\sum_{\mathbf{k}} e_k \sin^2\theta_{\mathbf{k}} + \frac{V_0}{4}\langle\widehat{N}\rangle^2 + \sum_{\mathbf{k},\mathbf{k}'} (V_0 - V_{\mathbf{k}'-\mathbf{k}}) \sin^2\theta_{\mathbf{k}} \sin^2\theta_{\mathbf{k}'}$$
$$+ \sum_{\mathbf{k},\mathbf{k}''} V_{\mathbf{k}''-\mathbf{k}} \sin\theta_{\mathbf{k}} \cos\theta_{\mathbf{k}} \sin\theta_{\mathbf{k}''} \cos\theta_{\mathbf{k}''}\, \mathrm{e}^{2\mathrm{i}(\zeta_{\mathbf{k}}-\zeta_{\mathbf{k}''})} \tag{40}$$

Als erstes tritt die kinetische Energie auf, dann das *mean field* für Teilchen mit antiparallelen Spins. Der dritte Term ist sein Pendant für parallele Spins und verschwindet für eine kurzreichweitige Wechselwirkung. Diese drei Terme gibt es schon in der Hartree-Fock-Theorie (s. Ergänzung E_{XV}). Der letzte Term tritt neu hinzu: Er beschreibt das Vernichten und Erzeugen von Paaren (*pairing term*) und kommt nur in einem gepaarten Zustand vor. Er ist der einzige, der von dem Phasenparameter $\zeta_{\mathbf{k}}$ des gepaarten Zustands abhängt, und spielt damit eine wesentliche Rolle in der BCS-Theorie (Ergänzung C_{XVII}).

3 Die Summen gehen ohne Einschränkung über den **k**-Raum, im Unterschied zum Tensorprodukt aus Kapitel XVII, Gl. (B-8), wo wir eine Doppelzählung vermeiden mussten.

4 Bosonen mit makroskopischem Kondensat

In diesem Fall berücksichtigen wir auch das Phänomen der Bose-Einstein-Kondensation (s. Ergänzungen B_{XV}, C_{XV} und D_{XV}): Im Grundzustand besetzt ein makroskopischer Anteil der Teilchen den Quantenzustand mit der kleinsten Energie (etwa die ebene Welle $\mathbf{k} = \mathbf{0}$).* Die gepaarten Zustände kennen so ein Kondensat nicht, und wir müssen den Variationsansatz für den N-Teilchen-Grundzustand erweitern, um das System zu beschreiben. Wir nehmen an, dass die Wechselwirkung abstoßend ist, um die Instabilitäten zu vermeiden, die bei sich anziehenden Bosonen auftreten (s. Ergänzung H_{XV}, § 4).

4-a Variationsansatz für den Zustand

Wir haben in Ergänzung C_{XV} die Gross-Pitaevskii-Näherung verwendet, um die Bose-Einstein-Kondensation in einfacher Weise zu beschreiben: Der Vielteilchenzustand des bosonischen Systems wird als N-faches Produkt aus derselben Einteilchenmode angesetzt. Man nimmt in der Regel den Impulszustand $\mathbf{k} = \mathbf{0}$, so dass in der Sprache der bosonischen Erzeugungsoperatoren gilt

$$|\Phi\rangle = \left(a_0^\dagger\right)^N |0\rangle \tag{41}$$

(Hier ist $a_0^\dagger$ der Erzeuger im Einteilchenzustand $\mathbf{k} = \mathbf{0}$.) So ein Zustand ist zwar ein plausibler Grundzustand für ein ideales Gas, sobald aber Wechselwirkungen vorliegen, kann er nur eine Näherung sein. Er ist Eigenzustand der kinetischen Energie, aber nicht des Operators für die paarweise Wechselwirkung zwischen Teilchen. Durch die Wechselwirkung entstehen aus dem Zustand $|\Phi\rangle$ andere Zustände, in denen zwei Teilchen in der Mode $\mathbf{k} = \mathbf{0}$ fehlen und zwei Moden mit entgegengesetzten Impulsen, etwa $\mathbf{k}$ und $-\mathbf{k}$, einfach besetzt sind. Man könnte etwa den Zustand

$$\left|\Phi'\right\rangle = \left(a_{\mathbf{k}}^\dagger\right)\left(a_{-\mathbf{k}}^\dagger\right)\left(a_0^\dagger\right)^{N-2}\left|0\right\rangle \tag{42}$$

verwenden, in dem beide Moden eines Paars einfach besetzt sind. Von dieser Beobachtung motiviert, werden wir als Variationsansatz einen gepaarten Zustand $|\Psi_{\text{gep}}\rangle$ verwenden, um die Komponenten des Grundzustands in den Moden $\mathbf{k} \neq \mathbf{0}$ zu be-

* Anm. d. Ü.: Dieser Einteilchenzustand wird im Folgenden *Kondensatmode* genannt. Man könnte freilich auch das gesamte Bosonensystem als Kondensat bezeichnen, inklusive der durch die Wechselwirkung erzeugten Teilchen mit Impulsen ungleich null.

schreiben.[4] Es bleibt nun noch übrig, die Kondensatmode $\mathbf{k} = \mathbf{0}$ zu berücksichtigen. Wir werden dafür statt Gl. (41) einen *kohärenten Zustand* verwenden.[5]

Wir wählen also einen Variationsansatz für den Grundzustand mit der Struktur

$$|\Phi_{\text{B}}\rangle = |\varphi_0\rangle \otimes |\Psi_{\text{gep}}\rangle = |\varphi_0\rangle \bigotimes_{\mathbf{k}\in D} |\overline{\varphi}_{\mathbf{k}}\rangle \tag{43}$$

(Der Index B bezieht sich auf den Namen Bogoliubov.) In diesem Ausdruck ist $|\Psi_{\text{gep}}\rangle$ der gepaarte Zustand für spinlose Teilchen aus Kapitel XVII, Gl. (B-8), ein Tensorprodukt aus normierten Zuständen $|\overline{\varphi}_{\mathbf{k}}\rangle$ [definiert in Gl. (B-9), Gl. (C-13) und durch die Winkel $\theta_{\mathbf{k}}$, $\zeta_{\mathbf{k}}$ parametrisiert], die in dem Fock-Raum leben, den die ebenen Wellen $\mathbf{k}$ und $-\mathbf{k}$ aufspannen. Das Produkt läuft nur über einen Halbraum D von Impulsen, um zu vermeiden, dass ein Zustand $|\overline{\varphi}_{\mathbf{k}}\rangle$ doppelt auftritt (s. Kapitel XVII, § B-2-a). Wir halten fest, dass die Menge D die Kondensatmode $\mathbf{k} = \mathbf{0}$ nicht enthält und falls nötig durch die Angabe eines maximalen Impulses beschränkt werden kann.

Der Zustand $|\varphi_0\rangle$ ist schließlich ein kohärenter Zustand, den wir bereits in Band I, Ergänzung G_V untersucht haben. Aus Gl. (65) und Gl. (66) dort entnehmen wir[6]

$$|\varphi_0\rangle = \text{e}^{-N_0/2}\,\text{e}^{\alpha_0 a_0^\dagger}\,|0\rangle \tag{44}$$

Dieser Zustand hängt von dem komplexen Parameter α_0 ab, den wir durch Betrag und Phase ausdrücken:

$$\alpha_0 = \sqrt{N_0}\,\text{e}^{\text{i}\zeta_0} \tag{45}$$

Er ist ein normierter Eigenzustand zum Vernichter a_0 mit dem komplexen Eigenwert α_0:

$$a_0\,|\varphi_0\rangle = \alpha_0\,|\varphi_0\rangle \tag{46}$$

---

4 Die Wechselwirkung koppelt den Zustand (42) noch an viele weitere Zustände von der Struktur $(a^\dagger_{\mathbf{k}+\mathbf{q}})(a^\dagger_{-\mathbf{q}})(a^\dagger_{-\mathbf{k}})(a^\dagger_0)^{N-3}|0\rangle$ mit beliebigen Impulsen $\hbar\mathbf{q}$. In einer exakten Theorie müsste man auch diese *nichtgepaarten* Zustände berücksichtigen, was aber die Rechnungen kompliziert machen würde. Aus diesem Grund verwenden wir ein Variationsverfahren und machen die Näherung, dass die Zustände $\mathbf{k} \neq \mathbf{0}$ nur als Paare auftreten. (Wir nehmen außerdem an, dass N_0 Teilchen die Kondensatmode $\mathbf{k} = \mathbf{0}$ besetzen und nur wenige Teilchen die angeregten Moden: $N - N_0 \ll N$.)

5 Diesen Einteilchenzustand müssen wir in der Tat mit einem anderen Ansatz beschreiben. Hätten wir die allgemeine Formel (B-9) in Kapitel XVII für $|\overline{\varphi}_{\mathbf{k}=\mathbf{0}}\rangle$ verwendet, dann führte das Quadrat des Erzeugers $a_0^\dagger$ im Exponenten auf starke Fluktuationen der Teilchenzahl in der Kondensatmode $\mathbf{k} = \mathbf{0}$ (s. Kapitel XVII, § C-2-b). Daraus ergäben sich starke Fluktuationen der Gesamtteilchenzahl und der mittleren Wechselwirkungsenergie. Solche Fluktuationen sind für eine abstoßende Wechselwirkung aber unmöglich, wie in Ergänzung G_{XV}, § 3-b-β nachzulesen ist.

6 Der Leser beachte die geänderte Notation. In Band I, Kapitel V und seinen Ergänzungen bezeichnet $|\varphi_0\rangle$ den Grundzustand eines harmonischen Oszillators, und dem entspricht hier der Vakuumzustand $|0\rangle$ für die Kondensatmode. Die Notation $|\varphi_0\rangle$ in Gl. (44) meint einen Zustand mit einer großen Zahl von Teilchen, die alle dieselbe Kondensatmode besetzen. In der Notation von Ergänzung G_V würde man diesen Zustand über seinen Parameter mit $|\alpha_0\rangle$ bezeichnen.

Die mittlere Teilchenzahl in der Kondensatmode $\mathbf{k} = \mathbf{0}$ ist für diesen Zustand also

$$\langle\varphi_0|\, a_0^\dagger a_0 \,|\varphi_0\rangle = \alpha_0^* \alpha_0 \,\langle\varphi_0|\varphi_0\rangle = N_0 \tag{47}$$

Wir haben in Ergänzung G_V auch gelernt, dass die Breite der Verteilung der Teilchenzahl gleich $\sqrt{N_0}$ ist. Dies kann man gegenüber N_0 vernachlässigen, wenn diese Zahl groß ist.

Zusammengefasst sind die freien Parameter in dem Variationsansatz (43) der Satz der Winkel $\theta_{\mathbf{k}}$ und $\zeta_{\mathbf{k}}$, sowie die Teilchenzahl N_0 und die Phase ζ_0 des Kondensats.

4-b Beiträge zur Gesamtenergie

Werten wir nun den Mittelwert des Hamilton-Operators (11) im Variationsansatz $|\Phi_{\mathrm{B}}\rangle$ [Gl. (43)] aus.

α Kinetische Energie

Die kinetische Energie ist eine Summe über Beiträge von allen Einteilchenzuständen $\mathbf{k}$, ohne allerdings den Zustand $\mathbf{k} = \mathbf{0}$, weil seine kinetische Energie verschwindet. Jeder Term in der Summe enthält den Operator $\widehat{n}_{\mathbf{k}}$, dessen Mittelwert in dem faktorisierten Zustand $|\Phi_{\mathrm{B}}\rangle$ man auf die Mittelung in dem Paarzustand $|\overline{\varphi}_{\mathbf{k}}\rangle$ zurückführen kann. Der Wert wurde in Kapitel XVII, Gl. (C-33) ausgerechnet und beträgt $\sinh^2\theta_{\mathbf{k}}$. Der Mittelwert der kinetischen Energie ist also

$$E_{\mathrm{kin}} = \langle\Phi_{\mathrm{B}}|\widehat{H}_0|\Phi_{\mathrm{B}}\rangle = \sum_{\mathbf{k}\in D} e_k \,\langle\overline{\varphi}_{\mathbf{k}}|\,(\widehat{n}_{\mathbf{k}} + \widehat{n}_{-\mathbf{k}})\,|\overline{\varphi}_{\mathbf{k}}\rangle = \sum_{\mathbf{k}\neq\mathbf{0}} e_k \sinh^2\theta_{\mathbf{k}} \tag{48}$$

mit

$$e_k = \frac{\hbar^2 k^2}{2m} \tag{49}$$

und der Teilchenmasse m.

β Wechselwirkung

Für den Mittelwert des Wechselwirkungspotentials summiert man Matrixelemente des Potentials aus Gl. (19) über vier Impulse $\mathbf{k}, \mathbf{k}', \mathbf{k}'', \mathbf{k}'''$. Im Gegensatz zur kinetischen Energie verschwindet keines von diesen Elementen, wenn ein oder mehr Impulse gleich null sind (also die Kondensatmode betreffen). Wir werden die Beiträge danach sortieren, wie oft die Kondensatmode auftritt.*

* Anm. d. Ü.: Im Rahmen des Bogoliubov-Ansatzes sind in der Tat die Terme dominant, die nur die Kondensatmode betreffen. Je häufiger in den Operatorprodukten Zustände mit Impuls ungleich null auftreten, desto geringer ist die Zahl der beteiligten Teilchen und der Beitrag zur Energie.

Zu beachten ist eine Vereinfachung, die durch die Wahl des Ansatzes mit dem kohärenten Zustand $|\varphi_0\rangle$ entsteht. Jedes Mal, wenn einer der vier Impulse null ist, wirkt der Vernichter a_0 auf einen Eigenzustand und wir können ihn durch die komplexe Zahl α_0 ersetzen [s. Gl. (46)]. Genauso können wir die Erzeuger $a^\dagger_{\mathbf{k}}$ und $a^\dagger_{\mathbf{k}'}$ in ihrer Wirkung auf den links stehenden Bra $\langle \Phi_{\mathrm{B}}|$ durch α_0^* ersetzen, denn die Gleichung (46) komplex konjugiert liefert

$$\langle \varphi_0|\, a_0^\dagger = \alpha_0^* \,\langle \varphi_0| \tag{50}$$

In beiden Fällen werden Operatoren einfach durch Zahlen ersetzt. Wir gehen nun die einzelnen Fälle durch.

1. Verschwinden alle vier Impulse $\mathbf{k}, \ldots \mathbf{k}'''$, dann enthält das gesuchte Matrixelement die Wechselwirkung über den Fourier-Koeffizienten $V_{\mathbf{0}}$ aus Gl. (16), also das räumlich integrierte Potential $W_2(\mathbf{r})$. Dieser Term trägt zur Vorwärtsstreuung bei und hat die Form

$$\langle \widehat{W} \rangle_{0,0}^{\text{vorw}} = \frac{V_{\mathbf{0}}}{2}\,\langle \varphi_0|\, a_0^\dagger a_0^\dagger a_0 a_0\, |\varphi_0\rangle = V_{\mathbf{0}} \frac{N_0^2}{2} \tag{51}$$

Die Bedeutung der beiden Indizes 0, 0 wird im Folgenden klar werden. Dieser Term ist symbolisch in Abb. 6 (links) dargestellt.

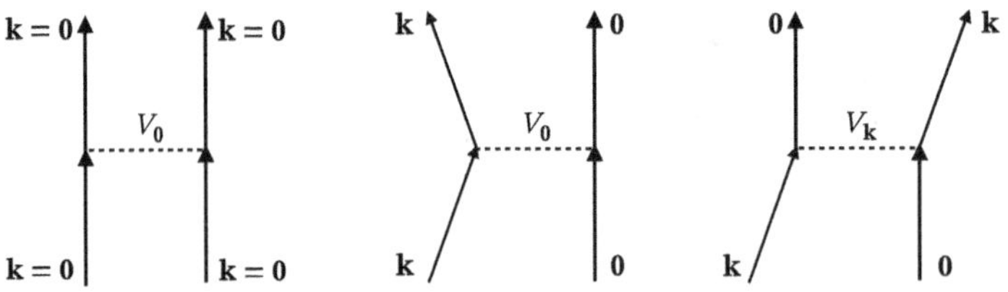

Abb. 6: Links: Diagramm der Wechselwirkung zwischen zwei Teilchen in der Kondensatmode $\mathbf{k} = \mathbf{0}$, die nach der Wechselwirkung in dieser Mode verbleiben (Vorwärtsstreuung). Mitte und rechts: Wechselwirkung eines angeregten Teilchen (Impuls $\hbar\mathbf{k} \neq \mathbf{0}$) mit einem Kondensatteilchen. In der Mitte der direkte Term, rechts der Austauschterm. Alle diese Terme tragen zum Molekularfeld (*mean field*) des bosonischen Systems bei.

Es gibt keine Terme, in denen von den Impulsen $\mathbf{k}, \ldots \mathbf{k}'''$ genau drei verschwinden und der vierte ungleich null ist: Dies wäre ein Widerspruch zur Erhaltung des Gesamtimpulses.*

* Anm. d. Ü.: Wir erinnern, dass die Summe (20) nur über die Terme läuft, bei denen die Summe der einlaufenden Impulse (Vernichtungsoperatoren) gleich der Summe der auslaufenden Impulse (Erzeugungsoperatoren) ist.

2. Sind zwei der vier Impulse $\mathbf{k}, \ldots \mathbf{k}'''$ ungleich null und gehört einer zu einem Erzeuger, der andere zu einem Vernichter, dann ergibt sich aus der Impulserhaltung, dass wir es mit Operatoren $a_{\mathbf{k}}^{\dagger}$ und $a_{\mathbf{k}}$ mit demselben Index $\mathbf{k} \neq \mathbf{0}$ zu tun haben. Hier entstehen ein direkter und ein Austauschterm.

– Der direkte Term enthält die Operatorprodukte $a_{\mathbf{k}}^{\dagger} a_0^{\dagger} a_0 a_{\mathbf{k}}$ oder $a_0^{\dagger} a_{\mathbf{k}}^{\dagger} a_{\mathbf{k}} a_0$, die aber denselben Beitrag liefern, weil die Operatoren für $\mathbf{k} \neq \mathbf{0}$ vertauschen. Auch hier liegt Vorwärtsstreuung vor, und das Potential geht über $V_{\mathbf{0}}$ ein. Den Mittelwert können wir in ein Produkt von $\langle \varphi_0 | a_0^{\dagger} a_0 | \varphi_0 \rangle = |\alpha_0|^2$ und $\langle \overline{\varphi}_{\mathbf{k}} | \widehat{n}_{\mathbf{k}} | \overline{\varphi}_{\mathbf{k}} \rangle = \sinh^2 \theta_{\mathbf{k}}$ faktorisieren. Summiert über alle Impulse ist damit dieser Beitrag

$$\langle \widehat{W} \rangle_{0,e}^{\text{dir}} = V_{\mathbf{0}} N_0 \sum_{\mathbf{k} \neq \mathbf{0}} \sinh^2 \theta_{\mathbf{k}} \tag{52}$$

wobei die Indizes 0, e jeweils das Kondensat und die „angeregten“ (engl: *excited*) Einteilchenzustände bezeichnen. Die letzteren sind genau die ebenen Wellen mit Impuls $\hbar\mathbf{k} \neq \mathbf{0}$, deren kinetische Energie nicht verschwindet. Wir führen die (mittlere) Gesamtzahl der Teilchen in angeregten Zuständen ein:

$$N_e = \sum_{\mathbf{k} \neq \mathbf{0}} \langle a_{\mathbf{k}}^{\dagger} a_{\mathbf{k}} \rangle = \sum_{\mathbf{k} \neq \mathbf{0}} \sinh^2 \theta_{\mathbf{k}} \tag{53}$$

Damit können wir Gl. (52) folgendermaßen aufschreiben:

$$\langle \widehat{W} \rangle_{0,e}^{\text{dir}} = V_{\mathbf{0}} \, N_0 N_e \tag{54}$$

Diesen Beitrag können wir einfach interpretieren: Er beschreibt die Wechselwirkung zwischen den N_0 Teilchen im kondensierten Zustand und N_e Teilchen in den anderen (angeregten) Einteilchenzuständen [s. Abb. 6 (Mitte)].

– Im Austauschterm finden wir $a_{\mathbf{k}}^{\dagger} a_0^{\dagger} a_{\mathbf{k}} a_0$ und $a_0^{\dagger} a_{\mathbf{k}}^{\dagger} a_0 a_{\mathbf{k}}$ (mit demselben Beitrag). Die Wechselwirkung überträgt hier einen Impuls zwischen einem Kondensat- und einem angeregten Teilchen, so dass das Potential mit $V_{\mathbf{k}}$ in Gl. (16) eingeht [s. Abb. 6 (rechts)]. Davon abgesehen läuft die weitere Rechnung wie eben: Der Mittelwert faktorisiert und wir erhalten für die mittlere Energie

$$\langle \widehat{W} \rangle_{0,e}^{\text{ex}} = N_0 \sum_{\mathbf{k} \neq \mathbf{0}} V_{\mathbf{k}} \sinh^2 \theta_{\mathbf{k}} \tag{55}$$

Die beiden Terme (54) und (55) zusammen liefern den Beitrag der Molekularfeldnäherung zur Wechselwirkung der Teilchen, und zwar sowohl für das Kondensat $\mathbf{k} = \mathbf{0}$ als auch für angeregte Teilchen $\mathbf{k} \neq \mathbf{0}$. Ihre quantenmechanische Ununterscheidbarkeit geht über den Austauschterm ein.

3. Treten in dem Operatorprodukt zwei Vernichter für die Kondensatmode $\mathbf{k} = \mathbf{0}$ auf, dann folgt aus der Impulserhaltung, dass das Produkt die Struktur $a_{\mathbf{k}}^{\dagger} a_{-\mathbf{k}}^{\dagger} a_0 a_0$ hat. Es wird also auf Kosten von zwei Kondensatteilchen ein Teilchenpaar mit den Impulsen $(\mathbf{k}, -\mathbf{k})$ erzeugt, wie auf der linken Seite von Abb. 7 dargestellt. Zu dem Mittelwert der Wechselwirkung tragen die beiden Vernichter einen Faktor $\alpha_0^2 = N_0 \, \mathrm{e}^{2i\zeta_0}$ bei, während

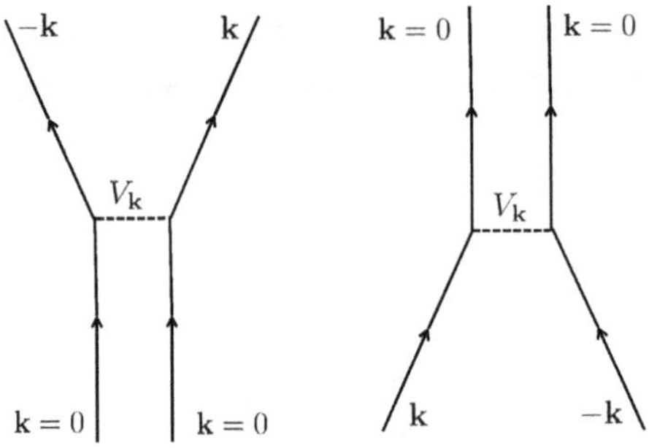

Abb. 7: Auf der linken Seite das Diagramm für das Erzeugen eines Teilchenpaars mit antiparallelen Impulsen aus zwei Kondensatteilchen. Das rechte Diagramm symbolisiert den umgekehrten Prozess, in dem zwei Teilchen mit entgegengesetzten Impulsen kollidieren und in die Kondensatmode $\mathbf{k} = \mathbf{0}$ gestreut werden. Im Gegensatz zu den Termen der Molekularfeldnäherung (Abb. 6) entstehen diese Terme durch den Paarungsprozess, sie spielen eine zentrale Rolle in der Bogoliubov-Theorie (Ergänzung E_{XVII}).

die beiden Erzeuger ein anomales Mittel liefern, zu dem der Paarzustand $|\overline{\varphi}_{\mathbf{k}}\rangle$ beiträgt. Wir haben das anomale Mittel in Kapitel XVII, Gl. (C-51) ausgerechnet und erhalten damit

$$-\frac{N_0}{2}\sum_{\mathbf{k}\neq\mathbf{0}} V_{\mathbf{k}} \sinh\theta_{\mathbf{k}} \cosh\theta_{\mathbf{k}}\, \mathrm{e}^{2\mathrm{i}(\zeta_0-\zeta_{\mathbf{k}})} \tag{56}$$

Tritt in dem Operatorprodukt zweimal ein Kondensaterzeuger auf, dann muss es sich um den Term $a_0^\dagger a_0^\dagger a_{\mathbf{k}} a_{-\mathbf{k}}$, handeln, der ein Teilchenpaar mit den Impulsen ($\mathbf{k}$, $-\mathbf{k}$) in das Kondensat überführt (s. die rechte Seite von Abb. 7). Wir haben es mit dem adjungierten Operatorprodukt von vorhin zu tun und erhalten deswegen den zu Gl. (56) komplex konjugierten Mittelwert. Beide Terme zusammen ergeben also folgenden Beitrag der Erzeugung und Vernichtung von Paaren aus dem Kondensat:

$$\langle\widehat{W}\rangle_{0,e}^{\text{Paar-Paar}} = -N_0\sum_{\mathbf{k}\neq\mathbf{0}} V_{\mathbf{k}} \sinh\theta_{\mathbf{k}} \cosh\theta_{\mathbf{k}} \cos 2(\zeta_0-\zeta_{\mathbf{k}}) \tag{57}$$

Man sieht an diesen Termen, wie die Wechselwirkung gepaarte Teilchen erzeugt und warum sie nur im gepaarten Zustand einen Beitrag liefern, im Gegensatz zu den vorigen Termen aus dem Molekularfeld. Wir werden in Ergänzung E_{XVII} die Rolle dieser Terme für die Bose-Einstein-Kondensation genauer beleuchten.

4. Es gibt Matrixelemente der Wechselwirkung, in die nur ein Kondensatoperator mit $\mathbf{k} = \mathbf{0}$ und drei Operatoren für angeregte Moden eingehen. Ihr Beitrag im Zustand $|\Phi_{\mathrm{B}}\rangle$ verschwindet allerdings wegen der besonderen Struktur des gepaarten Zustands $|\Psi_{\mathrm{gep}}\rangle$: Die Besetzungszahlen von zwei gepaarten Zuständen müssen sich immer gemeinsam verändern.

5. Es bleiben schließlich die Terme übrig, in denen alle Wellenvektoren ungleich null sind. Die Rechnung ist ähnlich der, die wir in § 3 für gepaarte Fermionen durchgeführt haben, und es sind wieder drei Fälle zu unterscheiden:

– Fall (**I**)

  Ein direkter Term mit dem Produkt $a^\dagger_{\mathbf{k}} a^\dagger_{\mathbf{k}'} a_{\mathbf{k}'} a_{\mathbf{k}}$ und ein Austauschterm mit $a^\dagger_{\mathbf{k}'} a^\dagger_{\mathbf{k}} a_{\mathbf{k}'} a_{\mathbf{k}}$. Die Teilchen werden in den Zuständen erzeugt, in denen sie vernichtet werden (Vorwärtsstreuung). Im Vergleich zu § 3 ist zu beachten, dass die Austauschterme wegen der bosonischen Kommutatoren mit dem anderen Vorzeichen auftreten. Aus dem Ergebnis (31) wird also für Bosonen[7]

$$\frac{1}{2}\sum_{\mathbf{k}\neq\mathbf{k}'} (V_0 + V_{\mathbf{k}'-\mathbf{k}})\,|v_{\mathbf{k}}|^2\,|v_{\mathbf{k}'}|^2 = \frac{1}{2}\sum_{\mathbf{k}\neq\mathbf{k}'} (V_0 + V_{\mathbf{k}'-\mathbf{k}})\sinh^2\theta_{\mathbf{k}}\,\sinh^2\theta_{\mathbf{k}'}$$
$$\simeq \frac{V_0}{2}N_e^2 + \frac{1}{2}\sum_{\mathbf{k},\mathbf{k}'} V_{\mathbf{k}'-\mathbf{k}}\sinh^2\theta_{\mathbf{k}}\,\sinh^2\theta_{\mathbf{k}'} \qquad (58)$$

  Der erste Term in der zweiten Zeile ist der direkte, den wir für großes $N_e \gg 1$ als das Molekularfeld zwischen $\frac{1}{2}N_e(N_e-1)$ verschiedenen Paaren von Teilchen interpretieren können. Er wird von einem Austauschterm korrigiert, der die Wechselwirkung aufgrund des Gruppierens (*bunching*) von Bosonen erhöht (und sie für ein Kontaktpotential exakt verdoppelt).

– Fall (**II**)

  Der Prozess, in dem Paare vernichtet und erzeugt werden, geht mit dem Produkt $a^\dagger_{\mathbf{k}} a^\dagger_{-\mathbf{k}} a_{\mathbf{k}'} a_{-\mathbf{k}'}$ einher, dessen Mittelwert hier wegen der Beziehungen (C-51) und (C-52) aus Kapitel XVII auf das Produkt von zwei anomalen Mittelwerten

$$\frac{1}{2}\sum_{\mathbf{k}\neq\mathbf{k}''} V_{\mathbf{k}''-\mathbf{k}}\langle\overline{\varphi}_{\mathbf{k}''}|a^\dagger_{\mathbf{k}''} a^\dagger_{-\mathbf{k}''}|\overline{\varphi}_{\mathbf{k}''}\rangle\langle\overline{\varphi}_{\mathbf{k}}|a_{-\mathbf{k}} a_{\mathbf{k}}|\overline{\varphi}_{\mathbf{k}}\rangle$$
$$= \frac{1}{2}\sum_{\mathbf{k}\neq\mathbf{k}''} V_{\mathbf{k}''-\mathbf{k}}\,\sinh\theta_{\mathbf{k}}\cosh\theta_{\mathbf{k}}\,\sinh\theta_{\mathbf{k}''}\cosh\theta_{\mathbf{k}''}\,\mathrm{e}^{2\mathrm{i}(\zeta_{\mathbf{k}}-\zeta_{\mathbf{k}''})} \qquad (59)$$

  führt. Weil das Potential $V_{\mathbf{k}''-\mathbf{k}}$ unter der Permutation $\mathbf{k}'' \leftrightarrow \mathbf{k}$ gerade ist, ist dieser Ausdruck in Wirklichkeit reell.

– Fall (**III**)

  Falls im Streuprozess nur ein Paar betroffen ist, dann ergibt sich wie bei Fermionen ein Term, der mit $V_0\langle N_e\rangle$ skaliert, was gegenüber dem Term $\frac{1}{2}V_0\langle N_e\rangle^2$ in Gl. (58) vernachlässigt werden kann, wenn die mittlere Teilchenzahl groß ist. Also brauchen wir diesen Beitrag nicht zu berücksichtigen.

---

7 Wie bei den Fermionen laufen die Summen über die $\mathbf{k}$ über den gesamten reziproken Raum (ohne Einschränkung auf einen Halbraum). – Beim Übergang zur zweiten Zeile haben wir den Term $\mathbf{k} = \mathbf{k}'$ (Fall (**III**)) hinzugefügt. Im Gegensatz zu Fermionen verschwindet er nicht, sondern bringt eigentlich den Mittelwert von $\hat{n}_{\mathbf{k}}(\hat{n}_{\mathbf{k}} - 1)$ im Zustand $|\overline{\varphi}_{\mathbf{k}}\rangle$ ein, s. Kapitel XVII, § C-2-b. Für ein großes System mit vielen besetzten Einteilchenzuständen $\mathbf{k} \neq \mathbf{0}$ macht man allerdings einen gegenüber Gl. (58) vernachlässigbaren Fehler, wenn man diesen Term nicht berücksichtigt.

4-c Gesamtenergie

Wir fassen die Terme mit dem Fourier-Koeffizienten V_0 aus den Gleichungen (51), (54) und (58) zusammen und erhalten insgesamt für den Beitrag des Molekularfelds

$$\langle \widehat{W} \rangle_{\text{MF}} = \frac{V_0}{2}(N_0 + N_e)^2 \tag{60}$$

Es ist anschaulich klar, dass dieser Beitrag proportional zum Quadrat der Gesamtzahl der Teilchen (durch zwei) ist, weil dies die Anzahl der Paare angibt, die man aus N Teilchen bilden kann (vorausgesetzt $N \gg 1$). Dazu kommen die Terme (55), (57) und (59), und wir erhalten die mittlere Energie des N-Bosonensystems in der Bogoliubov-Näherung:

$$\begin{aligned}\langle \widehat{H} \rangle_{\text{B}} = & \sum_{\mathbf{k}\neq \mathbf{0}} e_k \sinh^2 \theta_{\mathbf{k}} + \frac{V_0}{2}(N_0 + N_e)^2 \\ & + N_0 \sum_{\mathbf{k}\neq \mathbf{0}} V_{\mathbf{k}} \left(\sinh^2 \theta_{\mathbf{k}} - \sinh \theta_{\mathbf{k}} \cosh \theta_{\mathbf{k}} \, \cos 2(\zeta_0 - \zeta_{\mathbf{k}})\right) \\ & + \frac{1}{2} \sum_{\mathbf{k},\mathbf{k}'\neq \mathbf{0}} V_{\mathbf{k}-\mathbf{k}'} \Big(\sinh^2 \theta_{\mathbf{k}} \sinh^2 \theta_{\mathbf{k}'} \\ & \qquad + \sinh \theta_{\mathbf{k}} \cosh \theta_{\mathbf{k}} \, \sinh \theta_{\mathbf{k}'} \cosh \theta_{\mathbf{k}'} \, \cos 2(\zeta_{\mathbf{k}} - \zeta_{\mathbf{k}'})\Big)\end{aligned} \tag{61}$$

Die Summe in der zweiten Zeile beschreibt den Impulsaustausch zwischen angeregten Teilchen $\mathbf{k} \neq \mathbf{0}$ und dem Kondensat sowie die Prozesse, die Paare vernichten und erzeugen. (Dieser Beitrag hängt von den relativen Phasen $\zeta_0 - \zeta_{\mathbf{k}}$ ab und entsteht, wie wir gesehen haben, durch die gepaarten Teilchen.) Die dritte Zeile enthält eine Doppelsumme, die die Wechselwirkungen zwischen angeregten Teilchen beschreibt. Da die Zahl der beteiligten Einteilchenzustände sehr groß ist, haben wir die Einschränkung auf $\mathbf{k} \neq \mathbf{k}'$ aus Gl. (59) fallen gelassen, mit einem vernachlässigbaren Fehler. Die relativen Phasen $\zeta_{\mathbf{k}} - \zeta_{\mathbf{k}'}$ gehen, wie nach Gl. (59) angemerkt, mit dem Realteil der komplexen e-Funktion ein.

Aus dieser Ergänzung dürfen wir das Fazit ziehen, dass die gepaarten Zustände sich gut eignen, um die mittlere Energie von Vielteilchensystemen unter Wechselwirkungen zu berechnen. In den folgenden Ergänzungen werden wir diese Ergebnisse auf Fermionen und Bosonen anwenden und die BCS- sowie die Bogoliubov-Theorie vorstellen.

Ergänzung C_{XVII}
BCS-Theorie

In dieser Ergänzung stellen wir den BCS-Mechanismus vor, der zu der Paarung von Fermionen mit einer anziehenden Wechselwirkung führt. Die Abkürzung BCS steht für seine Entdecker John Bardeen, Leon N. Cooper und John R. Schrieffer, die im Jahr 1957 eine Theorie für ein bis dahin unverstandenes Phänomen vorgeschlagen haben, das bereits 1911 von H. Kamerlingh Onnes in Leiden beobachtet wurde. Kamerlingh Onnes stellte fest, dass für gewisse Metalle (in seinem Fall war es Quecksilber) unterhalb einer bestimmten Temperatur der elektrische Widerstand plötzlich auf null fällt: Es findet ein Phasenübergang in einen *supraleitenden* Zustand statt. Der Übergang

https://doi.org/10.1515/9783110649130-017

wird begleitet von verblüffenden Effekten. Zum Beispiel werden äußere Magnetfelder aus dem Material hinausgedrängt. In dieser Ergänzung befassen wir uns mit einem Aspekt der BCS-Theorie, nämlich dem Mechanismus der Paarung von Fermionen mit einer attraktiven Wechselwirkung. Wir werden freilich keine Theorie der Metalle im Detail vorstellen, sondern einfach annehmen, dass es eine Anziehung zwischen Fermionen gibt, ohne ihren Ursprung genauer zu beleuchten. Qualitativ gesprochen entsteht sie in Metallen aus der Kopplung zwischen Elektronen und Phononen, ist also eine indirekte Wechselwirkung, was das Modell noch komplizierter macht. Wir können weder eine Rechnung des elektrischen Widerstands durchführen noch zeigen, wie dieser auf null absinken kann.

Die BCS-Theorie ist eine Molekularfeldnäherung (engl.: *mean field approximation*) von demselben Typ wie das Hartree-Fock-Verfahren (s. Ergänzungen D_{XV} und E_{XV}). In dieser Näherung nimmt man an, dass die einzelnen Teilchen sich unabhängig voneinander in einem Potential bewegen, das von allen anderen erzeugt wird. Dabei verwendet man einen Fock-Zustand mit N Teilchen. Wir werden hier dagegen annehmen, dass die Teilchen sich paaren und dazu als Variationsansatz den Zustand $|\Psi_{BCS}\rangle$ aus Kapitel XVII verwenden. Deswegen bildet diese Ergänzung eine direkte Anwendung des Formalismus aus jenem Kapitel. Der BCS-Zustand ist formal zwar ein Fock-Zustand von aus zwei Teilchen bestehenden „Molekülen". Es wäre aber irreführend, sich jedes Fermionenpaar als ein klar identifizierbares Molekül zu denken, das sich im mittleren Potential der anderen bewegt. Dieses naive Bild ist nur dann anwendbar, wenn man es mit stark gebundenen Molekülen zu tun hat; in der BCS-Theorie bricht es vollständig zusammen, weil die Fermionenpaare schwach gebunden sind. Wie in der Einleitung zu Kapitel XVII erwähnt, will man mit den gepaarten Zuständen nicht die Bildung von Molekülen untersuchen, sondern eine größere Breite an Variationen in das Molekularfeldverfahren einbringen, wobei insbesondere Parameter zur Verfügung gestellt werden, um die Zweikörperkorrelationen an die Wechselwirkungen der Teilchen anzupassen.

Wir beginnen mit einem Variationsprinzip für die mittlere Energie und optimieren einen Ansatz für den Grundzustand des Systems (§ 1). In § 2 besprechen wir einige physikalische Eigenschaften der so erhaltenen BCS-Wellenfunktion, speziell die Ein- und Zweikörperkorrelationen und die sogenannte *nichtdiagonale Ordnung* (s. Ergänzungen A_{XVI} und A_{XVII}). Schließlich wird in § 3 genauer der BCS-Mechanismus diskutiert, der zu der Paarung von Fermionen und dem Absenken der Energie führt. Hier spielen die Begriffe der Phasenkopplung und der spontanen Symmetriebrechung eine zentrale Rolle. In der gesamten Ergänzung arbeiten wir der Einfachheit halber bei der Temperatur null. Das BCS-Verfahren kann aber auch auf angeregte Zustände (§ 4) erweitert werden, die bei endlicher Temperatur besetzt sind; wir streifen dies kurz in § 4-d.

Kurz vor der Ausarbeitung der BCS-Theorie stellte Cooper ein Modell vor, in dem sich zwei Fermionen anziehen, und zeigte, dass ein gebundener Zustand entsteht, weil das Innere der Fermi-Kugel den Wellenfunktionen der Teilchen verboten ist (Pauli-Prinzip). Dieser gebundene Zustand ähnelt in einigen Eigenschaften den Vorhersagen der BCS-Theorie, die das Cooper-Modell in gewisser Weise zu einem N-Teilchen-Zustand verallgemeinert. Es wird um kollektive Effekte ergänzt, die den Ausgangspunkt für die Eigenschaften des BCS-Grundzustands bilden. Wir stellen das Cooper-Modell in Ergänzung $\mathrm{D_{XVII}}$ vor und unterstreichen die Analogien mit einer N-Teilchen-Theorie. In dieser Ergänzung wird die BCS-Theorie ausgehend von den Ergebnissen aus Kapitel XVII vorgestellt. Die Berechnung der mittleren Energie aus Ergänzung $\mathrm{B_{XVII}}$, § 3 werden wir ebenfalls verwenden.

Es ist völlig unmöglich, hier eine detaillierte Einführung in die Theorie der Supraleitung zu geben und die vielfältigen Effekte zu besprechen, die daraus folgen – ein ganzes Buch wäre dazu notwendig. Dass zahlreiche Phänomene über den Stoff dieser Ergänzung hinausgehen, sieht man bereits daran, dass sich unsere Berechnungen meistens auf den Fall von Temperatur null beschränken. Um mehr zu erfahren, kann die Leserin das Lehrbuch von Leggett (2006) zur Hand nehmen.

1 Variationsverfahren für den Grundzustand

Für den gepaarten Zustand haben wir in Kapitel XVII, Gl. (B-11) den Ausdruck[1]

$$|\Psi_{\mathrm{BCS}}\rangle = \exp\left\{\sum_{\mathbf{k}} g_{\mathbf{k}}\, a^{\dagger}_{\mathbf{k}\uparrow} a^{\dagger}_{-\mathbf{k}\downarrow}\right\} |0\rangle = \bigotimes_{\mathbf{k}} |\varphi_{\mathbf{k}}\rangle \tag{1}$$

angegeben. Wir haben dann einen normierten Zustand $|\overline{\Psi}_{\mathrm{BCS}}\rangle$ eingeführt, indem wir die Zustände $|\varphi_{\mathbf{k}}\rangle$ einzeln normierten.* Diese hatten wir so aufgeschrieben:

$$|\overline{\varphi}_{\mathbf{k}}\rangle = \left[u_{\mathbf{k}} + v_{\mathbf{k}}\, a^{\dagger}_{\mathbf{k}\uparrow} a^{\dagger}_{-\mathbf{k}\downarrow}\right] |0\rangle \tag{2}$$

Hier sind die beiden Funktionen $u_{\mathbf{k}}$ und $v_{\mathbf{k}}$ durch die Beziehung

$$v_{\mathbf{k}} = u_{\mathbf{k}}\, g_{\mathbf{k}} \tag{3}$$

verknüpft und erfüllen die Normierungsbedingung

$$|u_{\mathbf{k}}|^2 + |v_{\mathbf{k}}|^2 = 1 \tag{4}$$

1 Der Zustand (B-11) ist eine Superposition über verschiedene Gesamtteilchenzahlen. Wie bereits in Kapitel XVII, § B-2 besprochen, könnte man auch mit einem Ansatz arbeiten, in dem die Teilchenzahl scharf definiert ist [§ 5-4 und Anhang C von Kapitel 5 von Leggett (2006)]. Die Rechnungen wären allerdings etwas verwickelter.

* Anm. d. Ü.: Um die Notation zu vereinfachen, werden wir im Folgenden den Querstrich weglassen und annehmen, dass $|\Psi_{\mathrm{BCS}}\rangle$ der normierte BCS-Zustand ist.

In jenem Kapitel wurde $g_{\mathbf{k}}$ als die Fourier-Transformierte einer „Molekül"-Wellenfunktion $\chi(\mathbf{r})$ eingeführt und damit der gepaarte Zustand konstruiert. Allerdings ist dieser Zustand im Prinzip beliebig, und wir werden hier mit den Koeffizienten $g_{\mathbf{k}}$ als freien Variationsparametern arbeiten. Die Wahl $g_{\mathbf{k}} = 0$ führt auf $v_{\mathbf{k}} = 0$ und $|u_{\mathbf{k}}| = 1$. In diesem Fall sind die beiden Einteilchenzustände $\mathbf{k}\uparrow$ und $-\mathbf{k}\downarrow$ weder besetzt noch gepaart. Eine Besetzung tritt aber auf, wenn $g_{\mathbf{k}}$ nicht verschwindet. Ganz allgemein kann eine beliebige Zahl an Koeffizienten $g_{\mathbf{k}}$ ungleich null sein (endlich oder unendlich viele). Man kann sie z. B. so einschränken, dass die $g_{\mathbf{k}}$ nur für Wellenvektoren $|\mathbf{k}| \leq k_c$ ungleich null sind – die Größe k_c wäre dann ein zusätzlicher Variationsparameter, der den Ansatz für den Zustand $|\Psi_{\text{BCS}}\rangle$ definiert.

In Kapitel XVII haben wir die Parametrisierungen $u_{\mathbf{k}} = e^{-i\zeta_{\mathbf{k}}} \cos\theta_{\mathbf{k}}$ und $v_{\mathbf{k}} = e^{i\zeta_{\mathbf{k}}} \sin\theta_{\mathbf{k}}$ eingeführt, so dass die komplexen Zahlen $u_{\mathbf{k}}$ und $v_{\mathbf{k}}$ entgegengesetzte Phasen haben. Es ist in dieser Ergänzung bequemer, den Parameter $u_{\mathbf{k}}$ reell und positiv zu wählen (was mit einer Änderung der globalen Phase von $|\overline{\varphi}_{\mathbf{k}}\rangle$ ohne physikalische Auswirkung immer möglich ist). Wir setzen also

$$
\begin{aligned}
u_{\mathbf{k}} &= \cos\theta_{\mathbf{k}} \\
v_{\mathbf{k}} &= e^{2i\zeta_{\mathbf{k}}} \sin\theta_{\mathbf{k}}
\end{aligned}
\tag{5}
$$

Aus Kapitel XVII, Gl. (C-19) entnehmen wir die mittlere Teilchenzahl im gepaarten Zustand $|\Psi_{\text{BCS}}\rangle$:

$$
\langle \widehat{N} \rangle = 2 \sum_{\mathbf{k}} |v_{\mathbf{k}}|^2 = 2 \sum_{\mathbf{k}} \sin^2\theta_{\mathbf{k}} \tag{6}
$$

1-a Die zu minimierende Energie

Die mittlere Teilchenzahl im gepaarten Zustand $|\Psi_{\text{BCS}}\rangle$ kann man beliebig einstellen, indem man die Funktionen $u_{\mathbf{k}}$ und $v_{\mathbf{k}}$ geeignet wählt. Der Mittelwert $\langle \widehat{N} \rangle$ verschwindet, wenn $u_{\mathbf{k}} = 1$ und $v_{\mathbf{k}} = 0$ für alle $\mathbf{k}$ gilt. Ist dagegen $u_{\mathbf{k}}$ sehr klein und $|v_{\mathbf{k}}| = 1$ für sehr viele Wellenvektoren $\mathbf{k}$, dann wird die Gesamtteilchenzahl sehr groß [s. Gl. (6)]. Wenn wir allerdings die Energie minimieren wollen, ist dies nur dann sinnvoll, wenn die Teilchenzahl $\langle \widehat{N} \rangle$ im Mittel fest ist. Deswegen führen wir einen Lagrange-Multiplikator μ ein, das chemische Potential (s. Anhang VI, § 1-c). Die optimale Wahl der Parameter $u_{\mathbf{k}}$ und $v_{\mathbf{k}}$ finden wir, indem wir Variationen $\mathrm{d}u_{\mathbf{k}}$ und $\mathrm{d}v_{\mathbf{k}}$ bilden und den stationären Punkt der Größe $A = \langle \widehat{H} \rangle - \mu \langle \widehat{N} \rangle$ unter diesen Variationen bestimmen.* Wir nehmen an, dass Volumen L^3 und chemisches Potential μ des Systems gegeben sind. Die gesuchten Größen sind entweder die $u_{\mathbf{k}}$ und $v_{\mathbf{k}}$ oder die Winkelparameter $\theta_{\mathbf{k}}$ und $\zeta_{\mathbf{k}}$.

* Anm. d. Ü.: Die Größe A kann man als das großkanonische thermodynamische Potential bei Temperatur null auffassen (s. Anhang VI, § 1-c).

Die mittlere Energie wurde in Ergänzung B_{XVII}, Gl. (40) berechnet, und die mittlere Teilchenzahl steht in Gl. (6). Wir haben also (im letzten Term sind $u_{\mathbf{k}}$ und $u_{\mathbf{k}'}$ reell)

$$\begin{aligned} A &= \langle \widehat{H} \rangle - \mu \langle \widehat{N} \rangle \\ &= 2 \sum_{\mathbf{k}} (e_k - \mu)\, |v_{\mathbf{k}}|^2 + \frac{V_0}{4} \langle \widehat{N} \rangle^2 \\ &\quad + \sum_{\mathbf{k} \neq \mathbf{k}'} (V_0 - V_{\mathbf{k}-\mathbf{k}'})\, |v_{\mathbf{k}}|^2\, |v_{\mathbf{k}'}|^2 + \sum_{\mathbf{k},\mathbf{k}'} V_{\mathbf{k}-\mathbf{k}'}\, v_{\mathbf{k}}^* u_{\mathbf{k}}\, v_{\mathbf{k}'} u_{\mathbf{k}'} \end{aligned} \tag{7}$$

wobei gemäß Gl. (5)

$$|v_{\mathbf{k}}|^2 = \sin^2 \theta_{\mathbf{k}} \quad \text{und} \quad v_{\mathbf{k}}^* u_{\mathbf{k}} = \mathrm{e}^{-2\mathrm{i}\zeta_{\mathbf{k}}} \sin \theta_{\mathbf{k}} \cos \theta_{\mathbf{k}} \tag{8}$$

gilt. In diesem Ausdruck für A ist e_k die kinetische Energie eines freien Teilchens mit dem Impuls $\hbar\mathbf{k}$,

$$e_k = \frac{\hbar^2 k^2}{2m} \tag{9}$$

und $V_{\mathbf{q}}$ ist die Fourier-Transformierte des Wechselwirkungspotentials $W_2(\mathbf{r})$:

$$V_{\mathbf{q}} = \frac{1}{L^3} \int \mathrm{d}^3 r\, \mathrm{e}^{-\mathrm{i}\mathbf{q}\cdot\mathbf{r}}\, W_2(\mathbf{r}) \tag{10}$$

Wir nehmen an, dass dieses Potential drehinvariant ist, so dass $V_{\mathbf{q}}$ nur vom Betrag q abhängt. Weiter ist diese Funktion reell (Anhang I, § 2-e) und negativ, weil die Wechselwirkung eine anziehende sei (s. dazu die Bemerkung am Ende dieses Abschnitts).

In Kapitel XVII haben wir gesehen, dass der erste Term in Gl. (7) die kinetische Energie und der zweite das Molekularfeld (diagonaler Term) für Teilchen mit entgegengesetzten Spins ist. Analog dazu beschreibt der dritte Term das Molekularfeld für parallele Spins (hier heben sich der direkte und der Austauschterm auf, falls die Wechselwirkung eine kurze Reichweite hat). Der letzte Term (mit $V_{\mathbf{k}-\mathbf{k}'}$) spielt schließlich eine wesentliche Rolle in der BCS-Theorie. Er entsteht durch einen Prozess der Vernichtung und Erzeugung von Paaren, der symbolisch in Abb. 4 aus Ergänzung B_{XVII} dargestellt ist. Man nennt ihn oft die *Paarungsenergie* (engl.: *pairing term*).

Die Variation von Gleichung (6) liefert uns

$$\mathrm{d}\big(\langle \widehat{N} \rangle\big)^2 = 2 \langle \widehat{N} \rangle\, \mathrm{d}\langle \widehat{N} \rangle = 4 \langle \widehat{N} \rangle \sum_{\mathbf{k}} \mathrm{d}|v_{\mathbf{k}}|^2 \tag{11}$$

so dass wir erhalten

$$\mathrm{d}A = 2 \sum_{\mathbf{k}} \xi_k\, \mathrm{d}|v_{\mathbf{k}}|^2 + \sum_{\mathbf{k},\mathbf{k}'} V_{\mathbf{k}-\mathbf{k}'} \left\{ v_{\mathbf{k}'} u_{\mathbf{k}'}\, \mathrm{d}(u_{\mathbf{k}} v_{\mathbf{k}}^*) + v_{\mathbf{k}'}^* u_{\mathbf{k}'}\, \mathrm{d}(u_{\mathbf{k}} v_{\mathbf{k}}) \right\} \tag{12}$$

Hier bedeutet ξ_k die kinetische Energie, bezogen auf das chemische Potential und korrigiert um gewisse Beiträge der Wechselwirkungen:[2]

$$\xi_k = e_k - \mu + \frac{V_0}{2} \langle \widehat{N} \rangle + \sum_{\mathbf{k}'} (V_0 - V_{\mathbf{k}'-\mathbf{k}})\, |v_{\mathbf{k}'}|^2 \tag{13}$$

2 Ein Faktor entsteht in der $\mathbf{k}'$-Summe aus der Variation des Produkts $|v_{\mathbf{k}}|^2 |v_{\mathbf{k}'}|^2$ in Gl. (7) und wurde in Gl. (12) bereits ausgeklammert.

Wechselwirkungen zwischen Fermionen:
In der BCS-Theorie und ihren Anwendungen ist die Wahl des Wechselwirkungspotentials ein subtiler Punkt. Dies betrifft insbesondere die Theorie der supraleitenden Metalle, wo man es mit Elektronen zu tun, die für sich genommen der Coulomb-Abstoßung unterliegen. In einem Metall ist diese direkte abstoßende Wechselwirkung allerdings stark abgeschirmt, und die Ladungsträger treten nur indirekt über die Verzerrung des Kristallgitters in Wechselwirkung (Phononen, s. Band I, Ergänzung J_V). Dies führt zu einer effektiv anziehenden Kraft auf großen Längenskalen und erklärt, warum das Paaren von Fermionen überhaupt möglich ist. Die charakteristischen Parameter dieser effektiven Wechselwirkung hängen mit denen der Phononen zusammen, insbesondere mit der Debye-Frequenz des Materials.*
Für verdünnte Gase fermionischer Atome bei ultratiefen Temperaturen tritt die inter-atomare Wechselwirkung ebenfalls nicht direkt in den Gleichungen auf. Dieses Potential weist eine stark abstoßende Komponente bei kurzen Abständen auf (die manchmal durch einen *harten Kern* modelliert wird) und bei mittleren Abständen einen tiefen anziehenden Potentialtopf, in dem sich eine große Zahl von gebundenen (Molekül-)Zuständen befindet. Ist das Gas aber stark verdünnt, so sind Dreikörperstöße sehr selten, die für die Bildung von Molekülen nötig wären (wegen der Erhaltung von Energie und Impuls). Deswegen spielen die Molekülzustände praktisch keine Rolle, und nur das Verhalten des Potentials bei großen Abständen ist relevant. Mit anderen Worten spielen die asymptotischen Eigenschaften der stationären Streuzustände die wesentliche Rolle. Sie bestimmen die Streuamplitude [s. Band II, Kapitel VIII, Gl. (B-9)] und die entsprechenden Streuphasen (Kapitel VIII, § C). In der BCS-Theorie wird also ein *effektives Potential* verwendet.
Im Fall von verdünnten fermionischen Atomen finden die Stöße bei sehr tiefen Temperaturen statt, so dass das effektive Potential zwischen Fermionen in einem Singulett-Paar nur von der Streuphase δ_0 für die Partialwelle mit $l = 0$ abhängt. Man verwendet im Allgemeinen das Konzept der *Streulänge* a_0, das durch $\delta_0 \simeq -ka_0$ für $k \to 0$ definiert ist ($\hbar k$ ist der Relativimpuls der beiden Teilchen im Schwerpunktssystem). Das effektive Potential ist anziehend, wenn die Streulänge a_0 negativ ist. In dieser Ergänzung befassen wir uns im Wesentlichen mit der BCS-Theorie und ihrem Paarungsmechanismus und müssen die Details der Wechselwirkung und ihres Hintergrunds beiseite lassen. Wir nehmen also an, das effektive Potential sei ein gegebener Parameter.

1-b Variation der Energie

Es ist sofort zu sehen, dass in der mittleren Energie A in Gl. (7) die ersten drei Terme nur von den Beträgen der $v_{\mathbf{k}}$-Parameter abhängen. Nur der letzte (die Paarungsenergie) hängt von den Phasen $\zeta_{\mathbf{k}}$ ab. Die Funktion A muss ein Minimum annehmen, wenn man die $\zeta_{\mathbf{k}}$ bei konstanten Werten von $\theta_{\mathbf{k}}$ variiert. In diesem Fall variiert nur der letzte Term

$$\sum_{\mathbf{k},\mathbf{k}'} V_{\mathbf{k}-\mathbf{k}'} \sin\theta_{\mathbf{k}} \cos\theta_{\mathbf{k}} \, \sin\theta_{\mathbf{k}'} \cos\theta_{\mathbf{k}'} \, e^{2i(\zeta_{\mathbf{k}'}-\zeta_{\mathbf{k}})} \tag{14}$$

* Anm. d. Ü.: Ein historisch wichtiger Hinweis in diese Richtung war der sogenannte *Isotopen-Effekt*. Die Sprungtemperatur für den supraleitenden Phasenübergang hängt bei gleichen elektronischen Eigenschaften von der Masse der Rumpfatome ab, die das Kristallgitter bilden.

Wir haben eine anziehende Wechselwirkung angenommen, so dass alle Fourier-Koeffizienten $V_{\mathbf{k}-\mathbf{k}'}$ negativ sind. Aus Kapitel XVII, Gl. (C-5) entnehmen wir, dass die Produkte $\sin\theta_{\mathbf{k}} \cos\theta_{\mathbf{k}}$ positiv sind. Der kleinste Wert für die Summe (14) über $\mathbf{k}$ und $\mathbf{k}'$ ergibt sich dann, wenn alle Terme mit derselben Phase auftreten, so dass sie sich kohärent addieren. Dieses Verhalten nennt man *Phasenkopplung*, und wir besprechen es noch genauer in § 3-a-β. Das so erhaltene Minimum hängt nicht von der absoluten Phase der $v_{\mathbf{k}}$ ab, sondern nur von ihren Phasendifferenzen. Wir werden zur Vereinfachung annehmen, dass für alle Wellenvektoren $\zeta_{\mathbf{k}} = 0$ gilt, was heißt, dass auch die Parameter $v_{\mathbf{k}}$ reell und positiv sind. Von jetzt an werden wir mit dieser Vereinbarung rechnen.

In dem Ausdruck (12) für die Variation von A sind die Terme mit $\mathrm{d}(u_{\mathbf{k}} v_{\mathbf{k}}^*)$ und $\mathrm{d}(u_{\mathbf{k}} v_{\mathbf{k}})$ gleich (bei den $\mathbf{k}$ und $\mathbf{k}'$ handelt es sich um stumme Variablen). Daraus folgt

$$\mathrm{d}A = 2\sum_{\mathbf{k}} \xi_k \,\mathrm{d}(v_{\mathbf{k}})^2 + 2\sum_{\mathbf{k},\mathbf{k}'} V_{\mathbf{k}-\mathbf{k}'}\, v_{\mathbf{k}'} u_{\mathbf{k}'}\, \mathrm{d}(u_{\mathbf{k}} v_{\mathbf{k}}) \tag{15}$$

Wir variieren jetzt die $\theta_{\mathbf{k}}$-Parameter. Dazu führen wir folgende Größen ein, die die Einheit einer Energie haben:

$$\Delta_{\mathbf{k}} = \sum_{\mathbf{k}'} (-V_{\mathbf{k}-\mathbf{k}'}) u_{\mathbf{k}'}\, v_{\mathbf{k}'} \tag{16}$$

Die $\Delta_{\mathbf{k}}$ sind reell, weil dies auf die $u_{\mathbf{k}}$ und $v_{\mathbf{k}}$ zutrifft, und positiv, weil die Fourier-Koeffizienten $V_{\mathbf{k}-\mathbf{k}'}$ der Wechselwirkung negativ sind. Sie werden *Gap-Parameter*, kurz *Gap* oder *Bandlücke* (engl. *gap* = Lücke), genannt und spielen eine wichtige Rolle in der BCS-Theorie. Wir verschieben ihre physikalische Interpretation auf § 1-c, wo wir uns den einfachen Fall einer kurzreichweitigen Wechselwirkung ansehen. Wir werden auch erst weiter unten begründen können, warum der Begriff *Bandlücke* verwendet wird (§ 4 und dort Abb. 7).

Für die Variation von A finden wir mit dieser Notation

$$\mathrm{d}A = 4\sum_{\mathbf{k}} \xi_k\, v_{\mathbf{k}}\, \mathrm{d}v_{\mathbf{k}} - 2\sum_{\mathbf{k}} \Delta_{\mathbf{k}} (u_{\mathbf{k}}\, \mathrm{d}v_{\mathbf{k}} + v_{\mathbf{k}}\, \mathrm{d}u_{\mathbf{k}}) \tag{17}$$

Die Variationen $\mathrm{d}u_{\mathbf{k}}$ und $\mathrm{d}v_{\mathbf{k}}$ sind wegen Gl. (4) nicht unabhängig. Für reelle Parameter wie hier muss notwendigerweise gelten

$$2u_{\mathbf{k}}\, \mathrm{d}u_{\mathbf{k}} + 2v_{\mathbf{k}}\, \mathrm{d}v_{\mathbf{k}} = 0 \tag{18}$$

so dass wir $\mathrm{d}u_{\mathbf{k}}$ durch $-v_{\mathbf{k}}\, \mathrm{d}v_{\mathbf{k}}/u_{\mathbf{k}}$ ersetzen können. Die rechte Seite von Gl. (17) wird also

$$4\sum_{\mathbf{k}} \xi_k\, v_{\mathbf{k}}\, \mathrm{d}v_{\mathbf{k}} - 2\sum_{\mathbf{k}} \Delta_{\mathbf{k}} \left(u_{\mathbf{k}} - \frac{(v_{\mathbf{k}})^2}{u_{\mathbf{k}}} \right) \mathrm{d}v_{\mathbf{k}} \tag{19}$$

Die Funktion A ist minimal, wenn diese Variation für alle $\mathrm{d}v_{\mathbf{k}}$ verschwindet:

$$2\xi_k v_{\mathbf{k}} - \Delta_{\mathbf{k}} \left(u_{\mathbf{k}} - \frac{(v_{\mathbf{k}})^2}{u_{\mathbf{k}}} \right) = 0 \tag{20}$$

Wir multiplizieren mit $u_{\mathbf{k}}$ und erhalten

$$2\xi_k\, u_{\mathbf{k}} v_{\mathbf{k}} = \Delta_{\mathbf{k}} \left[(u_{\mathbf{k}})^2 - (v_{\mathbf{k}})^2 \right] \tag{21}$$

oder auch

$$\xi_k \sin 2\theta_{\mathbf{k}} = \Delta_{\mathbf{k}} \cos 2\theta_{\mathbf{k}} \tag{22}$$

Daraus können wir Sinus und Cosinus berechnen. Es gilt ja

$$(\cos 2\theta_{\mathbf{k}})^2 = \frac{(\cos 2\theta_{\mathbf{k}})^2}{(\cos 2\theta_{\mathbf{k}})^2 + (\sin 2\theta_{\mathbf{k}})^2} = \frac{(\xi_k)^2}{(\xi_k)^2 + (\Delta_{\mathbf{k}})^2} \tag{23}$$

und wir erhalten

$$\begin{aligned} \cos 2\theta_{\mathbf{k}} &= \frac{\pm \xi_k}{\sqrt{(\xi_k)^2 + (\Delta_{\mathbf{k}})^2}} = \pm \frac{\xi_k}{E_k} \\ \sin 2\theta_{\mathbf{k}} &= \frac{\pm \Delta_{\mathbf{k}}}{\sqrt{(\xi_k)^2 + (\Delta_{\mathbf{k}})^2}} = \pm \frac{\Delta_{\mathbf{k}}}{E_k} \end{aligned} \tag{24}$$

mit der Abkürzung

$$E_{\mathbf{k}} = \sqrt{(\xi_k)^2 + (\Delta_{\mathbf{k}})^2} \tag{25}$$

Die optimalen Parameter $u_{\mathbf{k}}$ und $v_{\mathbf{k}}$ sind schließlich durch

$$\begin{aligned} (u_{\mathbf{k}})^2 &= \frac{1 + \cos 2\theta_{\mathbf{k}}}{2} = \frac{1}{2}\left(1 \pm \frac{\xi_k}{E_{\mathbf{k}}}\right) \\ (v_{\mathbf{k}})^2 &= \frac{1 - \cos 2\theta_{\mathbf{k}}}{2} = \frac{1}{2}\left(1 \mp \frac{\xi_k}{E_{\mathbf{k}}}\right) \end{aligned} \tag{26}$$

gegeben. Wir finden damit mehrere Möglichkeiten für einen stationären Punkt der Differenz $\langle \widehat{H} \rangle - \mu \langle \widehat{N} \rangle$, je nachdem für welche $\mathbf{k}$ welche Vorzeichen in diesen Gleichungen gewählt werden. Diese Vielfalt an Lösungen ist nicht überraschend, denn nicht nur der Grundzustand gehört zu einem stationären Punkt, sondern auch die vielen möglichen angeregten Zustände des Systems. Wir werden diese in § 4 besprechen. Darunter fallen etwa *angeregte Paare* (§ 4-c-β). Im Augenblick wollen wir uns auf den Grundzustand konzentrieren und das absolute Minimum des Mittelwerts (7) bestimmen.

Welche Vorzeichen muss man in Gl. (26) wählen, damit der Ausdruck (7) für A so klein wie möglich ist? Das chemische Potential μ eines idealen Fermi-Gases ist in seinem Grundzustand positiv und stimmt mit der Fermi-Energie überein, die mit der Teilchendichte hoch 2/3 skaliert (Band II, Ergänzung C_{XIV}, § 1-a). Liegt eine schwach anziehende Wechselwirkung vor, ist der Ausdruck $e_k - \mu$ für kleine $\mathbf{k}$ also negativ und positiv für $e_k \gg \mu$. Der erste Beitrag zu A in Gl. (7) wird somit minimiert, wenn man für kleine $\mathbf{k}$ (negatives ξ_k) den Parameter $(v_{\mathbf{k}})^2$ so groß wie möglich wählt, also das Minuszeichen in der zweiten Zeile von Gleichung (26). Für $e_k \gg \mu$ ist es dagegen günstiger, $(v_{\mathbf{k}})^2$ so klein wie möglich zu wählen – auch dafür bietet sich das Minuszeichen an. Wir werden also in der Lösung (26) jeweils das obere Vorzeichen nehmen. Weil wir die

Parameter $u_{\mathbf{k}}$ und $v_{\mathbf{k}}$ positiv gewählt hatten, erhalten wir schließlich für den Grundzustand

$$\begin{aligned} u_{\mathbf{k}} &= \sqrt{\frac{1}{2}\left(1 + \frac{\xi_k}{E_{\mathbf{k}}}\right)} \\ v_{\mathbf{k}} &= \sqrt{\frac{1}{2}\left(1 - \frac{\xi_k}{E_{\mathbf{k}}}\right)} \end{aligned} \tag{27}$$

Die Probe in Gl. (21) zeigt, dass die Bedingungen für eine stationäre Variation erfüllt sind, und zwar für beide Vorzeichen von ξ_k.

Diese Lösungen können wir nur verwenden, wenn die Konsistenzbedingung (engl.: *self-consistency condition*)

$$\Delta_{\mathbf{k}} = -\frac{1}{2}\sum_{\mathbf{k}'} V_{\mathbf{k}-\mathbf{k}'}\sqrt{1 - \left(\frac{\xi_{k'}}{E_{k'}}\right)^2} = -\frac{1}{2}\sum_{\mathbf{k}'} V_{\mathbf{k}-\mathbf{k}'}\frac{\Delta_{\mathbf{k}'}}{\sqrt{(\xi_{k'})^2 + (\Delta_{\mathbf{k}'})^2}} \tag{28}$$

erfüllt ist, die aus der Definition (16) der Gap-Parameter und Gl. (25) folgt. Wir werden sehen, dass diese Gleichung für eine kurzreichweitige Wechselwirkung eine einfachere Form annimmt.

Als Fazit aus dieser Rechnung halten wir fest, dass man ausgehend von beliebigen Funktionen $\chi(\mathbf{r})$ und $g_{\mathbf{k}}$ im Variationsverfahren optimale Werte für die Parameter $u_{\mathbf{k}}$ und $v_{\mathbf{k}}$ finden kann. Daraus ergibt sich auch eine optimierte Funktion $\chi(\mathbf{r})$, mit der man den gepaarten Zustand $|\Psi_{\text{BCS}}\rangle$ in Gl. (1) konstruieren kann.

1-c Kurzreichweitige Wechselwirkung. Bandlücke

Die Matrixelemente der Wechselwirkung sind die Fourier-Koeffizienten $V_{\mathbf{q}}$ aus Gl. (10), wobei $\mathbf{q}$ der Impulsübertrag für einen Streuprozess ist [s. auch Ergänzung B_{XVII}, Gl. (18)]. Ein reguläres Potential mit der Reichweise b hat Matrixelemente $V_{\mathbf{q}}$, die sich auf der typischen Skala $q \sim 1/b$ ändern. Insbesondere gilt $V_q \to 0$ für $q \gg 1/b$. In vielen physikalischen Anwendungen der BCS-Theorie sind die relevanten Wellenvektoren k allerdings klein gegenüber $1/b$. Daraus ergibt sich die nützliche Näherung, die Änderungen von $V_{\mathbf{k}-\mathbf{k}'}$ zu vernachlässigen. Man ersetzt also alle Fourier-Koeffizienten durch eine Konstante

$$V_{\mathbf{q}} = -V \tag{29}$$

Wir haben das Minuszeichen eingeführt, damit V für ein anziehendes Potential eine positive Energie ist. Sie ist invers proportional zum Volumen des Systems [s. Gl. (10)]. Die Definition (13) der relativen Energien $\xi_{\mathbf{k}}$ vereinfacht sich dann zu

$$\xi_k = e_k - \mu - \frac{V}{2}\langle\widehat{N}\rangle \tag{30}$$

was wir in den Formeln (27) für die Funktionen $u_{\mathbf{k}}$ und $v_{\mathbf{k}}$ verwenden werden.

Die Beziehung (16) nimmt auch eine einfachere Form an, weil sich für alle Gap-Parameter $\Delta_{\mathbf{k}}$ derselbe Wert ergibt:

$$\Delta = V \sum_{\mathbf{k}'} u_{\mathbf{k}'} v_{\mathbf{k}'} \tag{31}$$

Es gibt also nur einen reellen Parameter für die Bandlücke Δ. In der Folge werden wir sehen, dass die Bandlücke eine zentrale Rolle spielt, insbesondere für die Dispersionsrelation der elementaren Anregungen des Systems (s. Abb. 7, wo Δ das Minimum der Energie angibt).

Alle bereits berechneten Formeln bleiben gültig, und wir dürfen die $\Delta_{\mathbf{k}}$ durch Δ ersetzen. Der Grundzustand wird durch die Winkelparameter mit der passenden Vorzeichenwahl in Gl. (24) charakterisiert:

$$\begin{aligned} \cos 2\theta_{\mathbf{k}} &= \frac{\xi_k}{\sqrt{(\xi_k)^2 + \Delta^2}} = \frac{\xi_k}{E_k} \\ \sin 2\theta_{\mathbf{k}} &= \frac{\Delta}{\sqrt{(\xi_k)^2 + \Delta^2}} = \frac{\Delta}{E_k} \end{aligned} \tag{32}$$

Dagegen ändert sich in den Formeln (27) nichts. Für große Impulse $k \to \infty$ lesen wir aus der zweiten Zeile von Gl. (32) ab:*

$$\theta_{\mathbf{k}} \sim \frac{\Delta}{2E_k} \sim \frac{\Delta}{2\xi_k} \ll 1 \tag{33}$$

wobei Gl. (25) und Gl. (30) verwendet wurden. In der Folge ist es nützlich, auch das asymptotische Verhalten der Parameter $u_{\mathbf{k}}$ und $v_{\mathbf{k}}$ zu kennen. Es ergibt sich aus Gl. (5) und Gl. (33), dass $u_{\mathbf{k}} \to 1$ für große k gilt, während $v_{\mathbf{k}}$ wie folgt nach null geht:

$$k \to \infty: \quad v_{\mathbf{k}} \sim \frac{\Delta}{2\xi_k} + \mathcal{O}\left(\frac{\Delta^2}{\xi_k^2}\right) \sim \frac{1}{k^2} + \mathcal{O}\left(\frac{1}{k^4}\right) \tag{34}$$

Daraus folgt, dass in den Mittelwerten von $\widehat{N}$ und $\widehat{N}^2$ die Summen über $\mathbf{k}$ konvergent sind [s. Gl. (6) und Kapitel XVII, Gl. (C-26)].

α Konsistenzbedingung und Divergenzen

Die Beziehung (28) für die Bandlücke vereinfacht sich zu

$$\Delta = \frac{V}{2} \sum_{\mathbf{k}} \sqrt{1 - \left(\frac{\xi_k}{E_k}\right)^2} = \frac{V}{2} \sum_{\mathbf{k}} \frac{\Delta}{\sqrt{(\xi_k)^2 + \Delta^2}} \tag{35}$$

also

$$1 = \frac{V}{2} \sum_{\mathbf{k}} \frac{1}{\sqrt{(\xi_k)^2 + \Delta^2}} \tag{36}$$

* Anm. d. Ü.: Genau genommen erfüllen „große Impulse" hier eine doppelte Ungleichung, nämlich $\Delta \ll \xi_k \ll E_b$, wobei $E_b \sim \hbar^2/(2mb^2)$ die obere Grenze des Energiebereichs ist, in dem die Näherung einer Kontaktwechselwirkung anwendbar ist.

Dies ist eine implizite Gleichung für das Gap Δ als Funktion des chemischen Potentials μ (das über die Definition der ξ_k eingeht).

Im thermodynamischen Grenzfall ist das Volumen L^3 makroskopisch groß und wir können die Summe über $\mathbf{k}$ durch ein Integral ersetzen. Wir werden annehmen, dass die Variationsparameter $g_{\mathbf{k}}$ für $k > k_c$ verschwinden, wobei k_c, wie nach Gl. (4) in § 1 erwähnt, als Cutoff-Wellenvektor (engl. *cut off*: abschneiden) eingeführt wird. Der implizite Ausdruck für das Gap wird dann zu

$$1 = \frac{V}{2} \frac{L^3}{(2\pi)^3} \int_0^{k_c} d^3k \frac{1}{\sqrt{(\xi_k)^2 + \Delta^2}} \tag{37}$$

Wir erinnern, dass die Kopplungskonstante V invers proportional zum Volumen ist, so dass der Vorfaktor VL^3 davon unabhängig ist. Man sieht hier, warum der *Cutoff* k_c nötig ist: Das Integral würde sonst an der oberen Grenze divergieren, weil der Integrand sich für große k wie $1/\xi_k \sim 1/e_k \sim 1/k^2$ verhält (und ein Faktor k^2 vom Integrationsmaß d^3k noch dazukommt, d. Ü.). Das Gap wird also von k_c abhängen, was dem Cutoff-Parameter k_c eine wichtige Rolle verleiht.

β Berechnung der Bandlücke

Sei e_c die zu k_c gehörende *Cutoff*-Energie

$$e_c = \frac{\hbar^2 k_c^2}{2m} \tag{38}$$

Wir werden nun Gl. (37) als ein Integral über die Energie aufschreiben. Dabei geht die Zustandsdichte $D(e_k)$ ein, die man wegen der Definition $(L/2\pi)^3 \times 4\pi k^2\, dk = D(e_k)\, de_k$ durch die Ableitung de_k/dk erhält:[3]

$$D(e_k) = \frac{L^3}{4\pi^2} \left(\frac{2m}{\hbar^2} \right)^{3/2} \sqrt{e_k} \tag{39}$$

Gleichung (37) wird dann so

$$1 = \frac{V}{2} \int_0^{e_c} D(e_k)\, de_k \frac{1}{\sqrt{(e_k - \overline{\mu})^2 + \Delta^2}} \tag{40}$$

umgeschrieben, wobei wir zur Vereinfachung von Gl. (30) ein um das Molekularfeld verschobenes chemisches Potential verwenden:[4]

$$\overline{\mu} = \mu + \frac{V}{2} \langle \widehat{N} \rangle \tag{41}$$

---

3 Die Zustandsdichte (39) ist in Band II, Ergänzung C_{XIV}, Gl. (8) definiert. Weil wir die Spinzustände der Elektronen nicht mitzählen, ist $D(e_k)$ hier um einen Faktor zwei kleiner.

4 Mit unserer Wahl für das Vorzeichen von V ist das Molekularfeldpotential pro Teilchen gleich $-V\langle \widehat{N} \rangle/2$.

Der Integrand in Gl. (40) enthält einen Bruch, der bei $e_k = \overline{\mu}$ ein Maximum hat und in einem Bereich mit der Breite Δ um die *Fermi-Fläche* große Werte annimmt (vgl. Ergänzung C_{XIV}). Im **k**-Raum entspricht diese Fläche einer Kugel mit dem Radius

$$\frac{\hbar^2 k_F^2}{2m} = \mu \tag{42}$$

Die Zustandsdichte ist im Inneren der Fermi-Kugel klein und wächst nach außen hin. Das Innere trägt also wenig zum Integral bei, dessen wesentliche Beiträge aus dem Gebiet zwischen Fermi-Fläche ($e_k \approx \mu$) und *Cutoff*-Energie $e_k \sim e_c$ stammen. Es gibt also einen mittleren Wert D_0 der Zustandsdichte, den wir an Stelle von $D(e_k)$ verwenden können, ohne das Integral zu ändern, mit*

$$D(\mu) \leq D_0 \leq D(e_c) \tag{43}$$

Wir ziehen diesen Wert aus dem Integral heraus und schreiben

$$1 = \frac{VD_0}{2} \int_0^{e_c} de_k \frac{1}{\sqrt{(e_k - \overline{\mu})^2 + \Delta^2}} \tag{44}$$

Auch hier kürzt sich im Produkt $V D_0$ die Abhängigkeit vom Volumen heraus [s. Gl. (39)].

In supraleitenden Metallen entsteht die anziehende Wechselwirkung zwischen Elektronen über die Bewegung der Ionen im Kristallgitter, also über die Gitterphononen. In den Matrixelementen des effektiven Potentials gibt es damit eine natürliche obere Grenze, nämlich die Debye-Energie $\hbar\omega_D$ der Phononen.† Häufig verwendet man ein einfaches Modell, in dem das Matrixelement $V_{\mathbf{k}-\mathbf{k}'}$ für Energiedifferenzen unterhalb der Debye-Frequenz, also für $|e_k - e_{k'}| < \hbar\omega_D$ konstant ist und außerhalb dieses Intervalls verschwindet. Die gleichen Rechnungen, die uns auf Gl. (44) geführt haben, liefern dann die Gap-Gleichung[5]

$$1 \simeq \frac{VD_F}{2} \int_{\overline{\mu}-\hbar\omega_D}^{\overline{\mu}+\hbar\omega_D} de_k \frac{1}{\sqrt{(e_k - \overline{\mu})^2 + \Delta^2}} = VD_F \operatorname{arsinh} \frac{\hbar\omega_D}{\Delta} \tag{45}$$

5 Das Integral enthält symmetrische Beiträge von Energien e_k oberhalb und unterhalb von $\overline{\mu}$, so dass der Vorfaktor $1/2$ gekürzt wird. arsinh ist die Umkehrfunktion der Hyperbelfunktion sinh.

* Anm. d. Ü.: Dies ist eine Anwendung des Mittelwertsatzes der Integralrechnung.

† Anm. d. Ü.: Die Frequenz ω_D entspricht in etwa der oberen Bandkante der akustischen Phononen.

in der nur Niveaus in der Nähe der Fermi-Fläche berücksichtigt werden. [$D_F = D(\overline{\mu})$ ist die Zustandsdichte an der Fermi-Energie.] Machen wir noch die Näherung $VD_F \ll 1$, erhalten wir

$$\Delta = \frac{\hbar\omega_D}{\sinh(1/VD_F)} \simeq 2\hbar\omega_D \exp\left(-\frac{1}{VD_F}\right) \tag{46}$$

Dies ist ein wichtiges Ergebnis, das man die *BCS-Gap-Gleichung* nennt.

Diese Formel weist eine bemerkenswerte Eigenschaft auf: Es ist unmöglich, sie in eine Potenzreihe in V um $V = 0$ zu entwickeln. In diesem Punkt verschwinden alle Ableitungen dieser Funktion bezüglich V (man spricht in der Mathematik von einer wesentlichen Singularität). Man kann sie nicht im Rahmen einer Störungstheorie erhalten, in der man das Gap in eine Potenzreihe in V entwickeln würde. Wir kommen auf diese Beobachtung in § 3-c zurück.

2 Verteilungsfunktionen. Korrelationen

Wenn die Parameter gemäß Gl. (27) in den Variationsansatz eingesetzt werden, erhalten wir den optimierten Ket-Vektor $|\Psi_{BCS}\rangle$, der den Grundzustand am besten wiedergibt. Wir untersuchen hier seine physikalischen Eigenschaften und berechnen Verteilungsfunktionen für ein und zwei Teilchen. Diese Eigenschaften sind nützlich, um zu verstehen, warum die Energie abgesenkt wird, wenn Paare von Teilchen kondensieren.

2-a Einteilchenverteilungen

Wir zeigen zunächst, dass die Einkörperverteilungen sehr ähnliche Eigenschaften wie in einem idealen Gas aufweisen.

α Impulsverteilung

Hat man einmal das Gap gefunden, dann liefern die Beziehungen (30) und (32) die Funktionswerte von $\theta_{\mathbf{k}}$, und Gl. (C-16) aus Kapitel XVII gibt die mittlere Teilchenzahl für jedes Paar von Zuständen $(\mathbf{k}\uparrow, -\mathbf{k}\downarrow)$ an. Weil in jedem Paar die beiden ebenen Wellen dieselbe Rolle spielen, ist ihre mittlere Teilchenzahl einfach die Hälfte, also $|v_{\mathbf{k}}|^2$. In Abb. 1 skizzieren wir das Verhalten der Besetzungszahlen $\langle n_{\mathbf{k},\nu}\rangle$ als Funktion der Energie e_k, also die Einteilchen-Impulsverteilung mit den optimierten Parametern $u_{\mathbf{k}}$ und $v_{\mathbf{k}}$. Für ein ideales Gas hatten wir in Ergänzung B_{XV} gesehen, dass sich eine Fermi-Dirac-Verteilung ergibt, und bei der Temperatur null (wie hier angenommen, weil wir den Grundzustand berechnen) verhält sich diese Verteilung wie eine Stufenfunktion: Sie springt an der Fermi-Kante $e_k = \mu$ von eins auf null (gestrichelte Kurve). Im BCS-Modell verschiebt sich die Kante zum chemischen Potential $\overline{\mu}$ hin, das sich von μ um das Molekularfeld unterscheidet [s. Gl. (41)]. Dies war als Effekt der mittleren Wechselwirkung (*mean field*) zwischen den Teilchen zu erwarten. Viel überraschender ist, dass die Verteilung keinen Sprung mehr aufweist, sondern stetig in einem Energiebereich von der Größenordnung des Gaps Δ von eins auf null fällt. Die Wechselwirkungen zwischen den Teilchen „entvölkern" also gewisse Zustandspaare und besetzen andere bei höheren kinetischen Energien. Einige Fermionen werden auf diese Weise aus dem Inneren der Fermi-Fläche nach außen befördert und gewinnen eine Energie von der Größenordnung Δ. Im Impulsraum beschränkt sich die Störung aufgrund der anziehenden Wechselwirkung also auf die Fermi-Fläche und ihre unmittelbare Umgebung, während die Fermionen tief im Inneren der Fermi-Kugel nicht davon betroffen sind.*

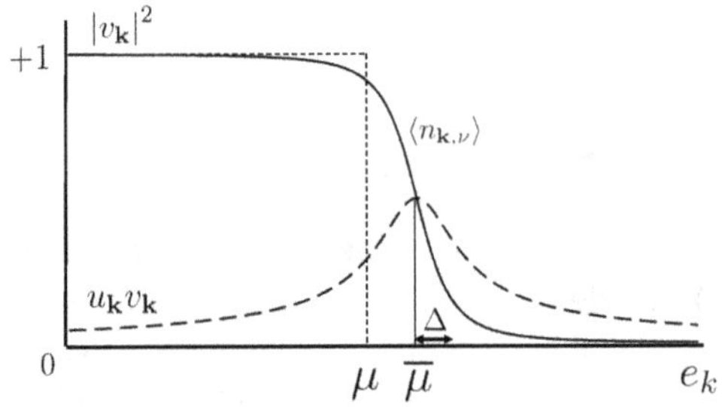

Abb. 1: Verhalten der Einteilchen-Verteilungsfunktion $\langle n_{\mathbf{k},\nu}\rangle = |v_{\mathbf{k}}|^2$ im BCS-Zustand als Funktion der Energie e_k. Ohne Wechselwirkungen ist dies eine Stufenfunktion (kurz gestrichelt), die bei $e_k = \mu$ von eins auf null springt (*Fermi-Kante*). Unter anziehenden Wechselwirkungen paaren sich die Fermionen, und die Fermi-Kante wird nach $\overline{\mu}$ hin verschoben und über einen Bereich von der Ordnung der Gap-Energie Δ (Pfeil) ausgeschmiert. Die lang gestrichelte Kurve beschreibt das Produkt $u_{\mathbf{k}}v_{\mathbf{k}}$ als Funktion von e_k: Es weist ein Maximum um $e_k = \overline{\mu}$ mit einer Breite von einigen Δ auf [s. § 2-b, Gl. (58)].

β Korrelationen im Ortsraum

Aus Kapitel XVI, Gl. (B-22) und Gl. (B-23) entnehmen wir die Einkörper-Korrelationsfunktion im Ortsraum:

$$G_1(\mathbf{r},\nu;\mathbf{r}',\nu') = \left\langle \Psi_\nu^\dagger(\mathbf{r})\Psi_{\nu'}(\mathbf{r}')\right\rangle = \langle \mathbf{r}',\nu'|\rho_{\mathrm{I}}|\mathbf{r},\nu\rangle \tag{47}$$

(hier ist ρ_{I} der reduzierte Einteilchen-Dichteoperator). Benutzen wir gemäß Gl. (A-14) in jenem Kapitel ebene Wellen als Basisfunktionen, dann ergibt sich die Darstellung

$$G_1(\mathbf{r},\nu;\mathbf{r}',\nu') = \frac{1}{L^3}\sum_{\mathbf{k},\mathbf{k}'} \mathrm{e}^{\mathrm{i}(\mathbf{k}'\cdot\mathbf{r}'-\mathbf{k}\cdot\mathbf{r})}\langle\Psi_{\mathrm{BCS}}|a_{\mathbf{k},\nu}^\dagger a_{\mathbf{k}',\nu'}|\Psi_{\mathrm{BCS}}\rangle \tag{48}$$

mit dem Erzeuger $a_{\mathbf{k},\nu}^\dagger$ in der Mode mit dem Impuls $\hbar\mathbf{k}$ und der Spinquantenzahl ν und einem analog definierten Vernichter $a_{\mathbf{k}',\nu'}$. Nun sind im gepaarten Zustand $|\Psi_{\mathrm{BCS}}\rangle$ die

* Anm. d. Ü.: In der Tat gilt in den meisten Anwendungen der BCS-Theorie die Ungleichung $\Delta \ll \mu$.

Besetzungszahlen für jedes Paar von Impulsen $\pm\mathbf{k}$ entweder null oder zwei. Der Mittelwert des Produkts $a^\dagger_{\mathbf{k},\nu}a_{\mathbf{k}',\nu'}$ in Gl. (48) verschwindet also, wenn die beiden Wellenvektoren zu verschiedenen Paaren gehören oder wenn die beiden Quantenzahlen innerhalb eines Paares sich unterscheiden. Übrig bleibt nur die einfache Summe

$$\begin{aligned} G_1(\mathbf{r},\nu;\mathbf{r}',\nu') &= \frac{1}{L^3}\delta_{\nu\nu'}\sum_{\mathbf{k}} \mathrm{e}^{\mathrm{i}\mathbf{k}\cdot(\mathbf{r}'-\mathbf{r})}\langle\Psi_{\mathrm{BCS}}|a^\dagger_{\mathbf{k},\nu}a_{\mathbf{k},\nu}|\Psi_{\mathrm{BCS}}\rangle \\ &= \frac{1}{L^3}\delta_{\nu\nu'}\sum_{\mathbf{k}} \mathrm{e}^{\mathrm{i}\mathbf{k}\cdot(\mathbf{r}'-\mathbf{r})}\langle\widehat{n}_{\mathbf{k},\nu}\rangle \end{aligned} \tag{49}$$

mit

$$\langle\widehat{n}_{\mathbf{k},\nu}\rangle = |v_{\mathbf{k}}|^2 \tag{50}$$

Die G_1-Korrelation ist also proportional zur Fourier-Transformierten der mittleren Besetzung $\langle\widehat{n}_{\mathbf{k},\nu}\rangle$ in der Mode $\mathbf{k}$, ν (also der Einteilchen-Impulsverteilung, d. Ü.). Diese Besetzung hat als typische Breite den Fermi-Wellenvektor k_{F}, und deswegen strebt G_1 für Abstände $|\mathbf{r}-\mathbf{r}'| \gg 1/k_{\mathrm{F}}$ nach null, d. h. wenn die beiden Koordinaten sich um mehr als eine mikroskopische Distanz unterscheiden. Es gibt also keine *nichtdiagonale langreichweitige Ordnung* in der Einkörperkorrelation des BCS-Zustands.

Die diagonale Korrelation erhält man für $\mathbf{r} = \mathbf{r}'$:

$$G_1(\mathbf{r},\nu;\mathbf{r},\nu') = \frac{\delta_{\nu\nu'}}{2L^3}\langle\widehat{N}\rangle = \tfrac{1}{2}\delta_{\nu\nu'}n_{\mathrm{BCS}} \tag{51}$$

mit der (mittleren) Teilchendichte n_{BCS}

$$n_{\mathrm{BCS}} = \frac{\langle\widehat{N}\rangle}{L^3} \tag{52}$$

Die Funktion $G_1(\mathbf{r},\nu;\mathbf{r},\nu)$ ist also räumlich konstant. Der Faktor 1/2 kommt dadurch zustande, dass die Gesamtdichte n_{BCS} sich gleichmäßig auf beide Spinzustände verteilt. Wir erhalten dasselbe Ergebnis wie für ein ideales Gas.

2-b Zweikörperverteilung. Paarwellenfunktion

Im Unterschied zu den Einkörperkorrelationen zeigen wir nun, dass die Verteilungen für zwei Teilchen sich völlig anders verhalten, was wegen des BCS-Mechanismus der Paarbildung auch zu erwarten ist.

α Impulsverteilung und scharfes Maximum

In Kapitel XV, Gl. (C-19) haben wir die Matrixelemente des reduzierten Zweiteilchen-Dichteoperators ρ_{II} bezüglich einer beliebigen Basis eingeführt. In der Impulsdarstellung erhalten wir:

$$\langle 1:\mathbf{k}'',\nu_3;2:\mathbf{k}''',\nu_4|\rho_{\mathrm{II}}|1:\mathbf{k},\nu_1;2:\mathbf{k}',\nu_2\rangle = \langle a^\dagger_{\mathbf{k},\nu_1}a^\dagger_{\mathbf{k}',\nu_2}a_{\mathbf{k}''',\nu_4}a_{\mathbf{k}'',\nu_3}\rangle \tag{53}$$

Wir interessieren uns vor allem für die diagonalen Matrixelemente, die die Korrelationen zwischen den Impulsen von zwei Teilchen beschreiben und betrachten deswegen den Spezialfall

$$\langle 1:\mathbf{k},\nu;2:\mathbf{k}',\nu'|\rho_{\mathrm{II}}|1:\mathbf{k},\nu;2:\mathbf{k}',\nu'\rangle = \langle a^\dagger_{\mathbf{k},\nu}a^\dagger_{\mathbf{k}',\nu'}a_{\mathbf{k}',\nu'}a_{\mathbf{k},\nu}\rangle \tag{54}$$

In diesem Ausdruck besetzen die Erzeuger exakt dieselben Moden, die durch die Vernichter „entvölkert" werden.

Für parallele Spins $\nu' = \nu$ ergibt sich

$$\langle 1:\mathbf{k},\nu;2:\mathbf{k}',\nu|\rho_{\mathrm{II}}|1:\mathbf{k},\nu;2:\mathbf{k}',\nu\rangle = |v_{\mathbf{k}}|^2\,|v_{\mathbf{k}'}|^2 \qquad (\text{für } \mathbf{k}' \neq \mathbf{k}) \tag{55}$$

und null, falls $\mathbf{k}' = \mathbf{k}$ (man erhält das Quadrat eines fermionischen Operators, das verschwindet). Dies ist das Produkt von Einteilchenbesetzungen [s. Gl. (50)], es gibt also keine Korrelation zwischen unterschiedlichen Impulsen.

Für antiparallele Spins und nichtgepaarte Wellenvektoren erhalten wir erneut ein Produkt aus zwei Besetzungen:[6]

$$\langle 1:\mathbf{k},\nu;2:\mathbf{k}',-\nu|\rho_{\mathrm{II}}|1:\mathbf{k},\nu;2:\mathbf{k}',-\nu\rangle = |v_{\mathbf{k}}|^2\,|v_{\mathbf{k}'}|^2 \qquad (\text{für } \mathbf{k}' \neq -\mathbf{k}) \tag{56}$$

Genau ein Singulett-Paar ist betroffen für $\mathbf{k}' = -\mathbf{k}$. Es wird von den Operatoren zunächst vernichtet und dann im selben Zustand erzeugt. (Diesen Beitrag würden wir durch das Diagramm 4 in Ergänzung B_{XVII} darstellen.) In diesem Fall geht in die Rechnung nur der Zustand $|\overline{\varphi}_{\mathbf{k}}\rangle$ ein und liefert

$$\langle 1:\mathbf{k},\nu;2:-\mathbf{k},-\nu|\rho_{\mathrm{II}}|1:\mathbf{k},\nu;2:-\mathbf{k},-\nu\rangle = |v_{\mathbf{k}}|^2 \tag{57}$$

Dieses Ergebnis unterscheidet sich nun von dem Produkt der beiden Besetzungen (mit dem kleineren Wert $|v_{\mathbf{k}}|^4$), es liegt also eine Korrelation vor. Außerdem beobachten wir ein unstetiges Verhalten: Ausgehend von Gl. (56) führt der Grenzfall $\mathbf{k}' \to -\mathbf{k}$ ebenfalls auf $|v_{\mathbf{k}}|^4$.

Für alle Werte der Quantenzahlen der zwei Teilchen, die nicht zu einem gepaarten Zustande gehören, stellen wir also fest, dass der Zweiteilchen-Dichteoperator in das Produkt von Einteilchen-Mittelwerten zerfällt. Dies bedeutet, dass keine Korrelation zwischen den Impulsen der Teilchen vorliegt. Man findet wie im Fall des Einteilchen-Dichteoperators, dass alle Zustände etwa bis zum Fermi-Wellenvektor k_F angefüllt sind, mit einer durch die Paarung verschmierten Fermi-Kante. Für antiparallele Spins und Impulse (wie es für ein Fermionenpaar der Fall sein sollte) beobachtet man

6 Beide Spineinstellungen $\nu = \uparrow, \downarrow$ liefern dasselbe Ergebnis, weil die Funktion $v_{\mathbf{k}}$ gerade ist. Auch für $\mathbf{k}' = \mathbf{k}$ sind zwei verschiedene Paare betroffen, weil die Spinquantenzahlen sich unterscheiden, und wir erhalten (56). (Wir erinnern an die Konvention, dass die Paare durch den Impuls des Teilchens im Spinzustand $\uparrow$ abgezählt werden.)

ein unstetiges (oder singuläres) Verhalten der Zweikörperkorrelation: Sie springt von $|v_{\mathbf{k}}|^4$ auf den größeren Wert $|v_{\mathbf{k}}|^2$ an der Stelle $\mathbf{k}' = -\mathbf{k}$. Die Unstetigkeit beträgt

$$\begin{aligned}\delta n_{\mathbf{k}}^{(2)} &= |v_{\mathbf{k}}|^2 - |v_{\mathbf{k}}|^4 = |v_{\mathbf{k}}|^2\left(1 - |v_{\mathbf{k}}|^2\right) \\ &= |u_{\mathbf{k}} v_{\mathbf{k}}|^2 \end{aligned} \tag{58}$$

Wir werden etwas später in § 2-b-β sehen, dass $\delta n_{\mathbf{k}}^{(2)}$ genau das Quadrat der Paarwellenfunktion bei $\mathbf{k}$ (also ihrer Fourier-Transformierten) ist. Die Unstetigkeit ist dort besonders ausgeprägt, wo das Produkt $u_{\mathbf{k}} v_{\mathbf{k}}$ große Werte aufweist. In Abb. 1 lesen wir ab, dass dies in einem Energieband um die Fermi-Fläche geschieht, dessen typische Breite von der Ordnung des Gaps Δ ist.

Die Impulsverteilung für Teilchenpaare hängt von sechs Komponenten $\mathbf{k}_1$ und $\mathbf{k}_2$ ab und ist deswegen nicht leicht grafisch darzustellen. Zur Vereinfachung wählen wir parallele Impulse, so dass die Verteilung dreidimensional dargestellt werden kann. In einer Ebene trägt man die beiden Impulsprojektionen $\hbar k_1$ und $\hbar k_2$ entlang einer festen Richtung auf und senkrecht dazu die Verteilung. Man erhält so eine Fläche, die in Abb. 2 links zu sehen ist.

Um die Verteilung im Detail besser zu sehen, legen wir Schnittebenen parallel zur Winkelhalbierenden $k_2 = k_1$ durch diese Fläche (die gestrichelten Linien in Abb. 2 rechts). Die Differenz $D = k_1 - k_2$ ist dort konstant, und man kann die Verteilung als Funktion der Summe $k_1 + k_2$ auftragen. Dies wird in Abb. 3 gezeigt, in der die horizontale Achse den dimensionslosen Gesamtimpuls

$$q = \frac{k_1 + k_2}{2k_F} \tag{59}$$

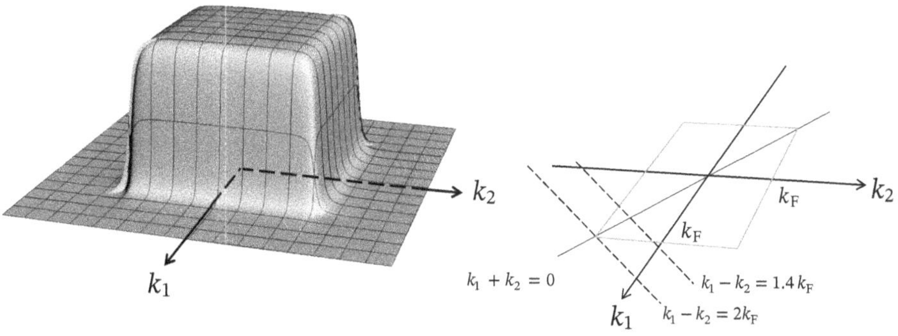

Abb. 2: Links die Verteilungsfunktion im Impulsraum für zwei Teilchen, für zwei parallele Impulse $\hbar\mathbf{k}_1$ und $\hbar\mathbf{k}_2$. Auf den absteigenden Flanken und vor allem an den beiden Ecken (dort ist $\mathbf{k}_1 + \mathbf{k}_2 = \mathbf{0}$), beobachtet man einen kleinen Grat, der auf eine partielle Bose-Einstein-Kondensation hinweist. Um diese Struktur besser zu erkennen, sind in Abb. 3 Schnitte durch die Verteilung dargestellt. Sie liegen auf den diagonalen Linien, die rechts gestrichelt eingetragen sind. Die Abbildung wurde für $\Delta = 0.1\,E_F$ berechnet.

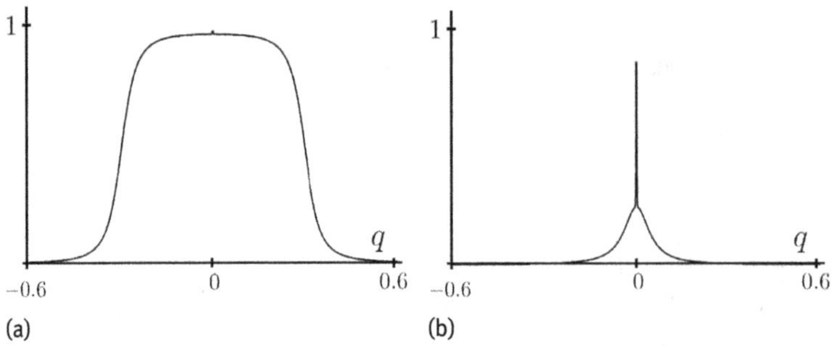

Abb. 3: Darstellung der Impulsverteilung für zwei Teilchen mit parallelen Impulsen $\mathbf{k}_1$ und $\mathbf{k}_2$. Aufgetragen sind zwei Schnitte durch die Fläche aus Abb. 2 links. Auf der Ordinate ist die Summe ihrer Projektionen $q = (k_1 + k_2)/2k_F$ aufgetragen, bei fester Differenz $D = k_1 - k_2$. (a) $D = 1.4\,k_F$, (b) $D = 2\,k_F$. Die Daten wurden für $\Delta = 0.1\,E_F$ berechnet.
Die linke Kurve ist ein abgerundetes Rechteck, das für kleine q konstant ist und bei $\pm q \approx 1 - D/2k_F = 0.3$ über eine verschmierte Fermi-Kante auf null fällt, ähnlich wie in Abb. 1. Die Kante ist umso schärfer, je kleiner das Gap Δ ist. Nur ein winziger Peak bei $q = 0$ weist auf eine Singularität hin.
Die mittlere Kurve verläuft im Punkt $q = 0$ durch die Fermi-Fläche, dort sind die Impulse entgegengesetzt gleich: $k_1 = k_F = -k_2$ und liegen in der abgerundeten Zone der Einteilchenverteilung. Die Singularität bei $q = 0$ ist deutlich zu sehen und zeigt an, dass „Moleküle" in einem Zustand mit Schwerpunktimpuls null kondensiert sind. Die Höhe des zentralen Peaks gibt die Besetzung des entsprechenden Zustands an, er ist unendlich schmal, weil es sich um ein diskretes Niveau handelt.

beschreibt. In dieser Darstellung parametrisieren die Werte von q eine Gerade in der (k_1, k_2)-Ebene, wobei zu $q = 0$ ein Fermionenpaar mit antiparallelen Impulsen gehört. Für eine gegebene Differenz D entspricht dies den Werten $k_1 = D/2$ und $k_2 = -D/2$. Das Kondensat von Fermionenpaaren ist allerdings nur in der Nähe der Fermi-Fläche besonders sichtbar, also für $k_1 = -k_2 \simeq \pm k_F$, was auf $D \simeq \pm 2k_F$ führt. In Abb. 3 links ist D kleiner als dieser Wert. Die Verteilung ist dann fast rechteckig und wegen des kleinen Gaps Δ nur leicht abgerundet (wie in Abb. 1). Für die rechte Kurve ist $D = 2k_F$ gewählt, so dass beide Impulse für $q = 0$ auf der Fermi-Fläche liegen, auf den Flanken der Verteilung von Abb. 2 links. Man sieht einen abgerundeten Sockel und darauf einen spitzen Peak, an dessen Höhe man die Besetzung im Zustand mit Gesamtimpuls null ablesen kann. An diesem Peak können wir das singuläre Verhalten der Impulsverteilung festmachen.

Die Singularität der Impulsverteilung tritt für diejenigen Fermionenpaare auf, deren Schwerpunktimpuls null ist, und ist kennzeichnend für ein Kondensat von Paaren. Die Kondensation bleibt im Gegensatz zu Bosonen eine partielle, weil der Peak auf einem Sockel erscheint, der von der Mehrzahl der nicht kondensierten Teilchen herrührt. Es kondensieren nur die Modenpaare, bei denen beide Bausteine Energien in einem Band der Breite Δ um das Fermi-Niveau E_F haben. Trotz dieser Einschränkungen zählt man die BCS-Kondensation von Fermionenpaaren zu derselben Familie von Phasenübergängen wie die Bose-Einstein-Kondensation von einander abstoßenden

Bosonen. In Ergänzung A_{XVII}, § 2-b-γ befassen wir uns mit der Verbindung zwischen dieser Kondensation und dem Auftreten eines Ordnungsparameters für das Teilchenpaarfeld.

β Korrelationen im Ortsraum

Erinnern wir uns, dass die G_1-Korrelation keine Anzeichen für die Wechselwirkungen zwischen Fermionen aufweist. Weil sich die BCS-Theorie allerdings auf das Paaren von Teilchen stützt, kann man erneut damit rechnen, dass die interessanten Eigenschaften in der Zweikörperkorrelation auftreten. Diesen wenden wir uns nun zu, beschränken uns allerdings auf die "*diagonale* Korrelation, die analog zu Gl. (54) im Ortsraum definiert wird [s. auch Kapitel XVI, Gl. (B-36)]:

$$
\begin{aligned}
G_2\left(\mathbf{r}, \nu; \mathbf{r}', \nu'\right) &= \langle \Psi_\nu^\dagger(\mathbf{r}) \Psi_{\nu'}^\dagger(\mathbf{r}')\, \Psi_{\nu'}(\mathbf{r}') \Psi_\nu(\mathbf{r}) \rangle \\
&= \langle 1:\mathbf{r}, \nu; 2:\mathbf{r}', \nu' | \rho_{\mathrm{II}} | 1:\mathbf{r}, \nu; 2:\mathbf{r}', \nu' \rangle
\end{aligned}
\tag{60}
$$

Entwickelt nach ebenen Wellen ergibt sich

$$
G_2(\mathbf{r}, \nu; \mathbf{r}', \nu') = \frac{1}{L^6} \sum_{\mathbf{k},\mathbf{k}',\mathbf{k}'',\mathbf{k}'''} \mathrm{e}^{\mathrm{i}[(\mathbf{k}-\mathbf{k}''')\cdot\mathbf{r}+(\mathbf{k}'-\mathbf{k}'')\cdot\mathbf{r}']} \langle a_{\mathbf{k}''',\nu}^\dagger a_{\mathbf{k}'',\nu'}^\dagger\, a_{\mathbf{k}',\nu'} a_{\mathbf{k},\nu} \rangle \tag{61}
$$

Den Mittelwert dieses Produkts aus vier Operatoren haben wir in Ergänzung B_{XVII}, § 3 ausgewertet, wo das mittlere Wechselwirkungspotential bestimmt wurde. Wir hatten dort allerdings über die Spins summiert, während sie hier feste Werte haben. In Abb. 4 sind alle Terme in Gl. (61) schematisch dargestellt. Die einlaufenden Linien bezeichnen die Teilchen, die (unter der Wirkung der Vernichter) verschwinden. Zu jedem Wert von $\mathbf{k}$ gehört eine Position $\mathbf{r}$, an der für ein einlaufendes Teilchen die ebene Welle $\mathrm{e}^{\mathrm{i}\mathbf{k}\cdot\mathbf{r}}$ ausgewertet wird. Die auslaufende Linien bezeichnen die Erzeugungsoperatoren und die e-Funktionen $\mathrm{e}^{-\mathrm{i}\mathbf{k}\cdot\mathbf{r}}$. Jede Linie ist außerdem mit einer Spinquantenzahl bezeichnet.

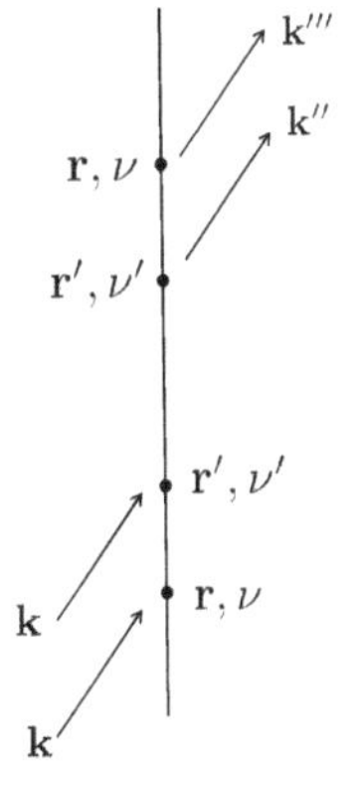

Abb. 4: Symbolische Darstellung der Terme, die in der Zweikörperkorrelation (61) auftreten. Die Linien unten links bezeichnen einlaufende Teilchen, die durch Operatoren $a_{\mathbf{k}}$ vernichtet werden; die Linien oben rechts auslaufende Teilchen, die etwa von $a_{\mathbf{k}''}^\dagger$ erzeugt werden. Die ersten beiden Linien tragen mit einem positiven Phasenfaktor, etwa $\mathrm{e}^{\mathrm{i}\mathbf{k}\cdot\mathbf{r}}$, bei, die anderen beiden mit dem konjugierten Faktor. Die Indizes ν, ν' bezeichnen die Spinzustände.

1. Parallele Spins ($\nu = \nu'$)

Die Vernichter zu den Impulsen $\mathbf{k}$ und $\mathbf{k}'$ betreffen notwendigerweise verschiedene Paare. Der Mittelwert verschwindet nur dann nicht, wenn die Erzeuger $a^\dagger_{\mathbf{k}''',\nu} a^\dagger_{\mathbf{k}'',\nu}$ die Besetzung dieser Paare auf einen geraden Wert zurücksetzen. Wir finden so den direkten Term $(\mathbf{k}, \mathbf{k}') = (\mathbf{k}''', \mathbf{k}'')$ und den Austauschterm $(\mathbf{k}, \mathbf{k}') = (\mathbf{k}'', \mathbf{k}''')$. Der direkte Term liefert (nach zwei Antivertauschungen) das räumlich konstante Ergebnis[7]

$$\frac{1}{L^6} \sum_{\mathbf{k},\mathbf{k}'} \langle \overline{\varphi}_{\mathbf{k}} | a^\dagger_{\mathbf{k},\nu} a_{\mathbf{k},\nu} | \overline{\varphi}_{\mathbf{k}} \rangle \langle \overline{\varphi}_{\mathbf{k}'} | a^\dagger_{\mathbf{k}',\nu} a_{\mathbf{k}',\nu} | \overline{\varphi}_{\mathbf{k}'} \rangle = \frac{1}{L^6} \sum_{\mathbf{k},\mathbf{k}'} |v_{\mathbf{k}}|^2 \, |v_{\mathbf{k}'}|^2 \tag{62}$$

während der Austauschterm nach einmal Antivertauschen auf

$$\begin{aligned} &-\frac{1}{L^6} \sum_{\mathbf{k},\mathbf{k}'} \mathrm{e}^{\mathrm{i}(\mathbf{k}-\mathbf{k}')\cdot(\mathbf{r}-\mathbf{r}')} \langle \overline{\varphi}_{\mathbf{k}} | a^\dagger_{\mathbf{k},\nu} a_{\mathbf{k},\nu} | \overline{\varphi}_{\mathbf{k}} \rangle \langle \overline{\varphi}_{\mathbf{k}'} | a^\dagger_{\mathbf{k}',\nu} a_{\mathbf{k}',\nu} | \overline{\varphi}_{\mathbf{k}'} \rangle \\ &= -\frac{1}{L^6} \sum_{\mathbf{k},\mathbf{k}'} \mathrm{e}^{\mathrm{i}(\mathbf{k}-\mathbf{k}')\cdot(\mathbf{r}-\mathbf{r}')} |v_{\mathbf{k}}|^2 \, |v_{\mathbf{k}'}|^2 \end{aligned} \tag{63}$$

führt. Wir fassen beide Terme unter Verwendung von Gl. (6) zu

$$G_2(\mathbf{r}, \nu; \mathbf{r}', \nu) = \left(\frac{\langle \widehat{N} \rangle}{2L^3} \right)^2 \left\{ 1 - \left[F(\mathbf{r} - \mathbf{r}') \right]^2 \right\} \tag{64}$$

zusammen, wobei der Austauschterm durch die folgende (reelle) Funktion

$$F(\mathbf{r}) = \frac{2}{\langle \widehat{N} \rangle} \sum_{\mathbf{k}} \mathrm{e}^{\mathrm{i}\mathbf{k}\cdot\mathbf{r}} \, |v_{\mathbf{k}}|^2 \tag{65}$$

beschrieben wird. Dieses Ergebnis hat dieselbe Struktur wie in Ergänzung A_{XVI} die Beziehung (22), wenn wir berücksichtigen, dass jeder Spinzustand die Hälfte der Teilchenzahl $\langle \widehat{N} \rangle$ ausmacht. Wir lesen ab, dass die Korrelationsfunktion für parallele Spins ein *Austauschloch* enthält, das sehr ähnlich wie in Abb. 2 der genannten Ergänzung aussehen wird. Das Austauschloch wird sich über eine räumliche Breite von der Ordnung der Fermi-Wellenlänge $1/k_F$ erstrecken. Die Form wird leicht unterschiedlich sein, weil die Besetzungen $|v_{\mathbf{k}}|^2$ sich nicht exakt wie eine Stufenfunktion verhalten.

2. Antiparallele Spins ($\nu \neq \nu'$)

Es ist möglich, dass beide Vernichter (oder beide Erzeuger) auf demselben Modenpaar agieren. In diesem Fall haben wir es mit einem Beitrag der Vernichtung und Erzeugung von Paaren zu tun [Typ (**II**) in der Liste von Kapitel XVII, § D-1-a]. In Abb. 5 haben wir drei Typen von Diagrammen skizziert, die in der Korrelationsfunktions für antiparallele Spins auftreten: (**I**) Vorwärtsstreuung, (**II**) Paar-Paar-Streuung und (**III**) Sonderfall. Die Summe aller Beiträge haben wir in Kapitel XVII, § D-2 berechnet [s. Gl. (D-8)]:

$$G_2(\mathbf{r}, \nu; \mathbf{r}', -\nu) \simeq \left(\frac{\langle \widehat{N} \rangle}{2L^3} \right)^2 + \left| \phi_{\text{Paar}}(\mathbf{r} - \mathbf{r}') \right|^2 \tag{66}$$

7 Für $\nu = \downarrow$ entstehen eigentlich die Parameter $v_{-\mathbf{k}}$ und $v_{-\mathbf{k}'}$, aber weil über $\mathbf{k}$ und $\mathbf{k}'$ summiert wird, ändert dies nichts am Ergebnis.

Hier ist $\phi_{\text{Paar}}(\mathbf{r}-\mathbf{r}')$ die (nichtnormierte) *Paarwellenfunktion* mit der Definition[8]

$$\phi_{\text{Paar}}(\mathbf{r}) = \frac{1}{L^3}\sum_{\mathbf{k}} u_{\mathbf{k}} v_{\mathbf{k}}\, \mathrm{e}^{-\mathrm{i}\mathbf{k}\cdot\mathbf{r}} = \frac{\Delta}{2L^3}\sum_{\mathbf{k}} \frac{\mathrm{e}^{-\mathrm{i}\mathbf{k}\cdot\mathbf{r}}}{\sqrt{(\xi_k)^2+\Delta^2}} \tag{67}$$

die wir bereits in Kapitel XVII, Gl. (D-14) eingeführt hatten. Wir finden auch die Beziehungen (38) und (39) aus Ergänzung A_{XVII}, § 2-c wieder, die wir mit der Methode der Feldoperatoren für Teilchenpaare erhielten. Der zweite Term in Gl. (66) entsteht also dadurch, dass sich ein Paarfeld mit einem makroskopisch großen Mittelwert bildet, der als Ordnungsparameter aufgefasst werden kann, wie in Ergänzung A_{XVII} besprochen.

Weil die G_2-Funktion in Gl. (66) nicht das Produkt der Dichten bei $\mathbf{r}$ und $\mathbf{r}'$ ist, sind zwei Teilchen mit antiparallelen Spins im BCS-Zustand räumlich korreliert, im Gegensatz zum idealen Fermi-Gas (s. Ergänzung A_{XVI}, § 2-b). Die Korrelation wird durch das Quadrat der Paarwellenfunktion $\phi_{\text{Paar}}(\mathbf{r}-\mathbf{r}')$ beschrieben, die die Fourier-Transformierte der BCS-Parameter $u_{\mathbf{k}}v_{\mathbf{k}}$ ist. Diese Wellenfunktion unterscheidet sich von $\chi(\mathbf{r}-\mathbf{r}')$, die in die Konstruktion des BCS-Ansatzes eingeht (Kapitel XVII, § D-2) und die

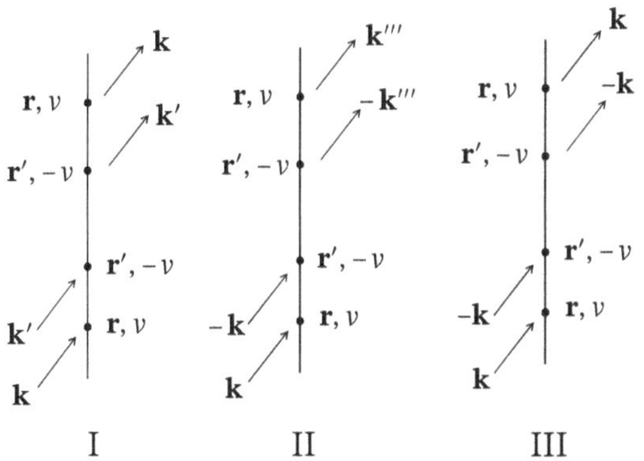

Abb. 5: Symbolische Darstellung der Beiträge zur Zweikörperkorrelation für antiparallele Spins ($\nu \neq \nu'$). Im Diagramm (I) werden zwei Teilchen vernichtet und in denselben Moden erzeugt (Vorwärtsstreuung). Das Diagramm (II) beschreibt das Vernichten von zwei gepaarten Teilchen, die in einem anderen Modenpaar erzeugt werden (Paarstreuung). Der Prozess (III) ist ein Spezialfall der anderen beiden und liefert einen zu vernachlässigenden Beitrag. Die Korrelationsfunktion G_2 zeigt wegen der Typ-II-Prozesse eine nichttriviale Abhängigkeit von den Koordinaten $\mathbf{r}-\mathbf{r}'$.

8 Wegen des Vorfaktors $1/L^3$ in Gl. (67) können wir eine Paarwellenfunktion definieren, die im thermodynamischen Grenzfall (L und $\langle\widehat{N}\rangle$ makroskopisch) gegen einen wohldefinierten Wert strebt. Das Quadrat $|\phi_{\text{Paar}}|^2$ ist nämlich nicht invers proportional zu einem Volumen wie eine übliche Wellenfunktion, sondern skaliert mit $1/L^6$. Man muss ϕ_{Paar} als eine Zweikörper-Wellenfunktion auffassen, also als das Produkt einer ebenen Welle $1/L^{3/2}$ für die Schwerpunktskoordinate (mit Impuls null) mit einer Wellenfunktion für die Relativkoordinate.

den Feldoperator für Teilchenpaare (s. Ergänzung A_{XVII}) definiert. In § 3-a-α kommen wir auf die Bedeutung des Wechselwirkungspotentials für die Energiebilanz zurück und argumentieren, dass wir es hier mit einer *dynamischen* (und keiner *statistischen*) Korrelation zu tun haben, die durch die Wechselwirkung unter den Fermionen entsteht.

3. Physikalische Interpretation

Der erste Term in der Korrelationsfunktion (66) ist von den Koordinaten $\mathbf{r}$, $\mathbf{r}'$ unabhängig und ist einfach ein Produkt von zwei Teilchendichten. Der zweite Term hängt dagegen von der Differenz $\mathbf{r} - \mathbf{r}'$ ab, und wir wollen diesen Beitrag hier als die Folge einer quantenmechanischen Interferenz veranschaulichen.

Er entsteht durch das Vernichten und Erzeugen von Paaren, was durch die Beziehungen $\mathbf{k} = -\mathbf{k}'$ und $\mathbf{k}'' = -\mathbf{k}'''$ in Gl. (61) ausgedrückt wird. Wir schneiden diesen Term jetzt „in der Mitte auf" und führen ihn auf eine Quanteninterferenz zurück. In der Tat können wir den Mittelwert des Operatorprodukts für antiparallele Spins so zerlegen:

$$\begin{aligned}\langle a^\dagger_{\mathbf{k}''',\nu} a^\dagger_{-\mathbf{k}''',-\nu} a_{-\mathbf{k},-\nu} a_{\mathbf{k},\nu}\rangle &= \langle \Psi_{\text{BCS}} | a^\dagger_{\mathbf{k}''',\nu} a^\dagger_{-\mathbf{k}''',-\nu} a_{-\mathbf{k},-\nu} a_{\mathbf{k},\nu} | \Psi_{\text{BCS}}\rangle \\ &= \langle \widetilde{\Psi}(\mathbf{k}''') | \widetilde{\Psi}(\mathbf{k})\rangle \end{aligned} \tag{68}$$

wobei die Zustände $|\widetilde{\Psi}(\mathbf{k})\rangle$ und $|\widetilde{\Psi}(\mathbf{k}''')\rangle$ durch

$$|\widetilde{\Psi}(\mathbf{k})\rangle = a_{-\mathbf{k},-\nu} a_{\mathbf{k},\nu} |\Psi_{\text{BCS}}\rangle \tag{69}$$

definiert sind. Die Beziehung (66) schreiben wir damit als

$$G_2\left(\mathbf{r}, \nu; \mathbf{r}', -\nu\right) \simeq \left(\frac{\langle \widehat{N}\rangle}{2L^3}\right)^2 + \frac{1}{L^6} \sum_{\mathbf{k},\mathbf{k}'''} e^{i(\mathbf{k}-\mathbf{k}''')\cdot(\mathbf{r}-\mathbf{r}')} \langle \widetilde{\Psi}(\mathbf{k}''') | \widetilde{\Psi}(\mathbf{k})\rangle \tag{70}$$

Die positionsabhängigen Korrelationen kann man also als die Interferenz (Überlapp) von zwei Prozessen interpretieren: In einem wird das Teilchenpaar mit den Impulsen $(\mathbf{k}, -\mathbf{k})$ vernichtet, im anderen das Paar $(\mathbf{k}''', -\mathbf{k}''')$. Beide Prozesse sind in Abb. 6 schematisch dargestellt.

Nun gilt gemäß Gl. (1) und Gl. (69):

$$|\widetilde{\Psi}(\mathbf{k})\rangle = v_{\mathbf{k}} | n_{\mathbf{k}} = 0; n_{-\mathbf{k}} = 0\rangle \bigotimes_{\mathbf{k}' \neq \mathbf{k}} |\overline{\varphi}_{\mathbf{k}'}\rangle \tag{71}$$

Die beiden Zustände $|\widetilde{\Psi}(\mathbf{k})\rangle$ und $|\widetilde{\Psi}(\mathbf{k}''')\rangle$ sind für $\mathbf{k} \neq \mathbf{k}'''$ weder identisch noch orthogonal. Sie stimmen nämlich nur in den Komponenten (Faktoren im Tensorprodukt) überein, die sich von den Modenpaaren $(\mathbf{k}\uparrow, -\mathbf{k}\downarrow)$ und $(\mathbf{k}'''\uparrow, -\mathbf{k}'''\downarrow)$ unterscheiden. Für diese beiden Paare entsteht der Überlapp durch die Vakuumkomponenten von $|\overline{\varphi}_{\mathbf{k}}\rangle$ und $|\overline{\varphi}_{\mathbf{k}'''}\rangle$, in denen die Moden leer sind. Wir erhalten daraus

$$\langle \widetilde{\Psi}(\mathbf{k}''') | \widetilde{\Psi}(\mathbf{k})\rangle = v^*_{\mathbf{k}'''} u_{\mathbf{k}'''} u^*_{\mathbf{k}} v_{\mathbf{k}} \tag{72}$$

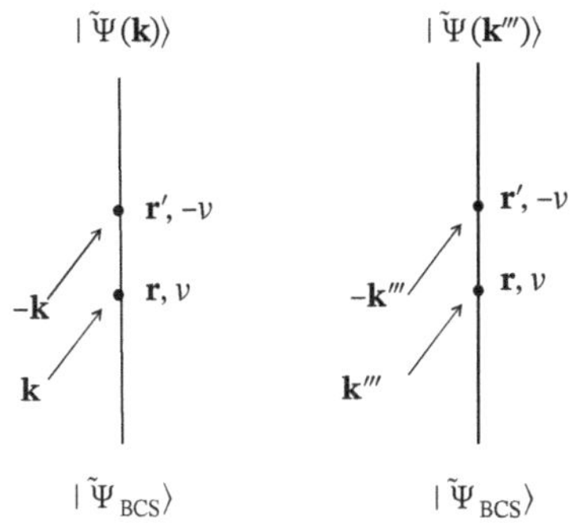

Abb. 6: Symbolische Darstellung für das Vernichten von zwei Paaren aus dem gepaarten Zustand $|\Psi_{BCS}\rangle$. Die Endzustände $|\widetilde{\Psi}(\mathbf{k})\rangle$ und $|\widetilde{\Psi}(\mathbf{k}''')\rangle$ sind nicht orthogonal. Ihr Überlapp führt zu einem Interferenzterm und erzeugt eine abstandsabhängige Zweikörperkorrelation.

Dies in Gleichung (70) eingesetzt, erhalten wir die Korrelationsfunktion (66). Ihre räumliche Abhängigkeit entsteht also in der Tat durch die Interferenz zwischen den in Abb. 6 schematisch dargestellten Prozessen.

Man könnte auch aus Ergänzung A_{XVII} die Beziehung (68) verwenden, um das Produkt $\Psi_{-\nu}(\mathbf{r}')\,\Psi_\nu(\mathbf{r})$ durch den Feldoperator für Fermionenpaare auszudrücken. Auch auf diese Weise kann man sehen, wie die Paarung der Fermionen die Zweikörperkorrelation (66) bestimmt.

2-c Eigenschaften der Paarwellenfunktion. Kohärenzlänge

Wir werden sehen, dass die Paarwellenfunktion eine wichtige Rolle in der BCS-Theorie spielt, und zwar nicht nur für die Zweikörperkorrelation. Ihre Reichweite bestimmt nämlich die Kohärenzlänge des Fermionensystems, und ihre Norm hängt mit der Anzahl der Feldquanten zusammen, die das Kondensat des Paarfelds besetzen. (s. Ergänzung A_{XVII}).

α Qualitatives Verhalten

Weil in die Parameter $u_\mathbf{k}$ und $v_\mathbf{k}$ nur der Betrag von $\mathbf{k}$ eingeht, können wir zum Ausrechnen von $\phi_{\text{Paar}}(\mathbf{r})$ in Gl. (67) die Formeln für die dreidimensionale Fourier-Transformation verwenden [s. Anhang I, Gl. (52)]. Wir ersetzen die Summe über $\mathbf{k}$ durch ein Integral und erhalten für die Paarwellenfunktion

$$\begin{aligned}\phi_{\text{Paar}}(\mathbf{r}) &= \left(\frac{1}{2\pi}\right)^3 \int \mathrm{d}^3k\, \mathrm{e}^{-\mathrm{i}\mathbf{k}\cdot\mathbf{r}} u_\mathbf{k} v_\mathbf{k} \\ &= \frac{1}{(2\pi)^2}\frac{\Delta}{r}\int_0^\infty k\,\mathrm{d}k \frac{\sin kr}{\sqrt{(e_k-\overline{\mu})^2+\Delta^2}}\end{aligned} \tag{73}$$

Sie ist also reell. Aus Abb. 1 entnehmen wir das Verhalten des Integranden $u_\mathbf{k}v_\mathbf{k}$. Er hat ein Maximum in der Nähe der Fermi-Fläche mit einer Breite (in der Energie) von der Ordnung des Gaps Δ. Die Fourier-Transformierte von $\phi_{\text{Paar}}(\mathbf{r})$ ist also um den Bereich

$|\mathbf{k}| \simeq k_F$ konzentriert. Die Breite δk dieses Bereichs können wir abschätzen, indem wir eine Variation der Energie von der Ordnung Δ in den Impulsraum übersetzen:

$$\delta e_k = \frac{\hbar^2}{2m} 2k_F \delta k \simeq \Delta \quad \text{also} \quad \frac{\delta k}{k_F} \simeq \frac{\Delta}{2E_F} \tag{74}$$

Die Paarwellenfunktion ist also eine oszillierende Funktion[9] von $\mathbf{r}$ mit einer Periode von der Größenordnung der Fermi-Wellenlänge $1/k_F$. Ihre Amplitude nimmt mit dem Abstand auf einer Skala von der Ordnung der Längenskala ξ_{Paar} ab, die in der Literatur überlicherweise so definiert wird:

$$\xi_{\text{Paar}} = \frac{2}{\pi \delta k} = \frac{2\hbar^2 k_F}{\pi m \Delta} = \frac{1}{k_F} \frac{4E_F}{\pi \Delta} \tag{75}$$

Wegen des Faktors $E_F/\Delta \gg 1$ ist dies viel größer als der mittlere Abstand zwischen Fermionen. Die Fermionenpaare erstrecken sich also über ein relativ großes Volumen und werden sich räumlich stark überlappen. In einem Supraleiter nennt man ξ_{Paar} die *Kohärenzlänge*: Sie bestimmt die Skala, auf der das System sich an eine Randbedingung im Ortsraum anpassen kann. Sie spielt also eine ähnliche Rolle wie die *Relaxationslänge*, die wir in Ergänzung C_{XV}, § 4-b für kondensierte Bosonen eingeführt hatten.[10]

Die Paarung von Fermionen verändert also deutlich die Korrelationen für antiparallele Spins, während diese Teilchen in einem idealen Gas überhaupt nicht korreliert waren. Die Zweikörperkorrelation ist positiv, was auf eine Tendenz zum Gruppieren hinweist, im Gegensatz zur Pauli-Abstoßung. Genau dieser Effekt senkt die Energie der Teilchen aufgrund der Wechselwirkung ab (s. unten § 2-c-γ). Dagegen hat die Paarung keinen markanten Einfluss auf die Korrelationen zwischen spinparallelen Teilchen, die weiterhin wie in einem idealen Gas aussehen und ein Austauschloch von der Größenordnung $1/k_F$ zeigen. Der Beziehung (75) entnehmen wir, dass die Breite des Lochs viel kleiner als der Abstand ξ_{Paar} ist, auf dem sich die Korrelationen zwischen antiparallelen Spins ausbilden.

Wir beobachten erneut, dass die Paarwellenfunktion wenig mit der Zweiteilchen-Wellenfunktion $\chi(\mathbf{r}_1 - \mathbf{r}_2)$ gemein hat, die in Kapitel XVII verwendet wurde, um den BCS-Ansatz für den N-Teilchen-Zustand zu konstruieren. Aus Gl. (3) ergibt sich ja, dass die Fourier-Transformierte von χ durch $g_{\mathbf{k}} = v_{\mathbf{k}}/u_{\mathbf{k}}$ gegeben ist. Dies sollte übrigens nicht überraschen, denn in dem BCS-Ansatz wird derselbe Erzeugungsoperator von Teilchenpaaren immer wieder angewendet, und dies fügt dem System *nicht* jedes Mal ein Paar hinzu, weil das Antisymmetrisieren eine dominante Rolle spielt. Wenn wir

---

9 Dies kann man auch aus dem räumlichen Integral über $\phi_{\text{Paar}}(\mathbf{r})$ sehen, das sich aufgrund von Gl. (73) zu $u_0 v_0 = u_0(1 - u_0^2)^{1/2}$ ergibt. Dies ist praktisch null, weil im Zentrum der Fermi-Kugel wegen Gl. (27) $u_0 \approx 1$ gilt.

10 Der Leser sollte die Kohärenzlänge ξ_{Paar} nicht mit der *Londonschen Eindringtiefe* verwechseln, auf der ein Magnetfeld von außen in den Supraleiter eindringt. Diese Tiefe hängt nämlich von der Ladung der Teilchen ab.

die P-te Potenz des Operators $\sum_{\mathbf{k}} g_{\mathbf{k}}\, a^{\dagger}_{\mathbf{k}\uparrow} a^{\dagger}_{-\mathbf{k}\downarrow}$ ausmultiplizieren, verschwindet das Ergebnis für alle Produkte, in denen sich ein Wellenvektor $\mathbf{k}$ wiederholt (zwei Fermionen dürfen nicht denselben Zustand besetzen). Dies ist der Grund dafür, dass sich die Paare in einem N-Teilchen-Zustand tiefgreifend von der Wellenfunktion $\chi(\mathbf{r}_1 - \mathbf{r}_2)$ unterscheiden.

β Norm

Gemäß Gl. (67) haben wir folgendes Ergebnis für die Fourier-Komponente der Paarwellenfunktion (geschrieben als die Projektion eines Kets $|\phi_{\text{Paar}}\rangle$ auf den normierten Zustand $|\mathbf{k}\rangle$)

$$\langle \mathbf{k}|\phi_{\text{Paar}}\rangle = \frac{u_{\mathbf{k}} v_{\mathbf{k}}}{L^{3/2}} \tag{76}$$

gefunden. Das Normquadrat dieses Kets ist

$$\langle \phi_{\text{Paar}}|\phi_{\text{Paar}}\rangle = \frac{1}{L^3} \sum_{\mathbf{k}} |u_{\mathbf{k}} v_{\mathbf{k}}|^2 \tag{77}$$

Wir gehen von der Summe auf ein Integral über und erhalten

$$\begin{aligned} \langle \phi_{\text{Paar}}|\phi_{\text{Paar}}\rangle &= \frac{1}{L^3} \left(\frac{L}{2\pi}\right)^3 \int \mathrm{d}^3 k\, |u_{\mathbf{k}} v_{\mathbf{k}}|^2 \\ &= \frac{\Delta^2}{4L^3} \int_0^{\infty} \frac{D(e_k)\, \mathrm{d}e_k}{(e_k - \overline{\mu})^2 + \Delta^2} \end{aligned} \tag{78}$$

In der zweiten Zeile integrieren wir über die Energie e_k und verwenden dazu die (extensive) Zustandsdichte $D(e_k)$ [s. Gl. (39)]. Das Integral konvergiert, weil $D(e_k)$ lediglich mit $\sqrt{e_k}$ skaliert. Der Integrand ist um das effektive chemische Potential konzentriert, $e_k \approx \overline{\mu}$, mit einer kleinen Breite $\Delta \ll \overline{\mu}$. Deswegen kann man in guter Näherung die Zustandsdichte an der Fermi-Energie auswerten $D(e_k) \approx D(\overline{\mu}) = D_{\text{F}}$, sie aus dem Integral ziehen und die untere Integralgrenze nach $-\infty$ schieben. Wir erkennen das Integral über eine Lorentz-Kurve wieder (s. Anhang II, § 1-b):

$$\int_{-\infty}^{\infty} \frac{\mathrm{d}e_k}{(e_k - \overline{\mu})^2 + \Delta^2} = \frac{\pi}{\Delta} \tag{79}$$

und erhalten

$$\langle \phi_{\text{Paar}}|\phi_{\text{Paar}}\rangle = \frac{\pi}{4} \frac{D_{\text{F}}\Delta}{L^3} \tag{80}$$

In Ergänzung A_{XVII} zeigen wir folgende Eigenschaften: Die Norm $\langle \phi_{\text{Paar}}|\phi_{\text{Paar}}\rangle^{1/2}$ liefert den Mittelwert $\langle \Phi_{\text{Paar}}(\mathbf{r})\rangle$ des Paarfelds, also den Ordnungsparameter (s. § 2-a-β dort). Das Normquadrat $\langle \phi_{\text{Paar}}|\phi_{\text{Paar}}\rangle$ bestimmt das Verhalten der Korrelationsfunktion $\langle \Phi^{\dagger}_{\text{Paar}}(\mathbf{R})\Phi_{\text{Paar}}(\mathbf{R}')\rangle$ bei großen Abständen (s. § 2-b-β) und bestimmt die Intensität des Paarfelds (oder etwas einfacher ausgedrückt: die Anzahl der Quanten in diesem Feld).[11]

Andererseits haben wir in § 2-b-α einen Peak in der Impulsverteilung beobachtet, der auf ein Bose-Einstein-Kondensat von Paaren hindeutet. Wir setzen Gl. (76) in Gl. (58) ein und finden für die Höhe dieses Peaks

$$\delta n_{\mathbf{k}}^{(2)} = |u_{\mathbf{k}} v_{\mathbf{k}}|^2 = L^3 \left|\langle \mathbf{k} | \phi_{\text{Paar}} \rangle\right|^2 \tag{81}$$

Summiert über alle $\mathbf{k}$ erhalten wir die Dichte von Teilchen in diesem Peak

$$\frac{1}{L^3} \sum_{\mathbf{k}} \delta n_{\mathbf{k}}^{(2)} = \langle \phi_{\text{Paar}} | \phi_{\text{Paar}} \rangle = \frac{\pi}{4} \frac{D_{\text{F}} \Delta}{L^3} \tag{82}$$

Das Normquadrat der Paarwellenfunktion können wir also auch als die Gesamtdichte von gepaarten Teilchen, die wir als Peak in der Impulsverteilung gefunden haben, interpretieren. Das bestätigt ihre Interpretation als ein Bose-Einstein-Kondensat von Paaren.

γ Zusammenhang mit der Wechselwirkungsenergie

Diesen Beitrag zur mittleren Energie finden wir in der dritten Zeile von Gleichung (7). Mit der Näherung einer Kontaktwechselwirkung [Gl. (29)] ergibt sich

$$\begin{aligned}\sum_{\mathbf{k},\mathbf{k}'} V_{\mathbf{k}-\mathbf{k}'} v_{\mathbf{k}}^* u_{\mathbf{k}} v_{\mathbf{k}'} u_{\mathbf{k}'} &= -V \sum_{\mathbf{k}} v_{\mathbf{k}}^* u_{\mathbf{k}} \sum_{\mathbf{k}'} v_{\mathbf{k}'} u_{\mathbf{k}'} \\ &= -V L^6 \left|\phi_{\text{Paar}}(\mathbf{0})\right|^2 \end{aligned} \tag{83}$$

Die Energie ist proportional zur Kopplungskonstanten V und zu der Wahrscheinlichkeit, dass in einem durch die Wellenfunktion $\phi_{\text{Paar}}(\mathbf{r})$ beschriebenen Paar sich beide Teilchen am selben Ort befinden. Dieses Ergebnis kommt zustande, weil wir die Größe der Paare (etwa die Kohärenzlänge ξ_{Paar}) viel größer als die Reichweite der Wechselwirkung annehmen.

δ Nichtdiagonale Ordnung

Wenn man die Bose-Einstein-Kondensation von Bosonen untersucht (s. Ergänzung A_{XVI}, § 3), dann liefert das Verhalten der Korrelationsfunktion G_1 den Beweis, dass ein makroskopischer Anteil der Teilchen dieselbe Mode besetzt. Dies kann man daran ablesen, dass die nichtdiagonale Korrelation $G_1(\mathbf{r}, \mathbf{r}')$ für große Abstände $\mathbf{r} - \mathbf{r}'$ nicht auf null abfällt. Hier, für gepaarte Fermionen, hatten wir in § 2-a festgestellt, dass dieses Verhalten nicht auftritt: Die nichtdiagonale Ordnung in G_1 beschränkt sich auf

11 Weil die Paarfeldoperatoren Φ_{Paar} und $\Phi_{\text{Paar}}^\dagger$ nicht exakt die Kommutationsbeziehungen für bosonische Felder erfüllen (s. Ergänzung A_{XVII}, § 3), darf man strikt gesprochen den Operator $\Phi_{\text{Paar}}^\dagger \Phi_{\text{Paar}}$ nicht als die Dichte von Quanten im Paarfeld interpretieren.

mikroskopische Abstände. Dies ist anschaulich verständlich, weil sich die Teilchen nicht in einer Mode sammeln dürfen. In § 2-b-α haben wir allerdings gesehen, dass ein Teil der Fermionen sich als Paare sich bezüglich ihrer Schwerpunktsbewegung in einem Zustand sammeln, was an die Bose-Einstein-Kondensation erinnert. Wir untersuchen deswegen hier das nichtdiagonale Verhalten der Paarkorrelationsfunktion und zwar die *nichtdiagonale Ortskorrelation*

$$\langle \Psi_\uparrow^\dagger(\mathbf{r})\Psi_\downarrow^\dagger(\mathbf{r})\,\Psi_\downarrow(\mathbf{r}')\Psi_\uparrow(\mathbf{r}')\rangle \tag{84}$$

Mit zwei Koordinaten $\mathbf{r}'$ rechts und zwei $\mathbf{r}$ links ist dieser Ausdruck die exakte Übersetzung einer nichtdiagonalen Einkörperkorrelation auf zwei Teilchen. Es wird ein Singulett-Paar am Ort $\mathbf{r}'$ vernichtet und an einem anderen Punkt $\mathbf{r}$ erzeugt. Wir werden zunächst etwas allgemeiner vorgehen und die Vierpunktkorrelation

$$\langle \Psi_\uparrow^\dagger(\mathbf{r}_1)\Psi_\downarrow^\dagger(\mathbf{r}_2)\Psi_\downarrow(\mathbf{r}_2')\Psi_\uparrow(\mathbf{r}_1')\rangle \tag{85}$$

berechnen. Durch Entwickeln nach ebenen Wellen kommt man auf den Ausdruck

$$\begin{aligned}&\langle \Psi_\uparrow^\dagger(\mathbf{r}_1)\Psi_\downarrow^\dagger(\mathbf{r}_2)\,\Psi_\downarrow(\mathbf{r}_2')\Psi_\uparrow(\mathbf{r}_1')\rangle\\ &= \frac{1}{L^6}\sum_{\mathbf{k},\mathbf{k}',\mathbf{k}'',\mathbf{k}'''} \mathrm{e}^{\mathrm{i}[(\mathbf{k}\cdot\mathbf{r}_1'+\mathbf{k}'\cdot\mathbf{r}_2')-(\mathbf{k}''\cdot\mathbf{r}_2+\mathbf{k}'''\cdot\mathbf{r}_1)]}\langle a_{\mathbf{k}'''\uparrow}^\dagger a_{\mathbf{k}''\downarrow}^\dagger\, a_{\mathbf{k}'\downarrow}a_{\mathbf{k}\uparrow}\rangle\end{aligned} \tag{86}$$

Die Matrixelemente in dieser Gleichung haben wir in § 2-b-β bereits ausgewertet. Wir werden unten zeigen, dass man das Ergebnis in der Form

$$\begin{aligned}&\langle \Psi_\uparrow^\dagger(\mathbf{r}_1)\Psi_\downarrow^\dagger(\mathbf{r}_2)\,\Psi_\downarrow(\mathbf{r}_2')\Psi_\uparrow(\mathbf{r}_1')\rangle\\ &= G_1(\mathbf{r}_1,\uparrow;\mathbf{r}_1',\uparrow)\,G_1(\mathbf{r}_2,\downarrow;\mathbf{r}_2',\downarrow) + \phi_{\text{Paar}}^*(\mathbf{r}_1-\mathbf{r}_2)\,\phi_{\text{Paar}}(\mathbf{r}_1'-\mathbf{r}_2')\end{aligned} \tag{87}$$

aufschreiben kann. Die nichtdiagonale Einkörperkorrelation G_1 wurde in Gl. (49) für $\nu = \nu'$ berechnet, die Paarwellenfunktion ϕ_{Paar} in Gl. (67). Diese Formel stimmt mit Gl. (72) aus Ergänzung $\mathrm{A}_{\mathrm{XVII}}$ überein, wir erhalten sie hier aber mit einer anderen Methode.

Beweis von Gl. (87):
Wir unterscheiden verschiedene Kombinationen von Impulsen, wie wir es schon einige Male getan haben (s. etwa Kapitel XVII, § D-1-a).

Fall (I) Vorwärtsstreuung
Die Vernichter wirken auf zwei verschiedene Paare ($\mathbf{k} \neq -\mathbf{k}'$), und das Matrixelement verschwindet nicht für die Impulse $\mathbf{k}''' = \mathbf{k}$ sowie $\mathbf{k}'' = \mathbf{k}'$ der Erzeuger. Wir erhalten dann unter Verwendung von Gl. (49) für G_1

$$\frac{1}{L^6}\sum_{\mathbf{k},\mathbf{k}'} \mathrm{e}^{\mathrm{i}[\mathbf{k}\cdot(\mathbf{r}_1'-\mathbf{r}_1)+\mathbf{k}'\cdot(\mathbf{r}_2'-\mathbf{r}_2)]}\,|v_{\mathbf{k}}|^2\,|v_{\mathbf{k}'}|^2 = G_1(\mathbf{r}_1,\uparrow,\mathbf{r}_1',\uparrow)\,G_1(\mathbf{r}_2,\downarrow,\mathbf{r}_2',\downarrow) \tag{88}$$

Wie bereits an mehreren Stellen erwähnt (etwa in Kapitel XVII, § D-1-a), dürfen wir die Summen über $\mathbf{k}, \mathbf{k}'$ ohne Einschränkung ausführen, weil der Fehler für ein makroskopisches System vernachlässigbar klein ist.

Fall (II) Paarvernichtung und -erzeugung
Hier sind die Impulse der Vernichter gepaart: $\mathbf{k} = -\mathbf{k}'$, so dass ein Paar in ein anderes Modenpaar ($\mathbf{k}'' = -\mathbf{k}'''$ mit $\mathbf{k} \neq \mathbf{k}'''$) gestreut wird. Der Beitrag dieses Prozesses ist

$$\frac{1}{L^6}\sum_{\mathbf{k},\mathbf{k}''} e^{i[\mathbf{k}\cdot(\mathbf{r}_1'-\mathbf{r}_2')-\mathbf{k}''\cdot(\mathbf{r}_2-\mathbf{r}_1)]} u_{\mathbf{k}}^* v_{\mathbf{k}} u_{\mathbf{k}''} v_{\mathbf{k}''}^* = \phi_{\text{Paar}}(\mathbf{r}_1'-\mathbf{r}_2')\phi_{\text{Paar}}^*(\mathbf{r}_2-\mathbf{r}_1) \tag{89}$$

Weil die Funktion $\phi_{\text{Paar}}(\mathbf{r})$ gerade ist, erhalten wir so in der Tat den zweiten Term in Gl. (87).

Fall (III)
Hier wird ein Paar ($\mathbf{k} = -\mathbf{k}'$) vernichtet und in demselben Zustand ($\mathbf{k}''' = \mathbf{k}$ und $\mathbf{k}'' = -\mathbf{k}$) erzeugt. Daraus ergibt sich die Summe

$$\frac{1}{L^6}\sum_{\mathbf{k}} e^{i\mathbf{k}\cdot(\mathbf{r}_1'+\mathbf{r}_2-\mathbf{r}_2'-\mathbf{r}_1)}\,|v_{\mathbf{k}}|^2 \tag{90}$$

Diesen Term können wir im thermodynamischen Grenzfall vernachlässigen, weil er proportional zu $\langle\widehat{N}\rangle/L^6$ ist, während der Term (I) mit $\langle\widehat{N}\rangle^2/L^6$ skaliert.

Nun wählen wir für die vier Koordinaten zwei geeignete Paare. Seien $\mathbf{r}_1$ und $\mathbf{r}_2$ dicht beieinander und analog $\mathbf{r}_2'$ und $\mathbf{r}_1'$, der Abstand zwischen den Paaren sei aber viel größer. Unter diesen Bedingungen dürfen wir die G_1-Korrelationen in Gl. (87) vernachlässigen, weil sie in den Abständen $\mathbf{r}_1-\mathbf{r}_1'$ und $\mathbf{r}_2-\mathbf{r}_2'$ nur eine mikroskopische Reichweite haben. Es bleibt also das Produkt der Paarwellenfunktionen: Wir stellen somit fest, dass die nichtdiagonale Korrelationsfunktion in ein Produkt aus Paarwellenfunktionen in den Relativkoordinaten $\mathbf{r}_1-\mathbf{r}_2$ und $\mathbf{r}_1'-\mathbf{r}_2'$ zerfällt.[12]

Fallen die dicht beieinander liegenden Punkte zusammen ($\mathbf{r}_1 = \mathbf{r}_2 = \mathbf{r}$ und $\mathbf{r}_2' = \mathbf{r}_1' = \mathbf{r}'$), dann erhalten wir den in Gl. (84) angekündigten Ausdruck für die Paarkorrelationsfunktion:

$$\mathbf{r}-\mathbf{r}' \to \infty: \quad \langle \Psi_\uparrow^\dagger(\mathbf{r})\Psi_\downarrow^\dagger(\mathbf{r})\Psi_\downarrow(\mathbf{r}')\Psi_\uparrow(\mathbf{r}')\rangle \to \left|\phi_{\text{Paar}}(\mathbf{0})\right|^2 \tag{91}$$

Dass diese Korrelation bei großen Abständen zu einem nicht verschwindenden Grenzwert strebt, bestätigt die nichtdiagonale Ordnung des Zweiteilchen-Dichteoperators. Wie die Paarwellenfunktion selbst entsteht dieser Grenzwert durch den Beitrag (**II**) des Vernichtens und Erzeugens von Fermionenpaaren. Damit stehen wir vor einer ähnlichen Situation wie in einem kondensierten Bose-Gas, der Unterschied liegt lediglich darin, dass die nichtdiagonale Ordnung Paare von Teilchen und nicht einzelne Teilchen betrifft.

---

12 Wie bereits in Fußnote 8 auf S. 1939 erwähnt, tritt die Schwerpunktskoordinate $\mathbf{R} = \frac{1}{2}(\mathbf{r}_1+\mathbf{r}_2)$ in der Paarwellenfunktion nicht auf, weil wir angenommen haben, dass jedes Paar den Gesamtimpuls null hat. Wäre dies nicht der Fall, dann würde die Paarwellenfunktion von der Differenz $\mathbf{r} = \mathbf{r}_1 - \mathbf{r}_2$ und von $\mathbf{R}$ abhängen. Wir würden in Gl. (87) ein Produkt $\phi_{\text{Paar}}(\mathbf{r};\mathbf{R})\phi_{\text{Paar}}^*(\mathbf{r}';\mathbf{R}')$ mit analog definierten Relativ- und Schwerpunktskoordinaten $\mathbf{r}'$, $\mathbf{R}'$ finden.

3 Physikalische Interpretation

Selbst in einem idealen Fermi-Gas gibt es starke Korrelationen zwischen Teilchen allein aufgrund der Quantenstatistik (Ergänzung A_{XVI}, statistische Korrelationen). Indem er eine anziehende Wechselwirkung postuliert, führt der BCS-Mechanismus neue, dynamische Korrelationen ein, mit deren Hilfe das System seine Gesamtenergie absenkt. Wir werden zeigen, dass die Änderung der Energie durch einen subtilen Wettbewerb zwischen einer erhöhten kinetischen und einer verringerten potentiellen Energie entsteht, wobei die potentielle am Ende leicht gegenüber der kinetischen Energie gewinnt.

Der Bequemlichkeit halber führen wir die Diskussion im Rahmen der Kontaktwechselwirkung (s. § 1-c), in dem alle Fourier-Komponenten des Zweikörperpotentials durch eine Konstante $-V < 0$ ersetzt werden. Alle Gap-Parameter sind dann untereinander gleich, $\Delta_{\mathbf{k}} = \Delta$, und stimmen mit dem Gap überein.

3-a Verformte Fermi-Verteilung. Phasenkopplung

Die mittlere Energie in Gleichung (7) enthält zunächst einen kinetischen Beitrag und dann das Molekularfeld (hier geht die mittlere Teilchenzahl ein). Halten wir die Teilchenzahl fest, dann ist dieser Beitrag unabhängig von dem Quantenzustand des N-Teilchen-Systems und wird von der Fermionenpaarung im BCS-Zustand nicht verändert. Dagegen haben wir mit dem BCS-Ansatz den Wert des letzten Terms in Gl. (7) optimieren können, dieser Term, den man auch *Paarungsterm* oder *Kondensationsenergie* nennt, liefert also den relevanten Beitrag zur optimierten Grundzustandsenergie E_{gep} im gepaarten Zustand. Weil die BCS-Parameter $u_{\mathbf{k}}$ und $v_{\mathbf{k}}$ reell sind, schreiben wir die Energie in der Form

$$E_{\text{gep}} = -V\left[\sum_{\mathbf{k}} u_{\mathbf{k}} v_{\mathbf{k}}\right]^2 \tag{92}$$

wobei die optimalen Parameter aus Gl. (27) einzusetzen sind. Man sieht, dass die Kondensationsenergie dann einen signifikanten Beitrag liefert, wenn die Produkte $u_{\mathbf{k}} v_{\mathbf{k}}$ die größtmöglichen Werte annehmen.

α Wettbewerb zwischen kinetischer und potentieller Energie

Im Grundzustand eines idealen Fermi-Gases sind bekanntlich alle Zustände unterhalb des Fermi-Niveaus (des chemischen Potentials $\mu = E_F$) besetzt und alle höheren Niveaus vollständig leer. Im $\mathbf{k}$-Raum besetzt jedes Teilchen einen Zustand im Inneren der Fermi-Kugeln für die beiden Spineinstellungen $\uparrow, \downarrow$. (Der Radius der Fermi-Kugel ist natürlich k_F mit $E_F = \hbar^2 k_F^2/2m$). Für dieses ideale Gas nehmen die BCS-Parameter in Gl. (1) folgende Werte an:

$$\begin{aligned} u_{\mathbf{k}} &= 0 \quad \text{und} \quad v_{\mathbf{k}} = 1 \quad \text{für} \quad k < k_F \\ u_{\mathbf{k}} &= 1 \quad \text{und} \quad v_{\mathbf{k}} = 0 \quad \text{für} \quad k > k_F \end{aligned} \qquad \text{(ideales Fermi-Gas)} \qquad (93)$$

Für alle **k** verschwindet damit das Produkt $u_{\mathbf{k}}v_{\mathbf{k}}$, weil überall einer der beiden Faktoren null ist. Auch die Kondensationsenergie bleibt in einem idealen Fermi-Gas bei null. Nur indem das System die Fermi-Kante verschmiert, kann es seine Kondensationsenergie absenken.

Genau dies geschieht aufgrund der anziehenden Wechselwirkungen, und es bildet sich eine Zone aus, in der beide Funktionen $u_{\mathbf{k}}$ und $v_{\mathbf{k}}$ ungleich null sind (s. Abb. 1). Dies senkt die Paarungsenergie (92) ab, geschieht aber auf Kosten eines Transfers von Teilchen aus dem Inneren ins Äußere der Fermi-Kugel, wo die kinetische Energie größer ist, was in der Energiebilanz zu Buche schlägt. Wir haben mit dem BCS-Zustand eine Optimierung gesucht, die das günstigste Gleichgewicht zwischen dem Gewinn an potentieller und dem Anstieg an kinetischer Energie liefert. Die Kondensationsenergie ist proportional zum Quadrat der Fläche unter der gestrichelten Kurve in Abb. 1, deren Maximum in der Nähe des Fermi-Niveaus E_F liegt. Die meisten Beiträge stammen aus einer Zone der Breite Δ um dieses Niveau herum. Allerdings zeigt die Abbildung auch, dass von E_F relativ weit entfernte Niveaus auch zur Kondensationsenergie beitragen [die Flanken der Verteilung fallen lediglich mit $(e_k - E_F)^{-2}$ ab]. Statt einer scharfen Kante beobachten wir hier eine ausgeschmierte Fermi-Verteilung mit einer gewissen Unschärfe.

Wie die Optimierung der anziehenden Wechselwirkungsenergie im Detail vonstatten geht, kann man an der Zweikörperkorrelation $G_2(\mathbf{r}, \nu; \mathbf{r}', \nu')$ gut untersuchen. Aus der Formel (64) wird klar, dass für parallel ausgerichtete Spins keine nennenswerte Veränderung im Vergleich zum idealen Gas auftritt (das bereits ein "*Austauschloch* aufweist). Auch den Beitrag zur Wechselwirkungsenergie kann man hier vernachlässigen.* Dies war zu erwarten, weil die BCS-Wellenfunktion nur Teilchen mit entgegengesetzten Spins paart. In diesem Fall sehen wir aus Formel (66), dass die Aufenthaltswahrscheinlichkeit für zwei Teilchen auf kurzen Abständen $\mathbf{r} \approx \mathbf{r}'$ anwächst, und zwar umso mehr, je größer der Betrag der Paarwellenfunktion $\phi_{\text{Paar}}(\mathbf{r}-\mathbf{r}')$ ist. Sie ist für den Gewinn an anziehender potentieller Energie direkt verantwortlich.

Das System senkt im BCS-Zustand seine Energie ab, weil es seine Vielteilchen-Wellenfunktion an die Wechselwirkungen anpasst, um eine optimale Paarungsenergie zu gewinnen. Dabei entstehen Korrelationen, die über das ideale Gas hinausgehen. Zu den *statistischen Korrelationen* aufgrund der quantenmechanischen Ununterscheidbarkeit (s. Ergänzung A_{XVI}) kommen *dynamische Korrelationen* hinzu. Im Vergleich

---

* Anm. d. Ü.: Für ein reines Kontaktpotential bringt das Austauschloch die mittlere Wechselwirkungsenergie zwischen parallelen Spins exakt zum Verschwinden. Für dichte Fermionensysteme ist die Reichweite der Wechselwirkung in der Praxis freilich selten kleiner als die Fermi-Wellenlänge.

zum idealen Gas schmiert sich die Fermi-Verteilung aus. Ausgehend von einer abrupten Kante zwischen besetzten und leeren Zuständen (scharfe Fermi-Fläche) entsteht an der Oberfläche der Fermi-Kugel eine unscharfe Übergangszone. Der Zustandsvektor des Systems wird zu einer Superposition, in der die Zahl der Teilchen in jedem Modenpaar (**k**, −**k**) unbestimmt ist. Was diesen BCS-Mechanismus vorantreibt, ist der Term in der potentiellen Energie, der Teilchenpaare „vernichtet und erzeugt"; wir haben ihn in Ergänzung $\mathrm{B}_{\mathrm{XVII}}$, § 3-a-$\beta$ berechnet [Fall (**II**)] und in Abb. 4 schematisch skizziert. Er ist eine Summe über nichtdiagonale Matrixelemente der Wechselwirkung mit der Struktur

$$\left\langle n_{(\text{Paar}\,\mathbf{k})} = 0; n_{(\text{Paar}\,\mathbf{k}'')} = 2 \middle| W_2 \middle| n_{(\text{Paar}\,\mathbf{k})} = 2; n_{(\text{Paar}\,\mathbf{k}'')} = 0 \right\rangle \tag{94}$$

Hier ist $n_{(\text{Paar}\,\mathbf{k})}$ der Eigenwert des Besetzungsoperators für ein Modenpaar aus Kapitel XVII, Gl. (C-15). (Für alle nicht explizit ausgeschriebenen Moden bleiben die Besetzungen unverändert.) Bra und Ket unterscheiden sich dadurch, dass das Paar (**k**, −**k**) durch ein anderes mit den Impulsen ($\mathbf{k}''$, $-\mathbf{k}''$) ersetzt wird. Der BCS-Zustand gewinnt Energie durch die Summe über alle diese nichtdiagonalen Terme; in sie geht die Kohärenz des Zustandsvektors zwischen zwei Komponenten ein, in denen die Anzahl von Paaren in korrelierter Weise unbestimmt ist. Somit spielt auch die relative Phase dieser Komponenten eine Rolle.

β Phasenkopplung und kollektive Effekte

In § 1-b haben wir gesehen, dass man für das Minimieren der Energie allen komplexen $v_{\mathbf{k}}$-Parametern dieselbe Phase geben muss, die in der weiteren Rechnung nicht mehr vorkommt. Um die Physik hinter diesem Vorgang zu verstehen, ist es nützlich, die Phasenwinkel explizit aufzuschreiben, so wie sie in Gl. (14) erscheinen. Sind alle Matrixelemente der Wechselwirkung gleich (Kontaktpotential), dann nimmt die mittlere Paarungsenergie folgende Form an:

$$E_{\text{gep}} = -V \sum_{\mathbf{k},\mathbf{k}'} \sin\theta_{\mathbf{k}} \cos\theta_{\mathbf{k}} \, \sin\theta_{\mathbf{k}'} \cos\theta_{\mathbf{k}'} \, \mathrm{e}^{2\mathrm{i}(\zeta_{\mathbf{k}'} - \zeta_{\mathbf{k}})} \tag{95}$$

Wie oben bereits beobachtet, wird kein Ergebnis verändert, wenn man alle Phasen $\zeta_{\mathbf{k}}$ um eine beliebige gemeinsame Phase $\delta\zeta$ verschiebt. Wir haben hier eine Symmetrietransformation der Wellenfunktion gefunden, unter der die Energie invariant ist: eine globale Phasenänderung der $v_{\mathbf{k}}$-Parameter. Man nennt dies eine U(1)-Symmetrie und nimmt dabei Bezug auf die unitäre Gruppe U(1) der Drehungen um eine Achse, die isomorph zu den komplexen Phasenfaktoren ist (dem Einheitskreis in der komplexen Ebene).

Verschiebt man dagegen die Phasen der $v_{\mathbf{k}}$-Parameter für jedes **k** anders, dann sieht man sofort, dass die Paarungsenergie (95) dem Betrag nach kleiner wird. Hatte man es in der komplexen Ebene vorher mit untereinander parallelen Vektoren zu tun, zeigen diese nach der Verschiebung in verschiedene Richtungen, so dass ihre Summe dem Betrag nach kleiner wird. Nun steht genau dieser Term am Ursprung des Energiegewinns durch den BCS-Mechanismus – er hängt also mit der Kopplung der Phasen aller Modenpaare zusammen. Wir haben hier ein Beispiel eines Phänomens vor Augen, das man in der Physik im Allgemeinen eine *spontane Symmetriebrechung* nennt. Es ist zwar unerheblich, welche Phasen die Parameter $v_{\mathbf{k}}$ tragen, aber solange diese für alle gleich sind, gewinnt man an Energie – oder verliert sie, wenn die Phasen sich unterscheiden. Ein ähnliches Verhalten tritt am ferromagnetischen Phasenübergang eines Festkörpers auf. Die Spins können sich entlang irgendeiner Richtung im Raum orientieren, es kommt aber darauf an, dass diese Richtung für alle Spins dieselbe ist.[13]

Wir weisen schließlich noch darauf hin, dass die Paarungsenergie durch einen kollektiven Effekt abgesenkt wird, was man formal an der Doppelsumme über $\mathbf{k}$ und $\mathbf{k}'$, etwa in Gl. (89) ablesen kann. Stellen wir uns vor, eine Situation mit perfekt gekoppelten Phasen wird gestört und ein Paar erhält eine abweichende Phase. Die Energieänderung ist dann proportional zu der Zahl aller anderen Paare; es geht also nicht die Energie eines einzelnen Paars ein. Beginnen wir dagegen mit völlig zufällig liegenden Phasen für die Paare, dann ändert eine Phase $\zeta_{\mathbf{k}}$ nur wenig die mittlere Energie. Wir sehen hier einen kollektiven Effekt am Werk. Das Streben eines Paars nach Phasenkopplung ist umso stärker, je mehr Paare sich bereits auf eine Phase „geeinigt" haben. Diese Tendenz kann man in gewisser Weise als ein Molekularfeld auffassen, das kumulativ aus allen anderen Paaren entsteht. Auch hier besteht wieder eine Analogie zum Ferromagneten, in dem der Energiegewinn für jeden Spin umso größer ist, je mehr von den anderen Spins bereits parallel ausgerichtet sind.

3-b Energiebilanz der Paarbildung

Wir berechnen nun, wie viel Energie das System durch die gepaarten Fermionen gewinnt. Dazu setzen wir in Gl. (7) die optimierten Werte der Parameter $u_{\mathbf{k}}$ und $v_{\mathbf{k}}$ aus den Formeln (27) ein und schreiben die Größe E_k gemäß Definition (25) aus. Zudem werden alle Matrixelemente des Paarpotentials durch eine Kopplungskonstante $-V$

---

13 Betrachten wir dazu ein Ensemble von Spin-1/2-Teilchen, deren Spins parallel zu einer beliebigen Richtung in der xy-Ebene ausgerichtet sind. Die relativen Phasen ihrer Amplituden zu den Zuständen $|\uparrow\rangle$ und $|\downarrow\rangle$ sind dann auf einen gemeinsamen Wert fixiert. Im BCS-Übergang geht es um die relative Phase der Amplituden für die Besetzungszahlen $n_{(\text{Paar}\,\mathbf{k})} = 0$ und 2 eines Modenpaars $(\mathbf{k}\uparrow, -\mathbf{k}\downarrow)$, die unabhängig von $\mathbf{k}$ einen festen Wert hat. Die Absenkung der Paarungsenergie entsteht durch eine Interferenz zwischen Zuständen, in denen zwei Paare $\mathbf{k}$ und $\mathbf{k}'$ jeweils die Besetzungen $n_{(\text{Paar}\,\mathbf{k})} = 0$, $n_{(\text{Paar}\,\mathbf{k}')} = 2$ sowie $n_{(\text{Paar}\,\mathbf{k})} = 2$, $n_{(\text{Paar}\,\mathbf{k}')} = 0$ haben [s. Gl. (94)]. Die Besetzungen der Modenpaare gehen hier nicht direkt ein.

ersetzt. Wir erhalten dann den Ausdruck

$$|v_{\mathbf{k}}|^2 = \frac{1}{2}\left(1 - \frac{\xi_k}{E_k}\right) = \frac{1}{2}\frac{E_k - \xi_k}{E_k} \tag{96}$$

sowie

$$u_{\mathbf{k}}v_{\mathbf{k}} = \frac{1}{2}\sqrt{1 - \left(\frac{\xi_k}{E_k}\right)^2} = \frac{\Delta}{2E_k} \tag{97}$$

und damit

$$\begin{aligned}&\langle \widehat{H} - \mu\widehat{N}\rangle_{\text{BCS}}\\ &= -\frac{V}{4}\langle\widehat{N}\rangle^2 + \sum_{\mathbf{k}}\left[\xi_k\frac{E_k - \xi_k}{E_k} - \frac{V\Delta^2}{4}\sum_{\mathbf{k},\mathbf{k}'}\frac{1}{\sqrt{(\xi_k)^2 + \Delta^2}}\frac{1}{\sqrt{(\xi_{k'})^2 + \Delta^2}}\right]\end{aligned} \tag{98}$$

Der erste Term in diesem Ergebnis entspricht dem Molekularfeld. (Wir haben hier wie sonst auch im thermodynamischen Grenzfall $\langle\widehat{N} - 1\rangle \approx \langle\widehat{N}\rangle$ genähert.) Der zweite beschreibt die kinetische Energie und der dritte die Wechselwirkung zwischen Paaren. Diesen können wir vereinfachen zu

$$\frac{-V\Delta^2}{4}\sum_{\mathbf{k},\mathbf{k}'}\frac{1}{\sqrt{(\xi_k)^2 + \Delta^2}}\frac{1}{\sqrt{(\xi_{k'})^2 + \Delta^2}} = -\frac{\Delta^2}{2}\sum_{\mathbf{k}}\frac{1}{\sqrt{(\xi_k)^2 + \Delta^2}} \tag{99}$$

wenn wir für die Summe über $\mathbf{k}'$ die Gap-Gleichung (36) verwenden. Indem wir erneut die Definition (25) von E_k ausschreiben, können wir die zwei Terme in der eckigen Klammer in Gl. (98) zusammenfassen und erhalten

$$\begin{aligned}&\langle \widehat{H} - \mu\widehat{N}\rangle_{\text{BCS}}\\ &= -\frac{V}{4}\langle\widehat{N}\rangle^2 + \sum_{\mathbf{k}}\frac{1}{\sqrt{(\xi_k)^2 + \Delta^2}}\left[\xi_k\left(\sqrt{(\xi_k)^2 + \Delta^2} - \xi_k\right) - \frac{\Delta^2}{2}\right]\end{aligned} \tag{100}$$

Der Molekularfeldbeitrag (erster Term) ist nicht besonders interessant. Der zweite Term beschreibt die Änderung der Energie aufgrund der dynamischen (durch die Wechselwirkung erzeugten) Korrelationen, er ist typisch für den BCS-Mechanismus.

Wir überprüfen zunächst, dass die Summe über $\mathbf{k}$ (in der Praxis ein Integral) für einen konstanten Gap-Parameter $\Delta_{\mathbf{k}} = \Delta$ konvergiert. Die beiden Terme in der eckigen Klammer einzeln genommen führen nicht auf einen konvergenten Ausdruck, weil sie für $k \to \infty$ gegen eine Konstante streben, so dass wir über Terme proportional zu $1/\xi_k \sim 1/k^2$ integrieren. Mit dem dreidimensionalen Differential $\mathrm{d}^3k = 4\pi k^2\,\mathrm{d}k$ divergieren die $\mathrm{d}k$-Integrale an der oberen Grenze. Die Differenz hebt die Divergenz allerdings auf: Für große k haben wir $\xi_k \gg \Delta$ und

$$\sqrt{(\xi_k)^2 + \Delta^2} - \xi_k \sim \frac{\Delta^2}{2\xi_k} - \frac{3}{8}\frac{\Delta^4}{(\xi_k)^3} + \cdots \tag{101}$$

und deswegen

$$\frac{1}{\sqrt{(\xi_k)^2 + \Delta^2}} \left[\xi_k \left(\sqrt{(\xi_k)^2 + \Delta^2} - \xi_k \right) - \frac{\Delta^2}{2} \right] \sim -\frac{3}{8} \frac{\Delta^4}{(\xi_k)^3} + \cdots \tag{102}$$

Die Divergenzen der kinetischen und der Wechselwirkungsenergie in Gl. (100) eliminieren sich also gegenseitig. Der Integrand fällt für große k mit $1/(\xi_k)^3 \sim 1/k^6$ ab, so dass das Integral sogar ohne den Cutoff-Wellenvektor k_c konvergiert. Für die Gesamtteilchenzahl ist das Verhalten ähnlich (kein Cutoff ist nötig, s. am Ende von § 1-c). Wir halten also fest: Sobald man einmal den Integralausdruck für das Gap Δ mit einem Cutoff regularisiert hat, sind weitere wichtige physikalische Eigenschaften ohne diesen Kunstgriff wohldefiniert.

Die Auswertung der Integrale für die Energie ist ein wenig verwickelt, und wir geben nur das Ergebnis an:*

$$\langle \widehat{H} - \mu \widehat{N} \rangle_{\text{BCS}} = \langle \widehat{H} - \mu \widehat{N} \rangle_0 - \frac{V}{4} \langle N \rangle^2 - \frac{1}{2} \Delta^2 D_{\text{F}} \tag{103}$$

Wir erinnern, dass D_{F} die Zustandsdichte auf der Fermi-Fläche und proportional zum Volumen L^3 (also extensiv) ist [s. Gl. (39)]. Für den Energiegewinn durch Paarbildung finden wir somit den einfachen Ausdruck

$$\delta E = -\frac{1}{2} \Delta^2 D_{\text{F}} \tag{104}$$

Man kann zeigen, dass es vor allem Niveaus mit $|\xi_k| \lesssim \Delta$ sind, die zu dieser Energie beitragen. Der Energiegewinn durch Paarbildung entsteht also vor allem in der Nachbarschaft der Fermi-Fläche. Man interpretiert dieses Ergebnis oft anschaulich,

---

* Anm. d. Ü.: Die Summe über **k** wird durch ein Energieintegral über die Zustandsdichte ausgedrückt. Den Integranden vereinfachen wir mit der Substitution $\xi_k = \Delta \sinh x$ und erhalten

$$\int \mathrm{d}\xi_k \frac{D(\overline{\mu} + \xi_k)}{\sqrt{(\xi_k)^2 + \Delta^2}} \left[\xi_k \left(\sqrt{(\xi_k)^2 + \Delta^2} - \xi_k \right) - \frac{\Delta^2}{2} \right] = -\frac{\Delta^2}{2} \int \mathrm{d}x \, D(\overline{\mu} + \Delta \sinh x) \, \mathrm{e}^{-2x}$$

Das Integral über $x \geq 0$ führt man aus, indem $D(\overline{\mu} + \Delta \sinh x) \approx D(\overline{\mu})$ wegen $\Delta \ll \overline{\mu}$ herausgezogen wird, es ergibt dann $-\frac{1}{4}\Delta^2 D_{\text{F}}$. Für $x < 0$ enthält der Integrand die kinetische Energie des idealen Fermi-Gases: In Gl. (98) entspricht dies unter der Summe einem Term $2\xi_k$ (wegen der Spinentartung.) Ausgewertet als Integral bis zur Fermi-Energie erhält man $\langle \widehat{H} - \mu \widehat{N} \rangle_0$ in Gl. (103). Zieht man den Term $2\xi_k$ vom Integranden in Gl. (98) ab, erhält man den oben angegebenen Ausdruck mit dem anderen Vorzeichen der Wurzel:

$$\int_{-\overline{\mu}}^{0} \mathrm{d}\xi_k \frac{D(\overline{\mu} + \xi_k)}{\sqrt{(\xi_k)^2 + \Delta^2}} \left[\xi_k \left(-\sqrt{(\xi_k)^2 + \Delta^2} - \xi_k \right) - \frac{\Delta^2}{2} \right] \simeq -\frac{\Delta^2}{2} \int_{-\infty}^{0} \mathrm{d}x \, D(\overline{\mu} + \Delta \sinh x) \, \mathrm{e}^{2x}$$

Die Integration liefert nach demselben Verfahren erneut $-\frac{1}{4}\Delta^2 D_{\text{F}}$, und wir haben die Paarungsenergie in Gl. (103) gefunden.

indem man eine Zahl $D_F\Delta$ von Paaren abschätzt, von denen jedes eine Energie von der Ordnung Δ gewinnt. So ergibt sich die Skalierung mit Δ^2 von δE in Gl. (104). Diese Vorstellung ist zwar einfach und anschaulich, beschreibt aber nicht alle Details des BCS-Mechanismus (s. etwa § 2-b-β, Punkt 3. auf S. 1940).

3-c Das BCS-Verfahren ist keine Störungstheorie

Ganz allgemein werden Wechselwirkungen in einem System über eine Störungsrechnung in erster Ordnung behandelt (s. Band II, Kapitel XI). Die Energiekorrektur ist dann einfach durch den Mittelwert der Hamilton-Operators für die Wechselwirkung im ungestörten Zustand gegeben. Für das BCS-Problem erhält man diese Korrektur in erster Ordnung, indem man die BCS-Parameter gemäß Gl. (93) in Formel (7) für die Gesamtenergie einsetzt. Der erste Term (kinetische Energie) ändert sich nicht, und der dritte (Wechselwirkung) bleibt null, weil das Produkt $u_{\mathbf{k}}v_{\mathbf{k}}$ gemäß Gl. (93) für alle $\mathbf{k}$ null ist. Es bleibt nur der zweite Term übrig, der eine Korrektur zum Molekularfeld liefert.

In der nächsten Ordnung verändert die Wechselwirkung den Vielteilchenzustand und regt Teilchenpaare aus dem Inneren der Fermi-Kugel in Moden an, deren Impulse außerhalb der Kugel liegen (natürlich bleibt der Gesamtimpuls hierbei erhalten). Dadurch wird die kinetische Energie erhöht und die Wechselwirkungsenergie verändert. Die Rechnungen in höheren Ordnungen werden immer komplizierter, aber vor allem ist es klar, dass diese Entwicklung in Potenzen der Kopplung nicht erklären kann, warum sich das Gap öffnet. Aus Gl. (46) entnehmen wir nämlich, dass bei der Funktion $\Delta(V)$ alle Ableitungen im Punkt $V = 0$ verschwinden. Sie kann also in diesem Punkt nicht in eine Potenzreihe entwickelt werden.

Die BCS-Theorie stellt uns einen Rahmen jenseits der Störungstheorie (engl.: *nonperturbative*) zur Verfügung, der diese Schwierigkeiten überwindet. Natürlich ist dies keine exakte Theorie (sie beruht auf einem Variationsverfahren), aber die verwendete Vielteilchen-Wellenfunktion ist flexibel genug, um die physikalisch wichtigen Prozesse abzubilden, ohne dabei auf eine Störungsreihe zurückzugreifen.

4 Elementare Anregungen

Bis zu diesem Punkt haben wir uns einzig und allein mit dem Grundzustand eines Fermionensystems unter einer anziehenden Wechselwirkung beschäftigt. Sobald die Temperatur oberhalb von des absoluten Nullpunkts liegt, werden auch angeregte Zustände besetzt sein. Im letzten Abschnitt dieser Ergänzung wollen wir einen kleinen Einblick in die BCS-Theorie der elementaren Anregungen geben; für tiefergehende Untersuchungen der BCS-Theorie bei endlichen Temperaturen müssen wir die Leser auf die einschlägige Fachliteratur verweisen (s. die Referenzen am Ende der Ergänzung).

4-a Bogoliubov-Valatin-Transformation

Wir hatten diese Transformation in Kapitel XVII, Gl. (E-3) eingeführt, um neue fermionische Erzeuger und Vernichter zu definieren. In der hier verwendeten Notation (wir geben die Spinausrichtungen explizit an) sind diese durch die Ausdrücke

$$\begin{aligned} b_{\mathbf{k}} &= u_{\mathbf{k}}\, a_{\mathbf{k}\uparrow} - v_{\mathbf{k}}\, a^{\dagger}_{-\mathbf{k}\downarrow} \\ b_{-\mathbf{k}} &= u_{\mathbf{k}}\, a_{-\mathbf{k}\downarrow} + v_{\mathbf{k}}\, a^{\dagger}_{\mathbf{k}\uparrow} \end{aligned} \tag{105}$$

gegeben. Die komplex konjugierten Gleichungen definieren die Operatoren $b^{\dagger}_{\mathbf{k}}$ und $b^{\dagger}_{-\mathbf{k}}$:

$$\begin{aligned} b^{\dagger}_{\mathbf{k}} &= u^{*}_{\mathbf{k}}\, a^{\dagger}_{\mathbf{k}\uparrow} - v^{*}_{\mathbf{k}}\, a_{-\mathbf{k}\downarrow} \\ b^{\dagger}_{-\mathbf{k}} &= u^{*}_{\mathbf{k}}\, a^{\dagger}_{-\mathbf{k}\downarrow} + v^{*}_{\mathbf{k}}\, a_{\mathbf{k}\uparrow} \end{aligned} \tag{106}$$

Für jeden Wellenvektor **k** bildet diese Transformation vier Erzeuger oder Vernichter (a oder $a^{\dagger}$) auf vier neue Operatoren (b oder $b^{\dagger}$) ab. Es wurde in Kapitel XVII, § E-1 nachgewiesen, dass die neuen Operatoren den gewöhnlichen Antivertauschungsrelationen für fermionische Operatoren genügen.

Wir haben in jenem Kapitel auch gesehen, dass der normierte Paarzustand $|\overline{\varphi}_{\mathbf{k}}\rangle$ aus Gl. (2) (hier ist $|0\rangle$ der Vakuumzustand mit Gesamtteilchenzahl null)

$$|\overline{\varphi}_{\mathbf{k}}\rangle = \left[u_{\mathbf{k}} + v_{\mathbf{k}}\, a^{\dagger}_{\mathbf{k}\uparrow} a^{\dagger}_{-\mathbf{k}\downarrow}\right] |0\rangle \tag{107}$$

von den beiden Operatoren $b_{\mathbf{k}}$ und $b_{-\mathbf{k}}$ vernichtet wird:

$$\begin{aligned} b_{\mathbf{k}}\, |\overline{\varphi}_{\mathbf{k}}\rangle &= u_{\mathbf{k}} v_{\mathbf{k}} \left(a^{\dagger}_{-\mathbf{k}\downarrow} - a^{\dagger}_{-\mathbf{k}\downarrow}\right) |0\rangle = 0 \\ b_{-\mathbf{k}}\, |\overline{\varphi}_{\mathbf{k}}\rangle &= u_{\mathbf{k}} v_{\mathbf{k}} \left(-a^{\dagger}_{\mathbf{k}\uparrow} + a^{\dagger}_{\mathbf{k}\uparrow}\right) |0\rangle = 0 \end{aligned} \tag{108}$$

Diese Ergebnisse bedeuten, dass der Variationsansatz $|\Psi_{\text{BCS}}\rangle$ für den Grundzustand aus Gl. (1) sich wie ein „neuer Vakuumzustand“ verhält und von den Operatoren $b_{\mathbf{k}}$ und $b_{-\mathbf{k}}$ für alle **k** vernichtet wird. Er ist auch ein Eigenvektor für die Anzahloperatoren $b^{\dagger}_{\mathbf{k}} b_{\mathbf{k}}$ und $b^{\dagger}_{-\mathbf{k}} b_{-\mathbf{k}}$, und zwar mit dem Eigenwert null, was der kleinstmögliche Eigenwert für diese positiv semidefiniten Operatoren ist. Wir können nun die Konstruktion des Fock-Raums aus Kapitel XV, § A-1 auf die Erzeugungsoperatoren $b^{\dagger}_{\mathbf{k}}$ und $b^{\dagger}_{-\mathbf{k}}$ ausdehnen und durch ihre wiederholte Anwendung neue Fock-Zustände erzeugen, die ebenfalls Eigenvektoren zu den Anzahloperatoren $b^{\dagger}_{\mathbf{k}} b_{\mathbf{k}}$ und $b^{\dagger}_{-\mathbf{k}} b_{-\mathbf{k}}$ sind. Wir werden hier nun zeigen, dass diese Anzahloperatoren die Besetzungszahlen der angeregten Moden in dem BCS-System darstellen.

4-b Aufbrechen und Anregen von Paaren

Wenden wir den Erzeuger $b_{\mathbf{k}}^{\dagger}$ einmal auf den Zustand $|\overline{\varphi}_{\mathbf{k}}\rangle$ aus Gl. (107) an und drücken das Ergebnis durch die „alten“ Erzeuger und Vernichter aus:

$$\begin{aligned} b_{\mathbf{k}}^{\dagger}|\overline{\varphi}_{\mathbf{k}}\rangle &= \left(|u_{\mathbf{k}}|^2 a_{\mathbf{k}\uparrow}^{\dagger} - |v_{\mathbf{k}}|^2 a_{-\mathbf{k}\downarrow} a_{\mathbf{k}\uparrow}^{\dagger} a_{-\mathbf{k}\downarrow}^{\dagger}\right)|0\rangle \\ &= \left(|u_{\mathbf{k}}|^2 a_{\mathbf{k}\uparrow}^{\dagger} + |v_{\mathbf{k}}|^2 a_{\mathbf{k}\uparrow}^{\dagger}\right)|0\rangle \\ &= a_{\mathbf{k}\uparrow}^{\dagger}|0\rangle \end{aligned} \tag{109}$$

Wir erhalten einen normierten Ket, der offenbar nicht verschwindet (anders als bei der Anwendung von $b_{\mathbf{k}}$). Analog findet man durch die Wirkung von $b_{-\mathbf{k}}^{\dagger}$ den Ket

$$b_{-\mathbf{k}}^{\dagger}|\overline{\varphi}_{\mathbf{k}}\rangle = a_{-\mathbf{k}\downarrow}^{\dagger}|0\rangle \tag{110}$$

Diese beiden neuen Zustände sind orthogonal zum Ausgangszustand $|\overline{\varphi}_{\mathbf{k}}\rangle$, denn in ihnen ist die Besetzungszahl des Modenpaars $(\mathbf{k}\uparrow, -\mathbf{k}\downarrow)$ gleich eins, während sie im gepaarten Zustand gleich null oder zwei ist. Offenbar ist in diesen Zuständen ein Paar durch ein einzelnes Teilchen ersetzt worden, dessen Partner fehlt. Diese Zustände nennt man „aufgebrochene Paare“.

Die zweifache Anwendung der Fermionenerzeuger $b_{\mathbf{k}}^{\dagger}$ und $b_{-\mathbf{k}}^{\dagger}$ liefert bekanntlich null, so dass wir so keine neuen Zustände erhalten. Allerdings können wir uns das gemischte Produkt vornehmen. Wenden wir $b_{-\mathbf{k}}^{\dagger}$ auf den Ket (109) an, so entsteht der Zustand

$$b_{-\mathbf{k}}^{\dagger} b_{\mathbf{k}}^{\dagger}|\overline{\varphi}_{\mathbf{k}}\rangle = \left[v_{\mathbf{k}}^{*} - u_{\mathbf{k}}^{*} a_{\mathbf{k}\uparrow}^{\dagger} a_{-\mathbf{k}\downarrow}^{\dagger}\right]|0\rangle = |\overline{\varphi}_{\mathbf{k}}\rangle^{e} \tag{111}$$

der ebenfalls normiert und orthogonal zu $|\overline{\varphi}_{\mathbf{k}}\rangle$ ist. (Wenden wir die Erzeuger in der umgekehrten Reihenfolge an, entsteht natürlich bis auf ein globales Minuszeichen derselbe Zustand.) Die Komponenten der beiden Zustände $|\overline{\varphi}_{\mathbf{k}}\rangle$ und $|\overline{\varphi}_{\mathbf{k}}\rangle^{e}$ haben Besetzungszahlen von null und zwei für das Singlett-Modenpaar. Man nennt $|\overline{\varphi}_{\mathbf{k}}\rangle^{e}$ einen *angeregten Paarzustand*. Er entsteht formal aus dem gepaarten BCS-Zustand $|\overline{\varphi}_{\mathbf{k}}\rangle$ in Gl. (2), indem man das Vorzeichen von $v_{\mathbf{k}}$ umkehrt, $u_{\mathbf{k}}$ und $v_{\mathbf{k}}$ vertauscht und alle Parameter komplex konjugiert. (Natürlich ist dies nur im allgemeinen Fall nötig; wir hatten für die gepaarten BCS-Zustände ja gesehen, dass die Parameter $u_{\mathbf{k}}$ und $v_{\mathbf{k}}$ reell gewählt werden können.)

4-c Angeregte Zustände als stationäre Punkte der Energie

Wir zeigen nun, dass die mittlere Energie unter einer Variation der Parameter dieser neuen Zustände stationär (extremal) ist, so wie es im Grundzustand der Fall war.

α Aufgebrochenes Paar

Gemäß Gl. (109) erzeugt der Operator $b_{\mathbf{k}}^{\dagger}$ aus dem Grundzustand $|\Psi_{\mathrm{BCS}}\rangle$ den Zustand

$$b_{\mathbf{k}}^{\dagger}\left|\Psi_{\mathrm{BCS}}\right\rangle = \left(a_{\mathbf{k}\uparrow}^{\dagger}|0\rangle\right) \otimes \left|\Psi_{\mathrm{BCS}}'\right\rangle \tag{112}$$

wobei $|\Psi_{\mathrm{BCS}}'\rangle$ bis auf den gepaarten Zustand bei $\mathbf{k}$ mit $|\Psi_{\mathrm{BCS}}\rangle$ übereinstimmt:

$$\left|\Psi_{\mathrm{BCS}}'\right\rangle = \bigotimes_{\mathbf{k}'\neq\mathbf{k}} \left|\overline{\varphi}_{\mathbf{k}}\right\rangle \tag{113}$$

Der Mittelwert der Energie im Zustand (112) enthält drei Terme:

1. Die kinetische Energie $e_k = \hbar^2 k^2/2m$ des Teilchens mit Wellenvektor $\mathbf{k}$ und Spin $\uparrow$.

2. Die Energie des Zustands $|\Psi_{\mathrm{BCS}}'\rangle$. Bis auf einen gepaarten Zustand, der fehlt, ist diese Energie dieselbe wie für $|\Psi_{\mathrm{BCS}}\rangle$. Damit gibt es eine Änderung in der Wechselwirkung zwischen Paaren, was den Wert des Gaps Δ und damit auch der BCS-Parameter $\theta_{\mathbf{k}}$ leicht verschiebt. Die relative Verschiebung von Δ ist invers proportional zur Teilchenzahl, und wir werden sie vernachlässigen.

3. Schließlich die Wechselwirkung zwischen dem Teilchen in der Mode $\mathbf{k}, \uparrow$ und den anderen in $|\Psi_{\mathrm{BCS}}'\rangle$. Wegen der gepaarten Struktur des BCS-Zustands gibt es nur zwei Beiträge: ein direkter Term

$$\frac{1}{2}\sum_{\mathbf{k}'\neq\mathbf{k},\nu} V_0 \langle a_{\mathbf{k}\uparrow}^{\dagger} a_{\mathbf{k}',\nu}^{\dagger} a_{\mathbf{k}',\nu} a_{\mathbf{k}\uparrow} + a_{\mathbf{k}',\nu}^{\dagger} a_{\mathbf{k}\uparrow}^{\dagger} a_{\mathbf{k}\uparrow} a_{\mathbf{k}',\nu}\rangle = V_0 \sum_{\mathbf{k}',\nu} \langle \hat{n}_{\mathbf{k}',\nu}\rangle = V_0 N' \tag{114}$$

(hier ist N' die mittlere Teilchenzahl im Zustand $|\Psi_{\mathrm{BCS}}'\rangle$) und ein Austauschterm

$$\frac{1}{2}\sum_{\mathbf{k}'\neq\mathbf{k}} V_{\mathbf{k}'-\mathbf{k}} \langle a_{\mathbf{k}\uparrow}^{\dagger} a_{\mathbf{k}'\uparrow}^{\dagger} a_{\mathbf{k}\uparrow} a_{\mathbf{k}'\uparrow} + a_{\mathbf{k}'\uparrow}^{\dagger} a_{\mathbf{k}\uparrow}^{\dagger} a_{\mathbf{k}'\uparrow} a_{\mathbf{k}\uparrow}\rangle = -\sum_{\mathbf{k}'\neq\mathbf{k}} V_{\mathbf{k}'-\mathbf{k}} \left\langle \hat{n}_{\mathbf{k}'\uparrow}\right\rangle \tag{115}$$

Wir finden wieder das Ergebnis, dass eine spinunabhängige Wechselwirkung nur zwischen parallelen Spins zu einem Austauschterm führt. Für ein Kontaktpotential [s. Gl. (29)] dürfen wir nähern

$$V_{\mathbf{q}} = V_0 = -V \tag{116}$$

so dass die Formel (114) auf $-VN'$ und Gl. (115) auf $\frac{1}{2}VN'$ führt. Ihre Summe liefert also einfach die Konstante $-\frac{1}{2}VN'$.

Die Parameter, die den Zustand (113) charakterisierien, sind die Winkel $\theta_{\mathbf{k}'}$ und $\zeta_{\mathbf{k}'}$ für $\mathbf{k}' \neq \mathbf{k}$ (weil ein Paar aufgebrochen wurde, taucht der Parameter $\theta_{\mathbf{k}}$ hier nicht auf). Der Beitrag 2. zur Energie ist für diese Parameter stationär, weil das fehlende Paar das Gap nur sehr wenig verschiebt; die Beiträge 1. und 3. hängen von ihnen gar nicht ab. Wir stellen somit fest, dass der Zustand $b_{\mathbf{k}}^{\dagger}|\Psi_{\mathrm{BCS}}\rangle$ einen stationären Punkt der Vielteilchenenergie darstellt (im Rahmen des verwendeten Variationsansatzes). Aus Symmetriegründen gilt dies auch für den Zustand $b_{-\mathbf{k}}^{\dagger}|\Psi_{\mathrm{BCS}}\rangle$ mit dem entgegengesetzten Impuls.

β Angeregtes Paar

Wenn wir den Zustand $|\overline{\varphi}_{\mathbf{k}}\rangle$ durch ein angeregtes Paar $|\overline{\varphi}_{\mathbf{k}}\rangle^e$ ersetzen, dann werden in den Beziehungen (26) einfach die Vorzeichen $\pm$ umgekehrt (die Parameter $u_{\mathbf{k}}$ und $v_{\mathbf{k}}$

sind reell). Das angeregte Paar $|\overline{\varphi}_{\mathbf{k}}\rangle^e$ gehört also zu den Lösungen für eine stationäre Energie, die wir durch die Wahl (27) eliminiert hatten. In der Tat entspricht es der größtmöglichen Energie für das Modenpaar ($\mathbf{k}\uparrow, -\mathbf{k}\downarrow$).

4-d Anregungsenergien

In dem vierdimensionalen Zustandsraum zu dem Modenpaar ($\mathbf{k}\uparrow, -\mathbf{k}\downarrow$) (aufgespannt von den Zuständen mit den Besetzungen $(n_{\mathbf{k}\uparrow}, n_{-\mathbf{k}\downarrow}) = (0,0), (1,0), (0,1)$ und $(1,1)$, d. Ü.) haben wir ausgehend von dem gepaarten Zustand $|\overline{\varphi}_{\mathbf{k}}\rangle$ durch Anwendung der Erzeuger $b^\dagger_{\pm\mathbf{k}}$ eine neue Orthonormalbasis aus Kets gewonnen, die allesamt stationäre Punkte der mittlere Energie sind. Wir können sie also näherungsweise als Eigenzustände des Hamilton-Operators auffassen. Wir berechnen nun die entsprechenden Energieeigenwerte.

In den aufgebrochenen Paaren ist der angeregte Zustand $|\Psi'_{\text{BCS}}\rangle$ enthalten, der nicht dieselbe Zahl von Teilchen wie der Grundzustand $|\Psi_{\text{BCS}}\rangle$ hat. Warum sollte es sinnvoll sein, ihre Energien direkt zu vergleichen? Dazu erinnern wir uns, dass das System im großkanonischen Ensemble im Kontakt mit einem Teilchenreservoir steht. Das chemische Potential μ ist als der Energiegewinn des Reservoirs definiert, wenn es ein zusätzliches Teilchen absorbiert. Deswegen berechnen wir Differenzen zwischen großkanonischen Mittelwerten $\langle \widehat{H} - \mu\widehat{N}\rangle$.

α Aufgebrochenes Paar

Der Mittelwert $\langle \widehat{H} - \mu\widehat{N}\rangle$ erhöht sich genau um die Energie E_k aus Gl. (25), wenn man ein Paar aufbricht.*

Beweis:

Wir vergleichen die Energien zwischen dem Zustand $b^\dagger_{\mathbf{k}}|\Psi_{\text{BCS}}\rangle$ [s. Gl. (112)] und dem BCS-Grundzustand $|\Psi_{\text{BCS}}\rangle$. Folgende Terme treten auf:

1. Die kinetische Energie ändert sich um die Differenz zwischen der Energie e_k eines Teilchens und der Besetzung $|v_{\mathbf{k}}|^2$ des Modenpaars ($\mathbf{k}\uparrow, -\mathbf{k}\downarrow$), das die kinetische Energie $2e_k$ hat. Die Energie steigt also um $e_k(1 - 2|v_{\mathbf{k}}|^2)$ an.

2. Für die potentielle Energie bedeutet der Übergang von $|\Psi_{\text{BCS}}\rangle$ zum Zustand $|\Psi'_{\text{BCS}}\rangle$, dass sich die mittlere Zahl $\langle\widehat{N}\rangle$ der gepaarten Teilchen um die Besetzung des Paars $2|v_{\mathbf{k}}|^2$ verringert. Der Molekularfeldbeitrag $-\frac{1}{4}V\langle\widehat{N}\rangle^2$ in Gl. (7) ändert sich also um $V\langle\widehat{N}\rangle|v_{\mathbf{k}}|^2$. Der nächste Term verschwindet für ein Kontaktpotential. Schließlich gibt es noch einen Beitrag der Paarungsenergie [letzter Term in Gl. (7)]. Wir schreiben die Doppelsumme auf die Indizes $\mathbf{k}'$ und $\mathbf{k}''$ um und finden Änderungen bei $\mathbf{k}' = \mathbf{k}$ sowie $\mathbf{k}'' = \mathbf{k}$, die jeweils denselben Wert liefern. Das fehlende Paar vergrößert diese Energie um

$$2Vu_{\mathbf{k}}v_{\mathbf{k}}\sum_{\mathbf{k}'}u_{\mathbf{k}'}v_{\mathbf{k}'} = 2\Delta\, u_{\mathbf{k}}v_{\mathbf{k}} = \Delta\sqrt{1-\frac{\xi_k^2}{E_k^2}} = \frac{\Delta^2}{E_k} \tag{117}$$

wobei wir Gl. (31) und Gl. (27) verwendet haben.

---

* Anm. d. Ü.: Man kann E_k also auch als die Bindungsenergie des Paars auffassen.

3. Wir hatten oben gesehen, dass das nichtgepaarte Teilchen eine potentielle Energie $-\frac{1}{2}VN' \simeq -\frac{1}{2}V\langle\widehat{N}\rangle$ hat. Zusammen mit dem oben berechneten Beitrag des Molekularfelds erhalten wir eine Differenzenergie $-\frac{1}{2}V\langle\widehat{N}\rangle(1-2|v_{\mathbf{k}}|^2)$.
Addieren wir diese Ergebnisse und ziehen den Beitrag des chemischen Potentials ab, $\mu\,\delta\langle\widehat{N}\rangle = \mu(1-2|v_{\mathbf{k}}|^2)$, so finden wir für die gesamte Energieänderung:

$$\delta\langle\widehat{H}-\mu\widehat{N}\rangle = \left(e_k - \tfrac{1}{2}V\langle\widehat{N}\rangle - \mu\right)\left(1-2\,|v_{\mathbf{k}}|^2\right) + \frac{\Delta^2}{E_k} \tag{118}$$

Die Definition (13) für ξ_k und Gl. (27) führen auf

$$= \xi_k\left[1-\left(1-\frac{\xi_k}{E_k}\right)\right] + \frac{\Delta^2}{E_k} = \frac{\xi_k^2+\Delta^2}{E_k} = E_k \tag{119}$$

Die Größe E_k ist somit die Energie des aufgebrochenen Paars relativ zum BCS-Grundzustand.[14]

β Angeregtes Paar

Hier tauschen wir in dem Tensorprodukt, das den Zustand $|\Psi_{\text{BCS}}\rangle$ liefert, den gepaarten Zustand $|\overline{\varphi}_{\mathbf{k}}\rangle$ durch das *angeregte Paar* $|\overline{\varphi}_{\mathbf{k}}\rangle^e$ aus Gl. (111) aus. Diese Anregung führt zu einer Änderung der mittleren Energie von $\delta\langle\widehat{H}-\mu\widehat{N}\rangle = 2E_k$, d. h., sie ist zweimal so groß wie beim Aufbrechen eines Paars.

Beweis:
Wir müssen mehrere Differenzbeiträge berücksichtigen. Der erste entsteht aus der kinetischen Energie und liefert $2e_k(|u_{\mathbf{k}}|^2 - |v_{\mathbf{k}}|^2) = 2e_k(1-2|v_{\mathbf{k}})|^2)$ wegen der Normierung (4).
Die potentielle Energie des Molekularfelds (zweiter Beitrag) verschiebt sich, weil die Gesamtteilchenzahl um $2(|u_{\mathbf{k}}|^2 - |v_{\mathbf{k}}|^2)$ anwächst; dies führt auf die Energie $-V\langle\widehat{N}\rangle(1-2|v_{\mathbf{k}}|^2)$.
Die Paarungsenergie ändert sich, weil im angeregten Paar das Produkt $u_{\mathbf{k}}v_{\mathbf{k}}$ mit dem entgegengesetzten Vorzeichen beiträgt. Dies führt auf das Doppelte des Ausdrucks in Gl. (117).
Die soeben berechnete Änderung der Teilchenzahl liefert schließlich noch einen Beitrag $-\mu\delta\langle\widehat{N}\rangle = -2\mu(1-2|v_{\mathbf{k}}|^2)$.
Im Vergleich zu dem aufgebrochenen Paar [s. Gl. (118)] sind also alle Energieänderungen doppelt so groß, so dass wir eine Anregungsenergie von $2E_k$ erhalten.

γ BCS-Spektrum der elementaren Anregungen

Wir kennen nun die Energien der drei angeregten Zustände für jedes Modenpaar. Das Niveau $+E_k$ oberhalb des BCS-Grundzustands ist zweifach entartet (die beiden Kets sind $b^\dagger_{\mathbf{k}}|\Psi_{\text{BCS}}\rangle$ und $b^\dagger_{-\mathbf{k}}|\Psi_{\text{BCS}}\rangle$), zum Niveau $+2E_k$ gehört das angeregte Paar. In Abb. 7 zeigen wir die Dispersionsrelation [die Energie E_k gemäß Gl. (25) als Funktion des Impulses $\hbar k$] dieser elementaren Anregungen. Die durchgezogene Kurve beschreibt das Aufbrechen eines Paars aus den Moden $(\mathbf{k}\uparrow, -\mathbf{k}\downarrow)$, wenn eines der beiden Teilchen fehlt, wie in Gl. (109) und (110) zu sehen ist. (Die Dispersionsrelation $2E_k$ für angeregte Paare wurde nicht aufgetragen.) Die gestrichelte Kurve beschreibt zum Vergleich den Fall des idealen Gases (ohne Wechselwirkungen, $\Delta = 0$). Hier stellen wir endlich

14 In einem idealen Gas wäre die Rechnung dieselbe. Dies entspricht $\Delta = 0$, und Gl. (25) würde $E_k = |\xi_k|$ liefern (s. Abb. 7 und die Diskussion der Teilchen- und Löcheranregungen in Ergänzung A_{XV}).

fest, dass die Wechselwirkung „eine Lücke (Gap) öffnet". Damit ist gemeint, dass das Minimum der Dispersionsrelation nicht bei null liegt. Während im idealen Gas eine beliebig kleine Energie ausreicht, um ein Fermion (an der Fermi-Kante) anzuregen, gibt es eine endliche Energielücke Δ zwischen dem BCS-Grundzustand und den elementaren Anregungen.

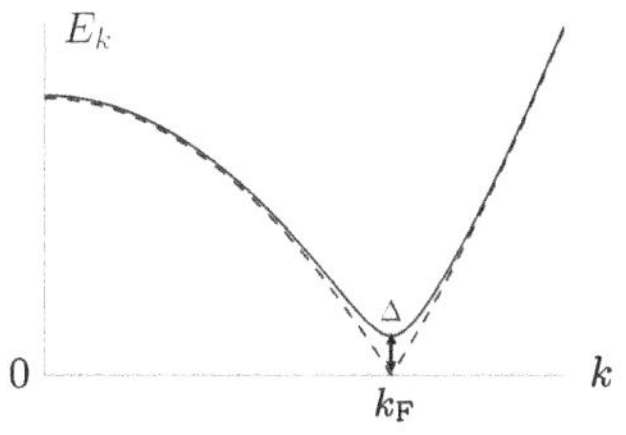

Abb. 7: Die Anregungsenergie $E_k = \sqrt{(\xi_k)^2 + \Delta^2}$ im BCS-Zustand mit $\xi_k = e_k - \mu$ und $e_k = \hbar^2 k^2/2m$. Die Anregungsenergie läuft durch einen minimalen Wert (die Energielücke oder Gap Δ) an der Fermi-Fläche $k = k_F$ (für diesen Impuls ist $e_k = \mu$). Gestrichelt dieselbe Funktion für $\Delta = 0$ (ideales Gas ohne Wechselwirkungen, die Energielücke verschwindet).
Die BCS-Theorie sagt vorher, dass die Energie E_k das Aufbrechen eines Paars beschreibt, während $2E_k$ nötig sind, um ein Paar anzuregen. Das Gap (Minimum von E_k) beschreibt also die minimale Energie, die nötig ist, um aus dem BCS-Grundzustand eine Anregung zu erzeugen. Wie im Text erklärt, beschreibt die linke Seite der Kurve *Lochanregungen*, in denen das System ein Teilchen verliert (unterhalb des Fermi-Niveaus), und die rechte Seite *Teilchenanregungen*, in denen ein Teilchen zu dem System hinzukommt.
Zur Vereinfachung haben wir den Beitrag des Molekularfelds nicht berücksichtigt; dies würde das chemische Potential μ auf den Wert $\overline{\mu}$ aus Gl. (41) anpassen. Aus ξ_k wird dann $e_k - \overline{\mu}$, was die Dispersionsrelation ein wenig nach rechts verschieben würde.

Wenn ein Paar aufbricht, ändert sich die Gesamtteilchenzahl des Systems im Mittel um $\delta N = 1 - 2|v_{\mathbf{k}}|^2$, wie wir bereits gesehen haben. Dies führt auf zwei verschiedene Interpretationen der Dispersionsrelation in Abb. 7, je nachdem ob man Zustände unterhalb oder oberhalb des Fermi-Niveaus betrachtet. Im linken Teil (eine fallende Funktion der Energie) fallen beide Kurven (durchgezogen und gestrichelt) fast exakt zusammen, und für den $v_{\mathbf{k}}$-Parameter gilt praktisch $|v_{\mathbf{k}}|^2 \simeq 1$ [s. Gl. (27) und Abb. 1]. Wir haben dann $\delta N \simeq -1$, d. h. bei der Anregung gibt das System ein Teilchen ab und deswegen spricht man von einer *Lochanregung*. Ihre Energie entsteht aus der Energie μ, die nötig ist, um ein Teilchen in das Reservoir zu übertragen, abzüglich der kinetischen Energie e_k, die das Teilchen anfangs hatte, und zuzüglich der Molekularfeldkorrektur[15]. Die Anregungsenergie des Lochs ist also $\overline{\mu} - e_k$, was der Asymptoten der Dispersionsrelation unterhalb der Fermi-Energie entspricht.

Der rechte Teil (eine wachsende Funktion) gehört zu einem Wert $|v_{\mathbf{k}}|^2 \simeq 0$ für den BCS-Parameter. Die Anregung bringt ein Teilchen in das System ein ($\delta N \simeq +1$),

15 Diese Korrektur verschiebt die Energie e_k auf $e_k - \frac{1}{2} V\langle\widehat{N}\rangle$ und somit $\mu - e_k \mapsto \overline{\mu} - e_k$.

man nennt sie deswegen *teilchenartig*. Die Energie $e_k - \mu$ ist nötig, um ein Teilchen aus dem Reservoir zu entnehmen und es in einem Zustand mit der kinetischen Energie e_k zu platzieren (mit einer *Mean-Field*-Korrektur, die das chemische Potential auf $\overline{\mu}$ verschiebt).

Direkt in der Nähe des Fermi-Niveaus spricht man von *gemischten* Anregungen, die sowohl Loch- als auch Teilchencharakter tragen. In diesem spektralen Band entfernt sich die BCS-Dispersion am meisten von der des idealen Gases, und der Paarungsmechanismus, der das Gap „öffnet", spielt eine zentrale Rolle.

Ausgehend von diesen vier Energieniveaus für jedes Modenpaar kann man mit Hilfe der statistischen Quantenphysik den Dichteoperator konstruieren, der das System im thermischen Gleichgewicht bei einer Temperatur $T > 0$ beschreibt, und daraus diverse thermodynamische Größen gewinnen. Wir werden diese Rechnungen hier nicht durchführen, sondern begnügen uns mit dem Hinweis, dass man auf diese Weise gewisse Ergebnisse für den Grundzustand auf eine endliche Temperatur ausdehnen kann. Es stellt sich heraus, dass dies mit einem temperaturabhängigen Gap-Parameter $\Delta(T)$ gelingt, der für $T \to 0$ durch Gl. (46) aus dieser Ergänzung gegeben ist. Das Gap verringert sich, wenn die Temperatur zunimmt und fällt bei einer kritischen Temperatur T_c auf null. An diesem Punkt findet ein Phasenübergang statt, wenn man also ein System von Fermionen mit einer anziehenden Wechselwirkung abkühlt, dann bildet sich bei einer bestimmten Temperatur ein Paarkondensat. Daraus ergeben sich eine Reihe von physikalischen Konsquenzen. Die spezifische Wärme zum Beispiel zeigt erhöhte Werte am Phasenübergang und sinkt dann (exponentiell) schnell im Grenzfall $T \to 0$ auf null.

Fazit

Wir halten abschließend fest, dass ein Variationsansatz mit gepaarten Zuständen einen neuen Blickwinkel auf das Verhalten von Fermionen erlaubt, die einander schwach anziehen. Wir haben uns auf diesen Fall konzentriert, der etwa Elektronen in supraleitenden Metallen beschreibt. Es gilt dann $\Delta \ll E_F$ und aus der Beziehung (75) lernten wir, dass die Größe ξ_{Paar} der Fermionenpaare sehr groß im Vergleich zum mittleren Abstand zwischen Fermionen ist. Die Einteilchenverteilung aus Abb. 1 unterscheidet sich von der scharfen Fermi-Kante im Grundzustand eines idealen Gases nur in der Nähe des Fermi-Niveaus, wo die Kante auf der Energieskala Δ leicht abgerundet wird. Anders ausgedrückt wird die Fermi-Kugel des idealen Gases durch die BCS-Paarbildung nur wenig gestört. Wir haben die Eigenschaften des optimierten Ansatzes untersucht und dabei eine Reihe von wichtigen Eigenschaften zu Tage gefördert. Die Teilchen zeigen dynamische Korrelationen (zu unterscheiden von statistischen Korrelationen, die schon für ideale Gase aufgrund der Quantenstatistik auftreten), und diese erklären eine Absenkung der mittleren Energie aufgrund der anziehenden Wechselwirkung zwischen Fermionen mit antiparallelen Spins, trotz des Anstiegs der kinetischen Energie. Die gepaarten Zustände sind in ihren Phasen gekoppelt, was den kollektiven Charakter der Paarung erklärt. Es bildet sich eine Paarwellenfunktion aus, die Singulett-Paare von Fermionen beschreibt und an den Begriff der Cooper-Paare erinnert (s. Ergänzung D_{XVII}). Schließlich öffnet sich eine Energielücke (engl.: *gap*) im Spektrum der elementaren Anregungen (Dispersionsrelation), mit deren Hilfe man erklären kann, warum der BCS-Grundzustand *robust* bezüglich äußerer Störungen ist.

Wir erwähnen noch kurz den anderen Grenzfall, in dem eine größere Anziehung zwischen den Teilchen vorliegt, was auf stark gebundene Paare führt, die viel kleiner als ihr mittlerer Abstand sind. Sie entsprechen in der Tat Molekülen, deren Bindungsenergie $-E_B$ (absolut genommen) groß gegenüber der Fermi-Energie E_F ist. Im Impulsraum bedeutet dies, dass die Impulsverteilung eines Paars breiter als der Fermi-Wellenvektor k_F ist. Das anziehende Potential verteilt dann die Besetzung der Einteilchenzustände auf eine große Zahl von Impulsen, und dadurch wird die Wirkung des Pauli-Prinzips „ausgedünnt" (während dieses ein wesentlicher Aspekt der BCS-Theorie ist). Das chemische Potential ist dann nicht positiv, sondern negativ und liegt in der Nähe von $-E_B$. Den Formeln (24) entnehmen wir dann, dass die θ_k-Parameter (die die Besetzungen der $\mathbf{k}$-Moden liefern) allesamt klein bleiben, solange man sich auf Energien e_k von der Größenordnung E_B beschränkt. Unter diesen Bedingungen stellt sich heraus, dass die Paarwellenfunktion ϕ_{Paar} bzw. ihre Fourier-Komponenten $u_k v_k = e^{2i\zeta_k} \sin\theta_k \cos\theta_k$ praktisch mit den Fourier-Komponenten $v_k/u_k = e^{2i\zeta_k} \tan\theta_k$ der Zweiteilchen-Wellenfunktion zusammenfallen, mit deren Hilfe man den gepaarten Zustand konstruiert hat. Die Moleküle werden dann aus zwei stark gebundenen Fermionen gebildet und verhalten sich wie zusammengesetzte Bosonen (s. Ergänzung A_{XVII}, § 3). Diese bilden bei tiefen Temperaturen ein Bose-Einstein-Kondensat aus Molekülen. Der Formalismus der gepaarten Zustände ist deswegen interessant, weil man kontinuierlich von einem Fall (BCS-Paarung, schwach ausgeschmierte Fermi-Fläche) zum anderen (Kondensation von stark gebundenen Molekülen) übergehen kann. Eine genauere Diskussion dieses Übergangs und der physikalischen Effekte, die mit ihm einhergehen, findet der Leser in § 4–6 von Ketterle und Zwierlein (2008) und bei Zwerger (2012).

In dieser Ergänzung haben wir uns darauf konzentriert, die Rechnungen ausführlich darzustellen und die Ergebnisse anschaulich zu interpretieren. Die Leser können sich so die Grundlagen aneignen, um die experimentellen Befunde in der Supraleitung zu verstehen, die selber über den Rahmen dieses Lehrwerks hinausgehen. Von diesen Befunden wollen wir noch einige anführen: Transportphänomene und die Erklärung dafür, dass der elektrische Widerstand auf null absinkt; das Verhalten in einem Magnetfeld (Meißner-Ochsenfeld-Effekt); der experimentelle Nachweis des Anregungsspektrums und des Gaps (mit Hilfe des Tunneleffekts oder der Magnetresonanz); der Josephson-Effekt. Der interessierte Leser kann etwa die Bücher von M. Tinkham (2004), R. D. Parks (1969) oder von A. J. Leggett (2006) zur Hand nehmen. Das Buch von M. Combescot und S. Y. Shiau (2016) gibt einen ausführlichen Überblick über vier theoretische Methoden, mit denen man Supraleitung untersuchen kann. Unter ihnen findet sich auch das BCS-Variationsverfahren, das wir in dieser Ergänzung vorgestellt haben.

Ergänzung D_{XVII}
Das Cooper-Modell

Wir stellen in dieser Ergänzung ein Modell vor, mit dem man in einfacher Weise einige Ergebnisse der BCS-Theorie erhält und das die relativ verwickelte Diskussion der physikalischen Eigenschaften eines Vielteilchensystems vermeidet. Es geht um ein Modell, das L. N. Cooper für zwei sich anziehende Fermionen vorgeschlagen hat: Dieses *Cooper-Paar* hat eine Wellenfunktion, die in der Impulsdarstellung außerhalb der Fermi-Kugel konzentriert ist. In § 1 wird diese Wellenfunktion eingeführt, und wir zeigen, dass es wegen der besetzten Fermi-Kugel einen gebundenen Zustand gibt, der ohne sie nicht auftreten würde. Die Bindungsenergie dieses Paarzustands wird durch eine Formel gegeben, die an die Gleichung für das Gap Δ aus der BCS-Theorie erinnert.

1 Cooper-Paare

Wir stellen uns vor, aus einem System von identischen Fermionen werden zwei Teilchen (ein Cooper-Paar) herausgegriffen, und wollen unter Berücksichtigung einer gegenseitigen Anziehung ihre Zweiteilchen-Wellenfunktion und ihre Energieniveaus untersuchen. Den anderen Fermionen tragen wir dadurch Rechnung, dass sie eine Fermi-Kugel besetzen, so dass wegen des Pauli-Prinzips die Zweiteilchen-Wellenfunktion in der Impulsdarstellung im Inneren der Fermi-Kugel verschwinden muss. Natürlich ist so ein Ansatz ziemlich heuristisch: Es ist nicht gerade sinnvoll, zwei Fermionen aus vielen anderen herauszugreifen, von denen sie sich absolut nicht unterscheiden. Außerdem ist nicht klar, wie die zwei Fermionen sich anziehen sollen, während sich alle anderen wie ein ideales Gas (ohne Wechselwirkungen) verhalten. Es stellt sich allerdings heraus, dass die mathematischen Konsequenzen dieses Modells eines Cooper-Paars interessante Parallelen im Vergleich zu einer Variationsrechnung (s. Ergänzung C_{XVII}) aufweisen, in der alle Fermionen gleichberechtigt behandelt werden. Deswegen ist das Modell nützlich und lehrreich.

2 Zustand und Hamilton-Operator

Die zwei Fermionen seien in einem Spinsinglett ($S = 0$) gepaart:

$$|S=0\rangle = \frac{|1:\uparrow;2:\downarrow\rangle - |1:\downarrow;2:\uparrow\rangle}{\sqrt{2}} \tag{1}$$

https://doi.org/10.1515/9783110649130-018

Ihre Relativbewegung werde durch den Ket $|\Psi_{\text{rel}}\rangle$ beschrieben, und für ihre Schwerpunktsbewegung nehmen wir den Zustand $|\Phi_{\mathbf{K}}\rangle = |\Phi_{\mathbf{0}}\rangle$ mit Gesamtimpuls null an. Der Zustandsvektor ist also

$$|\Psi\rangle = |\Phi_{\mathbf{0}}\rangle \otimes |\Psi_{\text{rel}}\rangle \otimes |S = 0\rangle \tag{2}$$

Zu dem relativen Zustand gehört eine Wellenfunktion

$$\Psi_{\text{rel}}(\mathbf{r}) = \langle \mathbf{r}|\Psi_{\text{rel}}\rangle \tag{3}$$

wobei die Relativkoordinate

$$\mathbf{r} = \mathbf{r}_1 - \mathbf{r}_2 \tag{4}$$

die Differenz zwischen den beiden Positionen ist. Weil der Singulett-Zustand ungerade unter dem Austausch der beiden Teilchen ist, folgt aus dem Symmetriepostulat, dass die Relativwellenfunktion $\Psi_{\text{rel}}(\mathbf{r})$ gerade ist:

$$\Psi_{\text{rel}}(-\mathbf{r}) = \Psi_{\text{rel}}(\mathbf{r}) \tag{5}$$

Wir nehmen weiter an, dass die anziehende Wechselwirkung zwischen den Teilchen unabhängig von ihrem Spin ist. Wie in Band I, Kapitel VII, § B-2 separieren wir den Hamilton-Operator der zwei Teilchen in Schwerpunkts- und Relativbewegung. Weil der Schwerpunkt in Ruhe ist, bleibt nur der Hamilton-Operator H_{rel} übrig, der auf dem Raum der Relativkoordinaten wirkt:

$$H_{\text{rel}} = \frac{\widehat{\mathbf{p}}^2}{m} + V(\widehat{\mathbf{r}}) \tag{6}$$

Dabei ist $\widehat{\mathbf{r}} = \widehat{\mathbf{r}}_1 - \widehat{\mathbf{r}}_2$ der Operator für die Relativkoordinate und $\widehat{\mathbf{p}}$ der relative Impulsoperator. Ausgedrückt durch die Impulse $\widehat{\mathbf{p}}_1$ und $\widehat{\mathbf{p}}_2$ der beiden Teilchen gilt

$$\widehat{\mathbf{p}} = \frac{\widehat{\mathbf{p}}_1 - \widehat{\mathbf{p}}_2}{2} \tag{7}$$

Wir haben also folgendes Eigenwertproblem zu lösen:

$$H_{\text{rel}}\,|\Psi_{\text{rel}}\rangle = (E + 2E_{\text{F}})\,|\Psi_{\text{rel}}\rangle \tag{8}$$

Wie oben erwähnt, enthält das System weitere Fermionen (ohne weitere Wechselwirkungen) bis zum Fermi-Niveau E_{F}. Wir berücksichtigen dies durch die Forderung, dass alle Impulskomponenten von $|\Psi_{\text{rel}}\rangle$ im Inneren der Fermi-Kugel mit Radius k_{F} verschwinden. Dieser hängt bekanntlich mit dem Fermi-Niveau E_{F} über

$$E_{\text{F}} = \frac{\hbar^2 k_{\text{F}}^2}{2m} \tag{9}$$

zusammen. In Gl. (8) wird die Energie E des Paars relativ zu $2E_{\text{F}}$ gemessen. Dieser Referenzwert ist in der Tat bequem, denn er liefert die Energie, die ohne eine Wechselwirkung zwischen den beiden betrachteten Fermionen nötig wäre, um sie am Rand der Fermi-Kugel zu platzieren. Mit dieser Wahl des Energienullpunkts können wir E also direkt als den Beitrag der anziehenden Wechselwirkungen auffassen.

3 Lösung des Eigenwertproblems

Wir entwickeln $|\Psi_{\text{rel}}\rangle$ nach normierten ebenen Wellen $|\mathbf{k}\rangle$, Eigenvektoren des Impulsoperators $\widehat{\mathbf{p}}$:

$$|\Psi_{\text{rel}}\rangle = \sum_{\mathbf{k}} g_{\mathbf{k}}\,|\mathbf{k}\rangle \tag{10}$$

Durch Projektion auf $|\mathbf{k}\rangle$ erhalten wir die Eigenwertgleichung (8) in der Impulsdarstellung:

$$2e_k\, g_{\mathbf{k}} + \sum_{\mathbf{k}'} \langle\mathbf{k}|\widehat{V}|\mathbf{k}'\rangle\, g_{\mathbf{k}'} = (E + 2E_{\text{F}})\, g_{\mathbf{k}} \tag{11}$$

wobei die übliche Abkürzung

$$e_k = \frac{\hbar^2 k^2}{2m} \tag{12}$$

verwendet wurde. Wegen des Pauli-Prinzips stellen wir die zusätzliche Bedingung

$$g_{\mathbf{k}} = 0 \quad \text{falls} \quad |\mathbf{k}| \leq k_{\text{F}} \tag{13}$$

an die Fourier-Koeffizienten von $|\Psi_{\text{rel}}\rangle$, so dass Gl. (11) die folgende Form annimmt:

$$[E + 2\,(E_{\text{F}} - e_k)]\; g_{\mathbf{k}} = \sum_{|\mathbf{k}'|>k_{\text{F}}} V_{\mathbf{k}\mathbf{k}'}\, g_{\mathbf{k}'} \tag{14}$$

Hier bedeuten $V_{\mathbf{k}\mathbf{k}'}$ die Matrixelemente der Wechselwirkung $\widehat{V}$:

$$V_{\mathbf{k}\mathbf{k}'} = \langle\mathbf{k}|\widehat{V}|\mathbf{k}'\rangle \tag{15}$$

4 Berechnung der Bindungsenergie

Wir vereinfachen das Modell weiter und nehmen ein Kontaktpotential an. Die Matrixelemente $V_{\mathbf{k}\mathbf{k}'}$ sind dann näherungsweise konstant:

$$\begin{cases} V_{\mathbf{k}\mathbf{k}'} = -V & \text{falls} \quad |\mathbf{k}|, |\mathbf{k}'| \leq k_{\text{F}} + \Delta k \\ V_{\mathbf{k}\mathbf{k}'} = 0 & \text{sonst} \end{cases} \tag{16}$$

(Wir schreiben $-V$ für die Konstante, weil das Potential anziehend ist.) Hier beschreibt Δk einen kleinen Bereich von Wellenvektoren ($\Delta k \ll k_{\text{F}}$), in dem die Matrixelemente faktorisieren. Die Summe über $\mathbf{k}'$ in Gl. (14) liefert so ein Ergebnis unabhängig von $\mathbf{k}$:

$$\sum_{|\mathbf{k}'|>k_{\text{F}}} V_{\mathbf{k}\mathbf{k}'}\, g_{\mathbf{k}'} = -SV \quad \text{mit} \quad S = \sum_{k_{\text{F}}<|\mathbf{k}'|\leq k_{\text{F}}+\Delta k} g_{\mathbf{k}'} \tag{17}$$

Die Gleichung (14) ist nun einfach zu lösen:

$$\begin{cases} g_{\mathbf{k}} = \frac{-SV}{E+2(E_{\text{F}}-e_k)} & \text{falls} \quad k_{\text{F}} < |\mathbf{k}| \leq k_{\text{F}} + \Delta k \\ g_{\mathbf{k}} = 0 & \text{sonst} \end{cases} \tag{18}$$

Indem wir dies in die Definition (17) von S einsetzen, erhalten wir die Konsistenzbedingung

$$S = \sum_{k_F < |\mathbf{k}| \le k_F + \Delta k} \frac{-SV}{E + 2(E_F - e_k)} \tag{19}$$

woraus folgt

$$\frac{1}{V} = \sum_{k_F < |\mathbf{k}| \le k_F + \Delta k} \frac{1}{2(e_k - E_F) - E} \tag{20}$$

Hier liegt eine implizite Gleichung vor, aus der wir die Energie E bestimmen können [ähnlich wie in der BCS-Gleichung (45) für das Gap aus Ergänzung C_{XVII}]. Wir betrachten das System im thermodynamischen Grenzfall und ersetzen die Summe durch ein Integral

$$\frac{1}{V} = \frac{L^3}{2\pi^2} \int_{k_F}^{k_F + \Delta k} \frac{k^2 \, \mathrm{d}k}{2(e_k - E_F) - E} \tag{21}$$

Wir substituieren auf die verschobene Energievariable

$$x = e_k - E_F \tag{22}$$

und erhalten aus der Beziehung $\mathrm{d}e_k = \hbar^2 k \, \mathrm{d}k/m$ die Zustandsdichte

$$D(e_k) = \left(\frac{L}{2\pi}\right)^3 4\pi k^2 \frac{\mathrm{d}k}{\mathrm{d}e_k} = \frac{L^3}{2\pi^2} \frac{m}{\hbar^2} k \tag{23}$$

also

$$= \frac{L^3}{2\pi^2} \frac{m}{\hbar^3} \sqrt{2me_k} \tag{24}$$

Die implizite Gleichung (21) für E nimmt dann die Form

$$\frac{1}{V} = \int_0^{\Delta E} \mathrm{d}x \frac{D(E_F + x)}{2x - E} \tag{25}$$

an, wobei die obere Grenze ΔE durch

$$E_F + \Delta E = \frac{\hbar^2}{2m} (k_F + \Delta k)^2 \tag{26}$$

definiert ist.

Aufgrund der Bedingung $\Delta k \ll k_F$ können wir im Integral (25) die Zustandsdichte am Fermi-Niveau auswerten, $D(E_F + x) \simeq D(E_F)$, und aus dem Integral ziehen. Wir kürzen sie durch die übliche kompakte Notation

$$D_F = D(E_F) \tag{27}$$

ab.[1] Das Integral (25) kann man mit dieser Näherung elementar auswerten und findet*

$$\frac{1}{V} = \frac{D_F}{2} \log(2x - E)\Big|_0^{\Delta E} = -\frac{D_F}{2} \log\left(\frac{-E}{2\Delta E - E}\right) \tag{28}$$

Wir haben also

$$\frac{-E}{2\Delta E - E} = e^{-2/(VD_F)} \tag{29}$$

und nach E aufgelöst, ergibt sich

$$E = -2\Delta E \frac{e^{-2/VD_F}}{1 - e^{-2/VD_F}} \tag{30}$$

Für eine schwache Wechselwirkung, d. h. $VD_F \ll 1$, können wir dies zu

$$E = -2\Delta E \exp\left[-2/(VD_F)\right] \tag{31}$$

vereinfachen.

Die Energie des Cooper-Paars (relativ zu $2E_F$) ist also negativ, wie man es für einen gebundenen Zustand erwarten darf (die Wellenfunktion ist normierbar). Weil die Funktion $x \mapsto \exp(-1/x)$ bei $x = 0$ keine Taylor-Reihe besitzt (alle Ableitungen verschwinden dort), kann man die Bindungsenergie nicht in eine Reihe in Potenzen von V entwickeln. Das bedeutet, dass man sie nicht durch die übliche Störungsrechnung erhalten kann.

Wir beobachten weiterhin, dass E nach null strebt, wenn die Zustandsdichte D_F verschwindet, speziell wenn die Fermi-Energie E_F selbst nach null geht. Das gebundene Cooper-Paar verdankt seine Existenz also der besetzten Fermi-Kugel und würde nicht auftreten, wenn es diese nicht gäbe.

Wir finden somit Ergebnisse wieder, die im Rahmen der vollständigen BCS-Theorie in Ergänzung C_{XVII} hergeleitet werden, insbesondere die Formel (46) für das Gap Δ. Um sie zu erhalten, wird dort eine obere Grenze $\hbar\omega_D$ für das Energieintegral jenseits des Fermi-Niveaus eingeführt. Sie spielt dieselbe Rolle wie die Energie ΔE in Gl. (25). Wir können die Bindungsenergie E des Cooper-Paars und das Gap praktisch zur Übereinstimmung bringen, indem wir $\Delta E = \hbar\omega_D$ setzen; dann unterscheiden sich die beiden Resultate nur noch um einen Faktor 2 im Exponenten. (Das unterschiedliche Vorzeichen erklärt sich daraus, dass wir hier die Energie eines gebundenen Zustands berechnen, während das Gap Δ üblicherweise als positiver Parameter eingeführt wird.) Das Cooper-Modell illustriert also die wesentliche Rolle der Zustandsdichte D_F am Fermi-Niveau für die BCS-Konstruktion des Gaps.

---

1 Indem die Leser in (23) statt k den Fermi-Wellenvektor k_F einsetzen, können sie die Größenordnung der Zustandsdichte am Fermi-Niveau abschätzen. Es ergibt sich $D_F \sim \langle\widehat{N}\rangle/E_F$, also ein Wert proportional zur mittleren Teilchenzahl.

* Anm. d. Ü.: Mit log ist der natürliche Logarithmus gemeint.

Ergänzung E_{XVII}
Kondensierte Bosonen mit abstoßenden Wechselwirkungen

Diese Ergänzung ist den Eigenschaften eines Systems von Bosonen gewidmet, die einer abstoßenden Wechselwirkung unterworfen sind.[1] Das Bose-Gas sei entartet und es habe sich ein Bose-Einstein-Kondensat gebildet. Wir wissen, dass der Grundzustand in einem idealen Bose-Gas vollständig kondensiert ist: Ein einziger Quantenzustand (der mit der tiefsten Energie) wird von allen Teilchen besetzt (s. Ergänzung B_{XV}, § 4-b-β). Sind die Wechselwirkungen von kurzer Reichweite und ist das System hinreichend verdünnt, dann dürfen wir erwarten, dass es sich im Grundzustand ähnlich wie ein ideales Gas verhält. Insbesondere wird ein signifikanter Anteil der Teilchen immer noch denselben Quantenzustand besetzen. Wir betrachten hier ein Bose-System unter diesen Bedingungen. Der stark besetzte Zustand sei ein Impulseigenzustand mit $\mathbf{k} = \mathbf{0}$, so dass sein Impuls $\hbar\mathbf{k}$ und seine kinetische Energie verschwinden.[2] Wir be-

---

1 Wir werden hier keine anziehende Wechselwirkung betrachten, weil diese das System instabil machen, s. Ergänzung H_{XV}, § 4-b.

2 Diese Annahme vereinfacht die Gleichungen, ist aber nicht wesentlich. Falls ein Impulszustand $\mathbf{k}_0 \neq \mathbf{0}$ stark besetzt sein sollte, kann man in dasjenige Inertialsystem übergehen, in dem dieser Im-

https://doi.org/10.1515/9783110649130-019

zeichnen mit N_0 die mittlere Besetzung dieses Niveaus und nehmen an

$$N_0 \gg n_{\mathbf{k}} \quad \text{für alle } \mathbf{k} \neq \mathbf{0} \tag{1}$$

wobei $n_{\mathbf{k}} = \langle \hat{n}_{\mathbf{k}} \rangle$ die mittlere Zahl von Teilchen ist, die den Zustand $\mathbf{k} \neq \mathbf{0}$ besetzen. Die Gesamtzahl der Teilchen ergibt sich zu

$$N = N_0 + \sum_{\mathbf{k} \neq \mathbf{0}} n_{\mathbf{k}} \tag{2}$$

Alle Einteilchenzustände sollen periodische Randbedingungen in einem Volumen der Kantenlänge L erfüllen (s. Ergänzung C_{XIV}), so dass die Moden $\mathbf{k}$ diskret abzählbar sind.

In Ergänzung C_{XV} haben wir den Grundzustand eines bosekondensierten Systems als reines Kondensat angesetzt: Der N-Teilchen-Zustand wurde als Produkt von N identischen Einteilchenzuständen konstruiert. Wir wurden so auf die Gross-Pitaevskii-Gleichung geführt. In dieser Näherung ist einzig der Zustand $\mathbf{k} = \mathbf{0}$ besetzt [in Gl. (2) gilt $N_0 = N$ und $n_{\mathbf{k}} = 0$ für alle $\mathbf{k}$], wie in einem idealen Gas. Dies kann natürlich nicht exakt richtig sein, denn die Wechselwirkungen erzeugen dynamische Korrelationen zwischen den Teilchen. Diese können unmöglich mit einem Zustandsvektor beschrieben werden, der einfach ein Produkt aus Einteilchenzuständen ist, weil dieser keine Korrelationen zeigt. Es ist in Wirklichkeit so, dass das Wechselwirkungspotential, angewendet auf den Grundzustand, zumindest einen Anteil der Teilchen aus dem Zustand $\mathbf{k} = \mathbf{0}$ in Zustände $\mathbf{k} \neq \mathbf{0}$ „anhebt".[3] Ein Modell für einen N-Teilchen-Zustand, das aus einem einzigen Quantenzustand konstruiert ist, kann höchstens eine sehr schwache Wechselwirkung beschreiben.

In Ergänzung E_{XV} haben wir eine andere Näherung eingeführt, die auf dem Hartree-Fock-Verfahren beruht. Sie ist allgemeiner als die eben erwähnte, weil sie auch Temperaturen größer als null abdecken kann. Es wird dort allerdings auch angenommen, dass sich jedes Teilchen in einem mittleren Potential (Molekularfeld) bewegt, das alle anderen Teilchen erzeugen. Damit sind erneut keine dynamischen Korrelationen vorhanden, und die Beschreibung des Grundzustands ist nicht besser als mit Hilfe der Gross-Pitaevskii-Gleichung. Außerdem tritt im Hartree-Fock-Verfahren eine Schwierigkeit auf, wenn ein bosonisches System in der Nähe der Kondensation vorliegt. In Ergänzung G_{XV}, § 3-b-β stellen wir fest, dass das kondensierte Bose-System im großkanonischen Ensemble starke Fluktuationen in der Zahl der kondensierten Teilchen aufweist. Diese Fluktuationen sind in Wirklichkeit aufgrund der Abstoßung zwischen den Teilchen erheblich unterdrückt, und daraus schließen wir, dass die entsprechenden Vorhersagen des Hartree-Fock-Verfahrens unphysikalisch sein müssen.

---

puls verschwindet. In dem ursprünglichen Koordinatensystem genügt es dann einfach, in allen hier aufgeschriebenen Formeln zu jedem Wellenvektor den Vektor $\mathbf{k}_0$ zu addieren.

3 Diesen Effekt nennt man üblicherweise die *Quantenentvölkerung* (engl.: *quantum depletion*) des Kondensats. Wir werden ihn genauer in § 3-a behandeln.

In dieser Ergänzung wollen wir diese beiden Unzulänglichkeiten korrigieren: Einerseits werden wir dynamische Korrelationen berücksichtigen, die durch die Wechselwirkung in dem System induziert werden. Andererseits werden wir die Zahl der kondensierten Teilchen nicht beliebig fluktuieren lassen. Es wird ein Variationsverfahren mit einem Ansatz für den N-Teilchen-Zustand verwendet, der Zweikörperkorrelationen enthält und dabei keine unphysikalischen Anzahlfluktuationen produziert. Den Variationsansatz konstruieren wir ausgehend von einem gepaarten Zustand, so dass wir auf die Ergebnisse aus Kapitel XVII direkt aufbauen können. Wir ergänzen ihn um eine Komponente, die das Bose-Einstein-Kondensat im Quantenzustand $\mathbf{k} = \mathbf{0}$ beschreibt. Natürlich ist auch dies keine exakte Rechnung, denn sie beruht auf einem speziellen Variationsansatz, aber wir sind in der Lage, einige physikalische Phänomene zu beschreiben, die über die Gross-Pitaevskii-Näherung hinausgehen. Unser Verfahren beleuchtet auch die zahlreichen Berührungspunkte (und die Unterschiede) zwischen gepaarten Bosonen und Fermionen.

Ganz allgemein liefert diese Ergänzung ein Beispiel für die Leistungsfähigkeit eines Variationsverfahrens, mit dem man die Korrelationen zwischen gepaarten Teilchen anpassen kann. Handelt es sich um ein System mit Zweikörper-Wechselwirkungen (in der Tat ein typischer Hamilton-Operator), dann wird die mittlere potentielle Energie von diesen Korrelationen bestimmt (s. Kapitel XV, § C-5-b-α). Korrelationen höherer Ordnung (drei Körper oder mehr) werden in dem System zwar durchaus vorhanden sein, aber sie bestimmen nicht direkt seine Energie. Dies ist der physikalische Grund, warum ein Variationsverfahren, das nur auf Korrelationen in einem gepaarten Zustand beruht, bereits derartig gute Ergebnisse liefern kann.

In § 1 konstruieren wir den Ansatz für den N-Teilchen-Zustand, in den eine Reihe von Variationsparametern eingehen, und berechnen seine mittlere Energie. In § 2 wird dieser Ansatz optimiert, indem wir die Parameter bestimmen, die die Energie minimieren. Wir verwenden die Näherung $N_0 \simeq N$, so dass Wechselwirkungen zwischen Teilchen in nichtkondensierten Zuständen $\mathbf{k} \neq \mathbf{0}$ vernachlässigbar sind. In § 3 diskutieren wir die physikalischen Eigenschaften des erhaltenen N-Teilchen-Zustands, etwa die Teilchenzahl außerhalb des Kondensats $\mathbf{k} = \mathbf{0}$, die Energie und diverse Korrelationsfunktionen. In § 4 stellen wir schließlich ein alternatives Verfahren vor, das mit Operatoren hantiert und auf Nikolai N. Bogoliubov zurückgeht. Wir schränken den Hamilton-Operator auf die Zustände im Variationsansatz ein und transformieren die Erzeuger und Vernichter gemäß Kapitel XVII, § E, um den Bogoliubov-Hamilton-Operator zu konstruieren, den man direkt diagonalisieren kann. Auf diese Weise finden wir eine Reihe von Ergebnissen wieder. Weil dieser Abschnitt relativ unabhängig von den anderen ist, mag eine Leserin, die sich nur für das Bogoliubov-Verfahren interessiert, gleich dort einsteigen. Im Fazit fassen wir die erhaltenen Ergebnisse zusammen und skizzieren die Grenzen der verwendeten Näherung.

1 Aufstellung des Variationsproblems

Die Ergebnisse aus Ergänzung B_{XVII} liefern uns den Ansatz für den N-Teilchen-Zustand mit seinen Variationsparametern und den Ausdruck für die zu minimierende mittlere Energie.

1-a Variationsansatz

Als normierten Zustand wählen wir

$$|\Phi_B\rangle = |\varphi_0\rangle \otimes |\Psi_{\text{gep}}\rangle = |\varphi_0\rangle \bigotimes_{\mathbf{k}\in D} |\overline{\varphi}_{\mathbf{k}}\rangle \tag{3}$$

wobei der Index B sich auf Bogoliubov bezieht. In diesem Ausdruck ist $|\Psi_{\text{gep}}\rangle$ der gepaarte Zustand für spinlose Teilchen aus Kapitel XVII, Gl. (B-8) und Gl. (C-13), ein Tensorprodukt aus normierten Paarzuständen

$$|\overline{\varphi}_{\mathbf{k}}\rangle = \frac{1}{\cosh\theta_{\mathbf{k}}} \exp\left[-x_{\mathbf{k}}\, a^{\dagger}_{\mathbf{k}} a^{\dagger}_{-\mathbf{k}}\right] |0\rangle \tag{4}$$

wobei

$$x_{\mathbf{k}} = e^{2i\zeta_{\mathbf{k}}} \tanh\theta_{\mathbf{k}} \quad \text{mit } \theta_{\mathbf{k}} \geq 0 \tag{5}$$

In Gl. (3) läuft das Tensorprodukt über einen mit D bezeichneten Halbraum des $\mathbf{k}$-Raums, damit man vermeidet, die Zustände $|\overline{\varphi}_{\mathbf{k}}\rangle = |\overline{\varphi}_{-\mathbf{k}}\rangle$ doppelt zu zählen (s. Kapitel XVII, § B-2-a). Der Punkt $\mathbf{k} = \mathbf{0}$ ist in D nicht enthalten.

Der Ket $|\varphi_0\rangle$ in Gl. (3) beschreibt den Einteilchenzustand $\mathbf{k} = \mathbf{0}$, auch kurz die Kondensatmode genannt.* Wir nehmen dazu einen kohärenten Zustand, wie wir ihn in Ergänzung B_{XVII}, Gl. (44) bereits verwendet haben:

$$|\varphi_0\rangle = e^{-N_0/2}\, e^{\alpha_0 a_0^{\dagger}} |0\rangle \tag{6}$$

Dieser Zustand hängt von der komplexen Zahl α_0 ab, die wir durch Betrag und Phase parametrisieren:

$$\alpha_0 = \sqrt{N_0}\, e^{i\zeta_0} \tag{7}$$

* Anm. d. Ü.: Der Leser bemerke den begrifflichen Unterschied zwischen Einteilchenzuständen (hier verwenden wir ebene Wellen) und Ket-Vektoren, die deren Besetzung durch viele Teilchen beschreiben. Die Vielteilchen-Kets $|\varphi_0\rangle$ und $|\Psi_{\text{gep}}\rangle$ leben in Fock-Räumen, die aus unterschiedlich vielen Einteilchenzuständen erzeugt sind. Eigentlich müssten wir in Gl. (6) $|\varphi_{\mathbf{0}}\rangle$ und $a_{\mathbf{0}}^{\dagger}$ schreiben, weil Ket und Operator den Einteilchenzustand $\mathbf{k} = \mathbf{0}$ mit Impuls null betreffen. Ein wenig „schlanker" ist allerdings die hier verwendete Notation $a_0^{\dagger}$ usw. So ist $|0\rangle$ der Zustand mit Teilchenzahl null in der Kondensatmode $\mathbf{k} = \mathbf{0}$.

Er ist ein normierter Eigenvektor zum Vernichter a_0 mit dem Eigenwert α_0:

$$a_0 \left|\varphi_0\right\rangle = \alpha_0 \left|\varphi_0\right\rangle \tag{8}$$

Die mittlere Teilchenzahl im Kondensat ist demnach

$$\left\langle\varphi_0\right| a_0^\dagger a_0 \left|\varphi_0\right\rangle = \alpha_0^* \alpha_0 \left\langle\varphi_0|\varphi_0\right\rangle = N_0 \tag{9}$$

Die Verteilung der Teilchenzahl hat eine Breite $\sqrt{N_0}$ (s. Band I, Ergänzung G_V), was gegenüber N_0 zu vernachlässigen ist, weil wir diese Zahl als makroskopisch groß annehmen.

1-b Mittlere Gesamtenergie

Den Ausdruck für die Gesamtenergie entnehmen wir Gl. (61) aus Ergänzung B_{XVII}:

$$\begin{aligned}\langle \widehat{H}\rangle_{\mathrm{B}} = {} & \sum_{\mathbf{k}\neq\mathbf{0}} e_k \sinh^2\theta_{\mathbf{k}} + \frac{V_0}{2}(N_0+N_e)^2 \\ & + N_0 \sum_{\mathbf{k}\neq\mathbf{0}} V_{\mathbf{k}} \left[\sinh^2\theta_{\mathbf{k}} - \sinh\theta_{\mathbf{k}}\cosh\theta_{\mathbf{k}}\,\cos 2(\zeta_0-\zeta_{\mathbf{k}})\right] \\ & + \frac{1}{2}\sum_{\mathbf{k},\mathbf{k}'\neq\mathbf{0}} V_{\mathbf{k}-\mathbf{k}'}\left[\sinh^2\theta_{\mathbf{k}}\sinh^2\theta_{\mathbf{k}'}\right. \\ & \left. + \sinh\theta_{\mathbf{k}}\sinh\theta_{\mathbf{k}'}\,\cosh\theta_{\mathbf{k}}\cosh\theta_{\mathbf{k}'}\,\cos 2\left(\zeta_{\mathbf{k}}-\zeta_{\mathbf{k}'}\right)\right]\end{aligned} \tag{10}$$

Die Matrixelemente $V_{\mathbf{q}}$ des Wechselwirkungspotentials zwischen je zwei Teilchen sind wie in Ergänzung B_{XVII}, Gl. (16) durch die Fourier-Transformation

$$V_{\mathbf{q}} = \frac{1}{L^3}\int \mathrm{d}^3r\, \mathrm{e}^{-\mathrm{i}\mathbf{q}\cdot\mathbf{r}}\, W_2(\mathbf{r}) \tag{11}$$

gegeben. Die zweite Zeile in Gl. (10) beschreibt den Impulsaustausch zwischen angeregten Teilchen (d. h., $\mathbf{k} \neq \mathbf{0}$) und dem Kondensat $\mathbf{k} = \mathbf{0}$, sowie die Prozesse, in denen Teilchenpaare erzeugt oder vernichtet werden. Die letzten beiden Zeilen (Doppelsumme über $\mathbf{k}$ und $\mathbf{k}'$) geben die Wechselwirkung zwischen Teilchen in angeregten Zuständen an.

1-c Näherung: Schwach angeregtes System

Wie in der Einleitung erwähnt, ist in einem idealen Bose-Gas im Grundzustand nur ein einziges Einteilchenniveau besetzt. In diesem Fall wäre die mittlere Gesamtzahl der Teilchen N_0, und alle angeregten Zustände wären leer ($n_{\mathbf{k}} = 0$). Wir werden uns hier auf ein verdünntes Gas mit einer moderaten Wechselwirkung konzentrieren, so dass N_0 sehr viel größer als die Summe über alle anderen Besetzungen ist:

$$N_0 \gg N_e = \sum_{\mathbf{k}\neq\mathbf{0}} \langle \hat{n}_{\mathbf{k}} \rangle \tag{12}$$

Dies ist eine stärkere Einschränkung als die in Gl. (1) formulierte, weil N_0 viel größer als die *Summe* N_e aller anderen Besetzungen sein muss. Auf diese Weise vereinfachen wir die Rechnungen, aber es ist uns immer noch möglich, die wesentlichen physikalischen Begriffe zu erarbeiten.

Unter diesen Bedingungen stellen wir fest, dass die Wechselwirkung zwischen je zwei angeregten Teilchen in der Gesamtenergie $\langle \widehat{H} \rangle_B$ einen viel kleineren Beitrag liefert als die Wechselwirkung zwischen dem Kondensat und je einem angeregten Teilchen. Der zweite Term in Gl. (10) enthält nämlich den Faktor N_0 und ist viel größer als der letzte Term, in dem N_0 nicht auftritt. Deswegen werden wir im Folgenden die genäherte Energie

$$\begin{aligned} \langle \widehat{H} \rangle_B \simeq & \sum_{\mathbf{k}\neq\mathbf{0}} e_k \sinh^2 \theta_{\mathbf{k}} + \frac{V_0}{2} (N_0 + N_e)^2 \\ & + N_0 \sum_{\mathbf{k}\neq\mathbf{0}} V_{\mathbf{k}} \left[\sinh^2 \theta_{\mathbf{k}} - \sinh \theta_{\mathbf{k}} \cosh \theta_{\mathbf{k}} \cos 2(\zeta_0 - \zeta_{\mathbf{k}}) \right] \end{aligned} \tag{13}$$

verwenden. Jetzt geht es darum, die optimalen Parameter derart zu finden, dass diese Funktion den kleinstmöglichen Wert annimmt. Dazu variieren wir die Parameter und berechnen die Variationen von Gl. (13).

2 Optimierung

Als Variationsparameter im Ansatz $|\Phi_B\rangle$ aus Gl. (3) identifizieren wir N_0 und ζ_0 für den Kondensatzustand $\mathbf{k} = \mathbf{0}$ sowie den Satz von Parametern (Phasen) $\theta_{\mathbf{k}}$ und $\zeta_{\mathbf{k}}$ für die angeregten Zustände $\mathbf{k} \neq \mathbf{0}$. Die Teilchenzahl N_e ist dagegen nicht frei wählbar, sondern ergibt sich aus den eben erwähnten gemäß Gl. (53) aus Ergänzung B_{XVII}:

$$N_e = \sum_{\mathbf{k}\neq\mathbf{0}} \langle a^\dagger_{\mathbf{k}} a_{\mathbf{k}} \rangle = \sum_{\mathbf{k}\neq\mathbf{0}} \sinh^2 \theta_{\mathbf{k}} \tag{14}$$

Wie in Ergänzung B_{XVII} werden wir das chemische Potential μ als Lagrange-Multiplikator einsetzen, um die mittlere Gesamtzahl der Teilchen zu fixieren (s. Anhang VI). Die zu minimierende Funktion ist demnach die Differenz*

$$A = \langle \widehat{H} \rangle_B - \mu \langle \widehat{N} \rangle_B \tag{15}$$

mit der mittleren Teilchenzahl

$$\langle \widehat{N} \rangle_B = \langle a^\dagger_0 a_0 \rangle + \sum_{\mathbf{k}\neq\mathbf{0}} \langle a^\dagger_{\mathbf{k}} a_{\mathbf{k}} \rangle = N_0 + N_e \tag{16}$$

* Anm. d. Ü.: Die Größe A kann als das großkanonische Potential bei Temperatur $T = 0$ aufgefasst werden.

Wenn wir das Potential (15) durch die Parameter des Bogoliubov-Zustands ausgedrücken, haben wir

$$A = \frac{V_0}{2}(N_0 + N_e)^2 - \mu N_0 + \sum_{\mathbf{k}\neq\mathbf{0}} (e_k - \mu)\sinh^2\theta_{\mathbf{k}} + N_0 \sum_{\mathbf{k}\neq\mathbf{0}} F_{\mathbf{k}} \tag{17}$$

mit der Abkürzung

$$F_{\mathbf{k}} = V_{\mathbf{k}}\left[\sinh^2\theta_{\mathbf{k}} - \sinh\theta_{\mathbf{k}}\cosh\theta_{\mathbf{k}}\cos 2(\zeta_0 - \zeta_{\mathbf{k}})\right] \tag{18}$$

2-a Bedingungen für das Energieminimum

Wir suchen nun den stationären Punkt der Funktion A unter der Variation der freien Parameter. Wir variieren zunächst die Phasen, dann die $\theta_{\mathbf{k}}$ und schließlich N_0.

α Variation der Phasen: Phasenkopplung

Die Phasen treten nur in der Größe $F_{\mathbf{k}}$ auf, und zwar als Differenz $\zeta_0 - \zeta_{\mathbf{k}}$. Das Potential ist abstoßend, und wir nehmen positive $V_{\mathbf{k}}$ an. Außerdem können wir die Variable $\theta_{\mathbf{k}}$ ohne Beschränkung der Allgemeinheit positiv wählen (s. Kapitel XVII, § C-1-b), so dass wir auch $\sinh\theta_{\mathbf{k}}\cosh\theta_{\mathbf{k}} \geq 0$ haben. Dem Ausdruck (18) entnehmen wir somit, dass ein Minimum bezüglich der Phasen ζ_0 und $\zeta_{\mathbf{k}}$ für beliebige $\theta_{\mathbf{k}}$ dann vorliegt, wenn der Cosinus gleich eins ist. Daraus folgt

$$\zeta_{\mathbf{k}} = \zeta_0 \quad \text{für alle } \mathbf{k} \tag{19}$$

Alle Phasen in dem gepaarten Zustand müssen also mit der Phase des kohärenten Zustands für das Kondensat [s. Gl. (6) und Gl. (7)] zusammenfallen. Diese Bedingung wird *Phasenkopplung* genannt.

β Variation der Paarparameter

Die Funktion A ist unter einer Variation der Paarparameter $\theta_{\mathbf{k}}$ minimal, wenn die entsprechende Ableitung verschwindet. Dies führt auf die Bedingung

$$0 = V_0(N_0 + N_e)\frac{\partial N_e}{\partial\theta_{\mathbf{k}}} + 2(e_k - \mu)\sinh\theta_{\mathbf{k}}\cosh\theta_{\mathbf{k}} + N_0\frac{\partial F_{\mathbf{k}}}{\partial\theta_{\mathbf{k}}} \tag{20}$$

die für beliebiges $\mathbf{k}$ gilt. Wir werten die Ableitung von $F_{\mathbf{k}}$ für phasengekoppelte Phasen gemäß Gl. (19) aus. Die Ableitung $\partial N_e/\partial\theta_{\mathbf{k}}$ führt wegen Gl. (14) auf das Produkt $2\sinh\theta_{\mathbf{k}}\cosh\theta_{\mathbf{k}}$. Die entstehenden Terme können zusammengefasst werden zu:

$$\begin{aligned} 0 = {} & \left[V_0(N_0 + N_e) + e_k - \mu + V_{\mathbf{k}}N_0\right] 2\sinh\theta_{\mathbf{k}}\cosh\theta_{\mathbf{k}} \\ & - V_{\mathbf{k}}N_0\left(\cosh^2\theta_{\mathbf{k}} + \sinh^2\theta_{\mathbf{k}}\right) \end{aligned} \tag{21}$$

was man auch so schreiben kann

$$0 = \left[e_k - \mu + V_0 \left(N_0 + N_e\right) + V_{\mathbf{k}} N_0\right] \sinh 2\theta_{\mathbf{k}} - V_{\mathbf{k}} N_0 \cosh 2\theta_{\mathbf{k}} \tag{22}$$

Wir finden schließlich

$$\tanh 2\theta_{\mathbf{k}} = \frac{V_{\mathbf{k}} N_0}{e_k - \mu + V_0 \left(N_0 + N_e\right) + V_{\mathbf{k}} N_0} \tag{23}$$

γ Variation der Teilchenzahl im Kondensat

Nun bleibt noch übrig, in A den Parameter N_0 zu variieren. Wegen der bereits erhaltenen Formeln (17) und (18) und der Phasenkopplung (19), führt das Verschwinden dieser Variation auf

$$0 = V_0 \left(N_0 + N_e\right) - \mu + \sum_{\mathbf{k} \neq \mathbf{0}} V_{\mathbf{k}} \left[\sinh^2 \theta_{\mathbf{k}} - \sinh \theta_{\mathbf{k}} \cosh \theta_{\mathbf{k}}\right] \tag{24}$$

Hieraus folgt für das chemische Potential

$$\mu = V_0 \left(N_0 + N_e\right) + \delta\mu \tag{25}$$

d. h., es ist die eine Summe aus einem Molekularfeldterm (engl.: *mean field potential*) $V_0(N_0 + N_e)$, den alle Teilchen erzeugen, und der Korrektur

$$\delta\mu = \sum_{\mathbf{k} \neq \mathbf{0}} V_{\mathbf{k}} \left[\sinh^2 \theta_{\mathbf{k}} - \sinh \theta_{\mathbf{k}} \cosh \theta_{\mathbf{k}}\right] \tag{26}$$

Wir sehen hier zwei Terme mit verschiedenen Vorzeichen: Den positiven Beitrag erzeugt die Wechselwirkung durch Impulsaustausch und das Gruppieren von Bosonen; der andere Anteil entsteht durch die Terme, die angeregte Teilchenpaare aus dem Kondensat erzeugen oder vernichten (s. Ergänzung B_{XVII}, Abb. 7). Die so erzeugten dynamischen Korrelationen verringern die Wechselwirkungsenergie.

Mit dem chemischen Potential (25) können wir den Ausdruck (23) vereinfachen:

$$\tanh 2\theta_{\mathbf{k}} = \frac{V_{\mathbf{k}} N_0}{\widetilde{e}_k + V_{\mathbf{k}} N_0} \tag{27}$$

$$\widetilde{e}_k = e_k - \delta\mu \tag{28}$$

2-b Implizite Gleichungen und iterative Verfahren

Der Grundzustand, den wir hier suchen, hängt von zwei äußeren Kontrollparametern ab: dem Volumen L^3 des Systems und dem chemischen Potential μ, mit dessen Hilfe man die Gesamtzahl der Teilchen einstellt. Die gesuchten Parameter sind die $\theta_{\mathbf{k}}$ aus Gl. (27) und N_0 aus Gl. (24). In dieser Gleichung tritt N_e auf, was wiederum wegen Gl. (14) durch die $\theta_{\mathbf{k}}$ bestimmt ist. Wir haben also ein System nichtlinearer Gleichungen vorliegen, für das nicht von vornherein klar ist, wie man eine Lösung findet: Die

Parameter $\theta_{\mathbf{k}}$ sind Funktionen von N_0 und bestimmen auch $N_e = N_e(N_0)$. Aber N_0 ist selber durch μ und die Parameter $\theta_{\mathbf{k}}$ festgelegt (direkt und indirekt über N_e). Wenn wir in die Bedingung (24) die $\theta_{\mathbf{k}}(N_0)$ einsetzen, ergibt sich eine implizite Gleichung für N_0, was uns an die Gleichung für das BCS-Gap Δ erinnert (s. Ergänzung C_{XVII}, § 1-c-β).

Ein erster Versuch, diese implizite Gleichung zu lösen, geht iterativ vor, wie im Hartree-Fock-Verfahren (s. Ergänzung E_{XV}). Man beginnt mit einem plausiblen Näherungswert für N_0, zum Beispiel μ/V_0, was sich aus Gl. (25) durch Vernachlässigen von N_e und $\delta\mu$ ergibt. Dann liefert Gl. (27) eine erste Näherung für die $\theta_{\mathbf{k}}$ und damit N_e, was man wieder in Gl. (24) einsetzen kann, um einen neuen Wert für N_0 zu erhalten. Man beginnt damit wieder von vorn, und hofft wie bei den nichtlinearen Hartree-Fock-Gleichungen auf eine Konvergenz nach ein paar Iterationen.

In einer anderen Methode gibt man es auf, das chemische Potential als Kontrollparameter vorzugeben, und bestimmt umgekehrt μ aus den gegebenen Größen. Man kann etwa einen beliebigen Wert für N_0 wählen und daraus die Winkel $\theta_{\mathbf{k}}$ sowie die Teilchenzahl N_e berechnen. Damit ist die Gesamtzahl der Teilchen $N = N_0 + N_e$ festgelegt, und die Formeln (25) und (26) liefern das chemische Potential. Dieses Verfahren ist einfacher, und wir werden es in den folgenden Abschnitten verwenden.

3 Eigenschaften des Grundzustands

Beginnen wir mit der Gesamtzahl der Teilchen. Um die wesentlichen Begriffe in einfacher Form herauszuarbeiten, wählen wir in den folgenden Rechnungen ein Potential mit Matrixelementen, die entweder konstant oder null sind

$$V_{\mathbf{k}} = \begin{cases} V_0 & \text{für} \quad |\mathbf{k}| \leq k_c \\ 0 & \text{für} \quad |\mathbf{k}| > k_c \end{cases} \tag{29}$$

Hier hängt der Cutoff-Parameter k_c mit der Reichweite b des Potentials zusammen ($k_c \sim 1/b$). Wir vereinfachen das Problem weiter, indem wir $\delta\mu$ vernachlässigen, so dass $\widetilde{e}_k$ und e_k zusammenfallen.

3-a Teilchenzahl, Entvölkerung

Die mittlere Zahl N_e von Teilchen in angeregten Zuständen $\mathbf{k} \neq \mathbf{0}$ erhalten wir aus Gleichung (14). Der Parameter $\sinh^2\theta_{\mathbf{k}}$ ergibt sich aus den Identitäten

$$\begin{aligned} \cosh 2\theta_{\mathbf{k}} &= \frac{1}{\sqrt{1-\tanh^2 2\theta_{\mathbf{k}}}} \\ &= \frac{\widetilde{e}_k + V_{\mathbf{k}} N_0}{\sqrt{\widetilde{e}_k(\widetilde{e}_k + 2V_{\mathbf{k}} N_0)}} \end{aligned} \tag{30}$$

wobei Gl. (27) verwendet wurde. Andererseits haben wir

$$2\sinh^2\theta_{\mathbf{k}} = \sinh^2\theta_{\mathbf{k}} + \cosh^2\theta_{\mathbf{k}} - 1 = \cosh 2\theta_{\mathbf{k}} - 1 \tag{31}$$

so dass sich

$$\sinh^2\theta_{\mathbf{k}} = \frac{1}{2}\left[\frac{\widetilde{e}_k + V_{\mathbf{k}}N_0}{\sqrt{\widetilde{e}_k(\widetilde{e}_k + 2V_{\mathbf{k}}N_0)}} - 1\right] \tag{32}$$

ergibt. Dies eingesetzt in Gl. (14) finden wir die Formel

$$N_e = \frac{1}{2}\sum_{\mathbf{k}\neq\mathbf{0}}\left[\frac{\widetilde{e}_k + V_{\mathbf{k}}N_0}{\sqrt{\widetilde{e}_k(\widetilde{e}_k + 2V_{\mathbf{k}}N_0)}} - 1\right] \tag{33}$$

Wir haben vorhin ein vereinfachtes Modell erwähnt, in dem die Energien $\widetilde{e}_k \simeq e_k$ praktisch nicht verändert werden (die Verschiebung $\delta\mu$ wird vernachlässigt). Mit dieser Näherung und indem wir die Summe in Gl. (33) durch ein Integral ersetzen, erhalten wir

$$N_e = \frac{L^3}{16\pi^3}\int \mathrm{d}^3k\left[\frac{\frac{\hbar^2k^2}{2m} + V_{\mathbf{k}}N_0}{\sqrt{\frac{\hbar^2k^2}{2m}\left(\frac{\hbar^2k^2}{2m} + 2V_{\mathbf{k}}N_0\right)}} - 1\right] \tag{34}$$

Wir setzen schließlich den vereinfachten Ausdruck (29) für die Matrixelemente $V_{\mathbf{k}}$ ein. In den Integranden geht dann nur noch der Betrag $k = |\mathbf{k}|$ ein, und in Kugelkoordinaten geht das dk-Integral von $k = 0$ bis zum Cutoff k_c. Die Substitution auf die Variable

$$s = k\sqrt{\frac{\hbar^2}{2mV_0N_0}} = k\,\xi \tag{35}$$

mit der *Relaxationslänge*[4] ξ (siehe Ergänzung C_{XV}, § 4-b)

$$\xi = \sqrt{\frac{\hbar^2}{2mV_0N_0}} \tag{36}$$

führt auf die obere Grenze

$$s_c = k_c\,\xi \tag{37}$$

und wir erhalten das Integral

$$N_e = \frac{1}{4\pi^2}\left(\frac{L}{\xi}\right)^3\int_0^{s_c} s^2\,\mathrm{d}s\left[\frac{s^2+1}{\sqrt{s^2(s^2+2)}} - 1\right] \tag{38}$$

4 In Ergänzung C_{XV}, Gl. (61) hatten wir ξ über den Parameter g eines Kontaktpotentials $W_2(\mathbf{r}) = g\delta(\mathbf{r})$ eingeführt. Für diesen Fall gilt $V_0 = g/L^3$ mit dem Volumen L^3 des Systems und für das Produkt $V_0N_0 = gn_0$ mit der Kondensatdichte $n_0 = N_0/L^3$. Damit stimmt Formel (36) mit dem Ausdruck $\xi = \sqrt{\hbar^2/2mgn_0}$ überein.

Für dieses Integral ist der Cutoff nicht notwendig, denn für große $s \to \infty$ können wir in $1/s^2$ entwickeln und erhalten

$$\frac{s^2+1}{\sqrt{s^2(s^2+2)}} = \frac{1+1/s^2}{\sqrt{1+2/s^2}} = 1 + \frac{1}{2s^4} + \cdots \tag{39}$$

An der unteren Grenze $s = 0$ konvergiert das Integral auch (der Faktor $1/s$ in der Klammer wird durch das Integrationsmaß $s^2\,ds$ kompensiert). Man kann es elementar auswerten.* Wir schicken den Cutoff s_c nach Unendlich (dann liegt ein kurzreichweitiges Kontaktpotential vor), finden für das Integral den Wert $\sqrt{2}/3$ und erhalten mit Gl. (36) schließlich

$$N_e = \frac{L^3}{3\pi^2}\left(\frac{mV_0N_0}{\hbar^2}\right)^{3/2} \tag{40}$$

Die Teilchenzahl N_e ist also proportional zum Volumen und skaliert mit der Potenz 3/2 von V_0N_0. Derselbe Exponent bestimmt auch für kleine Wechselwirkungen die Skalierung des *nichtkondensierten Teilchenanteils* $N_e/(N_0+N_e)$ mit V_0. Ohne die Wechselwirkung wären alle Teilchen im Kondensatzustand $\mathbf{k} = \mathbf{0}$.

Wir halten also fest, dass die Wechselwirkung eine gewisse Zahl von Teilchen aus der Kondensatmode $\mathbf{k} = \mathbf{0}$ in angeregte Zustände $\mathbf{k} \neq \mathbf{0}$ „anhebt". Dieses Phänomen wird oft *Quantenentvölkerung* (engl.: *quantum depletion*) genannt. Es hat natürlich nichts mit einer thermischen Anregung zu tun, bei der die Teilchen durch die Kopplung mit einem Wärmebad in Zustände mit einer höheren Energie übergehen. Alle Rechnungen hier betreffen den Grundzustand des N-Teilchen-Systems: Die Temperatur liegt also bei absolut Null.

Bemerkung:
Das Ergebnis (40) muss konsistent mit unserer Annahme $N_e \ll N_0$ eines schwach angeregten Systems sein. Diese Bedingung kann man wie folgt umschreiben:

$$V_0 \ll \frac{\hbar^2}{mL^2}(N_0)^{-1/3} \tag{41}$$

Ist b die Reichweite der Wechselwirkung und gibt die Energie U ihre Größenordnung an, dann haben wir gemäß Gl. (11) für ihr Matrixelement die Abschätzung $V_0 \sim Ub^3/L^3$. Die obige Ungleichung führt auf

$$U \ll \frac{\hbar^2}{mb^2}\left(\frac{L^3}{b^3N_0}\right)^{1/3} \tag{42}$$

Unsere Rechnungen sind also gültig, wenn U klein gegenüber der kinetischen Energie ist, die ein Teilchen auf der Skala der Reichweite b lokalisieren könnte, multipliziert mit dem Verhältnis aus mittlerem Abstand zwischen den kondensierten Teilchen $L/N_0^{1/3}$ und b. Kurz gefasst: Die Reichweite des Potentials muss klein genug sein.

---

* Anm. d. Ü.: Ähnlich wie in Fußnote * auf S. 1952 führt die Substitution $s = \sqrt{2}\sinh t$ relativ schnell zum Ziel.

3-b Energie

Werten wir nun die Energie des Systems aus. Ausgehend von Gl. (13) sind verschiedene Terme zu berücksichtigen.

α Kinetische Energie

Ihren Beitrag können wir unter Verwendung von Gl. (32) wie folgt darstellen:

$$E_{\text{kin}} = \sum_{\mathbf{k}\neq\mathbf{0}} e_k \sinh^2\theta_{\mathbf{k}} = \frac{1}{2}\sum_{\mathbf{k}\neq\mathbf{0}} e_k \left[\frac{\tilde{e}_k + V_{\mathbf{k}}N_0}{\sqrt{\tilde{e}_k(\tilde{e}_k + 2V_{\mathbf{k}}N_0)}} - 1\right] \tag{43}$$

Die Struktur dieser Formel ist ähnlich wie bei N_e in Gl. (33), aber wegen des Faktors e_k verhält sie sich anders. Wir verwenden das vereinfachte Modell (29) von konstanten Matrixelementen $V_{\mathbf{k}} \approx V_0$, vernachlässigen $\delta\mu$ und schreiben die Summe mit der Substitution (35) in ein Integral um:

$$E_{\text{kin}} = \frac{V_0N_0}{4\pi^2}\left(\frac{L}{\xi}\right)^3 \int_0^{s_c} \mathrm{d}s\, s^4 \left[\frac{s^2+1}{\sqrt{s^2(s^2+2)}} - 1\right] \tag{44}$$

Wie in Gl. (39) schätzen wir den Integranden für $s \to \infty$ ab:

$$s^4\left[\frac{s^2+1}{\sqrt{s^2(s^2+2)}} - 1\right] = s^4\left[1 + \frac{1}{2s^4} + \cdots - 1\right] = \frac{1}{2} + \mathcal{O}\left(\frac{1}{s^2}\right) \tag{45}$$

Der Integrand strebt also im Unendlichen gegen eine Konstante, damit wird das ds-Integral für großes s_c linear mit dem Cutoff skalieren. Es divergiert, wenn wir s_c nach Unendlich schicken.

β Wechselwirkung mit dem Kondensat

Den Molekularfeldterm $V_0(N_0 + N_e)^2/2$ in der Energie aus Gl. (13) kennen wir bereits, weil N_e in Gl. (38) ausgerechnet wurde.

Der letzte Energiebeitrag in Gl. (13) ist proportional zum Faktor N_0 und beschreibt die Kopplung von Teilchen außerhalb des Kondensats (angeregte Zustände $\mathbf{k} \neq \mathbf{0}$) mit Kondensatteilchen (in der Mode $\mathbf{k} = \mathbf{0}$). Dieser Term enthält die Summe über die in Gl. (18) definierten $F_{\mathbf{k}}$. Wir benötigen dazu das Produkt

$$\sinh\theta_{\mathbf{k}} \cosh\theta_{\mathbf{k}} = \frac{1}{2}\sinh 2\theta_{\mathbf{k}} = \frac{1}{2}\cosh 2\theta_{\mathbf{k}} \tanh 2\theta_{\mathbf{k}} \tag{46}$$

und aus Gl. (27) und (30) finden wir

$$\sinh\theta_{\mathbf{k}} \cosh\theta_{\mathbf{k}} = \frac{V_{\mathbf{k}}N_0}{2\sqrt{\tilde{e}_k(\tilde{e}_k + 2V_{\mathbf{k}}N_0)}} \tag{47}$$

Weil unter den optimierten Bedingungen die Phasen der gepaarten Zustände gekoppelt sind [Gl. (19)], vereinfachen sich die $F_\mathbf{k}$ zu

$$\begin{aligned} F_\mathbf{k} &= -V_\mathbf{k}\left[\sinh\theta_\mathbf{k}\,\cosh\theta_\mathbf{k} - \sinh^2\theta_\mathbf{k}\right] \\ &= -\frac{V_\mathbf{k}}{2}\left[1 - \frac{\tilde{e}_k}{\sqrt{\tilde{e}_k(\tilde{e}_k + 2V_\mathbf{k}N_0)}}\right] \end{aligned} \tag{48}$$

Wir bezeichnen diesen Beitrag zur Energie mit E_{N_0}:

$$E_{N_0} = N_0\sum_{\mathbf{k}\neq\mathbf{0}} F_\mathbf{k} = -\frac{N_0}{2}\sum_{\mathbf{k}\neq\mathbf{0}} V_\mathbf{k}\left[1 - \frac{\tilde{e}_k}{\sqrt{\tilde{e}_k(\tilde{e}_k + 2V_\mathbf{k}N_0)}}\right] \tag{49}$$

Mit der vereinfachten Wechselwirkung aus Gl. (29) und der Näherung $\tilde{e}_k \simeq e_k$ wird aus diesem Ergebnis:

$$E_{N_0} = -\frac{V_0N_0}{4\pi^2}\left(\frac{L}{\xi}\right)^3\int_0^{s_c} s^2\,\mathrm{d}s\left[1 - \frac{s}{\sqrt{s^2+2}}\right] \tag{50}$$

Der Integrand verhält sich im Unendlichen wie

$$s^2\left[1 - \frac{s}{\sqrt{s^2+2}}\right] \sim s^2\left[1 - \left(1 - \frac{1}{s^2} + \cdots\right)\right] = 1 + \mathcal{O}\left(\frac{1}{s^2}\right) \tag{51}$$

so dass auch dieses Integral im Limes $s_c \to \infty$ linear mit dem Cutoff s_c divergiert.

γ Gesamtenergie

Die Summe aus Gl. (43) und (49) fassen wir zusammen (in beiden Termen haben wir $\delta\mu = 0$ verwendet):

$$E_\text{kin} + E_{N_0} = \frac{1}{2}\sum_{\mathbf{k}\neq\mathbf{0}}\left[\sqrt{e_k(e_k + 2V_\mathbf{k}N_0)} - e_k - V_\mathbf{k}N_0\right] \tag{52}$$

Als Integral geschrieben, erhalten wir mit der Kopplungskonstanten V_0 die Summe aus Gl. (44) und Gl. (50):

$$E_\text{kin} + E_{N_0} = \frac{V_0N_0}{4\pi^2}\left(\frac{L}{\xi}\right)^3\int_0^{s_c} s^2\,\mathrm{d}s\left[s\sqrt{s^2+2} - s^2 - 1\right] \tag{53}$$

Den Abschätzungen (45) und (51) entnehmen wir, dass der Integrand für $s \to \infty$ gegen $-1/2$ strebt. Dieses Integral divergiert also auch, wenn wir den Cutoff-Wellenvektor nach Unendlich schicken: Sein Wert wird linear mit s_c skalieren. Dem Vorzeichen des Integranden entnehmen wir gleichwohl, dass bei der Bildung von gepaarten Zuständen die Absenkung der potentiellen Energie gegenüber dem Anstieg der kinetischen Energie gewinnt.

Die Gesamtenergie des Grundzustands E_g im schwach wechselwirkenden Bose-Gas ist somit die Summe aus der soeben berechneten Energie plus dem Beitrag des Molekularfelds:

$$E_g = \frac{V_0}{2} (N_0 + N_e)^2 + E_{kin} + E_{N_0} \tag{54}$$

wobei $E_{kin} + E_{N_0}$ durch Gl. (53) gegeben ist.

Bemerkung:
Die Divergenzen, denen wir im Grenzfall $s_c \to \infty$ begegnet sind, stellen keine grundsätzliche Schwierigkeit dar. Sie entstehen durch die Annahme, dass die Matrixelemente (29) der Wechselwirkung in diesem Grenzfall für alle k konstant sind, während sie für ein realistisches Potential für $k \to \infty$ nach null gehen müssen. Man kann die Rechnung verbessern, indem man das Potential genauer behandelt, und kommt dann auf ein endliches Ergebnis (sowohl für die Grundzustandsenergie E_g als auch für die Korrektur zum chemischen Potential $\delta\mu$). Details dazu sind etwa in § 4.2 aus dem Buch *Bose-Einstein Condensation* von Lev Pitaevskii und Sandro Stringari (2003) zu finden.

3-c Phasenkopplung. Vergleich mit der BCS-Theorie

Wir haben in § 2-a-α gesehen, wie alle Phasen $\zeta_{\mathbf{k}}$ auf die Phase ζ_0 des Kondensats festgelegt werden, um die abstoßende Wechselwirkung zwischen angeregten und Kondensatteilchen zu minimieren. Wir hatten diesen Effekt *Phasenkopplung* genannt. Er erinnert an die *Symmetriebrechung* im BCS-Mechanismus, in der sich alle Phasen der Modenpaare $(\mathbf{k}\uparrow, -\mathbf{k}\downarrow)$ auf einen gemeinsamen Wert einstellen und so in kollektiver Weise das Gap Δ „öffnen". Bei Bosonen spielen die Teilchen in der Kondensatmode die Rolle eines kollektiven makroskopischen Felds, das die Teilchen bilden. Aus diesem Grund gehen die relativen Phasen $\zeta_{\mathbf{k}} - \zeta_0$ zwischen den Teilchenpaaren und dem Kondensat ein. Es handelt sich gewissermaßen um einen *externen* Mechanismus, während die Phasenkopplung im BCS-Fall ein *interner* Vorgang ist. Was auch immer der Wert von ζ_0 ist, die Energieabsenkung hängt von ihm nicht ab, es kommt nur auf die relativen Phasen an. Wie bei Fermionen entsteht die Symmetriebrechung also durch die willkürliche Wahl einer Phase. Diese Analogie wird durch die Beobachtung aus § 2-b vertieft, dass die Teilchenzahl N_0 im Kondensat (bei vorgegebenem μ) eine implizite Gleichung erfüllt, genau wie es in der BCS-Theorie für das Gap Δ geschieht.

Wegen der Skalierung $\xi \sim V_0^{-1/2}$ der Relaxationslänge [s. Gl. (36)] lesen wir in den Formeln (40) und (53) gebrochenzahlige Potenzen der Kopplungskonstanten V_0 ab. Somit liegt hier ein nichtanalytisches Verhalten vor. Wir können diese Energien nicht in Rahmen einer Störungstheorie, also einer Reihenentwicklung nach Potenzen von V_0 erhalten. Auch dies ist analog zu den Ergebnissen aus Ergänzung B_{XVII}.

In jener Ergänzung zum BCS-Mechanismus sind es die Niveaus in der Nähe der Fermi-Energie, die die wichtigsten Beiträge liefern. Bei Bosonen mit abstoßender Wechselwirkung liegen die Dinge anders. Im Ausdruck (44) für die kinetische Energie lesen wir etwa einen Integranden

$$f_{\text{kin}}(s) = s^4 \left[\frac{s^2+1}{s\sqrt{s^2+2}} - 1 \right] \tag{55}$$

ab, wobei s proportional zum Wellenvektor $k \neq 0$ von angeregten Teilchen ist. Die Wechselwirkungsenergie zwischen angeregten und Kondensatteilchen wird durch einen Integranden

$$f_{N_0}(s) = s^2 \left[\frac{s^2}{s\sqrt{s^2+2}} - 1 \right] \tag{56}$$

gegeben. In Abb. 1 zeigen wir diese Funktionen (gestrichelte Kurven) sowie ihre Summe (durchgezogen). Es ist zu sehen, dass der Energiegewinn sich nicht auf ein spezielles Band beschränkt: Alle Werte des (skalierten) Impulses bis zum Cutoff tragen bei. Wir sehen auch, dass die Absenkung der Wechselwirkungsenergie gegenüber dem Anstieg der kinetischen Energie gewinnt, wie bereits angemerkt. Die Minimierung der abstoßenden Wechselwirkung zwischen Bosonen muss veränderte Zweikörperkorrelationen nach sich ziehen, die sich bei kleinen Abständen zwischen den Teilchen verringern. Wir werden dies in § 3-d-β bestätigen, wo die Korrelationsfunktionen berechnet werden.

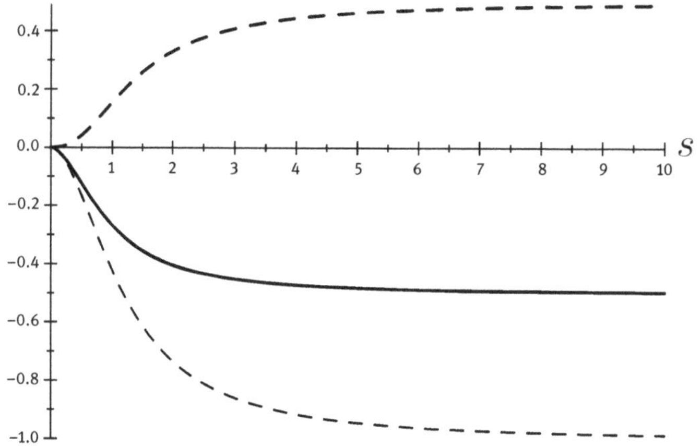

Abb. 1: Die kinetische und potentielle Energie des Systems von Bosonen kann durch Integrale berechnet werden, von denen hier der Integrand als Funktion der Variablen s dargestellt ist, die proportional zum Wellenvektor $\mathbf{k}$ von angeregten Teilchen ist. Die obere (gestrichelte) Kurve entspricht der kinetischen Energie E_{kin}, die Wechselwirkung mit dem Kondensat E_{N_0} der unteren (gestrichelten) Kurve. Die Summe der beiden ist durchgezogen dargestellt. Der Anstieg der kinetischen Energie (die Wechselwirkung regt Teilchen mit $\mathbf{k} \neq \mathbf{0}$ aus der Kondensatmode an) wird durch die Absenkung der potentiellen Energie mehr als kompensiert. Die Gesamtenergie nimmt also ab.

Wir können diese Energiebilanz noch genauer analysieren, indem wir uns ansehen, welchen Energiegewinn bestimmte Einteilchenzustände beitragen. In den Formeln (55) und (56) streichen wir den Faktor $s^2 \sim k^2$, der für die Zustandsdichte steht. Wir erhalten dann Funktionen, die in Abb. 2 aufgetragen sind. Solange s klein oder höchstens von der Ordnung eins ist, ist der Zugewinn an potentieller Energie viel größer als der Anstieg der kinetischen Energie. Beide Beiträge werden aber vergleichbar für $s \gg 1$. Gemäß Gl. (35) entspricht die Bedingung $s \lesssim 1$ der Ungleichung

$$k \lesssim \xi^{-1} \quad \text{also} \quad e_k \lesssim V_0 N_0 \tag{57}$$

Es sind also die Einteilchenzustände mit kleinen Energien, die die potentielle Energie besonders stark verringern. Dieser Energiebereich ist proportional zur Zahl N_0 der kondensierten Teilchen und zum Matrixelement V_0 der Wechselwirkung. Aus der Formel (27) lesen wir ab, dass gerade für diese Energien der Grundzustand des Systems stark durch Paarbildung verändert wird. Es ist anschaulich leicht verständlich, dass Teilchen mit einer kinetischen Energie kleiner als die mittlere Wechselwirkungsenergie $V_0 N_0$ besonders „anfällig" für Wechselwirkungen sind, während Korrelationen für höherenergetische Teilchen nur schwach verändert werden. Es ist allerdings so, dass die höherenergetischen Zustände, obwohl sie einzeln genommen relativ kleine Energieverschiebungen erfahren, durch ihre große Zahl (über die Zustandsdichte $\sim k^2$) auch einen signifikanten Beitrag zur Gesamtenergie liefern.

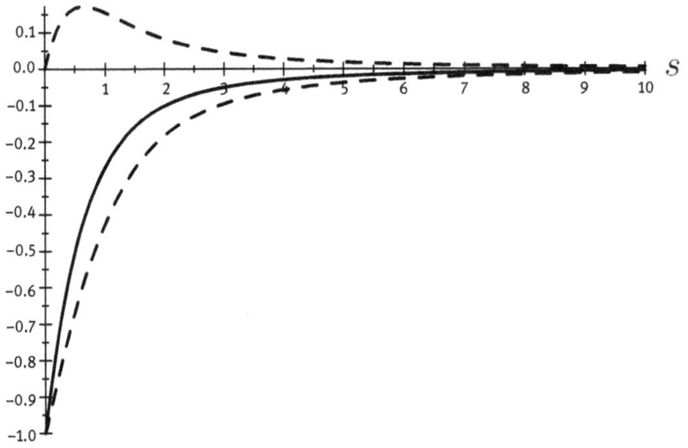

Abb. 2: Verhalten der kinetischen Energie (obere gestrichelte Kurve) und der Wechselwirkungsenergie (untere gestrichelte Kurve) pro Einteilchenzustand, aufgetragen als Funktion seines (skalierten) Impulses s. Es sind vor allem die kleinen Impulse, die am meisten zur Absenkung der Energie beitragen.

3-d Korrelationen

Wir haben das Bose-Gas in einem Volumen L^3 mit periodischen Randbedingungen beschrieben; deswegen dürfen wir damit rechnen, dass die räumlichen Korrelationsfunktionen des Systems translationsinvariant sind und höchstens von dem Abstand zwischen den Koordinaten abhängen. Wir werden sie hier berechnen.

α Einkörperkorrelationen

Wir entwickeln den Feldoperator $\Psi(\mathbf{r})$ in ebene Wellen mit Vernichteroperatoren, wie in Kapitel XVI, Gl. (A-3) eingeführt, und erhalten folgenden Ausdruck für die G_1-Korrelationsfunktion, auch *Einkörperkorrelation* genannt:

$$G_1(\mathbf{r}, \mathbf{r}') = \langle \Phi_B | \Psi^\dagger(\mathbf{r}) \Psi(\mathbf{r}') | \Phi_B \rangle = \frac{1}{L^3} \sum_{\mathbf{k},\mathbf{k}'} e^{i(\mathbf{k}'\cdot\mathbf{r}' - \mathbf{k}\cdot\mathbf{r})} \langle \Phi_B | a^\dagger_{\mathbf{k}} a_{\mathbf{k}'} | \Phi_B \rangle \tag{58}$$

Der Bogoliubov-Zustand $|\Phi_B\rangle$ wird durch Formel (3) definiert. In diesem gepaarten Zustand ist die Zahl der Teilchen in einer Mode $\mathbf{k}$ immer dieselbe wie in der Mode $-\mathbf{k}$. Der Mittelwert von $a^\dagger_{\mathbf{k}} a_{\mathbf{k}'}$ im Zustand $|\Phi_B\rangle$ verschwindet nur dann nicht, wenn $\mathbf{k} = \mathbf{k}'$ gilt. In der Summe über $\mathbf{k}$ trägt die Kondensatmode $\mathbf{k} = \mathbf{0}$ einen Term N_0 bei. Die anderen Terme dazu addiert, erhalten wir

$$G_1(\mathbf{r}, \mathbf{r}') = \frac{1}{L^3} \left[N_0 + \sum_{\mathbf{k}\neq\mathbf{0}} \langle \hat{n}_{\mathbf{k}} \rangle e^{i\mathbf{k}\cdot(\mathbf{r}' - \mathbf{r})} \right] \tag{59}$$

Für $\mathbf{r} = \mathbf{r}'$ erhalten wir einfach die Gesamtdichte n_{tot} der Teilchen:

$$n_{\text{tot}} = \frac{N_0 + N_e}{L^3} \tag{60}$$

Wenn sich $\mathbf{r}$ und $\mathbf{r}'$ unterscheiden, erhalten wir eine Summe aus zwei Termen:

- ein Term beschreibt die Teilchen im Zustand $\mathbf{k} = \mathbf{0}$ (kondensierte Teilchen), er ist unabhängig von den Koordinaten, fällt auf großen Abständen nicht ab und hat damit eine lange Reichweite;
- ein Term gehört zu den angeregten Zuständen $\mathbf{k} \neq \mathbf{0}$ und ist formal die Fourier-Transformierte der Verteilungsfunktion $\langle \hat{n}_{\mathbf{k}} \rangle$ der Teilchen im Impulsraum. Er klingt für große Abstände $|\mathbf{r}' - \mathbf{r}| \to \infty$ auf null ab, und hat nur eine mikroskopisch kurze Reichweite.

Wir finden somit das Penrose-Onsager-Kriterium für den kondensierten Anteil des Systems wieder. Er wird durch den relativen Beitrag zur nichtdiagonalen Einkörper-Korrelationsfunktion gegeben, der eine unendlich große Reichweite hat. (Wir erinnern, dass beim BCS-Übergang für Fermionen eine unendliche Reichweite nicht in der Einkörper-, sondern erst in der Zweikörperkorrelation auftaucht, s. Ergänzung C_{XVII}, § 2-a-β und § 2-b-β.)

β Zweikörperkorrelationen

Analog zu Gl. (58) hat die diagonale Zweikörperkorrelation die Form*

$$G_2(\mathbf{r},\mathbf{r}') = \langle \Phi_B | \Psi^\dagger(\mathbf{r})\Psi^\dagger(\mathbf{r}')\,\Psi(\mathbf{r}')\Psi(\mathbf{r})\,|\Phi_B\rangle$$
$$= \frac{1}{L^6} \sum_{\mathbf{k},\mathbf{k}',\mathbf{k}'',\mathbf{k}'''} e^{i(\mathbf{k}'''-\mathbf{k})\cdot\mathbf{r}} e^{i(\mathbf{k}''-\mathbf{k}')\cdot\mathbf{r}'} \langle \Phi_B | a^\dagger_{\mathbf{k}} a^\dagger_{\mathbf{k}'} a_{\mathbf{k}''} a_{\mathbf{k}'''} |\Phi_B\rangle \tag{61}$$

Wir können für das Produkt der Erzeuger und Vernichter dieselben Vereinfachungen durchführen wie in Ergänzung B_{XVII}, § 4-b-β: wirkend nach rechts (links), liefern die Operatoren a_0 ($a_0^\dagger$) jeweils einen Faktor α_0 (α_0^*). Die Mittelwerte der anderen Operatorprodukte werten wir wie in Kapitel XVII, § C aus. Mehrere Fälle sind zu unterscheiden, je nachdem, in wie vielen Faktoren ein Wellenvektor den Wert $\mathbf{k} = \mathbf{0}$ annimmt. Wir beginnen mit den Termen, die vier solche Faktoren enthalten.

1. Der Term mit vier Operatoren, die die Kondensatmode betreffen, wird in Ergänzung B_{XVII}, Abb. 6 (links) symbolisch dargestellt. Er liefert einen Beitrag

$$\frac{N_0\,(N_0-1)}{L^6} \simeq n_0^2 \quad \text{mit} \quad n_0 = \frac{N_0}{L^3} \tag{62}$$

unabhängig von den Koordinaten und proportional zum Quadrat der Teilchendichte n_0 des Kondensats.

Es kann nicht sein, dass nur drei Kondensatoperatoren mit dem Index $\mathbf{k} = \mathbf{0}$ auftreten, denn ein Term enthielte den Mittelwert eines Operators $a_{\mathbf{k}}$ oder seines Adjungierten. Im Zustand $|\Phi_B\rangle$ verschwinden solche Mittelwerte aber.

2. Wenn je ein Erzeuger und Vernichter den Zustand $\mathbf{k} = \mathbf{0}$ betreffen, dann sind zwei Fälle möglich:

- Die Produkte $a_0^\dagger a_{\mathbf{k}'}^\dagger a_{\mathbf{k}'} a_0$ und $a_{\mathbf{k}}^\dagger a_0^\dagger a_0 a_{\mathbf{k}}$ liefern die direkten Terme [s. Ergänzung B_{XVII}, Abb. 6 (Mitte)]. Beide liefern denselben Beitrag und ihre Summe führt auf

$$\frac{2N_0N_e}{L^6} = 2n_0n_e \quad \text{mit} \quad n_e = \frac{N_e}{L^3} \tag{63}$$

  was auch unabhängig von den Koordinaten ist.
- Die Austauschterme entsprechen den Produkten $a_0^\dagger a_{\mathbf{k}'}^\dagger a_0 a_{\mathbf{k}'}$ und $a_{\mathbf{k}}^\dagger a_0^\dagger a_{\mathbf{k}} a_0$ [s. Ergänzung B_{XVII}, Abb. 6 (rechts)]. Auch hier erhalten wir zwei gleiche Beiträge, die zusammen

$$\frac{n_0}{L^3}\left\{ \sum_{\mathbf{k}'\neq\mathbf{0}} e^{i\mathbf{k}'\cdot(\mathbf{r}-\mathbf{r}')} \langle \hat{n}_{\mathbf{k}'}\rangle + \sum_{\mathbf{k}\neq\mathbf{0}} e^{i\mathbf{k}\cdot(\mathbf{r}'-\mathbf{r})} \langle \hat{n}_{\mathbf{k}}\rangle \right\}$$
$$= \frac{2\,n_0}{L^3} \sum_{\mathbf{k}\neq\mathbf{0}} \langle \hat{n}_{\mathbf{k}}\rangle \cos\left[\mathbf{k}\cdot(\mathbf{r}'-\mathbf{r})\right] \tag{64}$$

* Anm. d. Ü.: Diese Korrelation wird in Kapitel XVI, § B-3-b eingeführt. Das Wort *diagonal* bezieht sich darauf, dass zwei von vier Koordinaten der Feldoperatoren zusammenfallen. Diese Funktion ist die normal geordnete Form der Korrelationsfunktion des Operators für die Teilchendichte.

ergeben. Hier entsteht eine Abhängigkeit von der Differenz $\mathbf{r} - \mathbf{r}'$. Diese Terme beschreiben das Gruppieren der Bosonen. Den Mittelwert der Besetzung $\widehat{n}_{\mathbf{k}}$ entnehmen wir aus Gl. (14):

$$\langle \widehat{n}_{\mathbf{k}} \rangle = \sinh^2 \theta_{\mathbf{k}} \tag{65}$$

3. Wenn es zwei Erzeuger oder zwei Vernichter sind, die im Kondensatzustand $\mathbf{k} = \mathbf{0}$ auftreten, dann beschreiben sie Prozesse, die Paare aus dem Kondensat erzeugen oder vernichten (s. Ergänzung $\mathrm{B}_{\mathrm{XVII}}$, Abb. 7).

- Dies kann das Produkt $a^\dagger_{\mathbf{k}} a^\dagger_{-\mathbf{k}} a_0 a_0$ sein, in dem die Wellenvektoren $\mathbf{k}$ und $\mathbf{k}'$ nicht verschwinden, aber entgegengesetzt sind. [Dies folgt aus der nach Gl. (58) erwähnten Eigenschaft des gepaarten Zustands $|\Phi_{\mathrm{B}}\rangle$.] Für ein festes $\mathbf{k}$ ergibt sich ein anomaler Mittelwert im Zustand $|\overline{\varphi}_{\mathbf{k}}\rangle$, multipliziert mit den Mittelwert von a_0^2. Den ersten Mittelwert finden wir in Kapitel XVII, Gl. (C-51), der zweite liefert einfach $a_0^2 = N_0\, \mathrm{e}^{2\mathrm{i}\zeta_0}$ gemäß Gl. (7).
- Das Produkt $a^\dagger_0 a^\dagger_0 a_{\mathbf{k}''} a_{-\mathbf{k}''}$ mit entgegengesetzten Vektoren $\mathbf{k}''$ und $\mathbf{k}'''$ liefert den komplex konjugierten Ausdruck.

Wir addieren beide Beiträge

$$\begin{aligned}
&-\frac{n_0}{L^3}\left\{\sum_{\mathbf{k}\neq\mathbf{0}} \mathrm{e}^{\mathrm{i}\mathbf{k}\cdot(\mathbf{r}'-\mathbf{r})} \sinh\theta_{\mathbf{k}} \cosh\theta_{\mathbf{k}}\, \mathrm{e}^{2\mathrm{i}(\zeta_0-\zeta_{\mathbf{k}})}\right.\\
&\qquad \left.+\sum_{\mathbf{k}''\neq\mathbf{0}} \mathrm{e}^{\mathrm{i}\mathbf{k}''\cdot(\mathbf{r}'-\mathbf{r})} \sinh\theta_{\mathbf{k}''} \cosh\theta_{\mathbf{k}''}\, \mathrm{e}^{-2\mathrm{i}(\zeta_0-\zeta_{\mathbf{k}''})}\right\}\\
&= -\frac{2\,n_0}{L^3} \sum_{\mathbf{k}\neq\mathbf{0}} \sinh\theta_{\mathbf{k}} \cosh\theta_{\mathbf{k}} \cos\left[\mathbf{k}\cdot(\mathbf{r}'-\mathbf{r}) + 2(\zeta_0-\zeta_{\mathbf{k}})\right]
\end{aligned} \tag{66}$$

Wenn in dem Operatorprodukt drei Erzeuger oder Vernichter angeregte Moden betreffen, dann verschwindet ihr Mittelwert, weil ihre Anwendung auf den gepaarten Zustand $|\Phi_{\mathrm{B}}\rangle$ die Teilchenzahl in einem Zustand mit Wellenvektor $\neq \mathbf{0}$ verändert. Damit erhält man einen Ket, der zu $|\Phi_{\mathrm{B}}\rangle$ orthogonal ist.

4. Schließlich gibt es Terme, in denen alle vier Wellenvektoren ungleich null sind. Sie beschreiben den Fall, dass je zwei nichtkondensierte Teilchen vernichtet und erzeugt werden. Sie liefern einen direkten Term

$$\frac{N_e^2}{L^6} = n_e^2 \tag{67}$$

der konstant ist, einen Austauschterm und auch Beiträge der Vernichtung und Erzeugung von Paaren. Im Vergleich zu den vorigen Beiträgen fehlt ihnen ein Faktor N_0, sie sind also relativ gesehen um den Faktor N_e/N_0 kleiner. Es ist im Prinzip nicht schwer, den Austauschterm und den der Paarvernichtung und -erzeugung mitzunehmen (die

Rechnung ist ähnlich wie die bereits ausgeführte). Wir haben allerdings unsere anfangs gemachte Näherung (12) zu beachten, die auch in die Wahl (17) der Energiefunktion eingegangen ist. Deswegen vernachlässigen wir diese Terme.

Wir erhalten das Endergebnis, indem wir die Beiträge (62), (63) und (67) addieren. Wir fassen die Konstante $N^2/L^6 = n_{\text{tot}}^2$ zusammen und finden schließlich

$$G_2(\mathbf{r}, \mathbf{r}') \simeq n_{\text{tot}}^2 + \frac{2n_0}{L^3} \sum_{\mathbf{k} \neq \mathbf{0}} \left\{ \sinh^2 \theta_{\mathbf{k}} \cos\left[\mathbf{k} \cdot (\mathbf{r}' - \mathbf{r})\right] - \sinh\theta_{\mathbf{k}} \cosh\theta_{\mathbf{k}} \cos\left[\mathbf{k} \cdot (\mathbf{r}' - \mathbf{r}) + 2(\zeta_0 - \zeta_{\mathbf{k}})\right] \right\} \tag{68}$$

An den Termen der zweiten Zeile können wir gut ablesen, wie die relativen Phasen, die in die Konstruktion des Zustands $|\Phi_{\text{B}}\rangle$ eingehen, die relativen Abstände zwischen den Teilchen einstellen.

Die Phasenkopplung führt mit ihrer Fixierung $\zeta_{\mathbf{k}} = \zeta_0$ auf eine verringerte Wahrscheinlichkeit, dass zwei Teilchen sich auf kurzen Abständen nahe kommen. Setzen wir diese Bedingung ein, dann wird aus dem positionsabhängigen Term in Gl. (68)

$$-\frac{2n_0}{L^3} \sum_{\mathbf{k} \neq \mathbf{0}} \sinh\theta_{\mathbf{k}} \left[\cosh\theta_{\mathbf{k}} - \sinh\theta_{\mathbf{k}}\right] \cos\left[\mathbf{k} \cdot (\mathbf{r}' - \mathbf{r})\right] \tag{69}$$

Wegen $\cosh\theta_{\mathbf{k}} > \sinh\theta_{\mathbf{k}}$ ist diese Summe negativ und reduziert die Wahrscheinlichkeit $G_2(\mathbf{r}, \mathbf{r})$, zwei Teilchen am selben Ort zu finden. Die dynamischen Korrelationen verringern also die Tendenz des Systems zum Gruppieren und reduzieren damit die abstoßende Wechselwirkung. Am Ende ist das Ergebnis ein Kompromiss aus dem Beitrag $\sinh^2\theta_{\mathbf{k}}$, der die Bosonen gruppiert (wie in einem idealen Gas), und einem abstoßenden Term proportional zu $\sinh\theta_{\mathbf{k}} \cosh\theta_{\mathbf{k}}$, der etwas größer ist und in den die anomalen Mittelwerte eingehen, die durch das Erzeugen und Vernichten von Teilchenpaaren aus dem Kondensat entstehen.

Bemerkungen:

1. Die Korrelationsfunktion (68) ist invariant unter dem Austausch von $\mathbf{r}$ und $\mathbf{r}'$. Diese Eigenschaft hängt damit zusammen, dass man über Wellenvektoren immer paarweise $\mathbf{k}$ und $-\mathbf{k}$ summiert. Ihre Fourier-Darstellung enthält also nur Terme von der Form $\cos[\mathbf{k}\cdot(\mathbf{r}'-\mathbf{r})]$, deren Amplituden man durch eine geeignete Wahl von $\theta_{\mathbf{k}}$ und $\zeta_{\mathbf{k}}$ beliebig einstellen kann. Wie in der Einleitung erwähnt, ist der Variationsansatz $|\Phi_{\text{B}}\rangle$ also flexibel genug gewählt, um irgendeine Korrelationsfunktion zu erzeugen. Wir haben in diesem Abschnitt lediglich ihren optimalen Wert diskutiert.

2. An mehreren Stellen haben wir die Näherung getroffen, dass die Korrektur $\delta\mu$ zum chemischen Potential aus Gl. (26) vernachlässigt wird. Wir konnten so $\tilde{e}_k$ durch die freie kinetische Energie e_k ersetzen. Wir wollen hier überprüfen, dass wir auf keine qualitativen Änderungen unserer Ergebnisse kommen, wenn wir diese Näherung fallen lassen.
Im Rahmen des Modells einer Kontaktwechselwirkung [die Matrixelemente werden durch eine Konstante $V_{\mathbf{k}} \simeq V_0$ ersetzt, s. Gl. (29)], wird aus der Formel (26) für die Korrektur zum chemischen Potential

$$\delta\mu = -V_0 \sum_{\mathbf{k} \neq \mathbf{0}} \sinh\theta_{\mathbf{k}} \left[\cosh\theta_{\mathbf{k}} - \sinh\theta_{\mathbf{k}}\right] = -V_0 \sum_{\mathbf{k} \neq \mathbf{0}} \sinh\theta_{\mathbf{k}}\, \mathrm{e}^{-\theta_{\mathbf{k}}} \leq 0 \tag{70}$$

wobei die Summe durch den Cutoff-Wellenvektor k_c begrenzt ist. Mit der Abkürzung

$$\delta\mu = -xV_0N_0 \qquad (x > 0) \tag{71}$$

wird aus der Formel (27) für die Parameter $\theta_{\mathbf{k}}$

$$\tanh 2\theta_{\mathbf{k}} = \frac{V_0N_0}{e_k + V_0N_0(1+x)} \tag{72}$$

Diese werden aufgrund dieser Korrektur im chemischen Potential also verkleinert, was man vernachlässigen kann, solange $e_k \gg xV_0N_0$ gilt. Die Besetzungen im $\mathbf{k}$-Raum (gegeben durch $\sinh^2\theta_{\mathbf{k}}$) werden also im Energiebereich $e_k \lesssim xV_0N_0$ verringert, bleiben sonst aber dieselben. Die Größen, die man durch Integration über alle $\mathbf{k}$ erhält, wie etwa die *Depletion* N_e, werden nur geringfügig verändert. Die Korrekturen betreffen den Integranden nur für kleine Werte von s, die sowieso nicht viel beitragen, weil sie durch den Faktor s^2 der Zustandsdichte unterdrückt werden (vgl. Abb. 1 und Abb. 2). Für die Energie trifft dies umso mehr zu, als das Integral an der oberen Grenze divergiert und seinen wesentlichen Beitrag großen Werten von s verdankt (man wählt natürlich $s_c \gg 1$). Die Korrelationsfunktionen aus § 3-d enthalten Summen über $\mathbf{k}$, die auf dieselben Integrale führen. Sie reagieren also auch relativ wenig empfindlich auf den Wert von $\delta\mu$. Aus diesen Gründen ist die Näherung $\delta\mu = 0$, die in § 3 verwendet wurde, eine vernünftige, es sei denn, man will Besetzungen in Niveaus mit kleinen Impulsen vorhersagen.
Um das wechselwirkende Bose-Gas noch genauer zu untersuchen, müsste man die Rechnungen weiter treiben, um den Wert des Koeffizienten x zu erhalten. Dazu müssten insbesondere Wechselwirkungen zwischen angeregten Teilchen (mit Wellenvektoren $\mathbf{k} \neq \mathbf{0}$) berücksichtigt werden. Dies würde allerdings über den Rahmen dieser Ergänzung hinausgehen. Wir begnügen uns also mit der Aussage, dass x klein ist und die Korrektur $\delta\mu$ lediglich die Besetzungen bei kleinen k verändert.

4 Operatorwertiges Bogoliubov-Verfahren

Wir stellen uns nun auf einen anderen Standpunkt und führen die Bogoliubov-Transformation ein. Man sucht dabei eine Kombination von Operatoren, die einfach zu diagonalisieren ist und die mit dem Hamilton-Operator des Systems näherungsweise zusammenfällt. Das Verfahren beschränkt sich nicht auf den Grundzustand, im Gegensatz zu den bislang vorgestellten Rechnungen, sondern kann auch angeregte Zustände beschreiben. Wir werden die Ergebnisse aus Kapitel XVII, § E verwenden und transformierte Operatoren einführen, mit denen man die Diagonalisierung des Hamilton-Operators einfacher durchführen kann.

4-a Einschränkung des Hamilton-Operators auf Bogoliubov-Zustände

Wir arbeiten hier mit dem Variationsansatz aus Gl. (3), also einem gepaarten Bogoliubov-Zustand

$$|\Phi_B\rangle = |\varphi_0\rangle \otimes |\Psi_{\text{gep}}\rangle \tag{73}$$

wobei der kohärente Zustand $|\varphi_0\rangle$ aus Gl. (6) die Kondensatmode beschreibt und der beliebige gepaarte Ket $|\Psi_{\text{gep}}\rangle$ ein Element des Fock-Raums ist, den die Erzeugungsoperatoren für alle anderen Einteilchenzustände $\mathbf{k} \neq \mathbf{0}$ erzeugen. Wir bezeichnen mit $\mathcal{H}_B(N_0)$ die Menge aller Kets von der Form (73).

Betrachten wir nun den allgemeinen Hamilton-Operator $\widehat{H}$ aus Ergänzung B_{XVII}, Gl. (8) und seine Wirkung in dem Raum $\mathcal{H}_B(N_0)$. Wir haben es dann mit Matrixelementen von der Form

$$\langle \Phi_B | \widehat{H} | \Phi'_B \rangle \tag{74}$$

zu tun, wobei $|\Phi_B\rangle$ und $|\Phi'_B\rangle$ zwei beliebige Kets aus $\mathcal{H}_B(N_0)$ sind. In diesem Matrixelement können wir dieselben Vereinfachungen wie in § 1 vornehmen: Ein Vernichter a_0, nach rechts wirkend, liefert die komplexe Zahl α_0; ein Erzeuger $a_0^\dagger$ liefert, wirkend nach links, α_0^*. Wir vereinfachen die Rechnungen und nehmen wie in der Ungleichung (12) an, dass die gesamte Besetzung N_e der angeregten Einteilchenzustände (also für $\mathbf{k} \neq \mathbf{0}$) sehr klein gegenüber $N_0 = |\alpha_0|^2$ ist, und nehmen nur die wichtigsten Wechselwirkungsterme im Hamilton-Operator mit.

An erster Stelle stehen alle Terme der Vorwärtsstreuung, in denen im Operatorprodukt $a_{\mathbf{k}''}^\dagger a_{\mathbf{k}'''}^\dagger a_{\mathbf{k}'} a_{\mathbf{k}}$ [s. Ergänzung B_{XVII}, Gl. (11)] die Wellenvektoren wie folgt zusammenfallen: $\mathbf{k}'' = \mathbf{k}$ und $\mathbf{k}''' = \mathbf{k}'$. Der Impulsübertrag $\mathbf{q} = \mathbf{k}'' - \mathbf{k}$ [s. Ergänzung B_{XVII}, Gl. (18)] verschwindet dann (deswegen die Bezeichnung *Vorwärtsstreuung*, d. Ü.), und die Wechselwirkung geht mit dem Matrixelement V_0 ein. Die Doppelsumme über $\mathbf{k}$, $\mathbf{k}'$ ergibt

$$\frac{V_0}{2} \sum_{\mathbf{k},\mathbf{k}'} a_{\mathbf{k}}^\dagger a_{\mathbf{k}'}^\dagger a_{\mathbf{k}'} a_{\mathbf{k}} = \frac{V_0}{2} \sum_{\mathbf{k},\mathbf{k}'} \left[a_{\mathbf{k}}^\dagger a_{\mathbf{k}} a_{\mathbf{k}'}^\dagger a_{\mathbf{k}'} - \delta_{\mathbf{k},\mathbf{k}'} a_{\mathbf{k}}^\dagger a_{\mathbf{k}} \right] = \frac{V_0}{2} \widehat{N} \left(\widehat{N} - 1 \right) \tag{75}$$

Hier ist $\widehat{N}$ der Operator für die Gesamtzahl der Teilchen mit

$$\widehat{N} = N_0 + \widehat{N}_e \tag{76}$$

wobei $N_0 = a_0^\dagger a_0$ die Teilchenzahl für die Kondensatmode ist und $\widehat{N}_e$ die Teilchenzahl in angeregten (Nicht-Kondensat-)Zuständen darstellt [s. oben Gl. (14)]:

$$\widehat{N}_e = \sum_{\mathbf{k} \neq \mathbf{0}} a_{\mathbf{k}}^\dagger a_{\mathbf{k}} \tag{77}$$

Für die weiteren Terme im Wechselwirkungsoperator gehen wir wie in § 1-c vor und nehmen gemäß der Ungleichung (12) nur diejenigen mit, die einen Faktor N_0 enthalten – es werden also die Wechselwirkungen zwischen Paaren von Teilchen vernachlässigt, die beide in angeregten Zuständen $\mathbf{k} \neq \mathbf{0}$ sind. Die Operatorprodukte, die wir mitnehmen, enthalten entweder vier oder zwei Erzeuger oder Vernichter, die auf dem Kondensatzustand $\mathbf{k} = \mathbf{0}$ operieren.

– Das Produkt $a_0^\dagger a_0^\dagger a_0 a_0$ und die beiden Produkte $a_{\mathbf{k}}^\dagger a_0^\dagger a_0 a_{\mathbf{k}}$ und $a_0^\dagger a_{\mathbf{k}}^\dagger a_{\mathbf{k}} a_0$ haben wir bereits über den Molekularfeldbeitrag aus Gl. (75) berücksichtigt. Es bleiben also nur noch die folgenden übrig:

- Die Produkte $a_{\mathbf{k}}^{\dagger} a_0^{\dagger} a_{\mathbf{k}} a_0$ und $a_0^{\dagger} a_{\mathbf{k}}^{\dagger} a_0 a_{\mathbf{k}}$ entsprechen den Austauschtermen aus Ergänzung $\mathrm{B_{XVII}}$, § 4-b-β. Ihr Beitrag ist

$$V_{\mathbf{k}} N_0 a_{\mathbf{k}}^{\dagger} a_{\mathbf{k}} \tag{78}$$

- Das Produkt $a_{\mathbf{k}}^{\dagger} a_{-\mathbf{k}}^{\dagger} a_0 a_0$ erzeugt ein Teilchenpaar aus dem Kondensat, und $a_0^{\dagger} a_0^{\dagger} a_{\mathbf{k}} a_{-\mathbf{k}}$ überführt ein Paar zurück in das Kondensat. Die Summe dieser Terme liefert

$$\frac{V_{\mathbf{k}} N_0}{2} \left(a_{-\mathbf{k}}^{\dagger} a_{\mathbf{k}}^{\dagger} \mathrm{e}^{2\mathrm{i}\zeta_0} + a_{\mathbf{k}} a_{-\mathbf{k}} \mathrm{e}^{-2\mathrm{i}\zeta_0} \right) \tag{79}$$

Mit den getroffenen Annahmen erreichen wir schließlich folgenden vereinfachten Hamilton-Operator $\widehat{H}$, den wir mit $\widehat{H}_{\mathrm{R}}$ für *reduzierter Operator* bezeichnen wollen:

$$\widehat{H}_{\mathrm{R}} = \frac{V_0 \widehat{N}(\widehat{N} - 1)}{2} + \sum_{\mathbf{k} \neq \mathbf{0}} \left\{ e_k a_{\mathbf{k}}^{\dagger} a_{\mathbf{k}} + V_{\mathbf{k}} N_0 \left[a_{\mathbf{k}}^{\dagger} a_{\mathbf{k}} + \tfrac{1}{2} \left(a_{-\mathbf{k}}^{\dagger} a_{\mathbf{k}}^{\dagger} \mathrm{e}^{2\mathrm{i}\zeta_0} + a_{\mathbf{k}} a_{-\mathbf{k}} \mathrm{e}^{-2\mathrm{i}\zeta_0} \right) \right] \right\} \tag{80}$$

Ist die Gesamtzahl der Teilchen festgelegt, dann liefert der erste Term (der Beitrag des Molekularfelds) lediglich eine Verschiebung des Energienullpunkts, ohne physikalische Auswirkungen. Im Rahmen der Bogoliubov-Näherung interessiert man sich im Allgemeinen nicht für diesen Term; man verwendet, dass die Besetzung der angeregten Zustände sehr klein im Vergleich zu N_0 ist und macht die Näherung $\widehat{N} \approx N_0$. [Dies bedeutet, dass in den Summen in Gl. (75) nur die Terme $\mathbf{k} = \mathbf{k}' = \mathbf{0}$ mitgenommen werden.] Wenn man die Matrixelemente (74) auswertet, kann man dann den Molekularfeldoperator (75) einfach durch die Zahl $\frac{1}{2} V_0 N_0^2$ ersetzen, was auf den etwas einfacheren Ausdruck

$$\widehat{H}_{\mathrm{R}} = \frac{V_0 N_0^2}{2} + \sum_{\mathbf{k} \neq \mathbf{0}} \left\{ e_k a_{\mathbf{k}}^{\dagger} a_{\mathbf{k}} + V_{\mathbf{k}} N_0 \left[a_{\mathbf{k}}^{\dagger} a_{\mathbf{k}} + \tfrac{1}{2} \left(a_{-\mathbf{k}}^{\dagger} a_{\mathbf{k}}^{\dagger} \mathrm{e}^{2\mathrm{i}\zeta_0} + a_{\mathbf{k}} a_{-\mathbf{k}} \mathrm{e}^{-2\mathrm{i}\zeta_0} \right) \right] \right\} \tag{81}$$

führt. In dem einen oder anderen Fall wird entweder Gl. (80) oder Gl. (81) als Bogoliubov-Hamilton-Operator verwendet. (In der zweiten Form wird häufig die Kondensatphase $\zeta_0 = 0$ gesetzt.)

Ein derartiger Operator verletzt wegen der Terme mit je zwei Erzeugern oder Vernichtern die Erhaltung der Teilchenzahl. Wir haben allerdings in Ergänzung $\mathrm{B_{XVII}}$ gesehen, wie solche *anomalen Terme*, im Rahmen von gewissen Näherungen, durchaus physikalisch relevante Aspekte der Wechselwirkung beschreiben können. Wir zeigen nun, dass man diesen Ausdruck in die Form eines Hamilton-Operators für unabhängige Teilchen bringen kann. Dazu nutzen wir die Bogoliubov-Valatin-Transformation der Erzeuger und Vernichter aus Kapitel XVII, § E.

4-b Transformation des Hamilton-Operators

Wir haben in Kapitel XVII, Gl. (E-29) den sogenannten Bogoliubov-Hamilton-Operator gefunden

$$\widehat{H}_B = \sum_{\mathbf{k}\in D} \hbar\omega_k \left(b^\dagger_{\mathbf{k}} b_{\mathbf{k}} + b^\dagger_{-\mathbf{k}} b_{-\mathbf{k}} \right) \tag{82}$$

wobei die Bogoliubov-Operatoren wie folgt definiert sind (für Bosonen):

$$\begin{aligned} b_{\mathbf{k}} &= u_{\mathbf{k}} a_{\mathbf{k}} + v_{\mathbf{k}} a^\dagger_{-\mathbf{k}} \\ b_{-\mathbf{k}} &= u_{\mathbf{k}} a_{-\mathbf{k}} + v_{\mathbf{k}} a^\dagger_{\mathbf{k}} \end{aligned} \tag{83}$$

Wir erinnern, dass D in Gl. (82) einen halben Raum von Impulsen bezeichnet; man vermeidet damit, dass dieselben gepaarten Zustände doppelt gezählt werden. Die komplexen Zahlen $u_{\mathbf{k}}$ und $v_{\mathbf{k}}$ drücken wir durch zwei Parameter $\theta_{\mathbf{k}}$ und $\zeta_{\mathbf{k}}$ aus:

$$\begin{aligned} u_{\mathbf{k}} &= e^{-i\zeta_{\mathbf{k}}} \cosh \theta_{\mathbf{k}} \\ v_{\mathbf{k}} &= e^{i\zeta_{\mathbf{k}}} \sinh \theta_{\mathbf{k}} \end{aligned} \tag{84}$$

Die Frequenz ω_k in Gl. (82) legen wir in Kürze fest.

Die Teilchenzahloperatoren im Bogoliubov-Bild berechnet man zu

$$b^\dagger_{\mathbf{k}} b_{\mathbf{k}} = |u_{\mathbf{k}}|^2\, a^\dagger_{\mathbf{k}} a_{\mathbf{k}} + |v_{\mathbf{k}}|^2\, a_{-\mathbf{k}} a^\dagger_{-\mathbf{k}} + u^*_{\mathbf{k}} v_{\mathbf{k}} a^\dagger_{\mathbf{k}} a^\dagger_{-\mathbf{k}} + u_{\mathbf{k}} v^*_{\mathbf{k}} a_{-\mathbf{k}} a_{\mathbf{k}} \tag{85}$$

sowie

$$b^\dagger_{-\mathbf{k}} b_{-\mathbf{k}} = |u_{\mathbf{k}}|^2\, a^\dagger_{-\mathbf{k}} a_{-\mathbf{k}} + |v_{\mathbf{k}}|^2\, a_{\mathbf{k}} a^\dagger_{\mathbf{k}} + u^*_{\mathbf{k}} v_{\mathbf{k}} a^\dagger_{-\mathbf{k}} a^\dagger_{\mathbf{k}} + u_{\mathbf{k}} v^*_{\mathbf{k}} a_{\mathbf{k}} a_{-\mathbf{k}} \tag{86}$$

Wir bringen die Operatoren a und $a^\dagger$ in Normalordnung (unter Verwendung der Kommutatorrelationen) und addieren beide Ausdrücke:

$$\begin{aligned} b^\dagger_{\mathbf{k}} b_{\mathbf{k}} + b^\dagger_{-\mathbf{k}} b_{-\mathbf{k}} &= \left(|u_{\mathbf{k}}|^2 + |v_{\mathbf{k}}|^2\right)\left(a^\dagger_{\mathbf{k}} a_{\mathbf{k}} + a^\dagger_{-\mathbf{k}} a_{-\mathbf{k}}\right) \\ &\quad + 2\,|v_{\mathbf{k}}|^2 + 2\left(u^*_{\mathbf{k}} v_{\mathbf{k}} a^\dagger_{-\mathbf{k}} a^\dagger_{\mathbf{k}} + u_{\mathbf{k}} v^*_{\mathbf{k}} a_{\mathbf{k}} a_{-\mathbf{k}}\right) \end{aligned} \tag{87}$$

Mit der Parametrisierung (84) können wir dies schreiben als

$$\begin{aligned} b^\dagger_{\mathbf{k}} b_{\mathbf{k}} + b^\dagger_{-\mathbf{k}} b_{-\mathbf{k}} &= \cosh 2\theta_{\mathbf{k}} \left(a^\dagger_{\mathbf{k}} a_{\mathbf{k}} + a^\dagger_{-\mathbf{k}} a_{-\mathbf{k}}\right) \\ &\quad + 2\sinh^2\theta_{\mathbf{k}} + \sinh 2\theta_{\mathbf{k}} \left(a^\dagger_{-\mathbf{k}} a^\dagger_{\mathbf{k}}\, e^{2i\zeta_{\mathbf{k}}} + a_{\mathbf{k}} a_{-\mathbf{k}}\, e^{-2i\zeta_{\mathbf{k}}}\right) \end{aligned} \tag{88}$$

Damit haben wir den Operator $\widehat{H}_B$ wie folgt umgeschrieben:

$$\begin{aligned} \widehat{H}_B = \sum_{\mathbf{k}\in D} \hbar\omega_k \Big\{ &\cosh 2\theta_{\mathbf{k}} \left(a^\dagger_{\mathbf{k}} a_{\mathbf{k}} + a^\dagger_{-\mathbf{k}} a_{-\mathbf{k}}\right) \\ &+ 2\sinh^2\theta_{\mathbf{k}} + \sinh 2\theta_{\mathbf{k}} \left(a^\dagger_{-\mathbf{k}} a^\dagger_{\mathbf{k}}\, e^{2i\zeta_{\mathbf{k}}} + a_{\mathbf{k}} a_{-\mathbf{k}}\, e^{-2i\zeta_{\mathbf{k}}}\right)\Big\} \end{aligned} \tag{89}$$

Die entscheidende Beobachtung ist nun, dass dieser dieselbe Struktur wie der genäherte (reduzierte) Hamilton-Operator $\widehat{H}_R$ aus Gl. (80) hat. Wir bringen die darin enthaltenen Parameter zur Übereinstimmung, indem wir die hyperbolischen Funktionen $\cosh 2\theta_{\mathbf{k}}$ und $\sinh 2\theta_{\mathbf{k}}$ durch die Formeln (30) und (47) ausdrücken. Wir machen die

Näherung $\delta\mu = 0$ und vernachlässigen den Unterschied zwischen $\tilde{e}_k$ und e_k. Schließlich definieren wir ω_k durch

$$\hbar\omega_k = \sqrt{e_k(e_k + 2V_{\mathbf{k}}N_0)} \tag{90}$$

und nehmen an, dass alle Phasen $\zeta_{\mathbf{k}} = \zeta_0$ mit der Kondensatphase übereinstimmen (Phasenkopplung). Dann ergibt sich*

$$\begin{aligned}\widehat{H}_{\mathrm{B}} = \sum_{\mathbf{k}\in D} \Big\{ &(e_k + V_{\mathbf{k}}N_0)\left(a^\dagger_{\mathbf{k}}a_{\mathbf{k}} + a^\dagger_{-\mathbf{k}}a_{-\mathbf{k}}\right) \\ &+ V_{\mathbf{k}}N_0\left(a^\dagger_{-\mathbf{k}}a^\dagger_{\mathbf{k}}\,\mathrm{e}^{2\mathrm{i}\zeta_0} + a_{\mathbf{k}}a_{-\mathbf{k}}\,\mathrm{e}^{-2\mathrm{i}\zeta_0}\right)\Big\} - \Delta E_{\mathrm{g}}\end{aligned} \tag{91}$$

Im letzten Term verwenden wir Formel (32) für $\sinh^2\theta_{\mathbf{k}}$ und erhalten

$$\begin{aligned}\Delta E_{\mathrm{g}} &= -2\sum_{\mathbf{k}\in D}\hbar\omega_k\,|v_{\mathbf{k}}|^2 = -\sum_{\mathbf{k}\neq\mathbf{0}}\hbar\omega_k\sinh^2\theta_{\mathbf{k}} \\ &= \frac{1}{2}\sum_{\mathbf{k}\neq\mathbf{0}}\left[\sqrt{e_k(e_k + 2V_{\mathbf{k}}N_0)} - e_k - V_{\mathbf{k}}N_0\right]\end{aligned} \tag{92}$$

Im Vergleich mit den Ausdrücken (52) und (54) stellen wir fest, dass ΔE_{g} nichts anderes als die Grundzustandsenergie E_{g} ist, die wir oben berechnet haben, verschoben um den Molekularfeldbeitrag

$$\Delta E_{\mathrm{g}} = E_{\mathrm{g}} - \frac{V_0N^2}{2} \tag{93}$$

Wir fassen zusammen: Mit den optimalen Parametern der Bogoliubov-Transformation (83) und der Bedingung für die Phasenkopplung der gepaarten Zustände können wir den reduzierten Hamilton-Operator $\widehat{H}_{\mathrm{R}}$ aus Gl. (80) auf folgende einfache Form bringen:

$$\widehat{H}_{\mathrm{R}} = \widehat{H}_{\mathrm{B}} + E_{\mathrm{g}} \tag{94}$$

4-c Angeregte Zustände. Quasiteilchen

In Gleichung (94) verschiebt die Zahl E_{g} lediglich alle Eigenwerte von $\widehat{H}_{\mathrm{R}}$ relativ zu denen von $\widehat{H}_{\mathrm{B}}$, die Eigenzustände werden davon nicht berührt. Die Eigenwerte von $\widehat{H}_{\mathrm{B}}$ hatten wir in Kapitel XVII, § E-3 gefunden:

$$E_{\mathrm{B}} = \sum_{\mathbf{k}\in D}\left[n(b_{\mathbf{k}}) + n(b_{-\mathbf{k}})\right]\hbar\omega_k \tag{95}$$

dabei sind $n(b_{\mathbf{k}})$ und $n(b_{-\mathbf{k}})$ zwei beliebige natürliche Zahlen (einschließlich null). Die entsprechenden Eigenzustände (noch nicht normiert) erhält man einfach, indem man das folgende Operatorprodukt auf den Grundzustand wirken lässt:

$$\prod_{\mathbf{k}\in D}\left[b^\dagger_{\mathbf{k}}\right]^{n(b_{\mathbf{k}})}\left[b^\dagger_{-\mathbf{k}}\right]^{n(b_{-\mathbf{k}})} \tag{96}$$

* Anm. d. Ü.: Vor dem Term in der zweiten Zeile mit $V_{\mathbf{k}}N_0$ steht kein Faktor $\frac{1}{2}$, weil die k-Vektoren im Unterschied zu Gl. (80) und (81) nur über den Halbraum D summiert werden.

Wir stellen abschließend fest, dass der Operator $\widehat{H}_B$ viele Eigenschaften eines Systems von Teilchen ohne Wechselwirkungen aufweist. Genau wie in einem idealen Gas die üblichen Erzeugungsoperatoren dem System Teilchen hinzufügen, erzeugen hier die Operatoren $b_{\mathbf{k}}^{\dagger}$ und $b_{-\mathbf{k}}^{\dagger}$ sogenannte *Quasiteilchen* in dem wechselwirkenden Bose-Gas. Diese Quasiteilchen unterscheiden sich von den tatsächlichen Teilchen, was man an der Struktur ihrer Erzeugungsoperatoren ablesen kann [s. Gl. (83)]. Sie liefern uns trotzdem eine Basis von Zuständen, mit deren Hilfe man das System wie ein ideales Gas modellieren kann. Wir erhalten so einen begrifflichen Rahmen, der in vielen Gebieten der Physik erfolgreich verwendet wird.

Die Energie eines Quasiteilchens mit dem Impuls $\hbar\mathbf{k}$ ist offenbar $\hbar\omega_k$, was in Gl. (90) ausgerechnet wurde.* Wenn wir wie in Ergänzung D_{XV} ein Kontaktpotential

$$W_2(\mathbf{r},\mathbf{r}') = g\,\delta(\mathbf{r}-\mathbf{r}') \tag{97}$$

annehmen, dann liefert uns Gl. (11) das Matrixelement

$$V_{\mathbf{q}} = \frac{1}{L^3}\int \mathrm{d}^3r\,\mathrm{e}^{-\mathrm{i}\mathbf{q}\cdot\mathbf{r}}\,W_2(\mathbf{r}) = \frac{g}{L^3} \tag{98}$$

so dass die Dispersionsrelation (90) der Quasiteilchen wie folgt geschrieben werden kann:

$$\hbar\omega(\mathbf{k}) = \hbar\omega_k = \sqrt{e_k(e_k + 2gn_0)} = \frac{\hbar^2 k}{2m}\sqrt{k^2 + k_0^2} \tag{99}$$

Dabei verwenden wir die Kondensatdichte $n_0 = N_0/L^3$ und

$$k_0 = \frac{2}{\hbar}\sqrt{mgn_0} = \frac{\sqrt{2}}{\xi} \tag{100}$$

In der letzten Gleichung ist die Relaxationslänge ξ aus Gl. (36) verwendet worden. Wir finden hier das Spektrum der Bogoliubov-Quasiteilchen aus Ergänzung D_{XV}, Gl. (34) wieder, das dort in Abb. 1 aufgetragen ist. Wir erinnern, dass das Bogoliubov-Spektrum sich für kleine Wellenvektoren, $k \ll k_0$, akustisch verhält (d. h. linear in k), wobei die charakteristische Geschwindigkeit der Schallausbreitung im Bose-Gas entspricht. Bei großen Wellenvektoren geht das Spektrum in ein quadratisches Verhalten, typisch für freie Teilchen, über.

---

* Anm. d. Ü.: Den Impuls des Quasiteilchens erhalten wir, indem wir den Kommutator von $b_{\mathbf{k}}^{\dagger}$ [Gl. (83)] mit dem Gesamtimpuls $\widehat{\mathbf{P}} = \sum_{\mathbf{k}'} \hbar\mathbf{k}' a_{\mathbf{k}'}^{\dagger} a_{\mathbf{k}'}$ berechnen. Dazu benötigen wir den Kommutator

$$\left[a_{\mathbf{k}'}^{\dagger} a_{\mathbf{k}'},\, u_{\mathbf{k}}^{*} a_{\mathbf{k}}^{\dagger} + v_{\mathbf{k}}^{*} a_{-\mathbf{k}}\right] = u_{\mathbf{k}}^{*} a_{\mathbf{k}}^{\dagger} \delta_{\mathbf{k}',\mathbf{k}} - v_{\mathbf{k}}^{*} a_{-\mathbf{k}} \delta_{\mathbf{k}',-\mathbf{k}}$$

Mit $\hbar\mathbf{k}'$ multipliziert und über alle $\mathbf{k}'$ summiert, ergibt sich schließlich $[\widehat{\mathbf{P}}, b_{\mathbf{k}}^{\dagger}] = \hbar\mathbf{k}\, b_{\mathbf{k}}^{\dagger}$. Angewendet auf einen beliebigen Zustand $|\Psi\rangle$ mit dem Gesamtimpuls $\hbar\mathbf{K}$ erhalten wir so

$$\widehat{\mathbf{P}}\, b_{\mathbf{k}}^{\dagger}|\Psi\rangle = \left(b_{\mathbf{k}}^{\dagger}\widehat{\mathbf{P}} + \hbar\mathbf{k}\, b_{\mathbf{k}}^{\dagger}\right)|\Psi\rangle = \hbar\,(\mathbf{K}+\mathbf{k})\; b_{\mathbf{k}}^{\dagger}|\Psi\rangle$$

Durch das Erzeugen eines Quasiteilchens mit $b_{\mathbf{k}}^{\dagger}$ wächst also der Gesamtimpuls um $\hbar\mathbf{k}$.

Fazit

Diese Ergänzung versucht die Analogien deutlich zu machen, die zwischen gepaarten Fermionen mit anziehender Wechselwirkung und gepaarten, einander abstoßenden Bosonen bestehen. In beiden Fällen führen die Wechselwirkungen zu dynamischen Zweikörperkorrelationen im Ortsraum, die die potentielle Energie des Systems verringern. Mit Hilfe von gepaarten Zuständen konnten wir diesen Effekt im N-Teilchen-Zustand des Systems abbilden. In beiden Fällen tritt das Phänomen der Phasenkopplung auf, auch wenn es sich im Detail unterscheidet.

Bei Fermionen entsteht die Energieabsenkung durch ein kollektives Verhalten, in dem die Paar-Paar-Wechselwirkungen und die relative Phase von allen Singulett-Paaren $(\mathbf{k}\uparrow, -\mathbf{k}\downarrow)$ eine Rolle spielen. Jedes Paar trägt zum Öffnen des Gaps Δ bei und beeinflusst damit alle anderen. Formal kann man dies daran sehen, dass die Energie eine Doppelsumme über $\mathbf{k}$ und $\mathbf{k}'$ enthält. Dies erinnert an einen Ferromagneten, in dem die Spins in der Summe ein kollektives Austauschfeld bilden, das ihre Nachbarn beeinflusst. Bei anziehenden Wechselwirkungen führt die Phasenkopplung dazu, die Wechselwirkung zwischen Paaren zu maximieren, was die Energie insgesamt absenkt.

Bei Bosonen wird die zentrale Rolle von der relativen Phase zwischen Paaren und dem Teilchenreservoir gespielt, das die Teilchen in der Kondensatmode $\mathbf{k} = \mathbf{0}$ bilden. Den physikalischen Prozess dahinter können wir mit dem Diagramm 7 aus Ergänzung B_{XVII} veranschaulichen: Zwei Teilchen werden dem Kondensat entnommen und bilden ein Paar (mit Gesamtimpuls null) oder umgekehrt. Die Phasenkopplung verringert die Abstoßung zwischen je einem Paar und dem Kondensat und somit auch die Gesamtenergie. Formal wird dies durch eine einzige Summe über $\mathbf{k}$ dargestellt. Es ist also das unabhängig von den angeregten Paaren existierende Kondensat, das im Vergleich zu Fermionen den wesentlichen Unterschied im Mechanismus der Paarbildung bewirkt.

XVIII Elektrodynamik: Abriss der klassischen Theorie

Einführung

In den letzten drei Kapiteln haben wir Vielteilchensysteme aus ununterscheidbaren Teilchen untersucht und in diesem Rahmen den Begriff des quantenmechanischen Feldoperators eingeführt. In den folgenden drei Kapiteln wird dieser Begriff auf einen weiteren wichtigen Fall angewendet: das elektromagnetische Feld, das sich aus identischen Bosonen zusammensetzt, die man *Photonen* nennt. Wir werden mit der Beobachtung beginnen, dass in der klassische Elektrodynamik die Dynamik des Felds in einen (unendlichen) Satz von *Moden* zerlegt werden kann, von denen sich jede wie ein harmonischer Oszillator bewegt. Jede dieser Moden kann also auf dieselbe Weise quantisiert werden, wie wir es für einen harmonischen Oszillator durchgeführt haben (s. Band I, Kapitel V). Dieser Zugang ist elementar einfach und hat deswegen einen großen Vorteil. Allerdings müssen wir zunächst nachweisen, dass die Moden des klassischen elektromagnetischen Felds gleichwertig zu harmonischen Oszillatoren sind. Dies wollen wir in diesem Kapitel ausführen.

Auf dem Weg zu diesem Ergebnis werden wir der Vollständigkeit halber eine Reihe von Ergebnissen der klassischen Elektrodynamik zusammenstellen. Auch verweilen wir kurz bei der Formulierung der Elektrodynamik im Formalismus der Lagrange-Mechanik (Ergänzung A_{XVIII}). Die Leser, die mit diesen Aspekten der klassischen Elektrodynamik bereits vertraut sind, dürfen direkt zum Kapitel XIX übergehen.

Wir beginnen in § A mit den Maxwell-Lorentz-Gleichungen, den Bewegungsgleichungen für das elektrische $\mathbf{E}(\mathbf{r}, t)$ und das Magnetfeld $\mathbf{B}(\mathbf{r}, t)$, sowie für die Koordinaten und Geschwindigkeiten der Teilchen, die die Quellen des Felds sind.[1] Wir erinnern an die Formeln für einige Erhaltungsgrößen wie die Energie, den Impuls und den Drehimpuls des Gesamtsystems aus Feld und Teilchen. Das skalare $U(\mathbf{r}, t)$ und das

---

1 Wir gehen in der Regel davon aus, dass die Teilchen sich mit Geschwindigkeiten klein gegenüber der Lichtgeschwindigkeit bewegen, so dass wir die nichtrelativistische Näherung für ihre Dynamik verwenden dürfen.

https://doi.org/10.1515/9783110649130-020

Vektorpotential $\mathbf{A}(\mathbf{r}, t)$ (auch *Eichpotentiale* genannt) werden eingeführt, zusammen mit den Eichtransformationen, die man auf diese Potentiale anweden kann.

Wir zeigen anschließend, dass es nützlich ist, eine räumliche Fourier-Transformation auf die Felder anzuwenden. Im reziproken Raum kommen die Maxwell-Gleichungen in der Tat in eine einfachere Form.[2] Es handelt sich nämlich nicht mehr um partielle, sondern um gewöhnliche Differentialgleichungen. Außerdem kann man im reziproken Raum den Begriff der longitudinalen und transversalen Felder geometrisch anschaulich interpretieren:[3] Ein Vektorfeld heißt *longitudinal*, wenn seine Fourier-Transformierte $\widetilde{\mathbf{V}}(\mathbf{k}, t)$ in jedem Punkt des reziproken Raums parallel zu $\mathbf{k}$ ist. Es heißt *transversal*, wenn $\widetilde{\mathbf{V}}(\mathbf{k}, t)$ überall senkrecht auf $\mathbf{k}$ steht. Wir zeigen, dass zwei der vier Maxwell-Gleichungen die Werte des longitudinalen elektrischen und magnetischen Felds festlegen,[4] während die anderen beiden die Zeitentwicklung der transversalen Felder beschreiben. Auf diese Weise wird klar, dass das longitudinale elektrische Feld einfach das elektrostatische Coulomb-Feld ist, das die geladenen Teilchen erzeugen. Es handelt sich somit nicht um eine unabhängige Feldvariable, denn es ist durch die Koordinaten der Teilchen festgelegt. Legt man die Eichpotentiale durch die Coulomb-Eichung fest, dann läuft dies darauf hinaus, dass das longitudinale Vektorpotential verschwindet. So werden schließlich alle longitudinalen Komponenten der Felder aus den Formeln für die physikalischen Größen des Felds eliminiert.

In § B knüpfen wir schließlich die Verbindung zwischen dem Strahlungsfeld und einem Satz von harmonischen Oszillatoren. Die Maxwell-Gleichungen für das transversale Feld führen uns in der Tat auf (komplexe) Linearkombinationen des Vektorpotentials und des elektrischen Felds, die sich ohne äußere Ladungen und für einen festen Wellenvektor $\mathbf{k}$ gemäß der e-Funktion $e^{-i\omega t}$ in der Zeit entwickeln, mit der Frequenz $\omega = ck$. Diese Linearkombinationen nennt man die *Normalkoordinaten* (oder *Normalvariablen*) des Felds, sie beschreiben die *Eigenschwingungen* oder *Moden* des freien Felds. Das dynamische Verhalten einer jeden Mode ist analog zu einem harmonischen Oszillator, wobei wir die Normalkoordinate der Mode mit einer komplexen Linearkombination aus Auslenkung und Geschwindigkeit des Oszillators identifizieren können. Die Quantisierung macht aus dieser Größe den bekannten Vernichtungsoperator (oder Leiteroperator) aus der Quantentheorie des harmonischen Oszillators. Wir werden dieses Verfahren in Kapitel XIX verwenden und die Normalkoordinaten und ihre komplex Konjugierten durch Vernichtungs- und Erzeugungsoperatoren ersetzen. Auf diese Weise erhalten wir Ausdrücke für diverse Operatoren in der Quantenelektrodynamik.

---

2 Wir bezeichnen den gewöhnlichen dreidimensionalen Raum mit den Koordinaten $\mathbf{r}$ als *Ortsraum* und den $\mathbf{k}$-Raum mit den Wellenvektoren als *reziproken Raum*.

3 Wir bezeichnen mit $\widetilde{G}(\mathbf{k})$ die Fourier-Transformierte von $G(\mathbf{r})$, wobei die *Tilde* die beiden Funktionen (im Ortsraum und im reziproken Raum) unterscheidet.

4 Wobei das longitudinale Magnetfeld verschwindet.

A Klassische Elektrodynamik

A-1 Grundlegende Gleichungen

A-1-a Die Maxwell-Gleichungen

Die Maxwell-Gleichungen sind vier an der Zahl. Im Vakuum und in Gegenwart von Quellen haben sie die Form (wir verwenden die SI-Einheiten)

$$\nabla \cdot \mathbf{E}(\mathbf{r}, t) = \frac{1}{\varepsilon_0}\rho(\mathbf{r}, t) \tag{A-1a}$$

$$\nabla \cdot \mathbf{B}(\mathbf{r}, t) = 0 \tag{A-1b}$$

$$\nabla \times \mathbf{E}(\mathbf{r}, t) = -\frac{\partial}{\partial t}\mathbf{B}(\mathbf{r}, t) \tag{A-1c}$$

$$\nabla \times \mathbf{B}(\mathbf{r}, t) = \frac{1}{c^2}\frac{\partial}{\partial t}\mathbf{E}(\mathbf{r}, t) + \frac{1}{\varepsilon_0 c^2}\mathbf{j}(\mathbf{r}, t) \tag{A-1d}$$

wobei c die Lichtgeschwindigkeit im Vakuum ist und ε_0 die Vakuumpermittivität.* Diese Gleichungen liefern die Divergenz und die Rotation der elektromagnetischen Felder $\mathbf{E}(\mathbf{r}, t)$ und $\mathbf{B}(\mathbf{r}, t)$. Die Ladungsdichte $\rho(\mathbf{r}, t)$ und die Stromdichte $\mathbf{j}(\mathbf{r}, t)$ kann man für nichtrelativistische Ladungen durch die Positionen $\mathbf{r}_a(t)$ und die Geschwindigkeiten $\mathbf{v}_a(t) = \mathrm{d}\mathbf{r}_a(t)/\mathrm{d}t$ der geladenen Teilchen a des Systems ausdrücken (diese haben die Masse m_a und die Ladung q_a):

$$\rho(\mathbf{r}, t) = \sum_a q_a \delta[\mathbf{r} - \mathbf{r}_a(t)] \tag{A-2a}$$

$$\mathbf{j}(\mathbf{r}, t) = \sum_a q_a \mathbf{v}_a(t)\delta[\mathbf{r} - \mathbf{r}_a(t)] \tag{A-2b}$$

A-1-b Die Lorentz-Gleichungen

Kommen wir nun zu den Bewegungsgleichungen eines geladenen Teilchens a im elektromagnetischen Feld. In den Feldern $\mathbf{E}(\mathbf{r}, t)$ und $\mathbf{B}(\mathbf{r}, t)$ wirkt auf das Teilchen die Coulomb-Lorentz-Kraft, so dass wir haben

$$m_a \frac{\mathrm{d}^2}{\mathrm{d}t^2}\mathbf{r}_a(t) = q_a\,[\mathbf{E}(\mathbf{r}_a(t), t) + \mathbf{v}_a(t) \times \mathbf{B}(\mathbf{r}_a(t), t)] \tag{A-3}$$

Die Zeitentwicklungen der Teilchen und der Felder sind somit gekoppelt: Die Teilchen bewegen sich gemäß der Kräfte, die die Felder auf sie ausüben, und sind selbst die Quellen für die Entwicklung der Felder.

---

* Anm. d. Ü.: Die Größe ε_0 wird manchmal auch *elektrische* oder *Coulomb-Konstante* genannt. Der Faktor $(\varepsilon_0 c^2)^{-1} = \mu_0$ vor der Stromdichte ist die Vakuumpermeabilität oder *magnetische Konstante*.

A-1-c Erhaltungsgrößen

Aus den Definitionen (A-2a) und (A-2b) von Ladungsdichte $\rho(\mathbf{r}, t)$ und Stromdichte $\mathbf{j}(\mathbf{r}, t)$ folgt die Kontinuitätsgleichung:

$$\frac{\partial}{\partial t}\rho(\mathbf{r}, t) + \nabla \cdot \mathbf{j}(\mathbf{r}, t) = 0 \tag{A-4}$$

Sie beschreibt die Erhaltung der elektrischen Ladung. Insbesondere ist die Gesamtladung Q des Systems

$$Q = \int \mathrm{d}^3 r \, \rho(\mathbf{r}, t) = \sum_a q_a \tag{A-5}$$

als Funktion der Zeit konstant.

Es gibt weitere Erhaltungsgrößen: die Energie H, den Impuls $\mathbf{P}$ und den Drehimpuls $\mathbf{J}$ des Gesamtsystems aus Feld und Teilchen. Sie werden durch folgende Formeln ausgedrückt:

$$H = \sum_a \frac{m_a}{2}\mathbf{v}_a^2(t) + \frac{\varepsilon_0}{2}\int \mathrm{d}^3 r \left(\mathbf{E}^2(\mathbf{r}, t) + c^2\mathbf{B}^2(\mathbf{r}, t)\right) \tag{A-6a}$$

$$\mathbf{P} = \sum_a m_a \mathbf{v}_a(t) + \varepsilon_0 \int \mathrm{d}^3 r \, \mathbf{E}(\mathbf{r}, t) \times \mathbf{B}(\mathbf{r}, t) \tag{A-6b}$$

$$\mathbf{J} = \sum_a \mathbf{r}_a(t) \times m_a \mathbf{v}_a(t) + \varepsilon_0 \int \mathrm{d}^3 r \, \mathbf{r} \times [\mathbf{E}(\mathbf{r}, t) \times \mathbf{B}(\mathbf{r}, t)] \tag{A-6c}$$

Man kann in der Tat unter Verwendung der Bewegungsgleichungen (A-1) und (A-3) überprüfen, dass die Zeitableitungen von H, $\mathbf{P}$ und $\mathbf{J}$ verschwinden. Details dazu finden die Leser z. B. in dem Lehrbuch von Cohen-Tannoudji, Dupont-Roc und Grynberg (1997), Ergänzung $\mathrm{C_I}$, Übungsaufgabe 1 mit Lösung.

A-1-d Skalares und Vektorpotential. Eichtransformation

Wir haben in Band I, Ergänzung $\mathrm{H_{III}}$ gesehen, dass man die Felder $\mathbf{E}(\mathbf{r}, t)$ und $\mathbf{B}(\mathbf{r}, t)$ immer in der Form

$$\mathbf{E}(\mathbf{r}, t) = -\nabla U(\mathbf{r}, t) - \frac{\partial}{\partial t}\mathbf{A}(\mathbf{r}, t) \tag{A-7a}$$

$$\mathbf{B}(\mathbf{r}, t) = \nabla \times \mathbf{A}(\mathbf{r}, t) \tag{A-7b}$$

darstellen kann. Hier ist $U(\mathbf{r}, t)$ das skalare und $\mathbf{A}(\mathbf{r}, t)$ das Vektorpotential, sie werden zusammen als Eichpotentiale bezeichnet. Eine spezielle Wahl der Eichpotentiale nennen wir *Eichung*. Ist nämlich $\chi(\mathbf{r}, t)$ eine beliebige (differenzierbare) Funktion von $\mathbf{r}$ und t, dann erzeugt die folgende Transformation der Eichpotentiale

$$\mathbf{A}(\mathbf{r}, t) \;\mapsto\; \mathbf{A}'(\mathbf{r}, t) = \mathbf{A}(\mathbf{r}, t) + \nabla\chi(\mathbf{r}, t) \tag{A-8a}$$

$$U(\mathbf{r}, t) \;\mapsto\; U'(\mathbf{r}, t) = U(\mathbf{r}, t) - \frac{\partial}{\partial t}\chi(\mathbf{r}, t) \tag{A-8b}$$

zwar einen neuen Satz von Eichpotentialen $\mathbf{A}'(\mathbf{r}, t)$ und $U'(\mathbf{r}, t)$, aber die Felder $\mathbf{E}(\mathbf{r}, t)$ und $\mathbf{B}(\mathbf{r}, t)$ bleiben invariant. Man nennt die Abbildung (A-8), die von der Funktion $\chi(\mathbf{r}, t)$ erzeugt wird, eine *Eichtransformation.**

Eichtransformationen gewähren uns eine gewisse Flexibilität in der Wahl der Eichung [der Potentiale $(\mathbf{A}, U)$], die wir durch eine zusätzliche Bedingung festlegen können. Wir wollen in diesem und den folgenden Kapiteln die sogenannten *Coulomb-Eichung* verwenden, die durch die Bedingung

$$\nabla \cdot \mathbf{A}(\mathbf{r}, t) = 0 \tag{A-9}$$

definiert ist. Im reziproken Raum folgt daraus, dass das Vektorpotential transversal ist, s. § A-2-f.

A-2 Übergang in den reziproken Raum

Wir wenden nun eine räumliche Fourier-Transformation an, um die Bewegungsgleichungen der Elektrodynamik in eine Form zu bringen, die für die weiteren Rechnungen sehr bequem ist.

A-2-a Entwicklung nach ebenen Wellen

Führen wir die Fourier-Transformierte

$$\tilde{\mathbf{E}}(\mathbf{k}, t) = \frac{1}{(2\pi)^{3/2}} \int \mathrm{d}^3 r\, \mathbf{E}(\mathbf{r}, t)\, \mathrm{e}^{-\mathrm{i}\mathbf{k}\cdot\mathbf{r}} \tag{A-10}$$

des elektrischen Felds $\mathbf{E}(\mathbf{r}, t)$ ein, was umgekehrt auf die Darstellung

$$\mathbf{E}(\mathbf{r}, t) = \frac{1}{(2\pi)^{3/2}} \int \mathrm{d}^3 k\, \tilde{\mathbf{E}}(\mathbf{k}, t)\, \mathrm{e}^{\mathrm{i}\mathbf{k}\cdot\mathbf{r}} \tag{A-11}$$

führt. Analoge Formeln gelten für alle oben eingeführten physikalischen Felder: das Magnetfeld, die Strom- und Ladungsdichten sowie die Eichpotentiale.

Eine in der Folge nützliche Formel ist der Satz von Parseval-Plancherel (s. Band II, Anhang I, § 2-c), mit dem man das Skalarprodukt zwischen zwei Funktionen im Ortsraum oder im reziproken Raum darstellen kann:

$$\int \mathrm{d}^3 r\, F^*(\mathbf{r}) G(\mathbf{r}) = \int \mathrm{d}^3 k\, \tilde{F}^*(\mathbf{k}) \tilde{G}(\mathbf{k}) \tag{A-12}$$

---

* Anm. d. Ü.: Gemäß eines Theorems, das die deutsche Mathematikerin und Physikerin A. Emmy Noether entdeckt hat, drückt eine derartige Transformation eine Symmetrie des Systems aus, die Eichinvarianz genannt wird. Deswegen spricht man auch in der Elektrodynamik von einer *Eichtheorie* – ein Konzept, das in der Elementarteilchenphysik eine fundamentale Rolle spielt. Zu jeder Symmetrietransformation gehört eine Erhaltungsgröße. Für die Eichsymmetrie der Elektrodynamik ist dies die elektrische Ladung, deswegen die Kontinuitätsgleichung (A-4).

Weiterhin erinnern wir daran, dass ein Produkt von zwei Funktionen im reziproken Raum nach Fourier-Transformation auf eine Faltung zwischen zwei Funktionen im Ortsraum führt:

$$\tilde{F}(\mathbf{k})\,\tilde{G}(\mathbf{k}) \quad \underset{\text{FT}}{\longleftrightarrow} \quad \frac{1}{(2\pi)^{3/2}} \int \mathrm{d}^3 r'\, F(\mathbf{r}')\, G(\mathbf{r}-\mathbf{r}') \tag{A-13}$$

A-2-b Maxwell-Gleichungen im reziproken Raum

Im reziproken Raum kommen die Maxwell-Gleichungen in eine einfachere Form, in der die Unterschiede zwischen den longitudinalen und transversalen Komponenten der Felder klar zu Tage treten. Ein Vektorfeld $\tilde{\mathbf{V}}(\mathbf{k}, t)$ kann man in ein longitudinales Feld $\tilde{\mathbf{V}}_{\parallel}(\mathbf{k}, t)$, das in jedem Punkt parallel zum Wellenvektor $\mathbf{k}$ ist, und ein transversales Feld $\tilde{\mathbf{V}}_{\perp}(\mathbf{k}, t)$ (orthogonal zu $\mathbf{k}$) zerlegen:

$$\tilde{\mathbf{V}}(\mathbf{k}, t) = \tilde{\mathbf{V}}_{\parallel}(\mathbf{k}, t) + \tilde{\mathbf{V}}_{\perp}(\mathbf{k}, t) \tag{A-14}$$

Die Projektionen parallel und senkrecht zu $\mathbf{k}$ sind durch

$$\tilde{\mathbf{V}}_{\parallel}(\mathbf{k}, t) = \boldsymbol{\kappa}\left(\boldsymbol{\kappa} \cdot \tilde{\mathbf{V}}(\mathbf{k}, t)\right) = \mathbf{k}\left(\mathbf{k} \cdot \tilde{\mathbf{V}}(\mathbf{k}, t)\right)/k^2 \tag{A-15a}$$

$$\tilde{\mathbf{V}}_{\perp}(\mathbf{k}, t) = \tilde{\mathbf{V}}(\mathbf{k}, t) - \boldsymbol{\kappa}\left(\boldsymbol{\kappa} \cdot \tilde{\mathbf{V}}(\mathbf{k}, t)\right) \tag{A-15b}$$

gegeben, wobei

$$\boldsymbol{\kappa} = \mathbf{k}/k \tag{A-16}$$

der Einheitsvektor parallel zu $\mathbf{k}$ ist.

Weil der ∇-Operator im reziproken Raum durch $\mathrm{i}\mathbf{k}$ dargestellt wird, nehmen die Maxwell-Gleichungen (A-1) dort die folgende Form an:

$$\mathrm{i}\mathbf{k} \cdot \tilde{\mathbf{E}}(\mathbf{k}, t) = \frac{1}{\varepsilon_0}\tilde{\rho}(\mathbf{k}, t) \tag{A-17a}$$

$$\mathrm{i}\mathbf{k} \cdot \tilde{\mathbf{B}}(\mathbf{k}, t) = 0 \tag{A-17b}$$

$$\mathrm{i}\mathbf{k} \times \tilde{\mathbf{E}}(\mathbf{k}, t) = -\frac{\partial}{\partial t}\tilde{\mathbf{B}}(\mathbf{k}, t) \tag{A-17c}$$

$$\mathrm{i}\mathbf{k} \times \tilde{\mathbf{B}}(\mathbf{k}, t) = \frac{1}{c^2}\frac{\partial}{\partial t}\tilde{\mathbf{E}}(\mathbf{k}, t) + \frac{1}{\varepsilon_0 c^2}\tilde{\mathbf{j}}(\mathbf{k}, t) \tag{A-17d}$$

Mit den Definitionen (A-15) für die longitudinalen und transversalen Komponenten eines Vektorfelds bestimmen die beiden Gleichungen (A-17a) und (A-17b) die Projektionen der Felder $\tilde{\mathbf{E}}(\mathbf{k}, t)$ und $\tilde{\mathbf{B}}(\mathbf{k}, t)$ parallel zu $\mathbf{k}$, also ihre longitudinalen Komponenten:

$$\tilde{\mathbf{E}}_{\parallel}(\mathbf{k}, t) = -\frac{\mathrm{i}}{\varepsilon_0}\tilde{\rho}(\mathbf{k}, t)\frac{\mathbf{k}}{k^2} \tag{A-18a}$$

$$\tilde{\mathbf{B}}_{\parallel}(\mathbf{k}, t) = \mathbf{0} \tag{A-18b}$$

Die beiden Gleichungen (A-17c) und (A-17d) liefern die Zeitableitungen $\partial\tilde{\mathbf{E}}(\mathbf{k}, t)/\partial t$ und $\partial\tilde{\mathbf{B}}(\mathbf{k}, t)/\partial t$. Wir haben es also mit den Bewegungsgleichungen der Felder zu tun. Das Feld entwickelt sich „frei", wenn seine Quellen verschwinden [d. h. $\tilde{\mathbf{j}}(\mathbf{k}, t) = \mathbf{0}$]. Die Bewegungsgleichungen sind im reziproken Raum gewöhnliche Differentialgleichungen und keine partiellen, wie es im Ortsraum der Fall ist.

A-2-c Longitudinale Felder

Das longitudinale Magnetfeld $\tilde{\mathbf{B}}_{\parallel}(\mathbf{k}, t)$ ist wegen Gl. (A-18b) null. Der Gleichung (A-18a) entnehmen wir, dass $\tilde{\mathbf{E}}_{\parallel}(\mathbf{k}, t)$ ein Produkt aus zwei Funktionen ist: $\tilde{\rho}(\mathbf{k}, t)$ und $-\mathrm{i}\mathbf{k}/\varepsilon_0 k^2$. Ihre Fourier-Transformierten sind [s. Anhang I, Formel (63)]

$$\tilde{\rho}(\mathbf{k}, t) \underset{\mathrm{FT}}{\longleftrightarrow} \rho(\mathbf{r}, t) \tag{A-19a}$$

$$-\frac{\mathrm{i}}{\varepsilon_0}\frac{\mathbf{k}}{k^2} \underset{\mathrm{FT}}{\longleftrightarrow} \frac{(2\pi)^{3/2}}{4\pi\varepsilon_0}\frac{\mathbf{r}}{r^3} \tag{A-19b}$$

Mit dem Faltungssatz (A-13) erhalten wir also

$$\begin{aligned} \mathbf{E}_{\parallel}(\mathbf{r}, t) &= \frac{1}{4\pi\varepsilon_0}\int \mathrm{d}^3r'\rho(\mathbf{r}', t)\frac{\mathbf{r}-\mathbf{r}'}{|\mathbf{r}-\mathbf{r}'|^3} \\ &= \frac{1}{4\pi\varepsilon_0}\sum_a q_a\frac{\mathbf{r}-\mathbf{r}_a(t)}{|\mathbf{r}-\mathbf{r}_a(t)|^3} \end{aligned} \tag{A-20}$$

Das longitudinale elektrische Feld fällt also zu jedem Zeitpunkt t mit dem Coulomb-Feld zusammen, das die Ladungsverteilung $\rho(\mathbf{r}, t)$ erzeugt – so als ob diese Verteilung statisch und zu diesem Zeitpunkt „eingefroren" wäre.

Bemerkung:

Aus diesem Verhalten des longitudinalen elektrischen Felds [es folgt ohne zeitliche Verzögerung der Ladungsverteilung $\rho(\mathbf{r}, t)$ zum selben Zeitpunkt] darf man nicht schließen, dass sich Wechselwirkungen unendlich schnell über beliebige Distanzen ausbreiten. Es ist auch der Beitrag des transversalen Felds zu berücksichtigen. Nur das gesamte Feld $\mathbf{E} = \mathbf{E}_{\parallel} + \mathbf{E}_{\perp}$ hat nämlich eine physikalische Bedeutung. Man kann zeigen, dass das transversale elektrische Feld auch eine instantane Komponente hat, die den Beitrag des longitudinalen Felds exakt kompensiert – im Ergebnis ist das elektrische Feld immer retardiert (mit der retardierten Zeit $t - |\mathbf{r} - \mathbf{r}'|/c$), weil die elektromagnetischen Wechselwirkungen sich immer mit Lichtgeschwindigkeit c ausbreiten. [Siehe dazu im Buch von Cohen-Tannoudji, Dupont-Roc und Grynberg (1997) Ergänzung C_I, Übungsaufgabe 3 mit Lösung.]

Aus diesen Ergebnissen dürfen wir schließen, dass die longitudinalen Felder nicht wirklich zu den Freiheitsgraden des Felds zu rechnen sind: Entweder verschwinden sie (im Fall des Magnetfelds) oder sie sind vollständig durch die Koordinaten $\mathbf{r}_a(t)$ der geladenen Teilchen bestimmt [s. Gl. (A-20) für das elektrische Feld].

A-2-d Bewegungsgleichungen der transversalen Felder

Nachdem die ersten beiden Maxwell-Gleichungen die longitudinalen Anteile der Felder festgelegt haben, betrachten wir nun die nächsten zwei Gleichungen (A-17c) und (A-17d) und nehmen von beiden die transversalen Komponenten. Es gilt offenbar $\mathbf{k} \times \mathbf{V} = \mathbf{k} \times \mathbf{V}_\perp$, so dass wir erhalten

$$\frac{\partial}{\partial t}\tilde{\mathbf{B}}(\mathbf{k}, t) = -\mathrm{i}\mathbf{k} \times \tilde{\mathbf{E}}_\perp(\mathbf{k}, t) \tag{A-21a}$$

$$\frac{\partial}{\partial t}\tilde{\mathbf{E}}_\perp(\mathbf{k}, t) = \mathrm{i}c^2\mathbf{k} \times \tilde{\mathbf{B}}(\mathbf{k}, t) - \frac{1}{\varepsilon_0}\tilde{\mathbf{j}}_\perp(\mathbf{k}, t) \tag{A-21b}$$

Dies sind die Bewegungsgleichungen für die transversalen Felder $\tilde{\mathbf{E}}_\perp(\mathbf{k}, t)$ und $\tilde{\mathbf{B}}(\mathbf{k}, t)$.

Bemerkung:
Man kann auch den longitudinalen Anteil dieser beiden Maxwell-Gleichungen und (A-17d) untersuchen. Für Gl. (A-17c) ist dies sehr einfach: Beide Seiten sind transversal, also verschwindet ihre Projektion parallel zu $\mathbf{k}$. Aus Gl. (A-17d) folgt

$$\frac{\partial}{\partial t}\tilde{\mathbf{E}}_\parallel(\mathbf{k}, t) + \frac{1}{\varepsilon_0}\tilde{\mathbf{j}}_\parallel(\mathbf{k}, t) = \mathbf{0} \tag{A-22}$$

Wenn wir beide Seiten skalar mit $\mathbf{k}$ multiplizieren, erhalten wir wegen Gl. (A-18a) und der Identität $\mathbf{k} \cdot \tilde{\mathbf{j}} = \mathbf{k} \cdot \tilde{\mathbf{j}}_\parallel$

$$\frac{\partial}{\partial t}\tilde{\rho}(\mathbf{k}, t) + \mathrm{i}\mathbf{k} \cdot \tilde{\mathbf{j}}(\mathbf{k}, t) = 0 \tag{A-23}$$

Dies ist gerade die Form der Kontinuitätsgleichung (A-4) im reziproken Raum; die longitudinale Projektion der Maxwell-Gleichung (A-17d) bringt also keine neue Information.*

A-2-e Potentiale

Die Beziehungen (A-7a) und (A-7b) zwischen den Feldern und den Potentialen haben im reziproken Raum die Form

$$\tilde{\mathbf{E}}(\mathbf{k}, t) = -\mathrm{i}\mathbf{k}\,\tilde{U}(\mathbf{k}, t) - \frac{\partial}{\partial t}\tilde{\mathbf{A}}(\mathbf{k}, t) \tag{A-24a}$$

$$\tilde{\mathbf{B}}(\mathbf{k}, t) = \mathrm{i}\mathbf{k} \times \tilde{\mathbf{A}}(\mathbf{k}, t) \tag{A-24b}$$

und aus einer Eichtransformation gemäß Gl. (A-8a) und (A-8b) wird

$$\tilde{\mathbf{A}}(\mathbf{k}, t) \to \tilde{\mathbf{A}}'(\mathbf{k}, t) = \tilde{\mathbf{A}}(\mathbf{k}, t) + \mathrm{i}\mathbf{k}\tilde{\chi}(\mathbf{k}, t) \tag{A-25a}$$

$$\tilde{U}(\mathbf{k}, t) \to \tilde{U}'(\mathbf{k}, t) = \tilde{U}(\mathbf{k}, t) - \frac{\partial}{\partial t}\tilde{\chi}(\mathbf{k}, t) \tag{A-25b}$$

wobei $\tilde{\chi}(\mathbf{k}, t)$ die Fourier-Transformierte $\chi(\mathbf{r}, t)$ ist.

---

* Anm. d. Ü.: Dieses Ergebnis anders ausgedrückt: Sind die beiden Maxwell-Gleichungen (A-17a) und (A-17d), die keine Zeitableitungen enthalten, für einen Anfangszeitpunkt erfüllt, dann bleiben sie auch gültig, wenn wir die Felder gemäß den anderen Maxwell-Gleichungen (und dem Prinzip der Ladungserhaltung) in der Zeit entwickeln. Für dieses einfache Verhalten hat Maxwell gesorgt, indem er das Ampèresche Gesetz (A-1d) um den *Verschiebungsstrom* (den ersten Term rechts) ergänzt hat.

Der letzte Term in Gl. (A-25a) ist ein longitudinaler Vektor, und daraus wird klar, dass eine Eichtransformation nicht den transversalen Anteil $\widetilde{\mathbf{A}}_\perp(\mathbf{k}, t)$ verändern kann. Diese Größe ist also eichinvariant und damit eine physikalisch beobachtbare Größe:

$$\widetilde{\mathbf{A}}'_\perp(\mathbf{k}, t) = \widetilde{\mathbf{A}}_\perp(\mathbf{k}, t) \tag{A-26}$$

Wegen $\mathbf{k} \times \widetilde{\mathbf{A}}_\parallel = \mathbf{0}$ folgt aus einer transversalen Projektion der Gleichungen (A-24a) und (A-24b)

$$\widetilde{\mathbf{E}}_\perp(\mathbf{k}, t) = -\frac{\partial}{\partial t}\widetilde{\mathbf{A}}_\perp(\mathbf{k}, t) \tag{A-27a}$$

$$\widetilde{\mathbf{B}}(\mathbf{k}, t) = \mathrm{i}\mathbf{k} \times \widetilde{\mathbf{A}}_\perp(\mathbf{k}, t) \tag{A-27b}$$

Die zweite Gleichung können wir nach dem Vektorpotential umstellen, indem wir das Vektorprodukt mit $\mathbf{k}$ bilden und die Identität*

$$\mathbf{a} \times (\mathbf{b} \times \mathbf{c}) = (\mathbf{a} \cdot \mathbf{c})\mathbf{b} - (\mathbf{a} \cdot \mathbf{b})\mathbf{c} \tag{A-28}$$

verwenden. Wegen $\mathbf{k} \cdot \widetilde{\mathbf{A}}_\perp = 0$ erhält man

$$\widetilde{\mathbf{A}}_\perp(\mathbf{k}, t) = \frac{\mathrm{i}}{k^2}\left(\mathbf{k} \times \widetilde{\mathbf{B}}(\mathbf{k}, t)\right) \tag{A-29}$$

Mit diesem Ausdruck sowie Gl. (A-27a) kann man die beiden Gleichungen (A-21a) und (A-21b) für die transversalen Felder so aufschreiben, dass nur $\widetilde{\mathbf{E}}_\perp(\mathbf{k}, t)$ und $\widetilde{\mathbf{A}}_\perp(\mathbf{k}, t)$ auftreten:

$$\frac{\partial}{\partial t}\widetilde{\mathbf{A}}_\perp(\mathbf{k}, t) = -\widetilde{\mathbf{E}}_\perp(\mathbf{k}, t) \tag{A-30a}$$

$$\frac{\partial}{\partial t}\widetilde{\mathbf{E}}_\perp(\mathbf{k}, t) = c^2k^2\widetilde{\mathbf{A}}_\perp(\mathbf{k}, t) - \frac{1}{\varepsilon_0}\widetilde{\mathbf{j}}_\perp(\mathbf{k}, t) \tag{A-30b}$$

Ohne Quellen ($\widetilde{\mathbf{j}}_\perp(\mathbf{k}, t) = \mathbf{0}$) erhält man zwei gekoppelte Bewegungsgleichungen für die transversalen Felder $\widetilde{\mathbf{E}}_\perp(\mathbf{k}, t)$ und $\widetilde{\mathbf{A}}_\perp(\mathbf{k}, t)$. Sie werden weiter unten nützlich sein, um die Normalkoordinaten des Felds zu konstruieren und zu beweisen, dass die Freiheitsgrade des transversalen Felds zu einem Satz von harmonischen Oszillatoren gleichwertig sind.

Wellengleichung für das transversale Vektorpotential:
Wir erhalten eine Gleichung für $\widetilde{\mathbf{A}}_\perp$ allein, wenn wir aus den Ausdrücken (A-30) das Feld $\widetilde{\mathbf{E}}_\perp$ eliminieren. Es ergibt sich so

$$\left[\frac{\partial^2}{\partial t^2} + c^2k^2\right]\widetilde{\mathbf{A}}_\perp(\mathbf{k}, t) = \frac{1}{\varepsilon_0}\widetilde{\mathbf{j}}_\perp(\mathbf{k}, t) \tag{A-31}$$

was im Ortsraum auf die inhomogene Wellengleichung

$$\left[\frac{1}{c^2}\frac{\partial^2}{\partial t^2} - \nabla^2\right]\mathbf{A}_\perp(\mathbf{r}, t) = \frac{1}{\varepsilon_0 c^2}\mathbf{j}_\perp(\mathbf{r}, t) \tag{A-32}$$

führt.

* Anm. d. Ü.: In der Form $\mathbf{a}\times(\mathbf{b}\times\mathbf{c}) = \mathbf{b}\,(\mathbf{a}\cdot\mathbf{c}) - \mathbf{c}\,(\mathbf{a}\cdot\mathbf{b})$ kann man sich diese Identität mit der Eselsbrücke „Taxifahren in New York“ merken. Im Taxi dort sitzen **b** und **c** natürlich hinten: *in the bac(k) of the cab.*

A-2-f Coulomb-Eichung

In Gleichung (A-9) hatten wir die Coulomb-Eichung definiert. Im reziproken Raum schreiben wir diese Bedingung so auf:

$$i\mathbf{k} \cdot \tilde{\mathbf{A}}(\mathbf{k}, t) = 0 \quad \Longleftrightarrow \quad \tilde{\mathbf{A}}_{\parallel}(\mathbf{k}, t) = \mathbf{0} \tag{A-33}$$

Das longitudinale Vektorpotential verschwindet also in der Coulomb-Eichung; es bleibt nur das transversale Vektorpotential übrig, von dem wir oben gesehen haben, dass es eine physikalisch messbare Größe ist.

Was kann man in dieser Eichung über das skalare Potential U sagen? Projizieren wir beide Seiten von Gl. (A-24a) auf den Wellenvektor $\mathbf{k}$. Weil der letzte Term auf der rechten Seite transversal in der Coulomb-Eichung ist, ergibt sich $\tilde{\mathbf{E}}_{\parallel}(\mathbf{k}, t) = -i\mathbf{k}\,\tilde{U}(\mathbf{k}, t)$ oder im Ortsraum $\mathbf{E}_{\parallel}(\mathbf{r}, t) = -\nabla U(\mathbf{r}, t)$. Die Funktion U ist also das Potential, das das longitudinale Feld erzeugt. Bis auf eine Konstante folgt somit aus Gl. (A-20), dass das skalare Potential durch

$$U(\mathbf{r}, t) = \frac{1}{4\pi\varepsilon_0} \sum_a \frac{q_a}{|\mathbf{r} - \mathbf{r}_a(t)|} \tag{A-34}$$

gegeben ist. Dies ist nichts anderes als das Coulomb-Potential der Ladungsverteilung.

Lorenz-Eichung:

In diesem und dem nächsten Kapitel werden wir vor allem die Coulomb-Eichung verwenden. Es gibt eine alternative Wahl, die vor allem in einem manifest kovarianten Formalismus bequem ist, in dem die Lorentz-Transformationen der Relativitätstheorie eine wesentliche Rolle spielen. Dies ist die *Lorenz-Eichung*:*

$$\nabla \cdot \mathbf{A}(\mathbf{r}, t) + \frac{1}{c^2} \frac{\partial}{\partial t} U(\mathbf{r}, t) = 0 \tag{A-35}$$

In der kovarianten Notation mit Vierervektoren nimmt dies die kompakte Form

$$\sum_{\mu} \partial_{\mu} A^{\mu} = 0 \tag{A-36}$$

an. Diese Bedingung hat in allen Inertialsystemen der Relativitätstheorie dieselbe Form, was für die Coulomb-Eichung nicht gilt. (Ein Feld, das in einem Bezugssystem divergenzfrei, also transversal ist, ist in einem anderem, relativ dazu bewegten System nicht notwendigerweise divergenzfrei.) Die Coulomb-Eichung hat allerdings den Vorteil, dass man in einem gegebenen Inertialsystem sofort die effektiv unabhängigen dynamischen Freiheitsgrade des Felds identifizieren kann. (Damit kann die Feldquantisierung viel einfacher durchgeführt werden, d. Ü.)

---

* Anm. d. Ü.: Es ist eine amüsante Anekdote der Physikgeschichte, dass die Eichung (A-35) auf den dänischen Physiker und Mathematiker Ludvig Lorenz zurückgeht, dessen Namensvetter aus Holland, Hendrik A. Lorentz, zusammen mit dem Franzosen Raimond Poincaré der „Vater“ der relativistischen Koordinatentransformation (Lorentz-Transformation) ist. Kein Wunder, dass in vielen Büchern und Köpfen oft von der „Lorentz-Eichung“ die Rede ist.

A-3 Eliminieren der longitudinalen Felder

Wir wollen im Weiteren die longitudinalen Felder aus der Energie H und dem Impuls eliminieren. Auf diese Weise bringen wir die unabhängigen Variablen zum Vorschein, nämlich die Koordinaten und Geschwindigkeiten der Teilchen und die transversalen Felder.

A-3-a Gesamtenergie

Wir beginnen mit dem letzten Term in der Energie (A-6a). Die Parseval-Plancherel-Formel (A-12) und die Identität $\tilde{\mathbf{E}}_{\parallel}^*(\mathbf{k},t)\cdot\tilde{\mathbf{E}}_{\perp}(\mathbf{k},t)=0$ liefern die folgende Zerlegung

$$\frac{\varepsilon_0}{2}\int \mathrm{d}^3 r\left[\mathbf{E}^2(\mathbf{r},t)+c^2\,\mathbf{B}^2(\mathbf{r},t)\right]=H_{\text{long}}+H_{\text{trans}} \tag{A-37}$$

mit

$$H_{\text{long}}=\frac{\varepsilon_0}{2}\int \mathrm{d}^3 k\,\tilde{\mathbf{E}}_{\parallel}^*(\mathbf{k},t)\cdot\tilde{\mathbf{E}}_{\parallel}(\mathbf{k},t) \tag{A-38a}$$

$$H_{\text{trans}}=\frac{\varepsilon_0}{2}\int \mathrm{d}^3 k\left[\tilde{\mathbf{E}}_{\perp}^*(\mathbf{k},t)\cdot\tilde{\mathbf{E}}_{\perp}(\mathbf{k},t)+c^2\,\tilde{\mathbf{B}}^*(\mathbf{k},t)\cdot\tilde{\mathbf{B}}(\mathbf{k},t)\right] \tag{A-38b}$$

In der longitudinalen Energie H_{long} können wir $\tilde{\mathbf{E}}_{\parallel}(\mathbf{k},t)$ durch den Ausdruck (A-18a) ersetzen. Unter Verwendung von Gl. (A-12) und Gl. (A-13) ergibt sich

$$\begin{aligned}H_{\text{long}}&=\frac{1}{2\varepsilon_0}\int \mathrm{d}^3 k\,\frac{\tilde{\rho}^*(\mathbf{k},t)\,\tilde{\rho}(\mathbf{k},t)}{k^2}\\&=\frac{1}{8\pi\varepsilon_0}\int\!\!\int \mathrm{d}^3 r\,\mathrm{d}^3 r'\,\frac{\tilde{\rho}(\mathbf{r},t)\,\tilde{\rho}(\mathbf{r}',t)}{|\mathbf{r}-\mathbf{r}'|}\\&=\frac{1}{8\pi\varepsilon_0}\sum_{a\neq b}\frac{q_a\,q_b}{|\mathbf{r}_a-\mathbf{r}_b|}+\sum_a h_{\mathrm{C}}^a=V_{\mathrm{C}}\end{aligned} \tag{A-39}$$

Die Energie des longitudinalen Felds gibt also die elektrostatische Wechselwirkungsenergie V_{C} der Ladungsverteilung $\rho(\mathbf{r},t)$ wieder. Neben der Coulomb-Energie von Teilchenpaaren a und b enthält V_{C} auch die elektrostatische *Selbstenergie* h_{C}^a der Teilchen (die für Punktladungen divergiert). Den Ausdruck (A-38b) für H_{trans} kann man mit den oben eingeführten Variablen $\dot{\tilde{\mathbf{A}}}_{\perp}(\mathbf{k},t)=-\tilde{\mathbf{E}}_{\perp}(\mathbf{k},t)$ und $\tilde{\mathbf{A}}_{\perp}(\mathbf{k},t)$ des transversalen Felds umschreiben:

$$H_{\text{trans}}=\frac{\varepsilon_0}{2}\int \mathrm{d}^3 k\left[\dot{\tilde{\mathbf{A}}}_{\perp}^*(\mathbf{k},t)\cdot\dot{\tilde{\mathbf{A}}}_{\perp}(\mathbf{k},t)+\omega^2\tilde{\mathbf{A}}_{\perp}^*(\mathbf{k},t)\cdot\tilde{\mathbf{A}}_{\perp}(\mathbf{k},t)\right] \tag{A-40}$$

Wir fassen die Energie des Gesamtsystems aus Feld und Teilchen zusammen:

$$H=\frac{1}{2}\sum_a m_a\dot{\mathbf{r}}_a^2(t)+V_{\mathrm{C}}+H_{\text{trans}} \tag{A-41}$$

Hier haben wir die Geschwindigkeiten durch die Zeitableitung $\dot{\mathbf{r}}_a(t)=\mathrm{d}\mathbf{r}_a(t)/\,\mathrm{d}t$ ausgedrückt. Es ergibt sich eine Summe aus kinetischer Energie der Teilchen, ihrer Coulomb-Energie und der Energie des transversalen Felds.

A-3-b Gesamtimpuls

Für den Gesamtimpuls **P** können wir analoge Umformungen durchführen. Der letzte Term in Gleichung (A-6b) gibt den Feldimpuls, den wir in einen longitudinalen und transversalen Anteil zerlegen können:

$$\varepsilon_0 \int d^3k\, \tilde{\mathbf{E}}^*(\mathbf{k},t) \times \tilde{\mathbf{B}}(\mathbf{k},t) = \underbrace{\varepsilon_0 \int d^3k\, \tilde{\mathbf{E}}_\parallel^*(\mathbf{k},t) \times \tilde{\mathbf{B}}(\mathbf{k},t)}_{\mathbf{P}_{\text{long}}} + \underbrace{\varepsilon_0 \int d^3k\, \tilde{\mathbf{E}}_\perp^*(\mathbf{k},t) \times \tilde{\mathbf{B}}(\mathbf{k},t)}_{\mathbf{P}_{\text{trans}}} \tag{A-42}$$

Sie entstehen aus den beiden Komponenten des elektrischen Felds.[5] Drücken wir das longitudinale Feld durch die Ladungsdichte (A-18a) aus und verwenden das Vektorpotential (A-27b), dann erhalten wir unter Benutzung der Vektoridentität (A-28) in der Coulomb-Eichung (A-33)

$$\begin{aligned}\mathbf{P}_{\text{long}} &= \varepsilon_0 \int d^3k\, \frac{i\tilde{\rho}^*(\mathbf{k},t)}{\varepsilon_0} \frac{\mathbf{k}}{k^2} \times \left[i\mathbf{k} \times \tilde{\mathbf{A}}_\perp(\mathbf{k},t) \right] \\ &= \int d^3k\, \tilde{\rho}^*(\mathbf{k},t) \tilde{\mathbf{A}}_\perp(\mathbf{k},t)\end{aligned} \tag{A-43}$$

Im Ortsraum erhalten wir daraus

$$\begin{aligned}\mathbf{P}_{\text{long}} &= \int d^3r\, \rho(\mathbf{r},t) \mathbf{A}_\perp(\mathbf{r},t) \\ &= \sum_a q_a \mathbf{A}_\perp(\mathbf{r}_a,t)\end{aligned} \tag{A-44}$$

Wie oben für H_{trans} in Gl. (A-40) können wir den transversalen Impuls durch die transversalen Felder $\tilde{\mathbf{A}}_\perp(\mathbf{k},t)$ und $\dot{\tilde{\mathbf{A}}}_\perp(\mathbf{k},t)$ ausdrücken:

$$\begin{aligned}\mathbf{P}_{\text{trans}} &= -\varepsilon_0 \int d^3k\, \dot{\tilde{\mathbf{A}}}_\perp^*(\mathbf{k},t) \times \left[i\mathbf{k} \times \tilde{\mathbf{A}}_\perp(\mathbf{k},t) \right] \\ &= -i\varepsilon_0 \int d^3k\, \mathbf{k} \left[\dot{\tilde{\mathbf{A}}}_\perp^*(\mathbf{k},t) \cdot \tilde{\mathbf{A}}_\perp(\mathbf{k},t) \right]\end{aligned} \tag{A-45}$$

Wir fassen den Impuls des Systems aus Feld und Teilchen zusammen zu

$$\mathbf{P} = \sum_a \left[m_a \dot{\mathbf{r}}_a(t) + q_a \mathbf{A}_\perp(\mathbf{r}_a,t) \right] + \mathbf{P}_{\text{trans}} \tag{A-46}$$

und führen für die Punktladungen die Größe

$$\mathbf{p}_a(t) = m_a \dot{\mathbf{r}}_a(t) + q_a \mathbf{A}_\perp(\mathbf{r}_a,t) \tag{A-47}$$

ein. Wir werden sehen, dass dies der zu $\mathbf{r}_a(t)$ *kanonisch konjugierte Impuls* ist, wenn man die Elektrodynamik in der Coulomb-Eichung durchführt. Er unterscheidet sich also von dem *kinematischen Impuls* $m_a \dot{\mathbf{r}}_a(t)$.

5 Die Notation $\mathbf{P}_{\text{long}}$ darf nicht zu der Annahme verleiten, dass dies ein longitudinales Vektorfeld sei. Es handelt sich um einen (globalen) Vektor und kein Feld (das im reziproken Raum eine Funktion von **k** wäre). Wir meinen einfach den Beitrag des longitudinalen elektrischen Felds zum Gesamtimpulsvektor. Entsprechendes gilt für $\mathbf{P}_{\text{trans}}$.

Ausgedrückt durch diesen Impuls bekommen die Energie (A-41) und der Gesamtimpuls (A-46) die Form

$$H = \frac{1}{2m_a} \sum_a [\mathbf{p}_a - q_a \mathbf{A}_\perp(\mathbf{r}_a, t)]^2 + V_C + H_{\text{trans}} \tag{A-48}$$

$$\mathbf{P} = \sum_a \mathbf{p}_a(t) + \mathbf{P}_{\text{trans}} \tag{A-49}$$

wobei H_{trans} und $\mathbf{P}_{\text{trans}}$ durch die Formeln (A-38b) und (A-42) gegeben sind. Es stellt sich weiterhin heraus, dass in der Coulomb-Eichung H die Hamilton-Funktion des Gesamtsystems aus Feld und Teilchen darstellt.

A-3-c Gesamtdrehimpuls

Mit ganz analogen Rechnungen, die wir hier nicht im Detail vorführen wollen,[6] kann man auch für den Drehimpuls einen longitudinalen Beitrag identifizieren:

$$\mathbf{J}_{\text{long}} = \varepsilon_0 \int \mathrm{d}^3 r\, \mathbf{r} \times (\mathbf{E}_\parallel \times \mathbf{B}) = \sum_a q_a \mathbf{r}_a \times \mathbf{A}_\perp(\mathbf{r}_a) \tag{A-50}$$

Fassen wir $\mathbf{J}_{\text{long}}$ und den Drehimpuls der Teilchen zusammen, erhalten wir mit dem kanonischen Impuls aus Gl. (A-47)

$$\sum_a \mathbf{r}_a \times m_a \dot{\mathbf{r}}_a + \mathbf{J}_{\text{long}} = \sum_a \mathbf{r}_a \times \mathbf{p}_a \tag{A-51}$$

Es ergibt sich erneut die folgende Struktur

$$\mathbf{J} = \sum_a \mathbf{r}_a \times \mathbf{p}_a + \mathbf{J}_{\text{trans}} \tag{A-52}$$

mit dem Beitrag des transversalen Felds

$$\mathbf{J}_{\text{trans}} = \varepsilon_0 \int \mathrm{d}^3 r\, [\mathbf{r} \times (\mathbf{E}_\perp \times \mathbf{B})] \tag{A-53}$$

B Das transversale Feld als Satz von harmonischen Oszillatoren

B-1 Erinnerung: Quantisierung des harmonischen Oszillators

Ein eindimensionaler harmonischer Oszillator mit der Eigenfrequenz ω hat die Energie

$$E = \frac{m}{2}\dot{x}^2 + \frac{m\omega^2}{2}x^2 \tag{B-1}$$

mit der Geschwindigkeit

$$\frac{\mathrm{d}}{\mathrm{d}t}x = \dot{x} \tag{B-2}$$

6 Man kann sie etwa bei Cohen-Tannoudji, Dupont-Roc und Grynberg (1997), Ergänzung B_I, § 1 finden.

Die Newtonsche Bewegungsgleichung lautet

$$m\frac{\mathrm{d}}{\mathrm{d}t}\dot{x} = -m\omega^2 x \tag{B-3}$$

so dass sich für die Koordinate x die Differentialgleichung

$$\ddot{x} + \omega^2 x = 0 \tag{B-4}$$

ergibt. Als Lösung findet man reelle Linearkombinationen von $\cos(\omega t)$ und $\sin(\omega t)$.

Der dynamische Zustand des klassischen Oszillators wird zu jedem Zeitpunkt durch die zwei reellen Variablen $x(t)$ und $\dot{x}(t)$ beschrieben. Wir können diese bequem zu einer komplexen Variablen $\alpha(t)$ zusammenfassen:

$$\alpha(t) = C\left[x(t) + \mathrm{i}\,\frac{\dot{x}(t)}{\omega}\right] \tag{B-5}$$

Dabei ist C ein bislang beliebiger Skalenfaktor (der unabhängig von der Zeit sei). Aus den Gleichungen (B-2) und (B-3) folgt, dass die komplexe Variable folgende Differentialgleichung erster Ordnung erfüllt:

$$\dot{\alpha} = C\,(\dot{x} - \mathrm{i}\omega x) = -\mathrm{i}\omega\, C\left(x + \mathrm{i}\frac{\dot{x}}{\omega}\right) = -\mathrm{i}\omega\,\alpha \tag{B-6}$$

Als Lösung erhalten wir also einfach eine komplexe e-Funktion proportional zu $\mathrm{e}^{-\mathrm{i}\omega t}$.

Man kann umgekehrt aus der komplexen Größe $\alpha(t)$ und ihrem komplex Konjugierten die Koordinaten x und $\dot{x}$ bestimmen. Indem man diese Ausdrücke in die Energie (B-1) einsetzt, findet man nach einer leichten Rechnung[7]

$$E = \frac{m\omega^2}{4C^2}\,(\alpha^*\alpha + \alpha\,\alpha^*) \tag{B-7}$$

Es ist nun bequem, den Skalenfaktor folgendermaßen zu wählen:

$$\frac{m\omega^2}{4C^2} = \frac{\hbar\omega}{2} \tag{B-8}$$

Die Quantisierungsvorschrift $\alpha \mapsto \widehat{a}$, $\alpha^* \mapsto \widehat{a}^\dagger$ führt dann auf den Hamilton-Operator

$$\widehat{H} = \frac{\hbar\omega}{2}\left(\widehat{a}^\dagger\widehat{a} + \widehat{a}\,\widehat{a}^\dagger\right) \tag{B-9}$$

für den harmonischen Oszillator.[8]

---

7 Vorwegnehmend, dass bei der Quantisierung α und α^* durch nichtkommutierende Operatoren ersetzt werden, haben wir in den Umformungen die Reihenfolge der Faktoren beibehalten.

8 Falls für Ort $\widehat{x}$ und Impuls $\widehat{p} = m\dot{\widehat{x}}$ die kanonische Kommutatorrelation $[\widehat{x}, \widehat{p}] = \mathrm{i}\hbar$ gilt, dann folgt aus der Wahl (B-8) für C der Kommutator $[\widehat{a}, \widehat{a}^\dagger] = 1$. – Mehr Details zu diesem wichtigen quantenmechanischen Problem sind in Band I, Kapitel V zu finden.

B-2 Normalkoordinaten des transversalen Felds

B-2-a Moden des freien transversalen Felds

Der Ausdruck (A-40) für die Energie H_{trans} des freien transversalen Felds ist eine Summe über Quadrate von $\dot{\tilde{\mathbf{A}}}_\perp(\mathbf{k}, t)$ und $\tilde{\mathbf{A}}_\perp(\mathbf{k}, t)$. Für jeden Wellenvektor **k** finden wir also die Hamilton-Funktion eines harmonischen Oszillators wieder. Weil die Energie sich additiv aus diesen Fourier-Komponenten zusammensetzt, entwickeln sich diese unabhängig voneinander in der Zeit. Man spricht deswegen von entkoppelten Normalmoden. Wir sehen hier deutlich den Vorteil des Weges über den reziproken Raum: er erlaubt uns, die Eigenschwingungen (oder Eigenmoden) des freien Felds (d. h. ohne Quellen) zu identifizieren.

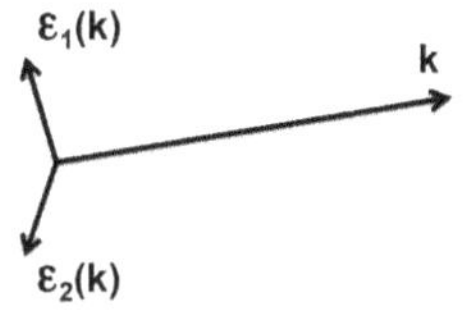

Abb. 1: Für jeden Wellenvektor **k** kann ein transversales Feld zwei Polarisationen haben, die man durch die Einheitsvektoren $\boldsymbol{\varepsilon}_1(\mathbf{k})$ und $\boldsymbol{\varepsilon}_2(\mathbf{k})$ veranschaulichen kann. Diese sind orthonormiert und stehen senkrecht auf **k**. Die Abbildung verwendet lineare Polarisationen mit reellen Vektoren, zirkulare Polarisationen mit komplexen Vektoren sind auch möglich.

Ein transversales Vektorfeld kann für einen gegebenen Wellenvektor **k** zwei Polarisationen haben, die wir mit den Einheitsvektoren $\boldsymbol{\varepsilon}_1(\mathbf{k})$ und $\boldsymbol{\varepsilon}_2(\mathbf{k})$ bezeichnen wollen.[9] Sie stehen senkrecht auf **k** (sind *transversal*) und sind untereinander orthonormiert. Man kann damit etwa $\tilde{\mathbf{A}}_\perp(\mathbf{k}, t)$ in zwei Komponenten zerlegen:

$$\tilde{\mathbf{A}}_\perp(\mathbf{k}, t) = \tilde{A}_{\perp\boldsymbol{\varepsilon}_1(\mathbf{k})}(\mathbf{k}, t)\,\boldsymbol{\varepsilon}_1(\mathbf{k}) + \tilde{A}_{\perp\boldsymbol{\varepsilon}_2(\mathbf{k})}(\mathbf{k}, t)\,\boldsymbol{\varepsilon}_2(\mathbf{k}) = \sum_{i=1,2} \tilde{A}_{\perp\boldsymbol{\varepsilon}_i(\mathbf{k})}(\mathbf{k}, t)\,\boldsymbol{\varepsilon}_i(\mathbf{k}) \tag{B-10}$$

mit

$$\tilde{A}_{\perp\boldsymbol{\varepsilon}_i(\mathbf{k})}(\mathbf{k}, t) = \boldsymbol{\varepsilon}_i^*(\mathbf{k}) \cdot \tilde{\mathbf{A}}_\perp(\mathbf{k}, t) \tag{B-11}$$

(Die komplexe Konjugation des Polarisationsvektors darf man bei der Wahl von linearen Polarisationen natürlich weglassen.) Der Satz $(\mathbf{k}, \boldsymbol{\varepsilon}_i(\mathbf{k}))$ von Vektoren definiert, was wir in diesem ganzen Kapitel eine *Mode* des freien Felds nennen wollen. Die Moden sind die Eigenschwingungen des freien Felds, ihre Eigenfrequenzen

$$\omega = ck \tag{B-12}$$

folgen der bekannten Dispersionsrelation für elektromagnetische Wellen im Vakuum.*

9 Wählt man hier reelle Vektoren, arbeitet man mit einer Basis von linearen Polarisationen. Die beiden Basisvektoren sind natürlich zu einem gewissen Grad willkürlich, weil man sie beliebig um **k** rotieren kann. Man kann auch komplexe Vektoren wählen, die zirkulare oder elliptische Polarisationen beschreiben; dies ist nützlich, um den Spin (intrinsischen Drehimpuls) des elektromagnetischen Felds zu konstruieren (s. Ergänzung B_{XIX}, § 3). In diesem Fall wird die Normierung über ein komplexes Skalarprodukt vorgenommen: $\boldsymbol{\varepsilon}_i^*(\mathbf{k}) \cdot \boldsymbol{\varepsilon}_j(\mathbf{k}) = \delta_{ij}$ (mit $i, j = 1, 2$).

* Anm. d. Ü.: Sie bilden die homogenen Lösungen von Gl. (A-31) und Gl. (A-32) mit fester Frequenz.

Um die Notation ein wenig zu vereinfachen, schreiben wir die letzte Summe in Gl. (B-10) in der Form

$$\sum_{i=1,2} \widetilde{A}_{\perp\boldsymbol{\varepsilon}_i(\mathbf{k})}(\mathbf{k},t)\,\boldsymbol{\varepsilon}_i(\mathbf{k}) \equiv \sum_{\boldsymbol{\varepsilon}} \widetilde{A}_{\perp\boldsymbol{\varepsilon}}(\mathbf{k},t)\,\boldsymbol{\varepsilon} \tag{B-13}$$

Schreiben wir nun die Energie $\widetilde{H}_{\text{trans}}$ des transversalen Felds aus Gl. (A-40) so um, dass dort die Komponenten der Felder $\widetilde{\mathbf{A}}_\perp(\mathbf{k},t)$ und $\dot{\widetilde{\mathbf{A}}}_\perp(\mathbf{k},t)$ entlang der Polarisationsvektoren $\boldsymbol{\varepsilon}$ auftauchen:

$$H_{\text{trans}} = \frac{\varepsilon_0}{2}\int \mathrm{d}^3k \sum_{\boldsymbol{\varepsilon}} \left[\dot{\widetilde{A}}^*_{\perp\boldsymbol{\varepsilon}}(\mathbf{k},t)\dot{\widetilde{A}}_{\perp\boldsymbol{\varepsilon}}(\mathbf{k},t) + \omega^2 \widetilde{A}^*_{\perp\boldsymbol{\varepsilon}}(\mathbf{k},t)\widetilde{A}_{\perp\boldsymbol{\varepsilon}}(\mathbf{k},t)\right] \tag{B-14}$$

Wegen der additiven Zerlegung der Energie sind diese Komponenten entkoppelte dynamische Variablen (mit diesem Begriff meint man verallgemeinerte Koordinaten und Geschwindigkeiten). Dies wäre nicht der Fall für die kartesischen Komponenten $\widetilde{A}_{\perp i}(\mathbf{k},t)$ und $\dot{\widetilde{A}}_{\perp i}(\mathbf{k},t)$ (mit $i = x, y, z$), weil diese durch die Transversalitätsbedingung (Coulomb-Eichung) eingeschränkt sind. Für das transversale Vektorpotential etwa muss ja gelten $\sum_i k_i \widetilde{A}_{\perp i} = 0$.

Nebenbedingung im reziproken Raum:
Weil die Felder im Ortsraum reell sind, ergibt sich die Identität $\widetilde{A}_\perp(\mathbf{k},t) = \widetilde{A}^*_\perp(-\mathbf{k},t)$ im reziproken Raum. In einem Halbraum des reziproken Raums kann man diese beiden Variablen also als unabhängig betrachten. (Zu dem Begriff des Halbraums siehe Ergänzung A_{XVIII}, § 2-c.)

B-2-b Normalkoordinaten für das freie Feld

Betrachten wir zunächst das freie Feld ($\widetilde{\mathbf{j}}_\perp = \mathbf{0}$) und die Bewegungsgleichungen (A-30a) und (A-30b). Wenn man dort die Frequenz $\omega = ck$ einsetzt, erhält man zwei Gleichungen, die eine ganz ähnliche Struktur wie in Gl. (B-2) und Gl. (B-3) für den harmonischen Oszillator haben, wobei $\mathbf{A}_\perp(\mathbf{k},t)$ die Rolle von $x(t)$ spielt. Diese Analogie motiviert gemäß Gl. (B-5) das Einführen der neuen transversalen Variable

$$\begin{aligned}\boldsymbol{\alpha}(\mathbf{k},t) &= \mathcal{N}(k)\left[\widetilde{\mathbf{A}}_\perp(\mathbf{k},t) + \frac{\mathrm{i}}{\omega}\dot{\widetilde{\mathbf{A}}}_\perp(\mathbf{k},t)\right]\\ &= \mathrm{i}\mathcal{N}(k)\left[\frac{\mathbf{k}}{k^2}\times\widetilde{\mathbf{B}}(\mathbf{k},t) - \frac{1}{\omega}\widetilde{\mathbf{E}}_\perp(\mathbf{k},t)\right]\end{aligned} \tag{B-15}$$

wobei $\mathcal{N}(k)$ ein für den Moment beliebiger Skalenfaktor ist, dessen Wert von k abhängen kann. (Wir werden diesen Faktor im nächsten Kapitel festlegen.) Die Bewegungsgleichung für $\boldsymbol{\alpha}(\mathbf{k},t)$ ergibt sich aus der Definition (B-15) und Gl. (A-30b):

$$\dot{\boldsymbol{\alpha}}(\mathbf{k},t) + \mathrm{i}\omega\,\boldsymbol{\alpha}(\mathbf{k},t) = 0 \tag{B-16}$$

Im Gegensatz zum Vektorpotential $\mathbf{A}_\perp(\mathbf{k},t)$, das gemäß Gl. (A-31) eine Differentialgleichung zweiter Ordnung löst, tritt in der Gleichung für die neue Koordinate $\boldsymbol{\alpha}(\mathbf{k},t)$ nur eine erste Zeitableitung auf. Diese komplexe Variable entwickelt sich also proportional zu $e^{-i\omega t}$ und nicht wie eine Linearkombination aus $e^{-i\omega t}$ und $e^{+i\omega t}$, wie es der Fall für die Variable $\mathbf{A}_\perp(\mathbf{k}, t)$ wäre.*

Die zu (B-15) komplex konjugierte Gleichung wird in der Folge nützlich sein:

$$\begin{aligned}\boldsymbol{\alpha}^*(\mathbf{k}, t) &= \mathcal{N}(k)\left[\tilde{\mathbf{A}}_\perp^*(\mathbf{k}, t) - \frac{\mathrm{i}}{\omega}\dot{\tilde{\mathbf{A}}}_\perp^*(\mathbf{k}, t)\right] \\ &= \mathcal{N}(k)\left[\tilde{\mathbf{A}}_\perp(-\mathbf{k}, t) - \frac{\mathrm{i}}{\omega}\dot{\tilde{\mathbf{A}}}_\perp(-\mathbf{k}, t)\right] \qquad \text{(B-17)}\end{aligned}$$

In der zweiten Zeile haben wir verwendet, dass $\mathbf{A}_\perp$ im Ortsraum reell ist, woraus im reziproken Raum folg

$$\tilde{\mathbf{A}}_\perp^*(\mathbf{k}, t) = \tilde{\mathbf{A}}_\perp(-\mathbf{k}, t) \qquad \text{(B-18)}$$

Eine analoge Identität gilt für $\dot{\tilde{\mathbf{A}}}_\perp$.

Wir werden die komplexen Variablen $\boldsymbol{\alpha}(\mathbf{k}, t)$ und $\boldsymbol{\alpha}^*(\mathbf{k}, t)$ die *Normalkoordinaten* (oder Normalvariablen) des transversalen Felds nennen. Im nächsten Kapitel sehen wir, dass die Quantisierung darin besteht, sie durch Vernichter und Erzeuger von Photonen zu ersetzen [genau wie bei der Quantisierung des harmonischen Oszillators vor Gl. (B-9)].

B-2-c Bewegungsgleichungen der Normalkoordinaten mit Quellen

Sind Quellen des Felds, also $\tilde{\mathbf{j}}_\perp \neq \mathbf{0}$, vorhanden, dann definieren wir die Normalkoordinaten $\boldsymbol{\alpha}(\mathbf{k}, t)$ in derselben Weise durch Gl. (B-15); es muss aber die transversale Stromdichte auf der rechten Seite von Gl. (A-30b) berücksichtigt werden. Dieselbe Transformation, die von den Gleichungen (A-30) auf den Ausdruck (B-16) führt, liefert in diesem Fall

$$\dot{\boldsymbol{\alpha}}(\mathbf{k}, t) + \mathrm{i}\omega\,\boldsymbol{\alpha}(\mathbf{k}, t) = \frac{\mathrm{i}\mathcal{N}(k)}{\varepsilon_0\,\omega}\tilde{\mathbf{j}}_\perp(\mathbf{k}, t) \qquad \text{(B-19)}$$

Diese Gleichung ist exakt äquivalent zu den Maxwell-Gleichungen der transversalen Felder. Um dies zu sehen, nehme man die Zeitableitung der unten aufgeführten Beziehungen (B-22) und verwende (B-19), um auf die Bewegungsgleichungen (A-30) zu kommen.

Unabhängigkeit der Normalkoordinaten:
Ein weiterer Vorteil der Normalkoordinaten ist, dass sie unabhängig sind: Gleichung (B-18) bedeutet, dass die Fourier-Komponenten $\tilde{\mathbf{A}}_\perp(\mathbf{k}, t)$ und $\tilde{\mathbf{A}}_\perp^*(-\mathbf{k}, t)$ dieselben sind [s. auch die Bemerkung auf S. 2010 nach Gl. (B-14)]. Dies trifft auf $\boldsymbol{\alpha}(\mathbf{k}, t)$ und $\boldsymbol{\alpha}^*(-\mathbf{k}, t)$ nicht mehr zu. In ihren Real-

---

* Anm. d. Ü.: Es hat sich eingebürgert, eine Lösung mit dem Verhalten $\sim e^{-i\omega t}$ als *positive Frequenzkomponente* zu bezeichnen (trotz des Minuszeichens im Exponenten). Als Merkhilfe mag die Analogie dienen, dass eine ähnliche e-Funktion, $e^{-iEt/\hbar}$, bekanntlich eine Lösung der zeitabhängigen Schrödinger-Gleichung mit der (positiven) Energie E liefert.

und Imaginärteil gehen nämlich zwei Freiheitsgrade ein, $\tilde{\mathbf{A}}_\perp(\mathbf{k}, t)$ und seine zeitliche Ableitung. Man kann dies elementar überprüfen, indem wir in Gl. (B-15) das Vorzeichen von $\mathbf{k}$ wechseln und Gl. (B-18) verwenden. Dann ergibt sich

$$\boldsymbol{\alpha}(-\mathbf{k}, t) = \mathcal{N}(k)\left[\tilde{\mathbf{A}}_\perp^*(\mathbf{k}, t) + \frac{\mathrm{i}}{\omega}\dot{\tilde{\mathbf{A}}}_\perp^*(\mathbf{k}, t)\right] \neq \boldsymbol{\alpha}^*(\mathbf{k}, t) \tag{B-20}$$

Die $\mathbf{k}$-Integrale über die Normalkoordinaten sind damit über den ganzen reziproken Raum zu nehmen und nicht nur über einen Halbraum.

B-2-d Ausdruck der physikalische Größen durch die Normalkoordinaten

α Transversale Felder im reziproken Raum

Wir schreiben Gleichung (B-17) für $\boldsymbol{\alpha}^*$ an der Stelle $-\mathbf{k}$ auf:

$$\boldsymbol{\alpha}^*(-\mathbf{k}, t) = \mathcal{N}(k)\left[\tilde{\mathbf{A}}_\perp(\mathbf{k}, t) - \frac{\mathrm{i}}{\omega}\dot{\tilde{\mathbf{A}}}_\perp(\mathbf{k}, t)\right] \tag{B-21}$$

Zusammen mit Gl. (B-15) können wir damit das Vektorpotential und seine Ableitung durch die Normalkoordinate und ihr komplex Konjugiertes ausdrücken:

$$\tilde{\mathbf{A}}_\perp(\mathbf{k}, t) = \frac{1}{2\mathcal{N}(k)}\left[\boldsymbol{\alpha}(\mathbf{k}, t) + \boldsymbol{\alpha}^*(-\mathbf{k}, t)\right] \tag{B-22a}$$

$$\dot{\tilde{\mathbf{A}}}_\perp(\mathbf{k}, t) = -\frac{\mathrm{i}\omega}{2\mathcal{N}(k)}\left[\boldsymbol{\alpha}(\mathbf{k}, t) - \boldsymbol{\alpha}^*(-\mathbf{k}, t)\right] \tag{B-22b}$$

β Energie und Impuls

Wir setzen die Ausdrücke (B-22) in die Energie H_{trans} gemäß Gl. (A-40) ein. Die folgende kompakte Notation ist nützlich:

$$\boldsymbol{\alpha} = \boldsymbol{\alpha}(\mathbf{k}, t) \quad \text{und} \quad \boldsymbol{\alpha}_- = \boldsymbol{\alpha}(-\mathbf{k}, t) \tag{B-23}$$

Es ergibt sich so

$$\begin{aligned} H_{\text{trans}} &= \frac{\varepsilon_0}{2}\int \mathrm{d}^3k\, \frac{\omega^2}{4\mathcal{N}^2(k)}\left[(\boldsymbol{\alpha}^* - \boldsymbol{\alpha}_-)\cdot(\boldsymbol{\alpha} - \boldsymbol{\alpha}_-^*) + (\boldsymbol{\alpha}^* + \boldsymbol{\alpha}_-)\cdot(\boldsymbol{\alpha} + \boldsymbol{\alpha}_-^*)\right] \\ &= \frac{\varepsilon_0}{2}\int \mathrm{d}^3k\, \frac{\omega^2}{4\mathcal{N}^2(k)}\left(2\,\boldsymbol{\alpha}^*\cdot\boldsymbol{\alpha} + 2\,\boldsymbol{\alpha}_-\cdot\boldsymbol{\alpha}_-^*\right) \end{aligned} \tag{B-24}$$

(In diesen Ausdrücken haben wir die Reihenfolge der $\boldsymbol{\alpha}$ und $\boldsymbol{\alpha}^*$ nicht verändert, obwohl dies hier natürlich vertauschbare Zahlen sind. Der Grund ist, dass man dieselben Umformungen auch in der Quantentheorie machen kann, wobei man es dann mit nichtkommutierenden Operatoren zu tun hat.) Im Integral über das Produkt $\boldsymbol{\alpha}_-\cdot\boldsymbol{\alpha}_-^*$ können wir die Variable $\mathbf{k} \to -\mathbf{k}$ substituieren, so dass (bis auf die Reihenfolge) der erste Term in den eckigen Klammern entsteht. Deswegen gilt

$$H_{\text{trans}} = \varepsilon_0\int \mathrm{d}^3k\, \frac{\omega^2}{4\mathcal{N}^2(k)}\left(\boldsymbol{\alpha}^*\cdot\boldsymbol{\alpha} + \boldsymbol{\alpha}\cdot\boldsymbol{\alpha}^*\right) \tag{B-25}$$

Wir können nun $\boldsymbol{\alpha}$ in seine Komponenten entlang der beiden transversalen Polarisationsvektoren zerlegen. Mit der vereinfachten Notation $\boldsymbol{\varepsilon}$ aus Gl. (B-13) erhalten wir schließlich

$$H_{\text{trans}} = \varepsilon_0 \int \mathrm{d}^3k \sum_{\boldsymbol{\varepsilon}} \frac{\omega^2}{4\mathcal{N}^2(k)} \left[\alpha^*_{\boldsymbol{\varepsilon}}(\mathbf{k}, t)\, \alpha_{\boldsymbol{\varepsilon}}(\mathbf{k}, t) + \alpha_{\boldsymbol{\varepsilon}}(\mathbf{k}, t)\, \alpha^*_{\boldsymbol{\varepsilon}}(\mathbf{k}, t)\right] \tag{B-26}$$

An diesem Ausdruck lesen wir erneut eine Summe über die Energie von harmonischen Oszillatoren ab. Die Konstante $\mathcal{N}$ werden wir in Kapitel XIX geeignet festlegen.

Ganz analog können wir den Impuls $\mathbf{P}_{\text{trans}}$ des transversalen Felds umformen.[10] Wir benötigen dazu die Gleichungen (A-45) und (B-22), und das Ergebnis lautet

$$\mathbf{P}_{\text{trans}} = \varepsilon_0 \int \mathrm{d}^3k \sum_{\boldsymbol{\varepsilon}} \frac{\omega}{4\mathcal{N}^2(k)}\, \mathbf{k} \left[\alpha^*_{\boldsymbol{\varepsilon}}(\mathbf{k}, t)\alpha_{\boldsymbol{\varepsilon}}(\mathbf{k}, t) + \alpha_{\boldsymbol{\varepsilon}}(\mathbf{k}, t)\alpha^*_{\boldsymbol{\varepsilon}}(\mathbf{k}, t)\right] \tag{B-27}$$

γ Felder im Ortsraum: Modenentwicklung

Wir suchen nun die Darstellung der transversalen Felder im Ortsraum und berechnen dazu die Rücktransformation aus dem reziproken Raum. Beginnen wir mit dem Vektorpotential $\tilde{\mathbf{A}}_\perp(\mathbf{k}, t)$, das in Normalkoordinaten durch Gl. (B-22a) gegeben ist. Im Fourier-Integral über $\mathbf{k}$ nehmen wir für den Term mit $\boldsymbol{\alpha}^*(-\mathbf{k}, t)$ die Substitution $\mathbf{k} \to -\mathbf{k}$ vor. So erhalten wir

$$\mathbf{A}_\perp(\mathbf{r}, t) = \int \frac{\mathrm{d}^3k}{(2\pi)^{3/2}} \sum_{\boldsymbol{\varepsilon}} \frac{1}{2\mathcal{N}(k)} \left(\alpha_{\boldsymbol{\varepsilon}}(\mathbf{k}, t)\, \boldsymbol{\varepsilon}\, \mathrm{e}^{\mathrm{i}\mathbf{k}\cdot\mathbf{r}} + \alpha^*_{\boldsymbol{\varepsilon}}(\mathbf{k}, t)\, \boldsymbol{\varepsilon}^*\, \mathrm{e}^{-\mathrm{i}\mathbf{k}\cdot\mathbf{r}}\right) \tag{B-28}$$

Diese Formel (sowie die zwei folgenden) verwenden komplexe Polarisationen, und die Terme mit $\alpha^*_{\boldsymbol{\varepsilon}}(\mathbf{k}, t)$ enthalten deswegen stets den komplex konjugierten Einheitsvektor $\boldsymbol{\varepsilon}^*$ (s. Fußnote 9 auf S. 2009). So kann man etwa in Gl. (B-28) direkt ein reelles Vektorpotential ablesen.

Analoge Rechnungen führen für das (transversale) elektrische Feld und das Magnetfeld auf

$$\mathbf{E}_\perp(\mathbf{r}, t) = \int \frac{\mathrm{d}^3k}{(2\pi)^{3/2}} \sum_{\boldsymbol{\varepsilon}} \frac{\mathrm{i}\omega}{2\mathcal{N}(k)} \left(\alpha_{\boldsymbol{\varepsilon}}(\mathbf{k}, t)\, \boldsymbol{\varepsilon}\, \mathrm{e}^{\mathrm{i}\mathbf{k}\cdot\mathbf{r}} - \alpha^*_{\boldsymbol{\varepsilon}}(\mathbf{k}, t)\, \boldsymbol{\varepsilon}^*\, \mathrm{e}^{-\mathrm{i}\mathbf{k}\cdot\mathbf{r}}\right) \tag{B-29}$$

$$\mathbf{B}(\mathbf{r}, t) = \int \frac{\mathrm{d}^3k}{(2\pi)^{3/2}} \sum_{\boldsymbol{\varepsilon}} \frac{\mathrm{i}k}{2\mathcal{N}(k)} \left(\alpha_{\boldsymbol{\varepsilon}}(\mathbf{k}, t)\, \boldsymbol{\beta}\, \mathrm{e}^{\mathrm{i}\mathbf{k}\cdot\mathbf{r}} - \alpha^*_{\boldsymbol{\varepsilon}}(\mathbf{k}, t)\, \boldsymbol{\beta}^*\, \mathrm{e}^{-\mathrm{i}\mathbf{k}\cdot\mathbf{r}}\right) \tag{B-30}$$

wobei $\boldsymbol{\kappa}$ aus Gl. (A-16) der Einheitsvektor parallel zu $\mathbf{k}$ und $\boldsymbol{\beta} = \boldsymbol{\kappa} \times \boldsymbol{\varepsilon}$ ein dazu orthogonaler Einheitsvektor für das Magnetfeld ist.*

10 Die Ausdrücke für den Drehimpuls schreiben wir in Ergänzung $\mathrm{B}_{\mathrm{XIX}}$ auf.

* Anm. d. Ü.: Diese Formeln nennt man die *Modenentwicklungen* der Felder. Jeder Punkt $(\mathbf{k}, \boldsymbol{\varepsilon})$ unter Integral und Summe entspricht einer normierten Normalmode $\boldsymbol{\varepsilon}\, \mathrm{e}^{\mathrm{i}\mathbf{k}\cdot\mathbf{r}}/(2\pi)^{3/2}$, die das räumliche Ver-

B-3 Diskrete Moden in einem kubischen Volumen

Bislang haben wir das Strahlungsfeld im unendlich ausgedehnten Raum betrachtet und deswegen die Fourier-Transformation in Integralform verwendet. Das elektrische Feld etwa wird in den Gleichungen (A-11) und (B-29) in der kontinuierlichen Basis normierter ebenen Wellen $\mathrm{e}^{\mathrm{i}\mathbf{k}\cdot\mathbf{r}}/(2\pi)^{3/2}$ entwickelt. Es ist allerdings oft bequemer, eine diskrete (abzählbare) Basis zu verwenden. Diese kann man bekanntlich in einem endlichen Volumen konstruieren, das man in der Regel als Würfel mit der Kantenlänge L annimmt. In den Kapiteln XIX und XX werden wir diese Konvention für das quantisierte Feld nutzen. Die kartesischen Komponenten der Wellenvektoren sind dann durch die Randbedingungen in dem Volumen auf abzählbare Werte festgelegt:[11]

$$k_i = \frac{2\pi}{L} n_i \qquad n_i = 0, \pm 1, \pm 2, \ldots, \qquad i = x, y, z \tag{B-31}$$

Am Ende einer Rechnung ist es immer möglich, den Grenzwert $L \to \infty$ zu nehmen und zu überprüfen, dass das Ergebnis nicht von L abhängt.

Die Fourier-Transformation wird nun als Fourier-Reihe durchgeführt. Dabei wird jede physikalische Größe als Summe über normierte ebene Wellen $\mathrm{e}^{\mathrm{i}\mathbf{k}\cdot\mathbf{r}}/L^{3/2}$ dargestellt. Die Entwicklung (A-11) des elektrischen Felds wird also zu

$$\mathbf{E}(\mathbf{r}, t) = \frac{1}{L^{3/2}} \sum_{\mathbf{k}} \tilde{\mathbf{E}}_{\mathbf{k}}(t)\, \mathrm{e}^{\mathrm{i}\mathbf{k}\cdot\mathbf{r}} \tag{B-32}$$

mit[12]

$$\tilde{\mathbf{E}}_{\mathbf{k}}(t) = \frac{1}{L^{3/2}} \int_{\mathcal{V}} \mathrm{d}^3 r\, \mathbf{E}(\mathbf{r}, t)\, \mathrm{e}^{-\mathrm{i}\mathbf{k}\cdot\mathbf{r}} \tag{B-33}$$

Die Summe in Gl. (B-32) läuft über abzählbar viele Terme, während das Integral (B-33) auf das Volumen $\mathcal{V}$ eingeschränkt ist.

---

11 Man kann Dirichlet-Randbedingungen auf den Wänden des Volumens verwenden, aber es ist im Allgemeinen bequemer, periodische (Born-von-Karmán-)Randbedingungen zu verwenden. Sie führen auf Gl. (B-31) und auf dieselbe Zustandsdichte, wenn man über den Betrag k der Wellenvektoren integriert. – Wir haben gesehen, dass die k-Vektoren die Normalmoden des Felds definieren. Sie sind also in der klassischen Elektrodynamik zu Hause, weshalb die Bezeichnung *Modendichte* sinnvoller wäre. In der Regel wird allerdings das ein wenig missverständliche Wort Zustandsdichte verwendet (d. Ü.).

12 In Anhang I verwenden wir eine leicht andere Normierung der Fourier-Reihen. Es fehlt der Faktor $1/L^{3/2}$ in Gl. (B-32) und in Gl. (B-33) würde ein Faktor $1/L^3$ stehen. In der hier gewählten Definition entwickelt man $\mathbf{E}(\mathbf{r}, t)$ nach in einem Würfel normierten ebenen Wellen.

halten und die Polarisation des Felds bestimmt. Der Vorfaktor $\alpha_{\boldsymbol{\varepsilon}}(\mathbf{k}, t)$ [und nach der Quantisierung der Vernichtungsoperator $\hat{a}_{\boldsymbol{\varepsilon}}(\mathbf{k}, t)$] bestimmt für dieses räumliche „Muster" das zeitliche Verhalten, das für ein freies Feld eine harmonische Schwingung ist. Um die Moden zu normieren, verwendet man das natürliche Skalarprodukt auf dem Hilbert-Raum der komplexen, transversalen Vektorfelder, das durch ein Integral analog zu (A-12) definiert ist.

Für ein Feld, das im Inneren des Volumens $\mathcal{V}$ lokalisiert ist, kann man natürlich auch das Fourier-Integral (A-10) verwenden, um $\tilde{\mathbf{E}}(\mathbf{k}, t)$ zu berechnen. Diese Fourier-Transformierte unterscheidet sich wegen der unterschiedlichen Vorfaktoren von dem Fourier-Koeffizienten $\tilde{\mathbf{E}}_{\mathbf{k}}(t)$:

$$\tilde{\mathbf{E}}_{\mathbf{k}}(t) = \left(\frac{2\pi}{L}\right)^{3/2} \tilde{\mathbf{E}}(\mathbf{k}, t) \tag{B-34}$$

Dieselben Anpassungen betreffen natürlich die Fourier-Transformierten aller physikalischen Größen: das Magnetfeld, das Vektorpotential und die Ladungs- und Stromdichte. So erhalten wir Fourier-Summen über den reziproken Raum, wenn wir etwa in den Gleichungen (A-17), (A-21) und (A-25) die Wellenvektoren $\mathbf{k}$ auf die diskreten Werte aus Gl. (B-31) einschränken und auf beiden Seiten mit $(2\pi/L)^{3/2}$ multiplizieren. Genauso verfährt man mit den Normalkoordinaten für ein Feld, das außerhalb von $\mathcal{V}$ verschwindet:

$$\alpha_{\mathbf{k},\boldsymbol{\varepsilon}}(t) = \left(\frac{2\pi}{L}\right)^{3/2} \alpha_{\boldsymbol{\varepsilon}}(\mathbf{k}, t) \tag{B-35}$$

Die Darstellung im Ortsraum erfolgt mit der inversen Fourier-Transformation, die nun gemäß Gl. (B-32) eine Summe ist [und kein Integral wie in Gl. (A-11)]. Haben wir also einmal die $\tilde{\mathbf{E}}(\mathbf{k}, t)$ durch die abzählbaren Koeffizienten $\tilde{\mathbf{E}}_{\mathbf{k}}(t)$ ersetzt, dann schreibt man nach folgender Vorschrift das Integral in eine Summe um:[13]

$$\int \mathrm{d}^3 k \;\mapsto\; \left(\frac{2\pi}{L}\right)^{3/2} \sum_{\mathbf{k}} \tag{B-36}$$

B-4 Verallgemeinerter Modenbegriff

Ohne äußere Quellen ist die Lösung der Bewegungsgleichung (B-16) für die Normalkoordinate $\alpha_{\boldsymbol{\varepsilon}}(\mathbf{k}, t)$ sehr einfach, weil sich eine komplexe e-Funktion mit der Winkelfrequenz $\omega = ck$ ergibt:

$$\alpha_{\boldsymbol{\varepsilon}}(\mathbf{k}, t) = \alpha_{\boldsymbol{\varepsilon}}(\mathbf{k}, 0)\, \mathrm{e}^{-\mathrm{i}\omega t} \tag{B-37}$$

Wird dies in die oben aufgeschriebenen Darstellungen der transversalen Felder und anderer Größen eingesetzt, dann stellen wir fest, dass die Felder Linearkombinationen von ebenen (propagierenden) Wellen $\exp \pm(\mathrm{i}\mathbf{k} \cdot \mathbf{r} - \omega t)$ sind, die sich unabhängig voneinander entwickeln. Die Energie und der Impuls des freien Felds sind Summen oder Integrale über Quadrate der Normalkoordinaten, die allesamt zeitunabhängig und proportional zu $|\alpha_{\boldsymbol{\varepsilon}}(\mathbf{k}, 0)|^2$ sind.

---

13 Das Produkt aus dem Faktoren in Gl. (B-35) und Gl. (B-36) führt natürlich auf das bekannte diskrete Differential $(2\pi/L)^3$ aus Gl. (B-31) als Umrechnungsfaktor zwischen Integral und Summation.

Die Moden mit den „Quantenzahlen“ $(\mathbf{k}, \boldsymbol{\varepsilon})$, die wir in diesem Kapitel eingeführt haben, liefern eine Zerlegung des freien transversalen Felds nach ebenen Wellen. Man kann allerdings genauso gut andere Entwicklungen in monochromatische Wellen verwenden, die mit Hilfe von andere Familien von Moden konstruiert sind. Um dies zu sehen, kommen wir auf Gl. (A-31) für das transversale Vektorpotential zurück. Ohne äußere Quellen können wir monochromatische Lösungen dieser Gleichung in der Form $\mathbf{A}_\perp^{(+)}(\mathbf{r})\,\mathrm{e}^{-i\omega t}$ ansetzen, die dann Lösungen der Helmholtz-Gleichung

$$\left(\nabla^2 + k^2\right) \mathbf{A}_\perp^{(+)}(\mathbf{r}) = \mathbf{0} \tag{B-38}$$

mit $k = \omega/c$ (und der Nebenbedingung $\nabla \cdot \mathbf{A}_\perp^{(+)} = 0$) sind. Dies ist eine Eigenwertgleichung, zu der man die ebenen Wellen $\mathrm{e}^{\pm i\mathbf{k}\cdot\mathbf{r}}$ als Basissatz von Eigenfunktionen angeben kann. Es gibt aber noch weitere Basen, etwa die stehenden Wellen $\cos(\mathbf{k}\cdot\mathbf{r})$ und $\sin(\mathbf{k}\cdot\mathbf{r})$ sowie Multipolwellen (die auch Eigenfunktionen mit einem festen Drehimpuls sind) oder auch Laguerre-Gauß-Moden. Etwas allgemeiner formuliert ist jede Linearkombination von ebenen Wellen mit demselben Betrag von $\mathbf{k}$ eine mögliche Mode. Welche Basis man auch immer wählt, die Energie des Felds wird eine Summe oder ein Integral über Absolutquadrate von Normalkoordinaten sein, die als die Koeffizienten in der Entwicklung der transversalen Felder nach den Eigenfunktionen dieser Basis auftreten. Abgesehen von der Energie werden andere physikalische Größen nur in bestimmen Basen eine einfache Form haben. Der Impuls des transversalen Felds ist zum Beispiel nur bezüglich der ebenen Wellen eine einfache Summe über Betragsquadrate von Normalkoordinaten, während der Drehimpuls des Felds nur in der Multipolentwicklung eine einfache Form hat.

Wir halten schließlich noch fest, dass man das Feld in einem Resonator „einsperren“ kann, der durch bestimmte Randbedingungen definiert wird. Die Eigenfunktionen der Helmholtz-Gleichung (B-38), die diese Randbedingungen erfüllen, führt auf (typischerweise diskrete) Eigenfrequenzen, die die Eigenschwingungen des Resonators charakterisieren.

Fazit

Als Fazit dieses Kapitels wollen wir festhalten, dass das freie Strahlungsfeld äquivalent zu einem Satz von harmonischen Oszillatoren ist, je einem für die Mode $(\mathbf{k}, \boldsymbol{\varepsilon})$, die man durch ihren Wellenvektor $\mathbf{k}$ und ihren transversalen Polarisationsvektor $\boldsymbol{\varepsilon}$ (gewissermaßen ihre „Quantenzahlen“) charakterisieren kann. Zu jeder Mode gehört eine Normalkoordinate (Normalvariable) $\alpha_{\boldsymbol{\varepsilon}}(\mathbf{k}, t)$ des Felds, die analog zu einer komplexen Kombination aus Auslenkung und Geschwindigkeit eines klassischen Oszillators ist. Sie wird in der Quantisierung durch den Vernichtungsoperator des Oszillators (Leiteroperator mit Sprung nach unten im Energiespektrum) ersetzt. Die Ergebnisse dieses Kapitels bilden somit einen relativ einfachen Ausgangspunkt für die Quantisierung des Strahlungsfelds, die wir im nächsten Kapitel durchführen wollen.

Übersicht über die Ergänzungen zu Kapitel XVIII

A_{XVIII}	**Lagrange-Formulierung der Elektrodynamik**	Die Bewegungsgleichungen des elektromagnetischen Felds (die Maxwell-Gleichungen) kann man auch im Rahmen der Lagrange-Mechanik erhalten, also über das Prinzip der kleinsten Wirkung. Auf diese Weise kann man die kanonisch konjugierten Impulse der diversen Feldvariablen bestimmen und daraus die Hamilton-Funktion für ein Feld, das an geladene Teilchen gekoppelt ist. Die Ergebnisse dieser Ergänzung sind nicht unbedingt notwendig, um die anderen Kapitel und Ergänzungen zu verstehen. Sie liefern den Lesern allerdings einen Einblick in einen allgemeineren Zugang zur Quantenelektrodynamik. Dieser ist wesentlich, um dieses Problem im relativistischen Kontext zu behandeln und wenn man Pfadintegrale (s. Anhang IV) verwenden will. (*Technisch etwas aufwendiger als Kapitel XVIII.*)

Ergänzung A_{XVIII}
Lagrange-Formulierung der Elektrodynamik

Einführung

Ein System aus Massenpunkten in einem äußeren Potential kann man in seiner Dynamik entweder durch Newtonsche Bewegungsgleichungen beschreiben oder aber man führt eine Lagrange-Funktion ein und berechnet aus dem Prinzip der kleinsten Wirkung die Euler-Lagrange-Gleichungen als Bewegungsgleichungen, was zu der Newtonschen Formulierung äquivalent ist (s. Band II, Anhang III). Ein Vorteil des Lagrange-Formalismus ist, dass er sich gut für die Quantisierung der Theorie eignet, denn man kann die zu den Koordinaten kanonisch konjugierten Impulse der Teilchen definieren und die Kommutatorrelationen einführen, die die Grundlage für die quantenmechanische Beschreibung liefern. In dieser Ergänzung wollen wir kurz zeigen, wie dies für das elektromagnetische Feld durchgeführt werden kann. Die Maxwell-Lorentz-Gleichungen, die wir in Kapitel XVIII und XIX untersuchen, kann man nämlich auch aus einer Lagrange-Funktion über das Prinzip der kleinsten Wirkung gewinnen.* Wir können auf diese Weise eine allgemeinere Begründung für die Hamilton-Funktion des Systems aus Feld und Teilchen und die Kommutatorrelationen

* Anm. d. Ü.: Dieses „Programm“ zieht sich bis in die Elementarteilchenphysik fort. Sollten wir jemals eine „Weltformel“ finden, wird sie aller Wahrscheinlichkeit nach die Gestalt einer Lagrange-Funktion oder -Dichte (s. § 2-a) haben.

https://doi.org/10.1515/9783110649130-021

liefern, die wir in Kapitel XIX postulieren.[1] Ein weiterer Vorteil des Lagrange-Formalismus, den wir hier nicht weiter verfolgen werden, besteht darin, dass er sich gut für eine relativistische Beschreibung des Systems aus Feld und Teilchen eignet. Aus diesem Grund wird er in der relativistischen Quantenfeldtheorie systematisch verwendet.

Wir beginnen in § 1 damit, die Rechnungen aus Anhang III auf komplexe Koordinaten zu verallgemeinern, wobei die Lagrange-Funktion reell bleibt. Wir zeigen auch, wie man das Prinzip der kleinsten Wirkung und die Euler-Lagrange-Gleichungen für Felder formulieren kann. In diesem Fall sind die Koordinaten des Systems nicht diskret, sondern hängen von einem kontinuierlichen Index ab, etwa einem Punkt $\mathbf{r}$ im Ortsraum.

Diese Beschreibung wird in § 2 mit der Lagrange-Funktion für das freie Strahlungsfeld (d. h. ohne Ladungen und Ströme als Quellen) illustriert. Wir beschreiben das Feld durch seine Komponenten im reziproken Raum, die komplexe Größen sind. Die Lagrange-Funktion hängt nur von diesen Komponenten und ihren zeitlichen Ableitungen ab, was die Rechnungen im Vergleich zu einer Beschreibung mit reellen Feldern im Ortsraum vereinfacht. (Die Lagrange-Funktion hängt im Ortsraum in der Tat nicht nur von dem Vektorpotential, sondern auch von seinen räumlichen und zeitlichen Ableitungen ab.) Wir leiten schließlich die Hamilton-Funktion des Felds her und besprechen die kanonischen Vertauschungsrelationen der Feldkomponenten.

In § 3 nehmen wir die Quellen des elektromagnetischen Felds mit, geben die Lagrange-Funktion in der Coulomb-Eichung an und zeigen, wie man aus den entsprechenden Euler-Lagrange-Gleichungen die Maxwell-Gleichungen aus Kapitel XVIII erhält. Wir leiten eine Reihe von Ausdrücken her, die für die Quantisierung der Theorie wichtig sind: die konjugierten Impulse der Teilchen und Felder, den Hamilton-Operator des Gesamtsystems aus Feld und Teilchen, die kanonischen Kommutatoren. Die Ergebnisse dieser Ergänzung legen damit eine etwas allgemeinere Grundlage für die Feldquantisierung als der vereinfachte Zugang, den wir in Kapitel XIX vorgestellt haben. Die interessierten Leser verweisen wir auf eine ausführlichere Beschreibung des Lagrange- und Hamilton-Formalismus für die Elektrodynamik in Kapitel II und seinen Ergänzungen von Cohen-Tannoudji, Dupont-Roc und Grynberg (1997).

1 Natürlich kann man diese Kommutatorrelationen im Nachhinein rechtfertigen, weil sie im Heisenberg-Bild auf die korrekten Bewegungsgleichungen der Operatoren für Felder und Teilchen führen.

1 Lagrange-Funktionen mit verschiedenen Variablentypen

1-a Endlich viele reelle Variablen

Die *Lagrange-Funktion** L ist eine reelle Funktion der dynamischen Variablen $\{x_i(t)\}$ eines Systems, die man *verallgemeinerte Koordinaten* nennt (hier ist i ein diskreter Index), sowie der *verallgemeinerten Geschwindigkeiten* $\dot{x}_i(t) = \mathrm{d}x_i(t)/\,\mathrm{d}t$:

$$L[x_1(t), x_2(t), \ldots x_N(t); \dot{x}_1(t), \dot{x}_2(t), \ldots \dot{x}_N(t)] \tag{1}$$

Betrachten wir nun einen *Pfad* Γ des System, also eine Kurve im N-dimensionalen Raum, mit den Koordinaten $\{x_i(t)\}$ und den Anfangs- und Endzeitpunkten $t = t_1$ bis $t = t_2$. Das Zeitintegral von L entlang des Pfads Γ nennen wir die *Wirkung* S_Γ dieses Pfads:

$$S_\Gamma = \int_{t_1}^{t_2} \mathrm{d}t\, L\,[x_1(t), x_2(t), \ldots x_N(t); \dot{x}_1(t), \dot{x}_2(t), \ldots \dot{x}_N(t)] \tag{2}$$

Das *Prinzip der kleinsten Wirkung* postuliert, dass von allen Wegen zwischen denselben Anfangspunkten $x_i(t_1)$ und Endpunkten $x_i(t_2)$ derjenige wirklich durchlaufen wird, für den die Wirkung S_Γ extremal ist. Dies bedeutet, dass S_Γ stationär ist, wenn man den Weg variiert. Betrachten wir eine infinitesimale Variation $\delta x_i(t)$ des Wegs und seiner Geschwindigkeit $\delta\dot{x}_i(t)$ um diesen extremalen Weg, wobei Anfangs- und Endpunkte festgehalten werden, so dass

$$\delta x_i(t_1) = \delta x_i(t_2) = 0 \tag{3}$$

Die Variation der Wirkung in erster Ordnung in $\delta x_i(t)$ und $\delta\dot{x}_i(t)$ ist dann

$$\delta S = \int_{t_1}^{t_2} \mathrm{d}t \sum_i \left(\delta x_i(t) \frac{\partial L}{\partial x_i} + \delta\dot{x}_i(t) \frac{\partial L}{\partial \dot{x}_i} \right) \tag{4}$$

Die Wirkung ist stationär, wenn $\delta S = 0$ gilt. Wir schreiben im zweiten Term in Gl. (4) die Geschwindigkeit als Zeitableitung

$$\delta\dot{x}_i(t) = \frac{\mathrm{d}}{\mathrm{d}t} \delta x_i(t) \tag{5}$$

und integrieren diesen Term partiell. Der integrierte Term verschwindet wegen Gl. (3) an den Integrationsgrenzen, und wir erhalten

$$\delta S = \int_{t_1}^{t_2} \mathrm{d}t \sum_i \delta x_i(t) \left(\frac{\partial L}{\partial x_i} - \frac{\mathrm{d}}{\mathrm{d}t} \frac{\partial L}{\partial \dot{x}_i} \right) \tag{6}$$

---

* Anm. d. Ü.: Im Rest dieses Buchs haben wir die Lagrange-Funktion oft mit $\mathcal{L}$ bezeichnet. In dieser Ergänzung verwenden wir das lateinische L, um eine Verwechslung mit der Lagrange-Dichte $\mathscr{L}$ (s. § 1-c unten) zu vermeiden.

Diese Variation δS kann nur dann für beliebige Variationen $\delta x_i(t)$ verschwinden, wenn

$$\frac{\partial L}{\partial x_i} - \frac{\mathrm{d}}{\mathrm{d}t}\frac{\partial L}{\partial \dot{x}_i} = 0 \tag{7}$$

was einen Satz von N Differentialgleichungen für den gesuchten extremalen Pfad darstellt. Diese Gleichungen heißen die *Euler-Lagrange-Gleichungen*. Man kann zeigen, dass sie zu den Newtonschen Bewegungsgleichungen äquivalent sind (s. Band II, Anhang III).

Der nächste Schritt im Lagrange-Formalimus besteht darin, die *konjugierten Impulse* $\{p_i\}$ zu den Koordinaten $\{x_i\}$ einzuführen.* Sie heißen auch *verallgemeinerte Impulse* und sind durch die Ableitungen

$$p_i = \frac{\partial L}{\partial \dot{x}_i} \tag{8}$$

definiert. Mit ihrer Hilfe konstruieren wir die *Hamilton-Funktion*

$$H = \sum_i \dot{x}_i p_i - L \tag{9}$$

Die relevanten Variablen dieser Funktion erhalten wir, indem wir das Differential $\mathrm{d}H$ berechnen:

$$\begin{aligned} \mathrm{d}H &= \sum_i \left(p_i \,\mathrm{d}\dot{x}_i + \dot{x}_i \,\mathrm{d}p_i - \frac{\partial L}{\partial x_i}\,\mathrm{d}x_i - \frac{\partial L}{\partial \dot{x}_i}\,\mathrm{d}\dot{x}_i \right) \\ &= \sum_i (\dot{x}_i \,\mathrm{d}p_i - \dot{p}_i \,\mathrm{d}x_i) \end{aligned} \tag{10}$$

Um auf die zweite Zeile zu kommen, haben wir die Gleichungen (8) und (7) verwendet, die $\partial L/\partial \dot{x}_i$ mit dem Impuls und $\partial L/\partial x_i$ mit seiner Ableitung verknüpfen. Wenn wir $\dot{x}_i$ durch die Orte x_i und Impulse p_i ausdrücken können, erhalten wir die Hamilton-Funktion $H = H(x_1 \ldots x_N, p_1 \ldots p_N)$ als Funktion dieser *kanonischen Koordinaten*. Ihre Zeitentwicklung ist wegen Gl. (10) durch die $2N$ Bewegungsgleichungen

$$\frac{\mathrm{d}x_i}{\mathrm{d}t} = \frac{\partial H}{\partial p_i} \qquad \frac{\mathrm{d}p_i}{\mathrm{d}t} = -\frac{\partial H}{\partial x_i} \tag{11}$$

gegeben, die man die *kanonischen Gleichungen* oder *Hamilton-Jacobi-Gleichungen* nennt.

Erinnern wir schließlich an die kanonische Quantisierungsregel: Den Koordinaten $\{x_i\}$ und Impulsen $\{p_i\}$ werden Operatoren $\{\widehat{x}_i\}$ und $\{\widehat{p}_i\}$ zugeordnet, für die die Kommutatorrelationen

$$[\widehat{x}_i, \widehat{p}_j] = \widehat{x}_i \widehat{p}_j - \widehat{p}_j \widehat{x}_i = \mathrm{i}\hbar\delta_{ij} \tag{12}$$

---

* Anm. d. Ü.: Der Raum, den die Koordinaten $\{x_i\}$ und Impulse $\{p_i\}$ aufspannen, wird im Allgemeinen der *Phasenraum* genannt. Für ein System mit N Teilchen hat er $6N$ Dimensionen.

postuliert werden. Alle anderen Kommutatoren verschwinden. Diese Ergebnisse sind nur dann anwendbar, wenn die Koordinaten x_i kartesische Komponenten sind (s. die Bemerkung in Kapitel III, § B-5).*

1-b Komplexe Variablen

Nehmen wir der Einfachheit halber an, ein System werde durch zwei Koordinaten $\{x_i\}$ mit $i = 1, 2$, beschrieben. Wir bilden die komplexen Koordinaten

$$X(t) = \frac{1}{\sqrt{2}}\,[x_1(t) + \mathrm{i}\,x_2(t)] \qquad X^*(t) = \frac{1}{\sqrt{2}}\,[x_1(t) - \mathrm{i}\,x_2(t)] \tag{13}$$

deren Real- und Imaginärteile durch $x_1(t)$ und $\pm x_2(t)$ gegeben sind (bis auf den Faktor $1/\sqrt{2}$). Die umgekehrte Transformation lautet

$$x_1(t) = \frac{1}{\sqrt{2}}\,[X(t) + X^*(t)] \qquad x_2(t) = -\frac{\mathrm{i}}{\sqrt{2}}\,[X(t) - X^*(t)] \tag{14}$$

Analoge Gleichungen gelten für die Geschwindigkeiten:

$$\dot{X}(t) = \frac{1}{\sqrt{2}}\,[\dot{x}_1(t) + \mathrm{i}\,\dot{x}_2(t)] \qquad \dot{X}^*(t) = \frac{1}{\sqrt{2}}\,[\dot{x}_1(t) - \mathrm{i}\,\dot{x}_2(t)] \tag{15}$$

$$\dot{x}_1(t) = \frac{1}{\sqrt{2}}\left[\dot{X}(t) + \dot{X}^*(t)\right] \qquad \dot{x}_2(t) = -\frac{\mathrm{i}}{\sqrt{2}}\left[\dot{X}(t) - \dot{X}^*(t)\right] \tag{16}$$

Wir setzen in die Lagrange-Funktion (1) diese Ausdrücke für die Variablen ein und erhalten eine Funktion $L[X(t), X^*(t), \dot{X}(t), \dot{X}^*(t)]$ von komplexen Variablen. Wie in Gl. (1) ist dies eine reellwertige Funktion und ihr Integral entlang eines Weges Γ ist eine reelle Wirkung. Wir untersuchen nun, was aus den bereits erzielten Ergebnissen wird, wenn man sie durch die Koordinaten $X, X^*, \dot{X}, \dot{X}^*$ ausdrückt.

α Euler-Lagrange-Gleichungen

Wir müssen die Ableitungen $\partial L/\partial X$ und $\partial L/\partial \dot{X}$ mit den Ableitungen nach den „alten" Koordinaten und Geschwindigkeiten verknüpfen. Unter Verwendung der Transforma-

---

* Anm. d. Ü.: Die Hamiltonsche Mechanik kann man mit Hilfe der sogenannten Poisson-Klammer formulieren. Für zwei Funktionen f, g der kanonischen Koordinaten definieren wir

$$\{f, g\} = \sum_i \left[\frac{\partial f}{\partial x_i}\frac{\partial g}{\partial p_i} - \frac{\partial f}{\partial p_i}\frac{\partial g}{\partial x_i}\right]$$

Damit ist etwa $\mathrm{d}x_i/\mathrm{d}t = \{x_i, H\}$. Weiterhin gilt offenbar für die kartesischen Komponenten $\{x_i, p_j\} = \delta_{ij}$. Die Quantisierung läuft also auf die Ersetzung $\{f, g\} \mapsto [\widehat{f}, \widehat{g}]/(\mathrm{i}\hbar)$ hinaus, was man in der Praxis für die Orts- und Impulsoperatoren $\widehat{x}_i, \widehat{p}_j$ verwendet, um Gl. (12) zu erhalten. Für Funktionen von Operatoren benutzt man in der Regel symmetrisierte Produkte, so dass hermitesche Operatoren entstehen. Siehe auch Anhang VII, § 3 über die Weyl-Quantisierung von Phasenraumfunktionen.

tionen (14) und (16) können wir schreiben

$$\frac{\partial L}{\partial X} = \frac{\partial L}{\partial x_1}\frac{\partial x_1}{\partial X} + \frac{\partial L}{\partial x_2}\frac{\partial x_2}{\partial X} = \frac{1}{\sqrt{2}}\left(\frac{\partial L}{\partial x_1} - \mathrm{i}\frac{\partial L}{\partial x_2}\right) \tag{17}$$

$$\frac{\partial L}{\partial \dot{X}} = \frac{\partial L}{\partial \dot{x}_1}\frac{\partial \dot{x}_1}{\partial \dot{X}} + \frac{\partial L}{\partial \dot{x}_2}\frac{\partial \dot{x}_2}{\partial \dot{X}} = \frac{1}{\sqrt{2}}\left(\frac{\partial L}{\partial \dot{x}_1} - \mathrm{i}\frac{\partial L}{\partial \dot{x}_2}\right) \tag{18}$$

Wenn man von Gl. (17) die Zeitableitung von (18) abzieht, erhält man

$$\frac{\partial L}{\partial X} - \frac{\mathrm{d}}{\mathrm{d}t}\frac{\partial L}{\partial \dot{X}} = \frac{1}{\sqrt{2}}\left(\frac{\partial L}{\partial x_1} - \frac{\mathrm{d}}{\mathrm{d}t}\frac{\partial L}{\partial \dot{x}_1}\right) - \frac{\mathrm{i}}{\sqrt{2}}\left(\frac{\partial L}{\partial x_2} - \frac{\mathrm{d}}{\mathrm{d}t}\frac{\partial L}{\partial \dot{x}_2}\right) \tag{19}$$

Beide Ausdrücke in den Klammern verschwinden gemäß den Euler-Lagrange-Gleichungen (7) für x_1 und x_2. Die linke Seite sowie ihr komplex Konjugiertes[2] sind also auch null:

$$\frac{\partial L}{\partial X} - \frac{\mathrm{d}}{\mathrm{d}t}\frac{\partial L}{\partial \dot{X}} = 0 \qquad \frac{\partial L}{\partial X^*} - \frac{\mathrm{d}}{\mathrm{d}t}\frac{\partial L}{\partial \dot{X}^*} = 0 \tag{20}$$

Damit erfüllen auch X und X^* Euler-Lagrange-Gleichungen.[3]

β Konjugierte Impulse

Wenn wir in Gleichung (18) die Ableitungen $\partial L/\partial \dot{x}_1$ und $\partial L/\partial \dot{x}_2$ durch die Impulse p_1 und p_2 ausdrücken [wegen Gl. (8)], dann ergibt sich:

$$\frac{\partial L}{\partial \dot{X}} = \frac{1}{\sqrt{2}}(p_1 - \mathrm{i}\,p_2) \tag{21}$$

sowie als komplex konjugierte Gleichung

$$\frac{\partial L}{\partial \dot{X}^*} = \frac{1}{\sqrt{2}}(p_1 + \mathrm{i}\,p_2) \tag{22}$$

Um den zu der komplexen Variablen X kanonisch konjugierten Impuls P zu konstruieren, ist ein Vergleich zwischen den Transformationen für die Geschwindigkeit $\dot{X}$ und den Impuls P nützlich. Vergleichen wir also die Gleichungen (15) für $\dot{X}$ mit Gl. (21) und (22). Weil die Geschwindigkeit $\dot{X}$ proportional zu $\dot{x}_1 + \mathrm{i}\,\dot{x}_2$ ist, scheint es angemessen, dass auch der Impuls P sich wie $p_1 + \mathrm{i}\,p_2$ verhält. Aus Gleichung (22) wird damit klar, dass man den Impuls P nicht als die Ableitung $\partial L/\partial \dot{X}$, sondern als die Ableitung nach $\dot{X}^*$ zu definieren hat:

$$P = \frac{\partial L}{\partial \dot{X}^*} \qquad P^* = \frac{\partial L}{\partial \dot{X}} \tag{23}$$

In dieser Ergänzung werden wir von nun an diese Wahl verwenden.

---

2 Weil die Lagrange-Funktion L reell ist, gilt $(\partial L/\partial X)^* = \partial L/\partial X^*$ und eine analoge Identität für $(\partial L/\partial \dot{X})^*$.

3 Man hätte dieses Ergebnis auch direkt aus der Variationsrechnung erhalten können, die auf Gl. (6) führt. Dabei nimmt man an, dass δX und δX^* unabhängig voneinander variiert werden.

γ Hamilton-Funktion

In der Definition (9) der Hamilton-Funktion tritt die Kombination $\dot{x}_1 p_1 + \dot{x}_2 p_2$ auf. Durch die komplexen Geschwindigkeiten und Impulse ausgedrückt [s. Gl. (16)], liefert eine kurze Umformung

$$\begin{aligned} \dot{x}_1 p_1 + \dot{x}_2 p_2 &= \frac{1}{\sqrt{2}}(\dot{X} + \dot{X}^*)\frac{1}{\sqrt{2}}(P + P^*) + \frac{-\mathrm{i}}{\sqrt{2}}(\dot{X} - \dot{X}^*)\frac{-\mathrm{i}}{\sqrt{2}}(P - P^*) \\ &= \dot{X}P^* + \dot{X}^* P \end{aligned} \tag{24}$$

Daraus folgt

$$H = \dot{x}_1 p_1 + \dot{x}_2 p_2 - L = \dot{X}P^* + \dot{X}^* P - L \tag{25}$$

Das Differential von H ist dann

$$\mathrm{d}H = \dot{X}\,\mathrm{d}P^* + P^*\,\mathrm{d}\dot{X} + \dot{X}^*\,\mathrm{d}P + P\,\mathrm{d}\dot{X}^* - \frac{\partial L}{\partial X}\,\mathrm{d}X - \frac{\partial L}{\partial X^*}\,\mathrm{d}X^* - \frac{\partial L}{\partial \dot{X}}\,\mathrm{d}\dot{X} - \frac{\partial L}{\partial \dot{X}^*}\,\mathrm{d}\dot{X}^* \tag{26}$$

Unter Verwendung von Gl. (20) und (23) ergibt sich

$$\mathrm{d}H = \dot{X}^*\,\mathrm{d}P - \dot{P}^*\,\mathrm{d}X + \dot{X}\,\mathrm{d}P^* - \dot{P}\,\mathrm{d}X^* \tag{27}$$

Indem man die Geschwindigkeiten $\dot{X}$ und $\dot{X}^*$ durch die komplexen Phasenraumkoordinaten X, X^*, P, P^* ausdrückt, wird H eine Funktion dieser Variablen. Aus Gleichung (27) liest man dann die komplexe Version der Hamilton-Jacobi-Gleichungen ab:

$$\frac{\mathrm{d}X}{\mathrm{d}t} = \frac{\partial H}{\partial P^*} \qquad \frac{\mathrm{d}P}{\mathrm{d}t} = -\frac{\partial H}{\partial X^*} \tag{28}$$

sowie die komplex konjugierten Gleichungen für X^* und P^*. Wir beobachten erneut, dass es die partielle Ableitung nach P^* ist, die die Bewegungsgleichung für X liefert, und nicht die Ableitung nach P.

δ Kanonische Kommutatorrelationen

Die Quantisierung ersetzt die diversen Variablen durch Operatoren $\hat{x}_1$, $\hat{x}_2$, $\hat{p}_1$, $\hat{p}_2$, $\hat{X}$, $\hat{P}$, $\hat{X}^\dagger$, $\hat{P}^\dagger$. Die Kommutatoren der komplexen Operatoren $\hat{X}$, $\hat{P}$, $\hat{X}^\dagger$, $\hat{P}^\dagger$ erhalten wir, indem wir diese durch die hermiteschen Operatoren $\hat{x}_1$, $\hat{x}_2$, $\hat{p}_1$, $\hat{p}_2$ ausdrücken [s. Gleichungen (21) bis (23)] und die Kommutatoren (12) verwenden. Es ist leicht zu überprüfen, dass die einzigen nicht verschwindenden Kommutatoren $[\hat{X}, \hat{P}^\dagger]$ sowie $[\hat{P}, \hat{X}^\dagger] = -[\hat{X}, \hat{P}^\dagger]$ sind:*

$$\begin{aligned} [\hat{X}, \hat{P}^\dagger] &= \frac{1}{2}\,[\hat{x}_1 + \mathrm{i}\hat{x}_2, \hat{p}_1 - \mathrm{i}\hat{p}_2] \\ &= \frac{1}{2}\left([\hat{x}_1, \hat{p}_1] + [\hat{x}_2, \hat{p}_2]\right) = \mathrm{i}\hbar \end{aligned} \tag{29}$$

---

* Anm. d. Ü.: Dies ist konsistent mit dem Formalismus der Poisson-Klammer (s. Fußnote * auf Seite 2022). Mit den dort definierten Ableitungen berechnet man etwa $\{X^*, P\} = 1$ sowie $\{X, P\} = 0$, was der Definition von P als zu X^* kanonisch konjugiertem Impuls und der Quantisierungsvorschrift (29) entspricht.

1-c Lagrange-Funktion mit Feldvariablen

Wir betrachten nun ein System, in dem die dynamischen Variablen von einem kontinuierlichen Index abhängen, etwa der Koordinate $\mathbf{r}$ im Ortsraum oder dem Wellenvektor $\mathbf{k}$ im reziproken Raum (falls das System im Ortsraum ein unendliches Volumen einnimmt). Wir drücken hier mit anderen Worten aus, dass das System ein Feld $\phi_j(\mathbf{r})$ ist, wobei der diskrete Index j für ein Vektor- (oder Spinor-)Feld die Feldkomponenten bezeichnet. Im reziproken Raum wird daraus ein Feld $\widetilde{\phi}_j(\mathbf{k})$. Wir werden hier lediglich die Euler-Lagrange-Gleichungen für ein reelles Feld ableiten. Im folgenden § 2 wenden wir den Formalismus auf das Strahlungsfeld an, und zwar auf seine komplexen Komponenten im reziproken Raum. Wir werden dort die oben gefundenen Ergebnisse für komplexe und diskrete Variablen auf ein komplexes Feld verallgemeinern. Im Ergebnis entstehen ein Ausdruck für die Hamilton-Funktion des freien Felds und die Kommutatorrelationen für das quantisierte freie Feld, die für die quantenmechanische Beschreibung des Strahlungsfelds wesentlich sind.

Die Lagrange-Funktion L eines reellen Felds ist ein Integral über den Ortsraum einer *Lagrange-Dichte* $\mathscr{L}$:

$$L = \int \mathrm{d}^3r \, \mathscr{L}(\mathbf{r}, t) \tag{30}$$

Die Lagrange-Dichte ist selbst eine Funktion des Felds $\phi_j(\mathbf{r})$ und seiner partiellen Ableitung nach t und nach den Komponenten von $\mathbf{r}$:

$$\mathscr{L}(\mathbf{r}, t) = \mathscr{L}\left(\phi_j(\mathbf{r}, t), \dot{\phi}_j(\mathbf{r}, t), \partial_i\phi_j(\mathbf{r}, t)\right) \tag{31}$$

mit den Abkürzungen

$$\dot{\phi}_j(\mathbf{r}, t) = \frac{\partial\phi_j(\mathbf{r}, t)}{\partial t} \tag{32}$$

$$\partial_i\phi_j(\mathbf{r}, t) = \frac{\partial\phi_j(\mathbf{r}, t)}{\partial r_i} \tag{33}$$

Sei nun Γ ein möglicher *Pfad** zwischen einer Feldverteilung $\phi_j(\mathbf{r}, t_1)$ zu einem Anfangszeitpunkt $t = t_1$ und einer Verteilung $\phi_j(\mathbf{r}, t_2)$ bei $t = t_2 > t_1$. Zu diesem Pfad gehört definitionsgemäß die Wirkung

$$S_\Gamma = \int_{t_1}^{t_2} \mathrm{d}t \int \mathrm{d}^3r \, \mathscr{L}\left(\phi_j(\mathbf{r}, t), \dot{\phi}_j(\mathbf{r}, t), \partial_i\phi_j(\mathbf{r}, t)\right) \tag{34}$$

Das Prinzip der kleinsten Wirkung besagt nun, dass unter allen Wegen zwischen denselben Anfangs- und Endverteilungen das System genau den Weg (oder die Wege)

* Anm. d. Ü.: Dieser Pfad entspricht natürlich einer *Mannigfaltigkeit* in einem unendlichdimensionalen Raum, den die Komponenten $\phi_j(\mathbf{r}, t)$ aufspannen.

nimmt, der S_Γ extremal macht.[4] Berechnen wir also die Variation δS der Wirkung unter einer infinitesimalen Änderung des Pfades mit den Variationen $\delta\phi_j(\mathbf{r},t)$, $\delta\dot{\phi}_j(\mathbf{r},t)$ und $\delta(\partial_i\phi_j(\mathbf{r},t))$:

$$\delta S = \int_{t_1}^{t_2} \mathrm{d}t \int \mathrm{d}^3r \sum_j \left[\delta\phi_j(\mathbf{r},t)\frac{\partial\mathscr{L}}{\partial\phi_j} + \delta\dot{\phi}_j(\mathbf{r},t)\frac{\partial\mathscr{L}}{\partial\dot{\phi}_j} + \sum_i \delta(\partial_i\phi_j(\mathbf{r},t))\,\frac{\partial\mathscr{L}}{\partial(\partial_i\phi_j)} \right] \tag{35}$$

Den zweiten und dritten Term in den Klammern integrieren wir partiell unter Verwendung von

$$\begin{aligned} \delta\dot{\phi}_j(\mathbf{r},t) &= \frac{\partial\left(\delta\phi_j(\mathbf{r},t)\right)}{\partial t} \\ \delta(\partial_i\phi_j(\mathbf{r},t)) &= \partial_i\left(\delta\phi_j(\mathbf{r},t)\right) \end{aligned} \tag{36}$$

Die Randterme verschwinden aufgrund der Randbedingungen an $\delta\phi_j(\mathbf{r},t)$ bei den Anfangs- und Endzeitpunkten und im Unendlichen $\mathbf{r} \to \infty$. Die übrigen Terme sind alle zu $\delta\phi_j(\mathbf{r},t)$ proportional und können zusammengefasst werden:[5]

$$\delta S = \int_{t_1}^{t_2} \mathrm{d}t \int \mathrm{d}^3r \sum_j \delta\phi_j(\mathbf{r},t) \left[\frac{\partial\mathscr{L}}{\partial\phi_j} - \frac{\partial}{\partial t}\frac{\partial\mathscr{L}}{\partial\dot{\phi}_j} - \sum_i \frac{\partial}{\partial r_i}\frac{\partial\mathscr{L}}{\partial(\partial_i\phi_j)} \right] \tag{37}$$

Die Wirkung ist stationär, wenn δS für jede räumliche und zeitliche Variation von $\delta\phi_j(\mathbf{r},t)$ verschwindet. Daraus folgen die Euler-Lagrange-Gleichungen für das Feld $\phi_j(\mathbf{r},t)$:

$$\frac{\partial\mathscr{L}}{\partial\phi_j} - \frac{\partial}{\partial t}\frac{\partial\mathscr{L}}{\partial\dot{\phi}_j} - \sum_i \partial_i \frac{\partial\mathscr{L}}{\partial(\partial_i\phi_j)} = 0 \tag{38}$$

2 Anwendung: Freies elektromagnetisches Feld

Wir kommen nun auf das freie Strahlungsfeld (ohne äußeren Ladungen oder Ströme) zu sprechen und sehen uns seine Lagrange-Funktion im reziproken Raum an. Wir wählen wie in Kapitel XVIII die Coulomb-Eichung [s. Gl. (A-9) dort]. Das longitudinale Vektorpotential verschwindet dann und $\mathbf{A}$ reduziert sich auf $\mathbf{A}_\perp$. Das skalare Potential verschwindet ebenfalls, weil es in dieser Eichung einfach als Coulomb-Potential durch die Ladungen ausgedrückt wird und es nach Annahme keine Ladungen gibt. Die einzi-

4 In dieser Variationsrechnung nehmen wir an, dass auf allen Wegen das Feld und seine Ableitungen verschwinden, wenn $\mathbf{r}$ ins Unendliche strebt.

5 Die Ableitung $\partial\mathscr{L}/\partial\dot{\phi}_j$ der Lagrange-Dichte erzeugt ein Feld (das kanonisch konjugierte Impulsfeld π_j), von dem in Gl. (37) die Zeitableitung entlang dem *Pfad* des Felds genommen wird. Dabei ist auch eine eventuelle explizite Zeitabhängigkeit der Lagrange-Dichte zu berücksichtigen. – Die Zeitableitung schreiben wir als eine partielle, in Analogie zur (partiellen) Ortsableitung, weil die Ortskoordinate $\mathbf{r}$ dabei konstant gehalten wird (d. Ü.).

gen relevanten Felder sind also das transversale elektrische Feld und das Magnetfeld; sie hängen mit dem Vektorpotential im Ortsraum über die Gleichungen

$$\mathbf{E}_\perp(\mathbf{r},t) = -\dot{\mathbf{A}}_\perp(\mathbf{r},t) \qquad \mathbf{B}(\mathbf{r},t) = \nabla \times \mathbf{A}_\perp(\mathbf{r},t) \tag{39}$$

zusammen. Im reziproken Raum wird daraus

$$\widetilde{\mathbf{E}}_\perp(\mathbf{k},t) = -\dot{\widetilde{\mathbf{A}}}_\perp(\mathbf{k},t) \qquad \widetilde{\mathbf{B}}(\mathbf{k},t) = \mathrm{i}\mathbf{k} \times \widetilde{\mathbf{A}}_\perp(\mathbf{k},t) \tag{40}$$

2-a Lagrange-Dichte im Ortsraum und im reziproken Raum

Die am häufigsten verwendete Lagrange-Dichte für das elektromagnetische Feld ist[6]

$$\mathscr{L}(\mathbf{r},t) = \frac{\varepsilon_0}{2}\left[\mathbf{E}_\perp^2(\mathbf{r},t) - c^2\mathbf{B}^2(\mathbf{r},t)\right] \tag{41}$$

wobei c die Lichtgeschwindigkeit ist. Mit Blick auf die Gleichungen (39) stellen wir fest, dass $\mathscr{L}$ nicht von $\mathbf{A}_\perp(\mathbf{r},t)$, aber von seinen Ableitungen $\dot{\mathbf{A}}_\perp(\mathbf{r},t)$ und $\nabla \times \mathbf{A}_\perp(\mathbf{r},t)$ abhängt.

Wir gehen in den reziproken Raum über. Aus der Lagrange-Funktion L wird

$$L = \int \mathrm{d}^3k\, \widetilde{\mathscr{L}}(\mathbf{k},t) \tag{42}$$

wobei man die Lagrange-Dichte im reziproken Raum $\widetilde{\mathscr{L}}(\mathbf{k},t)$ dadurch erhält, dass man in Gl. (41) die Felder durch ihre Fourier-Darstellung ausdrückt.[7] Betrachten wir die beiden Terme in $\mathscr{L}(\mathbf{r},t)$ einzeln. Unter Verwendung von (40) und der Parsevalschen Gleichung [s. Kapitel XVIII, Gl. (A-12)] kann man schreiben

$$\begin{aligned}\int \mathrm{d}^3r\, \mathbf{E}_\perp(\mathbf{r},t)\cdot\mathbf{E}_\perp(\mathbf{r},t) &= \int \mathrm{d}^3k\, \dot{\widetilde{\mathbf{A}}}{}_\perp^*(\mathbf{k},t)\cdot\dot{\widetilde{\mathbf{A}}}_\perp(\mathbf{k},t)\\ \int \mathrm{d}^3r\, \mathbf{B}(\mathbf{r},t)\cdot\mathbf{B}(\mathbf{r},t) &= \int \mathrm{d}^3k\left[(-\mathrm{i}\mathbf{k}\times\widetilde{\mathbf{A}}_\perp^*(\mathbf{k},t))\cdot(\mathrm{i}\mathbf{k}\times\widetilde{\mathbf{A}}_\perp(\mathbf{k},t))\right]\end{aligned} \tag{43}$$

Beide Vektoren $\mathbf{k}\times\widetilde{\mathbf{A}}_\perp^*(\mathbf{k},t)$ und $\mathbf{k}\times\widetilde{\mathbf{A}}_\perp(\mathbf{k},t)$ stehen senkrecht auf $\mathbf{k}$, so dass sich

$$\int \mathrm{d}^3k\left[(-\mathrm{i}\mathbf{k}\times\widetilde{\mathbf{A}}_\perp^*(\mathbf{k},t))\cdot(\mathrm{i}\mathbf{k}\times\widetilde{\mathbf{A}}_\perp(\mathbf{k},t))\right] = \int \mathrm{d}^3k\, k^2\, \widetilde{\mathbf{A}}_\perp^*(\mathbf{k},t)\cdot\widetilde{\mathbf{A}}_\perp(\mathbf{k},t) \tag{44}$$

ergibt. So erhält man schließlich den folgenden Ausdruck für die Lagrange-Dichte im reziproken Raum:

$$\widetilde{\mathscr{L}}(\mathbf{k},t) = \frac{\varepsilon_0}{2}\left[\dot{\widetilde{\mathbf{A}}}{}_\perp^*(\mathbf{k},t)\cdot\dot{\widetilde{\mathbf{A}}}_\perp(\mathbf{k},t) - c^2k^2\widetilde{\mathbf{A}}_\perp^*(\mathbf{k},t)\cdot\widetilde{\mathbf{A}}_\perp(\mathbf{k},t)\right] \tag{45}$$

6 Ein weiterer Vorteil dieses Ausdrucks ist, dass er ein Lorentz-Skalar ist und damit invariant unter Lorentz-Transformationen. Auch das vierdimensionale Volumenelement $\mathrm{d}t\,\mathrm{d}^3r$ in Gl. (34) ist ein Lorentz-Skalar (d. Ü.).

7 Wir verwenden zwar die bequeme Notation $\widetilde{\mathscr{L}}(\mathbf{k},t)$, es ist damit aber *nicht* die räumliche Fourier-Transformierte von $\mathscr{L}(\mathbf{r},t)$ gemeint.

Wir können damit die verallgemeinerten Koordinaten des elektromagnetischen Felds ablesen: die Fourier-Komponenten des transversalen Vektorpotentials sowie als verallgemeinerte Geschwindigkeiten deren Zeitableitungen. Im Unterschied zum Ortsraum [Gl. (41)] hängt $\widetilde{\mathscr{L}}(\mathbf{k},t)$ nur von $\widetilde{\mathbf{A}}_\perp(\mathbf{k},t)$ und $\dot{\widetilde{\mathbf{A}}}_\perp(\mathbf{k},t)$ ab, aber nicht von Ableitungen nach $\mathbf{k}$. Damit sind die Fourier-Komponenten dynamisch unabhängige Freiheitsgrade, was die Rechnungen im reziproken Raum erheblich vereinfacht.

In der Folge ist es nützlich, statt der kartesischen Komponenten von $\widetilde{\mathbf{A}}_\perp(\mathbf{k},t)$ die Projektionen auf die (möglicherweise komplexen) Einheitspolarisationsvektoren $\boldsymbol{\varepsilon}_1(\mathbf{k})$ und $\boldsymbol{\varepsilon}_2(\mathbf{k})$ senkrecht zu $\mathbf{k}$ zu verwenden. Diese bilden mit den Einheitsvektor $\boldsymbol{\kappa}$ parallel zu $\mathbf{k}$ ein orthogonales Dreibein mit $\boldsymbol{\varepsilon}_i^*(\mathbf{k})\cdot\boldsymbol{\varepsilon}_j(\mathbf{k}) = \delta_{ij}$ $(i,j=1,2)$. Weil $\widetilde{\mathbf{A}}_\perp(\mathbf{k},t)$ transversal ist, verschwindet die Komponente entlang $\boldsymbol{\kappa}$, und es bleibt

$$\widetilde{\mathscr{L}}(\mathbf{k},t) = \frac{\varepsilon_0}{2}\sum_{\boldsymbol{\varepsilon}}\left[\dot{\widetilde{A}}^*_{\perp\boldsymbol{\varepsilon}}(\mathbf{k},t)\dot{\widetilde{A}}_{\perp\boldsymbol{\varepsilon}}(\mathbf{k},t) - c^2k^2\widetilde{A}^*_{\perp\boldsymbol{\varepsilon}}(\mathbf{k},t)\widetilde{A}_{\perp\boldsymbol{\varepsilon}}(\mathbf{k},t)\right] \tag{46}$$

Die Notation $\sum_{\boldsymbol{\varepsilon}}$ steht vereinfachend für die Summe über die beiden transversalen Polarisationen $\boldsymbol{\varepsilon}_1(\mathbf{k})$ und $\boldsymbol{\varepsilon}_2(\mathbf{k})$ [s. Kapitel XVIII, Gl. (B-13)].

2-b Euler-Lagrange-Gleichungen

Aus den Gleichungen (20) und (38) wird nun*

$$\frac{\partial\widetilde{\mathscr{L}}(\mathbf{k},t)}{\partial\widetilde{A}^*_{\perp\boldsymbol{\varepsilon}}(\mathbf{k},t)} - \frac{\partial}{\partial t}\frac{\partial\widetilde{\mathscr{L}}(\mathbf{k},t)}{\partial\dot{\widetilde{A}}^*_{\perp\boldsymbol{\varepsilon}}(\mathbf{k},t)} = 0 \tag{47}$$

Mit der Lagrange-Dichte (46) erhalten wir

$$\ddot{\widetilde{A}}_{\perp\boldsymbol{\varepsilon}}(\mathbf{k},t) + c^2k^2\widetilde{A}_{\perp\boldsymbol{\varepsilon}}(\mathbf{k},t) = 0 \tag{48}$$

was mit den Wellengleichungen (A-30) aus Kapitel XVIII für das transversale Vektorpotential übereinstimmt, wenn es keine Quellen gibt (d. h. $\widetilde{\mathbf{j}}_\perp = \mathbf{0}$). Wir haben damit die gewöhnliche Formulierung der klassischen Elektrodynamik, nämlich die Maxwell-Gleichungen im reziproken Raum, wiedergefunden.

2-c Zum transversalen Vektorpotential konjugierter Impuls

Wir wollen Gleichung (23) verwenden, um den zu der komplexen Variablen $\widetilde{A}_{\perp\boldsymbol{\varepsilon}}(\mathbf{k},t)$ konjugierten Impuls zu berechnen, den wir mit $\widetilde{\Pi}_{\perp\boldsymbol{\varepsilon}}(\mathbf{k},t)$ bezeichnen. Man muss hier

* Anm. d. Ü.: Auch hier ist die Zeitableitung $\partial/\partial t$ als eine partielle zu verstehen, weil sie bei konstantem $\mathbf{k}$ zu nehmen ist.

allerdings berücksichtigen, dass die Geschwindigkeit $\dot{\tilde{A}}_{\perp\boldsymbol{\varepsilon}}(\mathbf{k},t)$ an zwei Stellen im Integral über $\mathbf{k}$ von $\tilde{\mathscr{L}}(\mathbf{k},t)$ auftaucht; die beiden Beiträge muss man in der partiellen Ableitung addieren, die den Impuls liefert. Dieses Verhalten hat damit zu tun, dass die Felder im Ortsraum reell sind. Aufgrund der Eigenschaften der Fourier-Transformation gilt die Identität [s. auch Kapitel XVIII, Gl. (B-18)]

$$\mathbf{A}_\perp(\mathbf{r},t) = \mathbf{A}_\perp^*(\mathbf{r},t) \quad \Longrightarrow \quad \tilde{\mathbf{A}}_\perp(\mathbf{k},t) = \tilde{\mathbf{A}}_\perp^*(-\mathbf{k},t) \tag{49}$$

und eine analoge Beziehung für die zeitlichen Ableitungen. Im Integral über die Lagrange-Dichte $\tilde{\mathscr{L}}(\mathbf{k},t)$ erscheint nun neben dem Produkt $\dot{\tilde{A}}^*_{\perp\boldsymbol{\varepsilon}}(\mathbf{k},t)\dot{\tilde{A}}_{\perp\boldsymbol{\varepsilon}}(\mathbf{k},t)$ außerdem noch $\dot{\tilde{A}}^*_{\perp\boldsymbol{\varepsilon}}(-\mathbf{k},t)\dot{\tilde{A}}_{\perp\boldsymbol{\varepsilon}}(-\mathbf{k},t) = \dot{\tilde{A}}_{\perp\boldsymbol{\varepsilon}}(\mathbf{k},t)\dot{\tilde{A}}^*_{\perp\boldsymbol{\varepsilon}}(\mathbf{k},t)$, wenn man Gl. (49) verwendet. Beide Terme zusammen liefern den doppelten Beitrag des ersten, so dass wir erhalten

$$\begin{aligned}\tilde{\Pi}_{\perp\boldsymbol{\varepsilon}}(\mathbf{k},t) &= 2\frac{\partial\tilde{\mathscr{L}}(\mathbf{k},t)}{\partial\dot{\tilde{A}}^*_{\perp\boldsymbol{\varepsilon}}(\mathbf{k},t)}\\ &= \varepsilon_0\,\dot{\tilde{A}}_{\perp\boldsymbol{\varepsilon}}(\mathbf{k},t) = -\varepsilon_0\,\tilde{E}_{\perp\boldsymbol{\varepsilon}}(\mathbf{k},t)\end{aligned} \tag{50}$$

Zum transversalen Vektorpotential ist also (bis auf den Faktor $-\varepsilon_0$) das transversale elektrische Feld der kanonische konjugiert Impuls.

Wir können den Impuls (50) auch auf eine andere Weise berechnen, indem wir die Lagrange-Funktion auf die wirklich unabhängigen Variablen einschränken. Aus der Bedingung (49) folgt ja, dass die Variablen in einem reziproken Halbraum deren Werte in dem anderen Halbraum (der durch Punktspiegelung hervorgeht) bereits festlegen. Wir können also die Lagrange-Funktion L durch ein Integral über einen Halbraum ausdrücken, in dem alle Variablen unabhängig sind. Den entsprechenden Integranden notieren wir $\overline{\mathscr{L}}(\mathbf{k},t)$, er ist zweimal so groß wie die ursprüngliche Lagrange-Dichte $\tilde{\mathscr{L}}(\mathbf{k},t)$. Sei $⨍\mathrm{d}^3k$ das Integral über einen Halbraum (der Strich symbolisiert, dass der $\mathbf{k}$-Raum in zwei Hälften geteilt wurde), dann ist

$$L = ⨍\mathrm{d}^3k\,\overline{\mathscr{L}}(\mathbf{k},t) \tag{51}$$

mit

$$\overline{\mathscr{L}}(\mathbf{k},t) = \varepsilon_0\sum_{\boldsymbol{\varepsilon}}\left[\dot{\tilde{A}}^*_{\perp\boldsymbol{\varepsilon}}(\mathbf{k},t)\dot{\tilde{A}}_{\perp\boldsymbol{\varepsilon}}(\mathbf{k},t) - \omega^2\tilde{A}^*_{\perp\boldsymbol{\varepsilon}}(\mathbf{k},t)\tilde{A}_{\perp\boldsymbol{\varepsilon}}(\mathbf{k},t)\right] = 2\tilde{\mathscr{L}}(\mathbf{k},t) \tag{52}$$

Nun kann man den konjugierten Impuls für das Vektorpotential durch

$$\tilde{\Pi}_{\perp\boldsymbol{\varepsilon}}(\mathbf{k},t) = \frac{\partial\overline{\mathscr{L}}(\mathbf{k},t)}{\partial\dot{\tilde{A}}^*_{\perp\boldsymbol{\varepsilon}}(\mathbf{k},t)} = \varepsilon_0\,\dot{\tilde{A}}_{\perp\boldsymbol{\varepsilon}}(\mathbf{k},t) \tag{53}$$

definieren, was mit Gl. (50) übereinstimmt.

2-d Hamilton-Jacobi-Gleichungen

Wir erhalten die Hamilton-Funktion für das freie Strahlungsfeld, indem wir den Ausdruck (25) für zwei komplexe Variablen auf kontinuierliche Variablen verallgemeinern. Wir erhalten eine Hamilton-Dichte $\overline{\mathcal{H}}(\mathbf{k}, t)$, die nur von unabhängigen Variablen abhängt, indem wir das $\mathbf{k}$-Integral auf einen Halbraum begrenzen:

$$H = {\int\!\!\!\!-} \mathrm{d}^3k\, \overline{\mathcal{H}}(\mathbf{k}, t) \tag{54}$$

mit

$$\overline{\mathcal{H}}(\mathbf{k}, t) = \sum_{\boldsymbol{\varepsilon}} \left[\dot{\widetilde{A}}_{\perp\boldsymbol{\varepsilon}}(\mathbf{k}, t)\widetilde{\Pi}^*_{\perp\boldsymbol{\varepsilon}}(\mathbf{k}, t) + \dot{\widetilde{A}}^*_{\perp\boldsymbol{\varepsilon}}(\mathbf{k}, t)\widetilde{\Pi}_{\perp\boldsymbol{\varepsilon}}(\mathbf{k}, t)\right] - \overline{\mathscr{L}}(\mathbf{k}, t) \tag{55}$$

Dies liefert unter Verwendung von Gl. (52) und Gl. (53):

$$H = \varepsilon_0 {\int\!\!\!\!-} \mathrm{d}^3k \sum_{\boldsymbol{\varepsilon}} \left[\dot{\widetilde{A}}^*_{\perp\boldsymbol{\varepsilon}}(\mathbf{k}, t)\dot{\widetilde{A}}_{\perp\boldsymbol{\varepsilon}}(\mathbf{k}, t) + c^2k^2\widetilde{A}^*_{\perp\boldsymbol{\varepsilon}}(\mathbf{k}, t)\widetilde{A}_{\perp\boldsymbol{\varepsilon}}(\mathbf{k}, t)\right] \tag{56}$$

Wenn wir dieses Integral über den ganzen $\mathbf{k}$-Raum erstrecken, dann müssen wir den Vorfaktor $\varepsilon_0/2$ verwenden und finden aus Kapitel XVIII den Ausdruck (B-14) für die Energie des freien transversalen Felds wieder. Der Lagrange-Formalismus liefert also eine Hamilton-Funktion, die mit der Energie des Felds zusammenfällt.

Wir können Gleichung (55) für $\overline{\mathcal{H}}(\mathbf{k}, t)$ auch durch die kanonischen Variablen $\widetilde{A}_{\perp\boldsymbol{\varepsilon}}(\mathbf{k}, t)$ und $\widetilde{\Pi}_{\perp\boldsymbol{\varepsilon}}(\mathbf{k}, t)$ ausdrücken. Gemäß Gl. (53) ergibt sich

$$\overline{\mathcal{H}}(\mathbf{k}, t) = \sum_{\boldsymbol{\varepsilon}} \left[\frac{1}{\varepsilon_0}\widetilde{\Pi}^*_{\perp\boldsymbol{\varepsilon}}(\mathbf{k}, t)\widetilde{\Pi}_{\perp\boldsymbol{\varepsilon}}(\mathbf{k}, t) + \varepsilon_0 c^2k^2\widetilde{A}^*_{\perp\boldsymbol{\varepsilon}}(\mathbf{k}, t)\widetilde{A}_{\perp\boldsymbol{\varepsilon}}(\mathbf{k}, t)\right] \tag{57}$$

Die Hamilton-Jacobi-Gleichungen (28) verallgemeinern wir nun auf einen kontinuierlichen Satz von Variablen $\widetilde{A}_{\perp\boldsymbol{\varepsilon}}(\mathbf{k}, t)$ und $\widetilde{\Pi}_{\perp\boldsymbol{\varepsilon}}(\mathbf{k}, t)$ und erhalten

$$\dot{\widetilde{A}}_{\perp\boldsymbol{\varepsilon}}(\mathbf{k}, t) = \frac{\partial\overline{\mathcal{H}}(\mathbf{k}, t)}{\partial\widetilde{\Pi}^*_{\perp\boldsymbol{\varepsilon}}(\mathbf{k}, t)} = \frac{1}{\varepsilon_0}\widetilde{\Pi}_{\perp\boldsymbol{\varepsilon}}(\mathbf{k}, t) \tag{58a}$$

$$\dot{\widetilde{\Pi}}_{\perp\boldsymbol{\varepsilon}}(\mathbf{k}, t) = -\frac{\partial\overline{\mathcal{H}}(\mathbf{k}, t)}{\partial\widetilde{A}^*_{\perp\boldsymbol{\varepsilon}}(\mathbf{k}, t)} = -\varepsilon_0 c^2k^2\widetilde{A}_{\perp\boldsymbol{\varepsilon}}(\mathbf{k}, t) \tag{58b}$$

Es ist einfach zu überprüfen, dass dies mit den Maxwell-Gleichungen (A-30) aus Kapitel XVIII zusammenfällt, die die Dynamik des transversalen Felds ohne Quellen erzeugen. Gleichung (58a) hier und Gl. (A-30a) in Kapitel XVIII sind identisch und definieren das transversale elektrische Feld als die Zeitableitung des Vektorpotentials. Gleichung (58b) hier und Gl. (A-30b) in Kapitel XVIII fallen zusammen, wenn für die Stromdichte $\widetilde{\mathbf{j}} = \mathbf{0}$ gilt. Sie liefern die Zeitentwicklung des transversalen elektrischen Felds, die im reziproken Raum offenbar durch die Frequenz $\omega = ck$ bestimmt wird.

2-e Feldkommutatoren

In der Quantisierung des elektromagnetischen Felds werden die kanonischen Variablen (die Fourier-Komponenten der transversalen Felder) zu Operatoren. Wir verallgemeinern die kanonischen Kommutatoren (29) für komplexe Variablen auf kontinuierliche Feldvariablen und erhalten

$$\left[\widehat{\widetilde{A}}_{\perp\boldsymbol{\varepsilon}}(\mathbf{k}), \widehat{\widetilde{\Pi}}^{\dagger}_{\perp\boldsymbol{\varepsilon}'}(\mathbf{k}')\right] = \mathrm{i}\hbar\, \delta_{\boldsymbol{\varepsilon}\boldsymbol{\varepsilon}'}\, \delta(\mathbf{k}-\mathbf{k}') \tag{59}$$

während alle anderen Kommutatoren verschwinden. Das Kronecker-Symbol $\delta_{\boldsymbol{\varepsilon}\boldsymbol{\varepsilon}'}$ für die beiden Vektoren hat den Wert 1, wenn die beiden Basisvektoren identisch sind, und 0 sonst.*

Bemerkung:
Die kanonischen Kommutatorrelationen gelten nur für unabhängige konjugierte Variablen, was hier auf die Komponenten der Felder entlang der transversalen Polarisationen in der Tat zutrifft. Die kartesischen Komponenten des Felds selber bezüglich eines festen Koordinatensystems mit den Einheitsvektoren $\{\mathbf{e}_x, \mathbf{e}_y, \mathbf{e}_z\}$, also $\widetilde{A}_{\perp i}(\mathbf{k})$ mit $i = x, y, z$, sind allerdings nicht unabhängig, weil sie wegen der Coulomb-Eichung die Bedingung $\sum_i k_i \widetilde{A}_{\perp i}(\mathbf{k}) = 0$ erfüllen müssen [s. der Hinweis in Kapitel XVIII nach Gl. (B-14)]. Der Kommutator ist also nicht

$$\left[\widehat{\widetilde{A}}_{\perp i}(\mathbf{k}), \widehat{\widetilde{\Pi}}^{\dagger}_{\perp j}(\mathbf{k}')\right] \neq \mathrm{i}\hbar\, \delta_{ij}\, \delta(\mathbf{k}-\mathbf{k}') \tag{60}$$

Wir berechnen den korrekten Kommutator, indem wir die beiden Operatoren durch die orthogonalen Polarisationsvektoren $\boldsymbol{\varepsilon}$ und $\boldsymbol{\varepsilon}'$ (die senkrecht auf $\mathbf{k}$ stehen) ausdrücken und den Ausdruck (59) verwenden. Für das Vektorpotential gilt etwa

$$\widehat{\widetilde{A}}_{\perp i}(\mathbf{k}) = \varepsilon_i \widehat{\widetilde{A}}_{\perp\boldsymbol{\varepsilon}}(\mathbf{k}) + \varepsilon'_i \widehat{\widetilde{A}}_{\perp\boldsymbol{\varepsilon}'}(\mathbf{k}) \tag{61}$$

mit

$$\varepsilon_i = \mathbf{e}_i \cdot \boldsymbol{\varepsilon} \qquad \varepsilon'_i = \mathbf{e}_i \cdot \boldsymbol{\varepsilon}' \tag{62}$$

Wir erhalten auf diese Weise den Kommutator

$$\left[\widehat{\widetilde{A}}_{\perp i}(\mathbf{k}), \widehat{\widetilde{\Pi}}^{\dagger}_{\perp j}(\mathbf{k}')\right] = \mathrm{i}\hbar \left(\varepsilon_i \varepsilon_j^* + \varepsilon'_i \varepsilon'^*_j\right) \delta(\mathbf{k}-\mathbf{k}') \tag{63}$$

* Anm. d. Ü.: Den Ausdruck (59) kann man auf beliebige Projektionen der kanonisch konjugierten Feldoperatoren $\widehat{\mathbf{A}}_\perp = \widehat{\mathbf{A}}_\perp(\mathbf{r})$ und $\widehat{\mathbf{\Pi}}_\perp = \varepsilon_0 \dot{\widehat{\mathbf{A}}}_\perp$ auf komplexe transversale Vektorfelder $\mathbf{f} = \mathbf{f}(\mathbf{r})$ und $\mathbf{g}$ verallgemeinern. Aus

$$\widehat{A}_{\mathbf{f}} = \int \mathrm{d}^3 r\, \mathbf{f}^* \cdot \widehat{\mathbf{A}}_\perp\,, \quad \widehat{\Pi}_{\mathbf{g}} = \int \mathrm{d}^3 r\, \mathbf{g}^* \cdot \widehat{\mathbf{\Pi}}_\perp$$

folgt

$$[\widehat{A}_{\mathbf{f}}, \widehat{\Pi}^\dagger_{\mathbf{g}}] = \mathrm{i}\hbar \int \mathrm{d}^3 r\, \mathbf{f}^* \cdot \mathbf{g}$$

Die Quantisierungsvorschrift bildet also gewissermaßen das natürliche Skalarprodukt in dem Raum der transversalen Vektorfelder (in dem die klassische Elektrodynamik „lebt") auf den Kommutator der entsprechenden Feldoperatoren ab. Sind $\mathbf{f}$ und $\mathbf{g}$ gleich und normiert, ergibt sich als Kommutator $\mathrm{i}\hbar$ [s. auch Gl. (71)], diese Moden spielen also die Rolle von physikalischen Zuständen. Für transversale ebene Wellen gelten die Orthonormierungsbedingungen für kontinuierliche Basisvektoren, und es ergibt sich Gl. (59).

Diesen Ausdruck schreiben wir um und erinnern uns, dass die Vektoren $\boldsymbol{\varepsilon}$, $\boldsymbol{\varepsilon}'$ und $\boldsymbol{\kappa}$ ein orthonormiertes Dreibein bilden, so dass

$$\varepsilon_i \varepsilon_j^* + \varepsilon_i' \varepsilon_j'^* + \kappa_i \kappa_j = \delta_{ij} \tag{64}$$

gilt. Es ergibt sich schließlich für den Kommutator zwischen dem Vektorpotential und seinem konjugierten Impuls (dem elektrischen Feld)

$$\left[\widehat{\widetilde{A}}_{\perp i}(\mathbf{k}), \widehat{\widetilde{\Pi}}^{\dagger}_{\perp j}(\mathbf{k}')\right] = \mathrm{i}\hbar \left(\delta_{ij} - \frac{k_i k_j}{k^2} \right) \delta(\mathbf{k} - \mathbf{k}') \tag{65}$$

Wir gehen in den Ortsraum über und bilden von dieser Gleichung die Fourier-Rücktransformation, d. h. wir multiplizieren mit $\mathrm{e}^{\mathrm{i}\mathbf{k}\cdot\mathbf{r}}\,\mathrm{e}^{-\mathrm{i}\mathbf{k}'\cdot\mathbf{r}'}/(2\pi)^3$ und integrieren über $\mathbf{k}$ und $\mathbf{k}'$.[8] Auf der linken Seite entsteht so der Kommutator zwischen $\widehat{A}_{\perp i}(\mathbf{r})$ und $\widehat{\Pi}_{\perp j}(\mathbf{r}')]$, und auf der rechten Seite die Fourier-Transformation der ensorwertigen Funktion $(\delta_{ij} - k_i k_j/k^2)$. Diese liefert die sogenannte *transversale δ-Funktion*[9] $\delta^{\perp}_{ij}(\mathbf{r} - \mathbf{r}')$:

$$\begin{aligned}
&\left[\widehat{A}_{\perp i}(\mathbf{r}), \widehat{\Pi}_{\perp j}(\mathbf{r}')\right] \\
&= \frac{\mathrm{i}\hbar}{(2\pi)^3} \int \mathrm{d}^3k \int \mathrm{d}^3k'\, \mathrm{e}^{\mathrm{i}\mathbf{k}\cdot\mathbf{r}} \mathrm{e}^{-\mathrm{i}\mathbf{k}'\cdot\mathbf{r}'} \left(\delta_{ij} - \frac{k_i k_j}{k^2} \right) \delta(\mathbf{k} - \mathbf{k}') \\
&= \frac{\mathrm{i}\hbar}{(2\pi)^3} \int \mathrm{d}^3k\, \mathrm{e}^{\mathrm{i}\mathbf{k}\cdot(\mathbf{r}-\mathbf{r}')} \left(\delta_{ij} - \frac{k_i k_j}{k^2} \right) \equiv \mathrm{i}\hbar\, \delta^{\perp}_{ij}(\mathbf{r} - \mathbf{r}')
\end{aligned} \tag{66}$$

2-f Erzeugungs- und Vernichtungsoperatoren

Die komplexe Normalvariable $\boldsymbol{\alpha}(\mathbf{k}, t)$, die wir in Kapitel XVIII, Gl. (B-15) eingeführt hatten, entwickelt sich in der Zeit proportional zu $\mathrm{e}^{-\mathrm{i}\omega t}$ mit der Modenfrequenz $\omega = ck$. Gemäß der Quantisierungsvorschrift für den harmonischen Oszillator (Kapitel XVIII, § B-1) wird aus dieser Variablen ein Vernichtungsoperator $\widehat{a}_{\boldsymbol{\varepsilon}}(\mathbf{k}, t)$ für den Oszillator, der zu der Mode $(\mathbf{k}, \boldsymbol{\varepsilon})$ gehört. Die komplex konjugierte Normalvariable wird zum Vernichtungsoperator $\widehat{a}^{\dagger}_{\boldsymbol{\varepsilon}}(\mathbf{k}, t)$. Für das Strahlungsfeld schreiben wir diese beiden Operatoren wie folgt auf:

$$\begin{aligned}
\widehat{a}_{\boldsymbol{\varepsilon}}(\mathbf{k}, t) &= \mathcal{N}(k) \left[\widehat{A}_{\perp\boldsymbol{\varepsilon}}(\mathbf{k}, t) + \frac{\mathrm{i}}{\varepsilon_0 \omega} \widehat{\Pi}_{\perp\boldsymbol{\varepsilon}}(\mathbf{k}, t) \right] \\
\widehat{a}^{\dagger}_{\boldsymbol{\varepsilon}}(\mathbf{k}, t) &= \mathcal{N}(k) \left[\widehat{A}^{\dagger}_{\perp\boldsymbol{\varepsilon}}(\mathbf{k}, t) - \frac{\mathrm{i}}{\varepsilon_0 \omega} \widehat{\Pi}^{\dagger}_{\perp\boldsymbol{\varepsilon}}(\mathbf{k}, t) \right]
\end{aligned} \tag{67}$$

Wir haben gemäß Gleichung (53) die verallgemeinerte Geschwindigkeit $\dot{\widehat{A}}_{\perp\boldsymbol{\varepsilon}}(\mathbf{k})$ durch den Impuls $\widehat{\Pi}_{\perp\boldsymbol{\varepsilon}}(\mathbf{k})$ ausgedrückt. Der Faktor $\mathcal{N}(k)$ ist eine für den Moment beliebige Normierung. Wir wollen sie nun festlegen, indem wir fordern, dass die beiden

8 Das Integral über $\widehat{\widetilde{\Pi}}^{\dagger}_{\perp j}(\mathbf{k}')$ formen wir mit der Identität $\widehat{\widetilde{\Pi}}^{\dagger}_{\perp j}(\mathbf{k}') = \widehat{\widetilde{\Pi}}_{\perp j}(-\mathbf{k}')$ [s. Gl. (49)] um und nehmen die Substitution $\mathbf{k}' \mapsto -\mathbf{k}'$ vor.

9 Die an Details interessierte Leserin findet mehr Material über die Eigenschaften dieser Funktion bei Cohen-Tannoudji, Dupont-Roc und Grynberg (1997), Ergänzung A_I. – Dass die transversale δ-Funktion hier auftritt, war bereits aus der klassischen Elektrodynamik zu erwarten, ist sie doch die Verallgemeinerung des Kronecker-δ_{ij} der kanonischen Koordinaten (s. Fußnote * auf S. 2022), nämlich der Einsoperator auf dem Raum der transversalen Vektorfelder (d. Ü.).

Operatoren (67) die bekannte Kommutatorrelation $[\hat{a}, \hat{a}^\dagger] = 1$ eines harmonischen Oszillators erfüllen. Wir berechnen den Kommutator $[\hat{a}_{\boldsymbol{\varepsilon}}(\mathbf{k}), \hat{a}^\dagger_{\boldsymbol{\varepsilon}'}(\mathbf{k}')]$ der in Gl. (67) definierten Operatoren, indem wir ihn auf die Kommutatoren der Felder $\widehat{A}_\perp$ und $\widehat{\Pi}^\dagger_\perp$ zurückführen. Nur diese beiden sowie die Paarung $\widehat{A}^\dagger_\perp$ und $\widehat{\Pi}_\perp$ liefern einen nicht verschwindenden Kommutator, so dass man erhält*

$$
\begin{aligned}
\left[\hat{a}_{\boldsymbol{\varepsilon}}(\mathbf{k}), \hat{a}^\dagger_{\boldsymbol{\varepsilon}'}(\mathbf{k}')\right] &= \mathcal{N}^2(k)\frac{-\mathrm{i}}{\varepsilon_0\omega}\left\{\left[\widehat{A}_{\perp\boldsymbol{\varepsilon}}(\mathbf{k}), \widehat{\Pi}^\dagger_{\perp\boldsymbol{\varepsilon}'}(\mathbf{k}')\right] - \left[\widehat{\Pi}_{\perp\boldsymbol{\varepsilon}}(\mathbf{k}), \widehat{A}^\dagger_{\perp\boldsymbol{\varepsilon}'}(\mathbf{k}')\right]\right\} \\
&= \mathcal{N}^2(k)\frac{-\mathrm{i}}{\varepsilon_0\omega}\left\{2\mathrm{i}\hbar\,\delta_{\boldsymbol{\varepsilon}\boldsymbol{\varepsilon}'}\,\delta(\mathbf{k}-\mathbf{k}')\right\} \\
&= \mathcal{N}^2(k)\frac{2\hbar}{\varepsilon_0\omega}\,\delta_{\boldsymbol{\varepsilon}\boldsymbol{\varepsilon}'}\,\delta(\mathbf{k}-\mathbf{k}')
\end{aligned}
\tag{68}
$$

Wir haben Gl. (59) und die adjungierte Gleichung verwendet, um auf die zweite Zeile umzuformen. Die Konstante $\mathcal{N}(k)$ wird schließlich so festgelegt, dass der Kommutator zwischen den Erzeugern und Vernichtern gleich $\delta_{\boldsymbol{\varepsilon}\boldsymbol{\varepsilon}'}\,\delta(\mathbf{k}-\mathbf{k}')$ ist, was auf

$$
\mathcal{N}(k) = \sqrt{\frac{\varepsilon_0\omega}{2\hbar}} = \sqrt{\frac{\varepsilon_0\,ck}{2\hbar}}
\tag{69}
$$

führt. Eingesetzt in Gl. (B-25) aus Kapitel XVIII finden wir, dass der Beitrag der Mode $(\mathbf{k}, \boldsymbol{\varepsilon})$ zum Hamilton-Operator durch

$$
\frac{\hbar\omega}{2}\left\{\hat{a}^\dagger_{\boldsymbol{\varepsilon}}(\mathbf{k})\hat{a}_{\boldsymbol{\varepsilon}}(\mathbf{k}) + \hat{a}_{\boldsymbol{\varepsilon}}(\mathbf{k})\hat{a}^\dagger_{\boldsymbol{\varepsilon}}(\mathbf{k})\right\}
\tag{70}
$$

gegeben ist. Wir werden in Kapitel XIX sehen, dass dies in der Tat der Hamilton-Operator des quantisierten Strahlungsfelds ist.

2-g Abzählbare Wellenvektoren

In Kapitel XVIII, § B-3 haben wir den Kunstgriff untersucht, das Strahlungsfeld in einem endlichen Volumen L^3 zu lokalisieren, wodurch die $\mathbf{k}$-Integrale zu diskreten Summen werden. Der Kommutator (59) wird zu†

$$
\left[\widehat{\widehat{A}}_{\perp\mathbf{k},\boldsymbol{\varepsilon}}, \widehat{\widehat{\Pi}}^\dagger_{\perp\mathbf{k}',\boldsymbol{\varepsilon}'}\right] = \mathrm{i}\hbar\,\delta_{\boldsymbol{\varepsilon}\boldsymbol{\varepsilon}'}\,\delta_{\mathbf{k},\mathbf{k}'}
\tag{71}
$$

Wir verwenden die Ersetzungsregeln (B-34) oder (B-35) aus Kapitel XVIII auf beiden Seiten von Gleichung (67) und können den Faktor $(2\pi/L)^3$ auf beiden Seiten kürzen.

* Anm. d. Ü.: Der Übersichtlichkeit halber lassen wir für den Augenblick die Zeitargumente weg. Für die kanonischen Kommutatoren ist es allerdings wesentlich, dass beide Operatoren zum gleichen Zeitpunkt genommen werden.

† Anm. d. Ü.: Die Formeln (71) und (72) sind anwendbar, wenn die Polarisationsvektoren $\boldsymbol{\varepsilon}$ und $\boldsymbol{\varepsilon}'$ gleich oder orthogonal sind. Im allgemeinen Fall (nützlich bei einem Basiswechsel im Polarisationsraum) ist im Kommutator die Ersetzung $\delta_{\boldsymbol{\varepsilon}\boldsymbol{\varepsilon}'} \mapsto \boldsymbol{\varepsilon}^* \cdot \boldsymbol{\varepsilon}'$ vorzunehmen, was konsistent ist mit der Fußnote * auf S. 2031.

Diese Beziehungen bleiben also dieselben (bis auf den Unterschied, dass **k** nun ein diskreter statt ein kontinuierlicher Index ist). Der Kommutator der Erzeuger und Vernichter nimmt dann die Form

$$\left[\hat{a}_{\mathbf{k},\boldsymbol{\varepsilon}}, \hat{a}^{\dagger}_{\mathbf{k}',\boldsymbol{\varepsilon}'}\right] = \mathcal{N}^2(k)\frac{2\hbar}{\varepsilon_0\omega}\,\delta_{\boldsymbol{\varepsilon}\boldsymbol{\varepsilon}'}\,\delta_{\mathbf{k},\mathbf{k}'} = \delta_{\boldsymbol{\varepsilon}\boldsymbol{\varepsilon}'}\,\delta_{\mathbf{k},\mathbf{k}'} \tag{72}$$

an, wobei im zweiten Schritt der Ausdruck (69) für $\mathcal{N}(k)$ verwendet wurde. Man erhält also in der Tat die Eins als Kommutator, wenn man $\mathbf{k} = \mathbf{k}'$ und $\boldsymbol{\varepsilon} = \boldsymbol{\varepsilon}'$ setzt.

3 Lagrange-Funktion für Feld und Ladungen

Wir befassen uns nun mit der Lagrange-Funktion des Gesamtsystems, die Wechselwirkung zwischen Ladungen und dem elektromagnetischen Feld inbegriffen.

3-a Bausteine

Als Lagrange-Funktion wählen wir die Summe

$$L = L_{\mathrm{F}} + L_{\mathrm{M}} + L_{\mathrm{W}} \tag{73}$$

wobei die Lagrange-Funktion des Felds L_{F} nur von den Feldvariablen abhängt. L_{M} ist die Lagrange-Funktion der geladenen Teilchen („Materie") und die Wechselwirkung L_{W} zwischen Feld und Ladungen hängt von beiden Typen von Variablen ab.

Als L_{F} nehmen wir die oben eingeführte Lagrange-Funktion des freien Felds, s. Gl. (51) und Gl. (52) mit $\omega = ck$:

$$L_{\mathrm{F}} = \fint \mathrm{d}^3k\,\overline{\mathscr{L}}_{\mathrm{F}}(\mathbf{k},t) = \varepsilon_0 \fint \mathrm{d}^3k \left[\dot{\widetilde{A}}^*_{\perp\boldsymbol{\varepsilon}}(\mathbf{k},t)\dot{\widetilde{A}}_{\perp\boldsymbol{\varepsilon}}(\mathbf{k},t) - \omega^2\widetilde{A}^*_{\perp\boldsymbol{\varepsilon}}(\mathbf{k},t)\widetilde{A}_{\perp\boldsymbol{\varepsilon}}(\mathbf{k},t)\right] \tag{74}$$

In der Lagrange-Funktion L_{M} der Teilchen zählen wir diese mit dem Index a durch und nehmen die übliche Differenz zwischen kinetischer und potentieller Energie, wobei die letztere durch die Coulomb-Kräfte zwischen den Teilchen zustandekommt [s. Kapitel XVIII, zweiter Term in Gl. (A-39)]:

$$L_{\mathrm{M}} = \sum_a \frac{1}{2} m_a \dot{\mathbf{r}}_a^2(t) - V_{\mathrm{C}} \tag{75}$$

Für die Wechselwirkung wählen wir schließlich den Ausdruck

$$L_{\mathrm{W}} = \int \mathrm{d}^3r\,\mathbf{j}(\mathbf{r},t)\cdot\mathbf{A}_{\perp}(\mathbf{r},t) \tag{76}$$

wobei die Stromdichte der Teilchen durch

$$\mathbf{j}(\mathbf{r},t) = \sum_a q_a \dot{\mathbf{r}}_a(t)\,\delta(\mathbf{r}-\mathbf{r}_a(t)) \tag{77}$$

mit der Ladung q_a für Teilchen a gegeben ist. In diesen Ausdrücken kommen das longitudinale Vektorpotential $\mathbf{A}_\parallel$, die Ladungsdichte ρ und das skalare Potential U nicht vor. Dies liegt an unserer Wahl der Coulomb-Eichung, in der $\mathbf{A}_\parallel$ verschwindet und die Energie des longitudinalen elektrischen Felds eine Funktion der Teilchenvariablen ist. Dasselbe gilt für das skalare Potential: es „versteckt sich" in der Coulomb-Energie V_C, die wir in der Lagrange-Funktion der Teilchen [Gl. (75)] berücksichtigt haben.

Für die weiteren Rechnungen ist es nützlich, weitere äquivalente Darstellungen der Wechselwirkung L_W zur Hand zu haben. Je nach Aufgabenstellung wird die eine oder andere bequemer zu verwenden sein. Wir setzen Gl. (77) in Gl. (76) ein und erhalten

$$L_\mathrm{W} = \int \mathrm{d}^3 r\, \mathbf{j}(\mathbf{r}, t) \cdot \mathbf{A}_\perp(\mathbf{r}, t) = \sum_a q_a \dot{\mathbf{r}}_a(t) \cdot \mathbf{A}_\perp(\mathbf{r}_a(t), t) \tag{78}$$

Die Parsevalsche Gleichung liefert im Übrigen

$$L_\mathrm{W} = \int \mathrm{d}^3 r\, \mathbf{j}(\mathbf{r}, t) \cdot \mathbf{A}_\perp(\mathbf{r}, t) = \int \mathrm{d}^3 k\, \tilde{\mathbf{j}}^*(\mathbf{k}, t) \cdot \tilde{\mathbf{A}}_\perp(\mathbf{k}, t) \tag{79}$$

Im $\mathrm{d}^3 k$-Integral kann man die Terme

$$\tilde{\mathbf{j}}^*(\mathbf{k}, t) \cdot \tilde{\mathbf{A}}_\perp(\mathbf{k}, t) + \tilde{\mathbf{j}}^*(-\mathbf{k}, t) \cdot \tilde{\mathbf{A}}_\perp(-\mathbf{k}, t) = \tilde{\mathbf{j}}^*(\mathbf{k}, t) \cdot \tilde{\mathbf{A}}_\perp(\mathbf{k}, t) + \tilde{\mathbf{j}}(\mathbf{k}, t) \cdot \tilde{\mathbf{A}}_\perp^*(\mathbf{k}, t) \tag{80}$$

zusammenfassen. Indem wir das Integral auf eine Hälfte des reziproken Raums einschränken, können wir also schreiben

$$\begin{aligned} L_\mathrm{W} &= \int \mathrm{d}^3 k\, \tilde{\mathbf{j}}^*(\mathbf{k}, t) \cdot \tilde{\mathbf{A}}_\perp(\mathbf{k}, t) \\ &= {\int\!\!\!\!-} \mathrm{d}^3 k \left[\tilde{\mathbf{j}}^*(\mathbf{k}, t) \cdot \tilde{\mathbf{A}}_\perp(\mathbf{k}, t) + \tilde{\mathbf{j}}(\mathbf{k}, t) \cdot \tilde{\mathbf{A}}_\perp^*(\mathbf{k}, t)\right] \end{aligned} \tag{81}$$

3-b Euler-Lagrange-Gleichungen

Wir zeigen nun, dass die Euler-Lagrange-Gleichungen, die sich aus Gl. (73) ergeben, mit den Bewegungsgleichungen nach Maxwell und Lorentz übereinstimmen. Auf diese Weise rechtfertigen wir die Wahl der Lagrange-Funktion L.

α Euler-Lagrange-Gleichungen für das Feld

Die Zeitableitung $\dot{\tilde{A}}_{\perp\boldsymbol{\varepsilon}}$ des transversalen Vektorpotentials erscheint nur in der Lagrange-Dichte $\overline{\mathscr{L}}_\mathrm{F}(\mathbf{k}, t)$ für das Feld aus Gl. (74). Wenn wir mit $\overline{\mathscr{L}}$ die Lagrange-Dichte für das Gesamtsystem bezeichnen, können wir also schreiben

$$\frac{\partial \overline{\mathscr{L}}}{\partial \dot{\tilde{A}}_{\perp\boldsymbol{\varepsilon}}^*(\mathbf{k}, t)} = \frac{\partial \overline{\mathscr{L}}_\mathrm{F}}{\partial \dot{\tilde{A}}_{\perp\boldsymbol{\varepsilon}}^*(\mathbf{k}, t)} = \varepsilon_0 \dot{\tilde{A}}_{\perp\boldsymbol{\varepsilon}}(\mathbf{k}, t) \tag{82}$$

Das Vektorpotential $\widetilde{A}_{\perp\boldsymbol{\varepsilon}}(\mathbf{k}, t)$ selbst tritt sowohl in $\overline{\mathscr{L}}_F$ als auch in $\overline{\mathscr{L}}_W$ auf, womit der Integrand des letzten Integrals in Gl. (81) gemeint ist. Wir haben also

$$\frac{\partial \overline{\mathscr{L}}}{\partial \widetilde{A}^*_{\perp\boldsymbol{\varepsilon}}(\mathbf{k}, t))} = \frac{\partial \overline{\mathscr{L}}_F}{\partial \widetilde{A}^*_{\perp\boldsymbol{\varepsilon}}(\mathbf{k}, t))} + \frac{\partial \overline{\mathscr{L}}_W}{\partial \widetilde{A}^*_{\perp\boldsymbol{\varepsilon}}(\mathbf{k}, t)} = -\varepsilon_0 c^2 k^2 \widetilde{A}_{\perp\boldsymbol{\varepsilon}}(\mathbf{k}, t) + \widetilde{j}_{\perp\boldsymbol{\varepsilon}}(\mathbf{k}, t) \tag{83}$$

Die Euler-Lagrange-Gleichung besagt, dass die Zeitableitung von Gl. (82) gleich dem Ausdruck (83) ist:

$$\ddot{\widetilde{A}}_{\perp\boldsymbol{\varepsilon}}(\mathbf{k}, t) + c^2 k^2 \widetilde{A}_{\perp\boldsymbol{\varepsilon}}(\mathbf{k}, t) = \frac{1}{\varepsilon_0} \widetilde{j}_{\perp\boldsymbol{\varepsilon}}(\mathbf{k}, t) \tag{84}$$

Wir finden hier also die Bewegungsgleichung des transversalen Vektorpotentials in Gegenwart von Strömen wieder, die in Kapitel XVIII, Gl. (A-31) berechnet wurde.

β Euler-Lagrange-Gleichungen für die Teilchen

Die Geschwindigkeit $\dot{\mathbf{r}}_a$ von Teilchen a erscheint in L_M und L_W. Sei $\dot{x}_a$ ihre Komponente entlang der x-Achse, dann gilt

$$\frac{\partial L}{\partial \dot{x}_a} = \frac{\partial L_M}{\partial \dot{x}_a} + \frac{\partial L_W}{\partial \dot{x}_a} = m_a \dot{x}_a + q_a A_{\perp x}(\mathbf{r}_a(t), t) \tag{85}$$

Die Zeitableitung dieses Ausdrucks erzeugt mehrere Beiträge. Im zweiten Term ist eine explizite Zeitableitung über das Zeitargument t des Vektorpotentials sowie eine implizite zu berücksichtigen, weil die Koordinate $\mathbf{r}_a(t)$ zeitabhängig ist. Deswegen ergibt sich

$$\frac{\mathrm{d}}{\mathrm{d}t} \frac{\partial L}{\partial \dot{x}_a} = m_a \ddot{x}_a + q_a \frac{\partial A_{\perp x}(\mathbf{r}_a, t)}{\partial t} + q_a (\dot{\mathbf{r}}_a \cdot \nabla) A_{\perp x}(\mathbf{r}_a, t) \tag{86}$$

wobei wir hier und im Folgenden das Zeitargument von $\mathbf{r}_a = \mathbf{r}_a(t)$ der Kürze halber weglassen. Die Zeitableitung des Vektorpotentials liefert das transversale elektrische Feld:

$$q_a \frac{\partial A_{\perp x}(\mathbf{r}_a, t)}{\partial t} = -q_a E_{\perp x}(\mathbf{r}_a, t) \tag{87}$$

Der zweite Term in Gl. (86) ist so auszuschreiben:*

$$q_a (\dot{\mathbf{r}}_a \cdot \nabla) A_{\perp x}(\mathbf{r}_a, t) = q_a \left(\dot{x}_a \frac{\partial A_{\perp x}}{\partial x} + \dot{y}_a \frac{\partial A_{\perp x}}{\partial y} + \dot{z}_a \frac{\partial A_{\perp x}}{\partial z} \right) \tag{88}$$

Berechnen wir nun die Ableitung von L nach der Koordinate x_a von Teilchen a. Sie tritt sowohl in L_M über V_C als auch in L_W auf (über die Ortsabhängigkeit von $\mathbf{A}_\perp$). Wir erhalten

$$\frac{\partial L}{\partial x_a} = \frac{\partial L_M}{\partial x_a} + \frac{\partial L_W}{\partial x_a} = -\frac{\partial V_C}{\partial x_a} + q_a \dot{\mathbf{r}}_a \cdot \frac{\partial \mathbf{A}_\perp}{\partial x} \tag{89}$$

---

* Anm. d. Ü.: In den Ableitungen des Vektorpotentials lassen wir der Übersichtlichkeit halber den Index a an den Koordinaten weg. Es ist aus dem Zusammenhang klar, dass das Feld und seine Ableitungen am Ort $\mathbf{r}_a$ des Teilchens auszuwerten ist.

Der Term $-\partial V_C/\partial x_a$ ist die Coulomb-Kraft auf Teilchen a, also die x-Komponente der elektrostatischen Kraft am Ort der Ladung q_a, die von den anderen Ladungen erzeugt wird. Man kann sie auch in der Form

$$-\frac{\partial V_C}{\partial x_a} = q_a E_{\|x}(\mathbf{r}_a, t) \tag{90}$$

schreiben, wobei $\mathbf{E}_\|$ das longitudinale elektrische Feld ist. (Wir hatten in Kapitel XVIII, § A-2-c gesehen, dass diese Feldkomponente das elektrostatische Feld der Ladungsverteilung beschreibt.) Schreiben wir schließlich den letzten Term in Gl. (89) aus:

$$q_a \dot{\mathbf{r}}_a \cdot \frac{\partial \mathbf{A}_\perp}{\partial x} = q_a \left(\dot{x}_a \frac{\partial A_{\perp x}}{\partial x} + \dot{y}_a \frac{\partial A_{\perp y}}{\partial x} + \dot{z}_a \frac{\partial A_{\perp z}}{\partial x} \right) \tag{91}$$

Die Euler-Lagrange-Gleichung für das Teilchen a

$$\frac{\mathrm{d}}{\mathrm{d}t} \frac{\partial L}{\partial \dot{x}_a} = \frac{\partial L}{\partial x_a} \tag{92}$$

können wir damit wie folgt explizit angeben:

$$m_a \ddot{x}_a = q_a E_x(\mathbf{r}_a, t) - q_a (\dot{\mathbf{r}}_a \cdot \nabla) A_{\perp x} + q_a \dot{\mathbf{r}}_a \cdot \frac{\partial \mathbf{A}_\perp}{\partial x} \tag{93}$$

Das das gesamte elektrische Feld am Punkt $\mathbf{r}_a$ ist dabei durch

$$\mathbf{E}(\mathbf{r}_a) = \mathbf{E}_\perp(\mathbf{r}_a) + \mathbf{E}_\|(\mathbf{r}_a) \tag{94}$$

gegeben. Die letzten beiden Terme in Gl. (93) können wir umformen, indem wir die beiden Ausdrücke (88) und (91) zusammenfassen:

$$\begin{aligned} & - q_a (\dot{\mathbf{r}}_a \cdot \nabla) A_{\perp x} + q_a \dot{\mathbf{r}}_a \cdot \frac{\partial \mathbf{A}_\perp}{\partial x} \\ & = q_a \left[\dot{y}_a \left(\frac{\partial A_{\perp y}}{\partial x} - \frac{\partial A_{\perp x}}{\partial y} \right) - \dot{z}_a \left(\frac{\partial A_{\perp x}}{\partial z} - \frac{\partial A_{\perp z}}{\partial x} \right) \right] \\ & = q_a \left[\dot{\mathbf{r}}_a \times (\nabla \times \mathbf{A}_\perp) \right]_x = q_a (\dot{\mathbf{r}}_a \times \mathbf{B})_x \end{aligned} \tag{95}$$

Wir finden die Lorentz-Kraft wieder, die das Magnetfeld auf die bewegte Ladung q_a ausübt. Die Euler-Lagrange-Gleichung liefert somit insgesamt als Bewegungsgleichung für Teilchen a

$$m_a \ddot{\mathbf{r}}_a = q_a \mathbf{E}(\mathbf{r}_a) + q_a \dot{\mathbf{r}}_a \times \mathbf{B}(\mathbf{r}_a) \tag{96}$$

was offenbar mit der Lorentz-Gleichung (A-3) aus Kapitel XVIII übereinstimmt. Die oben gewählte Lagrange-Funktion liefert also die korrekten Bewegungsgleichungen sowohl für das Feld als auch für die Teilchen.

3-c Konjugierte Impulse

Den oben berechneten Ausdruck (82) können wir verwenden, um den Impuls $\widetilde{\Pi}_{\perp\boldsymbol{\varepsilon}}(\mathbf{k}, t)$ zu berechnen, der zu der Feldvariablen $\widetilde{A}_{\perp\boldsymbol{\varepsilon}}(\mathbf{k}, t)$ konjugiert ist:

$$\widetilde{\Pi}_{\perp\boldsymbol{\varepsilon}}(\mathbf{k}, t) = \frac{\partial\overline{\mathscr{L}}}{\partial\dot{\widetilde{A}}^*_{\perp\boldsymbol{\varepsilon}}(\mathbf{k}, t)} = \frac{\partial\overline{\mathscr{L}}_{\mathrm{F}}}{\partial\dot{\widetilde{A}}^*_{\perp\boldsymbol{\varepsilon}}(\mathbf{k}, t)} = \varepsilon_0\dot{\widetilde{A}}_{\perp\boldsymbol{\varepsilon}}(\mathbf{k}, t)) = -\varepsilon_0\widetilde{E}_{\perp\boldsymbol{\varepsilon}}(\mathbf{k}, t) \tag{97}$$

Zu der Teilchenkoordinate $\mathbf{r}_a$ ist die Größe (85) der konjugierte Impuls

$$\mathbf{p}_a = \frac{\partial L}{\partial\dot{\mathbf{r}}_a} = \frac{\partial L_{\mathrm{M}}}{\partial\dot{\mathbf{r}}_a} + \frac{\partial L_{\mathrm{W}}}{\partial\dot{\mathbf{r}}_a} = m_a\dot{\mathbf{r}}_a + q_a\mathbf{A}_\perp(\mathbf{r}_a) \tag{98}$$

was man häufig als den *kanonischen Impuls* bezeichnet, der vom *kinematischen Impuls* $m_a\dot{\mathbf{r}}_a$ zu unterscheiden ist (d. Ü.).

3-d Hamilton-Funktion

Weil die verallgemeinerte Geschwindigkeit $\dot{\widetilde{A}}_{\perp\boldsymbol{\varepsilon}}$ und der Impuls $\widetilde{\Pi}_{\perp\boldsymbol{\varepsilon}} = \varepsilon_0\dot{\widetilde{A}}_{\perp\boldsymbol{\varepsilon}}$ nur in der Lagrangedichte $\mathscr{L}_{\mathrm{F}}$ für das Strahlungsfeld auftreten, enthält die Hamilton-Funktion des Gesamtsystems denselben Term H_{F}, den wir oben in Gl. (56) für das freie Feld gefunden haben.

Die anderen Terme entstehen aus den Impulsen der Teilchen und durch das Abziehen von L_{M} und L_{W}. Aus Gleichung (98) berechnen wir zunächst

$$\sum_a \dot{\mathbf{r}}_a\cdot\mathbf{p}_a = \sum_a\left[m_a\dot{\mathbf{r}}_a^2 + q_a\dot{\mathbf{r}}_a\cdot\mathbf{A}_\perp(\mathbf{r}_a)\right] \tag{99}$$

Davon müssen wir die Ausdrücke (75) und (78) für die Lagrange-Funktionen abziehen. Der zweite Term hebt sich mit L_{W} weg, und es bleibt schließlich übrig

$$\sum_a\frac{1}{2}m_a\dot{\mathbf{r}}_a^2 + V_{\mathrm{C}} = \sum_a\frac{[\mathbf{p}_a - q_a\mathbf{A}_\perp(\mathbf{r}_a)]^2}{2m_a} + V_{\mathrm{C}} \tag{100}$$

wobei wir die Geschwindigkeiten durch die kanonischen Impulse ausgedrückt haben. Die Hamilton-Funktion des Gesamtsystems hat schließlich die Form

$$H = H_{\mathrm{F}} + \sum_a\frac{[\mathbf{p}_a - q_a\mathbf{A}_\perp(\mathbf{r}_a)]^2}{2m_a} + V_{\mathrm{C}} \tag{101}$$

wobei H_{F} die Hamilton-Funktion (56) des freien Strahlungsfelds ist. Damit haben wir den Ausdruck für H aus Kapitel XVIII, Gl. (A-41) bewiesen.

3-e Kommutatoren

Geben wir schließlich noch die kanonischen Kommutatoren an, wenn man das Gesamtsystem quantisiert. Für die Variablen des Felds und ihre Impulse entstehen dieselben Operatoren*, die somit auch in Gegenwart von Ladungen die Kommutatorrelation (59) für das freie Feld erfüllen:

$$\left[\widehat{\widetilde{A}}_{\perp\boldsymbol{\varepsilon}}(\mathbf{k}), \widehat{\widetilde{\Pi}}^{\dagger}_{\perp\boldsymbol{\varepsilon}'}(\mathbf{k}')\right] = \mathrm{i}\hbar\, \delta_{\boldsymbol{\varepsilon}\boldsymbol{\varepsilon}'}\, \delta(\mathbf{k} - \mathbf{k}') \tag{102}$$

Alle anderen Kommutatoren verschwinden. Die Orts- und Impulsoperatoren für die Teilchen haben die übliche Form

$$\left[(\widehat{\mathbf{r}}_a)_i, (\widehat{\mathbf{p}}_b)_j\right] = \mathrm{i}\hbar\, \delta_{ab}\, \delta_{ij} \tag{103}$$

wobei die Indizes a, b die Teilchen abzählen und $i, j = x, y, z$ die kartesischen Komponenten von $\widehat{\mathbf{r}}_a$ und $\widehat{\mathbf{p}}_b$ bezeichnen.

Es bleibt noch anzumerken, dass diese Kommutatoren wie in § 2-g auch für eine Darstellung mit diskreten Wellenvektoren für das Feld formuliert werden können.

---

* Anm. d. Ü.: Hier und in Kapitel XIX kennzeichnen wir Operatoren mit einem Zirkumflex- oder „Hut"-Akzent.

XIX Quantisierung des Strahlungsfelds

Einleitung

In diesem Kapitel stellen wir die quantenmechanische Beschreibung des elektromagnetischen Felds sowie seine Wechselwirkungen mit geladenen Teilchen vor. Diese Beschreibung ist nötig, um Phänomene wie etwa die *spontane Emission* eines Photons durch ein angeregtes Atom zu verstehen; mit den bislang verwendeten semiklassischen Modellen (die das Feld klassisch behandeln, aber die Teilchen quantenmechanisch[1]) ist dies nicht möglich. Erinnern wir uns, dass wir ein monochromatisches Feld mit der (Winkel-)Frequenz ω durch die klassische Funktion $\mathbf{E}_0 \cos \omega t$ darstellen können. Es koppelt an ein Atom über dessen elektrisches Dipolmoment (Operator $\widehat{\mathbf{D}}$) vermittels des Hamilton-Operators[2] $\widehat{W} = -\widehat{\mathbf{D}} \cdot \mathbf{E}_0 \cos \omega t$, in dem $\mathbf{E}_0$ ein klassischer Vektor ist. Dieses Modell genügt, um zu verstehen, wie das Feld das Atom aus seinem Grundzustand a (mit der Energie E_a) in einen angeregten Zustand b (Energie E_b) resonant anheben kann, wenn die Feldfrequenz ω in der Nähe der Bohr-Frequenz $\omega_0 = (E_b - E_a)/\hbar$ liegt. Betrachten wir allerdings ein Atom in seinem angeregten Zustand b, ohne dass irgendeine Strahlung auf es einwirkt, dann ist offenbar $\mathbf{E}_0 = \mathbf{0}$, und die Wechselwirkung $\widehat{W}$ verschwindet. Das Gesamtsystem wird dann allein durch den Atom-Hamilton-Operator $\widehat{H}_\text{A}$ beschrieben, der zeitunabhängig ist und dessen Eigenzustände stationär sind. Insbesondere ist der Zustand b stationär – das semiklassische Modell sagt vorher, dass ein anfänglich angeregtes Atom ohne äußere Strahlung unendlich lange in diesem Zustand verbleibt. Im Experiment macht man allerdings

1 Ein Beispiel für ein derartiges Modell ist die Wechselwirkung eines Atoms mit einer elektromagnetischen Welle aus Band II, Ergänzung A_{XIII}.

2 In diesem Kapitel und seinen Ergänzungen verwenden wir den Zirkumflex- (oder Dach-)Akzent, um Operatoren $\widehat{G}$ von den entsprechenden klassischen Größen G zu unterscheiden.

https://doi.org/10.1515/9783110649130-022

eine andere Beobachtung: Nach einer gewissen Zeit „springt“ das Atom spontan in ein energetisch tiefer liegendes Niveau a hinunter und emittiert dabei ein Photon mit einer Frequenz in der Nähe von $\omega_0 = (E_b - E_a)/\hbar$. Diesen Prozess nennt man *spontane Emission*; es ist dafür eine mittlere Zeit nötig, die man die *radiative Lebensdauer* des angeregten Zustands b nennt. Wir stehen hier vor einem ersten Beispiel für ein Phänomen, das man nur mit einer quantenmechanischen Behandlung der Strahlung erklären kann. Es gibt eine Reihe von weiteren Beispielen, und immer weiter ausgefeilte Experimente haben Phänomene zum Vorschein gebracht, für die das elektromagnetische Feld quantisiert werden muss.

Die Grundlagen der Feldquantisierung bilden das Thema dieses Kapitels. Wir verfolgen dabei den einfachsten möglichen Zugang – die Quantisierung des elektromagnetischen Felds kann auch mit einer allgemeineren Methode durchgeführt werden, wobei die Lagrange-Formulierung der Elektrodynamik den Ausgangspunkt bildet (s. Ergänzung A_{XVIII}). Im vorigen Kapitel haben wir die Analogie herausgearbeitet, die zwischen den Eigenschwingungen (oder Moden) des Strahlungsfelds und einem unendlichen Satz von harmonischen Oszillatoren besteht. In § A werden wir diese Analogie verwenden, um diese Oszillatoren zu quantisieren. Jeder Mode i der klassischen Elektrodynamik (mit den komplexen Normalkoordinaten α_i und α_i^*) werden Vernichtungsoperatoren $\hat{a}_i$ und Erzeugungsoperatoren $\hat{a}_i^\dagger$ zugeordnet, die der bekannten Kommutatorrelation $[\hat{a}_i, \hat{a}_i^\dagger] = 1$ genügen. Wir postulieren ebenfalls einen plausiblen Ausdruck für den Hamilton-Operator des Systems aus Feld und Teilchen, ausgehend von der klassischen Energie dieses System aus dem voranstehenden Kapitel. Wir werden sehen, dass die Bewegungsgleichungen der verschiedenen Observablen im Heisenberg-Bild[3] (s. Band I, Ergänzung G_{III}) nichts anderes als die Übertragung der Maxwell-Lorentz-Gleichungen auf die Operatoren sind, die Felder und Teilchen beschreiben, wobei Produkte geeignet symmetrisiert werden. Auf diese Weise rechtfertigen wir *a posteriori* die hier verwendete einfache Quantisierungsvorschrift.

In § B besprechen wir einige wichtige Begriffe für das freie Feld (ohne äußere Ladungen oder Quellen). Der Raum seiner Quantenzustände hat die Struktur eines Tensorprodukts von Fock-Räumen, analog zu denen aus Kapitel XV. Die *elementaren Anregungen* des Felds sind gerade die Photonen. Wir beschreiben einige wichtige Zustände des Felds: das Photonenvakuum, in dem kein einziges Photon vorhanden ist, aber den ganzen Raum ausfüllend ein Feld existiert, das um den Wert null herum fluktuiert; die Einphotonzustände; sowie die quasiklassischen (oder *kohärenten*) Zustände, deren Eigenschaften sich analog zu einem klassischen Feld verhalten.

In § C befassen wir uns schließlich mit der Wechselwirkung zwischen dem elektromagnetischen Feld und Teilchen, inbesondere für den Fall von elektrisch neutralen Atomen (wie etwa im Wasserstoffatom, in dem sich eine positive und eine nega-

3 Diese Gleichungen nennen wir der Kürze halber die Heisenberg-Gleichungen.

tive Ladung in der Gesamtladung kompensieren). Man kann in diesem Fall zwei Arten von Atomvariablen unterscheiden: für die Schwerpunktsbewegung (*externe Variablen*) und für die Relativbewegung im Bezugssystem des Massenmittelpunkts (*interne Variablen*). Wir führen die elektrische Dipolnäherung ein, die dann gültig ist, wenn die Wellenlänge des Strahlungsfelds groß gegenüber der Ausdehnung des Atoms ist, sowie die Auswahlregeln, die sich aus dem Hamilton-Operator für die Atom-Feld-Wechselwirkung ergeben.*

A Quantisierung des Strahlungsfelds in der Coulomb-Eichung

A-1 Quantisierungsregeln

In Kapitel XVIII, Gl. (B-26) haben wir folgenden Ausdruck für die Energie des transversalen elektromagnetischen Felds hergeleitet:

$$H_{\text{trans}} = \varepsilon_0 \int \mathrm{d}^3 k \sum_{\boldsymbol{\varepsilon}} \frac{\omega^2}{4\mathcal{N}^2(k)} \left(\alpha^*_{\boldsymbol{\varepsilon}}(\mathbf{k}, t)\alpha_{\boldsymbol{\varepsilon}}(\mathbf{k}, t) + \alpha_{\boldsymbol{\varepsilon}}(\mathbf{k}, t)\alpha^*_{\boldsymbol{\varepsilon}}(\mathbf{k}, t)\right) \tag{A-1}$$

Dabei sind $\alpha_{\boldsymbol{\varepsilon}}(\mathbf{k}, t)$ und $\alpha^*_{\boldsymbol{\varepsilon}}(\mathbf{k}, t)$ komplexe Normalvariablen für den Zustand des transversalen Felds und $\mathcal{N}(k)$ ist eine reelle Normierungskonstante, die in der Definition der Normalvariablen auftritt. Diese kombinieren die Fourier-Transformierte des transversalen Vektorpotentials und seine zeitliche Ableitung:

$$\begin{aligned}
\boldsymbol{\alpha}(\mathbf{k}, t) &= \mathcal{N}(k) \left[\tilde{\mathbf{A}}_\perp(\mathbf{k}, t) + \frac{\mathrm{i}}{\omega}\dot{\tilde{\mathbf{A}}}_\perp(\mathbf{k}, t)\right] \\
\boldsymbol{\alpha}^*(\mathbf{k}, t) &= \mathcal{N}(k) \left[\tilde{\mathbf{A}}^*_\perp(\mathbf{k}, t) - \frac{\mathrm{i}}{\omega}\dot{\tilde{\mathbf{A}}}^*_\perp(\mathbf{k}, t)\right]
\end{aligned} \tag{A-2}$$

[Die Komponenten $\alpha_{\boldsymbol{\varepsilon}}(\mathbf{k}, t)$ in Gl. (A-1) entstehen durch Projektion auf den transversalen Polarisationsvektor $\boldsymbol{\varepsilon}$, der auch komplex gewählt werden kann.] An dem Ausdruck (A-1) wird die Analogie zwischen dem freien, transversalen Feld und einem Satz von harmonischen Oszillatoren deutlich, für jede Mode $(\mathbf{k}, \boldsymbol{\varepsilon})$ genau einer mit der Frequenz $\omega = ck$.

Diese Analogie führt uns auf die Quantisierungsvorschrift, die Normalkoordinaten $\alpha_{\boldsymbol{\varepsilon}}(\mathbf{k}, t)$ und $\alpha^*_{\boldsymbol{\varepsilon}}(\mathbf{k}, t)$ durch Vernichter und Erzeuger zu ersetzen, genau wie bei dem quantenmechanischen harmonischen Oszillator (s. Band I, Kapitel V und Kapi-

* Anm. d. Ü.: Die Quantentheorie des elektromagnetischen Felds wurde von Paul A. M. Dirac (1927) nur ein Jahr nach der Veröffentlichung der Schrödinger-Gleichung nach den hier angewendeten Regeln der kanonischen Quantisierung konstruiert. Als erste Anwendung berechnete Dirac die spontane Zerfallsrate eines angeregten atomaren Zustands (s. Kapitel XX, § C-3).

tel XVIII, § B-1).* Wir arbeiten in diesem Abschnitt im Schrödinger-Bild, in dem diese Operatoren zeitunabhängig sind; die Zeitabhängigkeit findet in der Entwicklung des Zustandsvektors statt. Die Quantisierung besteht also darin, die Normalkoordinate $\alpha_{\boldsymbol{\varepsilon}}(\mathbf{k}, t = 0)$ durch den Vernichtungsoperator $\widehat{a}_{\boldsymbol{\varepsilon}}(\mathbf{k})$ zu ersetzen, sowie das komplex Konjugierte $\alpha^*_{\boldsymbol{\varepsilon}}(\mathbf{k}, t = 0)$ durch den adjungierten (Erzeugungs-)Operator $\widehat{a}^\dagger_{\boldsymbol{\varepsilon}}(\mathbf{k})$. Wenn man diese Ersetzung in Formel (A-1) vornimmt, erhält man eine Summe (Integral) über den bekannten Hamilton-Operator des harmonischen Oszillators, wenn der Faktor $\omega^2/4\mathcal{N}^2(k)$ im Integranden durch $\hbar\omega/2\varepsilon_0$ ersetzt wird. Wir lesen daraus folgenden Ausdruck für den Normierungsfaktor ab:

$$\mathcal{N}(k) = \sqrt{\frac{\varepsilon_0\,\omega}{2\hbar}} = \sqrt{\frac{\varepsilon_0\,ck}{2\hbar}} \tag{A-3}$$

Diese Beziehung hatten wir auch in Ergänzung $\mathrm{A_{XVIII}}$, Gl. (69) ausgehend von den Kommutatorrelationen gefunden. Diese Relationen haben die Form

$$\left[\widehat{a}_{\boldsymbol{\varepsilon}}(\mathbf{k}), \widehat{a}^\dagger_{\boldsymbol{\varepsilon}'}(\mathbf{k}')\right] = \delta_{\boldsymbol{\varepsilon}\boldsymbol{\varepsilon}'}\,\delta(\mathbf{k} - \mathbf{k}') \tag{A-4a}$$

$$\left[\widehat{a}_{\boldsymbol{\varepsilon}}(\mathbf{k}), \widehat{a}_{\boldsymbol{\varepsilon}'}(\mathbf{k}')\right] = \left[\widehat{a}^\dagger_{\boldsymbol{\varepsilon}}(\mathbf{k}), \widehat{a}^\dagger_{\boldsymbol{\varepsilon}'}(\mathbf{k}')\right] = 0 \tag{A-4b}$$

Der Hamilton-Operator ist schließlich (weil wir ihn oft verwenden werden, verkürzen wir die Notation zu $\widehat{H}_{\mathrm{F}}$ für das *Feld*):

$$\widehat{H}_{\mathrm{F}} \equiv \widehat{H}_{\mathrm{trans}} = \int \mathrm{d}^3k \sum_{\boldsymbol{\varepsilon}} \frac{\hbar\omega}{2}\left(\widehat{a}^\dagger_{\boldsymbol{\varepsilon}}(\mathbf{k})\widehat{a}_{\boldsymbol{\varepsilon}}(\mathbf{k}) + \widehat{a}_{\boldsymbol{\varepsilon}}(\mathbf{k})\widehat{a}^\dagger_{\boldsymbol{\varepsilon}}(\mathbf{k})\right) \tag{A-5}$$

Er erzeugt die Zeitentwicklung des quantisierten transversalen Felds.

Dieses Verfahren können wir auf andere physikalische Größen anwenden und in den Ausdrücken aus dem letzten Kapitel die klassischen Normalkoordinaten durch Vernichter und Erzeuger ersetzen. Der Impuls des transversalen Felds [Kapitel XVIII, Gl. (B-27)] wird etwa zu

$$\widehat{\mathbf{P}}_{\mathrm{trans}} = \int \mathrm{d}^3k \sum_{\boldsymbol{\varepsilon}} \frac{\hbar\mathbf{k}}{2}\left(\widehat{a}^\dagger_{\boldsymbol{\varepsilon}}(\mathbf{k})\widehat{a}_{\boldsymbol{\varepsilon}}(\mathbf{k}) + \widehat{a}_{\boldsymbol{\varepsilon}}(\mathbf{k})\widehat{a}^\dagger_{\boldsymbol{\varepsilon}}(\mathbf{k})\right) \tag{A-6}$$

Die transversalen Felder selbst, deren Modenentwicklungen in Kapitel XVIII, Gl. (B-29), Gl. (B-30) und Gl. (B-28) aufgeschrieben sind, werden Linearkombinationen von Ver-

* Anm. d. Ü.: Für den harmonischen Oszillator werden die Operatoren $\widehat{a}$ und $\widehat{a}^\dagger$ auch *Leiteroperatoren* genannt, weil sie im Spektrum die Energieeigenwerte um $\hbar\omega$ erniedrigen oder erhöhen. Hier in der quantisierten Elektrodynamik gewinnen die Begriffe *Vernichter* und *Erzeuger* eine neue Bedeutung, weil man den Eigenzustand mit einer Energie $n\,\hbar\omega$ oberhalb des Grundzustands als Zustand mit n „Photonen" interpretiert: indem der Operator $\widehat{a}_{\boldsymbol{\varepsilon}}(\mathbf{k})$ die Energie absenkt, „vernichtet" er ein Photon in der Mode $(\mathbf{k}, \boldsymbol{\varepsilon})$, ganz analog zu den Erzeugern und Vernichtern von identischen Teilchen aus Kapitel XV. Diese Interpretation wird durch Störungsrechnungen bezüglich der Wechselwirkung mit Materie bestärkt, durch die in der Tat Photonen entstehen (Emission) oder verschwinden (Absorption), s. § C-5.

nichtern und Erzeugern:

$$\hat{\mathbf{E}}_\perp(\mathbf{r}) = \mathrm{i} \int \frac{\mathrm{d}^3k}{(2\pi)^{3/2}} \sum_{\boldsymbol{\varepsilon}} \left[\frac{\hbar\omega}{2\varepsilon_0}\right]^{1/2} \left(\hat{a}_{\boldsymbol{\varepsilon}}(\mathbf{k})\, \boldsymbol{\varepsilon}\, \mathrm{e}^{\mathrm{i}\mathbf{k}\cdot\mathbf{r}} - \hat{a}^\dagger_{\boldsymbol{\varepsilon}}(\mathbf{k})\, \boldsymbol{\varepsilon}^*\, \mathrm{e}^{-\mathrm{i}\mathbf{k}\cdot\mathbf{r}}\right) \tag{A-7}$$

$$\hat{\mathbf{B}}(\mathbf{r}) = \frac{\mathrm{i}}{c} \int \frac{\mathrm{d}^3k}{(2\pi)^{3/2}} \sum_{\boldsymbol{\varepsilon}} \left[\frac{\hbar\omega}{2\varepsilon_0}\right]^{1/2} \left(\hat{a}_{\boldsymbol{\varepsilon}}(\mathbf{k})\, \boldsymbol{\beta}\, \mathrm{e}^{\mathrm{i}\mathbf{k}\cdot\mathbf{r}} - \hat{a}^\dagger_{\boldsymbol{\varepsilon}}(\mathbf{k})\, \boldsymbol{\beta}^*\, \mathrm{e}^{-\mathrm{i}\mathbf{k}\cdot\mathbf{r}}\right) \tag{A-8}$$

$$\hat{\mathbf{A}}_\perp(\mathbf{r}) = \int \frac{\mathrm{d}^3k}{(2\pi)^{3/2}} \sum_{\boldsymbol{\varepsilon}} \left[\frac{\hbar}{2\varepsilon_0\omega}\right]^{1/2} \left(\hat{a}_{\boldsymbol{\varepsilon}}(\mathbf{k})\, \boldsymbol{\varepsilon}\, \mathrm{e}^{\mathrm{i}\mathbf{k}\cdot\mathbf{r}} + \hat{a}^\dagger_{\boldsymbol{\varepsilon}}(\mathbf{k})\, \boldsymbol{\varepsilon}^*\, \mathrm{e}^{-\mathrm{i}\mathbf{k}\cdot\mathbf{r}}\right) \tag{A-9}$$

Wir haben in Gl. (B-6) die Abkürzung $\boldsymbol{\beta} = \boldsymbol{\kappa} \times \boldsymbol{\varepsilon}$ für den (komplexen) Polarisationsvektor des Magnetfelds verwendet; $\boldsymbol{\kappa} = \mathbf{k}/k$ ist der Einheitsvektor parallel zum Wellenvektor.

Bemerkung:
Wie in Kapitel XVIII haben wir diese Formeln für den allgemeinen Fall aufgeschrieben, in dem komplexe Polarisationsvektoren (zirkulare oder elliptische Polarisationen) auftreten können. Dies erklärt, warum die Terme mit den Erzeugungsoperatoren stets in Kombination mit einem komplex konjugierten Vektor $\boldsymbol{\varepsilon}^*$ oder $\boldsymbol{\beta}^*$ auftreten.
Die verwendete Quantisierungsvorschrift ist unabhängig von der Wahl der Basisvektoren für die Polarisation: Wird die Basis gewechselt, drückt man die alten Polarisationsvektoren durch die neuen aus und liest aus Gl. (A-9) die neuen Erzeugungs- und Vernichtungsoperatoren ab. Man kann dann direkt überprüfen, dass auch diese Operatoren die üblichen Kommutatorrelationen für Erzeuger und Vernichter erfüllen.*

Die Gesamtenergie für das System aus Teilchen und Feld aus Kapitel XVIII, Gl. (A-48) wird schließlich zu

$$\begin{aligned}\hat{H} &= \frac{1}{2m_a} \sum_a \left[\hat{\mathbf{p}}_a - q_a \hat{\mathbf{A}}_\perp(\hat{\mathbf{r}}_a)\right]^2 + \hat{V}_{\mathrm{C}} \\ &\quad + \int \mathrm{d}^3k \sum_{\boldsymbol{\varepsilon}} \frac{\hbar\omega}{2} \left(\hat{a}^\dagger_{\boldsymbol{\varepsilon}}(\mathbf{k})\, \hat{a}_{\boldsymbol{\varepsilon}}(\mathbf{k}) + \hat{a}_{\boldsymbol{\varepsilon}}(\mathbf{k})\, \hat{a}^\dagger_{\boldsymbol{\varepsilon}}(\mathbf{k})\right)\end{aligned} \tag{A-10}$$

Dies ist ein plausibler Kandidat für den Hamilton-Operator des Gesamtsystems. Die Orts- und Impulsoperatoren $\hat{\mathbf{r}}_a$ und $\hat{\mathbf{p}}_a$ aus Kapitel XVIII, Gl. (A-47) erfüllen die üblichen Kommutationsbeziehungen

$$\left[(\hat{\mathbf{r}}_a)_i, (\hat{\mathbf{p}}_b)_j\right] = \mathrm{i}\hbar\, \delta_{ab}\, \delta_{ij} \tag{A-11a}$$

$$\left[(\hat{\mathbf{r}}_a)_i, (\hat{\mathbf{r}}_b)_j\right] = \left[(\hat{\mathbf{p}}_a)_i, (\hat{\mathbf{p}}_b)_j\right] = 0 \tag{A-11b}$$

Ein Vorteil der Quantisierungsregeln, die wir gerade heuristisch eingeführt haben, ist ihre Einfachheit. Wir werden zeigen, dass die Heisenberg-Gleichungen der

* Anm. d. Ü.: Es genügt dazu, dass die Transformation der Basisvektoren unitär ist. Sind $\hat{a}_{\boldsymbol{\varepsilon}}(\mathbf{k})$ und $\hat{a}^\dagger_{\boldsymbol{\varepsilon}'}(\mathbf{k}')$ Operatoren bezüglich beliebiger Polarisationsvektoren $\boldsymbol{\varepsilon}$ und $\boldsymbol{\varepsilon}'$, dann ist in Gl. (A-4a) das Kronecker-Symbol durch $\boldsymbol{\varepsilon}^* \cdot \boldsymbol{\varepsilon}'$ zu ersetzen, s. Fußnote * auf S. 2031.

Operatoren für Teilchen und Felder, die aus dem Hamilton-Operator (A-10) und den Kommutatoren (A-4) und (A-11) folgen, mit den Maxwell-Lorentz-Gleichungen für Operatoren übereinstimmt. Dieses Ergebnis bestärkt im Nachhinein die hier eingeführte Quantisierungsvorschrift.

A-2 Endliches Quantisierungsvolumen

In einem unendlichen Raum sind die Wellenvektoren **k** kontinuierliche Variablen und es gibt überabzählbar viele Moden. Wie bereits in Kapitel XVIII, § B-3 erwähnt, wird oft die bequeme Annahme getroffen, dass sich die Felder einem endlichen Volumen L^3 mit periodischen Randbedingungen befinden. Die Wellenvektoren **k** sind dann auf die diskreten Werte*

$$k_{x,y,z} = \frac{2\pi}{L} n_{x,y,z} \tag{A-12}$$

eingeschränkt, wobei die $n_{x,y,z}$ ganzzahlig sind. Ist das Volumen genügend groß, dann werden alle physikalischen Vorhersagen unabhängig von L sein. Dieser Kunstgriff läuft darauf hinaus, die Fourier-Integrale über **k** durch Fourier-Summen zu ersetzen. Im klassischen Fall werden die kontinuierlichen Variablen $\alpha_{\boldsymbol{\varepsilon}}(\mathbf{k}, t)$ durch diskrete Variablen $\alpha_{\mathbf{k},\boldsymbol{\varepsilon}}(t)$ ersetzt. Verschwindet das Feld außerhalb des Volumens, ergibt die Beziehung (B-35) aus Kapitel XVIII den Umrechnungsfaktor zwischen diesen beiden Variablen.

Die Quantisierung des Systems erfolgt genauso wie oben: Im Schrödinger-Bild wird jeder klassischer Fourier-Koeffizient $\alpha_{\mathbf{k},\boldsymbol{\varepsilon}}(t = 0)$ durch einen Vernichter $\hat{a}_{\mathbf{k},\boldsymbol{\varepsilon}}$ ersetzt, und $\alpha^*_{\mathbf{k},\boldsymbol{\varepsilon}}(t = 0)$ durch einen Erzeuger $\hat{a}^\dagger_{\mathbf{k},\boldsymbol{\varepsilon}}$. Dieser erzeugt ein Quantum in einer Mode des Felds im Inneren des Volumens (anstatt wie vorher in einer unendlich ausgedehnten Mode). Aus den Kommutatorbeziehungen (A-4) wird nun†

$$\left[\hat{a}_{\mathbf{k},\boldsymbol{\varepsilon}}, \hat{a}^\dagger_{\mathbf{k},\boldsymbol{\varepsilon}'}\right] = \delta_{\boldsymbol{\varepsilon}\boldsymbol{\varepsilon}'}\, \delta_{\mathbf{k},\mathbf{k}'} \tag{A-13a}$$

$$\left[\hat{a}_{\mathbf{k},\boldsymbol{\varepsilon}}, \hat{a}_{\mathbf{k}',\boldsymbol{\varepsilon}'}\right] = \left[\hat{a}^\dagger_{\mathbf{k},\boldsymbol{\varepsilon}}, \hat{a}^\dagger_{\mathbf{k}',\boldsymbol{\varepsilon}'}\right] = 0 \tag{A-13b}$$

Der Beziehung (B-36) aus Kapitel XVIII entnehmen wir folgende Ersetzungsregel für den Übergang von kontinuierlichen auf diskrete Wellenvektoren:

$$\int \mathrm{d}^3 k \;\mapsto\; \left(\frac{2\pi}{L}\right)^{3/2} \sum_{\mathbf{k}} \tag{A-14}$$

* Anm. d. Ü.: Wegen Gl. (A-12) nennt man das endliche Volumen L^3 auch das *Quantisierungsvolumen*. Hiermit ist natürlich nicht der Übergang zu quantenmechanischen Feldoperatoren gemeint, sondern nur der diskrete Charakter der Wellenvektoren.

† Anm. d. Ü.: Die elektromagnetischen Moden in einem endlichen Volumen sind (im gewöhnlichen Sinn) normierbar. Mit dieser Beobachtung folgt Gl. (A-13) auch aus der allgemeinen Formel für Kommutatoren aus der Fußnote * auf S. 2031.

Dies verändert die Modenentwicklungen der Felder aus Gl. (A-7) bis (A-9). Das elektrische Feld etwa wird wie folgt dargestellt:

$$\boxed{\hat{\mathbf{E}}_\perp(\mathbf{r}) = \mathrm{i}\sum_{\mathbf{k},\boldsymbol{\varepsilon}} \left[\frac{\hbar\omega}{2\varepsilon_0 L^3}\right]^{1/2} \left(\hat{a}_{\mathbf{k},\boldsymbol{\varepsilon}}\, \boldsymbol{\varepsilon}\, \mathrm{e}^{\mathrm{i}\mathbf{k}\cdot\mathbf{r}} - \hat{a}^\dagger_{\mathbf{k},\boldsymbol{\varepsilon}}\, \boldsymbol{\varepsilon}^*\, \mathrm{e}^{-\mathrm{i}\mathbf{k}\cdot\mathbf{r}}\right)} \tag{A-15}$$

Wir sehen hier, wie die Vorschrift (A-14) wirkt: Das d^3k-Integral wird durch eine Summe ersetzt und der Integrand mit $(2\pi/L)^{3/2}$ multipliziert. Die Ausdrücke (A-8) und (A-9) für die beiden anderen Felder sind entsprechend anzupassen.

A-3 Bewegungsgleichungen im Heisenberg-Bild

A-3-a Geladene Teilchen

Im Heisenberg-Bild entwickelt sich der Operator $\hat{\mathbf{r}}_a(t)$ für die Ortskoordinate von Teilchen a gemäß

$$\dot{\hat{\mathbf{r}}}_a(t) = \frac{1}{\mathrm{i}\hbar}\left[\hat{\mathbf{r}}_a(t), \hat{H}\right] \tag{A-16}$$

Der einzige Term im Hamilton-Operator (A-10), der nicht mit $\hat{\mathbf{r}}_a$ kommutiert, ist der erste (die kinetische Energie). Wir verwenden die aus Gl. (A-11) folgende Kommutatorrelation*

$$[(\hat{\mathbf{r}}_a)_i, f((\hat{\mathbf{p}}_a)_j)] = \delta_{ij}\,\hbar\,\frac{\partial f}{\partial(\hat{\mathbf{p}}_a)_i} \tag{A-17}$$

und erhalten als Geschwindigkeitsoperator

$$\begin{aligned}\dot{\hat{\mathbf{r}}}_a(t) &= \frac{1}{\mathrm{i}\hbar}\left[\hat{\mathbf{r}}_a(t), \frac{1}{2m_a}\left(\hat{\mathbf{p}}_a(t) - q_a\hat{\mathbf{A}}_\perp(\hat{\mathbf{r}}_a(t), t)\right)^2\right] \\ &= \frac{1}{m_a}\left(\hat{\mathbf{p}}_a(t) - q_a\hat{\mathbf{A}}_\perp(\hat{\mathbf{r}}_a(t), t)\right)\end{aligned} \tag{A-18}$$

Dies ist die Übertragung der bekannten Relation zwischen dem kinetischen Impuls $m_a\dot{\mathbf{r}}_a$ und dem kanonischen Impuls $\mathbf{p}_a$ auf die quantenmechanischen Operatoren:

$$\hat{\mathbf{p}}_a(t) = m_a\dot{\hat{\mathbf{r}}}_a(t) + q_a\hat{\mathbf{A}}_\perp(\hat{\mathbf{r}}_a(t), t) \tag{A-19}$$

Wir definieren also den Operator $\hat{\mathbf{v}}_a$ für die Geschwindigkeit des Teilchens a durch

$$\hat{\mathbf{v}}_a = \frac{1}{m_a}\left(\hat{\mathbf{p}}_a - q_a\hat{\mathbf{A}}_\perp(\hat{\mathbf{r}}_a)\right) \tag{A-20}$$

wobei wir der Übersichtlichkeit halber alle Zeitargumente weggelassen haben.

---

* Anm. d. Ü.: Wir erinnern daran, dass für das Rechnen im Heisenberg-Bild die üblichen Kommutatoren immer dann anwendbar sind, wenn man Operatoren mit denselben Zeitargumenten miteinander kommutiert. Dies in den hier durchgeführten Umformungen der Fall.

Betrachten wir nun die Heisenberg-Gleichung für die Geschwindigkeit, also die Bewegungsgleichung des Teilchens:

$$m_a \dot{\hat{\mathbf{v}}}_a(t) = m_a \ddot{\hat{\mathbf{r}}}_a(t) = \frac{m_a}{\mathrm{i}\hbar}\left[\hat{\mathbf{v}}_a(t), \widehat{H}\right] \tag{A-21}$$

Wir zeigen weiter unten, dass der Kommutator zwischen $\hat{\mathbf{v}}_a(t)$ und $\widehat{H}$ auf folgenden Ausdruck führt:

$$m_a \ddot{\hat{\mathbf{r}}}_a = q_a \widehat{\mathbf{E}}(\hat{\mathbf{r}}_a) + \frac{q_a}{2}\left(\hat{\mathbf{v}}_a \times \widehat{\mathbf{B}}(\hat{\mathbf{r}}_a) - \widehat{\mathbf{B}}(\hat{\mathbf{r}}_a) \times \hat{\mathbf{v}}_a\right) \tag{A-22}$$

Wir erkennen hier die Quantenversion der Lorentz-Gleichung wieder, die die Kräfte auf das geladene Teilchen im elektromagnetischen Feld beschreibt. Hier ist $\widehat{\mathbf{E}} = \widehat{\mathbf{E}}_\parallel + \widehat{\mathbf{E}}_\perp$ als das gesamte elektrische Feld zu verstehen. Die besondere Form der Lorentz-Kraft $\frac{1}{2}q_a(\hat{\mathbf{v}}_a \times \widehat{\mathbf{B}}(\hat{\mathbf{r}}_a) - \widehat{\mathbf{B}}(\hat{\mathbf{r}}_a) \times \hat{\mathbf{v}}_a)$ ergibt sich aus den unten ausgeführten Rechnungen im Heisenberg-Bild; sie hat damit zu tun, dass das Produkt $\hat{\mathbf{v}}_a \times \widehat{\mathbf{B}}(\hat{\mathbf{r}}_a)$ kein hermitescher Operator ist. Man addiert deswegen das adjungierte Produkt $[\hat{\mathbf{v}}_a \times \widehat{\mathbf{B}}(\hat{\mathbf{r}}_a)]^\dagger = -\widehat{\mathbf{B}}(\hat{\mathbf{r}}_a) \times \hat{\mathbf{v}}_a$ und teilt die Summe durch 2.

Beweis von Gl. (A-22):
Für den Kommutator von $\hat{\mathbf{v}}_a$ mit der kinetischen Energie in $\widehat{H}$ schicken wir folgende Nebenrechnung voraus:

$$\begin{aligned} m_a^2\left[(\hat{\mathbf{v}}_a)_j, (\hat{\mathbf{v}}_a)_l\right] &= -q_a\left[(\hat{\mathbf{p}}_a)_j, (\widehat{\mathbf{A}}_\perp(\hat{\mathbf{r}}_a))_l\right] - q_a\left[(\widehat{\mathbf{A}}_\perp(\hat{\mathbf{r}}_a))_j, (\hat{\mathbf{p}}_a)_l\right] \\ &= \mathrm{i}\hbar q_a\left[\partial_j(\widehat{\mathbf{A}}_\perp(\hat{\mathbf{r}}_a))_l - \partial_l(\widehat{\mathbf{A}}_\perp(\hat{\mathbf{r}}_a))_j\right] \\ &= \mathrm{i}\hbar q_a \sum_k \varepsilon_{jlk}(\widehat{\mathbf{B}}(\hat{\mathbf{r}}_a))_k \end{aligned} \tag{A-23}$$

Hierbei haben wir das Vektorprodukt gemäß $(\mathbf{a} \times \mathbf{b})_k = \sum_{jl} \varepsilon_{kjl} a_j b_l$ durch den vollständig antisymmetrischen Tensor ε_{jkl} (Levi-Civitá-Symbol) ausgedrückt.* Wir erhalten auf diese Weise

$$\begin{aligned} &\frac{m_a}{\mathrm{i}\hbar}\left[(\hat{\mathbf{v}}_a)_j, \sum_l \tfrac{1}{2} m_a (\hat{\mathbf{v}}_a)_l^2\right] \\ &= \frac{m_a^2}{2\mathrm{i}\hbar}\sum_l \left\{(\hat{\mathbf{v}}_a)_l\left[(\hat{\mathbf{v}}_a)_j, (\hat{\mathbf{v}}_a)_l\right] + \left[(\hat{\mathbf{v}}_a)_j, (\hat{\mathbf{v}}_a)_l\right](\hat{\mathbf{v}}_a)_l\right\} \\ &= \frac{q_a}{2}\sum_{kl} \varepsilon_{jlk}\left\{(\hat{\mathbf{v}}_a)_l(\widehat{\mathbf{B}}(\hat{\mathbf{r}}_a))_k + (\widehat{\mathbf{B}}(\hat{\mathbf{r}}_a))_k(\hat{\mathbf{v}}_a)_l\right\} \end{aligned} \tag{A-24}$$

Die letzte Zeile kann man auch als Vektorprodukt schreiben:

$$\frac{q_a}{2}\left[\hat{\mathbf{v}}_a \times \widehat{\mathbf{B}}(\hat{\mathbf{r}}_a) - \widehat{\mathbf{B}}(\hat{\mathbf{r}}_a) \times \hat{\mathbf{v}}_a\right]_j \tag{A-25}$$

Wir finden hier also die symmetrisierte Form des Lorentz-Kraft-Operators.
Der Kommutator von $\hat{\mathbf{v}}_a$ mit dem zweiten Term von $\widehat{H}$ liefert

$$\frac{m_a}{\mathrm{i}\hbar}\left[(\hat{\mathbf{v}}_a)_j, V_\mathrm{C}\right] = \frac{1}{\mathrm{i}\hbar}\left[(\hat{\mathbf{p}}_a)_j, V_\mathrm{C}\right] = -\frac{\partial V_\mathrm{C}}{\partial(\hat{\mathbf{r}}_a)_j} = q_a(\widehat{\mathbf{E}}_\parallel(\hat{\mathbf{r}}_a))_j \tag{A-26}$$

er beschreibt die Wechselwirkung von Teilchen a mit dem longitudinalen elektrischen Feld.

* Anm. d. Ü.: Siehe Fußnote 1 auf S. 2099 für mehr Details zu diesem Tensor.

Es bleibt noch der Kommutator von $\widehat{\mathbf{v}}_a$ mit dem Hamilton-Operator des transversalen Felds. Wir verwenden die Kommutatoren (A-4) und die Entwicklungen (A-9) und (A-7) für die Felder $\widehat{\mathbf{A}}_\perp$ und $\widehat{\mathbf{E}}_\perp$ und erhalten

$$\begin{aligned}&\frac{m_a}{\mathrm{i}\hbar}\left[(\widehat{\mathbf{v}}_a)_j, \int \mathrm{d}^3k \sum_{\boldsymbol{\varepsilon}} \hbar\omega\left(\widehat{a}^\dagger_{\boldsymbol{\varepsilon}}(\mathbf{k},t)\widehat{a}_{\boldsymbol{\varepsilon}}(\mathbf{k},t)+\tfrac{1}{2}\right)\right]\\ &= \mathrm{i}q_a \int \mathrm{d}^3k \sum_{\boldsymbol{\varepsilon}} \omega\left[(\widehat{\mathbf{A}}_\perp(\widehat{\mathbf{r}}_a))_j, \widehat{a}^\dagger_{\boldsymbol{\varepsilon}}(\mathbf{k},t)\widehat{a}_{\boldsymbol{\varepsilon}}(\mathbf{k},t)\right]\\ &= q_a(\widehat{\mathbf{E}}_\perp(\widehat{\mathbf{r}}_a))_j \end{aligned} \tag{A-27}$$

Dieser Term beschreibt die Kopplung des Teilchens an das transversale elektrische Feld. Die Ergebnisse (A-25), (A-26) und (A-27) liefern zusammen Gl. (A-22).

A-3-b Felder

Weil sich alle Felder linear aus den Operatoren $\widehat{a}_{\boldsymbol{\varepsilon}}(\mathbf{k},t)$ und $\widehat{a}^\dagger_{\boldsymbol{\varepsilon}}(\mathbf{k},t)$ zusammensetzen, enthält die Heisenberg-Bewegungsgleichung

$$\dot{\widehat{a}}_{\boldsymbol{\varepsilon}}(\mathbf{k},t) = \frac{1}{\mathrm{i}\hbar}\left[\widehat{a}_{\boldsymbol{\varepsilon}}(\mathbf{k},t), \widehat{H}\right] \tag{A-28}$$

alle nötige Information. Der Kommutator mit der kinetischen Energie der Teilchen in $\widehat{H}$ ergibt gemäß Gl. (A-20) für $\widehat{\mathbf{v}}_a$

$$\begin{aligned}&\frac{1}{\mathrm{i}\hbar}\left[\widehat{a}_{\boldsymbol{\varepsilon}}(\mathbf{k},t), \sum_a \frac{m_a\widehat{\mathbf{v}}_a^2}{2}\right]\\ &= \sum_a \frac{-q_a}{2\mathrm{i}\hbar}\left\{\widehat{\mathbf{v}}_a\cdot\left[\widehat{a}_{\boldsymbol{\varepsilon}}(\mathbf{k},t), \widehat{\mathbf{A}}(\widehat{\mathbf{r}}_a)\right] + \left[\widehat{a}_{\boldsymbol{\varepsilon}}(\mathbf{k},t), \widehat{\mathbf{A}}(\widehat{\mathbf{r}}_a)\right]\cdot\widehat{\mathbf{v}}_a\right\}\\ &= \sum_a \frac{\mathrm{i}q_a}{2\hbar}\mathcal{A}(k)\,\boldsymbol{\varepsilon}^*\cdot\left(\widehat{\mathbf{v}}_a\,\mathrm{e}^{-\mathrm{i}\mathbf{k}\cdot\widehat{\mathbf{r}}_a} + \mathrm{e}^{-\mathrm{i}\mathbf{k}\cdot\widehat{\mathbf{r}}_a}\widehat{\mathbf{v}}_a\right)\end{aligned} \tag{A-29}$$

mit $\mathcal{A}(k) = [\hbar/(2\varepsilon_0\omega(2\pi)^3)]^{1/2}$. Beim Übergang zur zweiten Zeile haben wir den Kommutator zwischen $\widehat{a}_{\boldsymbol{\varepsilon}}(\mathbf{k},t)$ und der Modenentwicklung (A-9) für das Vektorpotential $\widehat{\mathbf{A}}_\perp(\mathbf{r})$ mit Hilfe der fundamentalen Relationen (A-4) ausgewertet.

Wir führen den Stromdichteoperator (als symmetrisches Produkt ist er hermitesch)

$$\widehat{\mathbf{j}}(\mathbf{r}) = \frac{1}{2}\sum_a q_a\left(\widehat{\mathbf{v}}_a\delta(\mathbf{r}-\widehat{\mathbf{r}}_a) + \delta(\mathbf{r}-\widehat{\mathbf{r}}_a)\widehat{\mathbf{v}}_a\right) \tag{A-30}$$

ein und schreiben die letzte Zeile von Gl. (A-29) um:

$$\begin{aligned}\sum_a \frac{\mathrm{i}q_a}{2\hbar}\mathcal{A}(k)\,\boldsymbol{\varepsilon}^*\cdot\left(\widehat{\mathbf{v}}_a\,\mathrm{e}^{-\mathrm{i}\mathbf{k}\cdot\widehat{\mathbf{r}}_a} + \mathrm{e}^{-\mathrm{i}\mathbf{k}\cdot\widehat{\mathbf{r}}_a}\widehat{\mathbf{v}}_a\right) &= \frac{\mathrm{i}}{\sqrt{2\varepsilon_0\hbar\omega(2\pi)^3}}\int \mathrm{d}^3r\,\mathrm{e}^{-\mathrm{i}\mathbf{k}\cdot\mathbf{r}}\boldsymbol{\varepsilon}^*\cdot\widehat{\mathbf{j}}(\mathbf{r})\\ &= \frac{\mathrm{i}}{\sqrt{2\varepsilon_0\hbar\omega}}\,\boldsymbol{\varepsilon}^*\cdot\widehat{\overline{\mathbf{j}}}(\mathbf{k})\end{aligned} \tag{A-31}$$

Der Kommutator mit dem zweiten Term in $\widehat{H}$ verschwindet, und aus dem dritten Term ergibt sich wegen Gl. (A-4)

$$\frac{1}{\mathrm{i}\hbar}\left[\widehat{a}_{\boldsymbol{\varepsilon}}(\mathbf{k},t), \int \mathrm{d}^3k' \sum_{\boldsymbol{\varepsilon}'} \hbar\omega'\left(\widehat{a}^\dagger_{\boldsymbol{\varepsilon}'}(\mathbf{k}',t)\widehat{a}_{\boldsymbol{\varepsilon}'}(\mathbf{k}',t)+\tfrac{1}{2}\right)\right] = -\mathrm{i}\omega\widehat{a}_{\boldsymbol{\varepsilon}}(\mathbf{k},t) \tag{A-32}$$

Fassen wir die Ergebnisse (A-31) und (A-32) zusammen, erhalten wir

$$\dot{\widehat{a}}_{\boldsymbol{\varepsilon}}(\mathbf{k}, t) + \mathrm{i}\omega\widehat{a}_{\boldsymbol{\varepsilon}}(\mathbf{k}, t) = \frac{\mathrm{i}}{\sqrt{2\varepsilon_0\hbar\omega}}\,\boldsymbol{\varepsilon}^* \cdot \widehat{\overline{\mathbf{j}}}(\mathbf{k}, t) \tag{A-33}$$

Für den Operator $\widehat{a}_{\boldsymbol{\varepsilon}}(\mathbf{k}, t)$ hat die Bewegungsgleichung also dieselbe Form wie die für die klassische Normalvariable $\boldsymbol{\alpha}(\mathbf{k}, t)$ [Kapitel XVIII, Gl. (B-19)]. Wir hatten dort gesehen, dass diese Gleichung für das transversale Feld äquivalent zu den Maxwell-Gleichungen ist, und dürfen deswegen schließen, dass die Heisenberg-Gleichungen der quantisierten transversalen Felder nichts anderes als die bekannten Maxwell-Gleichungen sind, formuliert mit den Feldoperatoren.

B Photonen: Elementare Anregungen des quantisierten Felds

Wir untersuchen nun einige Eigenschaften des quantisierten elektromagnetischen Felds und beginnen mit dem einfachsten Fall, dem freien Feld ohne äußere Ladungen und Ströme.

B-1 Fock-Raum für das freie quantisierte Feld

Der Zustandsraum für das Gesamtsystem aus Feld und Materie ist ein Tensorprodukt aus dem Raum $\mathcal{H}_\mathrm{M}$ für die Zustände der Teilchen und dem Raum $\mathcal{H}_\mathrm{F}$ für das quantisierte Strahlungsfeld. Dieser Raum ist selbst ein Tensorprodukt aus den Räumen, die für jede Mode $(\mathbf{k}, \boldsymbol{\varepsilon})$ aus den Zuständen des entsprechenden harmonischen Oszillators aufgespannt werden. Wenn wir die Moden diskret abzählen, können wir also schreiben

$$\mathcal{H}_\mathrm{F} = \mathcal{H}_{\mathbf{k}_1\boldsymbol{\varepsilon}_1} \otimes \mathcal{H}_{\mathbf{k}_2\boldsymbol{\varepsilon}_2} \otimes \cdots \otimes \mathcal{H}_{\mathbf{k}_i\boldsymbol{\varepsilon}_i} \otimes \cdots \tag{B-1}$$

wobei $\mathcal{H}_{\mathbf{k}_i\boldsymbol{\varepsilon}_i}$ der Raum der Zustände für den Oszillator ist, der zu der Mode $(\mathbf{k}_i, \boldsymbol{\varepsilon}_i)$ mit der Frequenz ω_i gehört.

Dieses Verfahren gelingt, wenn sich das Strahlungsfeld in einem Volumen L^3 befindet, wie bereits in § A-2 besprochen. Die Operatoren $\widehat{a}_{\boldsymbol{\varepsilon}}(\mathbf{k})$, die von der Variable $\mathbf{k}$ kontinuierlich abhängen, werden dann durch abzählbare viele Operatoren $\widehat{a}_{\mathbf{k}_i\boldsymbol{\varepsilon}_i}$ ersetzt, die von diskreten Wellenvektoren abhängen. Wir werden dazu die kompaktere Notation $\widehat{a}_i$ verwenden, wobei der Index i die *Quantenzahlen* $(\mathbf{k}_i, \boldsymbol{\varepsilon}_i)$ zusammenfasst.[4]

4 Für jeden Wellenvektor $\mathbf{k}_i$ gibt es zwei Polarisationsvektoren $\boldsymbol{\varepsilon}_{i1}$ und $\boldsymbol{\varepsilon}_{i2}$, die mit dem Einheitsvektor $\boldsymbol{\kappa}_i$ ein orthogonales Dreibein bilden. Werden komplexe Polarisationen verwendet, ist die Orthogonalität bezüglich des Skalarprodukts $\boldsymbol{\varepsilon}_{i1}^* \cdot \boldsymbol{\varepsilon}_{i2} = 0$ definiert. Eine Summe $\sum_i$ muss man also als eine Summe über $\mathbf{k}_i$ und (für jeden Wert von $\mathbf{k}_i$) über $\boldsymbol{\varepsilon}_{i1}$ und $\boldsymbol{\varepsilon}_{i2}$ verstehen.

In diesem Abschnitt ist das Heisenberg-Bild die natürliche Formulierung. Die Zeitabhängigkeit der $\hat{a}_i$ und $\hat{a}_i^\dagger$ ist dann besonders einfach, denn es gilt

$$\hat{a}_i(t) = \exp(\mathrm{i}\hat{H}_{\mathrm{F}} t/\hbar)\, \hat{a}_i\, \exp(-\mathrm{i}\hat{H}_{\mathrm{F}} t/\hbar) = \hat{a}_i\, \mathrm{e}^{-\mathrm{i}\omega_i t} \tag{B-2}$$

sowie die dazu adjungierte Beziehung.

Haben wir einmal die abzählbaren Variablen in die Formeln (A-7), (A-8) und A-9) für die Felder eingesetzt, werden die dort auftretenden Integrale gemäß der Regel (A-14) in Summen umgeschrieben. Die Entwicklung dieser Observablen in Erzeuger und Vernichter ist somit

$$\hat{\mathbf{E}}_\perp(\mathbf{r}, t) = \mathrm{i} \sum_i \left[\frac{\hbar\omega_i}{2\varepsilon_0 L^3}\right]^{1/2} \left[\hat{a}_i \boldsymbol{\varepsilon}_i\, \mathrm{e}^{\mathrm{i}(\mathbf{k}_i\cdot\mathbf{r}-\omega_i t)} - \hat{a}_i^\dagger \boldsymbol{\varepsilon}_i^*\, \mathrm{e}^{-\mathrm{i}(\mathbf{k}_i\cdot\mathbf{r}-\omega_i t)}\right] \tag{B-3}$$

$$\hat{\mathbf{B}}(\mathbf{r}, t) = \mathrm{i} \sum_i \left[\frac{\hbar k_i}{2\varepsilon_0 c L^3}\right]^{1/2} \left[\hat{a}_i \boldsymbol{\beta}_i\, \mathrm{e}^{\mathrm{i}(\mathbf{k}_i\cdot\mathbf{r}-\omega_i t)} - \hat{a}_i^\dagger \boldsymbol{\beta}_i^*\, \mathrm{e}^{-\mathrm{i}(\mathbf{k}_i\cdot\mathbf{r}-\omega_i t)}\right] \tag{B-4}$$

$$\hat{\mathbf{A}}_\perp(\mathbf{r}, t) = \sum_i \left[\frac{\hbar}{2\varepsilon_0 \omega_i L^3}\right]^{1/2} \left[\hat{a}_i \boldsymbol{\varepsilon}_i\, \mathrm{e}^{\mathrm{i}(\mathbf{k}_i\cdot\mathbf{r}-\omega_i t)} + \hat{a}_i^\dagger \boldsymbol{\varepsilon}_i^*\, \mathrm{e}^{-\mathrm{i}(\mathbf{k}_i\cdot\mathbf{r}-\omega_i t)}\right] \tag{B-5}$$

$$\hat{H}_{\mathrm{F}} = \sum_i \tfrac{1}{2}\hbar\omega_i \left(\hat{a}_i^\dagger \hat{a}_i + \hat{a}_i \hat{a}_i^\dagger\right) = \sum_i \hbar\omega_i \left(\hat{a}_i^\dagger \hat{a}_i + \tfrac{1}{2}\right) \tag{B-6}$$

$$\hat{\mathbf{P}}_{\mathrm{trans}} = \sum_i \tfrac{1}{2}\hbar\mathbf{k}_i \left(\hat{a}_i^\dagger \hat{a}_i + \hat{a}_i \hat{a}_i^\dagger\right) = \sum_i \hbar\mathbf{k}_i\, \hat{a}_i^\dagger \hat{a}_i \tag{B-7}$$

Wir beobachten, dass der Nullpunktsbeitrag 1/2 im Impuls (B-7) nicht auftritt, und zwar wegen der Identität $\sum_i \mathbf{k}_i = \mathbf{0}$.

B-2 Teilcheninterpretation der Zustände mit fester Energie und Gesamtimpuls

Greifen wir zunächst die Mode i heraus. Aus der Quantenmechanik des harmonischen Oszillators (Band I, Kapitel V) wissen wir, dass die Eigenwerte des Operators $\hat{a}_i^\dagger \hat{a}_i$, der in der Energie (B-6) und dem Impuls (B-7) auftaucht, gerade die nichtnegativen ganzen Zahlen n_i sind:

$$\hat{a}_i^\dagger \hat{a}_i |n_i\rangle = n_i |n_i\rangle\,, \qquad n_i = 0, 1, 2 \ldots \tag{B-8}$$

Dies ist eine Konsequenz der bekannten Relationen für die *Leiteroperatoren* $\hat{a}_i^\dagger$ und $\hat{a}_i$ auf den Eigenzuständen $|n_i\rangle$:

$$\begin{aligned} \hat{a}_i^\dagger |n_i\rangle &= \sqrt{n_i + 1}\, |n_i\rangle \\ \hat{a}_i |n_i\rangle &= \sqrt{n_i}\, |n_i - 1\rangle \\ \hat{a}_i |0_i\rangle &= 0 \end{aligned} \tag{B-9}$$

Weil die Operatoren $\hat{a}_i^\dagger \hat{a}_i$ für verschiedene Moden i untereinander kommutieren, sind die Eigenzustände von $\hat{H}_{\mathrm{F}}$ und $\hat{\mathbf{P}}_{\mathrm{trans}}$ Tensorprodukte $|n_1 \ldots n_i \ldots\rangle = |n_1\rangle \otimes \cdots \otimes$

$|n_i\rangle \ldots$ von Eigenzuständen der Operatoren $\hat{a}_1^\dagger \hat{a}_1, \ldots \hat{a}_i^\dagger \hat{a}_i \ldots$:

$$\widehat{H}_F |n_1 \ldots n_i \ldots\rangle = \sum_i \left(n_i + \tfrac{1}{2}\right) \hbar\omega_i |n_1 \ldots n_i \ldots\rangle \tag{B-10a}$$

$$\widehat{\mathbf{P}}_{\text{trans}} |n_1 \ldots n_i \ldots\rangle = \sum_i n_i \hbar\mathbf{k}_i |n_1 \ldots n_i \ldots\rangle \tag{B-10b}$$

Wir erhalten den Grundzustand des Felds, wenn $n_i = 0$ für alle i gilt. Diesen Zustand schreiben wir kurz $|0\rangle$:

$$|0\rangle = |0_1 \ldots 0_i \ldots\rangle \tag{B-11}$$

Die angeregten Zustände $|n_1 \ldots n_i \ldots\rangle$ erzeugt man durch wiederholte Anwendung der Erzeugungsoperatoren auf den Grundzustand [s. Kapitel XV, Gl. (A-17)]:

$$|n_1 \ldots n_i \ldots\rangle = \frac{(\hat{a}_1^\dagger)^{n_1}}{\sqrt{n_1!}} \ldots \frac{(\hat{a}_i^\dagger)^{n_i}}{\sqrt{n_i!}} \ldots |0\rangle \tag{B-12}$$

Relativ zum Grundzustand des Felds gemessen, hat der Zustand $|n_1 \ldots n_i \ldots\rangle$ eine Energie $\sum_i n_i \hbar\omega_i$ und einen Impuls $\sum_i n_i \hbar\mathbf{k}_i$. Wir können also dem Strahlungsfeld in diesem Zustand einen Satz von n_1 Teilchen mit Energie $\hbar\omega_1$ und Impuls $\hbar\mathbf{k}_1$ und allgemein von n_i Teilchen mit Energie $\hbar\omega_i$ und Impuls $\hbar\mathbf{k}_i$ zuschreiben. Diese „Teilchen" beschreiben die elementaren Anregungen des elektromagnetischen Quantenfelds, man nennt sie *Photonen.** Die Quantenzahl n_i gibt also an, wie viele Photonen in der Mode i vorhanden sind (und der Operator $\hat{n}_i = \hat{a}_i^\dagger \hat{a}_i$ wird *Besetzungszahl-* oder *Anzahloperator* genannt, d. Ü.). Den Grundzustand $|0\rangle$, in dem die Photonenzahlen für alle Moden verschwinden, kann man das *Vakuum* der Photonen nennen.

Für die Photonen gibt es zwar Eigenzustände mit festem Impuls und Energie, aber keinen Quantenzustand des elektromagnetischen Felds, in dem die Position scharf definiert wäre: Es gibt keinen Ortsoperator für dieses Feld. Dies unterscheidet Photonen in der Quantenmechanik von massiven Teilchen, für die sowohl ein Orts- als auch ein Impulsoperator existiert. (Die Wellenfunktionen in den beiden Darstellungen sind dort über eine einfache Fourier-Transformation verknüpft.) Die Unmöglichkeit eines Ortsoperators hängt damit zusammen, dass keine Linearkombination von transversalen elektromagnetischen Wellen ein scharf lokalisiertes Vektorfeld erzeugen kann.†

* Anm. d. Ü.: Das Konzept des Photons als elementare Anregung einer Mode des elektromagnetischen Felds wurde von W. E. Lamb vehement vertreten, um es von einem naiven Teilchenbegriff kritisch abzugrenzen (s. Lamb, 1995).

† Anm. d. Ü.: Würde man den Ortsoperator wie üblich als die Multiplikation mit der Ortskoordinaten $\mathbf{r}$ im Hilbert-Raum $\mathcal{H}_\perp$ der transversalen Vektor einführen, dann hätte er keine Eigenzustände (diese wären nämlich scharf lokalisiert). Natürlich ist der Bra-Vektor $\langle\mathbf{r}|$ als Linearform (werte das Feld am Ort $\mathbf{r}$ aus) wohldefiniert, er ist aber ein Element des Dualraums von $\mathcal{H}_\perp$. Dieser ist im Fall der Elektrodynamik offenbar echt größer als $\mathcal{H}_\perp$. Dies ist der Grund dafür, dass in diesem Buch das elektrische Feld nicht als *Wellenfunktion des Photons* bezeichnet wird. Siehe dazu auch Ergänzung E_{XX} zur Photoneninterferenz.

Weil das elektromagnetische Feld transversal und fundamental relativistisch ist, ergeben die Kommutatorrelationen seiner kanonisch konjugierten Observablen nämlich keine gewöhnliche δ-Funktion, sondern eine transversale δ-Funktion, die räumlich ausgedehnt ist (s. Ergänzung A_{XVIII}, § 2-e).

B-3 Quantenzustände des Strahlungsfelds

Untersuchen wir nun einige Beispiele von Zuständen, in denen sich das quantisierte Strahlungsfeld befinden kann.

B-3-a Das Vakuum der Photonen

Der Term 1/2 auf der rechten Seite von Gl. (B-10a) führt dazu, dass die Energie des Vakuumzustands nicht null ist, sondern pro Mode $\hbar\omega_i/2$ beträgt. Die Summe über alle Moden liefert eine divergente Vakuumenergie. Wir stehen hier vor einem ersten Beispiel der Schwierigkeiten und Divergenzen, die in der Quantenelektrodynamik auftreten. Man kann sie mit Hilfe von Techniken der *Renormierung* in den Griff bekommen, deren Diskussion aber den Rahmen dieses Buchs sprengen würde. Wir werden diese Schwierigkeit umgehen, indem wir nur Energiedifferenzen relativ zum Vakuumzustand angeben werden.

Betrachtet man nur eine Mode des Felds, dann ist die Energie $\hbar\omega_i/2$ ihres Grundzustands endlich und erinnert an die Nullpunktsenergie eines harmonischen Oszillators mit der Eigenfrequenz ω_i. Wir erinnern uns, dass diese Nullpunktsenergie damit zusammenhängt, dass es wegen der Heisenbergschen Unschärferelation unmöglich ist, sowohl die Position x als auch den Impuls p eines Oszillators auf null zu setzen. Der Zustand mit der tiefsten Energie des Oszillators ist das Ergebnis eines Kompromisses zwischen der kinetischen Energie, proportional zu p^2, und der potentiellen Energie $\sim x^2$. (Dieses Problem wird in Band I, Kapitel V, § D-2 behandelt.) Dieselbe Argumentation kann man auf den Beitrag der i-te Mode zu den Operatoren $\widehat{\mathbf{E}}_\perp(\mathbf{r}, t)$ und $\widehat{\mathbf{B}}(\mathbf{r}, t)$ des elektromagnetischen Felds am Punkt $\mathbf{r}$ anwenden. Diese entstehen aus den Operatoren $\widehat{a}_i$ und $\widehat{a}_i^\dagger$ als zwei verschiedene Linearkombinationen, die nicht miteinander kommutieren.* Es ist also unmöglich, gleichzeitig die elektrische Feldener-

---

* Anm. d. Ü.: Im Ortsraum ergibt sich aus dem Kommutator (66) in Ergänzung A_{XVIII} die Pauli-Jordan-Formel

$$\left[\widehat{E}_{\perp i}(\mathbf{r}), \widehat{B}_j(\mathbf{r}')\right] = -\frac{i\hbar}{\varepsilon_0}\sum_k \varepsilon_{ijk}\frac{\partial}{\partial r_k}\delta(\mathbf{r}-\mathbf{r}')$$

Projizieren wir die Felder $\widehat{E}_\perp$ und $\widehat{B}$ auf transversale Modenfunktionen $\mathbf{g}$ und $\mathbf{h}$ (s. Fußnote * auf S. 2031), dann liefert der Pauli-Jordan-Kommutator

$$\left[\widehat{E}_{\mathbf{g}}, \widehat{B}_{\mathbf{h}}^\dagger\right] = \frac{i\hbar}{\varepsilon_0}\int d^3r\,(\nabla\times\mathbf{g}^*)\cdot\mathbf{h}$$

gie zu $\widehat{\mathbf{E}}_\perp^2$ und die magnetische Feldenergie proportional zu $\widehat{\mathbf{B}}^2$ zum Verschwinden zu bringen.

Man kann den Beitrag der Mode i zum Mittelwert und zur Varianz des elektrischen Felds $\widehat{\mathbf{E}}_\perp(\mathbf{r}, t)$ in einem Punkt $\mathbf{r}$ berechnen. Weil $\widehat{a}_i$ und $\widehat{a}_i^\dagger$ die Photonenzahl n_i um ± 1 verändern, ergibt eine einfache Rechnung

$$\langle 0|\widehat{\mathbf{E}}_\perp(\mathbf{r}, t)|0\rangle_{\text{Mode } i} = 0 \tag{B-13a}$$

$$\langle 0|\widehat{\mathbf{E}}_\perp^2(\mathbf{r}, t)|0\rangle_{\text{Mode } i} = \frac{\hbar\omega_i}{2\varepsilon_0 L^3} \tag{B-13b}$$

Ein analoges Ergebnis erhält man für das Magnetfeld. Dies zeigt, dass im Photonenvakuum das elektromagnetische Feld zwar im Mittel null ist, seine Varianz aber nicht verschwindet. Wegen des Faktors $\hbar$ in Gl. (B-13b) sind diese Fluktuationen der Felder ein Quanteneffekt.

Bemerkungen:

1. Summieren wir die Ausdrücke (B-13) über alle Moden, ergibt sich (wir gehen zu einem Integral im $\mathbf{k}$-Raum über)

$$\langle 0|\widehat{\mathbf{E}}_\perp(\mathbf{r}, t)|0\rangle = 0 \tag{B-14a}$$

$$\langle 0|\widehat{\mathbf{E}}_\perp^2(\mathbf{r}, t)|0\rangle = \sum_i \frac{\hbar\omega_i}{2\varepsilon_0 L^3} = \frac{\hbar c}{2\varepsilon_0 \pi^2}\int_0^{k_M} \mathrm{d}k\, k^3 \tag{B-14b}$$

An diesem Integral über den reziproken Raum lesen wir ab, dass die Varianz des elektrischen Felds (bzw. die elektrische Energiedichte) mit der vierten Potenz der oberen Integralgrenze k_M divergiert. Dies ist dieselbe Divergenz, die wir oben für die Vakuumenergie beobachtet haben.

2. Man kann auch Korrelationsfunktionen der Felder im Vakuumzustand berechnen, die die Dynamik der Fluktuationen charakterisieren.[5] Es ergibt sich, dass das elektrische und das magnetische Feld sehr schnell um ihre Mittelwerte null fluktuieren. Man nennt dieses Phänomen *Vakuumfluktuationen*. Bestimmte Strahlungskorrekturen in der Atomphysik, wie etwa die Lamb-Verschiebung (engl.: *Lamb shift*), kann man physikalisch so interpretieren, als ob ein im Atom gebundenes Elektron unter dem Einfluss des fluktuierenden elektrischen Vakuumfelds vibriert. Diese Zitterbewegung führt dazu, dass das Elektron im Coulomb-Potential des Kerns einen räumlichen Bereich mit einer gewissen Ausdehnung überstreicht. Daraus ergibt sich eine Korrektur zur Bindungsenergie des Elektrons, die davon abhängt, in welchem Energieniveau es sich befindet. Man kann auf diese Weise verstehen, warum im Wasserstoffatom die Entartung zwischen den Zuständen $2s_{1/2}$ und $2p_{1/2}$ aufgehoben wird, die in den Gleichungen von Schrödinger (nichtrelativistisch, Band I, Kapitel VII) und Dirac (relativistisch) entartet sind: Unter dem Einfluss der Vakuumfluktuationen ist ihre Lamb-Verschiebung nicht dieselbe.[6]

---

5 Wir verweisen auf Details in § III.C.3.c und in Ergänzung C_{III} aus dem Lehrbuch von Cohen-Tannoudji, Dupont-Roc und Grynberg (1997).

6 Siehe dazu etwa die Arbeit von Welton (1948).

B-3-b Quasiklassische oder kohärente Zustände

Wir erinnern an die Normalkoordinaten $\{\alpha_i\}$ aus Kapitel XVIII, § B-2-b für das klassische Feld und seine Observablen. Wir konstruieren hier quantenmechanische Zustände, die die Eigenschaften des klassischen Felds mit den Koordinaten $\{\alpha_i\}$ am besten wiedergeben, und verwenden dazu die kohärenten Zustände des harmonischen Oszillators aus Band I, Ergänzung G_V.*

Für einen Oszillator (eine Mode) ist der normierte kohärente Zustand $|\alpha\rangle$ ein Eigenzustand des Vernichters $\hat{a}$:

$$\hat{a}|\alpha\rangle = \alpha|\alpha\rangle \tag{B-15}$$

Der Eigenwert α kann komplex sein, weil der Operator $\hat{a}$ nicht hermitesch ist. Aus Gleichung (B-15) folgen die Mittelwerte

$$\langle\alpha|\hat{a}|\alpha\rangle = \alpha\,, \qquad \langle\alpha|\hat{a}^\dagger|\alpha\rangle = \alpha^* \tag{B-16}$$

Ganz allgemein berechnet man den Mittelwert einer beliebigen Funktion von $\hat{a}$ und $\hat{a}^\dagger$ in einem kohärenten Zustand wie folgt. Diese Operatoren bringt man in *Normalordnung* (d. h. alle Vernichter stehen rechts von den Erzeugern, s. Ergänzung B_{XVI}, § 1-a-α), und dann ersetzt man den Operator $\hat{a}$ durch α und den Operator $\hat{a}^\dagger$ durch α^*. Zum Beispiel erhalten wir für die mittlere Photonenzahl

$$\langle\alpha|\hat{a}^\dagger\hat{a}|\alpha\rangle = \alpha^*\alpha \tag{B-17}$$

Betrachten wir nun einen Quantenzustand für das gesamte Feld

$$|\alpha_1\rangle \otimes |\alpha_2\rangle \otimes \cdots |\alpha_i\rangle = |\alpha_1, \alpha_2 \ldots \alpha_i \ldots\rangle \tag{B-18}$$

in dem sich jede Mode i in dem kohärenten Zustand $|\alpha_i\rangle$ mit dem Wert α_i für die klassische Normalkoordinate befindet. Wir können dann die Gleichungen (B-16) verwenden, um den Mittelwert der Feldoperatoren (B-3), (B-4) und (B-5) in diesem Zustand zu erhalten. Wir stellen dann fest, dass diese Mittelwerte dieselben sind, die wir für die entsprechenden Größen aus einem klassischen Feld mit den Normalkoordinaten $\{\alpha_i\}$ berechnen würden. Dasselbe gilt für die Observablen Energie und Impuls des transversalen Felds [Gl. (B-6) und Gl. (B-7)]. Aus diesem Grund nennt man den Quantenzustand (B-18), der im Mittel alle Eigenschaften eines klassischen Felds hat, einen *quasiklassischen Zustand*.† Wir werden später noch sehen, dass auch die Korrelationsfunktionen der quantisierten und klassischen Felder, die eine Reihe von Signalen in der Photodetektion beschreiben, in einem quasiklassischen Zustand zusammenfallen (s. etwa Ergänzung B_{XX}, § 3).

---

* Anm. d. Ü.: Diese Zustände wurden von Roy J. Glauber in der Quantenphysik des Lichtfelds (aus der sich die Quantenoptik entwickelte) populär gemacht (Glauber, 1963a).

† Anm. d. Ü.: Eine genauere Diskussion der quasiklassischen Zustände des Strahlungsfelds finden die Leser in § III.C.4 bei Cohen-Tannoudji, Dupont-Roc und Grynberg (1997).

B-3-c Einphotonzustände

Betrachten wir schließlich den Zustand

$$|\Psi\rangle = \sum_i c_i |1_i\rangle \bigotimes_{j \neq i} |0_j\rangle \tag{B-19}$$

also eine Linearkombination von Kets, in denen die Mode i ein Photon enthält, während alle anderen Moden $j \neq i$ leer sind. So ein Zustand ist ein Eigenvektor des Operators $\widehat{N} = \sum_i \widehat{a}_i^\dagger \widehat{a}_i$ für die Gesamtzahl aller Photonen mit dem Eigenwert eins – es handelt sich also um einen Einphotonzustand. Bis auf gewisse Sonderfälle ist dies allerdings kein stationärer Zustand, denn er ist kein Eigenvektor der Energie $\widehat{H}_\mathrm{F}$ des Felds. Er beschreibt ein einzelnes Photon, das sich im Raum mit der Geschwindigkeit c ausbreitet. Wir werden in Ergänzung $\mathrm{E_{XX}}$ in der Tat sehen, dass ein Photodetektor, der sich in einem kleinen Raumgebiet befindet, ein Signal liefert, aus dem man das Durchqueren eines Wellenpakets durch dieses Raumgebiet ablesen kann, wenn das Feld sich in dem Einphotonenzustand (B-19) befindet.*

C Wechselwirkung zwischen Feld und Ladungen

C-1 Hamilton-Operator

Wir haben oben den Hamilton-Operator $\widehat{H}$ des Systems aus Materie und Feld konstruiert [Gl. (A-10)]. Wir werden diesen Ausdruck nun in drei Terme aufteilen: einen, der nur von Teilchenvariablen abhängt, einen, der nur von Feldvariablen abhängt und einen, der von beiden Typen von Variablen abhängt, also $\widehat{H} = \widehat{H}_\mathrm{M} + \widehat{H}_\mathrm{F} + \widehat{W}$. Der Hamilton-Operator für die Teilchen (die Materie) ist

$$\widehat{H}_\mathrm{M} = \sum_a \frac{\widehat{\mathbf{p}}_a^2}{2m_a} + \widehat{V}_\mathrm{C} \tag{C-1}$$

und der für das Strahlungsfeld

$$\widehat{H}_\mathrm{F} = \sum_i \hbar\omega_i \left(\widehat{a}_i^\dagger \widehat{a}_i + \tfrac{1}{2} \right) \tag{C-2}$$

Der letzte Term beschreibt die Wechselwirkung zwischen den beiden Teilsystemen:

$$\widehat{W} = \widehat{W}_1 + \widehat{W}_2 \tag{C-3}$$

* Anm. d. Ü.: Als ein Beispiel für einen stationären Einphotonzustand führen wir einen Wechsel der Modenfunktionen an, in dem alle Terme in der Superposition (B-19) dieselbe Frequenz haben. Man denke etwa an sphärische Multipolwellen oder stehende Wellen in einem Resonator, die in Gl. (B-19) nach ebenen Wellen entwickelt werden.

mit

$$\widehat{W}_1 = -\sum_a \frac{q_a}{2m_a}\left[\widehat{\mathbf{p}}_a \cdot \widehat{\mathbf{A}}_\perp(\widehat{\mathbf{r}}_a) + \widehat{\mathbf{A}}_\perp(\widehat{\mathbf{r}}_a) \cdot \widehat{\mathbf{p}}_a\right] \tag{C-4}$$

$$\widehat{W}_2 = \sum_a \frac{q_a^2}{2m_a}\left[\widehat{\mathbf{A}}_\perp(\widehat{\mathbf{r}}_a)\right]^2 \tag{C-5}$$

Wir haben mit den Indizes 1 und 2 die Terme nach einer linearen und quadratischen Abhängigkeit in den Feldern sortiert.

Außerdem muss man zu der Wechselwirkung den Term

$$\widehat{W}_1^s = -\sum_a \widehat{\mathbf{M}}_a^s \cdot \widehat{\mathbf{B}}(\widehat{\mathbf{r}}_a) \tag{C-6}$$

addieren, der die Kopplung des magnetischen Spinmoments der Teilchen mit dem Magnetfeld beschreibt (Band II, Ergänzung A_{XIII}, § 1-d):

$$\widehat{\mathbf{M}}_a^s = g_a \frac{q_a}{2m_a} \widehat{\mathbf{S}}_a \tag{C-7}$$

Hier ist g_a der *Landé-Faktor* für das Teilchen a und $\widehat{\mathbf{S}}_a$ sein Spinoperator.

Bemerkung:
Selbst mit dem Zusatzterm $\widehat{W}_1^s$ sind nicht alle möglichen Wechselwirkungen enthalten. Man müsste noch die Spin-Orbit-Kopplung der Elektronen berücksichtigen, die Hyperfeinkopplung zwischen den Elektronen und den Kernen usw. (s. die Bemerkung 3 in § C-5). Oft sind dies allerdings kleine Korrekturen, so dass man in guter Näherung mit den angegebenen Wechselwirkungen arbeiten kann.

C-2 Atom-Feld-Kopplung. Externe und interne Variablen

Wir betrachten im Folgenden ein atomares System von Teilchen, das elektrisch neutral sei und aus einem Elektron e mit den kanonischen Observablen $\widehat{\mathbf{r}}_\text{e}$ und $\widehat{\mathbf{p}}_\text{e}$ sowie einem Kern N (lat.: *nucleus*) mit den Observablen $\widehat{\mathbf{r}}_\text{N}$ und $\widehat{\mathbf{p}}_\text{N}$ bestehe. Die Massen der beiden Teilchen seien m_e und m_N. Diese Situation trifft etwa auf das Wasserstoffatom zu. Es ist wohlbekannt (s. etwa Band I, Kapitel VII, § B), dass man die Dynamik dieses atomaren Systems in den Variablen $\widehat{\mathbf{R}}$ und $\widehat{\mathbf{P}}$ für das Schwerpunktsystem, sowie $\widehat{\mathbf{r}}$ und $\widehat{\mathbf{p}}$ für die Relativbewegung separieren kann. Diese beiden Sätze von Variablen kommutieren miteinander und sind durch die Gleichungen

$$\begin{cases} \widehat{\mathbf{R}} = \dfrac{m_\text{e}\,\widehat{\mathbf{r}}_\text{e} + m_\text{N}\,\widehat{\mathbf{r}}_\text{N}}{M} \\ \widehat{\mathbf{r}} = \widehat{\mathbf{r}}_\text{e} - \widehat{\mathbf{r}}_\text{N} \end{cases} \qquad \begin{cases} \widehat{\mathbf{P}} = \widehat{\mathbf{p}}_\text{e} + \widehat{\mathbf{p}}_\text{N} \\ \dfrac{\widehat{\mathbf{p}}}{m} = \dfrac{\widehat{\mathbf{p}}_\text{e}}{m_\text{e}} - \dfrac{\widehat{\mathbf{p}}_\text{N}}{m_\text{N}} \end{cases} \tag{C-8}$$

gegeben. Hier ist M die Gesamtmasse des Systems und m die reduzierte Masse:

$$M = m_\text{e} + m_\text{N} \qquad m = \frac{m_\text{e} m_\text{N}}{m_\text{e} + m_\text{N}} \tag{C-9}$$

Durch diese neuen Variablen ausgedrückt bekommt der Hamilton-Operator der beiden Teilchen die Form

$$\widehat{H}_{\mathrm{M}} = \frac{\widehat{\mathbf{P}}^2}{2M} + \frac{\widehat{\mathbf{p}}^2}{2m} + \widehat{V}_{\mathrm{C}}(\widehat{r}) \tag{C-10}$$

Wir werden für die Schwerpunktsbewegung den Begriff der *externen Variablen* verwenden, während die Relativbewegung durch *interne Variablen* beschrieben wird. Die letzteren geben die Bewegungen im Atom in einem Bezugssystem wieder, das sich mit dem Schwerpunkt mitbewegt (das *Schwerpunktssystem*).

C-3 Näherung großer Wellenlängen (Dipolnäherung)

In den Wechselwirkungen der Gleichungen (C-4), (C-5) und (C-6) werden die Felder an den Koordinaten $\mathbf{r}_{\mathrm{e}}$ und $\mathbf{r}_{\mathrm{N}}$ von Elektron und Kern ausgewertet. Wir können diese relativ zum Schwerpunkt angeben und erhalten zum Beispiel

$$\widehat{\mathbf{A}}_{\perp}(\widehat{\mathbf{r}}_{\mathrm{e}}) = \widehat{\mathbf{A}}_{\perp}(\widehat{\mathbf{R}} + \widehat{\mathbf{r}}_{\mathrm{e}} - \widehat{\mathbf{R}}) \tag{C-11}$$

In einem Atom ist der Abstand von Elektron oder Kern relativ zum Schwerpunkt von der Größenordnung des Atomdurchmessers, also ein Bruchteil eines Nanometers. Nun ist die Wellenlänge der Strahlung, die resonant mit einem Atom wechselwirken kann, typischerweise ein Bruchteil eines Mikrometers (sichtbares Licht), also viel größer als der Atomdurchmesser. Man darf also in guter Näherung die Veränderung der Felder auf Abständen von der Ordnung $|\mathbf{r}_{\mathrm{e}} - \mathbf{R}|$ (oder $|\mathbf{r}_{\mathrm{N}} - \mathbf{R}|$) vernachlässigen:

$$\begin{aligned}\widehat{\mathbf{A}}_{\perp}(\widehat{\mathbf{r}}_{\mathrm{e}}) &\simeq \widehat{\mathbf{A}}_{\perp}(\widehat{\mathbf{R}})\\ \widehat{\mathbf{A}}_{\perp}(\widehat{\mathbf{r}}_{\mathrm{N}}) &\simeq \widehat{\mathbf{A}}_{\perp}(\widehat{\mathbf{R}})\end{aligned} \tag{C-12}$$

Dies nennt man die *Näherung großer Wellenlängen* oder auch die *Dipolnäherung*.

Wenn wir die Dipolnäherung in dem Hamilton-Operator (C-4) für die Wechselwirkung ausführen, dann ergibt sich

$$\begin{aligned}\widehat{W}_1 &= -\frac{q_{\mathrm{e}}}{m_{\mathrm{e}}}\widehat{\mathbf{p}}_{\mathrm{e}} \cdot \widehat{\mathbf{A}}_{\perp}(\widehat{\mathbf{r}}_{\mathrm{e}}) - \frac{q_{\mathrm{N}}}{m_{\mathrm{N}}}\widehat{\mathbf{p}}_{\mathrm{N}} \cdot \widehat{\mathbf{A}}_{\perp}(\widehat{\mathbf{r}}_{\mathrm{N}})\\ &\simeq -q\left(\frac{\widehat{\mathbf{p}}_{\mathrm{e}}}{m_{\mathrm{e}}} - \frac{\widehat{\mathbf{p}}_{\mathrm{N}}}{m_{\mathrm{N}}}\right) \cdot \widehat{\mathbf{A}}_{\perp}(\widehat{\mathbf{R}})\\ &= -\frac{q}{m}\widehat{\mathbf{p}} \cdot \widehat{\mathbf{A}}_{\perp}(\widehat{\mathbf{R}})\end{aligned} \tag{C-13}$$

Wir haben hier $q_{\mathrm{e}} = -q_{\mathrm{N}} = q$ und die Definition (C-8) des relativen Impulses verwendet.

Aus der Wechselwirkung (C-5) wird in dieser Näherung

$$\begin{aligned}\widehat{W}_2 &= \frac{q_{\mathrm{e}}^2}{2m_{\mathrm{e}}}\widehat{\mathbf{A}}_{\perp}^2(\widehat{\mathbf{r}}_{\mathrm{e}}) + \frac{q_{\mathrm{N}}^2}{2m_{\mathrm{N}}}\widehat{\mathbf{A}}_{\perp}^2(\widehat{\mathbf{r}}_{\mathrm{N}})\\ &\simeq \frac{q^2}{2m}\widehat{\mathbf{A}}_{\perp}^2(\widehat{\mathbf{R}})\end{aligned} \tag{C-14}$$

Bemerkung:
In der Kopplung (C-6) des magnetischen Spinmoments an das Magnetfeld ersetzt man ebenfalls alle Koordinaten $\hat{\mathbf{r}}_a$ durch $\hat{\mathbf{R}}$. Dies ist allerdings nicht ausreichend: Man muss weitere Terme von derselben Größenordnung mitnehmen, die sich aus den Korrekturen in erster Ordnung in $\mathbf{k}\cdot(\hat{\mathbf{r}}_e-\hat{\mathbf{R}})$ in $\widehat{W}_1$ und $\widehat{W}_2$ relativ zur Dipolnäherung (C-12) ergeben. Eine Rechnung analog zu Band II, Ergänzung A_{XIII}, § 1-d zeigt, dass diese Korrekturen von der gleichen Größenordnung wie $\widehat{W}_1^s$ sind. Sie beschreiben die Kopplung des Bahndrehimpulses $\hat{\mathbf{L}}$ des Atoms mit der magnetischen Komponente des Strahlungsfelds, sowie die elektrische Quadrupolkopplung.

C-4 Elektrische Dipolkopplung

Im Rahmen der Näherung großer Wellenlängen wird aus dem Hamilton-Operator für das System aus Atom und Feld

$$\widehat{H}=\frac{\hat{\mathbf{P}}^2}{2M}+\frac{1}{2m}\left[\hat{\mathbf{p}}-q\hat{\mathbf{A}}_\perp(\hat{\mathbf{R}})\right]^2+\widehat{V}_C+\sum_i\frac{\hbar\omega_i}{2}\left(\hat{a}_i^\dagger\hat{a}_i+\hat{a}_i\hat{a}_i^\dagger\right) \tag{C-15}$$

Wir zeigen nun, dass man diesen Hamilton-Operator unitär transformieren kann, so dass ein neuer Ausdruck für die Wechselwirkung entsteht, der nur noch einen Term enthält, und zwar mit der Struktur $-\hat{\mathbf{D}}\cdot\hat{\mathbf{E}}_\perp(\hat{\mathbf{R}})$, wobei $\hat{\mathbf{D}}$ der Operator für das *elektrische Dipolmoment* des Atoms ist:

$$\hat{\mathbf{D}}=q\,\hat{\mathbf{r}} \tag{C-16}$$

und $\hat{\mathbf{E}}_\perp(\hat{\mathbf{R}})$ der durch Gl. (B-3) gegebene Feldoperator. Diese Wechselwirkung nennt man die *elektrische Dipolkopplung.*

Um diese unitäre Transformation zu finden, bietet es sich an, zunächst den einfacheren Fall zu betrachten, dass das Strahlungsfeld klassisch beschrieben wird.

C-4-a Klassisches Feld

Die Strahlung ist in der klassischen Beschreibung ein äußeres, zeitabhängiges Feld mit einer vorgegebenen Zeitabhängigkeit; damit fällt der letzte Term in Gl. (C-15) weg. Den Operator $\hat{\mathbf{A}}_\perp(\hat{\mathbf{R}})$ in dem Wechselwirkungsterm ersetzen wir durch ein äußeres Feld $\mathbf{A}_{\perp\text{ext}}(\hat{\mathbf{R}},t)$. Der Hamilton-Operator des Systems ist also

$$\widehat{H}=\frac{\hat{\mathbf{P}}^2}{2M}+\frac{1}{2m}\left[\hat{\mathbf{p}}-q\mathbf{A}_{\perp\text{ext}}(\hat{\mathbf{R}},t)\right]^2+\widehat{V}_C \tag{C-17}$$

Wir führen nun eine unitäre Transformation aus, die den Impuls $\hat{\mathbf{p}}$ um die Größe $q\mathbf{A}_{\perp\text{ext}}(\hat{\mathbf{R}},t)$ verschiebt, so dass sich die kinetische Energie in $\widehat{H}$ auf $\hat{\mathbf{p}}^2/2m$ reduziert. Diese Transformation können wir folgendermaßen aufschreiben:*

$$\widehat{T}(t)=\exp\left[-\frac{\mathrm{i}}{\hbar}q\hat{\mathbf{r}}\cdot\mathbf{A}_{\perp\text{ext}}(\hat{\mathbf{R}},t)\right] \tag{C-18}$$

* Anm. d. Ü.: Diese Transformation ist ein Beispiel für eine sogenannte *lokale U(1)-Eichtransformation.* Im Schrödinger-Bild wird die Phase der Wellenfunktion ortsabhängig verändert, und die

In der Tat überprüft man mit Hilfe der Identität $[\hat{\mathbf{p}}, f(\hat{\mathbf{r}})] = -i\hbar\, \partial f/\partial \hat{\mathbf{r}}$ und weil die internen und externen Variablen $\hat{\mathbf{r}}$ und $\hat{\mathbf{R}}$ miteinander kommutieren, dass gilt

$$\hat{T}(t)\,\hat{\mathbf{p}}\,\hat{T}^\dagger(t) = \hat{\mathbf{p}} + q\mathbf{A}_{\perp\text{ext}}(\hat{\mathbf{R}}, t) \tag{C-19}$$

Die weiteren Terme in Gl. (C-17), die von $\hat{\mathbf{p}}$ nicht abhängen, werden von dieser Transformation nicht berührt. Dafür wird die Zeitentwicklung des unitär transformierten Zustands

$$|\Psi'(t)\rangle = \hat{T}(t)|\Psi(t)\rangle \tag{C-20}$$

von einem neuen Hamilton-Operator $\hat{H}'(t)$ erzeugt, was daran liegt, dass die Transformation über das Feld $q\mathbf{A}_{\perp\text{ext}}(\hat{\mathbf{R}}, t)$ explizit von der Zeit abhängt. Wir finden

$$\hat{H}'(t) = \hat{T}(t)\hat{H}(t)\hat{T}^\dagger(t) + i\hbar\left[\frac{\mathrm{d}\hat{T}(t)}{\mathrm{d}t}\right]\hat{T}^\dagger(t) \tag{C-21}$$

Nun ergibt sich

$$i\hbar\left[\frac{\mathrm{d}\hat{T}(t)}{\mathrm{d}t}\right]\hat{T}^\dagger(t) = q\hat{\mathbf{r}}\cdot\frac{\partial\mathbf{A}_{\perp\text{ext}}(\hat{\mathbf{R}}, t)}{\partial t} = -\hat{\mathbf{D}}\cdot\mathbf{E}_{\perp\text{ext}}(\hat{\mathbf{R}}, t) \tag{C-22}$$

wobei $\hat{\mathbf{D}}$ das in Gl. (C-16) definierte elektrische Dipolmoment des Atoms ist. Wir erhalten also

$$\hat{H}'(t) = \frac{\hat{\mathbf{P}}^2}{2M} + \frac{\hat{\mathbf{p}}^2}{2M} + \hat{V}_\mathrm{C} - \hat{\mathbf{D}}\cdot\mathbf{E}_{\perp\text{ext}}(\hat{\mathbf{R}}, t) \tag{C-23}$$

wobei der letzte Term in der Tat die bereits erwähnte Struktur der elektrischen Dipolkopplung hat.

C-4-b Quantisiertes Feld

Das soeben durchgeführte Verfahren motiviert die folgende unitäre Transformation

$$\hat{T} = \exp\left[-\frac{i}{\hbar}q\hat{\mathbf{r}}\cdot\hat{\mathbf{A}}_\perp(\hat{\mathbf{R}})\right] \tag{C-24}$$

in der nun der Operator $\hat{\mathbf{A}}_\perp(\hat{\mathbf{R}})$ im Exponenten steht. Es ist leicht zu überprüfen, dass auch dieser Operator eine Translation des Impulses $\hat{\mathbf{p}}$ erzeugt, so dass die kinetische Energie in Gl. (C-15) auf $\hat{\mathbf{p}}^2/2m$ abgebildet wird.

Transformation geht einher mit einer Eichtransformation des elektromagnetischen Felds, die das Vektorpotential lokal im Schwerpunkt des Atoms auf null transformiert. In der modernen Elementarteilchenphysik werden auf diese Weise Kopplungen an *Eichfelder* durch lokale Symmetrietransformationen erzeugt, die die fundamentalen Wechselwirkungen vermitteln. Eine lokale SU(2)-Symmetrie erzeugt die schwache Wechselwirkung (Eichfelder: Vektorbosonen $W^\pm$ und Z), eine SU(3)-Symmetrie die starke Wechselwirkung (Eichfelder: Gluonen).

Hier hängt $\widehat{T}$ aus Gl. (C-24) nicht mehr explizit von der Zeit ab, so dass ein Term analog zu Gl. (C-22) nicht auftritt. Wir müssen allerdings den Hamilton-Operator $\widehat{H}_{\mathrm{F}}$ für das quantisierte Feld in Gl. (C-15) transformieren. Dazu ist es bequem, die Transformation über die Modenentwicklung (B-5) von $\widehat{\mathbf{A}}_\perp(\widehat{\mathbf{R}})$ in die Erzeuger und Vernichter $\widehat{a}_i$ und $\widehat{a}_i^\dagger$ umzuschreiben:

$$\widehat{T} = \exp\left[\sum_i \left(\lambda_i^* \widehat{a}_i - \lambda_i \widehat{a}_i^\dagger\right)\right] \tag{C-25}$$

mit

$$\lambda_i = \frac{\mathrm{i}\,(\boldsymbol{\varepsilon}_i^* \cdot \widehat{\mathbf{D}})}{\sqrt{2\varepsilon_0 \hbar\omega_i L^3}}\,\mathrm{e}^{-\mathrm{i}\mathbf{k}_i\cdot\widehat{\mathbf{R}}} \tag{C-26}$$

In dieser Form erkennen wir $\widehat{T}$ als einen Verschiebeoperator wieder mit den Eigenschaften (s. Band I, Ergänzung $\mathrm{G_V}$, § 2-d):

$$\widehat{T}\,\widehat{a}_j\,\widehat{T}^\dagger = \widehat{a}_j + \lambda_j \qquad \widehat{T}\,\widehat{a}_j^\dagger\,\widehat{T}^\dagger = \widehat{a}_j^\dagger + \lambda_j^* \tag{C-27}$$

Um diese Beziehungen zu beweisen, kann man aus Ergänzung $\mathrm{B_{II}}$, § 5-d die Glauber-Formel

$$\mathrm{e}^{(A+B)} = \mathrm{e}^A \mathrm{e}^B \mathrm{e}^{-[A,B]/2} \tag{C-28}$$

verwenden, die dann gültig ist, wenn die Operatoren A und B mit dem Kommutator $[A, B]$ vertauschen, sowie die Identität $[\widehat{a}, f(\widehat{a}^\dagger)] = \partial f/\partial\widehat{a}^\dagger$. Wenn wir den letzten Term in Gl. (C-15) unitär transformieren, ergibt sich

$$\widehat{T}\widehat{H}_{\mathrm{F}}\widehat{T}^\dagger = \sum_i \frac{\hbar\omega_i}{2}\left[(\widehat{a}_i + \lambda_i)(\widehat{a}_i^\dagger + \lambda_i^*) + (\widehat{a}_i^\dagger + \lambda_i^*)(\widehat{a}_i + \lambda_i)\right] \tag{C-29}$$

Wenn wir dies ausmultiplizieren, führen die Terme ohne λ_i und λ_i^* wieder auf den Hamilton-Operator $\widehat{H}_{\mathrm{F}}$. Die in λ_i und λ_i^* linearen Terme ergeben

$$\begin{aligned}\sum_i \hbar\omega_i\left(\lambda_i\widehat{a}_i^\dagger + \lambda_i^*\widehat{a}_i\right) &= -\mathrm{i}\sum_i\sqrt{\frac{\hbar\omega_i}{2\varepsilon_0 L^3}}\left(\widehat{a}_i\boldsymbol{\varepsilon}_i\,\mathrm{e}^{\mathrm{i}\mathbf{k}_i\cdot\widehat{\mathbf{R}}} - \widehat{a}_i^\dagger\boldsymbol{\varepsilon}_i^*\,\mathrm{e}^{-\mathrm{i}\mathbf{k}_i\cdot\widehat{\mathbf{R}}}\right)\cdot\widehat{\mathbf{D}}\\ &= -\widehat{\mathbf{E}}_\perp(\widehat{\mathbf{R}})\cdot\widehat{\mathbf{D}}\end{aligned} \tag{C-30}$$

wobei wir die Modenentwicklung (B-3) für das elektrische Feld verwendet haben. Wir finden also auch hier den Hamilton-Operator für die elektrische Dipolkopplung wieder:

$$\widehat{W} = -\widehat{\mathbf{E}}_\perp(\widehat{\mathbf{R}})\cdot\widehat{\mathbf{D}} \tag{C-31}$$

Den in λ_i und λ_i^* quadratischen Term notieren wir $\widehat{h}_{\mathrm{Dip}}$

$$\widehat{h}_{\mathrm{Dip}} = \sum_i \hbar\omega_i\lambda_i^*\lambda_i = \sum_i \frac{1}{2\varepsilon_0 L^3}|\boldsymbol{\varepsilon}_i\cdot\widehat{\mathbf{D}}|^2 \tag{C-32}$$

er beschreibt die Dipolselbstenergie des Atoms.

Fassen wir alle erhaltenen Ausdrücke zusammen, ergibt sich der transformierte Hamilton-Operator

$$\widehat{H}' = \frac{\widehat{\mathbf{P}}^2}{2M} + \frac{\widehat{\mathbf{p}}^2}{2M} + \widehat{V}_\mathrm{C} + \widehat{H}_\mathrm{F} - \widehat{\mathbf{D}} \cdot \widehat{\mathbf{E}}_\perp(\widehat{\mathbf{R}}) + \widehat{h}_\mathrm{Dip} \tag{C-33}$$

Wir finden also in der Tat eine Wechselwirkung analog zu Gl. (C-23) wieder, zu der noch die Dipolenergie $\widehat{h}_\mathrm{Dip}$ hinzutritt.

Bemerkungen:

1. Unter einer unitären Transformation kann es vorkommen, dass derselbe mathematische Operator nicht dieselbe physikalische Größe beschreibt. Insbesondere stellt der Operator $\widehat{\mathbf{E}}_\perp(\widehat{\mathbf{R}})$ in Gl. (C-31) nicht mehr das transversale elektrische Feld nach der Transformation dar. Dieses ist nämlich $\widehat{T}\widehat{\mathbf{E}}_\perp(\widehat{\mathbf{R}})\widehat{T}^\dagger$ und unterscheidet sich von $\widehat{\mathbf{E}}_\perp(\widehat{\mathbf{R}})$. Man kann zeigen, dass der Operator $\widehat{\mathbf{E}}_\perp(\widehat{\mathbf{R}})$ nach der Transformation die physikalische Größe $\widehat{\mathfrak{D}}(\widehat{\mathbf{R}})/\varepsilon_0$ darstellt, wobei $\widehat{\mathfrak{D}}(\widehat{\mathbf{R}})$ die *dielektrische Verschiebung* ist [s. dazu Ergänzung A_{IV} in Cohen-Tannoudji, Dupont-Roc und Grynberg (1997)].
2. Die Dipolselbstenergie $\widehat{h}_\mathrm{Dip}$ kann man als ein k-Integral darstellen, das bei großen k divergiert. Man muss es allerdings auf die Wellenvektoren einschränken, für die die Näherung der großen Wellenlängen gültig ist.

C-5 Auswahlregeln

Betrachten wir einen Prozess, in dem der Hamilton-Operator der Atom-Licht-Wechselwirkung (C-31) einen Anfangszustand *in* in einen Endzustand *fin* (engl. u. frz.: *initial* und *final*) überführt. Den Anfangszustand zerlegen wir für das Atom in einen Zustand $|\psi_\mathrm{in}^\mathrm{int}\rangle$ für die internen Variablen und einen Zustand $|\psi_\mathrm{in}^\mathrm{ext}\rangle$ für die externen Variablen. Das Strahlungsfeld sei anfangs in dem Zustand $|\psi_\mathrm{in}^\mathrm{F}\rangle$. Die Wechselwirkung koppelt diesen Zustand an einen Endzustand, in dem die internen und externen Variablen des Atoms und das Strahlungsfeld in den Zuständen $|\psi_\mathrm{fin}^\mathrm{int}\rangle$, $|\psi_\mathrm{fin}^\mathrm{ext}\rangle$, und $|\psi_\mathrm{fin}^\mathrm{F}\rangle$ vorliegen. Der Operator $\widehat{\mathbf{E}}_\perp(\widehat{\mathbf{R}})$ in Gl. (C-31) ist eine Linearkombination von Vernichtern $\widehat{a}_i$ und Erzeugern $\widehat{a}_i^\dagger$, und deswegen beschreibt das Matrixelement von $\widehat{W}$ zwei Arten von Prozessen. Bei einer *Absorption* wirkt der Operator $\widehat{a}_i$ und vernichtet ein Photon, das im Endzustand fehlt; mit dem Operator $\widehat{a}_i^\dagger$ erscheint ein neues Photon, das bei der *Emission* erzeugt wird. Diese Matrixelemente faktorisieren in drei Faktoren, in die jeweils einer der drei Typen von Variablen und Zuständen eingeht. Für einen Absorptionsprozess erhalten wir

$$\mathrm{i}\sqrt{\frac{\hbar\omega_i}{2\varepsilon_0 L^3}}\langle\psi_\mathrm{fin}^\mathrm{int}|\boldsymbol{\varepsilon}_i \cdot \widehat{\mathbf{D}}|\psi_\mathrm{in}^\mathrm{int}\rangle\langle\psi_\mathrm{fin}^\mathrm{ext}|\exp(\mathrm{i}\,\mathbf{k}_i \cdot \widehat{\mathbf{R}})|\psi_\mathrm{in}^\mathrm{ext}\rangle\langle\psi_\mathrm{fin}^\mathrm{F}|\widehat{a}_i|\psi_\mathrm{in}^\mathrm{F}\rangle \tag{C-34}$$

und für eine Emission

$$-\mathrm{i}\sqrt{\frac{\hbar\omega_i}{2\varepsilon_0 L^3}}\langle\psi_\mathrm{fin}^\mathrm{int}|\boldsymbol{\varepsilon}_i^* \cdot \widehat{\mathbf{D}}|\psi_\mathrm{in}^\mathrm{int}\rangle\langle\psi_\mathrm{fin}^\mathrm{ext}|\exp(-\mathrm{i}\,\mathbf{k}_i \cdot \widehat{\mathbf{R}})|\psi_\mathrm{in}^\mathrm{ext}\rangle\langle\psi_\mathrm{fin}^\mathrm{F}|\widehat{a}_i^\dagger|\psi_\mathrm{in}^\mathrm{F}\rangle \tag{C-35}$$

Der mittlere Faktor in diesem Produkt ist das Matrixelement mit den externen Variablen des Atoms, das die Erhaltung des Gesamtimpulses ausdrückt. In der Tat ist $\exp(\pm \mathrm{i}\, \mathbf{k}_i \cdot \widehat{\mathbf{R}})$ ein Translationsoperator im Impulsraum: Hat das Atom anfangs den Schwerpunktsimpuls $\mathbf{P}_{\text{in}}$, dann führt die Absorption eines Photons mit dem Wellenvektor $\mathbf{k}_i$ dazu, dass sich das Atom mit dem Impuls $\mathbf{P}_{\text{fin}} = \mathbf{P}_{\text{in}} + \hbar \mathbf{k}_i$ bewegt. Der Impuls $\hbar \mathbf{k}_i$ des Photons wird also bei der Absorption auf das Atom (als Ganzes) übertragen. Genauso wird der Atomimpuls um den *Rückstoßimpuls* $\hbar \mathbf{k}_i$ verringert, wenn ein Photon mit dem Wellenvektor $\mathbf{k}_i$ emittiert wird.

Das erste Matrixelement in Gl. (C-34) betrifft die internen Atomvariablen. Hier ist der Operator $\widehat{\mathbf{D}}$ ein ungerader Operator, und das Matrixelement verschwindet nur dann nicht, wenn die internen Zustände $|\psi_{\text{in}}^{\text{int}}\rangle$ und $|\psi_{\text{fin}}^{\text{int}}\rangle$ eine entgegengesetzte Parität haben. Dies ist zum Beispiel für die Wasserstoffzustände 1s und 2p der Fall. Wir erhalten hier eine weitere Erhaltungsgröße: die (gesamte) Parität. Weil der Operator $\widehat{\mathbf{D}}$ des Weiteren ein vektorieller Operator ist, ergeben sich auch Auswahlregeln für das interne Drehmoment des Atoms. Wir werden diese in Ergänzung $\mathrm{C}_{\mathrm{XIX}}$ untersuchen.

Bemerkungen:

1. Die Erhaltung des Gesamtimpulses erscheint in dem mittleren Matrixelement in Gl. (C-34) und Gl. (C-35). Ist dieser Erhaltungssatz eine Folge der bislang getroffenen Näherungen, also des Ausdrucks (C-31) für den Wechselwirkungsoperator? Man kann zeigen, ausgehend von den Kommutatoren $[\mathbf{p}_a, F(\mathbf{r}_a)] = -\mathrm{i}\hbar \partial F/\partial \mathbf{r}_a$ und $[\hat{a}_i^\dagger \hat{a}_i, \hat{a}_i] = -\hat{a}_i$, dass der Operator $\widehat{W}_1$ aus Gl. (C-4) mit dem Gesamtimpuls des Systems $\sum_a \widehat{\mathbf{p}}_a + \sum_i \hbar \mathbf{k}_i \hat{a}_i^\dagger \hat{a}_i$ kommutiert, auch wenn man die Näherung großer Wellenlängen nicht ausführt. Dasselbe gilt für alle anderen Wechselwirkungsterme im Hamilton-Operator. Daraus folgt, dass die Matrixelemente der Wechselwirkung nur zwischen solchen Zuständen nicht verschwinden, die denselben Gesamtimpuls haben. Dass der Gesamtimpuls mit allen Termen des Hamilton-Operators kommutiert, ist der Ausdruck der Invarianz des Gesamtsystems unter räumlichen Verschiebungen: Die Eigenschaften des Systems ändern sich nicht, wenn man Teilchen und Felder um dieselbe Größe im Raum verschiebt. Analoge Überlegungen gelten für die Invarianz unter Drehungen und führen dazu, dass die Wechselwirkungen nur Zustände mit demselben Gesamtdrehimpuls untereinander koppeln können.* Mit Hilfe dieser Ergebnisse kann man in einfacher Weise den Austausch von Impuls und Drehimpuls zwischen Atomen und Photonen verstehen; wir werden dies im Detail in den Ergänzungen $\mathrm{A}_{\mathrm{XIX}}$ und $\mathrm{C}_{\mathrm{XIX}}$ tun.

2. Aus der Erhaltung des Gesamtimpulses bei der Absorption eines Photons in Kombination mit der Erhaltung der Gesamtenergie kann man zeigen, dass die Energie des absorbierten Photons sich von der Bohr-Frequenz leicht unterscheidet, die sich aus den beiden beteiligten internen Energieniveaus des Atoms ergibt. Dafür gibt es zwei Gründe: den Doppler-Effekt und den Photonenrückstoß (s. Ergänzung $\mathrm{A}_{\mathrm{XIX}}$). Beide spielen eine wichtige Rolle für die Verfahren der Laserkühlung von atomaren Gasen.

3. Wenn wir die Genauigkeit der Rechnungen jenseits der Näherung großer Wellenlängen steigern, dann ergibt sich, dass wir die Wechselwirkung zwischen dem magnetischen Feld

* Anm. d. Ü.: Diese Aussagen bezüglich der Invarianz unter Verschiebungen und Drehungen sind weitere Beispiele für das Noether-Theorem (s. Fußnote * auf S. 1999): Zu diesen Symmetrietransformationen gehören Erhaltungsgrößen, deren quantenmechanische Operatoren die sogenannten erzeugenden Operatoren der Symmetrietransformation sind.

der Strahlung und den magnetischen Momenten der Bahn- und der Spinbewegung der Atome berücksichtigen müssen [s. Bemerkung nach Gl. (C-14) und Band II, Ergänzung A_{XIII}, § 1]. Einen Teil dieser Terme haben wir in Gl. (C-6) bereits angegeben. Im Gegensatz zu den elektrischen Dipolübergängen, die wir oben betrachtet haben, ergeben sich dann auch sogenannte magnetische Dipolübergänge zwischen Energieniveaus mit derselben Parität. In derselben Ordnung der Entwicklung können auch andere Übergänge erscheinen, etwa die elektrischen Quadrupolübergänge.

Wir halten schließlich noch Folgendes fest: Wenn das Strahlungsfeld anfangs n_i Photonen (in der Mode i) enthält, dann ergeben sich die beiden letzten Matrixelemente in Gl. (C-34) und Gl. (C-35) zu $\langle n_i - 1|\widehat{a}_i|n_i\rangle = \sqrt{n_i}$ und $\langle n_i + 1|\widehat{a}_i^\dagger|n_i\rangle = \sqrt{n_i + 1}$. In diesem Fall ist die Wahrscheinlichkeit für eine Absorption proportional zu n_i, während die für eine Emission proportional zu $n_i + 1$ ist. Wir werden in Kapitel XX sehen, dass dieser Unterschied darauf zurückzuführen ist, dass es zwei Arten von Emissionsprozessen gibt: stimulierte und spontane Emission.

Dieses Kapitel hat uns die Hamilton-Operatoren $\widehat{H}_A$, $\widehat{H}_F$ und $\widehat{W}$ und ihre Matrixelemente bereitgestellt, so dass wir die zeitabhängige Schrödinger-Gleichung in Angriff nehmen können, um Übergangsamplituden zwischen Anfangs- und Endzuständen des Systems aus Atom und Strahlungsfeld zu berechnen. Im folgenden Kapitel werden wir eine Reihe von Prozessen untersuchen: die Absorption und Emission von Photonen in einem monochromatischen oder einem breitbandigen Strahlungsfeld, die Photoionisation, Mehrphotonenprozesse und Photonenstreuung.

Übersicht über die Ergänzungen zu Kapitel XIX

In den drei Ergänzungen untersuchen wir die Folgerungen aus den Erhaltungssätzen für den Gesamtimpuls und den Gesamtdrehimpuls, wenn ein Atom Photonen absorbiert oder emittiert. Wenn ein Atom ein Photon absorbiert, dann gewinnt es an Energie, Impuls und Drehimpuls genau die entsprechenden Größen, die das Photon hatte. Umgekehrt verliert das Atom bei der Emission entsprechend Energie, Impuls und Drehimpuls. Auf diese Weise hat man Werkzeuge zur Hand, um diverse Eigenschaften von Atomen zu kontrollieren, die etwa beim optischen Pumpen oder bei der Laserkühlung von grundlegender Bedeutung sind.

A_{XIX} **Impulsaustausch zwischen Atomen und Photonen**	Der Impulsaustausch zwischen Atomen und Photonen spielt vor allem beim Doppler-Effekt eine wichtige Rolle und bestimmt das Profil der Spektrallinien der Emission oder Absorption eines Gases. Wenn ein Atom wiederholt Photonen absorbiert und wieder emittiert, dann kann sich sein Impuls stark verändern. Auf diese Weise kann man etwa einen Atomstrahl beschleunigen, abbremsen oder sogar zur Ruhe bringen, und zwar auf einer relativ kurzen Distanz. Eine weitere Anwendung ist eine Reibungskraft, die Atome abbremst, womit man ultrakalte Gase erzeugen kann (die sogenannte Doppler-Kühlung). Sind die Atome in einer Falle eingesperrt, dann ändert sich die Doppler-Verschiebung grundlegend und kann sogar verschwinden (Mößbauer-Effekt). Die Ergänzung untersucht auch Multiphotonprozesse, in denen der Gesamtimpuls der absorbierten Photonen verschwindet. (*Als Einführung in eine Reihe von experimentellen Anwendungen empfohlen. Die Herleitung der Doppler-Temperatur ist etwas aufwendiger.*)
B_{XIX} **Drehimpuls des Strahlungsfelds**	Wir zeigen, dass das Photon als ein Spin-1-Teilchen aufgefasst werden kann, das auch einen Bahndrehimpuls trägt; es besitzt also beide Arten von Drehimpuls. Diese Begriffe sind für die nächste Ergänzung nützlich. (*Technisch anspruchsvoller als die vorige Ergänzung.*)
C_{XIX} **Drehimpulsübertrag von Licht auf Atome**	Hier untersuchen wir den Drehimpulsaustausch zwischen dem Photonenspin (der mit der Polarisation eines Lichtstrahls zusammenhängt) und den inneren Freiheitsgraden eines Atoms. Die entsprechenden Auswahlregeln liefern die Grundlage für eine Reihe von experimentellen Methoden der Atomphysik, insbesondere für das *optische Pumpen*. Dort führt ein polarisierter Lichtstrahl dazu, dass die Atome eines Gases alle einen gewissen Zeeman-Zustand besetzen. Diese Methoden haben zahlreiche Anwendungen, die wir in der Ergänzung skizzieren. (*Einige Beispiele für elegante experimentelle Verfahren, die sich auf Konzepte aus der Atom-Licht-Kopplung stützen. Illustriert bahnbrechende Erfolge des später so genannten* Laboratoire Kastler-Brossel *(LKB) in Paris, d. Ü.*)

Ergänzung A_{XIX}
Impulsaustausch zwischen Atomen und Photonen

In Kapitel XIX, § C haben wir für die Wechselwirkung zwischen Atom und Strahlungsfeld die Matrixelemente aufgeschrieben. Dabei konnten Auswahlregeln formuliert werden, die aus der Erhaltung des Gesamtimpulses des Systems aus Atom und Feld bei der Absorption oder Emission eines Photons folgen. In Kapitel XX werden wir die Übergangsamplituden für diese Prozesse berechnen und zeigen, dass auch die Gesamtenergie des Systems unter Absorption und Emission erhalten ist. In dieser Ergänzung wollen wir zeigen, wie diese Erhaltungssätze es ermöglichen, eine Reihe von interessanten Aspekten des Impulsaustausches zwischen Atomen und Photonen zu verstehen.[1]

Wir beginnen in § 1 mit einem freien Atom, dessen Schwerpunktsbewegung keinem äußeren Potential unterworfen ist. Er werden die Doppler-Verschiebung und die Rückstoßenergie hergeleitet, die in den Frequenzen der absorbierten oder emittierten Photonen auftreten. In einem Gas bewegt sich eine große Zahl von Atomen in alle mögliche Richtungen, und die entsprechende Verteilung der Geschwindigkeiten führt zu einer charakteristischen Doppler-Verbreiterung der Emissions- und Absorpti-

1 Die erste Überlegung dieser Art wurde von Arthur H. Compton angestellt, als er 1923 die Streuung eines Photons an einem Elektron als eine Kollision zwischen zwei Teilchen auffasste. Man schreibt die Erhaltungssätze des Gesamtimpulses und der Gesamtenergie vor und nach der Kollision auf und ordnet dem Photon eine Energie $h\nu$ und einen Impuls $\hbar\mathbf{k}$ (mit $k = |\mathbf{k}| = 2\pi\nu/c$) zu. Es folgt auf diese Weise eine Frequenzverschiebung für das Photon, die vom Streuwinkel abhängt und mit den Beobachtungen in Comptons Experiment aus dem Jahr 1922 übereinstimmt.

https://doi.org/10.1515/9783110649130-023

onslinien.* Diese Linienbreite sowie die Linienverschiebung aufgrund der Rückstoßenergie begrenzen in der hochauflösenden Spektroskopie die Genauigkeit von Frequenzmessungen in den atomaren Spektren. Wenn ein Atom mehrfach Photonen absorbiert und wieder emittiert, dann sind große Impulsänderungen pro Zeit möglich: Das Licht übt eine Kraft aus, die man den *Strahlungsdruck* nennt. Wir schätzen seine Größenordnung ab und zeigen, dass er Atome abbremsen oder beschleunigen kann, wobei Zahlenwerte bis zum Hunderttausendfachen der Erdbeschleunigung auftreten können.

Wir besprechen in § 2, wie diese Lichtkraft in der Lage ist, einen Strahl von Atomen abzubremsen und zum Stillstand zu bringen, wenn ein Lichtstrahl den Atomen entgegenläuft. Weil der Strahlungsdruck aufgrund des Doppler-Effekts von der Geschwindigkeit der Atome abhängt, ergeben sich sehr interessante Möglichkeiten. Arbeitet man mit zwei gegenläufigen Lichtstrahlen von gleicher Intensität und Frequenz, dann entsteht eine Reibungskraft, wenn die Lichtfrequenz kleiner als die Atomfrequenz ist.† Der Strahlungsdruck der beiden Strahlen kompensiert sich exakt, wenn die Atome die Geschwindigkeit $v = 0$ haben, wirkt aber einer Geschwindigkeit $v \neq 0$ entgegen, so dass diese gedämpft wird. Wir haben es hier mit einer der ersten Methoden für die Laserkühlung (der sogenannten Doppler-Kühlung) zu tun, die experimentell beobachtet werden konnte. Es werden dabei sehr tiefe Temperaturen erzielt, eine Million mal kleiner als die Raumtemperatur, und die „ultrakalten Gase", die man auf diese Weise präpariert, haben in der letzten Zeit immer mehr Anwendungen gefunden. Wir stellen in § 2-c das Prinzip der magneto-optischen Falle vor, in der der Strahlungsdruck auch von der Position abhängt.

In § 3 und § 4 beschreiben wir einige Methoden, die zur Unterdrückung oder Umgehung des Photonenrückstoßes entwickelt wurden. Dazu gehört das Einfangen des Atoms in einer Falle (§ 3), was den Rückstoß verhindern kann, wenn das Atom genügend stark räumlich lokalisiert ist. Hat man es mit einem Mehrphotonenübergang zu tun, bei dem etwa zwei Photonen mit derselben Energie und entgegengesetzten Impulsen absorbiert werden, dann wird auf das Atom ein Impuls null übertragen, und es gibt keine Doppler-Verschiebung mehr. Diese Methode liefert die Grundlage für ein wichtiges Werkzeug in der Spektroskopie: die Doppler-freie Zweiphotonenabsorption (§ 4).

* Anm. d. Ü.: Der Begriff der *Spektrallinie* kommt daher, dass man im Experiment vor der Quelle häufig einen schmalen Spalt aufstellt und das durchtretende Licht etwa auf ein Beugungsgitter fallen lässt. Je nach der Quelle entsteht auf einem Schirm eine Reihe von Linien (Emissionslinien in verschiedenen Farben), oder eine kontinuierliche Verteilung mit dunklen Linien (Absorption), weil die Frequenzen vom Gitter in verschiedene Richtungen gebeugt werden. Abb. 1 etwa gibt den Querschnitt der Intensitätsverteilung als Funktion der Frequenz (das *Linienprofil*) wieder.

† Anm. d. Ü.: In der Spektroskopie spricht man in diesem Fall von *rotverstimmtem* Licht. Die Lichtfrequenz liegt im *Blauen*, wenn sie größer als eine atomare Resonanzfrequenz ist.

1 Rückstoß eines freien Atoms unter Absorption oder Emission

Wir beginnen mit freien Atomen, die keinem äußeren Potential unterworfen sind. Der Hamilton-Operator für die äußeren Variablen besteht dann nur aus der kinetischen Energie, also $\widehat{H}_{\text{ext}} = \widehat{\mathbf{P}}^2/2M$, wobei $\widehat{\mathbf{P}}$ der Schwerpunktsimpuls und M die Gesamtmasse des Atoms ist. Die Eigenzustände von $\widehat{H}_{\text{ext}}$ können als ebene Wellen mit scharf definierten Werten für Impuls $\mathbf{P}$ und Energie $P^2/2M$ gewählt werden.

1-a Erhaltungsgrößen

Nehmen wir eine Modenentwicklung des Strahlungsfelds nach ebenen Wellen vor: Diese haben einen definierten Wellenvektor $\mathbf{k}$ und eine Frequenz $\omega = ck$ [s. Kapitel XIX, Gl. (A-15)]. Der Hamilton-Operator $\widehat{H}_{\text{F}}$ für das Feld hat dann Eigenzustände, die man durch Photonen mit Energie $\hbar\omega$ und Impuls $\hbar\mathbf{k}$ beschreiben kann. Die Wechselwirkung $\widehat{W}$ aus Kapitel XIX, § C ist invariant unter räumlichen Translationen des Gesamtsystems aus Atom und Feld.[2] Somit kommutiert sie mit dem Gesamtimpuls des Systems, kann also nur Übergänge zwischen Zuständen mit demselben Gesamtimpuls induzieren. Des Weiteren ist die Übergangsamplitude für eine Wechselwirkung, die während einer Zeit T wirkt, nur dann von null verschieden, wenn die Zustände des Systems (bis auf eine Unschärfe von der Ordnung $\hbar/T$) dieselbe Energie haben. (Wir kommen im nächsten Kapitel auf diesen Punkt zurück.) Diese zwei Erhaltungssätze für den Impuls und die Energie des Gesamtsystems kann man ausnutzen, um den Einfluss der Schwerpunktsbewegung des Atoms auf die Frequenzen der Photonen zu untersuchen, die absorbiert oder emittiert werden können.

Betrachten wir zunächst die Absorption eines Photons: Ein Atom geht von einem inneren Zustand a in einen anderen Zustand b über und absorbiert dabei ein Photon mit Energie $\hbar\omega$ und Impuls $\hbar\mathbf{k}$. Die Differenz der beiden inneren Energieniveaus liefert die Bohrsche Übergangs- oder Resonanzfrequenz*

$$\hbar\omega_0 = E_b - E_a \tag{1}$$

Der Impuls, mit dem sich der Schwerpunkt des Atoms vor (oder nach) der Absorption bewegt, sei $\mathbf{P}_{\text{in}}$ (oder $\mathbf{P}_{\text{fin}}$). Aus der Erhaltung des Gesamtimpulses folgt

$$\mathbf{P}_{\text{fin}} = \mathbf{P}_{\text{in}} + \hbar\mathbf{k} \tag{2}$$

2 In der Wechselwirkung werden die Felder am Ort der Teilchen ausgewertet. Sie ist also invariant, wenn man sowohl die Felder als auch die Teilchen um dieselbe Strecke verschiebt.

* Anm. d. Ü.: In der Literatur werden häufig die Indizes g und e anstelle von a und b für den Grundzustand und den angeregten Zustand (engl.: *excited*) verwendet; wir werden dies in § 2-c tun.

Die Gesamtenergie des Anfangszustands ist die Summe aus der Photonenergie, der inneren Energie des Atoms und seiner kinetischen Energie

$$E_{\text{in}} = \hbar\omega + E_a + \frac{P_{\text{in}}^2}{2M} \tag{3}$$

Im Endzustand bleiben nur innere und kinetische Energie des Atoms übrig, weil das Photon verschwunden ist:

$$E_{\text{fin}} = E_b + \frac{P_{\text{fin}}^2}{2M} \tag{4}$$

Aus der Erhaltung des Gesamtenergie $E_{\text{in}} = E_{\text{fin}}$ ergibt sich mit Gl. (1) und Gl. (2)

$$\hbar\omega = \hbar\omega_0 + \frac{\hbar\mathbf{k}\cdot\mathbf{P}_{\text{in}}}{M} + \frac{\hbar^2k^2}{2M} \tag{5}$$

Die letzten beiden Terme beschreiben die Änderung der äußeren Energie des Atoms in dem Übergang – also die Differenz aus der kinetischen Energie der Schwerpunktsbewegung im Endzustand ($(\mathbf{P}_{\text{in}} + \hbar\mathbf{k})^2/2M$) und im Anfangszustand ($\mathbf{P}_{\text{in}}^2/2M$). Gleichung (5) durch die Photonfrequenz ausgedrückt lautet

$$\omega = \omega_0 + \mathbf{k}\cdot\mathbf{v}_{\text{in}} + \frac{E_{\text{rec}}}{\hbar} \tag{6}$$

wobei $\mathbf{v}_{\text{in}} = \mathbf{P}_{\text{in}}/M$ die Anfangsgeschwindigkeit des Schwerpunkts ist und die Größe

$$E_{\text{rec}} = \frac{\hbar^2k^2}{2M} = \hbar\omega_{\text{rec}} \tag{7}$$

die *Rückstoßenergie* (engl.: *recoil energy*) genannt wird. Dies ist die kinetische Energie, die ein anfänglich in Ruhe befindliches Atom nach der Absorption eines Photons mit dem Impuls $\hbar k$ besitzt.

Dieselben Überlegungen kann man für die Emission eines Photons anstellen: Ein Atom mit Impuls $\mathbf{P}_{\text{in}}$ im inneren Zustand b geht in den Zustand a über und emittiert ein Photon mit Energie $\hbar\omega$ und Impuls $\hbar\mathbf{k}$. Die Gleichung (6) ist dann durch

$$\omega = \omega_0 + \mathbf{k}\cdot\mathbf{v}_{\text{in}} - \frac{E_{\text{rec}}}{\hbar} \tag{8}$$

zu ersetzen, es hat sich also nur ein Vorzeichen geändert.

1-b Doppler-Effekt und Doppler-Verbreiterung

Der Term $\mathbf{k}\cdot\mathbf{v}_{\text{in}}$ in den Ausdrücken (6) und (8) ist genau die Doppler-Verschiebung der atomaren Resonanzfrequenz, die aufgrund der Bewegung des Atoms entsteht.* Wir

* Anm. d. Ü.: Christian Doppler, ein österreichischer Physiker und Mathematiker, legte die Grundlagen für die nach ihm benannte Verschiebung der Frequenz von Strahlung, die eine bewegte Quelle

definieren

$$\omega - \omega_0 = 2\pi(\nu - \nu_0) = 2\pi\Delta\nu \quad \text{sowie} \quad k = \frac{\omega}{c} \tag{9}$$

und erhalten für die Frequenzverschiebung aufgrund des Doppler-Effekts den Ausdruck

$$\frac{\Delta\nu}{\nu_0} = \frac{\boldsymbol{\kappa} \cdot \mathbf{v}_{\text{in}}}{c} \tag{10}$$

wobei $\boldsymbol{\kappa} = \mathbf{k}/k$ der Einheitsvektor entlang der Ausbreitungsrichtung des Photons ist. Es ist übrigens nicht nötig, für diese Frequenzverschiebung die Quantentheorie der Strahlung zu bemühen – die klassische Beschreibung des Doppler-Effekts reicht dazu bereits aus. Dies ist nicht verwunderlich, denn in den beiden letzten Termen in Gl. (6) und (8) ist $\mathbf{k} \cdot \mathbf{v}_{\text{in}}$ der einzige, der nicht nach null strebt, wenn man den Grenzfall $\hbar \to 0$ betrachtet, im Gegensatz zur Rückstoßfrequenz $E_{\text{rec}}/\hbar = \hbar k^2/2M$, die linear mit $\hbar$ nach null geht.

Betrachten wir nun ein verdünntes Gas von Atomen im Gleichgewicht an der Temperatur T. Die Geschwindigkeiten sind dann statistisch gemäß dem Maxwell-Boltzmann-Gesetz verteilt, und die Breite dieser Verteilung ist von der Ordnung $\sqrt{k_B T/M}$, wobei k_B die Boltzmann-Konstante ist. Die Frequenzen, die von dem Gas emittiert oder absorbiert werden, sind gaußverteilt,[3] so dass sich eine typische Verbreiterung $\Delta\nu_D$ (die Standardabweichung der Frequenzverteilung, die Wurzel aus der Varianz) ergibt mit

$$\frac{\Delta\nu_D}{\nu_0} = \sqrt{\frac{k_B T}{Mc^2}} \tag{11}$$

Arbeitet man im sichtbaren Frequenzbereich und bei Raumtemperatur ($T \sim 300\,\text{K}$), dann ist die Doppler-Verbreiterung von der Größenordnung $\Delta\nu_D \simeq 1\,\text{GHz} = 10^9\,\text{Hz}$, viel kleiner als ν_0 ($\sim 10^{15}\,\text{Hz}$), aber viel größer als die natürliche Linienbreite $\Gamma/2\pi \sim 10^7\,\text{Hz}$. Unter diesen Bedingungen ist die spektroskopische Auflösung von Frequenzmessungen in verdünnten Gasen im Allgemeinen durch die Doppler-Verbreiterung der Spektrallinien begrenzt.

---

3 Ganz genau formuliert hat man es hier mit der Faltung (engl./frz.: *convolution*) eines Gauß-Profils mit einer Verteilung der Breite Γ zu tun, die aufgrund der endlichen Lebensdauer $1/\Gamma$ des angeregten Zustands entsteht. Diese Breite spiegelt die spontane Emission wider und wird die *natürliche (oder homogene) Linienbreite* genannt; das entsprechende Profil folgt häufig einer Lorentz-Kurve. Bei Raumtemperatur ist Γ allerdings viel kleiner als die Doppler-Verbreiterung.

emittiert, in den Jahren 1842 bis 1846 und interessierte sich dabei für Spektrallinien von Doppelsternen. Manchmal spricht man auch vom Doppler-Fizeau-Effekt, zu Ehren von Hippolyte Fizeau, der 1848 Frequenzverschiebungen in optischen Spektren nachwies und im folgenden Jahr eine Messung der Lichtgeschwindigkeit durchführen konnte.

Relativistischer Doppler-Effekt:
Die soeben durchgeführten Rechnungen sind nur für nichtrelativistische Geschwindigkeiten $v \ll c$ gültig. Man kann die Doppler-Verschiebung auch für beliebig große Geschwindigkeiten v berechnen. Dazu erinnern wird uns, dass die vier Größen $(k_x, k_y, k_z, \omega/c)$ die Komponenten eines Vierervektors sind. Betrachten wir ein Atom in Ruhe in einem Bezugssystem K, das ein Photon mit der Frequenz ω entlang der x-Achse emittiert. (Hier vernachlässigen wir die Rückstoßenergie.) Ein Beobachter, der sich relativ zum Atom mit der Geschwindigkeit v entlang der x-Achse bewegt (Bezugssystem K'), sieht, dass sich das Atom mit der Geschwindigkeit $-v$ von ihm wegbewegt. Er misst eine rotverschobene Frequenz ω' für das emittierte Photon. Nach den relativistischen Regeln für die Lorentz-Transformation der Komponenten eines Vierervektors haben wir

$$\omega' = \frac{\omega - kv}{\sqrt{1 - v^2/c^2}} \tag{12}$$

Mit der Identifikation $\mathbf{k} \cdot \mathbf{v}_{\text{in}} = -kv$ finden wir in der ersten Ordnung in v/c genau die Doppler-Verschiebung aus Gl. (8) wieder – die exakte Formel ergänzt dies um eine relativistische Korrektur, die relativ gesehen für kleine Geschwindigkeiten von der Ordnung $(v/c)^2$ ist.

1-c Rückstoßenergie

Betrachten wir ein Atom in Ruhe, so dass die Terme $\mathbf{k} \cdot \mathbf{v}_{\text{in}}$ in den Gleichungen (6) und (8) verschwinden. Absorbiert das Atom ein Photon, wächst sein Impuls um den Photonenimpuls $\hbar\mathbf{k}$. Es bewegt sich mit der Geschwindigkeit $v_{\text{rec}} = \hbar k/M$ entlang der Richtung des einfallenden Photons, und seine kinetische Energie beträgt $E_{\text{fin}} = Mv_{\text{rec}}^2/2 = E_{\text{rec}}$. Die Energie $\hbar\omega$ des absorbierten Photons erhöht einerseits die innere Energie des Atoms um den Betrag $\hbar\omega_0$ (es geht von a nach b über), muss andererseits aber auch für die zusätzliche kinetische Energie E_{rec} aufkommen. So ergibt sich $\hbar\omega = \hbar\omega_0 + E_{\text{rec}}$, was offenbar mit Gl. (6) für $\mathbf{v}_{\text{in}} = \mathbf{0}$ übereinstimmt. Bei der Emission eines Photons liegt diese Beziehung ein wenig anders. Das Atom geht von b nach a über, und der Impuls $\hbar\mathbf{k}$ des Photons wird in der entgegengesetzten Richtung als Rückstoß auf das Atom übertragen, was auf die kinetische Energie E_{rec} führt. Das Atom verliert $\hbar\omega_0$ an innerer Energie, und dieser Betrag wird aufgewendet, um dem Strahlungsfeld die Photonenenergie $\hbar\omega$ zuzuführen, kommt aber auch für den Anstieg der kinetischen Energie von null auf E_{rec} auf. Wir haben somit $\hbar\omega_0 = \hbar\omega + E_{\text{rec}}$, also $\hbar\omega = \hbar\omega_0 - E_{\text{rec}}$, was mit Gl. (8) und dem Minuszeichen vor der Rückstoßenergie dort übereinstimmt.

Die kinetische Energie E_{rec} aufgrund des Rückstoßes, den das Atom erfährt, führt dazu, dass sich die Spektrallinien für Absorptions- und Emissionsprozesse unterscheiden (s. Abb. 1). Die Absorptionslinie liegt bei der Frequenz $\omega_0 + \omega_{\text{rec}}$ für die Absorption und bei $\omega_0 - \omega_{\text{rec}}$ für die Emission mit der Rückstoßfrequenz $\omega_{\text{rec}} = E_{\text{rec}}/\hbar$. In einem Gas mit vielen Atomen in Bewegung liegt eine Verteilung der Geschwindigkeiten um null herum vor, so dass beide Linien eine Doppler-Verbreiterung $\Delta\omega_{\text{D}}$ erfahren. Im sichtbaren Spektralbereich liegen Rückstoßfrequenzen $\omega_{\text{rec}}/2\pi$ typischerweise bei einigen kHz und sind damit viel kleiner als die Doppler-Verbreiterung bei Raumtem-

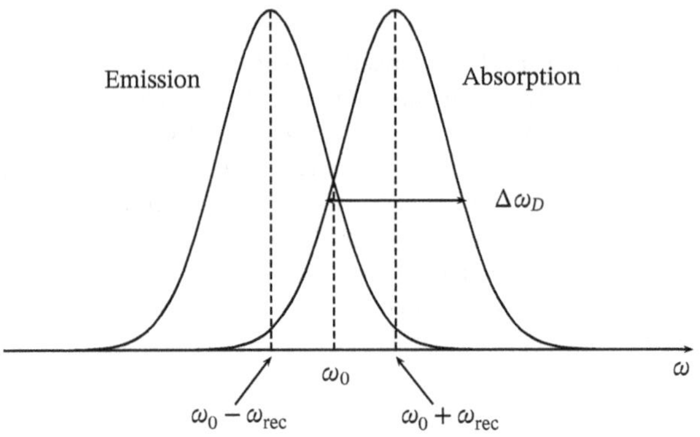

Abb. 1: Wegen des Photonenrückstoßes fallen die Spektrallinien eines Atoms für die Absorption und die Emission nicht zusammen, sondern bilden das sogenannte *Rückstoßdublett*. Sie liegen jeweils bei den Frequenzen $\omega_0 + \omega_{rec}$ für die Absorption und bei $\omega_0 - \omega_{rec}$ für die Emission. In einem Gas sind sie um die Größe $\Delta\omega_D = 2\pi\nu_D$ Doppler-verbreitert. Je nach den Parametern (Wellenlänge, Atommasse) überlappen die beiden Linien (typisch für den sichtbaren Spektralbereich), oder ihr Abstand beträgt mehrere Linienbreiten (typisch für Röntgen- oder Gammaübergänge).

peratur und auch viel kleiner als die natürliche Linienbreite. Das Rückstoßdublett aus Abb. 1 wird also nicht aufgelöst, denn der Abstand zwischen den Maxima der beiden *Peaks* ist kleiner als ihre Breite.

Untersucht man allerdings die Strahlung, die von Atomkernen im Röntgen- oder Gammabereich emittiert wird, dann wird die Rückstoßfrequenz (weil sie mit k^2 skaliert) vergleichbar oder sogar größer als die Doppler-Verbreiterung (die nur linear in k anwächst). Die beiden Spektrallinien aus Abb. 1 überlappen dann nur in ihren Flanken. Dies führt dazu, dass ein Photon, das von dem Kern im angeregten Zustand b emittiert wird, praktisch nicht mehr von einem anderen Kern desselben Isotops im Zustand a absorbiert werden kann. Wir werden weiter unten sehen (§ 3-e), wie man den Rückstoß des Kerns unterdrücken kann, wenn das entsprechende Atom in einem Kristall genügend stark an andere Atome gebunden ist (Mößbauer-Effekt).

1-d Strahlungsdruck einer ebenen Welle

Jedes Mal, wenn ein Atom ein Photon absorbiert, gewinnt es einen Impuls $\hbar\mathbf{k}$. Sei $\dot{N}_{abs}$ die Anzahl der Absorptionen pro Zeiteinheit (die *Absorptionsrate*), dann wächst der Impuls des Atoms um $\dot{N}_{abs}\,\hbar\mathbf{k}$ pro Zeit. Betrachten wir ein stationäres Regime, dann ist die Absorptionsrate gleich der Emissionsrate, $\dot{N}_{abs} = \dot{N}_{em}$. Für diese Emissionsrate können wir das Produkt $\Gamma\sigma_{bb}$ ansetzen. Hier gibt die natürliche Linienbreite Γ die Zerfallsrate für den angeregten Zustand b an und das Matrixelement σ_{bb} des Dichteoperators für das Atom beschreibt die Besetzungswahrscheinlichkeit dieses Zustands. Wir können den Impulszuwachs pro Zeiteinheit als das Ergebnis einer Kraft **F** interpretieren, die auf das Atom wirkt und die man als den *Strahlungsdruck* bezeichnet, den der Lichtstrahl auf das Atom ausübt.* Gemäß unseren Überlegungen beträgt sie[4]

$$\mathbf{F} = \dot{N}_{\text{abs}} \hbar\mathbf{k} = \Gamma\sigma_{bb} \hbar\mathbf{k} \tag{13}$$

Schätzen wir einmal die Größenordnung dieser Kraft ab. Die Intensität des Lichts sei sehr groß, so dass der Übergang $a \leftrightarrow b$ gesättigt ist. Dann sind die Besetzungen σ_{bb} und σ_{aa} von Grund- und angeregtem Zustand gleich und betragen 1/2. Somit ist

$$\mathbf{F} \approx \hbar\mathbf{k}\frac{\Gamma}{2} \tag{14}$$

Eine derartige Kraft übt eine Beschleunigung $\mathbf{a} = \mathbf{F}/M$ auf das Atom aus, deren Betrag den Wert

$$a \approx \frac{\hbar k}{M}\frac{\Gamma}{2} = \frac{v_{\text{rec}}}{2\tau} \tag{15}$$

hat. Hier ist $v_{\text{rec}} = \hbar k/M$ die Rückstoßgeschwindigkeit für die Absorption oder Emission eines Photons und $\tau = 1/\Gamma$ die radiative (oder natürliche) Lebensdauer des angeregten Zustands b.

Für ein Natriumatom (mit seiner starken D-Linie bei $\approx$ 589 nm) ergeben sich folgende Zahlenwerte. Die Rückstoßgeschwindigkeit beträgt etwa $v_{\text{rec}} \approx 2.9$ cm/s und die radiative Lebensdauer $\tau \approx 16.2$ ns, so dass sich eine Beschleunigung $a \sim 10^6$ m/s^2 ergibt, die hunderttausend Mal größer ist als die Erdbeschleunigung (ca. 10 m/s)! Dieser hohe Wert entsteht dadurch, dass die Änderung der Geschwindigkeit, obwohl sie für einen Absorptions-Emissions-Zyklus klein ist, sich über eine große Anzahl von Zyklen aufaddiert, nämlich etwa $1/2\tau$ pro Sekunde.

4 Wir haben in der Impulsbilanz nur die Absorptionsprozesse berücksichtigt. Bei der spontanen Emission ändert sich der Impuls des Atoms wegen des Photonenrückstoßes freilich auch. Die Richtung des spontan emittierten Photons ist allerdings zufällig über alle Raumrichtungen verteilt, so dass dabei *im Mittel* ein Impuls null übertragen wird. Allerdings entsteht auf diese Weise eine Diffusionsbewegung (engl.: *random walk*) im Impulsraum, die die Breite der Geschwindigkeitsverteilung des Atoms erhöht. Wir werden in § 2-b-γ sehen, dass man diese Impulsdiffusion die Grenztemperatur der sogenannte Doppler-Kühlung bestimmt.

* Anm. d. Ü.: Natürlich sind Druck und Kraft nicht dieselben physikalischen Größen. Im Französischen spricht man hier ganz präzise von der *force de pression de radiation*, der entsprechende Begriff *Strahlungsdruck-Kraft* wird auf Deutsch allerdings nur selten verwendet.

2 Anwendungen: Abbremsen und Kühlen von Atomen

Wir wollen nun drei Anwendungen des Strahlungsdrucks vorstellen, in denen ein oder zwei Laserstrahlen verwendet werden. Im Fall von zwei Strahlen haben die beiden dieselbe Frequenz und Intensität und laufen einander entgegen. In § 2-a zeigen wir, wie der Strahlungsdruck eines Lasers einen Atomstrahl, der dem Licht entgegenläuft, abbremsen und sogar praktisch zur Ruhe bringen kann. Mit zwei gegenläufigen Lichtstrahlen ergibt sich ein interessantes Phänomen, wenn man ein Ungleichgewicht zwischen den Strahlungsdrücken der beiden Strahlen herstellt, entweder als Funktion der Geschwindigkeit v des Atoms (wir betrachten nur eine Komponente der Geschwindigkeit und legen die x-Achse parallel zu den Laserstrahlen) oder als Funktion der Position x. In § 2-b betrachten wir den Fall einer geschwindigkeitsabhängigen Kraft und zeigen, dass sich die Kräfte der beiden Lichtstrahlen für $v = 0$ gegenseitig wegheben, während sich für $v \neq 0$ eine Kraft ergibt, die für kleine Geschwindigkeiten linear mit v anwächst: $F \simeq -\gamma v$. Wählt man eine passende Frequenzverstimmung zwischen den Laserstrahlen und der Resonanzfrequenz des Atoms, dann kann der Proportionalitätsfaktor γ positiv werden, so dass die Nettokraft die Struktur einer Reibungskraft hat. Sie dämpft die Geschwindigkeiten der Atome, kann sie also in ihrer Verteilung abkühlen. Dies ist das Prinzip der sogenannten Doppler-Kühlung. In § 2-c besprechen wir einen positionsabhängigen Strahlungsdruck, der für $x = 0$ verschwindet, und sich für kleines x wie βx verhält. Mit einem negativen Koeffizienten β liegt hier eine Rückstellkraft vor, die Atome im Punkt $x = 0$ einfangen kann. Dies ist die Grundidee der sogenannten magneto-optischen Falle.

2-a Abbremsen eines Atomstrahls

Betrachten wir einen Atomstrahl, der sich durch einen Laserstrahl bewegt, der sich den Atomen entgegen ausbreitet und dessen Frequenz in der Nähe einer atomaren Resonanz liegt. Unter dem Einfluss des Strahlungsdrucks (13) werden die Atome abgebremst. Kann man sie auf diese Weise vollständig zur Ruhe bringen? Hier ist die folgende Überlegung wichtig: Selbst wenn das Laserlicht anfangs resonant auf den Übergang der Atome abgestimmt ist, gilt dies nicht mehr, sobald sich die Geschwindigkeit der Atome ändert. Wegen des Doppler-Effekts wandern die Atome aus der Resonanzbedingung hinaus. Der Strahlungsdruck verringert sich dadurch erheblich, und das Abbremsen kommt zum Erliegen. Um unsere Überlegungen einfach zu halten, werden wir in einem ersten Schritt den Doppler-Effekt vernachlässigen, der mit der veränderten Geschwindigkeit der Atome einhergeht; etwas später sehen wir uns dann an, wie man damit umgehen kann.

Wir nehmen also zunächst an, dass die Atome mit einem konstanten Strahlungsdruck abgebremst werden. Sei dazu die Laserintensität groß genug, dass der atomare Übergang gesättigt ist. Dann dürfen wir dieselben Abschätzungen wie in § 1-d verwenden. Für Natriumatome ist die Beschleunigung a der Atome von der Ordnung 10^6 m/s^2. Eine typische Geschwindigkeit für einen Atomstrahl ist etwa 10^3 m/s, die Atome haben also nach einer Zeit $T \sim 10^{-3}$ s die Geschwindigkeit null. Während dieser Zeit durchlaufen sie eine Distanz $aT^2/2 \sim 0.5$ m. Ein solches Experiment kann man also ohne größere Aufbauten im Labor durchführen.

Wie kann man nun das Problem lösen, dass die Atome aufgrund des Doppler-Effekts aus der Resonanzbedingung hinauslaufen? Eine elegante Lösung wurde 1982 von der Gruppe um William D. Phillips und H. Metcalf am US-amerikanischen *National Institute of Standards and Technology* vorgeschlagen und im Experiment demonstriert (Prodan, Phillips und Metcalf, 1982). Der Atomstrahl bewegt sich durch das Innere einer langen Spule hindurch, deren Wicklungsdichte sich entlang der Strahlachse ändert (s. Abb. 2). Eine solche Spule erzeugt ein räumlich inhomogenes Magnetfeld, das parallel zur Flugrichtung des Atomstrahls ausgerichtet ist. In einem Atom, das sich durch dieses Feld bewegt, werden die Spektrallinien durch den Zeeman-Effekt verschoben. Das Profil des Magnetfelds wird nun so konstruiert, dass an jeder Position x entlang der Spulenachse die Zeeman-Verschiebung der atomaren Resonanz exakt die Doppler-Verschiebung des Lasers kompensiert, die durch die reduzierte Geschwindigkeit des Atoms entsteht. So einen Aufbau nennt man einen *Zeeman-Abbremser* (engl.: *Zeeman slower*).

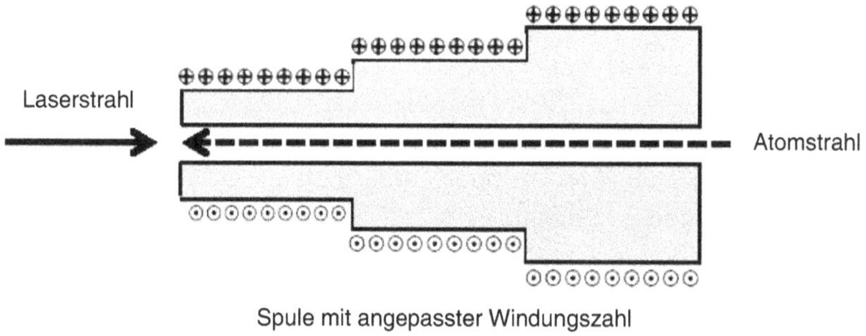

Abb. 2: Prinzipskizze eines Zeeman-Abbremsers. Ein Atomstrahl (von rechts kommend) wird durch den Strahlungsdruck eines nach rechts laufenden Laserstrahl abgebremst. Die Atome laufen entlang der Achse einer langen Spule (die Skizze zeigt einen Schnitt durch die Wicklungen, die Stromrichtung wird durch die Plus- und Punktsymbole angedeutet). Die Wicklungsdichte der Spule wird von rechts nach links immer kleiner, so dass die Atome sich ausgehend von einem starken Feld rechts in ein nach links schwächer werdendes Feld bewegen. Man kann die Zeeman-Verschiebung der optischen Resonanz so einstellen, dass sie die Doppler-Verschiebung in einem mit dem Atom mitbewegten Bezugssystem kompensiert. Das Atom erfährt somit über die gesamte Flugstrecke durch die Spule einen resonanten Strahlungsdruck und kann am Ausgang sogar zur Ruhe gebracht werden.

2-b Doppler-Kühlung von freien Atomen

α Grundbegriffe

Mit dem eben eingeführten Aufbau kann man die mittlere Geschwindigkeit der Atome bis auf null reduzieren. Die Standardabweichung ihrer Geschwindigkeiten bleibt allerdings ungleich null. Diese Abweichung bestimmt die (kinetische) Temperatur der Atome und nicht ihre mittlere Geschwindigkeit. Wir beschreiben nun ein Verfahren, mit dem man auch die Dispersion der atomaren Geschwindigkeiten um ihren Mittelwert herum verringern kann; hier wird die Abhängigkeit des Strahlungsdrucks von der Geschwindigkeit der Atome über den Doppler-Effekt ausgenutzt, um die Atome effektiv zu kühlen. Das Verfahren wird *Doppler-Kühlung* genannt und wurde 1975 von Theodor W. Hänsch und Arthur L. Schawlow für freie Atome und von David J. Wineland und Hans G. Dehmelt für eingefangene Ionen vorgeschlagen. Wir stellen hier die Variante für freie Atome vor.

Der Aufbau verwendet zwei gegenläufige Laserstrahlen 1 und 2 mit gleicher Winkelfrequenz ω und Intensität (s. Abb. 3). Der Strahl 1 bewege sich in die negative x-Richtung, der Strahl 2 in die positive x-Richtung. Wir greifen ein Atom heraus, das sich mit einer Geschwindigkeit $v > 0$ parallel zu den Laserstrahlen bewegt.* Sei ω_0 die Resonanzfrequenz eines Übergangs $a \leftrightarrow b$, der von den Lasern angeregt wird. Wir nehmen an, dass die Laserstrahlen *rotverstimmt* sind, d. h.

$$\omega < \omega_0 \tag{16}$$

In einem Bezugssystem, das sich mit dem Atom mitbewegt, erscheint die Frequenz des Laserstrahls i (mit $i = 1, 2$) um den Doppler-Effekt verschoben als $\omega - k_i v$. Für ein Atom, das der Welle 1 entgegenläuft, ist das Produkt $k_1 v < 0$. Die Welle 1 hat also eine erhöhte scheinbare Frequenz $\omega - k_1 v$. Der Doppler-Effekt bringt sie näher an die Resonanzfrequenz des Atoms und ihr Strahlungsdruck F_1, der in die negative x-Richtung zeigt, hat einen erhöhten Betrag. Für die Welle 2 sind die Ergebnisse umgekehrt: Der Doppler-Effekt verschiebt sie weiter von der Resonanz weg, und die Kraft F_2 parallel zur x-Richtung ist dem Betrag nach kleiner als für $v = 0$.

Die Summe der beiden Kräfte[5] verschwindet für $v = 0$ (F_1 und F_2 haben denselben Betrag und entgegengesetzte Vorzeichen). Für $v > 0$ hat sie dieselbe Richtung wie F_1, weil diese Kraft dem Betrag nach größer ist (s. Abb. 3), und sie ist parallel zu F_2 für $v < 0$ (die Rollen der beiden Laserstrahlen sind vertauscht). Die Summe $F = F_1 + F_2$

5 Wir werden weiter unten sehen, dass man die Interferenz zwischen den beiden Laserstrahlen in der Tat nicht berücksichtigen muss.

* Anm. d. Ü.: Zur Vereinfachung nehmen wir nur die x-Komponenten der Geschwindigkeit und der Wellenvektoren mit (eindimensionales Modell).

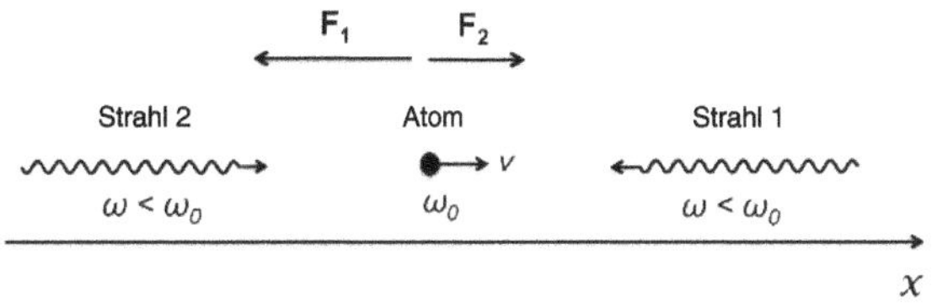

Abb. 3: Prinzip der Doppler-Kühlung. Ein Atom bewegt sich mit der Geschwindigkeit $v > 0$ entlang der x-Achse und koppelt an zwei Laserstrahlen 1 und 2 mit derselben Winkelfrequenz ω; diese Frequenz ist gegenüber einer Resonanzfrequenz des Atoms rotverstimmt ($\omega < \omega_0$). Beide Laserstrahlen haben dieselbe Intensität, laufen aber entlang der x-Achse in entgegengesetzte Richtungen. Die Richtung der Geschwindigkeit v sei dem Laserstrahl 1 entgegengesetzt. Im mitbewegten Bezugssystem „sieht" das Atom aufgrund des Doppler-Effekts den Strahl 1 näher an seiner Resonanz und den Strahl 2 noch mehr ins Rote verstimmt. Der Strahlungsdruck F_1 des Strahls 1 wächst also dem Betrag nach, während sich der Druck F_2 von Strahl 2 verringert. Die Nettokraft, die für $v = 0$ verschwindet, wirkt der Geschwindigkeit $v \neq 0$ also entgegen und ist für kleine Geschwindigkeiten proportional zu v. Dies ist äquivalent zu einer Reibungskraft.

der beiden Strahlungskräfte ist der Geschwindigkeit v also entgegengesetzt. Für kleine Werte von v dürfen wir eine lineare Abhängigkeit erwarten und schreiben deswegen

$$F = -\gamma v \tag{17}$$

wobei für $\gamma > 0$ eine Reibungskraft vorliegt.

Unter der Wirkung dieser Reibungskraft werden die Geschwindigkeiten der Atome stetig gedämpft. Die Dispersion ihrer Verteilung geht allerdings für große Zeiten nicht nach null, weil man die Fluktuationen der Rückstoßimpulse beachten muss, die in den Absorptions- und Emissionsprozessen notwendigerweise auftreten. Es ergibt sich also ein Wettbewerb zwischen der Strahlungsreibung, die wir gerade skizziert haben und die die Atome kühlt, und einer Diffusionsbewegung im Impulsraum, die man als „Erwärmung" auffassen kann. In den folgenden Abschnitten schätzen wir die relevanten Parameter dieser beiden Prozesse ab und finden auf diese Weise die Größenordnung der Grenztemperatur, die man mit Hilfe der Doppler-Kühlung erreichen kann.*

* Anm. d. Ü.: Einstein (1917) zeigte in seiner grundlegenden Arbeit „Zur Quantentheorie der Strahlung", dass auch im Feld der Schwarzkörperstrahlung (das durch ein Plancksches Spektrum beschrieben wird) der Wettbewerb zwischen Reibungskraft und zufälligem Photonenrückstoß dazu führt, dass die Geschwindigkeitsverteilung der Atome sich hin zu der Maxwell-Boltzmann-Verteilung des thermischen Gleichgewichts entwickelt (Atome und Feld haben dann dieselbe Temperatur). Er formulierte dort den markanten Satz „[Ab]strahlung in [Form von] Kugelwellen gibt es nicht", um auszudrücken, dass man spontan emittierten Photonen eine zwar zufällig verteilte, aber definierte Richtung zuschreiben kann (d. Ü.).

β Abschätzung der Reibungskraft

Wir wollen einen Reibungskoeffizienten abschätzen, um das zeitliche Verhalten des Impulses und der (kinetischen) Energie eines Atoms zu berechnen. In einem ersten Schritt befassen wir uns mit dem Einfluss auf den Impuls, wenn man diesen über viele Zyklen der Absorption und Emission von Photonen mittelt. Dies liefert uns eine Bewegungsgleichung für den Mittelwert $\overline{p}$ des Impulses. Weil die Prozesse der Absorption und Emission von Photonen mit Fluktuationen verbunden sind, erhalten wir auf diese Weise allerdings nicht das Mittel $\overline{p^2}$ des Impulsquadrats, also im Wesentlichen die mittlere kinetische Energie, denn dieses Mittel unterscheidet sich im Allgemeinen von dem Quadrat des Mittelwerts. Die Fluktuationen im Impulsübertrag zwischen Photonen und Atomen berücksichtigen wir demgemäß in einem zweiten Schritt.

Wir setzen

$$\delta = \omega - (\omega_0 - \omega_{\rm rec}) \tag{18}$$

wobei $\hbar\omega_{\rm rec}$ die in Gl. (7) definierte Rückstoßenergie ist; δ ist die Verstimmung zwischen der Laserfrequenz ω und der Frequenz $\omega_0 - \omega_{\rm rec}$. Wir wollen von nun an den Fall betrachten, dass die Intensitäten der beiden Laserstrahlen klein sind. Der atomare Übergang ist dann von der Sättigung weit entfernt, und die Besetzung σ_{bb} des angeregten Zustands b ist auch klein. Als Funktion der Verstimmung δ folgt sie einer Lorentz-Kurve mit der Breite Γ (die volle Breite am halben Maximum):*

$$\sigma_{bb}(\delta) = \sigma_{bb}(0)\frac{(\Gamma/2)^2}{(\Gamma/2)^2 + \delta^2} \tag{19}$$

Es wird sich herausstellen, dass wir den vollständigen Ausdruck für $\sigma_{bb}(0)$ nicht benötigen, denn er kommt in den Reibungs- und Diffusionskoeffizienten nicht vor, die wir weiter unten berechnen. Man findet die entsprechende Formel etwa bei Cohen-Tannoudji, Dupont-Roc und Grynberg (1998) in Kapitel V (Optische Bloch-Gleichungen).

Unter diesen Bedingungen können wir das Problem mit einer Störungsrechnung angehen. Dabei sind zwei Arten von Termen zu berücksichtigen: *quadratische* Terme, die durch die Wechselwirkung des Dipols, den der Laserstrahl i induziert, mit eben diesem Laserstrahl i entstehen; sowie *gemischte* Terme, die durch die Wechselwirkung des von dem Strahl i induzierten Dipols mit dem anderen Strahl $j \neq i$ entstehen. Die gemischten Terme beschreiben Interferenzen zwischen den beiden Strahlen. Da beide Strahlen sich in ihrem räumlichen Verhalten unterscheiden (sie breiten sich in entgegengesetzten Richtungen aus), variieren diese Interferenzen räumlich sehr schnell, nämlich proportional zu $\exp(\pm 2ikx)$. Ihr Beitrag verschwindet, wenn wir die Kräfte

* Anm. d. Ü.: Etwas genauer müsste man hier von einer *absorptiven* Lorentz-Kurve sprechen; sie zeigt ein Maximum auf der Resonanz $\delta = 0$. Es gibt auch eine *dispersive Lorentz-Kurve*, die man aus Gl. (19) durch Multiplikation mit $2\delta/\Gamma$ gewinnt. Sie zeigt zwei Maxima rechts und links von einem Nulldurchgang bei $\delta = 0$.

über eine Längenskala mitteln, die von der Größenordnung der Wellenlänge der Laser ist. Genau dies wollen wir hier annehmen. In diesem Fall kann man den Strahlungsdruck, der auf ein Atom wirkt, einfach als die Summe der Kräfte auffassen, die jeder Laserstrahl ausübt, so als ob es nur diesen allein gäbe.

Befindet sich das Atom in Ruhe, dann haben die beiden Strahlen dieselbe Frequenz im Atom ruhenden Bezugssystem, also auch dieselbe Verstimmung $\delta < 0$. Bewegt sich das Atom mit einer Geschwindigkeit $v > 0$, dann haben wir oben gesehen, dass die scheinbare Frequenz der Welle 1 um die Größe kv vergrößert wird (hier sind k und v positiv), so dass die Wechselwirkung zwischen dem Atom und Laserstrahl 1 durch die Verstimmung

$$\delta_1 = \delta + kv \tag{20}$$

charakterisiert wird. Dagegen gilt $\delta_2 = \delta - kv$ für den Laserstrahl 2. (Diese beiden Verstimmungen sind in Abb. 4 veranschaulicht.) Für dieses Atom ist die Besetzung des angeregten Zustands also eine Summe aus zwei Beiträgen. Den Beitrag von Strahl 1 erhalten wir, indem wir in Gl. (19) die Ersetzung $\delta \mapsto \delta_1$ vornehmen. Dies liefert die Ordinate des Punkts B in Abb. 4, der zu der Abszisse $\delta_1 = \delta + kv$ auf der Lorentz-Kurve gehört. Der Beitrag von Strahl 2 wird durch den Punkt C gegeben, den wir an der Frequenz $\delta - kv$ eingetragen haben. Eine Rechnung analog zu § 1-d liefert damit die Gesamtkraft F, die auf das Atom wirkt. Sie ist die Summe der beiden Kräfte, die jeder Laserstrahl für sich genommen auf das Atom ausübt:

$$F = -\Gamma \hbar k \, \sigma_{bb}(\delta + kv) + \Gamma \hbar k \, \sigma_{bb}(\delta - kv) \tag{21}$$

Hierbei ist $\sigma_{bb}(\delta)$ die in Gl. (19) definierte Funktion.

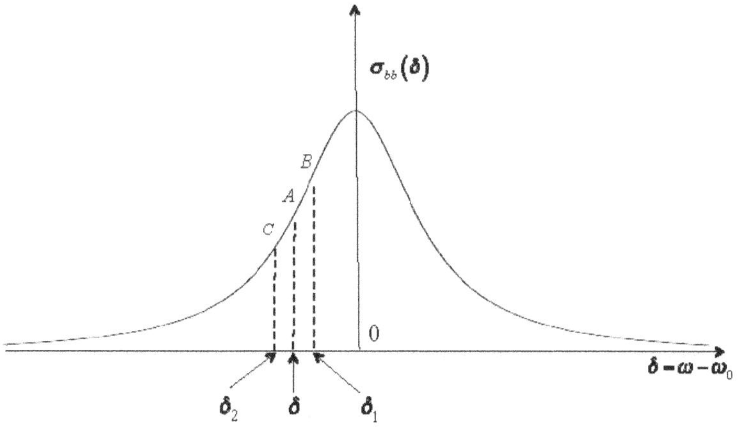

Abb. 4: Die Besetzungen $\sigma_{\mathrm{bb}}(\delta_1)$ und $\sigma_{\mathrm{bb}}(\delta_2)$ im angeregten Zustand b, die durch den Laserstrahl 1 mit der Verstimmung $\delta_1 = \delta + kv$ und den anderen Strahl 2 mit $\delta_2 = \delta - kv$ entstehen. Arbeitet man mit einer negativen Verstimmung δ (für $v = 0$), dann ist die Besetzung $\sigma_{\mathrm{bb}}(\delta_1)$ (Punkt B) größer als $\sigma_{\mathrm{bb}}(\delta_2)$ (Punkt C).

Ist die Doppler-Verschiebung kv klein im Vergleich zu der Breite Γ der Lorentz-Kurve in Abb. 4, dann dürfen wir $\sigma_{bb}(\delta \pm kv)$ bis zur ersten Ordnung in eine Taylor-Reihe entwickeln und erhalten

$$F = -2kv\,\Gamma\,\hbar k\,\frac{\mathrm{d}}{\mathrm{d}\delta}\sigma_{bb}(\delta) \tag{22}$$

Die Ableitung im letzten Term [die Steigung der Lorentz-Kurve $\sigma_{bb}(\delta)$ im Punkt A] kann man aus Gl. (19) berechnen. Es stellt sich heraus, dass sie im Punkt $\delta = -\Gamma/2$ den größten Betrag hat, und zwar

$$\delta = -\Gamma/2: \quad \frac{\mathrm{d}}{\mathrm{d}\delta}\sigma_{bb}(\delta) = \frac{2\sigma_{bb}(\delta)}{\Gamma} \tag{23}$$

Setzen wir dies in Gl. (22) ein, so erhalten wir

$$F = -\gamma v \tag{24}$$

mit dem Reibungskoeffizienten

$$\gamma = 4\hbar k^2 \sigma_{bb}(\delta) \tag{25}$$

Der Gleichung (24) können wir auch entnehmen, wie der mittlere Impuls $\overline{p}$ und sein Quadrat gedämpft werden. Es gilt bekanntlich $F = \mathrm{d}p/\,\mathrm{d}t$ sowie $v = p/M$, so dass im Mittel

$$\frac{\mathrm{d}\overline{p}}{\mathrm{d}t} = -\gamma\frac{\overline{p}}{M} \tag{26}$$

folgt.* Für das Quadrat des mittleren Impulses ergibt sich

$$\frac{\mathrm{d}}{\mathrm{d}t}\overline{p}^2 = 2\overline{p}\frac{\mathrm{d}\overline{p}}{\mathrm{d}t} = -2\gamma\frac{\overline{p}^2}{M} \tag{27}$$

Der Mittelwert der kinetischen Energie ist proportional zu $\overline{p^2}$, was mit dem hier berechneten Wert $\overline{p}^2$ nicht zusammenfällt. Man darf aus Gl. (27) also nicht schließen, dass man mit der Doppler-Kühlung im Grenzfall $t \to \infty$ die Temperatur null erreichen kann. Um diese Beziehung zu erhalten, haben wir nämlich nur die mittlere Wirkung der Lichtstrahlen und der spontanen Emissionen auf die Geschwindigkeit des Atoms berücksichtigt. Allein aus diesem Grund zeigt der mittlere Impuls ein zeitlich glattes Verhalten. In Wirklichkeit treten in den Absorptions- und Emissionsprozessen Fluktuationen auf – es werden etwa Photonen in zufällige Richtungen emittiert. Auch wenn der Gesamtimpuls dieser Photonen im Mittel verschwindet (so dass er auf $\overline{p}$ keinen Einfluss hat), so ist er doch eine fluktuierende Größe, was in den gesuchten

---

* Anm. d. Ü.: Die Zeitskala für die Laserkühlung ist also M/γ, was für typische Experimente zwischen einen Bruchteil einer Mllisekunde und einer Sekunde liegt. Sie ist umso länger, je kleiner die Besetzung $\sigma_{bb}(\delta)$ ist.

Mittelwert $\overline{p^2}$ eingeht. Man kann dies als eine Art „Rauschen" auffassen, das den Mittelwert $\overline{p^2}$ vergrößert, und somit dem Einfluss der Reibungskraft entgegenwirkt (man spricht hier auch von einer Diffusionsbewegung im Impulsraum). Der Wettbewerb zwischen diesen beiden Mechanismen mit entgegengesetzten Auswirkungen führt auf einen Gleichgewichtszustand, in dem die mittlere kinetische Energie $\overline{p^2}/2M$ die Grenztemperatur des Kühlverfahrens bestimmt.

γ Impulsdiffusion

Untersuchen wir nun genauer die Impulsdiffusion eines Atoms aufgrund der spontan emittierten Photonen. Wir betrachten ein Zeitintervall $\mathrm{d}t$, dessen genaue Länge wir noch festlegen werden. Seien $\mathrm{d}N_1$ und $\mathrm{d}N_2$ die Zahlen der aus den Strahlen 1 und 2 absorbierten Photonen. Wir nehmen an, dass die Reibungskraft bereits lange genug gewirkt hat, so dass die mittlere Geschwindigkeit verschwindet. Für beide Strahlen liegt also etwa dieselbe Verstimmung δ vor, und wir haben im Mittel

$$\overline{\mathrm{d}N_1} = \overline{\mathrm{d}N_2} = \mathrm{d}N \tag{28}$$

Auf jedes absorbierte Photon folgt ein spontan emittiertes. Wir begnügen uns hier erneut mit einem einfachen, eindimensionalen Modell. Dabei wird jedes spontane Photon zufällig emittiert, und zwar entweder entlang der positive x-Achse (das Atom erfährt dann einen negativen Rückstoß) oder entlang der negativen x-Achse (mit einem positiven Rückstoß). Die Änderung des Atomimpulses sei $\xi_j\hbar k$, wobei die zufällige Variable ξ_j im ersten Fall den Wert $\xi_j = -1$ hat und im zweiten Fall den Wert $\xi_j = +1$. Schließlich gibt es keine Korrelation zwischen den Emissionsrichtungen für aufeinanderfolgende Photonen. Der Gesamtimpuls $\mathrm{d}p$, den das Atom nach der Absorption und Emission von $\mathrm{d}N_1 + \mathrm{d}N_2$ Photonen gewinnt, ist die Summe aus den Impulsen, die durch Absorption aus den Strahlen 1 und 2 und durch spontane Emission entstehen, also

$$\mathrm{d}p = \hbar k \left[\mathrm{d}N_2 - \mathrm{d}N_1 + \sum_{j=1}^{\mathrm{d}N_1+\mathrm{d}N_2} \xi_j \right] \tag{29}$$

1. In einem ersten Schritt werden wir die Fluktuationen der Zahl der absorbierten Photonen vernachlässigen (auf diesen Punkt kommen wir weiter unten zurück). Die Zahlen $\mathrm{d}N_1$ und $\mathrm{d}N_2$ können wir dann durch ihren Mittelwert [Gl. (28)] ersetzen, so dass sich

$$\mathrm{d}p = \hbar k \sum_{j=1}^{2\,\mathrm{d}N} \xi_j \tag{30}$$

ergibt. Die Summe über j trägt nicht zu einer Änderung des Mittelwerts $\overline{\mathrm{d}p}$ bei, weil sie im Mittel verschwindet (in beide Richtungen ist die spontane Emission gleich wahrscheinlich). Für den Beitrag zu $\overline{\mathrm{d}p^2}$ gilt dies allerdings nicht, und diesen müssen wir nun auswerten. Wenn man die Summe über j in Gl. (30) quadriert und mittelt, dann sind die gemischten Terme $\overline{\xi_j \xi_i}$ mit $j \neq i$ null, weil wir annehmen, dass es keine Korrelationen zwischen verschiedenen spontanen Emissionsereignissen gibt. Es bleiben die quadratischen Terme $\overline{\xi_j^2}$ übrig, die allesamt gleich 1 sind. Wir erhalten auf diese Weise*

$$\overline{\mathrm{d}p^2} = 2\,\mathrm{d}N\,\hbar^2 k^2 \tag{31}$$

was offensichtlich nicht null ist.

Nun schätzen wir das Intervall $\mathrm{d}t$ genauer ab. Wir wählen es lang genug, damit das Atom eine große Zahl $\mathrm{d}N$ von Absorptionen und spontanen Emissionen durchmacht, aber kurz genug, damit die Änderung von $\sigma_{bb}(\delta)$ aufgrund des Doppler-Effekts vernachlässigt werden kann. Wir schreiben also

$$\mathrm{d}N = \dot{N}\,\mathrm{d}t = \Gamma \sigma_{bb}(\delta)\,\mathrm{d}t \tag{32}$$

wobei die letzte Gleichung sich daraus ergibt, dass die pro Zeiteinheit aus jedem Strahl absorbierte Photonenzahl gleich $\Gamma\sigma_{bb}(\delta)$ ist, wie wir in § 1-d gesehen haben. Setzen wir dies in Gleichung (31) ein, erhalten wir für den Zuwachs von $\overline{p^2}$ während des Zeitschritts $\mathrm{d}t$ den Ausdruck†

$$\mathrm{d}\overline{p^2} = 2\hbar^2 k^2\,\mathrm{d}N = 2\hbar^2 k^2 \Gamma\,\sigma_{bb}(\delta)\,\mathrm{d}t \tag{33}$$

und es ergibt sich schließlich

$$\left(\frac{\mathrm{d}\overline{p^2}}{\mathrm{d}t}\right)_{\mathrm{sp}} = 2\hbar^2 k^2 \Gamma\,\sigma_{bb}(\delta) = D_{\mathrm{sp}} \tag{34}$$

Der Index sp an der Zeitableitung bedeutet, dass wir in der Änderungsrate von $\overline{p^2}$ nur die Prozesse der spontanen Emission mitgenommen haben. Man nennt die Größe D_{sp} auf der rechten Seite häufig den *Diffusionskoeffizienten.*

2. Untersuchen wir nun den Beitrag der Fluktuationen der Zahlen $\mathrm{d}N_1$ und $\mathrm{d}N_2$ der während $\mathrm{d}t$ absorbierten Photonen. Unter Berücksichtigung der Fluktuation δn_i dieser Photonenzahl um ihren Mittelwert haben wir

$$\mathrm{d}N_i = \overline{\mathrm{d}N_i} + \delta n_i = \mathrm{d}N + \delta n_i \tag{35}$$

* Anm. d. Ü.: Wegen dieses Ergebnisses müssen wir nicht die Fluktuationen der oberen Grenze $\mathrm{d}N_1 + \mathrm{d}N_2$ an der Summe in Gl. (29) berücksichtigen. Die Varianz der Summe wird lediglich durch die mittlere Zahl der Terme, $\overline{\mathrm{d}N_1} + \overline{\mathrm{d}N_2} = 2\,\mathrm{d}N$, bestimmt.

† Anm. d. Ü.: In der Tat können wir schreiben $\mathrm{d}\overline{p^2} = \overline{(p + \mathrm{d}p)^2} - \overline{p^2} = \overline{\mathrm{d}p^2}$, weil $\mathrm{d}p$ im Mittel verschwindet und nicht mit dem Anfangsimpuls p korreliert ist. Dieses Rechnen mit quadratischen Differentialen wird in der mathematischen Stochastik als Ito- bzw. Stratonowitsch-Kalkül formal begründet.

mit $i = 1, 2$. (Per Konstruktion ist der Mittelwert von δn_i null.) Auf das Atom wird nun durch Absorption ein Gesamtimpuls

$$dp = \hbar k\,(dN_2 - dN_1) = \hbar k\,(\delta n_2 - \delta n_1) \tag{36}$$

übertragen.

Dieser Impulsübertrag ist zwar im Mittel null, weil wie oben erwähnt $\overline{\delta n_i} = 0$ gilt, und ändert nicht den Mittelwert $\overline{p}$. Für das Quadrat $\overline{p^2}$ trifft das aber nicht zu. Wir quadrieren Gl. (36), nehmen an, dass die Fluktuationen δn_1 und δn_2 nicht korreliert sind (ihr Produkt verschwindet dann im Mittel), und erhalten

$$\overline{dp^2} = \left(\overline{\delta n_1^2} + \overline{\delta n_2^2}\right)\hbar^2 k^2 \tag{37}$$

Um das mittlere Quadrat $\overline{\delta n_i^2}$ zu berechnen, quadrieren wir Gl. (35):

$$dN_i^2 = dN^2 + 2\,dN\,\delta n_i + \delta n_i^2 \tag{38}$$

Im Mittelwert dieses Ausdrucks können wir wieder $\overline{\delta n_i}$ streichen und erhalten

$$\overline{\delta n_i^2} = \overline{dN_i^2} - dN^2 \tag{39}$$

Auf der rechten Seite steht offenbar die Varianz der aus dem Strahl i absorbierten Photonenzahl. Wir verwenden nun, dass die Emissionsereignisse durch eine Poisson-Statistik beschrieben werden,[6] so dass die Varianz gleich dem Mittelwert ist:

$$\overline{dN_i^2} - \overline{dN_i}^2 = \overline{dN_i} = dN \tag{40}$$

Wir erhalten auf diese Weise die Formel $\overline{\delta n_i^2} = dN$ für die Varianzen, so dass sich Gleichung (37) wie folgt vereinfacht:

$$\overline{dp^2} = 2\,dN\,\hbar^2 k^2 \tag{41}$$

Die Fluktuationen in den Absorptionsprozessen führen also auf einen Zuwachs in $\overline{p^2}$, der genauso groß wie der aus Gl. (31) aufgrund der spontanen Emission ist. Wir können die Rechnungen, die von Gl. (31) auf Gl. (34) führen, wiederholen und erhalten für die Zuwachsrate von $\overline{p^2}$ folgenden Beitrag der Absorptionsprozesse:

$$\left(\frac{d\overline{p^2}}{dt}\right)_{\text{abs}} = 2\hbar^2 k^2 \Gamma \sigma_{bb}(\delta) \tag{42}$$

Der entsprechende Diffusionskoeffizient D_{abs} ist gleich dem für spontane Emission:

$$D_{\text{abs}} = 2\hbar^2 k^2 \Gamma \sigma_{bb}(\delta) = D_{\text{sp}} \tag{43}$$

6 Man könnte die Rechnung verfeinern und Abweichungen von der Poisson-Verteilung auswerten; wir werden dies der Einfachheit halber hier nicht tun. Es zeigt sich, dass die Poisson-Verteilung für eine schwache Laserintensität (Übergang nicht gesättigt) eine gute Näherung ist.

In der Nettoänderungsrate von $\overline{p^2}$ fehlt nun noch der Beitrag der Reibungskraft (die *Kühlkraft*). Sie würde sich aus der Änderung von $\overline{p}^2$ ergeben, wenn es keine Fluktuationen im Impulsaustausch geben würde – und in diesem Fall würde einfach $\overline{p^2} = \overline{p}^2$ gelten. Gemäß Gl. (27) können wir diese Rate als

$$\left(\frac{\mathrm{d}\overline{p^2}}{\mathrm{d}t}\right)_{\text{kühl}} = -2\gamma\frac{\overline{p^2}}{M} \tag{44}$$

aufschreiben. Die Summe von der Gleichungen (34), (42) und (44) definiert die gesamte zeitliche Änderung:*

$$\left(\frac{\mathrm{d}\overline{p^2}}{\mathrm{d}t}\right)_{\text{tot}} = D_{\text{sp}} + D_{\text{abs}} - 2\gamma\frac{\overline{p^2}}{M} \tag{45}$$

δ Grenztemperatur der Doppler-Kühlung

In dem gesuchten Gleichgewichtszustand verschwindet die zeitliche Änderung (45) von $\overline{p^2}$, es gilt also

$$\overline{p^2} = (D_{\text{sp}} + D_{\text{abs}})\frac{M}{2\gamma} \tag{46}$$

Wir teilen auf beiden Seiten durch $2M$ und erhalten die mittlere kinetische Energie des Atoms. Mit den Ausdrücken (25) und (43) für die Reibungs- und Diffusionskoeffizienten[7] ergibt sich schließlich als mittlere kinetische Energie im stationären Zustand:

$$\frac{\overline{p^2}}{2M} = \frac{\hbar\Gamma}{4} \tag{47}$$

Diese Größe charakterisiert die Fluktuationen in der Geschwindigkeit des Atoms um ihren Mittelwert. Wir können daraus für unser eindimensionales Modell eine charakteristische Temperatur, genannt *Doppler-Grenze* T_{D} definieren:

$$\frac{\overline{p^2}}{2M} = \frac{k_{\mathrm{B}}T_{\mathrm{D}}}{2} \tag{48}$$

7 Sowohl $D_{\text{sp}} + D_{\text{abs}}$ als auch γ sind proportional zu $\sigma_{bb}(\delta)$, so dass diese Größe aus Gl. (46) gekürzt werden kann und im Ergebnis (47) nicht mehr auftritt.

* Anm. d. Ü.: Alternativ erhält man das Ergebnis (45), wenn man den Impulszuwachs im Zeitintervall $\mathrm{d}t$ als $\mathrm{d}p = -(\gamma/M)\,p\,\mathrm{d}t + \mathrm{d}p_{\text{sp}} + \mathrm{d}p_{\text{abs}}$ schreibt, wobei die letzten Terme den beiden Beiträgen aus Gl. (29) entsprechen. Für den Mittelwert ergibt sich $\overline{\mathrm{d}p} = -(\gamma/M)\,\overline{p}\,\mathrm{d}t$, und der quadratische Zuwachs ist im Mittel $\overline{(p + \mathrm{d}p)^2} - \overline{p^2} \simeq -2(\gamma/M)\,\overline{p^2}\,\mathrm{d}t + \overline{\mathrm{d}p_{\text{sp}}^2} + \overline{\mathrm{d}p_{\text{abs}}^2}$, weil die Impulsüberträge $\mathrm{d}p_{\text{sp}}$ und $\mathrm{d}p_{\text{abs}}$ weder untereinander noch mit dem Anfangsimpuls p korreliert sind. Alle drei Beiträge sind zu $\mathrm{d}t$ proportional, und Terme $\mathcal{O}(\mathrm{d}t^2)$ dürfen vernachlässigt werden.

Dabei ist k_B die Boltzmann-Konstante. Aus Gl. (47) entnehmen wir, dass die untere Grenze für die Temperatur, die man mit der Doppler-Kühlung erzielt, durch

$$T_D = \frac{\hbar\Gamma}{2k_B} \tag{49}$$

gegeben ist. Sie ist direkt proportional zur natürlichen Linienbreite des angeregten Zustands. Für die D-Linie im Natriumatom erhält man $T_D \simeq 235\,\mu K$, also eine Million mal dichter am absoluten Nullpunkt als die Raumtemperatur von ca. 300 K!

Unsere Behandlung der Laserkühlung hat sich auf eine Reihe von Näherungen gestützt wie etwa die Einschränkung auf eine Raumdimension und das vereinfachte Modell für spontane Photonen, die nur in zwei entgegengesetzte Raumrichtungen abgestrahlt werden. Genauere Rechnungen führen allerdings auf die Schlussfolgerung, dass die mittlere kinetische Energie im Gleichgewichtszustand in der Tat von der Ordnung $\hbar\Gamma$ ist, bis auf einen numerischen Faktor von der Ordnung 1.

Wir erhalten schließlich aus Gleichung (47) eine Abschätzung für die typische Geschwindigkeit $\overline{v}_D$ der lasergekühlten Atome:

$$\overline{v}_D \simeq \sqrt{\hbar\Gamma/2M} \tag{50}$$

Die scheinbaren Doppler-Verschiebungen für die Strahlen 1 und 2 sind also von der Ordnung $\pm k\overline{v}_D \simeq \pm k\sqrt{\hbar\Gamma/2M}$ (als gestrichelte Linien in Abb. 4 eingetragen). Wir vergleichen sie mit der Breite Γ der Lorentz-Kurve in der Abbildung und erhalten

$$\frac{k\sqrt{\hbar\Gamma/2M}}{\Gamma} \simeq \sqrt{\frac{\hbar k^2/2M}{\Gamma}} \simeq \sqrt{\frac{E_{rec}}{\hbar\Gamma}} \tag{51}$$

wobei E_{rec} die in Gl. (7) definierte Rückstoßenergie ist. In den atomaren Übergängen, die in der Laserkühlung in der Regel verwendet werden, ist das Verhältnis $E_{rec}/\hbar\Gamma$ klein (für die Natrium-D-Linie beträgt es etwa 1/100). Wir schließen daraus, dass $k\overline{v}_D$ klein im Vergleich zu Γ ist, was es rechtfertigt, die Taylor-Entwicklung in Gl. (22) nach der ersten Ordnung abzubrechen.

Weitere Methoden der Laserkühlung:
Wir haben bislang nur Kühlverfahren beschrieben, die auf dem Doppler-Effekt beruhen. Weitere Methoden sind vorgeschlagen und experimentell umgesetzt worden wie etwa die *Sisyphos-Kühlung* [s. Ergänzung D_{XX}, § 4 sowie Chu und Wieman (1989)], das *Kühlen unter die Rückstoßgrenze* sowie die *Verdampfungskühlung* (Ketterle und Van Druten, 1996). Ihnen ist gemeinsam, dass man Temperaturen deutlich unterhalb der Doppler-Temperatur T_D erzielt und mitunter sogar kinetische Energien unterhalb der Rückstoßenergie erreicht. Eine genauere Darstellung findet die Leserin in § 13.3 von Cohen-Tannoudji und Guéry-Odelin (2011).

2-c Magneto-optische Falle

Wir beschreiben nun einen experimentellen Aufbau, in dem das Gleichgewicht der Kräfte zweier Laserstrahlen als Funktion der Position eines Atoms gestört ist (s. Abb. 5). Gesucht sind ortsabhängige Verstimmungen zwischen der Laserfrequenz und der atomaren Resonanz, die im Punkt $x = 0$ gleich sind und sich für $x \neq 0$ unterscheiden. Es ist dazu notwendig, Atome mit mehreren magnetischen Zuständen zu verwenden und den beiden Strahlen verschiedene Polarisationen zu geben. Die Konfiguration, die 1986 von Jean Dalibard am *Laboratoire Kastler-Brossel* (Paris) dazu vorgeschlagen wurde, ist in Abb. 5 skizziert. Wir betrachten als einfaches Beispiel einen Übergang zwischen einem Grundzustand mit Drehimpuls $J_g = 0$ und einem angeregten Zustand mit $J_e = 1$. In Abb. 5 bezeichnen die durchgezogenen Geraden die Energien der drei Zeeman-Zustände e_{+1}, e_0 und e_{-1} im angeregten Niveau, sowie das Energieniveau im Grundzustand g_0, wenn man ein inhomogenes Magnetfeld parallel zur x-Achse anlegt. Das Feld verschwindet im Punkt $x = 0$, und sein Betrag wächst

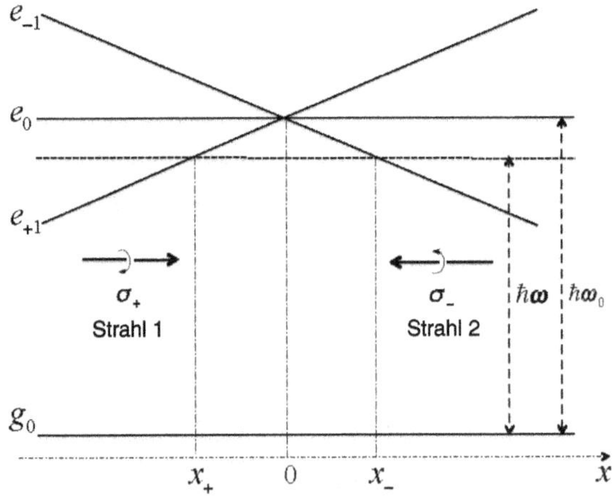

Abb. 5: Prinzipskizze der magneto-optischen Falle. Es wird ein Übergang mit den Drehimpuls-Quantenzahlen $J_g = 0 \to J_e = 1$ verwendet. Zwei Strahlen 1 und 2 werden mit Lasern gegenläufig entlang der x-Achse erzeugt, sie sind bezüglich dieser Achse zirkular σ_+-bzw. σ_--polarisiert. Man erzeugt ein inhomogenes Magnetfeld parallel zur x-Achse, dessen Feldstärke linear ansteigt und im Punkt $x = 0$ verschwindet. (Die drei oberen Linien illustrieren die Zeeman-Aufspaltung im $J_e = 1$ Energieniveau.) Die Welle 1 mit der Frequenz ω treibt den Übergang zwischen den Zeeman-Zuständen $g_0 \leftrightarrow e_{+1}$ und erfüllt im Punkt x_+ die Resonanzbedingung. An dieser Stelle übt sie den größten Strahlungsdruck auf die Atome aus, während die Welle 2, die den Übergang $g_0 \leftrightarrow e_{-1}$ anregt, dort relativ zu der Resonanz verstimmt ist; ihr Strahlungsdruck ist viel kleiner. Das Kräftegleichgewicht ist also gestört, und es überwiegt der in die positive x-Richtung orientierte Strahlungsdruck der Welle 1. Die Situation ist umgekehrt im Punkt $x = x_-$, wo die Gesamtkraft in die negative x-Richtung zeigt. Im Punkt $x = 0$ sind die Verstimmungen für beide Wellen schließlich gleich und die Kraft verschwindet. Man erhält auf diese Weise um $x = 0$ herum eine Rückstellkraft auf die Atome.

in der Nähe dieses Punkts linear an. Ein derartiges Feld kann man zum Beispiel mit zwei Kreisspulen erzeugen, deren Symmetrieachsen mit der x-Achse zusammenfallen, die symmetrisch um $x = 0$ angeordnet sind und von entgegengesetzten Strömen durchflossen werden (sogenannte *Anti-Helmholtz-Konfiguration*).

Wir wählen die x-Achse zur Quantisierung, um die magnetischen Quantenzahlen $m_e = -1, 0, +1$ und $m_g = 0$ der Zustände im angeregten und im Grundzustandsniveau zu definieren. Die Laserstrahlen 1 und 2 breiten sich in entgegengesetzten Richtungen aus und haben entgegengesetzte zirkulare Polarisationen σ_+ und σ_- bezüglich der Quantisierungsachse.[8] Der Laserstrahl 1 mit der Polarisation σ_+ regt im Atom den Übergang $g_0 \leftrightarrow e_{+1}$ an (das Photon trägt eine Spindrehimpulskomponente $+\hbar$ entlang der x-Achse), während der Strahl 2 (Polarisation σ_-) den Übergang $g_0 \leftrightarrow e_{-1}$ treibt. Die Übergangsenergie $\hbar\omega_0$ im Nullfeld fällt mit der Energiedifferenz der Zustände e_0 und g_0 zusammen (durchgezogene horizontale Linien in Abb. 5). Die gestrichelte horizontale Linie deutet die gewählte Verstimmung $\hbar\delta = \hbar\omega - \hbar\omega_0$ zwischen der Photonenenergie $\hbar\omega$ des Lasers und der Übergangsenergie an; sie ist hier negativ (der Laser ist relativ zur Resonanzfrequenz rotverschoben).

Im Nullfeld am Punkt $x = 0$ fallen die Energien der Zustände e_{+1} und e_{-1} zusammen, so dass die Strahlen 1 und 2 die Übergänge $g_0 \leftrightarrow e_{+1}$ und $g_0 \leftrightarrow e_{-1}$ mit derselben Verstimmung anregen. Ihre Strahlungsdrücke haben also denselben Betrag und heben sich gegenseitig auf – die Gesamtkraft auf das Atom verschwindet. Die Kräfte geraten aus dem Gleichgewicht, wenn man sich von $x = 0$ entfernt. Im Punkt $x = x_+$ zum Beispiel führt die Zeeman-Verschiebung dazu, dass der Strahl 1 in Resonanz mit dem Übergang $g_0 \to e_{+1}$ ist: Er übt dann den größtmöglichen Strahlungsdruck aus. Dagegen ist der Strahl 2 an diesem Punkt relativ zu dem Übergang $g_0 \to e_{-1}$ verstimmt, so dass sein Strahlungsdruck viel kleiner ist. Im Gleichgewicht der Kräfte gewinnt also der Strahl 1, und es ergibt sich ein Nettostrahlungsdruck nach rechts (in die positive x-Richtung). Die umgekehrte Situation ergibt sich im Punkt $x = x_- > 0$, wo die Gesamtkraft nach links zeigt. Man erhalt somit eine Rückstellkraft, die in der Nähe von $x = 0$ zur Koordinate x proportional ist. Die Atome werden dort in einem Potentialtopf eingefangen. Man nennt dies eine *magneto-optische Falle* (engl.: *magneto-optical trap*, Abk. MOT).

8 Man unterscheidet für Photonen im Allgemeinen zwischen rechts- und linkszirkularer Polarisation, die durch ihre Händigkeit relativ zur Ausbreitungsrichtung definiert ist. In der Konfiguration in Abb. 5 sind mit dieser Konvention beide Strahlen rechtszirkular polarisiert: In beiden Fällen dreht sich das elektrische Feld des Strahls im Lauf der Zeit rechtshändig um die Ausbreitungsachse. (Es gilt die Rechte-Hand-Regel: der Daumen zeigt in Ausbreitungsrichtung, die gekrümmten Finger geben die Drehrichtung des elektrischen Feldvektors an, d. Ü.) Aufgrund der Erhaltung des Spindrehimpulses entstehen Auswahlregeln für die Übergänge im Atom (s. die Ergänzungen B_{XIX} und C_{XIX}). Diese sind allerdings bequemer zu formulieren, wenn man die magnetischen Quantenzahlen und die Laserpolarisationen relativ zu einer festen Achse definiert, die hier als die x-Achse gewählt ist.

Wir haben die Beschreibung der MOT auf ein eindimensionales Modell vereinfacht, aber eine Erweiterung auf drei Dimensionen ist möglich. Die Anti-Helmholtz-Konfiguration mit auf der x-Achse zentrierten zwei Ringspulen und gegenläufigen Strömen erzeugt ein Nullfeld bei $x = 0$ mit Feldgradienten entlang den y- und z-Achsen, so dass der Betrag des Felds in allen drei Raumrichtungen linear mit dem Abstand von $\mathbf{r} = \mathbf{0}$ ansteigt. Zwei weitere Paare von Laserstrahlen liefern einschließende Kräfte senkrecht zur x-Achse. Die Verstimmung der Laserstrahlen ins Rote hat den weiteren Vorteil, dass in der MOT auch die Doppler-Kühlung wirkt. Die magneto-optische Falle hat sich in den letzten Jahren zu einem „Arbeitspferd“ für die Physik von ultrakalten Atomen entwickelt.[9]

3 Unterdrückung des Photonenrückstoßes

Wir betrachten nun Atome oder Ionen, die sich in einem äußeren Potential befinden, das sie in einem bestimmten Raumgebiet einfängt. Das Energiespektrum der äußeren Variablen (Schwerpunktskoordinaten des Atoms) ist dann kein kontinuierliches Spektrum mehr wie für ein freies Teilchen, sondern ein Spektrum mit einem diskreten Anteil, das die im Potential gebundenen Zustände beschreibt. Wegen des äußeren Potentials ist der Hamilton-Operator des Atoms nicht mehr translationsinvariant, so dass der Gesamtimpuls keine „gute Quantenzahl“ mehr ist (damit ist gemeint, dass er keine Erhaltungsgröße ist). Wir wollen in diesem Abschnitt untersuchen, wie das Absorptions- und Emissionsspektrum des Atoms durch den räumlichen Einschluss in dem Potentialtopf verändert wird – es kann in bestimmen Fällen dazu kommen, dass der Photonenrückstoß unterdrückt wird.

3-a Äußeres Potential der Falle

Nehmen wir an, dass das Potential nur von den äußeren und nicht von den internen Variablen abhängt. Dies ist etwa für ein Ion der Fall, das durch elektrische und magnetische Felder eingefangen wird, die über die elektrische Ladung des Ions an seine Schwerpunktsbewegung koppeln und nicht an die internen Variablen.[10] In Abb. 6 zeigen wir die Fallenpotentiale für die internen Zustände a und b. Die beiden Kurven haben eine identische Form und unterscheiden sich nur um eine Verschiebung $\hbar\omega_0$ entlang der Energieachse, wobei ω_0 die Resonanzfrequenz für den Übergang $b \leftrightarrow a$

9 Die ersten Experimente mit magneto-optischen Fallen und eine genauere theoretische Modellierung werden bei Cohen-Tannoudji und Guéry-Odelin (2011), § 14.7 vorgestellt.

10 Das Ion wird in der Regel im Zentrum der Falle eingefangen, wo die elektrischen und magnetischen Felder schwach sind. Wir dürfen dann die Stark- und Zeeman-Verschiebung der internen Zustände vernachlässigen.

ist. Das Spektrum der Vibrationsbewegung mit den Energieeigenwerten E_v, $E_{v'}$, $E_{v''}$ ... ist für beide Potentiale also dasselbe. Die Zustände des Atoms werden durch zwei Quantenzahlen beschrieben: a oder b bezeichnen den internen (elektronischen) Zustand; die Quantenzahlen v, v', ... geben den Zustand der äußeren Variablen an. Der Übergang zwischen den internen Zuständen a und b wird also aufgrund der Vibrationsbewegung des Atoms aufgespalten. Zwischen den Zuständen mit dem Quantenzahlen $b, v' \leftrightarrow a, v$ gibt es einen Übergang mit der Frequenz $\omega_{v',v}$:

$$\hbar\omega_{v',v} = \hbar\omega_0 + E_{v'} - E_v \tag{52}$$

Die Größe $E_{v'} - E_v$ stellt die Änderung der äußeren Energie des Atoms in diesem Übergang dar.

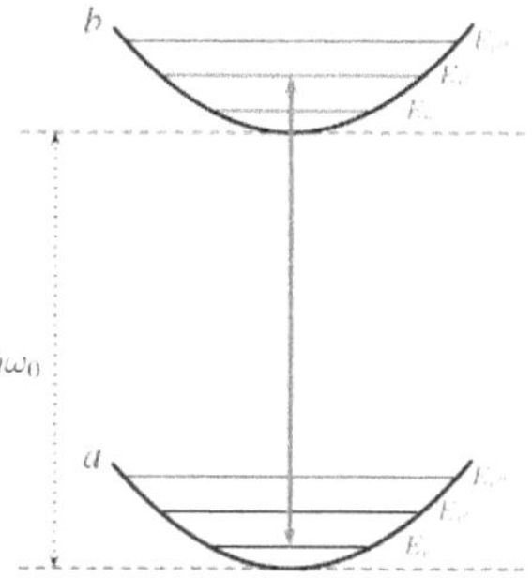

Abb. 6: Das Ion wird in einem äußeren Potential eingefangen, das für die beiden internen Zustände a und b dasselbe ist, bis auf die globale Verschiebung $\hbar\omega_0$. Das Vibrationsspektrum der Schwerpunktsbewegung in diesen Potentialen ist also für beide Zustände dasselbe.

3-b Linienstärken des Vibrationsspektrums

Wir haben in Kapitel XIX, § C-5 gezeigt, dass die Matrixelemente des Wechselwirkungsoperators als Produkte von drei Faktoren geschrieben werden können. Diese betreffen die internen und äußeren Atomvariablen und die Variablen des Strahlungsfelds [s. Gl. (C-34) und (C-35) in dem genannten Kapitel]. Der die äußeren Variablen betreffende Faktor ist $\langle\psi_{\text{fin}}^{\text{ext}}|\exp(i\mathbf{k}\cdot\hat{\mathbf{R}})|\psi_{\text{in}}^{\text{ext}}\rangle$ für einen Absorptionsprozess, wobei die Anfangs- und Endzustände für die äußeren Variablen in unserem Fall mit $|\psi_{\text{in}}^{\text{ext}}\rangle = |\varphi_v\rangle$ und $|\psi_{\text{fin}}^{\text{ext}}\rangle = |\varphi_{v'}\rangle$ bezeichnet seien. Die Intensität der Spektrallinie für den Vibrationsübergang $a, v \leftrightarrow b, v'$ ist damit proportional zu

$$I_{v',v} = \left|\langle\varphi_{v'}|\exp(i\mathbf{k}\cdot\hat{\mathbf{R}})|\varphi_v\rangle\right|^2 \tag{53}$$

Die $I_{v',v}$ erfüllen eine Summenregel (sie entsteht aus der Vollständigkeit der Vibrationszustände $|\varphi_{v'}\rangle$):

$$\sum_{v'} I_{v',v} = \sum_{v'} \langle\varphi_v|\exp(-i\mathbf{k}\cdot\hat{\mathbf{R}})|\varphi_{v'}\rangle\langle\varphi_{v'}|\exp(i\mathbf{k}\cdot\hat{\mathbf{R}})|\varphi_v\rangle = 1 \tag{54}$$

Daraus folgt, dass wir $I_{v',v}$ als das Gewicht des Übergangs $a, v \to b, v'$ relativ zu allen Übergängen auffassen dürfen, die von dem Niveau a, v ausgehen.

Weitere Summenregel:
Es gibt eine weitere Summenregel für die relativen Linienstärken $I_{v',v}$:

$$\langle E\rangle = \sum_{v'} I_{v',v}(E_{v'} - E_v) = \frac{\hbar^2 k^2}{2M} = E_{\text{rec}} \tag{55}$$

Die mittlere (Schwerpunkts-)Energie, die das Atom gewinnt, wenn es von a, v in ein angeregtes Niveau b, v' übergeht, ist also genau die Rückstoßenergie E_{rec}, welchen Wert auch immer die Quantenzahl v haben mag. Um Gl. (55) zu beweisen, schreiben wir die Summe über v' in der Form

$$\sum_{v'} \langle\varphi_v| \left[\exp(-\mathrm{i}\mathbf{k}\cdot\widehat{\mathbf{R}}), \widehat{H}_{\text{ext}}\right] |\varphi_{v'}\rangle \langle\varphi_{v'}| \exp(\mathrm{i}\mathbf{k}\cdot\widehat{\mathbf{R}}) |\varphi_v\rangle \tag{56}$$

mit dem Hamilton-Operator $\widehat{H}_{\text{ext}} = \widehat{\mathbf{P}}^2/2M + V(\widehat{\mathbf{R}})$ für die äußeren Variablen, der $|\varphi_{v'}\rangle$ und $|\varphi_v\rangle$ als Eigenzustände hat. Nur die kinetische Energie kommutiert nicht mit dem Operator $\exp(-\mathrm{i}\mathbf{k}\cdot\widehat{\mathbf{R}})$, so dass wir den Kommutator $[\exp(-\mathrm{i}\mathbf{k}\cdot\widehat{\mathbf{R}}), \widehat{\mathbf{P}}^2/2M]$ berechnen müssen. Nun haben wir es hier mit einem Verschiebeoperator im Impulsraum zu tun, so dass

$$\exp(-\mathrm{i}\mathbf{k}\cdot\widehat{\mathbf{R}})\frac{\widehat{\mathbf{P}}^2}{2M}\exp(\mathrm{i}\mathbf{k}\cdot\widehat{\mathbf{R}}) = \frac{1}{2M}(\widehat{\mathbf{P}} + \hbar\mathbf{k})^2 \tag{57}$$

gilt. Wenn wir in Gl. (56) den Kommutator ausschreiben, führt die Vollständigkeit der Zustände $|\varphi_{v'}\rangle$ somit auf

$$\langle\varphi_v| \left\{\exp(-\mathrm{i}\mathbf{k}\cdot\widehat{\mathbf{R}})\frac{\widehat{\mathbf{P}}^2}{2M}\exp(\mathrm{i}\mathbf{k}\cdot\widehat{\mathbf{R}}) - \frac{\widehat{\mathbf{P}}^2}{2M}\right\} |\varphi_v\rangle = E_{\text{rec}} + \langle\varphi_v|\hbar\mathbf{k}\cdot\widehat{\mathbf{P}}/M|\varphi_v\rangle = E_{\text{rec}} \tag{58}$$

Im letzten Schritt haben wir das Ehrenfest-Theorem (Band I, Kapitel III, § D-1-d-β) verwendet: Es besagt, dass für den Mittelwert des Impulsoperators $\langle\widehat{\mathbf{P}}\rangle = M\,\mathrm{d}\langle\widehat{\mathbf{R}}\rangle/\mathrm{d}t$ gilt, und diese Ableitung verschwindet im stationären Zustand $|\varphi_v\rangle$.

3-c Absorptions- und Emissionsspektren für gefangene Atome

Der räumliche Einschluss des Massenschwerpunkts verändert die Emissions- und Absorptionsspektren von Atomen grundlegend. In § 1 hatten wir gesehen, dass ein freies Atom mit dem wohldefinierten Anfangsimpuls $\mathbf{P}_{\text{in}}$ nach der Absorptions eines Photons mit dem Impuls $\hbar\mathbf{k}$ in einen wohldefinierten Impulszustand mit $\mathbf{P}_{\text{fin}} = \mathbf{P}_{\text{in}} + \hbar\mathbf{k}$ übergeht. Aus der Erhaltung des Gesamtimpulses folgt zwingend, dass nur der Endzustand $|b, \mathbf{P}_{\text{fin}}\rangle$ erreicht werden kann, so dass der Übergang $a \leftrightarrow b$ nur aus einer einzigen Spektrallinie besteht.

Ist der Gesamtimpuls allerdings wegen des äußeren Potentials keine Erhaltungsgröße mehr, dann erscheinen mehrere Spektrallinien, die einen Zustand a, v mit den möglichen Endzuständen b, v' verbinden und deren Frequenzen durch Gl. (52) gegeben sind. Es stellt sich somit die Frage, welche von diesen Linien die größte Intensität liefert.

Wir kommen dazu auf die Definition (53) des relativen Gewichts $I_{v',v}$ für den Übergang $a, v \to b, v'$ zurück. In diesem Ausdruck ist $\exp(\mathrm{i}\,\mathbf{k}\cdot\widehat{\mathbf{R}})$ ein Translationsoperator im Impulsraum. Die Intensität $I_{v',v}$ ist also proportional zum Quadrat des Skalarprodukts zwischen der Vibrationswellenfunktion $\varphi_{v'}(\mathbf{r})$ mit der Wellenfunktion $\varphi_v(\mathbf{r})$, nachdem man diese im Impulsraum um $\hbar\mathbf{k}$ verschoben hat. Sei das Atom räumlich etwa in einem Gebiet der Größe Δx eingefangen und nehmen wir an, dass diese Größe sehr klein im Vergleich zur Wellenlänge $\lambda = 2\pi/k$ des einfallenden Photons ist. Dann wird die Dispersion Δp des Zustands $|\varphi_v\rangle$ im Impulsraum viel größer als $\hbar k$ sein, denn aus der Bedingung

$$\Delta x \ll \lambda \tag{59}$$

folgt ja wegen der Heisenberg-Relation

$$\Delta p \simeq \frac{\hbar}{\Delta x} \gg \frac{\hbar}{\lambda} = \frac{\hbar k}{2\pi} \tag{60}$$

Solange die Energie der angeregten Zustände nicht allzu groß ist, wird eine Verschiebung im Impulsraum um eine Größe $\hbar\mathbf{k}$, die klein gegenüber seiner Breite ist, den Zustand $|\varphi_v\rangle$ praktisch nicht verändern: Er bleibt für $v' \neq v$ orthogonal zu $|\varphi_{v'}\rangle$. Die intensivste Linie des Absorptionsspektrums wird also der Übergang sein, in dem das Atom seine Vibrationsquantenzahl nicht ändert (diese Linie nennt man die *Null-Phonon-Linie*, engl.: *zero phonon line*). Ihre Frequenz liegt exakt bei ω_0: Für ein stark eingefangenes Atom werden also der Doppler-Effekt und der Photonenrückstoß unterdrückt.

Bemerkung zur Impulserhaltung:
Es stellt sich die Frage, was aus dem Impuls des Photons wird, wenn das Atom dieses in einem Null-Phonon-Übergang absorbiert. Wir haben das Fallenpotential für das Atom hier als ein äußeres Potential behandelt, so dass die Translationssymmetrie des Problems gebrochen ist. Der Hamilton-Operator kommutiert nicht mit dem Gesamtimpuls, und dieser ist keine Erhaltungsgröße. Es ist also nicht verwunderlich, dass es unmöglich ist, den Impuls des Photons weiter zu verfolgen.
Man kann den Einschluss des Atoms allerdings nicht über ein äußeres Potential beschreiben, sondern als das Ergebnis einer Wechselwirkung mit einem anderen physikalischen Körper modellieren und dessen Bewegung berücksichtigen. Die quantenmechanische Beschreibung dieses Körpers, der das Fallenpotential über seine Wechselwirkung mit dem Atom erzeugt, erlaubt es dann, für das Gesamtsystem aus Atom und Falle einen Hamilton-Operator aufzustellen, der mit dem Gesamtimpuls kommutiert. Es ergibt sich das Ergebnis, dass das Gesamtsystem den Impuls des Photons absorbiert. Da dieser Impuls freilich mikroskopisch klein ist, während die Masse des Körpers makroskopisch groß ist, ist die Rückstoßgeschwindigkeit dermaßen klein, dass die entsprechenden Frequenzverschiebungen vollständig unbeobachtbar sind.

3-d Eindimensionales harmonisches Potential

Nehmen wir nun an, das äußere Potential sei ein harmonisches mit der Oszillationsfrequenz ω_{os}. Die Vibrationsniveaus haben dann die einfache Form $E_v = (v+1/2)\hbar\omega_{os}$ mit $v = 0, 1, \ldots$ Im Grundzustand $v = 0$ hat die Wellenfunktion die räumliche Breite $\Delta x_0 = \sqrt{\hbar/2M\omega_{os}}$. Der Einfluss des räumlichen Einschlusses des Atoms auf den optischen Übergang kann dann durch den dimensionslosen Parameter[11]

$$\eta = k\Delta x_0 = 2\pi \frac{\Delta x_0}{\lambda} \tag{61}$$

charakterisiert werden. Für $\eta \ll 1$ sind die Atome in einem Raumgebiet eingeschlossen, das klein im Vergleich mit der Wellenlänge der resonanten Strahlung ist. Das Quadrat dieses Parameters hat eine einfache physikalische Bedeutung, denn

$$\eta^2 = \frac{\hbar k^2}{2M\omega_{\text{os}}} = \frac{E_{\text{rec}}}{\hbar\omega_{\text{os}}} \tag{62}$$

ist das Verhältnis zwischen der Rückstoßenergie E_{rec} und der Differenz $\hbar\omega_{\text{os}}$ zwischen benachbarten Vibrationsenergien in dem harmonischen Potentialtopf.

Es ist lehrreich, die Intensitäten $I_{0,0}$ und $I_{0,1}$ der Übergänge $a, 0 \to b, 0$ und $a, 0 \to b, 1$ als Funktion von η zu berechnen. Wir nehmen an, dass der Wellenvektor $\mathbf{k}$ des Photons parallel zur x-Achse ist. Die e-Funktion in Gl. (53) können wir dann zu $\exp(\mathrm{i}\mathbf{k} \cdot \widehat{\mathbf{R}}) = \exp(\mathrm{i}k\widehat{X})$ vereinfachen. Wir drücken den Ortsoperator $\widehat{X}$ durch die Leiteroperatoren im harmonischen Potential aus:

$$\widehat{X} = \sqrt{\frac{\hbar}{2M\omega_{\text{os}}}}\,(\widehat{a} + \widehat{a}^\dagger) = \Delta x_0\,(\widehat{a} + \widehat{a}^\dagger) \tag{63}$$

Im Grenzfall $\eta \ll 1$ erhalten wir unter Berücksichtigung von Gl. (61)

$$\begin{aligned}\exp(\mathrm{i}k\widehat{X}) &= \exp\left[\mathrm{i}\eta(\widehat{a} + \widehat{a}^\dagger)\right] \\ &= 1 + \mathrm{i}\eta(\widehat{a} + \widehat{a}^\dagger) - \frac{\eta^2}{2}(\widehat{a} + \widehat{a}^\dagger)^2 + \cdots\end{aligned} \tag{64}$$

Diese Entwicklung in Gl. (53) eingesetzt, erhalten wir bis zur zweiten Ordnung in η*

$$I_{0,0} = 1 - \eta^2 \tag{65a}$$

$$I_{1,0} = \eta^2 \tag{65b}$$

Alle weiteren Übergänge $a, 0 \to b, v$ mit $v \geq 2$ haben kleinere relative Intensitäten proportional zu η^{2v}. Der Übergang ohne Änderung des Vibrationszustands (die Null-Phonon-Linie) ist also der dominante, wenn das Atom räumlich stark eingeschlossen

11 Diese Größe wird oft als *Lamb-Dicke-Parameter* bezeichnet, nach den Physikern Willis E. Lamb und Robert H. Dicke, die als erste den Begriff der rückstoßfreien Absorption für Atome in einem Potential eingeführt haben. Der interessierte Leser kann einen historischen Abriss über die Rückstoßunterdrückung durch räumlichen Einschluss in den in diesem Abschnitt zitierten Referenzen sowie in dem Buch von Cohen-Tannoudji und Guéry-Odelin (2011), § 6.4.4 finden.

* Anm. d. Ü.: Wenn wir uns daran erinnern, dass $\exp[\mathrm{i}\eta(\widehat{a} + \widehat{a}^\dagger)]$ die Struktur eines Verschiebeoperators hat (s. Band I, Ergänzung G_V, § 2-d), dann sehen wir sofort, dass $\exp(\mathrm{i}k\widehat{X})|\varphi_0\rangle$ ein kohärenter Zustand ist, so dass $I_{v,0} = \eta^{2v}\,\mathrm{e}^{-\eta^2}/v!$ gilt. Die Entwicklung für $\eta \ll 1$ führt dann auf die Ergebnisse (65).

ist. Der Übergang $a, 0 \to b, 1$ ist viel schwächer, und zwar um den Faktor $E_{rec}/\hbar\omega_{os}$. Falls er dennoch stattfindet, dann erhöht er die Energie des Atoms um eine Energie $\hbar\omega_{os}$, die viel größer als die Rückstoßenergie E_{rec} ist. Dies ist konsistent mit der Summenregel (s. die Bemerkung auf S. 2090), nach der das Atom im Mittel eine Energie E_{rec} gewinnt.

3-e Mößbauer-Effekt

Im Jahr 1958 beobachtete Rudolf Mößbauer an Atomkernen in einem Kristall sehr schmale Resonanzlinien im Absorptionsspektrum für γ-Strahlung. Er stützte sich auf frühere Arbeiten von Lamb (1939) zur resonanten Absorption von langsamen Neutronen (und nicht von Photonen) durch in ein Kristallgitter eingebundene Atomkerne und führte die beobachteten schmalen Linien auf die Rückstoßunterdrückung zurück. Diese Unterdrückung tritt dann auf, wenn es im Phononenspektrum des Kristalls Frequenzen größer als die Rückstoßfrequenz $\omega_{rec} = E_{rec}/\hbar$ gibt. Der Mößbauer-Effekt ist vor allem wegen der sehr hohen Frequenzen der resonanten γ-Übergänge in Kernen interessant, die jenseits von etwa 10^{19} Hz liegen. Wenn für so eine Linie die Doppler-Verbreiterung und die Rückstoßverschiebung durch den Einschluss in den Kristall unterdrückt sind und die natürliche Linienbreite bei etwa 10^7 Hz liegt (wie für einen optischen Übergang), dann beträgt der Gütefaktor der γ-Linie (damit ist das Verhältnis zwischen Frequenz und Linienbreite des Übergangs gemeint) $Q \sim 10^{12}$. Eine so hohe Auflösung hat es bereits 1960 ermöglicht, zum ersten Mal in einem Laborversuch die gravitative Rotverschiebung zu messen, die von der Allgemeinen Relativitätstheorie vorhergesagt wurde. Im Experiment hatten Emitter und Absorber einen Höhenunterschied von knapp zwanzig Metern im Schwerefeld der Erde, was leicht unterschiedliche Resonanzfrequenzen zur Folge hatte (Pound und Rebka Jr, 1960).

4 Rückstoßunterdrückung in Mehrphotonprozessen

Bislang haben wir in dieser Ergänzung nur Einphotonprozesse betrachtet. In Kapitel XX werden wir sehen, dass es auch Mehrphotonenprozesse gibt, in denen ein Atom von einem internen Zustand a nach b übergeht und dabei mehrere Photonen absorbiert oder emittiert. In solchen Übergängen gilt natürlich die Erhaltung von Gesamtenergie und Gesamtimpuls.[12]

Nehmen wir als Beispiel einen Zweiphotonprozess in dem die beiden Photonen dieselbe Frequenz ω und entgegengesetzte Wellenvektoren $+\mathbf{k}$ und $-\mathbf{k}$ haben. Die Im-

12 Wir kommen hier wieder auf freie Atome ohne äußeres Potential zurück, wo die Impulserhaltung uneingeschränkt gewährleistet ist.

pulse der beiden Photonen addieren sich dann zu null, und deswegen ändert sich der Impuls des Atoms nicht, wenn es diese beiden Photonen absorbiert. Die externe Energie bleibt dieselbe, so dass es keinen Doppler-Effekt und keine Rückstoßverschiebung gibt. Ein solches Szenario kann man auf p-Photon-Prozesse (mit $p \geq 2$) ausdehnen, wenn die Wellenvektoren der p Photonen in der Summe verschwinden:

$$\mathbf{k}_1 + \mathbf{k}_2 + \cdots + \mathbf{k}_p = \mathbf{0} \tag{66}$$

Diese Idee wurde unabhängig voneinander in zwei Gruppen vorgeschlagen: in der Sowjetunion von Vasilenko, Chebotayev und Shishaev (1970) und in Frankreich von Cagnac, Grynberg und Biraben (1973). Sie hat zu beeindruckenden Fortschritten in der hochauflösenden Spektroskopie geführt, weil die Linien nicht mehr durch den Doppler-Effekt verbreitert sind, sondern nur die natürliche Linienbreite aufweisen, die in der Regel viel kleiner ist. Eine besonders interessante Anwendung der Doppler-freien Spektroskopie ist der Zweiphotonenübergang zwischen den Niveaus $1s \leftrightarrow 2s$ im Wasserstoffatom (Hänsch, 2006).* Das 2s-Niveau ist metastabil und hat eine Lebensdauer von etwa 120 ms. Die natürliche Linienbreite ist also sehr klein und die Zweiphotonenlinie sehr schmal. An diesem System kann man extrem präzise Frequenzmessungen durchführen und etwa fundamentale Naturkonstanten wie die Rydberg-Konstante bestimmen. Es ist dabei zu berücksichtigen, dass die Laserstrahlen, die den Zweiphotonenübergang treiben, die Energieniveaus auch verschieben, und zwar proportional zur Lichtintensität.[13] Diese Verschiebungen müssen genau herausgerechnet werden, um auf die ungestörte Frequenz des Zweiphotonenübergangs zu schließen.

Doppler-freie Sättigungsspektroskopie:
Es kommt auch zu nichtlinearen Effekten, wenn ein Atom mit zwei gegenläufigen Lichtstrahlen gleicher Frequenz ω wechselwirkt. Betrachten wir den Fall, dass ein Strahl (genannt die *Pumpe*) eine hohe und der andere (die *Sonde*) eine geringe Intensität hat. Im Gegensatz zu den Zweiphotonenübergängen aus dem vorstehenden Abschnitt verbinden beide Strahlen denselben Übergang $a \leftrightarrow b$; ω liegt also in der Nähe der Resonanzfrequenz ω_0 dieses Übergangs (und nicht bei $\omega_0/2$ wie in der Zweiphotonenspektroskopie).
Wir vernachlässigen im Folgenden die Rückstoßfrequenz, die in der Regel (im sichtbaren Spektralbereich) klein im Vergleich zur natürlichen Linienbreite Γ (der Zerfallsrate des angeregten Zustands b) ist. Die Doppler-Verschiebungen der Absorptionslinien der Atome spielen allerdings eine wichtige Rolle, weil sie sich für die Pumpe und die Sonde wegen ihrer entgegengesetzten

13 Siehe dazu Ergänzung B_{XX}, § 2-b.

* Anm. d. Ü.: Derselbe Theodor W. Hänsch, der diese Experimente in seiner Münchner Arbeitsgruppe durchführte, hatte bereits 1975 mit A. Schawlow das Prinzip der Doppler-Kühlung (s. § 2-b) vorgeschlagen Hänsch und Schawlow (1975). Im Jahr 2005 wurde er mit Roy J. Glauber und John L. Hall mit dem Physik-Nobelpreis ausgezeichnet.

Richtungen unterscheiden. Die Pumpe koppelt an ein Atom mit der Geschwindigkeit v_P, wenn die scheinbare Frequenz $\omega - kv_P$ (im Bezugssystem des Atoms) mit der atomaren Resonanz ω_0 übereinstimmt (bis auf eine Unschärfe von der Ordnung Γ). Die Doppler-Verschiebung beträgt also $kv_P = \omega - \omega_0 + \mathcal{O}(\Gamma)$. Der Sondenstrahl koppelt resonant an Atome mit der Geschwindigkeit v_S, falls $\omega + kv_S = \omega_0$ (bis auf $\mathcal{O}(\Gamma)$) gilt, also für $kv_S = -(\omega - \omega_0) + \mathcal{O}(\Gamma)$. Falls Pumpe und Sonde gegenüber der atomaren Resonanz verstimmt sind ($\omega \neq \omega_0$), dann ist $v_P \neq v_S$. Die beiden Strahlen koppeln an verschiedene Klassen in der Geschwindigkeitsverteilung der Atome, und die Absorption der Sonde wird von der Pumpe nicht beeinflusst. Eine signifikante Störung tritt allerdings an der Resonanz $\omega = \omega_0 + \mathcal{O}(\Gamma)$ auf, weil Pumpe und Sonde dann an dieselbe Geschwindigkeitsklasse von Atomen koppeln (die durch die Projektion der Geschwindigkeiten entlang der Laserstrahlen definiert ist).

Der intensive Pumpstrahl reduziert nämlich die Differenz der Besetzungen in den Energieniveaus a und b und nähert diese einander an (wir erinnern, dass man dies als Sättigung bezeichnet). Dies schwächt die Absorption der Sonde aufgrund von stimulierter Emission, aber nur in der Nähe der Resonanz $\omega = \omega_0$, wenn beide Strahlen an dieselbe Geschwindigkeitsklasse koppeln. Stimmt man die Frequenz ω der beiden Strahlen durch, dann zeigt die Absorption des Sondenstrahls ein bei ω_0 zentriertes Doppler-Profil mit der Breite $\Delta\omega_D$, in dessen Mitte eine schmale Linie „fehlt", deren Breite etwa Γ beträgt (s. Abb. 7). Dieses Verfahren nennt man *Doppler-freie Sättigungsspektroskopie* (engl. kurz: *saturated absorption*), es erlaubt eine Messung der atomaren Spektrallinie ω_0 mit einer deutlich höheren Auflösung als nur mit einem Strahl.

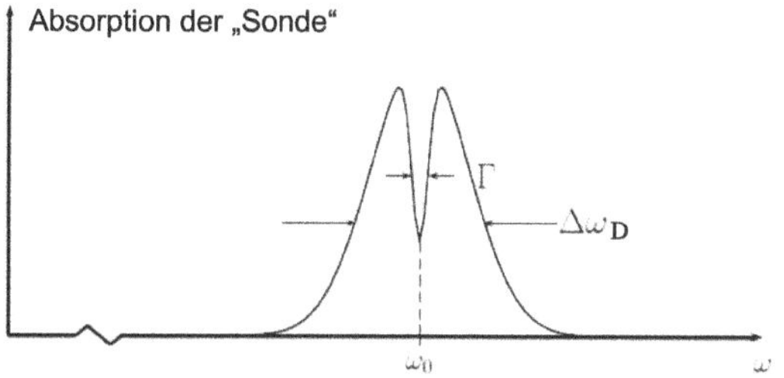

Abb. 7: Prinzip der Sättigungsspektroskopie. Die Abbildung gibt das Absorptionsspektrum eines Sondenstrahls in einem gasförmigen Medium an, wenn man die Frequenz ω von zwei gegenläufigen Laserstrahlen durchstimmt. Ein schmaler Einbruch der Absorption mit einer Breite Γ erscheint im Zentrum eines viel breiteren Doppler-Profils (Breite $\Delta\omega_D$).

Fazit

Wir haben in dieser Ergänzung gezeigt, wie man mit Hilfe des Impulsaustausches zwischen Atomen und Photonen eine Reihe von wichtigen physikalischen Phänomenen erklären kann: die Doppler-Verbreiterung, die Rückstoßenergie, den Strahlungsdruck, das Abbremsen, Abkühlen und Einfangen von Atomen (Doppler-Kühlung und magneto-optische Falle), die Unterdrückung des Doppler-Effekts für eingefangene Atome oder für Zweiphotonenübergänge sowie den Mößbauer-Effekt.

Diese Methoden haben zunächst auf spektakuläre Weise die Auflösung in der Atomspektroskopie verbessert. Es ergaben sich so nützliche Anwendungen, sowohl für hochpräzise Messungen als auch etwa für genauere Atomuhren. Diese Uhren erreichen heutzutage eine relative Stabilität von der Ordnung 10^{-16}. Wenn man eine Atomuhr etwa auf der Internationalen Raumstation (ISS) betreibt und ihre Frequenz mit einer Atomuhr am Erdboden vergleicht, dann darf man hoffen, die gravitative Rotverschiebung über eine viel größere Distanz sichtbar zu machen – und damit einen Test der Allgemeinen Relativitätstheorie um einen Faktor 100 gegenüber allen bisherigen Experimenten zu verbessern.*

Aus diesen Untersuchungen hat sich auch ergeben, dass die Atom-Photon-Wechselwirkung ein wertvolles Werkzeug ist, um die Bewegung von atomaren Gasen zu kontrollieren. Wir werden in Ergänzung C_{XIX} sehen, dass man mit Hilfe des Drehimpulsaustausches zwischen Atomen und Photonen auch den inneren Drehimpuls von Atomen kontrollieren kann und diese etwa über das *optische Pumpen* polarisieren kann. Mit derartigen Werkzeugen haben sich völlig neue Forschungsfelder geöffnet wie etwa die Interferometrie mit atomaren Materiewellen oder quantenentartete ultrakalte Bose- und Fermi-Gase.

* Anm. d. Ü.: Eine weitere Anwendung besteht darin, zwei Uhren an weit entfernten Punkten am Erdboden präzise zu synchronisieren, indem man diese mit der Uhr auf der Raumstation während eines Überflugs der ISS abgleicht. Der Übersetzer dankt Ph. Bouyer (Bordeaux) für diesen Hinweis.

Ergänzung B_{XIX}
Drehimpuls des Strahlungsfelds

Einleitung

Der Drehimpuls des Strahlungsfelds spielt in verschiedenen Anwendungen eine wichtige Rolle, insbesondere in der Atomphysik. Wir werden in Ergänzung C_{XIX} sehen, dass der Drehimpulsaustausch zwischen Atomen und Photonen die Grundlage für experimentelle Methoden wie das optische Pumpen liefert, das eines der ersten Beispiele für die „Werkzeuge“ darstellt, die uns die Atom-Licht-Wechselwirkung an die Hand gibt.

In Kapitel XVIII haben wir die Normalkoordinaten $\alpha_{\boldsymbol{\varepsilon}}(\mathbf{k})$ und $\alpha^*_{\boldsymbol{\varepsilon}}(\mathbf{k})$ über eine räumliche Fourier-Transformation des klassischen Felds eingeführt. Sie liefern seine Amplituden (oder Komponenten) bezüglich einer Basis von transversalen ebenen Wellen. In der Quantisierung werden diese Normalkoordination zu Vernichtungs- und Erzeugungsoperatoren, $\hat{a}_{\boldsymbol{\varepsilon}}(\mathbf{k})$ und $\hat{a}^\dagger_{\boldsymbol{\varepsilon}}(\mathbf{k})$, eines Photons in der Mode $(\mathbf{k}, \boldsymbol{\varepsilon})$. Diese Basis von ebenen Wellen ist besonders bequem, um die Energie und den Impuls der Strahlung darzustellen, denn ein Photon in der Mode $(\mathbf{k}, \boldsymbol{\varepsilon})$ hat eine wohldefinierte Energie $\hbar\omega = \hbar ck$ und den Impuls $\hbar\mathbf{k}$. Die Darstellung des Drehimpulses des Felds durch die Normalkoordinaten $\alpha_{\boldsymbol{\varepsilon}}(\mathbf{k})$ und $\alpha^*_{\boldsymbol{\varepsilon}}(\mathbf{k})$ ist dagegen nicht so einfach, denn in der Mode $(\mathbf{k}, \boldsymbol{\varepsilon})$ haben die Photonen keinen scharf definierten Drehimpuls. Das Ziel dieser Ergänzung ist es, eine Darstellung zu finden, die besser geeignet ist, um den Felddrehimpuls abzulesen, und daraus einige Eigenschaften herzuleiten.

In der klassischen Beschreibung der Strahlung ist die Normalkoordinate $\boldsymbol{\alpha}(\mathbf{k}) = \sum_{\boldsymbol{\varepsilon}} \alpha_{\boldsymbol{\varepsilon}}(\mathbf{k})\, \boldsymbol{\varepsilon}$ eine vektorwertige Funktion von $\mathbf{k}$, die in einigen Punkten einer Wellenfunktion im reziproken Raum ähnelt und ein Kandidat für die Wellenfunktion des Strahlungsfelds (im Impulsraum) sein könnte. Physikalische Größen wie die Gesamtenergie und der Gesamtimpuls des Strahlungsfelds erscheinen in der Tat bezüglich dieser Wellenfunktion wie Mittelwerte von Einteilchenoperatoren, die die Energie oder den Impuls eines Photons darstellen. Weil diese Wellenfunktion ein Vektorfeld ist, kann man sie als die Wellenfunktion eines Spin-1-Teilchens auffassen, dessen

https://doi.org/10.1515/9783110649130-024

Gesamtdrehimpuls **J** die Summe aus einem Bahndrehimpuls **L** und einem Spindrehimpuls **S** wäre. Wir wiederholen also in § 1 die quantenmechanische Beschreibung eines Spin-1-Teilchens und berechnen den Mittelwert seines Bahn- und Spindrehimpulses, wenn der Zustand des Teilchens durch die vektorwertige Wellenfunktion $\mathbf{\Psi}(\mathbf{k})$ gegeben ist. Wir kommen dann auf die klassische Elektrodynamik zurück und bestimmen in § 2 die Formeln für den Gesamtdrehimpuls $\mathbf{J}_F$ des freien Strahlungsfelds. Wir drücken ihn zunächst durch die elektromagnetischen Felder im reziproken Raum und dann durch die Normalkoordinaten $\boldsymbol{\alpha}(\mathbf{k})$ aus. Diese Formeln haben in der Tat, wie wir feststellen werden, dieselbe Form wie die Mittelwerte aus § 1, wenn man $\mathbf{\Psi}(\mathbf{k})$ durch $\boldsymbol{\alpha}(\mathbf{k})$ ersetzt. Wir erhalten auf diese Weise nicht nur die Darstellung des Gesamtdrehimpulses durch die Normalvariablen, sondern auch separate Ausdrücke für den Bahn- und Spindrehimpuls des Felds. Die physikalische Interpretation dieser Ergebnisse wird in § 3 diskutiert, wo wir einige charakteristische Eigenschaften dieser beiden Typen von Felddrehimpuls unterstreichen werden.

1 Drehimpuls für ein Spin-1-Teilchen

Wir beginnen mit einem Rückgriff auf die Quantenmechanik eines massiven Spin-1-Teilchens, das natürlich kein Photon ist. Diese Ergebnisse liefern allerdings einen nützlichen Vergleichspunkt, wenn wir im nächsten Abschnitt auf das elektromagnetische Feld zurückkommen.

1-a Wellenfunktion und Spinoperator

Die Ergebnisse aus diesem Abschnitt werden wir in § 2 den Formeln für den Drehimpuls des Strahlungsfelds gegenüberstellen, und zwar ausgedrückt durch die Normalkoordinaten. Da diese das Feld im reziproken Raum beschreiben, ist es wichtig, auch hier den Zustand des Spin-1-Teilchens in diesem Raum anzugeben. Wir können den Zustandsvektor für das Teilchen bezüglich der Basisvektoren $\{|\mathbf{k}, \nu\rangle\}$ entwickeln, wobei $\mathbf{k}$ den Wellenvektor und ν den Spinzustand angibt:

$$|\mathbf{\Psi}\rangle = \sum_{\nu} \int \mathrm{d}^3 k \, \psi_\nu(\mathbf{k}) \, |\mathbf{k}, \nu\rangle \tag{1}$$

mit

$$\psi_\nu(\mathbf{k}) = \langle \mathbf{k}, \nu | \mathbf{\Psi} \rangle \tag{2}$$

Im Allgemeinen wird man für die Spinzustände $|\nu\rangle$ die Eigenzustände $|+1\rangle$, $|0\rangle$, $|-1\rangle$ der Komponente $\widehat{S}_z$ des Spinoperators nehmen. Wir wählen hier allerdings eine kartesische Basis:*

$$\begin{aligned}|x\rangle &= \frac{1}{\sqrt{2}}\left[|-1\rangle - |+1\rangle\right]\\ |y\rangle &= \frac{\mathrm{i}}{\sqrt{2}}\left[|-1\rangle + |+1\rangle\right]\\ |z\rangle &= |0\rangle\end{aligned}\tag{3}$$

Die Wirkung der drei Komponenten $\widehat{S}_x$, $\widehat{S}_y$, $\widehat{S}_z$ des Spinoperators $\widehat{\mathbf{S}}$ auf diese Basisvektoren ist einfach zu berechnen. Es genügt, die Beziehungen $\widehat{S}_x = (\widehat{S}_+ + \widehat{S}_-)/2$ und $\widehat{S}_y = -\mathrm{i}(\widehat{S}_+ - \widehat{S}_-)/2$ zu verwenden und sich an die Wirkung der Operatoren $\widehat{S}_+$, $\widehat{S}_-$, $\widehat{S}_z$ auf der Standardbasis $|+1\rangle$, $|0\rangle$, $|-1\rangle$ zu erinnern [Band I, Kapitel VI, Gl. (C-50)]. Man erhält auf diese Weise etwa

$$\begin{aligned}\widehat{S}_x|x\rangle &= \frac{1}{2}(\widehat{S}_+ + \widehat{S}_-)\frac{1}{\sqrt{2}}\left[|-1\rangle - |+1\rangle\right] = \frac{\hbar}{2\sqrt{2}}\left[\sqrt{2}|0\rangle - \sqrt{2}|0\rangle\right] = 0\\ \widehat{S}_x|y\rangle &= \frac{\mathrm{i}}{2}(\widehat{S}_+ + \widehat{S}_-)\frac{1}{\sqrt{2}}\left[|-1\rangle + |+1\rangle\right] = \frac{\mathrm{i}\hbar}{2\sqrt{2}}\left[\sqrt{2}\,|0\rangle + \sqrt{2}\,|0\right] = \mathrm{i}\hbar|z\rangle\\ \widehat{S}_x|z\rangle &= \frac{1}{2}(\widehat{S}_+ + \widehat{S}_-)|0\rangle = \frac{\hbar}{2}\left[\sqrt{2}\,|+1\rangle + \sqrt{2}\,|-1\rangle\right] = -\mathrm{i}\hbar|y\rangle\end{aligned}\tag{4}$$

Man kann diese und ähnliche Ergebnisse, die sich für die Operatoren $\widehat{S}_y$ und $\widehat{S}_z$ ergeben, in kompakter Weise durch

$$\widehat{S}_a|b\rangle = \mathrm{i}\hbar\sum_c \varepsilon_{abc}\,|c\rangle\tag{5}$$

zusammenfassen, wobei die Indizes $a, b, c = x, y, z$ durchlaufen und ε_{abc} der vollständig antisymmetrische Tensor in drei Dimensionen ist.[1] Aus Gl. (5) folgt das Matrixelement

$$\langle c|\widehat{S}_a|b\rangle = \mathrm{i}\hbar\,\varepsilon_{abc}\tag{6}$$

1-b Mittelwert des Spindrehimpulses

Den Mittelwert von $\widehat{S}_a$ können wir gemäß Gl. (1) wie folgt aufschreiben:

$$\langle\boldsymbol{\Psi}|\widehat{S}_a|\boldsymbol{\Psi}\rangle = \int \mathrm{d}^3k \int \mathrm{d}^3k' \sum_{b,c} \psi_c^*(\mathbf{k}')\langle\mathbf{k}', c|\widehat{S}_a|\mathbf{k}, b\rangle\psi_b(\mathbf{k})\tag{7}$$

1 Wir verwenden die übliche Konvention: $\varepsilon_{abc} = +1$, wenn das Tripel abc eine gerade Permutation der Indizes xyz bildet, $\varepsilon_{abc} = -1$ für eine ungerade Permutation, und $\varepsilon_{abc} = 0$, wenn zwei oder drei der Indizes abc zusammenfallen.

* Anm. d. Ü.: Die Vorzeichen und Phasen dieser Vektoren wurde so gewählt, dass sich die einfache Form von Gl. (6) ergibt.

Weil der Spinoperator $\widehat{S}_a$ nicht auf die orbitalen Freiheitsgrade wirkt, die durch die Variable $\mathbf{k}$ beschrieben werden, ergibt sich mit Gl. (6)

$$\langle \mathbf{k}', c|\widehat{S}_a|\mathbf{k}, b\rangle = \mathrm{i}\hbar\, \varepsilon_{abc}\, \delta(\mathbf{k} - \mathbf{k}') \tag{8}$$

Dies in Gl. (7) eingesetzt liefert

$$\langle \boldsymbol{\Psi}|\widehat{S}_a|\boldsymbol{\Psi}\rangle = \mathrm{i}\hbar \int \mathrm{d}^3k \sum_{b,c} \varepsilon_{abc}\, \psi_c^*(\mathbf{k})\psi_b(\mathbf{k}) = -\mathrm{i}\hbar \int \mathrm{d}^3k \sum_{b,c} \varepsilon_{abc}\, \psi_b^*(\mathbf{k})\psi_c(\mathbf{k}) \tag{9}$$

(Der Tensor ε_{abc} verhält sich antisymmetrisch, wenn man zwei Indizes vertauscht.) Die a-te Komponente des Vektorprodukts von zwei Vektoren $\mathbf{V}$ und $\mathbf{W}$ kann man bekanntlich durch

$$(\mathbf{V} \times \mathbf{W})_a = \sum_{b,c} \varepsilon_{abc}\, V_b\, W_c \tag{10}$$

ausdrücken; es ergibt sich auf diese Weise

$$\langle \boldsymbol{\Psi}|\widehat{\mathbf{S}}|\boldsymbol{\Psi}\rangle = -\mathrm{i}\hbar \int \mathrm{d}^3k\, [\boldsymbol{\Psi}^*(\mathbf{k}) \times \boldsymbol{\Psi}(\mathbf{k})] \tag{11}$$

wobei der Vektor $\boldsymbol{\Psi}(\mathbf{k})$ aus den kartesischen Komponenten $\Psi_a(\mathbf{k})$ $(a = x, y, z)$ zusammengesetzt ist.

1-c Mittlerer Bahndrehimpuls

Der Bahndrehimpuls hat bekanntlich die Form

$$\widehat{\mathbf{L}} = \widehat{\mathbf{r}} \times \widehat{\mathbf{p}} \tag{12}$$

mit den Orts- und Impulsoperatoren $\widehat{\mathbf{r}}$ und $\widehat{\mathbf{p}}$. Seine a-te Komponente wirkt in der Ortsdarstellung als Ableitungsoperator

$$L_a = (\widehat{\mathbf{r}} \times \widehat{\mathbf{p}})_a \quad \mapsto \quad -\mathrm{i}\hbar \sum_{b,c} \varepsilon_{abc} r_b\, \partial_c \quad \text{mit } \partial_c = \frac{\partial}{\partial r_c} \tag{13}$$

Der Übergang in den reziproken Raum läuft auf eine Fourier-Transformation (FT) hinaus. Das Multiplizieren mit der Koordinate r_b und das Ableiten nach r_c im Ortsraum werden im $\mathbf{k}$-Raum durch eine Ableitung nach k_b und das Multiplizieren mit k_c dargestellt (bis auf einen rein imaginären Koeffizienten):

$$r_b \underset{\text{FT}}{\longleftrightarrow} \mathrm{i}\frac{\partial}{\partial k_b} = \mathrm{i}\widetilde{\partial}_b \qquad \frac{\partial}{\partial r_c} = \partial_c \underset{\text{FT}}{\longleftrightarrow} \mathrm{i}k_c \tag{14}$$

Hierbei wurde die Notation

$$\widetilde{\partial}_b \equiv \frac{\partial}{\partial k_b} \tag{15}$$

verwendet. Im reziproken Raum wirkt die Komponente $\widehat{L}_a$ des Bahndrehimpulses also wie folgt:

$$\begin{aligned}\widehat{L}_a \quad \mapsto \quad -\mathrm{i}\hbar \sum_{b,c} \varepsilon_{abc}\,(\mathrm{i}\widetilde{\partial}_b)\,(\mathrm{i}k_c) &= \mathrm{i}\hbar \sum_{b,c} \varepsilon_{abc}\, k_c\, \widetilde{\partial}_b \\ &= -\mathrm{i}\hbar(\mathbf{k}\times\widetilde{\nabla})_a \end{aligned} \tag{16}$$

In der ersten Zeile durften wir im zweiten Schritt $\widetilde{\partial}_b$ und k_c vertauschen, weil nach den Eigenschaften von ε_{abc} nur Terme mit $b \neq c$ beitragen. Die zweite Zeile verwendet die Antisymmetrie von ε_{abc} und die Formel (10) für das Vektorprodukt. Hier bedeutet $\widetilde{\nabla}$ den Gradienten bezüglich $\mathbf{k}$.

Wir berechnen schließlich den Mittelwert von $\widehat{L}_a$ im Zustand $\boldsymbol{\Psi}$. Gemäß Gl. (1) haben wir

$$\langle\boldsymbol{\Psi}|\widehat{L}_a|\boldsymbol{\Psi}\rangle = \int \mathrm{d}^3k \int \mathrm{d}^3k' \sum_{d,e} \psi_d^*(\mathbf{k}')\langle\mathbf{k}', d|\widehat{L}_a|\mathbf{k}, e\rangle\psi_e(\mathbf{k}) \tag{17}$$

Weil $\widehat{L}_a$ nicht auf die Spinvariablen wirkt, kann das Matrixelement nur für $d = e$ beitragen. Unter Verwendung des Differentialoperators aus Gl. (16) für $\widehat{L}_a$ ergibt

$$\begin{aligned}\langle\boldsymbol{\Psi}|\widehat{L}_a|\boldsymbol{\Psi}\rangle &= \int \mathrm{d}^3k \int \mathrm{d}^3k' \sum_{d} \psi_d^*(\mathbf{k}')\langle\mathbf{k}', d|\widehat{L}_a|\mathbf{k}, d\rangle\psi_d(\mathbf{k}) \\ &= -\mathrm{i}\hbar \int \mathrm{d}^3k \sum_d \psi_d^*(\mathbf{k})\;(\mathbf{k}\times\widetilde{\nabla})_a\psi_d(\mathbf{k})\end{aligned} \tag{18}$$

Wir addieren die Teilergebnisse (11) und (18) und erhalten folgenden Ausdruck für den Mittelwert des Gesamtdrehimpulses $\widehat{\mathbf{J}} = \widehat{\mathbf{S}} + \widehat{\mathbf{L}}$ für ein Spin-1-Teilchen im Zustand $\boldsymbol{\Psi}$:

$$\langle\boldsymbol{\Psi}|\widehat{\mathbf{J}}|\boldsymbol{\Psi}\rangle = -\mathrm{i}\hbar \int \mathrm{d}^3k \left\{ \underbrace{\boldsymbol{\Psi}^*(\mathbf{k})\times\boldsymbol{\Psi}(\mathbf{k})}_{\text{Spin}} + \sum_d \underbrace{\psi_d^*(\mathbf{k})(\mathbf{k}\times\widetilde{\nabla})\psi_d(\mathbf{k})}_{\text{orbital}} \right\} \tag{19}$$

2 Drehimpuls des freien klassischen Strahlungsfelds

Wir wollen nun zeigen, dass für das Strahlungsfeld die Auswertung seines Drehimpulses auf gewisse Analogien zum voranstehenden § 1 führt.

2-a Rechnung im Ortsraum

In Kapitel XVIII, Gl. (A-53) hatten wir festgestellt, dass der Gesamtdrehimpuls des freien Strahlungsfelds (in Abwesenheit von Teilchen) durch

$$\mathbf{J} = \varepsilon_0 \int \mathrm{d}^3r\;\{\mathbf{r}\times[\mathbf{E}(\mathbf{r})\times\mathbf{B}(\mathbf{r})]\} \tag{20}$$

gegeben ist.* Wir drücken das Magnetfeld **B** durch das Vektorpotential **A** aus und schreiben das doppelte Vektorprodukt mit Hilfe der Identität $\mathbf{a}\times(\mathbf{b}\times\mathbf{c}) = \mathbf{b}\,(\mathbf{a}\cdot\mathbf{c}) - \mathbf{c}\,(\mathbf{a}\cdot\mathbf{b})$ um. Unter Berücksichtigung der Reihenfolge von ∇ und **A** erhält man

$$\mathbf{E} \times [\nabla \times \mathbf{A}] = \sum_d E_d \nabla A_d - (\mathbf{E} \cdot \nabla)\mathbf{A} \tag{21}$$

mit der kartesischen Komponente E_d des elektrischen Felds $\mathbf{E}(\mathbf{r})$. Der Ausdruck (21) eingesetzt in Gl. (20) führt auf

$$\mathbf{J} = \varepsilon_0 \int \mathrm{d}^3r \left\{ \sum_d E_d(\mathbf{r} \times \nabla) A_d - \mathbf{r} \times (\mathbf{E} \cdot \nabla)\mathbf{A} \right\} \tag{22}$$

Wir betrachten zunächst den zweiten Term unter dem Integral (22) und bezeichnen seinen Beitrag mit $\mathbf{J}^{(1)}$. Seine kartesischen Komponenten haben die Form

$$\begin{aligned} J_a^{(1)} &= -\varepsilon_0 \int \mathrm{d}^3r \; [\mathbf{r} \times (\mathbf{E} \cdot \nabla)\mathbf{A}]_a \\ &= -\varepsilon_0 \int \mathrm{d}^3r \; \sum_{b,c,d} \varepsilon_{abc}\, r_b\, E_d\, \partial_d\, A_c \end{aligned} \tag{23}$$

Unter Verwendung von

$$r_b\, \partial_d = \partial_d\, r_b - \delta_{bd} \tag{24}$$

schieben wir r_b nach rechts an ∂_d vorbei. Der Term mit $-\delta_{bd}$ ergibt in Gl. (23) dann

$$\varepsilon_0 \int \mathrm{d}^3r \sum_{b,c} \varepsilon_{abc}\, E_b\, A_c = \varepsilon_0 \int \mathrm{d}^3r\, (\mathbf{E} \times \mathbf{A})_a \tag{25}$$

Den Term mit $\partial_d\, r_b$ können wir in Gl. (23) einmal partiell integrieren (Satz von Gauß). Das Oberflächenintegral trägt nicht bei, wenn wir annehmen, dass die Felder im Unendlichen genügend schnell verschwinden. Auf diese Weise erhalten wir für den Beitrag von $\partial_d\, r_b$ zu Gl. (23)

$$-\varepsilon_0 \int \mathrm{d}^3r \sum_{b,c,d} \varepsilon_{abc}\, E_d\, \partial_d\, (r_b\, A_c) = 0 + \varepsilon_0 \int \mathrm{d}^3r \sum_{b,c,d} \varepsilon_{abc}\, r_b\, A_c\, \partial_d\, E_d \tag{26}$$

Wir erkennen hier die verschwindende Divergenz

$$\sum_d \partial_d\, E_d = \nabla \cdot \mathbf{E} = 0 \tag{27}$$

wieder, weil wir wie oben erwähnt das freie Feld (ohne elektrische Ladungen) betrachten.

Der Mittelwert **J** des Drehimpulses ist somit die Summe aus Gl. (25) und dem ersten Term von Gl. (22):

$$\mathbf{J} = \varepsilon_0 \int \mathrm{d}^3r \left\{ \underbrace{\mathbf{E}(\mathbf{r}) \times \mathbf{A}(\mathbf{r})}_{\text{Spin}} + \sum_d \underbrace{E_d(\mathbf{r})(\mathbf{r} \times \nabla) A_d(\mathbf{r})}_{\text{orbital}} \right\} \tag{28}$$

* Anm. d. Ü.: Wir schreiben hier **E** statt $\mathbf{E}_\perp$, weil ohne geladene Teilchen offenbar die Maxwell-Gleichung $\nabla \cdot \mathbf{E} = 0$ gilt, **E** also transversal ist.

2-b Übergang in den reziproken Raum

Wir können das Integral (28) durch die Fourier-Transformierten der Felder $\mathbf{E}(\mathbf{r})$ und $\mathbf{A}(\mathbf{r})$ ausdrücken. Mit der Parseval-Plancherel-Formel und den Beziehungen (14) finden wir

$$\mathbf{J} = \varepsilon_0 \int \mathrm{d}^3k \left\{ \underbrace{\tilde{\mathbf{E}}^*(\mathbf{k}) \times \tilde{\mathbf{A}}(\mathbf{k})}_{\text{Spin}} + \sum_d \underbrace{\tilde{E}_d^*(\mathbf{k})(\mathbf{k} \times \tilde{\nabla})\tilde{A}_d(\mathbf{k})}_{\text{orbital}} \right\} \tag{29}$$

wobei $\tilde{\nabla}$ der Gradient im $\mathbf{k}$-Raum ist.

Nun benötigen wir aus Kapitel XVIII die Formeln (B-22), um die (transversalen) Felder $\tilde{\mathbf{E}}(\mathbf{k})$ und $\tilde{\mathbf{A}}(\mathbf{k})$ durch die Normalkoordinaten auszudrücken:

$$\tilde{\mathbf{E}}(\mathbf{k}) = \frac{\mathrm{i}\omega}{2\mathcal{N}(k)} \left[\boldsymbol{\alpha}(\mathbf{k}) - \boldsymbol{\alpha}^*(-\mathbf{k})\right] \tag{30a}$$

$$\tilde{\mathbf{A}}(\mathbf{k}) = \frac{1}{2\mathcal{N}(k)} \left[\boldsymbol{\alpha}(\mathbf{k}) + \boldsymbol{\alpha}^*(-\mathbf{k})\right] \tag{30b}$$

Die hier verwendete Normierungskonstante $\mathcal{N}(k)$ wurde in Kapitel XIX, Gl. (A-3) eingeführt:

$$\mathcal{N}(k) = \sqrt{\frac{\varepsilon_0 \omega}{2\hbar}} \tag{31}$$

Setzen wir diese Gleichungen in Gl. (29) ein, so erhalten wir

$$\begin{aligned} J_a = -\mathrm{i}\frac{\hbar}{2} \int \mathrm{d}^3k \Bigg\{ &\sum_{b,c} \left[\alpha_b^*(\mathbf{k}) - \alpha_b(-\mathbf{k})\right] \varepsilon_{abc} \left[\alpha_c(\mathbf{k}) + \alpha_c^*(-\mathbf{k})\right] \\ &+ \sum_{b,c,d} \left[\alpha_d^*(\mathbf{k}) - \alpha_d(-\mathbf{k})\right] \varepsilon_{abc}\, k_b\, \tilde{\partial}_c \left[\alpha_d(\mathbf{k}) + \alpha_d^*(-\mathbf{k})\right] \Bigg\} \end{aligned} \tag{32}$$

Jede der beiden Zeilen erzeugt vier Terme. Von diesen verschwinden diejenigen, die zweimal $\boldsymbol{\alpha}$ oder zweimal $\boldsymbol{\alpha}^*$ enthalten (was wir unten im Detail zeigen); zwei Terme enthalten je einmal $\boldsymbol{\alpha}$ und $\boldsymbol{\alpha}^*$, und diese sind gleich (wie auch unten gezeigt). Im Ergebnis findet man

$$\mathbf{J} = -\mathrm{i}\hbar \int \mathrm{d}^3k \left\{ \underbrace{\boldsymbol{\alpha}^*(\mathbf{k}) \times \boldsymbol{\alpha}(\mathbf{k})}_{\text{Spin}} + \sum_d \underbrace{\alpha_d^*(\mathbf{k})(\mathbf{k} \times \tilde{\nabla})\alpha_d(\mathbf{k})}_{\text{orbital}} \right\} \tag{33}$$

Dieser Ausdruck hat offenbar dieselbe Struktur wie Gl. (19) für das Spin-1-Teilchen: Der Drehimpuls ist die Summe aus einem Spinbeitrag und einem Orbitalbeitrag, der von räumlichen Ableitungen (im Orts- oder im reziproken Raum) bestimmt wird. Dieses Ergebnis legt nahe, dass die Normalkoordinaten $\boldsymbol{\alpha}(\mathbf{k})$ des freien Felds mit der Wellenfunktion des Strahlungsfelds (im reziproken Raum) in Verbindung gebracht werden kann. Und in der Tat sind Photonen Spin-1-Teilchen. Wir haben durch diesen Vergleich auch explizite Ausdrücke für den Spindrehimpuls des Strahlungsfelds [der erste Term in den geschweiften Klammern in Gl. (33)] und den Bahndrehimpuls (der zweite Term) erhalten.

Es mag verwundern, dass der Bahndrehimpuls für die Elektrodynamik dieselbe Struktur wie in der gewöhnlichen Quantenmechanik aufweist. Wir erinnern daran, dass für ein quantenmechanisches Teilchen (Band I, Kapitel VI, § D-1-a) die z-Komponente des Drehimpulses in sphärischen (oder Zylinder-)Koordinaten als eine Ableitung bezüglich der azimutalen φ-Koordinate dargestellt wird:

$$\hat{L}_z \quad \Longrightarrow \quad -\mathrm{i}\hbar(x\,\partial_y - y\,\partial_x) = \frac{\hbar}{\mathrm{i}}\frac{\partial}{\partial\varphi} \tag{34}$$

Dieses Ergebnis folgt einfach aus den partiellen Ableitungen und ist somit unabhängig von der Natur des physikalischen Systems. Aus diesem Grund ist diese Form des (Bahn-)Drehimpulses auch auf das elektromagnetische Feld anwendbar; sie gilt wegen Gl. (16) auch, wenn φ eine der sphärischen Koordinaten im reziproken Raum ist.

Berechnung der Terme in Gleichung (32):
Betrachen wir zunächst die Terme aus der ersten Zeile in Gl. (32), die ein Produkt aus zwei $\boldsymbol{\alpha}^*$-Variablen enthalten, etwa den Term

$$-\mathrm{i}(\hbar/2)\int \mathrm{d}^3k \sum_{b,c} \alpha_b^*(\mathbf{k})\,\varepsilon_{abc}\,\alpha_c^*(-\mathbf{k}) \tag{35}$$

Indem wir auf die Variable $-\mathbf{k}$ substituieren und die Indizes b und c vertauschen, erhalten wir dasselbe Integral mit einem anderen Vorzeichen – dies ist nur möglich, wenn das Integral selbst verschwindet. Mit denselben Zwischenschritten können wir den *gemischten* Term

$$+\mathrm{i}(\hbar/2)\int \mathrm{d}^3k \sum_{b,c} \alpha_b(-\mathbf{k})\,\varepsilon_{abc}\,\alpha_c^*(-\mathbf{k}) \tag{36}$$

in die Form

$$-\mathrm{i}(\hbar/2)\int \mathrm{d}^3k \sum_{b,c} \alpha_c(\mathbf{k})\,\varepsilon_{abc}\,\alpha_b^*(\mathbf{k}) \tag{37}$$

bringen. Hier erkennen wir einen weiteren gemischten Term aus der ersten Zeile von Gl. (32) wieder, wenn man die Reihenfolge der Komponenten $\alpha_b^*(\mathbf{k})$ und $\alpha_c(\mathbf{k})$ vertauscht. In der klassischen Theorie, die wir bislang verwenden, handelt es sich hier um komplexe Zahlen, auf deren Reihenfolge es in der Tat nicht ankommt.
Die voranstehenden Rechnungen kann man ebenso mit den Termen der zweiten Zeile von Gl. (32) durchführen. Neben der Substitution auf $-\mathbf{k}$ muss man auch einmal partiell integrieren. Das Oberflächenintegral trägt wiederum nicht bei, wenn die Felder genügend schnell im Unendlichen verschwinden. Man sieht auf diese Weise, dass die Terme, die je zwei Faktoren $\boldsymbol{\alpha}^*$ oder $\boldsymbol{\alpha}$ enthalten, sich in ihr Negatives umwandeln, also verschwinden müssen Die partielle Integration zeigt dagegen, dass die beiden Terme, die je einen Faktor $\boldsymbol{\alpha}^*$ und $\boldsymbol{\alpha}$ enthalten, untereinander gleich sind, wenn man die Reihenfolge von $\boldsymbol{\alpha}^*$ und $\boldsymbol{\alpha}$ umkehrt. Im Rahmen der klassischen Theorie [und mit Gl. (10)] erhält man so das in Gl. (33) angekündigte Ergebnis.

2-c Unterschied zum Drehimpuls massiver Teilchen

Trotz der engen Analogie zwischen den Ausdrücken (19) für das Spin-1-Teilchen und (33) für das Strahlungsfeld darf nicht vergessen werden, dass zwischen den beiden Drehimpulsen ein fundamentaler Unterschied besteht. Dieser rührt daher, dass die Normalkoordinaten $\boldsymbol{\alpha}(\mathbf{k})$ transversal sind. Aus Gleichung (27) für das freie Feld $\mathbf{E}$ und der hier verwendeten Coulomb-Eichung für $\mathbf{A}$ folgt in der Tat, dass $\boldsymbol{\alpha}(\mathbf{k})$ in jedem Punkt des reziproken Raums senkrecht auf $\mathbf{k}$ steht:

$$\mathbf{k} \cdot \boldsymbol{\alpha}(\mathbf{k}) = 0 \quad \text{für alle } \mathbf{k} \tag{38}$$

Für die Wellenfunktion $\boldsymbol{\Psi}(\mathbf{k})$ eines Spin-1-Teilchens ist dies natürlich keine notwendige Bedingung.*

3 Physikalische Interpretation

3-a Spindrehimpuls des Strahlungsfelds

Der Spindrehimpuls ist der erste Term auf der rechten Seite von Gl. (33) und kann wie folgt aufgeschrieben werden:

$$\mathbf{S}_{\mathrm{F}} = -\mathrm{i}\hbar \int \mathrm{d}^3k \; [\boldsymbol{\alpha}^*(\mathbf{k}) \times \boldsymbol{\alpha}(\mathbf{k})] \tag{39}$$

Um die Transversalitätsbedingung (38) noch offensichtlicher zu machen, zerlegen wir die Normalkoordinaten $\boldsymbol{\alpha}^*(\mathbf{k})$ und $\boldsymbol{\alpha}(\mathbf{k})$ in einer Basis von transversalen Polarisationen. Statt der üblichen kartesischen Basis $\mathbf{e}_x$, $\mathbf{e}_y$, $\mathbf{e}_z$, die unabhängig von der Richtung des Wellenvektors $\mathbf{k}$ ist, wählen wir ein rechtshändiges kartesisches Dreibein $(\boldsymbol{\varepsilon}_1(\mathbf{k}), \boldsymbol{\varepsilon}_2(\mathbf{k}), \boldsymbol{\varepsilon}_3(\mathbf{k}))$, in dem der dritte Basisvektor mit dem Einheitsvektor entlang des Wellenvektors zusammenfällt: $\boldsymbol{\varepsilon}_3(\mathbf{k}) = \boldsymbol{\kappa} = \mathbf{k}/k$. Weil die Normalkoordinaten $\boldsymbol{\alpha}^*(\mathbf{k})$ und $\boldsymbol{\alpha}(\mathbf{k})$ transversal sind, verschwindet ihre Komponente entlang $\boldsymbol{\varepsilon}_3(\mathbf{k})$. Wir verwenden statt der reellen Basisvektoren (lineare Polarisationen) $\boldsymbol{\varepsilon}_1(\mathbf{k})$, $\boldsymbol{\varepsilon}_2(\mathbf{k})$ die komplexen Linearkombinationen

$$\begin{aligned} \boldsymbol{\varepsilon}_+(\mathbf{k}) &= -\frac{1}{\sqrt{2}}\,[\boldsymbol{\varepsilon}_1(\mathbf{k}) + \mathrm{i}\,\boldsymbol{\varepsilon}_2(\mathbf{k})] \\ \boldsymbol{\varepsilon}_-(\mathbf{k}) &= +\frac{1}{\sqrt{2}}\,[\boldsymbol{\varepsilon}_1(\mathbf{k}) - \mathrm{i}\,\boldsymbol{\varepsilon}_2(\mathbf{k})] \end{aligned} \tag{40}$$

* Anm. d. Ü.: Ein weiterer Unterschied liegt darin, dass die Wellenfunktion $\boldsymbol{\Psi}$ des Spin-1-Teilchens beliebig normiert werden kann. Typischerweise wird man das Integral von $|\boldsymbol{\Psi}|^2$ über den ganzen reziproken Raum auf eins fixieren. Für die elektromagnetischen Normalvariablen hat das entsprechende Integral eine indirekte physikalische Bedeutung, die sich per Analogie aus der Feldquantisierung ergibt. Betrachten wir etwa den quasiklassischen Zustand (s. Kapitel XIX, § B-3-b), der durch die komplexe Funktion $\boldsymbol{\alpha}(\mathbf{k})$ beschrieben wird, dann liefert das Integral von $|\boldsymbol{\alpha}|^2$ über den reziproken Raum die gesamte mittlere Photonenzahl in diesem Feldzustand.

die rechts- und linkszirkulare Polarisationen relativ zur Richtung von **k** beschreiben. Wir entwickeln die transversalen Normalkoordinaten in dieser Polarisationsbasis*

$$\begin{aligned} \boldsymbol{\alpha}(\mathbf{k}) &= \alpha_+(\mathbf{k})\,\boldsymbol{\varepsilon}_+(\mathbf{k}) + \alpha_-(\mathbf{k})\,\boldsymbol{\varepsilon}_-(\mathbf{k}) \\ \boldsymbol{\alpha}^*(\mathbf{k}) &= \alpha_+^*(\mathbf{k})\,\boldsymbol{\varepsilon}_+^*(\mathbf{k}) + \alpha_-^*(\mathbf{k})\,\boldsymbol{\varepsilon}_-^*(\mathbf{k}) \end{aligned} \tag{41}$$

Berechnen wir das in Gl. (39) auftretende Vektorprodukt $\boldsymbol{\alpha}^*(\mathbf{k}) \times \boldsymbol{\alpha}(\mathbf{k})$ mit Hilfe dieser Zerlegung. Wir verwenden die Identitäten

$$\begin{aligned} \boldsymbol{\varepsilon}_+^* \times \boldsymbol{\varepsilon}_+ &= \frac{1}{2}(\boldsymbol{\varepsilon}_1 - \mathrm{i}\,\boldsymbol{\varepsilon}_2) \times (\boldsymbol{\varepsilon}_1 + \mathrm{i}\,\boldsymbol{\varepsilon}_2) = \frac{\mathrm{i}}{2}(\boldsymbol{\varepsilon}_1 \times \boldsymbol{\varepsilon}_2 - \boldsymbol{\varepsilon}_2 \times \boldsymbol{\varepsilon}_1) = \mathrm{i}\boldsymbol{\kappa} \\ \boldsymbol{\varepsilon}_-^* \times \boldsymbol{\varepsilon}_- &= \frac{1}{2}(\boldsymbol{\varepsilon}_1 + \mathrm{i}\,\boldsymbol{\varepsilon}_2) \times (\boldsymbol{\varepsilon}_1 - \mathrm{i}\,\boldsymbol{\varepsilon}_2) = \frac{-\mathrm{i}}{2}(\boldsymbol{\varepsilon}_1 \times \boldsymbol{\varepsilon}_2 - \boldsymbol{\varepsilon}_2 \times \boldsymbol{\varepsilon}_1) = -\mathrm{i}\boldsymbol{\kappa} \\ \boldsymbol{\varepsilon}_+^* \times \boldsymbol{\varepsilon}_- &= -\frac{1}{2}(\boldsymbol{\varepsilon}_1 - \mathrm{i}\,\boldsymbol{\varepsilon}_2) \times (\boldsymbol{\varepsilon}_1 - \mathrm{i}\,\boldsymbol{\varepsilon}_2) = \mathbf{0} = \boldsymbol{\varepsilon}_-^* \times \boldsymbol{\varepsilon}_+ \end{aligned} \tag{42}$$

und erhalten

$$\mathbf{S}_\mathrm{F} = \int \mathrm{d}^3k\ \{[\alpha_+^*(\mathbf{k})\alpha_+(\mathbf{k})]\,\hbar\boldsymbol{\kappa} - [\alpha_-^*(\mathbf{k})\alpha_-(\mathbf{k})]\,\hbar\boldsymbol{\kappa}\} \tag{43}$$

Dieser Ausdruck ist *diagonal* in den Spinvariablen,† und dies hat eine einfache physikalische Bedeutung: Jede ebene Welle mit Wellenvektor **k** und rechtszirkularer Polarisation enthält Photonen mit dem Impuls $\hbar\mathbf{k}$ und dem Spindrehimpuls $+\hbar$ entlang der Ausbreitungsrichtung $\boldsymbol{\kappa}$. (Für linkszirkulare Wellen tragen die Photonen eine Spinkomponente $-\hbar$ entlang derselben Richtung.) Wenn wir das Strahlungsfeld quantisieren und die Normalkoordinaten $\boldsymbol{\alpha}^*(\mathbf{k})$ und $\boldsymbol{\alpha}(\mathbf{k})$ durch Erzeugungs- und Vernichtungsoperatoren ersetzen, dann wird aus Gl. (43) ein Operator auf dem Fock-Raum:‡

$$\widehat{\mathbf{S}}_\mathrm{F} = \int \mathrm{d}^3k\ \left\{\left[\widehat{a}_+^\dagger(\mathbf{k})\widehat{a}_+(\mathbf{k})\right]\,\hbar\boldsymbol{\kappa} - \left[\widehat{a}_-^\dagger(\mathbf{k})\widehat{a}_-(\mathbf{k})\right]\,\hbar\boldsymbol{\kappa}\right\} \tag{44}$$

Der Operator $\widehat{a}_+^\dagger(\mathbf{k})$ erzeugt also ein Photon mit dem Impuls $\hbar\mathbf{k}$ und der Spinprojektion $+\hbar$ entlang der Richtung $\boldsymbol{\kappa}$ des Impulses; der Operator $\widehat{a}_+(\mathbf{k})$ vernichtet solch ein Pho-

* Anm. d. Ü.: Mit den Identifikationen $|x\rangle \Leftrightarrow \boldsymbol{\varepsilon}_1$, $|y\rangle \Leftrightarrow \boldsymbol{\varepsilon}_2$, $|z\rangle \Leftrightarrow \boldsymbol{\varepsilon}_3$ sowie $|s\rangle \Leftrightarrow \boldsymbol{\varepsilon}_s$ ($s = +, -$) erkennen wir in Gl. (40) exakt die lineare Transformation aus Gl. (3) wieder. – Als Illustration dafür, wie im quantisierten Feld die Vernichtungsoperatoren von linearen Polarisationen in zirkulare umgerechnet werden, geben wir hier die Formeln an, die aus Gl. (40) und Gl. (41) durch Projektion auf die lineare Basis $\{\boldsymbol{\varepsilon}_1, \boldsymbol{\varepsilon}_2\}$ und Quantisierung folgen:

$$\widehat{a}_1(\mathbf{k}) = \frac{1}{\sqrt{2}}\left[\widehat{a}_-(\mathbf{k}) - \widehat{a}_+(\mathbf{k})\right], \quad \widehat{a}_2(\mathbf{k}) = \frac{\mathrm{i}}{\sqrt{2}}\left[\widehat{a}_-(\mathbf{k}) + \widehat{a}_+(\mathbf{k})\right]$$

Bezüglich beider Basen erfüllen die Vernichter und ihre hermitesch konjugierten Erzeuger dieselben Kommutationsbeziehungen, wie man leicht nachrechnet.

† Anm. d. Ü.: Man erkennt dies daran, dass unter dem Integral in Gl. (43) nur Quadrate von Normalkoordinaten auftreten. In der quantisierten Fassung [s. Gl. (44)] werden diese zu Anzahloperatoren, die die Photonenzahl pro Mode angeben.

‡ Anm. d. Ü.: Die Leserin beachte die grundsätzlich andere Natur des Operators in Gl. (44): Er wirkt auf dem Hilbert-Raum des Vielteilchensystems *quantisiertes elektromagnetisches Feld* (ein Objekt der Quantenfeldtheorie), während die in § 1 eingeführten Operatoren analog zu den *Einteilchenoperatoren* der gewöhnlichen Quantenmechanik sind. Siehe zu diesen Begriffen auch Kapitel XV.

ton. Der Operator $\hat{a}_+^\dagger(\mathbf{k})\hat{a}_+(\mathbf{k})$ in Gl. (44) stellt die Zahl der Photonen in dieser Mode dar. Eine analoge Interpretation kann man für den zweiten Term formulieren, lediglich das Vorzeichen der Spinprojektion ist andersherum.

Helizität:
Die vorliegenden Ergebnisse, die sich aus dem transversalen Charakter des freien Felds ergeben, kann man auch durch eine Größe ausdrücken, die man *Helizität* nennt. Sie ist als die Projektion des auf $\hbar$ normierten Spindrehimpulses des Photons auf die Richtung $\boldsymbol{\kappa}$ des Wellenvektors definiert. Photonen mit rechts- (oder links-)zirkularer Polarisation (in Bezug auf $\boldsymbol{\kappa}$) haben die Helizität $+1$ (oder -1). Der transversale Charakter des freien Strahlungsfelds führt dazu, dass Photonen keine Helizität null haben können. Diese Quantenzahl ist ein *Pseudoskalar*: Unter einer Raumspiegelung wechselt $\boldsymbol{\kappa}$ sein Vorzeichen (polarer Vektor), während der Spin $\mathbf{S}$ (ein axialer Vektor) invariant bleibt. Das Skalarprodukt $\boldsymbol{\kappa} \cdot \mathbf{S}$ wechselt somit unter Raumspiegelung sein Vorzeichen (im Unterschied zu einem Skalar, der invariant bleibt).

3-b Experimentelle Beweise für den Spindrehimpuls von Licht

Betrachten wir eine ebene Welle mit dem Wellenvektor $\mathbf{k}$ und der Polarisation $\boldsymbol{\varepsilon}$. Ausgehend von ihrem elektrischen Feld $\mathbf{E}(\mathbf{r})$ und ihrem Vektorpotential $\mathbf{A}(\mathbf{r})$ aus Kapitel XVIII kann man die beiden Terme in Gl. (28) berechnen, die im Ortsraum den Spin- und den Bahndrehimpuls des Strahlungsfelds[2] liefern. Es ergibt sich dabei, dass der Bahndrehimpuls der ebenen Welle [der zweite Term in Gl. (28)] immer verschwindet, und zwar für alle Wahlen der Polarisation $\boldsymbol{\varepsilon}$. Der Spindrehimpuls [der erste Term in Gl. (28)] verschwindet für eine lineare Polarisation, ist aber ungleich null für eine zirkulare Polarisation, wobei rechts- und linkshändige Polarisationen entgegengesetzte Vorzeichen liefern. Damit bestätigen wir für den einfachen Fall einer ebenen Welle die allgemeinen Schlussfolgerungen des voranstehenden Abschnitts.

Dieses Ergebnis legt folgendes Experiment nahe: Lassen wir einen linear polarisierten Lichtstrahl durch ein *$\lambda/4$-Plättchen* fallen. Die einfallenden Photonen haben vor dem Plättchen einen Spindrehimpuls von null und danach den Spin $+\hbar$ (oder $-\hbar$), je nachdem, ob das Plättchen so eingestellt ist, dass es die lineare Polarisation in eine rechts- oder eine linkszirkulare Polarisation umwandelt. Offenbar ändert sich also der Spindrehimpuls des Strahlungsfelds beim Durchgang durch das Plättchen – und diese Änderung muss aufgrund der Erhaltung des Drehimpulses mit einer Änderung des Drehimpulses des Plättchens (in entgegengesetzter Richtung) einhergehen. Indem man das Plättchen an einem Torsionsfaden aufhängt, sollte man also beobachten, dass es sich dreht, und zwar in entgegengesetzter Richtung zu der entstehenden zirkularen Polarisation. Dieses Experiment wurde von A. Kastler (1932) vorgeschlagen

2 Diese beiden Terme haben in der Tat über den Weg in den reziproken Raum und die Einführung der Normalkoordinaten zu den beiden Termen auf der rechten Seite von Gl. (33) geführt. Erinnern wir uns, dass uns der Vergleich mit den beiden Typen von Drehimpulsen für das Spin-1-Teilchen auf die Interpretation der beiden Terme als Spin- und Bahndrehimpuls geführt hat.

und wenige Jahre später von R. Beth (1936) durchgeführt, der damit den experimentellen Nachweis für den Drehimpulsübertrag von Licht auf Materie lieferte.

Bemerkung:
Es ergibt sich ein Paradox, wenn man für eine ebene Welle den Gesamtdrehimpuls gemäß Gl. (20) berechnet. In einer ebenen Welle ist der Poynting-Vektor $\mathbf{\Pi}(\mathbf{r}) = \mathbf{E}(\mathbf{r}) \times \mathbf{B}(\mathbf{r})$ in allen Raumpunkten parallel zum Wellenvektor $\mathbf{k}$, und zwar für jede Polarisation. Das Integral über den ganzen Raum von $\mathbf{r} \times \mathbf{\Pi}(\mathbf{r})$ verschwindet also aus Symmetriegründen. Weil der Bahndrehimpuls verschwindet (siehe oben), scheint es also, dass auch der Spindrehimpuls null sein muss, welche Polarisation auch vorliegen mag. Dieses Paradox kann man dadurch auflösen, dass man anstelle von ebenen Wellen eine physikalische Lösung betrachtet – schließlich hat jeder Lichtstrahl eine endliche Ausdehnung im Ortsraum. Simmons und Guttmann (1970) [siehe dazu auch Yao und Padgett (2011)] zeigen, dass sich die zirkulare Polarisation im Zentrum des Strahls ändert, wenn man die Amplitude des Felds in der Nähe des Strahlrands (also auf dem Abstand der Taille von der Strahlachse) ändert. Wenn man dies quantitativ durchrechnet, erhält man das oben hergeleitete Ergebnis: Der Spindrehimpuls des Strahls ist gleich der Summe der Drehimpulse $\pm\hbar$ der Photonen im Strahl.

3-c Bahndrehimpuls des Strahlungsfelds

In dem Ausdruck (28) erscheint klar ein Unterschied zwischen dem Bahn- und dem Spindrehimpuls des Strahlungsfelds: der Bahndrehimpuls hängt von der Wahl des Koordinatenursprungs ab, relativ zu dem der Vektor $\mathbf{r}$ gemessen ist. Dies trifft nicht auf den Spindrehimpuls zu, und deswegen nennt man den letzteren auch einen *intrinsischen* Drehimpuls. Es gibt mindestens zwei Situationen, in denen es eine natürliche Wahl für den Koordinatenursprung gibt; diese werden wir hier untersuchen.

α Multipolwellen

Betrachten wir die Strahlung, die ein Atom oder ein Atomkern bei einem Übergang zwischen zwei diskreten Energieniveaus emittiert oder absorbiert. Dann liefert der Schwerpunkt des Atoms (oder des Kerns) einen natürlichen Bezugspunkt, um den Austausch von Drehimpuls zwischen den inneren Variablen des atomaren Systems und den Photonen zu formulieren. In der folgenden Ergänzung C_{XIX} werden wir diesen Drehimpulsaustausch in einem einfachen Fall untersuchen: einem elektrischen Dipolübergang, den wir mit Hilfe der Näherung großer Wellenlängen behandeln. In den Formeln, die die Absorption eines Photons beschreiben, treten dann nur die Polarisationsvariablen des Strahlungsfelds auf und damit der Spindrehimpuls des Photons; sein Bahndrehimpuls scheint keine Rolle zu spielen.[3]

Es gibt andere Übergänge, vor allem zwischen Zuständen des Atomkerns, für die der interne Drehimpuls des Kerns sich um zwei Einheiten oder mehr ändert. In die-

---

3 Der Bahndrehimpuls geht allerdings dann ein, wenn man den Drehimpulsübertrag auf die externen Variablen des Atoms untersucht, z. B. bei bestimmten inhomogenen Lichtstrahlen, den sogenannten Laguerre-Gauß-Moden (s. § 3-c-β sowie Ergänzung C_{XIX}, § 3-b).

sem Fall reicht der Spin 1 des Photons nicht aus, um die Erhaltung des Gesamtdrehimpulses sicherzustellen. Es ist dann nötig, Zustände des Strahlungsfelds mit einem Gesamtdrehimpuls $J > 1$ heranzuziehen – und für diese kann der Bahndrehimpuls nicht verschwinden. Die diesen Zuständen entsprechenden elektromagnetischen Moden nennt man *Multipolwellen.*

Eine einfache Möglichkeit, Multipolwellen mit Quantenzahlen J und M für den Gesamtdrehimpuls zu konstruieren, besteht darin, eine Kugelflächenfunktion $Y_\ell^{m_\ell}(\boldsymbol{\kappa})$ auf dem reziproken Raum mit einem Spin $S = 1$ zu koppeln. Die erste Funktion ist bekanntlich (s. Band I, Ergänzung A_{VI}) eine Eigenfunktion von $\hat{\mathbf{L}}^2$ und $\hat{L}_z$ mit den Eigenwerten $\ell(\ell+1)\hbar^2$ und $m_\ell\hbar$.* Den Spin-1-Zustand können wir in der Standardbasis $|S, m_S\rangle$ mit $m_S = +1, 0, -1$ aus Gl. (3) entwickeln, die isomorph zu den drei Polarisationsvektoren $\mathbf{e}_+, \mathbf{e}_z, \mathbf{e}_-$ ist (s. Fußnote * auf S. 2106). Wir erhalten auf diese Weise eine sogenannte *Vektor-Kugelflächenfunktion* im reziproken Raum:

$$\mathbf{Y}_{J,\ell,1}^{M}(\boldsymbol{\kappa}) = \sum_{m_\ell}\sum_{m_S} \langle JM|\ell 1 m_\ell m_S\rangle \; Y_\ell^{m_\ell}(\boldsymbol{\kappa})\, \mathbf{e}_{m_S} \tag{45}$$

Die $\langle JM|\ell 1 m_\ell m_S\rangle$ sind die Clebsch-Gordan-Koeffizienten (s. Band II, Kapitel X, § C-4-c). Die Funktion ist nach Konstruktion eine Eigenfunktion der Operatoren $\hat{\mathbf{J}}^2, \hat{\mathbf{L}}^2, \hat{J}_z$ mit den Eigenwerten $J(J+1)\hbar^2$, $\ell(\ell+1)\hbar^2$, $M\hbar$. Gemäß den Regeln für die Addition von Drehimpulses können die Quantenzahlen J, M in diesem Ausdruck die Werte $J = \ell - 1, \ell, \ell + 1$ und $M = m_\ell + m_S$ annehmen.

Die Schwierigkeit mit dieser Definition ist, dass die Vektor-Kugelflächenfunktionen aus Gl. (45) nicht allesamt transversale Funktionen sind – sie können also keine Funktionenbasis für die transversalen Moden des Strahlungsfelds bilden. Für einen festen Wert von J kann man allerdings lineare Superpositionen der Vektor-Kugelflächenfunktionen $\mathbf{Y}_{J,\ell,1}^{M}(\boldsymbol{\kappa})$ mit $\ell = J, \ell = J \pm 1$ bilden, die transversal sind und außerdem eine wohldefinierte Parität $\pi = \pm 1$ haben.† Man kann außerdem jede vektorwertige Kugelflächenfunktion (die nur von der Richtung $\boldsymbol{\kappa}$ des Wellenvektors $\mathbf{k}$ abhängt) mit $\delta(k - \omega_0/c)$ multiplizieren, so dass man eine Eigenfunktion der Energie mit dem Eigenwert $\hbar\omega_0$ erhält. Man nennt sie elektrische (oder magnetische) Multipolwellen (für $\pi = -1$ oder $+1$). Weil wir uns in diesem Buch auf elektrische und magnetische Dipolübergänge beschränken, verweisen wir auf Cohen-Tannoudji, Dupont-Roc und Grynberg (1997), Ergänzung B_I und auf Jackson (1999), wo allgemeine Ausdrücke aufgeschrieben sind.

* Anm. d. Ü.: Die Darstellung des Drehimpulsoperators auf dem reziproken Raum hat dieselbe formale Struktur wie im Ortsraum, vgl. Gl. (13) und (16)).

† Anm. d. Ü.: Diese Funktionen wurden als stationäre Lösungen der elektrodynamischen Gleichung im Ortsraum von Peter Debye, L. Lorenz (s. Fußnote * auf S. 2004) und Gustav Mie noch vor der Quantenmechanik konstruiert, um die Streuung von Licht an sphärischen Teilchen zu beschreiben [als *Mie-Streuung* bekannt (Mie, 1908)]. Ihre Behandlung des Streuproblems kann man mit Fug und Recht als das „Wasserstoffatom der Elektrodynamik" bezeichnen.

β Lichtstrahlen mit Zylindersymmetrie

Wenn man mit Lichtstrahlen arbeitet, zeigen diese oft eine Zylindersymmetrie. Dies ist etwa der Fall für Gaußsche Strahlen, die sich entlang einer Achse (sagen wir der z-Achse) ausbreiten und senkrecht dazu einen kreisförmigen Querschnitt haben. Wenn wir den Koordinatenursprung auf dieser Achse platzieren, dann ergibt sich aus der Symmetrie des Strahls notwendigerweise, dass sein Bahndrehimpuls parallel zur z-Achse ist und denselben Wert behält, wenn man den Referenzpunkt entlang der z-Achse verschiebt. Wählt man einen Ursprung außerhalb der Strahlachse, dann ändert sich der Bahndrehimpuls, aber nicht seine Komponente L_z. Diese hat damit eine intrinsische Bedeutung.

Ein besonders interessanter Fall liegt bei Laguerre-Gauß- oder LG-Moden vor, deren Felder als Funktion des azimutalen Winkels φ, also in der Ebene senkrecht zur Strahlachse, proportional zu $\exp(\mathrm{i}m\varphi)$ sind. Auch hier ist die Zylindersymmetrie gegeben, insofern eine Rotation um die z-Achse (um einen Winkel φ_0) die Feldverteilung bis auf einen globalen Phasenfaktor $\exp(-\mathrm{i}m\varphi_0)$ reproduziert. Aus Gl. (34) lesen wir ab, dass die z-Komponente des Bahndrehimpulses pro Photon in der LG-Mode gleich $m\hbar$ ist.

Betrachten wir nun einen LG-Strahl mit dem Wellenvektor k entlang seiner Symmetrieachse. Seine Phase erhalten wir in den Zylinderkoordinaten z, ρ, φ ausgehend von der e-Funktion $\exp \mathrm{i}(kz + m\varphi)$. Für einen gewöhnlichen Gaußschen Strahl (dort wäre $m = 0$) sind die Flächen gleicher Phase (in der Optik als Wellenfronten bekannt) Ebenen senkrecht zur Strahlachse. Ist $m \neq 0$, dann muss man sowohl z als auch φ anpassen, um eine Wellenfront zu konstruieren, gemäß der Formel $k\,\mathrm{d}z + m\,\mathrm{d}\varphi = 0$. Die Flächen gleicher Phase sind also Schraubenflächen, die man sich von einer Halbgerade erzeugt denken kann, die senkrecht auf der z-Achse steht und sich um den Winkel $-2\pi/m$ dreht, wenn man sich entlang der z-Achse um die Strecke λ fortbewegt. Es ist anschaulich klar, dass das Feld in dieser Situation einen nichtverschwindenden Bahndrehimpuls trägt. Es ist weiter anzumerken, dass das Feld auf der Symmetrieachse verschwinden muss (es liegt dort eine Knotenlinie vor, so dass man manchmal von einem *hohlen Strahl* spricht). Andernfalls würde sich die Phase in unstetiger Weise ändern, wenn man die StrahlAchse durchquert.

Wir halten abschließend fest, dass das Strahlungsfeld zwei Arten von Drehimpuls besitzt: einen Spinanteil und einen orbitalen Anteil, von denen wir einige Eigenschaften untersucht haben. Photonen erscheinen als Spin-1-Teilchen, bis auf die Ausnahme, dass sie nur zwei (statt drei) innere Zustände annehmen können, nämlich die mit den Helizitäten $+1$ und -1. Wir werden in der folgenden Ergänzung C_{XIX} sehen, wie es mit Hilfe von Licht-Materie-Wechselwirkungen zu einem Drehimpulsübertrag von dem Strahlungsfeld auf Atome kommen kann.

Ergänzung C_{XIX}
Drehimpulsübertrag von Licht auf Atome

Einleitung

Der Austausch von Drehimpuls zwischen Atomen und Photonen bildet die Grundlage für eine Reihe von experimentellen Methoden, die in der Atomphysik und der Laserspektroskopie eine wichtige Rolle spielen. In dieser Ergänzung wollen wir die Auswahlregeln untersuchen, die bei der Absorption und Emission von Photonen durch Atome anzuwenden sind. Sie entstehen aus der Erhaltung des Gesamtdrehimpulses des Systems aus Atom und Strahlungsfeld während dieser Prozesse.

Wir werden uns vor allem für den Drehimpuls interessieren, der auf die internen (elektronischen) Freiheitsgrade des Atoms übertragen werden kann (§ 1). Die Polarisation des Feldes, die den Spindrehimpuls des Felds bestimmt (s. Ergänzung B_{XIX}), spielt hier eine zentrale Rolle. Für Absorptionsprozesse leiten wir die Auswahlregeln her, welche die Polarisation des Felds mit der Änderung der magnetischen Quantenzahl verknüpfen, die die Projektion des internen Drehimpulses des Atoms entlang einer gegebenen Richtung bestimmt. Zwei wichtige Anwendungen dieser Auswahlregeln werden in § 2 besprochen: die Spektroskopie mit Hilfe der Doppelresonanz und das Verfahren des optischen Pumpens. Wir werden sehen, dass man mit einer geeigneten Wahl der Polarisation eines anregenden Lichtstrahl die Zeeman-Unterzustände des Atoms kontrollieren kann, die durch die optische Anregung besetzt werden. Umgekehrt kann man über die Richtung und die Polarisation des von den Atomen emittierten Lichts die Besetzung ihrer Zeeman-Zustände detektieren. In § 2-c werden die Vorteile dieser empfindlichen und spezifischen Methoden zusammengefasst. In § 3 befassen wir uns kurz mit dem Übertrag von Bahndrehimpuls aus einem Lichtstrahl auf die externen Variablen des Atoms (also auf seine Schwerpunktsbewegung).

https://doi.org/10.1515/9783110649130-025

1 Übertrag von Spindrehimpuls auf interne Atomfreiheitsgrade

1-a Elektrische Dipolübergänge

Wir wollen uns hier der Atom-Licht-Wechselwirkung so einfach wie möglich nähern und beschränken uns auf den Fall, dass die Übergänge zwischen den internen Energieniveaus des Atoms elektrische Dipolübergänge sind. In Kapitel XIX, § C-4 sahen wir, dass die Kopplung zwischen dem Atom und dem Strahlungsfeld durch den Hamilton-Operator

$$\widehat{W} = -\widehat{\mathbf{D}} \cdot \widehat{\mathbf{E}}_{\perp}(\widehat{\mathbf{R}}) \tag{1}$$

beschrieben werden kann. Hier ist der Operator $\widehat{\mathbf{D}}$ das elektrische Dipolmoment des Atoms und $\widehat{\mathbf{E}}_{\perp}(\widehat{\mathbf{R}})$ der Operator für das transversale elektrische Feld, ausgewertet an der Position $\widehat{\mathbf{R}}$ des atomaren Schwerpunkts. Alle Ergebnisse dieser Ergänzung sind auch auf magnetische Dipolübergänge anwendbar. Daher genügt es, dafür das Dipolmoment durch den magnetischen Dipoloperator $\widehat{\mathbf{M}}$ und das elektrische Feld durch das Magnetfeld $\widehat{\mathbf{B}}$ zu ersetzen. Wenn in einem Übergang ein Photon *absorbiert* wird, dann braucht man in den Ausdrücken (B-3) und (B-4) aus Kapitel XIX für das elektrische und das magnetische Feld nur den Anteil mitzunehmen, der die Vernichtungsoperatoren enthält.* Diesen Anteil nennt man auch die *positive Frequenzkomponente* der Feldoperatoren (s. dazu Kapitel XX, § A-3) und notiert ihn $\widehat{\mathbf{E}}_{\perp}^{(+)}$ und $\widehat{\mathbf{B}}^{(+)}$. Wird umgekehrt ein Photon *emittiert*, dann kann man das Feld durch die Komponente ersetzen, die lediglich die Erzeugungsoperatoren enthält; sie wird $\widehat{\mathbf{E}}_{\perp}^{(-)}$ und $\widehat{\mathbf{B}}^{(-)}$ notiert und als die *negative Frequenzkomponente* bezeichnet.

Wenn wir $\widehat{\mathbf{E}}_{\perp}^{(+)}$ und $\widehat{\mathbf{B}}^{(+)}$ durch ihre Entwicklungen nach ebenen Wellen ausdrücken, dann gehen die internen Variablen des Atoms nur in das Skalarprodukt von $\widehat{\mathbf{D}}$ (oder $\widehat{\mathbf{M}}$) mit den Polarisationsvektoren $\boldsymbol{\varepsilon}$ (oder $\boldsymbol{\beta}$) der ebenen Welle $\mathbf{k}$ ein. Wir werden in den § 1 und § 2 annehmen, dass die auf das Atom einfallende Strahlung aus ebenen Wellen besteht oder aber aus Superpositionen von ebenen Wellen mit einem kleinen Öffnungswinkel um eine optische Achse. Dann dürfen wir annehmen, dass diese Wellen sämtlich die Polarisation $\boldsymbol{\varepsilon}$ haben (paraxiale Näherung). Die Übergänge zwischen den internen Niveaus des Atoms g und e, die wir hier betrachten,[1] kann man also durch das Matrixelement $\langle e|\boldsymbol{\varepsilon} \cdot \widehat{\mathbf{D}}|g\rangle$ charakterisieren.

---

1 Um uns der in der Literatur üblichen Notation anzugleichen, bezeichen wir hier den Grundzustand mit g und den angeregten Zustand mit e (für engl. *excited*). In einigen anderen Abschnitten hatten wir für dieselben Niveaus die Buchstaben a und b verwendet.

* Anm. d. Ü.: Dies war aus den Matrixelementen für die Absorption in Kapitel XIX, § C-5 bereits klar. Hier wird erneut offensichtlich, dass der *Vernichtungsoperator* eine Photonenabsorption physikalisch treffend wiedergibt. Dies gilt analog für den *Erzeugungsoperator*.

1-b Auswahlregeln für die Polarisation

Wir beginnen mit dem einfachen Fall eines Einelektronenatoms und dem Übergang zwischen einem Grundzustand g mit dem Bahndrehimpuls $\ell = 0$ (s-Zustand) und einem angeregten Zustand e mit $\ell = 1$ (p-Zustand). Nehmen wir an, dass die Polarisation der Strahlung rechtszirkular ist, was man mit σ^+ notiert und was relativ zu einer als z-Achse gewählten Richtung zu verstehen ist. Das elektrische Feld dreht sich mit der Lichtfrequenz ω rechtshändig um die z-Achse, und sein Polarisationsvektor ist*

$$\boldsymbol{\varepsilon} = -\frac{1}{\sqrt{2}}(\mathbf{e}_x + \mathrm{i}\,\mathbf{e}_y) \tag{2}$$

Das Dipolmoment ist $\widehat{\mathbf{D}} = q\,\widehat{\mathbf{r}}$ mit der Ladung q des Elektrons und der Position $\widehat{\mathbf{r}}$ relativ zum Kern:

$$\boldsymbol{\varepsilon} \cdot \widehat{\mathbf{D}} = -\frac{q}{\sqrt{2}}(x + \mathrm{i}\,y) = -\frac{q}{\sqrt{2}} r \sin\theta \exp(i\varphi) \tag{3}$$

Hier sind (r, θ, φ) die Kugelkoordinaten des Elektrons (der Ursprung fällt mit dem Kern zusammen). Wenn die Wellenfunktion des Grundzustands durch die magnetische Quantenzahl $m_g = 0$ (relativ zur z-Achse) charakterisiert wird, dann führt die optische Anregung in der σ_+-Polarisation somit zu einer Wellenfunktion im angeregten Zustand, die sich als Funktion des Winkels φ wie $\exp(\mathrm{i}\varphi)$ verhält. Diese Wellenfunktion ist eine Eigenfunktion zur Komponente $\widehat{L}_z = (\hbar/\mathrm{i})\partial/\partial\varphi$ des Bahndrehimpulses mit dem Eigenwert $+1$, d. h. wir regen das Unterniveau $m_e = +1$ an.

Man kann auf dieselbe Weise zeigen, dass eine Anregung durch eine linkshändige Polarisation (σ_- mit $\boldsymbol{\varepsilon} = (\mathbf{e}_x - \mathrm{i}\,\mathbf{e}_y)/\sqrt{2}$) das Atom in das Unterniveau $m_e = -1$ anhebt. Schließlich ist noch die π-Polarisation zu betrachten mit $\boldsymbol{\varepsilon} = \boldsymbol{\varepsilon}_z$, also einer linearen Polarisation parallel zur z-Achse.[2] Das Skalarprodukt aus Gl. (3) wird dann zu $\boldsymbol{\varepsilon} \cdot \widehat{\mathbf{D}} = qz = qr\cos\theta$, unabhängig von φ, und die optische Anregung bringt das Atom in den Zustand $m_e = 0$. Diese Auswahlregeln für die Polarisation kann man für den Übergang $\ell_g = 0 \to \ell_e = 1$ wie folgt zusammenfassen:

$$\sigma_+ \longrightarrow m_e = +1\,, \quad \pi \longrightarrow m_e = 0\,, \quad \sigma_- \longrightarrow m_e = -1 \tag{4}$$

In Abb. 1 wird dies durch die Pfeile von dem unteren Niveau zu den oberen Energieniveaus veranschaulicht (dort ist $m_g = 0$ zu nehmen).

2 Weil das Feld transversal ist, muss sich dieser linear polarisierte Lichtstrahl senkrecht zur z-Achse ausbreiten.

* Anm. d. Ü.: Diese Formel ist konsistent mit der rechtszirkularen Polarisation aus Ergänzung $\mathrm{B}_{\mathrm{XIX}}$, Gl. (40), wenn man eine Mode mit $\mathbf{k}$-Vektor entlang der z-Achse betrachtet. In der Tat wird die Anregung in $\sigma_\pm$-Polarisation durch so einen Lichtstrahl erzielt.

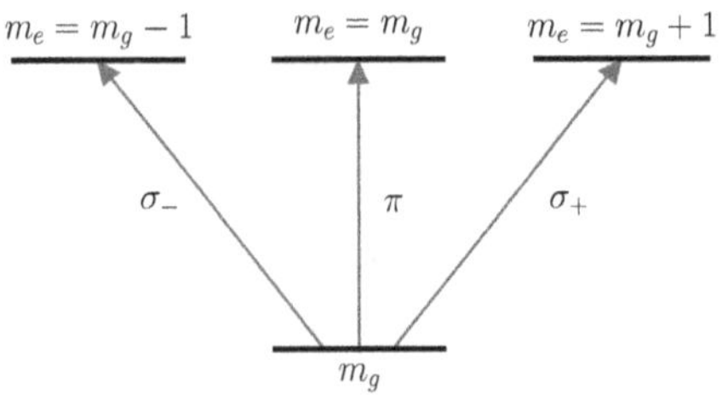

Abb. 1: Veranschaulichung der Auswahlregeln für Dipolübergänge (elektrisch oder magnetisch). Die magnetische Quantenzahl m wächst um eins bei einer Anregung in σ_+-Polarisation, bleibt unverändert in der π-Polarisation und wird um eins verringert in σ_--Polarisation. – Die griechischen Buchstaben σ und π gehen auf Begriffe *senkrecht* und *parallel* zurück, womit die Orientierung der Polarisation relativ zu einer Quantisierungsachse, typischerweise die Richtung eines homogenen, statischen Magnetfelds, gemeint ist. (Der Leser verwechsle nicht σ und π mit den Bezeichnungen s und p für die Bahndrehimpulse $\ell = 0, 1$, d. Ü.)

Die voranstehenden Ergebnisse kann man ohne Schwierigkeiten auf einen beliebigen Dipolübergang $J_g \to J_e$ zwischen einem Grundzustand mit der Drehimpuls-Quantenzahl J_g und einem angeregten Zustand mit der Quantenzahl J_e verallgemeinern. Auch auf Mehrelektronenatome bleiben sie anwendbar; es genügt dazu, das Wigner-Eckart-Theorem zu verwenden (s. Ergänzung D_X und Aufgabe 8 in Ergänzung G_X). Der Dipoloperator $\widehat{\mathbf{D}}$, die Summe über die Dipolmomente aller Elektronen, ist ein Vektoroperator, dessen drei sphärische Komponenten wir mit $\widehat{D}_s$ ($s = +1, 0, -1$) notieren. Diese sind durch

$$\widehat{D}_{+1} = \frac{-1}{\sqrt{2}}(\widehat{D}_x + \mathrm{i}\,\widehat{D}_y) \tag{5a}$$

$$\widehat{D}_0 = \widehat{D}_z \tag{5b}$$

$$\widehat{D}_{-1} = \frac{1}{\sqrt{2}}(\widehat{D}_x - \mathrm{i}\,\widehat{D}_y) \tag{5c}$$

definiert.* Das Wigner-Eckart-Theorem liefert uns dann für die Matrixelemente

$$\langle J_e, m_e|\widehat{D}_s|J_g, m_g\rangle = \langle e\|\widehat{D}\|g\rangle\ \langle J_e, m_e|J_g, 1; m_g, s\rangle \tag{6}$$

wobei der Clebsch-Gordan-Koeffizient $\langle J_e, m_e|J_g, 1; m_g, s\rangle$ die Rolle der Quantenzahlen m_g, s und m_e wiedergibt, während das *reduzierte Matrixelement* $\langle e\|\widehat{D}\|g\rangle$ von ihnen unabhängig ist. Der Clebsch-Gordan-Koeffizient verschwindet nur dann nicht, wenn gilt (s. Kapitel X, § C-4-c):

1. Aus J_e, 1 und J_g kann man ein Dreieck bilden. Daraus folgt die Auswahlregel $J_e = J_g, J_g \pm 1$; insbesondere ist der Übergang $J_g = 0 \to J_e = 0$ verboten.
2. Die magnetischen Quantenzahlen addieren sich gemäß $m_e = m_g + s$.

---

* Anm. d. Ü.: Die Ausdrücke (5) bezeichnen einfach die Skalarprodukte mit den Polarisationsvektoren. Betrachten wir etwa die σ_+-Polarisation aus Gl. (2) mit $\boldsymbol{\varepsilon}_+$, dann gilt $D_+ = \boldsymbol{\varepsilon}_+ \cdot \mathbf{D}$.

Da die drei möglichen Werte von $s = +1, 0, -1$ gerade den oben eingeführten Polarisationen σ_+, π, σ_- entsprechen, haben wir die Auswahlregeln (4) auf einen beliebigen Übergang $J_g \leftrightarrow J_e$ erweitert:

$$\sigma_+ \longrightarrow m_e = m_g + 1\,, \quad \pi \longrightarrow m_e = m_g\,, \quad \sigma_- \longrightarrow m_e = m_g - 1 \tag{7}$$

was in Abb. 1 graphisch dargestellt ist.

1-c Erhaltung des Gesamtdrehimpulses

Wir haben gesehen, dass die Absorption eines bezüglich einer z-Achse σ_+-polarisierten Photons die z-Komponente des Drehimpulses eines Atoms um eine $\hbar$-Einheit erhöht. Wegen der Erhaltung des Gesamtdrehimpulses folgt also, dass das Photon mit der σ_+-Polarisation einen Drehimpuls $+\hbar$ entlang der z-Achse haben muss.

Dieses Ergebnis können wir anhand von Ergänzung $\mathrm{B_{XIX}}$ bestätigen, wo der Drehimpuls des Strahlungsfelds analysiert wurde. Obwohl der Wechselwirkungshamiltonian für die internen Freiheitsgrade nicht vom Wellenvektor **k** des Photons abhängt,[3] können wir uns für eine zirkulare Polarisation einen Wellenvektor **k** parallel zur Quantisierungsachse denken (schließlich steht diese senkrecht auf der Ebene, in der sich der Polarisationsvektor dreht). Nun hatten wir in der Tat in Ergänzung $\mathrm{B_{XIX}}$, Gl. (44) gesehen, dass in einer ebenen Welle (oder einem paraxialen Bündel ebener Wellen) ein σ_+-polarisiertes Photon einen Gesamtdrehimpuls mit Betrag $+\hbar$ und parallel zu seinem Wellenvektor trägt. (Der Bahndrehimpuls verschwindet, so dass dieser Drehimpuls nur auf den Photonenspin zurückzuführen ist.) Der Gesamtdrehimpuls von Atom und Feld ist somit eine Erhaltungsgröße im Absorptionsprozess.

2 Optische Methoden

Dank der Auswahlregeln für die Polarisation kann man selektiv einen Zeeman-Unterzustand im oberen Energieniveau anregen. Wir werden weiter sehen, dass eine Beobachtung des emittierten Lichts in einer bestimmten Richtung und Polarisation es erlaubt, den Zeeman-Zustand zu bestimmen, von dem ausgehend das Atom das Licht emittiert hat. Diese zustandsspezifische Selektivität in Anregung und Detektion liefert die Grundlage für Methoden der optischen Spektroskopie, die wir hier anhand von zwei Beispielen diskutieren wollen.

---

3 Dies liegt an der Näherung großer Wellenlängen, die aus der Wechselwirkung die Abhängigkeit von den inneren (elektronischen) Variablen streicht. Der Wellenvektor **k** geht allerdings über den Faktor $\exp(\mathrm{i}\,\mathbf{k}\cdot\hat{\mathbf{R}})$ ein, sobald man die externen (Schwerpunkts-)Variablen berücksichtigt.

2-a Die Doppelresonanz

Wir skizzieren hier das Verfahren, das Jean Brossel und Alfred Kastler 1949 theoretisch vorgeschlagen haben und das von Brossel und Francis Bitter wenige Jahre später mit Quecksilberatomen verwirklicht wurde (1952). Die geraden Isotope des Hg-Atoms haben einen Kern mit Spin 0, und weil alle elektronischen Schalen im Grundzustand gefüllt sind, ist die Niveaustruktur besonders einfach. Der Grundzustand g hat einen Drehimpuls $J_g = 0$, und für die ersten zugänglichen angeregten Zustände ist $J_e = 1$. Man legt ein homogenes statisches Magnetfeld (Betrag B) an; seine Richtung definiert die Quantisierungsachse (z-Achse). Die drei magnetischen Zustände $m_e = -1, 0, +1$ spalten durch den Zeeman-Effekt auf und haben die Energien

$$E_{m_e} = E_0 + g_L m_e \mu_B B \tag{8}$$

wobei E_0 die Energie des angeregten Zustands im Nullfeld ist, g_L der Landé-Faktor für diesen Zustand und μ_B das Bohr-Magneton. Den Grundzustand $m_g = 0$ legt man auf die Energie null; er wird vom Magnetfeld nicht verschoben (Abb. 2a).

In der Doppelresonanz regt man selektiv mit Hilfe eines π-polarisierten Strahls die Atome im Unterniveau $m_e = 0$ an. Abbildung 2b) zeigt, dass man dieses Licht entlang der x-Achse einstrahlen kann, mit einer linearen Polarisation $\boldsymbol{\varepsilon}_z$ parallel zur Quantisierungsachse.

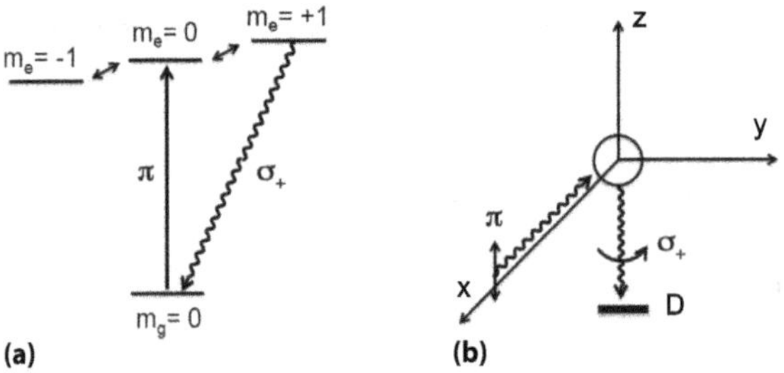

Abb. 2: (a) Niveauschema und Zeeman-Struktur des Übergangs $6^1S_0 \rightarrow 6^3P_1$ in den geraden Isotopen des Quecksilberatoms (Wellenlänge 253.7 nm). Ein statisches Magnetfeld definiert die z-Achse und hebt die Entartung im angeregten Zustand auf: Drei Zeeman-Unterzustände $m_e = -1, 0, +1$ erscheinen in gleichen Abständen. (b) Ein resonanter Lichtstrahl fällt entlang der x-Achse (senkrecht zum Magnetfeld) mit einer linearen (π-)Polarisation ein (elektrisches Feld parallel zum Magnetfeld). Dieser Strahl regt Atome selektiv im Zeeman-Niveau $m_e = 0$ an [senkrechter Pfeil nach oben in (a)]. Während die Atome sich im angeregten Zustand befinden, gehen sie unter dem Einfluss eines resonanten Radiofrequenzfelds von $m_e = 0 \rightarrow \pm 1$ über [kleine schräge Doppelpfeile in (a)]. Ein Detektor D mit einem Polarisationsfilter wird entlang der z-Achse platziert und lässt nur σ_+-polarisiertes Licht passieren: Er detektiert einen Teil des Lichts, das die Atome emittieren. Der Detektor kann nur dann ansprechen, wenn das emittierte Licht aus dem Übergang vom Zeeman-Niveau $m_e = +1$ nach $m_g = 0$ stammt [welliger Pfeil schräg nach unten in (a)]. Sein Signal ist also ein Maß für die Besetzung dieses Zeeman-Zustands.

Die Atome verbringen im Mittel eine Zeit $\tau_{\text{rad}} = 1/\Gamma$ im angeregten Zustand, die durch seine radiative Zerfallsrate Γ bestimmt wird, typischerweise etwa 150 ns. Wirkt keine weitere Störung, dann wechseln die Atome zwischen dem Grundzustand und dem angeregten Zeeman-Niveau $m_e = 0$ hin und her. Wenn man dagegen ein resonantes Radiofrequenzfeld einstrahlt, dann kann dieses intensiv genug sein, um während der Lebensdauer τ_{rad} des angeregten Zustands die Atome von $m_e = 0$ in die Zeeman-Niveaus $m_e = \pm 1$ zu übertragen und dort eine Besetzung zu erzeugen.[4] Kann man diese Besetzung nachweisen, indem man das Licht beobachtet, das die Atome abgeben, wenn sie aus dem angeregten Niveau spontan in den Grundstand g zerfallen? Was muss man über die emittierten Photonen wissen, um aus diesem optischen Signal einen Rückschluss auf die Besetzung der Zeeman-Zustände zu ziehen? Für diese Problemstellung muss man neben dem Absorptionsprozess die Emission genauer analysieren. Ausgehend von einem Zustand m_e kann das Atom ein spontanes Photon in der Tat in alle Richtungen und mit allen möglichen Polarisationen emittieren, die nicht notwendigerweise mit den Basispolarisationen σ_+, π oder σ_- übereinstimmen. Wir zeigen nun, dass man einen Detektor in einer geeigneten Richtung aufstellen kann, weit von den Atomen entfernt und mit einem Polarisationsfilter versehen, so dass ein dort nachgewiesenes Photon uns die Antwort darauf gibt, von welchem Zeeman-Niveau aus es emittiert worden ist.

Dazu müssen wir uns ansehen, wie das atomare Dipolmoment oszilliert, wenn ein Übergang $m_g \leftrightarrow m_e$ stattfindet. Eine entscheidende Idee ist es, den Detektor entlang der z-Achse zu platzieren, auf der sich auch die Atome befinden.

1. In dem Übergang $m_e = 0 \leftrightarrow m_g = 0$ oszilliert der Dipol linear entlang der z-Achse,* und sein aus der Optik bekanntes Strahlungsdiagramm liefert null für die Emission entlang dieser Achse. Wenn ein Atom also ausgehend von dem Zustand $m_e = 0$ spontan emittiert, dann gelangt kein Anteil der Strahlung in den Detektor.
2. Der Übergangsdipol für $m_g = 0 \leftrightarrow m_e = +1$ dreht sich in der xy-Ebene rechtshändig um die z-Achse. Er emittiert also entlang der z-Achse σ_+-polarisiertes Licht, das man mit dem Detektor nachweisen kann, wenn der Analysator davor genau die rechtszirkulare Polarisation selektiert. Dieser Analysator blockiert gleichzeitig das Licht, das Atome aus dem Zustand $m_e = -1$ emittieren, denn dieses ist linkszirkular polarisiert.

4 Die Atome sind also zwei resonanten Anregungen ausgesetzt: einem optischen Feld, das die Zustände $m_g = 0$ und $m_e = 0$ koppelt, und einem Magnetfeld an der Radiofrequenz, das die Zustände $m_e = 0$ und $m_e = \pm 1$ im angeregten Niveau koppelt (s. Ergänzung B_{XIII}). Aus diesem Grund spricht man bei diesem Verfahren von einer *Doppelresonanz*.

* Anm. d. Ü.: Weil das Matrixelement (6) nur für $s = 0$ nicht verschwindet.

Mit einem geschickt platzierten Detektor und einem Polarisationsfilter kann man also selektiv das Licht isolieren, das von einem bestimmten Zeeman-Zustand m_e emittiert wird, – man erhält ein optisches Signal, das proportional zur Besetzung dieses Zustands ist.

Die Doppelresonanzspektroskopie regt somit zunächst selektiv Atome im Zustand $m_e = 0$ an und detektiert dann über das σ_+-polarisierte Licht (entlang der z-Achse) die Änderung der Besetzung im Niveau $m_e = +1$, wenn man die Frequenz ω_{RF} des Radiofrequenzfelds in der Nähe der Zeeman-Frequenz $\omega_Z = g_L \mu_B B/\hbar$ durchstimmt. Es ist auch möglich, ω_{RF} festzuhalten und das Magnetfeld durchzustimmen. Man detektiert in beiden Fällen optisch die magnetische Resonanz im angeregten Zustand.

Bemerkung:
Was geschieht, wenn das vom Atom emittierte Licht nicht entlang der z-Achse mit einem rechtszirkularen Analysator beobachtet wird, sondern etwa mit einem Detektor auf der y-Achse und einem linearen Polarisationsfilter (parallel zur x-Achse, s. Abb. 2b)? Auch diese Polarisation ist senkrecht zur Quantisierungsachse und wird deswegen *sigma* genannt.[5] Das vom Zustand $m_e = 0$ entlang der y-Achse emittierte Licht hat eine lineare Polarisation parallel zu dem schwingenden Dipol, also entlang der z-Achse. Es wird also von dem sigma-Analysator blockiert, der nur die senkrecht dazu schwingende Polarisation durchlässt. Emittiert das Atom allerdings von einem der Niveaus $m_e = +1$ oder $m_e = -1$ aus, dann rotiert der Übergangsdipol in der xy-Ebene (rechts- oder linkshändig) und emittiert in dieser Ebene Licht mit einer linearen Polarisation, die senkrecht auf der z-Achse steht. Dieses Licht kann den sigma-Analysator passieren und liefert ein Signal proportional zur *Summe* der Besetzungen in den Niveaus $m_e = \pm 1$. Unter dem Einfluss der resonanten Radiofrequenz geht das Atom in eine lineare Superposition dieser beiden Zeeman-Zustände über. Daraus folgt, dass die Wellen, die von dem Zuständen $m_e = +1$ und $m_e = -1$ emittiert werden, interferieren, – auf diese Weise entsteht eine Modulation des Detektorsignals bei der Frequenz $2\,\omega_{\mathrm{RF}}$. Der Detektor liefert also eine statische Komponente (im stationären Regime), die proportional zur Summe der Besetzungen der beiden Zeeman-Zustände ist und im ersten Doppelresonanz-Experiment verwendet wurde, und ein an der Frequenz $2\,\omega_{\mathrm{RF}}$ moduliertes Signal.[6]

Das Linienprofil der magnetischen Resonanz kann man exakt berechnen, und man findet analytische Formeln, die mit den experimentellen Beobachtungen exzellent übereinstimmen. Das Zentrum der Resonanz liefert den Landé-Faktor g_L des angeregten Niveaus, anders ausgedrückt das magnetische Moment in diesem Zustand. Die Breite der Resonanz muss man auf die Intensität null des Radiofrequenzfelds extrapolieren, und man erhält so die natürliche Linienbreite Γ im Niveau e.

---

5 Dieser Aufbau wurde im ersten Experiment zur Doppelresonanz verwendet (Brossel und Bitter, 1952).

6 Derartige Modulationen, auf Englisch *light beats* genannt, wurden von Dodd, Fox, Series und Taylor (1959) nachgewiesen.

Berechnung des Linienprofils:
Die breitbandige Anregung in π-Polarisation* präpariert quasiinstantan das Atom im angeregten Zustand $m_e = 0$. Im stationären Regime werden n_0 Atome pro Zeiteinheit in diesen Zustand angeregt. Sie entwickeln sich unter dem Einfluss des Radiofrequenzfelds mit der Magnetfeldamplitude $\mathbf{B}_1$, und ihr Zustand wird zu einer linearen Superposition der drei Unterniveaus $m_e = -1, 0, +1$. Handelt es sich um ein zirkular polarisiertes Magnetfeld, dann kann man in ein rotierendes Bezugssystem wechseln (s. Ergänzung F_{IV}), in dem die Zeitentwicklung einfach einer Präzession des magnetischen Moments um den Feldvektor $\mathbf{B}_1$ entspricht. Die Spin-1-Rotationsmatrizen erlauben es nun, die Wahrscheinlichkeit $P(m_e = 0 \to +1, t)$ zu berechnen, mit der ein Atom, anfangs im Zustand $m_e = 0$, sich nach einer Zeit t im Zustand $m_e = +1$ befindet (Majorana, 1932). Wegen der endlichen radiativen Lebensdauer $\tau_{\text{rad}} = 1/\Gamma$ der angeregten Zeeman-Zustände wird diese Wahrscheinlichkeit um einen Faktor $\mathrm{e}^{-\Gamma t}$ reduziert. Schließlich findet man für die Zahl der Atome N_{+1}, die im stationären Regime den Zustand $m_e = +1$ besetzen,[7]

$$N_{+1} = n_0 \int_0^\infty \mathrm{d}t\, P(m_e = 0 \to +1, t)\, \mathrm{e}^{-\Gamma t} \tag{9}$$

Unter Verwendung von $P(m_e = 0 \to +1, t)$ ergibt sich

$$N_{+1} = \frac{n_0 \Omega^2}{2\Gamma} \frac{4\delta^2 + \Gamma^2 + \Omega^2}{(\delta^2 + \Gamma^2 + \Omega^2)(4\delta^2 + \Gamma^2 + 4\Omega^2)} \tag{10}$$

In diesem Ausdruck ist $\Omega \sim |\mathbf{B}_1|$ die Rabi-Frequenz des Radiofrequenzfelds, $\delta = \omega_{\text{RF}} - \omega_{\text{Z}}$ die Verstimmung zwischen der Radiofrequenz ω_{RF} und der Zeeman-Aufspaltung ω_{Z} (die selbst proportional zum statischen Magnetfeld ist). Man trägt die Resonanzkurve entweder als Funktion der Radiofrequenz ω_{RF} auf oder indem man das statische Feld durchfährt, was auf ein Durchstimmen von ω_{Z} hinausläuft.

2-b Optisches Pumpen

Das Verfahren des optischen Pumpens wurde von Kastler im Jahr 1950 vorgeschlagen; es erweitert die wesentlichen Konzepte der Doppelresonanz auf die Zeeman-Niveaus im Grundzustand. Außerdem eröffnet es die Möglichkeit, im stationären Regime signifikant unterschiedliche Besetzungen dieser Zeeman-Zustände zu erzeugen. (Man sagt auch, die Atome werden *spinpolarisiert.*)

Wir stellen das optische Pumpen für den einfachen Fall vor, dass sowohl das Grund- als auch das angeregte Niveau in nur zwei Zeeman-Zustände aufgespalten ist: $m_g = \pm 1/2$ sowie $m_e = \pm 1/2$ (s. Abb. 3). Die wesentlichen Begriffe aus diesem Beispiel sind auch auf komplizierte Übergänge anwendbar, in denen die Niveaus e und g eine größere Entartung aufweisen.

7 Eine analoge Rechnung liefert die Besetzung im Zustand $m_e = -1$.

* Anm. d. Ü.: Zum Zeitpunkt des Experiments gab es noch keine Laser, und für das anregende Licht wurden Dampflampen verwendet.

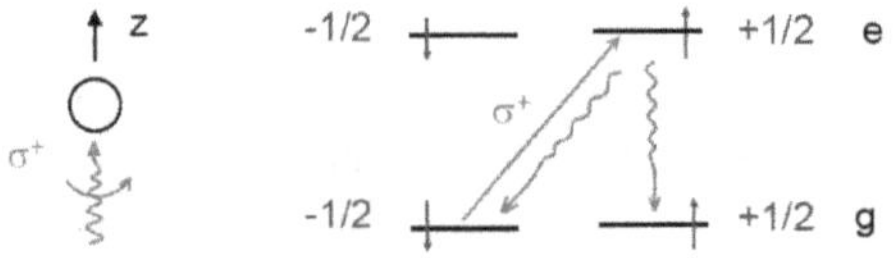

Abb. 3: Optisches Pumpen in einem Übergang $J_g = 1/2 \to J_e = 1/2$. Die Absorption eines resonanten, σ_+-polarisierten Photons (linke Skizze: welliger Pfeil, Niveauschema rechts: schräg nach oben weisender Pfeil) regt selektiv den Übergang zwischen den magnetischen Zuständen $m_g = -1/2 \to m_e = 1/2$ an. Ist das Atom angeregt, fällt es durch spontane Emission in die Zustände $m_g = \pm 1/2$ zurück (rechts: wellige Pfeile nach unten). Landet es in $m_g = +1/2$, kann es die einfallenden Photonen nicht mehr absorbieren und verbleibt in diesem Zeeman-Zustand (denn es gibt ausgehend von ihm keinen σ_+-Übergang) – man sagt, die Atome werden in diesen Zustand *gepumpt*. Des Weiteren kann man die Differenz der Besetzungen in den Unterniveaus $m_g = \pm 1/2$ durch die Absorption des einfallenden Strahls detektieren, denn diese Absorption ist nur für den Zustand $m_g = -1/2$ möglich.

Das Grundprinzip des optischen Pumpens ist in Abb. 3 skizziert. Atome werden mit einem resonanten Lichtstrahl in σ_+-Polarisation angeregt, dessen Ausbreitungsrichtung die z-Achse definiert (in der Abbildung links). Zu ihr parallel ist ein statisches Magnetfeld angelegt. Wenn ein Photon mit der σ^+-Polarisation absorbiert wird, dann kann dies nur über den Übergang $m_g = -1/2 \to m_e = 1/2$ geschehen, in dem die magnetische Quantenzahl m des Atoms um eine Einheit vergrößert wird. Ist das Atom einmal im angeregten Niveau, wird es nach einer mittleren Lebensdauer $\tau_{\text{rad}} = 1/\Gamma$ spontan in die Zustände $m_g = \pm 1/2$ zurückfallen. Die Wahrscheinlichkeiten für diese Übergänge sind proportional zum Quadrat der Clebsch-Gordan-Koeffizienten.* Fällt das Atom in den Zustand $m_g = -1/2$ zurück, kann es erneut ein σ_+-Photon absorbieren. Nach einer gewissen Zahl von solchen Zyklen fällt es einmal in das Niveau $m_g = +1/2$ zurück – und von dort aus ist keine weitere Absorption möglich (weil es von $m_g = +1/2$ aus keinen σ_+-Übergang gibt), und das Atom verbleibt in diesem Zustand. Die Besetzung dieses Zustands wird also im Lauf der Zeit immer größer. Die wiederholten Absorptionen von σ_+-Photonen in $m_g = -1/2$, gefolgt von spontanen Emissionen, die Atome in den Zeeman-Zustand $m_g = +1/2$ übertragen, kann man als eine *Pumpe* auffassen, die den Zustand $m_g = +1/2$ auf Kosten der Besetzung in $m_g = -1/2$ immer stärker bevölkert – so kam es zu dem Begriff *optisches Pumpen*.

Bilanz des Drehimpulsaustauschs:
Im Lauf eines optischen Pumpzyklus gewinnt das Atom eine $\hbar$ Einheit an internem Drehimpuls, denn es geht ja von $m_g = -1/2$ nach $m_g = +1/2$ über. Das Strahlungsfeld verliert eine Einheit Drehimpuls, wenn das σ_+-Photon absorbiert wird. Da der gesamte Drehimpuls von Atom und Strahlungsfeld erhalten ist, muss der Drehimpuls verschwinden, den das Atom bei dem spontanen Übergang von $m_e = +1/2$ nach $m_g = +1/2$ emittiert.

* Anm. d. Ü.: Denn diese Koeffizienten liefern die Matrixelemente der internen Variablen bei der Emission, s. Kapitel XIX, Gl. (C-35) und § 1-b, Gl. (6).

Um direkt zu beweisen, dass sich der Drehimpuls des Strahlungsfelds bei diesem Übergang im Mittel nicht ändert, muss man berücksichtigen, dass das Atom dabei eine Kugelwelle abstrahlt, die alle möglichen Richtungen und Polarisationen enthält. Es wäre also falsch zu sagen, das Atom emittiere ein π-polarisiertes Photon, denn solche Photonen kann es nur in der Ebene senkrecht zur z-Achse abstrahlen. Man muss hier den gesamten Drehimpuls (orbitale Komponente und Spinkomponente) der Kugelwelle berechnen, die bei dem Übergang $m_e = +1/2 \rightarrow m_g = +1/2$ emittiert wird. Wir ersparen uns diese Details, für die man das Strahlungsfeld am besten nicht in ebene Wellen, sondern in Multipolwellen entwickelt, wie in Ergänzung B_{XIX}, § 3-c-α kurz erwähnt.[8] Diese Moden des elektromagnetischen Felds werden durch vier Quantenzahlen charakterisiert: die Wellenzahl k (oder die Energie), die Parität (± 1), den Gesamtdrehimpuls J (eine natürliche Zahl) und seine Komponente M_J entlang einer Quantisierungsachse (natürlich ist $M_J = -J, \ldots J-1, J$). Bei einem elektrischen Dipolübergang (auch E1 genannt), wie wir ihn hier untersuchen, muss die Parität -1 sein und der Drehimpuls $J = 1$. Man kann zeigen, dass $M_J = 0$ gilt, wenn das Atom einen Übergang mit $m_g = m_e$ macht. (Für die Übergänge $m_e \rightarrow m_g = m_e \mp 1$ ist natürlich $M_J = \pm 1$.)
Die korrekte Sprechweise für den spontanen Emissionsprozess ist also wie folgt: In einem Übergang $J_e = 1/2 \leftrightarrow J_g = 1/2$ kann ein Atom von dem Zustand $m_e = +1/2$ entweder in den Zustand $m_g = -1/2$ gelangen, indem es ein E1-Photon mit $M_J = +1$ emittiert, oder in den Zustand $m_g = +1/2$ durch Emission eines E1-Photons mit $M_J = 0$. Die Korrelation zwischen m_g und M_J ist auf die Erhaltung des Gesamtdrehimpulses zurückzuführen, die selbst eine Folge der Rotationsinvarianz der Wechselwirkung ist. Der Endzustand des Systems aus Atom und Strahlungsfeld ist nach der spontanen Emission also ein verschränkter Zustand: eine Superposition von $|m_g = -1/2\rangle \otimes |M_J = +1\rangle$ und $|m_g = +1/2\rangle \otimes |M_J = 0\rangle$ mit Amplituden proportional zu den Matrixelementen des Dipoloperators, nämlich den Clebsch-Gordan-Koeffizienten der beiden Übergänge. Indem man diese Amplituden quadriert, erhält man die Raten, mit denen die Zeeman-Zustände im Grundniveau durch spontane Emission bevölkert werden. Ihr Verhältnis nennt man das *Verzweigungsverhältnis*, es ist offenbar gleich dem Verhältnis der Quadrate der Clebsch-Gordan-Koeffizienten.

Das Licht spielt in diesen Experimenten eine zweifache Rolle. Wir haben bereits gesehen, dass es in der Lage ist, die Atome zu polarisieren, indem diese in einen Zeeman-Zustand hineingepumpt werden. Nun kann man mit optischen Methoden die Spinpolarisation der Atome auch nachweisen. In der Tat wird σ_+-polarisiertes Licht nur von Atomen im Zustand $m_g = -1/2$ absorbiert. Die Absorption des anregenden Lichtstrahls ist also ein Maß für die Besetzung dieses Zeeman-Zustands. Ändert sich die Differenz der Besetzungen zwischen $m_g = -1/2$ und $m_g = +1/2$ (was etwa in einem resonanten Radiofrequenzfeld oder durch Stöße geschehen könnte), dann kann man dies über eine Änderung der absorbierten Intensität nachweisen.

8 Der interessierte Leser findet eine ausführliche Darstellung dieser Multipolentwicklung in der Ergänzung B_I von Cohen-Tannoudji, Dupont-Roc und Grynberg (1997) und bei Jackson (1999).

2-c Besonderheiten dieser Methoden

Es ist lehrreich, einige charakteristische und originelle Aspekte der optischen Methoden Revue passieren zu lassen. Wir können uns so klar machen, warum sie eine wichtige Rolle für die Entwicklung der Atomphysik gespielt haben.*

1. Das Doppelresonanzverfahren hat als eines der ersten die Radiofrequenzspektroskopie von angeregten Zuständen ermöglicht. Bis dahin standen ausgefeilte Techniken lediglich für den Grundzustand oder besonders langlebige metastabile Zustände zur Verfügung. Diese verwendeten im Wesentlichen Atom- oder Molekularstrahlen: Ein definierter Spinzustand der Teilchen wird mit Stern-Gerlach-Magneten präpariert; die Spins können mit Radiofrequenzfeldern umgeklappt werden, was die Bahnkurven der Atome oder Moleküle umlenkt. Die Magnetresonanz war also zumeist durch die Ablenkung der Teilchenstrahlen nachgewiesen worden, siehe dazu Ramsey (1956). Auf angeregte Zustände konnte diese Technik wegen der sehr kurzen Lebensdauer nicht angewendet werden.
2. Ein interessanter Aspekt der optischen Methoden ist ihre Selektivität, sowohl in Anregung als auch in Detektion. Sie beruht im Wesentlichen auf der Polarisation des Lichts und nicht seiner Frequenz. Es muss daran erinnert werden, dass um 1950 sowohl die spektrale Breite der optischen Strahlungsquellen als auch die Doppler-Verbreiterung der Atomdämpfe (bei niedrigem Druck in Glaszellen eingefangen) erheblich größer als die Zeeman-Aufspaltung der Übergänge zwischen Grund- und angeregtem Zustand waren. Es war also nicht daran zu denken, die Zeeman-Komponenten der Spektrallinien einzeln anzuregen oder aufzulösen.
3. Die Zeeman- oder Hyperfeinstruktur im angeregten Zustand konnte man mit Hilfe der Doppelresonanz erstmals mit hoher Auflösung untersuchen. Diese spektralen Strukturen wurden nicht über die Frequenzaufspaltung einer optischen Linie nachgewiesen, sondern über eine direkte Messung ihrer Zeeman-Frequenz. Die Resonanz wird mit einem Radiofrequenz- oder Mikrowellenfeld bestimmt, ihre Doppler-Verbreiterung ist vernachlässigbar und die Auflösung wird nur durch die natürliche Linienbreite begrenzt.
4. Optische Methoden sind sehr empfindlich. Ein Radiofrequenzübergang zwischen zwei Zeeman-Zuständen im angeregten Niveau (oder im Grundzustand) wird nicht durch eine veränderte Intensität der Radiofrequenz (RF) nachgewiesen, sondern mit Hilfe der Absorption oder Emissions eines Photons im optischen (sichtbaren)

* Anm. d. Ü.: Die Arbeiten der Gruppe um Kastler und Brossel an der *Ecole Normale Supérieure* in Paris führten 1966 zur Verleihung des Nobelpreises an Kastler „für die Entdeckung und Entwicklung der optischen Methoden beim Studium der Hertz-Resonanzen in Atomen“. (Der Begriff „Hertz-Resonanzen“ betrifft Radiofrequenzfelder und geht vermutlich auf die Experimente zurück, mit denen Heinrich R. Hertz selbst elektromagnetischen Wellen nachgewiesen hat.) Ein bewegend geschriebener Bericht über diese prägende Zeit ist eine Notiz von A. Kastler selbst: „Optisches Pumpen als Beispiel internationaler Zusammenarbeit“ (1967).

Spektralband. Diese Photonen tragen viel mehr Energie als ein RF-Photon und teilen uns über ihre Polarisation mit, in welchem Zeeman-Zustand sich die Atome befinden. Es ist somit möglich, die Magnetresonanz auch in einem verdünnten, gasförmigen Medium nachzuweisen.

5. Mit dem optischen Pumpen kann einen Polarisationsgrad für Atome im Grundzustand erzielen, der bis zu 90 % beträgt. Einen solchen Wert hätte man im thermischen Gleichgewicht überhaupt nicht erreichen können, weil die Zeeman-Aufspaltung des Grundzustands, $\hbar\omega_Z$, viel kleiner als die mittlere thermische Energie in diesen Experimenten ist. Die Boltzmann-Faktoren $\exp(-\hbar\omega_Z/k_B T)$ unterscheiden sich daher kaum von eins. Wir halten fest, dass optisches Pumpen mit relativ einfachen Mitteln (geeignete Wahl der anregenden Polarisation) die Atome auch im Zeeman-Zustand mit der größten Energie präparieren kann. Wir stehen hier vor einem der ersten Beispiele einer Besetzungsinversion, eine wesentliche Vorbedingung für einen Maser oder Laser.*

Die Leser, die sich für mehr Details zu den optischen Methoden und den Anwendungen, die aus ihnen entstanden sind, interessieren, verweisen wir auf die ausführliche Diskussion bei Cohen-Tannoudji und Guéry-Odelin (2011) sowie die dort enthaltenen Literaturangaben.

3 Drehimpulsübertrag auf externe Freiheitsgrade

3-a Laguerre-Gauß-Strahlen

Die Lichtstrahlen, die man in Experimenten zur Atomphysik und Optik verwendet, haben häufig ein Gaußsches Querschnittsprofil und können als Superposition von ebenen Wellen dargestellt werden, deren Wellenvektoren in der Nähe der optischen Achse liegen (paraxiale Näherung). Ist die Polarisation $\boldsymbol{\varepsilon}$ für alle diese ebenen Wellen dieselbe, dann ist die Phase des Gaußschen Strahls in einer Ebene senkrecht zur optischen Achse unabhängig von der azimutalen Winkelkoordinate φ. In den letzten Jahren konnte man neuartige Gaußsche Strahlen erzeugen, die man *Laguerre-Gauß-Strahlen* oder kurz LG-Moden nennt.[9] Ihr Querschnittsprofil hängt proportional zu $\exp(\mathrm{i}\, m\varphi)$ von der azimutalen Zylinderkoordinaten ab ($m = \pm 1, \pm 2, \ldots$). Wir haben diese Strahlen auch in Ergänzung $\mathrm{B}_{\mathrm{XIX}}$, § 3-c-$\beta$ erwähnt. Wir zeigen nun, wie die

9 Meistens verwendet man, um solche Strahlen zu erzeugen, diffraktive Elemente wie computergenerierte Hologramme. Für einen Überblick über die Eigenschaften von LG-Strahlen und über ihre Anwendungen verweisen wir den Leser auf Allen, Barnett und Padgett (2003).

* Anm. d. Ü.: Maser ist das Akronym für die Verstärkung (engl.: **a**mplification) von **M**ikrowellen durch **s**timulierte **E**mission von Strahlung (engl.: **r**adiation).

Absorption von Photonen aus diesen Moden einen Bahndrehimpuls auf die Schwerpunktsbewegung eines Atoms überträgt, dessen Komponente bezüglich der optischen Achse nicht verschwindet.

3-b Entwicklung des Felds in Laguerre-Gauß-Moden

Die LG-Moden bilden eine Satz von Basisfunktionen, um ein beliebiges Feld darzustellen. Sie werden durch drei Quantenzahlen charakterisiert: die Wellenzahl k, die Anzahl p der Knoten in radialer Richtung (senkrecht zur optischen Achse) und die ganze Zahl m, die die Abhängigkeit vom azimutalen Winkel φ bestimmt. Wir nehmen an, dass die Polarisation $\boldsymbol{\varepsilon}$ über den Strahlquerschnitt dieselbe ist (paraxiale Näherung) und schreiben $\boldsymbol{\varepsilon}\, F^m_{k,p}(\mathbf{r})$ für das elektrische Feld einer Mode der LG-Basis. Wenn wir ein Atom in diese Feldmode einbringen, dann werden die möglichen Übergänge durch ein Matrixelement zwischen den externen Zuständen $|\psi^{\text{ext}}_{\text{in}}\rangle$ und $|\psi^{\text{ext}}_{\text{fin}}\rangle$ von der Form

$$\langle\psi^{\text{ext}}_{\text{fin}}|F^m_{k,p}(\hat{\mathbf{R}})|\psi^{\text{ext}}_{\text{in}}\rangle \tag{11}$$

bestimmt [im Unterschied zu der ebenen Welle in Kapitel XIX, Gl. (C-34)]. Wir lesen ab, dass die anfängliche Wellenfunktion $\psi^{\text{ext}}_{\text{in}}(\mathbf{R})$ für den Atomschwerpunkt mit der LG-Modenfunktion $F^m_{k,p}(\mathbf{R})$ multipliziert wird. Der Phasenfaktor wird also gewissermaßen in die anfängliche Wellenfunktion „eingeprägt“. Wenn man von dem Produkt $F^m_{k,p}(\mathbf{R})\psi^{\text{ext}}_{\text{in}}(\mathbf{R})$ und der Wellenfunktion $\psi^{\text{ext}}_{\text{fin}}(\mathbf{R})$ das Skalarprodukt bildet, erhält man die Amplitude (11) für den Übergang in diesen Endzustand.

Nehmen wir einmal an, das Atom habe anfangs eine Drehimpulskomponente null entlang der z-Achse, so dass $\psi^{\text{ext}}_{\text{in}}(\mathbf{R})$ als Funktion von φ konstant ist. Die Absorption eines Photons aus dem LG-Strahl mit den Quantenzahlen k, p, m führt zu einer φ-Abhängigkeit des Produkts $F^m_{k,p}(\mathbf{R})\psi^{\text{ext}}_{\text{in}}(\mathbf{R}) \sim \exp(\mathrm{i}\, m\varphi)$, so dass nur solche Endzustände möglich sind, in denen die Schwerpunktsbewegung einen Bahndrehimpuls $m\hbar$ relativ zu z-Achse besitzt (schließlich ist dies der Eigenwert der Drehimpulskomponente $\hat{L}_z = -\mathrm{i}\hbar\partial/\partial\varphi$). Der LG-Strahl überträgt also auf die Schwerpunktsbewegung einen Bahndrehimpuls $m\hbar$. Es ist wichtig festzuhalten, dass die Wahrscheinlichkeit dieses Übertrags vom Quadrat des Matrixelement (11) bestimmt wird. Sie wird nur dann relativ groß sein, wenn die räumliche Ausdehnung der Wellenfunktionen in den beiden Zuständen an den Durchmesser des LG-Strahls angepasst ist. In der Nähe des Brennpunkts ist der Strahldurchmesser durch die sogenannte *Taille* w_0 (engl.: *waist*) gegeben, typischerweise einige Mikrometer und damit viel größer als die Ausdehnung eines atomaren Wellenpakets. (Dessen Größe wird durch die thermische De-Broglie-Wellenlänge bestimmt, bei Raumtemperatur und typischen atomaren Massen im Nanometerbereich.) So kann man verstehen, warum der Übertrag von Bahndrehimpuls auf die Schwerpunktsbewegung von Atomen erst dann von Interesse geworden ist, als man atomare Gase auf sehr tiefe Temperaturen abkühlen konnte. Mit Hilfe der

Laserkühlung (s. Ergänzung A_{XIX}, § 2) erreicht man Temperaturen im Mikrokelvin- und sogar Nanokelvinbereich oberhalb des absoluten Nullpunkts. Die atomaren Materiewellen, insbesondere wenn die Bose-Einstein-Kondensation einsetzt (s. Ergänzung B_{XV}), haben dann eine räumliche Ausdehnung von einigen Mikrometern. Der Übertrag von Bahndrehimpuls durch das „Einprägen einer Phase" kann verwendet werden, um Quantenwirbel von Materiewellen (engl.: *vortices*) zu erzeugen, in denen die Atome in Phase um eine Knotenlinie in der Schwerpunktswellenfunktion rotieren (s. Ergänzung D_{XV}, § 3-b-β). Mit diesem Verfahren sind z. B. Wirbel in einem Bose-Einstein-Kondensat erzeugt worden, das in einem Fallenpotential eingesperrt war (Andersen et al., 2006).

XX Atom-Photon-Wechselwirkungen: Absorption, Emission, Streuung

Einleitung

In diesem Kapitel verwenden wir den im letzten Kapitel entwickelten Formalismus, um elementare Prozesse der Absorption und Emission von Photonen durch Atome zu untersuchen. Wir kennen nun den Hamilton-Operator, der die Energieniveaus des Atoms und des quantisierten Strahlungsfelds sowie die Atom-Licht-Wechselwirkung beschreibt, und konzentrieren uns nun darauf, die zeitabhängige Schrödinger-Gleichung zu lösen, die die Entwicklung des Gesamtsystems aus Atom und Feld bestimmt. Wir interessieren uns für die Wahrscheinlichkeitsamplitude eines Übergangs von einem Anfangszustand $|\varphi_i\rangle$ am Zeitpunkt t_i in einen Endzustand $|\varphi_f\rangle$ zu einem späteren Zeitpunkt t_f.

In der Quantenmechanik wird die Entwicklung des Zustandsvektors des Systems von t_i nach t_f durch den Zeitentwicklungsoperator $U(t_f, t_i)$ bestimmt. Er wird also unser wesentliches Werkzeug sein, um in diesem Kapitel die Amplituden verschiedener Prozesse zu berechnen. Wir beginnen deswegen in § A mit einer Wiederholung von einigen Gleichungen für $U(t_f, t_i)$ (zeitabhängige Störungstheorie, s. Band II, Kapitel XIII), die in der Folge nützlich sein werden.

Wir werden dann zunächst in § B die Absorption und Emission eines Photons durch ein Atom untersuchen, wobei das Atom einen Übergang zwischen zwei diskreten Zuständen (also im gebundenen Spektrum) ausführt. Das Strahlungsfeld behan-

https://doi.org/10.1515/9783110649130-026

deln wir sowohl für ein monochromatisches als auch für ein breitbandiges Spektrum. In § C zeigen wir, dass es in der Atom-Licht-Wechselwirkung zwei Arten von Emissionsprozessen gibt: die stimulierte (oder induzierte) Emission, die bereits in der semiklassischen Beschreibung erscheint, und die spontane Emission, für die eine quantisierte Beschreibung der Strahlung zwingend notwendig ist. Wir stellen insbesondere die Verbindung mit den Ratengleichungen her, die Einstein (1917) verwendet hat, um die Plancksche Strahlungsformel (die spektrale Verteilung der Strahlung eines schwarzen Körpers) herzuleiten. In § D wird gezeigt, dass die Übergangswahrscheinlichkeiten durch Korrelationsfunktionen (des atomaren Dipols und des einfallenden Strahlungsfelds) ausgedrückt werden können.

Ein wichtiges Beispiel für einen Prozess, an dem nicht ein, sondern zwei Photonen beteiligt sind, ist die Streuung eines Photons an einem Atom. In diesen Prozessen wird ein einfallendes Photon absorbiert, und ein neues Photon erscheint durch spontane oder stimulierte Emission; wir behandeln sie in § E. Liegt das einfallende Photon mit seiner Frequenz in der Nähe eines atomaren Übergangs, dann spricht man von *quasiresonanter Streuung*, für die man über die Störungstheorie niedrigster Ordnung hinausgehen muss. Wir greifen auf Band II, Ergänzung D_{XIII}, § 4 und § 5 zurück, um eine geeignete Beschreibung zu entwickeln. In diesem ganzen Kapitel beschränken wir uns auf diskrete atomare Niveaus; Zustände im Kontinuum (oberhalb der Ionisationsschwelle) werden in Ergänzung B_{XX} behandelt.

A Grundlage: Zeitabhängige Störungstheorie

Der Zeitentwicklungsoperator $U(t, t_0)$ ist in Band I, Ergänzung F_{III} definiert worden. Er liefert uns den Zustand eines quantenmechanischen Systems zum Zeitpunkt t ausgehend von seinem Anfangszustand bei $t_0 \leq t$:*

$$|\psi(t)\rangle = U(t, t_0)|\psi(t_0)\rangle \tag{A-1}$$

Der Operator ist unitär,

$$U^\dagger(t, t_0)U(t, t_0) = \mathbb{1} \tag{A-2}$$

und wenn $H(t)$ der (möglicherweise zeitabhängige) Hamilton-Operator ist, dann erfüllt $U(t, t_0)$ die Differentialgleichung

$$i\hbar\frac{\mathrm{d}}{\mathrm{d}t}U(t, t_0) = H(t)U(t, t_0) \tag{A-3}$$

* Anm. d. Ü.: In diesem Kapitel lassen wir der Übersichtlichkeit halber den Zirkumflex (Dach) über den Operatoren weg.

mit der Anfangsbedingung $U(t_0, t_0) = \mathbb{1}$. Die Integralgleichung

$$U(t, t_0) = \mathbb{1} - \frac{\mathrm{i}}{\hbar} \int_{t_0}^{t} \mathrm{d}t' \, H(t') U(t', t_0) \tag{A-4}$$

ist äquivalent zur Differentialgleichung, kombiniert mit ihrer Anfangsbedingung. Ist der Hamilton-Operator zeitunabhängig, dann ist der Zeitentwicklungsoperator einfach

$$U(t, t_0) = \exp\left[-\mathrm{i}H(t - t_0)/\hbar\right] \tag{A-5}$$

A-1 Integralgleichung für die Zeitentwicklung

Im ganzen Kapitel werden wir den Zeitentwicklungsoperator verwenden, um Übergangsamplituden $A_{fi}(t_f, t_i)$ zu berechnen. Diese drücken die Wahrscheinlichkeitsamplitude aus, dass sich das System, ausgehend von dem Zustand $|\varphi_i\rangle$ zum Zeitpunkt t_i, bei $t = t_f$ im Zustand $|\varphi_f\rangle$ befindet:

$$A_{fi}(t_f, t_i) = \langle \varphi_f | U(t_f, t_i) | \varphi_i \rangle \tag{A-6}$$

Das wechselwirkende System aus Atom und Strahlung kann durch einen Hamilton-Operator

$$H = H_\mathrm{A} + H_\mathrm{F} + W = H_0 + W \tag{A-7}$$

beschrieben werden: $H_0 = H_\mathrm{A} + H_\mathrm{F}$ erzeugt die freie Zeitentwicklung von Atom (H_A) und Strahlungsfeld (H_F) und W ihre Wechselwirkung. Zu H_0 und H gehören Zeitentwicklungsoperatoren

$$U_0(t, t_0) = \exp\left[-\mathrm{i}H_0(t - t_0)/\hbar\right] \tag{A-8a}$$

$$U(t, t_0) = \exp\left[-\mathrm{i}H(t - t_0)/\hbar\right] \tag{A-8b}$$

Sie sind durch die Integralgleichung

$$U(t, t_0) = U_0(t, t_0) + \frac{1}{\mathrm{i}\hbar} \int_{t_0}^{t} \mathrm{d}t' \, U_0(t, t') \, W \, U(t', t_0) \tag{A-9}$$

miteinander verknüpft. Um diese Formel zu beweisen, nehmen wir auf beiden Seiten die Zeitableitung (auf der rechten Seite entstehen zwei Terme wegen der oberen Integralgrenze sowie der t-Abhängigkeit des Integranden):

$$\mathrm{i}\hbar \frac{\mathrm{d}}{\mathrm{d}t} U(t, t_0) = H_0 \, U_0(t, t_0) + U_0(t, t) \, W \, U(t, t_0) + \frac{1}{\mathrm{i}\hbar} \int_{t_0}^{t} \mathrm{d}t' \, H_0 \, U_0(t, t') \, W \, U(t', t_0) \tag{A-10}$$

also wegen $U_0(t,t) = \mathbb{1}$ und Gl. (A-9):

$$
\begin{aligned}
i\hbar \frac{d}{dt} U(t,t_0) &= W\,U(t,t_0) + H_0 \left[U_0(t,t_0) + \frac{1}{i\hbar} \int_{t_0}^{t} dt'\, U_0(t,t')\, W\, U(t',t_0) \right] \\
&= (W + H_0)\, U(t,t_0) = H\, U(t,t_0) \qquad \text{(A-11)}
\end{aligned}
$$

Der in Gleichung (A-9) definierte Operator erfüllt somit in der Tat die Differentialgleichung (A-3) mit dem Hamilton-Operator H. Weil außerdem nach Konstruktion $U(t_0, t_0) = \mathbb{1}$ gilt, muss er mit dem Zeitentwicklungsoperator $U(t, t_0)$ übereinstimmen.

Die Integralgleichung (A-9) kann man iterativ lösen. Setzen wir den Integralausdruck für $U(t, t_0)$ unter das Integral ein, erhalten wir ein Doppelintegral über zwei Zeitpunkte. Wenn wir diesen Schritt wiederholen, erhalten wir eine Reihenentwicklung in Potenzen von W,

$$
\begin{aligned}
U(t,t_0) = U_0(t,t_0) &+ \frac{1}{i\hbar} \int_{t_0}^{t} dt'\, U_0(t,t')\, W\, U_0(t',t_0) \\
&+ \left(\frac{1}{i\hbar}\right)^2 \int_{t_0}^{t} dt' \int_{t_0}^{t'} dt''\, U_0(t,t')\, W\, U_0(t',t'')\, W\, U_0(t'',t_0) + \cdots \qquad \text{(A-12)}
\end{aligned}
$$

die den Ausgangspunkt für die zeitabhängige Störungstheorie darstellt. Der Term n-ter Ordnung in dieser Reihe besteht aus einer Abfolge von $n+1$ Zeitintervallen, die durch die freie Zeitentwicklung U_0 gegeben sind und durch n Wechselwirkungen W unterbrochen werden.

Der Zeitentwicklungsoperator $U(t, t_0)$ erfüllt noch eine weitere Integralgleichung, die gewissermaßen symmetrisch zu Gl. (A-9) ist:

$$
U(t,t_0) = U_0(t,t_0) + \frac{1}{i\hbar} \int_{t_0}^{t} dt'\, U(t,t')\, W\, U_0(t',t_0) \qquad \text{(A-13)}
$$

Der Beweis dieser Gleichung kann analog zu dem von Gl. (A-9) geführt werden. Wenn wir diesen Ausdruck für U in den Integranden in Gl. (A-9) einsetzen, erhalten wir

$$
\begin{aligned}
U(t,t_0) = U_0(t,t_0) &+ \frac{1}{i\hbar} \int_{t_0}^{t} dt'\, U_0(t,t')\, W\, U_0(t',t_0) \\
&+ \left(\frac{1}{i\hbar}\right)^2 \int_{t_0}^{t} dt' \int_{t_0}^{t'} dt''\, U_0(t,t')\, W\, U(t',t'')\, W\, U_0(t'',t_0) \qquad \text{(A-14)}
\end{aligned}
$$

Im Unterschied zu Gl. (A-12) stehen hier auf der rechten Seite nur drei und nicht unendlich viele Terme. Dafür tritt unter dem Doppelintegral zwischen den beiden Wechselwirkungen W die gestörte Zeitentwicklung U auf und nicht U_0. Diese Form für den Zeitentwicklungsoperator wird uns in § E-2 nützlich sein.

A-2 Wechselwirkungsbild

Die folgenden Rechnungen sind bequemer im Wechselwirkungsbild durchzuführen. Wir schreiben die zeitabhängige Schrödinger-Gleichung um, indem wir folgenden Ansatz für den Zustandsvektor $|\psi(t)\rangle$ des Systems einführen:

$$|\psi(t)\rangle = U_0(t, t_0)|\overline{\psi}(t)\rangle = \exp\left[-\mathrm{i}\,(t - t_0)\, H_0/\hbar\right] |\overline{\psi}(t)\rangle \tag{A-15}$$

Der neue Zustandsvektor $|\overline{\psi}(t)\rangle$ gibt die Abweichung von der freien Zeitentwicklung an und löst die Bewegungsgleichung

$$\mathrm{i}\hbar \frac{\mathrm{d}}{\mathrm{d}t}|\overline{\psi}(t)\rangle = \bar{W}(t)|\overline{\psi}(t)\rangle \tag{A-16}$$

wobei der Operator $\bar{W}(t)$ durch

$$\bar{W}(t) = U_0^\dagger(t, t_0)\, W\, U_0(t, t_0) \tag{A-17}$$

gegeben ist.

Die Lösung von Gl. (A-16) definiert den Zeitentwicklungsoperator im Wechselwirkungsbild, den wir mit $\overline{U}(t, t_0)$ bezeichnen:

$$|\overline{\psi}(t)\rangle = \overline{U}(t, t_0)|\overline{\psi}(t_0)\rangle \tag{A-18}$$

Aus den Gleichungen (A-1) und (A-15) können wir eine Beziehung zwischen den Zeitentwicklungsoperatoren im Schrödinger- und im Wechselwirkungsbild finden:

$$U(t, t_0) = U_0(t, t_0)\overline{U}(t, t_0) = \exp\left[-\mathrm{i}\,(t - t_0)\, H_0/\hbar\right] \overline{U}(t, t_0) \tag{A-19}$$

Andererseits liefert das Einsetzen des Ausdrucks (A-18) in Gl. (A-16)

$$\mathrm{i}\hbar \frac{\mathrm{d}}{\mathrm{d}t}\overline{U}(t, t_0) = \bar{W}(t)\, \overline{U}(t, t_0) \tag{A-20}$$

woraus wir folgende Störungsreihe für $\overline{U}(t, t_0)$ erhalten (erneut eine Entwicklung in Potenzen der Wechselwirkung):

$$\overline{U}(t, t_0) = \mathbb{1} + \frac{1}{\mathrm{i}\hbar} \int_{t_0}^{t} \mathrm{d}t'\, \bar{W}(t') + \left(\frac{1}{\mathrm{i}\hbar}\right)^2 \int_{t_0}^{t} \mathrm{d}t' \int_{t_0}^{t'} \mathrm{d}t''\, \bar{W}(t')\, \bar{W}(t'') + \cdots \tag{A-21}$$

Das Wechselwirkungsbild hat den Vorteil, dass der Zustandsvektor sich allein unter dem Einfluss der Wechselwirkung ändert – weil ja $\bar{W}(t)$ der einzige Operator ist, der in Gl. (A-16) und Gl. (A-20) auf der rechten Seite vorkommt. Wir werden sehen, dass man in diesem Bild Übergangswahrscheinlichkeiten auch durch zeitliche Korrelationsfunktionen von Operatoren für das Atom und das Feld ausdrücken kann. Diese sind die Mittelwerte von Produkten von physikalischen Größen, die sich von einem

Zeitpunkt zum nächsten frei entwickeln (allein unter der Wirkung von H_0). Sucht man die Übergangswahrscheinlichkeit zwischen zwei Eigenzuständen $|\varphi_i\rangle$ und $|\varphi_f\rangle$ von H_0 mit den Energien E_i und E_f, dann ist es ebenfalls günstig, das Wechselwirkungsbild zu verwenden. Denn wegen Gl. (A-19) hat die Übergangsamplitude die Form

$$\langle\varphi_f|U(t,t_0)|\varphi_i\rangle = \langle\varphi_f|\exp\left[-\mathrm{i}\,(t-t_0)\,H_0/\hbar\right]\overline{U}(t,t_0)|\varphi_i\rangle \tag{A-22}$$

$$= \mathrm{e}^{-\mathrm{i}E_f(t-t_0)/\hbar}\langle\varphi_f|\overline{U}(t,t_0)|\varphi_i\rangle \tag{A-23}$$

Der Phasenfaktor $\mathrm{e}^{-\mathrm{i}E_f(t-t_0)/\hbar}$ verschwindet, wenn man die Übergangswahrscheinlichkeit berechnet (sie ist das Betragsquadrat der Amplitude), so dass wir ihn nicht weiter berücksichtigen müssen. Wir dürfen also einfach den Zeitentwicklungsoperator U durch $\overline{U}$ ersetzen und mit der kompakteren Störungsreihe (A-21) rechnen.

In diesem Kapitel und allen seinen Ergänzungen werden wir für die Wechselwirkung zwischen Atom und Feld die elektrische Dipolkopplung $W = -\mathbf{D}\cdot\mathbf{E}_\perp(\mathbf{R})$ aus Kapitel XIX, § C-4 verwenden. Zur Vereinfachung setzen wir die Zeitreferenz für das Wechselwirkungsbild auf $t_0 = 0$. Die Dipolwechselwirkung wird dann durch

$$\bar{W}(t) = -\overline{\mathbf{D}}(t)\cdot\overline{\mathbf{E}}_\perp(\mathbf{R},t) \tag{A-24}$$

beschrieben.[1] Hier gilt

$$\overline{\mathbf{D}}(t) = \exp\left(\mathrm{i}H_0t/\hbar\right)\mathbf{D}\exp\left(-\mathrm{i}H_0t/\hbar\right) \tag{A-25a}$$

$$\overline{\mathbf{E}}_\perp(t) = \exp\left(\mathrm{i}H_0t/\hbar\right)\mathbf{E}_\perp\exp\left(-\mathrm{i}H_0t/\hbar\right) \tag{A-25b}$$

Im Folgenden werden wir der Einfachheit halber den Querstrich häufig weglassen. Die Operatoren im Wechselwirkungsbild sind daran zu erkennen, dass sie Zeitargumente tragen.

A-3 Positive und negative Frequenzkomponenten

In diesem Kapitel werden wir stets annehmen, dass das System sich in einem kubischen Volumen L^3 befindet. Das transversale elektrische Feld wird dann durch den Operator aus Kapitel XIX, Gl. (B-3) beschrieben. Es ist eine Linearkombination von Vernichtungsoperatoren a_i und Erzeugungsoperatoren $a_i^\dagger$, die wir in eine Summe

$$\mathbf{E}_\perp(\mathbf{R}) = \mathbf{E}_\perp^{(+)}(\mathbf{R}) + \mathbf{E}_\perp^{(-)}(\mathbf{R}) \tag{A-26}$$

zerlegen können. Hier ist

$$\begin{aligned}\mathbf{E}_\perp^{(+)}(\mathbf{R}) &= \mathrm{i}\sum_i\left(\frac{\hbar\omega_i}{2\varepsilon_0L^3}\right)^{1/2} a_i\boldsymbol{\varepsilon}_i\,\mathrm{e}^{\mathrm{i}\mathbf{k}_i\cdot\mathbf{R}}\\ \mathbf{E}_\perp^{(-)}(\mathbf{R}) &= -\mathrm{i}\sum_i\left(\frac{\hbar\omega_i}{2\varepsilon_0L^3}\right)^{1/2} a_i^\dagger\boldsymbol{\varepsilon}_i^*\,\mathrm{e}^{-\mathrm{i}\mathbf{k}_i\cdot\mathbf{R}} = \left[\mathbf{E}_\perp^{(+)}(\mathbf{R})\right]^\dagger\end{aligned} \tag{A-27}$$

1 Wir behandeln hier die Schwerpunktsvariablen als klassische Koordinaten. Das Atom befinde sich unbeweglich im Punkt **R**, und dies ändert sich nicht, wenn man ins Wechselwirkungsbild übergeht.

Der Operator $\mathbf{E}_{\perp}^{(+)}(\mathbf{R})$ ist die Summe über alle Vernichtungsoperatoren a_i aus der Modenentwicklung von $\mathbf{E}_{\perp}(\mathbf{R})$. Wir nennen ihn die *positive Frequenzkomponente* des Felds. Umgekehrt heißt der Operator $\mathbf{E}_{\perp}^{(-)}(\mathbf{R})$ die *negative Frequenzkomponente*. Diese Operatoren sind nicht hermitesch und kommutieren nicht miteinander. Man sagt, dass ein Produkt von Feldoperatoren *normal geordnet* ist, wenn die Erzeugungsoperatoren links von den Vernichtern stehen, wie etwa in $\mathbf{E}_{\perp}^{(-)}\mathbf{E}_{\perp}^{(+)}$. Die Operatorordnung heißt *antinormal*, wenn die Faktoren in der umgekehrten Reihenfolge auftreten, z. B. $\mathbf{E}_{\perp}^{(+)}\mathbf{E}_{\perp}^{(-)}$.

Im Wechselwirkungsbild wird aus den Vernichtern und Erzeugern*

$$\begin{aligned} a_i(t) &= \exp(\mathrm{i}H_0 t/\hbar)\, a_i \exp(-\mathrm{i}H_0 t/\hbar) = a_i\, \mathrm{e}^{-\mathrm{i}\omega_i t} \\ a_i^{\dagger}(t) &= \exp(\mathrm{i}H_0 t/\hbar)\, a_i^{\dagger} \exp(-\mathrm{i}H_0 t/\hbar) = a_i^{\dagger}\, \mathrm{e}^{+\mathrm{i}\omega_i t} \end{aligned} \tag{A-28}$$

(Man kann diese Gleichungen überprüfen, indem man Matrixelemente zwischen Fock-Zuständen nimmt, die ja Eigenvektoren von H_0 sind, und die Eigenschaft ausnutzt, dass die Wirkung des Operators a_i lediglich darin besteht, ein Photon in der i-ten Mode zu vernichten.) Die positiven und negativen Frequenzkomponenten werden somit zu[2]

$$\begin{aligned} \mathbf{E}_{\perp}^{(+)}(\mathbf{R}, t) &= \mathrm{i}\sum_i \left(\frac{\hbar\omega_i}{2\varepsilon_0 L^3}\right)^{1/2} a_i \boldsymbol{\varepsilon}_i\, \mathrm{e}^{\mathrm{i}(\mathbf{k}_i\cdot\mathbf{R}-\omega_i t)} \\ \mathbf{E}_{\perp}^{(-)}(\mathbf{R}, t) &= -\mathrm{i}\sum_i \left(\frac{\hbar\omega_i}{2\varepsilon_0 L^3}\right)^{1/2} a_i^{\dagger} \boldsymbol{\varepsilon}_i^{*}\, \mathrm{e}^{-\mathrm{i}(\mathbf{k}_i\cdot\mathbf{R}-\omega_i t)} = \left[\mathbf{E}_{\perp}^{(+)}(\mathbf{R}, t)\right]^{\dagger} \end{aligned} \tag{A-29}$$

Betrachten wir zum Beispiel die Absorption von Photonen durch Atome in der niedrigsten Ordnung der Störungstheorie. Wenn wir gemäß Gl. (A-23) und Gl. (A-21) die Wirkung von $\bar{W}(t)$ auf den Anfangszustand des Systems auswerten, dann brauchen wir nur die Terme von $\bar{W}(t)$ zu berücksichtigen, die ein Photon vernichten. Diese enthalten die Operatoren $a_i(t)$, so dass wir nur die positive Frequenzkomponente des Felds

2 Wir halten fest, dass die positive Frequenzkomponente des Feldoperators Photonen vernichtet, während die bei negativen Frequenzen Photonen erzeugt. Der Leser beachte, dass die freie Zeitentwicklung der positiven Komponente im Heisenberg-Bild durch e-Funktionen $\mathrm{e}^{-\mathrm{i}\omega_i t}$ gegeben ist, während die negative Komponente die Faktoren $\mathrm{e}^{\mathrm{i}\omega t}$ enthält. Die Bezeichnung *positive Frequenz* mag unglücklich erscheinen, hat sich im Sprachgebrauch aber durchgesetzt. – Eine Merkhilfe kann die Analogie zum Faktor $\mathrm{e}^{-\mathrm{i}E_i t/\hbar}$ sein, der in den Lösungen mit positiver Energie der Schrödinger-Gleichung auftaucht (d. Ü.).

* Anm. d. Ü.: Dieselbe Zeitabhängigkeit ergibt sich im Heisenberg-Bild für das freie Feld, weil diese ja gerade durch den Hamilton-Operator H_0 erzeugt wird.

mitzunehmen haben. Wir können für die Absorption also die Wechselwirkung auf die Form

$$\bar{W}(t) \simeq -\mathbf{D}(t) \cdot \mathbf{E}_\perp^{(+)}(\mathbf{R}, t) \qquad \text{(Absorption)} \tag{A-30}$$

einschränken.* In analoger Weise können wir für Emissionsprozesse in niedrigster Ordnung die Wechselwirkung auf die Form

$$\bar{W}(t) \simeq -\mathbf{D}(t) \cdot \mathbf{E}_\perp^{(-)}(\mathbf{R}, t) \qquad \text{(Emission)} \tag{A-31}$$

vereinfachen.

B Absorption von Photonen

Wir behandeln zunächst den Fall von monochromatischer Strahlung (§ B-1) und wenden uns dann einem breiten Frequenzspektrum zu (§ B-2). Die Rechnungen zielen auf die Übergangsrate zwischen stationären Zuständen des ungestörten Hamilton-Operators H_0. In Ergänzung $\mathrm{E_{XX}}$ geben wir eine genauere Analyse, in der photonische Wellenpakete verwendet werden, die sich durch den Raum ausbreiten und die man als eine kohärente Überlagerung von stationären Zuständen konstruiert.

B-1 Monochromatische Strahlung

B-1-a Absorptionsamplitude

Seien a und b zwei diskrete Energieniveaus mit den Energien $E_a < E_b$. Wir führen die Bohrsche Resonanzfrequenz $\omega_0/2\pi$ ein, die durch

$$E_b - E_a = \hbar\omega_0 \tag{B-1}$$

festgelegt und offensichtlich positiv ist. Um die Rechnungen zu vereinfachen, betrachten wir hier die externen Variablen nicht als dynamische Freiheitsgrade, was darauf hinausläuft, ein unendlich schweres und unbewegliches Atom zu behandeln.[3]

3 In Ergänzung $\mathrm{A_{XIX}}$ wird gezeigt, dass unter Berücksichtigung der externen Variablen zusammen mit der Impulserhaltung der Doppler-Effekt und die Rückstoßverschiebung zum Vorschein kommen, die bei der Absorption und Emission von Photonen beobachtet werden. Wir diskutieren dort ebenfalls, wie man diese Effekte für ein räumlich eingefangenes Atom (etwa in einem Fallenpotential) kontrollieren kann.

* Anm. d. Ü.: Diese Näherung für den Wechselwirkungsoperator ist natürlich nur für eine bestimmte Klasse von Matrixelementen anwendbar, nämlich diejenigen für Absorption.

Für das Strahlungsfeld nehmen wir zum Anfangszeitpunkt einen Fock-Zustand $|\phi^{\mathrm{F}}_{\mathrm{in}}\rangle = |n_i\rangle$ an, der in der i-ten Mode n_i Photonen mit dem Wellenvektor $\mathbf{k}_i$, der Polarisation $\boldsymbol{\varepsilon}_i$ und der Frequenz $\omega_i/2\pi$ enthält. Es handelt sich also um monochromatische Strahlung. Der Anfangszustand des Systems aus Atom und Feld ist somit

$$|\psi_{\mathrm{in}}\rangle = |a; n_i\rangle \quad \text{mit der Energie} \quad E_{\mathrm{in}} = E_a + n_i\hbar\omega_i \tag{B-2}$$

Wir suchen die Wahrscheinlichkeitsamplitude dafür, dass das Atom ein Photon absorbiert und sich zu einem späteren Zeitpunkt im angeregten Zustand b befindet. Der Endzustand des Systems ist also

$$|\psi_{\mathrm{fin}}\rangle = |b; n_i - 1\rangle \quad \text{mit der Energie} \quad E_{\mathrm{fin}} = E_b + (n_i - 1)\hbar\omega_i \tag{B-3}$$

Wie oben bereits notiert, ist es bequemer, die Rechnung im Wechselwirkungsbild durchzuführen, weil die Zustände $|\psi_{\mathrm{in}}\rangle$ und $|\psi_{\mathrm{fin}}\rangle$ Eigenzustände von H_0 sind. In der Störungsreihe (A-21) für $\overline{U}$ ist der Term niedrigster Ordnung, der die beiden Zustände verbinden kann, derjenige von erster Ordnung in W. Sei Δt die Dauer der Wechselwirkung, dann ist die Amplitude dafür, das Systems ausgehend von $|\psi_{\mathrm{in}}\rangle$ zum Zeitpunkt $t_i = 0$ bei $t_f = \Delta t$ im Zustand $|\psi_{\mathrm{fin}}\rangle$ zu finden

$$\begin{aligned}\langle\psi_{\mathrm{fin}}|\overline{U}(t_f, t_i)|\psi_{\mathrm{in}}\rangle &= \frac{1}{\mathrm{i}\hbar}\int_0^{\Delta t} \mathrm{d}t'\, \langle\psi_{\mathrm{fin}}|\mathrm{e}^{\mathrm{i}H_0 t'/\hbar}\, W\, \mathrm{e}^{-\mathrm{i}H_0 t'/\hbar}|\psi_{\mathrm{in}}\rangle \\ &= \frac{1}{\mathrm{i}\hbar}\langle\psi_{\mathrm{fin}}|W|\psi_{\mathrm{in}}\rangle \int_0^{\Delta t} \mathrm{d}t'\, \mathrm{e}^{\mathrm{i}(E_{\mathrm{fin}}-E_{\mathrm{in}})t'/\hbar}\end{aligned} \tag{B-4}$$

was wegen der Beziehung $E_{\mathrm{fin}} - E_{\mathrm{in}} = \hbar(\omega_0 - \omega_i)$ auf

$$\begin{aligned}\langle\psi_{\mathrm{fin}}|\overline{U}(\Delta t, 0)|\psi_{\mathrm{in}}\rangle &= \frac{1}{\mathrm{i}\hbar}\langle\psi_{\mathrm{fin}}|W|\psi_{\mathrm{in}}\rangle \int_0^{\Delta t} \mathrm{d}t'\, \mathrm{e}^{\mathrm{i}(\omega_0-\omega_i)t'} \\ &= -\langle\psi_{\mathrm{fin}}|W|\psi_{\mathrm{in}}\rangle \frac{1}{\hbar\,(\omega_0 - \omega_i)} \left[\mathrm{e}^{\mathrm{i}(\omega_0-\omega_i)\Delta t} - 1\right]\end{aligned} \tag{B-5}$$

führt. Wir finden somit

$$\langle\psi_{\mathrm{fin}}|\overline{U}(\Delta t, 0)|\psi_{\mathrm{in}}\rangle = -\frac{\mathrm{i}}{\hbar}\langle\psi_{\mathrm{fin}}|W|\psi_{\mathrm{in}}\rangle\, \mathrm{e}^{\mathrm{i}(\omega_0-\omega_i)\Delta t/2} \left[\frac{2\sin(\omega_0 - \omega_i)\,\Delta t/2}{\omega_0 - \omega_i}\right] \tag{B-6}$$

Die Absorptionswahrscheinlichkeit ist das Betragsquadrat dieses Ausdrucks:

$$\left|\langle\psi_{\mathrm{fin}}|\overline{U}(\Delta t, 0)|\psi_{\mathrm{in}}\rangle\right|^2 = \frac{1}{\hbar^2}\left|\langle\psi_{\mathrm{fin}}|W|\psi_{\mathrm{in}}\rangle\right|^2 \frac{4\sin^2(\omega_0 - \omega_i)\,\Delta t/2}{(\omega_0 - \omega_i)^2} \tag{B-7}$$

Das hier auftretende Matrixelement von W können wir mit den Formeln (A-24) und (A-27) auswerten. Wir erhalten

$$\langle\psi_{\mathrm{fin}}|W|\psi_{\mathrm{in}}\rangle = -\mathrm{i}\sqrt{\frac{\hbar\omega_i}{2\varepsilon_0 L^3}}\,\sqrt{n_i}\,\langle b|\boldsymbol{\varepsilon}_i\cdot\mathbf{D}|a\rangle\, \mathrm{e}^{\mathrm{i}\mathbf{k}_i\cdot\mathbf{R}} \tag{B-8}$$

Die gesuchte Wahrscheinlichkeit ist schließlich

$$\left|\langle\psi_{\text{fin}}|\overline{U}(\Delta t, 0)|\psi_{\text{in}}\rangle\right|^2 = \frac{n_i\omega_i}{2\hbar\varepsilon_0 L^3}\,|\langle b|\boldsymbol{\varepsilon}_i\cdot\mathbf{D}|a\rangle|^2\,\frac{4\sin^2(\omega_0-\omega_i)\,\Delta t/2}{(\omega_0-\omega_i)^2} \tag{B-9}$$

Sie ist proportional zur Zahl n_i der anregenden Photonen, also proportional zur einfallenden Intensität im Zustand $|\psi_{\text{in}}\rangle$, sowie zum Betragsquadrat einer Komponente des Übergangsdipols. [So nennt man das Matrixelement des atomaren Dipolmoments $\mathbf{D}$ zwischen den diskreten Niveaus a und b, s. auch Gl. (B-12) unten.] Weil $\mathbf{D}$ ein ungerader Operator ist, kann eine Absorption nur zwischen zwei Zuständen mit entgegengesetzter Parität geschehen.) Schließlich ist die Wahrscheinlichkeit (B-9) eine oszillierende Funktion von Δt.

B-1-b Energieerhaltung und Resonanznäherung

Wegen des Faktors $(\omega_i-\omega_0)^2$ im Nenner von Gl. (B-9) ist die Absorption umso wahrscheinlicher, je dichter die Photonenfrequenz ω_i an der atomaren Resonanz ω_0 liegt. Man spricht von einer *resonanten Absorption*, wenn die Energie des Photons $\hbar\omega_i$ genau der Energie $E_b - E_a$ entspricht, die das Atom aufnehmen muss, um von dem Zustand a in den b aufzusteigen (Energieerhaltung). Die von Gl. (B-9) beschriebene Resonanz hat eine gewisse Frequenzbreite von der Ordnung $\Delta\omega_i = 1/\Delta t$, was einer Breite $\Delta E = \hbar/\Delta t$ in der Energie entspricht. Dies ist konsistent mit der Unschärferelation für Zeit und Energie: Dauert ein Prozess über eine Zeitspanne Δt an, so ist die Energie nur bis auf eine Genauigkeit $\hbar/\Delta t$ erhalten. (Wir haben eine ähnliche Diskussion bereits in Band II, Kapitel XIII, § C-2 geführt, allerdings im Rahmen einer klassischen Beschreibung der Strahlung.)

Wenn man die Winkelfrequenz ω_i durchstimmt, dann kann man den Ausdruck in den eckigen Klammern in Gl. (B-6) als eine Näherung $\delta^{(\Delta t)}(\omega_0-\omega_i)$ an die Deltafunktion auffassen, deren Breite nicht verschwindet und von der Ordnung $1/\Delta t$ ist. Wir bestimmen den Vorfaktor aus dem Integral von $\sin[(\omega_0-\omega_i)\Delta t/2]/(\omega_0-\omega_i)$ über ω_i, das gemäß Band II, Anhang II den Wert π hat. Wir schreiben $\omega_0-\omega_i$ in die Energiedifferenz zwischen Anfangs- und Endzustand um und finden für die Übergangsamplitude (B-6)

$$\langle\psi_{\text{fin}}|\overline{U}(\Delta t, 0)|\psi_{\text{fin}}\rangle \simeq -2\pi\mathrm{i}\langle\psi_{\text{fin}}|W|\psi_{\text{in}}\rangle\,\delta^{(\Delta t)}(E_{\text{fin}}-E_{\text{in}}) \tag{B-10}$$

wobei wir den Phasenfaktor weggelassen haben.

B-1-c Grenzen der Störungstheorie

Die Störungsrechnung in der niedrigsten Ordnung in W, die wir hier verwenden, kann nicht für beliebig lange Intervalle gültig bleiben. Dies können wir einsehen, wenn wir beispielsweise den Resonanzfall mit der Bedingung $\omega_i = \omega_0$ betrachten. Die Funktion

$\sin(x\Delta t)/x$ strebt für $x \to 0$ gegen den Wert Δt, so dass die Absorptionswahrscheinlichkeit (B-9) proportional zu Δt^2 ist. Aber eine Wahrscheinlichkeit ist stets kleiner gleich eins: Das Ergebnis (B-9) kann also für lange Zeiten nicht gültig sein. Dies gilt auch, falls ω_i und ω_0 sich zwar unterscheiden, aber sehr dicht beieinander liegen. Der oszillierende Ausdruck (B-9) kann dann in der Amplitude den Wert eins überschreiten. Wir müssen also die Anwendung der soeben erzielten Resultate auf genügend kurze Zeiten einschränken, damit die Störungstheorie gültig bleibt.

In Ergänzung $\mathrm{C_{XX}}$ werden wir das Verfahren des *beleuchteten Atoms* (engl.: *dressed atom*) vorstellen, mit dem man eine genauere Beschreibung der Kopplung zwischen einem Zweiniveauatom und einer einzelnen Feldmode erzielt. Die Stärke der Kopplung wird durch eine Konstante Ω_1 gegeben, die man die *Rabi-Frequenz* nennt. Im Resonanzfall wird eine *Rabi-Oszillation* vorhergesagt, in der die Übergangsamplitude proportional zu $\sin \Omega_1 \Delta t$ ist.[4] Die Absorptionswahrscheinlichkeit proportional zu Δt^2, die wir hier gefunden haben, ist in diesem Rahmen einfach die niedrigste Ordnung in einer Entwicklung von $\sin^2(\Omega_1 \Delta t)$ nach Potenzen von $\Omega_1 \Delta t$. Wir werden auch besprechen, inwieweit die Formel (B-9) für große Verstimmungen relativ zum Resonanzfall gültig bleibt.

B-2 Strahlung mit endlicher spektraler Breite

Wir untersuchen nun Absorptions- und Emissionsprozesse für ein nichtmonochromatisches Strahlungsfeld. Wir nehmen weiter an, dass die atomaren Übergänge zwischen zwei gebundenen Zuständen a und b im diskreten Spektrum stattfinden; atomare Niveaus im Kontinuum behandeln wir in Ergänzung $\mathrm{B_{XX}}$.

B-2-a Absorption von breitbandiger Strahlung

Für den Anfangszustand des Systems aus Atom und Strahlung nehmen wir an

$$|\psi_{\mathrm{in}}\rangle = |a; \phi_{\mathrm{in}}^{\mathrm{F}}\rangle \tag{B-11}$$

Das Atom sei im unteren Niveau a, und im Zustand $|\phi_{\mathrm{in}}^{\mathrm{F}}\rangle$ des Felds seien mehrere Moden mit verschiedenen Frequenzen besetzt. Für die Verteilung der Frequenzen nehmen wir eine charakteristische Breite $\Delta\omega$ an. Wir werden weiter unten sehen (im letzten Absatz von § B-2-a-γ), wie der Wert $\Delta\omega$ einzuschränken ist, damit die hier erzielten Ergebnisse gültig sind. Wir werden die Rechnung genau wie in § B-1 oben durchführen, allerdings ein besonderes Augenmerk auf die zeitlichen Korrelationen des einfallenden Strahlungsfelds haben.

4 Wir werden uns auch ansehen, wie sich die Rabi-Oszillation verändert, wenn man die Instabilität des angeregten Zustands aufgrund der spontanen Emission berücksichtigt.

Wir führen den *Übergangsdipol* als das Matrixelement

$$\langle b|\mathbf{D}|a\rangle = \boldsymbol{\mathcal{D}} \quad \text{mit} \quad \boldsymbol{\mathcal{D}} = \mathcal{D}\,\mathbf{e}_d \tag{B-12}$$

ein, wobei $\mathbf{e}_d$ ein (möglicherweise komplexer) Einheitsvektor parallel zum Vektor $\boldsymbol{\mathcal{D}}$ ist und $\mathcal{D}$ der (reelle) Betrag[5] von $\boldsymbol{\mathcal{D}}$. Im Wechselwirkungsbild wird der Übergangsdipol zeitabhängig:

$$\langle b\,|\mathbf{D}(t)|a\rangle = \langle b\,|e^{iH_0t/\hbar}\,\mathbf{D}\,e^{-iH_0t/\hbar}|a\rangle = \boldsymbol{\mathcal{D}}\,e^{i\omega_0 t} \tag{B-13}$$

α Übergangswahrscheinlichkeit

Wir suchen zunächst wieder die Wahrscheinlichkeitsamplitude dafür, dass sich das System, bei $t_i = 0$ im Zustand $|\,a;\phi^{\rm F}_{\rm in}\rangle$, zum Zeitpunkt $t_f = \Delta t$ in $|b;\phi^{\rm F}_{\rm fin}\rangle$ befindet. Aus der Störungsreihe (A-21) für die Zeitentwicklung nehmen wir den Term erster Ordnung in $\bar{W}(t)$ [s. Gl. (A-24)] mit und erhalten unter Verwendung von Gl. (B-13)

$$\begin{aligned}\langle\psi_{\rm fin}|\overline{U}(t_f,t_i)|\psi_{\rm in}\rangle &= -\frac{1}{i\hbar}\int_0^{\Delta t} dt'\ \langle b|\,\mathbf{D}(t')\,|a\rangle\cdot\langle\phi^{\rm F}_{\rm fin}|\mathbf{E}_\perp(\mathbf{R},t')|\phi^{\rm F}_{\rm in}\rangle \\ &= -\frac{\mathcal{D}}{i\hbar}\int_0^{\Delta t} dt'\ e^{i\omega_0 t'}\langle\phi^{\rm F}_{\rm fin}|E^{(+)}_d(\mathbf{R},t')|\phi^{\rm F}_{\rm in}\rangle\end{aligned} \tag{B-14}$$

Es war hier nur die positive Frequenzkomponente des Felds mitzunehmen, weil der Endzustand $|\phi^{\rm F}_{\rm fin}\rangle$ weniger Photonen als $|\phi^{\rm F}_{\rm in}\rangle$ enthält (diese werden in dem Prozess von dem Atom absorbiert). In dieser Formel und fortan verwenden wir die bequemen Abkürzungen

$$\begin{aligned}E^{(+)}_d(\mathbf{R},t) &= \mathbf{e}_d\cdot\mathbf{E}^{(+)}_\perp(\mathbf{R},t)\\ E^{(-)}_d(\mathbf{R},t) &= \mathbf{e}^*_d\cdot\mathbf{E}^{(-)}_\perp(\mathbf{R},t) = \left[E^{(+)}_d(\mathbf{R},t)\right]^\dagger\end{aligned} \tag{B-15}$$

Die Übergangswahrscheinlichkeit $\mathscr{P}^{\rm abs}_{a\to b}(\Delta t)$ von a nach b für das Atom allein erhalten wir aus dem Quadrat der Amplitude (B-14), indem wir über alle möglichen Endzustände des Felds summieren. Wir schreiben das Quadrat als ein Doppelintegral über dt' und dt'' und erhalten

$$\mathscr{P}^{\rm abs}_{a\to b}(\Delta t) = \frac{\mathcal{D}^2}{\hbar^2}\int_0^{\Delta t} dt'\int_0^{\Delta t} dt''\ e^{i\omega_0(t''-t')}\ G^{\rm N}_{\rm F}(t',t'') \tag{B-16}$$

5 Die drei Komponenten des Vektors $\boldsymbol{\mathcal{D}}$ sind durch die komplexen Matrixelemente $\mathcal{D}_i$ mit $i = x,y,z$ gegeben. Seinen Betrag definieren wir als $\mathcal{D} = \sqrt{|\mathcal{D}_x|^2 + |\mathcal{D}_y|^2 + |\mathcal{D}_z|^2}$ und den Einheitsvektor durch $\mathbf{e}_d = \boldsymbol{\mathcal{D}}/\mathcal{D}$. Die Normierung kann man über das Skalarprodukt $\mathbf{e}^*_d\cdot\mathbf{e}_d = 1$ überprüfen, und es gilt $\mathcal{D} = \mathbf{e}^*_d\cdot\boldsymbol{\mathcal{D}} = \langle b|\mathbf{e}^*_d\cdot\mathbf{D}|a\rangle$.

wobei die Feldkorrelationsfunktion $G_{\text{F}}^{\text{N}}(t', t'')$ durch*

$$G_{\text{F}}^{\text{N}}(t', t'') = \sum_{|\phi_{\text{fin}}^{\text{F}}\rangle} \langle\phi_{\text{in}}^{\text{F}}|E_d^{(-)}(\mathbf{R}, t')|\phi_{\text{fin}}^{\text{F}}\rangle\langle\phi_{\text{fin}}^{\text{F}}|E_d^{(+)}(\mathbf{R}, t'')|\phi_{\text{in}}^{\text{F}}\rangle$$
$$= \langle\phi_{\text{in}}^{\text{F}}|E_d^{(-)}(\mathbf{R}, t')\, E_d^{(+)}(\mathbf{R}, t'')|\phi_{\text{in}}^{\text{F}}\rangle \tag{B-17}$$

gegeben ist. Diese Funktion beschreibt den Einfluss des einfallenden Lichtstrahls auf den hier betrachteten Absorptionsprozess. Sie ist der Mittelwert bezüglich des Anfangszustands eines Produkts von zwei Feldoperatoren in Normalordnung (s. § A-3) zu zwei verschiedenen Zeitpunkten.

Wir substituieren auf die Differenzvariable $\tau = t'' - t'$ und schreiben Gl. (B-16) um (die Jacobi-Determinante beträgt eins):

$$\mathscr{P}_{a\to b}^{\text{abs}}(\Delta t) = \frac{\mathcal{D}^2}{\hbar^2} \int_0^{\Delta t} \mathrm{d}t' \int_{-t'}^{\Delta t - t'} \mathrm{d}\tau\, \mathrm{e}^{\mathrm{i}\omega_0\tau}\, G_{\text{F}}^{\text{N}}(t', t' + \tau) \tag{B-18}$$

Die Übergangswahrscheinlichkeit ist also proportional zu einem Integral über die Fourier-Transformierte[6] der Korrelationsfunktion $G_{\text{F}}^{\text{N}}(t', t' + \tau)$, wobei das Fourier-Integral bezüglich τ genommen wird und auf das Intervall $-t'$ und $\Delta t - t'$ eingeschränkt ist.

β Anregungsspektrum

Ist der Anfangszustand $|\phi_{\text{in}}^{\text{F}}\rangle$ ein Eigenzustand des freien Strahlungsfelds, dann hängt die Korrelationsfunktion in Gl. (B-16) nur von der Zeitdifferenz ab, $G_{\text{F}}^{\text{N}}(t', t'') = G_{\text{F}}^{\text{N}}(t' - t'')$.† Ist $|\phi_{\text{in}}^{\text{F}}\rangle$ etwa ein Fock-Zustand[7]

$$|\phi_{\text{in}}^{\text{F}}\rangle = |n_1, \ldots, n_i, \ldots\rangle \tag{B-19}$$

dann führen die Modenentwicklungen (A-29) der Feldoperatoren auf den Ausdruck

$$G_{\text{F}}^{\text{N}}(t' - t'') = \sum_i \frac{\hbar\omega_i}{2\varepsilon_0 L^3} \underbrace{\langle\phi_{\text{in}}^{\text{F}}|a_i^\dagger a_i|\phi_{\text{in}}^{\text{F}}\rangle}_{=\langle n_i\rangle} |\mathbf{e}_d \cdot \boldsymbol{\varepsilon}_i|^2\, \mathrm{e}^{\mathrm{i}\omega_i(t'-t'')}$$
$$= \int \mathrm{d}\omega\, I_{\text{F}}^{\text{N}}(\omega)\, \mathrm{e}^{\mathrm{i}\omega(t'-t'')} \tag{B-20}$$

mit

$$I_{\text{F}}^{\text{N}}(\omega) = \sum_i \frac{\langle n_i\rangle\hbar\omega_i}{2\varepsilon_0 L^3} |\mathbf{e}_d \cdot \boldsymbol{\varepsilon}_i|^2\, \delta(\omega_i - \omega) \tag{B-21}$$

---

6 Die Fourier-Transformation greift die Komponente $\sim \mathrm{e}^{-\mathrm{i}\omega_0\tau}$ heraus, wie es für die positive Frequenzkomponente $E_d^{(+)}(t' + \tau)$ in Gl. (B-17) zu erwarten war.

7 Statt einem Fock-Zustand kann man auch ein beliebiges statistisches Gemisch von Fock-Zuständen zulassen, ohne die Ergebnisse dieser Rechnungen wesentlich zu ändern.

* Anm. d. Ü.: Der Index N erinnert daran, dass in dieser Korrelationsfunktion die Feldoperatoren normal geordnet auftreten (s. dazu auch Ergänzung B_{XVI}, § 1-a).

† Anm. d. Ü.: Etwas allgemeiner nennt man einen Zustand des Strahlungsfelds *statistisch stationär*, wenn die Korrelationsfunktion $G_{\text{F}}^{\text{N}}(t', t'')$ diese Eigenschaft hat.

In diesem Zustand ist $\langle n_i \rangle$ einfach die Photonenzahl n_i der i-ten Mode. Handelt es sich um ein statistisches Gemisch (s. Fußnote 7 auf S. 2139), dann darf man $\langle n_i \rangle$ als den entsprechenden statistischen Mittelwert verstehen.

Der Ausdruck (B-20) für die Korrelationsfunktion erscheint in Form einer Fourier-Transformierten einer Funktion $I_{\mathrm{F}}^{\mathrm{N}}(\omega)$ der Frequenz, die von den anfänglichen Besetzungen $\langle n_i \rangle$ der Photonen abhängt.* Weil $\langle n_i \rangle \hbar\omega_i$ die mittlere Energie in der i-ten Mode mit der Frequenz $\omega_i/2\pi$ ist, beschreibt $I_{\mathrm{F}}^{\mathrm{N}}(\omega)$ die spektrale Verteilung der Energiedichte des Strahlungsfelds, in unserem Fall hier als Anregungsspektrum bezeichnet. Sie kann sich als Funktion von ω beliebig verhalten, aber es tritt häufig der Fall auf, dass sie ohne weitere Struktur ein einfaches Maximum mit einer Breite $\Delta\omega$ aufweist. Ihre Fourier-Transformierte $G_{\mathrm{F}}^{\mathrm{N}}(t' - t'')$ zeigt somit auch einen *Peak* mit einer Breite $\tau_{\mathrm{c}} \simeq 1/\Delta\omega$, die wir Korrelationszeit nennen wollen.† Falls die Differenzvariable $t' - t''$ dem Betrag nach groß im Vergleich zu τ_{c} ist, wird die Korrelationsfunktion $G_{\mathrm{F}}^{\mathrm{N}}(t' - t'')$ verschwindend klein. Wir werden sehen, dass unter diesen Bedingungen die Absorptionswahrscheinlichkeit proportional zu der Wechselwirkungsdauer Δt anwächst, so dass wir in natürlicher Weise eine Absorptionsrate (Wahrscheinlichkeit pro Zeit) einführen können. Wir erinnern, dass diese Überlegungen analog zu denen aus Band II, Ergänzung $\mathrm{E}_{\mathrm{XIII}}$ sind, wo wir das Strahlungsfeld klassisch statt quantisiert behandelt hatten.

γ Absorptionsrate

Das Integrationsgebiet des Doppelintegrals in Gl. (B-16) ist in Abb. 1 schematisch dargestellt. Weil die Korrelation $G_{\mathrm{F}}^{\mathrm{N}}(t'-t'')$ verschwindet, sobald $|t'-t''|$ groß im Vergleich zur Korrelationszeit $\tau_{\mathrm{c}} \simeq 1/\Delta\omega$ wird, ist der Integrand auf einen Streifen der Breite τ_{c} um die Winkelhalbierende beschränkt; dessen Breite ist viel kleiner als die Größe des

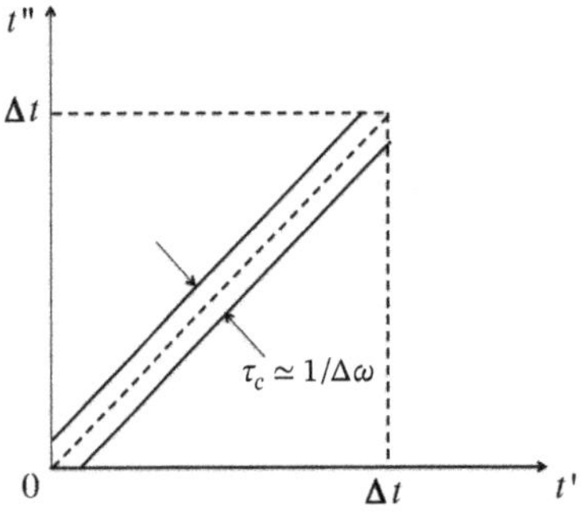

Abb. 1: Der Integrand in dem Ausdruck (B-16) für die Absorptionswahrscheinlichkeit ist im Wesentlichen auf einen diagonalen Streifen der Breite $\tau_{\mathrm{c}} \simeq 1/\Delta\omega$ um die Winkelhalbierende herum beschränkt, wobei $\Delta\omega$ die spektrale Breite der einfallenden Strahlung und τ_{c} ihre Korrelationszeit ist. Falls $\Delta t \gg \tau_{\mathrm{c}}$ gilt, dann skaliert die Fläche dieses Streifens linear mit der Länge der Diagonalen in dem Quadrat (proportional zu Δt und nicht zum Quadrat Δt^2).

* Anm. d. Ü.: Diese Aussage spiegelt erneut das Wiener-Chintschin-Theorem wider [s. Band II, Kapitel XIII, Gl. (D-8)].

† Anm. d. Ü.: In Kapitel XIII, § D-1 wurde der Begriff der Korrelationszeit für das klassisch beschriebene Strahlungsfeld eingeführt und beschreibt auch dort das Verhalten einer Feldkorrelationsfunktion.

gesamten Integrationsgebiets, falls $\Delta t \gg \tau_c$ gilt. Diese Eigenschaft können wir ausnutzen, wenn wir wie in Gl. (B-18) das dt''-Integral auf die Differenzvariable $\tau = t'' - t'$ substituieren:

$$\int_0^{\Delta t} dt' \int_0^{\Delta t} dt'' = \int_0^{\Delta t} dt' \int_{-t'}^{\Delta t - t'} d\tau \tag{B-22}$$

Im zweiten Integral sind die Werte von τ, die im Wesentlichen beitragen, von der Ordnung der Korrelationszeit $\tau_c \simeq 1/\Delta\omega$ der Funktion $G_F^N(t' - t'')$. Wir nehmen an, dass $\Delta t \gg \tau_c$ gilt, und dürfen dann die Grenzen des $d\tau$-Integrals nach $-\infty$ und $+\infty$ schieben. Setzen wir die Darstellung (B-20) in Gl. (B-18) ein, dann finden wir die explizite Auswertung

$$\int_0^{\Delta t} dt' \int_{-\infty}^{+\infty} d\tau \int_{-\infty}^{+\infty} d\omega \, e^{i(\omega_0 - \omega)\tau} \, I_F^N(\omega) = 2\pi \, \Delta t \, I_F^N(\omega_0) \tag{B-23}$$

weil das $d\tau$-Integral nun als ein gewöhnliches Fourier-Integral die Deltafunktion $2\pi\delta(\omega_0 - \omega)$ erzeugt. Das übrig bleibende dt'-Integral liefert Δt, weil der Integrand unabhängig von t' ist.

Wir haben somit das Ergebnis

$$\mathscr{P}_{a\to b}^{abs}(\Delta t) = \frac{2\pi}{\hbar^2} \Delta t \, \mathcal{D}^2 \, I_F^N(\omega_0) \tag{B-24}$$

gefunden. Die Wahrscheinlichkeit $\mathscr{P}_{a\to b}^{abs}(\Delta t)$ wächst *linear* mit Δt, so dass wir eine *Absorptionsrate* $w_{a\to b}^{abs}$ (Absorptionswahrscheinlichkeit pro Zeitintervall) einführen können:

$$w_{a\to b}^{abs} = \frac{\mathscr{P}_{a\to b}^{abs}(\Delta t)}{\Delta t} = 2\pi \frac{\mathcal{D}^2}{\hbar^2} I_F^N(\omega_0) = \frac{2\pi}{\hbar^2} \mathcal{D}^2 \sum_i \frac{\langle n_i \rangle \hbar\omega_i}{2\varepsilon_0 L^3} |\mathbf{e}_d \cdot \boldsymbol{\varepsilon}_i|^2 \, \delta(\omega_i - \omega_0) \tag{B-25}$$

[Wir erinnern, dass für eine monochromatische Anregung die Anregungswahrscheinlichkeit (B-9) quadratisch statt linear in Δt anwächst.] Die Absorptionsrate ist proportional zur spektralen Energiedichte der Strahlung bei der atomaren Resonanzfrequenz ω_0. Der Ausdruck (B-25) beschreibt, wie sie von den anderen Parametern des einfallenden Lichts abhängt (der Besetzung der Moden und ihrer Polarisation $\boldsymbol{\varepsilon}_i$).

Die hier durchgeführte Rechnung ist auch ein Ergebnis der Störungstheorie, weil wir uns auf die niedrigste Ordnung in W beschränkt haben. Sie kann also nur so lange gültig sein, wie die Anregungswahrscheinlichkeit viel kleiner als eins ist: $\mathscr{P}_{a\to b}^{abs}(\Delta t) = w_{a\to b}^{abs} \Delta t \ll 1$. Außerdem haben wir die lineare Skalierung von $\mathscr{P}_{a\to b}^{abs}(\Delta t)$ nur erhalten, weil das Intervall Δt lang genug im Vergleich zur Korrelationszeit ist: $\tau_c \ll \Delta t$. Diese beiden Ungleichungen sind miteinander verträglich, wenn $\Delta\omega \simeq 1/\tau_c \gg w_{a\to b}^{abs}$ gilt. Das Strahlungsfeld muss also spektral viel breitbandiger als die Absorptionsrate sein, damit die erste Näherung aus der Störungsreihe anwendbar ist.

B-2-b Spezialfall: Isotrope Strahlung

Wir können die Ergebnisse noch expliziter auswerten, wenn das Strahlungsfeld isotrop ist, also die mittlere Photonenzahl $\langle n_i \rangle = \langle n(\omega_i) \rangle$ nur von der Modenfrequenz ω_i, aber weder von der Richtung des Wellenvektors $\mathbf{k}_i$ noch von der Polarisation $\boldsymbol{\varepsilon}_i$ abhängt. Dieser Fall wird in § C-4 nützlich werden, wenn wir die Rate für spontane Emission sowie die Absorption von Strahlung im thermischen Gleichgewicht (auch als Schwarzkörperstrahlung bezeichnet) betrachten.

Wir nehmen in Gl. (B-25) den Grenzfall eines großen Volumens L^3 und ersetzen die Modensumme durch ein Integral,

$$\sum_i \mapsto \frac{L^3}{(2\pi)^3} \int k^2 \,\mathrm{d}k \,\mathrm{d}\Omega \sum_{\boldsymbol{\varepsilon} \perp \mathbf{k}} \tag{B-26}$$

wobei das Raumwinkeldifferential $\mathrm{d}\Omega$ die Richtungen von $\mathbf{k}$ misst. Wir führen zunächst für eine feste Richtung die Summe über die Polarisation aus. Dazu nehmen wir vereinfachend an, dass der Übergangsdipol $\mathbf{e}_d$ reell ist und legen die z-Achse parallel dazu.[8] Wir haben also $|\mathbf{e}_d \cdot \boldsymbol{\varepsilon}_i|^2 = \varepsilon_{iz}^2$ über zwei Polarisationen senkrecht zu $\mathbf{k}$ zu summieren. Wir wählen den Basisvektor $\boldsymbol{\varepsilon}_1$ in der von $\mathbf{k}$ und $\mathbf{e}_d$ aufgespannten Ebene, so dass $\varepsilon_{1z}^2 = \sin^2\theta$ gilt. (θ ist die übliche Winkelkoordinate von $\mathbf{k}$ relativ zur z-Achse.) Den Vektor $\boldsymbol{\varepsilon}_2$ stellen wir senkrecht auf diese Ebene, so dass $\varepsilon_{2z} = 0$ gilt. Somit ist die gesuchte Summe $\sum_{\boldsymbol{\varepsilon}\perp\mathbf{k}} \varepsilon_{iz}^2 = \sin^2\theta$.

Das Integral über die Richtungen von $\mathbf{k}$ ist nun elementar:

$$\int \mathrm{d}\Omega \, \sin^2\theta = 2\pi \int_0^\pi \mathrm{d}\theta \, \sin^3\theta = \frac{8\pi}{3} \tag{B-27}$$

Es bleibt noch, über den Betrag k von $\mathbf{k}$ zu integrieren. Wir fassen die Gleichungen (B-25) bis (B-27) zusammen, substituieren auf die Frequenzvariable $\omega = ck$, werten die δ-Funktion aus und erhalten schließlich

$$w_{a\to b}^{\text{abs}} = \frac{\mathcal{D}^2 \omega_0^3}{3\pi\varepsilon_0 \hbar c^3} \langle n(\omega_0) \rangle \tag{B-28}$$

für die Absorptionsrate.

---

8 Ist der Vektor $\mathbf{e}_d$ komplex, können wir aus Ergänzung $\mathrm{A}_{\mathrm{XVIII}}$ die Vollständigkeitsrelation (64) $\varepsilon_{1i}\varepsilon_{1j}^* + \varepsilon_{2i}\varepsilon_{2j}^* + \kappa_i\kappa_j = \delta_{ij}$ verwenden, wobei $\boldsymbol{\kappa} = \mathbf{k}/k$ der dritte Basisvektor ist. Wir erhalten $\sum_{\boldsymbol{\varepsilon}\perp\mathbf{k}} |\mathbf{e}_d \cdot \boldsymbol{\varepsilon}|^2 = \sum_{ij} e_{di} e_{dj}^* (\varepsilon_{1i}\varepsilon_{1j}^* + \varepsilon_{2i}\varepsilon_{2j}^*) = \sum_i |e_{di}|^2 - \sum_{ij} e_{di} e_{dj}^* \kappa_i \kappa_j$. Der erste Term ergibt die Normierung $\mathbf{e}_d \cdot \mathbf{e}_d^* = 1$. Im zweiten führen wir das $\mathrm{d}\Omega$-Integral aus und finden aufgrund von Isotropie $\int \mathrm{d}\Omega \, \kappa_i\kappa_j = (4\pi/3)\delta_{ij}$. Der Vorfaktor $4\pi/3$ ist am bequemsten durch den Vergleich der Spuren auf beiden Seiten zu finden. Alles zusammengefasst ergibt sich erneut Gl. (B-28).

C Stimulierte und spontane Emission

C-1 Emissionsrate

Wir betrachten nun den Fall eines Atoms in dem angeregten Zustand b, während sich das Strahlungsfeld in dem Fock-Zustand (B-19) befindet. Wir untersuchen die Emission, bei der das Atom in den Grundzustand a „hinunterspringt" und dabei ein Photon aussendet. Die Rechnungen können im Wesentlichen analog zu denen für den Absorptionsprozess geführt werden. Ein Unterschied betrifft die Wechselwirkung, die nun in der Form (A-31) auftritt, mit der negativen Frequenzkomponente des Felds, die die Erzeugungsoperatoren enthält. Für den elektrischen Dipoloperator brauchen wir das Übergangsmatrixelement, das das Atom von b nach a bringt; es ist zu dem Ausdruck (B-13) komplex konjugiert:

$$\langle a\,|\mathbf{D}(t)|\,b\rangle = \mathcal{D}^*\,\mathrm{e}^{-\mathrm{i}\omega_0 t} = \mathcal{D}\,\mathbf{e}_d^*\,\mathrm{e}^{-\mathrm{i}\omega_0 t} \tag{C-1}$$

An die Stelle der normal geordneten Korrelationsfunktion (B-17) des Felds tritt nun eine antinormal geordnete Korrelation G_F^AN auf:*

$$G_\mathrm{F}^\mathrm{AN}(t'',t') = \langle \phi_\mathrm{in}^\mathrm{F}|E_d^{(+)}(\mathbf{R},t')\,E_d^{(-)}(\mathbf{R},t'')|\phi_\mathrm{in}^\mathrm{F}\rangle \tag{C-2}$$

Für das Strahlungsfeld in dem Fock-Zustand (B-19) ergibt sich folgender Ausdruck:

$$\begin{aligned} G_\mathrm{F}^\mathrm{AN}(t''-t') &= \sum_i \frac{\hbar\omega_i}{2\varepsilon_0 L^3}\langle n_i\,|a_i a_i^\dagger|\,n_i\rangle\,|\mathbf{e}_d\cdot\boldsymbol{\varepsilon}_i|^2\,\mathrm{e}^{-\mathrm{i}\omega_i(t'-t'')} \\ &= \sum_i \frac{(\langle n_i\rangle+1)\hbar\omega_i}{2\varepsilon_0 L^3}\,|\mathbf{e}_d\cdot\boldsymbol{\varepsilon}_i|^2\,\mathrm{e}^{-\mathrm{i}\omega_i(t'-t'')} \end{aligned} \tag{C-3}$$

Es tritt hier das Operatorprodukt $a_i a_i^\dagger$ auf, im Gegensatz zu dem Photonenzahloperator $a_i^\dagger a_i$ in Gl. (B-20). Weil für das quantisierte Feld a_i und $a_i^\dagger$ nicht kommutieren, ergibt sich ein wichtiger Unterschied im Vergleich zu der für die Absorption verantwortlichen Korrelation $G_\mathrm{F}^\mathrm{N}(t'-t'')$ aus Gl. (B-20): Die mittlere Photonenzahl $\langle n_i\rangle$ in der i-ten Mode wird durch $\langle n_i\rangle+1$ ersetzt. Dieser Unterschied zwischen Absorption und Emission ist eine wesentliche Konsequenz aus der Feldquantisierung mit ihren nichtkommutierenden Operatoren.

Die Emissionsrate (in einem breitbandigen Strahlungsfeld) berechnen wir ganz analog zur Absorptionsrate (es sind die Vorzeichen von ω_0 und ω_i umzukehren). Als Entsprechung zu Gl. (B-25) findet man schließlich

$$w_{b\to a}^\mathrm{em} = \frac{\mathscr{P}_{b\to a}^\mathrm{em}(\Delta t)}{\Delta t} = 2\pi\frac{\mathcal{D}^2}{\hbar^2}\sum_i \frac{(\langle n_i\rangle+1)\,\hbar\omega_i}{2\varepsilon_0 L^3}\,|\mathbf{e}_d\cdot\boldsymbol{\varepsilon}_i|^2\,\delta(\omega_i-\omega_0) \tag{C-4}$$

* Anm. d. Ü.: Zur Reihenfolge der Zeitargumente t' und t'' siehe die Konventionen aus Ergänzung B_XVI, § 1-a-α.

Dieser Ausdruck unterscheidet sich von der Absorptionsrate allein dadurch, dass $\langle n_i \rangle$ durch $\langle n_i \rangle + 1$ ersetzt wurde. Wir haben somit einen allgemeinen Ausdruck für die Emissionsrate als Funktion der Besetzung $\langle n_i \rangle$ und der Polarisation $\boldsymbol{\varepsilon}_i$ der Feldmoden gefunden. Er besteht aus zwei Teilen, von denen einer proportional zu $\langle n_i \rangle$ ist und der andere nicht. Diese wollen wir im Folgenden besprechen.

C-2 Stimulierte Emission

Wir beginnen mit den Termen in Gleichung (C-4), die $\langle n_i \rangle$ enthalten, also den Beitrag der Moden, die mit mindestens einem Photon besetzt sind. Diese Terme beschreiben einen Emissionsprozess, der durch die einfallende Strahlung hervorgerufen wird und dessen Rate proportional zur einfallenden Intensität ist. Aus diesem Grund spricht man von *induzierter* oder *stimulierter Emission*. Sie findet mit derselben Rate wie die Absorption statt, weil die Terme proportional zu $\langle n_i \rangle$ in Gl. (C-4) ansonsten identisch zu denen aus Gl. (B-25) sind:

$$w_{b\to a}^{\text{stim}} = w_{a\to b}^{\text{abs}} \tag{C-5}$$

Insbesondere erhält man für isotrope Strahlung dasselbe Ergebnis wie Gl. (B-28):

$$w_{b\to a}^{\text{stim}} = \frac{\mathcal{D}^2 \omega_0^3}{3\pi\varepsilon_0 \hbar c^3} \langle n(\omega_0) \rangle \tag{C-6}$$

Bei der stimulierte Emission entsteht ein Photon in derselben Mode i wie die Photonen, die diese Emission stimulieren: Die Photonenzahl in dieser Mode ändert sich von n_i zu $n_i + 1$. Das zusätzliche Photon hat also dieselbe Energie, Richtung und Polarisation wie die bereits vorhandenen n_i Photonen. Ist die einfallende Strahlung kohärent, dann kann man zeigen, dass die stimuliert abgegebene Strahlung auch dieselbe Phase wie die einfallende hat. Es entsteht so eine konstruktive Interferenz (in Vorwärtsrichtung) zwischen der an dem induzierten Dipol gestreuten und der einfallenden Strahlung und somit eine Verstärkung. Damit dieses Phänomen stattfinden kann, müssen die Besetzungen der Atome allerdings *invertiert* sein. Damit ist gemeint, dass die Wahrscheinlichkeit, ein Atom im angeregten Zustand b zu finden, größer als die im Grundzustand a ist. Ist dies nicht der Fall, dann ist die Interferenz dagegen destruktiv. Dies ist eine andere Weise, die Abschwächung des einfallenden Lichtstrahls durch Absorption zu verstehen. Die kohärente Verstärkung eines Lichtstrahls durch stimulierte Emission in einem invertierten Medium bildet den zentralen Mechanismus für einen Laser. Das Wort selbst ist eine Abkürzung für *Light Amplification by Stimulated Emission of Radiation* (Lichtverstärkung durch stimulierte Emission).

C-3 Spontane Emission und radiative Linienbreite

Wenn alle Besetzungen $\langle n_i \rangle$ verschwinden, liegt das Feld offenbar im Vakuumzustand vor, und die Absorptionsrate (B-25) ist null. Die Emissionsrate (C-4) hat dagegen einen endlichen Wert wegen der Eins, die aus der Umformung $\langle n_i | a_i a_i^\dagger | n_i \rangle = \langle n_i \rangle + 1$ übrig bleibt. Wir stellen also fest, dass ein Atom im angeregten Zustand b, das man ins Photonenvakuum platziert, mit einer gewissen Wahrscheinlichkeit pro Zeiteinheit ein Photon emittieren wird und dabei in das untere Niveau a übergeht. Diesen Prozess nennt man *spontane Emission* oder spontanen Zerfall.

Die erwähnte Eins, die auch in Gl. (C-4) auftritt, ist für alle Moden dieselbe, im Unterschied zu den Mittelwerten $\langle n_i \rangle$, die nur für solche Moden nicht verschwinden, die Photonen enthalten. Weil die Eins keine Richtung und keine Polarisation bevorzugt, können wir ihren Beitrag analog zu einem isotropen Strahlungsfeld behandeln. Die Rechnungen, die zu Gl. (B-28) und Gl. (C-6) führen, bleiben gültig, es ist lediglich die Ersetzung $\langle n(\omega_0) \rangle \mapsto 1$ vorzunehmen. Man erhält auf diese Weise den Ausdruck

$$w_{b\to a}^{\text{spont}} = \frac{\mathcal{D}^2 \omega_0^3}{3\pi\varepsilon_0 \hbar c^3} \tag{C-7}$$

für die spontane Emissionsrate.

Dieses Ergebnis können wir auch wie folgt mit Hilfe von Fermis Goldener Regel (s. Band II, Kapitel XIII, § C-3-b) erhalten. Das System aus Atom und Strahlung befinde sich anfangs im Zustand $|b; 0\rangle$ (das Atom angeregt, das Feld im Vakuumzustand). Dieser diskrete Zustand ist an unendlich viele Endzustände $|a; 1_i\rangle$ (Atom im Grundzustand, ein Photon in der i-ten Mode) gekoppelt. Die Anwendung der Goldenen Regel liefert die Rate (Wahrscheinlichkeit pro Zeiteinheit) für den Übergang von dem diskreten Anfangszustand in das Kontinuum von Endzuständen:

$$w_{b\to a}^{\text{spont}} = \frac{2\pi}{\hbar} \sum_i |\langle a; 1_i | W | b; 0 \rangle|^2 \ \delta(\hbar\omega_i - \hbar\omega_0) \tag{C-8}$$

Dies liefert genau die oben berechnete spontane Emissionsrate. Wir verwenden die Matrixelemente $\langle b; 0 | W | a; 1_i \rangle = \mathrm{i}\mathcal{D}(\mathbf{e}_d \cdot \boldsymbol{\varepsilon}_i)(\hbar\omega_i / 2\varepsilon_0 L^3)^{1/2}$ sowie die Formeln (B-26) und (B-27) und können so Gl. (C-7) wiederfinden.

Die Rate für spontane Emission (C-7) wächst mit der dritten Potenz der Bohr-Frequenz $\omega_0/2\pi$; dies erklärt, warum sie im Radiofrequenzband vernachlässigbar ist und im sichtbaren Bereich relevant wird. Im Ultravioletten bis in den Röntgenbereich wird sie noch größer. Für den Faktor ω_0^3 gibt es zwei Gründe: einerseits das Quadrat der Wurzel $\omega^{1/2}$, mit der die Stärke des quantisierten elektrischen Felds skaliert, und andererseits den Faktor ω^2 in der Dichte der Endzustände der emittierten Photonen.*

* Anm. d. Ü.: Wegen der Energieerhaltung sind diese Faktoren an der Bohr-Frequenz ω_0 der atomaren Resonanz auszuwerten.

Die spontane Emissionsrate $w_{b\to a}^{\text{spont}}$ wird auch als die *natürliche Linienbreite* des angeregten Zustands b bezeichnet und mit Γ notiert. Ihr Inverses ist die *radiative Lebensdauer* τ_{rad} des angeregten Zustands, also die mittlere Zeit, nach der das Atom sich unter Aussendung von Strahlung abregt:

$$\Gamma = w_{b\to a}^{\text{spont}} = \frac{1}{\tau_{\text{rad}}} \tag{C-9}$$

Es ist lehrreich, die Rate $w_{b\to a}^{\text{spont}}$ mit der Bohr-Frequenz ω_0 zu vergleichen. Aus Gl. (C-7) folgt

$$\frac{\Gamma}{\omega_0} = \frac{\mathcal{D}^2\omega_0^2}{3\pi\varepsilon_0\hbar c^3} \tag{C-10}$$

Der Übergangsdipol $\mathcal{D}$ ist von der Größenordnung qa_0 mit der Elektronenladung q und dem Bohrschen Radius a_0. Wir erkennen in der Größe $q^2/(3\pi\varepsilon_0\hbar c)$ bis auf einen Faktor $4/3$ die Sommerfeldsche Feinstrukturkonstante $\alpha \simeq 1/137$ wieder, multipliziert mit $a_0^2\omega_0^2/c^2$ (was etwa das Quadrat aus dem Verhältnis zwischen Atomradius und der Wellenlänge des resonanten Übergangs ist, d. Ü.). Das Produkt $a_0\omega_0$ gibt in etwa die Geschwindigkeit des Elektrons auf der ersten Bohrschen Bahn an, die um den Faktor α kleiner als die Lichtgeschwindigkeit c ist. Deswegen die Skalierung $a_0^2\omega_0^2/c^2 \sim \alpha^2$, so dass wir schließlich erhalten*

$$\frac{\Gamma}{\omega_0} \simeq \alpha^3 \tag{C-11}$$

Die natürliche Linienbreite des angeregten Zustands ist also im Vergleich zu der atomaren Resonanzfrequenz sehr klein. Der atomare Dipol kann daher sehr viele Oszillationen ausführen, bevor seine Energie durch *Strahlungsdämpfung* dissipiert wird. Im sichtbaren Spektralbereich ist die Frequenz $\Gamma/2\pi$ typischerweise von der Ordnung $10\ldots10^3$ MHz (Lebensdauern von $1\ldots100$ ns), während $\omega_0/2\pi \sim 10^{14}\ldots10^{15}$ Hz viel größer ist.

C-4 Einstein-Ratengleichungen und das Planck-Spektrum

Wir wenden uns nun dem Fall zu, dass sich das Strahlungsfeld im thermischen Gleichgewicht bei der Temperatur T befindet (die sogenannte Schwarzkörperstrahlung). In

* Anm. d. Ü.: Als eine weitere Merkregel halten wir die Beobachtung fest, dass die Lichtgeschwindigkeit c, die in der Emissionsrate (C-10) im Nenner auftaucht, in den *natürlichen Einheiten* des Wasserstoffproblems durch das Inverse der Feinstrukturkonstanten α ausgedrückt wird. Da alle anderen Größen in Gl. (C-10) ($\mathcal{D}$ und ω_0) in diesen Einheiten *von der Ordnung eins* sind, folgt sofort die Skalierung (C-11). Weil dieses Verhältnis so klein ist, kann man Elektronen in Atomen als Oszillatoren mit einem sehr hohen *Gütefaktor* $Q = \omega_0/\Gamma$ interpretieren.

diesem Fall ist es üblich, eine andere Notation für die Raten von Absorption und Emission (stimuliert und spontan) zu verwenden, und zwar die *A- und B-Koeffizienten*, die Einstein (1917) eingeführt hat:

$$w_{a\to b}^{\text{abs}} = B_{a\to b}\,, \quad w_{b\to a}^{\text{stim}} = B_{b\to a}\,, \quad w_{b\to a}^{\text{spont}} = A_{b\to a} \tag{C-12}$$

Der Begriff der stimulierten Emission wird von ihm dort zum ersten Mal verwendet.

Wir führen die Besetzungen σ_{bb} und σ_{aa} der Niveaus b und a ein und schreiben ihre Zeitentwicklung in Form von sogenannten Ratengleichungen auf:

$$\begin{aligned} \dot{\sigma}_{bb} &= B_{a\to b}\,\sigma_{aa} - B_{b\to a}\,\sigma_{bb} - A_{b\to a}\,\sigma_{bb} \\ \dot{\sigma}_{aa} &= -B_{a\to b}\,\sigma_{aa} + B_{b\to a}\,\sigma_{bb} + A_{b\to a}\,\sigma_{bb} \end{aligned} \tag{C-13}$$

Die einzelnen Terme geben die Prozesse von Absorption und Emission wieder. So beschreibt etwa in der ersten Zeile von Gl. (C-13) der erste Term $B_{a\to b}\,\sigma_{aa}$, wie das angeregte Niveau b durch die Absorption von Photonen aus dem Zustand a angefüllt wird. Der zweite Term gibt an, wie die Besetzung in b durch stimulierte Emission abnimmt, der dritte die Verluste durch spontanen Zerfall.* Eine analoge Deutung kann man den Termen der zweiten Zeile geben.

Im stationären Regime bestimmen alle diese Prozesse ein (dynamisches) Gleichgewicht, und es gilt

$$\dot{\sigma}_{aa} = \dot{\sigma}_{bb} = 0 \tag{C-14}$$

Die erste Gleichung von (C-13) liefert

$$\sigma_{bb} = \frac{B_{a\to b}}{B_{b\to a} + A_{b\to a}}\,\sigma_{aa} \tag{C-15}$$

Nun dürfen wir erwarten, dass das Verhältnis σ_{bb}/σ_{aa} gemäß dem Gesetz von Boltzmann durch den Faktor $\mathrm{e}^{-\hbar\omega_0/k_\mathrm{B}T}$ gegeben ist (denn $\hbar\omega_0$ ist ja gerade die Energiedifferenz der beiden Zustände). Wir folgern daraus für die Besetzungen σ_{bb} und σ_{aa} im Gleichgewicht den Ausdruck

$$\frac{\sigma_{bb}}{\sigma_{aa}} = \mathrm{e}^{-\hbar\omega_0/k_\mathrm{B}T} = \frac{B_{a\to b}}{B_{b\to a} + A_{b\to a}} = \frac{\langle n(\omega_0)\rangle}{\langle n(\omega_0)\rangle + 1} \tag{C-16}$$

wobei die Ausdrücke für die Emissions- und Absorptionsraten aus § C mit der mittleren Photonenzahl $\langle n(\omega_0)\rangle$ verwendet wurden. Nach dieser Größe umgestellt erhalten wir

$$\langle n(\omega_0)\rangle = \frac{\mathrm{e}^{-\hbar\omega_0/k_\mathrm{B}T}}{1 - \mathrm{e}^{-\hbar\omega_0/k_\mathrm{B}T}} = \frac{1}{\mathrm{e}^{\hbar\omega_0/k_\mathrm{B}T} - 1} \tag{C-17}$$

---

* Anm. d. Ü.: Diesen Term kann man ganz analog zu der Differentialgleichung für den radioaktiven Zerfall verstehen. Die Zahl von Teilchen, die pro Zeit den Zustand b verlassen, ist proportional zur Zerfallsrate und zur Teilchenzahl, also σ_{bb} selbst.

also die Bose-Einstein-Verteilung (s. Ergänzung B_{XV}, § 2-b). In diesem Ausdruck ist die Plancksche Strahlungsformel enthalten: Wenn wir die mittlere Energie pro Mode $\hbar\omega_0\langle n(\omega_0)\rangle$ mit der Modendichte $8\pi\nu_0^2/c^3$ (pro Frequenz $\nu_0 = \omega_0/2\pi$ und pro Volumen) multiplizieren, dann ergibt sich die spektrale Verteilung der elektromagnetischen Energiedichte für die Strahlung eines Schwarzen Körpers:

$$u(\nu_0) = \frac{8\pi h\nu_0^3}{c^3}\frac{1}{\mathrm{e}^{h\nu_0/k_\mathrm{B}T} - 1} \tag{C-18}$$

Wenn also das Strahlungsfeld ein Ensemble von Zweiniveauatomen in den thermischen Gleichgewichtszustand nach Maxwell und Boltzmann bringt, in dem sich Absorption, stimulierte und spontane Emission die Waage halten, dann muss diese Strahlung spektral gemäß der Planck-Formel verteilt sein. Unter genau diesem Gesichtspunkt hat Einstein die hier skizzierten Ratengleichungen verwendet.[9]

D Einphotonprozesse und Korrelationsfunktionen

Die Wahrscheinlichkeiten für die bislang studierten Einphotonprozesse kann man in allgemeiner Weise durch Korrelationsfunktionen für das Atom und das Feld ausdrücken.

D-1 Absorption

Wir kommen auf die Wahrscheinlichkeitsamplitude für den Prozess zurück, in dem das System ausgehend von $|a;\phi_\mathrm{in}^\mathrm{F}\rangle$ (Zeitpunkt $t_i = 0$) zum Zeitpunkt $t_f = \Delta t$ einen Einphotonübergang in den Zustand $|b;\phi_\mathrm{fin}^\mathrm{F}\rangle$ vollzogen hat [vgl. Gl. (B-14)]:

$$\langle\psi_\mathrm{fin}|\overline{U}(t_f,t_i)|\psi_\mathrm{in}\rangle = -\frac{1}{\mathrm{i}\hbar}\int_0^{\Delta t}\mathrm{d}t'\,\langle b|\,\mathbf{D}(t')\,|a\rangle\cdot\langle\phi_\mathrm{fin}^\mathrm{F}|\mathbf{E}_\perp(\mathbf{R},t')|\phi_\mathrm{in}^\mathrm{F}\rangle \tag{D-1}$$

In einem Absorptionsprozess ist die Photonenzahl im Endzustand $|\phi_\mathrm{fin}^\mathrm{F}\rangle$ kleiner als im Anfangszustand $|\phi_\mathrm{in}^\mathrm{F}\rangle$. Nur die positive Frequenzkomponente $\mathbf{E}_\perp^{(+)}$ des Felds (die die Photonenvernichter enthält) kann also zum Matrixelement $\langle\phi_\mathrm{fin}^\mathrm{F}|\mathbf{E}_\perp(\mathbf{R},t')|\phi_\mathrm{in}^\mathrm{F}\rangle$ beitragen. Nehmen wir zunächst an, dass das Strahlungsfeld anfangs nur Photonen mit ei-

9 Einstein hatte um 1917 noch keine Quantentheorie der Strahlung zur Verfügung, so dass seine heuristische Einführung der A- und B-Koeffizienten einer bemerkenswerten Intuition folgte. – Einstein hat sich in seiner Arbeit auch mit der Verteilung der Atome über die möglichen Geschwindigkeiten befasst, die im Gleichgewicht durch die Maxwell-Boltzmann-Verteilung gegeben ist, und dabei die Kräfte berechnet, die beim Austausch von Photonen auf Atome ausgeübt werden (s. Ergänzung A_{XIX}). Eine Würdigung der von Einstein entwickelten Konzepte ist bei Daniel Kleppner (2005) nachzulesen (d. Ü.).

ner gegebenen Polarisation $\boldsymbol{\varepsilon}_{\text{in}}$ enthält; dann können nur die entsprechend polarisierten Moden im Matrixelement auftreten. Die Polarisationskomponente entlang $\boldsymbol{\varepsilon}_{\text{in}}$ erhalten wir über ein komplexes Skalarprodukt mit $\boldsymbol{\varepsilon}_{\text{in}}^*$, so dass sich die Amplitude

$$\langle \psi_{\text{fin}}|\overline{U}(\Delta t, 0)|\psi_{\text{in}}\rangle = -\frac{1}{\mathrm{i}\hbar}\int_0^{\Delta t} \mathrm{d}t' \, \langle b|\, \boldsymbol{\varepsilon}_{\text{in}} \cdot \mathbf{D}(t')\,|a\rangle \, \langle \phi^{\text{F}}_{\text{fin}}|\boldsymbol{\varepsilon}^*_{\text{in}} \cdot \mathbf{E}^{(+)}_{\perp}(\mathbf{R}, t')|\phi^{\text{F}}_{\text{in}}\rangle \tag{D-2}$$

ergibt.

Die Wahrscheinlichkeit $\mathscr{P}^{\text{abs}}_{a\to b}(\Delta t)$ für diesen Absorptionsprozess ist somit

$$\begin{aligned}\mathscr{P}^{\text{abs}}_{a\to b}(\Delta t) = \frac{1}{\hbar^2}&\int_0^{\Delta t} \mathrm{d}t' \, \langle a|\, \boldsymbol{\varepsilon}^*_{\text{in}} \cdot \mathbf{D}(t')\,|b\rangle \, \langle \phi^{\text{F}}_{\text{in}}|\boldsymbol{\varepsilon}_{\text{in}} \cdot \mathbf{E}^{(-)}_{\perp}(\mathbf{R}, t')|\phi^{\text{F}}_{\text{fin}}\rangle \\ \times &\int_0^{\Delta t} \mathrm{d}t'' \, \langle b|\, \boldsymbol{\varepsilon}_{\text{in}} \cdot \mathbf{D}(t'')\,|a\rangle \, \langle \phi^{\text{F}}_{\text{fin}}|\boldsymbol{\varepsilon}^*_{\text{in}} \cdot \mathbf{E}^{(+)}_{\perp}(\mathbf{R}, t'')|\phi^{\text{F}}_{\text{in}}\rangle\end{aligned} \tag{D-3}$$

Wir fragen nun nach der Wahrscheinlichkeit dafür, dass die Absorption das Atom in irgendeinen Endzustand b (orthogonal zu a) führt und das Feld in irgendeinen Zustand. Wir haben dazu über b sowie über die Endzustände $|\phi^{\text{F}}_{\text{fin}}\rangle$ des Felds zu summieren. Es entstehen auf diese Weise zwei Vollständigkeitsrelationen, eine im Zustandsraum des Atoms[10] und eine im Fock-Raum für das Feld. Der voranstehende Ausdruck vereinfacht sich dann zu*

$$\sum_{b,\phi^{\text{F}}_{\text{fin}}} \mathscr{P}^{\text{abs}}_{a\to b}(\Delta t) = \frac{1}{\hbar^2}\int_0^{\Delta t} \mathrm{d}t' \int_0^{\Delta t} \mathrm{d}t'' \, G_{\text{A}}(t'', t')\, G^{\text{N}}_{\text{F}}(t', t'') \tag{D-4}$$

unter Verwendung der Definitionen

$$G_{\text{A}}(t'', t') = \langle a|\left[\boldsymbol{\varepsilon}^*_{\text{in}} \cdot \mathbf{D}(t')\right]\left[\boldsymbol{\varepsilon}_{\text{in}} \cdot \mathbf{D}(t'')\right]|a\rangle \tag{D-5}$$

$$G^{\text{N}}_{\text{F}}(t', t'') = \langle \phi^{\text{F}}_{\text{in}}|\left[\boldsymbol{\varepsilon}_{\text{in}} \cdot \mathbf{E}^{(-)}_{\perp}(\mathbf{R}, t')\right]\left[\boldsymbol{\varepsilon}^*_{\text{in}} \cdot \mathbf{E}^{(+)}_{\perp}(\mathbf{R}, t'')\right]|\phi^{\text{F}}_{\text{in}}\rangle \tag{D-6}$$

Die hier definierten Größen sind die Korrelationsfunktion des atomaren Dipols und die des elektrischen Felds, die letztere in Normalordnung.

10 Die Summe über b darf den Ausgangszustand a durchaus enthalten, wenn man berücksichtigt, dass der Mittelwert des Dipoloperators (das diagonale Matrixelement) in diesem Zustand verschwindet. Dies kann man mit einem Paritätsargument beweisen.

* Anm. d. Ü.: Die Reihenfolge der Zeitargumente in $G_{\text{A}}(t'', t')$ entspricht der Konvention für eine antinormal geordnete Korrelation aus Ergänzung B_{XVI}. In der Tat erzeugt der in Gl. (D-5) ganz rechts stehende Operator $\mathbf{D}(t'')$ aus dem Grundzustand a des Atoms den angeregten Zustand b.

Im allgemeinen Fall wird der Zustand des Felds mehrere Polarisationen enthalten. Dann treten in dem Ausdruck (D-1) die Matrixelemente

$$\sum_{j=x,y,z} \langle b|\, D_j(t')\,|a\rangle\, \langle \phi^{\mathrm{F}}_{\mathrm{fin}}|E_j(\mathbf{R},t')|\phi^{\mathrm{F}}_{\mathrm{in}}\rangle \tag{D-7}$$

mit den kartesischen Komponenten

$$D_j(t) = \mathbf{e}_j \cdot \mathbf{D}(t) \quad \text{und} \quad E_j(\mathbf{R},t) = \mathbf{e}_j \cdot \mathbf{E}_\perp(\mathbf{R},t) \tag{D-8}$$

bezüglich der drei Einheitsvektoren $\mathbf{e}_j$ $(j = x, y, z)$ auf. Aus der Wahrscheinlichkeit (D-4) wird dann

$$\sum_{b,\phi^{\mathrm{F}}_{\mathrm{fin}}} \mathscr{P}^{\mathrm{abs}}_{a\to b}(\Delta t) = \sum_{j,j'=x,y,z} \frac{1}{\hbar^2} \int_0^{\Delta t} \mathrm{d}t' \int_0^{\Delta t} \mathrm{d}t''\, G^{j'j}_{\mathrm{A}}(t'',t')\, G^{jj'}_{\mathrm{F}}(t',t'') \tag{D-9}$$

mit den neun Dipol- und neun Feldkorrelationsfunktionen:

$$\begin{aligned} G^{j'j}_{\mathrm{A}}(t'',t') &= \langle a|\left[\mathbf{e}_j \cdot \mathbf{D}(t')\right]\left[\mathbf{e}_{j'} \cdot \mathbf{D}(t'')\right]|a\rangle \\ G^{jj'}_{\mathrm{F}}(t',t'') &= \langle \phi^{\mathrm{F}}_{\mathrm{in}}|\left[\mathbf{e}_j \cdot \mathbf{E}^{(-)}_\perp(\mathbf{R},t')\right]\left[\mathbf{e}_{j'} \cdot \mathbf{E}^{(+)}_\perp(\mathbf{R},t'')\right]|\phi^{\mathrm{F}}_{\mathrm{in}}\rangle \end{aligned} \tag{D-10}$$

Wir erhalten hier zwei Korrelationstensoren, was das Aufschreiben der Gleichungen ein wenig umständlicher macht, aber die Ergebnisse nicht wesentlich ändert.

D-2 Emission

Die Rechnungen für diese Prozesse, ob stimuliert oder spontan, kann man ähnlich durchführen. Der wesentliche Unterschied besteht darin, die Operatoren $\mathbf{E}^{(+)}_\perp$ und $\mathbf{E}^{(-)}_\perp$ zu vertauschen. Es treten dann antinormal geordnete Feldkorrelationen auf. Außerdem muss man die allgemeinere Formel (D-9) verwenden, denn bei der spontanen Emission ist keine Polarisation von vornherein ausgezeichnet.

E Photonenstreuung an Atomen

Wir betrachten nun Prozesse der Photonenstreuung, in denen der Anfangszustand ein einfallendes Photon sowie ein Atom im Niveau a enthält, während sich das Atom im Endzustand erneut in a befindet, das einfallende Photon aber durch ein anderes ersetzt worden ist. In diesem Prozess treten zwei Photonen auf, weil eines verschwindet und ein anderes erzeugt wird.

E-1 Elastische Streuung

Wie in den vorigen Abschnitten behandeln wir die Position des Atoms als Ganzes klassisch. Es ist unbeweglich im Ursprung de Koordinatensystems fixiert (man beachte allerdings die Bemerkung auf S. 2160). Der Anfangszustand des Systems aus Atom und Feld zum Zeitpunkt t_i enthält ein Atom im Niveau a und ein Photon in der i-ten Mode mit Wellenvektor $\mathbf{k}_i$, Polarisation $\boldsymbol{\varepsilon}_i$ und Frequenz ω_i (die Strahlung ist somit monochromatisch):

$$|\psi_{\text{in}}\rangle = |a; \mathbf{k}_i, \boldsymbol{\varepsilon}_i\rangle \quad \text{mit der Energie} \quad E_{\text{in}} = E_a + \hbar\omega_i \tag{E-1}$$

Zum Endzeitpunkt t_f ist das Photon $(\mathbf{k}_i, \boldsymbol{\varepsilon}_i)$ verschwunden, und es ist ein Photon $(\mathbf{k}_f, \boldsymbol{\varepsilon}_f)$ mit Wellenvektor $\mathbf{k}_f$ und Polarisation $\boldsymbol{\varepsilon}_f$ entstanden. Der Endzustand des Systems ist somit

$$|\psi_{\text{fin}}\rangle = |a; \mathbf{k}_f, \boldsymbol{\varepsilon}_f\rangle \quad \text{mit der Energie} \quad E_{\text{fin}} = E_a + \hbar\omega_f \tag{E-2}$$

Aus der Erhaltung der Gesamtenergie folgt $\omega_f = \omega_i$. Die Streuung findet also ohne eine Frequenzänderung statt und wird deswegen *elastische Streuung* genannt. Wir werden in § E-3 einen Fall betrachten, in dem der Endzustand des Atoms ein anderer ist. Die Streuung wird dann *Raman-Streuung* genannt.

Weil der Operator der elektrischen Dipolwechselwirkung aus Gl. (A-24) die Photonenzahl nur um eins ändern kann, muss ein weiterer Quantenzustand an dem Prozess beteiligt sein, den wir einen *Etappenzustand* nennen wollen.* In diesem Zustand besetzt das Atom ein Niveau c und das Strahlungsfeld einen anderen als den Anfangszustand. Die führende Ordnung in der Störungsreihe (A-12), die zur Streuamplitude beitragen kann, muss dann quadratisch in der Wechselwirkung W sein.

E-1-a Zwei Arten von Etappenzuständen

Weil die Photonenstreuung ein Prozess zweiter Ordnung ist, sind zwei Arten von Prozessen mit verschiedenen Etappenzuständen möglich, die wir mit (α) und (β) nummerieren. Im Prozess (α) wird das $(\mathbf{k}_i, \boldsymbol{\varepsilon}_i)$-Photon absorbiert, *bevor* das $(\mathbf{k}_f, \boldsymbol{\varepsilon}_f)$-Photon emittiert wird. Im anderen Fall der (β)-Prozesse wird zuerst das $(\mathbf{k}_f, \boldsymbol{\varepsilon}_f)$-Photon emittiert und dann das $(\mathbf{k}_i, \boldsymbol{\varepsilon}_i)$-Photon absorbiert. Im ersten Fall ist der Etappenzustand $|\psi^{\alpha}_{\text{virt}}\rangle = |c; 0\rangle$ mit einem virtuellen Niveau c für das Atom und dem Vakuumzustand $|0\rangle$ für das Feld, denn das anfangs vorhandene Photon ist ja absorbiert worden. Die Energie dieses Zustands ist $E^{\alpha}_{\text{virt}} = E_c$. In einem Prozess vom Typ (β) enthält der Etappenzustand $|\psi^{\beta}_{\text{virt}}\rangle = |c; \mathbf{k}_i, \boldsymbol{\varepsilon}_i; \mathbf{k}_f, \boldsymbol{\varepsilon}_f\rangle$ zwei Photonen; seine Energie ist $E^{\beta}_{\text{virt}} = E_c + \hbar\omega_i + \hbar\omega_f$. In Abb. 2 und Abb. 3 werden zwei verschiedene Diagramme skizziert, mit denen man diese Prozesse darstellen kann.

Die Darstellung in Abb. 2 verwendet waagerechte Striche für die Energieniveaus des Atoms. Ein aufsteigender Pfeil bedeutet eine Absorption, während die Emission durch einen absteigenden Pfeil dargestellt wird. Der Vorteil dieser Darstellung besteht darin, dass sie die Energiedifferenz zwischen dem Anfangszustand und dem

* Anm. d. Ü.: In der Literatur wird häufig der Begriff des *virtuellen Niveaus* verwendet, deswegen steht im Folgenden der Index virt.

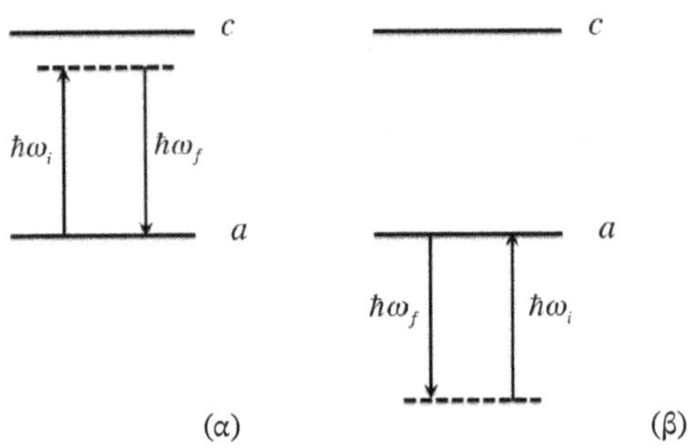

Abb. 2: Erste diagrammatische Darstellung von Photonenstreuung und der (α) und (β)-Prozesse mit Hilfe von Energieniveaus. Die beiden Prozesse unterscheiden sich in der zeitlichen Reihenfolge von Absorption des einfallenden und Emission des gestreuten Photons. Die aufsteigenden (absteigenden) Pfeile meinen ein elementares Ereignis der Absorption (Emission) eines Photons. Die gestrichelten horizontalen Linien machen sichtbar, dass die beiden Pfeile dieselbe Länge (dieselbe Energie) haben. An ihnen ist abzulesen, welche Energiedifferenzen in den Ausdrücken (E-4), (E-5) für die Übergangsamplitude im Nenner auftreten.

Etappenzustand veranschaulicht. Im (α)-Prozess beträgt diese Differenz $E_{\text{in}} - E^{\alpha}_{\text{virt}} = E_a + \hbar\omega_i - E_c$, während im (β)-Prozess der Ausdruck $E_{\text{in}} - E^{\beta}_{\text{virt}} = E_a - \hbar\omega_f - E_c$ auftritt. Man kann sie an dem vertikalen Abstand zwischen dem atomaren Etappenniveau c und der gestrichelten Linie ablesen. Es ist zu sehen, dass diese beiden Niveaus im (α)-Prozess zusammenfallen, wenn das einfallende Photon auf dem Übergang $a \leftrightarrow c$ resonant absorbiert werden kann. Es gilt dann $E_a + \hbar\omega_i = E_c$; wir werden uns diesen Fall weiter unten genauer ansehen (§ E-2).

Die Darstellung in Abb. 3 verwendet Linien mit Pfeilen, um die Impulse der an dem Prozess beteiligten Teilchen zu symbolisieren. Trifft ein gewellter Pfeil auf eine senkrechte, durchgezogene Linie, wird damit eine Absorption dargestellt; eine Emission wird durch einen auslaufenden gewellten Pfeil symbolisiert, der von der senkrechten Linie abzweigt. Das Diagramm wird von unten nach oben gelesen, und die Symbole an den Pfeilen bezeichnen die Zustände des Atoms und die Moden der Photonen im Anfangs-, Etappen- und Endzustand. Im (α)-Prozess ist im Etappenzustand (mittlerer Bereich des Diagramms) kein Photon vorhanden, während dieser im (β)-Prozess beide Photonen, das einfallende und das gestreute, enthält.*

* Anm. d. Ü.: Seit R. P. Feynman um 1949 derartige Diagramme erfand, um die Terme der Störungsreihe graphisch darzustellen (Feynman und Hibbs, 1965), haben sich die Kunstworte *diagrammatische Darstellung* und sogar *Diagrammatik* etabliert. Wir halten fest, dass die Linien und Pfeile die *Impulse* der Teilchen symbolisieren und weder im Ortsraum noch in der Raumzeit zu verstehen sind. Die Impulserhaltung kommt durch die phasenkohärente Überlagerung der beteiligten Wellen zustande, was man in der nichtlinearen Optik mit dem Begriff der *Phasenanpassung* (engl.: *phase matching*) wiedergibt.

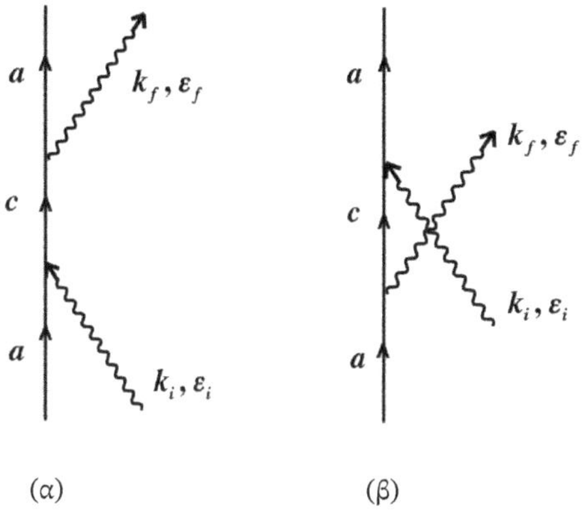

Abb. 3: Ein anderer Satz von Diagrammen für die Streuprozesse (α) und (β). Die Diagramme sind von unten nach oben zu lesen. Die einlaufenden Pfeile beschreiben die anfangs vorhandenen Teilchen (durchgezogen für das Atom, wellig für das Photon). Die Buchstaben geben die entsprechenden Quantenzahlen an (atomares Niveau, Wellenvektor und Polarisation des Photons). Ein Photon wird absorbiert, wenn seine Wellenlinie an einer Atomlinie endet; in diesem Punkt (auch *Vertex* genannt) wechselt das Atom seinen Zustand (von *a* nach *c*). Die auslaufenden Pfeile beschreiben die im Endzustand vorhandenen Teilchen.

E-1-b Berechnung der Streuamplitude

Die Streuamplitude berechnen wir in ähnlicher Weise wie oben. Die Rechnung ist fast identisch zu der für die Zweiphotonabsorption, die wir im Detail in Ergänzung A_{XX}, § 1 vorstellen. Wir werden sie hier also nicht explizit ausführen, sondern lediglich die Unterschiede zu der genannten Ergänzung angeben (die an mehr Einzelheiten interessierte Leserin ist eingeladen, dort nachzulesen). Für unser Problem liefern die Formeln (13) und (14) aus A_{XX} als Streuamplitude den Ausdruck

$$\begin{aligned}\langle\psi_{\text{fin}}|\bar{U}(t_f, t_i)|\psi_{\text{in}}\rangle &= -2\pi\mathrm{i}\left[A^{\alpha}_{fi}(E_{\text{in}}) + A^{\beta}_{fi}(E_{\text{in}})\right]\,\delta^{(\Delta t)}(E_{\text{fin}} - E_{\text{in}})\\ &= -2\pi\mathrm{i}\left[A^{\alpha}_{fi}(E_{\text{in}}) + A^{\beta}_{fi}(E_{\text{in}})\right]\,\delta^{(\Delta t)}(\hbar\omega_f - \hbar\omega_i)\end{aligned} \tag{E-3}$$

Hier haben wir zwei Wahrscheinlichkeitsamplituden eingeführt:

$$\begin{aligned}A^{\alpha}_{fi}(E_{\text{in}}) &= \sum_{|\psi^{\alpha}_{\text{virt}}\rangle} \frac{\langle\psi_{\text{fin}}|\mathbf{D}\cdot\mathbf{E}^{(-)}|\psi^{\alpha}_{\text{virt}}\rangle\langle\psi^{\alpha}_{\text{virt}}|\mathbf{D}\cdot\mathbf{E}^{(+)}|\psi_{\text{in}}\rangle}{E_{\text{in}} - E^{\alpha}_{\text{virt}}}\\ &= \frac{\hbar\sqrt{\omega_i\omega_f}}{2\varepsilon_0 L^3}\sum_c \frac{\langle a|\boldsymbol{\varepsilon}^*_f\cdot\mathbf{D}|c\rangle\,\langle c|\boldsymbol{\varepsilon}_i\cdot\mathbf{D}|a\rangle}{E_a + \hbar\omega_i - E_c}\end{aligned} \tag{E-4}$$

$$\begin{aligned}A^{\beta}_{fi}(E_{\text{in}}) &= \sum_{|\psi^{\beta}_{\text{virt}}\rangle} \frac{\langle\psi_{\text{fin}}|\mathbf{D}\cdot\mathbf{E}^{(+)}|\psi^{\beta}_{\text{virt}}\rangle\langle\psi^{\beta}_{\text{virt}}|\mathbf{D}\cdot\mathbf{E}^{(-)}|\psi_{\text{in}}\rangle}{E_{\text{in}} - E^{\beta}_{\text{virt}}}\\ &= \frac{\hbar\sqrt{\omega_i\omega_f}}{2\varepsilon_0 L^3}\sum_c \frac{\langle a|\boldsymbol{\varepsilon}_i\cdot\mathbf{D}|c\rangle\,\langle c|\boldsymbol{\varepsilon}^*_f\cdot\mathbf{D}|a\rangle}{E_a - \hbar\omega_f - E_c}\end{aligned} \tag{E-5}$$

Die beiden Amplituden $A^{\alpha}_{fi}(E_{\text{in}})$ und $A^{\beta}_{fi}(E_{\text{in}})$ entsprechen den oben eingeführten Prozessen, und in sie gehen zwei verschiedene virtuelle Niveaus ein. In Gleichung (E-3) drückt die δ-Funktion die Energieerhaltung aus, und wir haben $E_{\text{fin}} - E_{\text{in}} = \hbar(\omega_f - \omega_i)$ verwendet. Um die Ausdrücke (E-4) und (E-5) aufzuschreiben, haben wir in Ergänzung A_{XX}, Gl. (13) für die Wechselwirkung W die Ersetzungen (A-30) und (A-31) vorgenommen, je nachdem ob es sich um einen Absorptions- oder Emissionsprozess handelt. Im Zähler von Gl. (E-4) wird so der Operator $\mathbf{E}^{(+)}$ als erstes angewendet, der das einfallende Photon „absorbiert", bevor der Operator $\mathbf{E}^{(-)}$ das gestreute Photon erzeugt. Dies ist die natürliche Reihenfolge für einen (α)-Prozess.* Die beiden Operatoren $\mathbf{E}^{(+)}$ und $\mathbf{E}^{(-)}$ stehen in Gl. (E-5) in der umgekehrten Reihenfolge, wie es für den Prozess (β) zu erwarten ist. Die Vorfaktoren $\sqrt{\omega_i \omega_f}$ in der jeweils zweiten Zeile entstehen aus der Modenentwicklung (A-27) des elektrischen Feldes (mit dem Quantisierungsvolumen L^3). Man würde hier auch einen Faktor $\sqrt{n_i n_f}$ erhalten, wenn im Anfangs- und Endzustand jeweils n_i und n_f Photonen enthalten wären, – wir haben hier der Einfachheit halber den Fall $n_i = n_f = 1$ betrachtet.

E-1-c Semiklassische Interpretation

Die elastische Streuung kann man auch mit einem semiklassischen Modell behandeln, in dem allein die Energieniveaus des Atoms quantisiert sind; das einfallende Licht wird als klassische elektromagnetische Welle mit Frequenz ω_i beschrieben. Diese Welle induziert in dem Atom einen mit derselben Frequenz schwingenden Dipol, der in den ganzen Raum eine Kugelwelle abstrahlt, die an derselben Frequenz oszilliert.

Mit diesem Modell kann man auch in einfacher Weise die Absorption des einfallenden Strahls verstehen (s. die Diskussion am Ende von § C-2). In Vorwärtsrichtung interferieren das einfallende und das vom induzierten Dipole gestreute Feld in destruktiver Weise. Ebenso kann man dieses Modell heranziehen, um die Verstärkung des einfallenden Strahls durch stimulierte Emission eines atomaren Mediums zu verstehen, dessen Besetzungen *invertiert* sind (es gilt dann $\sigma_{bb} > \sigma_{aa}$, wobei σ_{bb} die Besetzung des angeregten Zustands ist). In diesem Fall hat der induzierte Dipol nämlich das andere Vorzeichen und die Interferenz in Vorwärtsrichtung wird eine konstruktive.

E-1-d Rayleigh-Streuung

Nehmen wir an, dass die Frequenz ω_i der einfallenden Strahlung im Vergleich zu allen atomaren Resonanzen $|E_c - E_a|/\hbar$ sehr klein ist. Dann dürfen wir ω_i und ω_f in den Nennern von Gl. (E-4) und (E-5) vernachlässigen. Die Frequenzabhängigkeit der Streu-

* Anm. d. Ü.: Wir erinnern daran, dass in der Störungsreihe (A-12) die Wechselwirkungen von rechts nach links in chronologischer Reihenfolge stehen. Deswegen stimmt die zeitliche Abfolge mit dem Hintereinander-Anwenden der Operatoren überein.

amplituden entsteht dann allein durch den Vorfaktor, für den $\sqrt{\omega_i \omega_f} = \omega_i$ gilt, weil die Streuung elastisch ist. Der Streuquerschnitt ist proportional zum Betragsquadrat der Streuamplitude (das mit ω_i^2 skaliert) und zur Dichte der Endzustände des Strahlungsfelds, die an der Frequenz $\omega_f = \omega_i$ auch mit ω_i^2 skaliert. Somit ist der Streuquerschnitt proportional zu ω_i^4 und für blaues Licht viel größer als für rotes.

Man spricht bei elastischer Streuung von *Rayleigh-Streuung*, wenn die Bedingung $\omega_i \ll |E_c - E_a|/\hbar$ erfüllt ist. Sie erklärt die spektrale Verteilung, die bei der Streuung des Sonnenlichts an Sauerstoff- und Stickstoffmolekülen der Atmosphäre entsteht. Deren Resonanzen liegen im Ultravioletten, also bei viel höheren Frequenzen als im Sichtbaren. Die rasche Variation des Streuquerschnitts der Rayleigh-Streuung mit der Frequenz ist ein Grund dafür, dass der Himmel blau ist.

E-2 Resonanzstreuung

Wir betrachten hier den Fall, dass das einfallende Photon mit seiner Frequenz ω_i dicht an der Resonanzfrequenz

$$\omega_{ca} = (E_c - E_a)/\hbar \tag{E-6}$$

des Übergangs $a \leftrightarrow c$ in den energetisch höher liegenden Zustand c ist. Das Photon wird dann resonant absorbiert, und die Amplitude (E-4) für den (α)-Prozess wird sehr groß, wenn man c als Etappenzustand nimmt, – sie divergiert sogar, wenn die Resonanzbedingung $\omega_i = \omega_{ca}$ exakt erfüllt ist. In diesem Fall dürfen wir alle Prozesse vom Typ (β) vernachlässigen, und selbst wenn es noch weitere möglichen Etappenzustände c', … im Atom geben sollte, kann man sich innerhalb der (α)-Prozesse auf den Beitrag des Übergangs $a \leftrightarrow c$ konzentrieren.*

Um die Schwierigkeiten wegen der Divergenz von Gl. (E-4) an der Resonanz zu umgehen, bietet es sich an, den exakten Ausdruck (A-14) für den Zeitentwicklungsoperator zu verwenden. Während die bislang verwendete Formel (A-12) eine Störungsreihe mit unendlich vielen Termen ist, enthält die exakte nur drei Terme; von diesen spielt der letzte eine Rolle für die Photonenstreuung, weil nur er ein Photon vernichten und eines erzeugen kann. Man erhält auf diese Weise

$$\begin{aligned}&\langle \psi_{\text{fin}} | U(t_f, t_i) | \psi_{\text{in}} \rangle \\ &= \left(\frac{1}{\text{i}\hbar}\right)^2 \int_{t_i}^{t_f} \text{d}t \int_{t_i}^{t} \text{d}t' \, \langle \psi_{\text{fin}} | U_0(t_f, t) \, W \, U(t, t') W \, U_0(t', t_i) | \psi_{\text{in}} \rangle\end{aligned} \tag{E-7}$$

Hier steht $U(t, t')$ in der Mitte des Matrixelements, also nicht die freie Zeitentwicklung $U_0(t, t')$. Wenn man ganz rechts mit dem Zustand $|\psi_{\text{in}}\rangle = |a; \mathbf{k}_i, \boldsymbol{\varepsilon}_i\rangle$ beginnt, dann

* Anm. d. Ü.: Wir erinnern daran, dass in den Amplituden (E-4 und E-5) über die virtuellen Niveaus summiert wird; die Resonanzbedingung (E-6) greift aus dieser Summe den größten Term heraus.

führt im (α)-Prozess die rechts stehende Wechselwirkung W in Gl. (E-7) als Absorption auf den Zustand $|c;0\rangle$; arbeitet man umgekehrt von links nach rechts, dann wird aus $\langle\psi_{\text{fin}}| = |\langle a;\mathbf{k}_f,\boldsymbol{\varepsilon}_f|$ durch die linke Wechselwirkung W als Emission ebenfalls der Zustand $\langle c;0|$. Die Gleichung (E-7) kann man also auf die Form

$$\langle\psi_{\text{fin}}|U(t_f,t_i)|\psi_{\text{in}}\rangle^{(\alpha)} = \left(\frac{1}{\mathrm{i}\hbar}\right)^2 \int_{t_i}^{t_f}\mathrm{d}t\int_{t_i}^{t}\mathrm{d}t'\,\langle a;\mathbf{k}_f,\boldsymbol{\varepsilon}_f|U_0(t_f,t)\,W|c;0\rangle \times \langle c;0|U(t,t')|c;0\rangle\langle c;0|W\,U_0(t',t_i)|a;\mathbf{k}_i,\boldsymbol{\varepsilon}_i\rangle \tag{E-8}$$

bringen, wobei der Index (α) auf der linken Seite an den durch die Resonanzbedingung herausgegriffenen Etappenzustand erinnert. Hätten wir die gewöhnliche Störungstheorie in zweiter Ordnung verwendet, dann würde in der Mitte das Matrixelement $\langle c;0|U_0(t,t')|c;0\rangle = \exp(-\mathrm{i}E_c(t-t')$ stehen. Mit der exakten Zeitentwicklung erhalten wir $\langle c;0|U(t,t')|c;0\rangle$, also die Wahrscheinlichkeitsamplitude, dass sich das System zum Zeitpunkt t immer noch in demselben Zustand $|c;0\rangle$ befindet, in dem es bei t' begann. Diese Amplitude beschreibt nichts anderes als den Zerfall des angeregten Zustands c durch spontane Emission eines Photons. In diesem Prozess ist der diskrete Zustand $|c;0\rangle$ an ein Kontinuum von Endzuständen $|a;\mathbf{k},\boldsymbol{\varepsilon}\rangle$ gekoppelt, die das Atom im Grundzustand und ein Photon mit irgendeinem Wellenvektor $\mathbf{k}$ und Polarisation $\boldsymbol{\varepsilon}$ beschreiben. In Band II, Ergänzung $\mathrm{D}_{\mathrm{XIII}}$, § 4 haben wir gezeigt, dass man eine Lösung der Schrödinger-Gleichung für die *Überlebensamplitude* $\langle c;0|U(t,t')|c;0\rangle$ angeben kann, die für lange Zeiten gültig ist (und nicht nur für kurze, wie es für störungstheoretische Ergebnisse der Fall ist). Diese Lösung lautet

$$\langle c;0|U(t,t')|c;0\rangle = \exp\left[-\mathrm{i}(E_c+\delta E_c)(t-t')/\hbar\right]\exp\left[-\Gamma_c(t-t')/2\right] \tag{E-9}$$

wobei δE_c die Energieverschiebung des Zustands $|c;0\rangle$ durch die erwähnte Kopplung an das Kontinuum ist.[11] Die Größe Γ_c gibt die natürliche Linienbreite des angeregten Zustands c an (ihr Inverses ist die radiative Lebensdauer dieses Zustands). Wir nehmen in der Folge an, dass die Verschiebung δE_c mit der Definition der Energie E_c kombiniert wird.

Die Rechnung mit der exakten Zeitentwicklung führt also auf ein sehr einfaches Ergebnis. Es genügt, in den Rechnungen für die Streuamplitude die Energie E_c durch eine komplexe Größe zu ersetzen:

$$E_c \;\mapsto\; E_c - \mathrm{i}\hbar\Gamma_c/2 \tag{E-10}$$

Mit dieser Vorschrift erhält man für die Streuamplitude, wenn nur die Amplitude (E-4) mit dem virtuellen Niveau c berücksichtigt wird,

$$\overline{A}_{fi}(E_{\text{in}}) = \frac{\hbar\omega_i}{2\varepsilon_0 L^3}\,\frac{\langle a|\boldsymbol{\varepsilon}_f^*\cdot\mathbf{D}|c\rangle\langle c|\boldsymbol{\varepsilon}_i\cdot\mathbf{D}|a\rangle}{\hbar(\omega_i-\omega_{ca}+\mathrm{i}\Gamma_c/2)} \tag{E-11}$$

---

11 Diese Verschiebung hängt mit der *Lamb-Verschiebung* der angeregten Zustände eines Atoms zusammen.

Sie divergiert nicht mehr an der Resonanz $\omega_i = \omega_{ca}$: Wenn man die Photonenfrequenz ω_i durchstimmt, dann zeigt diese Streuamplitude ein resonantes Maximum mit einer Breite von der Ordnung Γ_c.

E-3 Inelastische Streuung. Raman-Streuung

Wir wenden uns nun Streuprozessen zu, in denen ein Photon absorbiert und ein anderes emittiert wird, das Atom aber in einen Endzustand a' übergeht, der sich von dem Anfangszustand a unterscheidet.

E-3-a Unterschiede zur elastischen Streuung

In Abb. 4 zeigen wir beispielhaft ein Diagramm für einen derartigen Prozess, den man *Raman-Streuung* nennt: Das einfallende und das emittierte Photon haben dann nicht dieselbe Energie.[12] Der Anfangszustand für die Streuung ist derselbe wie oben, $|\psi_{\text{in}}\rangle = |a; \mathbf{k}_i, \boldsymbol{\varepsilon}_i\rangle$, mit der Energie $E_{\text{in}} = E_a + \hbar\omega_i$. Dagegen ist der Endzustand nun $|\psi_{\text{fin}}\rangle = |a'; \mathbf{k}_f, \boldsymbol{\varepsilon}_f\rangle$ mit $a' \neq a$ und der Energie $E_{\text{fin}} = E_{a'} + \hbar\omega_f$. Die Erhaltung der Gesamtenergie bedeutet hier

$$E_a + \hbar\omega_i = E_{a'} + \hbar\omega_f \tag{E-12}$$

Man unterscheidet zwei Fälle. Für $E_{a'} > E_a$ spricht man von *Raman-Stokes-Streuung*, das gestreute Photon hat dann eine kleinere Energie als das einfallende Photon (s. Abb. 4). Ist umgekehrt $E_{a'} < E_a$, nennt man die Streuung *Raman-Anti-Stokes*, und das gestreute Photon liegt in der Frequenz oberhalb des einfallenden. Da wir hier annehmen, dass die Mode $(\mathbf{k}_f, \boldsymbol{\varepsilon}_f)$ unbesetzt ist, entsteht das gestreute Photon aufgrund von spontaner Emission. Man spricht deswegen von *spontaner Raman-Streuung*. Wir werden weiter unten auch den Fall betrachten, dass Photonen in der Mode $(\mathbf{k}_f, \boldsymbol{\varepsilon}_f)$ vorhanden sind: Dann liegt *stimulierte Raman-Streuung* vor.

Das gestreute Licht unterscheidet sich wegen Gl. (E-12) von dem einfallenden Licht um eine (Winkel-)Frequenz $\omega_{aa'} = (E_a - E_{a'})/\hbar$, was die Resonanzfrequenz des atoma-

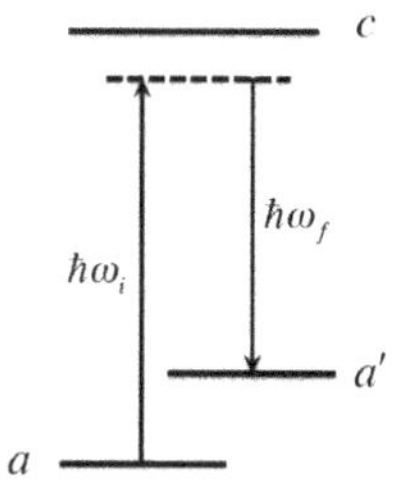

Abb. 4: Raman-Streuung: Ein Photon mit der Energie $\hbar\omega_i$ wird von einem Atom im Zustand a absorbiert, dann emittiert das Atom spontan ein Photon $\hbar\omega_f$ und fällt in den Zustand a' mit einer anderen Energie zurück.

12 Abbildung 4 zeigt nur einen Prozess vom Typ (α), in dem das einfallende Photon als erstes absorbiert wird.

ren Übergangs $a \leftrightarrow a'$ ist. Aus dem Spektrum der Raman-Streuung können wir also die Eigenfrequenzen des streuenden Objekts ablesen: Dies ist das Prinzip der *Raman-Spektroskopie*. Sie wird häufig in der Molekülphysik verwendet, und die Zustände a, a' sind Vibrations- oder Rotationszustände im elektronischen Grundzustand; die Frequenzen $\omega_{aa'}/2\pi$ fallen dann in das Mikrowellen- oder Infrarot-Band. Statt diese Frequenzen direkt zu spektroskopieren (was in diesem Spektralband auf Schwierigkeiten in der Detektion führen würde), ist es in der Tat bequemer, das System mit Licht im sichtbaren oder ultravioletten Bereich zu beleuchten und die Resonanzen $\omega_{aa'}$ indirekt durch die *Raman-Verschiebung*, also die Frequenzänderung des gestreuten Lichts zu vermessen. Die Verwendung von Laserquellen mit ihren hohen Intensitäten macht die Raman-Spektroskopie zu einer sehr empfindlichen Methode. Man kann die Nachweisempfindlichkeit noch weiter steigern, indem man einen Laserstrahl auf ein kleines Volumen fokussiert. Die spektrale Analyse des gestreuten Lichts wird so zu einem leistungsfähigen Werkzeug, um die lokale chemische Zusammensetzung eines beliebigen streuenden Mediums aufzuklären, weil das Spektrum „Fingerabdrücke" eines jeden Moleküls mit seinen charakteristischen Vibrations- und Rotationsübergängen enthält.

Wir haben uns zur Vereinfachung auf die Diskussion der Raman-Streuung durch Atome oder Moleküle in der verdünnten Phase beschränkt. Alle Streuer wirken dann unabhängig voneinander. Man kann mit der Raman-Spektroskopie auch kondensierte Materie (Flüssigkeiten, Kristalle, Oberflächen usw.) untersuchen und eine Fülle an Informationen über die Dynamik in diesen Medien erhalten.

E-3-b Streuamplitude

Das Berechnen der Raman-Streuamplitude ist sehr ähnlich zur Herleitung der Gleichungen (E-3) bis (E-5) und führt auf

$$\begin{aligned}\langle\psi_{\text{fin}}|\bar{U}(t_f,t_i)|\psi_{\text{in}}\rangle &= -2\pi\text{i}\left[A^{\alpha}_{fi}(E_{\text{in}}) + A^{\beta}_{fi}(E_{\text{in}})\right]\,\delta^{(\Delta t)}(E_{\text{fin}} - E_{\text{in}})\\ &= -2\pi\text{i}\left[A^{\alpha}_{fi}(E_{\text{in}}) + A^{\beta}_{fi}(E_{\text{in}})\right]\,\delta^{(\Delta t)}(E_{a'} + \hbar\omega_f - E_a - \hbar\omega_i)\end{aligned} \tag{E-13}$$

mit

$$\begin{aligned}A^{\alpha}_{fi}(E_{\text{in}}) &= \sum_{|\psi^{\alpha}_{\text{virt}}\rangle} \frac{\langle\psi_{\text{fin}}|\mathbf{D}\cdot\mathbf{E}^{(-)}|\psi^{\alpha}_{\text{virt}}\rangle\langle\psi^{\alpha}_{\text{virt}}|\mathbf{D}\cdot\mathbf{E}^{(+)}|\psi_{\text{in}}\rangle}{E_{\text{in}} - E^{\alpha}_{\text{virt}}}\\ &= \frac{\hbar\sqrt{\omega_i\omega_f}}{2\varepsilon_0 L^3}\sum_c \frac{\langle a'|\boldsymbol{\varepsilon}^*_f\cdot\mathbf{D}|c\rangle\langle c|\boldsymbol{\varepsilon}_i\cdot\mathbf{D}|a\rangle}{E_a + \hbar\omega_i - E_c}\end{aligned} \tag{E-14}$$

$$\begin{aligned}A^{\beta}_{fi}(E_{\text{in}}) &= \sum_{|\psi^{\beta}_{\text{virt}}\rangle} \frac{\langle\psi_{\text{fin}}|\mathbf{D}\cdot\mathbf{E}^{(+)}|\psi^{\beta}_{\text{virt}}\rangle\langle\psi^{\beta}_{\text{virt}}|\mathbf{D}\cdot\mathbf{E}^{(-)}|\psi_{\text{in}}\rangle}{E_{\text{in}} - E^{\beta}_{\text{virt}}}\\ &= \frac{\hbar\sqrt{\omega_i\omega_f}}{2\varepsilon_0 L^3}\sum_c \frac{\langle a'|\boldsymbol{\varepsilon}_i\cdot\mathbf{D}|c\rangle\langle c|\boldsymbol{\varepsilon}^*_f\cdot\mathbf{D}|a\rangle}{E_a - \hbar\omega_f - E_c}\end{aligned} \tag{E-15}$$

Hat das einfallende Photon eine Frequenz ω_i in der Nähe des Übergangs $a \to c$, wird die Amplitude $A_{fi}^{\alpha}(E_{\text{in}})$ der Raman-Streuung resonant. Wie in der resonanten elastischen Streuung (§ E-2) vermeidet man die Divergenz von Gl. (E-14), indem man im Nenner die Ersetzung $E_c \mapsto E_c - \mathrm{i}\Gamma_c/2$ mit der natürlichen Breite Γ_c des Zustands c vornimmt.

E-3-c Semiklassische Interpretation

Wie in § E-1-c betrachten wir das Dipolmoment, das das einfallende Feld in dem streuenden System induziert. Handelt es sich um ein Molekül, das vibriert und sich dreht, dann wird seine Polarisierbarkeit zeitlich veränderlich sein, also an den Rotations- und Vibrationsfrequenzen Modulationen zeigen. Die Oszillation des induzierten Dipols ist bei diesen Frequenzen amplitudenmoduliert, was man als Seitenbanden in der spektralen Verteilung (Fourier-Transformierten) erkennen kann. Die Frequenzen des von dem Dipol emittierten Lichts sind deswegen relativ zu dem einfallenden Feld verschoben, und zwar um die Rotations- und Vibrationsfrequenzen des Moleküls. Diese semiklassische Interpretation liefert die wesentlichen Eigenschaften des Raman-Spektrums.

E-3-d Stimulierte Raman-Streuung und Raman-Laser

Hier geht es um den Fall, dass das Raman-Photon in einer Mode $(\mathbf{k}_f, \boldsymbol{\varepsilon}_f)$ erscheint, die nicht leer, sondern mit $n_f > 0$ Photonen besetzt ist. Im Anfangszustand seien außerdem n_i Photonen in der Mode $(\mathbf{k}_i, \boldsymbol{\varepsilon}_i)$ vorhanden. Die Streuamplitude für den Raman-Prozess $|a; n_i, n_f\rangle \to |a'; n_i - 1, n_f + 1\rangle$ enthält den zusätzlichen Faktor $\sqrt{n_i(n_f + 1)}$ im Vergleich zu den Formeln (E-14) und (E-15). Man beobachtet die Effekte der stimulierten Emission. In der Streuwahrscheinlichkeit trägt dieser Faktor den in der Mode $(\mathbf{k}_f, \boldsymbol{\varepsilon}_f)$ bereits vorhandenen n_f Photonen Rechnung und verstärkt die Rate für Raman-Streuung in diese Mode um das $(n_f + 1)$-Fache, wenn man mit der spontanen Raman-Streuung vergleicht, in der diese Mode anfangs leer ist.

Betrachten wir nun den umgekehrten Streuprozess (s. Abb. 5) $|a'; n_i - 1, n_f + 1\rangle \to |a; n_i, n_f\rangle$. Seine Amplitude ist einfach das komplex Konjugierte der soeben besprochenen Streuamplitude, die Wahrscheinlichkeiten der beiden Prozesse sind also gleich. Wenn sich in den Niveaus a und a' dieselbe Zahl von Atomen befinden, dann entstehen auch genauso viele Photonen ω_f in dem Prozess, wie in dem umgekehrten Prozess verschwinden. Was geschieht nun, wenn in einem Ensemble von Atomen die Besetzungen der Zustände a und a' nicht gleich sind? Aufgrund der Relaxationsmechanismen, die zum thermischen Gleichgewicht führen, wird die Besetzung des Niveaus mit der niedrigeren Energie, also zum Beispiel a wie in Abb. 5 gezeigt, größer als die des höheren Niveaus a' sein. Es gibt dann mehr Streuprozesse vom Typ $|a; n_i, n_f\rangle \to |a'; n_i - 1, n_f + 1\rangle$ als Prozesse $|a'; n_i - 1, n_f + 1\rangle \to |a; n_i, n_f\rangle$, und die Zahl der Photonen mit der Frequenz ω_f wird verstärkt. Dieser Mechanismus bildet die Grundlage für einen *Raman-Laser*. Solche Laser unterscheiden sich in zwei wichtigen Punkten von Lasern mit einem direkten Übergang zwischen einem angeregten Zustand, in den gepumpt wird, und einem unteren Niveau (ohne Etappenzustand). Zunächst einmal benötigt der Raman-Laser keine Besetzungsinversion; das atomare Medium kann sich im thermischen Gleichgewicht befinden, weil die Lichtverstärkung durch stimulierte Raman-Streuung ausgehend von dem stärker besetzten unteren Zustand a zustande kommt. Es ist allerdings notwendig, ein intensives Strahlungsfeld bei der Frequenz ω_i zur Verfügung zu stellen; die entsprechende Laserquelle nennt man den *Pumplaser*. Andererseits kann man die Frequenz ω_f des Laseroszillators durchstimmen, indem man die *Pumpfrequenz* ω_i anpasst. Dies ist ein Vorteil im Vergleich zu gewöhnlichen Lasern, deren Frequenz durch die Resonanz des verwendeten direkten atomaren Übergangs gegeben ist und die deswegen nur sehr wenig abstimmbar sind.

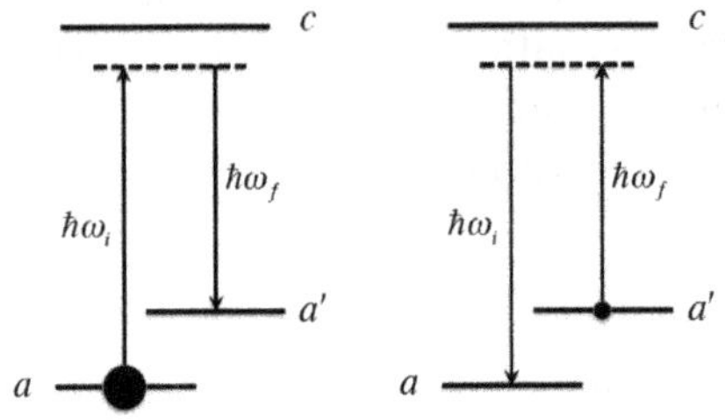

Abb. 5: *Links*: Darstellung eines stimulierten Raman-Prozesses, bei dem ein Atom im Niveau a ein Photon ω_i absorbiert und im Zustand a' endet, wobei die Emission eines Photons ω_f stimuliert wird. *Rechts*: Der umgekehrte Prozess, in dem das Atom in a' beginnt, ein Photon ω_f absorbiert und ein Photon ω_i in stimulierter Emission abgibt. Beide Prozesse treten im Prinzip mit gleicher Wahrscheinlichkeit auf. Ist das atomare Niveau a allerdings stärker besetzt als das Niveau a' (durch den größeren und kleineren Kreis angedeutet), dann finden mehr Prozesse mit stimulierter Emission eines ω_f-Photons als mit seiner Absorption statt. Die Strahlung bei der Frequenz ω_f wird also durch stimulierte Emission verstärkt, was in einem sogenannten *Raman-Laser* an dieser Frequenz Anwendung findet.

Erhaltung des Gesamtimpulses:
Wenn die Position $\mathbf{R}$ des atomaren Schwerpunkts nicht mehr als klassische Koordinate in den Ursprung gelegt wird, wie wir es bislang getan haben, dann muss man die e-Funktionen $\exp(\mathrm{i}\mathbf{k}_i \cdot \mathbf{R})$ und $\exp(-\mathrm{i}\mathbf{k}_f \cdot \mathbf{R})$ in den Wechselwirkungen für die Absorption und Emission von Photonen berücksichtigen. Ihre Matrixelemente sind zwischen Zuständen zu nehmen, die durch die Anfangs- und Endimpulse $\hbar\mathbf{K}_{\text{in}}$ und $\hbar\mathbf{K}_{\text{fin}}$ des Schwerpunkts charakterisiert sind.* Sie ergeben eine δ-Funktion $\delta(\mathbf{K}_{\text{fin}} - \mathbf{K}_{\text{in}} - \mathbf{k}_i + \mathbf{k}_f)$, die die Erhaltung des Gesamtimpulses im Raman-Prozess beschreibt. Der Impuls des Atoms wächst in dem Streuprozess um eine Größe $\hbar(\mathbf{k}_i - \mathbf{k}_f)$. Häufig handelt es sich bei den Niveaus a und a' um zwei Unterzustände desselben elektronischen Niveaus, so dass

* Anm. d. Ü.: Diese Wahl von Zuständen bietet sich für Atome im freien Raum, ohne äußeres Potential, an. Für gefangene Atome, s. Ergänzung $\mathrm{A_{XIX}}$, § 3.

die Frequenz $\omega_{a'a} = (E_{a'} - E_a)/\hbar$ in das Mikrowellenband fällt; sie ist viel kleiner als ω_i und ω_f, die eher im sichtbaren Spektralbereich anzusiedeln sind. Die Gleichung (E-12) für die Erhaltung der Energie ergibt dann, dass die Beträge der Wellenvektoren $\mathbf{k}_i$ und $\mathbf{k}_f$ praktisch gleich sind. Haben $\mathbf{k}_i$ und $\mathbf{k}_f$ etwa entgegengesetzte Richtungen, dann gewinnt das Atom in dem Raman-Prozess einen Impuls $\hbar(\mathbf{k}_i - \mathbf{k}_f) \simeq 2\hbar\mathbf{k}_i$. Dies ist deswegen interessant, weil man zwei Zustände koppelt, die energetisch dicht beieinander liegen, und dabei trotzdem einen großen Impuls $2\hbar\mathbf{k}_i$ auf das Atom überträgt, zweimal so groß wie der eines sichtbaren Photons. Würde man die beiden Zustände a und a' direkt koppeln (etwa mit einem Mikrowellenfeld), dann würde man bei der Absorption der entsprechenden Photonen einen viel kleineren Impuls übertragen. Derartige Verfahren des Impulsübertrags zwischen zwei Grundzustandsniveaus (mit entsprechend langen Lebensdauern), bei dem auf ein Niveau ein großer Impuls übertragen wird, haben interessante Anwendungen, vor allem in der Atominterferometrie.

Übersicht über die Ergänzungen zu Kapitel XX

A_{XX}	**Zweiphotonenabsorption**	Es gibt Prozesse, bei denen ein Atom gleichzeitig mehrere Photonen absorbiert (Multiphotonenabsorption). In der Ergänzung untersuchen wir den einfachsten Fall von zwei absorbierten Photonen, aber mit denselben fundamentalen Begriffen kann man auch Prozesse mit mehr Photonen verstehen. Es werden Anregungen mit monochromatischer und mit breitbandiger Strahlung betrachtet. Die sehr kurze Zeitspanne, die das Atom unter Verletzung der Energieerhaltung im *Etappenzustand* verbringt, ist invers proportional zum Energiedefekt. (*Übt den Formalismus anhand von höheren Ordnungen in der Atom-Licht-Kopplung ein.*)
B_{XX}	**Photoionisation**	Bei der Photoionisation entreißt ein Photon einem Atom ein Elektron und ionisiert das Atom (photoelektrischer Effekt). Die Ergänzung zeigt, wie man diesen Prozess im Rahmen der Quantentheorie des Strahlungsfelds untersucht. Hier werden nicht zwei diskrete Zustände des Atoms untereinander gekoppelt, sondern der diskrete Grundzustand an das Kontinuum von angeregten Zuständen oberhalb der Ionisationsschwelle. Wir sehen uns zwei wichtige Fälle an: ein fast monochromatisches einfallendes Strahlungsfeld und ein breitbandiges Feld. Im zweiten Fall leiten wir die Einsteinschen Ratengleichungen für den photoelektrischen Effekt her. Abschließend betrachten wir eine Strahlung mit sehr hoher Feldstärke, in der das Atom nicht durch Absorption von einem oder mehreren Photonen, sondern durch einen Tunneleffekt ionisiert wird. (*Liefert ein weiteres Beispiel für eine Übergangsrate, weil ein breitbandiges Kontinuum von Zuständen beteiligt ist.*)

C_{XX}	**Beleuchtete Atome (Dressed Atoms)**	Das Modell der beleuchteten Atome (engl.: *dressed atoms*) bietet einen leistungsfähigen Rahmen, um Prozesse höherer Ordnung zu beschreiben und physikalisch zu verstehen, in denen ein Zweiniveauatom mit einem nahresonanten Strahlungsfeld wechselwirkt. Die verwendeten Näherungen sind sowohl in schwacher (geringe Lichtintensität) als auch in starker Kopplung (intensive Felder) anwendbar. Ein wichtiger Parameter ist das Verhältnis zwischen der Rabi-Frequenz (die die Kopplung an das Feld angibt) und der natürlichen Linienbreite der atomaren Niveaus (die die Rate von Relaxationsprozessen bestimmt). In diesem Rahmen kann man insbesondere die Eigenschaften der lichtinduzierten Energieverschiebungen (engl.: *light shifts*) verstehen. (*Ausführliche Diskussion mit anschaulicher Deutung und minimalem technischen Aufwand für eine typische „Fallstudie" der Quantentoptik: ein Zweiniveausystem gekoppelt an das quantisierte Lichtfeld.*)
D_{XX}	**Experimente mit Lichtverschiebungen**	Grundlegende Werkzeuge für das Experimentieren mit Atomen und Photonen in der Atomphysik sind auf der Grundlage von Lichtverschiebungen entwickelt worden. Wir beschreiben in der Ergänzung einige dieser Anwendungen: optische Dipolfallen, Spiegel für Atome, periodische Fallen (auch *optische Gitter* genannt), das *Sisyphos-Kühlen* und den Nachweis einzelner Photonen in einem Resonator. (*Bietet eine Reihe von didaktisch geschickten Erklärungen für Phänomene aus Atomphysik und Quantenoptik.*)
E_{XX}	**Detektion und Interferenz von photonischen Wellenpaketen**	Wie für ein massives Teilchen kann man auch für ein Photon ein Wellenpaket konstruieren, indem man Zustände mit verschiedenen Impulsen kohärent überlagert. Man kann so die Ausbreitung der Strahlung im freien Raum verfolgen und etwa ein Photon zu einem bestimmten Zeitpunkt auf ein Atom treffen lassen. Wir erhalten so eine realistischere Beschreibung der Absorptions- und Streuprozesse als in Kapitel XX, wo der Zustand der einfallenden Strahlung als ein Fock-Zustand mit einer definierten Photonenzahl und damit ohne räumliche Ausbreitung beschrieben wurde. Wir führen für das Photon eine Funktion ein, die zwar nicht seine Wellenfunktion ist, aber die Wahrscheinlichkeitsamplitude dafür bestimmt, es in einem Punkt zu detektieren. Die Absorption und die Streuung eines photonischen Wellenpakets werden untersucht. Der Fall von zwei verschränkten Photonen (aus einem optischen parametrischen Oszillator) wird zum Abschluss der Ergänzung behandelt. (*Eine Erweiterung der Techniken aus Kapitel XX und Ergänzung A_{XX} auf zeitabhängige Feldzustände.*)

Ergänzung A_{XX}
Zweiphotonenabsorption

In dieser Ergänzung untersuchen wir einen Prozess, in dem ein Atom nicht ein, sondern zwei Photonen mit der Energie $\hbar\omega_i$ absorbiert und dabei von einem Zustand a in einen angeregten diskreten Zustand b übergeht, wie in Abb. 1 skizziert.[1] Wir werden zunächst die äußeren Freiheitsgrade ignorieren, das Atom also als unendlich schwer und unbeweglich annehmen.[2] Aus der Erhaltung der Gesamtenergie folgt für diesen Prozess

$$E_b - E_a = 2\hbar\omega_i \tag{1}$$

Wenn wir die Übergangsamplitude berechnen, wird klar werden, in welcher Weise diese Bedingung eingeht.

1 Monochromatische Strahlung

Die gesuchte Übergangsamplitude ist das Matrixelement

$$\langle\psi_{\text{fin}}|U(t_f, t_i)|\psi_{\text{in}}\rangle \tag{2}$$

das vom Anfangszustand (zur Zeit t_i) für das System aus Atom und Strahlungsfeld

$$|\psi_{\text{in}}\rangle = |a; n_i\rangle \quad \text{mit der Energie} \quad E_{\text{in}} = E_a + n_i\hbar\omega_i \tag{3}$$

ausgeht. Er beschreibt das Atom im Niveau a und n_i Photonen in der i-ten Mode (mit Wellenvektor $\mathbf{k}_i$, Polarisationsvektor $\boldsymbol{\varepsilon}_i$ und Frequenz ω_i). Wir nehmen hier also an, dass die Strahlung monochromatisch ist. Nach dem Absorptionsprozess hat sich die

1 In Ergänzung B_{XX} werden wir sehen, dass ein Mehrphotonenprozess ein Atom auch in ein Kontinuum von Endzuständen anregen kann. Meist verlässt das angeregte Elektron dann das Atom, so dass man vom photoelektrischen Effekt oder einer Photoionisation spricht.

2 Es treten interessante Effekte auf, wenn man die endliche Atommasse berücksichtigt und die Erhaltung des Gesamtimpulses auswertet. Wir werden diese in § 3 untersuchen. Siehe dazu auch Ergänzung A_{XIX}, § 2.

https://doi.org/10.1515/9783110649130-027

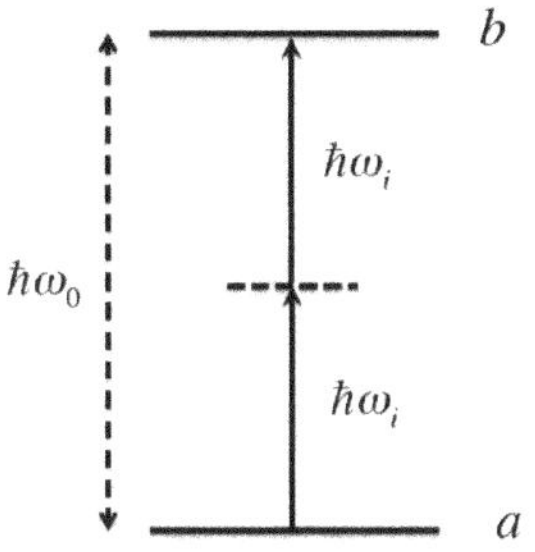

Abb. 1: Bei einem Zweiphotonenübergang wird das Atom aus dem Zustand *a* nach *b* energetisch angehoben, indem es zwei Photonen mit je einem Energiequantum $\hbar\omega_i$ absorbiert. Die gestrichelte horizontale Linie stellt eine Energie genau in der Mitte zwischen den Niveaus *a* und *b* dar. In dem Übergang spielt ein Etappenzustand *c* (virtuelles Niveau) eine Rolle, dessen Energie nicht notwendigerweise zwischen den Niveaus *a* und *b* liegt. Er ist in der Abbildung nicht dargestellt. Wir werden annehmen, dass seine Energie genügend weit von der gestrichelten Mittellinie entfernt ist, um eine resonante Einphotonabsorption von *a* nach *c* zu vermeiden.

Photonenzahl um zwei verringert, so dass mit einer gewissen Amplitude das Gesamtsystem zum Zeitpunkt t_f im Zustand

$$|\psi_{\text{fin}}\rangle = |b; n_i - 2\rangle \quad \text{mit der Energie} \quad E_{\text{fin}} = E_b + (n_i - 2)\hbar\omega_i \tag{4}$$

zu finden ist.

Wir werden für die Kopplung W zwischen Atom und Strahlungsfeld weiter den elektrischen Dipol-Hamilton-Operator für die Absorption verwenden [Kapitel XX, Gl. (A-30)]. Er verringert die Photonenzahl um eins. In der Störungsreihe für den Zeitentwicklungsoperator aus Kapitel XX, Gl. (A-21) ist der erste Term, der eine nichtverschwindende Übergangsamplitude liefert, ein quadratischer, in dem die Wechselwirkung W zweimal auftritt. Die erste bringt das System vom Anfangszustand $|\psi_{\text{in}}\rangle$ in einen *Etappenzustand* (auch als virtuelles Niveau bezeichnet):

$$|\psi_{\text{virt}}\rangle = |c, n_i - 1\rangle \quad \text{mit der Energie} \quad E_{\text{virt}} = E_c + (n_i - 1)\hbar\omega_i \tag{5}$$

Dabei ist c ein beliebiger Atomzustand. Die zweite Wechselwirkung W bildet den Etappenzustand auf den Endzustand $|\psi_{\text{fin}}\rangle$ ab. Man hat hier natürlich über alle erlaubten Etappenzustände c zu summieren, aber der Einfachheit halber werden wir nur einen einzigen mitnehmen. (Es stellt allerdings keine besondere Schwierigkeit dar, die Übergangsamplituden über mehrere Zustände zu summieren.)

Die Übergangsamplitude, die wir in dieser Weise aus der Beziehung (A-21) in Kapitel XX zwischen dem Bra-Vektor $\langle\psi_{\text{fin}}|$ und dem Ket $|\psi_{\text{in}}\rangle$ erhalten, hat im Wechselwirkungsbild die Form[3]

$$\langle\psi_{\text{fin}}|\overline{U}(\Delta t,0)|\psi_{\text{in}}\rangle = \left(\frac{1}{\mathrm{i}\hbar}\right)^2 \sum_{\psi_{\text{virt}}} \langle\psi_{\text{fin}}|W|\psi_{\text{virt}}\rangle\langle\psi_{\text{virt}}|W|\psi_{\text{in}}\rangle$$

$$\times \int_0^{\Delta t} \mathrm{d}t' \int_0^{t'} \mathrm{d}t''\, \mathrm{e}^{\mathrm{i}E_{\text{fin}}t'/\hbar}\, \mathrm{e}^{-\mathrm{i}E_{\text{virt}}(t'-t'')/\hbar}\, \mathrm{e}^{-\mathrm{i}E_{\text{in}}t''/\hbar} \tag{6}$$

Die Phase der e-Funktionen in der zweiten Zeile enthält die Kombination

$$[E_b + (n_i - 2)\hbar\omega_i]\, t' - [E_c + (n_i - 1)\hbar\omega_i]\, (t' - t'') - (E_a + n_i\hbar\omega_i)\, t'' \tag{7}$$

in der sich die Terme $n_i\omega_i t'$ und $n_i\omega_i t''$ wegheben; es bleibt übrig

$$(E_b - E_a - 2\hbar\omega_i)\, t' - (E_a - E_c + \hbar\omega_i)\, (t'' - t') \tag{8}$$

Wir substituieren auf die Variablen t' und $\tau = t'' - t'$ und erhalten das Doppelintegral

$$\int_0^{\Delta t} \mathrm{d}t'\, \mathrm{e}^{\mathrm{i}(E_b-E_a-2\hbar\omega_i)t'/\hbar} \int_{-t'}^{0} \mathrm{d}\tau\, \mathrm{e}^{\mathrm{i}(E_c-E_a-\hbar\omega_i)\tau/\hbar} \tag{9}$$

$$= \int_0^{\Delta t} \mathrm{d}t'\, \mathrm{e}^{\mathrm{i}(E_b-E_a-2\hbar\omega_i)t'/\hbar} \frac{\mathrm{i}\hbar}{E_a + \hbar\omega_i - E_c} \left[1 - \mathrm{e}^{\mathrm{i}(E_a+\hbar\omega_i-E_c)t'/\hbar}\right] \tag{10}$$

Wir interessieren uns für solche Situationen, in denen die Photonfrequenz $\omega_i/2\pi$ in der Nähe der Resonanzbedingung (1) für den Zweiphotonenprozess liegt. Außerdem wollen wir uns auf eine direkte Zweiphotonenabsorption konzentrieren, im Unterschied zu einer Abfolge von Einphotonabsorptionen. Von dem Niveau a aus soll also keine resonante Absorption in das virtuelle Niveau c möglich sein. Dazu müssen wir annehmen, dass die Energie E_c sich deutlich von der mittleren Energie $(E_a + E_b)/2$ (in Abb. 1 als gestrichelte Linie dargestellt) unterscheidet. Man kann überprüfen, dass die eins in den eckigen Klammern von Gl. (10) in der Tat zu einer Resonanz in der Zweiphotonenabsorption führt. Dieser Term führt nämlich auf die Übergangsamplitude

$$\frac{\mathrm{i}\hbar}{E_a + \hbar\omega_i - E_c} \int_0^{\Delta t} \mathrm{d}t'\, \mathrm{e}^{\mathrm{i}(E_b-2\hbar\omega_i-E_a)t'/\hbar} \sim \frac{2\pi\mathrm{i}\hbar^2}{E_a + \hbar\omega_i - E_c} \delta^{(\Delta t)}(E_b - E_a - 2\hbar\omega_i) \tag{11}$$

(Das Symbol ~ bedeutet, dass wir einen irrelevanten Phasenfaktor weggelassen haben.) Hier ist

$$\delta^{(\Delta t)}(E) = \frac{1}{\pi} \frac{\sin(E\,\Delta t/2\hbar)}{E} \tag{12}$$

3 Wir haben angenommen, dass beide absorbierten Photonen identisch sind. Hätten wir es mit Photonen 1 und 2 zu tun, die in Energie, Wellenvektor oder Polarisation nicht übereinstimmen, dann erhielten wir eine ähnliche Situation wie in Kapitel XX, § E-1-a. Es wäre dann über zwei Prozesse zu summieren: Entweder wird Photon 1 als erstes absorbiert und dann Photon 2, oder die Reihenfolge der Absorptionen ist umgekehrt (s. Abb. 2 in § 2-b). Dabei ist natürlich die Energieerhaltung $\hbar\omega_1 + \hbar\omega_2 = E_b - E_a$ zu beachten.

eine Darstellung der Deltafunktion, wenn man den Grenzfall $\Delta t \to \infty$ betrachtet [s. Band II, Anhang II, Gl. (10)]. Das Argument dieser Funktion in Gl. (11) führt auf die Energieerhaltung (1) bis auf eine Unschärfe von der Ordnung $\hbar/\Delta t$.

Der zweite Term in der eckigen Klammer von Gl. (10) führt in dem $\mathrm{d}t'$-Integral zu einem schnell oszillierenden Phasenfaktor $\mathrm{e}^{\mathrm{i}(E_b - E_c - \hbar\omega_i)t'/\hbar}$, wenn das virtuelle Niveau weit von der Resonanzbedingung für die Einphotonabsorption auf dem Übergang $c \to b$ entfernt ist.[4] Dieser Term führt also auf einen nichtresonanten Beitrag, den wir vernachlässigen dürfen. (Wir kommen in der Bemerkung 2. unten auf die physikalische Bedeutung dieser Näherung zurück, die mit dem plötzlichen Einschalten der Atom-Feld-Wechselwirkung zusammenhängt.)

So werden wir auf folgenden Ausdruck für die Übergangsamplitude geführt:

$$\langle\psi_{\text{fin}}|\overline{U}(\Delta t, 0)|\psi_{\text{in}}\rangle = -2\pi\mathrm{i}\frac{\langle\psi_{\text{fin}}|W|\psi_{\text{virt}}\rangle\langle\psi_{\text{virt}}|W|\psi_{\text{in}}\rangle}{E_a + \hbar\omega_i - E_c}\,\delta^{(\Delta t)}(E_b - E_a - 2\hbar\omega_i) \quad (13)$$

Im Vergleich mit der Amplitude für die Einphotonabsorption aus Kapitel XX, Gl. (B-10) ist eine große Ähnlichkeit festzustellen: Die Zweiphotonenamplitude erhält man aus ihr, indem man in die $\delta^{(\Delta t)}$-Funktion die für die Energieerhaltung (1) relevanten Variablen einsetzt und das Matrixelement $\langle\psi_{\text{fin}}|W|\psi_{\text{in}}\rangle$ durch[5]

$$\frac{\langle\psi_{\text{fin}}|W|\psi_{\text{virt}}\rangle\langle\psi_{\text{virt}}|W|\psi_{\text{in}}\rangle}{E_{\text{in}} - E_{\text{virt}}} = -\frac{\hbar\omega_i}{2\varepsilon_0 L^3}\sqrt{n_i(n_i - 1)}\,\frac{\langle b|\boldsymbol{\varepsilon}_i \cdot \mathbf{D}|c\rangle\langle c|\boldsymbol{\varepsilon}_i \cdot \mathbf{D}|a\rangle}{E_a + \hbar\omega_i - E_c} \quad (14)$$

ersetzt; hier steht also ein Produkt von zwei Matrixelementen von W geteilt durch eine Energiedifferenz.

Bemerkungen:

1. *Charakteristische Zeitskala des Übergang in den Etappenzustand.*

Der Weg des physikalischen Systems über den Etappenzustand verletzt die Energieerhaltung, denn dieser ist einen Abstand $\delta E = E_a + \hbar\omega_i - E_c$ von der Anfangsenergie entfernt. Dies schlägt sich mathematisch im zweiten Integral in Gl. (9) nieder, dessen Integrand umso schneller oszilliert, je größer dieser Energieabstand ist. Dieses Integral führt auf die eckige Klammer in Gl. (10), multipliziert mit dem Bruch davor. Der Klammerausdruck beginnt bei $t' = 0$ mit null und oszilliert dann als Funktion des Zwischenzeitpunkts t'. Gemittelt über einen Zeitschritt $h/\delta E$ (dies ist seine Oszillationsperiode) ergibt er eins, und dies ist genau der Term, den wir oben in der Berechnung der Übergangsamplitude verwendet haben.

Der Weg durch den Etappenzustand ist also durch die Zeitskala $\delta\tau = h/\delta E$ charakterisiert: Auf längeren Zeiten wird das Integral über τ in Gl. (9) dem Betrag nach kleiner. Diese Zeitskala ist umso kürzer, je größer die Energiedifferenz relativ zur Energieerhaltung ist. (Der Begriff des *virtuellen Übergangs* versucht den sehr kurzen Aufenthalt in dem Etappenzustand wiederzugeben.) Das $\mathrm{d}\tau$-Integral verhält sich also völlig anders als das $\mathrm{d}t'$-Integral in Gl. (11), das an der Resonanz

4 In der Tat steht in dem Phasenfaktor die Differenz aus der Energie $E_c + (n_i - 1)\hbar\omega_i$ des virtuellen Niveaus und der Endenergie $E_b + (n_i - 2)\hbar\omega_i$.

5 Wir verwenden aus Kapitel XX die elektrische Dipolwechselwirkung (A-24) und die Modenentwicklung (A-27) des elektrischen Felds.

linear mit der Zeit anwächst, wie in Gl. (12) zu sehen ist; zu jenem Integral tragen also viel längere Zeiträume bei. Die Begrenzung der Zeiten, die in der Übergangsamplitude eine Rolle spielen, kann man in natürlicher Weise als eine Folge der Heisenbergschen *Zeit-Energie-Unschärferelation* $\delta\tau\,\delta E \geq \hbar$ interpretieren.

2. *Physikalische Bedeutung des vernachlässigten Terms.*
Den zweiten Term in den eckigen Klammern von Gl. (10) hatten wir vernachlässigt. Es ist interessant, sich seine Herkunft klarzumachen: Er entsteht nämlich daraus, dass man die Wechselwirkung zwischen Atom und Strahlungsfeld zum Zeitpunkt $t_i = 0$ plötzlich einschaltet. Um sich davon zu überzeugen, kann man ein Modell verwenden, in dem die Wechselwirkung durch einen Operator $f(t)W$ dargestellt wird. Die zeitabhängige Funktion $f(t)$ schaltet die Kopplung adiabatisch (langsam) ein. Es kann dann überprüft werden, dass der vernachlässigte Term verschwindet, wenn das Einschalten sehr langsam erfolgt.
Ein genaueres Modell erhält man, indem man Wellenpakete als Feldzustände verwendet, die sich im Raum ausbreiten und das Atom nur während eines gewissen Intervalls überstreichen. (Dies wird in Ergänzung E_{XX} für einige Beispiele ausgeführt.) In diesem Fall spielt die Wechselwirkung nur während des Überlappens zwischen Wellenpaket und Atom eine Rolle, selbst wenn der Operator an sich zeitunabhängig ist. Mit einem langsam ansteigenden Wellenpaket zeigt dieses Modell in der Tat, dass der vernachlässigte Term gar nicht erst auftritt.

Die Übergangswahrscheinlichkeit $\mathscr{P}^{(2)}_{a\to b}(t)$ wird genauso wie in der Einphotonabsorption berechnet, und das Ergebnis ist

$$\mathscr{P}^{(2)}_{a\to b}(t) = \left(\frac{\hbar\omega_i}{2\hbar\varepsilon_0 L^3}\right)^2 n_i(n_i-1)\left|\frac{\langle b|\boldsymbol{\varepsilon}_i\cdot\mathbf{D}|c\rangle\langle c|\boldsymbol{\varepsilon}_i\cdot\mathbf{D}|a\rangle}{E_a+\hbar\omega_i-E_c}\right|^2 \frac{4\sin^2(\omega_0-2\omega_i)\Delta t/2}{(\omega_0-2\omega_i)^2} \tag{15}$$

mit der Übergangsfrequenz $\omega_0 = (E_b - E_a)/\hbar$. Sie ist für kurze Zeiten proportional zum Quadrat $(\Delta t)^2$.

Sind mehrere Etappenzustände an dem Zweiphotonenübergang beteiligt, dann muss man die Ausdrücke (13) und (14) über die $|\psi_{\text{virt}}\rangle$ und ihre Energien E_{virt} summieren. In der Formel (14) läuft dies darauf hinaus, über die erlaubten virtuellen Niveaus c (unter Berücksichtigung ihrer Energien E_c) zu summieren. In der Wahrscheinlichkeit (15) können aus diesem Grund dann Interferenzen zwischen den Amplituden auftreten, die über die einzelnen Etappenzustände c führen.

2 Breitbandige Strahlung

Wir untersuchen nun, was mit einem Anfangszustand geschieht, der Photonen mit verschiedenen Frequenzen enthält. Wir werden sehen, dass man dann wie bei Einphotonübergängen eine Übergangsrate (eine Wahrscheinlichkeit pro Zeiteinheit) einführen kann; in diese Rate geht allerdings eine Feldkorrelationsfunktion höherer Ordnung ein (sie ist von vierter statt zweiter Ordnung).

2-a Wahrscheinlichkeitsamplitude

Wir berechnen zunächst die Übergangsamplitude und gehen wie in § 1 vor. In der Störungsreihe für $\overline{U}$ benötigen wir die zweite Ordnung in W. Wir werden die Rechnung so durchführen, dass die zeitlichen Korrelationsfunktionen des einfallenden elektrischen Felds zum Vorschein kommen. Wir bezeichnen mit $|\phi^{\mathrm{F}}_{\mathrm{in}}\rangle$ den Anfangszustand des Strahlungsfelds, mit $|\phi^{\mathrm{F}}_{\mathrm{fin}}\rangle$ seinen Endzustand und mit $|\phi^{\mathrm{F}}_{\mathrm{virt}}\rangle$ einen Zwischenzustand, den das Feld annimmt, wenn das Atom durch den Etappenzustand c geht. Der Zweiphotonenübergang wird also durch die Abfolge

$$|a;\phi^{\mathrm{F}}_{\mathrm{in}}\rangle \to |c;\phi^{\mathrm{F}}_{\mathrm{virt}}\rangle \to |b;\phi^{\mathrm{F}}_{\mathrm{fin}}\rangle \tag{16}$$

von Zuständen für das Gesamtsystem aus Atom und Feld beschrieben. Die Übergangsamplitude beträgt in niedrigster Ordnung

$$\begin{aligned}\langle b;\phi^{\mathrm{F}}_{\mathrm{fin}}|\overline{U}(\Delta t,0)|a;\phi^{\mathrm{F}}_{\mathrm{in}}\rangle = \left(\frac{1}{\mathrm{i}\hbar}\right)^2 \int_0^{\Delta t}\mathrm{d}t'\,\langle b|\overline{\mathbf{D}}(t')|c\rangle\cdot\langle\phi^{\mathrm{F}}_{\mathrm{fin}}|\overline{\mathbf{E}}^{(+)}_{\perp}(\mathbf{R},t')|\phi^{\mathrm{F}}_{\mathrm{virt}}\rangle \\ \times\int_0^{t'}\mathrm{d}t''\,\langle c|\overline{\mathbf{D}}(t'')|a\rangle\cdot\langle\phi^{\mathrm{F}}_{\mathrm{virt}}|\overline{\mathbf{E}}^{(+)}_{\perp}(\mathbf{R},t'')|\phi^{\mathrm{F}}_{\mathrm{in}}\rangle\end{aligned} \tag{17}$$

wobei $\mathbf{R}$ die Position des Atoms ist und die Querstriche die Operatoren im Wechselwirkungsbild bezeichnen. Wir definieren in Analogie zu der Beziehung (B-13) aus Kapitel XX die Übergangsdipolmomente

$$\begin{aligned}\langle c|\overline{\mathbf{D}}(t)|a\rangle &= \boldsymbol{\mathcal{D}}_{ca}\,\mathrm{e}^{\mathrm{i}(E_c-E_a)t/\hbar} \quad \text{mit} \quad \boldsymbol{\mathcal{D}}_{ca} = \mathcal{D}_{ca}\,\mathbf{e}_{ca} \\ \langle b|\overline{\mathbf{D}}(t)|c\rangle &= \boldsymbol{\mathcal{D}}_{bc}\,\mathrm{e}^{\mathrm{i}(E_b-E_c)t/\hbar} \quad \text{mit} \quad \boldsymbol{\mathcal{D}}_{bc} = \mathcal{D}_{bc}\,\mathbf{e}_{bc}\end{aligned} \tag{18}$$

und erhalten

$$\begin{aligned}&\langle b;\phi^{\mathrm{F}}_{\mathrm{fin}}|\overline{U}(\Delta t,0)|a;\phi^{\mathrm{F}}_{\mathrm{in}}\rangle = \\ &-\frac{\mathcal{D}_{bc}\mathcal{D}_{ca}}{\hbar^2}\int_0^{\Delta t}\mathrm{d}t'\,\mathrm{e}^{\mathrm{i}(E_b-E_c)t'/\hbar}\langle\phi^{\mathrm{F}}_{\mathrm{fin}}|\mathbf{e}_{bc}\cdot\overline{\mathbf{E}}^{(+)}_{\perp}(\mathbf{R},t')|\phi^{\mathrm{F}}_{\mathrm{virt}}\rangle \\ &\quad\times\int_0^{t'}\mathrm{d}t''\,\mathrm{e}^{\mathrm{i}(E_c-E_a)t''/\hbar}\langle\phi^{\mathrm{F}}_{\mathrm{virt}}|\mathbf{e}_{ca}\cdot\overline{\mathbf{E}}^{(+)}_{\perp}(\mathbf{R},t'')|\phi^{\mathrm{F}}_{\mathrm{in}}\rangle\end{aligned} \tag{19}$$

Die Feldoperatoren enthalten gemäß der Darstellung (A-29) aus Kapitel XX eine Summe über Moden, die jeweils einen Phasenfaktor $\mathrm{e}^{-\mathrm{i}\omega_i t}$ beitragen. Wir greifen aus dem ersten Feldoperator $\overline{E}^{(+)}_{\perp}(\mathbf{R},t')$ in Gl. (19) den Beitrag der i-ten Mode und im Operator $\overline{\mathbf{E}}^{(+)}_{\perp}(\mathbf{R},t'')$ den Beitrag der j-ten Mode heraus. Die zeitlichen Integrale haben dann die Form

$$\int_0^{\Delta t}\mathrm{d}t'\,\mathrm{e}^{\mathrm{i}(E_b-E_c)t'/\hbar}\,\mathrm{e}^{-\mathrm{i}\omega_i t'}\int_0^{t'}\mathrm{d}t''\,\mathrm{e}^{\mathrm{i}(E_c-E_a)t''/\hbar}\,\mathrm{e}^{-\mathrm{i}\omega_j t''} \tag{20}$$

Die Phase in den Exponenten fassen wir so zusammen

$$\begin{aligned}&(E_b - E_c - \hbar\omega_i)\, t' + (E_c - E_a - \hbar\omega_j)\, t'' \\ &\quad = (E_b - E_a - \hbar\omega_i - \hbar\omega_j)\, t' + (E_c - E_a - \hbar\omega_j)\,(t'' - t')\end{aligned} \tag{21}$$

und werden an das Ergebnis (8) für eine monochromatische Anregung erinnert. Wir führen nun dieselben Schritte wie dort aus und nehmen an, dass das virtuelle Niveau c energetisch weit von der Mitte zwischen den Niveaus a und b entfernt ist. Außerdem sei die Frequenzverteilung der einfallenden Photonen so, dass keine Resonanzen mit den Einphotonübergängen $a \leftrightarrow c$ und $c \leftrightarrow b$ berührt werden. Wir substituieren auf $\tau = t'' - t'$ und nehmen von diesem Integral nur den Beitrag der oberen Grenze mit [s. die Vereinfachung von Gl. (10) auf Gl. (13)]:

$$\int_{-t'}^{0} \mathrm{d}\tau\, \mathrm{e}^{\mathrm{i}(E_c - E_a - \hbar\omega_i)\tau/\hbar} \quad \mapsto \quad \frac{\mathrm{i}\hbar}{E_a + \hbar\omega_j - E_c} \tag{22}$$

(In der Bemerkung 2 am Ende von § 1 haben wir besprochen, was der Beitrag der unteren Grenze bedeutet und warum man ihn vernachlässigen darf.) Das Spektrum der einfallenden Photonen sei schmal genug, dass wir seine Mittenfrequenz ω_{ex} an Stelle von $\hbar\omega_j$ im Nenner von Gl. (22) einsetzen können. Wir schreiben Δ_{ac} für die Verstimmung dieses Spektrums relativ zur Resonanzbedingung für die Einphotonabsorption in den Etappenzustand c:

$$\Delta_{ac} = \frac{E_a + \hbar\omega_{\mathrm{ex}} - E_c}{\hbar} \tag{23}$$

Haben wir auf diese Weise das Integral über $\tau = t'' - t'$ in Gl. (20) durch i/Δ_{ac} ersetzt, bleibt noch eine e-Funktion mit einer Phase $(E_b - E_a - \hbar\omega_i - \hbar\omega_j)t'/\hbar$ übrig. Die Summation über die Moden i und j erzeugt dann das elektrische Feld $\overline{\mathbf{E}}_{\perp}^{(+)}(\mathbf{R}, t')$, so dass wir schließlich erhalten

$$\begin{aligned}&\langle b; \phi^{\mathrm{F}}_{\mathrm{fin}} | \overline{U}(\Delta t, 0) | a; \phi^{\mathrm{F}}_{\mathrm{in}} \rangle \\ &\quad = -\frac{\mathrm{i}\mathcal{D}_{bc}\mathcal{D}_{ca}}{\hbar^2 \Delta_{ac}} \int_0^{\Delta t} \mathrm{d}t'\, \mathrm{e}^{\mathrm{i}\omega_0 t'/\hbar} \langle \phi^{\mathrm{F}}_{\mathrm{fin}} | \mathbf{e}_{bc} \cdot \overline{\mathbf{E}}_{\perp}^{(+)}(\mathbf{R}, t') | \phi^{\mathrm{F}}_{\mathrm{virt}} \rangle \langle \phi^{\mathrm{F}}_{\mathrm{virt}} | \mathbf{e}_{ca} \cdot \overline{\mathbf{E}}_{\perp}^{(+)}(\mathbf{R}, t') | \phi^{\mathrm{F}}_{\mathrm{in}} \rangle\end{aligned} \tag{24}$$

Hierbei ist ω_0 Bohr-Frequenz des Übergangs $a \leftrightarrow b$. Die Summe über die Etappenzustände $|\phi^{\mathrm{F}}_{\mathrm{virt}}\rangle$ des Strahlungsfelds liefert eine Vollständigkeitsrelation, die auf das Ergebnis

$$\begin{aligned}&\sum_{|\phi^{\mathrm{F}}_{\mathrm{virt}}\rangle} \langle b; \phi^{\mathrm{F}}_{\mathrm{fin}} | \overline{U}(\Delta t, 0) | a; \phi^{\mathrm{F}}_{\mathrm{in}} \rangle \\ &\quad = -\frac{\mathrm{i}\mathcal{D}_{bc}\mathcal{D}_{ca}}{\hbar^2 \Delta_{ac}} \int_0^{\Delta t} \mathrm{d}t'\, \mathrm{e}^{\mathrm{i}\omega_0 t'/\hbar} \langle \phi^{\mathrm{F}}_{\mathrm{fin}} | \left[\mathbf{e}_{bc} \cdot \overline{\mathbf{E}}_{\perp}^{(+)}(\mathbf{R}, t') \right] \left[\mathbf{e}_{ca} \cdot \overline{\mathbf{E}}_{\perp}^{(+)}(\mathbf{R}, t') \right] | \phi^{\mathrm{F}}_{\mathrm{in}} \rangle\end{aligned} \tag{25}$$

führt. Dieses Ergebnis ist analog zu der zweiten Zeile aus Gl. (B-14) in Kapitel XX, die einen Einphotonübergang beschreibt. Es ist dort lediglich folgende Ersetzung vorzunehmen:

$$
\begin{aligned}
&-\mathcal{D}\langle\phi_{\text{fin}}^{\text{F}}|\mathbf{e}_d\cdot\overline{\mathbf{E}}_{\perp}^{(+)}(\mathbf{R},t')|\phi_{\text{in}}^{\text{F}}\rangle \\
&\mapsto \frac{\mathcal{D}_{bc}\mathcal{D}_{ca}}{\hbar\Delta_{ac}}\langle\phi_{\text{fin}}^{\text{F}}|\left[\mathbf{e}_{bc}\cdot\overline{\mathbf{E}}_{\perp}^{(+)}(\mathbf{R},t')\right]\left[\mathbf{e}_{ca}\cdot\overline{\mathbf{E}}_{\perp}^{(+)}(\mathbf{R},t')\right]|\phi_{\text{in}}^{\text{F}}\rangle
\end{aligned}
\tag{26}
$$

Von diesem Punkt an ergeben sich dieselben Überlegungen wie für einen Einphotonübergang. In Gl. (B-17) aus Kapitel XX ist zu ersetzen

$$
\begin{aligned}
G_{\text{F}}^{\text{N}}(t',t'') \mapsto\ &\langle\phi_{\text{in}}^{\text{F}}|\left[\mathbf{e}_{ca}^{*}\cdot\overline{\mathbf{E}}_{\perp}^{(-)}(\mathbf{R},t')\right]\left[\mathbf{e}_{bc}^{*}\cdot\overline{\mathbf{E}}_{\perp}^{(-)}(\mathbf{R},t')\right] \\
&\times\left[\mathbf{e}_{bc}\cdot\overline{\mathbf{E}}_{\perp}^{(+)}(\mathbf{R},t'')\right]\left[\mathbf{e}_{ca}\cdot\overline{\mathbf{E}}_{\perp}^{(+)}(\mathbf{R},t'')\right]|\phi_{\text{in}}^{\text{F}}\rangle
\end{aligned}
\tag{27}
$$

und damit liefert Gl. (B-18) die Übergangswahrscheinlichkeit. In dieser erkennen wir die Fourier-Transformierte (an der Übergangsfrequenz ω_0 des Atoms) einer Korrelationsfunktion des Felds (in seinem Anfangszustand) wieder, die aus einem Produkt von vier Feldoperatoren besteht. (Es handelt sich also um eine Vierpunktkorrelation.) Diese Korrelation unterscheidet sich im Allgemeinen von einem Produkt von Zweipunktkorrelationen (aus der sich die Absorption für ein Photon ergibt). Wenn man also eine Zweiphotonenabsorption misst, dann gewinnt man Zugang zu einer neuen charakteristischen Größe des quantisierten Felds, die unabhängig von den Größen ist, die Einphotonprozesse beschreiben.

2-b Absorptionsrate für einen Fock-Zustand

Betrachten wir nun den Fall, dass das einfallende Strahlungsfeld durch einen Fock-Zustand wie in Kapitel XX, Gl. (B-19) beschrieben sei. Wenn man in Gl. (25) die positiven Frequenzkomponenten des Feldoperators durch ihre Modenentwicklung (A-27) aus Kapitel XX ausdrückt, dann geben nur die im Zustand $|\phi_{\text{in}}^{\text{F}}\rangle$ besetzten Moden einen Beitrag, denn jeder Vernichtungsoperator liefert die Wurzel aus der Photonenzahl als Vorfaktor; alle andere Moden ergeben also null. Greifen wir einmal zwei Moden mit den Wellenvektoren k_1 und k_2 heraus, die im Anfangszustand besetzt sind. Sie führen in Gl. (25) zu zwei Termen, die in Abb. 2 schematisch dargestellt sind. In einem Prozess ($i = k_1$ und $j = k_2$) wird das Photon k_1 zunächst absorbiert, wobei das Atom in ein virtuelles Niveau angehoben wird; dann wird Photon k_2 absorbiert, wodurch die Zweiphotonenabsorption in den Zustand b zu Ende gebracht wird. Im anderen Prozess (mit den Modenindizes $i = k_2$ und $j = k_1$) ist die Reihenfolge der Absorptionen umgekehrt. Die beiden Prozesse interferieren in der Absorptionswahrscheinlichkeit: Wenn man die Amplitude quadriert, entstehen vier Terme, die auf das gemischte Produkt dieser zwei Moden zurückzuführen sind. (Dazu kommen natürlich noch die quadratischen Terme mit $i = j = k_{1,2}$, an denen nur eine, mehrfach besetzte Mode beteiligt ist.)

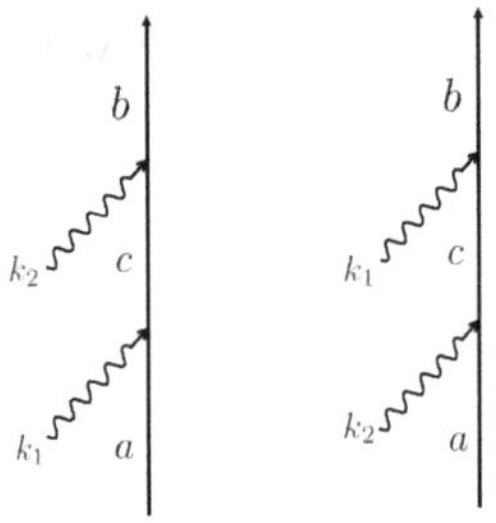

Abb. 2: Zwei Diagramme tragen zu einem Zweiphotonenübergang mit einer Multimodenquelle bei, in der zwei Moden k_1 und k_2 besetzt sind. Diagramm *links*: Das Photon k_1 wird als erstes absorbiert, wobei das Atom (in nichtresonanter Weise) in das virtuelle Niveau c angehoben wird., dann vervollständigt die Absorption des zweiten Photons k_2 den (resonanten) Zweiphotonenübergang. Diagramm *rechts*: Die Photonen k_1 und k_2 werden in umgekehrter Reihenfolge absorbiert. Die beiden Diagramme beschreiben die Amplituden, die in der Übergangswahrscheinlichkeit für den Zweiphotonenprozess interferieren.

Die Rechnungen aus § B-2-a in Kapitel XX für die Übergangsrate (die dort in Abb. 1 zusammengefasst werden) finden hier ohne Weiteres Anwendung. Wir nehmen an, dass die Vierpunktkorrelation des Felds eine sehr kurze Korrelationszeit hat. Als Funktion von $t''-t'$ fällt sie schnell auf null ab, sobald diese Differenz größer als $1/\Delta\omega \ll \Delta t$ ist. Dann kann man zeigen, dass die Übergangswahrscheinlichkeit $\mathscr{P}^{(2)}_{a\to b}(\Delta t)$ proportional zu Δt ist, so dass die Übergangsrate die Form

$$W^{(2)}_{a\to b} = \frac{\mathscr{P}^{(2)}_{a\to b}(\Delta t)}{\Delta t} = \frac{2\pi}{\hbar^2}\left(\frac{\mathcal{D}_{bc}\mathcal{D}_{ca}}{\hbar\Delta_{ac}}\right)^2 \sum_{i,j}\left[2\langle n_i n_j\rangle - \delta_{ij}\langle n_i(n_i+1)\rangle\right]\frac{\hbar\omega_i\,\hbar\omega_j}{(2\varepsilon_0 L^3)^2}$$
$$\times\left|(\mathbf{e}_{bc}\cdot\boldsymbol{\varepsilon}_i)\,(\mathbf{e}_{ca}\cdot\boldsymbol{\varepsilon}_j)\right|^2\,\delta(\omega_i+\omega_j-\omega_0) \quad (28)$$

annimmt.* Die δ-Funktion in der letzten Zeile drückt natürlich die Energieerhaltung für den Gesamtprozess aus: Die beiden absorbierten Photonen müssen zusammen die Energiedifferenz des atomaren Übergangs ergeben. Die Übergangsrate enthält die Besetzungen der Moden, die diese Einschränkung erfüllen, wie es zu erwarten war. Es ist allerdings zu beachten, dass im Fall $i \neq j$ (die absorbierten Photonen stammen aus unterschiedlichen Moden) der Mittelwert $\langle n_i n_j\rangle$ eines Produkts von Besetzungen doppelt in die Rate eingeht. Für $i = j$ (zwei Photonen werden aus derselben Mode absorbiert) ist wie in § 1, Gl. (15) der Mittelwert $\langle n_i(n_i-1)\rangle$ die relevante Größe; er verschwindet, wenn nur ein Photon vorhanden ist, weil dann die Zweiphotonenanregung unmöglich ist.

Bemerkung:
Es gibt auch Übergänge mit $3, \ldots n$ Photonen, für die die Energieerhaltung die Form $E_b - E_a = n\hbar\omega_i$ annimmt. Dazu gehören Absorptionsraten, die proportional zu Korrelationsfunktionen der Ordnung $6, \ldots 2n$ sind.

* Anm. d. Ü.: Dieser Ausdruck beschreibt den Prozess auch für allgemeinere Zustände des Felds, die nicht notwendigerweise Fock-Zustände sind.

3 Physikalische Interpretation

Trotz der formalen Ähnlichkeiten der Absorptionsamplituden für Ein- und Zweiphotonenprozesse gibt es bei den letzteren einige Besonderheiten, die wir nun untersuchen wollen.

3-a Erhaltungsgrößen

α Gesamtenergie

Wie bereits gesehen, spiegelt die Funktion $\delta^{(\Delta t)}(E_b - E_a - 2\hbar\omega_i)$ in Gl. (13) die Erhaltung der Gesamtenergie wider. Wenn das Atom zwei Photonen absorbiert, um von a in das Niveau b überzugehen, ist sein Energiegewinn $E_b - E_a$ gleich der Summe $2\hbar\omega_i$ der Photonenenergien der zwei absorbierten Lichtquanten.

β Gesamtimpuls

In den Rechnungen für den Zweiphotonenübergang haben wir die externen Variablen in ihrer Dynamik ignoriert. Um sie zu berücksichtigen, verwenden wir die Koordinate $\mathbf{R}$ für den Schwerpunkt des Atoms und nehmen die e-Funktionen $\exp(i\mathbf{k}_i \cdot \mathbf{R})$ mit, die in den Feldoperatoren $\mathbf{E}^{(+)}(\mathbf{R})$ der Wechselwirkung W auftreten. Ihr Produkt führt auf den Operator $\exp(2i\mathbf{k}_i \cdot \mathbf{R})$. Die quantenmechanische Beschreibung enthält nun Anfangs- und Endzustände mit den Impulsen $\hbar\mathbf{K}_{\text{in}}$ und $\hbar\mathbf{K}_{\text{fin}}$ für die Schwerpunktsbewegung. In der Übergangsamplitude entsteht so ein zusätzlicher Faktor

$$\langle \mathbf{K}_{\text{fin}} | \exp(2i\,\mathbf{k}_i \cdot \mathbf{R}) | \mathbf{K}_{\text{in}} \rangle = \delta(\mathbf{K}_{\text{fin}} - \mathbf{K}_{\text{in}} - 2\mathbf{k}_i) \tag{29}$$

an dem wir ablesen, dass das Atom einen Impuls $2\hbar\mathbf{k}_i$ gewinnt, wenn es zwei Photonen absorbiert.

Bemerkung:
Nehmen wir an, dass das Atom durch zwei Lichtstrahlen 1 und 2 angeregt wird, die dieselbe Frequenz ω_i haben, sich aber gegenläufig ausbreiten. In den voranstehenden Rechnungen tritt dann der Fall auf, dass ein vom Atom absorbiertes Photon aus dem Strahl 1 stammt und ein anderes aus dem Strahl 2. Die Impulse $+\hbar\mathbf{k}_i$ und $-\hbar\mathbf{k}_i$ dieser beiden Photonen sind entgegengesetzt, so dass das Atom in dem Übergang einen verschwindenden Nettoimpuls absorbiert. Weil die Doppler- und Rückstoßeffekte mit der Änderung des Atomimpulses in einem Übergang zusammenhängen (s. Ergänzung A_{XIX}), folgt daraus, dass die Zweiphotonen-Absorptionslinie hier weder Doppler-verbreitert noch um eine Rückstoßfrequenz verschoben wird. Eine derartige Konfiguration ist deswegen von großem Interesse für die hochauflösende Spektroskopie; sie wurde etwa für den Zweiphotonenübergang zwischen den Zuständen 1s und 2s des atomaren Wasserstoffs verwendet.

γ Gesamtdrehimpuls und Parität

In der Amplitude (14) für die Zweiphotonenabsorption erscheint ein Produkt aus zwei Matrixelementen des atomaren Dipoloperators **D**, der ein vektorieller Operator ist. Unter einer Drehung (der Elektronenkoordinaten) transformiert sich dieses Produkt wie ein Produkt aus zwei Vektoren (während die übrigen Faktoren invariant sind). Nun kann man vektorielle Operatoren als irreduzible Tensoroperatoren der Ordnung $K = 1$ auffassen (s. Ergänzung G_X, Aufgabe 8). Das Produkt der Vektoren können wir also in eine Summe von Operatoren zerlegen, denen man Gesamtdrehimpulse von jeweils $0, 1, 2$ zuordnen kann.[6] Aus dem Wigner-Eckart-Theorem (s. Ergänzung E_X) ergibt sich dann, dass für die Zweiphotonenabsorption folgende Auswahlregeln gelten: Seien F, M und F', M' jeweils die Drehimpuls-Quantenzahlen der Zustände a und b (M und M' sind die Projektionen auf die z-Achse). Dann ist der Übergang erlaubt, falls gilt

$$\begin{aligned} F - F' &= \pm 2, \pm 1, 0 \\ M - M' &= \pm 2, \pm 1, 0 \end{aligned} \tag{30}$$

Im Übrigen ist der Dipoloperator **D** in Gl. (14) ein ungerader Operator, weil er proportional zum Ortsoperator des Elektrons ist. Daraus folgt, dass die Zustände a und b in einem Zweiphotonenübergang dieselbe Parität haben müssen, während der Etappenzustand genau die entgegengesetzte Parität hat.

Wenden wir nun diese Auswahlregeln auf den Übergang 1s ↔ 2s im Wasserstoffatom an. In der Tat sind beide Zustände gerade und unterscheiden sich im Drehimpuls höchstens um ±1 (hier werden die Spins von Elektron und Proton berücksichtigt). Mit der elektrischen Dipolkopplung ist die Zweiphotonenabsorption also erlaubt, während die Absorption eines einzelnen Photons auf diesem Übergang verboten ist.

3-b Einphotonresonanz im Etappenzustand

Im Nenner der Amplitude (14) tritt die Energiedifferenz

$$\hbar\Delta_{ac} = E_a + \hbar\omega_i - E_c \tag{31}$$

zwischen dem Ausgangsniveau a (inklusive einmal $\hbar\omega_i$) und dem virtuellen Niveau c auf. Wenn diese Differenz verschwindet, entsteht eine Divergenz, so dass unsere Er-

6 Wir erinnern, dass ein Produkt aus zwei irreduziblen Tensoroperatoren der Ordnungen K und K' genauso wie in der Addition von zwei Drehimpulsoperatoren K und K' in irreduzible Komponenten zerlegt werden kann. Gemäß der allgemeinen Theorie der Addition von Drehimpulsen erhält man eine Summe von Operatoren der Ordnungen $|K - K'|, \ldots K + K'$. Für $K = K' = 1$ ergeben sich die drei möglichen Ordnungen $0, 1, 2$.

gebnisse nicht mehr sinnvoll sind. Wir hatten in der Rechnung explizit ausgeschlossen, dass der Etappenzustand resonant (durch eine Einphotonabsorption) angeregt werden kann, so dass diese Divergenz vermieden wurde. Sehen wir uns nun einmal an, was sich für $\Delta_{ac} = 0$ ereignen würde.

Die Bedingung für die Zweiphotonenresonanz ist bekanntlich $E_b = E_a + 2\hbar\omega_i$, so dass wir aus $\Delta_{ac} = 0$ ablesen können, dass sich das virtuelle Niveau c energetisch genau in der Mitte zwischen a und b befindet.[7] In diesem Fall würde also eine Resonanz sowohl für einen Einphoton- als auch für einen Zweiphotonenprozess auftreten, und zwar beide ausgehend von dem Niveau a.

Wie sollte man also den Fall untersuchen, dass Δ_{ac} klein oder sogar null ist, ohne eine divergente Amplitude für die Zweiphotonenabsorption zu erhalten? Eine Möglichkeit besteht darin, die endliche Lebensdauer τ_c des Etappenzustand c zu berücksichtigen, der in der Regel ein angeregter Zustand ist, den das Atom durch spontane Emission eines Photons verlassen kann. In Kapitel XX, § E-2 traten analoge Divergenzen auf, als wir die resonante Einphotonstreuung besprochen haben. Man kann zeigen, dass es auch hier legitim ist, die Energie E_c des virtuellen Niveaus durch die komplexe Größe $E_c - i\hbar\Gamma_c/2$ zu ersetzen, wobei $\Gamma_c = 1/\tau_c$ seine natürliche Linienbreite ist. Der Energienenner kann dann nicht mehr verschwinden und die Divergenz ist aufgehoben. Allerdings zeigt die Übergangsamplitude über ein Intervall der Ordnung Γ_c große Variationen, wenn man E_c in der Nähe von $E_a + \hbar\omega_i$ ändert.

Die Ersetzung von E_c durch eine komplexe Energie führt allerdings nur dann zu korrekten Ergebnissen, wenn die Matrixelemente $\langle c; n_i - 1|W|a; n_i\rangle$ und $\langle b; n_i - 2|W|c; n_i - 1\rangle$, die die Kopplung des Felds an das Atom auf den Übergängen $c \leftrightarrow a$ und $b \leftrightarrow c$ charakterisieren, klein gegenüber $\hbar\Gamma_c$ sind. Im umgekehrten Fall kann man sich nicht mehr auf die niedrigste Ordnung in der Kopplung beschränken. Es ist dann nötig, den Hamilton-Operator des Gesamtsystems aus Atom und Strahlungsfeld zu diagonalisieren; dabei kann man sich auf den Unterraum $\mathcal{H}$ derjenigen Zustände konzentrieren, deren Energien (ohne die Kopplung) sehr dicht beieinander liegen.[8] Liegt kein resonanter Etappenzustand vor, dann hat der Unterraum $\mathcal{H}$ zwei Dimensionen und wird von den Zuständen $|a; n_i\rangle$ und $|b; n_i - 2\rangle$ erzeugt. Andernfalls muss man den Zustand $|c; n_i - 1\rangle$ dazunehmen, so dass der Unterraum $\mathcal{H}$

7 Wir nehmen hier an, dass der Etappenzustand ein diskretes Niveau ist. Falls er in ein Kontinuum eingebettet ist, dann wird aus der Summe über die Zustände c in Gl. (14) ein Integral über E_c. Wenn wir die Atom-Licht-Wechselwirkung adiabatisch einschalten, dann steht unter diesem Integral der Bruch $1/(E_a+\hbar\omega_i+i\eta-E_c)$ mit $\eta \to 0$. Diesen können wir in einen Term $\delta(E_a+\hbar\omega_i-E_c)$ und einen Hauptwert nach Cauchy, $\mathcal{P}(1/(E_a+\hbar\omega_i-E_c))$, zerlegen. Das Integral ergibt dann reguläre Funktionen der Energie $E_{\text{in}} = E_a + 2\hbar\omega_i$, und es gibt keinen Grund, warum diese für $E_{\text{in}} \simeq E_{\text{fin}}$ divergieren sollten.

8 Diese Beschreibung der Atom-Licht-Wechselwirkungen nennt man die Methode des *beleuchteten Atoms* (engl.: *dressed atom*, frz.: *atome habillé*). Siehe dazu etwa im Lehrbuch von Cohen-Tannoudji, Dupont-Roc und Grynberg (1998) das Kapitel VI. In Ergänzung C_{XX} wenden wir dieses Verfahren auf ein Zweiniveauatom an, das mit einem intensiven Feld wechselwirkt.

dreidimensional wird. Die Dynamik des Systems wird durch die Matrix

$$\begin{pmatrix} E_a + n_i\hbar\omega_i & \langle a; n_i|W|c; n_i - 1\rangle & 0 \\ \langle c; n_i - 1|W|a; n_i\rangle & E_c + (n_i - 1)\hbar\omega_i & \langle c; n_i - 1|W|b; n_i - 2\rangle \\ 0 & \langle b; n_i - 2|W|c; n_i - 1\rangle & E_b + (n_i - 2)\hbar\omega_i \end{pmatrix} \tag{32}$$

beschrieben, deren Eigenvektoren man die *beleuchteten Zustände* (engl.: *dressed states*) nennt. Es steht auf diese Weise ein allgemeines Verfahren zu Verfügung, mit dem man gleichzeitig Ein- und Zweiphotonenresonanzen beschreiben kann.

Als Fazit dieser Ergänzung halten wir fest, dass in Zweiphotonenübergängen ein physikalischer Prozess am Werk ist, der nicht einfach eine Abfolge von Einphotonabsorptionen darstellt. Wir haben in der Diskussion in § 1, vor allem in den zwei Bemerkungen dort, gesehen, dass zwischen einem „Hochklettern" der Besetzungen im Lauf der Zeit, unter Erhaltung der Energie, und einem sehr kurzen Aufenthalt in einem virtuellen Niveau zu unterscheiden ist, wobei die dort verbrachte Zeit $\Delta\tau$ durch eine Abweichung von der Energieerhaltung bestimmt wird. Es ist bemerkenswert, dass man die Amplitude für einen Zweiphotonenübergang in einer Form aufschreiben kann, die eine ganz ähnliche Struktur wie die für eine Einphotonabsorption hat. Die einzige größere Änderung besteht in dem Ersetzen eines Matrixelements in erster Ordnung durch ein Matrixelement in zweiter Ordnung, geteilt durch die Energiedifferenz im Etappenzustand. Die hier erarbeiteten Begriffe überträgt man auch auf Prozesse höherer Ordnung, d. h. mit ähnlichen Verfahren sind etwa Übergangsamplituden mit drei, vier usw. Photonen zu berechnen.

Ergänzung B_{XX}
Photoionisation

Für die Prozesse der Absorption, Emission und Streuung von Photonen an einem Atom, die wir in Kapitel XX behandelt haben, haben wir uns auf zwei (oder mehr) gebundene elektronische Zustände (diskrete Energieniveaus) des Atoms beschränkt. Ein Atom besitzt allerdings neben dem diskreten auch ein kontinuierliches Spektrum. Das am einfachsten zugängliche Kontinuum entspricht der Einfachionisation, bei der ein einzelnes Elektron so viel Energie gewinnt, dass es das Atom verlassen kann. Diesen Prozess nennt man Ionisation. Das kontinuierliche Spektrum der Einfachionisation enthält alle Energien oberhalb einer gewissen Schwelle, die bei einer Energie E_I über dem Grundzustand liegt. Die Energie E_I nennen wir das *Ionisationspotential.* In dieser Ergänzung wollen wir den Prozess der *Photoionisation* untersuchen, in dem einfallende Strahlung das Atom aus seinem Grundzustand in einen Kontinuumszustand oberhalb des Ionisationspotentials anregt.

Ist das Elektron einmal in das Ionisationskontinuum angehoben, kann es sich beliebig weit von dem einfach geladenen Atomrumpf entfernen; das Atom hat durch die einfallende Strahlung ein Elektron verloren. Dieser Prozess erinnert an den photoelektrischen Effekt, in dem ein Elektron durch Strahlung aus einem Metall freigeschlagen wird. Deswegen wiederholen wir in § 1 einige Grundbegriffe dieses Effekts und unterstreichen die Analogie zur Photoionisation.

Wir zeigen dann in § 2, wie man in der Quantentheorie die Rate (eine Wahrscheinlichkeit pro Zeiteinheit) dafür berechnet, dass ein einfallendes Strahlungsfeld das Atom ionisiert. Diesen Prozess kann man als ein elementares Modell für einen Photodetektor verstehen. Wir nehmen an, dass das Spektrum der einfallenden Strahlung vollständig oberhalb des Ionisationspotentials liegt, so dass keine resonante Absorp-

https://doi.org/10.1515/9783110649130-028

tion in einen gebundenen Zustand (im diskreten Spektrum) auftreten kann. Weil das freigesetzte Elektron verstärkt werden kann, etwa in einem Photomultiplikator, kann das Atom die Rolle eines Photodetektors spielen.* Wenn man nur mit einem Detektor D rechnet (§ 2-a), dann sind die Rechnungen ganz ähnlich zu denen aus Kapitel XX, der wesentliche Unterschied betrifft allein den Endzustand des Atoms. Eine interessante Situation tritt auf, wenn zwei Atome als Detektoren D1 und D2 des Strahlungsfelds an den Positionen $\mathbf{R}_1$ und $\mathbf{R}_2$ verwendet werden; wir untersuchen in § 2-d die Korrelationen zwischen den Signalen, die sie liefern. Dazu berechnen wir die Wahrscheinlichkeit pro Zeiteinheit, dass man eine Photoionisation am Ort $\mathbf{R}_1$ zum Zeitpunkt t_1 und eine weitere am Ort $\mathbf{R}_2$ zum Zeitpunkt t_2 beobachtet.

Man kann sich die Frage stellen, ob eine Quantentheorie der Strahlung notwendig ist, um quantitativ die Photoionisation zu beschreiben. Könnte man nicht eine semiklassische Theorie verwenden, um ein oder mehrere Atome mit einem klassischen Strahlungsfeld zu ionisieren? Mit anderen Worten: Gibt es eine Erklärung des photoelektrischen Effekts „ohne Photonen“ (Lamb und Scully, 1969)? Wir werden uns dieser Frage in § 3 zuwenden.

Ein Atom kann auch ionisiert werden, indem es mehrere Photonen absorbiert. So einen Prozess nennt man *Mehrphotonenionisation*, er spielt eine wichtige Rolle in Experimenten mit Lichtfeldern hoher Intensität. In § 4 skizzieren wir das Prinzip einer Berechnung der entsprechenden Rate für eine Zweiphotonenionisation. In § 5 wird schließlich ein weiterer Mechanismus kurz besprochen, der sich auf den Tunneleffekt stützt und dann auftreten kann, wenn das elektrische Feld eines Laserfelds vergleichbar mit dem Coulomb-Feld zwischen einem atomaren Elektron und dem Atomrumpf ist.

1 Grundbegriffe des photoelektrischen Effekts

Im Jahr 1905 führte Albert Einstein den Begriff der *Lichtquanten* in die Physik ein. Er zeigte, dass zwischen gewissen statistischen Eigenschaften der Schwarzkörperstrahlung und eines idealen Gases von Teilchen eine enge Analogie besteht und schlug die Idee vor, dass die Strahlung selbst aus Energiepaketen $h\nu$ zusammengesetzt ist, die wir heute Photonen nennen. Nach den Erfolgen der Wellentheorie für das Licht schien eine Rückkehr zu einem Teilchenbild allerdings für die meisten Physiker jener Epoche völlig unrealistisch. Die Quantisierung der Energie war von Max Planck zwar einige Jahre zuvor eingeführt worden, um die spektrale Verteilung der Schwarzkörperstrahlung zu beschreiben, aber bei Planck war der *Austausch* von Energie zwischen Materie und Strahlung quantisiert und nicht die Strahlung selbst.

---

* Anm. d. Ü.: Das Modell geht auf Roy J. Glauber (1963b) zurück, der in den 1960er-Jahren eine Theorie der Photodetektion entwickelt hat. Er diskutierte in den 1960er-Jahren neben den kohärenten (quasiklassischen) Zuständen (s. Kapitel XIX, § B-3-b) auch die Rolle von Korrelationsfunktionen zweiter und vierter Ordnung.

1-a Interpretation mit Photonen

In seiner Arbeit verwendete Einstein (1905) den Begriff des Lichtquants in einer neuen Beschreibung des photoelektrischen Effekts. Dieser beschreibt das Phänomen, dass Elektronen unter Lichteinfall aus einem Metall freigeschlagen werden. Einstein nahm an, dass die Energie $h\nu$ eines Lichtquantums aus dem einfallenden Lichtstrahl von einem Elektron im Metall absorbiert wird, das dieses daraufhin verlassen kann. Für diesen Prozess benötigt das Elektron mindestens eine Energie von der Größe der Bindungsenergie W_A im Metall.* Deswegen muss die Frequenz ν des Lichtstrahls größer als die charakteristische Schwelle $h\nu = W_A$ sein: Für $h\nu < W_A$ kann kein Elektron aus dem Metall austreten. Im Fall $h\nu > W_A$ wird die überschüssige Energie $h\nu - W_A$ als kinetische Energie E_{kin} auf das Elektron übertragen. Diese Deutung führt auf die Einsteinsche Gleichung

$$E_{kin} = h\nu - W_A \quad \text{falls} \quad h\nu > W_A \tag{1}$$

aus der man die kinetische Energie des freigeschlagenen Elektrons als Funktion von ν berechnen kann. Sie sagt insbesondere vorher, dass die kinetische Energie der Elektronen nur von der Frequenz des Lichtstrahls und nicht von seiner Intensität abhängt (die allerdings die Rate der erzeugten Elektronen bestimmt).[1] Trägt man die kinetische Energie E_{kin} gegen die Frequenz ν auf, dann ergibt sich gemäß Gleichung (1) eine Gerade mit der Steigung h, die bei der Frequenz W_A/h die Abszisse schneidet. Diese Vorhersagen wurden zunächst skeptisch aufgenommen. Eine experimentelle Bestätigung fanden sie einige Jahre später in den Arbeiten zum photoelektrischen Effekt von R. Millikan und H. Fletcher (1913).

1-b Photoionisation eines Atoms

In Abb. 1 sind diskretes und kontinuierliches Spektrum eines Atoms skizziert: a ist der Grundzustand, c ein angeregter gebundener Zustand und an der Energie E_I oberhalb des Grundzustands beginnt das kontinuierliche Spektrum. Häufig verwendet man diese Energie als den Energienullpunkt, so dass die Niveaus des diskreten Spektrums negative Energien haben. Die Zustände mit positiver Energie nennt man *Streuzustände*; in ihnen wird das Elektron zwar von dem geladenen Atomrumpf angezogen, ist aber nicht mehr an ihn gebunden.

---

1 Ein klassisches Modell führt dagegen auf die Vorhersage, dass eine höhere Lichtintensität das Elektron stärker beschleunigt und diesem eine größere Energie überträgt.

* Anm. d. Ü.: Diese Energie wird *Austrittsarbeit* (engl.: *work function*) genannt. Genaue Messungen zeigen, dass sie von der Oberflächenstruktur des Materials abhängt.

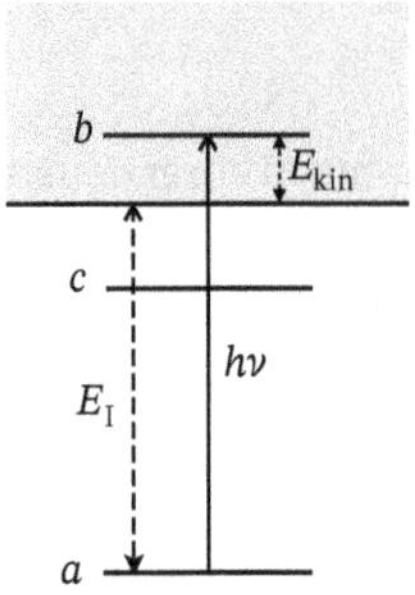

Abb. 1: Photoionisation eines Atoms mit dem Niveau *a* als Grundzustand und einem anderen gebundenen Zustand *c*. Das kontinuierliche Spektrum (Ionisationskontinuum) beginnt bei einer Energie E_I oberhalb des Grundzustands, die man *Ionisationspotential* nennt. Die Absorption eines Photons mit der Frequenz ν aus dem Niveau *a* hebt das Atom in einen Zustand *b* im Ionisationskontinuum an, falls $h\nu > E_I$ gilt. Das Elektron wird mit einer kinetischen Energie E_{kin} freigesetzt, die der Differenz zwischen $h\nu$ und E_I entspricht. (Diese Energie wird beobachtet, wenn das Elektron von dem ionisierten Atomrumpf weit genug entfernt ist.)

Betrachten wir ein Atom im Grundzustand a. Ein Photon mit der Energie $h\nu$ kann auf verschiedene Arten Energie auf ein atomares Elektron übertragen. Für $h\nu < E_I$ kann es nur absorbiert werden, wenn ν mit der Bohr-Frequenz $\nu_{ca} = (E_c - E_a)/h$ eines Übergangs zwischen den gebundenen Zuständen a und c übereinstimmt. Diesen Absorptionsprozess vom Grundzustand a in das diskrete Niveau c haben wir in Kapitel XX bereits untersucht. Auch für $h\nu > E_I$ kann das Atom das Photon absorbieren und geht dann in einen Kontinuumszustand über. Das Elektron ist nicht mehr gebunden und entfernt sich von dem Atomrumpf, der als positiv geladenes Ion übrig bleibt. Ist das Elektron genügend weit von dem Ion entfernt, kann man die Coulomb-Wechselwirkung der beiden Ladungen vernachlässigen, und das Elektron hat die kinetische Energie

$$E_{\text{kin}} = h\nu - E_I \quad \text{falls} \quad h\nu > E_I \tag{2}$$

Diesen Prozess nennt man die Photoionisation eines Atoms. Die Gl. (2) ist die Verallgemeinerung von Einsteins Gl. (1) für den photoelektrischen Effekt in einem Metall.

2 Berechnung der Ionisationsrate

Sehen wir uns nun an, wie die Rechnungen aus Kapitel XX anzupassen sind, um eine Rate für die Photoionisation zu bestimmen.

2-a Ein Atom und monochromatische Strahlung

Unser Ausgangspunkt ist Formel (B-7) aus Kapitel XX. Sie gibt die Wahrscheinlichkeit an, dass das System aus dem Anfangszustand $|\psi_{\text{in}}\rangle = |a; n_i\rangle$ (Zeitpunkt $t = 0$: das Atom ist im Zustand a und n_i Photonen besetzen die i-te Mode mit der Frequenz ω_i) nach einer Zeit Δt in den Endzustand $|\psi_{\text{fin}}\rangle = |b; n_i - 1\rangle$ (Atom im Zustand b mit einer Energie $\hbar\omega_0$ oberhalb von Niveau a, i-te Feldmode mit einem Photon weniger) übergegangen ist:

$$\left|\langle\psi_{\text{fin}}|\overline{U}(\Delta t,0)|\psi_{\text{in}}\rangle\right|^2 = \frac{1}{\hbar^2}\left|\langle\psi_{\text{fin}}|W|\psi_{\text{in}}\rangle\right|^2 \frac{\sin^2[(\omega_0-\omega_i)\Delta t/2]}{[(\omega_0-\omega_i)/2]^2} \tag{3}$$

Wir hatten diese Formel für diskrete Energieniveaus a und b verwendet; sie bleibt allerdings gültig, wenn der Zustand b im kontinuierlichen Spektrum liegt, ist dann nur anders zu interpretieren. Während die Wahrscheinlichkeit, das Atom in einem diskreten Endzustand b zu finden, physikalisch sinnvoll ist, muss man für Kontinuumszustände die Wahrscheinlichkeit berechnen, das Atom in einem gewissen Energieintervall zu finden. Der Ausdruck (3) ist also über die Niveaus b zu summieren.

Wenn man den Zustand b variiert, dann verschiebt sich sowohl $\omega_0 = (E_b - E_a)/\hbar$ als auch das Matrixelement von W. Ist allerdings Δt lang genug, dann ändert sich das Matrixelement nur langsam auf der Skala, die der zweite Faktor mit dem Bruch in Gl. (3) definiert. Diese Funktion entspricht dem Beugungsbild an einem Einfachspalt. Sie zeigt ein Maximum der Höhe Δt^2 bei $\omega_0 = \omega_i$ mit einer Breite von der Ordnung $1/\Delta t$. Die Fläche unter der Funktion skaliert wie $\Delta t^2 \times (1/\Delta t) = \Delta t$. Sie verhält sich bis auf einen Vorfaktor wie das Produkt $\Delta t\,\delta(\omega_0 - \omega_i)$, wenn man sie mit Funktionen von ω_0 multipliziert, die auf der Skala $1/\Delta t$ langsam veränderlich sind. Daraus schließen wir, dass die Wahrscheinlichkeit (3) nach Summation über b proportional zu Δt anwächst, – wir können für das Atom also eine Rate (Wahrscheinlichkeit pro Zeit) definieren, mit der es in das Kontinuum angeregt wird. Diese interpretieren wir als die Photoionisationsrate.

Den Vorfaktor vor der Deltafunktion, den wir hier benötigen, entnehmen wir der Formel (11) aus Band II, Anhang II:

$$\lim_{\Delta t\to\infty} \frac{\sin^2[(\omega_0-\omega_i)\Delta t/2]}{[(\omega_0-\omega_i)/2]^2} = \pi\,\Delta t\,\delta\!\left(\frac{\omega_0-\omega_i}{2}\right) = 2\pi\hbar\,\Delta t\,\delta(E_b - E_a - \hbar\omega_i) \tag{4}$$

Wenn wir dies in Gl. (3) einsetzen, die Summe über b ausführen und durch Δt teilen, erhalten wir die Ionisationsrate:

$$\begin{aligned}\frac{1}{\Delta t}\sum_b \left|\langle\psi_{\text{fin}}|\overline{U}(\Delta t,0)|\psi_{\text{in}}\rangle\right|^2 &= \frac{2\pi}{\hbar}\sum_b \left|\langle\psi_{\text{fin}}|W|\psi_{\text{in}}\rangle\right|^2 \delta(E_b - E_a - \hbar\omega_i)\\ &= \frac{2\pi}{\hbar}\underbrace{\left|\langle\psi_{\text{fin}}|W|\psi_{\text{in}}\rangle\right|^2}_{E_b=E_a+\hbar\omega_i}\rho(E_a+\hbar\omega_i)\end{aligned} \tag{5}$$

Hier ist $\rho(E_a + \hbar\omega_i)$ die Zustandsdichte im kontinuierlichen Spektrum an der Energie $E_b = E_a + \hbar\omega_i$. Dieser Ausdruck ist nichts anderes als Fermis Goldene Regel (s. Band II, Kapitel XIII, § C-3-b), angewendet auf die Kopplung eines diskreten Zustands $|a; n_i\rangle$ an das Kontinuum der Zustände $|b; n_i - 1\rangle$. Er erinnert auch stark an den Ausdruck (C-37) aus Kapitel XIII, den wir für die Übergangsrate von einem diskreten Zustand in Zustände im Kontinuum hergeleitet hatten, wenn die Anregung durch eine klassische Welle erfolgt, die in der Zeit sinusförmig oszilliert. Wir kommen auf diese Analogie in § 3 zurück.

2-b Stationäres, breitbandiges Strahlungsfeld

Wir betrachten nun ein nichtmonochromatisches Strahlungsfeld, das das Atom mit einer Frequenzverteilung $I_F(\omega)$ (spektrale Dichte) beleuchtet. Nehmen wir zunächst an, dass dieses Feld statistisch stationär ist, seine statistischen Eigenschaften also invariant unter einer zeitlichen Verschiebung sind. In § 2-c besprechen wir dann den nichtstationären Fall.

α Korrelationsfunktionen von Dipol und Feld

In Kapitel XX, § D-1 hatten wir einen Ausdruck für die Absorptionswahrscheinlichkeit $\sum_b \mathscr{P}^{\text{abs}}_{a\to b}(\Delta t)$ berechnet, die den Übergang aus dem Zustand a in irgendeinen anderen Zustand b nach einer Zeit Δt charakterisiert. Diese Wahrscheinlichkeit hatten wir in Gl. (D-4) als ein Doppelintegral über ein Produkt von Korrelationsfunktionen geschrieben, eine für das Dipolmoment des Atoms und eine für das Feld.

Beginnen wir mit den Korrelationsfunktionen für das Atom. Wie in Kapitel XX, Gl. (B-13) und Gl. (C-1) schreiben wir die Matrixelemente des Dipoloperators im Heisenberg-Bild (bezüglich der ungekoppelten Hamilton-Operatoren von Atom und Feld) in der Form[2]

$$\langle b|\mathbf{D}(t)|a\rangle = \langle b|\mathbf{D}|a\rangle\, \mathrm{e}^{\mathrm{i}\omega_{ba}t} = \boldsymbol{\mathcal{D}}_{ba}\, \mathrm{e}^{\mathrm{i}\omega_{ba}t} \tag{6}$$

mit

$$\boldsymbol{\mathcal{D}}_{ba} = \mathcal{D}_{ba}\, \mathbf{e}_d \tag{7a}$$

Hier ist $\mathbf{e}_d$ ein (komplexer) Einheitsvektor parallel zum Übergangsdipol $\langle b|\mathbf{D}|a\rangle$. Aufgrund der Normierung $\mathbf{e}_d^* \cdot \mathbf{e}_d = 1$ gilt

$$\mathcal{D}_{ba} = \mathbf{e}_d^* \cdot \boldsymbol{\mathcal{D}}_{ba} = \langle b|\mathbf{e}_d^* \cdot \mathbf{D}|a\rangle \tag{7b}$$

Um die Rechnungen zu vereinfachen, nehmen wir an, dass alle Zustände b auf denselben Vektor $\mathbf{e}_d$ führen. Mit dieser Bedingung für $\mathbf{e}_d$ sind wie in Kapitel XX, § B-2-a-α nur die Skalarprodukte $E_d^{(+)}$ und $E_d^{(-)}$ des elektrischen Feldoperators mit den Vektoren $\mathbf{e}_d$ und $\mathbf{e}_d^*$ relevant [s. Gl. (B-15)], weil die Felder immer in einem Skalarprodukt mit $\mathbf{D}$ auftreten.

2 Dieselbe Zeitabhängigkeit der Operatoren tritt auch im Wechselwirkungsbild auf [s. Kapitel XX, § A-2, Gl. (A-25)]. In den folgenden Rechnungen kann man zeitabhängige Operatoren stets an ihren Zeitargumenten erkennen.

Bemerkung:
Natürlich ergeben sich nicht für alle Zustände b, die mit a durch Matrixelemente von $\mathbf{D}$ verknüpft sind, dieselben Übergangsdipole. Die Richtung des Vektors $\mathbf{e}_d$ hängt von den Symmetrieeigenschaften der beiden Zustände bezüglich Drehungen ab.[3] Man kann die Zustände b nach Symmetrieklassen sortieren, die jeweils eine konstante Richtung liefern, und die unten angeführten Rechnungen auf eine dieser Klassen anwenden. Anschließend summiert man die Ionisationswahrscheinlichkeiten über die Klassen von angeregten Zuständen.

Eine Rechnung, die sehr ähnlich zu der aus Kapitel XX, § D-1 ist, führt auf folgende Darstellung der Absorptionswahrscheinlichkeit:

$$\sum_b \mathscr{P}^{\text{abs}}_{a\to b}(\Delta t) = \frac{1}{\hbar^2}\int_0^{\Delta t}\mathrm{d}t' \int_0^{\Delta t}\mathrm{d}t''\, G_{\text{A}}(t'',t')\, G_{\text{F}}^{\text{N}}(t',t'') \tag{8}$$

Hier tritt eine Korrelationsfunktion für das Atom auf:*

$$\begin{aligned} G_{\text{A}}(t'',t') &= \langle a|\left[\mathbf{e}_d\cdot\mathbf{D}(t')\right]\left[\mathbf{e}_d^*\cdot\mathbf{D}(t'')\right]|a\rangle \\ &= \sum_b |\mathcal{D}_{ba}|^2\, \mathrm{e}^{\mathrm{i}\omega_{ba}(t''-t')} \end{aligned} \tag{9}$$

sowie eine für das Feld (normal geordnet):

$$\begin{aligned} G_{\text{F}}^{\text{N}}(t',t'') &= \langle\phi_{\text{in}}^{\text{F}}|\left[\mathbf{e}_d^*\cdot\mathbf{E}_\perp^{(-)}(\mathbf{R},t')\right]\left[\mathbf{e}_d\cdot\mathbf{E}_\perp^{(+)}(\mathbf{R},t'')\right]|\phi_{\text{in}}^{\text{F}}\rangle \\ &= \langle\phi_{\text{in}}^{\text{F}}|E_d^{(-)}(\mathbf{R},t')\,E_d^{(+)}(\mathbf{R},t'')|\phi_{\text{in}}^{\text{F}}\rangle \end{aligned} \tag{10}$$

In dem letzten Ausdruck ist $|\phi_{\text{in}}^{\text{F}}\rangle$ der Anfangszustand des Strahlungsfelds. Dieser Zustand sei stationär, also sind seine Eigenschaften invariant unter einer Zeitverschiebung. Insbesondere hängt die Korrelationsfunktion $G_{\text{F}}^{\text{N}}(t',t'')$ nur von der Zeitdifferenz $t''-t'$ ab.

Die atomare Korrelation (9) schreiben wir alternativ in der Form

$$G_{\text{A}}(t'',t') = \int \mathrm{d}\omega\, \widetilde{G}_{\text{A}}(\omega)\, \mathrm{e}^{\mathrm{i}\omega(t''-t')} \tag{11}$$

mit

$$\widetilde{G}_{\text{A}}(\omega) = \sum_b |\mathcal{D}_{ba}|^2\, \delta(\omega-\omega_{ba}) \tag{12}$$

3 Für den Grundzustand a dürfen wir annehmen, dass er ein Eigenvektor zur Komponente des Drehimpulses entlang einer Quantisierungsachse mit dem Eigenwert $m_a\hbar$ ist; für den Zustand b sei der Eigenwert $m_b\hbar$. Im Übergang $a\to b$ ändert sich also der Drehimpuls um $\Delta m = m_b - m_a$. Für $\Delta m = 0$ kann man zeigen, dass aus Symmetriegründen $\mathbf{e}_d$ parallel zur Quantisierungsachse (der z-Achse) ist. Gilt $\Delta m = \pm 1$, so liegt $\mathbf{e}_d$ in der dazu senkrechten Ebene und ist proportional zu $(\mathbf{e}_x \mp i\mathbf{e}_y)/\sqrt{2}$. Beachte, dass im Matrixelement (7b) der konjugierte Vektor $\mathbf{e}_d^*$ auftritt.

* Anm. d. Ü.: Zur Reihenfolge der Zeitargumente in $G_{\text{A}}(t'',t')$ siehe die Fußnote * auf S. 2149.

Die Größe $\widetilde{G}_A(\omega)$ stellt die spektrale Empfindlichkeit des Atoms dar, wenn man es als Photodetektor auffasst. Ihr Verhalten als Funktion von ω gibt an, mit welcher Intensität (oder *Oszillatorstärke*) der Grundzustand a an ein Niveau b im Kontinuum mit der Energie $\hbar\omega - E_I$ koppelt (s. Abb. 1). Wir werden hier annehmen, dass die Photoionisation spektral über einen viel breiteren Spektralbereich (charakteristische Breite $\Delta\omega_A$) als den des einfallenden Strahlungsfelds empfindlich ist, für dessen Breite also

$$\Delta\omega_A \gg \Delta\omega_F \tag{13}$$

gelte. Diese Bedingung definiert, was wir einen *breitbandigen Photodetektor* nennen wollen.

Die Korrelationsfunktion (9) des Felds haben wir in Kapitel XX, § B-2-a-β bereits ausgerechnet, wenn das Strahlungsfeld sich in einem Fock-Zustand $|n_1, \ldots, n_i, \ldots\rangle$ oder in einem statistischen Gemisch von solchen Zuständen mit Gewichten $p(n_1, \ldots, n_i, \ldots)$ befindet [s. die Gl. (B-20) und Gl. (B-21) dort].

β Ionisationsrate

Um den Ausdruck (8) umzuformen, ist es nützlich, die Abhängigkeit der Korrelationsfunktion $G_F^N(t', t'')$ von $\tau = t'' - t'$ genauer anzusehen. Das einfallende Strahlungsfeld sei spektral um eine Frequenz ω_{ex} konzentriert, und wir nehmen an, dass sein Spektrum vollständig oberhalb der Kontinuumsschwelle liegt. Wegen der Zeitabhängigkeit $E_d^{(\pm)}(t) \sim e^{\mp i\omega t}$ der Feldoperatoren können wir aus der Korrelationsfunktion eine schnell veränderliche *Trägerfrequenz* herausziehen:

$$G_F^N(t', t' + \tau) = e^{-i\omega_{ex}\tau}\, C_F^N(\tau) \tag{14}$$

und $C_F^N(\tau)$ als eine langsam veränderliche *Einhüllende* auffassen. Ihr Fourier-Spektrum ist um $\omega = 0$ zentriert und hat eine Breite $\Delta\omega_F \ll \omega_{ex}$. Diese Einhüllende ist auf Zeitskalen, die kurz im Vergleich zu $1/\Delta\omega_F$ sind, z. B. die mittlere Schwingungsdauer $2\pi/\omega_{ex}$, praktisch konstant.[4] Für $\tau = 0$ ergibt sich aus Gl. (14)

$$\begin{aligned} C_F^N(0) &= G_F^N(t', t') \\ &= \langle \phi_{in}^F | E_d^{(-)}(\mathbf{R}, t')\, E_d^{(+)}(\mathbf{R}, t') | \phi_{in}^F \rangle = I \end{aligned} \tag{15}$$

wobei I die Intensität des Strahlungsfelds ist. (Sie ist zeitlich konstant, weil wir mit einem stationären Zustand arbeiten.) Wir werden im folgenden Abschnitt sehen, wie man diese Ergebnisse auf ein nichtstationäres Feld verallgemeinern kann.

Kommen wir nun auf das Doppelintegral in Gl. (8) zurück und nehmen wir an, dass das Intervall Δt viel länger als die Korrelationszeit $\tau_A = 1/\Delta\omega_A$ des atomaren Detektors ist. In der $t't''$-Ebene ist der Integrand dann in einem schmalen Band um die

4 Dies wäre für die Korrelation $G_F^N(t', t' + \tau)$ wegen der e-Funktion $e^{-i\omega_{ex}\tau}$ in Gl. (14) nicht der Fall.

Winkelhalbierende konzentriert (s. Abb. 1 in Kapitel XX), dessen Breite τ_A viel kleiner als Δt ist. Man substituiert auf die Variablen t' und $\tau = t'' - t'$ und kann in Gl. (14) näherungsweise die Intensität I aus Gl. (15) verwenden, weil gemäß Gl. (13) $\tau_A \ll 1/\Delta\omega_F$ gilt:

$$\begin{aligned} G_F^N(t', t' + \tau) &= e^{-i\omega_{ex}\tau}\, C_F^N(\tau) \\ &\simeq e^{-i\omega_{ex}\tau}\, C_F^N(0) = I\, e^{-i\omega_{ex}\tau} \end{aligned} \tag{16}$$

Der Integrand hängt dann nicht mehr von t' ab, so dass dieses Integral einfach Δt liefert. Das Integral über τ ist schließlich eine Fourier-Transformation:

$$\sum_b \mathscr{P}_{a\to b}^{\text{abs}}(\Delta t) = \frac{1}{\hbar^2}\, I\, \Delta t \underbrace{\int_{-\infty}^{+\infty} d\tau\, e^{-i\omega_{ex}\tau}\, G_A(\tau)}_{=2\pi\widetilde{G}_A(\omega_{ex})} \tag{17}$$

Weil diese Wahrscheinlichkeit proportional zu Δt ist, kann man eine Photoionisationsrate definieren:

$$w_I = \frac{1}{\Delta t} \sum_b \mathscr{P}_{a\to b}^{\text{abs}}(\Delta t) = \frac{2\pi}{\hbar^2} I\, \widetilde{G}_A(\omega_{ex}) \tag{18}$$

Die Rate skaliert also linear mit der Intensität I des Strahlungsfelds und mit der spektralen Empfindlichkeit des Detektors $\widetilde{G}_A(\omega_{ex})$, ausgewertet an der Mittenfrequenz ω_{ex} der einfallenden Strahlung.

2-c Nichtstationäre, breitbandige Strahlung

Ein nichtstationäres Strahlungsfeld befindet sich nicht in einem Fock-Zustand oder in einem statistischen Gemisch von Fock-Zuständen. Es wird eher durch eine lineare Superposition von solchen Zuständen beschrieben, so dass Wellenpakete entstehen, wie sie in Ergänzung EXX untersucht werden. Die Korrelationsfunktion $G_F^N(t', t'')$ des Felds hängt dann sowohl von t' als auch von t'' ab. Man darf weiter davon ausgehen, dass in sie Frequenzen eingehen, die in einem Intervall $\Delta\omega_F$ um ω_{ex} zentriert sind. Auf diese Weise können wir die Beziehungen (14) und (15) in der Form

$$G_F^N(t', t'') = e^{-i\omega_{ex}(t''-t')}\, C_F^N(t', t'') \tag{19}$$

und

$$G_F^N(t', t') = \langle \phi_{in}^F | E_d^{(-)}(\mathbf{R}, t') E_d^{(+)}(\mathbf{R}, t') | \phi_{in}^F \rangle = C_F^N(t', t') = I(\mathbf{R}, t') \tag{20}$$

schreiben. Hier ist $I(\mathbf{R}, t')$ die Intensität im Punkt $\mathbf{R}$ zum Zeitpunkt t' (für die Polarisation $\mathbf{e}_d$, d. Ü.).

Wenn wir in Gl. (20) die Zerlegungen der Feldoperatoren in Erzeugungs- und Vernichtungsoperatoren einsetzen, dann erhalten wir einen Ausdruck für die Korrelationsfunktion, der Gl. (B-20) aus Kapitel XX auf nichtstationäre Felder verallgemeinert:

$$G_{\mathrm{F}}^{\mathrm{N}}(t', t'') = \sum_i \sum_j \frac{\hbar\sqrt{\omega_i \omega_j}}{2\varepsilon_0 L^3} (\mathbf{e}_d^* \cdot \varepsilon_j^*)(\mathbf{e}_d \cdot \varepsilon_i) \langle \phi_{\mathrm{in}}^{\mathrm{F}} | a_j^\dagger a_i | \phi_{\mathrm{in}}^{\mathrm{F}} \rangle \, \mathrm{e}^{-\mathrm{i}(\mathbf{k}_j \cdot \mathbf{R} - \omega_j t')} \, \mathrm{e}^{\mathrm{i}(\mathbf{k}_i \cdot \mathbf{R} - \omega_i t'')} \quad (21)$$

Für ein festes j stellt die Summe über i ein Wellenpaket dar, das mit einer Mittenfrequenz ω_{ex} und einer Einhüllenden der Länge $1/\Delta\omega_{\mathrm{F}}$ den Punkt $\mathbf{R}$ überstreicht. Solange sich t' nur in einem Intervall $\Delta t \ll 1/\Delta\omega_{\mathrm{F}}$ ändert, kann man die Einhüllende als praktisch konstant ansehen. Ähnliche Überlegungen sind anwendbar, wenn man in Gl. (21) die Summe über j bei festem i betrachtet.

Wir wollen nun das Doppelintegral (8) auswerten. Da wir es nun mit zeitabhängigen Phänomenen zu tun haben, schreiben wir die Integrationsgrenzen nicht mehr als 0 und Δt, sondern nehmen die Zeitpunkte t und $t + \Delta t$. Wir nehmen weiter an, dass dieses Intervall der Bedingung

$$\frac{1}{\Delta\omega_{\mathrm{A}}} \ll \Delta t \ll \frac{1}{\Delta\omega_{\mathrm{F}}} \quad (22)$$

genügt. Dies ist wegen der Ungleichung (13) möglich. Aufgrund von $\Delta t \ll 1/\Delta\omega_{\mathrm{F}}$ können wir nun in Gl. (19) innerhalb des Integrationsgebiets für t' und t'' die Einhüllende $C_{\mathrm{F}}^{\mathrm{N}}(t', t'')$ durch

$$C_{\mathrm{F}}^{\mathrm{N}}(t, t) = \langle \phi_{\mathrm{in}}^{\mathrm{F}} | E_d^{(-)}(\mathbf{R}, t) \, E_d^{(+)}(\mathbf{R}, t) | \phi_{\mathrm{in}}^{\mathrm{F}} \rangle = I(\mathbf{R}, t) \quad (23)$$

ersetzen. Eingesetzt in Gl. (19) nimmt die Feldkorrelationsfunktion die Form

$$G_{\mathrm{F}}^{\mathrm{N}}(t', t'') \simeq \mathrm{e}^{-\mathrm{i}\omega_{\mathrm{ex}}(t''-t')} I(\mathbf{R}, t) \quad (24)$$

an. Die weiteren Rechnungen sind analog zu denen für ein stationäres Feld. In den Integrationsvariablen t' und $\tau = t'' - t'$ liefert das $\mathrm{d}t'$-Integral einen Faktor Δt; das $\mathrm{d}\tau$-Integral liefert erneut die spektrale Empfindlichkeit

$$\int_{-\infty}^{+\infty} \mathrm{d}\tau \, \mathrm{e}^{-\mathrm{i}\omega_{\mathrm{ex}}\tau} G_{\mathrm{A}}(\tau) = 2\pi \, \widetilde{G}_{\mathrm{A}}(\omega_{\mathrm{ex}}) \quad (25)$$

Wir können die Wahrscheinlichkeit, dass der Photodetektor am Ort $\mathbf{R}$ zwischen den Zeitpunkten t und $t + \Delta t$ anspricht (d. h. das Atom ionisiert wird) somit als das Produkt $w_{\mathrm{I}}(\mathbf{R}, t)\Delta t$ schreiben. Für die Detektionsrate ergibt sich*

$$w_{\mathrm{I}}(\mathbf{R}, t) = s \langle \phi_{\mathrm{in}}^{\mathrm{F}} | E_d^{(-)}(\mathbf{R}, t) \, E_d^{(+)}(\mathbf{R}, t) | \phi_{\mathrm{in}}^{\mathrm{F}} \rangle = s \, I(\mathbf{R}, t) \quad (26)$$

* Anm. d. Ü.: Diese Formel ist das zentrale Ergebnis von Glaubers Theorie der Photodetektion: Die Rate für die Detektion von ein, zwei … Photonen ist proportional zu normal geordneten Korrelationsfunktionen (26), (27). Für einen breitbandigen Detektor fallen die Zeitargumente der positiven und negativen Frequenzkomponenten der Feldoperatoren paarweise zusammen. Freilich können diese Zeitpunkte niemals genauer als die Periode des Lichts angegeben werden, auf das der Detektor empfindlich ist.

Hier ist der Vorfaktor $s = 2\pi\widetilde{G}_A(\omega_{ex})/\hbar^2$ eine Größe, die die Empfindlichkeit des Photodetektors an der mittleren Frequenz ω_{ex} des Strahlungsfelds charakterisiert. Die Photoionisationsrate des Atoms ist also ein Signal, das den zeitlichen Änderungen der lokalen Intensität $I(\mathbf{R}, t)$ des einfallenden Felds kontinuierlich folgt.

2-d Korrelationen in der Ionisationsrate von zwei Atomen

Die vorstehenden Ergebnisse kann man verallgemeinern, um etwa ein Experiment zu modellieren, in dem man zwei Atome als Photodetektoren an die Positionen $\mathbf{R}_1$ und $\mathbf{R}_2$ platziert und die Korrelationen zwischen Photoionisationsereignissen untersucht, die mit den Atomen zu Zeitpunkten t_1 und t_2 beobachtet werden. Wir führen dazu die Wahrscheinlichkeit $w_{II}(\mathbf{R}_2, t_2; \mathbf{R}_1, t_1)\Delta t_1 \Delta t_2$ ein, dass eine Photoionisation bei $\mathbf{R}_1$ im Intervall t_1 bis $t_1 + \Delta t_1$ und eine weitere bei $\mathbf{R}_2$ zwischen t_2 und $t_2 + \Delta t_2$ detektiert werden.* Mit einer ähnlichen Rechnung wie oben, die wir hier nicht ausführlich vorstellen wollen, kommt man auf den Ausdruck

$$w_{II}(\mathbf{R}_2, t_2; \mathbf{R}_1, t_1) = s^2 \langle \phi_{in}^F | E_{d1}^{(-)}(\mathbf{R}_1, t_1) E_{d2}^{(-)}(\mathbf{R}_2, t_2) E_{d2}^{(+)}(\mathbf{R}_2, t_2) E_{d1}^{(+)}(\mathbf{R}_1, t_1) | \phi_{in}^F \rangle \quad (27)$$

[weitere Details findet der Leser in der Ergänzung A_{II} des Lehrbuchs von Cohen-Tannoudji, Dupont-Roc und Grynberg (1998).] Hier sind $E_{di}^{(+)}(\mathbf{R}_i, t_i) = \mathbf{e}_{di} \cdot \mathbf{E}_\perp^{(+)}(\mathbf{R}_i, t_i)$ $(i = 1, 2)$ die Skalarprodukte des Feldoperators mit den Einheitsvektoren $\mathbf{e}_{d1}$ und $\mathbf{e}_{d2}$, die die Übergangsdipolmomente der Atome 1 und 2 charakterisieren [s. Gl. (6) und Gl. (7a)]. [Der Faktor s^2 gibt das Quadrat der spektralen Empfindlichkeiten der Detektoren an, s. Gl. (26), d. Ü.] Es ist leicht einzusehen, warum hier zwei Operatoren $E_{d1}^{(+)}$ und $E_{d2}^{(+)}$ auftreten: Die Rate w_{II} für eine „doppelte" Photoionisation wird ja über das Quadrat einer Wahrscheinlichkeitsamplitude bestimmt, die die Absorption eines Photons bei $\mathbf{R}_1, t_1$ und eines weiteren bei $\mathbf{R}_2, t_2$ charakterisiert. Diese Amplitude enthält in der Tat ein Produkt von zwei $\mathbf{E}_\perp^{(+)}$ Operatoren (positive Frequenzkomponente mit Vernichtungsoperatoren a_i). Die komplex konjugierte Amplitude enthält zwei $\mathbf{E}_\perp^{(-)}$ Operatoren in der umgekehrten Reihenfolge. Damit kann man sich die Anzahl der Operatoren und die Reihenfolge der Koordinaten $\mathbf{R}_1, t_1$ und $\mathbf{R}_2, t_2$ in Gl. (27) einfach klarmachen.

Es gibt eine enge Analogie zwischen den einfachen und doppelten Photoionisationsraten w_I und w_{II} aus Gl. (26) und Gl. (27) einerseits und den in Kapitel XVI eingeführten Korrelationsfunktionen G_1 und G_2 andererseits, die die Wahrscheinlichkeitsdichten liefern, ein Teilchen bei $\mathbf{r}_1, t_1$ zu finden (Korrelation G_1) bzw. je ein Teilchen bei $\mathbf{r}_1, t_1$ und $\mathbf{r}_2, t_2$ (Korrelation G_2) zu finden. Wir weisen freilich darauf hin, dass man bei G_1 und G_2 von der Aufenthaltswahrscheinlichkeit von einem oder von zwei

* Anm. d. Ü.: Die Größe w_{II} ist somit eine Koinzidenzrate.

(massiven) Teilchen spricht, während es sich hier (bei Photonen) um die Wahrscheinlichkeit der Photoionisation von Atomen an ein oder zwei Orten handelt. Die Feldoperatoren in Gl. (26) und Gl. (27) sind die positiven und negativen Frequenzkomponenten des elektrischen Felds, denn diese Operatoren beschreiben die Absorption und Emission von Photonen.

3 Ist eine Quantentheorie der Strahlung notwendig?

In der semiklassischen Behandlung der Photoionisation wird die Strahlung als ein klassisches Feld beschrieben, während das Atom (mit seinen Elektronen) quantenmechanisch beschrieben wird. Die Atom-Feld-Kopplung ist also eine zeitabhängige Störung, die zu Übergängen zwischen einem diskreten elektronischen Zustand, etwa dem Grundzustand a, und einem Zustand b im kontinuierlichen Energiespektrum führen kann. Liefert so ein Modell Ergebnisse, die mit denen aus der Quantentheorie der Strahlung übereinstimmen? Wir werden sehen, dass dies häufig, aber nicht immer der Fall ist.

3-a Experimente mit einem Atom

Beginnen wir mit dem einfachen Fall, dass das klassische Feld an einer festen Frequenz ω_l oszilliert (monochromatische Strahlung). Die Übergangsrate kann man in einer Form aufschreiben, die an das Ergebnis aus Fermis Goldener Regel für eine konstante Störung erinnert, die einen diskreten Zustand an ein Kontinuum koppelt.[5]

Allgemeiner wäre der Fall eines klassischen Felds, das zwar stationär, aber nicht monochromatisch ist. Man kann dann dieselben Rechnungen durchführen, die auf den Ausdruck (8) geführt haben, um zu zeigen, dass die Übergangswahrscheinlichkeit von dem Niveau a in einen beliebigen Zustand im Kontinuum als das Integral über ein Produkt von zwei Korrelationsfunktionen geschrieben werden kann: $G_A(t''-t')$ für das atomare Dipolmoment und $G_F(t''-t')$ für das Strahlungsfeld. Auch im semiklassischen Modell wird die Übergangsrate also von einer Korrelationsfunktion des Felds bestimmt. Darin ist der quantenmechanische Mittelwert (10) durch ein Produkt aus negativen und positiven Frequenzkomponenten des klassischen Felds zu ersetzen:

$$\mathcal{G}_F^N(t''-t') = \mathscr{E}_d^{(-)}(\mathbf{R}, t')\, \mathscr{E}_d^{(+)}(\mathbf{R}, t'') \tag{28}$$

In dieser Formel haben wir kalligraphische Buchstaben verwendet, um die klassischen von den quantisierten Feldern zu unterscheiden. Der Index d bedeutet wie zuvor die Projektion auf den Einheitsvektor aus Gl. (7a).

5 Siehe dazu etwa Band II, Kapitel XIII, § C-3, insbesondere die Beziehung (C-37).

Der Ausdruck (28) gilt für ein klassisches Feld, das vollständig bekannt ist. Es kommt allerdings auch vor, dass man das Strahlungsfeld statistisch beschreiben muss, also als ein mit gewissen Wahrscheinlichkeiten behaftetes Gemisch von klassischen Feldern. Die Übergangswahrscheinlichkeit ist dann über dieses statistische Gemisch zu mitteln, was darauf hinausläuft, die Korrelationsfunktion (28) durch

$$\mathcal{G}_{\mathrm{F}}^{\mathrm{N}}(t''-t') = \overline{\mathscr{E}_d^{(-)}(\mathbf{R},t')\,\mathscr{E}_d^{(+)}(\mathbf{R},t'')} \tag{29}$$

zu ersetzen. Hier bezeichnet der Querstrich über dem Produkt den statistischen Mittelwert.

Es ergibt sich auf diese Weise folgendes Bild: Für alle Signale, in denen ein einzelnes Atom als Photodetektor verwendet wird, liefert die Quantentheorie dieselben Vorhersagen wie die semiklassische Theorie, vorausgesetzt, klassische und quantenmechanische Felder haben dieselben Korrelationsfunktionen. Insbesondere für stationäre Felder ist die Fourier-Transformierte der Korrelationsfunktion nichts anderes als die spektrale Verteilung $I_{\mathrm{F}}(\omega)$ des Felds. Für ein quantisiertes Feld haben wir dies in Kapitel XX, Gl. (B-20) bewiesen. Für ein klassisches Feld entspricht diese Aussage einfach dem Wiener-Chintschin-Theorem (s. Band II, Kapitel XIII, § D). Die Wahrscheinlichkeit der Photoionisation eines Atoms ist also dieselbe, ob man das Feld nun quantisiert oder nicht, solange man es mit stationären Feldern von derselben spektralen Verteilung zu tun hat.

Bemerkung:
Man erhält äquivalente Vorhersagen in den beiden Theorien auch dann, wenn das Feld nicht stationär ist. In der semiklassischen Theorie ist die Ionisationsrate zum Zeitpunkt t in der Tat proportional zur (mittleren) Intensität $\overline{\mathscr{E}_d^{(-)}(\mathbf{R},t)\mathscr{E}_d^{(+)}(\mathbf{R},t)}$ des klassischen Felds, die im nichtstationären Fall offensichtlich von der Zeit abhängt. Wir werden in Ergänzung E_{XX} sehen, dass man ein analoges Ergebnis auch in der Quantentheorie erhält: Wenn ein Atom zum Zeitpunkt t von einem Einphoton-Wellenpaket ionisiert wird, dann kann man die Rate für dieses Ereignis als das Quadrat einer zeitabhängigen Funktion schreiben. Wir besprechen in jener Ergänzung auch die Frage, in welchem Sinne man diese Funktion als die Wellenfunktion des Photons zum Zeitpunkt t auffassen kann.

3-b Experimente mit zwei Atomen

Dieselben Rechnungen, die auf Gl. (27) führen, können auch mit einem klassischen Feld durchgeführt werden. Man findet ein analoges Ergebnis, in dem die Vierpunkt-Korrelationsfunktion des quantisierten Felds durch das statistische Mittel eines Produkts aus positiven und negativen Frequenzkomponenten des klassischen Felds zu ersetzen ist:

$$\overline{\mathscr{E}_d^{(-)}(\mathbf{R}_1,t_1)\,\mathscr{E}_d^{(-)}(\mathbf{R}_2,t_2)\,\mathscr{E}_d^{(+)}(\mathbf{R}_2,t_2)\,\mathscr{E}_d^{(+)}(\mathbf{R}_1,t_1)} \tag{30}$$

Weil die klassischen Felder untereinander kommutieren, kann man diesen Ausdruck auch in der Form

$$\overline{\mathcal{I}(\mathbf{R}_1, t_1)\mathcal{I}(\mathbf{R}_2, t_2)} \tag{31}$$

schreiben, wobei

$$\mathcal{I}(\mathbf{R}_1, t_1) = \mathscr{E}_d^{(-)}(\mathbf{R}_1, t_1)\,\mathscr{E}_d^{(+)}(\mathbf{R}_1, t_1) \tag{32}$$

die Intensität des klassischen Felds bei $(\mathbf{R}_1, t_1)$ ist. Die Korrelationen zwischen den Ionisationsraten von zwei Atomen als Photodetektoren werden in der semiklassischen Theorie also durch das (gemittelte) Produkt von Intensitäten ausgedrückt, die auf die beiden Detektoren einfallen. Im Vergleich zur einfachen Photoionisation wird die Korrelationsfunktion des Felds durch eine Intensitätskorrelation ersetzt.

Vergleichen wir nun mit den Ergebnissen eines quantenmechanischen Modells, um zu sehen, wann sie sich hiervon unterscheiden.

α Eine semiklassische Beschreibung genügt: Beispiele

Als eine Situation, in der die quantenmechanischen und die semiklassischen Vorhersagen zusammenfallen, betrachten wir ein Feld, das sich in einem kohärenten Zustand $|\{\alpha_i\}\rangle$ befindet. Der Satz $\{\alpha_i\}$ von komplexen Zahlen beschreibe die klassischen Normalkoordinaten des Felds. Wie in Kapitel XIX, § B-3-b definiert, kann man daraus einen Feldzustand derart konstruieren, dass sich die i-te Mode im kohärenten Zustand $|\alpha_i\rangle$ befindet. Daraus ergibt sich, dass $|\{\alpha_i\}\rangle$ ein Eigenzustand des Operators $\mathbf{E}_\perp^{(+)}(\mathbf{R}, t)$ mit dem Eigenwert $\mathscr{E}^{(+)}(\{\alpha_i\}, \mathbf{R}, t)$ ist, der genau dem Wert des klassischen Felds mit dem Satz von klassischen Normalkoordinaten $\{\alpha_i\}$ entspricht. Analog ist der Bra-Vektor $\langle\{\alpha_i\}|$ ein Eigenvektor zum Operator $\mathbf{E}_\perp^{(-)}(\mathbf{R}, t)$ mit dem Eigenwert $\mathscr{E}^{(-)}(\{\alpha_i\}, \mathbf{R}, t)$. Für die Koinzidenzrate w_{II} in so einem kohärenten Zustand ergibt Gl. (27) also den Ausdruck

$$\begin{aligned} &w_{\mathrm{II}}(\mathbf{R}_2, t_2; \mathbf{R}_1, t_1) \\ &\quad = s^2 \langle\{\alpha_i\}|E_{d1}^{(-)}(\mathbf{R}_1, t_1)\,E_{d2}^{(-)}(\mathbf{R}_2, t_2)\,E_{d2}^{(+)}(\mathbf{R}_2, t_2)\,E_{d1}^{(+)}(\mathbf{R}_1, t_1)|\{\alpha_i\}\rangle \\ &\quad = s^2 \mathscr{E}_{d1}^{(-)}(\{\alpha_i\}, \mathbf{R}_1, t_1)\,\mathscr{E}_{d2}^{(-)}(\{\alpha_i\}, \mathbf{R}_2, t_2)\,\mathscr{E}_{d2}^{(+)}(\{\alpha_i\}, \mathbf{R}_2, t_2)\,\mathscr{E}_{d1}^{(+)}(\{\alpha_i\}, \mathbf{R}_1, t_1) \end{aligned} \tag{33}$$

Dieses quantenmechanische Ergebnis stimmt in der Tat mit der semiklassischen Vorhersage überein. Dieselbe Übereinstimmung bleibt gültig, wenn der Zustand des quantisierten Felds ein statistisches Gemisch von kohärenten Zuständen $|\{\alpha_i\}\rangle$ mit den Gewichten $P(\{\alpha_i\})$ ist.*

* Anm. d. Ü.: Eine derartige Gewichtung von kohärenten Zuständen wäre ein Beispiel für die Verteilungsfunktionen, die für die statistische Beschreibung von quantisierten Feldern entwickelt worden sind. Hier haben wir es mit der sogenannten P-Funktion zu tun, die von George Sudarshan (1963) aus Indien parallel zu den Arbeiten von Glauber entwickelt wurde. Eine weitere dieser Verteilungen, die Wigner-Funktion, wird in Anhang VII vorgestellt.

Eine weitere Situation, in der die quantenmechanischen und semiklassischen Beschreibungen zusammenfallen, ist für die Schwarzkörperstrahlung (Feld im thermischen Gleichgewicht) gegeben. In der Quantentheorie können wir dann das Wick-Theorem (s. Ergänzung C_{XVI}) verwenden, um die Vierpunktkorrelation in Gl. (33) durch Produkte von Zweipunktkorrelationen auszudrücken. In der semiklassischen Theorie wird man das thermische Strahlungsfeld als eine Zufallsvariable mit einer Gaußschen Verteilung modellieren, und auch hier reduziert sich eine klassische Vierpunktkorrelation auf Produkte von Zweipunktkorrelationen. Solange man also dieselben Zweipunktkorrelationen G_F verwendet, stimmen die Vorhersagen der beiden Theorien überein.

Bemerkung:
In astronomischen Beobachtungen würde man gerne das Licht eines Sterns interferometrisch untersuchen, um etwa seinen Winkeldurchmesser zu bestimmen. Dabei stößt man auf die Schwierigkeit, dass die Fluktuationen der Atmosphäre zu zufälligen Phasenverschiebungen in den beiden Armen des Interferometers führen. Die Intensitäten sind davon viel weniger betroffen. Weil von der Oberfläche des Sterns Lichtwellen inkohärent emittiert werden, hat das auf der Erde eintreffende Feld eine Gaußsche Verteilung. Aus dem oben hergeleiteten Ergebnis folgt, dass man aus der Analyse der Intensitätskorrelationen auch die Zweipunkt-Korrelationsfunktion erhält, also dieselbe Information, die man über eine direkte interferometrische Korrelation der Feldamplituden erhielte. Dies wurde im Jahr 1956 von Robert Hanbury Brown und Richard Twiss experimentell unter Beweis gestellt, als sie mit Hilfe von Intensitätskorrelationen den Winkeldurchmesser von Sirius bestimmen konnten.*

β Eine quantisierte Theorie ist nötig: Beispiele

In Abb. 2 skizzieren wir eine Situation, in der eine quantenmechanische Beschreibung des Strahlungsfelds unabdingbar ist: Ein Wellenpaket mit genau einem Photon wird von Atom A emittiert, es werde durch den Quantenzustand ϕ beschrieben (s. Ergänzung E_{XX}). Das Wellenpaket trifft auf einen Strahlteiler (ST), der es in zwei Wellenpakete teilt: ein transmittiertes ϕ_T und ein reflektiertes Paket ϕ_R. Diese treffen dann auf zwei Detektoren D_1 und D_2. Wir fragen nach der Rate von Koinzidenzen der beiden Detektoren.

In der quantenmechanischen Behandlung des Strahlungsfeld ist sein Zustand $|\psi\rangle$ nach dem Durchtritt durch den Strahlteiler immer noch ein Zustand mit genau einem Photon, und zwar eine lineare Superposition von zwei Einphoton-Wellenpaketen ϕ_T und ϕ_R:

$$|\psi\rangle = c_T|\phi_T\rangle + c_R|\phi_R\rangle \tag{34}$$

In dem Ausdruck (27) für die Koinzidenzrate w_{II}, die die Wahrscheinlichkeit angibt, dass im Detektor D_1 (am Ort $\mathbf{R}_1$) zum Zeitpunkt t_1 *und* im Detektor D_2 bei $(\mathbf{R}_2, t_2)$ eine

* Anm. d. Ü.: Die Analyse von Intensitätskorrelationen und ihre quantenmechanische Deutung hat viel zur Entwicklung der Quantenoptik in den 1950er-Jahren beitragen.

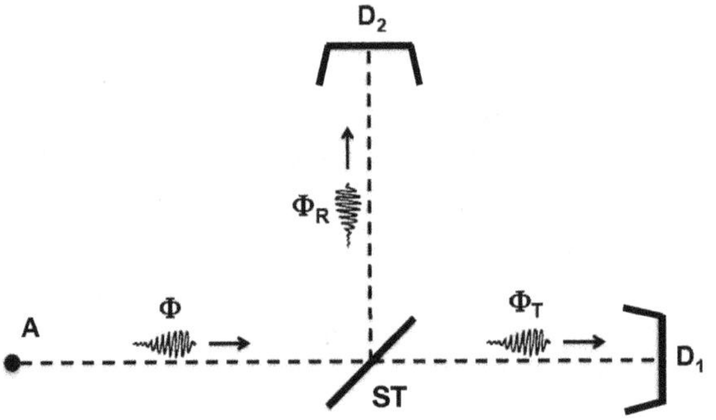

Abb. 2: Ein Atom A emittiert ein Photon in Form eines Wellenpakets ϕ. Es fällt auf einen Strahlteiler, an dem ein transmittiertes (ϕ_T) und ein reflektiertes (ϕ_R) Wellenpaket erzeugt werden. Diese treffen auf zwei Detektoren D_1 und D_2. Die Vorhersagen der Quanten- und der semiklassischen Theorie für die Korrelationen zwischen den in D_1 und D_2 detektierten Signalen unterscheiden sich deutlich (siehe Text).

Photoionisation stattfindet, kommt das Normquadrat von folgendem Ket vor:

$$E_{d2}^{(+)}(\mathbf{R}_2, t_2)\, E_{d1}^{(+)}(\mathbf{R}_1, t_1)|\psi\rangle \tag{35}$$

Hier ist ψ der Zustand aus Gl. (34). Der erste Operator $E_{d1}^{(+)}(\mathbf{R}_1, t_1)$ vernichtet ein Photon und bildet den Einphotonzustand $|\psi\rangle$ auf den Vakuumzustand $|0\rangle$ ab. Der zweite Operator $E_{d2}^{(+)}(\mathbf{R}_2, t_2)$, der ebenfalls nur Vernichtungsoperatoren enthält, bildet das Vakuum auf den Nullvektor ab. Die beiden Detektoren D_1 und D_2 können also niemals beide auf je eine Photoionisation führen. Dieses Ergebnis war von Vornherein klar, denn ein einzelnes Photon kann niemals zwei Photoionisationen erzeugen.

Hätten wir dagegen die Strahlung, die das Atom emittiert, klassisch beschrieben, dann enthielten die Wellenpakete ϕ_T und ϕ_R klassische Felder, die beide die Detektoren D_1 und D_2 ionisieren können, wenn sie dort auftreffen.

Es ist nicht einfach, Quellen von einzelnen Photonen zu erzeugen. Ein Experiment, das der in Abb. 2 skizzierten Situation nahe kommt, wurde von Grangier, Roger und Aspect (1986) durchgeführt. Es verwendet als Lichtquelle Atome, die Paare von Photonen in einer sogenannten radiativen Kaskade emittieren. Dabei emittiert das Atom ein Photon mit der Frequenz ν_b, wenn es von einem Zustand c in einem Zustand b übergeht, und dann ein Photon ν_a, wenn es von b in den Zustand a fällt. Sei τ_b die radiative Lebensdauer des mittleren Zustands b. Dann wird das Photon ν_a in einem zeitlichen Fenster (das ungefähr τ_b lang ist) nach dem Photon ν_b emittiert. Man könnte in dem Aufbau aus Abb. 2 einen weiteren Detektor verwenden (in der Abbildung nicht dargestellt), der das Photon ν_b detektiert und in diesem Moment einen „Startzeitpunkt" definiert: jedes Mal, wenn er angeschlagen hat, werden die Detektoren D_1 und D_2 nur für ein kurzes Intervall der Länge τ_b „scharf gestellt". Die Wahrscheinlichkeit, ein Photon ν_a in diesem Zeitintervall nachzuweisen, ist viel größer als in einem beliebigen anderen Intervall (mit derselben Länge, aber nicht von der Detektion des Photons ν_b getriggert). Mit diesem Korrelationsverfahren erhält man eine äquivalente Einzelphotonenquelle. Und es wird in der Tat beobachtet, dass das Photon ν_a niemals in beiden Detektoren D_1 und D_2 gleichzeitig nachgewiesen wird.

γ Resonanzfluoreszenz eines Atoms. Antibunching von Photonen

Es gibt ein anderes Experiment, an dem man deutlich sehen kann, dass eine quantenmechanische Beschreibung der Strahlung nötig ist. Man untersucht hier die Intensitätskorrelationen w_{II} des Fluoreszenzlichts, das ein einzelnes Atom (oder Ion) emittiert, wenn es von einem resonanten Laserstrahl angeregt wird.*

Wie nehmen an, dass der Emitter in Abb. 2 ein einzelnes, eingefangenes Ion ist.[6] Unter dem Einfluss des resonanten Lasers emittiert das Ion eine Abfolge von Photonen, die auf den Strahlteiler ST in Abb. 2 gelenkt werden. Die Abstände zwischen ST und den Detektoren D_1 und D_2 sind gleich, so dass für jedes Photon die reflektierten und transmittierten Wellenpakete zum gleichen Zeitpunkt bei D_1 und D_2 eintreffen.

Für eine kontinuierliche Laseranregung mit konstanter Intensität sind die statistischen Eigenschaften des Fluoreszenzlichts stationär (invariant unter einer zeitlichen Verschiebung), so dass die quantenmechanische Korrelationsfunktion $w_{\text{II}}(\mathbf{R}_2, t_2; \mathbf{R}_1, t_1)$, die die Photoionisationen auf den Detektoren D_1 und D_2 in ihren Korrelationen beschreibt, nur von der Differenz $\tau = t_2 - t_1$ abhängt. Wir werden sie im Folgenden mit $g^{(2)}(\tau)$ bezeichnen.† In Abb. 3 zeigen wir das Verhalten von $g^{(2)}(\tau)$ als Funktion von τ für eine wachsende Intensität (von unten nach oben) des Lasers, der das Ion treibt. Es ist zu beobachten, dass sie für $\tau = 0$ den Wert null annimmt. Mit anderen Worten: Die detektierten Photonen *vermeiden einander* zeitlich (engl.: *they are antibunched*), und es kommt nie vor, dass das Ion zwei Photonen unmittelbar hintereinander emittiert, so dass je eines gleichzeitig in D_1 und in D_2 detektiert wird.

Dieses Ergebnis kann man wie folgt verstehen. Wenn das Ion ein Photon emittiert, wird dieses entweder von D_1 oder von D_2 detektiert. Direkt nach der Emission wird das Ion auf den Grundzustand a des von dem Laser getriebenen Übergangs $a \leftrightarrow b$ *projiziert*. Es kann also nicht sofort ein zweites Photon emittieren, dazu muss es erst

6 Für das Einfangen von Ionen stehen heutzutage zuverlässige Techniken zur Verfügung. Die in Abb. 3 dargestellten Ergebnisse wurden mit einem einzelnen $^{24}\text{Mg}^+$ Ion erzielt (Höffges, Baldauf, Lange und Walther, 1997). Die ersten Experimente zum Antibunching von Photonen wurden mit Natriumatomstrahlen mit sehr geringen Flüssen und einem kleinen Detektionsvolumen durchgeführt, damit nur mit sehr geringer Wahrscheinlichkeit mehr als ein Atom im Detektionsvolumen vorhanden war (Kimble, Dagenais und Mandel, 1977).

* Anm. d. Ü.: Man spricht häufig davon, dass das Atom von dem Laserlicht „getrieben" wird. Das emittierte Licht nennt man je nach den verwendeten Emittern Fluoreszenz, Phosphoreszenz oder Lumineszenz.

† Anm. d. Ü.: Diese Korrelationsfunktion wird in der Praxis häufig so normiert, dass sie für große τ den Wert eins annimmt. Dies kann man auch an den Daten in Abb. 3 ablesen.

wieder vom Laser angeregt werden, was eine gewisse Zeit benötigt. Aus diesem Grund beobachtet man den Wert $g^{(2)}(0) = 0$. Ausgehend von dem Grundzustand a oszilliert das Ion zwischen den Niveaus a und b hin und her, und zwar mit der Rabi-Frequenz, die die Kopplung zwischen Atom und Laser charakterisiert (sie ist proportional zur Amplitude des Laserfelds). Diese Rabi-Zyklen erklären die Oszillationen von $g^{(2)}(\tau)$, die man als Funktion von τ in Abb. 3 sieht: Sie geschehen umso schneller, je intensiver der Laser ist.

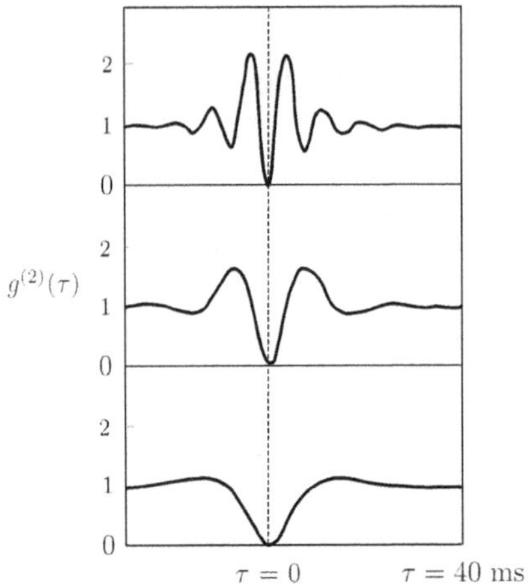

Abb. 3: Intensitätskorrelationen in der Resonanzfluoreszenz eines einzelnen Ions, das von einem Laser resonant getrieben wird. Dargestellt ist die zeitliche Korrelationsfunktion $g^{(2)}(\tau)$ zwischen den Signalen von zwei Detektoren D_1 und D_2, aufgetragen gegen die zeitliche Verzögerung τ zwischen je zwei Detektionsereignissen. Die drei Kurven entsprechen (von unten nach oben) einer steigenden Intensität des Laserlichts. Es ist zu beobachten, dass $g^{(2)}$ bei $\tau = 0$ verschwindet. Für kleine, positive Werte von τ ist sie eine wachsende Funktion dieser Variable. [Die Abbildung wurde in Anlehnung an Höffges, Baldauf, Lange und Walther (1997) erstellt.]

Sehen wir uns nun an, welche Vorhersagen eine Theorie machen würde, die das emittierte Feld klassisch beschreibt. Wir haben oben gesehen, dass Koinzidenzen zwischen den Ionisationsraten von zwei Detektoren durch eine Korrelationfunktion $\overline{\mathcal{I}(t)\mathcal{I}(t+\tau)}$ der klassischen Intensität $\mathcal{I}(t)$ beschrieben werden. Für ein stationäres Feld hängt diese klassische Korrelation $g_{\text{cl}}^{(2)}$ nur von der Zeitdifferenz τ ab:

$$\overline{\mathcal{I}(t)\mathcal{I}(t+\tau)} = g_{\text{cl}}^{(2)}(\tau) \tag{36}$$

Auf der anderen Seite folgt aus der Ungleichung $\overline{(\mathcal{I}(t) - \mathcal{I}(t+\tau))^2} \geq 0$ die Beziehung

$$\overline{(\mathcal{I}(t))^2} + \overline{(\mathcal{I}(t+\tau))^2} \geq 2\,\overline{\mathcal{I}(t)\mathcal{I}(t+\tau)}$$

Wegen der Stationarität des Felds und der Definition (36) folgt daraus

$$\tau = 0: \quad g_{\text{cl}}^{(2)}(0) \geq g_{\text{cl}}^{(2)}(\tau) \tag{37}$$

Die semiklassische Theorie sagt also vorher, dass $g_{\text{cl}}^{(2)}(\tau)$ bei $\tau = 0$ nicht wachsen, sondern höchstens kleiner werden kann. Dies steht im Widerspruch zu den experimentellen Daten aus Abb. 3 und zeigt damit, dass das Fluoreszenzlicht eines einzelnen getriebenen Ions nicht als ein klassisches Feld aufgefasst werden kann.

Wir fassen zusammen, dass der einfache photoelektrische Effekt (mit einem Photodetektor) zwar im Rahmen einer semiklassischen Theorie (ohne Photonen) beschrieben werden kann.* Um *alle* experimentellen Befunde der Photoionisation wiederzugeben, ist eine Quantentheorie der Strahlung allerdings unbedingt nötig.

4 Photoionisation mit zwei Photonen

4-a Unterschiede zur Ionisation mit einem Photon

Wir betrachten nun die Absorption von zwei Photonen, analog zu den Prozessen aus Ergänzung A_{XX}, aber mit einem elektronischen Endzustand b im kontinuierlichen Spektrum oberhalb des Ionisationspotentials E_I (gemessen vom Grundzustand a aus, s. Abb. 4). Man spricht hier von einer Zweiphotonenionisation.

In diesem Prozess wird das Atom in ein Ion (geladener Atomrumpf) und ein Elektron aufgespalten, das sich von dem Ion entfernt. Wenn die beiden genügend weit voneinander entfernt sind, dann kann man ihre Coulomb-Wechselwirkung vernachlässigen, und die Energie des Elektrons ist eine rein kinetische, deren Wert aufgrund der Energieerhaltung

$$E_{kin} = 2\hbar\omega_i - E_I \tag{38}$$

beträgt. Trägt man diese Energie als Funktion der Photonenfrequenz ω_i auf, so erhält man eine Gerade mit der Steigung $2\hbar$ und einem Nulldurchgang bei $E_I/2\hbar$. Dieses Ergebnis verallgemeinert offenbar die Gesetze des photoelektrischen Effekts, die Einstein 1905 aufgestellt hat.

Aus diesen Überlegungen folgt weiterhin, dass man für die Photoionisation nicht notwendigerweise Photonen braucht, deren Energie $\hbar\omega_i$ oberhalb des Ionisationspotentials liegt. In Abb. 4 sieht man, dass $\hbar\omega_i$ kleiner als E_I ist, nur das Produkt $2\hbar\omega_i$ ist

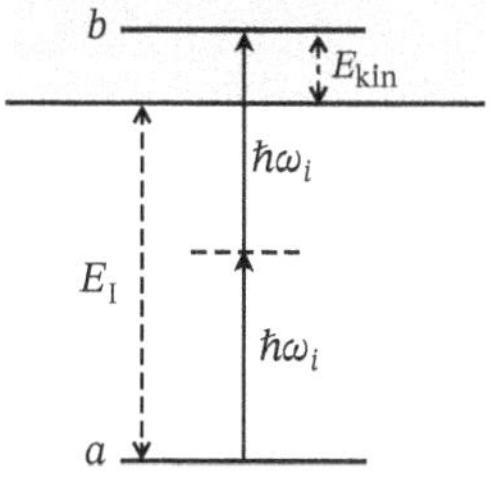

Abb. 4: Photoionisation mit zwei Photonen. Das Atom geht vom Zustand a in den Kontinuumszustand b über und absorbiert zwei Photonen der Energie $\hbar\omega_i$. Nach diesem Prozess verlässt ein angeregtes Elektron das Atom und hat weit entfernt von dem geladenen Atomrumpf die kinetische Energie $E_{kin} = 2\hbar\omega_i - E_I$.

* Anm. d. Ü.: In der Tat sind klassische elektrische Felder in theoretischen Berechnungen zur Photoelektronenspektroskopie weit verbreitet, der modernen Form des photoelektrischen Effekts, mit dessen Hilfe man Kenntnisse über die elektronische Struktur von Oberflächen gewinnt.

größer. Man kann dieses Verhalten verallgemeinern und man spricht von einer Photoionisation mit q Photonen, wenn $q\hbar\omega_i > E_I$ ist, aber für alle $p = 0, 1 \ldots q-1$ die Ungleichung $p\hbar\omega_i < E_I$ gilt. Die kinetische Energie des Photoelektrons (genügend weit vom Atomrumpf entfernt) beträgt dann $E_{kin} = q\hbar\omega_i - E_I$.

4-b Ionisationsrate

Beginnen wir mit monochromatischer Strahlung. Aus Ergänzung A_{XX} können wir den Formeln (13) und (14) die Amplitude für die Zweiphotonenabsorption entnehmen, deren Betragsquadrat eine Wahrscheinlichkeit angibt. Weil der Endzustand b in einem Kontinuum liegt, müssen wir diese Wahrscheinlichkeit über b summieren; dazu kann man Fermis Goldene Regel verwenden, die uns eine Photoionisationsrate liefert. Weil das Quadrat von Gl. (14) proportional zu $n_i(n_i-1)$ ist (n_i ist die Zahl der Photonen im Anfangszustand), skaliert die Ionisationsrate für $n_i \gg 1$ mit den *Quadrat* der einfallenden Intensität. Analog kann man zeigen, dass die Rate für q-Photonen-Ionisation proportional zur q-ten Potenz der einfallenden Intensität ist (hier ist wieder $n_i \gg 1$ anzunehmen).

Gehen wir zu einem nichtmonochromatischen, aber stationären Strahlungsfeld über. Wie in § 2-b nehmen wir an, dass die spektrale Verteilung der Strahlung um eine Mittenfrequenz ω_{ex} zentriert ist und in ihrer Breite $\Delta\omega_F$ viel schmaler als die Bandbreite $\Delta\omega_A$ des Detektors ist. Die Korrelationsfunktion $G_F^N(t''-t')$ des Felds, die in der Wahrscheinlichkeit für die Zweiphotonenabsorption auftritt, wird immer noch durch die Formel (27) aus Ergänzung A_{XX} gegeben. Die beiden Operatoren $\mathbf{E}_\perp^{(-)}(\mathbf{R}, t')$ in diesem Ausdruck werden dann als Funktionen der Zeit von der Trägerfrequenz $e^{i\omega_{ex}t'}$ dominiert. Genauso zeigt jeder der Operatoren $\mathbf{E}_\perp^{(+)}(\mathbf{R}, t'')$ eine Zeitabhängigkeit $\sim e^{-i\omega_{ex}t''}$. Wir können die Korrelationsfunktion wie in § 2-b-β zerlegen in

$$G_F^N(t''-t') = e^{-2i\omega_{ex}(t''-t')}\, C_F^N(t''-t') \tag{39}$$

also in eine Trägerfrequenz und eine *Einhüllende* $C_F^N(t''-t')$ [s. Gl. (14)]. Von dieser dürfen wir annehmen, dass sie sich zeitlich viel langsamer ändert, und zwar auf der Zeitskala $1/\Delta\omega_F$. Wir können nun die Überlegungen aus § 2-b-β wiederholen: In dem Doppelintegral (8) hat die Korrelationsfunktion $G_A(t''-t')$ des Detektors eine viel kleinere Korrelationszeit $\tau_A \ll 1/\Delta\omega_F$ und verschwindet für $|t''-t'| \gg \tau_A$. Wir dürfen in der Einhüllenden also die Näherung $C_F^N(t''-t') \approx C_F^N(0)$ vornehmen, so dass die Korrelationsfunktion G_F^N in Gl. (39) in einfacher Weise von der Differenz $t''-t'$ abhängt:

$$\begin{aligned} G_F^N(t''-t') = {} & e^{-2i\omega_{ex}(t''-t')} \\ & \times \left\langle \phi_{in}^F \right| \left[\mathbf{e}_{ca}^* \cdot \mathbf{E}_\perp^{(-)}(\mathbf{R}, t')\right] \left[\mathbf{e}_{bc}^* \cdot \mathbf{E}_\perp^{(-)}(\mathbf{R}, t')\right] \\ & \times \left[\mathbf{e}_{bc} \cdot \mathbf{E}_\perp^{(+)}(\mathbf{R}, t')\right] \left[\mathbf{e}_{ca} \cdot \mathbf{E}_\perp^{(+)}(\mathbf{R}, t')\right] \left|\phi_{in}^F\right\rangle \end{aligned} \tag{40}$$

(Hier sind $\mathbf{e}_{ca}$ und $\mathbf{e}_{bc}$ Einheitsvektoren proportional zu den Übergangsdipolen zwischen den an der Zweiphotonenabsorption beteiligten Niveaus.) Der Mittelwert in diesem Ausdruck ist im Übrigen unabhängig von t', weil wir ein stationäres Strahlungsfeld angenommen haben.

4-c Rolle der Intensitätsfluktuationen des Felds

Selbst wenn die Strahlung monochromatisch ist (also nur eine Mode i bevölkert ist), kann die Intensität mehrere mögliche Werte haben, fluktuiert also um einen Mittelwert. Der einzige Zustand, in dem dies ausgeschlossen ist, ist ein Fock-Zustand $|n_i\rangle$ mit scharfer Photonenzahl. Wenn wir uns auf ein monochromatisches, stationäres Feld beschränken, dann ist der allgemeinste Zustand ein statistisches Gemisch von Fock-Zuständen $|n_i\rangle$ mit Gewichten $p(n_i)$.

Liegt die i-te Mode im thermischen Gleichgewicht an der Temperatur T vor (Schwarzkörperstrahlung), dann ist die Wahrscheinlichkeit, dass sie mit genau n_i Photonen besetzt ist, durch einen Boltzmann-Faktor gegeben:

$$p(n_i) = \frac{1}{Z}\,\mathrm{e}^{-n_i\hbar\omega_i/(k_\mathrm{B}T)} \tag{41}$$

Hier ist k_B die Boltzmann-Konstante und Z die Zustandssumme

$$Z = \sum_{n_i} \mathrm{e}^{-n_i\hbar\omega_i/(k_\mathrm{B}T)} \tag{42}$$

Ausgehend von diesen Gleichungen können wir leicht die mittlere Photonenzahl $\langle n_i\rangle$ und das nächste Moment $\langle n_i^2\rangle$ im thermischen Gleichgewicht berechnen (siehe Details unten). Man findet insbesondere die Beziehung

$$\langle n^2\rangle = \langle n_i\rangle + 2\langle n_i\rangle^2 \tag{43}$$

Wir haben in Ergänzung $\mathrm{A_{XX}}$, Gl. (15) gesehen, dass die Zweiphotonen-Ionisationsrate proportional zum Mittelwert $\langle n_i(n_i-1)\rangle = \langle n_i^2\rangle - \langle n_i\rangle$ ist. Liegt das Feld in einem Fock-Zustand $|n_i\rangle$ vor, dann gilt $\langle n_i^2\rangle = \langle n_i\rangle^2$, und die Ionisationsrate ist proportional zu $\langle n_i\rangle^2$ (wir nehmen hier $\langle n_i\rangle \gg 1$ an). Im thermischen Gleichgewicht mit derselben mittleren Photonenzahl ist die Rate dagegen proportional zu $2\langle n_i\rangle^2$, also um einen Faktor zwei größer als für einen Fock-Zustand. Die Fluktuationen der Intensität erhöhen also, obwohl man die mittlere Photonenzahl festhält, signifikant die Ionisationsrate. Ein derartiges Ergebnis ist für einen nichtlinearen Effekt wie die Zweiphotonenabsorption nicht verwunderlich, denn die Werte von n_i oberhalb des Mittelwerts tragen deutlich stärker bei als die Werte darunter.

Beweis von Formel (43):
Diese Rechnung wurde bereits in Ergänzung B_{XV} in den § 2-b und § 3-b durchgeführt. Wir skizzieren nur kurz die Idee. Definiere die Variable

$$x = \frac{\hbar\omega_i}{k_B T} \tag{44}$$

und schreibe die Zustandssumme $Z(x)$ als eine geometrische Reihe

$$Z(x) = 1 + e^{-x} + e^{-2x} + \cdots + e^{-nx} + \cdots = \frac{1}{1 - e^{-x}} \tag{45}$$

Für die mittlere Photonenzahl können wir dann schreiben

$$\begin{aligned} \langle n_i \rangle &= \sum_{n_i} n_i \, p(n_i) = \frac{1}{Z(x)} \sum_{n_i} n_i \, e^{-n_i x} \\ &= \frac{-1}{Z(x)} \frac{dZ(x)}{dx} \end{aligned} \tag{46}$$

und daraus folgt

$$\langle n_i \rangle = \frac{1}{e^x - 1} = \frac{1}{\exp(\hbar\omega_i / k_B T) - 1} \tag{47}$$

Eine ähnliche Rechnung liefert auch das nächste Moment $\langle n_i^2 \rangle$ über die zweite Ableitung $d^2 Z(x) / dx^2$. So findet man die Beziehung (43), die äquivalent zu Formel (42b) aus Ergänzung B_{XV} ist.

Ist das Strahlungsfeld nicht monochromatisch, aber stationär und im thermischen Gleichgewicht, dann kann man seine Korrelationsfunktion (40) vierter Ordnung mit Hilfe des Wick-Theorems (s. Ergänzung C_{XVI}) auswerten. Sie erscheint dann als eine Summe über Produkte von Korrelationen zweiter Ordnung:

$$\begin{aligned} G_F^N(t'' - t') = e^{-2i\omega_{ex}(t''-t')} & \\ \times \Big\{ \langle \phi_{in}^F | & \left[\mathbf{e}_{ca}^* \cdot \mathbf{E}_\perp^{(-)}(\mathbf{R}, t') \right] \left[\mathbf{e}_{ca} \cdot \mathbf{E}_\perp^{(+)}(\mathbf{R}, t') \right] | \phi_{in}^F \rangle \\ & \times \langle \phi_{in}^F | \left[\mathbf{e}_{bc}^* \cdot \mathbf{E}_\perp^{(-)}(\mathbf{R}, t') \right] \left[\mathbf{e}_{bc} \cdot \mathbf{E}_\perp^{(+)}(\mathbf{R}, t') \right] | \phi_{in}^F \rangle \\ & + \langle \phi_{in}^F | \left[\mathbf{e}_{ca}^* \cdot \mathbf{E}_\perp^{(-)}(\mathbf{R}, t') \right] \left[\mathbf{e}_{bc} \cdot \mathbf{E}_\perp^{(+)}(\mathbf{R}, t') \right] | \phi_{in}^F \rangle \\ & \times \langle \phi_{in}^F | \left[\mathbf{e}_{bc}^* \cdot \mathbf{E}_\perp^{(-)}(\mathbf{R}, t') \right] \left[\mathbf{e}_{ca} \cdot \mathbf{E}_\perp^{(+)}(\mathbf{R}, t') \right] | \phi_{in}^F \rangle \Big\} \end{aligned} \tag{48}$$

(Im ersten Produkt steht zweimal eine Intensität, während im zweiten Produkt Korrelationen zwischen verschiedenen Polarisationen auftreten, die durch die Richtungen $\mathbf{e}_{ca}$ und $\mathbf{e}_{bc}$ der Dipolmatrixelemente definiert werden, d. Ü.)

5 Tunnelionisation in starken Laserfeldern

Seit der Entwicklung von Laserquellen mit hoher Leistung konnten in der Photoionisation mit mehreren Photonen zahlreiche neue Effekte entdeckt werden. Man sagt, ein Atom befinde sich in einem *starken Feld*, wenn das instantane elektrische Feld des Lasers vergleichbar mit dem Coulomb-Feld wird, das ein Elektron an den Atomrumpf bindet. Die Ionisation geschieht dann nicht mehr über einen Mehrphotonenprozess, sondern über den Tunneleffekt. Das elektrische Feld des Lasers kann man als ein Potential darstellen, das linear von dem Abstand zwischen Elektron und Atomrumpf abhängt (s. Abb. 5). Es senkt dann in einer bestimmten Richtung die Coulomb-Barriere genügend ab, so dass das Elektron hindurchtunneln kann, um dem Einflussbereich des Atomrumpfs zu entkommen. Hat das Elektron den Atomrumpf einmal verlassen, wird es im Laserfeld beschleunigt. Nach einer halben Oszillationsperiode wechselt dieses allerdings sein Vorzeichen, so dass das Elektron wieder auf den Atomkern zu beschleunigt wird. Wenn das Elektron am Atomrumpf vorbeistreicht, wird es stark beschleunigt und emittiert die sogenannte Bremsstrahlung. Man kann zeigen, dass die Frequenz dieser Strahlung ein ungerades Vielfaches der Laserfrequenz ist, und spricht von der Erzeugung von *hohen Harmonischen* (Ordnungen bis zu einigen Hundert sind beobachtet worden). Der Zeitraum, in dem das Elektron durch den Tunneleffekt das Atom verlassen kann, ist sehr kurz im Vergleich zu der Oszillationsperiode des Lasers, und deswegen entsteht dabei ein elektronisches Wellenpaket mit einer zeitlich sehr kleinen Ausdehnung. Die Bremsstrahlung, die bei dem Rückweg am Atomrumpf entsteht, wird ebenfalls als sehr kurzer Puls emittiert, dessen Länge in Attosekunden ($1\,\text{as} = 10^{-18}\,\text{s}$) gemessen wird. Wir verweisen an diesen Entwicklungen interessierte Leser auf eine kürzlich erschienene Übersicht in den Kapiteln 10 und 27 von Cohen-Tannoudji und Guéry-Odelin (2011).

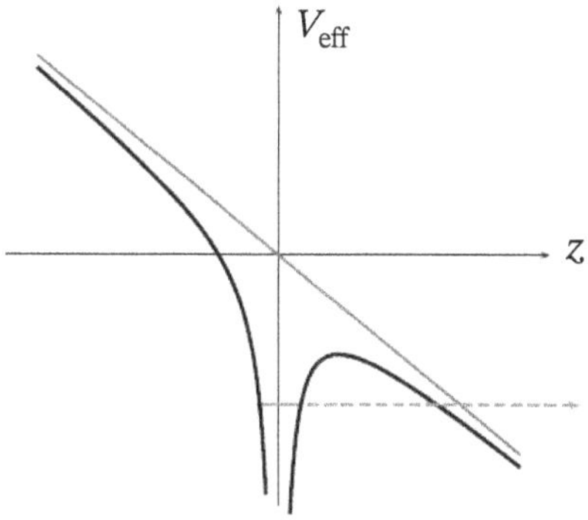

Abb. 5: Effektives Potential, das ein Elektron in der Tunnelionisation „spürt". Das Elektron verlässt den Atomrumpf, indem es eine Potentialbarriere durchtunnelt. Diese Barriere entsteht aus der Summe der Coulomb-Anziehung des Atomrumpfs und dem linearen Potential $-qE_{\text{L}}z$, das zu dem elektrischen Feld E_{L} des Lasers gehört (hier als entlang der z-Achse linear polarisiert angenommen).

Ergänzung C_{XX}
Beleuchtete Atome (Dressed Atoms)

Einleitung

In § B von Kapitel XX haben wir die Amplitude für den Übergang eines Atoms zwischen diskreten Niveaus *a* und *b* unter Absorption eines Photons berechnet. Dabei haben wir uns allerdings auf eine Störungsrechnung in niedrigster Ordnung beschränkt. Es ist von Vornherein klar, dass diese Näherung nur für genügend kurze Zeiten korrekt sein kann, solange Korrekturen höherer Ordnung zu vernachlässigen sind. In dieser Ergänzung stellen wir einen anderen Zugang zur Atom-Photon-Wechselwirkung vor, die über diese Begrenzungen hinausgeht, nämlich die Methode des *beleuchteten Atoms* (engl.: *dressed atom*, frz.: *atome habillé*).

Sie besteht darin, das Atom und die an das Atom gekoppelte Mode des quantisierten Strahlungsfelds zu *einem* Quantensystem zusammenzufassen. Es wird durch einen Hamilton-Operator beschrieben, der zeitunabhängig ist[1] und dessen Energieniveaus wir untersuchen können. Daraus ergeben sich zahlreiche nützliche Eigenschaften.

1 Ein solcher Zugang wäre im Rahmen eines semiklassischen Zugangs unmöglich, weil dort das Feld als eine zeitlich oszillierende Funktion eingeht: Die Kopplung an ein quantenmechanisch beschriebenes Atom wird durch eine zeitabhängige Störung beschrieben (s. Ergänzung A_{XIII} in Band II und Ergänzung B_{XX}, § 3).

https://doi.org/10.1515/9783110649130-029

Wir werden also hier die Ergebnisse aus Kapitel XX erweitern. In der Tat ermöglicht das Verfahren des beleuchteten Atoms eine Beschreibung der physikalischen Prozesse, die über die Störungstheorie hinausgeht (dies drückt man oft mit dem Wort *nichtperturbativ* aus), so dass auch relativ intensive Laserfelder beschrieben werden können. Wir gewinnen neue Einsichten in mehrere wichtige Phänomene: das Verhalten von Atomen in starken elektromagnetischen Feldern, das Spektrum des Streulichts, das ein Atom unter diesen Bedingungen spontan emittiert, die zeitlichen Korrelationen zwischen den emittierten Photonen und die Kräfte, die die Strahlung auf ein Atom ausübt, wenn ihre Intensität räumlich inhomogen ist.

Wir passen uns in dieser Ergänzung (wie auch schon in C_{XIX}) der üblichen Notation in diesem Zweig der Physik an und schreiben g für den Grundzustand des Atoms und e für den angeregten Zustand (engl.: *excited state*), statt der bislang verwendeten Symbole a und b. Aus dem gleichen Grund schreiben wir ω_L statt ω_i für die (Kreis-) Frequenz des anregenden Lichtstrahls, weil dieser von einem Laser erzeugt wird, dessen Leistung durchaus beträchtlich sein kann.

In §1 geben wir einen kurzen Überblick über die Methode des beleuchteten Atoms.[2] Die Laserfrequenz ω_L sei auf die Nähe der atomaren Resonanz $\omega_0 = (E_e - E_g)/\hbar$ zwischen den Niveaus g und e abgestimmt und genügend weit von allen anderen Spektrallinien des Atoms entfernt. Die Wechselwirkung zwischen Atom und Strahlung wird dann durch eine Größe charakterisiert, die wir *Rabi-Frequenz* nennen. Sie spielt in der Quantentheorie der Strahlung dieselbe Rolle wie die Präzessionsfrequenz eines Spins in Experimenten zur Magnetresonanz in einem Radiofrequenzfeld (s. Band I, Ergänzung F_{IV}). Im Niveauschema des beleuchteten Atoms werden wir sowohl schwache als auch starke Felder behandeln können. Sie unterscheiden sich im Wert der Rabi-Frequenz im Vergleich zur natürlichen Linienbreite Γ des Zustands e und zur Verstimmung $|\omega_L - \omega_0|$ zwischen Laser- und Atomfrequenz: Für schwache (starke) Felder ist die Rabi-Frequenz klein (groß) gegenüber diesen beiden charakteristischen Frequenzen.

Das Regime schwacher Kopplung behandeln wir in §2. Wir zeigen, dass sich die Grundzustandsenergie um die sogenannte *Lichtverschiebung* (engl.: *light shift* oder *AC Stark shift*) verändert, die proportional zur Laserintensität ist und sich als Funktion der Verstimmung wie eine dispersive Lorentz-Kurve verhält. Der Grundzustand wird außerdem radiativ verbreitert, ebenfalls proportional zur Laserintensität: Man kann dies als die Rate (Wahrscheinlichkeit pro Zeiteinheit) verstehen, mit der das Atom den Grundzustand durch Absorption eines Photons verlässt.

In §3 wenden wir uns dem Regime der starken Kopplung zu, in dem zwischen den Zuständen g und e eine Rabi-Oszillation stattfindet. Sie wird allerdings aufgrund der endlichen radiativen Lebensdauer von e gedämpft. Das Niveauschema der beleuchteten Zustände erlaubt es, gewisse Phänomene, die für die starke Kopplung typisch

2 Eine ausführliche Diskussion findet der Leser in Kapitel VI von Cohen-Tannoudji, Dupont-Roc und Grynberg (1998).

sind, in einfacher Weise anschaulich zu machen, wie etwa die dreifach aufgespaltene Spektrallinie des Fluoreszenzlichts (Mollow-Triplett) und die zeitlichen Korrelationen zwischen den Photonen, die auf den Seitenbändern des Tripletts emittiert werden.

Die Atom-Feld-Kopplung stört nicht nur das Atom in seinem Verhalten, sondern auch das Feld. Wir zeigen im abschließenden § 4, dass man einem einzelnen Atom einen komplexen Brechungsindex zuordnen kann, dessen Real- und Imaginärteil Störungen des Felds charakterisieren, die von derselben Natur wie die Lichtverschiebung und die radiative Verbreiterung des Atoms sind.

1 Überblick

Wir werden diejenige Mode des Strahlungsfelds, die mit Photonen der Frequenz ω_L besetzt ist, die *Lasermode L* nennen. Ohne eine Kopplung zwischen Atom A und Laser L ist der Hamilton-Operator des Gesamtsystems einfach $H_A + H_L$, wobei H_A das Atom beschreibt und H_L das Strahlungsfeld der Lasermode. Die Energieniveaus von $H_A + H_L$ sind durch zwei Quantenzahlen gekennzeichnet: g oder e für den internen Zustand des Atoms[3] und N für die Photonenzahl in der Lasermode. (Wir nehmen an, dass alle anderen Moden des Strahlungsfelds keine Photonen enthalten.)

1-a Ungestörte Energieniveaus von Atom und Feld

Betrachten wir die Zustände $|g, N\rangle$ und $|e, N-1\rangle$. Ihre Energien relativ zum Vakuumzustand (mit null Photonen) sind

$$E_{g,N} = E_g + N\hbar\omega_L \qquad E_{e,N-1} = E_e + (N-1)\hbar\omega_L \tag{1}$$

Ihr energetischer Abstand beträgt

$$\begin{aligned} E_{g,N} - E_{e,N-1} &= \hbar\omega_L - (E_e - E_g) \\ &= \hbar(\omega_L - \omega_0) = \hbar\delta \end{aligned} \tag{2}$$

mit der Verstimmung

$$\delta = \omega_L - \omega_0 \tag{3}$$

zwischen der Laserfrequenz und der atomaren Resonanz.* Für einen resonanten Laser ($\omega_L = \omega_0$) sind die beiden Zustände entartet. Wir beschränken uns in dieser Er-

3 Wir beschreiben hier die externen Freiheitsgrade des Atoms klassisch: Es befindet sich an der festen Position **R**.

* Anm. d. Ü.: Manche Autoren definieren die Verstimmung mit dem anderen Vorzeichen. In der hier verwendeten Konvention wird $\delta > 0$ eine *blaue Verstimmung* genannt (die Laserfrequenz liegt auf der blauen Seite der Resonanz, ist also größer), während der Laser für $\delta < 0$ *rotverstimmt* ist.

gänzung auf den Fall, dass die Verstimmung sehr klein im Vergleich zur Resonanzfrequenz selbst ist (nah-resonante Kopplung):

$$|\delta| \ll \omega_0 \tag{4}$$

Selbst wenn die Lasermode nicht exakt auf die atomare Resonanz abgestimmt ist, bilden die beiden Zustände $|g, N\rangle$ und $|e, N-1\rangle$ ein Dublett, das auf der Energieskala sehr weit von allen anderen Zuständen des Systems aus Atom und Feld entfernt ist. Das Dublett bezeichnen wir mit dem Unterraum

$$\mathcal{H}(N) = \{|g, N\rangle, |e, N-1\rangle\} \tag{5}$$

Es gibt unendlich viele Dubletts für $N = 1, 2 \ldots$ In Abb. 1 sind drei von ihnen dargestellt, nämlich $\mathcal{H}(N-1)$, $\mathcal{H}(N)$ und $\mathcal{H}(N+1)$; es gibt weitere mit kleineren Energien ($N-1$ an der Zahl)[4] und unendlich viele mit höheren Energien. Sie sind voneinander durch eine Energielücke der Größe $\hbar\omega_L$ getrennt, während innerhalb eines Dubletts der Energieabstand $\hbar|\delta|$ beträgt. Der energetisch niedrigste Unterraum $\mathcal{H}(1)$ wird von den Zuständen $|g, 1\rangle$ und $|e, 0\rangle$ aufgespannt. Noch einmal eine Energie $\hbar\omega_0$ tiefer liegt der Zustand $|g, 0\rangle$, der „allein" bleibt.

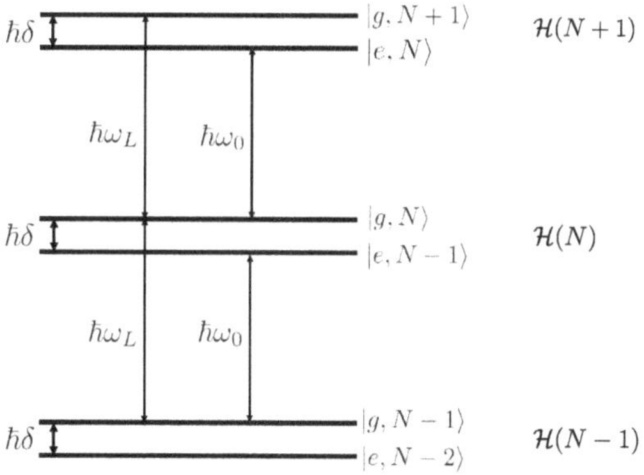

Abb. 1: Energieniveaus des Systems aus Atom und Lasermode ohne Kopplung. Drei benachbarte Dubletts $\mathcal{H}(N-1)$, $\mathcal{H}(N)$ und $\mathcal{H}(N+1)$ mit den Photonenzahlen $N-1$, N und $N+1$ sind dargestellt. Es gibt natürlich noch viel mehr dieser Dubletts. Die senkrechten Pfeile geben den Energieabstand zwischen je zwei Niveaus an: ω_L ist die Frequenz der Lasermode, ω_0 die Resonanzfrequenz des Atoms, $\delta = \omega_L - \omega_0$ die Verstimmung.

4 Hier wird der Unterraum mitgezählt, den der Grundzustand $|g, 0\rangle$ aufspannt. Ihm fehlt der zweite Zustand, um ein Dublett zu bilden (s. Abb. 8).

1-b Matrixelemente der Kopplung

Die Wechselwirkung zwischen Atom A und der Lasermode L wird durch ein Matrixelement des Hamilton-Operators W charakterisiert, der das Produkt aus dem Dipolmoment $\mathbf{D}$ des Atoms und dem elektrischen Feld ist, das die Lasermode L beiträgt [s. Kapitel XX, Gl. (A-24) und Gl. (A-29)]. Wir wählen den Koordinatenursprung so, dass die Amplitude der Lasermode den Faktor $e^{i\mathbf{k}_L\cdot\mathbf{R}} = -i$ enthält, wobei $\mathbf{k}_L$ der Wellenvektor des Lasers ist und die Position $\mathbf{R}$ den Schwerpunkt des Atoms angibt. Der Hamilton-Operator W hat somit die Form

$$W = -\sqrt{\frac{\hbar\omega_L}{2\varepsilon_0 L^3}}\,\mathbf{D}\cdot(\boldsymbol{\varepsilon}_L a_L + \boldsymbol{\varepsilon}_L^* a_L^\dagger) \tag{6}$$

wobei L^3 das Quantisierungsvolumen und $\boldsymbol{\varepsilon}_L$ der Polarisationsvektor der Lasermode ist. Das einzige nichtverschwindende Matrixelement des ungeraden Operators $\mathbf{D}$ ist das gemischte zwischen g und e (der Übergangsdipol). Die Vernichter und Erzeuger a_L und $a_L^\dagger$ verändern die Photonenzahl N um ± 1. Der Zustand $|g, N\rangle$ koppelt also an $|e, N-1\rangle$ und $|e, N+1\rangle$, während $|e, N-1\rangle$ an die beiden Zustände $|g, N\rangle$ und $|g, N-2\rangle$ koppelt. Innerhalb des Unterraums $\mathcal{H}(N)$ sind die beiden Zustände $|g, N\rangle$ und $|e, N-1\rangle$ also durch das folgende Matrixelement gekoppelt:*

$$\langle e, N-1|\,W\,|g, N\rangle = \frac{\hbar\,\Omega_N}{2} \tag{7}$$

Hier definiert Ω_N die *Rabi-Frequenz*

$$\Omega_N = \sqrt{N}\,\Omega_1 \tag{8}$$

und die sogenannte *Vakuum-Rabi-Frequenz ist*

$$\Omega_1 = -\frac{2}{\hbar}\sqrt{\frac{\hbar\omega_L}{2\varepsilon_0 L^3}}\,\langle e|\,\mathbf{D}\,|g\rangle\cdot\boldsymbol{\varepsilon}_L \tag{9}$$

Wir nehmen an, dass Ω_1 reell und positiv ist: dies kann man ohne Beschränkung der Allgemeinheit dadurch erzeugen, dass man das Matrixelement $\langle e|\mathbf{D}|g\rangle$ mit einer geeignet angepassten relativen Phase der Ket-Vektoren $|g\rangle$ und $|e\rangle$ reell macht.[5]

5 So eine Phasenänderung führt dazu, dass sich die nichtdiagonalen Matrixelemente des Dichteoperators ändern; die physikalischen Vorhersagen werden davon allerdings nicht berührt.

* Anm. d. Ü.: Den Ausdruck (7) kann man als die *Pariser Konvention* für die Rabi-Frequenz bezeichnen. Es gibt eine Reihe von Varianten in der Literatur, die sich um Vorzeichen und Faktoren zwei unterscheiden. Festzuhalten ist, dass die Rabi-Frequenz proportional zur *Amplitude* des Laserfelds ist (die in der Quantentheorie durch ein nichtdiagonales Matrixelement zwischen benachbarten Fock-Zuständen gegeben wird).

Weil die Kopplung W sowohl die Zahl der Photonen um eins und den internen Zustand des Atoms ändert, hat sie keine Matrixelemente zwischen dem Dublett $\mathcal{H}(N)$ und seinen Nachbarn $\mathcal{H}(N \pm 1)$. Dagegen koppelt er an die Kets aus dem Unterraum $\mathcal{H}(N \pm 2)$ und in höheren Ordnungen an noch weiter entfernte Dubletts. Der energetische Abstand ist hier allerdings von der Ordnung $2\hbar\omega_\text{L}$ (oder Vielfachen davon), was viel größer als die Matrixelemente von W selbst ist.* Aus diesem Grund spielt die Kopplung an die anderen Unterräume keine Rolle, und wir werden sie in den folgenden Rechnungen vernachlässigen, wo wir uns auf eine nah-resonante Lasermode konzentrieren. Obwohl wir in niedrigster Ordnung im Verhältnis $|\delta|/\omega_\text{L}$ rechnen, werden wir sehen, dass das Verfahren bezüglich der relevanten Parameter über die Störungstheorie hinausgeht (s. dazu die Bemerkung am Ende von § 1-e).

1-c Grundlegende Begriffe der beleuchteten Zustände

Bislang haben wir die ungekoppelten Quantenzustände des Systems aus Atom und Lasermode betrachtet und sie in Dubletts $\mathcal{H}(N)$ mit $N = 1, 2, \ldots$ zusammengefasst, die energetisch weit voneinander getrennt sind, solange die Bedingung (4) für eine nah-resonante Lasermode erfüllt ist. In Abb. 1 konnten wir sehen, dass der Unterraum $\mathcal{H}(N)$ aus zwei Niveaus $|g, N\rangle$ und $|e, N-1\rangle$ besteht, die voneinander durch die Energie $\hbar\delta$ getrennt sind. Das Matrixelement (7) mit der Rabi-Frequenz Ω_N beschreibt, wie der Operator W Atom und Lasermode innerhalb eines Unterraums koppelt. Für eine nah-resonante Anregung dürfen wir, wie oben argumentiert, alle anderen Kopplungen vernachlässigen. Im Folgenden werden wir jeden Unterraum $\mathcal{H}(N)$ einzeln betrachten.†

α Das Spektrum der beleuchteten Zustände

Der erste Schritt unseres Verfahrens besteht darin, die *beleuchteten Zustände* zu bestimmen. Dies sind die Eigenvektoren und ihre Energieniveaus für das System Atom und Lasermode innerhalb des Unterraums $\mathcal{H}(N)$. Unter Berücksichtigung der Kopplung diagonalisieren wir also den Hamilton-Operator $H_\text{AL} = H_\text{A} + H_\text{L} + W$. Seine Einschränkung auf den Unterraum $\mathcal{H}(N)$ notieren wir $H_\text{AL}^{(N)}$, und sie wird in der Basis der

---

* Anm. d. Ü.: Wir nehmen also an, dass neben Gl. (4) auch die Ungleichung $\Omega_N \ll 2\omega_\text{L} \approx 2\omega_0$ gilt. Falls man sie verletzen sollte, erreicht man das Regime *starker Felder*, das wir am Ende von Ergänzung B_XX kurz angesprochen hatten.

† Anm. d. Ü.: Dieses Verfahren kann man formalisieren, indem man die vernachlässigten Terme aus der Wechselwirkung streicht. Dann arbeitet man mit $\widetilde{W} = \frac{1}{2}\hbar\Omega_1(a|e\rangle\langle g| + a^\dagger|g\rangle\langle e|)$. Dieses Modell wird in der Literatur das Jaynes-Cummings-Modell (1963) genannt. Es wurde unter anderem von Harry Paul und seiner Berliner Arbeitsgruppe intensiv untersucht.

Kets aus Gl. (5) durch die hermitesche 2 × 2-Matrix

$$\left(H_{\text{AL}}^{(N)}\right) = \begin{pmatrix} E_g + N\hbar\omega_\text{L} & \hbar\Omega_N/2 \\ \hbar\Omega_N/2 & E_e + (N-1)\hbar\omega_\text{L} \end{pmatrix}$$
$$= [E_e + (N-1)\hbar\omega_\text{L}]\,\mathbb{1} + \hbar\begin{pmatrix} \delta & \Omega_N/2 \\ \Omega_N/2 & 0 \end{pmatrix} \quad (10)$$

dargestellt, wobei $\mathbb{1}$ der Einsoperator in dem Unterraum $\mathcal{H}(N)$ ist.

Die Kopplung wird durch die Nichtdiagonalelemente $\Omega_N/2$ beschrieben, und sie führt dazu, dass die ungestörten Zustände $|g, N\rangle$ und $|e, N-1\rangle$, deren Energien sich um $\hbar\delta$ unterscheiden, auf zwei neue Eigenzustände $|\psi_+(N)\rangle$ und $|\psi_-(N)\rangle$ transformiert werden, deren Energien durch die Eigenwerte der Matrix (10) gegeben sind:

$$\hbar\lambda_\pm = E_e + (N-1)\hbar\omega_\text{L} + \frac{\hbar\delta}{2} \pm \frac{\hbar}{2}\sqrt{\Omega_N^2 + \delta^2} \quad (11)$$

In Abb. 2 ist dies schematisch dargestellt: links die ungestörten Niveaus, rechts die neuen Eigenzustände mit ihren Energien.* Die Zustände $|\psi_+(N)\rangle$ und $|\psi_-(N)\rangle$ sind Linearkombinationen der Basiszustände von $\mathcal{H}(N)$, und wir nennen sie die *beleuchteten Zustände* (engl.: *dressed states*, frz.: *états habillés*). Ihre Energien heißen entsprechend die *beleuchteten Niveaus* (engl.: *dressed (energy) levels*). Wir werden in dieser Ergänzung sehen, dass eine Reihe von interessanten physikalische Effekten bei der Kopplung eines Atoms an ein Laserfeld mit Hilfe der beleuchteten Zustände und ihrer Energien interpretiert werden können.

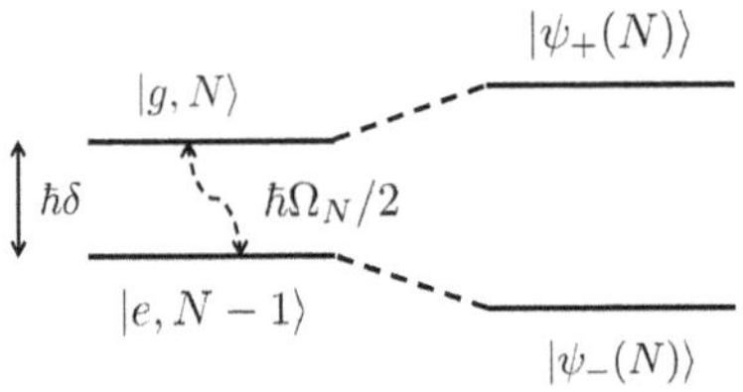

Abb. 2: Energieniveaus des Systems aus Atom und Lasermode innerhalb des Unterraums $\mathcal{H}(N)$. *Links* ohne Kopplung, *rechts* die *beleuchteten Niveaus* (engl.: *dressed states*), die die Eigenvektoren unter Berücksichtigung der Kopplung $\hbar\Omega_N/2$ sind.

β Rabi-Oszillationen

In einem ersten, besonders einfaches Beispiel wenden wir die beleuchteten Zustände an, um folgendes zeitabhängiges Problem zu lösen: Zum Zeitpunkt $t = 0$ sei das System im Zustand $|g, N\rangle$ präpariert

$$|\psi(t=0)\rangle = |\psi_\text{in}\rangle = |g, N\rangle \quad (12)$$

* Anm. d. Ü.: Es ist eine relativ allgemeine Regel in der Quantenmechanik, dass ein Paar von Niveaus durch eine Kopplung *auseinandergeschoben* wird.

und wir fragen nach der Wahrscheinlichkeit, es zum Zeitpunkt t im Niveau

$$|\psi_{\text{fin}}\rangle = |e, N-1\rangle \tag{13}$$

zu finden. Die Zeitentwicklung in diesem Zweiniveausystem entsteht durch die zeitunabhängige Störung $\hbar\Omega_N/2$. Die Lösung dieses Problems haben wir ausführlich in Band I, Kapitel IV, § C untersucht. Sie besteht darin, den Anfangszustand $|\psi_{\text{in}}\rangle$ in die beleuchteten Zustände $|\psi_\pm(N)\rangle$ zu entwickeln. Jeder von diesen Zuständen ist ein Eigenzustand, wird also mit einer e-Funktion $\mathrm{e}^{-\mathrm{i}\lambda_\pm t}$ multipliziert, in der sein Energieeigenwert $\hbar\lambda_\pm$ vorkommt:

$$|\psi(t)\rangle = \mathrm{e}^{-\mathrm{i}\lambda_+ t}|\psi_+(N)\rangle\,\langle\psi_+(N)|g, N\rangle + \mathrm{e}^{-\mathrm{i}\lambda_- t}|\psi_-(N)\rangle\,\langle\psi_-(N)|g, N\rangle \tag{14}$$

Die Wahrscheinlichkeitsamplitude, das System im Zustand $|e, N-1\rangle$ zu finden, ist somit

$$\begin{aligned}\langle e, N-1|\psi(t)\rangle \propto\ & \mathrm{e}^{-\mathrm{i}\lambda t/2}\langle e, N-1|\psi_+(N)\rangle\,\langle\psi_+(N)|g, N\rangle \\ & + \mathrm{e}^{\mathrm{i}\lambda t/2}\langle e, N-1|\psi_-(N)\rangle\,\langle\psi_-(N)|g, N\rangle\end{aligned} \tag{15}$$

Hier haben wir die Bohr-Frequenz

$$\lambda = \lambda_+ - \lambda_- = \sqrt{\Omega_N^2 + \delta^2} \tag{16}$$

eingeführt und einen globalen Phasenfaktor $\mathrm{e}^{-\mathrm{i}(\lambda_+ + \lambda_-)t/2}$ vernachlässigt, der keine physikalische Bedeutung hat. Die gesuchte Übergangswahrscheinlichkeit von $|\psi_{\text{in}}\rangle$ nach $|\psi_{\text{fin}}\rangle$ ist schließlich

$$\begin{aligned}\mathscr{P}_{\text{fin}\leftarrow\text{in}}(t) &= \left|\langle e, N-1|\psi(t)\rangle\right|^2 \\ &= \left|C_+^g\right|^2 \left|C_+^e\right|^2 + \left|C_-^g\right|^2 \left|C_-^e\right|^2 + \left\{C_+^g \left(C_+^e\right)^* \left(C_-^g\right)^* C_-^e\,\mathrm{e}^{-\mathrm{i}\lambda t} + \text{c. c.}\right\}\end{aligned} \tag{17}$$

wobei die Koeffizienten die in Gl. (15) auftretenden Skalarprodukte

$$C_\pm^g = \langle\psi_\pm(N)|g, N\rangle \quad \text{und} \quad C_\pm^e = \langle\psi_\pm(N)|e, N-1\rangle \tag{18}$$

sind und c. c. das komplex Konjugierte bedeutet.

Wir stellen fest, dass die Wahrscheinlichkeit $\mathscr{P}_{\text{fin}\leftarrow\text{in}}(t)$ in der Zeit oszilliert; die charakteristische Frequenz $\lambda = (\Omega_N^2 + \delta^2)^{1/2}$ ist die einzige relevante Bohr-Frequenz innerhalb des Unterraums $\mathcal{H}_N$. Es ist klar, dass man diese Frequenz in unendlich viele (gerade) Potenzen der Kopplung Ω_N entwickeln kann. Wir haben also offenbar ein Ergebnis gefunden, das über einzelne Terme einer Störungsreihe hinausgeht. Die gefundene Rabi-Oszillation betrifft das Gesamtsystem aus dem Zweiniveauatom und dem monochromatischen Strahlungsfeld, das von hoher Intensität und resonant sein kann. Ausgehend von dem Zustand $|g, N\rangle$ absorbiert das Atom ein Photon und geht nach $|e, N-1\rangle$ über, kehrt dann aber durch stimulierte Emission wieder in den Zustand $|g, N\rangle$ zurück und so weiter.

1-d Physikalische Bedeutung der Photonenzahl

Wir müssen zwei Fälle unterscheiden, je nachdem, ob sich das Atom in einem Resonator oder im freien Raum befindet.

Befindet sich das Atom in einem Resonator (was in einigen Experimenten in der Tat der Fall ist), dann liefern die Eigenmoden des Resonators eine Basis, um das Feld in Normalschwingungen zu zerlegen. Wir besprechen diese Situation noch genauer in § 4. Die Photonenzahl N hat dann physikalisch eine präzise Bedeutung. Das Volumen L^3, das wir in der Modenentwicklung des Felds verwendet haben [s. Gl. (6) und Gl. (9)], kann man einfach als das Volumen des Resonators verstehen, in dem die Photonen eingesperrt sind.

Ist das Atom dagegen im freien Raum, dann ist das Volumen L^3 (mit dem man die Moden des Felds abzählbar macht) nur ein mathematisches Hilfsmittel und hat keine physikalische Bedeutung. Eine physikalisch sinnvolle Größe wäre etwa die Energiedichte in der Nähe des Atoms, sie ist proportional zu $N\hbar\omega_L/L^3$. Solange man also N/L^3 konstant hält, darf man also N und L verändern, ohne dass davon die Kopplung zwischen Atom und Feld berührt wird; sie wird weiter durch die Rabi-Frequenz $\Omega_N \sim \sqrt{N/L^3}$ gegeben. In diesem Fall hat die Photonenzahl N also keine physikalische Bedeutung.

Nehmen wir etwa an, das Feld befinde sich in einem kohärenten Zustand (s. Ergänzung G_V und Kapitel XIX, § B-3-b). Dann sind die möglichen Werte von N um einen Mittelwert $\langle N\rangle$ über ein Intervall von der Ordnung $\Delta N = \sqrt{\langle N\rangle}$ verteilt – was sehr schmal gegenüber dem Mittelwert, aber groß in absoluten Zahlen ist, wenn $\langle N\rangle$ sehr groß ist. Im Grenzfall, dass $\langle N\rangle$ und L^3 nach unendlich streben (bei einem konstanten Verhältnis $\langle N\rangle/L^3$), sind die Variationen der Rabi-Frequenz Ω_N relativ gesehen sehr klein. Wir können also in dem eingeschränkten Hamilton-Operator (10) die Rabi-Frequenzen durch eine Konstante ersetzen:

$$\Omega_N \simeq \Omega_R \tag{19}$$

Hier und in § 3 werden wir uns auf diesen Standpunkt stellen.

1-e Einfluss von spontaner Emission

Bislang haben wir außer der Lasermode alle andere Moden des Felds ignoriert. Befindet sich das Atom allerdings im angeregten Niveau e, dann kann es durch spontane Emission ein Photon in eine andere Mode emittieren. Zusätzlich zum Atom A und der Lasermode L ist also ein System R zu berücksichtigen, das alle Strahlungsmoden umfasst, die anfangs kein Photon enthalten. Weil R offenbar ein großes System ist (deswegen nennt man es häufig ein *Reservoir* oder *Bad*), kann man die zeitliche Entwicklung des Systems aus Atom und Lasermode, wenn sie an das Reservoir R koppeln, durch eine sogenannte *Mastergleichung* (engl.: *master equation*, frz.: *équation pilote*) beschreiben. Sie liefert eine Bewegungsgleichung für den Dichteoperator σ_{AL} des Systems aus Atom und Lasermode unter dem Einfluss dieser Kopplung. [Siehe dazu etwa Kapitel VI.D in Cohen-Tannoudji, Dupont-Roc und Grynberg (1998).] Wir wollen hier die Mastergleichung nicht besprechen, sondern lediglich ihre Ergebnisse anschaulich interpretieren.

Das Energiespektrum des Reservoirs R hat eine Breite $\Delta\omega$ (in Frequenzeinheiten), die mit der Resonanzfrequenz des Atoms ω_0 vergleichbar ist. Daraus ergibt sich eine Korrelationszeit* $\tau_{\text{c}} \simeq 1/\Delta\omega$, die viel kürzer als alle anderen charakteristischen Zeitskalen des Problems ist. Insbesondere ist sie kürzer als die natürliche Lebensdauer τ_{rad} des angeregten Zustands e, dem Inversen seiner radiativen Linienbreite Γ:

$$\tau_{\text{rad}} = \frac{1}{\Gamma} \tag{20}$$

Weiterhin ist τ_{c} kürzer als die Rabi-Periode (das Inverse von Ω_{R}), die die charakteristische Zeitskala für die Kopplung zwischen Atom und Lasermode liefert. Liegt das System aus Atom und Lasermode also im Zustand $|e, N-1\rangle$ vor und findet eine spontane Emission statt, dann können wir davon ausgehen, dass dieser Prozess auf einer so kurzen Zeitskala vor sich geht, dass wir während dieser Zeit die Kopplung an die Lasermode L vernachlässigen dürfen. Das System springt praktisch instantan vom Zustand $|e, N-1\rangle$ aus dem Unterraum $\mathcal{H}(N)$ in den Zustand $|g, N-1\rangle$ in dem energetisch darunter liegenden Unterraum $\mathcal{H}(N-1)$ (s. Abb. 1). Man kann dann zeigen [s. Band II, Ergänzung D_{XIII}, § 4 sowie § C.3 in Kapitel III von Cohen-Tannoudji, Dupont-Roc und Grynberg (1998)], dass die Zeitentwicklung innerhalb des Unterraums $\mathcal{H}(N)$ durch dieselben Gleichungen wie oben beschrieben werden kann, mit der einfachen Ersetzung, der Energie des angeregten Zustands e einen Imaginärteil zu geben:

$$E_e \quad \mapsto \quad E_e - \text{i}\hbar\frac{\Gamma}{2} \tag{21}$$

Aus diesen Überlegungen ergibt sich folgender nichthermitescher *effektiver Hamilton-Operator*[6] für das System aus Atom und Lasermode im Unterraum $\mathcal{H}(N)$. Die spontane Emission wird berücksichtigt, indem man $H_{\text{AL}}^{(N)}$ aus Gl. (10) durch die Matrix

$$\left(H_{\text{eff}}^{(N)}\right) = [E_e + (N-1)\hbar\omega_{\text{L}}]\,\mathbb{1} + \hbar\begin{pmatrix} \delta & \Omega_{\text{R}}/2 \\ \Omega_{\text{R}}/2 & -\text{i}\Gamma/2 \end{pmatrix} \tag{22}$$

6 Die Kopplung an das Reservoir der leeren Feldmoden führt zu weiteren physikalischen Effekten, wobei zum Beispiel die Übergänge zwischen verschiedenen Dubletts eine Rolle spielen. Wir kommen darauf in § 3-c zurück, wo wir die Resonanzfluoreszenz besprechen.

* Anm. d. Ü.: In Band II, Kapitel XIII, § D behandeln wir eine ähnliche Fragestellung mit einem zufällig fluktierenden Feld, das klassisch beschrieben wird. Auch dort ist die Korrelationszeit das Inverse der spektralen Bandbreite der Feldfluktuationen. Hier sind die Fluktuation freilich rein quantenmechanischen Ursprungs, weil die Feldmoden in R leer sind; deswegen spricht man auch von Vakuumfluktuationen.

ersetzt. Wegen des imaginären Terms $-i\Gamma/2$ in dieser Matrix sind die beiden Eigenwerte von $H_{\text{eff}}^{(N)}$ komplex und haben ebenfalls einen Imaginärteil. Durch die spontane Emission werden somit beide beleuchteten Niveaus instabil, denn sie enthalten beide mit einer gewissen Amplitude den angeregten Zustand.

Die Eigenwerte $\hbar\lambda_\pm$ von H_{eff} bestehen aus einem gemeinsamen Term aufgrund des Anteils proportional zu $\mathbb{1}$ in Gl. (22); diesen schreiben wir der Einfachheit halber nicht auf. Für die 2×2-Matrix führt dieselbe Rechnung wie vorhin auf das exakte Ergebnis[7]

$$\lambda_\pm = \frac{\delta}{2} - i\frac{\Gamma}{4} \pm \frac{1}{2}\sqrt{\Omega_{\text{R}}^2 + \left(\delta + i\frac{\Gamma}{2}\right)^2} \tag{23}$$

In § 2 und § 3 besprechen wir die Bedeutung dieser Formel und eine Reihe von relevanten physikalischen Prozessen. Dazu betrachten wir die beiden Grenzfälle schwacher und starker Kopplung.

Bemerkung:
Die Formel (23) enthält als Potenzreihe beliebig hohe Ordnungen in $\Omega_{\text{R}}/|\delta|$ und Ω_{R}/Γ. Auch in Gegenwart von spontaner Emission liefert das Verfahren der beleuchteten Zustände also nichtperturbative Ergebnisse.

2 Schwache Kopplung

In dem Bereich von schwacher Kopplung, mit dem wir hier beginnen, ist es relativ einfach, mit den Ergebnissen der Störungstheorie aus Kapitel XX zu vergleichen.

2-a Eigenwerte und Eigenvektoren des effektiven Hamilton-Operators

Wir betrachten den Fall, dass die nichtdiagonale Kopplung $\hbar\Omega_{\text{R}}/2$ zwischen den Basiszuständen im Unterraum $\mathcal{H}(N)$ klein gegenüber ihrer Energiedifferenz ist. Da diese Differenz komplex ist, wenn man die natürliche Linienbreite einführt, schreiben wir die Bedingung für schwache Kopplung in der Form

$$\Omega_{\text{R}} \ll \left|\delta + i\frac{\Gamma}{2}\right| \tag{24}$$

Sie ist erfüllt, wenn gilt

$$\Omega_{\text{R}} \ll \Gamma \quad \text{oder} \quad \Omega_{\text{R}} \ll |\delta| \tag{25}$$

7 Mit der Wurzel in Gl. (23) ist eine der beiden komplexen Zahlen gemeint, deren Quadrat den Radikanden ergibt.

Schwache Kopplung liegt also bei kleinen Intensitäten oder bei großen Verstimmungen vor.*

Man darf dann die Störungstheorie verwenden, um Korrekturen zweiter Ordnung Ω_R zu den Energien der Zustände $|g, N\rangle$ und $|e, N-1\rangle$ zu berechnen. Mit den bekannten Formeln erhält man aus dem Hamilton-Operator (22) die Energieverschiebung

$$\delta E_{g,N} = \hbar\frac{(\Omega_\mathrm{R}/2)^2}{\delta + \mathrm{i}\Gamma/2} = \hbar\delta_g - \mathrm{i}\hbar\frac{\gamma_g}{2} \tag{26}$$

mit

$$\delta_g = \frac{\delta}{4\delta^2 + \Gamma^2}\Omega_\mathrm{R}^2 \quad \text{und} \quad \gamma_g = \frac{\Gamma}{4\delta^2 + \Gamma^2}\Omega_\mathrm{R}^2 \tag{27}$$

Eine analoge Rechnung liefert für den anderen Zustand $|e, N-1\rangle$

$$\delta E_{e,N-1} = -\hbar\delta_g + \mathrm{i}\hbar\frac{\gamma_g}{2} \tag{28}$$

Für die Eigenwerte $\lambda_\pm$ des effektiven Hamilton-Operators (22) bedeuten diese Ergebnisse

$$\begin{aligned} \lambda_+ &\simeq \delta + \delta_g - \mathrm{i}\frac{\gamma_g}{2} + \cdots \\ \lambda_- &\simeq -\delta_g - \mathrm{i}\frac{\Gamma}{2} + \mathrm{i}\frac{\gamma_g}{2} + \cdots \end{aligned} \tag{29}$$

Dies stimmt mit der Entwicklung der exakten Formel (23) in Potenzen von Ω_R/Γ überein.

Die Störungstheorie liefert uns ebenfalls die Korrekturen zu den Eigenzuständen von H_eff. Wir erhalten einen Zustand $|\overline{g, N}\rangle$, der für $\Omega_\mathrm{R} \to 0$ in $|g, N\rangle$ übergeht, mit einer Beimischung in der ersten Ordnung in Ω_R:

$$|\overline{g, N}\rangle = |g, N\rangle + \frac{\Omega_\mathrm{R}/2}{\delta + \mathrm{i}\Gamma/2}|e, N-1\rangle + \cdots \tag{30}$$

Man drückt dies so aus, dass der Zustand $|g, N\rangle$ von dem angeregten Niveau „kontaminiert“ worden ist. Eine analoge Rechnung liefert die Korrektur erster Ordnung für den anderen Zustand:

$$|\overline{e, N-1}\rangle = |e, N-1\rangle - \frac{\Omega_\mathrm{R}/2}{\delta + \mathrm{i}\Gamma/2}|g, N\rangle + \cdots \tag{31}$$

* Anm. d. Ü.: Die experimentell arbeitende Physikerin schreibt die linke Bedingung gerne in der Form $|\Omega_\mathrm{R}/\Gamma|^2 \sim I/I_\mathrm{sat} \ll 1$, wobei I_sat die sogenannte „Sättigungsintensität“ ist. Diese ist für jede Spektrallinie charakteristisch.

2-b Lichtverschiebungen und radiative Linienbreiten

Die Realteile von $\delta E_{g,N}$ und $\delta E_{e,N-1}$ beschreiben die Niveauverschiebungen aufgrund der Kopplung zwischen Atom und Lichtfeld, deswegen nennt man sie *Lichtverschiebungen* (engl.: *light shifts*). Der Imaginärteil von $\delta E_{g,N}$ beschreibt eine radiative Verbreiterung des Zustands $|g, N\rangle$, so dass dieser aufgrund der Kopplung auch selbst instabil ist. Der Imaginärteil von $\delta E_{e,N-1}$ in Gl. (28) liefert schließlich eine etwas kleinere Zerfallsrate im Vergleich zu der radiativen Breite $\hbar\Gamma$ des Zustands $|e, N-1\rangle$.

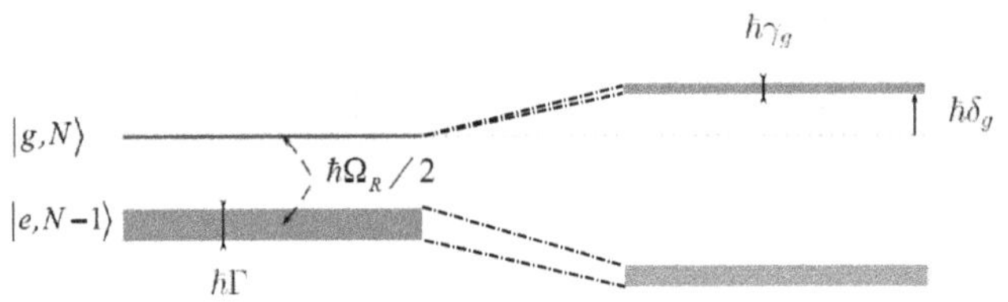

Abb. 3: *Links* die ungestörten Zustände, *rechts* die gestörten Zustände in dem Dublett $\mathcal{H}(N)$. Unter dem Einfluss der Kopplung (der Rabi-Frequenz Ω_R) wird der Zustand $|g, N\rangle$ um die Energie $\hbar\delta_g$ verschoben (Lichtverschiebung des Grundzustands). Seine Wellenfunktion wird von dem instabilen Zustand $|e, N-1\rangle$ „kontaminiert", so dass er instabil wird und eine radiative Verbreiterung zeigt (durch die Strichdicke der Energieniveaus angedeutet). Der Zustand $|e, N-1\rangle$ wird in entgegengesetzter Richtung verschoben, und seine Breite verringert sich von $\hbar\Gamma$ auf $\hbar(\Gamma-\gamma_g)$. (Weil hier eine Verstimmung $\hbar\delta = \hbar\omega_L + E_g - E_e > 0$ gewählt wurde, liegt der Grundzustand $|g, N\rangle$ oberhalb des angeregten Zustands.)

In Abb. 3 sind diese Ergebnisse graphisch dargestellt: links die ungestörten Zustände $|g, N\rangle$ und $|e, N-1\rangle$ des Dubletts $\mathcal{H}(N)$. Ihre Energiedifferenz beträgt $\hbar\delta$; für positives (negatives) δ liegt der Zustand $|g, N\rangle$ oberhalb (unterhalb) von $|e, N-1\rangle$. Die Dicke der Linie für den Zustand $|e, N-1\rangle$ gibt seine natürliche Linienbreite $\hbar\Gamma$ an. Auf der rechten Seite sind die durch die Kopplung gestörten Zustände dargestellt. Die beiden Niveaus *stoßen einander ab* und erfahren Lichtverschiebungen mit entgegengesetzten Vorzeichen. Die Verschiebung $\hbar\delta_g$ von $|g, N\rangle$ ist positiv, falls dies der höher liegende Zustand ist, also für eine blaue Verstimmung $\delta > 0$. Die Verschiebung ist negativ für eine rote Verstimmung $\delta < 0$. Der stabile Zustand $|g, N\rangle$ wird außerdem von dem instabilen Zustand $|e, N-1\rangle$ „kontaminiert" und hat deswegen eine gewisse Linienbreite $\hbar\gamma_g$. Ein Atom in dem Zustand g wird dort also nicht unendlich lange bleiben, sondern es wird den Zustand mit einer Rate γ_g (Wahrscheinlichkeit pro Zeiteinheit) verlassen. Man kann diese Rate als die Absorptionsrate eines Photons im Zustand g interpretieren. Umgekehrt ist der Zustand $|e, N-1\rangle$ von $|g, N\rangle$ „kontaminiert", was seine Instabilität reduziert. Seine Linienbreite $\hbar\Gamma$ verkleinert sich auf $\hbar(\Gamma - \gamma_g)$.

2-c Verhalten in Intensität und Verstimmung

Sowohl die Verschiebungen $\hbar\delta_g$ als auch die radiativen Verbreiterungen $\hbar\gamma_g$ in Gl. (27) sind proportional zu Ω_R^2, also zur Zahl der Photonen in der Lasermode oder der einfallenden Intensität. Sie verhalten sich als Funktion von δ jeweils wie eine Lorentz-Kurve, wobei man zwischen einer dispersiven oder absorptiven Linienform unterscheidet (s. Abb. 4).

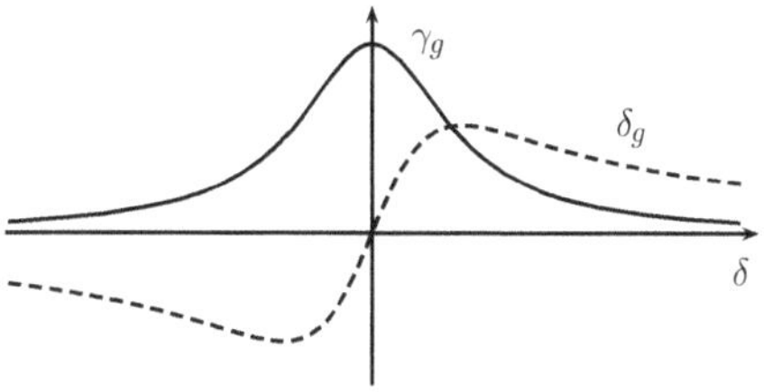

Abb. 4: Abhängigkeit der Lichtverschiebung $\hbar\delta_g$ (gestrichelt, dispersive Lorentz-Kurve) und der radiativen Verbreiterung (durchgezogen, absorptives Verhalten mit einer lorentzförmigen Resonanz) von der Verstimmung $\delta = \omega_\mathrm{L} - \omega_0$ zwischen Laserfrequenz und der Resonanzfrequenz des Atoms.

Für eine große Verstimmung (im Vergleich zur natürlichen Linienbreite von e), also für $|\delta| \gg \Gamma$, dürfen wir in den Nennern von Gl. (27) den Term Γ^2 gegenüber $4\delta^2$ vernachlässigen und erhalten

$$\delta_g = \frac{\Omega_\mathrm{R}^2}{4\delta} \quad \text{und} \quad \gamma_g = \frac{\Omega_\mathrm{R}^2 \Gamma}{4\delta^2} \tag{32}$$

In diesem Regime gilt also

$$\gamma_g = \delta_g \frac{\Gamma}{\delta} \ll |\delta_g| \tag{33}$$

und die Lichtverschiebungen sind viel größer als die radiativen Verbreiterungen.

2-d Semiklassische Interpretationn bei schwacher Kopplung

Das Atom antwortet auf das einfallende Feld im Bereich der schwachen Kopplung in linearer Weise; deswegen kann für die soeben erhaltenen Effekte eine semiklassische Erklärung geben. Das einfallende Feld induziert in dem Atom ein Dipolmoment, das eine Komponente in Phase mit dem Feld und eine Komponente in Quadratur (in der Phase um 90° verschoben) hat [s. dazu etwa Pancharatnam (1966)]. Diese beiden Komponenten erhält man durch die dynamische Polarisierbarkeit $\alpha(\omega)$ (die eine komplexe Größe ist), multipliziert mit der Amplitude des elektrischen Felds.

Die Komponente in Quadratur ist verantwortlich dafür, dass das Atom Feldenergie absorbiert; sie führt deswegen auch zu der Absorptionsrate γ_g der radiativen Verbreiterung. Die Komponente in Phase erzeugt eine Polarisationsenergie; sie folgt als Funktion der Verstimmung relativ zur atomaren Resonanz einer dispersiven Kurve und ist für die Lichtverschiebung verantwortlich. Man kann diese analog zu der Stark-Verschiebung verstehen, die durch die Wechselwirkung eines atomaren Dipolmoments mit einem statischen elektrischen Feld zustandekommt. Deswegen nennt man die Lichtverschiebung auch oft den *dynamischen Stark-Effekt* (engl.: *AC Stark shift*).

2-e Verallgemeinerungen

Wir stellen nun einige unmittelbare Verallgemeinerungen dieser Effekte vor, die in manchen Anwendungen wichtig werden.

α Nichtmonochromatische Strahlung

Es liege ein Strahlungsfeld in einem Fock-Zustand oder einem statistischen Gemisch von diesen vor; die spektrale Verteilung der Strahlung kann dann durch eine Funktion $I(\omega_L)$ charakterisiert werden. In der zweiten Ordnung Störungstheorie (Bereich der schwachen Kopplung) spielen für die Lichtverschiebungen und die radiativen Verbreiterungen Prozesse eine Rolle, in denen Photonen absorbiert und stimuliert re-emittiert werden. Gibt es mehrere Moden, die mit Photonen besetzt sind, und liegt ein Fock-Zustand vor, dann muss das stimuliert emittierte Photon derselben Mode wieder hinzugefügt werden, aus der es absorbiert worden ist. (Andernfalls würde das Matrixelement zweiter Ordnung, das die Kopplung beschreibt, null ergeben.) Man darf also die Beiträge der verschiedenen Moden des Felds unabhängig voneinander aufaddieren und erhält für die radiativen Verschiebungen δ_g und γ_g des Grundzustands folgende Ausdrücke:

$$\begin{aligned}
\delta_g &\propto \int \mathrm{d}\omega_L \, |\mathcal{D}_{eg}|^2 I(\omega_L) \frac{\delta}{4\delta^2 + \Gamma^2} \\
\gamma_g &\propto \int \mathrm{d}\omega_L \, |\mathcal{D}_{eg}|^2 I(\omega_L) \frac{\Gamma}{4\delta^2 + \Gamma^2}
\end{aligned} \tag{34}$$

Hier ist über verschiedene Werte der Verstimmung $\delta = \omega_L - \omega_0$ in dem Spektrum des Strahlungsfelds zu integrieren.

β Magnetische Unterzustände im Grundniveau

Wir betrachten den Fall, dass das Grundniveau g einen Drehimpuls $J_g > 0$ hat und in mehrere Zeeman-Zustände $|m_g\rangle$ aufspaltet. Man kann dann zeigen (Cohen-Tannoudji, 1962), dass im Grundniveau Unterzustände mit einer wohldefinierten Lichtverschiebung und radiativen Verbreiterung entstehen, die man dadurch erhält, dass man eine hermitesche Matrix (A_{m_g,m'_g}) mit folgenden Elementen diagonalisiert:

$$A_{m_g,m'_g} = \sum_{m_e} \langle m_g| \boldsymbol{\varepsilon}_L^* \cdot \mathbf{D} \,|m_e\rangle \, \langle m_e| \, \boldsymbol{\varepsilon}_L \cdot \mathbf{D} \left|m'_g\right\rangle \tag{35}$$

Hier zählt die Quantenzahl m_e die Unterzustände im Niveau e ab, und $\boldsymbol{\varepsilon}_L$ ist der Polarisationsvektor der Strahlung. Die Eigenvektoren $|g_\alpha\rangle$ dieser Matrix mit den Eigenwerten μ_α erfahren eine Lichtverschiebung proportional zu $\mu_\alpha \delta_g$ und eine radiative Verbreiterung proportional zu $\mu_\alpha \gamma_g$ (hier sind δ_g und γ_g die entsprechenden Größen für ein Zweiniveauatom).

Bei Cohen-Tannoudji und Dupont-Roc (1972) finden die Leser eine Diskussion der Symmetrieeigenschaften der Matrix A aus Gl. (35); insbesondere kann man sich die Lichtverschiebungen durch fiktive elektrische und magnetische Felder veranschaulichen, die auf die Zeeman-Unterzustände im Grundzustand wirken. Wir begnügen uns hier mit dem einfachen Fall eines Übergangs $J_g = 1/2 \to J_e = 1/2$, den man etwa zwischen den Hyperfeinzuständen $F = 1/2 \to F = 1/2$ im Übergang $6^1S_0 \to 6^3P_1$ des Quecksilberisotops Hg-199 findet (seine Wellenlänge beträgt $\lambda_L = 253.7$ nm). Auf dieser Spektrallinie wurden Lichtverschiebungen zum ersten Mal experimentell nachgewiesen (Cohen-Tannoudji, 1961).

Das Niveauschema auf der linken Seite von Abb. 5 zeigt, dass zirkular polarisiertes Licht der Polarisation σ_+ oder σ_- jeweils verschiedene Paare von Zuständen koppelt: Die Polarisation σ_+ regt den Übergang $|m_g = -1/2\rangle \to |m_e = +1/2\rangle$ an und die Polarisation σ_- den Übergang $|m_g = +1/2\rangle \to |m_e = -1/2\rangle$. Ein Lichtstrahl mit der Polarisation σ_+ verschiebt lediglich das Niveau $|m_g = -1/2\rangle$, denn Absorption und Re-Emission eines σ_+-Photons kann das Atom nur wieder in dasselbe Niveau führen. Das andere Niveau $|m_g = +1/2\rangle$ bleibt Zuschauer, weil es von ihm aus keinen optischen Übergang mit der Polarisation σ_+ gibt. Der umgekehrte Fall liegt mit einer Polarisation σ_- vor. Dann erfährt das Niveau $|m_g = +1/2\rangle$ eine wohldefinierte Verschiebung*, wäh-

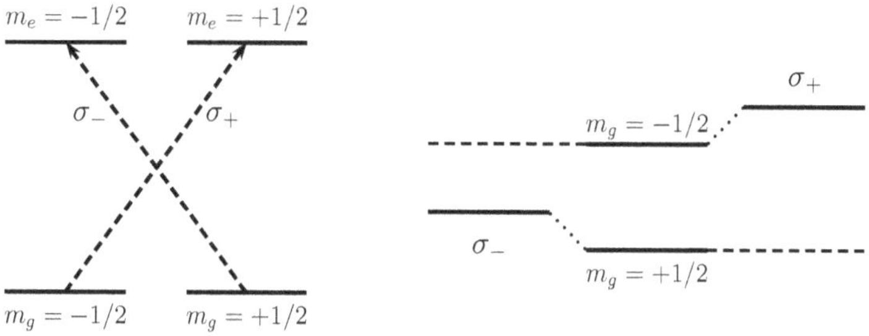

Abb. 5: *Links* die Zeeman-Struktur eines Übergangs $J_g = 1/2 \to J_e = 1/2$ mit den Polarisationen der verwendeten Lichtstrahlen. Das Schema *rechts* gibt an, wie die Niveaus im Grundzustand durch nichtresonante Laserstrahlen verschoben werden: in der Mitte die unverschobenen Zustände (lediglich durch ein statisches Magnetfeld aufgespalten), links (rechts) die Wirkung eines zirkular polarisierten Lichtfelds mit σ_-- (σ_+-) Polarisation. In der Polarisation σ_+ wird selektiv das Unterniveau $|m_g = -1/2\rangle$ verschoben (weil für den Zustand $|m_g = +1/2\rangle$ kein angeregtes Niveau vorhanden ist), in der Polarisation σ_- das Unterniveau $|m_g = +1/2\rangle$. Deswegen ändert sich die Energieaufspaltung der beiden Zeeman-Zustände in entgegengesetzter Richtung, je nachdem, ob man eine Polarisation σ_+ oder σ_- einstrahlt.

* Anm. d. Ü.: Dies würde nicht der Fall sein, wenn dieser Zustand kein Eigenvektor der Matrix A aus Gl. (35) wäre.

rend der Zustand $|m_g = -1/2\rangle$ sich nicht verschiebt. Nun sind die Clebsch-Gordan-Koeffizienten [die die Matrixelemente in Gl. (35) bestimmen] der Übergänge σ_+ und σ_- aus Symmetriegründen dieselben. Die Lichtverschiebung von $|m_g = -1/2\rangle$ unter einer σ_+-Anregung ist also exakt dieselbe wie die des Zustands $|m_g = +1/2\rangle$ unter einer σ_--Anregung mit derselben Intensität.

Legt man ein statisches Magnetfeld an, dann spalten die Zeeman-Zustände $|m_g = \pm 1/2\rangle$ auf. In dem rechten Schema von Abb. 5 sieht man, dass eine nichtresonante Anregung diese Aufspaltung um denselben Betrag vergrößert oder verkleinert, je nachdem, ob sie σ_+ oder σ_--polarisiert ist.[8] Die magnetische Resonanz im Grundzustand, die man mit optischen Methoden unter Verwendung eines resonanten Laserstrahls detektieren kann (s. Ergänzung C_{XIX}, § 2-b zum optischen Pumpen) verschiebt sich also, wenn man einen zweiten, nichtresonanten Strahl einbringt. Die Verschiebung hat entgegengesetzte Vorzeichen für die Polarisationen σ_+ und σ_-. Diese Methode nutzt aus, dass die Relaxationszeiten im Grundzustand sehr lang sein können, so dass man eine sehr schmale Magnetresonanz beobachtet. Auf diese Weise kann das Verfahren auch extrem kleine Lichtverschiebungen (von der Ordnung 1 Hz) noch nachweisen, was bereits gelang, als es in den Laboratorien keine Laserquellen gab (Cohen-Tannoudji, 1961). Heutzutage verwendet man Laserlicht und erreicht routinemäßig Lichtverschiebungen von 10^6 Hz oder mehr.

3 Starke Kopplung

Untersuchen wir nun, wie sich die voranstehenden Ergebnisse ändern, wenn man in den Bereich der starken Kopplung eintritt.

3-a Spektrum und Eigenvektoren des effektiven Hamilton-Operators

Man spricht bei den beleuchteten Zuständen von starker Kopplung, wenn das Nichtdiagonalelement $\hbar\Omega_R/2$ des effektiven Hamilton-Operators in Gl. (22) groß gegenüber dem Unterschied der Diagonalelemente ist:*

$$\Omega_R \gg |\delta| \quad \text{und} \quad \Omega_R \gg \Gamma \tag{36}$$

8 Es wurde hier mit einer Verstimmung δ gearbeitet, die groß im Vergleich zu der Zeeman-Aufspaltung war.

* Anm. d. Ü.: In der Spektroskopie sagt man in diesem Fall, dass das Laserfeld den Übergang $g \to e$ *sättigt*; s. Fußnote * auf S. 2211.

Die folgende Diskussion wird einfacher, wenn wir uns auf den resonanten Fall $\delta = 0$ beschränken. Die Eigenwerte der 2×2-Matrix aus Gl. (23) nehmen dann die Form

$$\lambda_\pm = -\mathrm{i}\frac{\Gamma}{4} \pm \frac{1}{2}\sqrt{\Omega_\mathrm{R}^2 - \frac{\Gamma^2}{4}} \tag{37}$$

an. Die Wurzel kann hier reell oder imaginär sein (s. Fußnote 7).

Solange $\Omega_\mathrm{R} < \Gamma/2$ gilt, ist die Wurzel rein imaginär. Also sind beide Eigenwerte $\lambda_\pm$ in Gl. (37) imaginär:

$$\lambda_\pm = -\mathrm{i}\frac{\Gamma}{4} \mp \frac{\mathrm{i}}{4}\sqrt{\Gamma^2 - 4\Omega_\mathrm{R}^2} \tag{38}$$

Machen wir eine Reihenentwicklung für $\Omega_\mathrm{R} \ll \Gamma$, dann finden wir $\lambda_+ = -\mathrm{i}\gamma_g/2$ und $\lambda_- = -\mathrm{i}(\Gamma - \gamma_g)/2$, was mit den Ergebnissen für die schwache Kopplung aus § 2 übereinstimmt. Wenn die Rabi-Frequenz Ω_R wächst, aber noch kleiner als $\Gamma/2$ ist, dann wächst der Eigenwert λ_+ (dem Betrag nach) und λ_- wird kleiner. Ihre Summe bleibt konstant bei $\lambda_+ + \lambda_- = -\mathrm{i}\Gamma/2$. Im Punkt $\Omega_\mathrm{R} = \Gamma/2$ fallen beide Eigenwerte zusammen: $\lambda_\pm = -\mathrm{i}\Gamma/4$.

Sobald die Rabi-Frequenz Ω_R den Wert $\Gamma/2$ überschreitet, wird die Wurzel in Gl. (38) reell. Die Eigenwerte $\lambda_\pm$ haben dann Realteile mit entgegengesetzten Vorzeichen, während die Imaginärteile beide $-\mathrm{i}\Gamma/4$ sind. Die beleuchteten Zustände haben also beide dieselbe radiative Verbreiterung $\Gamma/4$.

Für eine starke Kopplung, $\Omega_\mathrm{R} \gg \Gamma$, finden wir die Eigenwerte

$$\lambda_\pm \simeq \pm\frac{\Omega_\mathrm{R}}{2} - \mathrm{i}\frac{\Gamma}{4} \tag{39}$$

während die Eigenvektoren symmetrische bzw. antisymmetrische Linearkombination der Basisvektoren $|g, N\rangle$ und $|e, N-1\rangle$ im Dublett $\mathcal{H}(N)$ werden:

$$|\psi_\pm(N)\rangle \to \frac{|g, N\rangle \pm |e, N-1\rangle}{\sqrt{2}} \tag{40}$$

In diesen Zuständen kann man nicht mehr von einer leichten, wechselseitigen Kontamination der ungestörten Zustände sprechen. Sie sind übrigens (*maximal*) *verschränkt*, können also nicht als Produkt eines Atom- und eines Feldzustands aufgefasst werden (s. Kapitel XXI zu dem Begriff der Verschränkung). Für diese Niveaus des globalen Systems aus Atom und Feld wurde im Deutschen der Begriff *beleuchtete Zustände* geprägt, geläufig ist ebenso die englische Bezeichnung *dressed states*.

3-b Abhängigkeit der beleuchteten Niveaus von der Verstimmung

In Abb. 6 haben wir die Energien der beleuchteten Niveaus $|\psi_\pm(N)\rangle$ als Funktion von $\hbar\omega_\mathrm{L}$ aufgetragen. Als Referenzwert wählen wir die Energie des ungestörten Zustands $|e, N-1\rangle$, die wir auf $\hbar\omega_0$ setzen (horizontale gestrichelte Linie). Relativ zu diesem Niveau hat der Zustand $|g, N\rangle$ die Energie $\hbar\omega_\mathrm{L}$ (gestrichelte Gerade mit der Steigung eins). Die beiden schneiden sich an der Stelle $\hbar\omega_\mathrm{L} = \hbar\omega_0$ oder $\delta = 0$.

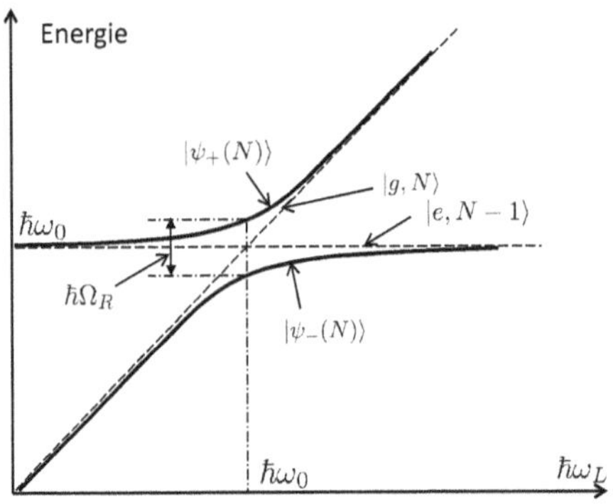

Abb. 6: Energien der beleuchteten Zustände (*dressed levels*) $|\psi_\pm(N)\rangle$ (durchgezogene Kurven) und der ungestörten Zustände $|g, N\rangle$ und $|e, N-1\rangle$ (gestrichelt). Die Energien werden relativ zum ungestörten Zustand $|e, N-1\rangle$ gemessen, dessen Energie auf $\hbar\omega_0$ gesetzt ist. Wenn die Photonenenergie $\hbar\omega_L$ des Lasers variiert, dann bilden die beleuchteten Niveaus zwei Hyperbeln, deren Asymptoten die Energien der ungestörten Zustände sind. Man spricht hier von einer *vermiedenen Kreuzung* (engl.: *avoided crossing* oder *anticrossing*).

An diesem Punkt liegt exakte Resonanz vor, und die beleuchteten Zustände $|\psi_\pm(N)\rangle$ sind um die Energie $\hbar\Omega_R$ aufgespalten. (Dies liegt daran, dass wir die starke Kopplung mit $\Omega_R \gg \Gamma$ betrachten.) Vernachlässigen wir zunächst die Linienbreite Γ vollständig. Entfernt man sich von der Resonanz, dann erreicht man schließlich Verstimmungen mit $|\delta| \gg \Omega_R$, und es liegt eine schwache Kopplung vor. Als Funktion der Verstimmung geht man somit kontinuierlich von einem Bereich starker Kopplung (um $\delta = 0$) in einen Bereich schwacher Kopplung über. Die Energien der beleuchteten Niveaus $|\psi_\pm(N)\rangle$ bilden zwei Hyperbeln, deren Asymptoten die Energien der ungestörten Zustände $|g, N\rangle$ und $|e, N-1\rangle$ sind, wie in Abb. 6 dargestellt. In der Nähe der Asymptoten fallen die beleuchteten Zustände näherungsweise mit den ungestörten Zuständen zusammen, und der Abstand zwischen den Hyperbeln und ihren Asymptoten ist genau die Lichtverschiebung δ_g aus Gl. (27). So ein Niveauschema nennt man eine *vermiedene Kreuzung*.

Wenn man die natürliche Linienbreite Γ des angeregten Zustands e berücksichtigt, dann müsste man den beleuchteten Zuständen in Abb. 6 eine gewisse Linienbreite geben. Fern von der vermiedenen Niveaukreuzung (dicht bei den Asymptoten) würde man eine Linienbreite $\Gamma - \gamma_g$ für die Zustände in der Nähe der horizontalen Asymptote finden; die Zustände nah bei der diagonalen Asymptoten hätten eine Breite γ_g. Die Breiten verändern sich stetig, wenn man die Zweige der Hyperbeln entlang wandert; an der vermiedenen Kreuzung betragen sie für beide Niveaus $\Gamma/4$.

Ein weiteres interessantes Phänomen tritt auf, wenn das System kontinuierlich einer der beiden Hyperbeln folgt. Nehmen wir an, es beginnt auf dem unteren Zweig und wandert von links nach rechts, weil man etwa die Anregungsfrequenz langsam durchstimmt. Geschieht diese Frequenzänderung genügend langsam, so kann man den Übergang in den anderen beleuchteten Zustand vernachlässigen.* Das System wandert also die Hyperbel entlang und ändert seinen Zustand kontiuierlich von $|g, N\rangle$ nach $|e, N-1\rangle$. Wir haben hier eine andere, bequeme Art vorliegen, um ein Atom vom

* Anm. d. Ü.: Man spricht in diesem Fall von einer *adiabatischen Zustandsänderung*, die *nichtadiabatische Übergänge* vermeidet, wenn die Parameter des Zustands sich genügend langsam ändern.

Grundzustand g in den angeregten Zustand e zu übertragen. Statt ein resonantes Feld anzulegen und eine halbe Rabi-Oszillation abzuwarten (man spricht dann von einem *π-Puls*, der den Zustand des Atoms von g nach e dreht), wird hier die Frequenz eines Felds konstanter Intensität langsam von der roten Seite auf die blaue Seite der Resonanz durchgestimmt. Dies darf allerdings nicht zu langsam erfolgen, weil sonst dissipative Prozesse einsetzen, die den Zustand des Atoms verändern. Man nennt so ein Verfahren häufig einen *schnellen adiabatischen Übergang* (engl.: *rapid adiabatic passage*). Er muss einerseits langsam genug sein, damit er adiabatisch stattfindet, andererseits schnell genug, um jede Dissipation während des Übergangs zu vermeiden. Die Methode der beleuchteten Zustände erlaubt es, die Bedingungen für den Transfer zwischen den atomaren Niveaus genau zu formulieren.

3-c Fluoreszenzspektrum: Das Mollow-Triplett

Mit dem Modell des beleuchteten Atoms kann man in einfacher Weise die Linien im Emissionsspektrum von Atomen verstehen, die von einem relativ starken Laserfeld getrieben werden. In Kapitel XX, § E-1 hatten wir die elastische Streuung untersucht und gesehen, dass die Strahlung, die ein Atom spontan emittiert, dieselbe Frequenz wie das einfallende Feld hat – wenn dieses in seiner Intensität genügend schwach ist, so dass eine Störungstheorie anwendbar ist. Wir zeigen hier, dass die Dinge ganz anders liegen, wenn das Atom von einem starken Feld angeregt wird: Es treten neue Frequenzen in dem Streulicht des Atoms auf.[9]

Wir werden annehmen, dass das Atom von einem intensiven Strahlungsfeld resonant getrieben wird, so dass die beleuchteten Zustände $|\psi_\pm(N)\rangle$ im Dublett $\mathcal{H}(N)$ energetisch durch $\hbar\Omega_R$ getrennt sind (s. Abb. 7). Sie sind Linearkombinationen der Zustände $|g, N\rangle$ und $|e, N-1\rangle$ [s. Gl. (40)] und enthalten somit beide als eine nichtverschwindende Komponente den angeregten Zustand $|e, N-1\rangle$. In gleicher Weise sind die beleuchteten Zustände $|\psi_\pm(N-1)\rangle$ im Dublett $\mathcal{H}(N-1)$ Superpositionen von $|g, N-1\rangle$ und $|e, N-2\rangle$ und enthalten beide als eine Komponente den Grundzustand $|g, N-1\rangle$. Die Spektrallinien, auf denen das Atom spontan Photonen emittiert, verbinden nun genau die Paare von Niveaus, zwischen denen der Dipoloperator $\mathbf{D}$ ein nichtverschwindendes Matrixelement hat. Weil $\mathbf{D}$ die Photonenzahl nicht ändert und e und g miteinander verknüpft, ist das Matrixelement $\langle g, N-1|\mathbf{D}|e, N-1\rangle = \langle g|\mathbf{D}|e\rangle$ nicht null. Beide beleuchtete Zustände $|\psi_\pm(N)\rangle$ werden über dieses Matrixelement mit den Zuständen $|\psi_\pm(N-1)\rangle$ im tiefer liegenden Dublett verknüpft. Daraus ergeben sich vier erlaubte strahlende Übergänge, die in Abb. 7 als gewellte Pfeile dargestellt sind. Wir lesen folgende Frequenzen ab: Ein Photon mit $\omega_L + \Omega_R$ (*blaues Seitenband*) ent-

9 Und hier handelt es sich nicht um eine Raman-Streuung, denn wir nehmen an, dass das Atom nur zwei Zustände g und e hat.

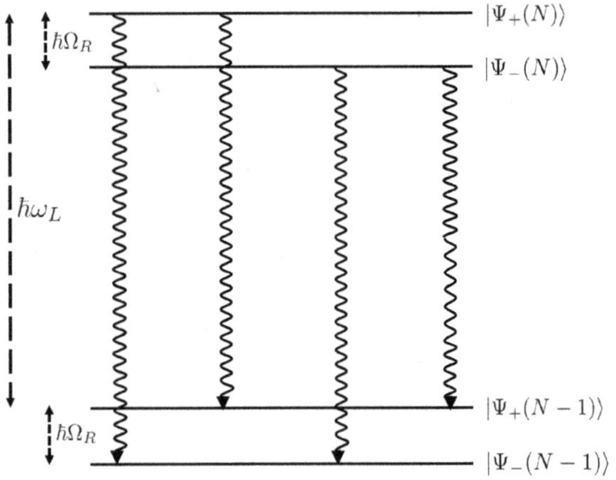

Abb. 7: Strahlende Übergänge, die Zustände im Dublett $\mathcal{H}(N)$ mit dem Dublett $\mathcal{H}(N-1)$ verbinden, das eine Energie $\hbar\omega_L$ tiefer liegt. Wir nehmen an, dass die Anregung durch exakte resonante Strahlung erfolgt, so dass die beleuchteten Zustände $|\psi_\pm\rangle$ in jedem Dublett eine Energieaufspaltung von $\hbar\Omega_R$ aufweisen.

steht durch den Zerfall $|\psi_+(N)\rangle \to |\psi_-(N-1)\rangle$, die Frequenz ω_L durch die zwei Zerfallsprozesse $|\psi_+(N)\rangle \to |\psi_+(N-1)\rangle$ und $|\psi_-(N)\rangle \to |\psi_-(N-1)\rangle$ und schließlich liefert der Übergang $|\psi_-(N)\rangle \to |\psi_+(N-1)\rangle$ ein Photon auf dem roten Seitenband $\omega_L - \Omega_R$. Wir erkennen einen Satz von drei Spektrallinien (Triplett) wieder, der durch die spontane Emission des Atoms entsteht. Dieses Spektrum wurde zum ersten Mal von Mollow (1969) im Rahmen einer semiklassischen Beschreibung vorhergesagt und wird deswegen das *Mollow-Triplett* genannt.*

Das Autler-Townes-Dublett:
Nehmen wir an, dass eines der beiden Niveaus, etwa g, durch einen erlaubten Übergang an ein drittes Niveau c koppelt, so dass $\langle c|\mathbf{D}|g\rangle$ nicht verschwindet. Die Laserfrequenz ω_L, die den Übergang $g \to e$ resonant treibt, sei weiterhin sehr weit von der Spektrallinie $g \to c$ verstimmt. Der Zustand c wird also praktisch davon nicht gestört, und wir können die Zustände $|c, N\rangle$ als Eigenzustände des Gesamt-Hamilton-Operators auffassen (sie könnten höchstens leicht verschoben sein). Die beleuchteten Zustände $|\psi_\pm(N)\rangle$ haben beide einen Überlapp ungleich null mit $|g, N\rangle$ und können durch einen Dipolübergang von $|c, N\rangle$ aus erreicht werden. Daraus folgt, dass der Übergang $g \to c$ in zwei Spektrallinien aufgespalten wird, deren Abstand $\hbar\Omega_R$ beträgt, wenn das Atom auf dem anderen Übergang $g \to e$ von einem intensiven Feld angeregt wird. Die beiden Linien nennt man das *Autler-Townes-Dublett* (1955).

* Anm. d. Ü.: An dem theoretischen Verständnis und dem experimentellen Nachweis des Mollow-Tripletts, also des Spektrums der sogenannten Resonanzfluoreszenz, kann man in gewisser Weise die „Geburt" des Gebiets der Quantenoptik festmachen.

3-d Intensitätskorrelationen im Fluoreszenzlicht

Wir besprechen schließlich noch die zeitlichen Eigenschaften der vom Atom spontan emittierten Strahlung, wenn es kontinuierlich mit dem elektromagnetischen Feld des Lasers wechselwirkt.

α Kaskade der beleuchteten Zustände

Die spontane Emission eines Photons lässt das beleuchtete Atom von einem Unterraum $\mathcal{H}(N)$ in den um eine Energie $\hbar\omega_L$ tiefer liegenden Raum $\mathcal{H}(N-1)$ springen. Wie in § 1-e erwähnt, müsste man für eine genaue Modellierung dieses Verhaltens eine Mastergleichung verwenden. Wir beschränken uns hier auf eine qualitative Diskussion und verweisen den an Details interessierten Leser auf Kapitel VI, § D von Cohen-Tannoudji, Dupont-Roc und Grynberg (1998). Befindet sich das Atom in $\mathcal{H}(N-1)$, dann kann es erneut spontan ein Photon emittieren und in den Raum $\mathcal{H}(N-2)$ übergehen usw. Ein kontinuierlich von einem Laserfeld getriebenes Atom erzeugt auf diese Weise eine Folge von spontan emittierten Photonen, die man eine *radiative Kaskade* nennt; sie führt das Atom die Energieniveaus der beleuchteten Zustände hinunter.

Mit dem Begriff der radiativen Kaskade kann man die zeitlichen Korrelationen zwischen den emittierten Photonen untersuchen. Wir werden sehen, dass die beobachteten Korrelationen von der spektralen Auflösung der verwendeten Photodetektoren abhängen.

β Photodetektion mit hoher Frequenzauflösung

Mit einer genügend hohen spektralen Auflösung kann man Korrelationen zwischen den Photonen auf den beiden Seitenbändern des Mollow-Tripletts nachweisen. Nehmen wir an, dass drei Photodetektoren mit spektralen Filtern ausgestattet sind, so dass sie jeweils nur auf eine Komponente ω_L oder $\omega_L \pm \Omega_R$ des Triplett-Spektrums ansprechen. Die spektrale Auflösung ist höher als die Frequenzaufspaltung Ω_R des Linien-Tripletts, muss aber nicht höher als die natürliche Linienbreite Γ sein, die die Breite der einzelnen Linien bestimmt. Bezeichnen wir mit $\delta\omega$ die spektrale Auflösung, dann haben wir

$$\Gamma < \delta\omega < \Omega_R \tag{41}$$

Es habe nun ein Detektor zu einem gewissen Zeitpunkt ein Photon detektiert, zum Beispiel auf dem blauen Seitenband an der Mittenfrequenz $\omega_L + \Omega_R$, weil das Atom spontan den Übergang $|\Psi_+(N)\rangle \to |\Psi_-(N-1)\rangle$ ausgeführt hat. (Dieser wird durch den gewellten Pfeil ganz links in Abb. 7 symbolisiert.) Das nächste Photon kann von dem Zustand $|\Psi_-(N-1)\rangle$ aus entweder auf dem Übergang $|\Psi_-(N-1)\rangle \to |\Psi_-(N-2)\rangle$ emittiert werden (mit der Frequenz ω_L), oder aber der Übergang $|\Psi_-(N-1)\rangle \to |\Psi_+(N-2)\rangle$ führt auf ein Photon mit der Frequenz $\omega_L - \Omega_R$ (rotes Seitenband). Es ist also unmöglich, dass das unmittelbar nächste Photon mit derselben Frequenz $\omega_L + \Omega_R$ emittiert wird.

Fand der zweite Übergang unter Emission eines Photons ω_L statt, dann erreicht das System den beleuchteten Zustand $|\Psi_-(N-2)\rangle$, und von dort aus kann es entweder ein weiteres Photon ω_L oder ein Photon $\omega_L - \Omega_R$ auf dem roten Seitenband emittieren. Wird das zweite Photon mit der Frequenz $\omega_L - \Omega_R$ emittiert, dann fällt das Atom in den Zustand $|\Psi_+(N-2)\rangle$, von dem aus es entweder ein „blaues" Photon $\omega_L + \Omega_R$ oder ein Photon mit der Frequenz ω_L emittieren kann. Im Unterschied zum zweiten kann das dritte Photon also durchaus dieselbe Frequenz $\omega_L + \Omega_R$ wie das erste haben. Mit denselben Überlegungen kann man überprüfen, dass nach einem ersten Photon im roten Seitenband (Frequenz $\omega_L - \Omega_R$) das zweite nicht dieselbe Frequenz haben kann; erst das dritte Photon kann auf der roten Frequenz $\omega_L - \Omega_R$ emittiert werden. Wenn man also nur Photonen aus den beiden Seitenbändern $\omega_L \pm \Omega_R$ detektiert, dann alternieren die möglichen Emissionsprozesse zeitlich. (Die detektierten Ereignisse können allerdings durch eine beliebige Zahl von nichtdetektierten Emissionen auf der zentralen Linie ω_L unterbrochen werden.)

Bemerkung:
Wenn man über eine Fourier-Transformation in die Zeitdomäne umschaltet, dann folgt aus der Ungleichung (41), dass die zeitliche Auflösung δt der Detektoren begrenzt ist: $\delta t \geq 1/\Omega_R$. Es ist also unmöglich, die Emissionszeitpunkte genauer als eine Periode der Rabi-Oszillation anzugeben.

γ Photodetektion mit hoher Zeitauflösung

Untersuchen wir nun den entgegengesetzten Fall, dass die Detektoren eine so hohe Zeitauflösung haben, dass Rabi-Oszillationen aufgelöst werden. Man kann dann zwar genau sagen, wann ein Photon emittiert worden ist, kann es aber nicht mehr einer der drei Komponenten der Triplett-Linie zuordnen.

Wir haben oben (s. § 1-e) gesehen, dass die elementaren Ereignisse der spontanen Emission eine sehr kurze Korrelationszeit im Vergleich zu den anderen Zeitskalen des Problems haben (dies liegt an der großen spektralen Bandbreite $\Delta\omega$ des Reservoirs an leeren Moden). Eine spontane Emission aus dem Unterraum $\mathcal{H}(N)$ entspricht also einem sehr kurzen „Quantensprung", bei dem das System den Zustand $|e, N-1\rangle$ verlässt und nach $|g, N-1\rangle$ im Unterraum $\mathcal{H}(N-1)$ übergeht. Einmal in diesem Zustand angekommen, kann das Atom nicht sofort ein zweites Photon emittieren, weil aus dem Grundzustand g nämlich keine spontane Emission möglich ist. Man muss eine gewisse Zeit warten, damit die Kopplung zwischen Atom und Lasermode das System von $|g, N-1\rangle$ in den anderen Zustand $|e, N-2\rangle$ des Unterraums $\mathcal{H}(N-1)$ bringt. Erst von diesem Zustand aus kann das nächste Photon spontan emittiert werden. Das Atom springt dann in den Zustand $|g, N-2\rangle$ und der Prozess wiederholt sich wieder (es ist lediglich N um eins kleiner geworden). Mit dieser Überlegung kann man verstehen, dass die Photonen des Fluoreszenzlichts zeitlich „entklumpen", also erst nach einer Verzögerung von der Ordnung $1/\Omega_R$ aufeinander folgen. Dieses Phänomen (auf Englisch *antibunching* genannt) haben wir auch in Ergänzung B_{XX}, § 3-b-γ besprochen.

4 Rückwirkung auf das Feld: Dispersion und Absorption

4-a Ein Atom und wenige Photonen in einem Resonator

Nicht nur das Atom wird von der Kopplung an das Feld gestört, auch die Eigenschaften des Felds verändern sich. Um dies konkret zu untersuchen, bietet es sich an, ein Atom in einem sogenannten Hohlraumresonator (kurz Resonator oder engl.: *cavity* genannt) zu platzieren. Wir werden einen perfekten Resonator ohne Verluste annehmen, was in der Praxis bedeutet, dass Verluste erst auf Zeitskalen einsetzen, die viel länger als alle anderen relevanten Zeiten sind. Im Unterschied zu dem bislang diskutierten Modell werden wir nun die Abhängigkeit der Rabi-Frequenz Ω_N von der Photonenzahl N mitnehmen [s. Gl. (8) und Gl. (9)]; schließlich ist in einem perfekten Resonator die Photonenzahl eine physikalisch sinnvolle Größe (wie bereits in § 1-d besprochen).

In Abb. 8 stellen wir die ersten Unterräume $\mathcal{H}(N)$ des Systems aus Atom und Feld für kleine Photonenzahlen N dar. Der Unterraum $\mathcal{H}(0)$ enthält nur den Grundzustand $|g, 0\rangle$. Im Raum $\mathcal{H}(1)$ liegen die Zustände $|g, 1\rangle$ und $|e, 0\rangle$, im Raum $\mathcal{H}(2)$ die Zustände $|g, 2\rangle$ und $|e, 1\rangle$ usw.

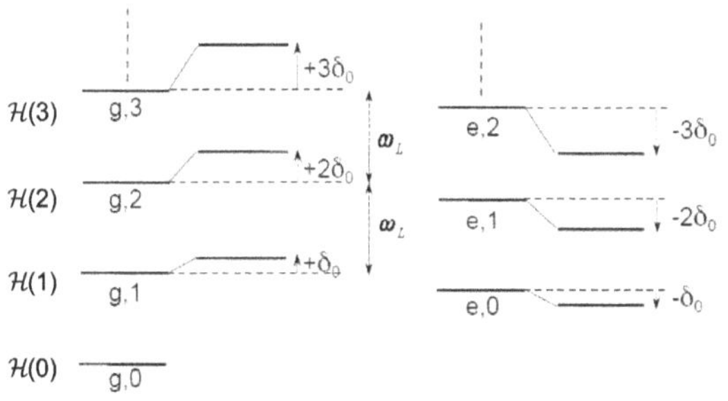

Abb. 8: Energieniveaus des Systems aus Atom und Feld für kleine Werte der Photonenzahl N. Die Zustände $|g, N\rangle$ und $|e, N-1\rangle$ im Unterraum $\mathcal{H}(N)$ erfahren entgegengesetzte Lichtverschiebungen $\pm N\hbar\delta_0$ proportional zu N. Der Grundzustand $|g, 0\rangle$ wird nicht verschoben. (Der energetische Abstand $\hbar\omega_L$ zwischen den Unterräumen $\mathcal{H}(N)$ ist viel größer als $N\hbar\omega_L$ und in der Abbildung nicht maßstabsgetreu dargestellt.)

Wir nehmen zunächst an, dass die Kopplung schwach ist, so dass wir die Ergebnisse aus der Störungstheorie (§ 2) verwenden können. Die Lichtverschiebungen der verschiedenen Zustände verhalten sich wie in Abb. 8 skizziert. Der Grundzustand $|g, 0\rangle$ wird nicht verschoben, denn er ist an keinen anderen Zustand in nah-resonanter Weise gekoppelt.[10] Die Lichtverschiebungen der Zustände $|g, 1\rangle$ und $|e, 0\rangle$ im Unterraum $\mathcal{H}(1)$ betragen $+\hbar\delta_0$ und $-\hbar\delta_0$, sind also entgegengesetzt. Hier ist δ_0 durch die For-

10 Es gibt natürlich eine Kopplung zwischen $|g, 0\rangle$ und $|e, 1\rangle$, sie ist aber extrem nichtresonant. Wie oben angekündigt, arbeiten wir in nullter Ordnung im Verhältnis Ω_R/ω_L und vernachlässigen diese

mel (6) für δ_g gegeben, wenn man dort $\Omega_R = \Omega_1$ einsetzt, wobei die Rabi-Frequenz für $N = 1$ gemäß Gl. (8) eingeht. Wir haben somit

$$\delta_0 = \Omega_1^2 \frac{\delta}{4\delta^2 + \Gamma^2} \tag{42}$$

Die Quadrate der Rabi-Frequenzen Ω_N, die die Kopplung innerhalb der Unterräume $\mathcal{H}(N)$ charakterisieren, skalieren gemäß Gl. (8) mit N. Deswegen betragen die Lichtverschiebungen für die Zustände $|g, 2\rangle$ und $|e, 1\rangle$ im Unterraum $\mathcal{H}(2)$ jeweils $+2\hbar\delta_0$ und $-2\hbar\delta_0$. Ganz allgemein verschieben sich die Zustände $|g, N\rangle$ und $|e, N-1\rangle$ in $\mathcal{H}(N)$ um $+N\hbar\delta_0$ und $-N\hbar\delta_0$.

Eine analoge Überlegung liefert die radiativen Verbreiterungen. Es zeigt sich, dass die Zustände $|g, N\rangle$ und $|e, N-1\rangle$ im Unterraum $\mathcal{H}(N)$ jeweils Linienbreiten $+N\gamma_0$ und $\Gamma - N\gamma_0$ erhalten, wobei gemäß Gl. (6) gilt

$$\gamma_0 = \Omega_1^2 \frac{\Gamma}{4\delta^2 + \Gamma^2} \tag{43}$$

4-b Verschiebung der Resonatorfrequenz

Betrachten wir die Energieniveaus auf der linken Seite von Abb. 8. Der Energieunterschied zwischen den Zuständen $|g, 1\rangle$ und $|g, 0\rangle$ beträgt $\hbar(\omega_L + \delta_0)$ und zwischen den nächsten beiden $|g, 2\rangle$ und $|g, 1\rangle$ finden wir $\hbar(\omega_L + 2\delta_0 - \delta_0) = \hbar(\omega_L + \delta_0)$ usw. Weil die Lichtverschiebung des Zustands $|g, N\rangle$ linear mit N skaliert, sind die gestörten Zustände auf der linken Seite immer noch äquidistant: Der Abstand zwischen benachbarten Niveaus verschiebt sich von $\hbar\omega_L$ nach $\hbar(\omega_L + \delta_0)$. Anders ausgedrückt: Wegen des Atoms im Zustand g verschiebt sich die Frequenz des Resonators um δ_0. Und weil die Lichtverschiebungen der Zustände auf der rechten Seite von Abb. 8 das entgegengesetzte Vorzeichen haben, wird die Resonatorfrequenz durch ein Atom im Zustand e schließlich von ω_L nach $\omega_L - \delta_0$ verschoben.

Die Atom-Feld-Kopplung verändert also die Frequenz des Felds im Resonator um eine Größe, die sich im Vorzeichen für die beiden internen Zustände g und e unterscheidet. Nehmen wir an, diese Wechselwirkung dauere eine Zeit T an (dies betrifft etwa ein Experiment mit einem Strahl von Atomen, die den Resonator während einer gewissen Flugzeit durchqueren). Die Oszillation des Felds wird dann eine Phasenverschiebung ϕ erfahren, wenn man mit der freien Oszillation (ohne Atom) vergleicht. Die Phasenverschiebung beträgt $\phi = +\delta_0 T$ für ein Atom im Grundzustand g und $\phi = -\delta_0 T$ für ein Atom in e.

So eine Frequenzverschiebung des Felds kann man analog zu einem Medium verstehen, das einen reellen Brechungsindex (ungleich eins) hat. Für einen Lichtstrahl,

Kopplung. – Sie ist der Grund für die Lamb-Verschiebung des Niveaus g und, in Gegenwart eines anderen Atoms oder einer reflektierenden Oberfläche, verantwortlich für die van-der-Waals- und Casimir-Polder-Wechselwirkungen, die sämtlich durch extrem nichtresonante Kopplungen entstehen (d. Ü.)

der ein Medium aus Atomen durchquert, ändert sich dort die Phasengeschwindigkeit, ohne dass sich seine Frequenz ändert. In einem Resonator kann die Wellenlänge des Felds sich nicht ändern, weil sie durch Randbedingungen auf den Wänden definiert ist und somit nur von der Länge des Resonators abhängt. Eine Phasenverschiebung im Vergleich zur freien Entwicklung des Felds kann sich deswegen nicht im Raum, sondern nur in der Zeit aufaddieren, indem sich die Frequenz des Resonators ändert. Wenn man die Frequenz ω_L von der einen auf die andere Seite der atomaren Resonanz ω_0 durchstimmt, dann erinnert der Vorzeichenwechsel der Lichtverschiebung* an dasselbe Verhalten im Realteil des Brechungsindex in der Nähe einer Resonanz im Medium.[11]

4-c Absorption des Felds

Wir betrachten hier ein Atom im Grundzustand g, das zum Zeitpunkt $t = 0$ an ein Feld gekoppelt wird, dessen Mode ω_L sich in einem quasiklassischen (kohärenten) Zustand mit dem komplexen Parameter α befindet (s. Band I, Ergänzung G_V und Kapitel XIX, § B-3-b). Der Zustand des Gesamtsystems ist dann zu diesem Zeitpunkt

$$|\psi(0)\rangle = |g\rangle \otimes |\alpha\rangle = \sum_{N=0}^{\infty} \frac{\alpha^N}{\sqrt{N!}} \, e^{-|\alpha|^2/2} \, |g, N\rangle \tag{44}$$

Für die weitere Entwicklung in Gegenwart der Kopplung berücksichtigen wir, dass die Zustände $|g, N\rangle$ in ihren Energien (leicht) verschoben werden:

$$\widetilde{E}_N = N\hbar(\omega_L + \delta_0 - i\gamma_0/2) \tag{45}$$

Der Zustand des Systems zum Zeitpunkt t ist somit

$$\begin{aligned} |\psi(t)\rangle &= \sum_{N=0}^{\infty} \frac{\alpha^N}{\sqrt{N!}} e^{-|\alpha|^2/2} \exp[-iN(\omega_L + \delta_0 - i\gamma_0/2)t] \, |g, N\rangle \\ &= |g\rangle \otimes |\alpha \, e^{-i(\omega_L+\delta_0-i\gamma_0/2)t}\rangle \end{aligned} \tag{46}$$

Das Feld befindet sich immer noch in einem quasiklassischen Zustand. Im Vergleich zur freien Zeitentwicklung hat die Atom-Feld-Kopplung allerdings zu einer Phasenverschiebung $\delta_0 t$ (wie im voranstehenden Abschnitt besprochen) geführt, und die Amplitude des quasiklassischen Zustands ist um den Faktor $e^{-\gamma_0 t/2}$ verringert worden,

11 Dieses Verhalten wird manchmal *anomale Dispersion* genannt.

* Anm. d. Ü.: Die Leser erinnern sich, dass die Lichtverschiebung in Gl. (42) proportional zu $\delta = \omega_L - \omega_0$ ist.

d. h., sie ist gedämpft worden. Dies lässt uns an die Absorption von Strahlung in einem Medium denken, dessen Brechungsindex einen Imaginärteil besitzt.

Wir halten somit fest, dass die Kopplung zwischen Atom und Feld zu Frequenzverschiebungen und zur Dämpfung im System aus Atom und Feld führt, was man analog zu den bekannten Effekten der Dispersion und Absorption des elektromagnetischen Felds in einem Medium verstehen kann.

Fazit

In dieser Ergänzung haben wir eine Reihe von Anwendungen besprochen, in denen die Methode des beleuchteten Atoms (*dressed atom*) wichtige Einsichten ermöglicht, ohne dass komplizierte Rechnungen nötig werden. Sie stützt sich auf das Modell, das Atom und die elektromagnetische Feldmode, die mit dem Atom wechselwirkt, als ein Quantensystem aufzufassen, das durch einen zeitunabhängigen Hamilton-Operator beschrieben wird. Man kann dann Energieniveaus und Eigenzustände des gekoppelten Systems einführen (die *beleuchteten Zustände*) und gewinnt einen neuen und allgemeinen Blickwinkel auf die Prozesse der Absorption und stimulierten Emission von Photonen.

Es ist zum Beispiel einfach zu verstehen, wie die Atom-Feld-Kopplung die Energieniveaus des beleuchteten Atoms in relativ starken Feldern verändert und welche neuen Frequenzen im Fluoreszenzspektrum (Mollow-Triplett) sich daraus ergeben. Das Energiespektrum des beleuchteten Atoms zerfällt in Dubletts, die durch eine Photonenenergie voneinander getrennt sind. Spontane Emission von Photonen findet in Form von *Quantensprüngen* von einem Dublett in ein tiefer liegendes statt (radiative Kaskade). Mit diesem Verfahren kann man etwa die Verteilung der zeitlichen Intervalle berechnen, die zwischen je zwei Quantensprüngen liegen (man spricht hier von der *delay function* (engl.), auf Deutsch etwa „Wartezeitverteilung“), erhält also Zugang zu den zeitlichen Korrelationen zwischen den Fluoreszenzphotonen. Es ist noch zu erwähnen, dass man aus der Kenntnis der Verzögerungsfunktion eine effiziente Simulation der zeitlichen Entwicklung des Atoms konstruieren kann, die ein Ensemble von einzelnen quantenmechanischen Trajektorien des Atoms produziert. Darüber gemittelt, erhält man die Entwicklung des Dichteoperators (die ansonsten durch eine Lösung der Mastergleichung gewonnen wird).* Wir stellen verschiedene experimentelle Anwendungen der Lichtverschiebungen von Atomen in der nächsten Ergänzung vor.

* Anm. d. Ü.: Solche Verfahren, auch *Quantensprung-Methode* oder *Monte-Carlo-Wellenfunktionen* genannt, wurden um 1992 von mehreren Kollegen unabhängig voneinander entwickelt.

Ergänzung D_{XX}
Experimente mit Lichtverschiebungen

Die Lichtverschiebungen, die wir in Ergänzung C_{XX}, § 2-b untersucht haben, zeigen interessante Eigenschaften, die zu zahlreichen Anwendungen geführt haben; einige von ihnen sollen in dieser Ergänzung kurz vorgestellt werden.

Die Lichtverschiebung ist proportional zur Lichtintensität (im Bereich schwacher Felder), so dass sie in einer räumlich inhomogenen Lichtverteilung einen Gradienten aufweist. Man kann die damit verbundenen Kräfte verwenden, um genügend kalte Atome in einem Potentialtopf einzufangen oder an einer Potentialbarriere zu reflektieren. Diese Laserfallen und Atomspiegel behandeln wir in den § 1 und § 2. Eine besonders interessante Situation tritt dann auf, wenn das Lichtfeld eine stehende Welle mit Knoten und Bäuchen ist. In diesem Fall entsteht ein periodisches Gitter von Potentialtöpfen (s. § 3). Dies erinnert an das periodische Potential für Elektronen in einem kristallinen Festkörper. Die neutralen Atome können in diesem Gitter Systeme aus der Festkörperphysik „simulieren".

Wenn die Laserfrequenz relativ nah an der atomaren Resonanz liegt und das Atom mehrere Zeeman-Unterzustände im Grundzustand besitzt, dann existieren neben den Lichtverschiebungen auch dissipative Effekte wie das optischen Pumpen zwischen Zeeman-Zuständen. Wir zeigen in § 4, wie diese beiden Effekte ineinandergreifen, um eine neue Methode der Kühlung von Atomen mit Laserlicht hervorzubringen. Insbesondere das sogenannte *Sisyphos-Kühlen* erlaubt es, Atome bei deutlich tieferen Temperaturen als mit dem Doppler-Kühlen zu präparieren.

Wir zeigen schließlich in § 5, dass man mit Hilfe der Lichtverschiebung eines einzelnen Atoms, das einen stark verstimmten optischen Resonator durchquert, die Photonenzahl im Resonator bestimmen kann. Dazu werden Messungen an dem Atom vorgenommen, nachdem es den Resonator verlassen hat, ohne dabei ein einziges Photon zu absorbieren.

https://doi.org/10.1515/9783110649130-030

1 Dipolkräfte und Laserfallen

In einem fokussierten Laserstrahl oder einer stehenden Welle ändert sich die Lichtintensität räumlich, so dass auch die Lichtverschiebungen eine Funktion des Orts werden. Wir werden zunächst den Fall einer Verstimmung δ zwischen Laserfrequenz und atomarer Resonanz betrachten, die groß im Vergleich zur natürlichen Linienbreite Γ des angeregten Zustands ist. Die Dissipation, die mit der spontanen Emission zusammenhängt, dürfen wir dann auf den für ein Experiment typischen Zeitskalen vernachlässigen. Die Lichtverschiebung $\hbar\delta_g(\mathbf{R})$ des Grundzustands g hängt wie die Intensität selbst von der Position $\mathbf{R}$ des atomaren Schwerpunkts ab und kann als eine potentielle Energie $V(\mathbf{R}) = \hbar\delta_g(\mathbf{R})$ aufgefasst werden. d. h. ihre Gradienten beeinflussen die Bewegung des Atoms. Das Vorzeichen des Potentials hängt von dem der Verstimmung δ ab.

Das Potential $V(\mathbf{R})$ führt auf eine lichtinduzierte Kraft

$$\mathbf{F}_{\text{dip}}(\mathbf{R}) = -\nabla V(\mathbf{R}) \tag{1}$$

die man die *Dipolkraft* oder *reaktive Kraft* nennt (Cohen-Tannoudji und Guéry-Odelin, 2011, § 11.4). Sie ist von dem Strahlungsdruck zu unterscheiden, den wir in Ergänzung A_{XIX}, § 1-d untersucht haben. Er entsteht aufgrund des Impulsaustausches zwischen Atom und Strahlungsfeld, der die Zyklen von Absorption und spontaner Emission begleitet. Die hier eingeführte Dipolkraft kommt durch die räumliche Änderung in den Lichtverschiebungen der beleuchteten Zustände zustande. Man kann sie auch so verstehen, dass dabei Photonen zwischen Moden (ebenen Wellen mit verschiedenen Impulsen) umverteilt werden, die in ihrer Superposition das inhomogene Lichtfeld ausmachen.[1] Das Atom absorbiert ein Photon aus einer ebenen Welle und gibt in der stimulierten Emission ein Photon in eine andere ebene Welle ab. In diesem Prozess verändert sich der Atomimpuls, was mit einer Kraftwirkung einhergeht.

Bemerkung:
Die Dipolkräfte verhalten sich wie die Lichtverschiebungen gemäß einem dispersiven Linienprofil als Funktion der Verstimmung δ zwischen Laser und Atom. Des Weiteren haben sie für ein festes δ verschiedene Vorzeichen im Inneren eines Unterraums (Dubletts) $\mathcal{H}(N)$ (s. Ergänzung C_{XX}, § 1), die beleuchteten Zustände $|\Psi_\pm(N)\rangle$ spüren also entgegengesetzte Dipolkräfte. Ist die Verstimmung nicht allzu groß, dann kann es auch zu spontan emittierten Photonen kommen und das beleuchtete Atom springt eine *radiative Kaskade* entlang, z. B. von dem Zustand $|\Psi_+(N)\rangle$ zu einem der $|\Psi_\pm(N-1)\rangle$ Zustände. Dabei kann sich das Vorzeichen der lichtinduzierten Kraft ändern. Diese Prozesse führen dazu, dass die Dipolkräfte zeitlich fluktuieren.

1 Eine einzelne ebene Welle hat bekanntlich eine räumlich konstante Intensität und erzeugt keine Dipolkraft. Wenn es Intensitätsgradienten gibt, dann müssen mehrere ebene Wellen mit verschiedenen Wellenvektoren (also Impulsen) zusammenkommen.

Eine wichtige Anwendung der Dipolkraft sind Laser- oder Dipolfallen für ultrakalte Gase. Betrachten wir zunächst einen rotverstimmten Laserstrahl (damit ist eine negative Verstimmung gemeint, $\delta = \omega_L - \omega_0 < 0$), der in einem Punkt fokussiert ist. Außerhalb des Strahls verschwindet die Lichtverschiebung und nimmt negative Werte im seinem Inneren an. Sie wächst, wenn man sich dem Brennpunkt nähert und hat dort ihren größten Betrag. Daraus ergibt sich ein Potentialtopf, in dem ein elektrisch neutrales Atom eingefangen werden kann. Dazu ist es nötig, dass seine kinetische Energie (die von der Ordnung $k_B T$ ist), kleiner als die Tiefe U_0 des Potentialtopfs ist. Aus diesem Grund konnten solche Laserfallen erst in den 1980er-Jahren entwickelt werden, nachdem Techniken der Laserkühlung von Atomen zur Verfügung standen (s. Ergänzung A_{XIX}, § 2), mit denen Atome auf Temperaturen im μK-Bereich abgekühlt werden konnten (Chu, Bjorkholm, Ashkin und Cable, 1986).*

Bemerkung:
Die Kraft in einer Laserfalle skaliert mit dem Produkt aus einem atomaren (Übergangs-)Dipolmoment und dem Gradienten des Laserfelds. Sie ist viel kleiner als die Kräfte, die ein statisches elektrisches Feld auf ein geladenes Teilchen ausübt. Aus diesem Grund haben Laserfallen für neutrale Atome viel kleinere Potentialtiefen als Fallen für Elektronen oder Ionen. Es gibt allerdings noch weitere Möglichkeiten, neutrale Atome einzufangen, die andere physikalische Wechselwirkungen verwenden (s. etwa Ergänzung A_{XIX}, § 2-c über die magneto-optische Falle und das Kapitel 14 von Cohen-Tannoudji und Guéry-Odelin (2011), das einen kurzen Überblick über Atomfallen bietet).

2 Spiegel für Atome

Mit einem blau verstimmten Laser (Frequenz ω_L oberhalb der Atomresonanz ω_0) kann man repulsive Potentiale erzeugen. Betrachten wir etwa einen Strahl, der sich in einem Glaskörper ausbreitet und an der Innenseite der Glasoberfläche total reflektiert wird (s. Abb. 1a). Auf der Außenseite der Oberfläche entsteht dabei ein evaneszentes Lichtfeld, dessen Amplitude exponentiell mit dem Abstand abfällt; die Dicke dieser *Lichtschicht* ist mit der Lichtwellenlänge vergleichbar. Dem evaneszenten Feld entspricht ein Potential der Höhe U_0: Atome, die mit einer kinetischen Energie $E < U_0$ auf dieses Potential treffen, werden reflektiert (s. Abb. 1b).[2] Dieser Aufbau stellt somit einen „Spiegel" für neutrale Atome dar (Cook und Hill, 1982).

2 Wenn die in solchen Experimenten verwendeten Atome direkt auf die Oberfläche eines Festkörpers treffen, werden sie dort adsorbiert.

* Anm. d. Ü.: Eine solche Dipolfalle kann auch mit kleinen polarisierbaren Partikel arbeiten; sie wird etwa in der Biologie als *optische Pinzette* verwendet. Für ihre Entwicklung wurde dem US-amerikanischen Physiker Arthur Ashkin der Physik-Nobelpreis 2018 verliehen.

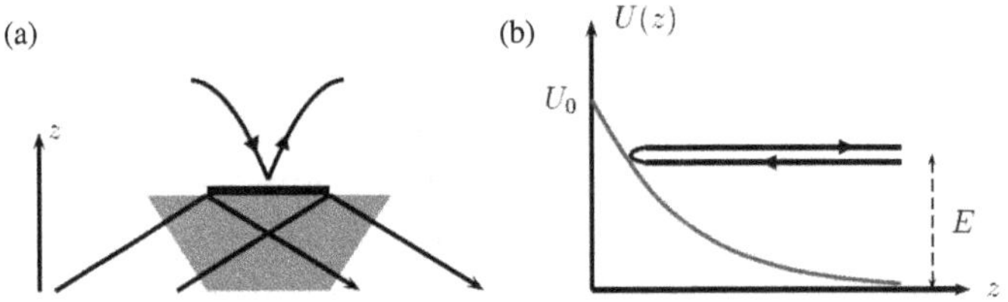

Abb. 1: (a) Totalreflexion eines Laserstrahls an der Innenseite eines Glaskörpers (grau unterlegt). Auf der Außenseite des Glases entsteht ein sogenanntes *evaneszentes Feld*, das etwa eine Wellenlänge dünn ist. (b) Das evaneszente Feld eines blau verstimmten Lasers ($\omega_L > \omega_0$) erzeugt über die Lichtverschiebung eine repulsive Potentialbarriere. Atome, die sich auf die Glasoberfläche zu bewegen und eine Energie $E < U_0$ haben, werden reflektiert und kehren ihre Bewegung um.

3 Optische Gitter

In einer stehenden Welle (die durch die Überlagerung von zwei gegenläufigen Strahlen entsteht) ist die Lichtintensität räumlich mit einer Periode $\lambda/2$ moduliert. Sie ist maximal an den Bäuchen der stehenden Welle und verschwindet an den Knoten. Die Lichtverschiebung erzeugt periodisch angeordnete Potentialtöpfe, die sich für eine rote Verstimmung ($\delta < 0$) an den Bäuchen der Stehwelle befinden und an den Knoten für $\delta > 0$ (blauverstimmter Laser). In Abb. 2 ist so ein *optisches Gitter* in zwei Dimensionen skizziert. Es entsteht, wenn man zwei orthogonale stehenden Wellen überlagert.[3]

Die optischen Gitter bilden aus verschiedenen Gründen ein experimentell interessantes System, insbesondere weil die Bewegung eines Atoms in vielerlei Hinsicht der eines Elektrons in einem Kristallgitter ähnelt. Die Größenordnungen sind zwar sehr unterschiedlich: So liegt die Periode der optischen Gitter im Mikrometerbereich, während die Gitterkonstante von tatsächlichen Kristallen ein Bruchteil eines Nanometers ist. Die optischen Gitter bieten allerdings eine Reihe von Möglichkeiten, die es für Kristallgitter nicht gibt:

1. Man kann ganz einfach die Intensität der Laserstrahlen verändern, die die Stehwellen bilden und so die Tiefe des Gitterpotentials anpassen. Die Stärke des Tunneleffekts zwischen benachbarten Potentialtöpfen ist damit steuerbar. Auf diese

3 Man kann für die beiden Stehwellen sehr unterschiedliche Frequenzen ω_{L1} und ω_{L2} wählen, so dass die Interferenzterme zwischen ihnen zu vernachlässigen sind. Dann darf man die Potentiale (Lichtverschiebungen) der beiden Wellen einfach addieren. Diese Näherung ist anwendbar, wenn die Frequenzdifferenz $|\omega_{L1} - \omega_{L2}|$ groß gegenüber den für die Bewegung des Atoms charakteristischen Frequenzen ist, etwa den Vibrationsfrequenzen um die Gleichgewichtslagen in den Potentialminima. Dann oszillieren die Interferenzterme zu schnell, um einen nennenswerten Einfluss auf die Bewegung des Atoms zu haben.

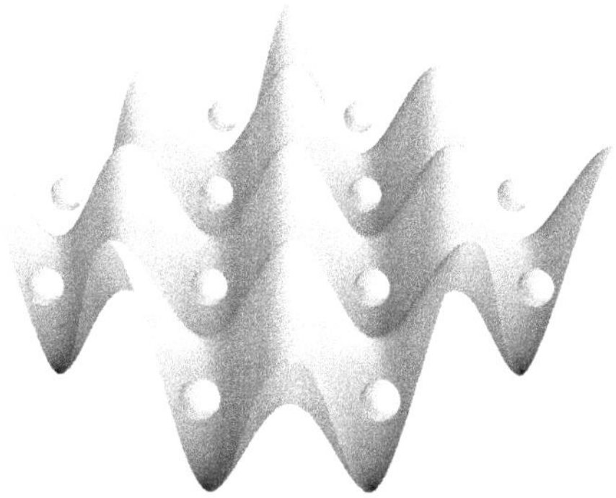

Abb. 2: Schematische Darstellung eines zweidimensionalen *optischen Gitters*. Zwei stehende Wellen aus orthogonalen Richtungen erzeugen ein räumlich periodisches Intensitätsmuster, das durch die gewellte Fläche angedeutet ist. Ein Atom ist in diesen Wellen einer periodischen Anordnung von Potentialtöpfen unterworfen, die sich an den Bäuchen der stehenden Wellen befinden (für eine rote Verstimmung: $\omega_L < \omega_0$) oder aber an den Knoten (für $\omega_L > \omega_0$). Die Kugeln über der Potentialfläche deuten die Positionen an, wo die Atome eingefangen werden können.

Weise konnte man den Übergang zwischen einem Regime mit tiefen Potentialen (die Atome sind an den Gitterplätzen lokalisiert) und einem relativ flachen Gitter (in dem die Atome über mehrere Perioden delokalisiert sind) beobachten (Greiner, Mandel, Esslinger, Hänsch und Bloch, 2002).

2. Man kann die Laserstrahlen und damit das optische Gitter plötzlich ausschalten (was in einem Kristallgitter natürlich unmöglich ist) und das Verhalten der freigesetzten Atome untersuchen. Es entsteht eine Wolke von Atomen, die sich ausdehnt. Dies ermöglicht sogenannte Flugzeitmessungen, aus denen man Information über die Geschwindigkeitsverteilung und damit die Temperatur gewinnt. Aus der räumlichen Verteilung der Atome und einem eventuellen Beugungsmuster kann man ablesen, ob die Atome als kohärente De-Broglie-Wellen in den Potentialtöpfen eingefangen waren oder nicht.
3. Man kann die beiden Frequenzen ω_L und ω'_L, die eine Stehwelle erzeugen, leicht unterschiedlich machen. Dann entsteht ein sich bewegendes periodisches Potential: mit einer konstanten Geschwindigkeit, falls $\omega_L - \omega'_L$ festgehalten wird, oder aber beschleunigt, wenn $\omega_L - \omega'_L$ linear mit der Zeit anwächst. In dem Bezugssystem, das sich mit der Stehwelle mitbewegt, spürt ein Atom im zweiten Fall eine konstante Trägheitskraft; diese Konfiguration erinnert an ein Elektron, das zusätzlich zum Kristallpotential einem homogenen elektrischen Feld ausgesetzt wird. Es ist dann zu erwarten, dass das Teilchen eine periodische Bewegung ausführt, die man *Bloch-Oszillation* nennt. Sie ist in optischen Gittern viel einfacher als für Elektronen zu beobachten, weil die Relaxationszeit eines Atoms viel länger als die Periode der Oszillationen sein kann (Ben Dahan, Peik, Reichel, Castin und Salomon, 1996).

Diese Beispiele zeigen, dass Atome in optischen Gittern ein Modellsystem bilden, mit dem man eine Reihe von Konzepten aus der Festkörperphysik „simulieren“ kann. Bei Untersuchungen an ultrakalten Atomen sind die Wechselwirkungen viel schwächer als die Coulomb-Wechselwirkung zwischen Elektronen. Sie können im Übrigen kontrolliert eingestellt werden, indem man Resonanzen ausnutzt, die in Atom-Atom-Kollisionen entstehen können.*

Anhand dieses Beispiels ist gut zu verstehen, wie wichtig die Lichtverschiebungen geworden sind. Man hätte sich in der Tat fragen können, ob es nicht einfacher wäre, die atomaren Energieniveaus über den Zeeman- und den Stark-Effekt mit magnetischen und elektrischen Feldern zu verschieben, statt die Lichtverschiebungen von nichtresonanten Lasern zu verwenden. Der Vorteil der letzteren ist, dass sie Potentiale erzeugen, die sich auf einer relativ kleinen Längenskala ändern (die halbe optische Wellenlänge), was mit statischen Feldern viel schwieriger ist.†

4 Sub-Doppler-Kühlung

In Ergänzung A_{XIX} haben wir in § 2-b einen Mechanismus für das Kühlen von Atomen mit Laserlicht skizziert, der auf dem Doppler-Effekt beruht und deswegen *Doppler-Kühlung* genannt wird. Wir hatten die sich daraus ergebenden Koeffizienten für Reibung und Diffusion berechnet und gezeigt, dass dieser Mechanismus Atome bis auf eine Temperatur $T_T \sim \hbar\Gamma/k_B$ hinunterkühlen kann. Hier ist Γ die natürliche Linienbreite des angeregten Zustands und k_B die Boltzmann-Konstante. Als die ersten Messungen an lasergekühlten Atomen mit Hilfe der Flugzeitspektroskopie vorgenommen wurden, stellte sich allerdings heraus, dass Temperaturen deutlich unterhalb von T_T erreicht werden konnten (Lett et al., 1988). Außerdem stimmte das Verhalten dieser Temperatur mit der Verstimmung δ des Laserlichts nicht mit den theoretischen Vorhersagen der Doppler-Kühlung überein. Das Experiment zeigte also, dass es noch andere Mechanismen für das Kühlen von Atomen geben musste; weil dabei die Temperatur T_T unterschritten wurde, bürgerte sich schnell der Name *Sub-Doppler-Kühlung* ein. In diesem Abschnitt wollen wir einen dieser Sub-Doppler-Mechanismen vorstellen, den man die *Sisyphos-Kühlung* nennt.

---

* Anm. d. Ü.: Eine Übersicht zu diesem Thema ist bei Bloch, Dalibard und Zwerger (2008) zu finden.

† Anm. d. Ü.: In den letzten Jahren sind magnetisch und elektrisch induzierte Potentiale mit Längenskalen im Mikrometerbereich dadurch möglich geworden, dass man in eine Oberfläche kleine Strukturen einschreibt. Mit Hilfe von moderner Nanofabrikation kann man Leiterbahnen, strukturierte Elektroden und periodische Nanomagnete herstellen, die über der Oberfläche, im Abstand von einigen Mikrometern, Potentiale mit entsprechend kleinen charakteristischen Skalen erzeugen. Diese strukturierten Oberflächen nennt man *Atomchips*. Siehe dazu etwa das Buch von Reichel und Vuletić (2011) sowie den Übersichtsartikel von Keil et al. (2016).

In der Theorie der Doppler-Kühlung sind einige charakteristische experimentelle Aspekte nicht berücksichtigt worden.

1. In den meisten Experimenten, die man in drei Dimensionen durchführt, wird die Polarisation des Lichts wegen interferierender Laserstrahlen nicht homogen sein. Man muss also mit räumlichen Polarisationsgradienten rechnen.
2. Die untersuchten Atome haben mehrere Zeeman-Unterniveaus im Grundzustand g und im angeregten Zustand e. Die Näherung eines Zweiniveauatoms ist also unzureichend.
3. Aus der Zeeman-Struktur im Grundzustand g folgt, dass zwischen diesen Unterniveaus optisches Pumpen möglich ist; dabei treten Zeitkonstanten (für den Übergang von einem Unterniveau in ein anderes) auf, die viel länger als die Lebensdauer $1/\Gamma$ des angeregten Zustands sind.
4. Weil die Verstimmung δ zwischen Laser- und Atomfrequenz nicht verschwindet, muss man die Lichtverschiebungen im Grundzustand berücksichtigen; diese können sich von einem Unterniveau zum anderen unterscheiden (s. Ergänzung C_{XX}, § 2-e-β).

Bevor wir den Sisyphos-Effekt beschreiben, betrachten wir ein einfaches Beispiel, an dem man diese Effekte veranschaulichen kann.

4-a Laserfeld mit Polarisationsgradienten

Es ist nicht unbedingt nötig, drei Paare von Strahlen in allen drei Raumrichtungen zu verwenden, um eine inhomogene Polarisation zu erzeugen. Es gibt sie schon in einer Dimension, wenn sich nämlich zwei gegenläufige Laserstrahlen mit verschiedenen Polarisationen überlagern. In Abb. 3 haben wir zwei Strahlen skizziert, die sich entlang der z-Achse ausbreiten und jeweils die linearen Polarisationsvektoren $\mathbf{e}_x$ und $\mathbf{e}_y$ tragen. In der Überlagerung der Felder ist an jeder Position z die relative Phase der beiden Strahlen zu berücksichtigen. So ergeben sich Orte mit einer rechtszirkularen Polarisation σ_+ (relativ zur z-Achse) und einer Polarisation σ_- in einem Abstand $\lambda/4$. Genau dazwischen liegen Ebenen mit linearen Polarisationen, die Winkel von $\pm 45°$ relativ zur x-Achse bilden.

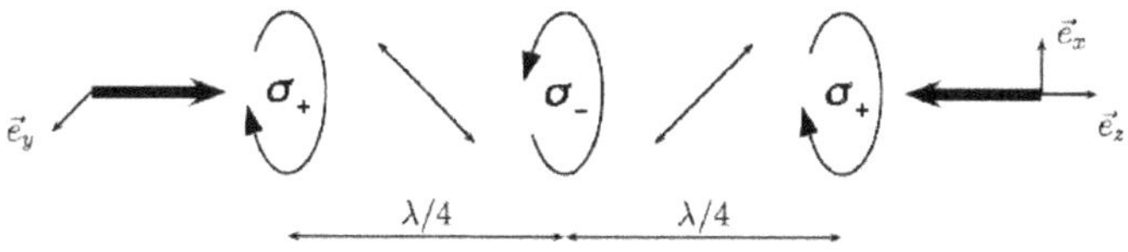

Abb. 3: Schema für eine stehende Welle mit einem Polarisationsgradienten. Zwei Strahlen überlagern sich gegenläufig entlang der z-Achse und haben lineare, zueinander orthogonale Polarisationen $\mathbf{e}_x$ und $\mathbf{e}_y$. Die Kreise und Pfeile geben in verschiedenen Ebenen senkrecht zur z-Achse die lokale Polarisation der stehenden Welle an.

4-b Niveauschema

Es kommt häufig vor, dass man in der Laserkühlung Übergänge verwendet, in denen die Beziehung $J_e = J_g + 1$ zwischen den Drehimpulsquantenzahlen J_g des Grundzustands und J_e des angeregten Zustands gilt. Wir betrachten hier den einfachsten Fall $J_g = 1/2$, i dem sich der Grundzustand in zwei Zustände $g_{\pm 1/2}$ aufspaltet, während es im angeregten Zustand die vier Niveaus $e_{\pm 1/2}$ und $e_{\pm 3/2}$ gibt. Dieses Niveauschema ist in Abb. 4 skizziert.

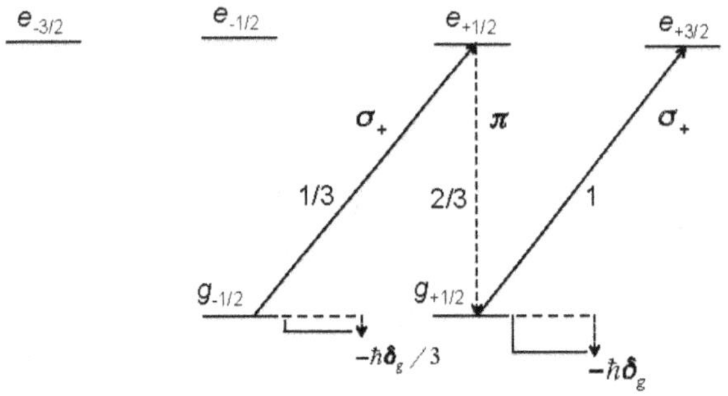

Abb. 4: Energieniveaus in einem Übergang $J_g = 1/2 \rightarrow J_e = 3/2$. Die schräg aufsteigenden Pfeile symbolisieren die Übergänge, die man dort anregen kann, wo die Polarisation des Laserfelds zirkular σ_+ ist. Der vertikale Pfeil beschreibt eine spontane Emission $e_{+1/2} \rightarrow g_{+1/2}$; dies ist ein π-Übergang, weil sich die magnetische Quantenzahl nicht ändert (s. Ergänzung C_{XIX}, § 1-b). Die Lichtverschiebungen der Zustände $g_{-1/2}$ und $g_{+1/2}$ betragen jeweils $-1/3\hbar\delta_g$ und $-\hbar\delta_g$. In einem Punkt mit der Polarisation σ_- tauschen diese beiden Zustände ihre Rollen.

4-c Lichtverschiebungen

Wir begeben uns zunächst an einen Punkt, in dem das Laserfeld die Polarisation σ_+ hat (als Quantisierungsachse wählt man die z-Achse parallel zur Ausbreitungsrichtung). In Ergänzung C_{XIX}, § 1-b haben wir gesehen, dass σ_+-polarisierte Photonen einen Spindrehimpuls mit der z-Komponente $+\hbar$ tragen (sie beträgt $-\hbar$ in der σ_--Polarisation). Aus der Erhaltung des Drehimpulses ergibt sich die Auswahlregel $m_e - m_g = +1\,(-1)$ bei der Absorption eines σ_+-polarisierten bzw. eines σ_--polarisierten Photons, wobei m_e und m_g die magnetischen Quantenzahlen der beiden Zustände sind. In Abb. 4 zeigen wir die zwei möglichen Übergänge $g_{-1/2} \leftrightarrow e_{+1/2}$ und $g_{+1/2} \leftrightarrow e_{+3/2}$, die ein σ_+-polarisiertes Laserfeld anregen kann. Die Zahlen 1/3 und 1 neben den schrägen Pfeilen geben die Quadrate der Clebsch-Gordan-Koeffizienten für die beiden Übergänge an (s. Band II, Ergänzung B_X), die die jeweiligen Oszillatorstärken bestimmen. Der Übergang $g_{+1/2} \leftrightarrow e_{+3/2}$ führt auf eine dreimal intensivere Spektrallinie als $g_{-1/2} \leftrightarrow e_{+1/2}$. Man wählt für die Laserkühlung in der Regel eine negative Verstimmung δ relativ zur Resonanz, und deswegen ist auch die

Lichtverschiebung der beiden Zustände $g_{\pm 1/2}$ negativ. Sie beträgt im Niveau $g_{-1/2}$ nur ein Drittel des Werts in $g_{+1/2}$. Wir haben die Lichtverschiebungen in der Abbildung mit $-\frac{1}{3}\hbar\delta_g$ und $-\hbar\delta_g$ bezeichnet, wobei δ_g (im Unterschied zur Konvention in Ergänzung C_{XX}, § 2-b) positiv ist.

Begibt man sich an einen Punkt, wo eine σ_--Polarisation herrscht, dann ist die Lage umgekehrt (in der Abbildung nicht dargestellt): Der Übergang „links außen" $g_{-1/2} \leftrightarrow e_{-3/2}$ ist dreimal intensiver als $g_{+1/2} \leftrightarrow e_{-1/2}$, und die Lichtverschiebungen der beiden Grundzustände betragen $-\hbar\delta_g$ bzw. $-\frac{1}{3}\hbar\delta_g$.

Für eine lineare Polarisation werden beide Niveaus aus Symmetriegründen gleich verschoben; das Quadrat des Clebsch-Gordan-Koeffizienten beträgt 2/3, wie für den π-Übergang $g_{+1/2} \leftrightarrow e_{+1/2}$ in Abb. 4 gezeigt. Im Grundzustand werden beide Niveaus um $-\frac{2}{3}\hbar\delta_g$ verschoben.*

Wenn man sich also entlang der z-Achse durch die stehende Welle bewegt, dann oszillieren die Energien der beiden Unterzustände $g_{-1/2}$ und $g_{+1/2}$ mit entgegengesetzten Vorzeichen zwischen den Werten $-\hbar\delta_g$ und $-\frac{1}{3}\hbar\delta_g$ (s. Abb. 5). (Wir nehmen hier als Energiereferenz den nicht verschobenen Grundzustand.)

4-d Optisches Pumpen

Betrachten wir ein Atom im Zustand $g_{+1/2}$ in einem σ_+-polarisierten Feld. Es kann durch Absorption in den Zustand $e_{+3/2}$ aufsteigen. Von diesem Zustand kann es spontan nur wieder in das Niveau $g_{+1/2}$ hinunterspringen (s. Ergänzung C_{XIX}, § 1-b). In diesem Zyklus bleibt die Besetzung des Grundzustands also unverändert. Beginnt das Atom allerdings im Niveau $g_{-1/2}$, so führt es die Absorption des σ_+-Photons in den Zustand $e_{+1/2}$. Von dort kann es spontan in das Niveau $g_{+1/2}$ springen – in diesem Prozess des optischen Pumpens verlässt das Atom also das weniger verschobene Niveau und endet in dem Zustand, der eine (betragsmäßig) größere Lichtverschiebung hat. Eine ähnliche Situation tritt in der Polarisation σ_- auf: Das optische Pumpen führt vom weniger verschobenen Niveau $g_{+1/2}$ in das stärker verschobene $g_{-1/2}$. An den Stellen, wo eine lineare Polarisation vorliegt, sind aus Symmetriegründen die π-Übergänge $g_{-1/2} \leftrightarrow e_{-1/2}$ und $g_{+1/2} \leftrightarrow e_{+1/2}$ sowie die σ-Übergänge $e_{-1/2} \leftrightarrow g_{+1/2}$ und $e_{+1/2} \leftrightarrow g_{-1/2}$ gleich intensiv. Dies führt dazu, dass keines der beiden Unterniveaus im Grundzustand vom optischen Pumpen bevorzugt wird. Die Wahrscheinlichkeit, ein Ungleichgewicht zugunsten des stärker verschobenen Zustands zu erzielen, ist also dort maximal, wo eine zirkulare Polarisation vorliegt.

* Anm. d. Ü.: Dieses Ergebnis erfordert eine kleine Rechnung, weil die linearen Polarisationen ±45° relativ zur x-Achse *nicht* der π-Polarisation entsprechen (dazu müsste das elektrische Feld parallel zur z-Achse sein).

4-e Der Sisyphos-Effekt

Nachdem wir nun das Ineinandergreifen von Lichtverschiebungen und optischem Pumpen verstanden haben, können wir zeigen, wie man in diesem System einem Atom seine kinetische Energie entziehen, es also kühlen kann.

In Abb. 5 ist skizziert, welche Lichtverschiebungen ein Atom entlang der stehenden Welle in den beiden Zeeman-Zuständen $g_{-1/2}$ und $g_{+1/2}$ erfährt. Nehmen wir an, das Atom beginnt an einem Ort, wo eine σ_+-Polarisation vorliegt. Durch optisches Pumpen wird es in den Zustand $g_{+1/2}$ mit der kleinere Lichtverschiebung gebracht. Bewegt sich das Atom nach rechts, klettert es ein Potential hinauf und verliert dabei kinetische Energie. Wenn die Zeit für das optische Pumpen lang genug ist, kann es den Gipfel des Potentials erreichen, wo die Polarisation σ_- beträgt. Von dort aus ist die Wahrscheinlichkeit erhöht, dass ein Zyklus optischen Pumpens das Atom in das stärker verschobene Niveau $g_{-1/2}$ bringt. Der Prozess kann sich fortsetzen und führt dazu, dass jedes Mal die kinetische Energie ungefähr um den Unterschied $2\hbar\delta_g/3$ der beiden Lichtverschiebungen reduziert wird, wie in Abb. 5 gezeigt. Dieses Szenario erinnert an den Helden Sisyphos aus der griechischen Mythologie, der dazu verdammt war, ohne Unterlass mit einem schweren Stein einen Hügel zu ersteigen. Jedes Mal, wenn er Gipfel erreichte, rollte der Stein wieder hinunter – aus diesem Grund wurde das Verfahren *Sisyphos-Effekt* genannt.

Man kann mit einer einfachen Überlegung die Temperatur abschätzen, auf die das Atom mit diesem Mechanismus abgekühlt werden kann. Die kinetische Energie des Atoms verringert sich bei jedem Sisyphos-Zyklus, bis sie schließlich so klein ist, dass das Atom im Tal zwischen den Hügeln gefangen bleibt. Seine Energie ist dann von der Ordnung $\hbar\delta_g$. Wir erwarten somit, dass die Grenztemperatur T_S der Sisyphos-Kühlung etwa $T_S \simeq \hbar\delta_g/k_B$ beträgt. In typischen Experimenten zur Laserkühlung werden

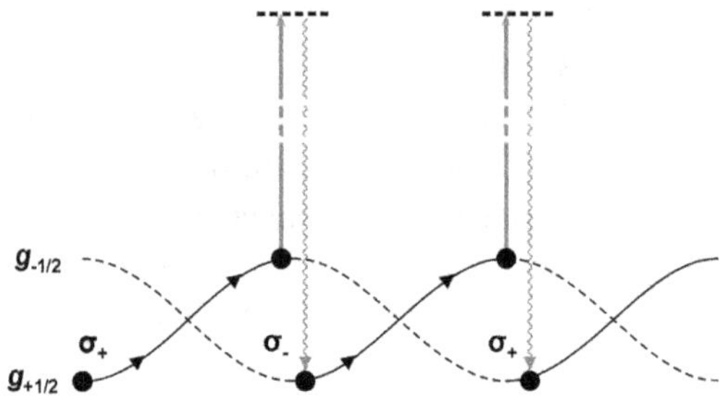

Abb. 5: Prinzipskizze für das Sisyphos-Kühlen. Ein Atom im Zustand $g_{+1/2}$ befinde sich in einem Ort mit σ_+-Polarisation und bewege sich nach rechts. Es muss dabei einen *Potentialhügel* der Höhe $2\hbar\delta_g/3$ (die Lichtverschiebung im Zustand $g_{+1/2}$) hinaufsteigen, was seine kinetische Energie reduziert. Auf dem Gipfel des Potentials ist die Lichtpolarisation σ_-, und die Wahrscheinlichkeit ist erhöht, dass es durch optisches Pumpen in den Zustand $g_{-1/2}$ fällt. Der Zyklus beginnt von vorne, und das Atom muss erneut einen Hügel hinaufsteigen – wie der Held Sisyphos in der griechischen Mythologie. Die kinetische Energie des Atoms nimmt also stetig ab.

relativ geringe Intensitäten verwendet, die atomaren Übergänge sind nicht gesättigt, so dass $\hbar\delta_g \ll \hbar\Gamma$ gilt. Wir finden also $T_S \ll T_T$. Man kann auf diese Weise verstehen, warum die gemessenen Temperaturen zwei Größenordnungen tiefer als die Doppler-Temperatur sein können. Es werden Werte im Bereich von 1 µK erreicht, was eine Reihe von Anwendungen möglich macht.

Alle diese qualitativen Vorhersagen sind durch genauere Modellrechnungen quantitativ untermauert worden (Dalibard und Cohen-Tannoudji, 1989; Ungar, Weiss, Riis und Chu, 1989). Diese Theorie konnte experimentell bestätigt werden, insbesondere was die Abhängigkeit der Temperatur T_S von den diversen Parametern wie Verstimmung und Laserintensität betrifft (Salomon, Dalibard, Phillips, Clairon und Guellati, 1990).

5 Nichtdestruktive Detektion einzelner Photonen

Wir betrachten nun einen experimentellen Aufbau, in dem ein Atomstrahl einen Resonator kreuzt. Der Strahl habe eine so geringe Intensität, dass die Atome eines nach dem anderen durch das Lichtfeld im Resonator fliegen, das in einem Fock-Zustand präpariert sei. Die Photonenzahl in der Resonatormode ist also fixiert, etwa null (Vakuum des Strahlungsfelds) oder eins. Die Atome werden in einem internen Zustand präpariert, der eine kohärente Superposition der Niveaus g und e ist:

$$|\psi_{\text{in}}\rangle = \frac{|g\rangle + |e\rangle}{\sqrt{2}} \tag{2}$$

Die Kopplung zwischen einem Atom und den Photonen führt zu Lichtverschiebungen, so dass die beiden atomaren Zustände verschiedene Phasenverschiebungen aufsammeln. Ist die Verstimmung δ zwischen der Resonatorfrequenz und dem atomaren Resonanz genügend groß, dann wird kein Photon emittiert oder absorbiert. Verlässt ein Atom den Resonator, dann ist der Feldzustand immer noch derselbe Fock-Zustand wie anfangs, aber der Zustand des Atoms wird um Phasenfaktoren mit den genannten Phasenverschiebungen verändert. Dieser Zustand ist also (bis auf eine irrelevante globale Phase)

$$|\psi_{\text{fin}}\rangle = \frac{|g\rangle + e^{-i\phi}|e\rangle}{\sqrt{2}} \tag{3}$$

Die Phase ϕ ist gerade das zeitliche Integral über die Energiedifferenz (geteilt durch $\hbar$) zwischen den beleuchteten Zuständen, die während des Durchflugs des Atoms durch den Resonator ins Spiel kommen. Die Phase kann man also aus dem Niveauschema der beleuchteten Zustände ablesen.

In Ergänzung C_{XX} sieht man in Abb. 8, dass der Energieunterschied zwischen den Zuständen $|e, 0\rangle$ und $|g, 0\rangle$ von $\hbar\omega_0$ durch die Lichtverschiebung von $|e, 0\rangle$ auf den Wert $\hbar(\omega_0 - \delta_0)$ verkleinert wird. Ist die Resonatormode leer ($N = 0$), dann sind diese beiden Zustände die relevanten beleuchteten Zustände. Nach dem Verlassen des

Resonators haben die Amplituden der beiden Zustände e und g also folgende Phasenverschiebung aufgesammelt:

$$N = 0: \quad \phi_0 = -\int dt' \, \delta_0(t') \tag{4}$$

Man berechnet $\delta_0(t')$, indem in Ergänzung C_{XX}, Gl. (42) die Rabi-Frequenz Ω_1 durch eine zeitabhängige Funktion ersetzt wird, die die Bewegung des Atoms durch die Resonatormode beschreibt. Das Atom ist also einer zeitabhängigen Intensität ausgesetzt – wir erinnern an die Annahme einer großen Verstimmung δ zwischen Resonatorfrequenz und Atomresonanz, so dass keine reelle Photonenabsorption auftreten kann.[4]

Befindet sich ein Photon im Resonator ($N = 1$), dann liest man aus C_{XX}, Abb. 8 ab, dass der Abstand zwischen den beleuchteten Zuständen $|e, 1\rangle$ und $|g, 1\rangle$ durch die Lichtverschiebung auf den Wert $\hbar(\omega_0 - 2\delta_0 - \delta_0) = \hbar(\omega_0 - 3\delta_0)$ verringert wird. Im Vergleich zu Gleichung (4) sammelt sich eine dreimal größere Phasenverschiebung zwischen den Amplituden von e und g auf, nachdem das Atom den Resonator verlassen hat. Wenn das Atom den Resonator in einer Superposition der Zustände e und g durchquert, dann hat der Wert der Photonenzahl somit eine Spur in der relativen Phase der Superposition hinterlassen. Und dabei wurde nicht einmal ein Photon absorbiert (dafür ist die Verstimmung δ zu groß).

Wir fassen zusammen: Ist die Photonenzahl im Resonator $N = 0$, verlässt ihn das Atom in dem Zustand

$$N = 0: \quad |\psi_{\text{fin}}\rangle = \frac{|g\rangle + e^{-i\phi_0}|e\rangle}{\sqrt{2}} \tag{5}$$

während für ein Photon im Resonator sich der Zustand

$$N = 1: \quad |\psi_{\text{fin}}\rangle = \frac{|g\rangle + e^{-i\phi_1}|e\rangle}{\sqrt{2}} \tag{6}$$

mit $\phi_1 = 3\phi_0$ ergibt.

Wie kann man diese im Atom hinterlassene *Spur des Photons* verwenden, um festzustellen, ob im Resonator kein oder ein Photon vorhanden sind? Die Durchflugzeit T kann man über die Geschwindigkeit des Atoms einstellen. Nehmen wir an, sie ist so gewählt, dass $\phi_0 - \phi_1 = \pi$ gilt (modulo 2π). Die Zustände (5) und (6) sind dann orthogonal. Stellen wir uns vor, wir wenden auf das Atom am Ausgang des Resonators einen sogenannten $\pi/2$-Puls an. Dieser sei so eingestellt, dass er die Zustandstransformation $|\psi_{\text{fin}}(N = 0)\rangle \mapsto |g\rangle$ erzeugt. Derselbe Puls transformiert den anderen Zustand

4 Wir nehmen ebenfalls an, dass die räumliche Variation des vom Atom „gespürten" Felds genügend langsam ist, so dass nichtadiabatische Übergänge zwischen e und g höchst unwahrscheinlich sind. Außerdem seien die Durchflugzeit T durch den Resonator und die natürliche Linienbreite Γ klein genug, so dass $\Gamma T \ll 1$ gilt. Es bleibt also keine Zeit dafür, dass der angeregte Zustand e spontan zerfällt. – Die Güte des Resonators sei ebenfalls groß genug, dass der Fock-Zustand des Resonatorfelds auf der Zeitskala T stabil ist (d. Ü.).

dagegen in den dazu orthogonalen Zustand: $|\psi_{\text{fin}}(N=1)\rangle \mapsto |e\rangle$. Wenn wir nach dem $\pi/2$-Puls den Zustand des Atoms vermessen und den Wert g bzw. e erhalten, dann dürfen wir daraus schließen, dass $N = 0$ bzw. $N = 1$ gilt. Wir haben eine *nichtdestruktive Quantenmessung* der Photonenzahl vorgenommen (engl.: *quantum non-demolition measurement*, Abk.: QND). Die Messung kann man wiederholen, indem man mehrere Atome nacheinander durch den Resonator schickt und nach demselben Verfahren vorgeht. Man erhält auf diese Weise mehrfach denselben Wert von N und darf schließen, dass die Photonenzahl sich während der Messzeit nicht geändert hat. Im Unterschied zur Photoionisation, wo das Photon absorbiert wird, um ein Photoelektron zu erzeugen (s. Ergänzung A_{XX}), ist dieses Verfahren *nichtdestruktiv*: die Gegenwart des Photons wird erschlossen, ohne es zu absorbieren. Die Durchführung dieses Experiments wird im Detail von Gleyzes et al. (2007) beschrieben, wobei es auf Zustände mit mehreren Photonen verallgemeinert wurde.

Fazit

Über einen langen Zeitraum wurden Lichtverschiebungen als ein physikalisch interessantes Phänomen ohne besondere Anwendungen angesehen, wenn sie nicht sogar als Störfaktor für die hochauflösende Spektroskopie galten. In der Tat verschieben sie atomare Resonanzen, deren Frequenzen man mit der größtmöglichen Genauigkeit vermessen möchte. Diese Korrektur ist zu berücksichtigen, um auf die Position der ungestörten Spektrallinien zu schließen. Dies geschieht häufig so, dass man mehrere Messungen bei verschiedenen Intensitäten durchführt und die Ergebnisse auf die Lichtintensität null extrapoliert.

In diese Ergänzung wird deutlich, wie sehr sich die Lage geändert hat. Dabei wird versucht, einen Einblick in eine breite Vielfalt von experimentellen Methoden und Anwendungen zu geben, in denen die Lichtverschiebung von atomaren Energieniveaus von Nutzen ist. Die Entwicklung dieser Methoden setzte mehr als zwanzig Jahre nach der theoretischen Vorhersage und dem experimentellen Nachweis der Lichtverschiebungen ein – ein prägnantes Beispiel dafür, welcher „lange Atem" manchmal nötig ist, damit fundamentale Entdeckungen praktisch nutzbar werden. Wir haben gesehen, dass man sowohl auf interne als auch auf externe Observablen von Atomen einwirken kann und dass Atome als empfindliche, nichtinvasive Sonden dienen können, um die Eigenschaften eines Felds mit wenigen Photonen zu erschließen. Mit Hilfe von Licht ist es möglich, Atome in einer stehenden Lichtwelle einzufangen und sie in dieser Welle zu einem periodischen Gitter zu formen. Diese Konzepte haben schließlich auch zu Methoden der Laserkühlung geführt, mit denen wir in atomaren Gasen zu bislang unerreichbaren Temperaturen vorstoßen konnten – millionenmal kälter als Photonen und Teilchen im interstellaren Raum oder zwischen den Galaxien im Universum.

Ergänzung E_{XX}
Detektion und Interferenz von photonischen Wellenpaketen

Einleitung

Erinnern wir uns: In Kapitel XX haben wir die Anfangs- und Endzustände des Systems aus Atom und Photonen als Zustände mit definierter Energie des freien Systems (ohne Wechselwirkung) beschrieben. Ohne die Wechselwirkung sind dies stationäre Zustände, so dass das Photon sich in keiner Weise durch den Raum ausbreitet.* In dem Prozess der Streuung eines Photons an einem Atom haben wir etwa den Anfangszustand des Felds als ein Photon mit Impuls $\hbar\mathbf{k}_i$ und Energie $\hbar\omega_i = \hbar c k_i$ gewählt. So ein Photon ist über den gesamten Raum delokalisiert, und dasselbe gilt für den Endzustand (Photon mit Impuls $\hbar\mathbf{k}_f$ und Energie $\hbar\omega_f = \hbar c k_f$). Die Wechselwirkung mit dem Atom wurde zu einem Zeitpunkt t_i „eingeschaltet“, um die Amplitude dafür zu berechnen, dass das System aus Atom und Feld zwischen t_i und t_f in einen anderen Zustand übergeht. Es ist natürlich klar, dass dieses Verfahren heuristisch ist. In Wirklichkeit wird die Atom-Feld-Wechselwirkung durch einen konstanten Operator dargestellt und verändert den Ket-Vektor des Gesamtsystems erst dann, wenn die Strahlung das Atom überstreicht.

Eine realistischere Beschreibung dieses Prozesses sollte sich deswegen bemühen, die einfallende Strahlung als ein sich ausbreitendes Wellenpaket zu modellieren, das

* Anm. d. Ü.: Die Ausbreitung von Wellen im Raum wird bekanntlich als *Propagation* bezeichnet, deswegen verwendet man für gewisse mathematische Begriffe (Greensche Funktion, Korrelationsfunktion) auch die Bezeichnung *Propagator*.

https://doi.org/10.1515/9783110649130-031

anfangs weit von dem Atom entfernt ist und dann auf es einwirkt. Die Wechselwirkung von Atom und Feld erzeugt schließlich ein gestreutes Wellenpaket, das sich ins Unendliche (fern von dem Atom) ausbreitet; auch das einfallende Wellenpaket (von der Wechselwirkung verändert) verfolgt weiter seinen Weg.

Allerdings kann man ein Wellenpaket für ein Photon nicht mit dem üblichen Verfahren konstruieren, das man für ein massives Teilchen anwenden würde. Wie wir am Ende von Kapitel XIX, § B-2 beobachteten, gibt es für das Photon nämlich keinen Ortsoperator. Eine räumliche Wellenfunktion kann man deswegen nicht dadurch einführen, dass man den Zustandsvektor auf die Eigenvektoren des Ortsoperators projiziert, um dann etwa das Betragsquadrat dieser Größe als die Wahrscheinlichkeit zu interpretieren, das Photon in diesem oder jenem Raumgebiet zu finden. Man könnte nun hoffen, das Photon zu lokalisieren, indem man die räumliche Verteilung der elektrischen und magnetischen Felder betrachtet. Aber wenn man sich für Zustände des Strahlungsfelds interessiert, die exakt ein (oder zwei usw.) Photonen enthalten, dann verschwindet der Mittelwert dieser Felder in jedem Raumpunkt. (Die Felder sind ja Linearkombinationen von Erzeugungs- und Vernichtungsoperatoren, deren Mittelwerte in diesen Zuständen für jede Mode verschwinden.) Für ein einzelnes Photon ist dieser Mittelwert zur Konstruktion von Wellenpaketen nicht direkt zu gebrauchen. Deswegen werden wir ein anderes Verfahren anwenden. Wir nehmen an, das Photon wechselwirkt mit einer Reihe von Detektoren, die jeweils räumlich gut lokalisiert sind, und wir fragen nach der *Detektionswahrscheinlichkeit* durch diese Apparate. Wir erhalten so in einfacher Weise eine Amplitude für die Detektion des Photons in einem Punkt (etwa durch Photoionisation eines Atoms, s. Ergänzung B_{XX}); diese Amplitude ist mit der räumlichen Wellenfunktion eines massiven Teilchens der nichtrelativistischen Quantenmechanik eng verwandt (s. Ergänzung B_{XIX}).

Wir beginnen in § 1 mit einer allgemeinen Einführung in dieses Verfahren. Dazu konstruieren wir eine Funktion $\mathcal{E}(\mathbf{r}, t)$, die es erlaubt, dem einzelnen Photon eine räumliche Lokalisierung zuzuweisen, ausgehend von der Wahrscheinlichkeit, dass ein breitbandiger Detektor das Photon am Punkt $\mathbf{r}$ detektiert. Wir können dann von einem Wellenpaket sprechen, selbst wenn der Mittelwert des elektrischen Felds überall verschwindet. Man kann in störungstheoretischen Rechnungen auch einen Anfangs- und einen Endzustand für das Strahlungsfeld angeben, die jeweils durch Wellenpakete beschrieben sind, also Linearkombinationen von Einphotonzuständen mit verschiedenen Impulsen und Energien.

In § 2 zeigen wir, wie man mit Hilfe der Detektionsamplitude $\mathcal{E}(\mathbf{r}, t)$ Interferenzen von Licht mit ein oder zwei Photonen untersuchen kann. Diese Phänomene versteht man durch die Interferenz von Übergangsamplituden, die zu unterschiedlichen „Streckenführungen" gehören, wobei jede „Strecke" das Quantenfeld von einem gegebenen Anfangszustand in denselben Endzustand führt. Nach einer allgemeinen Diskussion von Interferenzsignalen (§ 2-a) untersuchen wir in § 2-b Interferenzen, in denen ein Photon sich gleichzeitig in zwei Feldmoden befindet. Wir gehen dann zu Interferenzen von zwei Photonen über und betrachten den einfachen Fall, dass das System durch ein Produkt von zwei Wellenpaketen mit jeweils einem Photon beschrieben wird (§ 2-c).

In § 3 ersetzen wir den breitbandigen Photodetektor durch ein Atom mit diskreten Energieniveaus. Ohne die Näherung eines plötzlichen Einschaltens der Atom-Licht-Wechselwirkung machen zu müssen, finden wir eine Reihe von Ergebnissen aus Kapitel XX wieder. Es ist somit möglich, das zeitliche Verhalten der Photonenabsorption zu studieren. In § 4 erweitern wir das Verfahren auf die Streuung von Photonen an einem Atom. Erneut ist es möglich, die Ergebnisse aus Kapitel XX wiederzufinden und mit einigen Beobachtungen zu präzisieren, die die zeitlichen Aspekte dieses physikalischen Prozesses betreffen.

Schließlich betrachten wir in § 5 nichttriviale *Zweiphoton-Wellenpakete*, in denen die Photonen verschränkt sind. Sie können etwa durch parametrische Umwandlung und Verstärkung (engl.: *parametric down-conversion*) erzeugt werden und weisen sehr ausgeprägte Korrelationen in der Zeitdomäne auf, die man unmöglich mit Hilfe einer klassischen Beschreibung der Strahlung verstehen kann.* In dieser ganzen Ergänzung beschränken wir uns auf Wellenpakete mit ein oder zwei Photonen; die vorgestellten Rechnungen können aber auf Wellenpakete mit einer großen Photonenzahl ausgedehnt werden.[1]

1 Wellenpakete mit einem Photon. Photodetektion

Ein Wellenpaket mit einem Photon wird durch einen Zustand $|\psi\rangle$ des Felds beschrieben, in dem die Photonenzahl genau gleich eins ist. Man konstruiert dieses Wellenpaket als eine lineare Überlagerung von Einphotonzuständen mit verschiedenen Impulsen $\hbar\mathbf{k}$, die nicht stationär ist (es handelt sich nicht um einen Eigenzustand der Energie):[2]

$$|\psi\rangle = \int d^3k\, c(\mathbf{k})\, a_{\mathbf{k}}^{\dagger}|0\rangle = \int d^3k\, c(\mathbf{k})\, |\mathbf{k}\rangle \tag{1}$$

1 Die Photonenzahl darf sogar unscharf verteilt sein, wie etwa in einem kohärenten (quasiklassischen) Zustand.

2 Zur Vereinfachung lassen wir in dieser Ergänzung den Polarisationsfreiheitsgrad des Strahlungsfelds weg, er spielt für die hier diskutierten Effekte keine wesentliche Rolle. Dies läuft darauf hinaus, dass die Wellenvektoren $\mathbf{k}$ in Gl. (1) ähnliche Richtungen haben und deswegen alle dieselbe Polarisation $\boldsymbol{\varepsilon}$ tragen können.

* Anm. d. Ü.: In solch einem Fall tritt der Begriff der Verschränkung auf den Plan. Siehe auch Kapitel XXI, wo verschränkte quantenmechanische Systeme und ihre Korrelationen etwas allgemeiner diskutiert werden. Die Frage nach *nichtklassischem Licht* wurde aufgrund der Arbeiten von Glauber und Sudarshan zu einem wichtigen Forschungsgegenstand der Quantenoptik, der in Deutschland etwa durch die Arbeitsgruppe um Harry Paul in Berlin untersucht wurde.

Dieser Zustand ist von der Art, die wir in Kapitel XIX, § B-3-c kennengelernt haben, nämlich ein Eigenzustand zum Operator $\widehat{N}$ der Gesamtphotonenzahl mit dem Eigenwert eins. Er ist normiert, wenn gilt

$$\int \mathrm{d}^3k \, |c(\mathbf{k})|^2 = 1 \tag{2}$$

so dass wir $|c(\mathbf{k})|^2$ als die Wahrscheinlichkeitsdichte dafür interpretieren können, dass der Photonimpuls gleich $\hbar\mathbf{k}$ ist.

1-a Detektormodell: Breitbandige Photoionisation

Wir nehmen an, dass im Punkt $\mathbf{r}$ ein Atom als Photodetektor in das Strahlungsfeld gestellt wird. Gemäß dem Ergebnis (26) aus Ergänzung $\mathrm{B_{XX}}$ für die Photoemission ist die Wahrscheinlichkeit $w_\mathrm{I}(\mathbf{r}, t)\,\mathrm{d}t$ dafür, dass man im Intervall t und $t{+}\mathrm{d}t$ die Emission eines Elektrons beobachtet, in der niedrigsten Ordnung der Wechselwirkung durch

$$w_\mathrm{I}(\mathbf{r}, t) = s \, \langle \psi | E^{(-)}(\mathbf{r}, t) \, E^{(+)}(\mathbf{r}, t) | \psi \rangle \tag{3}$$

gegeben.* Hier ist s eine Konstante, die die Empfindlichkeit des Detektors beschreibt; $E^{(-)}(\mathbf{r}, t)$ und $E^{(+)}(\mathbf{r}, t)$ sind die negativen und positiven Frequenzkomponenten des elektrischen Feldoperators, die in der Modenentwicklung aus Kapitel XIX, Gl. (A-7) auftreten:

$$E^{(+)}(\mathbf{r}, t) = \left[E^{(-)}(\mathbf{r}, t)\right]^\dagger = \mathrm{i} \int \frac{\mathrm{d}^3k}{(2\pi)^{3/2}} \sqrt{\frac{\hbar\omega_k}{2\varepsilon_0}} \, a(\mathbf{k}) \, \mathrm{e}^{\mathrm{i}(\mathbf{k}\cdot\mathbf{r} - \omega_k t)} \tag{4}$$

mit

$$\omega_k = c\,|\mathbf{k}| = c\,k \tag{5}$$

und der Lichtgeschwindigkeit c. Wir erinnern uns, dass der Ausdruck (3) im Wechselwirkungsbild zu verstehen ist, in dem sich der Zustandsvektor $|\psi\rangle$ nur unter dem Einfluss der Wechselwirkung zwischen Atom und Strahlungsfeld in der Zeit entwickelt; die Operatoren entwickeln sich frei (d. h. unter dem Einfluss des Hamilton-Operators für das Feld bzw. das Atom, ohne eine Wechselwirkung). Da wir uns in der Rechnung auf die niedrigste Ordnung in der Störungsreihe beschränken, dürfen wir in Gl. (3) annehmen, dass $|\psi\rangle$ zeitlich konstant ist. Die Vernichter in $E^{(+)}(\mathbf{r}, t)$ wirken also auf den Zustand mit einem Photon $|\psi\rangle$ und bilden ihn auf den Vakuumzustand ab. Wir können die Detektionsrate also auch in der Form

$$w_\mathrm{I}(\mathbf{r}, t) = s \, \langle \psi | E^{(-)}(\mathbf{r}, t) | 0 \rangle \langle 0 | E^{(+)}(\mathbf{r}, t) | \psi \rangle = s \, |\langle 0 | E^{(+)}(\mathbf{r}, t) | \psi \rangle|^2 \tag{6}$$

* Anm. d. Ü.: Zur zentralen Rolle dieser Formel in Glaubers Theorie der Photodetektion, s. Fußnote * auf S. 2186.

schreiben, was auf

$$w_{\mathrm{I}}(\mathbf{r},t) = s\left|\int \frac{\mathrm{d}^3k}{(2\pi)^{3/2}}\sqrt{\frac{\hbar\omega_k}{2\varepsilon_0}}\,c(\mathbf{k})\,\mathrm{e}^{\mathrm{i}(\mathbf{k}\cdot\mathbf{r}-\omega_k t)}\right|^2 \tag{7}$$

führt. Für den Beweis dieser Formel schreiben wir die zwei Integrale aus, die hinter $E^{(+)}(\mathbf{r},t)$ [Modenentwicklung (4)] und $|\psi\rangle$ [Superposition (1)] stehen. Um das Produkt $a(\mathbf{k})a^\dagger(\mathbf{k}')$ auf den Vakuumzustand anzuwenden, nutzen wir den fundamentalen Kommutator [Kapitel XIX, Gl. (A-4)] und erhalten $a(\mathbf{k})a^\dagger(\mathbf{k}')|0\rangle = \delta(\mathbf{k}-\mathbf{k}')|0\rangle$. Es bleibt ein Integral übrig, in dem wir den Ausdruck innerhalb des Betrags in Gl. (7) wiedererkennen.*

Hätten wir es mit einem massiven Teilchen der Masse m zu tun, dann wäre die Wahrscheinlichkeit, es zum Zeitpunkt t im Punkt $\mathbf{r}$ zu finden, durch das Quadrat $|\Psi(\mathbf{r},t)|^2$ seiner Wellenfunktion $\Psi(\mathbf{r},t)$ gegeben, und diese selbst wäre die Fourier-Transformierte der Wahrscheinlichkeitsamplitude $g(\mathbf{k})$, den Wert $\hbar\mathbf{k}$ bei einer Impulsmessung des Teilchens zu finden. Handelt es sich um ein freies Teilchen, dann entwickelt sich diese Amplitude im Impulsraum gemäß $g(\mathbf{k},t) \sim \mathrm{e}^{-\mathrm{i}\omega_k t}$. Der Ausdruck (7) hat eine ähnliche Struktur wie für das massive Teilchen – allerdings führt der Faktor $\sqrt{\omega_k} \sim \sqrt{k}$ unter dem Integral dazu, dass die Detektionsrate $w_{\mathrm{I}}(\mathbf{r},t)$ (zum Zeitpunkt t) nicht einfach proportional zum Quadrat der räumlichen Fourier-Transformierten von $c(\mathbf{k},t) = c(\mathbf{k})\,\mathrm{e}^{-\mathrm{i}\omega_k t}$ ist. Für Einphotonzustände des Strahlungsfelds halten wir also fest, dass die Funktion $c(\mathbf{k})$ in Gl. (1) zwar als eine Wellenfunktion im Impulsraum verstanden werden kann (woraus die oben erwähnte Interpretation von $|c(\mathbf{k})|^2$ als Impulsverteilung folgt); die Wahrscheinlichkeit, das Photon im Ortsraum zu detektieren ist allerdings nicht einfach das Betragsquadrat der Fourier-Transformierten dieser „Wellenfunktion im Impulsraum" $c(\mathbf{k})\,\mathrm{e}^{-\mathrm{i}\omega_k t}$. Diese Beobachtung macht erneut klar, dass man eine räumliche Wellenfunktion des Photons nicht exakt analog zu der eines massiven Teilchens einführen kann.

1-b Detektionsamplitude

Wir beobachten, dass im Ausdruck (6) das Betragsquadrat der komplexen Funktion

$$\mathcal{E}(\mathbf{r},t) = \langle 0|E^{(+)}(\mathbf{r},t)|\psi\rangle \tag{8}$$

auftritt; in der Tat wird sie eine wichtige Rolle in den folgenden Rechnungen spielen. Sie hat die physikalische Dimension eines elektrischen Felds, und für das photonische Wellenpaket aus Gl. (1) ergibt sich die Darstellung

$$\mathcal{E}(\mathbf{r},t) = \mathrm{i}\int \frac{\mathrm{d}^3k}{(2\pi)^{3/2}}\sqrt{\frac{\hbar\omega_k}{2\varepsilon_0}}\,c(\mathbf{k})\,\mathrm{e}^{\mathrm{i}(\mathbf{k}\cdot\mathbf{r}-\omega_k t)} \tag{9}$$

* Anm. d. Ü.: Diese Überlegungen kann man gut in der Gleichung $a(\mathbf{k})|\psi\rangle = c(\mathbf{k})|0\rangle$ zusammenfassen, wobei der Einphotonzustand $|\psi\rangle$ aus den Amplituden $c(\mathbf{k})$ im Impulsraum konstruiert ist.

Offenbar haben wir es nicht mit dem Mittelwert des Operators $E^{(+)}(\mathbf{r}, t)$ [Gl. (4)] im Zustand $|\psi\rangle$ zu tun, denn dieser verschwindet. Wie bereits erwähnt, ist $\mathcal{E}(\mathbf{r}, t)$ keine Photonwellenfunktion im Ortsraum, sondern eine Wahrscheinlichkeitsamplitude für die Detektion (und nicht für den Aufenthalt) im Punkt $\mathbf{r}$ zum Zeitpunkt t. Wenn wir in dieser Ergänzung den Zustand (1) als ein photonisches Wellenpaket bezeichnen, das sich in Raum und Zeit ausbreitet, dann ist jedesmal die Amplitude (8) gemeint.*

Nehmen wir einmal an, dass die Funktion $c(\mathbf{k})$ im reziproken Raum bei Wellenvektoren der Länge k_m konzentriert ist (mit einer typischen Unschärfe $\Delta k \ll k_m$), dann können wir die Wurzel $\sqrt{\omega_k}$ in guter Näherung als $\sqrt{ck_m}$ aus dem Integral ziehen. In diesem Fall wird aus Gl. (9) die räumliche Fourier-Transformierte der Wellenfunktion im Impulsraum $c(\mathbf{k})\,\mathrm{e}^{-\mathrm{i}\omega_k t}$. Wir werden diese Näherung im Folgenden häufig anwenden.†

Bemerkungen:

1. Bislang haben wir in dieser Ergänzung die Polarisation der Strahlung beiseite gelassen und etwa angenommen, dass alle ebenen Wellen, die in Gl. (1) vorkommen, denselben Polarisationsvektor $\boldsymbol{\varepsilon}$ tragen. Wenn dies nicht der Fall ist, dann muss man die Detektionsamplitude (8) auf eine vektorwertige Funktion mit drei kartesischen Komponenten verallgemeinern. Ihre Komponente entlang einer festen Achse liefert die Detektionsamplitude für einen Photodetektor, der mit einem Polarisationsfilter versehen ist, so dass er nur auf die Feldkomponente anspricht, die linear parallel zu dieser Achse polarisiert ist. Die vektorielle Detektionsamplitude kann man ähnlich zu der Wellenfunktion eines Spin-1-Teilchens auffassen, die ebenfalls drei (komplexe) Komponenten hat. (Zu dieser Analogie s. auch Ergänzung $\mathrm{B}_{\mathrm{XIX}}$.)

2. Wir untersuchen in dieser Ergänzung Wellenpakte mit einer wohldefinierten Zahl von Photonen, einem oder zwei, um die Rechnungen aus Kapitel XX in einfacher Weise zu verallgemeinern. Man kann Wellenpakete natürlich auf viele Arten konstruieren, ohne dabei die Photonenzahl exakt festzulegen. Es kommt zum Beispiel häufig vor, dass man versucht, die Eigenschaften eines klassischen Felds wiederzugeben, in dem jede Mode $\mathbf{k}$ eine bestimmte Amplitude $\alpha(\mathbf{k})$ besitzt. In diesem Fall sind die kohärenten (oder quasiklassischen) Zustände (s. Kapitel XIX, § B-3-b) eine natürliche Wahl, in denen die $\alpha(\mathbf{k})$ die Rolle von komplexen Eigenwerten der Vernichtungsoperatoren spielen. Die Photonenzahl ist dann nur im Mittel festgelegt.

1-c Zeitlicher Signalverlauf

Befindet sich der Photodetektor im Ursprung, $\mathbf{r} = \mathbf{0}$, dann ist sein Signal gemäß Gl. (7) durch

$$w_{\mathrm{I}}(\mathbf{0}, t) \sim \left| \int \mathrm{d}^3k\, \sqrt{k}\, c(\mathbf{k})\, \mathrm{e}^{-\mathrm{i}ckt} \right|^2 \tag{10}$$

gegeben. Dieses Signal ist proportional zum Quadrat der Fourier-Transformierten von $\sqrt{k}\, c(\mathbf{k})$. Nehmen wir an, $c(\mathbf{k})$ sei eine reelle, positive Funktion von $\mathbf{k}$ und $|c(\mathbf{k})|^2$ besit-

* Anm. d. Ü.: Zur Diskussion um den Begriff der Wellenfunktion des Photons siehe Białynicki-Birula (1996).

† Anm. d. Ü.: Eine solche Näherung ist auch in dem relativ oft auftretenden Fall gerechtfertigt, dass die verwendeten Photodetektoren nur in einem Frequenzintervall $\Delta\omega = c\Delta k$ empfindlich sind.

ze ein scharfes Maximum bei $\mathbf{k}_m$ mit der Breite Δk. Dann darf man $\sqrt{k} \approx \sqrt{k_m}$ aus dem Integral ziehen und erhält das Quadrat der Fourier-Transformierten von $c(\mathbf{k})$. Zum Zeitpunkt $t = 0$ sind dann alle Komponenten des Wellenpakets in Phase [aufgrund der Hypothese von positiven $c(\mathbf{k})$], und das vom Photodetektor beobachtete Signal ist maximal. Es verschwindet für $t \to \pm\infty$ und hat eine typische zeitliche Breite $\Delta t \simeq 1/(c\Delta k)$ um $t = 0$. Dieses Signal beschreibt in gewisser Weise, wie das Wellenpaket die Position des Detektors überstreicht.

Um die Detektionswahrscheinlichkeit in einem Punkt $\mathbf{r} \neq \mathbf{0}$ zu untersuchen, genügt es, im Integral (10) die vollständige Phase $\mathbf{k} \cdot \mathbf{r} - ckt$ zu verwenden. Haben wir es zum Beispiel mit einem eindimensionalen Wellenpaket zu tun, in dem alle Wellenvektoren $\mathbf{k}$ parallel sind, etwa zur z-Achse, dann können wir für die Phase $k(z - ct)$ schreiben. Das Detektorsignal bei einer Koordinate z ergibt sich dann durch eine zeitliche Verschiebung um z/c aus dem Signal, das man bei $z = 0$ beobachten würde. Das Wellenpaket bewegt sich mit der Geschwindigkeit c entlang der z-Achse, ohne seine Form zu verändern.

2 Ein- und Zweiphotoninterferenz

Wir untersuchen nun, was in Experimenten zur Interferenz von Licht geschieht, wenn man es mit Wellenpaketen zu tun hat, die ein oder zwei Photonen enthalten.

2-a Wie die Interferenz von Photonen zu berechnen ist

In der nichtrelativistischen Quantenmechanik werden massive Teilchen durch eine Wellenfunktion $\psi(\mathbf{r}, t)$ beschrieben, deren Quadrat $|\psi(\mathbf{r}, t)|^2$ die Wahrscheinlichkeitsdichte angibt, das Teilchen zum Zeitpunkt t am Punkt $\mathbf{r}$ zu finden. In einem Interferenzexperiment wie etwa am Youngschen Doppelspalt ist die Wellenfunktion nach dem Durchtritt durch die beiden Spalte eine lineare Superposition von zwei Wellenfunktionen $\psi_1(\mathbf{r}, t)$ und $\psi_2(\mathbf{r}, t)$, die von den beiden Spalten ausgehen. In einem gewissen Abstand von der Spaltblende überlappen diese beiden Wellenfunktionen, so dass die Wahrscheinlichkeitsdichte, das Teilchen bei $(\mathbf{r}, t)$ zu finden*, durch $|\psi_1(\mathbf{r}, t) + \psi_2(\mathbf{r}, t)|^2$ gegeben ist. Dieser Ausdruck enthält den sogenannten Interferenzterm $2\,\mathrm{Re}\{\psi_1(\mathbf{r}, t)\,\psi_2^*(\mathbf{r}, t)\}$ der in Raum und Zeit oszilliert. Es ist für das Auftreten von Interferenzstreifen verantwortlich.

Nun haben wir in § 1 darauf aufmerksam gemacht, warum es im Allgemeinen nicht möglich ist, auch für das Photon eine räumliche Wellenfunktion anzugeben, mit der man in exakt gleicher Weise wie mit $\psi(\mathbf{r}, t)$ rechnen könnte, deren Betragsquadrat

* Anm. d. Ü.: Um die Sprechweise „zum Zeitpunkt t am Ort r" zu verkürzen, benutzen wir die *Raumzeit-Koordinaten* $(\mathbf{r}, t)$.

also die Aufenthaltswahrscheinlichkeit für das Photon in einem Punkt angeben würde. Aus diesem Grund haben wir in § 1-b, Gl. (8) eine Amplitude $\mathcal{E}(\mathbf{r}, t)$ eingeführt, deren Quadrat die Wahrscheinlichkeitsdichte liefert, das Photon bei $(\mathbf{r}, t)$ zu detektieren (etwa über die Umwandlung in ein Elektron im photoelektrischen Effekt). Wir zeigen in § 2-b, dass diese Amplitude in der Tat verwendet werden kann, um die Interferenzstreifen von Photonen zu interpretieren. Wir fragen insbesondere nach den Interferenzen eines photonisches Wellenpakets, das eine Doppelspaltblende durchquert, und untersuchen das Signal $w_{\mathrm{I}}(\mathbf{r}, t)$, das eine einfache Photodetektion liefert.* Wie bereits erwähnt, hat $\mathcal{E}(\mathbf{r}, t)$ nichts mit dem Mittelwert des elektrischen Felds in dem betrachteten Quantenzustand zu tun – dieser verschwindet nämlich in einem Einphotonzustand. In der klassischen Elektrodynamik ist es so, dass die elektrischen und magnetischen Felder interferieren. In der Quantenelektrodynamik ist die Lage anders, und man muss mit Hilfe von Wahrscheinlichkeitsamplituden argumentieren, um Interferenzen zu verstehen.

In einem Zustand des Felds, der mindestens zwei Photonen enthält, verschwindet die Rate für eine doppelte Photodetektion $w_{\mathrm{II}}(\mathbf{r}_{\mathrm{B}}, t_{\mathrm{B}}, \mathbf{r}_{\mathrm{A}}, t_{\mathrm{A}})$ nicht. Um diesen Prozess unter möglichst einfachen Bedingungen zu interpretieren, nehmen wir in § 2-c zunächst an, dass das Strahlungsfeld durch ein Tensorprodukt von zwei Wellenpaketen mit je einem Photon beschrieben wird.[3] Wir zeigen, dass man Interferenzstreifen im Zweiphotonsignal w_{II} beobachten kann, die man auch vermittels eines Produkts von Amplituden für die einfache Photodetektion interpretieren kann. Die Streifen entstehen durch die Interferenz zwischen Übergangsamplituden, die zwei verschiedene „Strecken" oder Pfade beschreiben, auf denen das Feld von seinem Anfangszustand (mit zwei Photonen) in den Endzustand (kein Photon) übergehen kann. Auch in diesem Fall kann man nicht mit interferierenden Mittelwerten der elektromagnetischen Felder argumentieren, sondern muss Amplituden für Detektionspfade verwenden.

2-b Interferenz eines photonischen Wellenpakets

Beginnen wir mit der einfachsten Interferenz von Photonen, der am Doppelspalt, und zwar in der Variante, dass bei jedem Versuch ein einzelnes Photon durch den Aufbau geschickt wird. Der Zustandsvektor dieses Photons ist (nach dem Doppelspalt) eine Summe von zwei Komponenten, die dem Durchtritt des Photons durch einen der

---

3 Einen einfachen Zweiphotonenzustand, der kein Tensorprodukt von Einphotonzuständen ist (man spricht dann von einem *verschränkten* Zustand), besprechen wir im darauf folgenden § 5.

* Anm. d. Ü.: Mit *einfacher Photodetektion* ist gemeint, dass der Detektor höchstens ein Photon absorbiert. In der *doppelten* Detektion werden zwei Photonen vernichtet, man spricht dabei auch oft von einer *Koinzidenzmessung* oder von (normal geordneten) *Intensitätskorrelationen*.

beiden Spalte entsprechen. Erreicht das Photon die Region, wo diese Komponenten überlappen, dann kann man den beiden Komponenten zwei verschiedene Moden des Strahlungsfelds zuordnen.

α Wellenpaket nach einem Doppelspalt

Wir interessieren uns für den Zustand des Strahlungsfelds, nachdem es die Doppelspaltblende passiert hat. Diesen Zustand schreiben wir als Einphoton-Wellenpaket, das im Wechselwirkungsbild die Form

$$|\psi\rangle = c_1|\psi_1\rangle + c_2|\psi_2\rangle \quad \text{mit} \quad |c_1|^2 + |c_2|^2 = 1 \tag{11}$$

hat. In diesem Ausdruck beschreibt der Ket $|\psi_1\rangle$ das Wellenpaket, das von dem einen Spalt ausgeht. Wir können es wie in Gl. (1) durch eine Funktion $c_1(\mathbf{k})$ beschreiben, von der wir annehmen, dass sie einen *Peak* bei dem Wellenvektor $\mathbf{k}_1$ hat; analog beschreiben $|\psi_2\rangle$ und $c_2(\mathbf{k})$ das zweite Wellenpaket mit dem mittleren Wellenvektor $\mathbf{k}_2$. Vor der Blende entstammten beide Wellenpakete derselben Quelle, und deswegen sind sie um dieselbe Frequenz $\omega_m = ck_1 = ck_2$ zentriert. Die Beträge von $\mathbf{k}_1$ und $\mathbf{k}_2$ sind also gleich, nur ihre Richtungen unterscheiden sich. Wir nehmen schließlich an, dass die beiden Wellenpakete zum gleichen Zeitpunkt in der Interferenzregion ankommen (die optischen Weglängen entlang der beiden Strecken, von der Quelle aus gemessen, sind gleich) und dass jedes Wellenpaket zeitlich lang genug andauert, so dass die Frequenz ω_m wohldefiniert ist.

Wie in Gl. (8) führen wir für jedes Wellenpaket $|\psi_i\rangle$ eine Detektionsamplitude ein:

$$\langle 0|E^{(+)}(\mathbf{r},t)|\psi_i\rangle = \mathcal{E}_i(\mathbf{r},t) \quad \text{mit} \;\; i = 1,2 \tag{12}$$

Im Interferenzgebiet seien die beiden Wellenpakete mit ebenen Wellen mit Wellenvektoren $\mathbf{k}_1$ und $\mathbf{k}_2$ vergleichbar.[4] Wir setzen also an

$$\mathcal{E}_i(\mathbf{r},t) = \mathcal{F}_i(\mathbf{r},t)\mathrm{e}^{\mathrm{i}(\mathbf{k}_i\cdot\mathbf{r}-\omega_m t)} \tag{13}$$

wobei sich die einhüllende Funktion $\mathcal{F}_i(\mathbf{r},t)$ in Raum und Zeit viel langsamer als der Phasenfaktor ändert.

β Berechnung des Detektorsignals

Wenn wir die Wirkung des Feldoperators $E^{(+)}(\mathbf{r},t)$ auf das Wellenpaket $|\psi_i\rangle$ mit Hilfe der Modenentwicklung (4) ausschreiben, ergibt sich[5]

$$E^{(+)}(\mathbf{r},t)|\psi\rangle = \mathrm{i}\sum_i c_i \int \frac{\mathrm{d}^3k}{(2\pi)^{3/2}}\sqrt{\frac{\hbar\omega_k}{2\varepsilon_0}}\mathrm{e}^{\mathrm{i}(\mathbf{k}\cdot\mathbf{r}-\omega_k t)}a(\mathbf{k})|\psi_i\rangle \tag{14}$$

4 Eine andere Möglichkeit wäre, Gaußsche Wellenpakete mit demselben Brennpunkt zu nehmen, die in dessen Nähe die Struktur von ebenen Wellen mit den $\mathbf{k}$-Vektoren $\mathbf{k}_1$ und $\mathbf{k}_2$ hätten. Ihre transversale Ausdehnung würde man sehr groß im Vergleich zu der Wellenlänge $2\pi/k_1$ wählen.

5 Es wird daran erinnert, dass wir zur Vereinfachung die Polarisationsvariablen weglassen.

mit $\omega_k = c\,k$. Unter der Wirkung des Operators $a(\mathbf{k})$ ergeben die Wellenvektoren $\mathbf{k} \approx \mathbf{k}_i$ $(i = 1, 2)$ den größten Beitrag, denn es gilt [s. die Überlegungen nach Gl. (7)] $a(\mathbf{k})|\psi_i\rangle = c_i(\mathbf{k})|0\rangle$. Aus den Gleichungen (12) und (14) erhalten wir

$$E^{(+)}(\mathbf{r}, t)|\psi\rangle = [c_1\,\mathcal{E}_1(\mathbf{r}, t) + c_2\,\mathcal{E}_2(\mathbf{r}, t)]\;|0\rangle \tag{15}$$

Die Wahrscheinlichkeit, das Photon im Punkt $\mathbf{r}$ zum Zeitpunkt t zu detektieren, ist proportional zum Normquadrat dieses Kets:

$$\langle\psi|E^{(-)}(\mathbf{r}, t)E^{(+)}(\mathbf{r}, t)|\psi\rangle = \left|c_1\,\mathcal{E}_1(\mathbf{r}, t) + c_2\,\mathcal{E}_2(\mathbf{r}, t)\right|^2 \tag{16}$$

Ausmultipliziert enthält dieser Ausdruck quadratische und gemischte Terme. Die ersten ergeben mit Gl. (13)

$$|c_i\mathcal{E}_i(\mathbf{r}, t)|^2 = |c_i\mathcal{F}_i(\mathbf{r}, t)|^2 \tag{17}$$

und ändern sich langsam mit $\mathbf{r}$ und t. Die gemischten Terme haben die Form

$$c_1 c_2^*\,\mathcal{E}_1(\mathbf{r}, t)\,\mathcal{E}_2^*(\mathbf{r}, t) + \text{c. c.} = c_1 c_2^*\,\mathcal{F}_1(\mathbf{r}, t)\,\mathcal{F}_2^*(\mathbf{r}, t)\;\exp \mathrm{i}\,[(\mathbf{k}_1 - \mathbf{k}_2)\cdot\mathbf{r})] + \text{c. c.} \tag{18}$$

(c. c. bedeutet das komplex Konjugierte). Sie sind räumlich periodisch moduliert, wie es für die Interferenz zwischen Moden mit den Wellenvektoren $\mathbf{k}_1$ und $\mathbf{k}_2$ charakteristisch ist.

γ Physikalische Interpretation

Gleichung (16) zeigt uns, dass das Photodetektorsignal das Quadrat einer Summe aus zwei Amplituden $c_1\mathcal{E}_1(\mathbf{r}, t)$ und $c_2\mathcal{E}_2(\mathbf{r}, t)$ ist, die miteinander interferieren. Der Term $c_1\mathcal{E}_1(\mathbf{r}, t)$ gibt die Amplitude an, das Photon bei $(\mathbf{r}, t)$ in der Mode $|\psi_1\rangle$ zu detektieren. Er ist das Produkt der Amplitude c_1, das Feld im Zustand $|\psi_1\rangle$ zu finden, und der Amplitude $\mathcal{E}_1(\mathbf{r}, t)$, das Photon bei $(\mathbf{r}, t)$ zu detektieren, wenn das Feld in diesem Zustand ist. Das Amplitudenprodukt $c_2\mathcal{E}_2(\mathbf{r}, t)$ können wir in analoger Weise interpretieren. Im Detektionsprozess geht das Feld also aus dem Zustand $|\psi\rangle$ [Gl. (11)] in den Vakuumzustand $|0\rangle$ über und kann dabei zwei mögliche Wege nehmen. Das Photon wird entweder in der Mode $|\psi_1\rangle$ oder in der Mode $|\psi_2\rangle$ absorbiert. Weil man nun unmöglich angeben kann, welchen der beiden Wege das System genommen hat, interferieren die entsprechenden Amplituden. Auf diese Weise finden wir das oben angekündigte Ergebnis wieder: In der Quantentheorie der Strahlung darf man die Interferenzstreifen, die man mit den Signalen eines Photodetektors nachweisen kann, nicht als Interferenzen zwischen zwei klassischen elektromagnetischen Wellen verstehen, sondern es interferieren zwei Übergangsamplituden, die zu zwei unterschiedlichen Strecken gehören (die das System vom selben Anfangszustand in denselben Endzustand führen).

2-c Interferenz von zwei Wellenpaketen

Wir zeigen nun, dass man sinngemäß dieselbe Interpretation (es interferieren Übergangs- oder Detektionsamplituden) auch auf die Interferenzen in Experimenten mit zwei Photonen anwenden kann, in denen man Korrelationen zwischen den Signalen von zwei Photodetektoren vermisst.

α Zweiphotonenzustand

Wir nehmen an, das Feld enthalte zwei Photonen und sein Zustand sei das Produkt von zwei Wellenpaketen aus Gl. (1):

$$|\psi_{12}\rangle = \int \mathrm{d}^3k\, c_1(\mathbf{k}) \int \mathrm{d}^3k'\, c_2(\mathbf{k}')\, a^\dagger_{\mathbf{k}} a^\dagger_{\mathbf{k}'} |0\rangle \tag{19}$$

Kann man nun räumliche und zeitliche Modulationen in den Signalen w_{I} und w_{II} beobachten, die ein oder zwei Photodetektoren liefern, die man in dieses Feld einbringt? Wir werden sehen, dass die Antwort „Nein" ist, wenn man sich auf die einfache Photodetektion beschränkt, aber „Ja", wenn man die Korrelationen zwischen je zwei Detektionsereignissen berücksichtigt.

Wir nehmen zur Vereinfachung an, dass die beiden Wellenpakete in Gl. (19) sich deutlich unterscheiden. Der Bereich D_1 im $\mathbf{k}$-Raum, in dem die Funktion $c_1(\mathbf{k})$ nicht verschwindet, überlappt nicht mit der Domäne D_2, wo die Amplitude $c_1(\mathbf{k})$ für das zweite Wellenpaket nicht null ist. Für die Detektion von zwei Photonen verallgemeinern wir das Matrixelement (8):*

$$\langle 0|E^{(+)}(\mathbf{r}, t)\, E^{(+)}(\mathbf{r}', t')|\psi_{12}\rangle \tag{20}$$

Wir setzen in diesen Ausdruck die Modenentwicklungen (4) der beiden Feldoperatoren ein. Um ein Ergebnis ungleich null zu erhalten, müssen die Vernichtungsoperatoren in diesen Feldern auf eine Mode wirken, die in Gl. (19) mit einem Photon besetzt ist. Es können hier nur zwei Fälle auftreten: Entweder liegt die Mode, die $E^{(+)}(\mathbf{r}, t)$ herausgreift, im Gebiet D_1 des reziproken Raums und die von $E^{(+)}(\mathbf{r}', t')$ herausgegriffene im Gebiet D_2 – oder umgekehrt. Im ersten Fall erzeugt das Skalarprodukt mit dem Vakuum-Bra die Detektionsamplitude $\mathcal{E}_2(\mathbf{r}', t')$ des zweiten Wellenpakets und die Amplitude $\mathcal{E}_1(\mathbf{r}, t)$ des ersten. Im zweiten Fall treten die Wellenpakete in der umgekehrten Reihenfolge auf. Das Ergebnis ist somit

$$\langle 0|E^{(+)}(\mathbf{r}, t)\, E^{(+)}(\mathbf{r}', t')|\psi_{12}\rangle = \mathcal{E}_1(\mathbf{r}, t)\, \mathcal{E}_2(\mathbf{r}', t') + \mathcal{E}_2(\mathbf{r}, t)\, \mathcal{E}_1(\mathbf{r}', t') \tag{21}$$

* Anm. d. Ü.: Wie in § 2-c-γ besprochen wird, ist das Quadrat dieses Ausdrucks proportional zu der (Verbund-)Wahrscheinlichkeit, dass ein Detektor bei $\mathbf{r}'$ zum Zeitpunkt t' *und* einer bei $(\mathbf{r}, t)$ mit $t \geq t'$ ansprechen. Man spricht hier von einem Koinzidenzsignal oder von *doppelter Photodetektion*. Weil in einem Detektionsereignis das „Photon als Ganzes" absorbiert wird, treten Koinzidenzen nur für Feldzustände mit mindestens zwei Photonen auf.

Hier sind die Funktionen $\mathcal{E}_1$ und $\mathcal{E}_2$ gemäß Gl. (8) die Detektionsamplituden der beiden Einphoton-Wellenpakete, die den Zustand $|\psi_{12}\rangle$ definieren.

β Rate für einfache Photodetektion

Die Rate für die einfache Photodetektion erhalten wir, wenn nur ein Feldoperator auf den Zustand (19) wirkt. Befindet sich der Detektor etwa am Ort $\mathbf{r}'$, benötigen wir die positive Frequenzkomponente $E^{(+)}(\mathbf{r}', t')$. Wie im letzten Abschnitt gibt dieser Operator nur dann einen Beitrag, wenn er ein Photon vernichtet, dessen $\mathbf{k}$-Vektor in dem einen oder anderen Gebiet liegt, das durch den Träger der Funktionen $c_1(\mathbf{k})$ und $c_2(\mathbf{k})$ definiert wird. Im ersten Fall erzeugt das Integral über alle besetzten Moden die Funktion $\mathcal{E}_1(\mathbf{r}', t')$, die den Vakuum-Ket dieser Moden multipliziert; die Moden des anderen Wellenpakets bleiben unverändert. Im zweiten Fall wird die Funktion $\mathcal{E}_2(\mathbf{r}', t')$ erzeugt. Wir erhalten also

$$E^{(+)}(\mathbf{r}', t')|\psi_{12}\rangle$$
$$= \mathcal{E}_1(\mathbf{r}', t') \int d^3k'\, c_2(\mathbf{k}')\, a^\dagger_{\mathbf{k}'}|0\rangle + \mathcal{E}_2(\mathbf{r}', t') \int d^3k\, c_1(\mathbf{k})\, a^\dagger_{\mathbf{k}}|0\rangle \tag{22}$$

Die Detektionsrate bei $(\mathbf{r}', t')$ ist proportional zum Normquadrat dieses Kets. Wir erhalten quadratische Terme mit $|\mathcal{E}_1(\mathbf{r}', t')|^2$ und $|\mathcal{E}_2(\mathbf{r}', t')|^2$. Sie werden mit dem Normquadrat des jeweils anderen Wellenpakets multipliziert, das den Wert eins hat. Diese Terme oszillieren weder in Raum noch Zeit. Interferenzen (Oszillationen) könnten nur durch gemischte Terme auftreten; diese enthalten aber das Skalarprodukt zwischen den beiden Wellenpaketen, das den Wert null ergibt (wir hatten ja angenommen, dass sich die Gebiete D_1 und D_2 im $\mathbf{k}$-Raum nicht überlappen). Befindet sich das Feld also im Zustand (19), dann liefert das Signal eines einzelnen Photodetektors keinerlei Interferenzstreifen.

Wir können dieses Ergebnis ähnlich wie oben interpretieren. Das System kann zwei Wegen folgen. Entweder wird ein Photon aus dem einem Wellenpaket absorbiert, oder eines aus dem anderen. Im Unterschied zu dem Anfangszustand (11) ist es hier allerdings so, dass der Endzustand des Felds in den beiden Fällen nicht derselbe ist. Hat der Detektor das Photon aus einem Wellenpaket absorbiert, ist das Photon aus dem anderen Wellenpaket im Zustand noch vorhanden. Die beiden Endzustände sind somit orthogonal, so dass man (im Prinzip) feststellen kann, welchen Weg das System genommen hat, indem man den Endzustand des Felds vermisst. Aus diesem Grund können die beiden Amplituden nicht interferieren.

Bemerkung:

Man kann weitere Zustände für die beiden Moden betrachten, die jeweils mehrere Photonen enthalten. Sehen wir uns zum Beispiel die Zustände $|\alpha_1\rangle \otimes |\alpha_2\rangle$ an, ein Produkt von kohärenten Zuständen mit den klassischen Normalkoordinaten α_1 für die Mode $\mathbf{k}_1$ und α_2 für die Mode $\mathbf{k}_2$. Wir wissen, dass der Zustand $|\alpha_1\rangle$ ein Eigenzustand des Operators $E^{(+)}(\mathbf{r}, t)$ mit dem Eigenwert $\mathscr{E}^{(+)}_{\text{cl}}(\alpha_1, \mathbf{r}, t)$ ist, den man als die positive Frequenzkomponente des klassischen Felds berechnet, wenn die Mode $\mathbf{k}_1$ mit der Normalkoordinate α_1 angeregt ist (Kapitel XVIII, § B-2). Analog gilt für den Zustand $|\alpha_2\rangle$:

$$E^{(+)}(\mathbf{r},t)|\alpha_i\rangle = \mathscr{E}_{\text{cl}}^{(+)}(\alpha_i,\mathbf{r},t)|\alpha_i\rangle \qquad i=1,2 \tag{23}$$

Wir erhalten also

$$E^{(+)}(\mathbf{r},t)|\alpha_1,\alpha_2\rangle = \left[\mathscr{E}_{\text{cl}}^{(+)}(\alpha_1,\mathbf{r},t) + \mathscr{E}_{\text{cl}}^{(+)}(\alpha_2,\mathbf{r},t)\right]|\alpha_1,\alpha_2\rangle \tag{24}$$

Die Wahrscheinlichkeit, ein Photon im Punkt $\mathbf{r}$ zum Zeitpunkt t zu detektieren, ist das Normquadrat dieses Kets. Sie ist also proportional zu

$$|\mathscr{E}_{\text{cl}}^{(+)}(\alpha_1,\mathbf{r},t) + \mathscr{E}_{\text{cl}}^{(+)}(\alpha_2,\mathbf{r},t)|^2$$

und hier finden wir das Quadrat einer Summe aus zwei klassischen Feldern wieder; dieses Signal entspricht also einer klassischen Interferenz. Auch das einfache Detektorsignal weist also Interferenzen auf, im Gegensatz zu dem Zweiphotonzustand (19). An diesem Beispiel ist der quasiklassische Charakter der kohärenten Zustände gut abzulesen.*

γ Koinzidenzen von zwei Photonen

Wir bleiben bei dem Anfangszustand (19) des Felds und untersuchen nun die Wahrscheinlichkeit (pro doppeltem Zeitintervall) $w_{\text{II}}(\mathbf{r}_\text{B},t_\text{B},\mathbf{r}_\text{A},t_\text{A})$, dass ein Detektor in $\mathbf{r}_\text{A}$ ein Photon zum Zeitpunkt t_A detektiert *und* ein anderer Detektor bei $\mathbf{r}_\text{B}$ ein Photon zur Zeit t_B detektiert. Wie in Ergänzung B_{XX}, § 2-d gezeigt wird, ist diese Wahrscheinlichkeit proportional zu der Korrelationsfunktion†

$$\langle\psi_{12}|E^{(-)}(\mathbf{r}_\text{A},t_\text{A})\,E^{(-)}(\mathbf{r}_\text{B},t_\text{B})\,E^{(+)}(\mathbf{r}_\text{B},t_\text{B})\,E^{(+)}(\mathbf{r}_\text{A},t_\text{A})|\psi_{12}\rangle \tag{25}$$

Da der Zustand $|\psi_{12}\rangle$ nur zwei Photonen enhält, können wir in der Mitte dieses Ausdrucks einen Projektor auf den Vakuumzustand einfügen und erhalten das Quadrat des in Gl. (21) berechneten Ausdrucks. Wir erhalten also

$$w_{\text{II}}(\mathbf{r}_\text{B},t_\text{B};\mathbf{r}_\text{A},t_\text{A}) \propto \left|\mathcal{E}_2(\mathbf{r}_\text{B},t_\text{B})\,\mathcal{E}_1(\mathbf{r}_\text{A},t_\text{A}) + \mathcal{E}_1(\mathbf{r}_\text{B},t_\text{B})\,\mathcal{E}_2(\mathbf{r}_\text{A},t_\text{A})\right|^2 \tag{26}$$

Außer den quadratischen Ausdrücken $|\mathcal{E}_2(\mathbf{r}_\text{B},t_\text{B})\mathcal{E}_1(\mathbf{r}_\text{A},t_\text{A})|^2$ und $|\mathcal{E}_1(\mathbf{r}_\text{B},t_\text{B})\mathcal{E}_2(\mathbf{r}_\text{A},t_\text{A})|^2$, die langsam von den Koordinaten $\mathbf{r}_\text{A}$, $\mathbf{r}_\text{B}$, t_A, t_B abhängen, gibt es auch gemischte Terme

$$\mathcal{E}_1(\mathbf{r}_\text{B},t_\text{B})\,\mathcal{E}_1^*(\mathbf{r}_\text{A},t_\text{A})\mathcal{E}_2(\mathbf{r}_\text{A},t_\text{A})\,\mathcal{E}_2^*(\mathbf{r}_\text{B},t_\text{B}) + \text{c.c.}$$

* Anm. d. Ü.: Eine einfache anschauliche Erklärung für die Einphotoninterferenzen könnte sich darauf stützen, dass die kohärenten Zustände von den Vernichtungsoperatoren nicht verändert, sondern nur mit ihrem Eigenwert multipliziert werden. Die Photodetektionen hinterlassen also „keine Spuren" im Zustand des Felds.

† Anm. d. Ü.: Sie ist ein weiteres Ergebnis von Glaubers Theorie der Photodetektion, s. Fußnote * auf S. 2186.

die räumlich und zeitlich moduliert sind. Kann man für die beiden Wellenpakete relativ gut definierte Wellenvektoren $\mathbf{k}_1, \mathbf{k}_2$ und Frequenzen ω_1, ω_2 angeben [etwa wie in Gl. (13), aber mit ω_i statt ω_m], dann werden die Modulationen durch

$$\exp\{\mathrm{i}\,[(\mathbf{k}_1 - \mathbf{k}_2)\cdot(\mathbf{r}_\mathrm{A} - \mathbf{r}_\mathrm{B}) - (\omega_1 - \omega_2)(t_\mathrm{A} - t_\mathrm{B})]\} + \text{c. c.} \tag{27}$$

beschrieben. Dieses Ergebnis steht nicht im Widerspruch dazu, dass die Wahrscheinlichkeit, ein Photon bei $(\mathbf{r}_\mathrm{A}, t_\mathrm{A})$ [oder bei $(\mathbf{r}_\mathrm{B}, t_\mathrm{B})$] zu detektieren, in diesen Variablen langsam veränderlich ist: ist dieses erste Photon einmal bei $(\mathbf{r}_\mathrm{A}, t_\mathrm{A})$ detektiert worden, dann hängt die Wahrscheinlichkeit, das zweite Photon bei $(\mathbf{r}_\mathrm{B}, t_\mathrm{B})$ zu detektieren, in oszillierender Weise von den Differenzen $\mathbf{r}_\mathrm{A} - \mathbf{r}_\mathrm{B}$ und $t_\mathrm{A} - t_\mathrm{B}$ ab.*

1. Physikalische Diskussion

Offenbar ist das Koinzidenzsignal in Gl. (26) das Quadrat einer Summe aus zwei Amplituden. Diese beschreiben zwei mögliche Wege, die das System vom Anfangszustand $|\psi_{12}\rangle$ mit zwei Photonen in den Endzustand $|0\rangle$ führen, in dem alle Moden leer sind. Auf dem ersten Weg [mit der Amplitude $\mathcal{E}_2(\mathbf{r}_\mathrm{B}, t_\mathrm{B})\mathcal{E}_1(\mathbf{r}_\mathrm{A}, t_\mathrm{A})$] wird das Photon in der Mode $\mathbf{k}_1$ bei $(\mathbf{r}_\mathrm{A}, t_\mathrm{A})$ absorbiert und das Photon in der Mode $\mathbf{k}_2$ bei $(\mathbf{r}_\mathrm{B}, t_\mathrm{B})$. Auf dem zweiten ist es umgekehrt: Das Photon in der Mode $\mathbf{k}_2$ wird bei $(\mathbf{r}_\mathrm{A}, t_\mathrm{A})$ absorbiert und das Photon in der Mode $\mathbf{k}_1$ bei $(\mathbf{r}_\mathrm{B}, t_\mathrm{B})$. Die Übergangsamplituden, die diese beiden Streckenführungen beschreiben, können interferieren: Weil die Strecken vom selben Anfangs- in denselben Endzustand führen, kann man nicht feststellen, welchen Weg das System genommen hat, und deswegen sind die Amplituden zu addieren (s. § 2-b).

2. Alternative Interpretation

Das Detektorsignal (25) kann man auch in der Form

$$\langle\psi_\mathrm{A}|E^{(+)}(\mathbf{r}_\mathrm{B}, t_\mathrm{B})E^{(+)}(\mathbf{r}_\mathrm{B}, t_\mathrm{B})|\psi_\mathrm{A}\rangle \tag{28}$$

mit dem (nichtnormierten) Zustand

$$\begin{aligned} |\psi_\mathrm{A}\rangle &= E^{(+)}(\mathbf{r}_\mathrm{A}, t_\mathrm{A})|\psi_{12}\rangle \\ &= \mathcal{E}_1(\mathbf{r}_\mathrm{A}, t_\mathrm{A})\int \mathrm{d}^3k'\, c_2(\mathbf{k}')\, a^\dagger_{\mathbf{k}'}|0\rangle + \mathcal{E}_2(\mathbf{r}_\mathrm{A}, t_\mathrm{A})\int \mathrm{d}^3k\, c_1(\mathbf{k})\, a^\dagger_{\mathbf{k}}|0\rangle \end{aligned} \tag{29}$$

schreiben. In der zweiten Zeile haben wir die Beziehung (22) verwendet. Das Koinzidenzsignal (28) können wir als die Wahrscheinlichkeit interpretieren, ein Photon aus einem Feld zu detektieren, das sich in dem Zustand $|\psi_\mathrm{A}\rangle$ befindet. In ihm besetzt das Photon mit einer Wahrscheinlichkeitsamplitude $\mathcal{E}_1(\mathbf{r}_\mathrm{A}, t_\mathrm{A})$ das Wellenpaket mit der Amplitude $c_2(\mathbf{k}')$ (im Impulsraum) und mit der Amplitude $\mathcal{E}_2(\mathbf{r}_\mathrm{A}, t_\mathrm{A})$ das andere Wellenpaket. Diese Situation ist analog zu § 2-b-α, wo wir gesehen hatten, dass ein Photon

* Anm. d. Ü.: Integriert man dagegen über die Position (den Zeitpunkt) der ersten Photodetektion, verschwindet der oszillierende Term (27), und die Wahrscheinlichkeitsverteilung für das „zweite Photon allein“ ändert sich langsam.

in dem Überlagerungszustand (11) aus zwei Moden bei der Photodetektion zu einem modulierten (oder Interferenz-)Signal führt.

Wir wollen diese Interpretation noch schärfer formulieren: Der Ausgangspunkt ist der Produktzustand $|\psi_{12}\rangle$, der keine Kohärenz enthält. Es ist die Detektion des ersten Photons, die den Zustand (29) erzeugt, in dem sich das zweite Photon in einer kohärenten Überlagerung befindet. Die Kohärenz entsteht dadurch, dass das erste Photon entweder aus dem ersten oder dem zweiten Wellenpaket absorbiert werden kann. Die Koeffizienten der Superposition (29) hängen in der Tat von den Koordinaten $(\mathbf{r}_A, t_A)$ des ersten Detektionsereignisses ab. In dieser Beschreibung der Koinzidenz ist es also die erste Detektion, die sogenannte Quantenkorrelationen zwischen den beiden Moden erzeugt. Die Abhängigkeit dieser Korrelationen von $(\mathbf{r}_A, t_A)$ liefert die Erklärung dafür, dass die Wahrscheinlichkeit für die zweite Detektion als Funktion von $\mathbf{r}_B - \mathbf{r}_A$ und $t_B - t_A$ oszilliert.

3 Absorption eines Photons durch ein Atom

Wir ersetzen in diesem Abschnitt den breitbandigen Photodetektor durch ein Zweiniveauatom mit den Zuständen a (Grundzustand) und b (angeregt). Das Atom befinde sich bei den Koordinaten $\mathbf{r} = \mathbf{0}$ und wechselwirkt mit dem Einphoton-Wellenpaket $|\psi\rangle$ aus Gleichung (1). Wir interessieren uns für die Wahrscheinlichkeitsamplitude, dass das Atom, das in der Vergangenheit im Zustand a war, sich zum Zeitpunkt t im Zustand b befindet.

3-a Absorptionsamplitude

Die Anfangs- und Endzustände dieses Prozesses sind

$$|\psi_{\text{in}}\rangle = |a;\psi\rangle \qquad |\psi_{\text{fin}}\rangle = |b;0\rangle \tag{30}$$

denn die Absorption des Photons bringt das Strahlungsfeld in den Vakuumzustand. Wir wählen als Anfangszeitpunkt $t_i = -\infty$ die unendlich weit zurückliegende Vergangenheit und erhalten aus Kapitel XX, Beziehung (B-4) die gesuchte Amplitude in der ersten Ordnung in W:

$$\langle\psi_{\text{fin}}|\overline{U}(t,-\infty)|\psi_{\text{in}}\rangle = \frac{1}{\text{i}\hbar}\int_{-\infty}^{t} \text{d}t'\ \langle\psi_{\text{fin}}|\bar{W}(t')|\psi_{\text{in}}\rangle \tag{31}$$

Der Querstrich über den Operatoren bedeutet, dass diese im Wechselwirkungsbild relativ zum ungestörten Hamilton-Operator zu nehmen sind.

Für die Wechselwirkung setzen wir den bekannten Operator

$$W = -DE^{(+)}(\mathbf{r} = \mathbf{0}) = -DE^{(+)}(\mathbf{0}) \tag{32}$$

an.[6] Das Matrixelement von $\bar{W}(t')$ im Ausdruck (31) ergibt sich dann zu

$$\langle\psi_{\text{fin}}|\bar{W}(t')|\psi_{\text{in}}\rangle = -\mathcal{D}\,e^{i\omega_0 t'}\langle 0|E^{(+)}(\mathbf{0}, t')|\psi\rangle \tag{33}$$

In diesem Ausdruck ist $\mathcal{D} = \langle b|D|a\rangle$ das Übergangsdipolmoment, $\omega_0 = (E_b - E_a)/\hbar$ die atomare Resonanzfrequenz und $E^{(+)}(\mathbf{0}, t')$ die positive Frequenzkomponente des elektrischen Felds im Wechselwirkungsbild.* Wir verwenden die Notation aus Gl. (8) für das Matrixelement des Feldoperators und erhalten

$$\langle\psi_{\text{fin}}|\bar{W}(t')|\psi_{\text{in}}\rangle = -\mathcal{D}\,e^{i\omega_0 t'}\,\mathcal{E}(\mathbf{0}, t') \tag{34}$$

Die Absorptionsamplitude (31) erscheint somit als das Integral

$$\langle\psi_{\text{fin}}|\overline{U}(t, -\infty)|\psi_{\text{in}}\rangle = -\frac{\mathcal{D}}{i\hbar}\int_{-\infty}^{t} dt'\,e^{i\omega_0 t'}\,\mathcal{E}(\mathbf{0}, t') \tag{35}$$

Im Integranden können wir das Produkt $-\mathcal{D}\mathcal{E}(\mathbf{0}, t')$ als die Wechselwirkung zwischen dem atomaren Dipolmoment $\mathcal{D}$ und einem klassischen Feld $\mathcal{E}(\mathbf{0}, t')$ betrachten. Die Amplitude $\mathcal{E}(\mathbf{0}, t')$ erscheint also als das klassische elektrische Feld, das dieselbe Übergangsamplitude zwischen den beiden Zuständen a und b des Atoms liefern würde wie das Einphoton-Wellenpaket, das durch die Impulsverteilung $c(\mathbf{k})$ beschrieben wird.

3-b Physikalische Interpretation

Um die Amplitude $\mathcal{E}(\mathbf{0}, t')$ zu berechnen, gehen wir wie in Gl. (8) vor und lassen den Feldoperator in der Modenentwicklung (4) auf die Impulsraumdarstellung (1) des Wellenpakets wirken. Nach Vertauschen der Vernichtungs- und Erzeugungsoperatoren erledigt sich ein Integral gemäß den Kommutatoren aus Kapitel XIX, Gl. (A-4), und wir erhalten

$$\langle 0|E^{(+)}(\mathbf{0}, t')|\psi\rangle = \mathcal{E}(\mathbf{0}, t') = i\int\frac{d^3k}{(2\pi)^{3/2}}\sqrt{\frac{\hbar\omega_k}{2\varepsilon_0}}\,c(\mathbf{k})\,e^{-i\omega t'} \tag{36}$$

mit $\omega_k = ck$. Wenn wir annehmen, dass $c(\mathbf{k})$ mit einer kleinen Breite Δk um einen mittleren Wellenvektor $\mathbf{k}_m$ zentriert ist, dann können wir diese Amplitude in der Form

$$\mathcal{E}(\mathbf{0}, t') = e^{-i\omega_m t'}\,\mathcal{F}(t') \tag{37}$$

6 Weil wir die Polarisationsfreiheitsgrade des Felds vernachlässigen, wird auch der vektorielle Charakter des elektrischen Dipolmoments **D** unterdrückt. Der Operator D in Gl. (32) ist also die Projektion von **D** auf den Polarisationsvektor der Strahlung.

* Anm. d. Ü.: Wie am Ende von Kapitel XX, § A-2 wählen wir $t_0 = 0$ als Referenzzeitpunkt für das Wechselwirkungsbild.

schreiben. Hier erkennen wir ein oszillierendes Signal bei der *Trägerfrequenz* $\omega_m = ck_m$ wieder, dessen Einhüllende durch $\mathcal{F}(t')$ gegeben ist. Von dieser Funktion dürfen wir annehmen, dass sie zeitlich viel langsamer veränderlich ist als die oszillierende e-Funktion – sie könnte etwa eine Glockenkurve mit einem Maximum bei $t' = 0$ und einer Breite $\Delta t \simeq 1/c\Delta k$ sein. Durch Einsetzen in Gl. (35) erhalten wir für die Übergangsamplitude

$$\langle \psi_{\text{fin}} | \overline{U}(t, -\infty) | \psi_{\text{in}} \rangle = -\mathrm{i} \int_{-\infty}^{t} \mathrm{d}t' \, \mathrm{e}^{\mathrm{i}(\omega_0 - \omega_m)t'} \, \Omega_1(t') \tag{38}$$

mit der instantanen Rabi-Frequenz

$$\hbar \Omega_1(t') = -\mathcal{D}\,\mathcal{F}(t') \,. \tag{39}$$

An dem Ausdruck (38) können wir das Verhalten der Absorptionsamplitude für das einfallende photonische Wellenpaket qualitativ diskutieren, wenn die Zeit t von $-\infty$ bis $+\infty$ läuft. Solange $t \ll -\Delta t$ gilt, sind die Funktionen $\mathcal{E}(t')$ und $\Omega_1(t')$ praktisch null: Das Wellenpaket ist noch nicht in der Nähe des Atoms angekommen, so dass auch keine Absorption möglich ist. In dem Zeitraum von etwa $-\Delta t$ bis $+\Delta t$ überstreicht das Wellenpaket das Atom, so dass das Integral in Gl. (38) dem Betrage nach anwächst. Für $t \gg +\Delta t$ hat das Wellenpaket schließlich das Atom verlassen; die Absorptionsamplitude hat dann den konstanten Wert

$$\langle \psi_{\text{fin}} | \overline{U}(+\infty, -\infty) | \psi_{\text{in}} \rangle = -\mathrm{i} \int_{-\infty}^{+\infty} \mathrm{d}t' \, \mathrm{e}^{\mathrm{i}(\omega_0 - \omega_m)t'} \, \Omega_1(t') \tag{40}$$

angenommen. Dieses Integral liefert also die Amplitude dafür, dass ein Photon absorbiert worden ist, nachdem das Wellenpaket das Atom „überstrichen" hat. Wir erhalten so die Ergebnisse aus Kapitel XX wieder, ohne die Anfangs- und Endzeitpunkte künstlich festlegen zu müssen.

Wir wollen die Absorptionsamplitude (40) größenordnungsmäßig abschätzen. Betrachten wir zunächst den resonanten Fall $\omega_m = \omega_0$. Das Integral ist dann von der Ordnung $\Omega_1^{\max}\Delta t$, wobei $\Omega_1^{\max}$ der Maximalwert der Rabi-Frequenz ist (das Zentrum des Wellenpakets hat das Atom erreicht und die Einhüllende $\mathcal{F}(t')$ hat ihren größten Wert). Für $\omega_m \neq \omega_0$ ist die Resonanzbedingung verletzt, und die Absorptionsamplitude wird kleiner. Aus Gleichung (40) lesen wir ab, dass sie nichts anderes als die Fourier-Transformierte der Rabi-Frequenz $\Omega_1(t')$ an der Frequenz $\omega_0 - \omega_m$ ist. Dies drückt die Energieerhaltung aus: Da das einfallende Photon absorbiert werden kann, muss seine Frequenz mit der Bohr-Frequenz des atomaren Übergangs zusammenfallen. Da die Einhüllende des Felds eine zeitliche Breite Δt hat, kann diese Bedingung nicht strikt eingefordert werden; es genügt, dass die beiden Frequenzen bis auf einen Fehler $\Delta\omega \simeq 1/\Delta t \simeq c\Delta k$ gleich sind.

4 Streuung eines photonischen Wellenpakets

Wir untersuchen nun einen Prozess, an dem zwei Atome beteiligt sind. Ein Wellenpaket erreicht ein Atom A am Ort $\mathbf{r}_A$, wird durch die Wechselwirkung mit ihm in alle Richtungen gestreut und koppelt an ein zweites Atom B bei $\mathbf{r}_B$. Wir legen die z-Achse entlang der Richtung des einfallenden Wellenpakets, das durch die Funktion $c(\mathbf{k}_i)\,e^{-i\omega_i t}$ beschrieben wird. Wie oben schon interessieren wir uns für zwei Aspekte. Als Erstes wollen wir das Atom B als einen Detektor für das von Atom A gestreute Photon auffassen und die Interpretation von $\mathcal{E}(\mathbf{r}_B, t)$ als die Detektionsamplitude am Ort $\mathbf{r}_B$ bestätigen. Als zweiten Aspekt wollen wir die Zeitabhängigkeit des Streuprozesses selbst untersuchen.

Wir berechnen also das räumliche und zeitliche Verhalten des gestreuten Wellenpakets, insbesondere wenn die Mittenfrequenz ω_m des einfallenden Pakets in der Nähe der Resonanz ω_0 des atomaren Streuers liegt. Wir berechnen dann die Amplitude, dass das gestreute Wellenpaket in Atom B zum Zeitpunkt t einen Übergang vom Grundzustand a in den Zustand b anregt. Wie in § 1 können wir dieser Amplitude ein räumliches Wellenpaket zuordnen, das beschreibt, wie die gestreute Welle das Atom am Ort $\mathbf{r}_B$ überstreicht.

4-a Atom B absorbiert ein von Atom A gestreutes Photon

Als einen ersten „Baustein" betrachten wir den Prozess, dass ein Photon von Atom A gestreut wird. Dieses Photon habe den Wellenvektor $\mathbf{k}_i$ parallel zur z-Achse und die Frequenz $\omega_i = ck_i$. Wir suchen die Wahrscheinlichkeitsamplitude* $\langle \mathbf{k}_f|S|\mathbf{k}_i\rangle$ dafür, dass dieses Photon durch das am Ort $\mathbf{r}_A$ befindliche Atom aus dem Zustand $\mathbf{k}_i$ in den Zustand $\mathbf{k}_f$ gestreut wird. Diese Amplitude haben wir in Kapitel XX, Gl. (E-3) berechnet; wir werden hier nur resonante Prozesse vom Typ α mitnehmen (wir nehmen an, dass die Frequenz des einfallenden Photons in der Nähe eines Übergangs $a \leftrightarrow c$ liegt):

$$\begin{aligned}\langle \mathbf{k}_f|S|\mathbf{k}_i\rangle &= \langle \psi_{\text{fin}}|\bar{U}(\Delta t, 0)|\psi_{\text{in}}\rangle \\ &= -2\pi i\, A^{\alpha}_{fi}(E_{\text{in}})\, \delta^{(\Delta t)}(E_{\text{fin}} - E_{\text{in}}) \end{aligned} \tag{41}$$

Die hier auftretende Amplitude $A^{\alpha}_{fi}(E_{\text{in}})$ können wir Kapitel XX, Gl. (E-4) entnehmen

$$A^{\alpha}_{fi}(E_{\text{in}}) = -\frac{\hbar\sqrt{\omega_i\omega_f}}{2\varepsilon_0 L^3}\,\frac{\langle a|\boldsymbol{\varepsilon}^*_f\cdot\mathbf{D}|c\rangle\langle c|\boldsymbol{\varepsilon}_i\cdot\mathbf{D}|a\rangle}{E_a + \hbar\omega_i - E_c}\,e^{i(\mathbf{k}_i-\mathbf{k}_f)\cdot\mathbf{r}_A} \tag{42}$$

(Hier nehmen wir wieder an, dass das Strahlungsfeld in dem Volumen L^3 enthalten ist.) Die letzte e-Funktion berücksichtigt die Ortsabhängigkeit der elektrischen Felder;

* Anm. d. Ü.: Die Notation $\langle \mathbf{k}_f|S|\mathbf{k}_i\rangle$ ist der Streutheorie entlehnt, wo sie ein Element der sogenannten Streumatrix oder S-Matrix bezeichnet. Diese ist über die Matrixelemente des Zeitentwicklungsoperators $\bar{U}(t_f, t_i)$ definiert, wobei man häufig die Grenzfälle $t_i \to -\infty$ und $t_f \to +\infty$ betrachtet.

die Position $\mathbf{r}_A$ des Atoms wird klassisch behandelt und sei konstant. Die Streuamplitude $A^{\alpha}_{fi}(E_{in})$ enthält zwei Matrixelemente der Wechselwirkung: Eines beschreibt die Absorption des Photons $\mathbf{k}_i$, das andere die Emission des Photons $\mathbf{k}_f$. Ihr Produkt wird durch eine Energiedifferenz geteilt. Die Funktion $\delta^{(\Delta t)}(\omega_f - \omega_i)$ drückt die Energieerhaltung bis auf eine Unschärfe $\hbar/\Delta t$ aus, wie in Kapitel XX, § B-1-b und § E-1-b. Wir werden annehmen, dass die Wechselwirkungszeit Δt lang genug ist, so dass wir wie mit einem gewöhnlichen $\delta(\omega_f - \omega_i)$ rechnen können.

Das Produkt der Matrixelemente in der Streuamplitude (42) können wir durch eine Funktion $f(\theta, \varphi)$ der Winkel θ und φ ausdrücken, die die Richtung von $\mathbf{k}_f$ relativ zu $\mathbf{k}_i$ angeben. Wegen der Energieerhaltung gilt

$$|\mathbf{k}_f| = |\mathbf{k}_i| = k \tag{43}$$

Weil wir annehmen, dass das einfallende Photon mit seiner Frequenz ω_i nah an der Resonanz liegt, können wir die Ergebnisse aus Kapitel XX, § E-2 für resonante Streuung verwenden. Wie in Beziehung (E-11) aus jenem Kapitel schreiben wir den Energienenner in Gl. (42) in der Form $\omega_i - \omega_0 + \mathrm{i}\Gamma/2$, wobei Γ die natürliche Breite des angeregten Zustands im Atom A ist. Aus der Streuamplitude (41) wird somit

$$\langle \mathbf{k}_f|S|\mathbf{k}_i\rangle = C_k \frac{f(\theta, \varphi)}{\omega_i - \omega_0 + \mathrm{i}\Gamma/2} \mathrm{e}^{\mathrm{i}(\mathbf{k}_i - \mathbf{k}_f)\cdot\mathbf{r}_A} \delta(\omega_f - \omega_i) \tag{44}$$

wobei der Koeffizient C_k proportional zu k ist.

Der nächste Baustein ist die Wechselwirkung von Atom B mit dem gestreuten Photon $\mathbf{k}_f$. Wie in Gl. (33) wird sie durch das Matrixelement

$$-\mathcal{D}\, \mathrm{e}^{\mathrm{i}\omega_0 t'} \langle 0|E^{(+)}(\mathbf{r}_B, t')|a; \mathbf{k}_f\rangle \propto \mathrm{e}^{\mathrm{i}\mathbf{k}_f\cdot\mathbf{r}_B} \mathrm{e}^{\mathrm{i}(\omega_0 - \omega_f)t'} \tag{45}$$

charakterisiert. Wir haben hier durch die e-Funktion die Position $\mathbf{r}_B$ des Atoms berücksichtigt.

Wir suchen nun die Amplitude zum Zeitpunkt t für den vollständigen Prozess: die Streuung des Photons $\mathbf{k}_i$ an Atom A [Amplitude (44)] und die Absorption durch Atom B [Amplitude (45)]. Dazu multiplizieren wir die beiden Amplituden, summieren über alle möglichen Wellenvektoren $\mathbf{k}_f$ des gestreuten Photons und werten die Linearkombination der $\mathbf{k}_i$ aus, die das einfallende Wellenpaket bildet.

4-b Von Atom A gestreutes Wellenpaket

Die zwei genannten Summationen liefern uns das Wellenpaket, das Atom A gestreut hat; um sie zu berechnen, gehen wir wieder zum Grenzfall eines unendlichen Volumens über.

α Integration über die Streuwinkel

Im Integral über $\mathbf{k}_f$ ist der radiale Anteil (über die Länge k_f des Wellenvektors) trivial, denn wegen der Funktion $\delta(\omega_f - \omega_i)$ in Gl. (44) gilt

$$k_f = k_i = k \tag{46}$$

Wir fassen die Terme aus Gl. (44) und Gl. (45) zusammen, in die $\mathbf{k}_f$ eingeht, und stoßen auf das Winkelintegral

$$\int \mathrm{d}\Omega\, f(\theta, \varphi)\, \mathrm{e}^{\mathrm{i}\mathbf{k}_f \cdot (\mathbf{r}_\mathrm{B} - \mathbf{r}_\mathrm{A})} \tag{47}$$

Das Argument der e-Funktion beschreibt die Phasenverschiebung der ebenen Welle zwischen Streuer $\mathbf{r}_\mathrm{A}$ und Detektor $\mathbf{r}_\mathrm{B}$. Wenn wir über alle Winkel θ, φ des Wellenvektors $\mathbf{k}_f$ integrieren, führt dies auf eine von $\mathbf{r}_\mathrm{A}$ ausgehende Kugelwelle:

$$\int \mathrm{d}\Omega\, f(\theta, \varphi)\, \mathrm{e}^{\mathrm{i}\mathbf{k}_f \cdot (\mathbf{r}_\mathrm{B} - \mathbf{r}_\mathrm{A})} \propto f(\theta_\mathrm{B}, \varphi_\mathrm{B}) \frac{\mathrm{e}^{\mathrm{i}kr}}{r} \quad \text{mit} \quad r = |\mathbf{r}_\mathrm{B} - \mathbf{r}_\mathrm{A}| \tag{48}$$

wobei θ_B und φ_B nun die Winkelkoordinaten von $\mathbf{r}_\mathrm{B} - \mathbf{r}_\mathrm{A}$ relativ zur Richtung $\mathbf{k}_i$ des einfallenden Photons sind. Dieses Ergebnis erinnert an ein Standardergebnis aus der Streutheorie, s. etwa Band II, Kapitel VIII, Gl. (B-12): Die Summe über alle ebenen Wellen $\mathbf{k}_f$ mit der Wellenzahl k, die von dem Atom in $\mathbf{r}_\mathrm{A}$ gestreut werden, hat die Struktur einer auslaufenden Kugelwelle mit derselben Wellenzahl. Die Amplitude dieser Kugelwelle skaliert mit $1/r$, so dass die durch eine Kugeloberfläche mit Radius r und Fläche $4\pi r^2$ abgestrahlte Energie nicht von r abhängt.

Die Tatsache, dass die in Gl. (48) auftretenden Winkel θ_B und φ_B durch den Vektor $\mathbf{r}_\mathrm{B} - \mathbf{r}_\mathrm{A}$ festgelegt werden, kann man sich durch ein Argument vom Typ „stationäre Phase" klarmachen. In der Tat kann man den Phasenfaktor, der eine gestreute ebene Welle beschreibt, als $\mathrm{e}^{\mathrm{i}\mathbf{k}_f \cdot (\mathbf{r}_\mathrm{B} - \mathbf{r}_\mathrm{A})} = \mathrm{e}^{\mathrm{i}kr\cos\alpha_f}$ schreiben, wobei α_f der Winkel zwischen $\mathbf{k}_f$ und $\mathbf{r}_\mathrm{B} - \mathbf{r}_\mathrm{A}$ ist. Wenn wir annehmen, dass die Atome A und B einen großen Abstand $r = |\mathbf{r}_\mathrm{B} - \mathbf{r}_\mathrm{A}|$ voneinander haben, gilt $kr \gg 1$, und der Phasenfaktor variiert sehr schnell mit α_f – außer im Punkt $\alpha_f = 0$, wo $\cos\alpha_f$ ein Maximum hat. Das Winkelintegral (47) erhält somit seinen größten Beitrag von den gestreuten Wellen $\mathbf{k}_f$, die nahezu parallel zu $\mathbf{r}_\mathrm{B} - \mathbf{r}_\mathrm{A}$ sind.

Aus den Ergebnissen (44) und (45) erhalten wir unter Berücksichtigung von Gl. (48)

$$\sum_{\mathbf{k}_f} \langle b; 0|\bar{H}_I(t')|a; \mathbf{k}_f\rangle \langle \mathbf{k}_f|S|\mathbf{k}_i\rangle$$

$$\propto f(\theta_\mathrm{B}, \varphi_\mathrm{B}) \frac{\mathrm{e}^{\mathrm{i}kr}}{r} \frac{1}{\omega - \omega_0 + \mathrm{i}\Gamma/2} \mathrm{e}^{\mathrm{i}\mathbf{k}_i \cdot \mathbf{r}_\mathrm{A}}\, \mathrm{e}^{\mathrm{i}(\omega_0 - \omega)t'} \tag{49}$$

wobei wir ω_i und ω_f durch ω ersetzt haben.

β Integration über die Frequenzen des einfallenden Wellenpakets

Als Anfangszustand des Streuprozesses setzen wir nun die Superposition von Zuständen $|\mathbf{k}_i\rangle$ an, in der jede ebene Welle mit der Amplitude $c(\mathbf{k}_i)$ gewichtet wird. Betrachten wir ein eindimensionales Wellenpaket entlang der z-Achse. Durch eine geeignete Wahl der Phasen der $c(\mathbf{k}_i)$ und der Koordinate $\mathbf{r}_A = \mathbf{0}$ von Atom A können wir ein Wellenpaket konstruieren, das zum Zeitpunkt $t = 0$ seine maximale Amplitude an der Position des streuenden Atoms A hat.

Wir multiplizieren also den Ausdruck (49) mit $c(\mathbf{k}_i)$, schreiben das Integral über die $\mathbf{k}_i$ in die Frequenz ω mit dem Gewicht $c(\omega)$ um und haben noch eine Integration über t' von $-\infty$ bis t auszuführen [s. Gl. (31)]. Die Amplitude dafür, dass Atom B zum Zeitpunkt t das von Atom A gestreute Photon absorbiert, ist somit proportional zu

$$\int_{-\infty}^{t} \mathrm{d}t'\, \mathrm{e}^{\mathrm{i}\omega_0 t'} \int \mathrm{d}\omega\, c(\omega)\, \omega\, f(\omega, \theta_\mathrm{B}, \varphi_\mathrm{B}) \frac{\mathrm{e}^{\mathrm{i}\omega r/c}}{r} \frac{\mathrm{e}^{-\mathrm{i}\omega t'}}{\omega - \omega_0 + \mathrm{i}\Gamma/2} \tag{50}$$

Vergleichen wir dies mit der Absorptionsamplitude (35), so erkennen wir unter dem Integral über t' das klassische gestreute Feld wieder, das am Ort des Detektoratoms B ausgewertet wird:

$$\mathscr{E}_\mathrm{diff}(\mathbf{r}_\mathrm{B}, t') \propto \int \mathrm{d}\omega\, c(\omega)\, \omega\, f(\omega, \theta_\mathrm{B}, \varphi_\mathrm{B}) \frac{\mathrm{e}^{\mathrm{i}\omega r/c}}{r} \frac{\mathrm{e}^{-\mathrm{i}\omega t'}}{\omega - \omega_0 + \mathrm{i}\Gamma/2} \tag{51}$$

Es bietet sich an, die beiden Phasenfaktoren zusammenzufassen und die retardierte Zeit

$$\tilde{t} = t' - r/c \tag{52}$$

einzuführen. So erhalten wir

$$\mathscr{E}_\mathrm{diff}(\mathbf{r}_\mathrm{B}, \tilde{t}) = \int \mathrm{d}\omega\, c(\omega)\, \omega\, f(\omega, \theta_\mathrm{B}, \varphi_\mathrm{B}) \frac{1}{r} \frac{\mathrm{e}^{-\mathrm{i}\omega \tilde{t}}}{\omega - \omega_0 + \mathrm{i}\Gamma/2} \tag{53}$$

woran zu erkennen ist, dass sich das gestreute Wellenpaket in Richtung $\theta_\mathrm{B}, \varphi_\mathrm{B}$ mit der Geschwindigkeit c ausbreitet und dass seine Amplitude mit $1/r$ abfällt.

γ Ausbreitung des gestreuten Wellenpakets im Raum

Wir nehmen im Folgenden an, dass die Bandbreite $\Delta\omega$ des einfallenden Wellenpakets viel kleiner als seine Mittenfrequenz ω_m ist:

$$\Delta\omega \ll \omega_m \tag{54}$$

Wir machen aber vorerst keine Annahme über die relative Größe von $\Delta\omega$ und Γ. Die Faktoren $\omega\, f(\omega, \theta_\mathrm{B}, \varphi_\mathrm{B})$ sind innerhalb des Intervalls der Breite Γ, in dem sich der Ausdruck $(\omega - \omega_0 + \mathrm{i}\Gamma/2)^{-1}$ stark ändert, langsam veränderlich; wir werten sie bei der Frequenz ω_m aus und ziehen sie aus dem Integral hinaus. Das gestreute Feld $\mathscr{E}_\mathrm{diff}(\mathbf{r}_\mathrm{B}, \tilde{t})$

erscheint also als die zeitliche Fourier-Transformierte eines Produkts von zwei Funktionen: $c(\omega)$ und $(\omega - \omega_0 + \mathrm{i}\Gamma/2)^{-1}$. Es ist somit die Faltung der entsprechenden Fourier-Transformierten in der Zeitdomäne. Für die erste Funktion ergibt sich aus Gl. (36) und Gl. (37):

$$c(\omega) \quad \Leftrightarrow \quad \mathscr{E}(\tilde{t}) = \mathrm{e}^{-\mathrm{i}\omega_m \tilde{t}}\, \mathcal{F}(\tilde{t}) \tag{55}$$

während für die zweite gilt*

$$\frac{1}{\omega - \omega_0 + \mathrm{i}\Gamma/2} \quad \Leftrightarrow \quad \mathrm{e}^{-\mathrm{i}\omega_0 \tilde{t}}\, \theta(\tilde{t})\, e^{-\Gamma\tilde{t}/2} \tag{56}$$

Dabei ist $\theta(\tilde{t})$ die Heaviside-Sprungfunktion mit $\theta(\tilde{t}) = 1$ für $\tilde{t} > 0$ und $\theta(\tilde{t}) = 0$ für $\tilde{t} < 0$. Als Faltungsprodukt geschrieben, ergibt sich somit

$$\mathscr{E}_{\text{diff}}(\mathbf{r}_\mathrm{B}, \tilde{t}) \propto \frac{1}{r} \int_{-\infty}^{+\infty} \mathrm{d}\tau\, \mathrm{e}^{-\mathrm{i}\omega_m \tau}\, \mathcal{F}(\tau)\, \mathrm{e}^{-\mathrm{i}\omega_0(\tilde{t}-\tau)}\, \theta(\tilde{t} - \tau)\, e^{-\Gamma(\tilde{t}-\tau)/2} \tag{57}$$

δ Zwei Grenzfälle

Es ergeben sich zwei interessante Grenzfälle, wenn die Bandbreite $\Delta\omega$ des Wellenpakets entweder viel größer oder viel kleiner als die natürliche Linienbreite Γ des angeregten Niveaus von Atom A ist.

1. Grenzfall $\Delta\omega \gg \Gamma$

Das einfallende Wellenpaket überstreicht einen gegebenen Ort in einer sehr kurzen Zeit $1/\Delta\omega$ im Vergleich mit der radiativen Lebensdauer $1/\Gamma$ des angeregten Zustands. Nur während dieses kurzen Zeitfensters um $\tau = 0$ nimmt die Einhüllende $\mathcal{F}(\tau)$ des Wellenpakets signifikante Werte an. Wir können also die letzten beiden Faktoren mit der Stufenfunktion unter dem Integral (57) durch ihren Wert bei $\tau = 0$ ersetzen und erhalten

$$\mathscr{E}_{\text{diff}}(\mathbf{r}_\mathrm{B}, \tilde{t}) \propto \frac{1}{r}\left[\int_{-\infty}^{+\infty} \mathrm{d}\tau\, \mathrm{e}^{\mathrm{i}(\omega_0-\omega_m)\tau}\, \mathcal{F}(\tau)\right]\left[\mathrm{e}^{-\mathrm{i}\omega_0\tilde{t}}\, \theta(\tilde{t})\, e^{-\Gamma\tilde{t}/2)}\right] \tag{58}$$

Das Integral in der ersten Klammer beschreibt die Anregungsamplitude von Atom A durch das einfallende Wellenpaket [s. Gl. (40) oben]. Die zweite Klammer liefert eine freie Oszillation an der Atomfrequenz ω_0, die ab dem Zeitpunkt $\tau = 0$ der Anregung auf der Zeitskala $2/\Gamma$ abfällt.

Dieses Ergebnis können wir anschaulich so verstehen: das einfallende Wellenpaket regt das Atom A quasi instantan an (weil es so kurz ist) und verlässt es dann mit

* Anm. d. Ü.: Man schließe das Fourier-Integral als Konturintegral in der oberen oder unteren Halbebene und werte es mit dem Residuensatz aus.

der Geschwindigkeit c. Im Atom wird durch die Anregung ein Dipolmoment induziert, das nach dem Verschwinden des Wellenpakets frei an der Eigenfrequenz ω_0 oszilliert und unter dem Einfluss der spontanen Emission gedämpft wird. Es liegt hier also eine Situation vor, die analog zu der Anregung eines klassischen mechanischen Oszillators mit einem kurzen Kraftstoß ist.

2. *Grenzfall* $\Delta\omega \ll \Gamma$
Die Einhüllende $\mathcal{F}(\tilde{t})$ des Wellenpakets ist viel breiter als die natürliche Lebensdauer. In Gl. (57) ist die Zeitdifferenz $\tilde{t}-\tau$ dem Betrag nach wegen der letzten e-Funktion nicht viel größer als $1/\Gamma$, so dass man die Ersetzung $\mathcal{F}(\tau) \simeq \mathcal{F}(\tilde{t})$ vornehmen kann. Es ergibt sich so ein Ausdruck der Form

$$\mathscr{E}_{\text{diff}}(\mathbf{r}_B, \tilde{t}) \propto \mathcal{F}(\tilde{t})\, e^{-i\omega_m \tilde{t}} \int_{-\infty}^{+\infty} d\tau\, e^{i\omega_m(\tilde{t}-\tau)} e^{-i\omega_0(\tilde{t}-\tau)}\, \theta(\tilde{t}-\tau)\, e^{-\Gamma(\tilde{t}-\tau)/2)} \tag{59}$$

Mit der Substitution $\tau' = \tilde{t} - \tau$ wird daraus die Fourier-Transformierte von $e^{-i\omega_0\tau'}\theta(\tau')$ $e^{-\Gamma\tau'/2}$ an der Frequenz ω_m, die wir in Gl. (56) aufgeschrieben hatten. Wir erhalten also

$$\mathscr{E}_{\text{diff}}(\mathbf{r}_B, \tilde{t}) \propto \mathcal{F}(\tilde{t}) \frac{e^{-i\omega_m \tilde{t}}}{\omega_m - \omega_0 + i\Gamma/2} \tag{60}$$

Die anschauliche Interpretation lautet nun: Das Wellenpaket überstreicht für $1/\Delta\omega \gg 1/\Gamma$ das Atom über einen sehr langen Zeitraum, so dass das induzierte Dipolmoment das stationäre Regime eines an der Frequenz ω_m getriebenen Oszillators erreicht. Das gestreute Licht entspricht der Abstrahlung des Dipols an dieser Frequenz, dessen Amplitude adiabatisch der langsam veränderlichen Einhüllenden $\mathcal{F}(\tilde{t})$ des photonischen Wellenpakets folgt; dies erklärt den ersten Faktor in Gl. (60). Der zweite Faktor beschreibt den Frequenzgang der linearen Antwort des Dipols, der bei der Frequenz ω_0 eine Resonanz hat und auf der Zeitskala $2/\Gamma$ gedämpft wird.

5 Verschränkte Photonenpaare

Oben in § 2-c haben wir Zustände mit zwei Photonen betrachtet, die ein Tensorprodukt aus zwei Einphoton-Wellenpaketen waren. Es gibt freilich zahlreiche Zweiphotonzustände, die man nicht als ein Produkt aus zwei Einphotonzuständen schreiben kann. Per Definition nennt man solche Zustände *verschränkt*. In diesem letzten Abschnitt wollen wir uns dafür ein Beispiel ansehen: verschränkte Photonenpaare, die in einem Prozesse der nichtlinearen Optik entstehen, den man *spontane parametrische Verstärkung* (engl.: *spontaneous down conversion*) nennt. Dabei entstehen Paare, die zeitlich sehr stark korreliert sind: Detektiert man ein Photon des Paars zu einem Zeitpunkt t, dann folgt daraus, dass die Detektion des zweiten Photons in einem sehr kurzen Zeitfenster nach der ersten Detektion auftritt.

5-a Spontaner parametrischer Prozess

Die Rechnungen zu dem spontanen parametrischen Prozess sind ähnlich zu denen, die wir bereits durchgeführt haben. Deswegen begnügen wir uns mit den groben Zügen, an denen wir bereits die wesentlichen physikalischen Aspekte ablesen können; mehr Details würden den Platz dieser Ergänzung sprengen.

α Beschreibung des nichtlinearen Prozesses

In Kapitel XX, § E-1 haben wir die elastische Streuung eines Photons an einem Atom untersucht. Die Abbildungen 2 und 3 dort liefern schematische Diagramme für diesen Prozess. Ein Photon mit der (Winkel-)Frequenz ω_i fällt ein, wird absorbiert, und ein Photon mit ω_f entsteht, während das Atom in seinen Anfangszustand zurückkehrt. Aus der Energieerhaltung für das Gesamtsystem aus Atom und Strahlungsfeld folgt dann $\omega_f = \omega_i$. Hier untersuchen wir einen nichtlinearen Streuprozess, in dem ein Photon mit ω_0 von einem Atom im Zustand a absorbiert wird, aber zwei Photonen mit den Frequenzen ω_1 und ω_2 emittiert werden.* Das Atom kehrt am Ende in den Zustand a zurück; die Energieerhaltung besagt dann $\omega_1 + \omega_2 = \omega_0$. In Abb. 1 skizzieren wir zwei Diagramme für diesen Prozess, die analog zu den Streuprozessen (α) in den Abbildungen 2 und 3 aus Kapitel XX zu lesen sind.

Man kann sich die Absorptions- und Emissionsprozesse in mehreren zeitlichen Reihenfolgen vorstellen. In Kapitel XX unterscheiden sich zum Beispiel die Streupro-

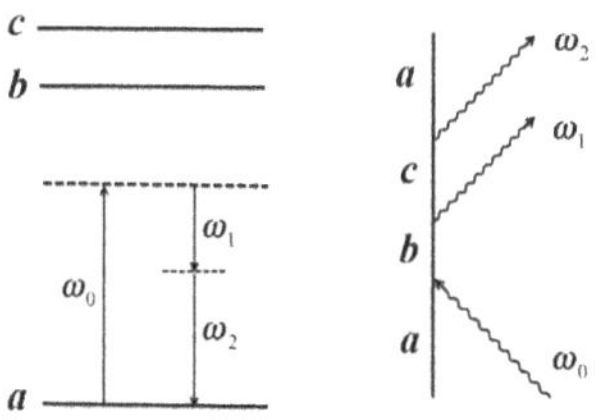

Abb. 1: Ein einfallendes Photon mit der Winkelfrequenz ω_0 wird von einem atomaren System im Anfangszustand a gestreut. Am Ende dieses Prozesses kehrt das Atom in den Zustand a zurück, und es sind zwei Photonen mit den Frequenzen ω_1 und ω_2 emittiert worden. Die Energieerhaltung liefert die Beziehung $\omega_1 + \omega_2 = \omega_0$. *Linkes Diagramm*: Energieniveaus des Atoms, die Absorption (Emission) wird durch einen Pfeil nach oben (nach unten) dargestellt. *Rechtes Diagramm*: Die senkrechte Linie stellt das Atom mit seinen internen Zuständen dar, einlaufende (auslaufende) Wellenlinien beschreiben die Propagation der Photonen.

---

* Anm. d. Ü.: Man spricht hier von einem *Dreiphotonprozess*. Der Prozess heißt *spontan*, weil bei den Frequenzen $\omega_{1,2}$ anfangs keine Photonen vorhanden sind. Wären etwa Photonen an der Frequenz ω_1 vorhanden, würden sie den Prozess stimulieren, und man würde von parametrischer Verstärkung sprechen. Sind beide Moden ω_1 und ω_2 besetzt, kann auch der umgekehrte Prozess auftreten und ein Photon ω_0 entstehen. Hier würde man von *Summenfrequenzerzeugung* sprechen.

zesse (α) und (β) in Abb. 3 in der Reihenfolge von Absorption und Emission. Für den Dreiphotonprozess, den wir hier betrachten, mit einer Absorption und zwei Emissionen, gibt es 3! = 6 mögliche zeitliche Ordnungen, die man im Prinzip alle berücksichtigen müsste. Davon ist in Abb. 1 nur eine mögliche dargestellt.

β Streuamplitude

Um die Streuamplitude für einen spontanen parametrischen Prozess zu berechnen, kann man genau so vorgehen wie bei der Berechnung der Streuamplitude in Kapitel XX, Gl. (E-3) bis (E-5). Es gehen hier allerdings drei Wechselwirkungen zwischen Atom und Strahlungsfeld ein, und statt einem benötigen wir zwei Etappenzustände. Für den in Abb. 1 dargestellten Prozess zum Beispiel sind die folgenden Zustände zu betrachten:

- Anfangszustand $|a;\omega_0\rangle$ mit der Energie $E_{\text{in}} = E_a + \hbar\omega_0$
- erste Etappe $|b;0\rangle$ mit der Energie E_b
- zweite Etappe $|c;\omega_1\rangle$ mit der Energie $E_c + \hbar\omega_1$
- Endzustand $|a;\omega_1,\omega_2\rangle$ mit der Energie $E_{\text{fin}} = E_a + \hbar\omega_1 + \hbar\omega_2$

Für die entsprechende Wahrscheinlichkeitsamplitude verallgemeinern wir aus Kapitel XX die Beziehung (E-4). Bis auf einen irrelevanten konstanten Faktor ist sie das Produkt einer Funktion $\delta(\omega_1 + \omega_2 - \omega_0)$, die die Erhaltung der Energie wiedergibt,[7] und dem Ausdruck

$$-\left(\frac{\hbar}{2\varepsilon_0 L^3}\right)^{3/2} \sqrt{\omega_0\omega_1\omega_2} \sum_{b,c} \frac{\langle a|\boldsymbol{\varepsilon}_2^* \cdot \mathbf{D}|c\rangle\langle c|\boldsymbol{\varepsilon}_1^* \cdot \mathbf{D}|b\rangle\langle b|\boldsymbol{\varepsilon}_0 \cdot \mathbf{D}|a\rangle}{(E_a + \hbar\omega_2 - E_c)(E_a + \hbar\omega_0 - E_b)} \tag{61}$$

Hier beschreiben $\boldsymbol{\varepsilon}_0$, $\boldsymbol{\varepsilon}_1$ und $\boldsymbol{\varepsilon}_2$ jeweils die Polarisationen der Photonen an den Frequenzen ω_0, ω_1 und ω_2. Im Vergleich zur Amplitude (E-4) aus Kapitel XX enthält dieser Ausdruck also drei (statt zwei) Matrixelemente im Zähler und zwei (statt einer) Energiedifferenzen im Nenner. Hier ist jeweils die Differenz zwischen der Energie des Anfangszustands und des ersten oder zweiten Etappenzustands zu finden.

Man kann sechs ähnliche Amplituden aufschreiben, die die Ausdrücke (E-3) bis (E-5) aus Kapitel XX verallgemeinern und jeweils eine andere zeitliche Reihenfolge der Absorptionen und Emissionen beschreiben. Hat man diese Amplituden addiert, ist über die Etappenzustände b und c des Atoms zu summieren. Alle Beiträge in dieser Summe enthalten dieselbe Funktion $\delta(\omega_1 + \omega_2 - \omega_0)$.

Der Endzustand des Systems aus Atom und Strahlung am Ende des Prozesses ist eine Linearkombination von Photonen mit den Frequenzen ω_1 und ω_2, die durch die Energieerhaltung eingeschränkt wird. Wir können ihn also in der Form

$$|\Psi\rangle = |a\rangle \otimes |\psi_{\text{F}}\rangle \tag{62}$$

7 Wie schon zuvor nehmen wir an, dass die Wechselwirkungszeit Δt so lang ist, dass man die Funktion $\delta^{(\Delta t)}$ wie eine Deltafunktion behandeln kann.

mit

$$|\psi_F\rangle = \sum_{\mathbf{k}_1,\mathbf{k}_2} \delta(\omega_1 + \omega_2 - \omega_0)\, g(\mathbf{k}_1, \mathbf{k}_2)|\mathbf{k}_1, \mathbf{k}_2\rangle \tag{63}$$

angeben, wobei $\omega_{1,2} = c|\mathbf{k}_{1,2}|$ gilt. Diesen Zustand kann man nicht als ein (Tensor-) Produkt von zwei Feldzuständen schreiben, er ist somit verschränkt (s. Kapitel XXI).

Die Funktion $g(\mathbf{k}_1, \mathbf{k}_2)$, die den Feldzustand darstellt, ergibt sich aus der Frequenzabhängigkeit der Streuamplituden und den Zustandsdichten im Endzustand; letztere entstehen durch die Summation über ein Kontinuum an Endzuständen[8] bei den Frequenzen ω_1 und ω_2. (Die Summen laufen über die Beträge der beiden Vektoren $\mathbf{k}_1$ und $\mathbf{k}_2$.) Wir nehmen hier an, dass die Etappenzustände in ihrer Energie von etwaigen Resonanzen weit entfernt sind, so dass die Zweiphotonamplitude $g(\mathbf{k}_1, \mathbf{k}_2)$ als Funktion von $|\mathbf{k}_1|$ und $|\mathbf{k}_2|$ keine besonders scharfen Strukturen aufweist. Mit anderen Worten: Alle Energienenner ΔE in der Streuamplitude sind von der Ordnung Photonenfrequenz ω_0. In Ergänzung A_{XX} haben wir am Ende von § 1 (Bemerkung 1) gesehen, dass die Zeit, die das System in einem Etappenzustand verbringt, wegen der Unschärferelation für Zeit und Energie vergleichbar mit $\hbar/|\Delta E|$ ist. Daraus folgt, dass zwischen den Emissionen der beiden Photonen ω_1 und ω_2 nur einige optische Perioden vergehen können, typischerweise einige 10 fs. Aus dieser qualitativen Überlegung schließen wir, dass die beiden Photonen praktisch simultan emittiert werden.

Bemerkung:
Wenn der Hamilton-Operator in den drei Matrixelementen für die Streuamplitude (61) die elektrische Dipolwechselwirkung ist und wenn die drei Zustände a, b und c eine definierte Parität haben, dann gilt die Auswahlregel, dass bei jeder Wechselwirkung der Atomzustand seine Parität wechseln muss. Nach drei Wechselwirkungen hat sie sich also geändert, und deswegen ist es verboten, dass Anfangs- und Endzustand des Atoms zusammenfallen. Der hier untersuchte parametrische Prozess kann also nur dann vorkommen, wenn die atomaren Zustände keine definierte Parität haben. Eine solche Situation ist dann gegeben, wenn der Hamilton-Operator des Atoms nicht invariant unter einer Raumspiegelung ist. Dies tritt z. B. bei Atomen in einem Kristall auf. Dort wird diese Spiegelsymmetrie durch das Kristallfeld gebrochen, das lokal dieselbe Struktur wie ein äußeres elektrisches Feld hat.

5-b Zeitliche Korrelationen zwischen verschränkten Photonenpaaren

Wir wollen nun das Koinzidenzsignal auswerten, das die beiden Photonen aus dem spontanen parametrischen Prozess liefern. Das dazu untersuchte Experiment ist schematisch in Abb. 2 dargestellt. Ein einfallender *Pumpstrahl* mit der Frequenz ω_0 und der Richtung $\mathbf{u}_0$ beleuchtet einen nichtlinearen Kristall (mit O markiert), dessen Atome an dem Dreiphotonprozess beteiligt sind. Lochblenden vor den beiden Detektoren D_1

8 In diese Rechnung gehen zwei Kontinua von Endzuständen ein, die sich durch die Energieerhaltung $\omega_1 + \omega_2 = \omega_0$ allerdings auf eines reduzieren.

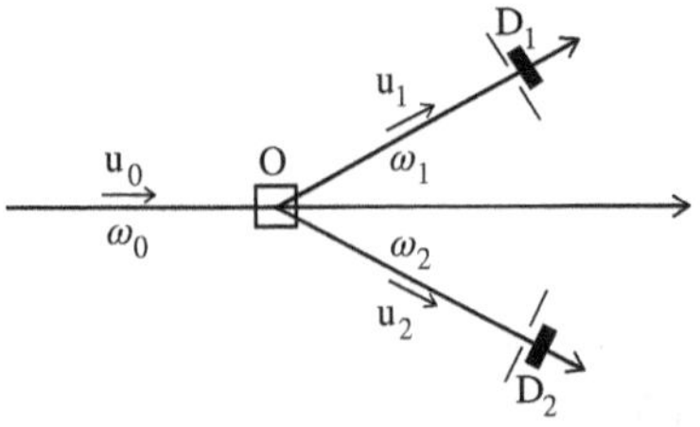

Abb. 2: Ein Pumpstrahl mit der Kreisfrequenz ω_0 breitet sich entlang des Einheitsvektors $\mathbf{u}_0$ aus und beleuchtet einen nichtlinearen Kristall (an der Position O). In dem parametrischen Prozess werden zwei Strahlen mit den Frequenzen ω_1 und ω_2 erzeugt, wobei $\omega_1 + \omega_2 = \omega_0$ gilt. Lochblenden definieren die Richtungen $\mathbf{u}_1$ und $\mathbf{u}_2$ dieser beiden Strahlen. Die beiden Detektoren D_1 und D_2 registrieren die Ankunftszeiten der Photonen, mit deren Hilfe man ihre zeitlichen Korrelationen untersuchen kann.

und D_2 definieren zwei Richtungen $\mathbf{u}_1$ und $\mathbf{u}_2$ für die beiden Strahlen, die in dem parametrischen Prozess entstehen.

Wir wollen uns hier auf die zeitlichen Aspekte des Prozesses konzentrieren und sein räumliches Verhalten beiseite lassen. Zur Vereinfachung nehmen wir deswegen an, dass die drei in Abb. 2 skizzierten Feldmoden unendlich ausgedehnte ebene Wellen in den zwei transversalen Richtungen sind. Die einzige Variable, die so eine Mode beschreibt, ist dann die longitudinale Komponente des Wellenvektors $\mathbf{k}$, oder was auf dasselbe hinausläuft, ihre Frequenz ω. Das einfallende Photon wird also durch ein Wellenpaket im Frequenzraum konstruiert, das wir durch eine reelle Funktion $c(\omega_0)$ charakterisieren. Sie ist um die Frequenz ω_m^0 zentriert und habe eine Breite $\Delta\omega_0 \ll \omega_m^0$. Das Zentrum des Wellenpakets fällt zum Zeitpunkt $t = 0$ auf den Punkt O und überstreicht ihn über einen Zeitraum von der Ordnung

$$\Delta t \simeq \frac{1}{\Delta\omega_0} \tag{64}$$

Das Wellenpaket, das in dem parametrischen Prozess entsteht, wird durch den Ausdruck (63) beschrieben, den wir nun durch die Frequenzvariablen $\omega_{1,2} = c|\mathbf{k}_{1,2}|$ ausdrücken. Dieses Wellenpaket hängt über die Amplitude $g(\omega_1, \omega_2)$ von den Frequenzen ω_1 und ω_2 ab.

α Koinzidenzsignal

Wir berechnen zunächst die Amplitude für die Absorption der beiden Photonen[9] durch zwei Detektoren an den Orten $\mathbf{r}_1$ und $\mathbf{r}_2$ zu den Zeitpunkten t und $t + \tau$:

$$\begin{aligned}\langle 0|E^{(+)}(\mathbf{r}_2, t+\tau)E^{(+)}(\mathbf{r}_1, t)|\psi_F\rangle = \frac{\hbar}{2\varepsilon_0 L^3} \sum_{\omega_0} \sum_{\omega_1,\omega_2} c(\omega_0)\, \sqrt{\omega_1\omega_2}\, g(\omega_1, \omega_2) \\ \times\, \mathrm{e}^{\mathrm{i}[\mathbf{k}_2\cdot\mathbf{r}_2 - \omega_2(t+\tau)]}\, \mathrm{e}^{\mathrm{i}(\mathbf{k}_1\cdot\mathbf{r}_1 - \omega_1 t)}\, \delta(\omega_1 + \omega_2 - \omega_0)\end{aligned} \tag{65}$$

9 Die Koinzidenzrate w_{II} ist proportional zum Betragsquadrat dieser Amplitude. Wir haben die Polarisation des Felds der Einfachheit halber in Gl. (65) weggelassen.

In dieser Gleichung sind $\mathbf{k}_1$ und $\mathbf{k}_2$ die Wellenvektoren der beiden Photonen, die sich entlang der Richtungen $\mathbf{u}_1$ und $\mathbf{u}_2$ frei ausbreiten. Wir bezeichnen die Abstände zwischen dem Kristall in O und den Detektoren D_1 und D_2 mit L_1 und L_2; die entsprechenden Laufzeiten der Photonen sind dann $T_1 = L_1/c$ und $T_2 = L_2/c$. Dann haben wir

$$\begin{aligned} \mathbf{k}_1 \cdot \mathbf{r}_1 &= \frac{\omega_1}{c} L_1 = \omega_1 T_1 \\ \mathbf{k}_2 \cdot \mathbf{r}_2 &= \frac{\omega_2}{c} L_2 = \omega_2 T_2 \end{aligned} \tag{66}$$

so dass die Koinzidenzamplitude (65) die Form

$$\begin{aligned} \langle 0|E^{(+)}(\mathbf{r}_2, t+\tau)E^{(+)}(\mathbf{r}_1, t)|\psi_\mathrm{F}\rangle = \frac{\hbar}{2\varepsilon_0 L^3} \sum_{\omega_0} \sum_{\omega_1,\omega_2} c(\omega_0)\, \sqrt{\omega_1\omega_2}\, g(\omega_1, \omega_2) \\ \times \mathrm{e}^{\mathrm{i}\omega_2(T_2-t-\tau)}\, \mathrm{e}^{\mathrm{i}\omega_1(T_1-t)}\, \delta(\omega_1 + \omega_2 - \omega_0) \end{aligned} \tag{67}$$

annimmt. Wir ersetzen nun die Variablen ω_1 und ω_2 durch eine Differenzfrequenz $\delta\omega$ gemäß

$$\begin{aligned} \omega_1 &= \frac{\omega_0}{2} + \delta\omega \\ \omega_2 &= \frac{\omega_0}{2} - \delta\omega \end{aligned} \tag{68}$$

Die Bedingung $\omega_1 + \omega_2 = \omega_0$ ist dann automatisch gewährleistet, so dass wir die Deltafunktion am Ende von Gl. (67) nicht mehr brauchen. Aus der Doppelsumme über ω_1 und ω_2 wird eine einfache Summe über $\delta\omega$, und die Funktion $g(\omega_1, \omega_2)$ können wir kürzer als $\tilde{g}(\delta\omega)$ schreiben. Zur Vereinfachung wählen wir den Aufbau so, dass $T_1 = T_2 = T$ gilt, und erhalten schließlich

$$\begin{aligned} \langle 0|E^{(+)}(\mathbf{r}_2, t+\tau)E^{(+)}(\mathbf{r}_1, t)|\psi\rangle \propto \frac{\hbar}{2\varepsilon_0 L^3} \sum_{\omega_0} c(\omega_0)\, \mathrm{e}^{\mathrm{i}\omega_0(T-t-\tau)/2}\, \mathrm{e}^{\mathrm{i}\omega_0(T-t)/2} \\ \times \sum_{\delta\omega} \sqrt{\left(\tfrac{1}{2}\omega_0 + \delta\omega\right)\left(\tfrac{1}{2}\omega_0 - \delta\omega\right)}\, \tilde{g}(\delta\omega)\, \mathrm{e}^{\mathrm{i}\delta\omega\,\tau} \end{aligned} \tag{69}$$

β Physikalische Interpretation

Die Rate für die doppelte Photodetektion (Koinzidenzsignal) hängt von der Zeitdifferenz τ durch die Summe über $\delta\omega$ in der zweiten Zeile von Gl. (69) ab. Wenn wir zu kontinuierlichen Frequenzen übergehen, steht hier die Fourier-Transformierte der Funktion $\sqrt{(\frac{1}{2}\omega_0 + \delta\omega)(\frac{1}{2}\omega_0 - \delta\omega)}\, \tilde{g}(\delta\omega)$ da. Die Wurzel hängt sehr langsam von $\delta\omega$ ab und kann näherungsweise als konstant betrachtet werden. Dasselbe gilt für die Zustandsdichten, die beim Übergang von der Summe zu einem Integral entstehen. Wir hatten weiter oben (s. § 5-a-β) ebenfalls gesehen, dass $g(\omega_1, \omega_2)$, und damit auch $\tilde{g}(\delta\omega)$, eine langsam veränderliche Funktion der Frequenz ist, solange kein resonanter (oder quasiresonanter) Etappenzustand in dem parametrischen Prozess beteiligt ist. Unter dem Fourier-Integral steht also eine Funktion von $\delta\omega$ mit einer großen Breite, typischerweise ein signifikanter Bruchteil einer Frequenz im Sichtbaren. Daraus folgt, dass das Koinzidenzsignal nur dann ungleich null ist, wenn die beiden Photodetektionen sich zeitlich um ein Intervall von wenigen optischen Perioden unterscheiden. Für die Koinzidenzrate $w_{\text{II}}(t + \tau, t)$ bedeutet dies, dass die beiden Photodetektoren praktisch gleichzeitig anschlagen.

Betrachten wir nun die Summe über ω_0 aus der ersten Zeile von Gl. (69). Wir werden sehen, dass die Abhängigkeit von der Zeit t durch Zeitskalen bestimmt wird, die viel größer als die charakteristische Zeitskala in der Differenzvariable τ sind. Wenn wir die Näherung $\tau \approx 0$ einsetzen und zu einem Integral übergehen, finden wir in der Tat

$$\int \mathrm{d}\omega_0 \, c(\omega_0) \, \mathrm{e}^{\mathrm{i}\omega_0(T-t)} \tag{70}$$

was nichts anderes als die Fourier-Transformierte des einfallenden Wellenpakets (also des Pumpstrahls) ist. Dieses Wellenpaket erreicht den Kristall bei O zum Zeitpunkt $t = 0$ und überstreicht ihn während einer Zeit Δt, die im Allgemeinen viel länger als die Zeit ist, die die Variation der Koinzidenzrate $w_{\text{II}}(t + \tau, t)$ mit τ bestimmt. Die Beziehung (70) zeigt uns also, dass die beiden Detektoren (fast gleichzeitig) zu einem gewissen Zeitpunkt t ein Signal geben, der in einem Intervall der Länge Δt um die Laufzeit T liegt. Diese Zeit entspricht der Ankunft der Photonen bei D_1 und D_2, die in O von dem einfallenden Wellenpaket erzeugt worden sind. Ist aber ein Photon von einem Detektor registriert worden, dann wird das zweite praktisch zum selben Zeitpunkt im anderen Detektor nachgewiesen. Eine derartige Korrelation könnte ein semiklassisches Modell nicht vorhersagen.

Diese Ergebnisse bleiben gültig, wenn die spontane parametrische Emission nicht durch ein einzelnes einfallendes Photon in einem Wellenpaket, sondern durch einen kontinuierlichen Laserstrahl angeregt wird. Die beiden Strahlen, die der Prozess erzeugt, enthalten dann eine Abfolge von Photonenpaaren, die zu demselben Zeitpunkt erscheinen, zu dem sie detektiert werden. Man spricht hier von *Zwillingsphotonen*.

Mit solchen *Zwillingsstrahlen* kann man Zweiphotonübergänge viel wirksamer als mit gewöhnlichen Strahlen anregen. Betrachten wir dazu den Fall, dass bei der Zweiphotonabsorption kein resonanter Etappenzustand vorliegt. Dann können wir mit einem ähnlichen Argument wie hier in der Tat zeigen, dass die beiden Absorptionsereignisse zeitlich sehr dicht aufeinander folgen müssen (die beiden Photonen treten praktisch gleichzeitig in Wechselwirkung mit dem Atom). Die beiden Photonen müssen also zum selben Zeitpunkt bei dem Atom eintreffen – und diese Bedingung kann mit Zwillingsphotonen erfüllt werden. Mit gewöhnlichen Strahlen wird die Zweiphotonabsorption nur deswegen beobachtet, weil sich die zeitliche Koinzidenz zufällig ereignet.

In der Praxis werden für parametrische Prozesse häufig nicht isolierte Atome, sondern Atome oder Moleküle in einem Festkörper (nichtlinearer Kristall) verwendet. Man muss dann unbedingt die Interferenz zwischen den Strahlen beachten, die an verschiedenen Orten im Festkörper entstehen, und die Bedingungen dafür herstellen, dass diese Interferenz konstruktiv ist. Dazu ist es insbesondere nötig, den Brechungsindex des Mediums zu berücksichtigen, in dem die Zwillingsstrahlen sich ausbreiten; dies führt auf eine Bedingung, die man *Phasenanpassung* (engl.: *phase matching*) nennt. Diese Fragen übersteigen freilich den Rahmen dieser Ergänzung, und die interessierte Leserin wird auf die Lehrbücher der Quantenoptik verwiesen, etwa die Werke von Grynberg, Aspect und Fabre (2010) sowie von Walls und Milburn (1994).

XXI Verschränkung, Messung, Nichtlokalität

Wir befassen uns in diesem abschließenden Kapitel mit einem zentralen Begriff der Quantenmechanik: der Verschränkung. Wir werden dabei eine ganze Reihe von charakteristischen Quanteneigenschaften zu Tage fördern, für die es in der klassischen Physik kein Gegenstück gibt.

A Einführung. Ziele des Kapitels

Betrachten wir zwei Systeme A und B mit Hilbert-Räumen $\mathcal{H}_A$ und $\mathcal{H}_B$, die zu einem Gesamtsystem A und B zusammengesetzt werden. Zu dem Gesamtsystem gehört der Hilbert-Raum $\mathcal{H}_A \otimes \mathcal{H}_B$, der ein Tensorprodukt ist. Sind die Systeme A und B durch die normierten Zustände $|\varphi_A\rangle \in \mathcal{H}_A$ und $|\chi_B\rangle \in \mathcal{H}_B$ beschrieben, dann ist der Ket $|\Phi\rangle$ für das Gesamtsystem das Tensorprodukt

$$|\Phi\rangle = |\varphi_A\rangle \otimes |\chi_B\rangle \tag{A-1}$$

In diesem Fall sind alle drei Systeme, A, B und das Gesamtsystem aus A und B jeweils durch einen Zustandsvektor charakterisiert, was in der Quantenmechanik die präziseste Möglichkeit ist, um die Eigenschaften eines Systems zu beschreiben.

Die Lage der Dinge ändert sich, wenn der Gesamtzustand kein Produkt mehr ist. Seien $|\varphi_A\rangle$, $|\zeta_A\rangle$, ... orthonormierte Zustände im Raum $\mathcal{H}_A$ des ersten Systems und $|\chi_B\rangle$, $|\xi_B\rangle$, ... orthonormierte Zustände für System B. Dann können wir weitere

https://doi.org/10.1515/9783110649130-032

Produktzustände für das Gesamtsystem konstruieren, die sich von Gl. (A-1) unterscheiden, etwa

$$|\Phi'\rangle = |\zeta_A\rangle \otimes |\xi_B\rangle \tag{A-2}$$

Gemäß dem Superpositionsprinzip können wir allerdings auch beliebige Linearkombinationen bilden, die keine Produkte sind:

$$|\Psi\rangle = \alpha\,|\varphi_A\rangle \otimes |\chi_B\rangle + \beta\,|\zeta_A\rangle \otimes |\xi_B\rangle \tag{A-3}$$

In diesem Ausdruck sind α und β beliebige komplexe Zahlen, die nur der Normierungsbedingung genügen müssen:

$$|\alpha|^2 + |\beta|^2 = 1 \tag{A-4}$$

Wir nehmen an, dass keine von ihnen verschwindet, damit sich der Zustand (A-3) nicht auf ein Tensorprodukt reduziert:

$$\alpha\beta \neq 0 \tag{A-5}$$

Ein derartiger Zustand, der eine kohärente Überlagerung von zwei (oder mehr) faktorisierenden Zuständen ist, wird *verschränkt* (engl.: *entangled*, frz.: *intriqué*) genannt. Zwei Systeme zeigen quantenmechanische Verschränkung, wenn der Zustand des einen Systems in gewisser Weise durch den Zustand des anderen bedingt ist.

Mit Hilfe des Dichteoperators, ein in Band I, Ergänzung E_{III} eingeführter Begriff, kann man die Beschreibung eines physikalischen Systems noch allgemeiner als mit einem Zustandsvektor fassen. Für das Gesamtsystem aus A und B, dessen Zustand $|\Psi\rangle$ bekannt ist (und allgemeiner für jedes System mit einem definierten Ket), erhält man den Dichteoperator einfach als Projektor auf den Zustand $|\Psi\rangle$:

$$\rho_{AB} = |\Psi\rangle\,\langle\Psi| \tag{A-6}$$

Seine Spur ist auf eins normiert:

$$\mathrm{Tr}\,\{\rho_{AB}\} = \langle\Psi|\Psi\rangle = 1 \tag{A-7}$$

Wenn ein System durch einen Zustandsvektor beschrieben werden kann, sagen wir, es befinde sich in einem *reinen Zustand*. Sein Dichteoperator erfüllt dann die Beziehung

$$(\rho_{AB})^2 = \rho_{AB} \tag{A-8}$$

(die wir von Projektoren kennen) und deswegen gilt

$$\mathrm{Tr}\,\left\{(\rho_{AB})^2\right\} = 1 \qquad \text{(reiner Zustand)} \tag{A-9}$$

Unter diesen Bedingungen kann man das Gesamtsystem je nach Vorliebe durch einen Zustandsvektor $|\Psi\rangle$ oder durch den Dichteoperator ρ_{AB} beschreiben. Wir werden sehen, dass dies für die beiden Teilsysteme A und B nicht möglich ist: Man ist dazu gezwungen, einen Dichteoperator zu verwenden.

Nehmen wir etwa an, dass wir uns nur für Messungen interessieren, die an dem Teilsystem A vorgenommen werden. Wir haben in Band I, Ergänzung E_{III}, § 5-b gesehen, dass es im Allgemeinen keinen Zustandsvektor im Hilbert-Raum $\mathcal{H}_A$ gibt, mit dessen Hilfe man die Wahrscheinlichkeiten für Messergebnisse am System A berechnen könnte. Man muss hier notwendigerweise auf den sogenannten reduzierten Dichteoperator ρ_A zurückgreifen, den man dadurch erhält, dass man von ρ_{AB} die partielle Spur (oder Teilspur) über den Zustandsraum $\mathcal{H}_B$ des nicht beobachteten Systems bildet. (Wir wiederholen in § B-1 das Verfahren, mit dem die Matrixelemente einer partiellen Spur oder eines reduzierten Dichteoperators zu berechnen sind.) Die partielle Spur schreiben wir als

$$\rho_A = \mathrm{Tr}_B \{\rho_{AB}\} \tag{A-10}$$

Wie schon ρ_{AB} ist auch dieser Operator auf die Spur eins normiert, hermitesch und positiv definit. Aber er ist im Allgemeinen kein Projektor auf einen reinen Zustand. Für den verschränkten Zustand aus Gl. (A-3) haben wir etwa

$$\rho_A = |\alpha|^2 \, |\varphi_A\rangle \langle \varphi_A| + |\beta|^2 \, |\zeta_A\rangle \langle \zeta_A| \tag{A-11}$$

Diese Summe über zwei Projektoren kann man so interpretieren: Das Teilsystem A befindet sich mit der Wahrscheinlichkeit $|\alpha|^2$ im Zustand $|\varphi_A\rangle$ und mit der Wahrscheinlichkeit $|\beta|^2$ im Zustand $|\zeta_A\rangle$. Im Gegensatz zum Gesamtsystem aus A und B ist der Quantenzustand von A also nicht mit Sicherheit bekannt, sondern nur mit einer gewissen Wahrscheinlichkeit. Wir nennen einen Dichteoperator wie ρ_A dann ein *statistisches Gemisch* (oder Gemenge) – dieser Begriff versucht zu vermitteln, dass die Vorhersagen für Messergebnisse am System A mit Hilfe einer Mittelung über (nicht beobachtete) Eigenschaften von B berechnet werden. Für gemischte Zustände gilt die Ungleichung

$$\mathrm{Tr}\left\{(\rho_A)^2\right\} \le 1 \qquad (< 1\text{: gemischter Zustand}) \tag{A-12}$$

Das Gleichheitszeichen gilt nur dann, wenn eine der beiden Amplituden α oder β null ist. Im Allgemeinen gilt für ρ_A also nicht die Relation (A-9). Die Ungleichung (A-12) drückt die Tatsache aus, dass der Quantenzustand von A nur statistisch angegeben werden kann und damit seine Beschreibung weniger präzise als für das Gesamtsystem A und B ist. Diese Überlegungen kann man sofort auf den Fall verallgemeinern, dass $|\Psi\rangle$ nicht wie in Gl. (A-3) eine Überlagerung von zwei, sondern von drei oder mehreren Komponenten ist.

Wir befinden uns damit in einer möglicherweise überraschenden Situation, für die es in der klassischen Physik kein Pendant gibt. In der Tat sind wir in der klassischen Physik damit vertraut, dass uns eine perfekt präzise Beschreibung eines Gesamtsystems A und B sofort auch eine genauso präzise Beschreibung eines jeden

Teilsystems liefert. Dies ist unvermeidlich, denn die vollständige Spezifikation des Zustands des Gesamtsystems ist einfach die Vereinigungsmenge der Beschreibungen der beiden Teilsysteme. Die präzise Beschreibung etwa unseres Sonnensystems wäre nichts anderes als eine lange Liste, der man alle Positionen und Geschwindigkeiten der Planeten und Monde (und aller ihrer Bausteine) entnehmen könnte. In der Quantenmechanik verhält es sich ganz anders. Die präziseste Beschreibung eines Gesamtsystems (durch einen reinen Zustand) führt in der Regel nicht dazu, dass die Teilsysteme ähnlich genau beschrieben werden können. Dieser Unterschied verändert in einem Quantensystem grundlegend die vertrauten Beziehungen zwischen „den Teilen und dem Ganzen".* Schrödinger hat den Begriff *Verschränkung* 1935 eingeführt und wie folgt kommentiert:

> „Ich würde dies nicht *eine*, sondern eher *die* charakteristische Eigenart der Quantenmechanik nennen; sie erzwingt eine völlige Loslösung von klassischen Gedankengängen. Durch die Wechselwirkung haben sich die beiden Repräsentanten (die ψ-Funktionen) miteinander verschränkt.
> [...]
> Diese ungewöhnliche Situation anders ausgedrückt: aus dem bestmöglichen Wissen über das Ganze folgt nicht notwendigerweise das bestmögliche Wissen über alle seine Teile, selbst wenn diese Teile räumlich weit getrennt sind und deswegen jeder Teil potentiell in der Lage sein sollte, „bestmöglich bekannt" zu sein, d. h. seinen eigenen Repräsentanten [Quantenzustand] zu besitzen." [aus: „*Discussion of probability relations between separated systems*", Schrödinger (1935/36, S. 555)]

Ganz allgemein können die Vorhersagen der Quantenmechanik für Beobachtungen an Teilsystemen sehr überraschend sein, wenn der Zustand des größeren Gesamtsystems kein Produkt ist, wir es also mit einem verschränkten System zu tun haben.† In diesem Kapitel wollen wir uns mit einigen physikalischen Effekten im Zusammenhang mit Verschränkung befassen. In § B bringen wir eine allgemeine Einführung anhand eines einfachen Beispiels: zwei Spin-1/2-Teilchen, die in einem Singulett-Zustand verschränkt sind. Dieser Fall wird in § C auf beliebige physikalische Systeme ausgedehnt; wir untersuchen einige Eigenschaften von verschränkten Zuständen. § D befasst sich mit den Zusammenhängen zwischen Verschränkung und Messungen in der Quantenmechanik, insbesondere mit dem Konzept der idealen Messung, das John von Neu-

* Anm. d. Ü.: Hier klingt der Titel von Werner Heisenbergs Autobiografie an: „Der Teil und das Ganze" (1969).

† Anm. d. Ü.: Es lohnt sich, bereits hier zu präzisieren, dass Verschränkung eine *relationale Eigenschaft* ist, die in der Regel dann sinnvoll zu verwenden ist, wenn ein System in zwei (oder mehr) Untersysteme aufgeteilt werden kann. Räumlich getrennte Systeme liefern dafür die beeindruckendsten Beispiele. Auch in einem Atom ist die Elektronenbewegung mit der des Kerns verschränkt, typischerweise aber nur „wenig". Schon weniger natürlich wäre es, für ein einzelnes Teilchen von der Verschränkung seines Spins mit der Ortskoordinate zu sprechen, obwohl formal die beiden Freiheitsgrade auch als Faktoren in einem Tensorprodukt konstruiert werden. Solch eine Verschränkung kann genau im Stern-Gerlach-Versuch entstehen.

mann vorgeschlagen hat. In § E betrachten wir erneut das Doppelspaltexperiment und fragen, ob es möglich ist, dass ein Teilchen hinter dem Spalt ein Interferenzmuster zeigt und gleichzeitig bestimmt werden kann, durch welchen Spalt es gegangen ist. Wenn dies möglich wäre, stieße die Quantenmechanik auf einen Widerspruch. Der Quantenformalismus bleibt in sich stimmig, weil sich das Teilchen und die Spaltblende in einem verschränkten Zustand befinden und man eine partielle Spur bilden muss. Wir beleuchten auf diese Weise den Begriff der Komplementarität. In § F diskutieren wir schließlich die Frage von Einstein, Podolsky und Rosen nach der Vollständigkeit der Quantenmechanik sowie das Bellsche Theorem und behandeln den Zusammenhang zwischen Verschränkung und Nichtlokalität.

B Verschränkte Zustände für zwei Spin-1/2-Teilchen

Beginnen wir mit einem elementaren Beispiel, das im Rest des Kapitels immer wieder nützlich sein wird. Jedes der Systeme A und B sei ein Spin-1/2-Teilchen, die Zustandsräume $\mathcal{H}_{A,B}$ werden also von je zwei Zuständen $|\pm\rangle$ erzeugt, die Eigenzustände der Spinkomponente entlang der z-Achse sind. Die beiden Spins befinden sich in einem Singulett-Zustand [s. Kapitel X, Gl. (B-22)]:

$$\begin{aligned}|\Psi\rangle &= \frac{1}{\sqrt{2}}\Big[\,|A:+\rangle \otimes |B:-\rangle - |A:-\rangle \otimes |B:+\rangle\Big] \\ &= \frac{1}{\sqrt{2}}\Big[\,|+,-\rangle - |-,+\rangle\Big] \end{aligned} \tag{B-1}$$

(In der zweiten Zeile haben eine vereinfachte Notation verwendet: Der erste Eintrag im Ket betrifft Spin A, der zweite Spin B.)

B-1 Reduzierter Dichteoperator

Bezüglich der geordneten Basis $\{|+,+\rangle, |+,-\rangle, |-,+\rangle, |-,-\rangle\}$ in dem vierdimensionalen Hilbert-Raum für die beiden Spins wird der Dichteoperator ρ_{AB} durch die Matrix*

$$(\rho_{AB}) = \frac{1}{2}\begin{pmatrix} 0 & 0 & 0 & 0 \\ 0 & 1 & -1 & 0 \\ 0 & -1 & 1 & 0 \\ 0 & 0 & 0 & 0 \end{pmatrix} \tag{B-2}$$

dargestellt. Man überprüft leicht die Beziehung $(\rho_{AB})^2 = (\rho_{AB})$, so dass Gl. (A-9) erfüllt ist: Das Gesamtsystem befindet sich in einem reinen Zustand.

* Anm. d. Ü.: Die Matrixdarstellung eines Operators bezeichnen wir mit runden Klammern um das Operatorsymbol. Sie ist immer nur bezüglich einer gewissen Ordnung der Basisvektoren sinnvoll.

Die Matrixdarstellung des reduzierten Dichteoperators ρ_A erhalten wir, indem wir die Matrixelemente von (ρ_{AB}) herausgreifen, die diagonal bezüglich der Quantenzahlen von Spin B sind, und über sie summieren (s. Band I, Ergänzung E_{III}, § 5-b):

$$\langle m_A | \rho_A | m'_A \rangle = \sum_{m_B} \langle m_A, m_B | \rho_{AB} | m'_A, m_B \rangle \tag{B-3}$$

(Anders ausgedrückt summiert man über die Zustände des nicht beobachteten Spins.) Dies führt bezüglich der Basis $\{|+\rangle, |-\rangle\}$ auf

$$(\rho_A) = \frac{1}{2}\begin{pmatrix} 1 & 0 \\ 0 & 1 \end{pmatrix} \tag{B-4}$$

Nun erhalten wir

$$(\rho_A)^2 = \frac{1}{4}\begin{pmatrix} 1 & 0 \\ 0 & 1 \end{pmatrix} \tag{B-5}$$

so dass $\mathrm{Tr}\{(\rho_A)^2\} = 1/2$ gilt. Der Spin A ist also nicht in einem reinen Zustand.* Aus Symmetriegründen finden wir natürlich dasselbe Ergebnis für (ρ_B). Wir stellen fest, dass beim Bilden der partiellen Spur (man sagt auch: beim *Ausspuren*) alle nichtdiagonalen Elemente (Kohärenzen) von (B-2) verschwunden sind. Als isoliertes System betrachtet, befindet sich jeder Spin in einem *vollständig unpolarisierten* Zustand: Die Messergebnisse + und – für die Spinkomponente entlang der z-Achse treten beide mit derselben Wahrscheinlichkeit 1/2 auf. (Dies trifft auch auf Messungen entlang irgendeiner anderen Achse zu.) Auf der Ebene des einzelnen Spins spielt das Minuszeichen, das charakteristisch für die Verschränkung des Zustandsvektors (B-1) ist, keine Rolle mehr. Betrachten wir dagegen Messungen, die beide Spins betreffen (sogenannte Verbundmessungen), dann treten starke Korrelationen auf.

B-2 Korrelationen

Nehmen wir an, die beiden Spins werden gleichzeitig vermessen: Spin A entlang einer Achse in der xz-Ebene, die einen Winkel θ_A mit der z-Achse bildet, und Spin B unter einem Winkel θ_B relativ zur z-Achse in derselben Ebene. Die Ergebnisse, die wir nun erhalten werden, spielen eine wichtige Rolle für das Bell-Theorem in § F-3-a. Die Formeln (A-22) aus Kapitel IV geben uns die Eigenvektoren zu diesen Messungen in

* Anm. d. Ü.: Man kann die Abweichung von der oberen Schranke (A-12) als Maß für die *Reinheit* (engl.: *purity*) eines Dichteoperators nehmen: $\mathrm{Pu}(\rho) = \mathrm{Tr}(\rho^2)$. Offenbar gilt $\mathrm{Pu}(\rho) = 1$ für einen reinen Zustand. Für einen d-dimensionalen Zustandsraum gilt als untere Schranke $\mathrm{Pu}(\rho) \geq 1/d$: Zustände an dieser Schranke nennt man *maximal gemischt*. Dies trifft etwa auf ρ_A in Gl. (B-4) zu. Es gibt weitere Maße im Zusammenhang mit Verschränkung, s. § C-2.

den beiden Zustandsräumen $\mathcal{H}_A$ und $\mathcal{H}_B$ (es sind die Winkel $\varphi = 0$ und $\theta = \theta_{A,B}$ zu nehmen):

$$\begin{aligned} |+_\theta\rangle &= \cos\frac{\theta}{2}\,|+\rangle + \sin\frac{\theta}{2}\,|-\rangle \\ |-_\theta\rangle &= -\sin\frac{\theta}{2}\,|+\rangle + \cos\frac{\theta}{2}\,|-\rangle \end{aligned} \tag{B-6}$$

Im Zustandsraum der beiden Spins wird das Messergebnis (+, +) (beide Spinkomponenten entlang der gewählten Achsen sind positiv) damit durch den Zustand

$$\begin{aligned} |+_{\theta_A}\rangle \otimes |+_{\theta_B}\rangle = {} & \cos\frac{\theta_A}{2}\cos\frac{\theta_B}{2}\,|+,+\rangle + \cos\frac{\theta_A}{2}\sin\frac{\theta_B}{2}\,|+,-\rangle \\ & + \sin\frac{\theta_A}{2}\cos\frac{\theta_B}{2}\,|-,+\rangle + \sin\frac{\theta_A}{2}\sin\frac{\theta_B}{2}\,|-,-\rangle \end{aligned} \tag{B-7}$$

beschrieben. Die Wahrscheinlichkeitsamplitude für diese Verbundmessung im Singulett-Zustand (B-1) ist also das Skalarprodukt

$$\begin{aligned} (\langle +_{\theta_A}| \otimes \langle +_{\theta_B}|)\,|\Psi\rangle &= \frac{1}{\sqrt{2}}\left(\cos\frac{\theta_A}{2}\sin\frac{\theta_B}{2} - \sin\frac{\theta_A}{2}\cos\frac{\theta_B}{2}\right) \\ &= -\frac{1}{\sqrt{2}}\sin\frac{\theta_A - \theta_B}{2} \end{aligned} \tag{B-8}$$

Das Quadrat dieser Größe liefert die Wahrscheinlichkeit für das Messergebnis (+, +) bezüglich der Richtungen θ_A und θ_B:

$$\mathscr{P}_{++}(\theta_A, \theta_B) = \frac{1}{2}\sin^2\frac{\theta_A - \theta_B}{2} \tag{B-9}$$

(Die Differenz $\theta_A - \theta_B$ ist der Winkel zwischen den Richtungen für die Messungen von Spin A und Spin B, d. Ü.) Man könnte diese Rechnung für die drei anderen möglichen Messwerte (+, −), (−, +) und (−, −) wiederholen. Dies ist zwar nicht besonders schwierig, ein einfacherer Weg ist allerdings die Beobachtung, dass die Verschiebung $\theta_A \mapsto \theta_A + \pi$ eines Winkels die beiden Eigenzustände in Gl. (B-6) austauscht. So können wir vom Messergebnis $+_{\theta_A}$ auf $-_{\theta_A}$ kommen. Dieselbe Operation ist für Spin B möglich. Mit diesen Manipulationen erzeugen wir aus Gl. (B-9) die Wahrscheinlichkeiten für alle vier Messergebnisse und finden

$$\begin{aligned} \mathscr{P}_{++}(\theta_A, \theta_B) = \mathscr{P}_{--}(\theta_A, \theta_B) &= \frac{1}{2}\sin^2\frac{\theta_A - \theta_B}{2} \\ \mathscr{P}_{+-}(\theta_A, \theta_B) = \mathscr{P}_{-+}(\theta_A, \theta_B) &= \frac{1}{2}\cos^2\frac{\theta_A - \theta_B}{2} \end{aligned} \tag{B-10}$$

Wir beobachten damit starke Korrelationen zwischen den Ergebnissen von Verbundmessungen an beiden Systemen.[1] Diese Korrelationen hängen direkt mit der Verschränkung im Singulett-Zustand (B-1) zusammen.

C Allgemeine Definition von Verschränkung

Der Verschränkungsbegriff ist natürlich nicht auf Singulett-Zustände von zwei Spin-1/2-Teilchen begrenzt. Wir behandeln nun für zwei beliebige physikalische Systeme, wie man testen kann, ob sie miteinander verschränkt sind. Das Gesamtsystem liege in einem reinen Zustand vor.

C-1 Notation

Betrachten wir zwei Quantensysteme A und B mit den Hilbert-Räumen $\mathcal{H}_{\mathrm{A}}$ und $\mathcal{H}_{\mathrm{B}}$. (Ihre Dimensionen seien P bzw. Q.) Der normierte Zustandsvektor $|\Psi\rangle$ für das Gesamtsystem aus A und B ist ein Element des Tensorproduktraums $\mathcal{H}_{\mathrm{A}} \otimes \mathcal{H}_{\mathrm{B}}$ (von der Dimension $P \times Q$). Gewisse Zustände in diesem Raum kann man als Tensorprodukt

$$|\Psi\rangle = |\varphi_{\mathrm{A}}\rangle \otimes |\varphi_{\mathrm{B}}\rangle \tag{C-1}$$

schreiben, wobei $|\varphi_{\mathrm{A}}\rangle$ und $|\varphi_{\mathrm{B}}\rangle$ beliebige normierte Zustände aus den Räumen $\mathcal{H}_{\mathrm{A}}$ und $\mathcal{H}_{\mathrm{B}}$ sind. In diesen Fällen sagt man, dass die beiden Teilsysteme A und B nicht miteinander verschränkt sind, d. h., man kann jedem von ihnen einen (reinen) Zustandsvektor zuordnen, genauso wie dem Gesamtsystem. Diese Zustände bilden allerdings die Ausnahme. Die große Mehrheit der Zustände $|\Psi'\rangle \in \mathcal{H}_{\mathrm{A}} \otimes \mathcal{H}_{\mathrm{B}}$ kann nicht faktorisiert werden, und man muss sie als eine Summe von Produkten schreiben. (Der oben behandelte Singulett-Zustand ist ein Beispiel.) Die beiden Teilsysteme A und B sind dann verschränkt.

Es ist für einen beliebigen Zustand $|\Psi'\rangle$ nicht offensichtlich, ob er tatsächlich als ein Tensorprodukt geschrieben werden kann. Im Allgemeinen besteht ein solcher Zustand aus $P \times Q$ Komponenten und kann in der Form

$$|\Psi'\rangle = \sum_{p=1}^{P} \sum_{q=1}^{Q} c_{pq} |\chi_{\mathrm{A}}^{p}\rangle \otimes |\xi_{\mathrm{B}}^{q}\rangle \tag{C-2}$$

1 Die Wahrscheinlichkeiten unterscheiden sich deutlich von dem Produkt $\frac{1}{2} \times \frac{1}{2}$, das man aus den reduzierten Dichteoperatoren (B-4) für Spin A und Spin B erhält. Mit den Ergebnissen (B-10) überzeugt man sich leicht davon, dass die Verhältnisse $\mathscr{P}_{++}/\mathscr{P}_{-+}$ und $\mathscr{P}_{+-}/\mathscr{P}_{--}$ sich unterscheiden. Dies bedeutet, dass die relative Wahrscheinlichkeit der Messergebnisse + und – für Spin A vom Zustand des anderen Spins abhängt: Es liegt also eine Korrelation vor.

dargestellt werden, wobei die $\{|\chi_A^p\rangle\}$ und die $\{|\xi_B^q\rangle\}$ jeweils Orthonormalbasen bilden. Multiplizieren wir dagegen ein Tensorprodukt wie in Gl. (C-1) aus, wobei wir die Kets $|\varphi_A\rangle$ und $|\varphi_B\rangle$ in dieselben Basen entwickeln,

$$|\varphi_A\rangle = \sum_{p=1}^{P} x_p \left|\chi_A^p\right\rangle \quad \text{und} \quad |\varphi_B\rangle = \sum_{q=1}^{Q} y_q \left|\xi_B^q\right\rangle \tag{C-3}$$

dann erhalten wir

$$|\Psi\rangle = \sum_{p=1}^{P} \sum_{q=1}^{Q} x_p\, y_q \left|\chi_A^p\right\rangle \otimes \left|\xi_B^q\right\rangle \tag{C-4}$$

Es ist den komplexen Koeffizienten c_{pq} von $|\Psi'\rangle$ nicht ohne Weiteres anzusehen, ob man sie in dieser Form faktorisieren kann, so dass der Zustand wie in Gl. (C-1) in ein Produkt zerfällt. Im nächsten Abschnitt stellen wir ein systematisches Verfahren vor, mit dem man feststellen kann, ob dies möglich ist, und gegebenenfalls die Faktoren bestimmen kann.

C-2 Vermessen von Verschränkung: Schmidt-Zerlegung

Wir zeigen hier (der Beweis ist im Detail weiter unten zu finden), dass man jeden reinen Zustand $|\Psi\rangle$ für ein aus zwei Teilen A und B zusammengesetztes System in folgender Form schreiben kann:

$$|\Psi\rangle = \sum_i \sqrt{q_i}\, |u_i, w_i\rangle \tag{C-5}$$

Dabei sind die $\{|u_i\rangle\}$ und $\{|w_i\rangle\}$ Sätze von orthonormalen Vektoren in den Zustandsräumen für das erste und zweite System. Bei den q_i handelt es sich um reelle Zahlen mit $0 \le q_i \le 1$ (falls $|\Psi\rangle$ normiert ist). Diesen Ausdruck nennen wir die *Schmidt-Zerlegung* eines reinen Zustands (nach dem deutschen Mathematiker Erhard Schmidt); manchmal wird sie auch *biorthogononale Zerlegung* genannt.

Ob das Gesamtsystem nun in einem verschränkten Zustand ist oder nicht, man kann ihm immer einen Dichteoperator ρ_{AB} zuordnen [s. Gl. (A-6)]. Die Beschreibung der Teilsysteme erfolgt durch die reduzierten Dichteoperatoren

$$\rho_A = \mathrm{Tr}_B \{\rho_{AB}\} \quad \text{und} \quad \rho_B = \mathrm{Tr}_A \{\rho_{AB}\} \tag{C-6}$$

die durch partielle Spurbildung erzeugt werden. Die Schmidt-Zerlegung (C-5) liefert für diese Dichteoperatoren die beiden symmetrischen Ausdrücke

$$\rho_A = \sum_i q_i\, |u_i\rangle \langle u_i| \tag{C-7}$$

und

$$\rho_B = \sum_i q_i\, |w_i\rangle \langle w_i| \tag{C-8}$$

Wir beobachten also, dass die partiellen Dichteoperatoren für ein Gesamtsystem in einem reinen Zustand immer dieselben Eigenwerte haben.[2] Falls die Eigenwerte $\{q_i\}$ alle bis auf einen verschwinden, dann ist jedes Teilsystem in einem reinen Zustand, und der Gesamtzustand $|\Psi\rangle$ faktorisiert. In diesem Fall liegt keine Verschränkung vor. Im Allgemeinen sind allerdings mehrere Eigenwerte ungleich null, und man sieht sofort, dass sich $(\rho_A)^2$ von ρ_A unterscheidet (dasselbe gilt für ρ_B). Der reine Zustand $|\Psi\rangle$ ist also verschränkt.

Konstruktion der Schmidt-Zerlegung (C-5):
Die beiden Operatoren ρ_A und ρ_B sind hermitesch, nichtnegativ und haben die Spur eins. Man kann sie also diagonalisieren und findet reelle Eigenwerte zwischen null und eins. Sei $\{|u_i\rangle\}$ ein orthonormierter Satz von Eigenvektoren von ρ_A, wobei der Index i durch P verschiedene Werte läuft (P ist die Dimension des Zustandsraums für das Teilsystem A), und $\{q_i\}$ die entsprechenden Eigenwerte. Sie sind alle positiv oder null, aber nicht notwendigerweise verschieden. Genauso notieren wir $\{|v_l\rangle\}$ und $\{r_l\}$ die Eigenvektoren und Eigenwerte von ρ_B ($1 \leq l \leq Q$ mit der Dimension Q von $\mathcal{H}_B$). Die beiden reduzierten Dichteoperatoren können wir also wie folgt schreiben (Spektralzerlegung):

$$\rho_A = \sum_{i=1}^{P} q_i \, |u_i\rangle \langle u_i| \quad \text{und} \quad \rho_B = \sum_{l=1}^{Q} r_l \, |v_l\rangle \langle v_l| \tag{C-9}$$

mit $0 \leq q_i, r_l \leq 1$.
Wir können nun den Zustand $|\Psi\rangle$ in der Basis der Produktzustände $\{|A : u_i\rangle \otimes |B : v_l\rangle\}$ entwickeln. Wir werden die Notation wie in Gl. (B-1) vereinfachen und die Basisvektoren als $|u_i, v_l\rangle$ aufschreiben. Sind $c_{i,l}$ die Komponenten von $|\Psi\rangle$ bezüglich dieser Basis von $\mathcal{H}_A \otimes \mathcal{H}_B$, dann gilt

$$|\Psi\rangle = \sum_{i=1}^{P} \sum_{l=1}^{Q} c_{i,l} \, |u_i, v_l\rangle \tag{C-10}$$

Wir konstruieren nun wie folgt den nichtnormierten Ket $|\overline{w}_i\rangle \in \mathcal{H}_B$

$$|\overline{w}_i\rangle = \sum_{l=1}^{Q} c_{i,l} \, |v_l\rangle \tag{C-11}$$

Die Entwicklung (C-10) des Zustands $|\Psi\rangle$ vereinfacht sich dann zu

$$|\Psi\rangle = \sum_{i=1}^{P} |u_i, \overline{w}_i\rangle \tag{C-12}$$

Wir berechnen die Matrixelemente der partiellen Spur ρ_A [s. Gl. (B-3)]:

$$\langle u_i|\rho_A|u_j\rangle = \sum_{m} \langle u_i, v_m|\Psi\rangle \langle \Psi| \, u_j, v_m\rangle \tag{C-13}$$

Wegen Gl. (C-12) für $|\Psi\rangle$ können wir den Projektor auch so schreiben:

$$|\Psi\rangle\langle\Psi| = \sum_{i',j'} |u_{i'}, \overline{w}_{i'}\rangle\langle u_{j'}, \overline{w}_{j'}| \tag{C-14}$$

2 Dies trifft nicht notwendigerweise zu, wenn das Gesamtsystem durch ein statistisches Gemisch (unreinen Zustand) beschrieben wird. Man kann sich das mit einem einfachen Beispiel klarmachen: Sei das Gesamtsystem durch ein Tensorprodukt $\rho_{AB} = \rho_A \otimes \rho_B$ beschrieben derart, dass ρ_A und ρ_B verschiedene Eigenwerte haben.

Setzen wir dies in Gl. (C-13) ein, bleiben nur die Summanden $i' = i$ und $j' = j$ übrig, und es ergibt sich

$$\langle u_i | \rho_A | u_j \rangle = \sum_m \langle v_m | \overline{w}_i \rangle \langle \overline{w}_j | v_m \rangle = \langle \overline{w}_j | \overline{w}_i \rangle \tag{C-15}$$

also

$$\rho_A = \sum_{i,j} |u_i\rangle \langle u_i | \rho_A | u_j \rangle \langle u_j | = \sum_{i,j} |u_i\rangle \langle u_j | \times \langle \overline{w}_j | \overline{w}_i \rangle \tag{C-16}$$

Nun besteht die Basis $\{|u_i\rangle\}$ per Konstruktion aus den Eigenvektoren von ρ_A [vgl. Gl. (C-9)]. Es muss in Gl. (C-16) also gelten

$$\langle \overline{w}_j | \overline{w}_i \rangle = q_i \delta_{ij} \tag{C-17}$$

Für alle Eigenwerte $q_i \neq 0$ können wir aus dieser Beziehung einen orthonormierten Satz von Vektoren $|w_i\rangle \in \mathcal{H}_B$ konstruieren:

$$|w_i\rangle = \frac{1}{\sqrt{q_i}} |\overline{w}_i\rangle \tag{C-18}$$

Verschwindet dagegen ein Eigenwert, $q_i = 0$, dann folgt aus Gl. (C-17), dass der entsprechende Ket $|\overline{w}_i\rangle = 0$ ist.
Ersetzen wir schließlich in Gl. (C-12) die $|\overline{w}_i\rangle$ durch $\sqrt{q_i}|w_i\rangle$, dann erhalten wir die Schmidt-Zerlegung (C-5). Die Formeln (C-7) und (C-8) ergeben sich daraus sofort.

C-3 Der Schmidt-Rang als Verschränkungsmaß

Offenbar kann man mit Hilfe der Zahl an nichtverschwindenen Eigenwerten $\{q_i\}$ etwas über die Verschränkung des Zustands aussagen. Wir nennen diese Zahl den *Schmidt-Rang R* des Zustands $|\Psi\rangle$. Ist $R = 1$, so ist sofort ersichtlich, dass das Gesamtsystem faktorisiert, es ist also nicht verschränkt, und die beiden Teilsysteme befinden sich auch in einem reinen Zustand. Für $R = 2$ finden wir das Beispiel aus § B wieder, in dem die beiden Teilsysteme verschränkt sind. Der Fall $R = 3$ beschreibt eine kompliziertere Verschränkung usw. Wir haben damit ein Kriterium in der Hand um festzustellen, ob ein allgemeiner Zustand (C-2) verschränkt ist oder nicht. Man berechnet den reduzierten Dichteoperator eines der Teilsysteme und die Anzahl seiner Eigenwerte, die nicht null sind;* dies kann man besonders bequem für das Teilsystem mit der kleineren Dimension machen. Findet man genau einen positiven Eigenwert, dann liefert der dazugehörige Eigenvektor sofort den einen Zustand der Schmidt-Zerlegung, der Zustand des anderen Systems folgt daraus sofort. Ist dagegen $R > 1$, dann ist die Zerlegung in ein einziges Tensorprodukt nicht möglich.

Die Verschränkung ist gewissermaßen symmetrisch unter den Teilsystemen A und B aufgeteilt. Es kann zum Beispiel nicht sein, dass System A sich in einem reinen

* Anm. d. Ü.: Diese Zahl wird in der Mathematik der Rang einer Matrix oder eines Operators genannt.

Zustand befindet und B in einem gemischten. Der Rang R kann höchstens so groß wie die kleinere der Dimensionen P und Q der Zustandsräume von A und B sein. Sucht man eine Verschränkung mit einem hohen Rang, muss also die Dimension der Zustandsräume für *beide* Teilsysteme genügend groß sein.

Bemerkung:
Falls die Eigenwerte $\{q_i\}$ von ρ_A (und die von ρ_B) paarweise verschieden sind, dann ist die Schmidt-Zerlegung eindeutig. In der Tat müssen die Spektralentwicklungen von ρ_B in Gl. (C-8) und Gl. (C-9) dann übereinstimmen: Der Satz von Eigenvektoren $\{|w_i\rangle\}$ fällt mit dem Satz $\{|v_l\rangle\}$ zusammen.* Die Eigenvektoren der reduzierten Dichteoperatoren liefern dann direkt die Schmidt-Zerlegung, die damit eindeutig ist. Dies trifft dagegen nicht mehr zu, wenn gewisse Eigenwerte entartet sind. Für den Singulett-Zustand (B-1) zum Beispiel hatten wir reduzierte Dichtematrizen gefunden, in denen der Eigenwert 1/2 doppelt vorkommt. Hier sind unendlich viele Schmidt-Zerlegungen möglich. Dies hängt damit zusammen, dass das Singulett, das in Gl. (B-1) in Produkte von antiparallelen Spinzuständen bezüglich der z-Achse zerlegt wurde, hat dieselbe Darstellung bezüglich irgendeiner anderen Achse.†

D Messung und verschränkte Zustände

Verschränkung spielt ebenfalls eine zentrale Rolle für jeden Messprozess in der Quantenphysik, denn sie entsteht während der Wechselwirkung zwischen dem zu vermessenden System S und dem Messapparat M. Wir werden ferner sehen, dass sie sich weiter *ausbreitet* und dass dabei die *Umgebung* des Messgeräts ins Spiel kommt.

D-1 Ideale Von-Neumann-Messung

John von Neumann hat ein Modell für eine quantenmechanische Messung eingeführt, das uns einen allgemeinen Rahmen liefert, um diesen Prozess durch das Entstehen (oder Verschwinden) von Verschränkung in dem Zustandsvektor für das erweiterte System „S und M“ zu formulieren. Wir nehmen an, dass das Gesamtsystem anfangs durch einen faktorisierten Zustand $|\Psi_0\rangle$ beschrieben sei. Im Lauf der Zeit erreichen die Systeme S und M aufgrund einer gegenseitigen Wechselwirkung einen verschränkten Zustand $|\Psi'\rangle$. Wir nehmen weiter an, dass sie danach nicht mehr wechselwirken, etwa weil sie räumlich weit voneinander entfernt sind.

Im Zustandsraum für S (mit Dimension N_S) sei A der Operator, der die gemessene physikalische Größe darstellt; seine normierten Eigenvektoren schreiben wir als die Kets $|a_k\rangle$ und a_k seien die dazugehörigen Eigenwerte (der Einfachheit halber als

* Anm. d. Ü.: Die beiden Sätze können sich höchstens in der Reihenfolge der Vektoren unterscheiden.
† Anm. d. Ü.: Dies ist *die* grundlegende Quanteneigenschaft der Spinkorrelationen im Singulett-Zustand: Entlang jeder beliebigen Achse haben die Spins antiparallele Spinprojektionen.

nichtentartet angenommen):

$$A\,|a_k\rangle = a_k\,|a_k\rangle \tag{D-1}$$

Anfangs sei der Zustand $|\varphi_0\rangle$ des Systems S eine beliebige Linearkombination der Eigenzustände $|a_k\rangle$

$$|\varphi_0\rangle = \sum_{k=1}^{N_S} c_k\,|a_k\rangle \tag{D-2}$$

wobei die komplexen Koeffizienten c_k nur durch die Normierungsbedingung eingeschränkt sind. Der Messapparat M sei immer in demselben (normierten) Anfangszustand $|\Phi_0\rangle$ präpariert. Das Gesamtsystem S und M befindet sich also vor der Messung in dem Zustand

$$|\Psi_0\rangle = |\varphi_0\rangle \otimes |\Phi_0\rangle \tag{D-3}$$

D-1-a Grundlegende Prozesse

Beginnen wir mit einem Spezialfall, in dem man das Messergebnis mit Sicherheit vorhersagen kann. Das System S befinde sich in einem der Eigenzustände der Messung, etwa $|\varphi_0\rangle = |a_k\rangle$. In diesem Fall ist

$$|\Psi_0\rangle = |a_k\rangle \otimes |\Phi_0\rangle \tag{D-4}$$

Nach der Messung ist S immer noch in demselben Zustand $|a_k\rangle$, aber das Messgerät ist in einen Zustand $|\Phi'_k\rangle$ übergegangen, der sich von $|\Phi_0\rangle$ unterscheidet und von k abhängt. Dies sind notwendige und natürliche Annahmen, damit das Messergebnis experimentell zugänglich ist. In der Tat muss der „Zeiger", an dem man im Messgerät das Ergebnis abliest, eine Einstellung haben, die von k abhängt. (Der Zeiger kann ein makroskopisches „Zünglein an der Waage", eine magnetische Speicherzelle usw. sein.) Weiter ist es natürlich anzunehmen, dass die verschiedenen Zustände $|\Phi'_k\rangle$ untereinander orthogonal sind – schließlich besteht ein Zeiger aus einer makroskopischen Zahl von Atomen, die alle einen unterschiedlichen Zustand einnehmen, um die Stellung des Zeigers ablesen zu können. Die Messung hat in diesem einfachen Fall also folgenden Effekt auf den Zustand des Gesamtsystems:

$$|\Psi_0\rangle = |a_k\rangle \otimes |\Phi_0\rangle \quad \mapsto \quad |\Psi'\rangle = |a_k\rangle \otimes |\Phi'_k\rangle \tag{D-5}$$

Dabei ist $|\Phi'_k\rangle$ der oben genannte Zustand von M. In diesem Beispiel entsteht also nirgendwo eine Korrelation oder eine Verschränkung zwischen dem Messgerät und dem zu vermessenden System. (Das Gesamtsystem S und M befindet sich weiterhin in einem Tensorproduktzustand, d. Ü.)

Dies trifft allerdings nur auf die einfache Situation zu, dass das Messergebnis mit Sicherheit bekannt ist. Im Allgemeinen wird der Anfangszustand des Systems S eine

Überlagerung der Eigenzustände $|a_k\rangle$ sein, wie in Gl. (D-2). Wir müssen dann auch den Gesamtzustand als eine Überlagerung mit denselben Koeffizienten hinschreiben:

$$|\Psi_0\rangle = \sum_k c_k |a_k\rangle \otimes |\Phi_0\rangle \tag{D-6}$$

Wegen der Linearität der Schrödinger-Gleichung wird die Messung durch den Effekt

$$|\Psi_0\rangle \quad \mapsto \quad |\Psi'\rangle = \sum_k c_k |a_k\rangle \otimes |\Phi'_k\rangle \tag{D-7}$$

beschrieben. Hier liegt nun ein Zustand vor, in dem der Messapparat M mit dem gemessenen System S verschränkt ist. Die Zustände von S und M sind stark korreliert. Wenn die Stellung des Zeigers zu dem Zustandsvektor $|\Phi'_k\rangle$ gehört, dann ist der Zustand von S durch $|a_k\rangle$ gegeben, den Eigenzustand zu genau dem Eigenwert a_k der Observablen A.

Nach der Messung kann man dem System keinen Zustandsvektor (reinen Zustand) zuschreiben, sondern lediglich den durch partielle Spurbildung erhaltenen Dichteoperator. Wegen der Annahme von paarweise orthogonalen *Zeigerzuständen* $|\Phi'_k\rangle$ ist dieser reduzierte Dichteoperator durch

$$\rho'_S = \mathrm{Tr}_M \left\{ |\Psi'\rangle\langle\Psi'| \right\} = \sum_k |c_k|^2 |a_k\rangle\langle a_k| \tag{D-8}$$

gegeben. Diese Formel scheint sehr natürlich: Das gemessene System hat eine Wahrscheinlichkeit $|c_k|^2$, sich in dem Eigenzustand $|\varphi_k\rangle$ zu dem Messwert a_k zu befinden – dies entspricht der wohlbekannten Bornschen Interpretation der Koeffizienten c_k als Wahrscheinlichkeitsamplituden. Wir haben damit eine sehr nützliche Formel gefunden, die in einfacher Weise eine Reihe von charakteristischen Eigenschaften des quantenmechanischen Messpostulats wiedergibt. Freilich sind in der partiellen Spur ρ'_S [Gl. (D-8)] immer noch alle Messergebnisse enthalten und treten als potentielle Möglichkeiten auf. Nichts deutet hier darauf hin, dass ein gewisses Ergebnis bei dem durchgeführten Experiment tatsächlich beobachtet worden ist, noch dass es möglich ist, die Quadrate $|c_k|^2$ als klassische Wahrscheinlichkeiten von einander ausschließenden Beobachtungen zu interpretieren. Dies war von der Entwicklung unter der Schrödinger-Gleichung auch nicht anders zu erwarten: Sie allein kann nicht erklären, wie es dazu kommt, dass auf der makroskopischen Ebene genau ein Messwert beobachtet wird. Aus diesem Grund hat von Neumann zusätzlich das Postulat der Zustandsreduktion (auch bekannt als *Kollaps der Wellenfunktion*, s. Kapitel III, § B-3-c) eingeführt. Wir kommen auf diesen Punkt noch genauer in § D-3 zurück.

D-1-b Ein dynamisches Modell für Verschränkung

Wir können das Entstehen von Verschränkung zwischen den Systemen S und M durch eine einfache Wechselwirkung beschreiben, die auf die Beziehungen (D-5) oder (D-7) führt. Wir könnten etwa mit dem Operator

$$H_{\text{int}} = g\, A \otimes P_{\text{M}} \tag{D-9}$$

für die Wechselwirkung arbeiten, wobei A der oben eingeführte Operator ist (er wirkt nur auf das System S) und P_{M} ein Operator, der nur auf M wirkt. Die Größe g ist eine Kopplungskonstante. Wir nehmen an, dass der Operator P_{M} im Hilbert-Raum von M einen konjugierten Operator X_{M} besitzt:

$$[X_{\text{M}}, P_{\text{M}}] = \mathrm{i}\hbar \tag{D-10}$$

Diese Beziehung bedeutet, dass der Operator P_{M} der Erzeuger von Translationen in der Koordinate X_{M} ist. Sei $|x_{\text{M}}\rangle$ ein beliebiger Eigenvektor von X_{M}:

$$X_{\text{M}}\,|x_{\text{M}}\rangle = x_{\text{M}}\,|x_{\text{M}}\rangle \tag{D-11}$$

Dann gewinnen wir einen um Δx verschobenen Eigenvektor durch das Exponential von P_{M}:

$$\mathrm{e}^{-\mathrm{i}\Delta x P_{\text{M}}/\hbar}\,|x_{\text{M}}\rangle = |x_{\text{M}} + \Delta x\rangle \tag{D-12}$$

[s. Band I, Ergänzung E_{II}, Gl. (13)].

Nehmen wir nun an, dass der Zustand $|\Phi_0\rangle = |\Phi(x_0)\rangle$ des Messapparats vor der Messung ein normierter Eigenzustand von X_{M} mit dem Eigenwert x_0 ist und dass wir die Zeitentwicklung des Gesamtsystems allein durch die Wechselwirkung (D-9) zwischen S und M beschreiben können.[3] Der Zeitentwicklungsoperator zwischen $t = 0$ und dem Ende der Wechselwirkung zum Zeitpunkt $t = \tau$ ist dann

$$U(\tau, 0) = \mathrm{e}^{-\mathrm{i}g\tau A P_{\text{M}}/\hbar} \tag{D-13}$$

Angewendet auf den Ket (D-4) ergibt sich

$$U(\tau, 0)\big|a_k\big\rangle \otimes \big|\Phi(x_0)\big\rangle = \big|a_k\big\rangle \otimes \big|\Phi(x_0 + g\tau a_k)\big\rangle \tag{D-14}$$

Die Parameter x_0 und $x_0 + g\tau a_k$ in den Zuständen des Messapparats geben die Eigenwerte von X_{M} an.[4] Wir können im Vergleich zu Gl. (D-5) die Zustände $|\Phi'_k\rangle$ ablesen:

$$\big|\Phi'_k\big\rangle = \big|\Phi(x_0 + g\tau a_k)\big\rangle \tag{D-15}$$

---

3 Diese Annahme könnte man fallen lassen, indem man die Rechnung im Wechselwirkungsbild (Band I, Ergänzung L_{III}, Aufgabe 15) bezüglich der Hamilton-Operatoren von S und M durchführt; die Ergebnisse würden dadurch etwas komplizierter werden. Hier wollen wir unser Augenmerk vor allem auf die Dynamik richten, die durch die Kopplung H_{int} entsteht. Um die Rechnungen zu vereinfachen, nehmen wir also an, dass man während der Wechselwirkungszeit τ die „freie" Zeitentwicklung von System und Messapparat vernachlässigen kann.

4 Es ist nicht nötig, darauf hinzuweisen, dass ein Messgerät ein makroskopisches System ist und außer der Stellung des Zeigers noch viele weitere Freiheitsgrade besitzt. Um die Notation zu vereinfachen, schreiben wir die anderen Freiheitsgrade nicht explizit aus, sie sind in $|\Phi(x)\rangle$ mit gemeint.

Diese Beziehungen zeigen uns, dass im Messapparat M der Eigenwert von X_M um die Größe $g\tau a_k$ proportional zum Eigenwert a_k verschoben wurde. Die Observable X_M spielt hier also die Rolle der Stellung eines Zeigers im Messapparat, der den Messwert nach der Wechselwirkung mit dem System anzeigt. Dadurch wird an dem System der Wert a_k der Observablen A gemessen.

Ist der Anfangszustand die kohärente Überlagerung aus Gl. (D-6), dann können wir unter diesen Bedingungen den Zustand nach der Wechselwirkung (D-7) als

$$|\Psi'\rangle = \sum_k c_k |a_k\rangle \otimes |\Phi(x_0 + g\tau a_k)\rangle \tag{D-16}$$

angeben. Dies ist eine biorthogonale Zerlegung von demselben Typ, den wir in § C-2 erhalten haben. Ist das System vor der Messung nicht in einem Eigenzustand von A, dann verändert die Kopplung an das Messgerät seinen Zustand und macht daraus einen gemischten Zustand (D-8). Liegt dagegen anfangs ein Eigenzustand von A vor, dann befindet sich das System auch nach der Messung in diesem Zustand. Man spricht hier von einer *zerstörungsfreien oder QND-Messung* (engl.: *quantum non-demolition measurement*).

D-2 Kopplung an eine Umgebung: Zeigerzustände

Wir wollen nun die Bedingungen dafür untersuchen, dass der soeben eingeführte Prozess von Wechselwirkung und Verschränkung eine gute Messung darstellt. Eine erste offensichtliche Bedingung ist, dass die Information über das Messergebnis in robuster Weise auf die Zustände $|\Phi'_k\rangle$ des Messapparats übertragen wird, ohne durch die Zeitentwicklung von M wieder verwischt oder zerstört zu werden. Diese Bedingung ist dann erfüllt, wenn die Observable X_M eine Erhaltungsgröße von M ist – mit anderen Worten, wenn X_M mit dem Hamilton-Operator H_M des Messgeräts kommutiert.

Außerdem kann der Apparat nicht vollständig von seiner Umgebung isoliert werden und zwar auch nicht auf der mikroskopischen Ebene. In der Tat liegt es in der Natur eines Messgeräts, dass es an ein zu messendes System koppeln kann und sich mit ihm korreliert – aber auch mit der Experimentatorin, wenn diese das Messergebnis abliest. Per Definition haben wir es also mit einem *offenen* Apparat zu tun, der mit der äußeren Welt wechselwirken kann. Wollte man ihn vollständig isolieren, müsste man sicherstellen, dass keines seiner Atome, Elektronen usw. mit irgendeinem Teilchen der Umgebung wechselwirkt und nicht auf die eine oder andere Weise Korrelationen entstehen – was natürlich für ein makroskopisches Gerät unmöglich ist.

Es wird durch die Kopplung zwischen dem Messgerät M und der Umgebung E (für engl. *environment*) also erneut zur Verschränkung kommen, ähnlich wie wir es für S und M besprochen haben. Wir können nun fragen, bezüglich welcher Basis im Zustandsraum von M der verschränkte Zustand von M und E wie in Gl. (D-16) biorthogonal zerlegt werden kann. Den reduzierten Dichteoperator ρ_M erhalten wir aus derselben Rechnung, die uns bei der Verschränkung zwischen S und M auf Gl. (D-8) geführt hat. Es ist die Basis dieser Schmidt-Zerlegung, bezüglich der der reduzierte Dichteoperator von M (er ersetzt hier den von S) diagonal bleibt. Wechselte man die Basis, würde seine Dichtematrix im Allgemeinen auch nichtdiagonale Elemente aufweisen. Außerdem breitet sich die Verschränkung immer weiter in die Umgebung hinein aus, so dass die gesuchte Basis von M am besten im Lauf der Zeit konstant sei. Diese ausgezeichnete (besondere) Basis wollen wir nun bestimmen.

Die Kopplung zwischen einem Messgerät und seiner Umgebung kann natürlich je nach den Umständen viele verschiedene Formen haben, sie wird im Allgemeinen wegen der großen Zahl an Freiheitsgraden sehr komplex sein und mehrere Zeitskalen werden eine Rolle spielen. Viele Modelle für diese Kopplung und die daraus entstehende Dynamik sind untersucht worden; wir können sie hier nicht im Detail behandeln. Ein Aspekt ist ihnen gemeinsam, nämlich dass in einer Messung eine ganze Kette von Verstärkungen zwischen dem System S und dem makroskopischen Zeiger eine Rolle spielt. Die Kette kann aus Objekten mittlerer Größe (mesoskopisch) bestehen oder aus makroskopischen, die an die Umgebung koppeln. Die Verschränkung breitet sich entlang dieser Kette durch Wechselwirkungen aus, die von ihrer Natur her lokal sind. Die Wechselwirkungspotentiale sind diagonal in der Ortsdarstellung und werden eine mikroskopisch kleine Reichweite haben. Sie können also keine Quantenzustände untereinander koppeln, die zu makroskopisch unterschiedlichen Ortskoordinaten der betreffenden Körper gehören. Daraus folgt, dass die „Zweige“ des Zustandsvektors, die zu verschiedenen räumlichen Koordinaten gehören, sich unabhängig voneinander ausbreiten. Die Kopplung an die Umgebung wird also diejenigen Basiszustände auszeichnen, in denen die Koordinaten der einzelnen Teile des Messgeräts, insbesondere seines Zeigers, wohldefinierte Werte haben. Man nennt die so ausgezeichnete Basis im Zustandsraum des Messgeräts die Basis der *Zeigerzustände* (engl.: *pointer states*). In dieser Basis bleibt der Dichteoperator des Apparats diagonal im Lauf der Zeit. Umgekehrt werden nur bezüglich dieser Basis (die durch die räumliche Lokalisierung des Zeigers definiert wird) über die Verschränkung mit der Umgebung E die Kohärenzen (d. h. die nichtdiagonalen Elemente von ρ_M) zum Verschwinden gebracht, ohne die diagonalen Elemente (die nämlich den Stellungen des Zeigers im Raum entsprechen) zu verändern. (Diesen Prozess nennt man *Dekohärenz* oder genauer *umgebungsinduzierte Dekohärenz*.)

Wir fassen zusammen: Es müssen mehrere Bedingungen erfüllt werden, damit ein Apparat als sinnvolles Messgerät M angesehen werden kann, das uns Zugang zu einer physikalischen Größe des Systems S gibt. Die Kopplung zwischen S und M muss eine geeignete Struktur haben, um die gesuchte Information vom System auf das Messgerät zu übertragen. Die übertragene Information muss danach sowohl unter der Zeitentwicklung von M als auch der Kopplung von M an die Umgebung stabil bleiben. Natürlich sind dies nur notwendige Bedingungen. In der Praxis wird man beim Entwurf eines guten Messgeräts noch viele weitere Anforderungen berücksichtigen, etwa eine hohe Empfindlichkeit und einen möglichst kleinen Einfluss von unvermeidlichen äußeren Störungen.

D-3 Eindeutigkeit von Messergebnissen

Mit der Zeitentwicklung, die die Schrödinger-Gleichung erzeugt, kann man nicht erklären, dass bei einer Messung auf der makroskopischen Ebene genau ein Messwert beobachtet wird, wie oben bereits beobachtet. Das ist eigentlich nicht erstaunlich, denn der durch Gl. (D-8) gegebene gemischte Zustand folgt direkt aus der Schrödinger-Gleichung, die für sich genommen das unendliche Fortschreiten der *Von-Neumann-Kette* nicht stoppen kann. Dieses Problem behandeln wir in diesem Abschnitt.

D-3-a Unendliche Von-Neumann-Kette

Wir kommen auf das Schema der idealen Messung aus § D-1 zurück. Nach der Messung ist der Zustand von S+M der verschränkte aus Gl. (D-7), eine Überlagerung aus Komponenten, die zu allen möglichen Messergebnissen gehören. Man kann sich die Frage stellen, ob man aus dieser Überlagerung nicht ein einziges Ergebnis erhalten könnte, indem man mit einem weiteren Gerät M_2 den Apparat M vermisst. Allerdings wiederholt sich derselbe Verschränkungsprozess wie zwischen S und M, so dass man nach der zweiten Messung den Zustand

$$|\Psi''\rangle = \sum_k c_k |a_k\rangle \otimes |\Phi'_k\rangle \otimes |\Xi'_k\rangle \tag{D-17}$$

erhält. Hier bilden die Kets $\{|\Xi'_k\rangle\}$ einen orthogonalen Satz von Zuständen des zweiten Messgeräts M_2. Mit einem dritten Messapparat M_3 wird die Ausbreitung der Verschränkung einfach nur fortgesetzt, wobei jedes neue Messgerät die Rolle der Umgebung des vorhergehenden spielt. Diese Kette von Apparaten kann bis ins Unendliche reichen, ohne dass jemals die Überlagerung aufgelöst wird und genau ein Messergebnis auftaucht. Man nennt sie die *Von-Neumann-Kette* und das so formulierte logische Problem heißt *unendliche Von-Neumann-Regression.*

In dem berühmten Paradoxon von *Schrödingers Katze* wird eine ähnliche Abfolge von Ereignissen heraufbeschworen. Das System S bestehe aus einem radioaktiven Kern in einer Superposition von zwei Zuständen: In $|a_1\rangle$ bleibt der Kern angeregt und in $|a_2\rangle$ ist er zerfallen und hat ein Teilchen emittiert. Die Kets $|\Phi_k\rangle$, $|\Xi_k\rangle$, … beschreiben die Zustände eines Apparats, der das emittierte Teilchen detektieren kann und bei einer positiven Detektion einen Mechanismus in Gang setzt, der die Katze tötet. Der letzte Zustand $|Z\rangle$ beschreibt also die Katze, die im Zustand $|Z_1\rangle$ lebendig wäre und tot im Zustand $|Z_2\rangle$. Schrödinger verwendet dieses Beispiel, um zu illustrieren, dass eine physikalische Beschreibung absurd ist, die einem System wie einer Katze einen Überlagerungszustand aus einem lebenden und einem toten Zustands zuschreibt.

Die Eindeutigkeit von Messergebnissen entsteht also nicht aus der Schrödinger-Gleichung; diese sagt vorher, dass der Zeiger im Messgerät und jedes andere makroskopische Objekt Überlagerungszustände aus räumlich weit voneinander entfernten Einstellungen erreichen kann. Es liegt an der Linearität der Schrödinger-Gleichung, dass nichts die immer weitergehende Ausbreitung der verschiedenen Komponenten des Zustandsvektors verhindern kann und dass der Überlagerungszustand in dieser unendlichen Kette von Verschränkungen niemals in genau eine Komponente aufgelöst wird. Um dieses Problem zu lösen, hat von Neumann ein besonderes Postulat eingeführt: das Postulat der Zustandsreduktion, das „im Handstreich" die Eindeutigkeit von Messergebnissen durchsetzt.

D-3-b Das Postulat der Zustandsreduktion

Dieses Postulat ist auch unter den Bezeichnungen *Projektionspostulat, Reduktion (oder Kollaps) des Wellenpakets* bekannt (vor allem im Englischen wird häufig *collapse* verwendet). Es besteht in der Vorschrift, nach Durchführung der Messung alle Summen in den Gleichungen (D-7), (D-8) und (D-17) zu streichen (s. Kapitel III, § B-3-c) und von allen Summanden nur den Term $k = m$ mitzunehmen, der den wirklich beobachteten Messwert beschreibt. Damit ist der Zustand nach der Messung ein Produktzustand, in dem es keine Verschränkung gibt; das System S ist erneut in einem reinen Zustand. Die Verschränkung, die durch den Messprozess entstanden ist, verschwindet also, sobald ein Messergebnis registriert worden ist.

Dieses Postulat, so leistungsfähig es auch sein mag, stellt uns allerdings vor Schwierigkeiten in der Interpretation. Es läuft darauf hinaus, dass man für die Zeitentwicklung des Zustandsvektors zwei verschiedene Prozesse anwendet: eine „normale", stetige Entwicklung, die von der Schrödinger-Gleichung erzeugt wird, und einen „plötzlichen", unstetigen Sprung, wenn das Von-Neumann-Reduktionspostulat Anwendung findet. Natürlich führt dies sofort auf die Frage nach der Grenze zwischen den beiden Alternativen: Zu welchem genauen Zeitpunkt muss man davon ausgehen, dass eine Messung vorgenommen wurde? Mit anderen Worten: Bis wohin breitet sich die kohärente Überlagerung (D-17) aus? Welche physikalischen Prozesse stellen eine Messung dar, im Unterschied zu den Prozessen, die eine stetige Zeitentwicklung à la Schrödinger erzeugen?

Die sich aus diesen Fragen ergebenden Schwierigkeiten haben dazu geführt, dass verschiedene Interpretationen der Quantenmechanik formuliert worden sind. Es gibt etwa *Nichtstandardinterpretationen*, in denen die Schrödinger-Gleichung durch einen kleinen stochastischen Term ergänzt wird. Dieser Term wird so gewählt, dass er auf der mikroskopischen Ebene völlig vernachlässigbar ist, aber auf einer gewissen makroskopischen Ebene ins Spiel kommt. Dann führt er dazu, dass alle makroskopisch unterschiedlichen Komponenten des Zustandsvektors bis auf eine unterdrückt werden. Die zwei Typen der Zeitentwicklung, à la Schrödinger und à la von Neumann, wären damit in einer Gleichung für die Zeitentwicklung des Zustandsvektors zusammengefasst. Aber es gibt weitere Interpretationen: versteckte Variablen, modale Interpretationen, die Everett-Interpretation, die alle versuchen, das Problem auf ihre Weise zu lösen. Die an diesen Fragen interessierte Leserin verweisen wir auf das Buch von Laloë (2011/12).

E Welchen Weg nimmt das Photon im Doppelspalt?

Wir kommen nun auf eine Fragestellung zurück, die bereits in Band I, Ergänzung D_I besprochen wurde. In dem Doppelspaltexperiment nach T. Young kann ein Photon den Schirm über zwei unterschiedliche Wege erreichen – ist es möglich, ein Interferenzmuster (durch Überlagerung der beiden Wege) zu beobachten, wenn man gleichzeitig über Information verfügt, welchen Weg das Photon genommen hat? Die hier gezeigte Abb. 1 hatten wir in Band I, Ergänzung D_I, Abb. 1 gesehen. Der Versuch besteht aus einer Blende mit zwei Spalten S_1 und S_2, die senkrecht zu der Richtung, aus der das Photon eintrifft, beweglich gelagert ist. Auf die Blende werden verschiedene Impulse Δp_1 oder Δp_2 übertragen, je nachdem ob das Photon durch S_1 oder S_2 gegangen ist. Man könnte also hoffen, ein Interferenzmuster zu beobachten, obwohl man weiß, welchen Weg das Teilchen genommen hat. Allerdings konnten wir anhand der Unbestimmtheitsrelationen zwischen der Position und dem Impuls der Blende zeigen, dass die Interferenzstreifen verwischt werden, sobald der Unterschied zwischen den Impulsen Δp_1 und Δp_2 groß genug ist, um aus der Impulsmessung auf den Weg des Photons schließen zu können. Der Grund dafür ist, dass die Impulsunschärfe der Blende kleiner als $|\Delta p_1 - \Delta p_2|$ sein muss, um die beiden Impulsüberträge unterscheiden zu können. Eine einfache Rechnung zeigt, dass die Unschärfe in der Position der Blende dann größer als der Streifenabstand ist, so dass die Interferenzstreifen verwischt werden. Darum kann man unmöglich wissen, welchen Weg das Photon durch den Doppelspalt genommen hat, ohne das Interferenzmuster zu zerstören.

Wir werden dieses Experiment ein wenig eingehender untersuchen und die Verschränkung zwischen der Blende und den Wegen des Photons berücksichtigen. Dabei

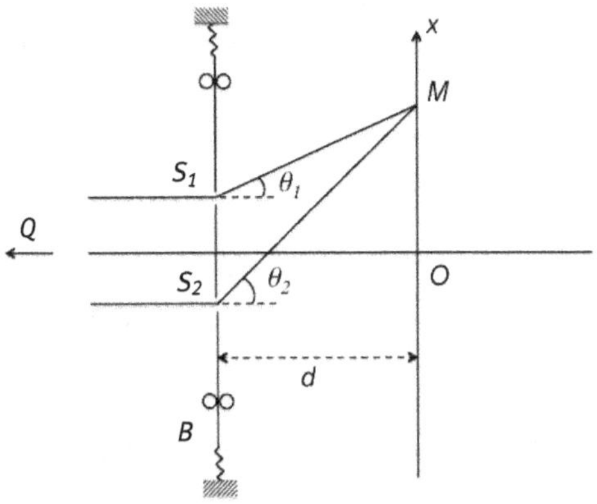

Abb. 1: Doppelspaltexperiment mit einer beweglichen Lochblende. Die Blende B enthält zwei Spalte S_1 und S_2 und ist entlang der x-Achse beweglich gelagert. Ein Photon kommt aus einer Quelle Q im Unendlichen und erreicht einen Detektorschirm im Punkt M. Es überträgt einen Impuls auf die Blende, der davon abhängt, welchen Spalt S_1 oder S_2 es passiert hat.

können auch Fälle auftreten, die zwischen den skizzierten Extremen liegen. Si kann man kann etwa eine partielle Information über den Weg des Teilchens erhalten.

E-1 Verschränkung zwischen Photon und Blende

Betrachten wir den Weg QS_1M, der das Photon von der Quelle durch den Spalt S_1 zum Punkt M auf dem Beobachtungsschirm führt (s. Abb. 1). Sei $|\psi_1\rangle$ der Zustand des Photons, wenn es diesen Weg nimmt – es wird einen Impuls Δp_1 auf die Blende übertragen, wenn es den Spalt S_1 passiert. In diesem Fall ist der Zustand der Blende nach dem Durchgang des Photons

$$|B_1\rangle = \exp(i\Delta p_1 X/\hbar)|B_0\rangle \tag{E-1}$$

wobei $|B_0\rangle$ der Anfangszustand der Blende und $\exp(i\Delta p_1 X/\hbar)$ der Verschiebeoperator um die Größe Δp_1 im Impulsraum ist. Der Zustand des Gesamtsystems aus Photon und Blende entlang des Weges QS_1M ist also $|\psi_1\rangle \otimes |B_1\rangle$. Analog können wir überlegen, dass der Zustand für den Weg QS_2M durch $|\psi_2\rangle \otimes |B_2\rangle$ gegeben ist. Weil die Schrödinger-Gleichung linear ist, folgt für den Zustand des Gesamtsystems nach der Transmission durch den Doppelspalt

$$|\Psi\rangle = |\psi_1\rangle \otimes |B_1\rangle + |\psi_2\rangle \otimes |B_2\rangle \tag{E-2}$$

Hier lesen wir ganz klar die Verschränkung zwischen dem Photon und der Blende ab.[5]

E-2 Vorhersagen für Messungen am Photon

Um Vorhersagen für Messungen allein am Photon zu treffen, nachdem es die Blende passiert hat, berechnen wir den reduzierten Dichteoperator ρ. Nehmen wir dazu im Dichteoperator $|\Psi\rangle\langle\Psi|$ des Gesamtsystems die partielle Spur über die Variablen der Blende. Die Matrixelemente von ρ erhält man über das übliche Ausspuren [s. Gl. (C-13) sowie Band I, Ergänzung E_{III}, § 5-b] und dies führt auf den Operator

$$\rho = |\psi_1\rangle\langle\psi_1| + |\psi_2\rangle\langle\psi_2| + |\psi_1\rangle\langle\psi_2|\langle B_2|B_1\rangle + |\psi_2\rangle\langle\psi_1|\langle B_1|B_2\rangle \tag{E-3}$$

(Die Skalarprodukte $\langle B_1|B_1\rangle$ und $\langle B_2|B_2\rangle$, die als Vorfaktoren der Projektoren $|\psi_1\rangle\langle\psi_1|$ und $|\psi_2\rangle\langle\psi_2|$ auftreten, sind gleich eins.) Die Interferenz zwischen den beiden Wegen wird durch die gemischten Terme $|\psi_1\rangle\langle\psi_2|$ und $|\psi_2\rangle\langle\psi_1|$ charakterisiert. Sie treten mit den Skalarprodukten $\langle B_2|B_1\rangle$ und $\langle B_1|B_2\rangle$ als Faktoren auf.

5 Alle Überlegungen bleiben genauso gültig, wenn das Doppelspaltexperiment mit materiellen Teilchen (Elektronen, Neutronen, Atomen) durchgeführt wird.

Wir können nun zwei Grenzfälle diskutieren.

1. Unterscheiden sich die beiden Zustände $|B_1\rangle$ und $|B_2\rangle$ nur sehr wenig, dann sind beide Skalarprodukte praktisch gleich eins und die Interferenzterme werden durch die Faktoren $\langle B_2|B_1\rangle$ und $\langle B_1|B_2\rangle$ kaum verändert. Das Interferenzmuster ist dann deutlich sichtbar. Aber die beiden Zustände $|B_1\rangle$ und $|B_2\rangle$ unterscheiden sich dann zu wenig voneinander, um eine Information darüber zu erhalten, ob das Photon durch Spalt S_1 oder S_2 gegangen ist.
2. Im anderen Grenzfall ist der Unterschied zwischen $|B_1\rangle$ und $|B_2\rangle$ sehr groß, ihr Skalarprodukt ist praktisch null und man kann im Prinzip feststellen, welchen Weg das Photon genommen hat. Allerdings verschwinden dann die Interferenzterme in Gl. (E-3). Die hier vorgestellte Rechnung kann auch Situationen beschreiben, die zwischen diesen Extremfällen liegen, d. h. in denen die Skalarprodukte $\langle B_2|B_1\rangle$ und $\langle B_1|B_2\rangle$ dem Betrag nach zwischen 0 und 1 liegen. Sie beschreiben, wie sich der Interferenzkontrast* verringert, wenn die Überlappungen $\langle B_2|B_1\rangle$ und $\langle B_1|B_2\rangle$ stetig von 1 nach 0 abfallen.

Diese Skalarprodukte kann man übrigens sehr einfach aus Gl. (E-1) und dem analogen Ausdruck für $|B_2\rangle$ berechnen. Wir erhalten

$$\langle B_2|B_1\rangle = \langle B_0|\exp\left[\mathrm{i}(\Delta p_1 - \Delta p_2)x/\hbar\right]|B_0\rangle \tag{E-4}$$

Unter Verwendung der Formeln (6) und (7) aus Band I, Ergänzung $\mathrm{D_I}$ für $\Delta p_1 - \Delta p_2$ (was dort $p_1 - p_2$ notiert wird), zeigt man, dass $\langle B_2|B_1\rangle$ und $\langle B_1|B_2\rangle$ Überlappintegrale zwischen zwei Wellenfunktionen der Blende sind: nämlich der anfänglichen (im Zustand $|B_0\rangle$) und einer im Impulsraum um h/a verschobenen, wobei a der Abstand zwischen den Interferenzstreifen ist.

F Nichtlokalität und Bell-Theorem

Wir stellen nun zwei wichtige Theoreme vor: zum einen das EPR-Theorem, das auf Albert Einstein, Boris Podolsky und Nathan Rosen zurückgeht, und zum anderen das von John S. Bell aufgestellte Bell-Theorem, das die logische Fortsetzung des EPR-Theorems ist. Das EPR-Theorem wurde 1935 in einem Artikel der drei Autoren formuliert und ist eine Episode der berühmten Diskussion zwischen Einstein und Bohr über die Grundlagen der Quantenmechanik (die insbesondere auf den Solvay-Kongressen geführt wurde). Einstein stellte sich auf den Standpunkt, dass die gesamte Physik in dem

* Anm. d. Ü.: Der Kontrast eines Interferenzmusters ist eine Zahl zwischen 0 und 1 und durch $(I_{max} - I_{min})/(I_{max} + I_{min})$ definiert, wobei I_{max} und I_{min} die maximale und minimale Intensität (oder Zählrate) im Interferenzmuster ist. Aus Gl. (E-3) für ρ folgt als Kontrast $|\langle B_2|B_1\rangle|$, falls die Zustände $|\psi_{1,2}\rangle$ orthonomiert sind.

allgemeinen Rahmen formuliert werden kann, den uns die Relativitätstheorie liefert. Ein grundlegender Begriff ist also das Ereignis als Punkt in der Raumzeit. Bohrs Standpunkt war ein anderer. Für ihn ergab sich aus der Quantentheorie die Notwendigkeit, die raumzeitliche Beschreibung von mikroskopischen Ereignissen aufzugeben, ohne natürlich die konkreten Vorhersagen der Relativitätstheorie zu verletzen.*

F-1 Das EPR-Theorem

Das EPR-Theorem kann wie folgt formuliert werden:

> Wenn alle Vorhersagen der Quantenmechanik korrekt sind (selbst für Systeme, die aus mehreren weit voneinander entfernten Teilchen bestehen) und wenn die physikalische Wirklichkeit in einem lokalen (genauer: separablen) Rahmen beschrieben werden kann, dann ergibt sich notwendig, dass die Quantenmechanik unvollständig ist: Es gibt in der Natur „Elemente der Wirklichkeit", die in dieser Theorie nicht abgebildet werden. [frei nach „*Can Quantum-Mechanical Description of Physical Reality Be Considered Complete?*", Einstein, Podolsky und Rosen (1935)]

Um diesen Satz zu beweisen, haben Einstein, Podolsky und Rosen ein Gedankenexperiment betrachtet, in dem zwei Systeme, die aus einer gemeinsamen Quelle Q stammen und durch einen verschränkten Zustand beschrieben werden, in weit voneinander entfernten Punkten des Raums vermessen werden. In der Originalarbeit haben EPR ihr Argument mit Teilchen formuliert, an denen Ort und Impuls gemessen werden. Es ist allerdings praktischer, hier eine äquivalente Fassung des Arguments vorzustellen, das mit Spins und diskreten Messwerten arbeitet. Diese Formulierung wurde von David Bohm gegeben und wird deswegen oft EPRB-Argument genannt.

F-1-a Szenario und Formulierung

Betrachten wir zwei Spin-1/2-Teilchen, die von einer Quelle Q in einem Singulett-Zustand [s. Gl. (B-1)] emittiert werden, also in einem verschränkten Zustand, in dem ihre Spins stark korreliert sind. Die Teilchen entfernen sich voneinander im Raum, ohne dass ihre Spins mit irgendetwas wechselwirken. Die anfängliche Verschränkung zwischen ihnen bleibt also ohne Veränderung erhalten. In zwei weit voneinander entfernten Raumgebieten werden sie Messungen ihrer Spinkomponenten unterworfen. Die Ausrichtung des Messapparats auf der linken Seite werde durch a beschrieben, die auf der rechten Seite durch b (s. Abb. 2). Die beiden Experimentatoren, die die Messungen in verschiedenen Laboratorien durchführen, werden häufig Alice und Bob genannt; sie sind ebenfalls räumlich weit voneinander entfernt. Alice wählt eine beliebige Richtung a und definiert damit ihre „Messeinstellung". Welche Richtung sie

* Anm. d. Ü.: Als historische Notiz ist zu ergänzen, dass Schrödinger (1935) den Begriff der Verschränkung in seiner Antwort auf Einstein, Poldolsky und Rosen einführte.

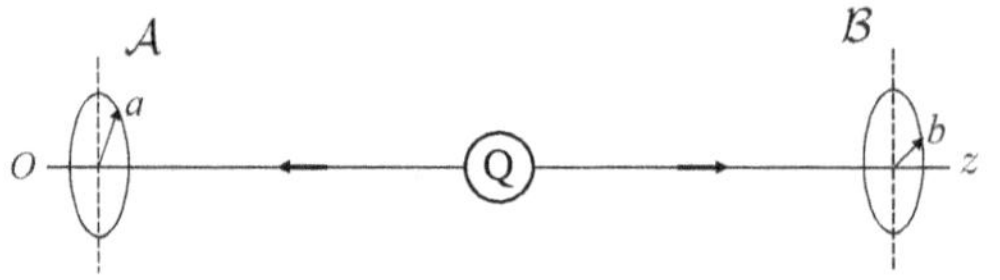

Abb. 2: In einem EPRB-Experiment emittiert eine Quelle Q Paare von Teilchen in einem Singulett-Zustand (in einem verschränkten Zustand). Die Teilchen breiten sich entlang der z-Achse in entgegengesetzte Richtungen aus und erreichen weit voneinander entfernte Orte $\mathcal{A}$ und $\mathcal{B}$. Dort sind Stern-Gerlach-Apparate aufgestellt, mit denen die Experimentatoren Alice und Bob die Komponenten ihrer Spins vermessen. Für das erste Teilchen wird die Spinprojektion entlang einer Richtung vermessen, die in einer Ebene senkrecht zur z-Achse durch einen Vektor a definiert ist; für das zweite Teilchen gibt der Vektor b die Richtung in derselben Ebene an. Jede Messung liefert das Ergebnis $+1$ oder -1, und wir interessieren uns für die Korrelationen zwischen diesen Ergebnissen, wenn das Experiment sehr oft wiederholt wird.

auch immer wählt, mit einem Spin-1/2-Teilchen kann sie nur zwei Ergebnisse erhalten, die wir als $+1$ und -1 bezeichnen wollen. Bob wählt genauso eine beliebige Richtung b und erhält eines der Ergebnisse $+1$ oder -1. In dem EPRB-Gedankenexperiment nehmen wir der Einfachheit halber an, dass die beiden Spins nach der Emission durch die Quelle nur mit den Messgeräten wechselwirken. (Wir vernachlässigen, wie oben erwähnt, alle weiteren Beiträge zu ihrer Zeitentwicklung.) Die Standardquantenmechanik sagt dann vorher (s. § B), dass die Abstände und die Zeitpunkte, zu denen die Messungen vorgenommen werden, keine Rolle in den Wahrscheinlichkeiten für die verschiedenen Paare von Messergebnisse spielen.

Es genügt, dass Alice und Bob die Einstellungen a und b für ihre Messungen auf einem endlichen Satz von Winkeln begrenzen. Es kann dann zufällig vorkommen, dass die gewählten Richtungen parallel sind. In diesem Fall (a und b sind gleich) sagen uns die Formeln (B-10), dass die Messergebnisse immer entgegengesetzt sein werden: jedes Mal, wenn Alice den Messwert $+1$ erhält, beobachtet Bob den entgegengesetzten Wert -1. Dies trifft auch dann zu, wenn die Messungen an weit entfernten Orten stattfinden, wie auch immer die Richtung $a = b$ gewählt wird und selbst wenn die Experimentatoren ihre Wahl unabhängig voneinander in ihren Laboratorien treffen; sie könnten sich etwa im letzten Moment entscheiden, nachdem die Teilchen von der Quelle emittiert worden sind und nachdem sich das Paar ausgebreitet hat.

Nehmen wir also an, dass Alice ihre Messung mit einer Einstellung a vornimmt, bevor Bob seine durchgeführt hat. In dem Moment, in dem sie ihre Messung abgeschlossen hat, wird es sicher, dass, sollte Bob seine Einstellung b parallel zu a wählen, er den entgegengesetzten Messwert erhalten wird. Das Ergebnis kann mit Sicherheit vorhergesagt werden. So eine Gewissheit kann nur dadurch entstehen, dass das Teilchen, das Bob vermessen wird, eine physikalische Eigenschaft besitzt, die das im Vorhinein bekannte Messergebnis bestimmt. Diese Eigenschaft (von EPR als *Element der Wirklichkeit* bezeichnet) wird die Art und Weise beeinflussen, wie das Teilchen mit dem Messgerät im Labor B wechselwirkt, und das Ergebnis bestimmen. Aber das Teilchen, das in Bobs Labor eintrifft, kann in keiner Weise durch die Ereignisse beeinflusst werden, die im Labor von Alice geschehen sind (wegen der großen räumlichen Entfernung).* Die physikalische Eigenschaft, um die es hier geht, existierte also schon vor der Messung, die Alice durchgeführt hat.

In diesen Überlegungen kann man natürlich symmetrisch Alice und Bob vertauschen und zeigen, dass vor jeder Messung beide Teilchen bereits physikalische Eigenschaften mit sich tragen, die die Ergebnisse der kommenden Messungen bestimmen. Weil die von Alice gewählte Richtung a beliebig ist, verfügen die Teilchen über genügend viele Eigenschaften, um beliebige Messwerte im Voraus zu bestimmen, wie auch immer die Experimentatoren Alice und Bob ihre Messgeräte einstellen werden. Der Quantenmechanik sind solche Eigenschaften völlig fremd. Ihre Beschreibung der Teilchen beschränkt sich auf den Singulett-Zustand, der für die jeweils erste Messung völlig zufällige Ergebnisse vorhersagt [s. Gl. (B-4)]. Außerdem gibt es keinen Quantenzustand, in dem alle Komponenten eines Spins entlang beliebiger Richtungen gleichzeitig bestimmt sind (denn die Komponenten eines Spinoperators kommutieren nicht miteinander). Die quantenmechanische Beschreibung gibt also nur teilweise die *Elemente der Wirklichkeit* wieder: EPR schließen daraus, dass sie deswegen unvollständig sein muss.

F-1-b Prämissen und Konsequenzen

Sehen wir uns die logische Struktur des EPR-Arguments einmal etwas näher an.

1. Am Ausgangspunkt steht die Annahme, dass die quantenmechanischen Vorhersagen für die Wahrscheinlichkeiten der Messergebnisse korrekt sind. Das Argument nimmt weiter an, dass die von der Theorie vorhergesagten perfekten Korrelationen immer beobachtet werden, wie groß auch immer der Abstand zwischen den Messgeräten ist.
2. Zentral im EPR-Argument ist der Begriff des *Elements der Wirklichkeit*. EPR schlagen die folgende Definition vor:

   > „Wenn wir, ohne ein System in irgendeiner Weise zu stören, mit Sicherheit (d. h. mit 100 % Wahrscheinlichkeit) den Wert einer physikalischen Größe vorhersagen können, dann gibt es ein Element der physikalischen Wirklichkeit, das dieser physikalischen Größe entspricht." (Einstein, Podolsky und Rosen, 1935, S. 777)

   Anders ausgedrückt: eine derartige Gewissheit kann nicht „aus der Luft gegriffen" sein. Ein experimentelles Ergebnis, das von vornherein bekannt ist, kann nur die Folge einer bereits existierenden physikalischen Größe sein.

* Anm. d. Ü.: Für die orthodoxe Quantenmechanik ist die zeitliche Reihenfolge der Messungen von Alice und Bob im Übrigen irrelevant. Dies ist auch konsistent mit der Relativität der Gleichzeitigkeit: Sind Alice und Bob im Sinne der Relativitätstheorie raumartig getrennt, dann hängt die zeitliche Reihenfolge ihrer Messungen vom Bewegungszustand des Beobachters ab.

3. Eine letzte und absolut wesentliche Zutat im EPR-Gedankengang sind die Begriffe der Raumzeit und der *Lokalität*: Die Elemente der Wirklichkeit, um die es hier geht, sind den räumlichen Orten zugeordnet, an denen die Experimente durchgeführt werden; sie können sich nicht plötzlich unter dem Einfluss von Ereignissen ändern, die an einem raumartig entfernten Ort geschehen. Sie können noch weniger unter derartigen Bedingungen auftauchen oder entstehen. 1948 schrieb Einstein:

> „Charakteristisch für diese physikalischen Dinge [Körper oder Felder] ist ferner, dass sie in ein raum-zeitliches Kontinuum eingeordnet gedacht sind. Wesentlich für diese Einordnung der in der Physik eingeführten Dinge erscheint ferner, dass zu einer bestimmten Zeit diese Dinge eine voneinander unabhängige Existenz beanspruchen, soweit diese Dinge « in verschiedenen Teilen des Raumes liegen »." [aus: „Quantenmechanik und Wirklichkeit" (Einstein, 1948, S. 321)]

Kurz gefasst ist es also die grundlegende Überzeugung von EPR, dass die Gebiete des Raums ihre jeweils eigenen Elemente der Wirklichkeit enthalten. (Die Zuordnung von eigenen Elementen der Wirklichkeit zu raumartig getrennten Gebieten wird manchmal *Separabilität* genannt.) Diese Elemente entwickeln sich in der Zeit in lokaler Weise – man nennt deswegen in der Literatur die von EPR gemachten Annahmen häufig den *lokalem Realismus*.

Sich auf diese Hypothesen stützend, zeigen EPR, dass die Messergebnisse für beliebige Werte von a und b

1. Funktionen der individuellen Eigenschaften der Spins sind, die diese mit sich tragen (die Elemente der Wirklichkeit von EPR) und
2. von den Orientierungen a und b der Stern-Gerlach-Analysatoren abhängen.

Daraus folgt, dass die Messergebnisse wohldefinierte Funktionen dieser Variablen sind; es findet somit nirgends ein zufälliger (nichtdeterministischer) Prozess statt. Ein Teilchen mit Spin trägt alle nötige Information mit sich, um das Ergebnis einer zukünftigen Messung zu liefern, wie auch immer die Orientierungen a (für Alice' Teilchen) oder b (für Bobs Teilchen) gewählt werden. Insbesondere haben alle Komponenten des Spins gleichzeitig scharf definierte Werte.

F-2 Bohrs Antwort: Nichtseparable Objekte

Bohr hat rasch auf den Artikel von EPR geantwortet. Für ihn ist der gesamte experimentelle Aufbau das physikalische System, das betrachtet werden muss: also das zu vermessende Quantensystem und alle Messapparate, die klassische Objekte sind. Von seinem Standpunkt aus ist jeder Gedankengang sinnlos, der in diesem Gesamtsystem Teilsysteme zu identifizieren versuchte, die mit individuellen physikalischen Eigenschaften ausgestattet sind. Er betrachtet das physikalische System als Ganzes, das man nicht in Teile zerlegen darf. Diese Regel wird oft *Nichtseparabilität* genannt. Bohr ist also überzeugt, dass eine räumliche Trennung oder Unterteilung ein System nicht notwendigerweise separabel macht.

Bohr hat an dem EPR-Gedankengang nichts zu kritisieren, aber er meint, dass an seinem Ausgangspunkt Annahmen stehen, die im Rahmen der Quantenphysik ungeeignet sind. Für ihn enthält das von EPR vorgeschlagene Kriterium der physikalischen Wirklichkeit eine „wesentliche Mehrdeutigkeit, wenn man es auf (Quanten-)Phänomene anwendet" (Bohr, 1935). Was er mehr als zehn Jahre später (1948) zu seinem Standpunkt schreibt, geht in dieselbe Richtung:

> „Insgesamt ergibt sich aus der Unmöglichkeit, individuelle Quanteneffekte zu unterteilen und das Verhalten von Objekten von ihrer Wechselwirkung mit den Messinstrumenten zu trennen, die verwendet werden, um die Bedingungen zu definieren, unter denen die Phänomene entstehen, eine Mehrdeutigkeit, wenn man den atomaren Objekten gewöhnliche Eigenschaften zuschreiben will. Sie fordert uns dazu auf, unsere Haltung gegenüber dem Konzept einer physikalischen Erklärung revidieren." [aus: „*On the Notions of Causality and Complementarity*", Bohr (1948), S. 317]

Er stellt damit die Möglichkeit einer physikalischen Erklärung in Frage, die auf der Unterteilung eines Systems in (räumlich getrennte) Teile beruhen würde.

Bohr lehnt also Einsteins Grundannahme ab, dass man zwei Objekten jeweils eigene physikalische Eigenschaften geben kann, wenn sie sich in weit entfernten Gebieten der Raumzeit befinden. Für ihn ist *Quanten-Nichtseparabilität* selbst in solch einer Situation anwendbar. Es ist leicht zu verstehen, dass Einstein nicht bereit war, auf Begriffe zu verzichten, die die Grundpfeiler der Speziellen und Allgemeinen Relativitätstheorie (der Gravitationstheorie) bilden.

F-3 Bell-Ungleichungen

Fast dreißig Jahre nach dem Erscheinen des EPR-Arguments hat John S. Bell (1964) in einem Artikel eine völlig neue Perspektive auf diese Fragen eröffnet. Er nimmt gewissermaßen den Spielball wieder auf und setzt die EPR-Argumentation dort fort, wo ihre Autoren sie haben ruhen lassen. Er nimmt die Existenz von Elementen der Wirklichkeit ernst und stützt sich erneut auf lokal realistische Überlegungen, um zu zeigen, dass man die Quantenmechanik in der Tat auf keine mögliche Weise ergänzen kann, ohne experimentelle Vorhersagen zu verändern, zumindest in gewissen Fällen. Damit zwingt sich die Schlussfolgerung auf, dass entweder gewisse Vorhersagen der Quantenmechanik manchmal falsch sind oder dass gewisse Annahmen von EPR aufgegeben werden müssen, auch wenn diese sehr natürlich scheinen.

F-3-a Das Bell-Theorem

Wir übernehmen Bells Notation und bezeichnen mit λ die zu den Spins gehörenden *Elemente der Wirklichkeit*. Dieses λ ist nur eine knappe Notation, die etwa einen hochdimensionalen Vektor bedeuten könnte, so dass λ eine beliebige Zahl an Elementen der Wirklichkeit beschreibt. Es ist durchaus möglich, dass λ Parameter enthält, die in einem konkreten Problem keine besondere Rolle spielen. Einzig wichtig ist, dass in λ genügend Information enthalten ist, um alle Ergebnisse von allen möglichen Messungen der Spins zu bestimmen. Für jedes Paar von Spins, die in einer Durchführung des Experiments emittiert werden, ist λ fest.*

Wir übernehmen auch die Notation A und B für die Ergebnisse der beiden Messungen, nicht zu verwechseln mit den Buchstaben a und b, mit denen wir die Einstellungen der Messapparate bezeichnen. Die Ergebnisse A und B hängen natürlich nicht nur von λ, sondern auch von den Parametern a und b der Messung ab. Aufgrund der Lokalität muss es aber so sein, dass b keinen Einfluss auf das Messergebnis A hat (weil der Abstand zwischen den beiden Laboratorien beliebig groß sein kann). Umgekehrt kann Alice' Einstellung a keinen Einfluss auf Bobs Ergebnis B haben. Wir schreiben also $A = A(a, \lambda)$ und $B = B(b, \lambda)$ für die entsprechenden Funktionen, die nur die Werte $+1$ und -1 annehmen können. In Abb. 3 ist das Experiment skizziert.

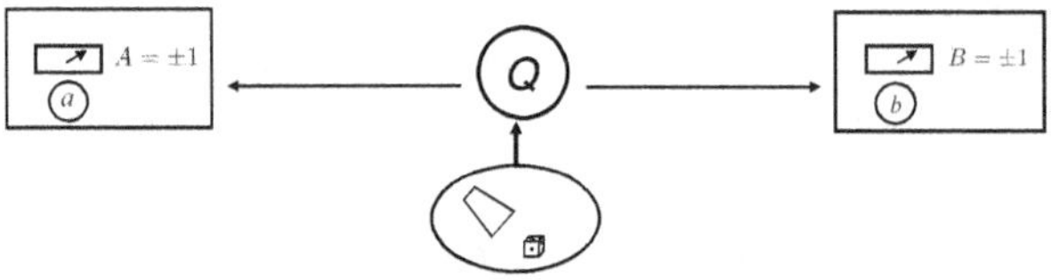

Abb. 3: Eine Quelle Q emittiert Teilchenpaare, die in zwei weit entfernten Messgeräten nachgewiesen werden. Die Messungen werden in den Einstellungen (Winkel) a und b vorgenommen, und jedes Gerät liefert ein Ergebnis ± 1. Das Oval mit dem Würfel symbolisiert einen zufälligen Prozesses, der die Bedingungen für die Emission der Teilchen kontrolliert. Man beobachtet Korrelationen zwischen den erhaltenen Messergebnissen, die als Folge der zufälligen Eigenschaften der Teilchen interpretiert werden können, Eigenschaften, die diese Teilchen bei ihrer Entstehung durch den Einfluss des fluktuierenden Prozesses „erworben" haben.

Um das Bellsche Theorem zu beweisen, genügt es, dass jede Messung entlang einer von zwei mögliche Richtungen, etwa a und a', durchgeführt wird. Wir verwenden deswegen die vereinfachte Notation

$$A \equiv A(a, \lambda)\,, \quad A' \equiv A(a', \lambda) \tag{F-1}$$

und

$$B \equiv B(b, \lambda)\,, \quad B' \equiv B(b', \lambda) \tag{F-2}$$

Für jedes emittierte Paar von Teilchen haben diese vier Zahlen einen wohldefinierten Wert ($+1$ oder -1), weil der Parameter λ fest ist.

* Anm. d. Ü.: Dieser Satz von Parametern, den die Teilchen seit ihrer Entstehung „mit sich tragen", wird in der Literatur *versteckte Variablen* genannt.

Betrachten wir nun folgende Summe von Produkten

$$M(\lambda) = AB - AB' + A'B + A'B' \qquad \text{(F-3)}$$

die man auch so gruppieren kann:

$$M(\lambda) = A(B - B') + A'(B + B') \qquad \text{(F-4)}$$

Gilt nun $B = B'$, dann erhalten wir $M = 2A'B = \pm 2$; ist umgekehrt $B = -B'$, dann ergibt sich $2AB = \pm 2$. In allen Fällen haben wir somit $M = \pm 2$.

Jetzt berechnen wir den Mittelwert dieser Größe, indem wir über λ mitteln. Experimentell würde man die Messwerte über eine große Zahl von emittierten Paaren mitteln. Notieren wir diese Mittelung mit einem Querstrich, so ergibt sich

$$\overline{M} = \overline{AB} - \overline{AB'} + \overline{A'B} + \overline{A'B'} \qquad \text{(F-5)}$$

wobei etwa $\overline{AB}$ den Mittelwert des Produkts $AB = A(a, \lambda)B(b, \lambda)$ bezüglich λ bezeichnet. Weil für ein festes Teilchenpaar $M(\lambda)$ nur die Werte ± 2 annehmen kann, gilt notwendigerweise

$$\text{lokaler Realismus:} \quad -2 \leq \overline{M} \leq +2 \qquad \text{(F-6)}$$

Diese Ungleichungen liefern uns eine Version des Bell-Theorems, die von Bell, Clauser, Horne, Shimony und Holt gefunden wurde (man nennt sie auch BCHSH-Ungleichungen). Die Ungleichung muss für alle Messungen gelten, die zufällige Ergebnisse liefern, was auch immer der Mechanismus ist, der Korrelationen zwischen den Spins erzeugt.

Jedes theoretische Modell, das im Rahmen des *lokalen Realismus* bleibt, muss auf Vorhersagen führen, die die BCHSH-Ungleichung (F-6) erfüllen. Der Realismus ist eine notwendige Annahme, weil wir im Beweis den von EPR eingeführten Begriff des Elements der Wirklichkeit verwendet haben, um auf die Existenz der Funktionen A und B zu schließen. Der Beweis stützt sich auf die Lokalität, weil diese es ausschließt, dass A von der Messeinstellung b abhängt und B von a abhängt.

Dieser Beweis ist so elementar, dass zu erwarten ist, die Bell-Ungleichung treffe in vielen Situationen zu. In der Tat ist das oft der Fall, und zwar jedes Mal, wenn die beobachteten Korrelationen ihre Ursache in einer Fluktuation in der Vergangenheit haben, die beide Messungen gleichermaßen beeinflusst (s. Abb. 3). (Man sagt, die Fluktuation liegt in der „gemeinsamen Vergangenheit" der Messereignisse in den Laboratorien von Alice und Bob, d. Ü.) Solche Korrelationen nennt man *klassisch*. In so einem Fall gibt es für jede Durchführung des Experiments eine gewisse Ursache, so dass die vier Zahlen A, B, A' und B' wohldefinierte Werte $+1$ oder -1 haben (selbst wenn man diese nicht von vornherein kennt). Die Zahl M hat damit auch einen wohldefinierten Wert, entweder $+2$ oder -2. Welche Messwerte auch immer in einer beliebigen Reihe von N Messungen auftreten, es ist mathematisch unmöglich, dass die Summe über alle Messwerte von M größer als $2N$ oder kleiner als $-2N$ ist. Der experimentelle Mittelwert (die Summe durch N geteilt) erfüllt also die BCHSH-Ungleichung (F-6). Um sie zu beweisen, genügt es zu wissen, dass es diese vier Zahlen gibt.

F-3-b Verletzung der Bell-Ungleichungen

Die Erwartung drängt sich auf, dass jede „vernünftige" physikalische Theorie Vorhersagen liefert, die mit den BCHSH-Ungleichungen im Einklang stehen. Überraschenderweise ist es nun so, dass dies für die Quantenmechanik nicht der Fall ist – und Verletzungen der Bell-Ungleichungen sind sogar im Experiment bestätigt worden.

α Vorhersagen der Quantenmechanik

In der Quantenmechanik haben wir es in Gl. (F-3) mit Produkten von Operatoren zu tun, etwa $\widehat{A}\widehat{B}$, die jeweils für das Teilchen in Alice' oder Bobs Laboratorium die Spinkomponente entlang der Richtung a oder b darstellen. Um jede Verwechslung mit der Argumentation von EPR und Bell zu vermeiden, kommen wir auf die Notation in Gl. (F-1) und Gl. (F-2) zurück und schreiben den Mittelwert des Operatorprodukts als $\langle\widehat{A}(a)\widehat{B}(b)\rangle$. Er hängt von den Wahrscheinlichkeiten ab, die paarweisen Werte $(+1, +1), (-1, -1), \ldots$ für die Spinkomponenten zu finden. Diese Wahrscheinlichkeiten entnehmen wir der Formel (B-10), wenn wir den Winkel zwischen den Einstellungen der Messgeräte bei Alice und Bob mit $\theta_A - \theta_B = \theta_{ab}$ bezeichnen. Der Mittelwert ist dann schließlich*

$$\langle\widehat{A}(a)\widehat{B}(b)\rangle = \mathscr{P}_{+,+} + \mathscr{P}_{-,-} - \mathscr{P}_{+,-} - \mathscr{P}_{-,+} = -\cos\theta_{ab} \tag{F-7}$$

Dieser Ausdruck ist das quantenmechanische Pendant zum Mittelwert $\overline{A(a,\lambda)B(b,\lambda)}$ über die versteckten Parameter λ in Bells lokal realistischem Modell. Angewendet auf die vier Produkte in Gl. (F-3), finden wir die Vorhersage der Quantenmechanik für die Operatorkombination $\widehat{M}$, deren Mittelwert wir hier als $\langle\widehat{M}\rangle$ notieren wollen:

$$\begin{aligned}\langle\widehat{M}\rangle &= \langle\widehat{A}(a)\widehat{B}(b)\rangle - \langle\widehat{A}(a)\widehat{B}(b')\rangle + \langle\widehat{A}(a')\widehat{B}(b)\rangle + \langle\widehat{A}(a')\widehat{B}(b')\rangle \\ &= -\cos\theta_{ab} + \cos\theta_{ab'} - \cos\theta_{a'b} - \cos\theta_{a'b'}\end{aligned} \tag{F-8}$$

Es ist nun möglich, die vier Richtungen so zu wählen, dass diese Vorhersage die BCHSH-Ungleichungen verletzt. Dazu erinnern wir uns, dass sie alle in einer Ebene liegen und wählen in dieser Ebene vier Richtungen, die in der Reihenfolge a, b, a' und b' jeweils einen 45°-Winkel einschließen (s. Abb. 4). Alle Kosinusfunktionen ergeben dann $1/\sqrt{2}$, bis auf $\cos\theta_{ab'} = -1/\sqrt{2}$. Wir erhalten also

$$\text{Quantenmechanik:} \quad \langle\widehat{M}\rangle = -2\sqrt{2} \tag{F-9}$$

Kehren wir die Richtungen von b und b' um, ergibt sich $\langle\widehat{M}\rangle = 2\sqrt{2}$. In beiden Fällen sagt die Quantenmechanik vorher, dass die Ungleichungen (F-6) um einen Faktor $\sqrt{2}$ verletzt werden, also um mehr als 40 %. Obwohl das Ergebnis (F-7) mit seinen Kosinus-

* Anm. d. Ü.: Für identische Richtungen $a = b$ ergibt sich aus Gl. (F-7): $\langle\widehat{A}(a)\widehat{B}(a)\rangle = -1$, wie es für einen Singulett-Zustand zu erwarten war (die Spins sind perfekt antiparallel korreliert). Siehe dazu auch Fußnote † auf S. 2282.

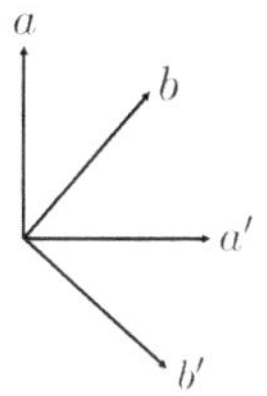

Abb. 4: Einstellung der vier Richtungen a, b, a' und b', die auf eine maximale Verletzung der BCHSH-Ungleichungen (F-6) für zwei Spin-1/2-Teilchen in einem Singulett-Zustand führen. Diese Richtungen definieren die zu vermessenden Spinprojektionen: a und a' werden in Alice' Laboratorium für den linken Spin verwendet, b und b' von Bob für den rechten Spin (s. Abb. 3). Im Experiment werden also insgesamt vier verschiedene Aufbauten verwendet. Lediglich die Richtungen a, b' schließen einen Winkel größer als 90° ein, so dass dort eine negative Korrelation auftritt.

funktionen sehr einfach aussieht, müssen wir feststellen, dass es von keiner lokal realistischen Theorie bestätigt werden kann. Deren Vorhersagen sind durch die BCHSH-Ungleichungen (F-6) eingeschränkt und können dem Betrag nach niemals größer als 2 sein. Bell hat mit seiner Fortsetzung des EPR-Gedankenexperiments also einen relativ großen, quantitativen Widerspruch zur Quantenmechanik gefunden und gezeigt, dass diese keine lokal realistische Theorie im Sinne von EPR ist.

Wie ist ein solcher Widerspruch möglich und wie kann ein scheinbar so unanfechtbarer Gedankengang (wie der von EPR und Bell) nicht auf die Quantenmechanik zutreffen? Mehrere Antworten sind möglich:

1. Hätte er das Bell-Theorem gekannt, hätte Bohr sehr wahrscheinlich eingewandt, dass die vier Zahlen A, A', B, B' nicht von vornherein (bereits bei der Emission des Teilchenpaars) existieren. Existieren sie aber nicht, dann sind die Überlegungen aus § F-3-a nicht mehr anwendbar und die BCHSH-Ungleichung folgt nicht. Wahrscheinlich hätte Bohr somit das Theorem als mathematisch korrekt im Rahmen der Wahrscheinlichkeitstheorie akzeptiert, aber in der Quantenmechanik für absolut nicht anwendbar gehalten, weil es nichts mit der quantenmechanischen Beschreibung des experimentellen Aufbaus zu tun hat.

   Vielleicht hätte er sich darauf eingelassen, über diese Zahlen als Unbekannte nachzudenken, die erst später bestimmt werden, wie man es häufig bei Gleichungen in der Algebra tut. Aber ist es dann nicht möglich, die Ungleichung erneut zu erhalten? Die Antwort ist erneut Nein, wenn man der Logik von Bohr folgt. Wir hatten in § F-2 bereits erwähnt, dass er sich auf den Standpunkt stellt, dass der experimentelle Aufbau als Ganzes berücksichtigt werden muss. Man darf in diesem Aufbau die beiden Messungen, die jeweils mit einem Teilchen des Paars durchgeführt werden, nicht getrennt voneinander betrachten. Der einzige tatsächliche Messvorgang betrifft die beiden Teilchen als Ganzes. Ein grundlegend nichtdeterministischer und nichtlokaler Prozess ereignet sich in dem gesamten Raumgebiet, in dem sich der experimentelle Aufbau befindet.*

* Anm. d. Ü.: So einen Prozess kann man insbesondere der Weise entnehmen, wie die entfernten Experimentatoren Alice und Bob die Korrelationen ihrer Messwerte überprüfen: Dazu ist es offenbar notwendig, dass die beiden ihre Messergebnisse austauschen. Des Weiteren müssen sie sicherstellen, dass die Teilchen, die sie in ihren Laboratorien vermessen, zu genau einem Teilchenpaar aus der Quelle gehören, etwa durch das Synchronisieren von Uhren.

Die Funktionen A und B hängen also von beiden Einstellungen der Messapparate ab, so dass man sie $A(a, b)$ und $B(a, b)$ notieren muss. An diesem Punkt hat man die Lokalität aufgegeben. Statt zweier Zahlen A und A' haben wir nun vier, nämlich $A = A(a, b)$, $A' = A(a', b)$ sowie $A'' = A(a, b')$ und $A''' = A(a', b')$. Analog sind statt B und B' nun vier Zahlen zu betrachten. Insgesamt sind damit acht Zahlen (statt vorher vier) im Spiel – der Beweis der BCHSH-Ungleichungen kann damit nicht mehr durchgeführt werden, und der Widerspruch löst sich auf.

2. Man kann sich bezüglich des Messprozesses auf einen stärker lokalen Standpunkt stellen und annehmen, der Begriff der Messung an einem einzigen Teilchen sei in diesem Zusammenhang sinnvoll. Um einem Widerspruch mit den Vorhersagen der Quantenmechanik auszuweichen, sagt man, es sei sinnlos, jedem Paar vier wohldefinierte Zahlenwerte A, A', B, B' zuzuschreiben. In der Tat können ja höchstens zwei von ihnen bei jeder Durchführung des Experiments gemessen werden. Deswegen kann man nicht sinnvoll von insgesamt vier Messergebnissen sprechen, selbst wenn man sie als lediglich unbekannte Größen auffasst. Ein berühmter Satz von Asher Peres drückt diesen Gedanken sehr klar aus:

   > „Nicht durchgeführte Experimente haben keine Ergebnisse." (Peres, 1978)

   Das ist alles! John A. Wheeler schlägt in dieselbe Kerbe, wenn er schreibt:

   > „Kein elementares Phänomen ist ein Phänomen, solange es nicht ein registriertes (beobachtetes) Phänomen ist." [aus: *„Niels Bohr in today's words"*, Wheeler (1983)]

β Im Experiment

Das Bell-Theorem hat natürlicherweise auf die Frage geführt: könnte es uns einen klaren Hinweis auf die Bereiche geben, wo die Quantenmechanik nicht mehr gültig wäre? Oder ist es im Gegenteil so, dass ihre Vorhersagen in jedem Fall zutreffen? Daraus würde folgen, dass gewisse Annahmen im Beweis der Bell-Ungleichungen aufgegeben werden müssen. Eine ganze Reihe von Experimenten wurden ab 1972 durchgeführt und haben allesamt die Vorhersagen der Quantenmechanik bestätigt. Die Messungen lieferten mit einer großen Genauigkeit signifikante Verletzungen der Bell-Ungleichungen (Aspect, 2015).

Nachdem anfängliche Zweifel nun beseitigt sind, stehen wir vor der gesicherten Erkenntnis, dass die Quantenmechanik exakt richtige Vorhersagen macht, die sogar dann korrekt sind, wenn die Bell-Ungleichungen verletzt werden. Wir sind damit gezwungen, eine (oder mehrere) von den Annahmen aufzugeben, die in den Beweis von Bell eingehen, selbst wenn diese Annahmen durchaus plausibel scheinen mögen.

Fazit

Der Begriff der Verschränkung stellt sich insgesamt als extrem wichtig heraus. Er beschreibt Situationen, in denen Korrelationen entstehen und beobachtet werden können, die in der klassischen Physik völlig unmöglich wären. Solche Situationen können selbst dann eintreten, wenn Messungen in Raumgebieten erfolgen, die beliebig weit voneinander entfernt sind. Eine grundlegende Einsicht der Quantenmechanik ist hier, dass aus der genauestmöglichen Beschreibung eines Ganzen (z. B. einem Paar in einem reinen Singulett-Zustand) nicht notwendigerweise folgt, dass seine Teile ebenso genau beschrieben sind (im Singlett ist nämlich jeder Spin für sich vollständig unpolarisiert). Daraus folgt, dass es unmöglich ist, ein System aus zwei räumlich getrennten, aber verschränkten Teilchen im Rahmen einer realistischen und lokalen Theorie zu beschreiben; es gibt Bedingungen, unter denen eine derartige Beschreibung im Widerspruch zur Quantenmechanik (und zum Experiment) steht.

Für den Messprozess spielt Verschränkung ebenfalls eine zentrale Rolle und geht auf mehreren Ebenen ein. Das gemessene System S verschränkt sich mit dem Messgerät M – das Messgerät M verschränkt sich mit seiner Umgebung E – die sich ihrerseits mit ihrer Umgebung E′ verschränkt usw. Wir haben auch gesehen, dass der Kontrast des beobachteten Streifenmusters bei der Interferenz am Doppelspalt von der Verschränkung zwischen dem Quantenteilchen und der Spaltblende abhängt.

Abgesehen von diesen grundlegenden Aspekten spielt Verschränkung eine wesentliche Rolle auf dem Gebiet der Quanteninformation. Dort strebt man danach, die parallele Zeitentwicklung der Zweige eines Zustandsvektors auszunutzen, um Berechnungen durchzuführen. Dieses Forschungsgebiet hat sich in den letzten Jahren stürmisch entwickelt, es ist aber zu umfangreich, um es in diesem Lehrbuch zu behandeln. Die Leser müssen wir auf spezialisierte Werke verweisen, etwa das Buch von D. Mermin (2007). Eine wichtige Anwendung von Verschränkung ist die Quantenkryptografie, wo man nach Verfahren sucht, einen geheimen Schlüssel so auszutauschen, dass es im Prinzip unmöglich ist, diese Kommunikation abzuhören, ohne dabei entdeckt zu werden. Ein Übersichtsartikel zu diesem Thema wurde von N. Gisin, G. Ribordy, W. Tittel und H. Zbinden veröffentlicht (2002).

Es ist nicht von der Hand zu weisen, dass die Standardinterpretation der Quantenmechanik (hier ist die Kopenhagener Deutung gemeint, d. Ü.) für verschränkte Systeme, besonders beim Messprozess, zu Schwierigkeiten führen kann. Die zeitliche Entwicklung gemäß der Schrödinger-Gleichung sagt nicht vorher, dass in der makroskopischen Welt genau ein Messergebnis beobachtet wird. Um dies innerhalb der Quantentheorie zu beschreiben, kann man sie *ad hoc* um ein zweites Postulat ergänzen, etwa das Von-Neumann-Postulat von der Zustandsreduktion. Dies eröffnet allerdings die Frage nach einer Grenze: Wann genau muss man aufhören, der stetigen Zeitentwicklung *à la* Schrödinger zu folgen, und stattdessen einen *Kollaps der Wellenfunktion* annehmen? Wie kann man dieses intrinsisch irreversible zweite Postulat mit der Zeitumkehrinvarianz der Schrödinger-Gleichung versöhnen?

Wir berühren hier schließlich die Frage nach der Bedeutung des Zustandsvektors. In diesem Buch haben wir ihn ständig als ein mathematisches Werkzeug verwendet, um Wahrscheinlichkeiten zu berechnen. Was aber stellt er genau dar? Beschreibt er direkt die physikalische Wirklichkeit oder eher unser Wissen über die physikalische Wirklichkeit?* Das Buch „*Do we really understand quantum mechanics*?" von Laloë (2011/12) stellt eine Reihe von Interpretationen der Quantenmechanik vor, die vorgeschlagen wurden, um diese grundlegenden Fragen zu beantworten.

* Anm. d. Ü.: Diese beiden Aspekte werden in der Literatur mit den Begriffen *ontologische* und *epistemische Interpretation* voneinander abgegrenzt.

Übersicht über die Ergänzungen zu Kapitel XXI

A_{XXI}	**Gemischte, korrelierte und separable Zustände**	Für Dichteoperatoren wird die statistische Entropie nach von Neumann eingeführt, einige Eigenschaften und Ungleichungen werden diskutiert. Die Ergänzung behandelt auch die Unterscheidung zwischen klassischen und Quantenkorrelationen und bietet eine Definition von *nichtseparablen Zuständen*. (*Führt eine Reihe von nützlichen Grundbegriffen ein.*)
B_{XXI}	**GHZ-Zustände. Übertrag von Verschränkung**	Mit den GHZ-Zuständen besprechen wir ein weiteres Beispiel für den Konflikt zwischen der Quantenmechanik und vertrauten lokal realistischen Vorstellungen. Der Widerspruch ist noch markanter als in den Bell-Ungleichungen, weil er auf 100 % entgegengesetzte Vorhersagen hinausläuft. Beim Übertrag von Verschränkung wird ein Teilchenpaar verschränkt, ohne dass seine Teilchen in irgendeiner Weise in Wechselwirkung treten. (*Vertieft das EPR-Argument und illustriert die Manipulation von Zweiteilchenzuständen anhand von verschränkten Photonen.*)
C_{XXI}	**Entstehen einer relativen Phase im Messprozess**	Wenn zwei unabhängig voneinander erzeugte Bose-Kondensate sich überlappen, dann ist in der Regel ihre relative Phase unbestimmt. Allerdings kann eine solche Phase während einer Reihe von Messungen entstehen, die von dieser Phase abhängen. Der Wert der Phase wird nach und nach immer genauer festgelegt, solange weitere Messergebnisse registriert werden. (*Berechnet Wahrscheinlichkeitsverteilungen für eine große Zahl von Ereignissen; etwas schwieriger.*)
D_{XXI}	**Relative Phase eines Spinkondensats. Makroskopisches EPR-Argument**	Diese Ergänzung setzt die voranstehende fort und untersucht zwei Kondensate aus Teilchen, die einen Spin tragen. Auch hier ist das Phänomen zu beobachten, dass eine relative Phase durch eine Reihe von Messungen zum Vorschein kommt. Weil makroskopische Größen gemessen werden, ist das EPR-Argument für *Elemente der Wirklichkeit* besonders schlagkräftig. Der Prozess kann sogar zu Verletzungen der Bell-Ungleichungen führen. Dies beweist, dass die relative Phase zwischen den Kondensaten, die durch die Messungen entsteht, nicht als klassische Größe verstanden werden kann. (*Ähnliche Fragestellung wie in C_{XXI}, verwendet dieselben technischen Werkzeuge.*)

Ergänzung A_{XXI}
Gemischte, korrelierte und separable Zustände

In Kapitel XXI haben wir uns vor allem mit Systemen befasst, die durch einen Ket-Vektor (reinen Zustand) beschrieben werden. In dieser Ergänzung stellen wir einige Überlegungen für den Fall vor, dass die Systeme sich in einem gemischten Zustand befinden und durch einen Dichteoperator beschrieben werden müssen. Für ein Gesamtsystem A und B untersuchen wir in so einem Fall die Korrelationen, die in der Quantenmechanik zwischen den beiden Teilsystemen A und B möglich sind. Wir beginnen mit dem Begriff der statistischen Entropie, die ein bequemes Maß für die Korrelation zwischen zwei Systemen liefert (§ 1). § 2 erarbeitet die Unterschiede, die zwischen klassischen und quantenmechanischen Korrelationen bestehen. (Die einen nehmen ihren Ursprung auf der Ebene von Wahrscheinlichkeiten, die anderen können durch kohärente Superpositionen auf der Ebene von Zustandsvektoren entstehen.) Schließlich kommen wir in § 3 auf den wichtigen Begriff der Separabilität zurück, der bereits in Kapitel XXI, § F-2 angesprochen wurde.

1 Statistische Entropie nach von Neumann

Die nach John von Neumann benannte statistische Entropie liefert uns ein schnelles Kriterium, um einen reinen von einem gemischten Zustand zu unterscheiden. Bei gemischten Zuständen gibt sie außerdem ein quantitatives Maß für ihre statistische Unsicherheit an und zwar, wie viel Information man über das physikalische System besitzt. Diese Entropie gibt uns auch ein Werkzeug an die Hand, um die Korrelationen zwischen zwei Systemen quantitativ zu beschreiben.

1-a Allgemeine Definition

Jedem Dichteoperator ρ ordnen wir eine statistische Entropie $S = S(\rho)$ nach der Vorschrift

$$S = -k_B \operatorname{Tr}\{\rho \log \rho\} \tag{1}$$

https://doi.org/10.1515/9783110649130-033

zu. Hier ist k_B die Boltzmann-Konstante.* Nun ist ρ hermitesch und kann diagonalisiert werden. Seien n_k seine Eigenwerte, dann haben wir

$$S = -k_B \sum_k n_k \log n_k \tag{2}$$

Weil die Eigenwerte zwischen null und eins liegen,† gilt

$$S \geq 0 \tag{3}$$

Das Gleichheitszeichen kann nur auftreten, wenn ρ genau einen Eigenwert gleich eins hat und alle anderen Eigenwerte verschwinden. Die Entropie eines Dichteoperators ist also null, falls dieser ein Projektor ist – und somit einen reinen Zustand beschreibt. Ist ρ dagegen ein gemischter Zustand, dann gilt $S > 0$.

Die Entropie ist maximal, wenn im Dichteoperator ρ die Besetzungen (die Eigenwerte) für alle dem System zugänglichen Zustände gleich sind – der Dichteoperator ist dann proportional zur Identität auf dem Zustandsraum.‡ Diese Aussage wollen wir mit einem Variationsargument beweisen. Wir variieren die Eigenwerte um $\mathrm{d}n_k$ und untersuchen die Bedingung, dass die Variation der Entropie (2) verschwindet. Weil die Summe der n_k über alle k konstant sein muss, verwenden wir einen Lagrange-Multiplikator λ (s. Anhang V) und berechnen die Variation

$$\mathrm{d}S - k_B\lambda \sum_k \mathrm{d}n_k = -k_B \sum_k [1 + \log n_k + \lambda]\, \mathrm{d}n_k = 0 \tag{4}$$

Dieser Ausdruck muss für alle $\mathrm{d}n_k$ verschwinden; daraus folgt, dass die $\log n_k$ und damit die Eigenwert n_k alle gleich sind.

Man kann der Entropie S einen Informationsbegriff zuordnen, genauer gesprochen: eine fehlende Information. Ist das physikalische System in einem reinen Zustand, dann liefert dieser die maximal mögliche Information über das System (im Rahmen der quantenmechanischen Einschränkungen). In diesem Fall fehlt keine

* Anm. d. Ü.: Mit log ist der natürliche Logarithmus gemeint. Der Logarithmus eines Operators wird in dessen Eigenbasis berechnet [s. Gl. (2)]. – Die Eigenwerte n_k von ρ können als Wahrscheinlichkeiten interpretiert werden. Nach Boltzmann gehört dazu die Entropie $k_B \log(1/n_k)$. S ist also die gemittelte Boltzmann-Entropie. Für einen Dichteoperator im thermischen Gleichgewicht (kanonisches Ensemble, s. Anhang VI) kann man zeigen, dass S mit der thermodynamischen Entropie zusammenfällt. Die Definition (1) ist allerdings auch für beliebige Dichteoperatoren außerhalb des Gleichgewichts anwendbar. In der klassischen Informationstheorie gibt Gl. (2) die Shannon-Information an, die in der Wahrscheinlichkeitsverteilung $\{n_k\}$ enthalten ist. In diesem Zusammenhang würde man die Information in Bits messen und den Vorfaktor k_B durch $1/\log 2$ ersetzen.

† Anm. d. Ü.: ρ ist positiv, also muss $n_k \geq 0$ gelten; die Spur von ρ ist eins, also müssen alle $n_k \leq 1$ sein.

‡ Anm. d. Ü.: Natürlich ist dies nur möglich, wenn der Zustandsraum von endlicher Dimension ist; andernfalls wäre ρ nicht auf die Spur eins normierbar. Der hier geführte Beweis wird in Anhang VI, § 1-a-γ auf die thermodynamische Entropie im mikrokanonischen Ensemble angewendet.

Information und deswegen ist $S = 0$. Befindet sich das System dagegen mit vergleichbaren Wahrscheinlichkeiten in verschiedenen reinen Zuständen, dann lesen wir aus einem großen Wert von S ab, dass viel Information über das System fehlt.

Bemerkung:
Die statistische Entropie S hängt nur von den n_k, also den Besetzungen des Dichteoperators (Band I, Ergänzung E_{III}, § 4-c) ab, aber nicht von seinen Eigenvektoren. Außerdem kann man im Allgemeinen denselben Dichteoperator auf mehrere Weisen als statistisches Gemisch von Sätzen reiner Zustände schreiben (vgl. Band I, Ergänzung E_{III}, Bemerkung am Ende von § 4-a) – die Entropie kann auch zwischen diesen Sätzen von Zuständen nicht unterscheiden.

Wenn man aus mehreren Dichteoperatoren ein statistisches Gemenge bildet, dann kann die Entropie nur zunehmen. Nehmen wir dazu an, dass in dem Gemenge die Dichteoperatoren ρ_n mit Wahrscheinlichkeiten p_n kombiniert werden (diese sind positiv und in der Summe über n gleich eins). Dann erhält man den Dichteoperator

$$\rho = \sum_n p_n \rho_n \tag{5}$$

Seien S_n die Entropien der ρ_n,

$$S_n = -k_B \operatorname{Tr}\{\rho_n \log \rho_n\} \tag{6}$$

dann gilt[1]

$$S(\rho) \geq \sum_n p_n S_n \tag{7}$$

Beweis von Gl. (7):
In Ergänzung G_{XV}, § 1-b haben wir die Ungleichung

$$\operatorname{Tr}\{\rho \log \rho\} \geq \operatorname{Tr}\{\rho \log \rho'\} \tag{8}$$

bewiesen, wobei ρ und ρ' zwei beliebige Dichteoperatoren mit Spur eins sind. Die Gleichheit in (8) tritt nur dann auf, wenn $\rho' = \rho$ gilt. Wir haben also

$$\begin{aligned} -\frac{S}{k_B} = \operatorname{Tr}\{\rho \log \rho\} &= \sum_n p_n \operatorname{Tr}\{\rho_n \log \rho\} \\ &\leq \sum_n p_n \operatorname{Tr}\{\rho_n \log \rho_n\} = -\frac{1}{k_B} \sum_n p_n S_n \end{aligned} \tag{9}$$

woraus die Konkavität (7) folgt.

1-b Bipartite Systeme

Betrachten wir nun ein System, das aus zwei Teilen A und B besteht (bipartites System), und die Entropien S_{AB}, S_A und S_B, die zum Dichteoperator ρ_{AB} des Gesamtssystems und den reduzierten Dichteoperatoren ρ_A und ρ_B für die Teilsysteme gehören.

1 Wegen dieser Eigenschaft sagt man häufig, die Entropie ist *konkav*.

Wir werden zeigen, dass die Entropien additiv sind, $S_A + S_B = S_{AB}$, wenn die Systeme A und B nicht verschränkt sind, und sonst $S_A + S_B \geq S_{AB}$ gilt.

α Reiner Zustand

Betrachten wir zunächst einen reinen, verschränkten Zustand für das Gesamtsystem. Wir haben etwa in Kapitel XXI, § B-1 gesehen, dass die Teilsysteme A und B dann nicht durch reine Zustände, sondern durch gemischte beschrieben werden. Wir haben also

$$\begin{aligned} S_A &= -k_B \operatorname{Tr}\{\rho_A \log \rho_A\} > 0 \\ S_B &= -k_B \operatorname{Tr}\{\rho_B \log \rho_B\} > 0 \end{aligned} \tag{10}$$

Da die Entropie S_{AB} eines reinen Zustands null ist, folgt daraus

$$S_A + S_B \geq S_{AB} \tag{11}$$

(Ein Gleichheitszeichen würde in dem Spezialfall auftreten, dass der reine Zustand faktorisiert, also nicht verschränkt ist. Der Schmidt-Rang von ρ_{AB} wäre dann gleich eins, s. Kapitel XXI, § C-3.)

Wir können auch aus dem Gesamtzustand die Schmidt-Zerlegung berechnen, woraus sich die Formeln (C-7) und (C-8) aus Kapitel XXI ergeben. Wir finden dann

$$S_A = -k_B \sum_i q_i \log q_i = S_B \tag{12}$$

Die beiden Entropien der Teilsysteme sind also immer gleich, wenn das Gesamtsystem sich in einem reinen Zustand befindet.*

β Gemischter Zustand

Ein Gesamtsystem in einem gemischten Zustand mit Dichteoperator ρ_{AB} wird eine Entropie $S_{AB} > 0$ haben. Wir werden nun zeigen, dass diese Entropie höchstens gleich der Summe der Entropien der Teilsysteme ist (oder kleiner). Die Beziehung (11) ist in diesem allgemeineren Fall also auch gültig. Man nennt die Von-Neumann-Entropie wegen dieser Eigenschaft *subadditiv*. In Gl. (11) tritt ein Gleichheitszeichen nur dann auf, wenn ρ_{AB} faktorisiert:

$$\rho_{AB} = \rho_A \otimes \rho_B \tag{13}$$

In diesem Fall werden beide Teilsysteme durch gemischte Zustände beschrieben, sind aber nicht miteinander korreliert.† Die Differenz $S_A + S_B - S_{AB}$ ist damit ein Maß für

---

* Anm. d. Ü.: Anders ausgedrückt: Sind die Quantenkorrelationen zwischen A und B nicht zugänglich (partielle Spurbildung!), dann geht dabei dieselbe Menge an Information verloren. Für zwei Systeme mit sehr verschiedenen Dimensionen, etwa ein Zweiniveausystem und das quantisierte elektromagnetische Feld, ist diese Aussage durchaus überraschend.

† Anm. d. Ü.: Alle Wahrscheinlichkeiten für die Ergebnisse von *Verbundmessungen* von Observablen von A und *B* faktorisieren, wie man es auch von klassischen, unkorrelierten Systemen kennt.

den Verlust an Genauigkeit in der quantenmechanischen Beschreibung, wenn man vom Gesamtsystem zu den separaten Beschreibungen (reduzierten Dichteoperatoren) der beiden Teilsysteme übergeht.*

Beweis von Gl. (11):
Wegen der Ungleichung (8) ergibt sich zunächst

$$\mathrm{Tr}\{\rho \log \rho\} \geq \mathrm{Tr}\{\rho \log(\rho_A \otimes \rho_B)\} \tag{14}$$

für einen beliebigen Dichteoperator ρ. Seien $\{|u_i\rangle\}$ und $\{q_i\}$ die Eigenvektoren und Eigenwerte von ρ_A und entsprechend $\{|v_l\rangle\}$ und $\{s_l\}$ die von ρ_B. Berechnen wir die Spur auf der rechten Seite von (14) in der Basis $\{|u_i, v_l\rangle\}$ aus Eigenvektoren des Tensorprodukts $\rho_A \otimes \rho_B$ mit den Eigenwerten $q_i s_l$:

$$\begin{aligned}\mathrm{Tr}\{\rho \log(\rho_A \otimes \rho_B)\} &= \sum_{i,l} \langle u_i, v_l| \rho \log(\rho_A \otimes \rho_B) |u_i, v_l\rangle \\ &= \sum_{i,l} \langle u_i, v_l| \rho \log(q_i s_l) |u_i, v_l\rangle \\ &= \sum_{i,l} \langle u_i, v_l| \rho |u_i, v_l\rangle \log q_i + \sum_{i,l} \langle u_i, v_l| \rho |u_i, v_l\rangle \log s_l \end{aligned} \tag{15}$$

Nun setzen wir $\rho = \rho_{AB}$ ein. Der erste Term ergibt dann

$$\begin{aligned}\sum_{i,l} \langle u_i, v_l| \rho_{AB} |u_i, v_l\rangle \log(q_i) &= \sum_i \langle u_i| \rho_A |u_i\rangle \log q_i \\ &= \sum_i \langle u_i| \rho_A \log \rho_A |u_i\rangle \\ &= \mathrm{Tr}\{\rho_A \log \rho_A\}\end{aligned} \tag{16}$$

Für den zweiten Term in Gl. (15) findet man denselben Ausdruck mit ρ_B anstelle von ρ_A. Zusammengefasst kann die Ungleichung (14) in der Form

$$\mathrm{Tr}\{\rho_{AB} \log \rho_{AB}\} \geq \mathrm{Tr}\{\rho_A \log \rho_A\} + \mathrm{Tr}\{\rho_B \log \rho_B\} \tag{17}$$

geschrieben werden, woraus (11) per Definition aus der Von-Neumann-Entropie folgt. Ein Gleichheitszeichen tritt genau dann auf, wenn aus (14) eine Gleichung wird, also falls $\rho_{AB} = \rho_A \otimes \rho_B$ gilt. Damit haben wir die Behauptung um Gl. (13) bewiesen.

2 Klassische und Quantenkorrelationen

In der Quantenmechanik gibt es im Vergleich zur klassischen Physik mehr Möglichkeiten, um Korrelationen zwischen Systemen zu beschreiben. Wir besprechen hier kurz einige Aspekte.

* Anm. d. Ü.: Operationell bedeutet dies, dass die separaten Beschreibungen der Teilsysteme keine Verbund- oder Korrelationsmessungen vorhersagen können. Ein augenfälliges Beispiel bieten die Messungen von EPR-Bell-Korrelationen.

2-a Zwei Ebenen von Korrelationen

Der Begriff der Korrelation selbst ist keine Eigenheit der Quantenmechanik, sondern auch der klassischen Physik wohlbekannt. In der klassischen Welt entsteht er in der Wahrscheinlichkeitsrechnung, wo man etwa den Mittelwert einer Größe als eine gewichtete Summe über einen gewissen Satz von möglichen Werten darstellt. Man führt dazu eine Verteilung ein, die für ein zweiteiliges (bipartites) System die Wahrscheinlichkeiten angibt, dass sich das eine System in einem gewissen Zustand und das andere System in einem weiteren befindet. Die beiden Teilsysteme sind korreliert, wenn diese Verteilung kein Produkt ist. Ist sie dagegen ein Produkt, dann ändert eine Messung an einem Teilsystem nicht die Information, die man über das andere hat. Dies ist insbesondere der Fall, wenn der Zustand von jedem Teilsystem vollständig definiert ist (dann ist dies auch für das Gesamtsystem der Fall), so dass die Korrelation zwischen den Systemen nicht mehr von Interesse ist. Der Begriff der Korrelation zwischen zwei klassischen Systemen hängt also tiefgreifend mit einem unvollständigen Wissen über den Gesamtzustand des Systems zusammen.

Die Lage kann in der Quantenmechanik ganz anders sein. Zunächst erinnern wir uns, dass selbst wenn ein Quantensystem vollständig beschrieben ist (durch einen Zustandsvektor), die meisten seiner Observablen nicht scharf definiert sind. Wiederholt man ein Experiment unter sonst identischen Bedingungen, liefert die Messung dieser Observablen fluktuierende Ergebnisse.* Diese Ergebnisse können allerdings korreliert sein. Wir haben zum Beispiel in Kapitel XXI, § B gesehen, dass für jedes Spin-1/2-Teilchen in einem Singulett-Paar die Messungen der Spins einzeln genommen vollständig zufällig, aber untereinander perfekt (anti-)korreliert sind. Solche Korrelationen entstehen auf der Ebene des Zustandsvektors selbst, wenn dieser eine Superposition von Spinproduktzuständen mit verschiedenen Orientierungen ist. Offenbar spielt für diese Korrelationen das quantenmechanische Prinzip der Superposition eine entscheidende Rolle – und dies hat nichts mit Projektoren gewichtet mit Wahrscheinlichkeiten zu tun, die ja quadratische Funktionen des Zustandsvektors sind. Indem die Quantenmechanik Korrelationen direkt durch Linearkombinationen von Wahrscheinlichkeitsamplituden zulässt, erlaubt sie Zugang zu einer gewissermaßen „tieferen" Ebene – die noch unter der Ebene der linear gewichteten Mittelwerte der klassischen Wahrscheinlichkeiten anzusiedeln ist und die die Möglichkeit von Quanteninterferenzen aufrechterhält. Dass es diese tiefere Ebene gibt, hindert uns nicht daran, sie durch Konzepte aus der klassischen Statistik zu ergänzen. So kann man, gewissermaßen in einem zweiten Schritt, auch in der Quantenmechanik annehmen, dass der Zustand des Gesamtsystems nur statistisch (mit gewissen Wahrscheinlichkeiten gewichtet) bekannt ist, – die beiden Ebenen von Wahrscheinlichkeiten existieren parallel.

---

* Anm. d. Ü.: Ist das System in einem Eigenzustand zu einer Observablen X, denke man an Messungen einer dazu kanonisch konjugierten Observablen P, die mit der ersten nicht kommutiert.

Wir fassen zusammen, dass der Begriff der Quantenkorrelation viel reichhaltiger als der Korrelationsbegriff der klassischen Physik ist.[2]

2-b Quantenmechanische Monogamie

Eine weitere reine Quanteneigenschaft ist die, dass ein physikalisches System A, wenn es mit einem System B stark verschränkt ist, keine Verschränkung mit einem weiteren System C eingehen kann. So eine Eigenschaft ist in der klassischen Welt kaum vorstellbar, denn es ist durchaus denkbar, ein drittes System C mit zwei Systemen A und B zu korrelieren, ohne deren bestehende Korrelation zu zerstören. Diese Eigenschaft der Quantenwelt wird oft die *Monogamie von Verschränkung* genannt.

Nehmen wir als Beispiel zwei Spins in einem singlettähnlichen Zustand [s. Kapitel XXI, Gl. (B-1), das Singlett entspricht $\xi = \pi$]:

$$|\Psi_{AB}\rangle = \frac{1}{\sqrt{2}}\left(|A:+;B:-\rangle + e^{i\xi}\,|A:-;B:+\rangle\right) \tag{18}$$

Wie könnte man hier einen weiteren Spin hinzufügen, ohne die Korrelation zwischen den ersten beiden zu zerstören? Wir nehmen einmal an, der Zustand der drei Spins sei durch

$$\begin{aligned} |\Psi_{ABC}\rangle &= |\Psi_{AB}\rangle \otimes |C:\theta\rangle \\ &= \frac{1}{\sqrt{2}}\left(|A:+;B:-;C:\theta\rangle + e^{i\xi}\,|A:-;B:+;C:\theta\rangle\right) \end{aligned} \tag{19}$$

gegeben, wobei $|\theta\rangle$ ein normierter Zustand für den Spin C ist. Dieser Ket enthält offenbar dieselbe Verschränkung zwischen A und B wie der Zustand (18), allerdings ist der dritte Spin mit den anderen beiden absolut nicht korreliert.

Eine weitere Möglichkeit ist ein Zustandsvektor

$$\left|\Psi'_{ABC}\right\rangle = \frac{1}{\sqrt{2}}\left(|A:+;B:-;C:\theta_1\rangle + e^{i\xi}\,|A:-;B:+;C:\theta_2\rangle\right) \tag{20}$$

mit zwei normierten Zuständen $|\theta_1\rangle$ und $|\theta_2\rangle$. Der Dichteoperator ρ_{AB} für die ersten beiden Spins ist durch die partielle Spur gegeben [s. Kapitel XXI, Gl. (B-3) sowie Band I, Ergänzung E_{III}, § 5-b]:

$$\rho_{AB} = \mathrm{Tr}_C\left\{|\Psi_{ABC}\rangle\langle\Psi_{ABC}|\right\} \tag{21}$$

2 In § 3 führen wir ein Kriterium ein, das negative Koeffizienten in der Zerlegung des Dichteoperators für das Gesamtsystem in eine Summe von Tensorprodukten betrifft. Mit seiner Hilfe kann man herausfinden, ob die Korrelationen zwischen zwei Teilsystemen von intrinsisch quantenmechanischer Natur sind.

Wir berechnen die Matrixelemente dieser partiellen Spur und finden

$$\begin{aligned}\rho_{\mathrm{AB}} = \frac{1}{2}\Big[& |A:+;B:-\rangle\langle A:+;B:-| \\ & + |A:-;B:+\rangle\langle A:-;B:+| \\ & + \mathrm{e}^{\mathrm{i}\xi}\langle\theta_1|\theta_2\rangle\,|A:-;B:+\rangle\langle A:+;B:-| \\ & + \mathrm{e}^{-\mathrm{i}\xi}\langle\theta_2|\theta_1\rangle\,|A:+;B:-\rangle\langle A:-;B:+|\Big]\end{aligned} \tag{22}$$

wobei $\langle\theta_1|\theta_1\rangle = \langle\theta_2|\theta_2\rangle = 1$ gilt. Nun können mehrere Fälle auftreten:

1. Für $|\theta_1\rangle = |\theta_2\rangle$ finden wir das Beispiel (19) wieder, in dem der dritte Spin nicht mit den anderen beiden verschränkt ist. Der reduzierte Dichteoperator ρ_{AB} ist dann

$$\begin{aligned}\rho_{\mathrm{AB}} = \frac{1}{2}\Big[& |A:+;B:-\rangle\langle A:+;B:-| + |A:-;B:+\rangle\langle A:-;B:+| \\ & + \mathrm{e}^{\mathrm{i}\xi}\,|A:-;B:+\rangle\langle A:+;B:-| + \mathrm{e}^{-\mathrm{i}\xi}\,|A:+;B:-\rangle\langle A:-;B:+|\Big]\end{aligned} \tag{23}$$

   was einfach ein Projektor auf den singlettartigen Zustand (18) ist und deswegen die gesamte Verschränkung zwischen Spin A und B erhält.

2. Der andere Extremfall ist, dass $|\theta_1\rangle$ und $|\theta_2\rangle$ orthogonal sind. In diesem Fall haben wir es für die drei Spins mit einem sogenannten GHZ-Zustand (nach Daniel M. Greenberger, Michael A. Horne und Anton Zeilinger, s. Ergänzung $\mathrm{B}_{\mathrm{XXI}}$) zu tun:

$$|\Psi_{\mathrm{GHZ}}\rangle = \frac{1}{\sqrt{2}}\Big(|A:+;B:-;C:+\rangle + \mathrm{e}^{\mathrm{i}\xi}\,|A:-;B:+;C:-\rangle\Big) \tag{24}$$

   Er besteht aus zwei Komponenten, die sich in der Orientierung aller drei Spins unterscheiden. Die letzten beiden Zeilen in der partiellen Spur ρ_{AB} aus Gl. (22) verschwinden dann:

$$\rho_{\mathrm{AB}} = \frac{1}{2}\left(|A:+;B:-\rangle\langle A:+;B:-| + |A:-;B:+\rangle\langle A:-;B:+|\right) \tag{25}$$

   Dies ist ein gemischter Zustand, in dem zwei mögliche Zustände mit Wahrscheinlichkeit 1/2 auftreten: Entweder sind die beiden Spins im Zustand $|A:+;B:-\rangle$ oder aber im Zustand $|A:-;B:+\rangle$. Die quantenmechanische Kohärenz zwischen diesen beiden Alternativen (die Terme, die von der relativen Phase ξ abhängen), ist vollständig verschwunden. Die Korrelation zwischen diesen beiden Spins ist also rein klassischer Natur, und der Zustand ist nicht im quantenmechanischen Sinn verschränkt.[3]

---

3 Dieser Dichteoperator heißt separabel gemäß der Definition aus § 3 weiter unten und kann zu keiner Verletzung der Bellschen Ungleichungen führen. – Misst Alice den Spin A entlang der Achse, bezüglich der die Zustände $|+\rangle$ und $|-\rangle$ definiert sind, kann sie sofort eine Vorhersage für die Projektion von Spin B entlang derselben Achse formulieren. Dies ist mit der Lokalität vereinbar, denn man kann sich die Spinzustände als seit ihrer Entstehung korrelierte *Elemente der Wirklichkeit* denken (d. Ü.).

3. In einem weiten Zwischenbereich, in dem $|\theta_1\rangle$ und $|\theta_2\rangle$ weder parallel noch orthogonal sind, beobachten wir in Gl. (22), dass eine gewisse Kohärenz in ρ_{AB} (nichtdiagonale Matrixelemente) bestehen bleibt. Je mehr die Zustände $|\theta_1\rangle$ und $|\theta_2\rangle$ von Spin C parallel sind, desto mehr gleicht der reduzierte Dichteoperator ρ_{AB} einem maximal verschränkten Zustand und umso weniger ist Spin C mit diesen beiden verschränkt. Werden die beiden Zustände dagegen zunehmend orthogonal, dann verlieren die Spins A und B ihre Korrelation und übertragen sie vollständig auf die Ebene der drei Spins.

Wir haben es hier mit einem allgemein auftretenden Verhalten zu tun: Sind zwei Systeme maximal verschränkt, so verhindert eine Art exklusives Prinzip, dass sie sich mit einem dritten System verschränken. Formal kann dies mit Hilfe der Coffman-Kundu-Wootters-Ungleichung beschrieben werden (2000).

3 Separable Zustände

Wir erinnern an Bohrs Standpunkt (Kapitel XXI, § F-2), dass man in der Quantenphysik den Begriff der Separabilität aufgeben muss: Selbst wenn zwei physikalische Systeme sehr weit voneinander entfernt sind, reicht dies nicht aus, um ihnen unabhängig voneinander physikalische Eigenschaften zuzuschreiben (wie es EPR gemacht haben). Nur das Gesamtsystem, zusammen mit den Messapparaten, besitzt solche Eigenschaften. Auf der anderen Seite haben wir in § 2 gesehen, dass es in der Quantenmechanik zwei Arten von Korrelationen in einem bipartiten System gibt: eine „klassische Version" (man gibt Wahrscheinlichkeiten dafür an, dass sich seine Teile in einem oder anderen Produktzustand befinden) und eine „Quantenversion" (hier tritt Verschränkung als Superposition auf der Ebene des Zustandsvektors für das Gesamtsystem auf). Es ist natürlich so, dass die Quantenmechanik zwar in gewissen Situationen Verletzungen der Bellschen Ungleichungen, also eines lokal realistischen Standpunkts vorhersagt, dass es aber viele weitere Fälle (Zustände) gibt, in denen ihre Vorhersagen mit den Bellschen Ungleichungen im Einklang sind. In gewisser Weise ist eine Verletzung ein Hinweis auf eine *tief quantenmechanische* Situation. Es ist also von Interesse, ein Kriterium zu finden, mit dem man zwischen diesen beiden Arten von Korrelationen unterscheiden kann.

3-a Separabler Dichteoperator

Betrachten wir ein Gesamtsystem, das durch einen Dichteoperator ρ_{AB} beschrieben sei und aus zwei Teilsystemen A und B bestehe. Nehmen wir weiter an, ρ_{AB} kann in eine Reihe

$$\rho_{AB} = \sum_n \pi_n \, \rho_A^n \otimes \rho_B^n \tag{26}$$

von Tensorprodukten mit Dichteoperatoren ρ_{A}^{n} und ρ_{B}^{n} für die beiden Teilsysteme entwickelt werden, wobei die Koeffizienten π_n als Wahrscheinlichkeiten interpretiert werden können:

$$0 \leq \pi_n \leq 1 \quad \text{und} \quad \sum_n \pi_n = 1 \tag{27}$$

Anschaulich ist es naheliegend, dass die Korrelationen in dem Zustand ρ_{AB} von klassischer Natur sind. Das Gesamtsystem liegt mit einer Wahrscheinlichkeit π_n in einem Zustand vor, der ein (nicht korreliertes) Tensorprodukt von Dichteoperatoren ist, die jeweils ein Teilsystem beschreiben. Die Korrelationen zwischen den Eigenschaften der beiden Teilsysteme (die jeweils in den Zuständen ρ_{A}^{n} und ρ_{B}^{n} enthalten sind, d. Ü.) werden also auf eine klassische Weise eingeführt, und zwar auch dann, wenn die Systeme für sich genommen Eigenschaften besitzen, die stark quantenmechanisch sind.

Wir definieren nun: Jeder Dichteoperator, den man gemäß Gl. (26) mit Koeffizienten $\pi_n \geq 0$ zerlegen kann, heißt *separabel* (Werner, 1989; Peres, 1996). Treten dagegen in jeder Entwicklung von ρ_{AB} in Tensorprodukte Koeffizienten π_n auf, die nicht reell und positiv sind, dann heißt ρ_{AB} *nichtseparabel* und der Zustand enthält dann quantenmechanische Verschränkung.

Ein bipartites System in einem separablen Zustand kann niemals die Bellschen Ungleichungen verletzen, wenn Korrelationen zwischen den physikalischen Eigenschaften der beiden Teilsysteme A und B vermessen werden. Die Verletzung der Bellschen Ungleichungen liefert also unwiderlegbare Hinweise auf den nichtseparablen Charakter eines gemischten Zustands.

Beweis:

Nehmen wir an, es werden gleichzeitig Messungen am System A und am System B vorgenommen. Die erste hänge von der Einstellung eines Parameters a ab, die zweite von der Einstellung b. Wir notieren $P_a(R_{\mathrm{A}})$ den Projektor, der zu dem Beobachten des Messwerts R_{A} gehört (er wirkt im Zustandsraum von System A und ist eine Summe von Projektoren auf die Eigenvektoren, die zu dieser Messung gehören). Analog beschreibt der Erwartungswert des Projektors $P_b(R_{\mathrm{B}})$ die Wahrscheinlichkeit, dass der Messwert R_{B} an System B beobachtet wird.

Ist das Gesamtsystem durch den Dichteoperator (26) beschrieben, dann ist die Wahrscheinlichkeit, dass gleichzeitige Messungen an A und B die Messwerte R_{A} und R_{B} ergeben

$$\mathscr{P}(R_{\mathrm{A}}, R_{\mathrm{B}}) = \sum_n \pi_n \, \mathscr{P}_a^n(R_{\mathrm{A}}) \mathscr{P}_b^n(R_{\mathrm{B}}) \tag{28}$$

mit

$$\begin{aligned} \mathscr{P}_a^n(R_{\mathrm{A}}) &= \langle P_a(R_{\mathrm{A}})\rangle = \mathrm{Tr}_{\mathrm{A}}\left\{\rho_{\mathrm{A}}^n P_a(R_{\mathrm{A}})\right\} \\ \mathscr{P}_b^n(R_{\mathrm{B}}) &= \mathrm{Tr}_{\mathrm{B}}\left\{\rho_{\mathrm{B}}^n P_b(R_{\mathrm{B}})\right\} \end{aligned} \tag{29}$$

Alle Zahlen in dem Ausdruck (28) sind positiv und können in natürlicher Weise als Wahrscheinlichkeiten verstanden werden. Von nun an werden wir in diesem Rahmen argumentieren. Wir erkennen zwei Ebenen von Wahrscheinlichkeiten. Zunächst geben die π_n an, in welchem Produktzustand sich die beiden Teilsysteme befinden; dann sind für jedes n die Zustände der Teilsysteme nur statistisch bekannt, d. h., man kann lediglich die Wahrscheinlichkeit $\mathscr{P}_a^n(R_{\mathrm{A}})$ angeben, dass ein Messwert R_{A} auftreten wird, und die Wahrscheinlichkeit $\mathscr{P}_b^n(R_{\mathrm{B}})$ für den Messwert R_{B}.

Wir beginnen nun mit der Hypothese, dass eine Beziehung von der Art (28) für alle Einstellungen a und b der Messungen gilt, wobei positive Wahrscheinlichkeiten π_n, $\mathscr{P}_a^n(R_A)$ und $\mathscr{P}_b^n(R_B)$ die Häufigkeiten der Messwerte bestimmen. Wir wollen zeigen, dass in allen diesen Fällen die Bell-Ungleichungen erfüllt sind. Der Einfachheit halber seien die möglichen Messwerte R_A und R_B gleich ± 1.

Wir konstruieren in einem ersten Schritt eine klassische Zufallsvariable μ, die die physikalischen Eigenschaften der Systeme A und B bestimmt. Diese Variable nehme mit Wahrscheinlichkeiten π_n die Werte μ_n an, die den Termen in der Summe (28) über n entsprechen. Wir können diese Summe dann als einen Mittelwert über die Zufallsvariable μ interpretieren.

In einem zweiten Schritt führen wir eine weitere Zufallsvariable ν_A ein, von der die Eigenschaften des Systems A abhängen. Sie bestimmt die Ergebnisse von Alice' Messung. Man kann dazu folgende Konstruktion vornehmen: ν_A sei im Intervall $[0, 1]$ gleichverteilt und als Ergebnis gilt $R_A = +1$, wenn $0 \le \nu_A \le \mathscr{P}_a^n(R_A = +1)$ gilt, andernfalls gilt als Messwert $R_A = -1$. Die so definierte Funktion $R_A = R_A(\nu_A)$ bildet die Wahrscheinlichkeitsverteilung der möglichen Messwerte aus Gl. (29), erste Zeile ab. Das Messergebnis ist somit eine Funktion von ν_A, von der Messeinstellung a und von μ (diese Variable ersetzt n). Wir führen schließlich noch eine dritte Variable ν_B ein, die für jedes n und jede Einstellung b das Ergebnis von Bobs Messung am System B bestimmt [gemäß der Verteilung aus Gl. (29), zweite Zeile].

Wir können nun die drei Variablen μ, ν_A und ν_B als die Komponenten einer einzigen Variablen λ zusammenfassen und haben damit exakt die Ausgangslage für den Beweis des Bellschen Theorems aus Kapitel XXI, § F-3-a erreicht: Die Messergebnisse sind Funktionen, eines eine Funktion von λ und a, das andere eine von λ und b. Dieselbe Argumentation führt dann auf die Bell-Ungleichungen. Es ist zu beobachten, dass es an keiner Stelle in diesen klassischen Überlegungen nötig war, das Gesamtsystem A und B als „ein Ganzes" zu betrachten. Es ist also nicht überraschend, dass man in so einer Situation die Bell-Ungleichungen herleiten kann.

3-b Gegenbeispiel: Zwei Spins in einem Singulett-Zustand

Kommen wir schließlich auf den Fall von zwei Spin-1/2-Teilchen in einem Singulett-Zustand zurück:

$$|\Psi\rangle = \frac{1}{\sqrt{2}}\left(|+,-\rangle - |-,+\rangle\right) \tag{30}$$

Bezüglich der Basis mit den vier Kets $\{|+,+\rangle, |+,-\rangle, |-,+\rangle, |-,-\rangle\}$ (in dieser Reihenfolge) wird der Dichteoperator $\rho_{AB} = |\Psi\rangle\langle\Psi|$ durch die Matrix

$$(\rho_{AB}) = \frac{1}{2}\begin{pmatrix} 0 & 0 & 0 & 0 \\ 0 & 1 & -1 & 0 \\ 0 & -1 & 1 & 0 \\ 0 & 0 & 0 & 0 \end{pmatrix} \tag{31}$$

dargestellt. Die Dichtematrix enthält also nichtdiagonale Elemente, die man die *Kohärenzen* zwischen den Zuständen $|+,-\rangle$ und $|-,+\rangle$ nennt. Als Matrixelement geschrieben:

$$-1 = \langle +,-|\,\rho_{AB}\,|-,+\rangle \tag{32}$$

Um derartige Elemente in einer Summe aus Tensorprodukten wie in Gl. (26) darzustellen, müsste gelten

$$-1 = \sum_n \pi_n \langle +, -| \rho_A^n \otimes \rho_B^n |-, +\rangle = \sum_n \pi_n \langle +| \rho_A^n |-\rangle \langle -| \rho_B^n |+\rangle \tag{33}$$

Wir brauchen also mindestens einen Term in der Summe, sagen wir den n-ten, mit partiellen Dichteoperatoren ρ_A^n und ρ_B^n, die nichtdiagonale Elemente haben. Weil aber diese Operatoren beide positiv definit sind, muss ρ_A^n neben der Kohärenz $\langle +|\rho_A^n|-\rangle$ auch diagonale Elemente (also Besetzungen) haben: $\langle +|\rho_A^n|+\rangle, \langle -|\rho_A^n|-\rangle > 0$. Dasselbe muss für ρ_B^n gelten. Der n-te Term der Summe erzeugt also für die Dichtematrix (ρ_{AB}) notwendigerweise nichtverschwindende Besetzungen in allen vier Zuständen $|+,+\rangle, |+,-\rangle, |-,+\rangle, |-,-\rangle$. Es ist nun aber unmöglich, die Besetzungen in den Zuständen $|+,+\rangle$ und $|-,-\rangle$ auf null zu bringen [wie in Gl. (31) abzulesen], wenn weitere Besetzungen in der Summe über n mit positiven Koeffizienten π_n hinzukommen. Der Dichteoperator ρ_{AB} ist somit nichtseparabel, und deswegen kann er zu Verletzungen der Bell-Ungleichungen führen.*

* Anm. d. Ü.: Ein einfaches Kriterium, um eine Dichtematrix auf Separabilität zu testen, benutzt den Begriff der *partiell transponierten* Matrix. In der separablen Darstellung (26) wird die partiell Transponierte durch das Transponieren der Faktoren ρ_B^n gebildet. Für ein System aus zwei Spin-1/2-Teilchen entsteht die partiell Transponierte aus der Matrix (31), indem man diese in 2×2-Blöcke zerlegt und die nichtdiagonalen Blöcke austauscht. Wenn die partiell transponierte Matrix positiv definit ist, dann ist die Dichtematrix separabel (Peres, 1996; Horodecki, Horodecki und Horodecki, 1996). Die Umkehrung gilt nur für Gesamtsysteme der Dimension 2×2 (zwei *Qubits*) oder 2×3, aber im Allgemeinen nicht. Aus diesem Kriterium kann man einen quantitativen Indikator für Verschränkung konstruieren, indem man die negativen Eigenwerte der partiell transponierten Dichtematrix aufsummiert.

Ergänzung B_{XXI}
GHZ-Zustände. Übertrag von Verschränkung

Daniel M. Greenberger, Michael A. Horne und Anton Zeilinger (GHZ) haben 1989 gezeigt, dass in Systemen mit mehr als zwei korrelierten Parteien Abweichungen vom lokalen Realismus auftreten können, die noch spektakulärer sind als die Verletzungen der Bell-Ungleichungen (Greenberger, Horne und Zeilinger, 1989; Greenberger, Horne, Shimony und Zeilinger, 1990). Diese Abweichungen zeigen sich nämlich in Vorhersagen mit entgegengesetzten Vorzeichen (sie unterscheiden sich gewissermaßen um 100 %) und treten in perfekt korrelierten Messergebnissen auf (deren Wahrscheinlichkeit 100 % beträgt), im Gegensatz zu Verletzungen von 40 %, die sich erst statistisch nach vielen Messungen ergeben. In § 1 diskutieren wir diesen Widerspruch zum lokalen Realismus, für dessen Beobachtung verschränkte Systeme von drei Teilchen oder mehr erzeugt werden müssen. In § 2 stellen wir ein weiteres Beispiel vor, in dem Verschränkung von mehr als zwei Teilchen eine Rolle spielt, und zwar den Übertrag von Verschränkung (engl.: *entanglement swapping*). Hier tritt eine verblüffende Eigenschaft von Verschränkung zu Tage: Es ist möglich, zwei Systeme miteinander zu verschränken, ohne dass sie jemals miteinander in Wechselwirkung treten.

1 Korrelationen im GHZ-Zustand

Wir untersuchen einen GHZ-Zustand für ein System aus drei Spin-1/2-Teilchen. Dies ist der einfachste Fall, um einen Widerspruch zwischen quantenmechanischen und lokal realistischen Vorhersagen zu konstruieren.

1-a Vorhersagen der Quantenmechanik

Wir betrachten drei Spins in dem normierten Quantenzustand

$$|\Psi\rangle = \frac{1}{\sqrt{2}}\left(|+,+,+\rangle + \eta|-,-,-\rangle\right) \tag{1}$$

Hier bezeichnen $|\pm\rangle$ die normierten Eigenzustände der Spinkomponenten entlang der z-Achse eines kartesischen Koordinatensystems. Um die Notation zu vereinfachen

https://doi.org/10.1515/9783110649130-034

sind die Spins nicht durchnummeriert. Das erste Vorzeichen betrifft also den ersten Spin, das zweite den zweiten Spin und analog für den dritten. Die Zahl η hat die möglichen Werte $\eta = \pm 1$. Wir fragen nun nach den quantenmechanischen Wahrscheinlichkeiten für Messungen der drei Spinvektoren $\boldsymbol{\sigma}_1$, $\boldsymbol{\sigma}_2$, $\boldsymbol{\sigma}_3$, und zwar genauer ihrer Komponenten entlang der x- oder der y-Achse, senkrecht zur Quantisierungsachse.

Betrachten wir zunächst eine Messung des (Tensor-)Produkts $\sigma_{1y}\,\sigma_{2y}\,\sigma_{3x}$. Es stellt sich heraus, dass der GHZ-Zustand $|\Psi\rangle$ ein Eigenvektor dieses Operatorprodukts mit dem Eigenwert $-\eta$ ist. Nach den Axiomen der Quantenmechanik ist somit das Messergebnis zu 100 % sicher. Um dies zu sehen, schreiben wir die Wirkung des Operators σ_{3x} aus:[1]

$$\begin{aligned}\sigma_{3x}\,|\Psi\rangle &= \frac{1}{2}\,[\sigma_+(3) + \sigma_-(3)]\,|\Psi\rangle \\ &= \frac{1}{2\sqrt{2}}\,[\eta\,\sigma_+(3)\,|-,-,-\rangle + \sigma_-(3)\,|+,+,+\rangle] \\ &= \frac{1}{\sqrt{2}}\,[\eta\,|-,-,+\rangle + |+,+,-\rangle]\end{aligned} \tag{2}$$

Das Anwenden des zweiten Spinoperators liefert

$$\begin{aligned}\sigma_{2y}\sigma_{3x}\,|\Psi\rangle &= \frac{1}{2\mathrm{i}}\,[\sigma_+(2) - \sigma_-(2)]\,\sigma_{3x}\,|\Psi\rangle \\ &= \frac{1}{\mathrm{i}\sqrt{2}}\,[\eta\,|-,+,+\rangle - |+,-,-\rangle]\end{aligned} \tag{3}$$

und das Produkt der drei Operatoren ergibt schließlich

$$\begin{aligned}\sigma_{1y}\sigma_{2y}\sigma_{3x}\,|\Psi\rangle &= \frac{1}{2\mathrm{i}}\,[\sigma_+(1) - \sigma_-(1)]\,\sigma_{2y}\sigma_{3x}\,|\Psi\rangle \\ &= -\frac{1}{\sqrt{2}}\,[\eta\,|+,+,+\rangle + |-,-,-\rangle] \\ &= -\eta\,|\Psi\rangle\end{aligned} \tag{4}$$

Die Wahrscheinlichkeit, in dieser Messung den Wert $-\eta$ zu erhalten, ist damit

$$\mathscr{P}(\sigma_{1y}\,\sigma_{2y}\,\sigma_{3x} \mapsto -\eta) = 1 \tag{5}$$

während die Wahrscheinlichkeit $\mathscr{P}(\sigma_{1y}\,\sigma_{2y}\,\sigma_{3x} \mapsto +\eta)$ für das andere Ergebnis verschwindet.*

---

1 Der Einfachheit halber verwenden wir den Satz $\boldsymbol{\sigma}$ von drei Pauli-Matrizen an Stelle des Spinoperators $\mathbf{S} = \frac{1}{2}\hbar\boldsymbol{\sigma}$ und nennen ihn den Spin eines jeden Teilchens. Die Pauli-Matrizen (s. Band I, Ergänzung A_{IV} sowie Ergänzung D_{XXI}, § 1-a) liefern die Aufsteige- und Absteigeoperatoren $\sigma_\pm = \sigma_x \pm i\sigma_y$ mit den Eigenschaften $\sigma_\pm|\mp\rangle = 2|\pm\rangle$ sowie $\sigma_\pm|\pm\rangle = 0$. Im Tensorprodukt von Spinoperatoren wird die Teilchennummer als erster Index oder als Argument in Klammern notiert.

* Anm. d. Ü.: Die Werte $\eta = \pm 1$ sind die einzig möglichen Messwerte (Eigenwerte), denn offenbar gilt $(\sigma_{1y}\,\sigma_{2y}\,\sigma_{3x})^2 = \mathbb{1}$.

Es ist klar, dass $|\Psi\rangle$ auch ein Eigenvektor zu den Operatorprodukten $\sigma_{1x}\,\sigma_{2y}\,\sigma_{3y}$ und $\sigma_{1y}\,\sigma_{2x}\,\sigma_{3y}$ ist, weil die drei Spins in diesem Zustand gleichwertige Rollen spielen. Die Eigenwerte sind ebenfalls $-\eta$. Somit sind die Wahrscheinlichkeiten auch für diese Messwerte sicher:

$$\begin{aligned}\mathscr{P}(\sigma_{1x}\,\sigma_{2y}\,\sigma_{3y} \mapsto -\eta) &= 1\\ \mathscr{P}(\sigma_{1y}\,\sigma_{2x}\,\sigma_{3y} \mapsto -\eta) &= 1\end{aligned} \tag{6}$$

Betrachten wir schließlich eine Messung von allen drei Spinkomponenten entlang der x-Achse. Wir verwenden erneut Gl. (2) für σ_{3x}, ersetzen aber Gl. (3) durch

$$\begin{aligned}\sigma_{2x}\sigma_{3x}\,|\Psi\rangle &= \frac{1}{2}\,[\sigma_+(2) + \sigma_-(2)]\,\sigma_{3x}\,|\Psi\rangle\\ &= \frac{1}{\sqrt{2}}\,[\eta\,|-,+,+\rangle + |+,-,-\rangle]\end{aligned} \tag{7}$$

Aus Gl. (4) wird dann

$$\begin{aligned}\sigma_{1x}\sigma_{2x}\sigma_{3x}\,|\Psi\rangle &= \frac{1}{2}\,[\sigma_+(1) + \sigma_-(1)]\,\sigma_{2x}\sigma_{3x}\,|\Psi\rangle\\ &= \frac{1}{\sqrt{2}}\,[\eta\,|+,+,+\rangle + |-,-,-\rangle]\end{aligned} \tag{8}$$

Wir beobachten, dass der GHZ-Zustand $|\Psi\rangle$ auch Eigenzustand zu dem Produkt $\sigma_{1x}\,\sigma_{2x}\,\sigma_{3x}$ ist, allerdings mit dem Eigenwert $+\eta$. Wir haben also

$$\mathscr{P}(\sigma_{1x}\,\sigma_{2x}\,\sigma_{3x} \mapsto +\eta) = 1 \tag{9}$$

Eine Messung dieses Produkts ergibt mit Sicherheit den Wert $+\eta$.

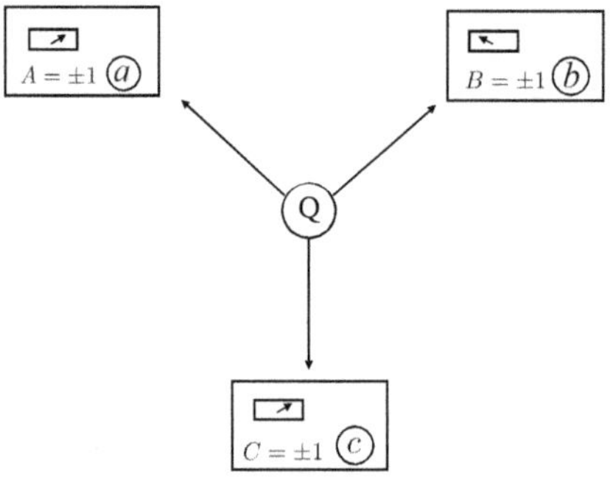

Abb. 1: Schematische Darstellung eines Experiments, um die Korrelationen in einem GHZ-Zustand zu beobachten, die mit dem lokalen Realismus nicht vereinbar sind. Drei Spins im Zustand $|\Psi\rangle$ aus Gl. (1) werden an drei entfernten Raumpunkten vermessen. In jeder Messung wird ein Gerät verwendet, an dem der Experimentator mit einem Knopf (a, b oder c) einstellen kann, ob die x- oder y-Komponente des Spins gemessen werden soll. Welche Einstellung auch gewählt wird, die Geräte liefern als Ergebnisse immer $A = \pm 1$, $B = \pm 1$ und $C = \pm 1$.

Messung eines Produkts aus kommutierenden Operatoren:
Operatoren wie σ_{1y}, σ_{2y} und σ_{3x}, die auf drei verschiedenen Spins wirken, kommutieren stets untereinander. Sie bilden sogar einen vollständigen Satz kommutierender Observablen (V. S. K. O.). Man kann also eine Basis von gemeinsamen Eigenvektoren $\{|\xi_1, \xi_2, \xi_3\rangle\}$ konstruieren, die durch die Eigenwerte $\xi_1 = \pm 1$ von σ_{1y}, $\xi_2 = \pm 1$ von σ_{2y} und $\xi_3 = \pm 1$ von σ_{3x} bezeichnet werden. Man kann jeden Zustand $|\Psi\rangle$ in dieser Basis entwickeln:

$$|\Psi\rangle = \sum_{\xi_1, \xi_2, \xi_3} c(\xi_1, \xi_2, \xi_3)\,|\xi_1, \xi_2, \xi_3\rangle \tag{10}$$

Die Wirkung des Operatorprodukts $\sigma_{1y}\sigma_{2y}\sigma_{3x}$ besteht nun darin, in jeder Komponente die Amplitude $c(\xi_1, \xi_2, \xi_3)$ mit $\xi_1\, \xi_2\, \xi_3$ zu multiplizieren. Der GHZ-Zustand $|\Psi\rangle$ aus Gl. (1) ist Eigenvektor zu diesem Operatorprodukt mit dem Eigenwert $-\eta$. Weil die Darstellung (10) eindeutig ist, folgt daraus, dass nur diejenigen Amplituden $c(\xi_1, \xi_2, \xi_3)$ ungleich null sind, für die

$$\xi_1\, \xi_2\, \xi_3 = -\eta \tag{11}$$

gilt.
Nehmen wir nun an, man misst die Komponente σ_{1y} des ersten Spins. Das Ergebnis $\xi_1 = \pm 1$ ist zufällig.* Das Projektionspostulat führt auf einen Zustandsvektor, der von diesem Ergebnis abhängt, wobei von der Summe (1) nur die Hälfte der Terme übrig bleibt (diejenigen, für die ξ_1 mit dem beobachteten Wert übereinstimmt). Die Komponenten des reduzierten Zustands erfüllen immer noch die Beziehung (11), wobei ξ_1 jetzt fixiert ist. Misst man weiter σ_{2y} für den zweiten Spin, erhält man erneut ein zufälliges Ergebnis für $\xi_2 = \pm 1$, aber die Komponenten des projizierten Zustandsvektors sind immer noch durch (11) verknüpft. Durch die bekannten Messwerte ξ_1 und ξ_2 ist nun der Wert von ξ_3 festgelegt.
Die beobachteten Werte für jede Spinmessung fluktuieren also von einer Durchführung des Experiments zur nächsten, diese Fluktuationen sind aber derart korreliert, dass das Produkt der drei Messwerte konstant ist. Natürlich kann man dieselbe Überlegung auch für weitere Sätze von Operatoren durchführen, etwa das oben erwähnte Produkt σ_{1x}, σ_{2y} und σ_{3y}.

1-b Lokal realistischer Standpunkt

Wir verlassen nun für einen Moment die orthodoxe Quantenmechanik und untersuchen die Vorhersagen, die im Sinne der Arbeit von Einstein, Podolsky und Rosen (EPR) aus dem Jahr 1935 eine lokal realistische Theorie für dieses Experiment liefern würde. Weil wir uns in der besonders einfachen Situation befinden, dass der Quantenzustand zu Beginn ein Eigenzustand zu allen betrachteten Observablen ist (alle Messwerte sind zu 100 % sicher), könnten wir erwarten, dass keine besonderen Unterschiede auftreten. Es stellt sich allerdings heraus, dass lokaler Realismus und Quantenmechanik diametral entgegengesetzte Vorhersagen machen.

Die Überlegungen vom lokal realistischen Standpunkt aus sind eine direkte Verallgemeinerung der Argumente, die wir für die Bell-Ungleichungen in Kapitel XXI,

* Anm. d. Ü.: Denn in den Superpositionen (1) und (10) treten Terme sowohl mit $\xi_1 = +1$ als auch mit $\xi_1 = -1$ auf.

§ F-3-a angewendet haben. Wir stellen zunächst fest, dass die perfekten Korrelationen es erlauben, das Messergebnis der x- oder y-Komponente eines beliebigen Spins aus den Messwerten der anderen beiden Teilchen (die beliebig weit entfernt sind) mit Sicherheit vorherzusagen. Deswegen folgt gemäß der EPR-Definition, dass es Elemente der Wirklichkeit gibt, die diese beiden Spinkomponenten beschreiben. Wir notieren diese Spinkomponenten mit $A_{x,y} = \pm 1$ für den ersten Spin, mit $B_{x,y} = \pm 1$ für den zweiten und $C_{x,y} = \pm 1$ für den dritten. EPR würden nun argumentieren, dass für jedes durchgeführte Experiment (bei jeder Emission eines Tripels von Teilchen aus der Quelle) diese sechs Zahlen wohldefinierte Werte besitzen, auch wenn sie nicht von ornherein bekannt sind. Diese Werte sind einfach die Ergebnisse, die eventuelle, später auszuführende Messungen liefern werden. Eine Messung des ersten Spins etwa muss auf den Messwert A_x führen, wenn der Analysator entlang der x-Achse eingestellt wird (und auf den Messwert A_y für einen Analysator entlang der y-Achse). Dies gilt unabhängig davon, welche Messungen an den anderen beiden Spins vorgenommen werden.

Damit die drei Gleichungen (5) und (6) erfüllt sind, muss also gelten

$$\begin{aligned} A_y B_y C_x &= -\eta \\ A_x B_y C_y &= -\eta \\ A_y B_x C_y &= -\eta \end{aligned} \tag{12}$$

Im Rahmen des lokalen Realismus sind dieselben sechs Zahlenwerte auch auf ein Experiment anwendbar, in dem man dreimal die x-Spinkomponente vermisst: Das Ergebnis wird einfach das Produkt $A_x B_x C_x$ sein. Dieses können wir aber berechnen, indem wir die drei Zeilen in Gl. (12) miteinander multiplizieren. Weil die Quadrate A_y^2, B_y^2, C_y^2 alle gleich $+1$ sind, erhalten wir:

$$A_x B_x C_x = -\eta \tag{13}$$

Hier stoßen wir auf den Widerspruch: Die Quantenmechanik lieferte uns in Gl. (9), dass die Messung von $\sigma_{1x}\ \sigma_{2x}\ \sigma_{3x}$ immer den Wert $+\eta$ ergibt, also das entgegengesetzte Vorzeichen! Der Unterschied zwischen den Vorhersagen des lokalen Realismus und der Quantenmechanik könnte nicht markanter sein.

1-c Kontextualität

Im Gegensatz zu den Verletzungen der Bell-Ungleichungen scheint ein GHZ-Zustand noch viel spektakulärere Widersprüche zu erlauben. Mit einer Wahrscheinlichkeit von 100 % tritt ein Unterschied von 100 % auf. Allerdings sind die experimentellen Herausforderungen nicht zu unterschätzen, immerhin muss man verschränkte Teilchen erzeugen und zu drei entfernten Orten transportieren.

Um die drei Spins bequem unterscheiden zu können (welche Messung gehört zum ersten Spin, welche zum zweiten oder dritten?) und die Messungen räumlich zu trennen, nehmen wir an, die Spins befinden sich in drei verschiedenen Raumgebieten. Wir nehmen die Ortskoordinaten als Freiheitsgrade mit und können dann den Ket (1) etwas genauer in der Form

$$|\Psi\rangle = \frac{1}{\sqrt{2}} |1:u_a\rangle\, |2:u_b\rangle\, |3:u_c\rangle \otimes \Big[|1:+;2:+;3:+\rangle + \eta\, |1:-;2:-;3:-\rangle \Big] \quad (14)$$

aufschreiben. Hier sind $|u_{a,b,c}\rangle$ drei Orbitalzustände, die einander nicht überlappen. Sie können etwa vollständig in den Volumina („Laboratorien") lokalisiert sein, wo die Messungen ausgeführt werden. Wir nehmen dabei an, dass kein Teilchen undetektiert bleibt und dass jedes von ihnen separat beobachtet wird. Das experimentelle Protokoll sieht nun vor, dass man in jedem Laboratorium eine Richtung für die Spinmessung auswählt (entlang der x- oder y-Achse), die Messungen durchführt und Messwerte $A_{x,y}$, $B_{x,y}$ und $C_{x,y}$ erhält und dann ihr Produkt berechnet. (Die Indizes bezeichnen die Einstellungen der Messgeräte. Eine Durchführung liefert nur jeweils drei Messwerte, d. Ü.)

Eine erste unvermeidliche Überprüfung besteht darin, das Experiment sehr oft durchzuführen und nacheinander die drei Produkte $A_yB_yC_x$, $A_xB_yC_y$ sowie $A_yB_xC_y$ zu vermessen, um sicherzustellen, dass die von der Quantenmechanik vorhergesagten perfekten Korrelationen in der Tat beobachtet werden. (Dies ist für das EPR-Argument wesentlich, weil man daraus schließen kann, dass sechs Elemente der Wirklichkeit separat existieren.) Dann vermisst man das Produkt $A_xB_xC_x$: Sind die Vorhersagen der Quantenmechanik immer noch korrekt, wird man man das entgegengesetzte Vorzeichen erhalten – es ergibt sich die Schlussfolgerung, dass der lokale Realismus verletzt ist. Äquivalent dazu kann man schließen, dass der Wert einer Messung von σ_{1x} (zum Beispiel) von den Einstellungen (x oder y) abhängt, die für die Messungen der anderen Spins verwendet werden. Dies ist sogar dann richtig, wenn die entsprechenden Operatoren mit σ_{1x} kommutieren. Wir stoßen hier auf den allgemeinen Begriff der *Quantenkontextualität*: In einem Experiment, in dem mehrere kommutierende Observablen gemessen werden, muss man gemäß der Vorschrift von Bohr den experimentellen Aufbau in seiner Gesamtheit in Betracht ziehen (d. h. den Kontext, in dem sich das zu messende System befindet). Ein Argument, das sich diese Messungen als unabhängige Prozesse denkt, ist nicht korrekt.

Experimentelle Überprüfungen der GHZ-Gleichungen sind durchgeführt worden (Bouwmeester, Pan, Daniell, Weinfurter und Zeilinger, 1999), s. auch § 5.1.2 (engl. Version) oder § 5.A.2 (frz. Version) von Laloë (2011/12). Sie müssen sich der nichttrivialen Aufgabe stellen, drei Teilchen in den verschränkten Quantenzustand (14) zu versetzen. Unter Nutzung von fortgeschrittenen Techniken der Quantenoptik bestätigen diese Experimente die quantenmechanischen Vorhersagen in der Tat, und zwar sowohl für drei bis vier verschränkte Photonen als auch für Kernspins, wobei im zweiten Fall Verfahren aus der Kernspinresonanz (Abk. NMR für engl. *nuclear magnetic resonance*) verwendet werden.

2 Übertrag von Verschränkung

Wir beschreiben nun ein Verfahren, das man auf Englisch *entanglement swapping* nennt, übersetzt etwa *Verschränkungsübertrag*. Man kann damit zwei Teilchen verschränken, die von unabhängigen Quellen emittiert worden sind (damit keine gemeinsame Vergangenheit haben und nicht korreliert sind), indem man den Einfluss einer Quantenmessung ausnutzt.

2-a Experimentelles Protokoll

Seien Q_{12} und Q_{34} zwei Quellen, die verschränkte Photonenpaare emittieren (s. Abb. 2). Die erste Quelle erzeugt Photonen mit den Impulsen $\hbar\mathbf{k}_1$ und $\hbar\mathbf{k}_2$, deren Polarisationen zwischen den Zuständen „horizontal" (H, in der Ebene der Abbildung) und „vertikal" (V, senkrecht zur Ebene) verschränkt sind. In gleicher Weise erzeugt die zweite Quelle Photonen mit den Impulsen $\hbar\mathbf{k}_3$ und $\hbar\mathbf{k}_4$, die genauso polarisationsverschränkt sind. Der Anfangszustand für die beiden Paare ist das Tensorprodukt aus je einem Zweiteilchenzustand:

$$|\Psi\rangle = \frac{1}{2}\left(|\mathbf{k}_1, H; \mathbf{k}_2, V\rangle + |\mathbf{k}_1, V; \mathbf{k}_2, H\rangle\right) \otimes \left(|\mathbf{k}_3, H; \mathbf{k}_4, V\rangle + |\mathbf{k}_3, V; \mathbf{k}_4, H\rangle\right) \tag{15}$$

Während die beiden Photonen, die eine Quelle emittiert hat, stark untereinander verschränkt sind [die Paare (12) sowie (34)], liegt keine Verschränkung zwischen den Paaren aus verschiedenen Quellen vor.

Für die weitere Rechnung ist es bequem, die folgenden vier (Polarisations-)Zustände für die Photonen mit den Wellenvektoren $\mathbf{k}_i$, $\mathbf{k}_j$ einzuführen:

$$\begin{aligned} |\Phi_\eta^{\mathrm{B}}\rangle_{(ij)} &= \frac{1}{\sqrt{2}}\left(|\mathbf{k}_i, H; \mathbf{k}_j, H\rangle + \eta\, |\mathbf{k}_i, V; \mathbf{k}_j, V\rangle\right) \\ |\Theta_\eta^{\mathrm{B}}\rangle_{(ij)} &= \frac{1}{\sqrt{2}}\left(|\mathbf{k}_i, H; \mathbf{k}_j, V\rangle + \eta\, |\mathbf{k}_i, V; \mathbf{k}_j, H\rangle\right) \end{aligned} \tag{16}$$

Der hier auftretende Parameter η nimmt die Werte $+1$ und -1 an. Diese Zustände werden in der Literatur oft *Bell-Zustände* genannt (deswegen der hochgestellte Index B) und bilden eine orthonormierte Basis im Raum der (Polarisations-)Zustände für das Teilchenpaar (ij). Den Zustand aus Gl. (15), den die beiden Quellen emittieren, kann man etwa als $|\Theta_{+1}^{\mathrm{B}}\rangle_{(12)} \otimes |\Theta_{+1}^{\mathrm{B}}\rangle_{(34)}$ schreiben. Mit einer einfachen, aber etwas langwierigen Rechnung, die wir hier nicht im Detail vorführen wollen, kann man außerdem die Identität

$$|\Phi_{+1}^{\mathrm{B}}\rangle_{(14)} \otimes |\Phi_{+1}^{\mathrm{B}}\rangle_{(23)} - |\Phi_{-1}^{\mathrm{B}}\rangle_{(14)} \otimes |\Phi_{-1}^{\mathrm{B}}\rangle_{(23)} = |H; V; V; H\rangle + |V; H; H; V\rangle \tag{17}$$

überprüfen. (Diese Identität wird für eine darauffolgende Messung an den Photonen $\mathbf{k}_2$ und $\mathbf{k}_3$ benötigt, s. Abb. 2.) Um die Notation zu vereinfachen, haben wir auf der rechten Seite die Impulse weggelassen: Die Polarisationsrichtungen beziehen sich immer auf die Photonen mit den Impulsen $\mathbf{k}_1$ bis $\mathbf{k}_4$. In ähnlicher Weise ergibt sich für die anderen Bell-Zustände

$$|\Theta^{\mathrm{B}}_{+1}\rangle_{(14)} \otimes |\Theta^{\mathrm{B}}_{+1}\rangle_{(23)} - |\Theta^{\mathrm{B}}_{-1}\rangle_{(14)} \otimes |\Theta^{\mathrm{B}}_{-1}\rangle_{(23)} = |H; V; H; V\rangle + |V; H; V; H\rangle \tag{18}$$

Mit diesen Zwischenergebnissen können wir den Zustand aus Gl. (15) in der Form

$$\begin{aligned}|\Psi\rangle = \frac{1}{2}\Big(&|\Phi^{\mathrm{B}}_{+1}\rangle_{(14)} \otimes |\Phi^{\mathrm{B}}_{+1}\rangle_{(23)} - |\Phi^{\mathrm{B}}_{-1}\rangle_{(14)} \otimes |\Phi^{\mathrm{B}}_{-1}\rangle_{(23)}\\ &+ |\Theta^{\mathrm{B}}_{+1}\rangle_{(14)} \otimes |\Theta^{\mathrm{B}}_{+1}\rangle_{(23)} - |\Theta^{\mathrm{B}}_{-1}\rangle_{(14)} \otimes |\Theta^{\mathrm{B}}_{-1}\rangle_{(23)}\Big)\end{aligned} \tag{19}$$

aufschreiben.

Das experimentelle Schema für das Übertragen von Verschränkung ist in Abb. 2 skizziert. Nach der Emission der beiden Paare werden die Teilchen mit den Impulsen $\mathbf{k}_2$ und $\mathbf{k}_3$ an einem halbdurchlässigen Strahlteiler ST zur Interferenz gebracht. Hinter dem Strahlteiler messen zwei Detektoren D_a und D_b, in welchen Ausgängen sich die Teilchen befinden. Beobachtet man in beiden Ausgängen je ein Teilchen, dann ist der Eigenvektor zu diesem Messergebnis der Zustand $|\Theta^{\mathrm{B}}_{-1}\rangle_{(23)}$. (In der Tat zeigen wir unten, dass die anderen drei Zustände $|\Theta^{\mathrm{B}}_{+1}\rangle_{(23)}$, $|\Phi^{\mathrm{B}}_{+1}\rangle_{(23)}$ und $|\Phi^{\mathrm{B}}_{-1}\rangle_{(23)}$ einer Messung entsprechen, in der die beiden Teilchen immer gemeinsam in einem Ausgang den Strahlteiler verlassen.) Diese Messung projiziert also den Zustand (19) auf die letzte seiner vier Komponenten. Wenn die beiden Teilchen mit den Impulsen $\mathbf{k}_2$ und $\mathbf{k}_3$ in zwei verschiedenen Ausgängen detektiert werden (dies geschieht in einem von vier Fällen), folgt also, dass man dann damit rechnen kann, dass die Teilchen $\mathbf{k}_1$ und $\mathbf{k}_4$ sich in dem Zustand $|\Theta^{\mathrm{B}}_{-1}\rangle_{(14)}$ befinden. Die beiden nicht beobachteten Teilchen erreichen also einen maximal verschränkten Zustand, obwohl sie beliebig weit vonein-

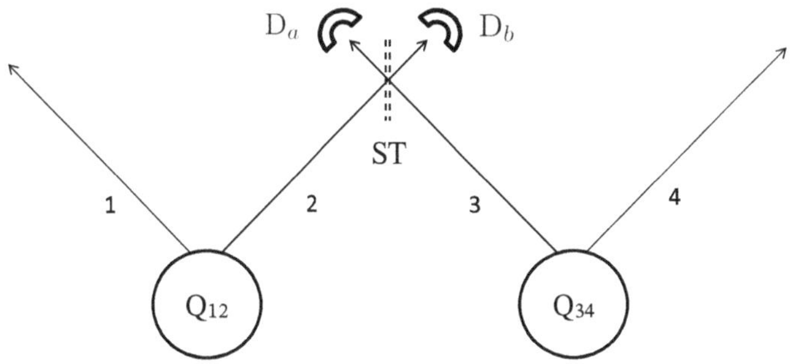

Abb. 2: Experimentelles Schema für das Übertragen von Verschränkung (engl.: *entanglement swapping*). Zwei Quellen Q_{12} und Q_{34} emittieren je ein verschränktes Teilchenpaar, das linke Paar hat die Wellenvektoren $\mathbf{k}_1$ und $\mathbf{k}_2$, das rechte $\mathbf{k}_3$ und $\mathbf{k}_4$. Die beiden Quellen sind unabhängig. Die Teilchen $\mathbf{k}_2$ und $\mathbf{k}_3$ treffen auf einen Strahlteiler ST, hinter dem sich zwei Detektoren D_a und D_b befinden, die die Teilchenzahlen in den Ausgängen a und b messen. Diese Messung projiziert die Teilchen $\mathbf{k}_1$ und $\mathbf{k}_4$ auf einen verschränkten Zustand, obwohl die Teilchen niemals untereinander in Wechselwirkung standen.

ander entfernt sind. Es ist bemerkenswert, dass anfangs die Verschränkung nur das Teilchenpaar $\mathbf{k}_1$ und $\mathbf{k}_2$ auf der einen Seite und, davon getrennt, das Paar $\mathbf{k}_3$ und $\mathbf{k}_4$ betrifft. Sobald eine passende Messung auf je einem Teilchen der beiden Paare vorgenommen wird, projiziert man die übrigen beiden Teilchen auf einen stark verschränkten Zustand, obwohl diese zu keinem Zeitpunkt des Protokolls in Wechselwirkung standen.*

Beweis:
Wir zeigen hier, dass $|\Theta^{\mathrm{B}}_{-1}\rangle_{(23)}$ ein Zustand für einlaufende Photonen ist, der am Strahlteiler dazu führt, dass die Photonen zu verschiedenen Detektoren hin auslaufen. Dazu führen wir die Erzeugungsoperatoren $a^\dagger_{\mathbf{k}_2,H}$ und $a^\dagger_{\mathbf{k}_2,V}$ ein, die in den Einteilchenzuständen mit dem Wellenvektor $\mathbf{k}_2$ und den Polarisationen H und V (kurz *Moden*) ein Photon erzeugen. Für die Moden mit dem Wellenvektor $\mathbf{k}_3$ schreiben wir analog Erzeuger $a^\dagger_{\mathbf{k}_3,H}$ und $a^\dagger_{\mathbf{k}_3,V}$ auf. Den oben genannte Bell-Zustand können wir dann durch

$$|\Theta^{\mathrm{B}}_{-1}\rangle_{(23)} = \frac{1}{\sqrt{2}}\left(a^\dagger_{\mathbf{k}_2,H}\, a^\dagger_{\mathbf{k}_3,V} - a^\dagger_{\mathbf{k}_2,V}\, a^\dagger_{\mathbf{k}_3,H}\right)|0\rangle \tag{20}$$

darstellen. Beim Durchgang durch den Strahlteiler werden die Polarisationen nicht verändert,† aber die Richtungen (Wellenvektoren) der Photonen ändern sich. Ausgedrückt durch die Erzeugungsoperatoren ist die *Strahlteilertransformation* durch eine unitäre Abbildung gegeben:

$$\begin{aligned} a^\dagger_{\mathbf{k}_2,H} &\mapsto \frac{1}{\sqrt{2}}\left(a^\dagger_{\mathbf{k}_2,H} + \mathrm{i}\, a^\dagger_{\mathbf{k}_3,H}\right) \\ a^\dagger_{\mathbf{k}_3,H} &\mapsto \frac{1}{\sqrt{2}}\left(\mathrm{i}\, a^\dagger_{\mathbf{k}_2,H} + a^\dagger_{\mathbf{k}_3,H}\right) \end{aligned} \tag{21}$$

Die Faktoren i entstehen durch die Phasenverschiebung während der Reflexion eines Lichtstrahls. Ähnliche Formeln gelten für die V-Polarisation. Für das Produkt der Erzeuger wird die Transformation auf jeden Faktor angewendet, und wir erhalten

$$\begin{aligned} & a^\dagger_{\mathbf{k}_2,H}\, a^\dagger_{\mathbf{k}_3,V} - a^\dagger_{\mathbf{k}_2,V}\, a^\dagger_{\mathbf{k}_3,H} \\ & \mapsto \frac{1}{2}\Big[\left(a^\dagger_{\mathbf{k}_2,H} + \mathrm{i}\, a^\dagger_{\mathbf{k}_3,H}\right)\left(\mathrm{i}\, a^\dagger_{\mathbf{k}_2,V} + a^\dagger_{\mathbf{k}_3,V}\right) \\ & \qquad - \left(a^\dagger_{\mathbf{k}_2,V} + \mathrm{i}\, a^\dagger_{\mathbf{k}_3,V}\right)\left(\mathrm{i}\, a^\dagger_{\mathbf{k}_2,H} + a^\dagger_{\mathbf{k}_3,H}\right)\Big] \end{aligned} \tag{22}$$

Weil die Erzeuger in verschiedenen Moden kommutieren, ist dieses Operatorprodukt dasselbe wie

$$a^\dagger_{\mathbf{k}_2,H}\, a^\dagger_{\mathbf{k}_3,V} - a^\dagger_{\mathbf{k}_2,V}\, a^\dagger_{\mathbf{k}_3,H} \tag{23}$$

---

* Anm. d. Ü.: Wir erwähnen dem Verständnis halber erneut, dass das Protokoll nur probabilistisch funktioniert (in 25 % der Fälle). Außerdem müssen die Uhren der Experimentatoren in drei Laboren (wo sich jeweils die Teilchen $\mathbf{k}_1$, $\mathbf{k}_4$ und das Paar $\mathbf{k}_2, \mathbf{k}_3$ befinden) synchronisiert sein, so dass alle Partner mit korrespondierenden Teilchenpaaren operieren (typischerweise werden derartige Experimente mit Pulsen durchgeführt). Die Information über das „erfolgreiche" Messergebnis muss den Laboren 1 und 4 mitgeteilt werden. Die Verschränkung zwischen $\mathbf{k}_1$ und $\mathbf{k}_4$ wird schließlich durch Korrelationen (einen Test von Bell-Ungleichungen) nachgewiesen, deren Messung ebenfalls eine Übertragung der Messwerte von 1 nach 4 (oder zu einem Labor in der Mitte) erfordert.

† Anm. d. Ü.: Um dies zu gewährleisten, muss im Labor „23" Kenntnis über die Koordinatensysteme für die Polarisationen H und V der Quellen Q_{12} und Q_{34} vorhanden sein, damit der Strahlteiler richtig ausgerichtet wird. Aus Gl. (21) ist ersichtlich, dass man einen 50 : 50 Strahlteiler verwendet.

so dass der Zustand (20) am Strahlteiler schließlich wie folgt transformiert wird:

$$|\Theta^{\mathrm{B}}_{-1}\rangle_{(23)} \mapsto \frac{1}{\sqrt{2}}\left(a^{\dagger}_{\mathbf{k}_2,H}\, a^{\dagger}_{\mathbf{k}_3,V} - a^{\dagger}_{\mathbf{k}_2,V}\, a^{\dagger}_{\mathbf{k}_3,H}\right)|0\rangle \tag{24}$$

Wir beobachten also: Wenn die beiden Photonen im Zustand $|\Theta^{\mathrm{B}}_{-1}\rangle_{(23)}$ auf den Strahlteiler treffen, dann verlassen sie ihn in unterschiedlichen Ausgängen.
Sehen wir uns nun zwei Photonen in dem Zustand $|\Theta^{\mathrm{B}}_{+1}\rangle_{(23)}$ an. Wir müssen Gl. (22) durch

$$\begin{aligned} a^{\dagger}_{\mathbf{k}_2,H}\, a^{\dagger}_{\mathbf{k}_3,V} + a^{\dagger}_{\mathbf{k}_2,V}\, a^{\dagger}_{\mathbf{k}_3,H} \mapsto \frac{1}{2} &\left[\left(a^{\dagger}_{\mathbf{k}_2,H} + \mathrm{i}\, a^{\dagger}_{\mathbf{k}_3,H}\right)\left(\mathrm{i}\, a^{\dagger}_{\mathbf{k}_2,V} + a^{\dagger}_{\mathbf{k}_3,V}\right)\right.\\ &\left.+\left(a^{\dagger}_{\mathbf{k}_2,V} + \mathrm{i}\, a^{\dagger}_{\mathbf{k}_3,V}\right)\left(\mathrm{i}\, a^{\dagger}_{\mathbf{k}_2,H} + a^{\dagger}_{\mathbf{k}_3,H}\right)\right]\\ &= \mathrm{i}\left(a^{\dagger}_{\mathbf{k}_2,H}\, a^{\dagger}_{\mathbf{k}_2,V} + a^{\dagger}_{\mathbf{k}_3,H}\, a^{\dagger}_{\mathbf{k}_3,V}\right) \end{aligned} \tag{25}$$

ersetzen. Die beiden Photonen verlassen den Strahlteiler also in derselben Richtung (wenn auch mit verschiedenen Polarisationen). Genauso findet man für den Zustand $|\Phi^{\mathrm{B}}_{\pm 1}\rangle_{(23)}$

$$\begin{aligned} a^{\dagger}_{\mathbf{k}_2,H}\, a^{\dagger}_{\mathbf{k}_3,H} \pm a^{\dagger}_{\mathbf{k}_2,V}\, a^{\dagger}_{\mathbf{k}_3,V} \mapsto \frac{1}{2} &\left[\left(a^{\dagger}_{\mathbf{k}_2,H} + \mathrm{i}\, a^{\dagger}_{\mathbf{k}_3,H}\right)\left(\mathrm{i}\, a^{\dagger}_{\mathbf{k}_2,H} + a^{\dagger}_{\mathbf{k}_3,H}\right)\right.\\ &\left.\pm\left(a^{\dagger}_{\mathbf{k}_2,V} + \mathrm{i}\, a^{\dagger}_{\mathbf{k}_3,V}\right)\left(\mathrm{i}\, a^{\dagger}_{\mathbf{k}_2,V} + a^{\dagger}_{\mathbf{k}_3,V}\right)\right]\\ &= \mathrm{i}\left[\left(a^{\dagger}_{\mathbf{k}_2,H}\right)^2 + \left(a^{\dagger}_{\mathbf{k}_3,H}\right)^2 \pm \left(a^{\dagger}_{\mathbf{k}_2,V}\right)^2 \pm \left(a^{\dagger}_{\mathbf{k}_3,V}\right)^2\right] \end{aligned} \tag{26}$$

Auch hier treten in allen Termen zwei Photonen in derselben Ausgangsmode auf. Der Bell-Zustand $|\Theta^{\mathrm{B}}_{-1}\rangle_{(23)}$ ist also der einzige, der auf Photonen in verschiedenen Ausgängen führt.*

2-b Diskussion

Auch in der klassischen Physik kann man Korrelationen zwischen Objekten 1 und 4 erzeugen, die anfangs unabhängig waren: es genügt, eine Auswahl von anderen Objekten vorzunehmen, die jeweils mit 1 oder 4 korreliert sind. Worin besteht also der fundamentale Unterschied zum hier diskutierten Übertrag von Verschränkung? Dazu können wir uns eine klassische Version dieses Experiments überlegen. Die beiden Quellen emittieren Paare von korrelierten Objekten, die wir mit 1 und 2 für die linke Quelle und mit 3 und 4 für die rechte Quelle bezeichnen, wie in Abb. 2. Bei jeder Durchführung des Experiments emittiert jede Quelle zwei klassische Objekte, die eine

* Anm. d. Ü.: Es gibt einen einfachen Grund, warum der Bell-Zustand $|\Theta^{\mathrm{B}}_{-1}\rangle$ unter der Strahlteilertransformation in sich abgebildet wird [s. Gl. (24)]. Diese Transformation kann als eine Drehung aufgefasst werden, und mit Gl. (21) wird eine sogenannte zweidimensionale Darstellung definiert. Die zugrundeliegende Gruppe ist die SU(2), die lokal isomorph zur Drehgruppe ist. Die zweidimensionale Darstellung kann man also als ein *Spin-1/2-System* auffassen. Beim Multiplizieren von zwei Erzeugern entsteht ein Tensorprodukt dieser Spin-1/2-Systeme, und wir wissen, dass man den entsprechenden 2×2-dimensionalen Raum in Unterräume zerlegen kann, die zu den Gesamtdrehimpulsen 0 und 1 gehören. Der Zustand $|\Theta^{\mathrm{B}}_{-1}\rangle$ bzw. die Operatorkombination aus Gl. (23) ist genau der *Singulett-Zustand*, der invariant unter Drehungen ist, während die anderen drei Bell-Zustände den Raum der Triplett-Zustände aufspannen.

gemeinsame Eigenschaft verbindet (sie haben etwa dieselbe Farbe oder antiparallele Drehimpulse usw.). Die beiden Quellen sind vollständig unkorreliert [die emittierten Objekte (1, 2) sind in ihrer Farbe oder im Drehimpuls völlig unabhängig von dem Paar (3, 4)]. Selektiert man aber nun die Ereignisse, in denen die Teilchen 2 und 3 korreliert sind (sie haben dieselbe Farbe, parallele oder antiparallele Drehimpulse), dann ist es klar, dass die so ausgewählten Objekte 1 und 4 in gleicher Weise korreliert sind – selbst wenn sie weit entfernt sind und in der Vergangenheit nie miteinander in Verbindung getreten sind. Die Korrelation ist einfach eine Folge aus der Selektion in einer klassischen Wahrscheinlichkeitsverteilung. Man könnte dieses Protokoll den *Übertrag von klassischen Korrelationen* nennen.

Diese Selektion bleibt freilich auf einer rein klassischen Ebene, man kann auf diese Weise keine Verschränkung erzeugen. Wenn man ein Bell-Experiment mit den klassischen Objekten 1 und 4 machen würde (wir bleiben im Rahmen der klassischen Physik), dann müssen die Korrelationen die Bell-Ungleichungen erfüllen. Der Übertrag von Verschränkung erlaubt es dagegen, durch einen selektierten Satz von Messungen eine wirkliche Verschränkung zu erzeugen, mit der man in der Tat auch eine Verletzung der Bell-Ungleichungen erhalten kann. Wir erreichen damit also stärkere Korrelationen als mit dem Übertrag von klassischen Korrelationen. Dies wurde auch in mehreren Experimenten nachgewiesen (Pan, Bouwmeester, Weinfurter und Zeilinger, 1998; Hensen et al., 2015).

Fazit

Wir haben zwei Beispiele besprochen, die eine große Vielfalt von Situationen illustrieren, in denen Quantenverschränkung zu markanten physikalischen Konsequenzen führen kann, selbst wenn zwei Quantensysteme beliebig weit voneinander entfernt sind. In allen Fällen ist es wesentlich, die Grundregeln der Quantenmechanik zu beachten und Rechnungen mit dem Zustandsvektor des Gesamtsystems durchzuführen, der alle Teilsysteme zusammen umfasst. Jeder Versuch, Berechnungen in verschiedenen Raumgebieten unabhängig voneinander durchzuführen und die Korrelationen dann durch klassische Wahrscheinlichkeiten zu beschreiben, würde auf Vorhersagen führen, in denen wesentliche nichtlokale Quanteneffekte fehlen – und die im Widerspruch zum Experiment stehen.

Ergänzung C_{XXI}
Entstehen einer relativen Phase im Messprozess

Einleitung

Im Zusammenhang mit der Bose-Einstein-Kondensation (s. Ergänzung C_{XV}) haben wir das Bose-Kondensat oder kurz Kondensat kennengelernt: ein System identischer Bosonen, die alle denselben Einteilchenzustand $|u_i\rangle$ besetzen. Dieses System wird durch einen Fock-Zustand wie in Kapitel XV, Gl. (A-17) beschrieben, in dem alle Besetzungszahlen bis auf $n_i = N$ verschwinden, mit einem makroskopischen Wert N:

$$|u_i : N\rangle = \frac{1}{\sqrt{N!}} \left[a^\dagger_{u_i}\right]^N |0\rangle \tag{1}$$

Hier ist $a^\dagger_{u_i}$ der Erzeugungsoperator im Einteilchenzustand $|u_i\rangle$ und $|0\rangle$ der Vakuumzustand (in dem alle Besetzungszahlen null sind). In dieser Ergänzung wollen wir ein *doppeltes Kondensat* betrachten, das ein Fock-Zustand ist, in dem sich N_1 Teilchen im Einteilchenzustand $|u_i\rangle$ und N_2 Teilchen im Zustand $|u_j\rangle$ befinden. Der normierte Vielteilchenzustand ist

$$|\Phi_0\rangle = |u_i : N_1; u_j : N_2\rangle = \frac{1}{\sqrt{N_1!N_2!}} \left[a^\dagger_{u_i}\right]^{N_1} \left[a^\dagger_{u_j}\right]^{N_2} |0\rangle \tag{2}$$

Wir werden uns darauf beschränken, dass die Einteilchenzustände u_i und u_j definierte, antiparallele Wellenvektoren $\pm k$ haben:[1]

$$|\Phi_0\rangle = |+k : N_1; -k : N_2\rangle = \frac{1}{\sqrt{N_1!N_2!}} \left[a^\dagger_{+k}\right]^{N_1} \left[a^\dagger_{-k}\right]^{N_2} |0\rangle \tag{3}$$

1 Um die Formeln zu vereinfachen, reduzieren wir das Problem auf eine Dimension. Der Operator $a^\dagger_{+k}$ erzeugt ein Teilchen in der ebenen Welle $\sim \exp(ikx)$. Die Positionen der Teilchen notieren wir x_1, x_2, ..., x_p. Die Verallgemeinerung auf drei Dimensionen bereitet keine Schwierigkeiten, es genügt dazu, Vektoren $\mathbf{k}$ oder $\mathbf{x}_p$ einzuführen.

https://doi.org/10.1515/9783110649130-035

In diesem Zustand sind die Besetzungszahlen scharf definiert, aber die relative Phase der beiden Kondensate ist vollständig unbestimmt. Wir werden des Weiteren in § 2-a überprüfen, dass keine Interferenzstreifen entstehen, wenn man in diesem Zustand die Position eines Teilchens vermisst.

Nun haben aber Experimente gezeigt, dass Interferenzen in der Tat auftreten, wenn viele Teilchen detektiert werden, und zwar in dem Bereich, in dem die beiden Kondensate überlappen [Abb. 1 und Andrews et al. (1997)]. Dies ist sogar dann der Fall, wenn die Kondensate völlig unabhängig voneinander erzeugt worden sind. Aus der Position der Interferenzmaxima und -Minima kann man auf einen definierten Wert für die relative Phase der beiden Kondensate schließen. Dies wirft sofort die Frage auf, worauf man das Beobachten dieser Phase zurückführen kann. Es ist das Ziel

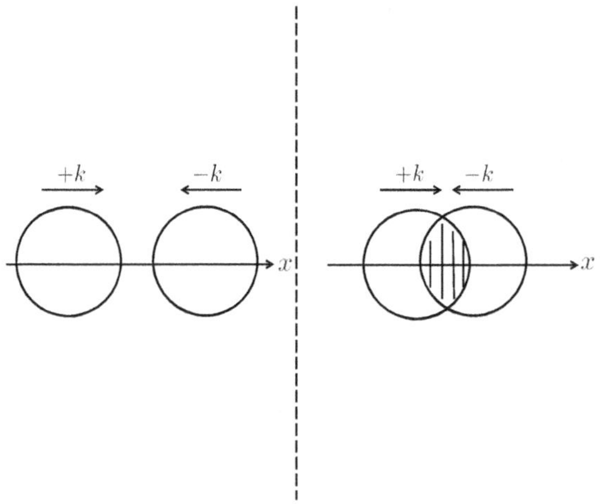

Abb. 1: Auf der linken Seite zwei Wolken von Teilchen, die unabhängig voneinander präparierte „Kondensate" darstellen. Das linke enthält N_1 Teilchen in einem Zustand mit dem Impuls $+\hbar k$ entlang der x-Achse und bewegt sich nach rechts, das andere Kondensat enthält N_2 Teilchen, die mit dem Impuls $-\hbar k$ nach links wandern. Auf der rechten Seite ist dargestellt, dass die beiden Kondensate nach einer gewissen Zeit überlappen; in diesem Gebiet werden die Positionen der Teilchen gemessen. Der Einfachheit halber werden die Rechnungen in einer Dimension durchgeführt, und wir nehmen nur die x-Koordinate mit.
Die Messung des ersten Teilchens liefert ein vollständig zufälliges Ergebnis, aber sobald nach und nach weitere Teilchen detektiert werden, stellt man fest, dass die gemessenen Positionen ein periodisches Streifenmuster bilden, das immer schärfer wird. Diesem Muster entnimmt man, dass sich eine definierte relative Phase zwischen den beiden Kondensaten bildet. Sie muss auf die Messungen der Teilchenkoordinaten zurückgeführt werden, weil zu Beginn des Experiments die relative Phase vollständig unbestimmt war.
Wiederholt man das Experiment von Neuem, dann beobachtet man Streifen in einer Position, die im Allgemeinen relativ zur ersten Durchführung verschoben ist: In jedem Experiment erscheint eine neue relative Phase, die von den zuvor durchgeführten Experimenten unabhängig ist.

dieser Ergänzung, den entsprechenden Mechanismus zu untersuchen. Wir werden sehen, dass die relative Phase das Ergebnis von aufeinanderfolgenden Detektionen von Teilchen ist, die nach und nach den Zustand des Systems verändern. Diese Messungen erzeugen eine Verschränkung zwischen den beiden Kondensaten; so lange weitere Teilchen detektiert werden, wächst die Verschränkung mehr und mehr an und definiert einen immer genaueren Wert für die relative Phase.

Wird das Experiment einmal durchgeführt, beobachtet man Interferenzstreifen mit wohldefinierten Positionen. Wird es allerdings wiederholt, wobei die beiden Kondensate in derselben Weise präpariert werden, dann erscheinen die Maxima und Minima der Interferenzstreifen an einer neuen Position, so dass ein Wert für die relative Phase gemessen wird, der in der Regel ganz verschieden von dem Wert aus der ersten Messung ist. Daraus folgt, dass eine Mittelung der beobachteten Verteilungen der Teilchen über viele durchgeführte Experimente die Interferenzstreifen verwischt, so dass diese schließlich verschwinden. Das Erscheinen der Phase ist also nur für eine Durchführung des Experiments zu beobachten.

Wir berechnen zunächst in § 1 die Wahrscheinlichkeiten für Ortsmessungen von ein, zwei und mehr Teilchen. Wir zeigen, dass diese Wahrscheinlichkeiten proportional zu raum-zeitlichen Korrelationsfunktionen des Feldoperators sind, der das Vielteilchensystem beschreibt. In § 2 untersuchen wir ausgehend von dem Fock-Zustand für das doppelte Kondensat, wie Messungen der Teilchen im Ortsraum die beiden Kondensate mehr und mehr verschränken. Wir berechnen in § 3 etwas allgemeiner die Entwicklung des Systems und zeigen, dass das Anwachsen der Verschränkung von einer relativen Phase zwischen den beiden Kondensaten begleitet wird, deren Wert im Lauf der Messungen immer genauer wird. In dieser Ergänzung beschränken wir uns auf den Fall, dass die Anzahl der detektierten Teilchen sehr viel kleiner als die Gesamtzahl $N_1 + N_2$ ist. Diese Annahme werden wir in Ergänzung $\mathrm{D_{XXI}}$ fallen lassen.

1 Wahrscheinlichkeitsdichten für die Detektion von Teilchen

Betrachten wir also aufeinanderfolgende Messungen der Orte der Teilchen. Wir werden die Wahrscheinlichkeit berechnen, das erste Teilchen in einem infinitesimalen Intervall der Länge Δ um die Position $x = x_1$ herum zu messen, dann das zweite Teilchen in einem genauso langen Intervall bei $x = x_2$ usw. Unsere Rechnungen in diesem Abschnitt sind auf jeden beliebigen Zustand $|\Phi\rangle$ des Vielteilchensystems anwendbar. Dieselben Überlegungen haben wir in der Tat bereits in Kapitel XVI, § B-3 durchgeführt, wo wir Korrelationsfunktionen im Allgemeinen besprochen haben. Wir geben hier die Formeln an, die sich aus der Anwendung auf unser spezifisches Problem ergeben. In § 2 kommen wir dann auf das doppelte Kondensat in dem Fock-Zustand aus Gl. (2) zurück.

1-a Ein Teilchen

Eine Ortsmessung, die eine Koordinate im Intervall $D_1 = [x_1 - \frac{\Delta}{2}, x_1 + \frac{\Delta}{2}]$ liefert, können wir durch den hermiteschen Operator

$$P_\Delta(x_1) = \int_{D_1} \mathrm{d}x \, \Psi^\dagger(x)\Psi(x) \tag{4}$$

beschreiben. Hier ist $\Psi(x)$ der Feldoperator, der ein Teilchen am Ort x vernichtet (s. Kapitel XVI); sein hermitesch Adjungierter $\Psi^\dagger(x)$ erzeugt dort ein Teilchen. Der Mittelwert von $P_\Delta(x_1)$ liefert die mittlere Teilchenzahl im Intervall D_1. In der Folge nehmen wir an, dass Δ im Vergleich zu den anderen Längenskalen des Problems genügend klein ist, um die Näherung

$$P_\Delta(x_1) \simeq \Delta \times \Psi^\dagger(x_1)\Psi(x_1) \tag{5}$$

zu rechtfertigen.

Der Operator $P_\Delta(x_1)$ ist ein symmetrischer Operator im Sinne von Kapitel XV, Beziehung (B-1). Wir können ihn also auch in der Form

$$P_\Delta(x_1) = \sum_{q=1}^{N} \int_{D_1} \mathrm{d}x \, |q : x\rangle \langle q : x| \tag{6}$$

schreiben, wobei für alle Teilchen $q = 1, 2, \ldots N$ über Projektoren auf Ortseigenzustände im Intervall D_1 summiert wird. Diese Projektoren kommutieren alle miteinander und jeder von ihnen hat als Eigenwerte 0 und 1. Deswegen sind die Eigenwerte von $P_\Delta(x_1)$ gleich $0, 1, 2, \ldots N$. Ist allerdings das Intervall D_1 genügend klein, dann wird man dort immer nur höchstens ein Teilchen finden. Es sind also nur die Eigenwerte 0 und 1 möglich, und wir können $P_\Delta(x_1)$ selbst als Projektor auffassen, der die Detektion eines Teilchens im Intervall D_1 beschreibt:

$$[P_\Delta(x_1)]^2 = P_\Delta(x_1) \quad \text{falls } \Delta \to 0\,. \tag{7}$$

Sei $|\Phi\rangle$ der Zustand des Vielteilchensystems. Die Wahrscheinlichkeit, ein Teilchen in dem infinitesimal kleinen Intervall D_1 mit Länge Δ zu finden, ist

$$\begin{aligned} \mathscr{P}_{D_1}(x_1) &= \langle\Phi| \, P_\Delta(x_1) \, |\Phi\rangle \\ &\simeq \Delta \, \langle\Phi| \, \Psi^\dagger(x_1)\Psi(x_1) \, |\Phi\rangle \end{aligned} \tag{8}$$

Nach der Detektion dieses ersten Teilchens geht das System gemäß dem Projektionspostulat aus Band I, Kapitel III, Gl. (E-39) in den normierten Zustand

$$|\Phi'\rangle = \frac{1}{\sqrt{\mathscr{P}_{D_1}(x_1)}} P_\Delta(x_1)|\Phi\rangle \tag{9}$$

über.

1-b Zwei Teilchen

Nun wollen wir die Wahrscheinlichkeit $\mathscr{P}_{D_1D_2}(x_2, x_1)$ berechnen, das erste Teilchen in einem Intervall um den Punkt x_1 und ein zweites um den Punkt x_2 herum zu finden. (Beide Intervalle haben die Länge Δ.) Wir nehmen an, dass sich das System zwischen den beiden Messungen nicht verändert.

Wir führen zunächst eine bedingte Wahrscheinlichkeit[2] ein: $\mathscr{P}_{D_1D_2}(x_2|x_1)$ beschreibt, wie wahrscheinlich die Detektion eines Teilchens im Intervall D_2 um den Punkt x_2 ist, *wenn* ein Teilchen bereits im Intervall D_1 um x_1 detektiert worden ist. Für diese Wahrscheinlichkeit liefert die Quantenmechanik

$$\begin{aligned}\mathscr{P}_{D_1D_2}(x_2|x_1) &= \left\langle \Phi' \middle| P_\Delta(x_2) \middle| \Phi' \right\rangle \\ &= \frac{1}{\mathscr{P}_{D_1}(x_1)} \langle \Phi | \, P_\Delta(x_1) P_\Delta(x_2) P_\Delta(x_1) \, | \Phi \rangle \end{aligned} \tag{10}$$

In der zweiten Zeile haben wir den Ausdruck (9) für den Zustand $|\Phi'\rangle$ nach der ersten Messung verwendet. Den Projektor $P_\Delta(x_2)$ lesen wir aus Gl. (4) ab. Wir nehmen an, die beiden Intervalle sind disjunkt, so dass die Feldoperatoren in den Projektoren $P_\Delta(x_1)$ und $P_\Delta(x_2)$ kommutieren. Dann können wir gemäß Gl. (7) zusammenfassen:

$$\begin{aligned}P_\Delta(x_1) P_\Delta(x_2) P_\Delta(x_1) &= [P_\Delta(x_1)]^2 \, P_\Delta(x_2) \\ &= P_\Delta(x_1) P_\Delta(x_2)\end{aligned} \tag{11}$$

Ist Δ genügend klein, können wir $P_\Delta(x_1)$ und $P_\Delta(x_2)$ durch die Näherung (5) ausdrücken und erhalten den Operator

$$\begin{aligned}P_\Delta(x_1) P_\Delta(x_2) &\simeq \Delta^2 \, \Psi^\dagger(x_1) \Psi(x_1) \Psi^\dagger(x_2) \Psi(x_2) \\ &= \Delta^2 \, \Psi^\dagger(x_1) \Psi^\dagger(x_2) \Psi(x_2) \Psi(x_1)\end{aligned} \tag{12}$$

In der zweiten Zeile haben wir erneut die Kommutationsbeziehungen der Feldoperatoren in disjunkten Raumgebieten verwendet. Eingesetzt in Gl. (10) erhalten wir als bedingte Wahrscheinlichkeit

$$\mathscr{P}_{D_1D_2}(x_2|x_1) = \frac{\Delta^2}{\mathscr{P}_{D_1}(x_1)} \langle \Phi | \, \Psi^\dagger(x_1) \Psi^\dagger(x_2) \Psi(x_2) \Psi(x_1) \, | \Phi \rangle \tag{13}$$

Nun ist allerdings die (Verbund-)Wahrscheinlichkeit, ein Teilchen bei x_1 und ein weiteres bei x_2 zu detektieren, durch das Produkt aus der Wahrscheinlichkeit

2 Die Leserin beachte die unterschiedliche Notation: Eine bedingte Wahrscheinlichkeit $\mathscr{P}_{D_1D_2}(x_2|x_1)$ wird mit einem vertikalen Strich zwischen den Variablen notiert (die von rechts nach links zu ordnen sind). In der gewöhnlichen (*a priori*) Wahrscheinlichkeit $\mathscr{P}_{D_1D_2}(x_2, x_1)$ für die Messung der beiden Teilchen werden die Variablen durch ein Komma getrennt. Die beiden Wahrscheinlichkeiten hängen über die Relation (14) zusammen.

$\mathscr{P}_{D_1}(x_1)$ für die erste Detektion und der eben eingeführten bedingten Wahrscheinlichkeit $\mathscr{P}_{D_1 D_2}(x_2|x_1)$ gegeben:

$$\mathscr{P}_{D_1 D_2}(x_2, x_1) = \mathscr{P}_{D_1 D_2}(x_2|x_1)\, \mathscr{P}_{D_1}(x_1) \tag{14}$$

Mit dem Ausdruck (13) ergibt sich sofort

$$\mathscr{P}_{D_1 D_2}(x_2, x_1) = \Delta^2 \, \langle \Phi | \, \Psi^\dagger(x_1) \Psi^\dagger(x_2) \Psi(x_2) \Psi(x_1) \, | \Phi \rangle \tag{15}$$

was man als das Normquadrat des Zustands

$$\Delta \times \Psi(x_2) \Psi(x_1) \, | \Phi \rangle \tag{16}$$

schreiben kann. Die gesuchte Wahrscheinlichkeit ergibt sich einfach aus dem Ket, den man aus dem Anfangszustand erhält, wenn zunächst ein Teilchen am Ort x_1 vernichtet wird [durch den Feldoperator $\Psi(x_1)$], ein weiteres am Ort x_2 vernichtet wird und dann der Zustand mit der Länge Δ des Messintervalls multipliziert wird.*

1-c Verallgemeinerung auf mehr Teilchen

Die bislang durchgeführten Rechnungen betreffen Messungen der Einteilchen- und Zweiteilchendichten [s. Kapitel XV, Gl. (B-9) und (B-34)]. Wir verallgemeinern dies nun auf Dichtemessungen höherer Ordnung. Um die Notation zu vereinfachen, lassen wir von nun an die Indizes D an den Wahrscheinlichkeiten $\mathscr{P}$ weg.

Die Wahrscheinlichkeit für Dreiteilchenmessungen berechnen wir ausgehend von dem Zustandsvektor $|\Phi''\rangle$ des Systems nach der Detektion des zweiten Teilchens bei x_2. Analog zu Gl. (9) und unter Beachtung von Gl. (10) ist dieser normierte Zustand durch

$$\left| \Phi'' \right\rangle = \frac{1}{\sqrt{\langle \Phi' | P_\Delta(x_2) | \Phi' \rangle}} P_\Delta(x_2) \left| \Phi' \right\rangle = \frac{1}{\sqrt{\mathscr{P}(x_2|x_1)}} P_\Delta(x_2) \left| \Phi' \right\rangle \tag{17}$$

gegeben. Wir setzen $|\Phi'\rangle$ aus Gl. (9) ein und benutzen Formel (14):

$$\begin{aligned} \left| \Phi'' \right\rangle &= \frac{1}{\sqrt{\mathscr{P}(x_2|x_1)\mathscr{P}(x_1)}} P_\Delta(x_2) P_\Delta(x_1) \left| \Phi \right\rangle \\ &= \frac{1}{\sqrt{\mathscr{P}(x_2, x_1)}} P_\Delta(x_2) P_\Delta(x_1) \left| \Phi \right\rangle \end{aligned} \tag{18}$$

Die Wahrscheinlichkeit einer dritten Detektion bei x_3, wenn zuvor bereits zwei Messungen die Werte x_1 und x_2 ergeben haben, ist somit

$$\begin{aligned} \mathscr{P}(x_3|x_2, x_1) &= \langle \Phi'' | P_\Delta(x_3) | \Phi'' \rangle \\ &= \frac{1}{\mathscr{P}(x_2, x_1)} \langle \Phi | P_\Delta(x_1) P_\Delta(x_2) P_\Delta(x_3) P_\Delta(x_2) P_\Delta(x_1) | \Phi \rangle \end{aligned} \tag{19}$$

---

* Anm. d. Ü.: Eine ähnliche Formel gibt in Ergänzung E_{XX}, § 2-c die Rate für die Detektion von zwei Photonen an.

Wir nehmen erneut an, dass die Messintervalle disjunkt sind, so dass die Projektoren kommutieren:

$$\begin{aligned}\mathscr{P}(x_3|x_2,x_1) &= \frac{1}{\mathscr{P}(x_2,x_1)}\langle\Phi|P_\Delta(x_3)P_\Delta(x_2)P_\Delta(x_1)|\Phi\rangle \\ &\simeq \frac{\Delta^3}{\mathscr{P}(x_2,x_1)}\langle\Phi|\Psi^\dagger(x_1)\Psi^\dagger(x_2)\Psi^\dagger(x_3)\Psi(x_3)\Psi(x_2)\Psi(x_1)|\Phi\rangle \end{aligned} \tag{20}$$

In der zweiten Zeile haben wir wieder die Näherung (5) für ein kleines Intervall Δ verwendet.

Der Regel für bedingte Wahrscheinlichkeiten entnehmen wir nun, wie wahrscheinlich die *Tripeldetektion* an den Positionen x_1, x_2 und x_3 ist:

$$\mathscr{P}(x_3,x_2,x_1) = \mathscr{P}(x_3|x_2,x_1)\,\mathscr{P}(x_2,x_1) \tag{21}$$

Dies führt auf den einfachen Ausdruck

$$\mathscr{P}(x_3,x_2,x_1) = \Delta^3\langle\Phi|\Psi^\dagger(x_1)\Psi^\dagger(x_2)\Psi^\dagger(x_3)\Psi(x_3)\Psi(x_2)\Psi(x_1)|\Phi\rangle \tag{22}$$

in dem wir die Verallgemeinerung von Gl. (15) auf drei Ereignisse wiedererkennen.

In ähnlicher Weise kann man zeigen, dass die Wahrscheinlichkeit für die Messung von insgesamt Q Teilchen proportional zum Mittelwert eines Produkts aus $2Q$ Feldoperatoren $\Psi^\dagger$ und Ψ ist, und zwar in normaler Ordnung und ausgewertet bei $x_1, x_2, \ldots x_Q$. Die Wahrscheinlichkeiten sind also durch normal geordnete raum-zeitliche Korrelationsfunktionen der Feldoperatoren gegeben. (Mit dem Faktor Δ^Q werden daraus dimensionslose Wahrscheinlichkeiten.)

2 Entstehen von Verschränkung durch den Messprozess

Bislang sind wir relativ allgemein geblieben und haben den Anfangszustand $|\Phi\rangle$ des Systems nicht explizit verwendet. Wir werden nun das Doppelkondensat $|\Phi\rangle = |\Phi_0\rangle$ aus Gl. (3) einsetzen und nehmen der Einfachheit halber $N_1 = N_2 = N$ an. (Es wird in der Rechnung klar werden, dass wir lediglich die Bedingung $N_1 \simeq N_2$ benötigen.) Damit befindet sich das System anfangs in einem Zustand mit N Teilchen in der Mode $|k\rangle$ mit dem scharfen Impuls $\hbar k$ und weiteren N Teilchen in der Mode $|-k\rangle$ mit dem entgegengesetzten Impuls:

$$|\Phi_0\rangle = |{+k}:N;-k:N\rangle = \frac{1}{N!}\left[a^\dagger_{+k}\right]^N\left[a^\dagger_{-k}\right]^N|0\rangle \tag{23}$$

Wir wollen nun das Interferenzsignal untersuchen, das in den Zählraten für ein und zwei Teilchen in diesem Zustand auftreten kann. Dazu werten wir die oben berechneten Formeln für die Wahrscheinlichkeiten aus und setzen aus Kapitel XVI die Modenentwicklungen (A-3) und (A-6) der Feldoperatoren ein:

$$\begin{aligned}\Psi(x) &= \frac{1}{L^{1/2}}\left(e^{ikx}a_k + e^{-ikx}a_{-k} + \cdots\right) \\ \Psi^\dagger(x) &= \frac{1}{L^{1/2}}\left(e^{-ikx}a^\dagger_k + e^{ikx}a^\dagger_{-k} + \cdots\right)\end{aligned} \tag{24}$$

Hier sind a_k, a_{-k} sowie $a_k^\dagger$, $a_{-k}^\dagger$ die Vernichtungs- und Erzeugungsoperatoren von Teilchen in den Moden k, $-k$, und L ist die Länge des (großen) Intervalls, in dem die ebenen Wellen normiert sind. Die Punkte symbolisieren weitere Terme in der Modenentwicklung der Feldoperatoren in Erzeuger und Vernichter, von denen wir sehen werden, dass sie in den folgenden Rechnungen keine Rolle spielen. Dies liegt an dem Anfangszustand aus Gl. (23).

2-a Messung der einfachen Teilchendichte

Die Beziehung (8) ergibt

$$\mathscr{P}(x_1) = \Delta \; \langle +k:N; -k:N |\, \Psi^\dagger(x_1)\Psi(x_1) \,| +k:N; -k:N\rangle \tag{25}$$

Wir drücken die Feldoperatoren gemäß Gl. (24) aus und beobachten, dass die gemischten Terme $a_{-k}^\dagger a_k$ in dem doppelten Fock-Zustand (23) im Mittel verschwinden. Dies führt auf

$$\mathscr{P}(x_1) = \frac{\Delta}{L} \langle +k:N; -k:N | \left(a_k^\dagger a_k + a_{-k}^\dagger a_{-k}\right) | +k:N; -k:N\rangle = \frac{2N\Delta}{L} = 2n\Delta \tag{26}$$

wobei $n = N/L$ die Teilchendichte je eines Kondensats ist. Es ist keine Interferenz in einer Einteilchenmessung erkennbar. Dies ist nicht weiter erstaunlich, denn in dem doppelten Fock-Zustand ist keine Phase definiert, die die Position der Interferenzstreifen bestimmen könnte.

2-b Verschränkung nach der ersten Detektion

Den Zustand $|\Phi_0'\rangle$ nach der ersten Messung entnehmen wir der Beziehung (9), die für unseren Fall die Form

$$\begin{aligned} |\Phi_0'\rangle &= \frac{1}{\sqrt{\mathscr{P}(x_1)}} \int_{D_1} \mathrm{d}x \Psi^\dagger(x)\Psi(x)|\Phi_0\rangle \\ &= \frac{1}{L\sqrt{\mathscr{P}(x_1)}} \int_{D_1} \mathrm{d}x \left(\mathrm{e}^{-\mathrm{i}kx} a_k^\dagger + \mathrm{e}^{\mathrm{i}kx} a_{-k}^\dagger + \cdots\right)\left(\mathrm{e}^{\mathrm{i}kx} a_k + \mathrm{e}^{-\mathrm{i}kx} a_{-k} + \cdots\right)|\Phi_0\rangle \end{aligned} \tag{27}$$

annimmt. Wegen Gl. (23) haben wir für infinitesimales Δ

$$\begin{aligned} |\Phi_0'\rangle \propto 2N|\Phi_0\rangle + \sqrt{N(N+1)}\big(&\mathrm{e}^{-2\mathrm{i}kx_1}\,|+k:N+1; -k:N-1\rangle \\ &+\mathrm{e}^{2\mathrm{i}kx_1}\,|+k:N-1; N+1:-k\rangle\big) + \cdots \end{aligned} \tag{28}$$

Hier steht $+\cdots$ für Komponenten dieses Zustands, in denen ein Teilchen eine andere Mode als k oder $-k$ besetzt; diese Komponenten spielen im Weiteren allerdings keine Rolle. Wir erkennen in diesem Ausdruck, dass die Messung des ersten Teilchens im

Zustand $|\Phi_0'\rangle$ eine Verschränkung erzeugt hat. Er enthält jetzt eine Superposition des Anfangszustands $|\Phi_0\rangle$ mit zwei weiteren Vielteilchenzuständen, $|+k:N-1;-k:N\rangle$ und $|+k:N;-k:N-1\rangle$, deren Amplituden von der Position x_1 abhängen, an der das erste Teilchen detektiert wurde.

2-c Messung der Paardichte

Berechnen wir nun die Wahrscheinlichkeit $\mathscr{P}(x_2, x_1)$ für die Messung von zwei Teilchen. Die Beziehungen (15) und (16) zeigen uns, dass diese Wahrscheinlichkeit durch das Normquadrat des Zustands

$$|\Phi_{21}\rangle = \Delta \times \Psi(x_2)\Psi(x_1)\,|\Phi_0\rangle \tag{29}$$

gegeben ist. Wenn wir die Feldoperatoren gemäß Gl. (24) einsetzen, dann verschwinden in den Modenentwicklungen die „…“ Terme, weil in $|\Phi_0\rangle$ nur die Zustände $+k$ und $-k$ besetzt sind. So erhalten wir

$$|\Phi_{21}\rangle = \frac{\Delta}{L}\left(e^{ikx_2}a_k + e^{-ikx_2}a_{-k}\right)\left(e^{ikx_1}a_k + e^{-ikx_1}a_{-k}\right)|+k:N;-k:N\rangle \tag{30}$$

$$\begin{aligned} &= \frac{\Delta}{L}\Big\{\sqrt{N(N-1)}\left[e^{ik(x_1+x_2)}\,|+k:N-2;-k:N\rangle\right. \\ &\qquad\qquad \left. +e^{-ik(x_1+x_2)}\,|+k:N;-k:N-2\rangle\right] \\ &\qquad +N\left[e^{ik(x_2-x_1)} + e^{ik(x_1-x_2)}\right]|+k:N-1;-k:N-1\rangle\Big\} \end{aligned} \tag{31}$$

Das Normquadrat dieses Kets liefert die Wahrscheinlichkeit

$$\mathscr{P}(x_2, x_1) = \frac{\Delta^2}{L^2}\left\{2N(N-1) + 4N^2\cos^2\left[k(x_2 - x_1)\right]\right\} \tag{32}$$

Die Kosinusfunktion erzeugt eine räumliche Abhängigkeit, die in der Einteilchen-Detektionsrate $\mathscr{P}(x_1)$ nicht vorhanden war: Hat man erst einmal ein Teilchen in x_1 beobachtet, dann wird das zweite Teilchen mit der höchsten Wahrscheinlichkeit dort beobachtet, wo $k(x_2 - x_1)$ ein Vielfaches von π ist. In der Messung der Paardichte treten also Interferenzstreifen auf. (Der Abstand zwischen den Maxima beträgt die halbe De-Broglie-Wellenlänge $\lambda/2 = \pi/k$, d. Ü.).

2-d Anschauliche Interpretation

Es stellt sich die Frage, was genau in dieser Zählrate für Teilchenpaare interferiert. Es sind nicht wirklich die Wellen der beiden Kondensate, sondern Übergangsamplituden, die zwei verschiedene Wege beschreiben, auf denen das System vom Anfangszustand (23) in denselben Endzustand $|+k:N-1;-k:N-1\rangle$ übergeht (die Kondensate haben je ein Teilchen verloren).* In der oben durchgeführten Rechnung entspricht der Term mit $(e^{-ikx_2}a_{-k})(e^{ikx_1}a_k)$ dem ersten Weg: Am Ort x_1 wurde ein Teilchen mit dem Impuls $+k$ vernichtet, und ein Teilchen mit Impuls $-k$ wurde bei x_2 vernichtet. Der zweite Term mit $(e^{ikx_2}a_k)(e^{-ikx_1}a_{-k})$ entspricht dem umgekehrten Prozess: Hier ist es ein Teilchen mit Impuls $-k$, das bei x_1 vernichtet wird, und bei x_2 eines mit dem Impuls $+k$.

Die Zählrate für das Detektieren von zwei Teilchen in überlappenden Kondensaten erinnert stark an das Zweiphotonensignal aus Ergänzung E_{XX}, § 2-c-γ, wo wir die Photodetektionsrate für ein Produkt aus zwei Wellenpaketen mit je einem Photon betrachtet haben. In beiden Fällen können wir das räumliche Muster in der Zweiteilchenzählrate auf eine Quanteninterferenz von Amplituden für zwei verschiedene Wege zurückführen. Diese beiden Wege führen das System von einem Anfangs- zu genau einem Endzustand und unterscheiden sich lediglich in der „Streckenführung" von je einer Komponente des Anfangszustands zu einer der Komponenten des Endzustands.

3 Detektion von vielen Teilchen

Wir wollen diese Überlegungen nun auf den Fall verallgemeinern, dass eine beliebige Zahl Q von Teilchen im Ortsraum detektiert werden. Wir nehmen allerdings an, dass diese Zahl viel kleiner als die Gesamtzahl der Teilchen in jedem Kondensat ist.

3-a Wahrscheinlichkeit für eine Sequenz von Messungen

Ausgehend von Gl. (22) können wir die Wahrscheinlichkeit $\mathscr{P}(x_Q, \ldots, x_2, x_1)$ für die Detektion eines Teilchens bei x_1, eines weiteren bei $x_2 \ldots$ und eines bei x_Q in folgender Form schreiben:

$$\begin{aligned}&\mathscr{P}(x_Q, \ldots, x_2, x_1)\\&\quad = \Delta^Q \, \langle \Phi_0 | \, \Psi^\dagger(x_1) \, \Psi^\dagger(x_2) \ldots \Psi^\dagger(x_Q) \Psi(x_Q) \ldots \Psi(x_2) \, \Psi(x_1) \, | \Phi_0 \rangle\end{aligned} \tag{33}$$

Wir drücken die Feldoperatoren über die Modenentwicklung (24) durch die Erzeuger $a_k^\dagger$, $a_{-k}^\dagger$ und Vernichter a_k, a_{-k} aus und erhalten mit Gl. (23) für $|\Phi_0\rangle$

$$\begin{aligned}&\mathscr{P}(x_Q, \ldots, x_2, x_1)\\&\quad = \frac{\Delta^Q}{L^Q} \langle +k:N; -k:N | \left(a_k^\dagger e^{-ikx_1} + a_{-k}^\dagger e^{ikx_1}\right) \ldots \left(a_k^\dagger e^{-ikx_Q} + a_{-k}^\dagger e^{ikx_Q}\right)\\&\quad\quad \times \left(a_k e^{ikx_Q} + a_{-k} e^{-ikx_Q}\right) \ldots \left(a_k e^{ikx_1} + a_{-k} e^{-ikx_1}\right) | +k:N; -k:N \rangle\end{aligned} \tag{34}$$

* Anm. d. Ü.: Die Endzustände $|+k:N-2; -k:N\rangle$ und $|+k:N; -k:N-2\rangle$ tragen zum ersten Term in der Zählrate (32) bei. Weil sie orthogonal sind, werden hier lediglich die Wahrscheinlichkeiten summiert.

α Vereinfachende Annahmen

Wenn mehrere Vernichter nacheinander auf den Anfangszustand $|\Phi_0\rangle$ wirken, dann erzeugt jeder von ihnen einen Faktor $\sqrt{N-p}$, der von der Zahl $p = 0, \ldots Q-1$ der bereits detektierten Teilchen abhängt (die von den Operatoren vernichtet worden sind). In gleicher Weise können wir die Erzeuger nach links auf den Bra $\langle\Phi_0|$ wirken lassen und erhalten unterschiedliche Faktoren. Wir wollen nun die Rechnungen vereinfachen und diese Faktoren durch einen gemeinsamen Wert ersetzen. Wenn die Zahl Q der detektierten Teilchen sehr klein gegenüber der Gesamtzahl N der Teilchen in jeder Kondensatmode ist, also

$$Q \ll N \tag{35}$$

dann dürfen wir die Faktoren vereinfachen:

$$\sqrt{N-p} \simeq \sqrt{N} \tag{36}$$

Mit dieser Näherung verringert ein Vernichter die Besetzungszahl um ein Teilchen und multipliziert mit $\sqrt{N}$, egal welche Operatoren zuvor auf den Zustand angewandt worden sind; anders ausgedrückt: Die Operationen kommutieren untereinander. Wir gruppieren die Operatoren in Gl. (34) paarweise nach den Ortskoordinaten x_j und erhalten die lokale Teilchendichte

$$\begin{aligned} D(x_j) &= \left(a_k^\dagger e^{-ikx_j} + a_{-k}^\dagger e^{ikx_j}\right)\left(a_k e^{ikx_j} + a_{-k} e^{-ikx_j}\right) \\ &= a_k^\dagger a_k + a_{-k}^\dagger a_{-k} + a_k^\dagger a_{-k}\, e^{-2ikx_j} + a_{-k}^\dagger a_k\, e^{2ikx_j} \end{aligned} \tag{37}$$

Aus der Zählrate (34) wird dann

$$\mathscr{P}(x_Q, \ldots, x_2, x_1) \simeq \frac{\Delta^Q}{L^Q} \langle +k:N; -k:N| \prod_{j=1}^{Q} D(x_j)\, |+k:N; -k:N\rangle \tag{38}$$

Wir müssen nun den Erwartungswert des Produkts über alle Operatoren $D(x_j)$ im Anfangszustand des Systems berechnen. Wenn man die Operatoren ausmultipliziert, dann erzeugen die vier Terme in der zweiten Zeile von Gl. (37) eine Summe aus 4^Q Produkten. Viele davon liefern einen verschwindenden Mittelwert im Zustand $|\Phi_0\rangle$, es sei denn, die wiederholte Anwendung der Vernichter a_k wird durch eine genau so große Anzahl von Erzeugern $a_k^\dagger$ kompensiert. Die Anzahl der Teilchen in der Mode $-k$ bleibt dann ebenfalls dieselbe, weil die Gesamtzahl der Teilchen erhalten ist.

Betrachten wir nun eines dieser nichtverschwindenden Produkte. Im Rahmen der Näherung (36) trägt jeder Operator $D(x_j)$ mit einem der drei Terme $NF_{q_j}(x_j)$ ($q_j = 0, \pm 1$) bei:

$$\begin{aligned} F_0(x_j) &= 2 \\ F_{\pm 1}(x_j) &= e^{\pm 2ikx_j} \end{aligned} \tag{39}$$

Hier entspricht F_0 etwa dem Beitrag von $a_k^\dagger a_k$, was die Teilchenzahl nicht verändert, während F_{+1} ein Teilchen mit Impuls $+k$ durch eines mit dem Impuls $-k$ ersetzt und

F_{-1} die umgekehrte Ersetzung vornimmt. Wir können das Ergebnis (38) also so aufschreiben:

$$\mathscr{P}(x_Q, \ldots, x_2, x_1) = \frac{\Delta^Q}{L^Q} \prod_{j=1}^{Q}{}' \left[\sum_{q_j=0,\pm 1} N F_{q_j}(x_j) \right] \tag{40}$$

Hier bedeutet der Strich am Produkt, dass man beim Ausmultiplizieren nur die Produktterme berücksichtigt, in denen sich die Parameter q_j zu null summieren:

$$S = \sum_{j=1}^{Q} q_j = 0 \tag{41}$$

Diese Nebenbedingung drückt einfach die Erhaltung der Teilchenzahl in den beiden Moden $+k$ und $-k$ aus.

β Ausdruck für die Zählrate

Es gibt ein bequemes Verfahren, um mit der Nebenbedingung (41) an die q_j weiter zu rechnen. Dazu schreibt man das ausmultiplizierte Produkt als eine Q-fache Summe aus und verwendet ein Kronecker-Symbol $\delta_{S,0}$:

$$\mathscr{P}(x_Q, \ldots, x_2, x_1) = \frac{\Delta^Q}{L^Q} \sum_{q_1, q_2, \ldots, q_Q} \delta_{S,0} \prod_{j=1}^{Q} N F_{q_j}(x_j) \tag{42}$$

Die Summen über die q_j laufen hier unabhängig voneinander und ohne Einschränkung. Wir verwenden die Integraldarstellung

$$\delta_{S,0} = \int_0^{2\pi} \frac{\mathrm{d}\xi}{2\pi}\, \mathrm{e}^{\mathrm{i}S\xi} = \int_0^{2\pi} \frac{\mathrm{d}\xi}{2\pi}\, \mathrm{e}^{\mathrm{i}q_1\xi} \ldots \mathrm{e}^{\mathrm{i}q_Q\xi} \tag{43}$$

Eingesetzt in Gl. (42) läuft dies daraus hinaus, jeden Faktor $F_{q_j}(x_j)$ mit $\exp(\mathrm{i}q_j\xi)$ zu multiplizieren. Wir schreiben wieder auf ein Produkt von Summen um und finden

$$\mathscr{P}(x_Q, \ldots, x_2, x_1) = \frac{\Delta^Q}{L^Q} \int_0^{2\pi} \frac{\mathrm{d}\xi}{2\pi} \prod_{j=1}^{Q} \sum_{q_j} N\, \mathrm{e}^{\mathrm{i}q_j\xi} F_{q_j}(x_j) \tag{44}$$

Jede Summe über q_j liefert nun

$$\begin{aligned} N &\left[F_0(x_j) + F_+(x_j)\,\mathrm{e}^{\mathrm{i}\xi} + F_-(x_j)\,\mathrm{e}^{-\mathrm{i}\xi}\right] \\ &= N\left[2 + \exp(2\mathrm{i}kx_j + \mathrm{i}\xi) + \exp(-2\mathrm{i}kx_j - \mathrm{i}\xi)\right] && (45) \\ &= 2N\left[1 + \cos(2kx_j + \xi)\right] \\ &= 4N\cos^2\!\left(kx_j + \tfrac{1}{2}\xi\right) && (46) \end{aligned}$$

Wir erhalten schließlich die relativ einfache explizite Formel

$$\mathscr{P}(x_Q, \dots x_2, x_1) = (4n\Delta)^Q \int_0^{2\pi} \frac{d\xi}{2\pi} \prod_{j=1}^{Q} \cos^2\left(kx_j + \tfrac{1}{2}\xi\right) \tag{47}$$

für die Mehrfach-Detektionsrate, wobei $n = N/L$ die Dichte eines Kondensats ist.

3-b Interpretation: Eine relative Phase taucht auf

Mit Hilfe von Gl. (47) können wir verstehen, wie ein definierte relative Phase nach und nach entsteht, wenn immer mehr Teilchen gemessen werden.

α Die ersten Detektionsereignisse

Betrachten wir zunächst die allererste Detektion am Ort $x = x_1$. Gleichung (47) liefert uns die entsprechende Wahrscheinlichkeit:

$$\mathscr{P}(x_1) \propto \int_0^{2\pi} \frac{d\xi}{2\pi} \cos^2\left(kx_1 + \tfrac{1}{2}\xi\right) \tag{48}$$

In dem Integral scheint die Kosinusfunktion Interferenzstreifen zu geben, wie man sie für die Überlagerung von zwei Wellen mit den Wellenzahlen $+k$ und $-k$ entlang der x-Achse erwartet. Hier ist ξ die relative Phase – allerdings ist sie im Intervall $[0, 2\pi]$ gleichverteilt, so dass nach dem Integral keine Interferenzen mehr sichtbar sind. Die Interferenzstreifen werden also vollständig verwischt.

Die Detektionsrate für zwei Teilchen an den Orten x_1 und x_2 erhalten wir aus Gl. (47), indem nur zwei Faktoren $j = 1, 2$ mitgenommen werden:

$$\mathscr{P}(x_2, x_1) \propto \int_0^{2\pi} \frac{d\xi}{2\pi} \cos^2\left(kx_2 + \tfrac{1}{2}\xi\right) \cos^2\left(kx_1 + \tfrac{1}{2}\xi\right) \tag{49}$$

In dieser Gleichung können wir x_1 festhalten, weil die erste Messung bereits stattgefunden hat. Das Produkt der beiden Kosinusfunktionen liefert dann die Wahrscheinlichkeit, das zweite Teilchen bei x_2 zu detektieren. Wegen des Faktors $\cos^2(kx_1 + \frac{1}{2}\xi)$ aus der ersten Messung ist das $d\xi$-Integral nun nicht mehr im Intervall $[0, 2\pi]$ gleichverteilt. Die Interferenzstreifen werden also nicht mehr so stark verwischt. Man kann $\cos^2(kx_1 + \frac{1}{2}\xi)$ als eine Verteilungsfunktion für die Phase ξ auffassen. Diese hängt von x_1 ab, die beiden Messungen sind damit nicht mehr unabhängig voneinander. Wir können auf diese Weise die qualitative Diskussion aus § 2 bestätigen.

Dieser Mechanismus zieht sich zu Messungen höherer Ordnung durch. Die Dreifach-Detektionsrate ist zum Beispiel

$$\mathscr{P}(x_3, x_2, x_1) \propto \int_0^{2\pi} \frac{d\xi}{2\pi} \cos^2\left(kx_3 + \tfrac{1}{2}\xi\right) \cos^2\left(kx_2 + \tfrac{1}{2}\xi\right) \cos^2\left(kx_1 + \tfrac{1}{2}\xi\right) \tag{50}$$

Nachdem die ersten beiden Messungen bei x_1 und x_2 stattgefunden haben, hat die relative Phase ξ, die in die dritte Kosinusfunktion eingeht, eine Verteilung proportional zum Produkt $\cos^2(kx_2 + \frac{1}{2}\xi)\cos^2(kx_1 + \frac{1}{2}\xi)$ aus zwei Kosinusfunktionen. Nun ist so ein Produkt eine steilere Funktion von ξ, es liefert also eine engere Verteilung, und die relative Phase ist für die dritte Messung schärfer definiert als für die zweite. Dieser Prozess setzt sich bei den folgenden Ereignissen fort, die die Phase immer besser bestimmen. Daraus folgt, dass es die ersten paar Detektionen sind, die die Position der Maxima und Minima in der Interferenzfigur bestimmen – jede von ihnen macht die Verteilung der relativen Phase schärfer und schärfer.

Unsere Überlegungen gelten natürlich nur für eine Durchführung des Experiments. Wenn man es unter identischen Bedingungen wiederholt, dann werden die ersten Teilchen im Allgemeinen nicht an denselben Orten wie beim ersten Mal detektiert. Nach einer großen Zahl von Teilchenmessungen erhält man also eine Interferenzfigur, die im Vergleich zum ersten Experiment verschoben ist. Wenn man die aufgenommenen Interferenzstreifen über eine große Anzahl von Experimenten aufintegriert, dann mitteln sich die Streifen praktisch weg, so dass man eine räumlich konstante Verteilung der Ortskoordinaten findet.

β Viele Detektionen

Wie ändert sich die Verteilung der relativen Phase nach einer großen Anzahl Q von detektierten Teilchen? Gemäß Gl. (47) ist sie durch ein Produkt aus vielen Kosinusfunktionen gegeben, was auf eine sehr schmale Funktion führt, von der wir annehmen wollen, dass sie um den Wert ξ_M zentriert ist. Man kann dann in Gl. (47) alle Terme $\cos^2(kx_j + \frac{1}{2}\xi)$ näherungsweise durch $\cos^2(kx_j + \frac{1}{2}\xi_M)$ ersetzen, so dass die Wahrscheinlichkeit ein Produkt wird. Wir finden, dass die Detektionsereignisse unabhängig voneinander sind. Die Interferenzfigur hat sich „stabilisiert", und ihr Kontrast wird immer weiter zunehmen. Diese Vorhersagen kann man durch numerische Simulationen bestätigen, die von Gl. (47) ausgehen.

Einengung der Verteilung für die relative Phase:
Man kann analytisch zeigen, wie die relative Phase immer schärfer definiert wird. Nehmen wir an, dass man nach Q Detektionen näherungsweise eine Gauß-Kurve mit der Breite σ_Q und zentriert um ξ_M erhalten hat:

$$W_Q(\xi) \simeq e^{-(\xi-\xi_M)^2/\sigma_Q^2} \tag{51}$$

Nach der $(Q+1)$-ten Detektion ist die neue Verteilung (bis auf eine Normierung) durch

$$W_{Q+1}(\xi) \simeq e^{-(\xi-\xi_M)^2/\sigma_Q^2}\left[1 + \cos(2kx_{Q+1} + \xi)\right] \tag{52}$$

gegeben. Die Kosinusfunktion variiert als Funktion von ξ viel langsamer als $W_Q(\xi)$, und deswegen können wir sie in der Nähe von $\xi = \xi_M$ entwickeln, wo die Verteilung $W_Q(\xi)$ ihr (scharfes)

Maximum hat. Dies führt auf

$$\begin{aligned}1 + \cos(2kx_{Q+1} + \xi) \simeq 1 &+ \cos(2kx_{Q+1} + \xi_M) \\ &- (\xi - \xi_M)\sin(2kx_{Q+1} + \xi_M) \\ &- \tfrac{1}{2}(\xi - \xi_M)^2 \cos(2kx_{Q+1} + \xi_M)\end{aligned} \tag{53}$$

Man kann auch $W_Q(\xi)$ um $\xi = \xi_M$ entwickeln in

$$e^{-(\xi-\xi_M)^2/\sigma_Q^2} = 1 - \frac{(\xi - \xi_M)^2}{\sigma_Q^2} \tag{54}$$

und mit der Reihe (53) multiplizieren. So ergibt sich als Entwicklung von $W_{Q+1}(\xi)$

$$\begin{aligned}W_{Q+1}(\xi) \simeq 1 &+ \cos(2kx_{Q+1} + \xi_M) - (\xi - \xi_M)\sin(2kx_{Q+1} + \xi_M) \\ &- (\xi - \xi_M)^2 \left[\frac{1}{2}\cos(2kx_{Q+1} + \xi_M) + \frac{1}{\sigma_Q^2}(1 + \cos(2kx_{Q+1} + \xi_M))\right]\end{aligned} \tag{55}$$

Nun ist es so, dass die Verteilung $W_{Q+1}(\xi)$ von der Position x_{Q+1} des nächsten detektierten Teilchen abhängt. Die Größe x_{Q+1} hat eine Verteilung proportional zu $[1 + \cos(2kx_{Q+1} + \xi_M)]$, und wir können eine „gemittelte" Version $\overline{W_{Q+1}(\xi)}$ abschätzen, indem wir $W_{Q+1}(\xi)$ mit der Verteilung von x_{Q+1} gewichten und x_{Q+1} über eine Periode des Interferenzmusters integrieren:

$$\overline{W_{Q+1}(\xi)} = \int_0^{2\pi/2k} dx_{Q+1}\, [1 + \cos(2kx_{Q+1} + \xi_M)]\, W_{Q+1}(\xi) \tag{56}$$

Wir setzen Gl. (55) ein und verwenden die Mittelwerte

$$\begin{aligned}\overline{\cos(2kx_{Q+1} + \xi_M)} &= \overline{\sin(2kx_{Q+1} + \xi_M)} \\ &= \overline{\cos(2kx_{Q+1} + \xi_M)\sin(2kx_{Q+1} + \xi_M)} = 0\end{aligned} \tag{57}$$

sowie

$$\overline{\cos^2(2kx_{Q+1} + \xi_M)} = \frac{1}{2} \tag{58}$$

Schließlich erhalten wir

$$\overline{W_{Q+1}(\xi)} \simeq \frac{3}{2}\left[1 - (\xi - \xi_M)^2\left(\frac{1}{\sigma_Q^2} + \frac{1}{6}\right)\right] \simeq \frac{3}{2} e^{-(\xi-\xi_M)^2)/\sigma_{Q+1}^2} \tag{59}$$

mit

$$\frac{1}{\sigma_{Q+1}^2} = \frac{1}{\sigma_Q^2} + \frac{1}{6} \tag{60}$$

Wir finden also $\sigma_{Q+1} < \sigma_Q$, d. h., die Verteilung engt sich mit jeder neuen Detektion weiter ein. Man kann Gl. (60) einfach iterieren und erhält nach n weiteren detektierten Teilchen

$$\frac{1}{\sigma_{Q+n}^2} = \frac{1}{\sigma_Q^2} + \frac{n}{6} \tag{61}$$

Falls $n \gg 1/\sigma_Q^2$ gilt, skaliert die Breite der Verteilung für die relative Phase mit $1/\sqrt{n}$.

Man kann in ähnlicher Weise untersuchen, wie die Position des Maximums in der Verteilung $W_Q(\xi)$ der relativen Phase sich verschiebt, wenn Q anwächst. Im Ergebnis findet man, dass die Verteilung sich nur wenig verschiebt, und zwar um eine Größe, die mit $1/n$ skaliert.*

Es ist lehrreich zu beobachten, dass die Unschärfe in der relativen Phase (die mit einer steigender Zahl Q von detektierten Teilchen kleiner wird) mit der Unschärfe in der Differenz $N_+ - N_-$ der Teilchen zusammenhängt. ($N_\pm$ sind die Teilchenzahlen in den beiden Kondensaten $\pm k$.) Diese Unschärfe wächst nämlich an. Anfangs war die Teilchendifferenz wegen $N_+ = N_- = N$ scharf definiert. Nach der ersten Detektion (s. § 2) ist der Zustand des Systems $|\Phi_0'\rangle$ [Gl. (27)] eine Überlagerung von Zuständen mit $N_+ = N-1, N, N+1$ und $N_- = N+1, N, N-1$. Die Differenz $N_+ - N_-$ kann also die Werte 0 und ± 2 annehmen. Die zweite Detektion führt auf einen Zustand, in dem $N_+ + N_-$ immer noch denselben Wert hat, aber nun treten für die Differenz die Werte $0, \pm 2, \pm 4$ auf. Nach Q Detektionen liegt $N_+ - N_-$ zwischen $-2Q$ und $+2Q$. Dieses Ergebnis illustriert, dass die relative Phase kanonisch konjugiert zur Differenz der Teilchenzahlen in den beiden Kondensaten ist.

Fazit

Wir haben in dieser Ergänzung ein Beispiel dafür untersucht, wie wiederholt durchgeführte Messungen dazu führen, dass sich eine relative Phase in einem System ausbildet, in dem sie anfangs nicht vorhanden ist. Die Messungen sind empfindlich auf die relative Phase zwischen den Komponenten eines doppelten Kondensats, in dem sich $2N$ Teilchen auf zwei Moden aufteilen. Formal entnehmen wir aus Gl. (47), dass die Ergebnisse für die Messungen von Q Teilchen (die Näherung $Q \ll N$ vorausgesetzt) exakt dieselben sind, wie wenn eine relative Phase ξ schon zu Beginn des Experiments existiert hätte, obwohl sie unbekannt war (und deswegen statistisch zwischen 0 und 2π gleichverteilt war). Die quantenmechanischen Messungen produzieren zwar Verschränkung und bringen die Phase erst nach und nach zum Vorschein, aber die Vorhersagen der Quantenmechanik sind äquivalent zu einem Szenario, in dem man annimmt, dass die Messungen lediglich Zugang zu einer bereits existierenden Phase liefern. (Die Situation ist ähnlich zu Theorien, die mit sogenannten *versteckten Variablen* hantieren.†)

Wir haben es hier allerdings mit einem Mechanismus zu tun, dessen Natur eine wesentlich andere ist. Jede neue Detektion trägt dazu bei, dass die relative Phase für die darauffolgenden Messungen immer schärfer definiert ist. Das nächste Teil-

* Anm. d. Ü.: Dies ist für großes n konsistent mit der „Stabilisierung" der Position des Interferenzmusters, die wir vorhin beobachtet hatten.

† Anm. d. Ü.: Die „Elemente der Wirklichkeit", mit denen Einstein, Poldolsky, Rosen und Bell in Kapitel XXI, § F argumentieren, kann man auch als versteckte Variablen auffassen.

chen wird in einer Position x detektiert werden, dessen Verteilungsfunktion von den Ergebnissen aller vorangegangen Messungen abhängt. Wir werden in der nächsten Ergänzung D_{XXI} sehen, dass die relative Phase nicht mehr als eine klassische Größe aufgefasst werden kann, wenn man alle Teilchen des Systems misst (statt nur einen kleinen Bruchteil, wie wir es hier angenommen haben). Die relative Phase zeigt dann klar quantenmechanisches Verhalten, was man etwa über die mögliche Verletzung von Bell-Ungleichungen nachweisen kann.

Ergänzung D_{XXI}
Relative Phase eines Spinkondensats. Makroskopisches EPR-Argument

In dieser Ergänzung nehmen wir die Überlegungen aus Ergänzung C_{XXI} wieder auf, wo das Entstehen einer relativen Phase zwischen zwei unabhängigen Bose-Kondensaten unter wiederholten Messungen besprochen wurde, und verallgemeinern sie. Wir haben gesehen, dass während die Messergebnisse eintreffen, die relative Phase der beiden Kondensate immer schärfer definiert wird. Man erreicht so ein klassisches Regime, in dem die Phase (praktisch) exakt bestimmt ist (solange die Zahl der detektierten Teilchen klein gegenüber der Gesamtzahl der Teilchen ist). Daraus folgen notwendigerweise große Fluktuationen in der Zahl der Teilchen, die die beiden Kondensatmoden besetzen (genau gesprochen geht es hier um die Differenz der Teilchenzahlen), was im Einklang mit der Unschärferelation zwischen Phase und Besetzungszahl steht [s. Diskussion in Ergänzung C_{XXI} nach Gl. (60)].

Ein wichtiger neuer Aspekt in dieser Ergänzung besteht darin, dass wir nicht mehr länger annehmen, die Zahl der Messungen sei klein gegenüber der Anzahl der Teilchen. Wir werden die Eigenschaften der Phase die gesamte Sequenz der Messungen hindurch verfolgen können, sogar bis zu dem Moment, wo die allerletzten Teilchen detektiert werden. Für diese sind die Fluktuationen der (verbleibenden) Teilchen nunmehr vergleichbar mit der Teilchenzahl, so dass es nicht mehr möglich ist, die Phase mit einer hohen Genauigkeit zu definieren. Sie tritt dann in ein quantenmechanisches Regime ein, in dem man die Messergebnisse nicht mehr im Rahmen der klassischen Physik (etwa mit lokal realistischen Begriffen wie einer bereits existierenden, aber unbekannten Phase) verstehen kann. Außerdem, und hier liegt ein zweiter Unterschied, betrachten wir in dieser Ergänzung zwei Kondensate in verschiedenen Spinzuständen. Die Messungen kann man dann so durchführen, dass sie die Komponenten der Spins entlang einer gewissen Richtung betreffen, was auf diskrete Messwerte statt der kontinuierlich verteilten Teilchenkoordinaten aus Ergänzung C_{XXI} führt. Es ist in diesem Zusammenhang einfacher, die Quantenaspekte herauszuarbeiten. Wir werden sehen, dass sie zu Verletzungen der Bell-Ungleichungen führen (s. Kapitel XXI, § F-3).

https://doi.org/10.1515/9783110649130-036

Das Spinsystem weist einen weiteren interessanten Vorteil auf, nämlich dass wir die Argumentation von Einstein, Podolsky und Rosen (EPR) wieder aufnehmen können (s. Kapitel XXI, § F-1), und zwar in einem Fall, wo die von EPR angenommenen *Elemente der Wirklichkeit* makroskopisch groß sind und physikalisch einfach interpretiert werden können (es handelt sich um den Drehimpuls der Spins).

1 Zwei Spinkondensate

Wir betrachten zwei Kondensate, die zu zwei makroskopisch besetzten Einteilchenzuständen (kurz: Moden) $|u, \pm\rangle$ gehören. Sie unterscheiden sich in ihren internen Quantenzahlen, die wir $|\pm\rangle$ notieren, haben aber denselben Orbitalzustand $|u\rangle$:

$$|u, \pm\rangle = |u\rangle \otimes |\pm\rangle \tag{1}$$

Wir bezeichnen mit $a^\dagger_{u,+}$ und $a^\dagger_{u,-}$ die Erzeugungsoperatoren in diesen Moden. Die beiden Spinkondensate werden dann durch den Zustand

$$|\Phi_0\rangle = \frac{1}{N!}\left[a^\dagger_{u,+}\right]^N \left[a^\dagger_{u,-}\right]^N |0\rangle \tag{2}$$

beschrieben. Diese Formel ersetzt Gl. (23) aus Ergänzung C_{XXI}. Die Gesamtzahl der Teilchen ist $2N$.

Wir werden die beiden Zustände $|\pm\rangle$ aus Bequemlichkeit häufig *Spinzustände* nennen, als ob man es mit den beiden Spineinstellungen eines Spin-1/2-Teilchens zu tun hätte. Dies ist natürlich eine sprachliche Verkürzung: gemäß dem Spin-Statistik-Theorem (Band II, Kapitel XIV, § C-1) können Bosonen nur einen ganzzahligen Spin tragen. Wir betrachten hier in Wirklichkeit ein System von Bosonen, denen nur zwei interne Zustände zur Verfügung stehen. Diese könnten etwa die beiden Zustände $m = 0, 1$ eines Spin-1-Teilchens sein oder auch Zustände, die durch andere als Spinquantenzahlen bestimmt sind.

1-a Wiederholung: Spin-1/2-Matrizen

Für das Manipulieren der Spinzustände wiederholen wir hier kurz die Pauli-Matrizen aus Band I, Kapitel IV, § A-2 und Ergänzung A_{IV}. Wie oben angemerkt, handelt es sich um einen fiktiven Spin – die Operatoren wirken in einem zweidimensionalen Zustandsraum, dessen Basisvektoren wir aus reiner Gewohnheit mit $|\pm\rangle$ aufschreiben. Der Operator σ_z ist die Differenz von zwei Projektoren auf die Basiszustände:

$$\sigma_z = |+\rangle\langle+| - |-\rangle\langle-| \tag{3}$$

Die Operatoren σ_x und σ_y werden durch die nichtdiagonalen (oder *Leiter-*) Operatoren $|+\rangle\langle-|$ und $|-\rangle\langle+|$ ausgedrückt:

$$\begin{aligned} \sigma_x &= \quad |+\rangle\langle-| + \quad |-\rangle\langle+| \\ \sigma_y &= -\mathrm{i}\,|+\rangle\langle-| + \mathrm{i}\,|-\rangle\langle+| \end{aligned} \tag{4}$$

Die Komponente des fiktiven Spins entlang einer beliebigen Richtung in der xy-Ebene (die mit der x-Achse den Winkel φ bildet) wird durch den Operator

$$\sigma_\varphi = \cos\varphi\,\sigma_x + \sin\varphi\,\sigma_y = \mathrm{e}^{-\mathrm{i}\varphi}\,|+\rangle\langle-| + \mathrm{e}^{\mathrm{i}\varphi}\,|-\rangle\langle+| \tag{5}$$

dargestellt. Auch seine Eigenwerte sind $\eta = \pm 1$, dazu gehören die Eigenvektoren

$$\begin{aligned} |\psi_{\eta=+1}\rangle &= \frac{1}{\sqrt{2}}\left[\ \mathrm{e}^{-\mathrm{i}\varphi/2}\,|+\rangle + \mathrm{e}^{\mathrm{i}\varphi/2}\,|-\rangle\right] \\ |\psi_{\eta=-1}\rangle &= \frac{1}{\sqrt{2}}\left[-\mathrm{e}^{-\mathrm{i}\varphi/2}\,|+\rangle + \mathrm{e}^{\mathrm{i}\varphi/2}\,|-\rangle\right] \end{aligned} \tag{6}$$

was man einfach überprüft, indem man den Operator σ_φ aus Gl. (5) darauf anwendet. Den Projektor auf den Ket mit dem Eigenwert η können wir so aufschreiben:

$$\begin{aligned} P_\eta(\varphi) &= \frac{1}{2}\left[1 + \eta\,\sigma_\varphi\right] \\ &= \frac{1}{2}\left[1 + \eta\left(\mathrm{e}^{-\mathrm{i}\varphi}\,|+\rangle\langle-| + \mathrm{e}^{\mathrm{i}\varphi}\,|-\rangle\langle+|\right)\right] \end{aligned} \tag{7}$$

1-b Projektoren für lokale Spinmessungen

Wir führen nun Feldoperatoren ein, die das Vielteilchensysteme aus Bosonen mit Spin- und Orbitalobservablen beschreiben (s. Kapitel XVI). Die Operatoren tragen den Spinzustand $\pm$ als Index und werden $\Psi_\pm(\mathbf{r})$ notiert. Die Gesamtteilchendichte im Punkt $\mathbf{r}$ ist die Summe von zwei Dichten $\Psi_+^\dagger(\mathbf{r})\Psi_+(\mathbf{r})$ und $\Psi_-^\dagger(\mathbf{r})\Psi_-(\mathbf{r})$ für die beiden Spinzustände:

$$n(\mathbf{r}) = \Psi_+^\dagger(\mathbf{r})\Psi_+(\mathbf{r}) + \Psi_-^\dagger(\mathbf{r})\Psi_-(\mathbf{r}) \tag{8}$$

Für den Spinoperator σ_z entlang der z-Achse, die als Quantisierungsachse dient, finden wir gemäß Gl. (3) folgende lokale Operatorversion:

$$\sigma_z(\mathbf{r}) = \Psi_+^\dagger(\mathbf{r})\Psi_+(\mathbf{r}) - \Psi_-^\dagger(\mathbf{r})\Psi_-(\mathbf{r}) \tag{9}$$

Schließlich benötigen wir noch den Feldoperator, der zu einer Messung der Spinkomponenten entlang der Richtung φ in der xy-Ebene und am Ort $\mathbf{r}$ gehört [vgl. Gl. (5)]:

$$\sigma_\varphi(\mathbf{r}) = \mathrm{e}^{-\mathrm{i}\varphi}\,\Psi_+^\dagger(\mathbf{r})\Psi_-(\mathbf{r}) + \mathrm{e}^{\mathrm{i}\varphi}\,\Psi_-^\dagger(\mathbf{r})\Psi_+(\mathbf{r}) \tag{10}$$

Wir werden Messungen betrachten, in denen Teilchen sowohl an einer bestimmten Position als auch mit einer gewissen Spinorientierung detektiert werden. Jede Messung wird in einem infinitesimal kleinen Volumen Δ um einen Punkt $\mathbf{r}_j$ durchgeführt, und es wird die Spinkomponente entlang einer Richtung mit dem Winkel φ_j gemessen. Die möglichen Ergebnisse sind $\eta_j = \pm 1$. Den Projektor für eine derartige Messung konstruieren wir, indem wir den Projektor aus Ergänzung C_{XXI}, Gl. (4) mit dem Spinprojektor (7) kombinieren:

$$\begin{aligned} P_{\eta_j}(\mathbf{r}_j, \varphi_j) &= \frac{1}{2} \int_\Delta d^3r' \left[n(\mathbf{r}') + \eta_j \, \sigma_{\varphi_j}(\mathbf{r}') \right] \\ &\simeq \frac{\Delta}{2} \left[n(\mathbf{r}_j) + \eta_j \, \sigma_{\varphi_j}(\mathbf{r}_j) \right] \end{aligned} \tag{11}$$

Hier haben wir $n(\mathbf{r})$ und $\sigma_\varphi(\mathbf{r})$ aus den Definitionen (8) und (10) verwendet. Der Operator $P_{\eta_j}(\mathbf{r}_j, \varphi_j)$ projiziert sowohl die Ortsvariablen in das kleine Messvolumen am Ort $\mathbf{r}_j$ und die Spins auf den Eigenzustand der Spinkomponente entlang der Achse φ_j mit dem Eigenwert $\eta_j = \pm 1$.

2 Berechnen der Verteilung der Messergebnisse

Nehmen wir nun eine Reihe von Messungen an dem System aus $2N$ Bosonen in dem Zustand (2) vor. Die Messungen werden in einer Reihe von disjunkten Gebieten durchgeführt, die die gesamte Ausdehnung der Kondensatwellenfunktion $u(\mathbf{r})$ überdecken. Die Messungen seien ideal und werden mit perfekten Detektoren durchgeführt. Es gebe genügend viele Messgebiete und diese seien klein genug, so dass man dort höchstens ein Teilchen detektiere. Diejenigen, in denen ein Teilchen tatsächlich nachgewiesen wurde, seien um die Koordinaten $\mathbf{r}_j$ ($j = 1, 2, \ldots, 2N$) zentriert (s. Abb. 1). In jedem dieser Gebiete wird eine Messung der Spinkomponenten entlang der Richtung φ_j (senkrecht zur Quantisierungsachse, $j = 1, \ldots N$) vorgenommen; das Ergebnis ist $\eta_j = \pm 1$. Wir berechnen nun die Wahrscheinlichkeit, dass man eine Reihe von Ergebnissen $\{\eta_1, \eta_2, \ldots \eta_{2N}\}$ in diesen $2N$ Gebieten erhält.

2-a Ein erstes Ergebnis für die Messwahrscheinlichkeit

Die zu den Messungen gehörenden Projektoren $P_{\eta_j}(\mathbf{r}_j, \varphi_j)$ kommutieren allesamt untereinander, weil die Feldoperatoren und ihre Adjungierten in disjunkten Gebieten auftauchen. (Wir nehmen an, dass alle Messungen gleichzeitig oder sehr schnell hintereinander stattfinden.) Die Wahrscheinlichkeit für die Sequenz von Ergebnissen

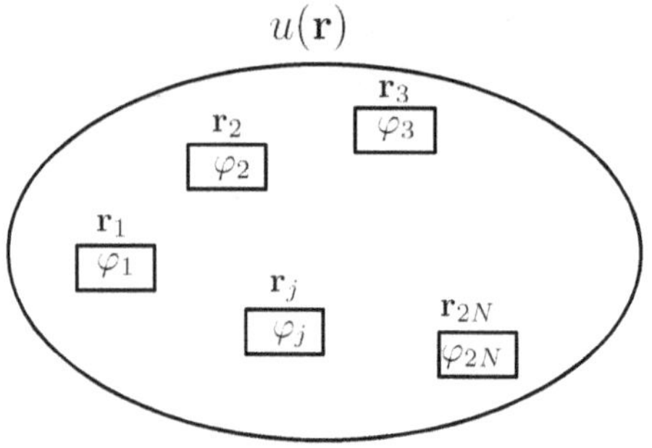

Abb. 1: Zwei Kondensate mit je N Teilchen in den Spinzuständen $|+\rangle$ oder $|-\rangle$ werden durch dieselbe Orbitalwellenfunktion $u(\mathbf{r})$ beschrieben (durch das Oval angedeutet). In $2N$ Regionen des Raums, zentriert um die Punkte $\mathbf{r}_j$ ($j = 1, 2, \ldots, 2N$) und sich nicht gegenseitig überlappend, wird je ein Teilchen nachgewiesen und sein Spin gemessen. Dabei wird eine Spinkomponente des Teilchens entlang einer Richtung (senkrecht zur Quantisierungsachse) gemessen, die durch den Winkel φ_j parametrisiert wird. Jede Messung liefert als Ergebnis eine Zahl $\eta_j = \pm 1$.

$\{\eta_1, \ldots, \eta_{2N}\}$ ist somit der Mittelwert des Produkts von Projektoren

$$
\begin{aligned}
&\mathscr{P}_{2N}\left(\{\eta_i, \varphi_i\}\right) \\
&= \langle \Phi_0 | \prod_{j=1}^{2N} P_{\eta_j}(\mathbf{r}_j, \varphi_j) \, |\Phi_0\rangle \\
&= \left(\frac{\Delta}{2}\right)^{2N} \langle \Phi_0 | \prod_{j=1}^{2N} \Big\{ \Psi_+^\dagger(\mathbf{r}_j)\Psi_+(\mathbf{r}_j) + \Psi_-^\dagger(\mathbf{r}_j)\Psi_-(\mathbf{r}_j) \\
&\qquad + \eta_j \, \mathrm{e}^{-\mathrm{i}\varphi_j} \Psi_+^\dagger(\mathbf{r}_j)\Psi_-(\mathbf{r}_j) + \eta_j \, \mathrm{e}^{\mathrm{i}\varphi_j} \Psi_-^\dagger(\mathbf{r}_j)\Psi_+(\mathbf{r}_j) \Big\} \, |\Phi_0\rangle
\end{aligned}
\tag{12}
$$

im Zustand $|\Phi_0\rangle$ des Vielteilchensystems. Wir geben in der Liste $\{\eta_i, \varphi_i\}$ sowohl die Messwerte als auch die Parameter der Spinmessungen an. Wir können nun die Feldoperatoren normal ordnen (s. Ergänzung B_{XVI}, § 1-a-α) und alle Vernichter $\Psi_\pm(\mathbf{r}_j)$ nach rechts und alle Erzeuger $\Psi_\pm^\dagger(\mathbf{r}_j)$ nach links durchschieben. Für die Feldoperatoren wählen wir eine Modenentwicklung mit Wellenfunktionen $u_i(\mathbf{r})$, deren erste die Wellenfunktion $u_1(\mathbf{r}) = u(\mathbf{r})$ der beiden Kondensate aus Gl. (1) ist. Gemäß Kapitel XVI, Gl. (A-14) wird der Feldoperator in dieser Basis durch

$$
\Psi_\pm(\mathbf{r}_j) = \sum_i u_i(\mathbf{r}_j) \, a_{i,\pm}
\tag{13}
$$

dargestellt, wobei $a_{i,\pm}$ ein Teilchen in der Mode $|u_i, \pm\rangle$ vernichtet. Allerdings ist in dieser Entwicklung nur der erste Term nötig. Nur diese Mode ist besetzt, und alle anderen Vernichter $a_{i,\pm}$ ($i \neq 1$) liefern null, wenn sie auf den Zustand $|\Phi_0\rangle$ wirken. Wir können also einfach die Ersetzung $\Psi_\pm(\mathbf{r}_j) \mapsto u(\mathbf{r}_j)a_{u,\pm}$ vornehmen. Genauso verfährt man mit den adjungierten Operatoren, indem man sie nach links auf den Bra wirken lässt. Sie werden gemäß $\Psi_\pm^\dagger(\mathbf{r}_j) \mapsto u^*(\mathbf{r}_j)a_{u,\pm}^\dagger$ ersetzt. Nach diesen Umformungen ergibt sich ein

Ausdruck, den wir symbolisch so aufschreiben wollen:

$$\mathscr{P}_{2N}(\{\eta_i, \varphi_i\})$$
$$= \left(\frac{\Delta}{2}\right)^{2N} \langle \Phi_0 | : \prod_{j=1}^{2N} |u(\mathbf{r}_j)|^2 \left(a^\dagger_{u,+} a_{u,+} + a^\dagger_{u,-} a_{u,-} \right.$$
$$\left. + \eta_j \, \mathrm{e}^{-\mathrm{i}\varphi_j} \, a^\dagger_{u,+} a_{u,-} + \eta_j \, \mathrm{e}^{\mathrm{i}\varphi_j} \, a^\dagger_{u,-} a_{u,+} \right) : | \Phi_0 \rangle \qquad (14)$$

Die Notation mit den Doppelpunkten $: \ldots :$ um die Operatoren zeigt an, dass die Operatoren in diesem Ausdruck normal zu ordnen sind. Dies heißt, wenn man das Produkt in 4^{2N} Terme ausmultipliziert, sind die Vernichter $a_{u,\pm}$ in jedem Term nach rechts durchzuschieben und die Erzeuger $a^\dagger_{u,\pm}$ nach links. Die gesuchte Wahrscheinlichkeit ist also eine Summe über 4^{2N} normal geordnete Mittelwerte bezüglich des Zustands $|\Phi_0\rangle$. Die Terme enthalten Erzeuger und Vernichter in den beiden Moden $|u, \pm\rangle$.

Das Ergebnis (14) erinnert stark an die Diskussion des Ausdrucks (37) aus Ergänzung $\mathrm{C_{XXI}}$. Wir werden nun in der Tat in ähnlicher Weise fortfahren, allerdings werden wir die Näherung (35) aus jener Ergänzung nicht mehr anwenden. Hier nehmen wir an, dass nicht nur ein kleiner Bruchteil, sondern alle Teilchen detektiert werden. Die meisten Terme in dem Produkt über j in Gleichung (14) verschwinden im Mittel bezüglich des Zustands $|\Phi_0\rangle$. Dies liegt daran, dass nur solche Terme beitragen können, in denen genau N-mal der Vernichter $a_{u,+}$ und N-mal der andere Vernichter $a_{u,-}$ auftritt; alle anderen Produkte von $2N$ Vernichtern ergeben null, wenn man sie auf $|\Phi_0\rangle$ anwendet. Dasselbe Argument können wir auf die Erzeuger anwenden: bei ihnen muss genau N-mal $a^\dagger_{u,+}$ und N-mal der andere $a^\dagger_{u,-}$ stehen; die anderen Produkte tragen nicht bei.

Für die so erhaltenen Terme ungleich null sind die Mittelwerte immer dieselben, weil das normal geordnete Operatorprodukt jedes Mal denselben Faktor $(\sqrt{N!} \times \sqrt{N!})^2 = (N!)^2$ liefert; dazu kommt ein Produkt über $2N$ Terme F_{q_j,q'_j}, die vier mögliche Werte annehmen können:

$$F_{+1,+1} = F_{-1,-1} = 1 \qquad (15)$$

sowie

$$\begin{aligned} F_{+1,-1} &= \eta_j \, \mathrm{e}^{-\mathrm{i}\varphi_j} \\ F_{-1,+1} &= \eta_j \, \mathrm{e}^{\mathrm{i}\varphi_j} \end{aligned} \qquad (16)$$

Wir haben die Indizes q_j, q'_j so eingeführt, dass der Koeffizient $F_{+1,+1}$ zur Wirkung des Operators $a^\dagger_{u,+} a_{u,+}$ gehört. In der Mode $|u, +\rangle$ wird ein Teilchen vernichtet und wieder erzeugt. $F_{-1,-1}$ gehört zu dem Operator $a^\dagger_{u,-} a_{u,-}$. Schließlich ist $F_{+1,-1}$ der Koeffizient vor dem Operator $a^\dagger_{u,+} a_{u,-}$, der ein Teilchen von $|u, -\rangle$ in die Mode $|u, +\rangle$ überträgt; der umgekehrte Prozess gehört zu $F_{-1,+1}$. Bei den Produkten der $2N$ Koeffizienten F_{q_j,q'_j} ist zu beachten, dass sich die q_j und die q'_j beide zu null aufsummieren. Diese Bedingung sichert die Erhaltung der Teilchenzahl in den beiden Kondensaten. Wir erhalten schließlich

$$\mathscr{P}_{2N}\left(\{\eta_i, \varphi_i\}\right) = \left(\frac{\Delta}{2}\right)^{2N} (N!)^2 \prod_{j=1}^{2N}{}' \left[|u(\mathbf{r}_j)|^2 \sum_{q_j, q'_j = \pm 1} F_{q_j, q'_j} \right] \tag{17}$$

wobei der Strich an dem Produkt daran erinnert, dass beim Ausmultiplizieren nur die Terme mit den Nebenbedingungen

$$\begin{aligned} \sum_j q_j &= S = 0 \\ \sum_j q'_j &= S' = 0 \end{aligned} \tag{18}$$

mitzunehmen sind [s. Ergänzung $\mathrm{C_{XXI}}$, Gl. (40)].

2-b Relative Phase und Quantenwinkel

Wegen der Nebenbedingungen kann man den Ausdruck (17) nicht einfach handhaben. Wir werden diese deswegen bequem durch Kronecker-Symbole $\delta_{S,0}$ und $\delta_{S',0}$ ausdrücken und die Darstellungen

$$\begin{aligned} \delta_{S,0} &= \int_{-\pi}^{+\pi} \frac{\mathrm{d}\xi}{2\pi}\, \mathrm{e}^{\mathrm{i}S\xi} = \int_{-\pi}^{+\pi} \frac{\mathrm{d}\xi}{2\pi}\, \mathrm{e}^{\mathrm{i}q_1\xi} \ldots \mathrm{e}^{\mathrm{i}q_{2N}\xi} \\ \delta_{S',0} &= \int_{-\pi}^{+\pi} \frac{\mathrm{d}\xi'}{2\pi}\, \mathrm{e}^{\mathrm{i}S'\xi'} \end{aligned} \tag{19}$$

verwenden. Dies läuft daraus hinaus, dass wir in Gl. (17) unter den $\mathrm{d}\xi$- und $\mathrm{d}\xi'$-Integralen jeden Koeffizienten F_{q_j,q'_j} mit $\mathrm{e}^{\mathrm{i}(q_j\xi + q'_j\xi')}$ multiplizieren dürfen (s. Ergänzung $\mathrm{C_{XXI}}$, § 3-a-β). So erhalten wir

$$\mathscr{P}_{2N}\left(\{\eta_i, \varphi_i\}\right) = \left(\frac{\Delta}{2}\right)^{2N} (N!)^2 \int_{-\pi}^{+\pi} \frac{\mathrm{d}\xi}{2\pi} \int_{-\pi}^{+\pi} \frac{\mathrm{d}\xi'}{2\pi} \prod_{j=1}^{2N} |u(\mathbf{r}_j)|^2 \sum_{q_j, q'_j} \mathrm{e}^{\mathrm{i}(q_j\xi + q'_j\xi')} F_{q_j, q'_j} \tag{20}$$

Die Darstellungen (19) für die Nebenbedingungen führen dazu, dass Produkt und Summe nun frei über alle Werte von q_j und q'_j laufen. Für jedes j ergibt sich so

$$\begin{aligned} &F_{+1,+1}\, \mathrm{e}^{\mathrm{i}(\xi+\xi')} + F_{-1,-1}\, \mathrm{e}^{-\mathrm{i}(\xi+\xi')} + F_{+1,-1}\, \mathrm{e}^{\mathrm{i}(\xi-\xi')} + F_{-1,+1}\, \mathrm{e}^{\mathrm{i}(\xi'-\xi)} \\ &\quad = 2\cos(\xi + \xi') + 2\eta_j \cos(\xi - \xi' - \varphi_j) \end{aligned} \tag{21}$$

Wir nehmen schließlich die Substitution[1]

$$\begin{aligned} \Lambda &= \xi + \xi' \\ \lambda &= \xi - \xi' \end{aligned} \tag{22}$$

vor und erhalten den einfacheren Ausdruck

$$\mathscr{P}_{2N}\left(\{\eta_i, \varphi_i\}\right) = \Delta^{2N}\,(N!)^2 \int_{-\pi}^{+\pi} \frac{\mathrm{d}\Lambda}{2\pi} \int_{-\pi}^{+\pi} \frac{\mathrm{d}\lambda}{2\pi} \prod_{j=1}^{2N} |u(\mathbf{r}_j)|^2 \left[\cos\Lambda + \eta_j \cos\left(\lambda - \varphi_j\right)\right] \tag{23}$$

Auf dieses Ergebnis wird sich die nun folgende Diskussion stützen. Aus Gründen, die gleich klar werden, nennen wir λ die *relative Phase* und Λ den *Quantenwinkel.*

Bemerkung:
In der Folge ist die Beobachtung nützlich, dass man in der Formel (23) den Integrationsbereich verkleinern kann:

$$\int_{-\pi}^{+\pi} \frac{\mathrm{d}\Lambda}{2\pi} \mapsto 2 \int_{-\pi/2}^{+\pi/2} \frac{\mathrm{d}\Lambda}{2\pi} \tag{24}$$

Um dies zu zeigen, verschieben wir das $\mathrm{d}\Lambda$-Integral auf das Intervall $[-\pi/2, 3\pi/2]$ (dies ist erlaubt, weil der Integrand 2π-periodisch ist) und zerlegen es in $I_1 + I_2$, wobei I_1 zum Intervall $[-\pi/2, \pi/2]$ und I_2 zum Rest gehört. Nun ist aber $I_2 = I_1$: Wir können nämlich sowohl das $\mathrm{d}\Lambda$- als auch das $\mathrm{d}\lambda$-Integral um π verschieben. Beide Kosinusfunktionen wechseln dann zwar ihr Vorzeichen, aber das Produkt im Integranden wird von dem Faktor $(-1)^{2N}$ nicht verändert.

3 Auswertung und Diskussion

3-a Detektion von wenigen Spins

Wir betrachten als Erstes den Fall, dass die Anzahl der Messungen klein gegenüber der Zahl der Teilchen ist. Auf diese Weise können wir sinnvoll mit den Ergebnissen aus Ergänzung $\mathrm{C}_{\mathrm{XXI}}$ vergleichen.

Wir beginnen mit einer Erinnerung an eine allgemeine Eigenschaft von miteinander verträglichen Observablen in der Quantenmechanik (s. Band I, Kapitel III, § C-6-a). Wenn die Observablen A, B, C, … kommutieren, dann kann man eine Basis von gemeinsamen Eigenvektoren konstruieren. Das Skalarprodukt dieser Eigenvektoren mit dem Zustand des Systems liefert die Wahrscheinlichkeitsamplitude, das System in diesem Eigenvektor zu finden. Sind die Eigenwerte nicht entartet, dann liefert das Quadrat dieser Amplitude die Wahrscheinlichkeit, den entsprechenden Eigenwert zu finden, wenn man die Operatoren A, B, C, … (gleichzeitig) misst. Sind die Eigenwerte

1 Diese Substitution hat zwar eine Jacobi-Determinante von 2; dieser Faktor wird aber durch einen Faktor 1/2 kompensiert, der dadurch entsteht, dass das Quadrat zwischen $-\pi$ und $+\pi$ in beiden Richtungen der $\Lambda\lambda$-Ebene nur die Hälfte des ursprünglichen Integrationsgebiets enthält. Dabei wird verwendet, dass der Integrand in beiden Variablen Λ und λ die Periode 2π hat.

entartet, dann muss man die Wahrscheinlichkeiten für alle orthogonalen Eigenvektoren summieren. Dieses Verfahren haben wir bislang in dieser Ergänzung angewendet.

Was geschieht nun, wenn man die Messergebnisse zu einem oder mehreren Operatoren in der Reihe ignoriert, zum Beispiel für B und C? Die Wahrscheinlichkeiten der Messergebnisse, die wir berücksichtigen, sind dann einfach die Summen über die möglichen Ausgänge der ignorierten Messungen (Summe über Wahrscheinlichkeiten von einander ausschließenden Ereignissen). Man kann sich aber auch vorstellen, dass die Observablen B und C überhaupt nie gemessen werden. Die möglichen Reihen an Eigenwerten der gemessenen Operatoren sind dann kürzer als vorhin (weil man weniger Messungen durchgeführt hat). Die Entartung der Eigenwerte wird sich also im Allgemeinen vergrößern. Die Eigenwerte der Operatoren B und C, selbst wenn sie keiner Messung entsprechen, können weiterhin als Indizes verwendet werden, um die orthogonalen Eigenvektoren zu den Messergebnissen der Operatoren $A, D, \ldots$ abzuzählen. Es ist also wie oben eine Summe über die Wahrscheinlichkeiten dieser Eigenwerte zu bilden. Dies liefert schließlich exakt dasselbe Ergebnis wie bei einer zwar durchgeführten Messung, deren Ergebnisse ignoriert werden. Als Fazit halten wir fest, dass die Quantenmechanik dieselben Wahrscheinlichkeiten vorhersagt, unabhängig davon, ob die Observablen B und C nun gemessen (und die Messwerte ignoriert) oder nicht gemessen werden.*

Berechnen wir nun die Wahrscheinlichkeit $\mathscr{P}_Q$ für Q Messungen an den Spins mit den Ergebnissen $\eta_1, \ldots, \eta_Q$. Da wir bereits die Wahrscheinlichkeit für $2N$ Messungen in Formel (23) vorliegen haben, ist es am bequemsten anzunehmen, dass alle Messungen stattgefunden haben, aber die Ergebnisse für die anderen $2N - Q$ Messungen verworfen werden. Wie soeben besprochen, läuft dies darauf hinaus, in Gleichung (23) alle Wahrscheinlichkeiten für die Ereignisse $\eta_j = \pm 1$ $(j > Q)$ zu addieren. Dabei fällt in dem j-ten Faktor der Kosinusterm $\cos(\lambda - \varphi_j)$ weg und nur $\cos \Lambda$ bleibt übrig. Im Folgenden lassen wir die für unsere Diskussion irrelevanten Vorfaktoren weg und erhalten für $\mathscr{P}_Q$ [s. Gl. (24)]

$$\mathscr{P}_Q(\{\eta_i, \varphi_i\}) \propto \int_{-\pi/2}^{+\pi/2} \frac{\mathrm{d}\Lambda}{2\pi} (\cos \Lambda)^{2N-Q} \int_{-\pi}^{+\pi} \frac{\mathrm{d}\lambda}{2\pi} \prod_{j=1}^{Q} |u(\mathbf{r}_j)|^2 \left[\cos \Lambda + \eta_j \cos(\lambda - \varphi_j)\right] \tag{25}$$

In diesem Ausdruck bedeutet $(\{\eta_i, \varphi_i\})$ jetzt eine Liste von Q Messwerten und -winkeln statt mit $2N$ Einträgen wie vorhin. Das $\mathrm{d}\Lambda$-Integral enthält $\cos \Lambda$ mit einem hohen Exponenten $2N - Q \gg 1$, was auf einen engen *Peak* bei $\cos \Lambda = 1$ führt. Wir dürfen also wie folgt vereinfachen:

$$\mathscr{P}_Q(\{\eta_i, \varphi_i\}) \propto \int_{-\pi}^{+\pi} \frac{\mathrm{d}\lambda}{2\pi} \prod_{j=1}^{Q} |u(\mathbf{r}_j)|^2 \left[1 + \eta_j \cos(\lambda - \varphi_j)\right] \tag{26}$$

* Anm. d. Ü.: Wir erinnern, dass dieses Argument nur deswegen anwendbar ist, weil alle betreffenden Observablen $A, B, \ldots$ untereinander kommutieren.

Dieses Ergebnis ähnelt stark dem aus Ergänzung C_{XXI}, Gl. (47), in dem wir auch ein Produkt aus Q positiven Wahrscheinlichkeiten gefunden hatten:[2]

$$p_j\left(\lambda, \varphi_j\right) = \frac{1}{2}\left|u(\mathbf{r}_j)\right|^2 \left[1 + \eta_j \cos\left(\lambda - \varphi_j\right)\right] \tag{27}$$

Dieses Produkt wird anschließend über den Winkel λ im Intervall $[-\pi, +\pi]$ gemittelt. Die Wahrscheinlichkeit (27) beschreibt, wie häufig das Ergebnis η_j bei einer Messung entlang der Richtung φ_j auftritt, wenn der Spin anfangs entlang einer Richtung polarisiert war, die durch den Winkel λ bestimmt wird.

Überprüfung dieser Behauptung:
Betrachten wir einen Spin, dessen Richtung in der xy-Ebene mit der x-Achse einen Winkel λ bildet. Aus Gl. (6) entnehmen wir den entsprechenden Eigenvektor

$$|\psi_\lambda\rangle = \frac{1}{\sqrt{2}}\left[\mathrm{e}^{-\mathrm{i}\lambda/2}\,|+\rangle + \mathrm{e}^{+\mathrm{i}\lambda/2}\,|-\rangle\right] \tag{28}$$

Wird die Spinkomponente entlang der Achse mit dem Winkel φ gemessen, dann gehört zu dem Messergebnis $\eta = +1$ der Zustand (6)

$$|\psi_\varphi\rangle = \frac{1}{\sqrt{2}}\left[\mathrm{e}^{-\mathrm{i}\varphi/2}\,|+\rangle + \mathrm{e}^{+\mathrm{i}\varphi/2}\,|-\rangle\right] \tag{29}$$

Die Wahrscheinlichkeit für diesen Messwert ist also

$$\mathscr{P}_{\eta=+1} = \left|\langle\psi_\varphi|\psi_\lambda\rangle\right|^2 = \frac{1}{4}\left|\mathrm{e}^{\mathrm{i}(\lambda-\varphi)/2} + \mathrm{e}^{-\mathrm{i}(\lambda-\varphi)/2}\right|^2 = \cos^2\frac{\lambda-\varphi}{2} \tag{30}$$

$$= \frac{1}{2}\left[1 + \cos(\lambda - \varphi)\right] \tag{31}$$

Der Messwert $\eta = -1$ tritt mit der komplementären Wahrscheinlichkeit auf (man wechsele das Vorzeichen vor dem Kosinus). In beiden Fällen finden wir das Ergebnis (27) wieder.

Wir können also λ als die relative Phase der beiden Kondensate interpretieren. In diesem Regime liefert die Quantenmechanik somit dieselben Vorhersagen wie eine Theorie, in der die relative Phase eine klassische Größe wäre: bereits zu Beginn des Experiments scharf definiert, aber unbekannt. In so einem Szenario lässt die Abfolge der Messungen diese präexistente Phase immer genauer aufscheinen – es ist nicht nötig, sie erst in der Messung zu erzeugen, wie es die orthodoxe Interpretation der Quantenmechanik formulieren würde. Auf diese Weise können wir eine Verbindungslinie zu dem EPR-Argument mit seinem lokal realistischen Standpunkt ziehen.

3-b Makroskopische EPR-Argumentation

Wir erinnern an das EPR-Argument aus Kapitel XXI, § F-1. Es stützt sich auf die zwei Annahmen von Realismus und Lokalität und nimmt weiter an, dass alle Vorhersagen

---

2 Der Faktor 1/2 in Gl. (27) normiert die Wahrscheinlichkeit auf die Aufenthaltswahrscheinlichkeit im Detektionsvolumen, wenn man über die beiden Messwerte $\eta_j = \pm 1$ summiert.

der Quantenmechanik exakt sind. Als Schlussfolgerung ergibt sich, dass die Quantenmechanik unvollständig ist: Sie müsste um *Elemente der Wirklichkeit* erweitert werden. Im Rahmen eines EPRB-Experiments mit zwei Spins in einem Singulett-Zustand entsprächen diese Elemente der Wirklichkeit wohldefinierten Spinkomponenten, die bereits vor irgendeiner Messung vorhanden wären.

Ein solche Erweiterung führt uns offensichtlich aus dem Rahmen der Standardquantenmechanik hinaus. Bohr war dagegen und führte das Argument an, dass der von EPR eingeführte Begriff der Elemente der Wirklichkeit nicht auf mikroskopische Systeme anwendbar sein kann, denn es ist nicht sinnvoll, diese Systeme von dem konkreten experimentellen Aufbau um sie herum zu trennen, und sei es auch nur in der Vorstellung. Wir haben in Kapitel XXI gesehen, dass dieser Standpunkt in sich stimmig ist und die Folgerungen aus der EPR-Argumentation widerlegt. Die hier diskutierten Doppelkondensate liefern ein weiteres Beispiel, das man von dem EPR-Standpunkt betrachten kann. Sie sind besonders interessant, weil bei ihnen für große N und Q makroskopische physikalische Eigenschaften eine Rolle spielen (und, nebenbei bemerkt, die Erhaltung des Drehimpulses). Diese Eigenschaften können im Prinzip auf der Ebene der direkt erfahrbaren Phänomene auftreten, so dass es wenig überzeugend ist, ihnen den Status einer unabhängigen physikalischen Wirklichkeit abzusprechen.

Betrachten wir die folgende Variante eines Experiments mit einem Spinkondensat: Das System sei in einem ähnlichen Zustand wie in Gl. (2) präpariert, in dem die beiden internen Zustände $|\pm\rangle$ Eigenzustände der Spinkomponente entlang der z-Achse sind, etwa die Zustände $m = 0, +1$ von Spin-1-Teilchen. Um die Diskussion noch klarer zu gestalten, nehmen wir andere orbitale Wellenfunktionen an, die sich unterscheiden und in zwei Gebieten überlappen, wie schematisch in Abb. 2 dargestellt. Diese Gebiete sind räumlich weit getrennt, und dort befinden sich die Experimentatoren

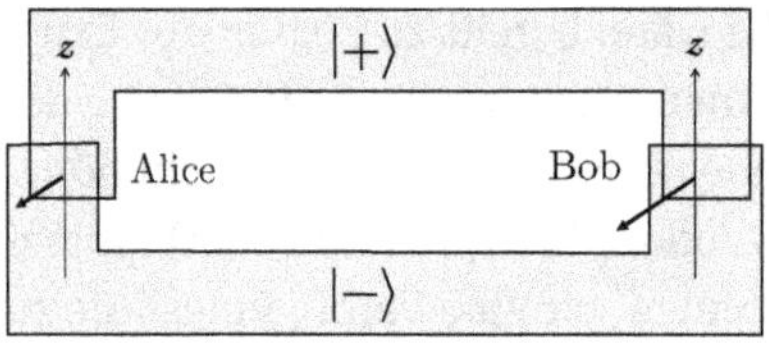

Abb. 2: Schematische Darstellung eines Experiments mit einem doppelten Spinkondensat, eines (in dem oberen U-förmigen Gebiet) im internen Zustand $|+\rangle$, das andere in dem Zustand $|-\rangle$. Die beiden Kondensate haben verschiedene orbitale Wellenfunktionen, die sich in zwei Gebieten überlappen. Dort befinden sich zwei Experimentatoren, Alice und Bob, und führen Messungen durch, wobei sie beliebig weit voneinander entfernt sind. Alice und Bob detektieren den Spin von einzelnen Teilchen und wählen jedes Mal einen anderen Winkel φ für die transversale Spinkomponente (senkrecht zur z-Achse, die die Quantisierungsachse ist). Zu Beginn ist für die beiden Kondensate keine relative Phase definiert, aber unter dem Einfluss von Alice' Messungen entsteht eine. Dass diese Phase sich dann sofort zu Bobs entferntem Laboratorium ausbreitet – darin besteht das Paradox. Es erinnert an das Argument von Einstein, Podolsky und Rosen (EPR), ist aber noch verblüffender, weil die von EPR eingeführten *Elemente der Wirklichkeit* hier makroskopische Größen sein können.

Alice und Bob und messen die Spinkomponenten der Teilchen entlang einer transversalen Achse.[3] Alice nehme N_A Messungen vor und Bob N_B Messungen. In jeder Messung wählen die beiden nach Belieben und unabhängig voneinander einen Winkel φ_i für die Richtung der Spinkomponente. Eine erste Reihe von Messungen ($1 \leq i \leq N_A$) wird von Alice in ihrem Laboratorium durchgeführt, direkt danach nimmt Bob in seinem Laboratorium, weit von Alice entfernt, die zweite Messreihe ($N_A + 1 \leq i \leq N_A + N_B$) auf.

Nun haben wir gesehen, dass nach Alice' ersten paar Messungen an den Teilchenspins diese Operation dazu führt, dass die relative Phase der beiden Kondensate mit hoher Genauigkeit festgelegt wird (die Unschärfe ist umso kleiner, je größer die Zahl der Messungen ist). Dies legt hier auch die Richtung der Spins in der transversalen Ebene fest. Alice kann freilich diese Richtung nicht im Vornherein angeben, weil sie erst zufällig während der Messungen entsteht. Die orthodoxe Quantenmechanik sagt nun vorher, dass wenn Bob seine Messungen vornehmen wird, es praktisch sicher ist (bis auf einen kleinen Fehler), dass er dieselbe relative Phase messen wird. Da auch er eine große Zahl von Messungen durchführen kann, kann er Kenntnis von der Ausrichtung der Spins gewinnen, die durch Alice' Messungen entstanden ist, – und dies quasi instantan.* EPR würden sich nun darauf berufen, dass sich keine Wechselwirkung von Alice' zu Bobs Laboratorium ausbreiten konnte und es deswegen unmöglich ist, dass diese transversale Spinausrichtung durch Alice' Messungen erzeugt worden ist. Sie muss ein *Element der Wirklichkeit* sein, das bereits vor jeder Messung existiert hat.

Das Neue an dieser Situation im Vergleich zu zwei Spins (s. Kapitel XXI, § F) ist, dass Bob sehr viele Beobachtungen durchführen kann; seine Messung läuft nämlich darauf hinaus, dass er die Richtung des Drehimpulses eines Systems aus vielen Spins bestimmt, dessen Drehimpuls makroskopisch groß sein kann. Deswegen ist das Argument nicht mehr anwendbar, dass die mikroskopische Welt sich sowohl der direkten Beobachtung als auch der Beschreibung durch die gewöhnliche Sprache entzieht, wie Bohr eingewandt hat. Es scheint in diesem Fall relativ künstlich, sich zu weigern, den Teilen eines Systems, die sich in definierten, räumlich getrennten Gebieten befinden, separat ihre physikalische Eigenschaften zuzuschreiben. Die Argumentation von EPR

3 Wir nennen *longitudinal* die Richtung parallel zur Quantisierungsachse und *transversal* die dazu senkrechten Richtungen.

* Anm. d. Ü.: Es ist für das Experiment unerheblich, ob zuerst Alice ihre Messung vornimmt und dann Bob oder umgekehrt. Dies ergibt sich in der Relativitätstheorie für raumartig entfernte Ereignisse, deren zeitliche Reihenfolge vom Bewegungszustand des Beobachters abhängt. Wir müssen weiter daran erinnern, dass Alice und Bob die Korrelation zwischen ihren Messungen nur durch Kommunikation ihrer Messergebnisse berechnen können. Auch haben die ihnen zugänglichen Bereiche des Systems eine „gemeinsame Vergangenheit" aus der Präparation der ausgedehnten Spinkondensate, was die Korrelationen plausibel macht, s. dazu auch Ergänzung B_{XXI}, § 2-b.

überzeugt hier also noch mehr. Laloë und Mullin (2007) bieten eine genauere Analyse dieses überraschenden Szenarios und diskutieren die Rolle der Erhaltung des Drehimpulses.

3-c Detektion aller Spins. Verletzung von Bell-Ungleichungen

Nehmen wir nun an, dass alle Spins detektiert werden. Die Auswahl des Werts $\Lambda = 0$ durch die $(2N - Q)$-te Potenz von $\cos\Lambda$ in Gl. (25) wird dann aufgehoben. Es ist nicht mehr möglich, Wahrscheinlichkeiten für einzelne Messungen anzugeben. In Gl. (23) kann der Faktor $[\cos\Lambda + \eta_j \cos(\lambda - \varphi_j)]$ negativ werden und fällt damit als Kandidat für eine Wahrscheinlichkeit aus. (Es tritt übrigens in der Quantenmechanik öfter auf, dass reine Quanteneffekte im Formalismus an „negativen Wahrscheinlichkeiten" festgemacht werden können, s. Anhang VII zur Wigner-Verteilung.) Man nennt deswegen Λ einen *Quantenwinkel*, um seine Rolle für solche Effekte zu unterstreichen. Wir werden sehen, dass er zu einem nichtlokalen Verhalten und zu Verletzungen der Bell-Ungleichungen führt.

Es wäre nötig, in Gl. (23) beliebige Werte von N zu untersuchen, was auf eine große Anzahl von Parametern führt (alle Winkel φ_j für die Messeinstellungen). Es ist dann bequemer, numerische Simulationen durchzuführen, wie sie etwa in der zweiten Arbeit von Laloë und Mullin (2007) dargestellt sind. Hier wollen wir lediglich zeigen, dass sich die Phase nicht immer wie eine klassische Größe verhält. Deswegen stellen wir keine numerische Simulation vor, sondern beschränken uns darauf, die Detektionswahrscheinlichkeit (23) für den einfachsten Fall zu diskutieren: zwei Messungen an zwei Spins ($Q = 2$ und $N = 1$). Wir können auf diese Weise überprüfen, dass dieser Ausdruck in der Tat einen lokal realistischen Standpunkt verletzt (zumindest in gewissen Fällen). (Man könnte die Rechnungen für zwei Spins zwar auch direkt und elementarer durchführen. Die Verallgemeinerung auf komplexere Systeme und Messungen können die Leser in den angegebenen Referenzen finden.)

Aus der grundlegenden Definition in Kapitel XV, Gl. (A-7) folgt, dass der Fock-Zustand (2) in folgender Form

$$\begin{aligned} |\Psi\rangle &= a^\dagger_{u,+} a^\dagger_{u,-} |0\rangle = \frac{1}{\sqrt{2}} \left[|1:u,+;2:u,-\rangle + |1:u,-;2:u,+\rangle \right] \\ &= |1:u;2:u\rangle \otimes \frac{1}{\sqrt{2}} \left[|1:+;2:-\rangle + |1:-;2:+\rangle \right] \end{aligned} \tag{32}$$

als symmetrisierter Spinzustand für die Teilchen 1 und 2 aufgeschrieben werden kann. Hier tritt offensichtlich ein verschränkter Zustand auf, der dem in Kapitel XXI, § B besprochenen sehr ähnlich ist.* Der einzige Unterschied ist das Vorzeichen + zwi-

* Anm. d. Ü.: Bis auf einen Wechsel der Nummerierungen handelt sich um den Bell-Zustand $|\Theta^{B}_{+1}\rangle_{(12)}$ aus Ergänzung B_{XXI}, Gl. (16).

schen den beiden Komponenten, während der Singulett-Zustand mit dem Vorzeichen – definiert ist. Dies hat allerdings keine großen Änderungen zur Folge. [Wir werden dies in Gl. (36) genauer sehen.] Wir rechnen also in der Tat damit, dass ein solcher Zustand markante Quanteneigenschaften aufweisen kann, etwa eine Verletzung der Bell-Ungleichungen.

Wir wollen nun überprüfen, dass die allgemeine Detektionswahrscheinlichkeit (23) in einem einfachen Fall zu einer Verletzung der Bell-Ungleichungen führt. Setzen wir $N = 1$, erhalten wir

$$\begin{aligned}\mathscr{P}_2\,(\eta_1, \varphi_1; \eta_2, \varphi_2) &\propto \int_{-\pi}^{+\pi} \frac{\mathrm{d}\Lambda}{2\pi} \int_{-\pi}^{+\pi} \frac{\mathrm{d}\lambda}{2\pi} \left[\cos\Lambda + \eta_1 \cos(\lambda - \varphi_1)\right]\left[\cos\Lambda + \eta_2 \cos(\lambda - \varphi_2)\right] \\ &= \frac{1}{2}\left[1 + \eta_1\eta_2 \cos\varphi_1 \cos\varphi_2 + \eta_1\eta_2 \sin\varphi_1 \sin\varphi_2\right] \qquad (33)\end{aligned}$$

wobei wir die Mittelwerte für Produkte von Sinus- und Kosinusfunktionen aus Ergänzung C_{XXI}, Gl. (57) und Gl. (58) verwendet haben. Es ergibt sich so

$$\mathscr{P}_2\,(\eta_1, \varphi_1; \eta_2, \varphi_2) \propto \frac{1}{2}\left[1 + \eta_1\eta_2 \cos(\varphi_1 - \varphi_2)\right] \qquad (34)$$

Indem wir dies auf Wahrscheinlichkeiten für die vier Messergebnisse $\eta_1 = \pm 1$ und $\eta_2 = \pm 1$ normieren, erhalten wir schließlich

$$\begin{aligned}\mathscr{P}_2(+1, \varphi_1; +1, \varphi_2) = \mathscr{P}_2(-1, \varphi_1; -1, \varphi_2) &= \frac{1}{2}\cos^2\frac{\varphi_1 - \varphi_2}{2} \\ \mathscr{P}_2(+1, \varphi_1; -1, \varphi_2) = \mathscr{P}_2(-1, \varphi_1; +1, \varphi_2) &= \frac{1}{2}\sin^2\frac{\varphi_1 - \varphi_2}{2}\end{aligned} \qquad (35)$$

Diese Formeln gehen aus denen in Kapitel XXI, Gl. (B-10) hervor, indem man die Ersetzungen[4]

$$\begin{aligned}\varphi_1 &\Rightarrow \theta_A + \pi \\ \varphi_2 &\Rightarrow \theta_B\end{aligned} \qquad (36)$$

vornimmt. Die Winkel φ_1 und φ_2 spielen hier also die Rolle der Orientierung der Spinanalysatoren in Abb. 2 aus dem genannten Kapitel. Aus § F-3 dort wissen wir aber, dass diese Korrelationen zwischen den Spins eine signifikante Verletzung (um einen Faktor $\sqrt{2}$) der Bell-Ungleichungen zur Folge haben, was als ein markanter nichtlokaler Quanteneffekt zu verstehen ist. Diese Situation liegt hier auch vor.

Im allgemeinen Fall einer beliebigen Teilchenzahl N kann die Messung aller Spins auf starke Verletzungen der Bell-Ungleichungen führen, wenn man die Winkel der

4 Dies ist die einzige Änderung, die aufgrund des Vorzeichenwechsels im Zustand (32) relativ zu einem Singulett-Paar entsteht.

Messungen geeignet wählt. Der Winkelbereich, in dem diese Verletzungen auftreten, verkleinert sich allerdings proportional zu $1/\sqrt{N}$ (Laloë und Mullin, 2007). Die Verletzungen verschwinden, sobald gewisse Spins nicht mehr gemessen werden (oder, was auf dasselbe hinausläuft, die Messergebnisse nicht berücksichtigt werden).

Fazit

In dieser Ergänzung haben wir die Grenzen des Phänomens aus der vorangehenden Ergänzung ausgelotet. Eine Sequenz von Messungen kann in der Tat dazu führen, dass eine (relative) Phase zum Vorschein kommt, die alle Eigenschaften einer klassischen Größe hat, – allerdings nur bis zu einem gewissen Punkt. Ein ideales Experiment, in dem alle Teilchen gemessen und die Messwinkel geeignet gewählt werden, würde markante Quanteneigenschaften der Phase wieder sichtbar machen.

Die Erwartung ist naheliegend, dass extreme Quanteneffekte, insbesondere das nichtlokale Verhalten von Korrelationen aus Kapitel XXI, § F-1 und § F-3, nur bei Systemen mit wenigen Teilchen auftreten sollten, oder sogar nur bei singlettgepaarten Spins. Solche Paare wären dann vor allen anderen Zuständen eines physikalischen Systems ausgezeichnet. Hier haben wir gesehen, dass dem nicht so ist. Auch für makroskopische Vielteilchensysteme in einem relativ einfachen Quantenzustand (etwa für ein doppeltes Kondensat) existieren dieselben charakteristischen Quanteneigenschaften.

Anhang IV
Das Feynman-Pfadintegral

In Band I, Kapitel III haben wir die Postulate der Quantenmechanik ausgehend von der Hamilton-Mechanik eingeführt und die Quantisierungsregeln für Paare von kanonisch konjugierten Größen formuliert. Es ist allerdings auch möglich, dieselbe Quantenmechanik, ihre Postulate und Regeln ganz anders zu begründen, und zwar ausgehend von einer klassischen Lagrange-Funktion mit Hilfe des Pfadintegralverfahrens von Richard P. Feynman. Dieser Zugang wirft ein interessantes Licht auf die Beziehungen zwischen klassischer und Quantenphysik, die sich zueinander ganz ähnlich verhalten wie die geometrische und die Wellenoptik. Außerdem ist Feynmans Verfahren in gewissen Fällen von Vorteil, wenn etwa eine klassische Lagrange-Funktion gegeben ist, aber keine kanonisch konjugierten Größen, die für eine Hamilton-Funktion nötig wären.[1]

In dieser Ergänzung wollen wir eine elementare Einführung in das Feynman-Pfadintegral geben und einige seiner Eigenschaften besprechen, ohne an allen Stellen mathematisch ganz rigoros zu sein. Wir beginnen in § 1 mit dem quantenmechanischen Propagator eines Teilchens und zeigen dann (§ 2), dass man ihn als eine Summe über „klassische Geschichten" (mögliche Trajektorien oder Pfade) des physikalischen Systems schreiben kann. Mit diesen Ergebnissen ausgerüstet, überlegen wir in § 3, wie man den umgekehrten Zugang ebnen kann. Ausgehend von einer Summe über klassische Pfade konstruieren wir die gewöhnliche Quantenmechanik, ihre Quantisierungsregeln und Propagatoren und schließlich (§ 4) ihre Operatoren. Zur Vereinfachung beschränken wir uns im Wesentlichen auf Teilchen, die sich in einem ortsabhängigen Potential bewegen. Die Leserin, die sich für allgemeinere Fälle interessiert (Kopplung an ein Vektorpotential, Eichinvarianz, auch mit nichtkommutativen Eichgruppen), sei

1 Diese Situation tritt z. B. auf, wenn die Lagrange-Funktion nicht von der zeitlichen Ableitung einer Koordinate q_i abhängt, so dass man keinen konjugierten Impuls p_i einführen kann.

https://doi.org/10.1515/9783110649130-037

auf die Lehrbücher von Feynman und Hibbs (1965); Zinn-Justin (2003) oder Le Bellac (2013) verwiesen.

1 Der Teilchenpropagator

Betrachten wir ein spinloses Teilchen. Sein *Propagator* $G(\mathbf{r}', t'; \mathbf{r}, t)$ ist definiert als

$$G(\mathbf{r}', t'; \mathbf{r}, t) = \langle \mathbf{r}' | U(t', t) | \mathbf{r} \rangle \tag{1}$$

wobei die Kets $|\mathbf{r}\rangle$, $|\mathbf{r}'\rangle$ Eigenvektoren des Ortsoperators und $U(t', t)$ der Zeitentwicklungsoperator zwischen den Zeitpunkten t und t' ist (s. Band I, Ergänzung F_{III}). Der Propagator gibt also die Wahrscheinlichkeitsamplitude dafür an, dass das Teilchen, ausgehend von einem zum Zeitpunkt t bei $\mathbf{r}$ lokalisierten Zustand nach der Zeitentwicklung zur Zeit t' im Punkt $\mathbf{r}'$ gefunden wird.

1-a Produktdarstellung des Propagators

Wir zerlegen das Zeitintervall $[t, t']$ in $\mathcal{N}$ gleich lange Abschnitte der Dauer

$$\delta t = \frac{t' - t}{\mathcal{N}} \tag{2}$$

und fügen $\mathcal{N} - 1$ Zeitpunkte $t_1, t_2, \ldots, t_k, \ldots, t_{\mathcal{N}-1}$ ein (s. Abb. 1):

$$t_k = t + k\,\delta t \qquad k = 1, 2, \ldots, \mathcal{N} - 1 \tag{3}$$

Die Notationen $t_0 = t$ und $t_{\mathcal{N}} = t'$ sind eine bequeme Erweiterung dieser Definitionen. Wir zerlegen auch den Operator $U(t', t)$ in ein $\mathcal{N}$-faches Produkt:

$$U(t', t) = U(t_{\mathcal{N}}, t_{\mathcal{N}-1}) \ldots U(t_k, t_{k-1}) \ldots U(t_2, t_1) U(t_1, t_0) \tag{4}$$

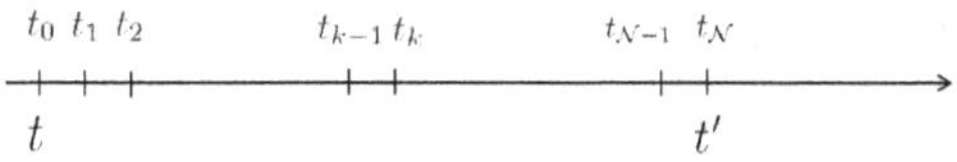

Abb. 1: Um den Entwicklungsoperator in ein Operatorprodukt zu zerlegen, führt man zwischen Anfangszeitpunkt t und Endzeitpunkt t' eine Reihe von Zwischenpunkten $t_1, t_2, \ldots, t_k, \ldots, t_{\mathcal{N}-1}$ ein, so dass ein Produkt über Entwicklungsoperatoren für jeden kleinen Zeitschritt entsteht. Eine Vollständigkeitsrelation in der Ortsbasis erzeugt für jeden Zeitpunkt t_k ein Integral über alle möglichen Positionen $\mathbf{r}_k$ des Teilchens.

Zwischen alle diese Operatoren schieben wir je eine Vollständigkeitsrelation (Einsoperator) in der Ortsbasis $\{|\mathbf{r}\rangle\}$ ein und erhalten

$$U(t',t) = \int d^3r_1 \int d^3r_2 \ldots \int d^3r_k \ldots \int d^3r_{\mathcal{N}-1}$$
$$U(t_{\mathcal{N}}, t_{\mathcal{N}-1})\,|\mathbf{r}_{\mathcal{N}-1}\rangle\,\langle\mathbf{r}_{\mathcal{N}-1}|\,U(t_{\mathcal{N}-1}, t_{\mathcal{N}-2})\,|\mathbf{r}_{\mathcal{N}-2}\rangle \ldots$$
$$\ldots \langle\mathbf{r}_k|\,U(t_k, t_{k-1})\,|\mathbf{r}_{k-1}\rangle \ldots \langle\mathbf{r}_1|\,U(t_1, t_0) \tag{5}$$

Durch Einsetzen in Gl. (1) erhalten wir die Darstellung des Propagators:

$$G(\mathbf{r}',t';\mathbf{r},t) = \int d^3r_1 \int d^3r_2 \ldots \int d^3r_k \ldots \int d^3r_{\mathcal{N}-1}$$
$$\langle\mathbf{r}'|U(t_{\mathcal{N}}, t_{\mathcal{N}-1})\,|\mathbf{r}_{\mathcal{N}-1}\rangle\,\langle\mathbf{r}_{\mathcal{N}-1}|\,U(t_{\mathcal{N}-1}, t_{\mathcal{N}-2})\,|\mathbf{r}_{\mathcal{N}-2}\rangle \ldots$$
$$\ldots \langle\mathbf{r}_k|\,U(t_k, t_{k-1})\,|\mathbf{r}_{k-1}\rangle \ldots \langle\mathbf{r}_1|\,U(t_1, t_0)\,|\mathbf{r}\rangle \tag{6}$$

In den folgenden Überlegungen werden wir den Grenzfall $\delta t \to 0$ betrachten, den man auch als den Limes $\mathcal{N} \to \infty$ auffassen kann. Es treten dann abzählbar unendlich viele d^3r_k-Integrale auf, aber die Matrixelemente betreffen immer den Entwicklungsoperator über einen Zeitschritt δt, der infinitesimal klein wird.

1-b Berechnung der Matrixelemente

Wir werten nun die Matrixelemente $\langle\mathbf{r}_k|U(t_k, t_{k-1})|\mathbf{r}_{k-1}\rangle$ des Zeitentwicklungsoperators aus, wobei $t_k = t_{k-1} + \delta t$ gilt. Der Hamilton-Operator H des Teilchens sei eine Summe aus kinetischer und potentieller Energie in einem äußeren Potential,

$$H = \frac{\mathbf{P}^2}{2m} + V(\mathbf{R}) \tag{7}$$

wobei $\mathbf{P}$ der Impulsoperator und $\mathbf{R}$ der Ortsoperator des Teilchens ist; seine Masse ist m.

α Freies Teilchen

In diesem Fall tritt im Hamilton-Operator nur die kinetische Energie auf. Wir schieben eine Vollständigkeitsrelation über Impulseigenzustände ein und erhalten

$$\langle\mathbf{r}_k|\,e^{-i\mathbf{P}^2\delta t/2m\hbar}\,|\mathbf{r}_{k-1}\rangle = \frac{1}{(2\pi)^3}\int d^3k\, e^{i\mathbf{k}\cdot(\mathbf{r}_k-\mathbf{r}_{k-1})} e^{-i\hbar\mathbf{k}^2\delta t/2m} \tag{8}$$

Wir zeigen unten, dass man diesen Propagator exakt auswerten kann, und zwar unabhängig davon, ob das Intervall δt infinitesimal klein oder endlich lang ist. Das Ergebnis lautet

$$\langle\mathbf{r}_k|\,e^{-i\mathbf{P}^2\delta t/2m\hbar}\,|\mathbf{r}_{k-1}\rangle = \left(\frac{m}{2\pi\hbar\,\delta t}\right)^{3/2} e^{-3i\pi/4} e^{im(\mathbf{r}_k-\mathbf{r}_{k-1})^2/2\hbar\delta t} \tag{9}$$

Nehmen wir für einen Augenblick an, man ersetze im Exponenten des letzten Faktors die imaginäre Zahl i durch −1 (man sagt, man geht zu einer imaginären Zeit über). Bis auf einen numerischen Vorfaktor wird aus dem Propagator des freien Teilchens dann eine Gauß-Funktion, die als Funktion des Abstands $|\mathbf{r}_k - \mathbf{r}_{k-1}|$ rasch abfällt, sobald dieser die Länge $\sqrt{2\hbar\delta t/m}$ überschreitet.

Bemerkung:
Dieses Ergebnis ist keine Überraschung, geht doch die Schrödinger-Gleichung in eine Diffusionsgleichung über, wenn man die reelle Zeit t durch eine imaginäre Zeit $\mathrm{i}t$ ersetzt. Der Propagator der Diffusionsgleichung ist in der Tat eine Gauß-Funktion. Im Grenzfall $\delta t \to 0$ wird diese unendlich schmal, was zu erwarten war, denn das Teilchen breitet sich über eine immer kleinere Distanz aus, wenn die Zeit δt kleiner wird. Es ist allerdings bemerkenswert, dass diese Distanz nicht zu δt proportional ist, sondern zu der Quadratwurzel daraus. Anders ausgedrückt, kann sich das Teilchen für kleine Zeiten schneller als mit einer konstanten Geschwindigkeit ausbreiten. Diese Situation ist typisch für eine zufällige (Brownsche) Bewegung, wenn man den Grenzfall einer unendlich kurzen Korrelationszeit und unendlich kleiner mittleren Weglänge, bei konstantem Diffusionskoeffizienten, betrachtet. Dieser Prozess wird dann durch die klassische Diffusionsgleichung beschrieben, und sein Propagator zeigt dasselbe diffusive Verhalten $|\mathbf{r}_k - \mathbf{r}_{k-1}| \sim \delta t^{1/2}$.

Für die Schrödinger-Gleichung selbst (ohne den Umweg in die imaginäre Zeit) erhält man keinen Abfall des Propagators auf großen Abständen $|\mathbf{r}_k - \mathbf{r}_{k-1}|$, sondern eine immer schnellere Oszillation. Ihre „Wellenlänge“ ist auch umso kleiner, je kürzer δt ist.* Wir besprechen weiter unten, wie diese Phasenfaktoren zur Interferenz kommen und welche Rolle die Phasen spielen, die von klassischen Pfaden erzeugt werden.

Beweis von Gl. (9):
Wir führen eine quadratische Ergänzung im Exponenten von Gl. (8) durch

$$\frac{\hbar\,\delta t}{2m}\mathbf{k}^2 + \mathbf{k}\cdot(\mathbf{r}_k - \mathbf{r}_{k-1}) = \frac{\hbar\,\delta t}{2m}\left[\mathbf{k} + \frac{m}{\hbar\,\delta t}(\mathbf{r}_k - \mathbf{r}_{k-1})\right]^2 - \frac{m}{2\hbar\,\delta t}(\mathbf{r}_k - \mathbf{r}_{k-1})^2 \tag{10}$$

und substituieren im d^3k-Integral

$$\mathbf{q} = \mathbf{k} + \frac{m}{\hbar\,\delta t}(\mathbf{r}_k - \mathbf{r}_{k-1}) \tag{11}$$

Dies führt uns auf den Ausdruck

$$\langle\mathbf{r}_k|\,\mathrm{e}^{-\mathrm{i}\mathbf{P}^2\delta t/2m\hbar}\,|\mathbf{r}_{k-1}\rangle = \frac{1}{(2\pi)^3}\left[\int \mathrm{d}^3q\,\mathrm{e}^{-\mathrm{i}\hbar\mathbf{q}^2\delta t/2m}\right]\mathrm{e}^{\mathrm{i}m(\mathbf{r}_k-\mathbf{r}_{k-1})^2/2\hbar\delta t} \tag{12}$$

Das Integral in den eckigen Klammern ist nun unabhängig von $\mathbf{r}_k$ und $\mathbf{r}_{k-1}$. Außerdem faktorisieren die drei Komponenten von $\mathbf{q}$ in drei gleichwertige Integrale der Form

$$I = \int_{-\infty}^{+\infty} \mathrm{d}q_x \mathrm{e}^{-\mathrm{i}\hbar q_x^2\,\delta t/2m} \tag{13}$$

* Anm. d. Ü.: Natürlich ist der Begriff der Wellenlänge hier mit Vorsicht zu lesen, weil die räumliche Periode sich lokal rasch ändert.

Nach einem bewährten Verfahren berechnen wir das Quadrat dieses Integrals in Polarkoordinaten mit $\rho^2 = q_x^2 + s_x^2$

$$I^2 = \int_{-\infty}^{+\infty} \mathrm{d}q_x \int_{-\infty}^{+\infty} \mathrm{d}s_x \mathrm{e}^{-\mathrm{i}\hbar(q_x^2+s_x^2)\delta t/2m} = 2\pi \int_0^{\infty} \rho\, \mathrm{d}\rho\, \mathrm{e}^{-\mathrm{i}\hbar\rho^2\delta t/2m} = \pi \frac{2im}{\hbar\,\delta t}\left[\mathrm{e}^{-\mathrm{i}\infty} - 1\right] \tag{14}$$

Es ist offensichtlich, dass der Ausdruck $\mathrm{e}^{-\mathrm{i}\infty}$ mathematisch sinnlos ist. Der Phasenfaktor $\mathrm{e}^{-\mathrm{i}M}$ oszilliert unendlich oft für $M \to \infty$ zwischen -1 und $+1$ um einen Mittelwert null. Wir werden den Wert null verwenden, um dem Integral einen Sinn zu geben.[2] Das Ergebnis ist dann

$$I = \sqrt{\frac{2\pi m}{\hbar\,\delta t}}\, \mathrm{e}^{-\mathrm{i}\pi/4} \tag{15}$$

Wenn wir I^3 für das d^3q-Integral in Gl. (12) einsetzen, erhalten wir den Propagator (9).

β Beitrag der potentiellen Energie

Wir müssen nun die Matrixelemente des Entwicklungsoperators $\mathrm{e}^{-\mathrm{i}H\delta t/\hbar}$ berechnen, wenn H eine Summe von zwei nichtkommutierenden Operatoren ist. Wir beschränken uns auf einen infinitesimalen Zeitschritt δt. Wir erinnern an die Entwicklung des Exponentials einer Summe von Operatoren A und B:

$$\mathrm{e}^{-\mathrm{i}(A+B)\delta t} = 1 - \mathrm{i}\,[A+B]\,\delta t - \left[A^2 + AB + BA + B^2\right]\frac{\delta t^2}{2} + \mathcal{O}\left(\delta t^3\right) \tag{16}$$

Das folgende Produkt dagegen führt auf die Entwicklung*

$$\begin{aligned}\mathrm{e}^{-\mathrm{i}A\delta t/2}\mathrm{e}^{-\mathrm{i}B\delta t}\mathrm{e}^{-\mathrm{i}A\delta t/2} &= \left[1 - \mathrm{i}A\frac{\delta t}{2} - A^2\frac{\delta t^2}{8} + \cdots\right] \\ &\quad\times\left[1 - \mathrm{i}B\delta t - B^2\frac{\delta t^2}{2} + \cdots\right]\left[1 - \mathrm{i}A\frac{\delta t}{2} - A^2\frac{\delta t^2}{8} + \cdots\right]\end{aligned} \tag{17}$$

was nach Potenzen von δt sortiert

$$\begin{aligned}&\mathrm{e}^{-\mathrm{i}A\delta t/2}\mathrm{e}^{-\mathrm{i}B\delta t}\mathrm{e}^{-\mathrm{i}A\delta t/2} \\ &\quad= 1 - \mathrm{i}\,[A+B]\,\delta t - \left[A^2 + B^2 + AB + BA\right]\frac{\delta t^2}{2} + \mathcal{O}\left(\delta t^3\right) \\ &\quad= \mathrm{e}^{-\mathrm{i}(A+B)\delta t} + \mathcal{O}\left(\delta t^3\right)\end{aligned} \tag{18}$$

---

2 Man kann dieses Ergebnis genauer begründen. Dazu muss man muss zunächst das Integral (13) konvergent machen, indem man etwa einen kleinen Imaginärteil $-\mathrm{i}\varepsilon$ zu dem Koeffizienten $\hbar^2\delta t/2m$ von q_x^2 addiert. Auf diese Weise verschwinden in Gl. (14) die oszillierenden Terme für $\rho \to \infty$, und in der eckigen Klammer wird der Beitrag der oberen Grenze null.

* Anm. d. Ü.: Diese Reihenfolge der Exponentiale ist auch für numerische Rechnungen günstig (sogenanntes *Split-Operator-Verfahren*). Man kann damit im Vergleich zum Produkt $\mathrm{e}^{-\mathrm{i}A\delta t}\mathrm{e}^{-\mathrm{i}B\delta t}$ den Fehler in δt um eine Ordnung reduzieren.

ergibt. Setzen wir nun $A = \mathbf{P}^2/2m\hbar$ und $B = V(\mathbf{R})/\hbar$ ein: bis auf Terme $\mathcal{O}(\delta t^3)$ erhalten wir

$$\begin{aligned}\langle \mathbf{r}_k | \, U(t_k, t_{k-1}) \, | \mathbf{r}_{k-1} \rangle &\simeq \langle \mathbf{r}_k | \, \mathrm{e}^{-\mathrm{i}V(\mathbf{R})\delta t/2\hbar} \mathrm{e}^{-\mathrm{i}\mathbf{P}^2 \delta t/2m\hbar} \mathrm{e}^{-\mathrm{i}V(\mathbf{R})\delta t/2\hbar} \, | \mathbf{r}_{k-1} \rangle \\ &= \mathrm{e}^{-\mathrm{i}[V(\mathbf{r}_k)+V(\mathbf{r}_{k-1})]\delta t/2\hbar} \langle \mathbf{r}_k | \, \mathrm{e}^{-\mathrm{i}\mathbf{P}^2 \delta t/2m\hbar} \, | \mathbf{r}_{k-1} \rangle \end{aligned} \tag{19}$$

Wir erhalten also einfach das Produkt einer e-Funktion mit dem Potential und dem Propagator des freien Teilchens. Diesen haben wir in Gl. (9) berechnet, so dass wir schließlich erhalten

$$\langle \mathbf{r}_k | \, U(t_{k-1}, t_k) \, | \mathbf{r}_{k-1} \rangle \simeq \left(\frac{m}{2\pi\hbar\,\delta t} \right)^{3/2} \mathrm{e}^{-3\mathrm{i}\pi/4} \mathrm{e}^{\mathrm{i}m(\mathbf{r}_k - \mathbf{r}_{k-1})^2/2\hbar\delta t} \mathrm{e}^{-\mathrm{i}[V(\mathbf{r}_k)+V(\mathbf{r}_{k-1})]\delta t/2\hbar} \tag{20}$$

Die potentielle Energie stellt also nicht wirklich eine Schwierigkeit dar: Sie liefert einen Phasenfaktor mit der halben Summe der Potentiale, ausgewertet an den Ortsvektoren im Ket und im Bra.

γ Endergebnis

Die Gleichung (20) in (5) eingesetzt, finden wir folgenden Ausdruck für den Propagator:

$$\begin{aligned} G(\mathbf{r}', t'; \mathbf{r}, t) \simeq \left(\frac{\mathrm{e}^{-\mathrm{i}\pi/2}\, m}{2\pi\hbar\,\delta t} \right)^{3\mathcal{N}/2} & \int \mathrm{d}^3 r_1 \int \mathrm{d}^3 r_2 \ldots \int \mathrm{d}^3 r_k \ldots \int \mathrm{d}^3 r_{\mathcal{N}-1} \\ & \times \exp\left\{ \frac{\mathrm{i}}{\hbar} \sum_{k=1}^{\mathcal{N}-1} \left[\frac{m(\mathbf{r}_k - \mathbf{r}_{k-1})^2}{2\delta t} - \frac{V(\mathbf{r}_k) + V(\mathbf{r}_{k-1})}{2} \delta t \right] \right\} \end{aligned} \tag{21}$$

Diesen Ausdruck dürfen wir für $\delta t \to 0$ (oder $\mathcal{N} \to \infty$) verwenden, denn bei der Umformung in Gl. (19) haben wir Terme $\mathcal{O}(\delta t^3)$ vernachlässigt.

2 Interpretation mit klassischen Pfaden

In der Wahrscheinlichkeitsamplitude (6) haben wir immer wieder Matrixelemente (20) des Propagators eingeschoben. Im Ergebnis gehört zu jedem Zeitpunkt t_k ein Integral über Zwischenpositionen $\mathbf{r}_k$, und davon entstehen unendliche viele im Grenzfall $\delta t \to 0$. Dieses Vorgehen mag kompliziert erscheinen, wir können es aber einfach als eine Summe über klassische Pfade interpretieren, entlang denen das Teilchen vom Anfangs- zum Endzeitpunkt läuft.

2-a Zusammenhang mit der klassischen Wirkung

Wir kommen also auf die klassische Mechanik zurück, halten für den Augenblick die Positionen $\mathbf{r}_k$ fest und betrachten ein Teilchen, das diese zu den Zeitpunkten t_k durch-

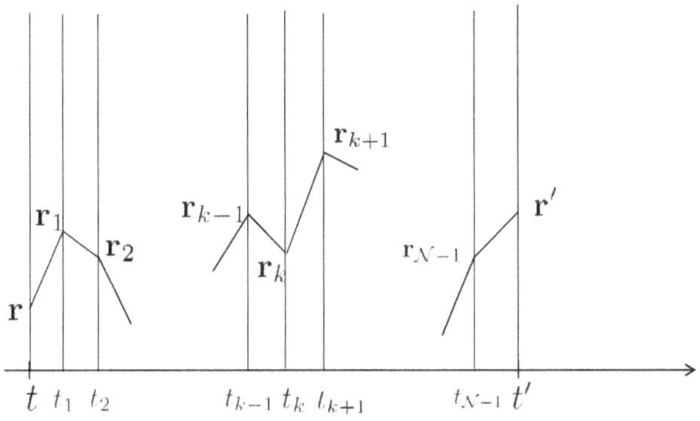

Abb. 2: Wir erhalten einen Feynman-Pfad (oder Trajektorie), indem wir jedem Zeitpunkt t_k eine Position $\mathbf{r}_k$ zuordnen ($k = 0, 1, \ldots, \mathcal{N}$). Wir erhalten einen Zickzack-Pfad, der zwar stetig ist, dessen Geschwindigkeit aber zu den Zeitpunkten t_k unstetig ist. Man ordnet dem Pfad eine klassische Wirkung zu und erhält den quantenmechanischen Propagator, indem man das Exponential der Wirkung über alle Pfade summiert. Die beiden Endpositionen $\mathbf{r}$ und $\mathbf{r}'$ werden festgehalten, und über alle Zwischenpunkte $\mathbf{r}_1, \mathbf{r}_2, \ldots, \mathbf{r}_k, \ldots, \mathbf{r}_{\mathcal{N}-1}$ wird integriert.

läuft. Zwischen zwei benachbarten Zeitpunkten habe es eine konstante Geschwindigkeit

$$\mathbf{v}_k = \frac{\mathbf{r}_k - \mathbf{r}_{k-1}}{\delta t} \tag{22}$$

Auf diese Weise definieren wir über eine lineare Interpolation einen klassischen *Pfad* Γ von $(\mathbf{r}, t)$ bis $(\mathbf{r}', t')$ (vgl. Abb. 2). Wir erinnern an die Lagrange-Funktion $\mathcal{L}$ des Teilchens,

$$\mathcal{L} = \frac{1}{2} m \mathbf{v}^2 - V(\mathbf{r}) \tag{23}$$

Für jeden klassischen Pfad Γ, den das Teilchen von t bis t' verfolgt, sind Position und Geschwindigkeit Funktionen der Zeit; genauso wird die Lagrange-Funktion $\mathcal{L} = \mathcal{L}(t)$ zeitabhängig. Das Integral darüber nennen wir die *Wirkung* des Pfads (s. Band II, Anhang III, § 5-b)

$$S_\Gamma = \int_t^{t'} \mathrm{d}t'' \, \mathcal{L}(t'') \tag{24}$$

Wir können S_Γ als Riemann-Integral berechnen und zwischen die Endpunkte t und t' eine Zahl $\mathcal{N}$ von infinitesimalen Intervallen δt einschieben; für jedes Intervall werten wir die potentielle Energie als die halbe Summe ihrer Werte an den Endpunkten des kleinen Intervalls aus (Trapezregel, d. Ü.). So erhalten wir

$$S_\Gamma \simeq \sum_{k=1}^{\mathcal{N}} \delta t \left\{ \left[\frac{m(\mathbf{r}_k - \mathbf{r}_{k-1})^2}{2\,\delta t^2} \right] - \frac{V(\mathbf{r}_{k-1}) + V(\mathbf{r}_k)}{2} \right\} \tag{25}$$

und dies wird ein exakter Ausdruck für das Integral im Limes $\delta t \to 0$.

In diesem Ausdruck erkennen wir bis auf den Faktor $\mathrm{i}/\hbar$ den Exponenten im quantenmechanischen Propagator (21) wieder. Dessen Phase ist also ein Näherungswert für die klassische Wirkung, geteilt durch $\hbar$. Im Grenzfall $\delta t \to 0$ und $\mathcal{N} \to \infty$ wird daraus die exakte Wirkung, und die Integrale $\mathrm{d}^3 r_1, \mathrm{d}^3 r_2, \ldots, \mathrm{d}^3 r_{\mathcal{N}-1}$ über die Zwischenpunkte führen auf ein „Summe über alle Pfade", die die raumzeitlichen „Ereignisse" $\mathbf{r}, t$ und $\mathbf{r}', t'$ verbinden:[3]

$$\sum_{\text{Pfade } \Gamma} \exp\left[\frac{\mathrm{i}S_\Gamma}{\hbar}\right] \tag{26}$$

Dieses Integral über Pfade müsste präzisiert werden, indem man eine *Pfaddichteverteilung* wählt; wir nehmen an, dass die Zahl der Pfade in einem *Pfadintervall* durch den Satz der Differentiale $\mathrm{d}^3 r_k$ und eine Konstante C (eine inverse Länge) gegeben ist, also proportional zu

$$C^{3\mathcal{N}/2} \times \mathrm{d}^3 r_1\, \mathrm{d}^3 r_2 \ldots \mathrm{d}^3 r_k \ldots \mathrm{d}^3 r_{\mathcal{N}-1}$$

wobei

$$C = \mathrm{e}^{-\mathrm{i}\pi/4} \sqrt{\frac{m}{2\pi\hbar\,\delta t}} \tag{27}$$

Auf diese Weise erhalten wir

$$\boxed{G(\mathbf{r}', t'; \mathbf{r}, t) = \langle \mathbf{r}' | U(t', t) | \mathbf{r} \rangle = \sum_{\text{Pfade } \Gamma} \exp\left[\frac{\mathrm{i}S_\Gamma}{\hbar}\right]} \tag{28}$$

Im Grenzfall $\delta t \to 0$ ist die Summe über die Pfade natürlich nicht mehr eine diskrete. Deswegen schreibt man an Stelle von Gl. (28) häufig das Pfadintegral

$$\langle \mathbf{r}' | U(t', t) | \mathbf{r} \rangle = \int \mathcal{D}[\mathbf{r}(t)] \exp\left[\frac{\mathrm{i}S_\Gamma}{\hbar}\right] \tag{29}$$

wobei die Notation $\mathcal{D}[\mathbf{r}(t)]$ ein symbolisches Integrationsmaß ist, das als der Grenzfall von

$$\mathcal{D}[\mathbf{r}(t)] = \lim_{\mathcal{N} \to \infty} \left[\mathrm{e}^{-\mathrm{i}\pi/4} \sqrt{\frac{m}{2\pi\hbar\,\delta t}}\right]^{3\mathcal{N}/2} \int \mathrm{d}^3 r_1 \int \mathrm{d}^3 r_2 \ldots \int \mathrm{d}^3 r_k \ldots \int \mathrm{d}^3 r_{\mathcal{N}-1} \tag{30}$$

aufzufassen ist.

3 Wir erinnern, dass wir in dieser Ergänzung mathematisch nicht vollständig rigoros sein wollen. Dazu wäre es nötig, sowohl die klassischen als auch die quantenmechanischen Größen genauer zu untersuchen und etwa die gleichzeitigen Grenzwerte $\delta t \to 0$ und $\mathcal{N} \to \infty$ (in der Anzahl der Integrale) bezüglich ihrer Konvergenz zu definieren. Dabei ist zu berücksichtigen, dass über Pfade summiert wird, die in einen Exponenten eingehen. – Im Französischen bezeichnet das Wort Summe auch Integrale (d. Ü.).

2-b Verallgemeinerung auf mehrere Teilchen in Wechselwirkung

Diese Ausführungen kann man direkt auf Systeme von mehreren Teilchen verallgemeinern, die durch ortsabhängige Potentiale miteinander wechselwirken. Die Struktur des Hamilton-Operators ist in der Tat dieselbe, eine Summe über zwei nichtkommutierende Terme, so dass wir erneut auf den Näherungsausdruck (18) für den Entwicklungsoperator geführt werden. Die eingeschobenen Vollständigkeitsrelationen betreffen nun einen Satz von Basiszuständen, in dem die Positionen aller Teilchen auftreten. Jedes d^3r-Integral wird also auf so viele Integrale vergrößert, wie es Teilchen im System gibt.

Wir werden den Fall beiseite lassen, dass die Teilchen geladen sind und sich in einem Magnetfeld bewegen; dazu wäre in der Lagrange-Funktion (23) ein Term $q\mathbf{v}\cdot\mathbf{A}(\mathbf{r})$ mit der Ladung q und dem Vektorpotential $\mathbf{A}(\mathbf{r})$ nötig. Dies ist zwar eine interessante Situation, weil sie auch eine Verbindung zur Eichinvarianz liefert, aber der Kürze halber wollen wir sie hier nicht behandeln. Die interessierten Leser verweisen wir auf die in der Einleitung zitierten Lehrwerke.

3 Physikalische Interpretation

Das Verfahren der Feynman-Pfade macht es besonders leicht, eine Analogie zur klassischen Optik herzustellen. Außerdem kann man mit seiner Hilfe eine eigene Quantisierungsvorschrift konstruieren. Diese beiden Themen behandeln wir nun.

3-a Analogie zur Optik

Die Beziehungen (28) und (29) weisen auf eine Verbindung zwischen zwei Größen hin, die scheinbar nichts miteinander zu tun haben: einerseits die Trajektorien der klassischen Mechanik und ihre Wirkungen und andererseits den quantenmechanischen Propagator. Mit dieser Größe kann man die Wellenfunktion zu einem späteren Zeitpunkt t' aus einer früheren Wellenfunktion $\Psi(\mathbf{r}, t)$ berechnen:

$$\begin{aligned}\Psi(\mathbf{r}', t') &= \langle \mathbf{r}'|\Psi(t')\rangle = \langle \mathbf{r}'|U(t', t)|\Psi(t)\rangle \\ &= \int \mathrm{d}^3r \, \langle \mathbf{r}'|U(t', t)|\mathbf{r}\rangle \langle \mathbf{r}|\Psi(t)\rangle \end{aligned} \tag{31}$$

Wegen der Definition (1) des Propagators führt dies auf

$$\Psi(\mathbf{r}', t') = \int \mathrm{d}^3r \, G(\mathbf{r}', t'; \mathbf{r}, t)\Psi(\mathbf{r}, t) \tag{32}$$

Der Propagator ist also der Kern der Integralgleichung, die die Ausbreitung (Propagation) der Wellenfunktion in der Zeit beschreibt. Nun haben wir ihn in Gl. (28) durch ein Integral über e-Funktionen der Wirkung entlang aller klassischen Pfade dargestellt. Während in der klassischen Mechanik genau eine Trajektorie durch das Prinzip der kleinsten Wirkung ausgewählt wird (in manchen Fällen findet man mehrere Bahnen, die die Wirkung extremal machen), tragen in der Quantenmechanik alle Wege zur Amplitude der Wellenfunktion bei, jeder mit seiner eigenen Phase. Wir können also gewissermaßen sagen, dass ein quantenmechanisches Teilchen durch alle möglichen Zwischenpunkte $\{\mathbf{r}_k, t_k\}$ läuft, also alle möglichen Geschichten zwischen den Endpunkten $(\mathbf{r}, t)$ und $(\mathbf{r}', t')$ verfolgt.

Es ist bemerkenswert, dass alle diese Geschichten mit derselben Amplitude beitragen (sogar völlig unwahrscheinliche, die erratisch beliebige Positionen durchlaufen). Sie unterscheiden sich nur in ihrer Phase – und mit Hilfe dieser Phase (Wirkung) können wir ihre Rollen einordnen. Es liegt hier eine Situation vor, die man mit der Technik der *stationären Phase* behandeln kann: Es ist leicht einzusehen, dass in der Summe die Pfade mit einer stationären Wirkung eine besondere Rolle spielen. Die Beiträge von unmittelbar benachbarten Pfaden werden sich nämlich kohärent aufaddieren. Dagegen wird in der Nähe von Pfaden, für die sich die Wirkung steil ändert, die Phase rasch verwischt, so dass deren Beitrag zum Pfadintegral durch destruktive Interferenz praktisch ausgelöscht wird. Die klassischen Geschichten spielen also eine ausgezeichnete Rolle, und zwar umso ausgeprägter, je steiler die Variationen der Phase (auf der Skala $\hbar$) sind. Im Grenzfall $\hbar \to 0$ oszillieren die Amplituden unendlich schnell, und nur die klassischen Trajektorien bleiben übrig.

Wir erinnern abschließend an die klassische Optik und das Prinzip von Huyghens-Fresnel: Ein Wellenfeld kann man aus Elementarwellen additiv zusammensetzen, die sich ausgehend von allen Punkten einer Wellenfront ausbreiten und deren Phasen aus der optischen Weglänge von Quelle bis Aufpunkt entstehen. In der Näherung der geometrischen Optik (die Wellenlänge strebt nach null), sind die Lichtstrahlen genau die Wege, entlang denen die Phase (die optische Weglänge) stationär ist, wenn man sie mit infinitesimal benachbarten Wegen vergleicht. Die geometrische Optik ist somit die Analogie zur klassischen Mechanik und die Huygenssche Wellenoptik analog zur Quantenmechanik. Wir können so verstehen, dass uns das Pfadintegral ein bequemes Werkzeug an die Hand gibt, um die Verbindungen zwischen der klassischen und der Quantenmechanik zu verstehen. Dazu gehören insbesondere die semiklassischen Techniken in der Quantenmechanik (WKB-Näherung usw.).

Bemerkung:
Die angeführte Analogie ist mit einem einzelnen (spinlosen) Teilchen leicht einsichtig. Für ein System aus N Teilchen breiten sich die genannten „Geschichten" nicht in dem uns vertrauten dreidimensionalen Ortsraum, sondern im *Konfigurationsraum* aus, der $3N$ Dimensionen besitzt.* Die eben erwähnte Analogie zur Optik verblasst dann, weil sich in der klassischen Optik die elektromagnetischen Wellen im gewöhnlichen Ortsraum ausbreiten.

* Anm. d. Ü.: Außerdem wird er für ununterscheidbare Teilchen durch eine (Anti-)Symmetrisierungsbedingung eingeschränkt.

3-b Eine neue Quantisierungsvorschrift

An diesem Punkt kehren wir unseren Gedankengang um. Bislang sind wir von den Regeln der Quantenmechanik (und der Hamiltonschen klassischen Mechanik) ausgegangen und haben eine äquivalente Darstellung des Propagators abgeleitet, also eine andere Art, Lösungen der Schrödinger-Gleichung zu konstruieren. Es ist aber möglich, diese Darstellung als Ausgangspunkt zu nehmen, also mit dem Postulat zu beginnen, dass der Propagator ein Integral über alle klassischen Pfade Γ ist, die jeweils mit einem Phasenfaktor $\exp(\mathrm{i}S_\Gamma/\hbar)$ beitragen. Wir erhalten so eine andere Methode, ein physikalisches System zu quantisieren, die mehrere Vorteile besitzt. Zunächst zeigt dieses Verfahren, wie wir bereits gesehen haben, deutlich die Verbindungen zwischen der klassischen Mechanik (mit einem einzigen Pfad oder höchstens einer kleinen Zahl von Pfaden) und der Quantenmechanik mit ihren unendlich vielen potentiellen Pfaden. Als zweites heben wir den bemerkenswerten Zusammenhang der so erhaltenen Wahrscheinlichkeitsamplituden mit den klassischen Größen hervor (in diesen kommen nur Zahlen und keine Operatoren vor). Die einzige quantenmechanische Größe ist das Wirkungsquantum $\hbar$, das sich im Nenner der Phase befindet. Wir werden in § 4 sehen, wie man in diesem Zusammenhang den Begriff des Operators einführt. Weiterhin sind die Ausdrücke im Pfadintegral etwas symmetrischer in den Zeit- und Ortsvariablen, denn über beide Koordinaten wird in ähnlicher Weise integriert.[4] Weil man unmittelbar in der Raumzeit arbeitet [wir erinnern an die Ereignisse $(\mathbf{r}, t)$ und $(\mathbf{r}', t')$ an den Endpunkten der Pfade, d. Ü.], ist es leichter, zu Einsteins Relativitätstheorie überzugehen. Dort wird das Differential δt durch eine differentielle Eigenzeit $\delta\tau$ ersetzt. Weiter ist die Lagrange-Funktion $\mathcal{L}$ ein Skalar unter Lorentz-Transformationen der Raumzeit, so dass man die Theorie recht einfach in relativistisch invarianter Weise formulieren kann.

Schließlich benötigt die Feynmansche Quantisierung lediglich eine Lagrange-Funktion und das entsprechende Variationsprinzip (der kleinsten Wirkung). Nun gibt es nicht in allen physikalischen Systemen, die durch eine Lagrange-Funktion beschrieben werden, zu jeder Größe eine kanonisch konjugierte Variable, wie es für den Übergang zur Hamilton-Mechanik nötig wäre. Für solche Systeme ist das Feynman-Pfadintegral besonders leistungsfähig. Aus diesem Grund spielt es auch in der Quantenfeldtheorie eine wichtige Rolle.

4 Das Integral über alle Pfade enthält ein Integral über alle Orte $\mathbf{r}_k$ in Abb. 2, also drei räumliche Differentiale; das Integral über die Zeit erzeugt ein weiteres Differential $\mathrm{d}t = t_k - t_{k-1}$. – Ein vollständig symmetrisches Vierervolumen $\mathrm{d}^3r\,\mathrm{d}t$ tritt in einer relativistischen Feldtheorie auf, wo eine Lagrange-Dichte die Rolle der Lagrange-Funktion übernimmt, s. etwa Ergänzung $\mathrm{A}_{\mathrm{XVIII}}$ (d. Ü.).

4 Konstruktion von Operatoren

Mit den Feynman-Pfaden ist es auch möglich, Matrixelemente von Operatoren im Heisenberg-Bild zu definieren, in dem diese bekanntlich zeitabhängig sind. Wir beginnen mit dem einfachen Fall, dass die Operatoren durch den Ortsoperator **R** ausgedrückt werden können.

4-a Einzelne Operatoren

Um einen beliebigen Operator A zu einem Zeitpunkt t'' mit $t < t'' < t'$ zu behandeln, schieben wir ihn „in der Mitte" in den Entwicklungsoperator (1) ein. Das Zeitintervall $[t, t']$ wird also in zwei Intervalle $[t, t'']$ und $[t'', t']$ aufgeteilt, und wir erhalten

$$\langle \mathbf{r}' | U(t', t'')\, A\, U(t'', t) | \mathbf{r} \rangle = \langle \theta(\mathbf{r}', t'', t') |\, A\, | \theta(\mathbf{r}, t'', t) \rangle \tag{33}$$

mit den Zuständen

$$\begin{aligned} |\theta(\mathbf{r}, t'', t)\rangle &= U(t'', t)|\mathbf{r}\rangle \\ |\theta(\mathbf{r}', t'', t')\rangle &= U^\dagger(t', t'')|\mathbf{r}'\rangle = U(t'', t')|\mathbf{r}'\rangle \end{aligned} \tag{34}$$

In dem Matrixelement (33) entsteht also der Ket $|\theta(\mathbf{r}, t'', t)\rangle$ durch die Zeitentwicklung von t bis t'' eines anfangs in $\mathbf{r}$ lokalisierten Zustands. Umgekehrt entspricht der Bra einem Ket $|\theta(\mathbf{r}', t'', t')\rangle$, der unter der Zeitentwicklung zwischen t'' und t' in einen in $\mathbf{r}'$ lokalisierten Zustand überführt wird:

$$U(t', t'')|\theta(\mathbf{r}', t'', t')\rangle = U(t', t'')\, U(t'', t')|\mathbf{r}'\rangle = |\mathbf{r}'\rangle \tag{35}$$

α Funktionen des Ortsoperators

Sei $A = A(\mathbf{R})$ nun eine Funktion des Ortsoperators des Teilchens. Wir schieben eine Vollständigkeitsrelation in der Ortsbasis ein und schreiben die linke Seite von Gl. (33) um:

$$\langle \mathbf{r}' | U(t', t'') A(\mathbf{R}) U(t'', t) | \mathbf{r} \rangle = \int \mathrm{d}^3 r'' \langle \mathbf{r}' | U(t', t'') | \mathbf{r}'' \rangle A(\mathbf{r}'')\, \langle \mathbf{r}'' | U(t'', t) | \mathbf{r} \rangle \tag{36}$$

Wegen der allgemeinen Beziehung (28) können wir die zwei Propagatoren als Summen über Pfade schreiben. Die Pfade Γ_1 beginnen in $(\mathbf{r}, t)$ und enden im Zwischenpunkt $(\mathbf{r}'', t'')$; die Pfade Γ_2 starten dort und enden im Endpunkt $(\mathbf{r}', t')$:

$$\begin{aligned} \langle \mathbf{r}'' | U(t'', t) | \mathbf{r} \rangle &= \sum_{\text{Pfade } \Gamma_1} \exp\left[\frac{\mathrm{i} S_{\Gamma_1}}{\hbar}\right] \\ \langle \mathbf{r}' | U(t', t'') | \mathbf{r}'' \rangle &= \sum_{\text{Pfade } \Gamma_2} \exp\left[\frac{\mathrm{i} S_{\Gamma_2}}{\hbar}\right] \end{aligned} \tag{37}$$

Wenn wir t'' als einen der Zeitpunkte t_k notieren, dann können wir Gleichung (36) so aufschreiben:

$$\langle \mathbf{r}'|U(t', t_k)A(\mathbf{R})U(t_k, t)|\mathbf{r}\rangle = \int \mathrm{d}^3 r_k \sum_{\text{Pfade } \Gamma_1 \text{ und } \Gamma_2} \exp\left[\frac{\mathrm{i}S_{\Gamma_2}}{\hbar}\right] A(\mathbf{r}_k) \exp\left[\frac{\mathrm{i}S_{\Gamma_1}}{\hbar}\right] \tag{38}$$

Das Produkt der beiden e-Funktionen ergibt natürlich $\exp[iS_\Gamma/\hbar]$ mit der Wirkung S_Γ eines Wegs Γ, der dadurch entsteht, dass man Γ_1 und Γ_2 im Punkt $(\mathbf{r}_k, t_k)$ zusammenfügt. Das $\mathrm{d}^3 r_k$-Integral ergänzt dann die beiden Pfadintegrale so, dass man über alle Pfade vom Anfangspunkt $(\mathbf{r}, t)$ zum Endpunkt $(\mathbf{r}', t')$ integriert. Der einzige Unterschied ist, dass die Amplitude $\exp[iS_\Gamma/\hbar]$ mit dem Wert $A(\mathbf{r}_k)$ der Funktion A zum Zeitpunkt t_k multipliziert wird.

Wir können das Ergebnis schließlich in der Form

$$\langle \mathbf{r}'|U(t', t'')A(\mathbf{R})U(t'', t)|\mathbf{r}\rangle = \sum_{\text{Pfade } \Gamma} A(\mathbf{r}'') \exp\left[\frac{\mathrm{i}S_\Gamma}{\hbar}\right] \tag{39}$$

aufschreiben, wobei $A(\mathbf{r}'')$ der Wert von $A(\mathbf{R})$ an der Position $\mathbf{r}''$ ist, die der Weg Γ zum Zeitpunkt t'' passiert. Für Matrixelemente im Heisenberg-Bild würde man $t' = t$ setzen, diese können also über dieselbe Summe über Geschichten berechnet werden wie der Propagator selbst. Der einzige Unterschied ist, dass das Gewicht für jeden Weg nun die Funktion zum Zeitpunkt t'' als zusätzlichen Faktor enthält.

Wie bereits erwähnt, können wir die Konstruktion umkehren und die Beziehung (39) als Ausgangspunkt für die Definition eines Operators im Rahmen der Feynman-Quantisierung mit dem Pfadintegral nehmen. Auch hier ist zu bemerken, dass in die Formeln nur klassische Funktionen eingehen und keine Operatoren.

β Geschwindigkeitsoperator und kanonische Kommutatoren

Nun wollen wir einen Operator $\mathbf{W}$ für die Geschwindigkeit des Teilchens zum Zeitpunkt t'' konstruieren. (Wir wählen die Notation $\mathbf{W}$, um eine Verwechslung mit dem Potential V zu vermeiden.) Unter Berücksichtigung von Gl. (22) ist die Definition

$$\begin{aligned}&\langle \mathbf{r}'|U(t', t'')\mathbf{W}U(t'', t)|\mathbf{r}\rangle \\ &= \int \mathrm{d}^3 r_k \sum_{\text{Pfade } \Gamma_2} \exp\left[\frac{\mathrm{i}S_{\Gamma_2}}{\hbar}\right] \sum_{\text{Pfade } \Gamma_1} \left(\frac{\mathbf{r}_k - \mathbf{r}_{k-1}}{\delta t}\right) \exp\left[\frac{\mathrm{i}S_{\Gamma_1}}{\hbar}\right]\end{aligned} \tag{40}$$

eine natürliche Verallgemeinerung von Gl. (38). Hier verbinden die Pfade Γ_1 die Punkte $\mathbf{r}$ und $\mathbf{r}_k$. (Die Zwischenposition $\mathbf{r}_{k-1}$ hängt also von dem Weg ab.) Die Pfade Γ_2 verbinden dann $\mathbf{r}_k$ mit dem Endpunkt $\mathbf{r}'$. Wenn wir auf der linken Seite eine Vollständigkeitsrelation über die Kets $\{|\mathbf{r}_k\rangle\}$ einschieben, erhalten wir

$$\begin{aligned}&\int \mathrm{d}^3 r_k \langle \mathbf{r}'|U(t', t'')|\mathbf{r}_k\rangle\langle \mathbf{r}_k|\mathbf{W}U(t'', t)|\mathbf{r}\rangle \\ &= \int \mathrm{d}^3 r_k \langle \mathbf{r}'|U(t', t'')|\mathbf{r}_k\rangle\, \Psi_W(\mathbf{r}_k, t'')\end{aligned} \tag{41}$$

und im Vergleich zu Gl. (40):

$$\Psi_W(\mathbf{r}_k, t'') = \langle \mathbf{r}_k | \mathbf{W}\, U(t'', t)\, | \mathbf{r} \rangle = \sum_{\text{Pfade}\,\Gamma_1} \left(\frac{\mathbf{r}_k - \mathbf{r}_{k-1}}{\delta t} \right) \exp\left[\frac{\mathrm{i} S_{\Gamma_1}}{\hbar} \right] \tag{42}$$

Diese Wellenfunktion $\Psi_W(\mathbf{r}_k, t'')$ erhalten wir offenbar, wenn man den Operator **W** zum Zeitpunkt t'' auf die Wellenfunktion

$$\Psi(\mathbf{r}_k, t'') = \langle \mathbf{r}_k | U(t'', t)\, | \mathbf{r} \rangle \tag{43}$$

anwendet.

Vergleichen wir nun das Pfadintegral über Γ_1 in Gl. (42) mit dem aus Gl. (37), das den Propagator von t nach t'' darstellt. In beiden Ausdrücken ist die Wirkung eine Summe (25) über Zwischenpunkte der Pfade. Die Beiträge der Wegabschnitte von t bis zum vorletzten Zeitpunkt t_{k-1} (über den noch integriert wird) sind in den Ausdrücken (42) und (37) dieselben. Nur in dem letzten Intervall $[t_{k-1}, t_k] = [t_{k-1}, t'']$ unterscheiden sie sich, weil dort im Ausdruck (42) der Faktor $(\mathbf{r}_k - \mathbf{r}_{k-1})/\delta t$ steht. Diesen Faktor können wir aber auch erzeugen, indem wir das Pfadintegral über Γ_1 nach $\mathbf{r}_k$ ableiten, denn aus der Darstellung (25) folgt

$$\nabla_{\mathbf{r}_k} \langle \mathbf{r}_k | U(t'', t)\, | \mathbf{r} \rangle = \frac{\mathrm{i}\delta t}{\hbar} \sum_{\text{Pfade}\,\Gamma_1} \left[m \left(\frac{\mathbf{r}_k - \mathbf{r}_{k-1}}{\delta t^2} \right) + \frac{1}{2} \nabla_{\mathbf{r}_k} V \right] \exp\left[\frac{\mathrm{i} S_{\Gamma_1}}{\hbar} \right] \tag{44}$$

Den Potentialterm $\nabla_{\mathbf{r}_k} V$ können wir aus dem Pfadintegral herausziehen, weil $\mathbf{r}_k$ der feste Endpunkt aller Pfade Γ_1 ist. Außerdem verschwindet sein Beitrag $\delta t\, \nabla_{\mathbf{r}_k} V$ im Grenzfall $\delta t \to 0$. Es bleibt übrig:

$$\nabla_{\mathbf{r}_k} \langle \mathbf{r}_k | U(t'', t)\, | \mathbf{r} \rangle = \frac{\mathrm{i} m}{\hbar} \sum_{\text{Pfade}\,\Gamma_1} \left(\frac{\mathbf{r}_k - \mathbf{r}_{k-1}}{\delta t} \right) \exp\left[\frac{\mathrm{i} S_{\Gamma_1}}{\hbar} \right] \tag{45}$$

Damit ergibt sich aus Beziehung (42) der Ausdruck[5]

$$\Psi_W(\mathbf{r}_k, t'') = \frac{\hbar}{\mathrm{i} m} \nabla_{\mathbf{r}_k} \langle \mathbf{r}_k | U(t'', t)\, | \mathbf{r} \rangle = \frac{\hbar}{\mathrm{i} m} \nabla_{\mathbf{r}_k} \Psi(\mathbf{r}_k, t'') \tag{46}$$

Die Wirkung des Geschwindigkeitsoperators **W** ist einfach proportional zu einer Ableitung bezüglich der Koordinate $\mathbf{r}_k$ der Wellenfunktion zum Zeitpunkt t''. Gleichwertig dazu können wir sagen, dass der Impulsoperator $\mathbf{P} = m\mathbf{W}$ des Teilchens durch $(\hbar/\mathrm{i})$ mal dem Gradienten bezüglich der Ortskoordinate dargestellt wird. Wir finden mit der Pfadintegraltechnik somit eines der grundlegenden Ergebnisse der üblichen Quantenmechanik wieder.

5 Wir haben im Beweis eine Wellenfunktion verwendet, die aus einem in $\mathbf{r}$ lokalisierten Zustand zum Zeitpunkt t entsteht. Gemäß dem Superpositionsprinzip kann man das Argument auf beliebige Wellenfunktionen bei t verallgemeinern. Auch für sie findet man also den Geschwindigkeitsoperator in Form einer Ableitung.

Die kanonischen Vertauschungsrelationen zwischen **R** und **P** ergeben sich sofort aus der Produktregel für Ableitungen:

$$\frac{\partial}{\partial x}\left[x\Psi(x)\right] = x\frac{\partial}{\partial x}\left[\Psi(x)\right] + \Psi(x) \tag{47}$$

Sie können also auch als eine Konsequenz der Quantisierung mit Pfadintegralen aufgefasst werden.

4-b Operatorprodukte

Wir wollen nun zeigen, wie Feynmans Postulat Produkte von mehreren Operatoren einführt, diese können zum gleichen oder zu verschiedenen Zeitpunkten wirken.

α Zu verschiedenen Zeitpunkten

Die vorangegangenen Überlegungen können wir auf mehrere Operatoren $A(\mathbf{R})$, $B(\mathbf{R})$ usw. verallgemeinern, die zu den Zeiten t'', t''' usw. zwischen den Anfangs- und Endzeitpunkten wirken. Man zerlegt erneut den Entwicklungsoperator in Faktoren, die den kleineren Zeitintervallen entsprechen, und schiebt für jeden Zwischenzeitpunkt einen Einsoperator, ausgedrückt in der Ortsbasis, ein. Jeder Operator $A(\mathbf{R})$ usw. wird durch einen Faktor dargestellt, der von der Zwischenposition abhängt, und die Zeitentwicklung über jedes Zeitintervall durch das entsprechende Pfadintegral. Für zwei Operatoren etwa erhält man auf diese Weise

$$\begin{aligned}&\langle \mathbf{r}'|U(t',t''')\,B(\mathbf{R})\,U(t''',t'')\,A(\mathbf{R})\,U(t'',t)|\mathbf{r}\rangle\\ &\quad= \sum_{\text{Pfade }\Gamma} B(\mathbf{r}''')\,A(\mathbf{r}'')\exp\left[\frac{\mathrm{i}S_\Gamma}{\hbar}\right]\end{aligned} \tag{48}$$

wobei $A(\mathbf{r}'')$ den Wert von A in dem Punkt $\mathbf{r}''$ angibt, den der Weg Γ zum Zeitpunkt t'' passiert; $B(\mathbf{r}''')$ ist der Wert von B im entsprechenden Punkt des Pfads Γ zum Zeitpunkt t'''. Diesen Ausdruck kann man einfach auf eine beliebige Zahl von Operatoren verallgemeinern. Die Reihenfolge der Operatoren im Matrixelement auf der linken Seite ist nicht beliebig: Er entspricht der chronologischen Ordnung der Zeiten $t' > \cdots > t''' > t'' > t$ in den klassischen Geschichten, aus denen die Wirkung berechnet wird. Gemäß dieser Definition werden die Quantenoperatoren also automatisch von links nach rechts nach absteigenden Zeiten geordnet, selbst wenn auf der rechten Seite von Gl. (48) mit $A(\mathbf{r}'')$ und $B(\mathbf{r}''')$ zwei Funktionswerte stehen, die miteinander kommutieren.

β Orts- und Geschwindigkeitsoperatoren. Symmetrische Produkte

Wir wollen nun einen Operator definieren, der dem Produkt $\mathbf{R}\cdot\mathbf{P}$ aus Orts- und Impulsoperator zum gleichen Zeitpunkt entspricht. Wir gehen analog zu den Gleichungen (41) und (42) vor, müssen uns aber die Frage stellen ob wir die Differenz $(\mathbf{r}_k -$

$\mathbf{r}_{k-1})/\delta t$ mit der Koordinate $\mathbf{r}_k$ oder eher mit $\mathbf{r}_{k-1}$ multiplizieren wollen? (Es ist unerheblich, ob wir von rechts oder links malnehmen, weil es sich hier ja um Zahlen handelt.) Um eine größere Symmetrie zu erhalten, multiplizieren wir mit dem Mittelwert.* In der Formel (42) ist also der Ausdruck $(\mathbf{r}_k - \mathbf{r}_{k-1})/\delta t$ durch

$$\frac{\mathbf{r}_k + \mathbf{r}_{k-1}}{2} \cdot \frac{\mathbf{r}_k - \mathbf{r}_{k-1}}{\delta t} = \frac{1}{2\delta t}\left[\mathbf{r}_k \cdot (\mathbf{r}_k - \mathbf{r}_{k-1}) + (\mathbf{r}_k - \mathbf{r}_{k-1}) \cdot \mathbf{r}_{k-1}\right] \tag{49}$$

zu ersetzen. Wir haben die Terme so umgeordnet, dass die Zeiten t_k, t_{k-1} der Faktoren von links nach rechts immer gleich sind oder abnehmen. Wegen der Reihenfolge der k-Indizes führt der erste Term in der eckigen Klammer auf das Produkt $\mathbf{R} \cdot \mathbf{W}$, während der zweite auf die andere Reihenfolge $\mathbf{W} \cdot \mathbf{R}$ führt. Das Pfadintegral erzeugt damit in natürlicher Weise symmetrisch geordnete Operatorprodukte, so dass automatisch auch immer hermitesche Operatoren entstehen.

Fazit

Es ist in vielen physikalischen Fragestellungen nützlich und wertvoll, wenn zwei komplementäre Verfahren zur Verfügung stehen, nämlich der Hamiltonsche Zugang zur Quantenmechanik und der des Pfadintegrals. Dies trifft insbesondere auf die Quantenfeldtheorie zu, in der Pfadintegrale eine grundlegende Rolle spielen. Dort tragen sie einen großen Teil dazu bei, die Wirkung der Symmetriegruppen (kommutativ oder nichtkommutativ) zu implementieren und daraus die Feldtheorien der Elementarteilchen und ihrer Wechselwirkungen zu konstruieren. Es gibt aber noch weitere Fälle, in denen es sehr bequem ist, mit dem Pfadintegral zu arbeiten, etwa Berechnungen zur Materiewellen-Interferometrie mit ultrakalten atomaren Gasen (Storey und Cohen-Tannoudji, 1994). Auf der begrifflichen Ebene wirft das Pfadintegral ein neues Licht auf die Verbindungen zwischen der Quanten- und der klassischen Mechanik und, wie wir in § 3-a sahen, der klassischen Optik.

Wir haben uns in diesem Anhang auf die Anwendung des Pfadintegrals in der Quantenmechanik beschränkt, wo man es im Propagator mit komplexen e-Funktionen zu tun hat, in deren Phase die klassische Wirkung auftritt. Das Pfadintegralverfahren ist aber in der statistischen Mechanik (s. Anhang VI) genauso wichtig und nützlich, wo das Boltzmann-Gewicht auf reelle Exponentiale der Hamilton-Funktion (geteilt durch die Temperatur) führen. Die Summe über Pfade bildet in diesem Zusammenhang die Grundlage für zahlreiche numerische Simulationsverfahren. Dazu verweisen wir die Leserin auf das Lehrbuch von Zinn-Justin (2003) und auf Ceperley (1995), der insbesondere die *Quanten-Monte-Carlo-Methoden* (auch bekannt unter der Abkürzung PIMC für engl. *path integral Monte Carlo*) beschreibt.

* Anm. d. Ü.: Ein ähnliches Verfahren haben wir in der diskreten Form (25) des Wirkungsintegrals verwendet; man verbessert so die Genauigkeit in δt.

Anhang V
Variation unter Nebenbedingungen

Die Aufgabe dieses Anhangs besteht darin, die Extrempunkte (Minima oder Maxima) einer Funktion F zu finden, deren Variablen durch eine Nebenbedingung eingeschränkt werden; man kann sie also nicht unabhängig voneinander variieren. Wir skizzieren die Lösungsmethode, die auf der Verwendung von Lagrange-Multiplikatoren beruht. Zunächst betrachten wir den einfachen Fall einer Funktion von zwei Variablen und verallgemeinern das Verfahren dann auf eine beliebige Zahl von Variablen.

1 Variation von zwei Variablen

Sei $F = F(x_1, x_2)$ eine reelle Funktion von zwei Variablen x_1 und x_2. F sei *glatt*, also mindestens einmal stetig differenzierbar. Die Extrempunkte von F treten dort auf, wo die erste Ableitung nach beiden Variablen verschwindet:

$$\frac{\partial F(x_1, x_2)}{\partial x_1} = 0 \quad \text{und} \quad \frac{\partial F(x_1, x_2)}{\partial x_2} = 0 \tag{1}$$

Das kann man auch als das Verschwinden des Gradienten von F schreiben:*

$$\vec{\nabla} F = \vec{0} \tag{2}$$

Wir haben hier zwei Gleichungen für zwei Unbekannte x_1 und x_2, was im Allgemeinen auf eine endliche Zahl von Lösungen führt [jede Lösung ist natürlich ein Paar (x_1, x_2)]. Es mag auch vorkommen, dass es keine Lösung gibt, weil die Funktion F keine Extremwerte hat.

Wir suchen nun die Extremwerte von F unter der zusätzlichen Einschränkung, dass die Variablen die Nebenbedingung†

$$E(x_1, x_2) = C = \text{konst.} \tag{3}$$

mit einer Konstanten C und einer glatten Funktion $E = E(x_1, x_2)$ erfüllen müssen. Die Variablen x_1, x_2 sind nun nicht mehr unabhängig, denn die Nebenbedingung (3) zwingt den Punkt M mit den Koordinaten (x_1, x_2) auf eine Kurve in der x_1, x_2-Ebene

* Anm. d. Ü.: Man spricht auch davon, dass F an seinen Extrempunkten *stationär* ist.

† Anm. d. Ü.: Diese Nebenbedingung verschiebt die Extrempunkte: Der nördlichste Punkt der Erde ist der Nordpol, der nördlichste Punkt Europas das Nordkap.

https://doi.org/10.1515/9783110649130-038

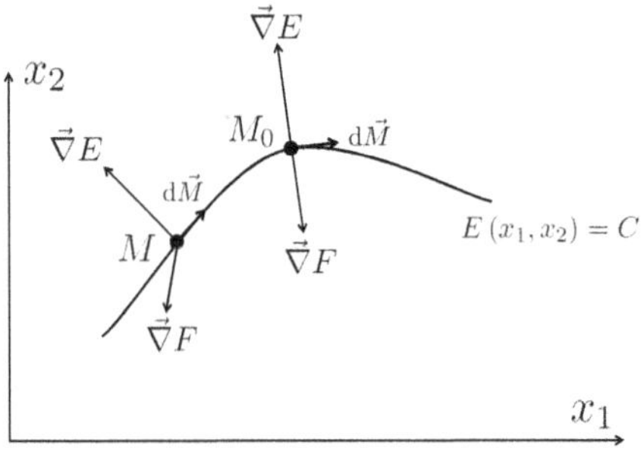

Abb. 1: Die Nebenbedingung $E(x_1, x_2) = C$ definiert eine Kurve in der x_1, x_2-Ebene (durchgezogene Linie), auf der ein Punkt M mit den Koordinaten (x_1, x_2) sich bewegen kann. M bewegt sich entlang der Tangente $\mathrm{d}\vec{M}$ an die Kurve, die senkrecht auf dem Gradienten $\vec{\nabla}E$ der Funktion $E = E(x_1, x_2)$ steht. In einem beliebigen Punkt M sind die Vektoren $\vec{\nabla}E$ und $\vec{\nabla}F$ nicht parallel, und F variiert in erster Ordnung: $\mathrm{d}F = \vec{\nabla}F \cdot \mathrm{d}\vec{M} \neq 0$. Falls man die Variation allerdings in dem Punkt M_0 berechnet, wo die beiden Gradienten parallel sind, dann ist F dort stationär (d. h. in erster Ordnung in $\mathrm{d}\vec{M}$ konstant). Geometrisch bedeutet diese Parallelität, dass die durchgezogene Kurve $E(x_1, x_2) = C$ die Höhenlinien der Funktion $F = F(x_1, x_2)$ berührt.

(in Abb. 1 als durchgezogene Linie dargestellt). Sei M_0 ein beliebiger Punkt auf dieser Kurve und betrachten wir einen benachbarten Punkt, den man durch Koordinatenverschiebungen $\mathrm{d}x_1$ und $\mathrm{d}x_2$ aus M_0 erhält. Weil die Größe E konstant bleiben muss, hängen die Differentiale $\mathrm{d}x_1$ und $\mathrm{d}x_2$ durch

$$\mathrm{d}E = \frac{\partial E(x_1, x_2)}{\partial x_1}\mathrm{d}x_1 + \frac{\partial E(x_1, x_2)}{\partial x_2}\mathrm{d}x_2 = \vec{\nabla}E \cdot \mathrm{d}\vec{M} = 0 \tag{4}$$

voneinander ab. Wir können den Punkt nur entlang der Tangente an diese Kurve verschieben oder geometrisch ausgedrückt: senkrecht zum Gradienten von E (s. Abb. 1). Die Variation von F unter der Verschiebung um $\mathrm{d}\vec{M}$ ist durch

$$\mathrm{d}F = \vec{\nabla}F \cdot \mathrm{d}\vec{M} \tag{5}$$

gegeben. In der Regel sind die Gradientenvektoren $\vec{\nabla}E$ und $\vec{\nabla}F$ nicht parallel, so dass das Skalarprodukt in Gl. (5) nicht verschwindet. Die Funktion F variiert also in der ersten Ordnung in $\mathrm{d}\vec{M}$: sie ist in diesem Punkt nicht stationär.

Wenn wir die Variation von F allerdings in einem Punkt M_0 berechnen, in dem die beiden Gradienten parallel (oder antiparallel) sind, dann ergibt sich aus den Gleichungen (4) und (5) sofort, dass $\mathrm{d}F = 0$ gilt. An diesem Punkt ist F (unter der Nebenbedingung) stationär. In diesem Fall berührt die Kurve, entlang der wir M verschieben, im Punkt M_0 eine Niveau- (oder Höhen-)Linie der Funktion F. Geometrisch ist dann anschaulich verständlich, dass eine Verschiebung entlang der Höhenlinie die Funktion F in erster Ordnung nicht ändert. Algebraisch ausgedrückt bedeutet die Parallelität der Gradienten, dass es einen konstanten Faktor λ gibt mit

$$\vec{\nabla}F = \lambda \vec{\nabla}E \tag{6}$$

Diesen Faktor nennt man *Lagrange-Multiplikator*. Gleichung (6) ist nämlich äquivalent zu der Bedingung, dass das Differential der Funktion $F - \lambda E$ verschwindet:

$$\begin{aligned} \mathrm{d}(F - \lambda E) &= \vec{\nabla}(F - \lambda E) \cdot \mathrm{d}\vec{M} \\ &= \frac{\partial(F - \lambda E)}{\partial x_1} \mathrm{d}x_1 + \frac{\partial(F - \lambda E)}{\partial x_2} \mathrm{d}x_2 \\ &= 0 \end{aligned} \tag{7}$$

Dabei sind $\mathrm{d}x_1$ und $\mathrm{d}x_2$ als unabhängige Differentiale aufzufassen.

Wir lesen hier folgendes Lösungsverfahren ab:

> Die Extrempunkte der Funktion F unter der Nebenbedingung E [Gl. (3)] berechnet man, indem die Extrempunkte der Funktion $F - \lambda E$ gesucht werden, wobei der Lagrange-Multiplikator λ als Koeffizient der Nebenbedingung E eingeht.

Ist der Wert von λ bekannt, dann erhält man erneut zwei Gleichungen mit zwei Unbekannten, so dass die Koordinaten (x_1, x_2) des stationären Punkts bestimmt sind. Eingesetzt in die Nebenbedingung (3) erhält man einen bestimmten Wert $E_{\text{st}} = E(x_1, x_2)$. Wenn man nun den Lagrange-Multiplikator λ verschiebt, dann wird $E_{\text{st}} = E_{\text{st}}(\lambda)$ eine Funktion, deren Wert man so anpassen kann, dass die Nebenbedingung $E_{\text{st}} = C$ erfüllt ist. Im kanonischen Ensemble der statistischen Mechanik etwa (s. Anhang VI, § 1-b) maximiert man die Entropie S (sie spielt also die Rolle der Funktion F) unter der Bedingung, dass die mittlere Energie E konstant ist. Man führt dazu einen Lagrange-Multiplikator β ein und sucht den stationären Punkt von $S - \beta E$. Indem man β verschiebt, kann man den Wert der Energie E kontrolliert anpassen.

2 Verallgemeinerung auf *N* Variablen

Sei $F = F(x_1, x_2, \ldots, x_N)$ nun eine Funktion von N Variablen. Ihre Extrempunkte befinden sich dort, wo die N Komponenten des Gradienten verschwinden (jede Komponente ist die partielle Ableitung von F nach einer der Variablen):

$$\vec{\nabla} F = \vec{0} \tag{8}$$

Dieser Ausdruck steht für N Gleichungen, aus denen man die N gesuchten Koordinaten $(x_1, x_2, \ldots, x_N)$ berechnen kann. Es würden sich so eine endliche Zahl von Extrempunkten ergeben.

Nehmen wir weiter an, dass die N Variablen durch $P < N$ Nebenbedingungen eingeschränkt sind:

$$E_p(x_1, x_2, \ldots, x_N) = C_p \quad \text{mit } p = 1, 2, \ldots, P \tag{9}$$

Sei nun M ein Punkt in dem N-dimensionalen Raum mit den Koordinaten $(x_1, x_2, \ldots, x_N)$. Wenn diese Koordinaten die P Gleichungen (9) erfüllen, dann müssen ihre Variationen den P Gleichungen

$$\vec{\nabla} E_p \cdot \mathrm{d}\vec{M} = 0 \quad \text{mit } p = 1, 2, \ldots, P \tag{10}$$

genügen. Die Funktionen E_p bleiben allesamt konstant, wenn in dem N-dimensionalen Raum die differentielle Verschiebung $\mathrm{d}\vec{M}$ des Punkts M orthogonal auf allen Gradienten $\vec{\nabla} E_p$ steht. Nun können wir zwei Fälle unterscheiden:

1. Entweder liegt der Gradient $\vec{\nabla} F$ in dem Unterraum, den die Vektoren $\vec{\nabla} E_p$ ($p = 1, \ldots P$) erzeugen. In diesem Fall folgt aus den Gleichungen (10), dass auch $\mathrm{d}\vec{M}$ orthogonal zu $\vec{\nabla} F$ ist. Demzufolge ist das Differential $\mathrm{d}F = \vec{\nabla} E \cdot \mathrm{d}\vec{M} = 0$. Die Funktion F ist also in M stationär;
2. Oder der Gradient $\vec{\nabla} F$ liegt nicht (vollständig) in dem soeben konstruierten Unterraum, es gibt also eine Komponente $\vec{\nabla} F_\perp$ orthogonal zu diesem. Man kann dann $\mathrm{d}\vec{M}$ parallel zu $\vec{\nabla} F_\perp$ wählen. Es ergibt sich ein Differential $\mathrm{d}F \neq 0$ in erster Ordnung unter Beachtung der Nebenbedingungen.

Wir schließen daraus, dass wir einen stationären Punkt von F genau dann finden, wenn der Gradient $\vec{\nabla} F$ in dem P-dimensionalen Unterraum liegt, den die Gradienten $\vec{\nabla} E_p$ erzeugen. Diese Bedingung kann man durch Lagrange-Multiplikatoren λ_p (mit $p = 1, \ldots P$) ausdrücken, so dass

$$\vec{\nabla} F = \lambda_1 \vec{\nabla} E_1 + \lambda_2 \vec{\nabla} E_2 + \cdots + \lambda_P \vec{\nabla} E_P \tag{11}$$

Die Bedingung für Stationarität ist also äquivalent mit dem Verschwinden des Differentials

$$\mathrm{d}(F - \lambda_1 E_1 - \lambda_2 E_2 - \cdots - \lambda_P E_P) = 0 \tag{12}$$

wobei man die Variablen $x_1, x_2, \ldots, x_N$ als unabhängig voneinander auffasst.

Für einen gegebenen Satz $\{\lambda_p\}$ von Lagrange-Multiplikatoren liefert jede Komponente von Gl. (11) eine Gleichung, so dass wir genauso viele Gleichungen wie Unbekannte $x_1, x_2, \ldots, x_N$ haben. Dieses System liefert eine endliche Zahl von Lösungen, die den Extrempunkten mit Nebenbedingungen entsprechen. Wenn man die Lagrange-Multiplikatoren verschiebt, verändert man die Werte der Funktionen E_p und kann sie an die gegebenen Konstanten C_p aus Gl. (9) anpassen.

Anhang VI
Abriss der statistischen Mechanik

Wenn man ein System mit sehr vielen Freiheitsgraden untersucht (wenn zum Beispiel die Teilchenzahl vergleichbar mit der Loschmidt-Avogadro-Zahl ist), dann ist es sowohl in der Quantenmechanik als auch in der klassischen Mechanik praktisch unmöglich, das System mit der höchstmöglichen Genauigkeit zu beschreiben. So eine Beschreibung würde die Werte von sehr vielen Größen auflisten, nicht nur die Positionen, sondern auch zum Beispiel die Korrelationen zwischen einer großen Zahl von Teilchen. Zudem fluktuieren diese Größen auf kurzen Zeitskalen und in der Regel ist man an ihnen gar nicht interessiert. In der statistischen Mechanik ersetzt man eine derartige Beschreibung durch eine weniger ausführliche und nimmt an, dass der Zustand des Systems nur statistisch bekannt ist. Dies bedeutet, dass man dem System eine ganze Reihe von möglichen Zuständen zuschreibt, die alle mit einer gewissen Wahrscheinlichkeit besetzt sind. Man sagt, man verwendet ein *statistisches Ensemble*. Ein Dichteoperator ist dann besonders gut geeignet, um das physikalische System zu beschreiben (s. Band I, Ergänzung E_{III}).

In diesem Anhang wollen wir weder eine vollständige Einführung in die statistische Mechanik geben, noch ihre zugrundeliegenden Postulate diskutieren. Er soll lediglich eine Reihe von Ergebnissen aus der Quantenstatistik zusammenstellen, die in einigen Ergänzungen des Buches Verwendung finden. Viele Ergänzungen von Kapitel XV sowie die Ergänzungen B_{XVII} und D_{XVII} benutzen den Begriff des chemischen Potentials μ oder des *großkanonischen Potentials* Φ. Wir werden in diesem Anhang sehen, wie man diese Begriffe in verschiedenen statistischen Ensembles zu verstehen hat.

1 Thermodynamische Ensembles

Es werden eine Reihe von *statistischen Ensembles* verwendet, um ein physikalisches System im thermischen Gleichgewicht zu beschreiben. Wir führen hier diejenigen ein,

https://doi.org/10.1515/9783110649130-039

denen man am häufigsten begegnet: das mikrokanonische, das kanonische und das großkanonische Ensemble. Mit dem ersten stellen wir einen allgemeinen Rahmen bereit, um die anderen beiden in natürlicher Weise einzuführen.

1-a Mikrokanonisches Ensemble

Betrachten wir ein System aus N Teilchen, die in einem Volumen $\mathcal{V}$ eingesperrt sind. Die Gesamtenergie E' des Systems befinde sich in einem Intervall

$$E - \tfrac{1}{2}\Delta E \leq E' \leq E + \tfrac{1}{2}\Delta E \tag{1}$$

der Breite $\Delta E \ll E$ um die Energie E. Das System sei von der äußeren Umgebung isoliert und kann mit ihr weder Teilchen noch Energie austauschen. Wir bezeichnen mit $|E', q\rangle$ die Eigenvektoren des System- Hamilton-Operators, wobei der Index q weitere Quantenzahlen zusammenfasst, die die Entartung des Energieniveaus mit dem Eigenwert E' beschreiben.

α Dichteoperator und Entropie

Wir machen im mikrokanonischen Ensemble die Annahme, dass sich das System mit derselben Wahrscheinlichkeit in irgendeinem der Zustände befindet, deren Energien in dem Intervall (1) liegen: alle Zustände sind gleichverteilt, keiner ist bevorzugt. Diese Verteilung nennt man die mikrokanonische Gleichgewichtsverteilung, und gemäß den genannten Bedingungen wird das System durch den Dichteoperator

$$\rho_{\text{eq}} = \frac{1}{Z} P_{\Delta E}(E) \tag{2}$$

beschrieben. (Der Index eq steht für das englische *equilibrium*.) Hier ist $P_{\Delta E}(E)$ der Projektor auf den Unterraum, den die möglichen Energieniveaus erzeugen:

$$P_{\Delta E}(E) = \sum_{E'=E-\Delta E/2}^{E+\Delta E/2} \sum_{q} \left|E', q\right\rangle \left\langle E', q\right| \tag{3}$$

Der Dichteoperator wird über die *mikrokanonische Zustandssumme Z* normiert:

$$Z = \operatorname{Tr}\{P_{\Delta E}(E)\} \tag{4}$$

Gemäß Beziehung (2) sind die Wahrscheinlichkeiten dafür, dass ein Zustand $|E', q\rangle$ besetzt ist, allesamt gleich $1/Z$. Jeder der Projektoren auf $|E', q\rangle$ trägt mit eins zur Spur in Gl. (4) bei, deswegen ist die Zustandssumme nichts anderes als die Zahl der Zustände in der Summe (3), also die Zahl der Energieniveaus im Intervall (1). Wenn wir mit $D(E)$ die Zustandsdichte bezeichnen, haben wir also

$$Z = D(E)\,\Delta E \tag{5}$$

wenn die Breite ΔE klein genug ist.

Wir definieren die *Entropie* des Systems durch den Ausdruck (k_B ist die Boltzmann-Konstante)

$$S = -k_B \operatorname{Tr}\{\rho_{eq} \log \rho_{eq}\} \tag{6}$$

wie auch in Ergänzung A_{XXI}, §1. Im mikrokanonischen Gleichgewicht $\rho = \rho_{eq}$ sind die Zustände $|E', q\rangle$ Eigenvektoren des Dichteoperators mit dem Eigenwert $1/Z$, falls $E' \in [E - \frac{1}{2}\Delta E, E + \frac{1}{2}\Delta E]$ gilt. Andernfalls ordnet man ihnen den Eigenwert null zu. Für E' in dem betrachteten Intervall haben wir also auch*

$$-\rho_{eq} \log(\rho_{eq}) \left|E', q\right\rangle = \frac{\log Z}{Z} \left|E', q\right\rangle \tag{7}$$

Liegt E' außerhalb des Intervalls, dann liefert der Grenzwert $\lim_{x \to 0} x \log x = 0$

$$-\rho_{eq} \log(\rho_{eq}) \left|E', q\right\rangle = 0 \tag{8}$$

Multiplizieren wir nun von links mit dem Bra $\langle E', q|$ und bilden die Spur, indem wir über E' und q summieren. Nur die Zustände mit Energien in dem Intervall (1) tragen bei, ihre Zahl ist Z, und wir finden

$$-\operatorname{Tr}\{\rho_{eq} \log \rho_{eq}\} = \log Z \tag{9}$$

Im mikrokanonischen Gleichgewicht ist die Entropie also durch die Formel

$$S = k_B \log Z \tag{10}$$

gegeben.†

β Temperatur und chemisches Potential

Nehmen wir nun an, dass die Energie E sich im Gleichgewicht um eine infinitesimale Größe $\mathrm{d}E$ ändert, wobei Volumen $\mathcal{V}$ und Teilchenzahl N konstant bleiben. Die äußere Umgebung leistet keine Arbeit an dem System (die Wände des Behälters werden nicht verschoben), und deswegen können wir die Änderung der Energie vollständig als Wärme bezeichnen:

$$\mathrm{d}Q = \mathrm{d}E = T\,\mathrm{d}S \tag{11}$$

---

* Anm. d. Ü.: Auf diese Weise wird der Logarithmus $\log \rho_{eq}$ eines positiven Operators definiert. Wir schreiben log der Einfachheit halber, obwohl immer der natürliche Logarithmus (zur Basis e) gemeint ist.

† Anm. d. Ü.: Gleichung (10) ist gewissermaßen Ludwig Boltzmanns Vermächtnis, man findet sie auf seinem Grabstein.

Im zweiten Schritt haben wir die in der Thermodynamik übliche Definition der Entropieänderung $\mathrm{d}S = \mathrm{d}Q/T$ in einer reversiblen Transformation verwendet. Aus Gl. (11) folgt, dass die Temperatur im mikrokanonischen Ensemble durch

$$\frac{1}{T} = \left.\frac{\partial S}{\partial E}\right|_{N,\mathcal{V}} \tag{12}$$

definiert ist. Die Notation mit dem vertikalen Strich deutet an, dass diese Ableitung bei konstanten N und $\mathcal{V}$ zu nehmen ist.

Wir können analog die Teilchenzahl N bei konstantem Volumen und konstanter Energie ändern. Auf diese Weise wird das *chemische Potential*

$$\mu = -T\left.\frac{\partial S}{\partial N}\right|_{E,\mathcal{V}} \tag{13}$$

(mit der Dimension einer Energie) definiert. Bei konstanter Temperatur ist μ also umso größer, je steiler sich die Entropie mit der Teilchenzahl N ändert. [S hängt von der Zahl der möglichen Zustände in dem Energieband ΔE ab, s. Gl. (10).] Wir werden sehen, dass das chemische Potential eine zentrale Rolle im großkanonischen Gleichgewicht spielt (§ 1-c). Die letzte Ableitung von S (bezüglich des Volumens) werten wir in § 2-a aus.

Bemerkung:
Wenn wir die Zustandsdichte (5) in Formel (10) einsetzen, dann erhalten wir

$$\frac{S}{k_B} = \log\left[D(E)k_BT\right] + \log\frac{\Delta E}{k_BT} \tag{14}$$

(Wir haben die Energie k_BT verwendet, damit unter dem Logarithmus dimensionslose Größen stehen.) In einem makroskopischen System ist die Teilchenzahl sehr groß und vergleichbar mit der Avogadro-Zahl. Was geschieht, wenn die Teilchenzahl N nach unendlich strebt? Wir betrachten dazu den sogenannten thermodynamischen Grenzfall, in dem die Energie E und das Volumen proportional zu N sind. Man darf erwarten, dass die Entropie auch linear mit N wächst. Dieses Verhalten kann nicht aus dem zweiten Term in Gl. (14) entstehen, denn selbst wenn das Intervall ΔE proportional zu N ist, dann liefert er nur eine viel langsamere, logarithmische Skalierung. Der wesentliche Beitrag zum Anwachsen der Entropie kommt also von dem ersten Term mit $D(E)$, der extrem schnell mit N anwächst. Das Verhalten der Zustandsdichte ist nämlich exponentiell, und weil N im Exponenten steht, ist ihr Wachstum schwindelerregend schnell. Im thermodynamischen Grenzfall von makroskopischen Systemen dominiert also der erste Term in (14) bei Weitem gegenüber dem zweiten. Deswegen sagt man oft, die Entropie charakterisiere die Zustandsdichte eines physikalischen Systems, etwas genauer die Zahl seiner Energieniveaus in einem mikroskopischen Energieintervall, für das wir hier k_BT verwendet haben.

γ Maximierung der Entropie

Sei ρ nun ein beliebiger Dichteoperator, also hermitesch und mit nichtnegativen Eigenwerten p_n, die sich zu eins summieren, weil man sie als die Wahrscheinlichkeiten interpretieren kann, das System in den entsprechenden Eigenvektoren $|\theta_n\rangle$ zu finden:

$$\sum_n p_n = 1 \tag{15}$$

Wir nehmen weiter an, dass ρ auf das Energieintervall um E eingeschränkt ist: Alle Eigenvektoren $|\theta_n\rangle$ sind Linearkombinationen der $|E', q\rangle$, deren Energien E' der Gl. (1) genügen.

Die Entropie von ρ ist durch die zu Gl. (6) analoge Formel gegeben:

$$S_\rho = -k_\mathrm{B}\,\mathrm{Tr}\,\{\rho\ \log\rho\} \tag{16}$$

Wir zeigen nun, dass unter allen möglichen Dichteoperatoren ρ der Gleichgewichtsoperator ρ_eq derjenige mit der größten Entropie ist. (Der Beweis wird ähnlich zu Ergänzung $\mathrm{A_{XXI}}$, § 1-a geführt.)

In der Tat können wir schreiben

$$\rho = \sum_n p_n\,|\theta_n\rangle\,\langle\theta_n| \qquad \log\rho = \sum_n \log p_n\,|\theta_n\rangle\,\langle\theta_n| \tag{17}$$

und es ergibt sich

$$S_\rho = -k_\mathrm{B}\,\mathrm{Tr}\left\{\sum_n p_n \log p_n\,|\theta_n\rangle\,\langle\theta_n|\right\} = -k_\mathrm{B}\sum_n p_n \log p_n \tag{18}$$

Wenn man die p_n variiert, dann ändert sich S um

$$\mathrm{d}S = -k_\mathrm{B}\sum_n (1+\log p_n)\,\mathrm{d}p_n \tag{19}$$

Wegen der Nebenbedingung (15) können die $\mathrm{d}p_n$ nicht unabhängig voneinander sein, ihre Summe muss verschwinden. Um dies zu berücksichtigen, führen wir einen Lagrange-Multiplikator λ ein (s. Anhang V), variieren $S - k_\mathrm{B}\lambda\sum_n p_n$ und erhalten als Bedingung für eine maximale Entropie

$$\sum_n (\lambda + 1 + \log p_n)\,\mathrm{d}p_n = 0 \tag{20}$$

Damit dies für jede Variation $\mathrm{d}p_n$ erfüllt ist, müssen alle Koeffizienten verschwinden, d. h.

$$\log p_n = -\lambda - 1 \tag{21}$$

was bedeutet, dass die p_n alle gleich sind. Der Dichteoperator ρ ist also proportional zum Projektor (3). Wenn man seine Spur auf eins normiert, erhält man den Ausdruck (2). Der mikrokanonische Dichteoperator ist somit ein Extremum der Entropie. Weil alle p_n zwischen null und eins liegen, lesen wir aus Gl. (18) ab, dass der Extremalwert der Entropie positiv ist. Um festzustellen, ob ein Maximum oder ein Minimum vorliegt, betrachten wir einen Dichteoperator für einen reinen Zustand. Alle Eigenwerte sind null bis auf einen, der eins ist. Seine Entropie S_ρ ist dann null. Das Extremum im mikrokanonischen Gleichgewicht ist also ein absolutes Maximum von S_ρ.

Dieses Ergebnis ist ein wichtiger Satz: Der Dichteoperator, der die Entropie maximiert, ist eine Summe über Projektoren auf alle zugänglichen Zustände mit gleichen Eigenwerten (die die Wahrscheinlichkeiten angeben, das System in den betreffenden Zuständen zu finden).

1-b Kanonisches Ensemble

Das physikalische System $\mathcal{S}$ sei nun nicht mehr isoliert, sondern an ein Wärmebad (Reservoir) $\mathcal{R}$ gekoppelt, mit dem es Energie austauschen kann. $\mathcal{S}$ und $\mathcal{R}$ können zum Beispiel durch eine dünne Wand getrennt sein, die Wärme leitet, sich aber nicht verschiebt, so dass keine Arbeit verrichtet wird, und die undurchlässig für Teilchen ist. Wir bezeichnen die Teilchenzahl, die Energie und das Volumen des Wärmebads mit den Variablen $N_{\mathcal{R}}$, $E_{\mathcal{R}}$ und $\mathcal{V}_{\mathcal{R}}$.

α Dichteoperator

Wir nehmen an, dass das Wärmebad $\mathcal{R}$ viel größer als das System $\mathcal{S}$ ist, so dass seine Temperatur sich nicht ändert, wenn es Energie mit $\mathcal{S}$ austauscht.* Gemäß Gleichung (12) bedeutet dies, dass das Wärmebad eine konstante Temperatur $T_{\mathcal{R}}$ mit

$$\frac{1}{T_{\mathcal{R}}} = \left.\frac{\partial S_{\mathcal{R}}}{\partial E_{\mathcal{R}}}\right|_{N_{\mathcal{R}},\mathcal{V}_{\mathcal{R}}} \tag{22}$$

hat. Wir drücken sie durch die Konstante β aus:

$$\beta = \frac{1}{k_{\mathrm{B}} T_{\mathcal{R}}} = \frac{1}{k_{\mathrm{B}}} \left.\frac{\partial S_{\mathcal{R}}}{\partial E_{\mathcal{R}}}\right|_{N_{\mathcal{R}},\mathcal{V}_{\mathcal{R}}} \tag{23}$$

Nun hatten wir gesehen, dass die Entropie $S_{\mathcal{R}} = k_{\mathrm{B}} \log Z_{\mathcal{R}}$ in Gl. (10) mit der Zahl $Z_{\mathcal{R}}$ der Zustände in einem Energieband der Breite ΔE um die Energie $E_{\mathcal{R}}$ zusammenhängt. Es gilt also

$$\left.\frac{\partial \log Z_{\mathcal{R}}}{\partial E_{\mathcal{R}}}\right|_{N_{\mathcal{R}},\mathcal{V}_{\mathcal{R}}} = \beta \tag{24}$$

so dass sich die Zustandssumme als Funktion der Energie (bei konstanten $N_{\mathcal{R}}$ und $\mathcal{V}_{\mathcal{R}}$) exponentiell verhält:

$$Z_{\mathcal{R}} \propto \mathrm{e}^{\beta E_{\mathcal{R}}} \tag{25}$$

Sei das Gesamtsystem aus $\mathcal{S}$ und $\mathcal{R}$ im mikrokanonischen Gleichgewicht. Seine Energieeigenvektoren sind Tensorprodukte† der Eigenvektoren $|E, q\rangle$ der Energie von $\mathcal{S}$ mit den Eigenvektoren $|E_{\mathcal{R}}, q_{\mathcal{R}}\rangle$ der Energie des Wärmebads $\mathcal{R}$:

$$|E, q\rangle \otimes |E_{\mathcal{R}}, q_{\mathcal{R}}\rangle \tag{26}$$

---

* Anm. d. Ü.: Der Laserphysiker Melvin Lax formulierte es so: „Ein Bad sollte anonym (unauffällig) sein. Seine Eigenschaften sollten durch eine kleine Zahl von Parametern beschrieben werden, häufig allein durch seine Temperatur." (Lax, 2000, S. 464).]

† Anm. d. Ü.: Wie in der Thermodynamik üblich, wird hier die Wechselwirkungsenergie zwischen System und Wärmebad nicht in Betracht gezogen.

Der mikrokanonische Dichteoperator für das System aus $\mathcal{S}$ und $\mathcal{R}$ mit der Gesamtenergie $E_{\text{tot}} = E + E_{\mathcal{R}}$ ist nun

$$\rho_{\mathcal{SR}} = \frac{1}{Z_{\mathcal{SR}}} \sum_{\substack{E+E_{\mathcal{R}}= \\ E_{\text{tot}}-\Delta E/2}}^{E_{\text{tot}}+\Delta E/2} \sum_{q,q_{\mathcal{R}}} (|E,q\rangle \otimes |E_{\mathcal{R}}, q_{\mathcal{R}}\rangle)(\langle E,q| \otimes \langle E_{\mathcal{R}}, q_{\mathcal{R}}|) \tag{27}$$

Den Dichteoperator ρ_{eq} des Systems $\mathcal{S}$ erhalten wir durch eine partielle Spur über das Bad:

$$\rho_{\text{eq}} = \text{Tr}_{\mathcal{R}} \{\rho_{\mathcal{SR}}\} \tag{28}$$

Jeder Projektor $|E_{\mathcal{R}}, q_{\mathcal{R}}\rangle\langle E_{\mathcal{R}}, q_{\mathcal{R}}|$ in Gleichung (27) liefert eins, wenn wir die Spur über $\mathcal{R}$ bilden. Damit ist ρ_{eq} einfach eine Summe über Projektoren über Energieeigenzustände $|E, q\rangle$, gewichtet mit der Zahl der Zustände des Wärmebads $\mathcal{R}$ in einem Energiebereich ΔE um die Energie $E_{\text{tot}} - E$. Nun hatten wir in Gl. (25) gefunden, dass diese Zahl von Niveaus sich wie eine e-Funktion $e^{\beta E_{\mathcal{R}}} = e^{\beta(E_{\text{tot}}-E)}$ verhält. Lassen wir die Proportionalitätsfaktoren $1/Z_{\mathcal{SR}}$ und $e^{\beta E_{\text{tot}}}$ weg, dann erhalten wir

$$\rho_{\text{eq}} \propto \sum_E \sum_q e^{-\beta E} |E,q\rangle\langle E,q| = e^{-\beta\widehat{H}} \tag{29}$$

wobei $\widehat{H}$ der Hamilton-Operator von $\mathcal{S}$ ist. Nun können wir ρ auf die Spur eins normieren und finden

$$\boxed{\rho_{\text{eq}} = \frac{1}{Z_{\text{c}}} e^{-\beta\widehat{H}}} \tag{30}$$

mit der *kanonischen Zustandssumme* Z_{c}

$$\boxed{Z_{\text{c}} = \text{Tr}\left\{e^{-\beta\widehat{H}}\right\}} \tag{31}$$

Diese beiden Ausdrücke definieren also den Gleichgewichtsdichteoperator des Systems $\mathcal{S}$ im kanonischen Ensemble. Im Gegensatz zum mikrokanonischen Ensemble ist hier die Energie des Systems nicht auf ein kleines Intervall eingeschränkt, sondern darf (im Kontakt mit dem Wärmebad, d. Ü.) spontan fluktuieren.

Das kanonische Ensemble hat ein thermodynamisches Potential F, das man die *freie Energie* nennt:*

$$F = \langle\widehat{H}\rangle - TS \tag{32}$$

Im Gleichgewicht, wenn der Mittelwert von $\widehat{H}$ durch den Zustand ρ_{eq} aus Gl. (30) und die Entropie durch Gl. (16) bestimmt werden, beträgt die freie Energie:

$$F = \langle\widehat{H}\rangle + k_{\text{B}}T\,\text{Tr}\left\{\rho_{\text{eq}}(-\log Z_{\text{c}} - \beta\widehat{H})\right\} = \langle\widehat{H}\rangle - \langle\widehat{H}\rangle - k_{\text{B}}T \log Z_{\text{c}} \tag{33}$$

* Anm. d. Ü.: In der Chemie wird die freie Energie mitunter mit *A* bezeichnet.

so dass wir erhalten

$$\boxed{F = -k_{\mathrm{B}} T \log Z_{\mathrm{c}}} \tag{34}$$

β Minimierung der freien Energie

Wir wollen zeigen, dass im kanonischen Ensemble die freie Energie für den kanonischen Dichteoperator $\rho = \rho_{\mathrm{eq}}$ aus Gl. (30) extremal ist. Sei also ρ ein beliebiger Dichteoperator und berechnen wir die Variation von F:

$$\delta F = \mathrm{Tr}\left\{\left[\widehat{H} + k_{\mathrm{B}} T\left(1 + \log\rho\right)\right]\delta\rho\right\} \tag{35}$$

Diese Variation verschwindet für beliebige $\delta\rho$ nur dann, wenn der Operator in den eckigen Klammern unter der Spur verschwindet, also für

$$\log\rho = -1 - \beta\widehat{H} \tag{36}$$

Daraus entnehmen wir, dass ρ proportional zu $\mathrm{e}^{-\beta\widehat{H}}$ ist. Wir finden also den kanonischen Gleichgewichtszustand wieder. Betrachten wir als anderen Fall einen Projektor ρ auf einen Ket mit einer großen positive Energie. Dann ist die Entropie $S = 0$, während die mittlere Energie $\langle\widehat{H}\rangle$ und damit auch F beliebig groß werden. Daraus folgt, dass das Extremum von F im kanonischen Gleichgewicht ein Minimum sein muss.

1-c Großkanonisches Ensemble

Das System $\mathcal{S}$ kann in diesem Ensemble nicht nur Energie, sondern auch Teilchen mit dem Reservoir austauschen. Man kann sich ihre Kopplung also als eine permeable Membran vorstellen. Wie oben nehmen wir an, dass dieses Wärme- und Teilchenbad so groß ist, dass seine Temperatur unverändert ist, wenn es mit $\mathcal{S}$ Energie austauscht. Weiter soll es groß genug sein, dass sich seine Teilchenzahl, relativ gesehen, im Kontakt mit dem System praktisch nicht ändert. Daraus folgt, dass beim Teilchenaustausch auch sein chemisches Potential [s. Gl. (13)] konstant ist:

$$\mu = -T\left.\frac{\partial S_{\mathcal{R}}}{\partial N_{\mathcal{R}}}\right|_{E_{\mathcal{R}},\mathcal{V}_{\mathcal{R}}} = \text{konst.} \tag{37}$$

α Dichteoperator

Im großkanonischen Ensemble sind die Teilchenzahlen N des Systems $\mathcal{S}$ und $N_{\mathcal{R}}$ des Bades variable Größen, so dass die entsprechenden Zustandsräume die Struktur des Fock-Raums aus Kapitel XV haben. Den Kets $|E, q\rangle$ und $|E_{\mathcal{R}}, q_{\mathcal{R}}\rangle$ für System und Bad müssen wir also noch Indizes N und $N_{\mathcal{R}}$ hinzufügen. Über diese ist ebenfalls zu summieren, wenn wir für das Gesamtsystem den mikrokanonischen Dichteoperator $\rho_{\mathcal{SR}}$

aus Gl. (27) aufschreiben:

$$\rho_{\mathcal{SR}} = \frac{1}{Z_{\mathcal{SR}}} \sum_{\substack{E+E_{\mathcal{R}}= \\ E_{\text{tot}}-\Delta E/2}}^{E_{\text{tot}}+\Delta E/2} \sum_{\substack{N+N_{\mathcal{R}} \\ =N_{\text{tot}}}} \sum_{q,q_{\mathcal{R}}} \left(|E,N,q\rangle \otimes |E_{\mathcal{R}},N_{\mathcal{R}},q_{\mathcal{R}}\rangle\right)\left(\langle E,N,q| \otimes \langle E_{\mathcal{R}},N_{\mathcal{R}},q_{\mathcal{R}}|\right) \tag{38}$$

Hier sind E_{tot} und N_{tot} jeweils Energie und Teilchenzahl im Gesamtsystem aus $\mathcal{S}$ und $\mathcal{R}$. Die Konstruktion aus dem kanonischen Ensemble in § 1-b-α können wir nun analog übernehmen. Eine partielle Spur über das Reservoir liefert den Dichteoperator für das System $\mathcal{S}$, der eine Summe über Projektoren

$$|E,N,q\rangle\,\langle E,N,q| \tag{39}$$

ist, wobei diese mit der Zahl der Zustände des Reservoirs in dem Energieband um $E_{\mathcal{R}} = E_{\text{tot}} - E$ und mit der Teilchenzahl $N_{\mathcal{R}} = N_{\text{tot}} - N$ gewichtet werden. Es ändern sich also zwei Größen des Reservoirs (und nicht nur seine Energie wie im kanonischen Ensemble). Weil wir annehmen dürfen, dass μ und β in den Beziehungen (24) und (37) konstant sind, können wir für die Entropie des Bades $S_{\mathcal{R}}$ eine lineare Näherung verwenden

$$S_{\mathcal{R}} = S^0_{\mathcal{R}} + \frac{1}{T}E_{\mathcal{R}} - \frac{\mu}{T}N_{\mathcal{R}} = S^0_{\mathcal{R}} + k_{\text{B}}\beta\left(E_{\mathcal{R}} - \mu N_{\mathcal{R}}\right) \tag{40}$$

wobei der Wert $S^0_{\mathcal{R}}$ in der Folge keine Rolle mehr spielt. Wir verwenden die Beziehung (10) zwischen der Entropie des Reservoirs und der Zahl $Z_{\mathcal{R}}$ seiner Zustände und erhalten

$$Z_{\mathcal{R}} = \mathrm{e}^{S_{\mathcal{R}}/k_{\text{B}}} \propto \mathrm{e}^{\beta(E_{\mathcal{R}}-\mu N_{\mathcal{R}})} = \mathrm{e}^{\beta(E_{\text{tot}}-\mu N_{\text{tot}})}\,\mathrm{e}^{-\beta(E-\mu N)} \tag{41}$$

mit den konstanten Parametern β und μ. Anhand derselben Überlegungen wie in § 1-b-α zeigt man nun, dass die partielle Spur über das Reservoir auf folgenden Dichteoperator für das System $\mathcal{S}$ führt:

$$\boxed{\rho_{\text{eq}} = \frac{1}{Z_{\text{gc}}}\mathrm{e}^{-\beta(\widehat{H}-\mu\widehat{N})}} \tag{42}$$

Dabei ist $\widehat{N}$ der Teilchenzahloperator für das System und Z_{gc} die *großkanonischen Zustandssumme*

$$\boxed{Z_{\text{gc}} = \operatorname{Tr}\left\{\mathrm{e}^{-\beta(\widehat{H}-\mu\widehat{N})}\right\}} \tag{43}$$

β Großkanonisches Potential

Das thermodynamische Potential in diesem Ensemble wird einfach das *großkanonische Potential* genannt. Mit Φ bezeichnet,* ist es durch

$$\Phi = \langle\widehat{H}\rangle - TS - \mu\langle\widehat{N}\rangle \tag{44}$$

definiert. Wie für die freie Energie F ergibt sich im Gleichgewichtszustand der Wert

$$\boxed{\Phi = -k_B T \log Z_{gc}} \tag{45}$$

Wird schließlich der Dichteoperator ρ variiert, dann findet man auch hier, dass das großkanonische Potential ein Minimum annimmt, wenn $\rho = \rho_{eq}$ durch den Gleichgewichtszustand aus Gl. (42) gegeben ist. (Dieser Beweis wird in Ergänzung G_{XV}, § 1 mit mehr Details ausgeführt.)

2 Intensive und extensive Größen

Betrachten wir ein makroskopisches System $\mathcal{S}$ im Gleichgewicht und teilen wir es in zwei Teilsysteme gleicher Größe auf, $\mathcal{S}'$ und $\mathcal{S}''$. Man kann dazu in Gedanken eine Zwischenwand einziehen, die die beiden Teile voneinander trennt. Für gewisse physikalische Größen von $\mathcal{S}'$ und $\mathcal{S}''$, einzeln genommen, werden wir dann einfach den halben Wert finden, den diese Größe im System $\mathcal{S}$ hatte: das Volumen, die Energie, die Teilchenzahl, die Entropie usw. Thermodynamische Größen, die sich so verhalten, nennen wir *extensiv*. Dagegen gibt es andere Größen, deren Werte sich bei dieser Aufteilung nicht ändern: die Teilchendichte, die Temperatur, das chemische Potential usw. Solche Größen nennt man *intensiv*. Etwas allgemeiner formuliert: Wird ein makroskopisches Volumen $\mathcal{V}$ in mehrere makroskopische Teile $\mathcal{V}_1, \mathcal{V}_2, \ldots$ geteilt, dann sind diejenigen physikalischen Größen extensiv, die in einem Teilsystem proportional zu dessen Volumen sind, während intensive Größen sich beim Aufteilen nicht ändern.

Die statistischen Ensemble, die wir oben beschrieben haben, werden durch verschiedene Sätze von extensiven und intensiven Variablen beschrieben:[1]

1. Im mikrokanonischen Ensemble sind die drei unabhängigen Variablen (man nennt sie auch Zustandsgrößen), die das Gleichgewicht des Systems charakterisieren, alle extensiv: Volumen $\mathcal{V}$, Teilchenzahl N und Energie E. Die anderen

1 Für jedes Ensemble gibt es mindestens eine extensive Variable, sonst wäre die Größe des thermodynamisches System nicht definiert.

* Anm. d. Ü.: In der deutschen und englischen Literatur wird das großkanonische Potential (engl.: *grand potential*) oft mit Ω notiert.

Größen (Temperatur, Entropie, chemisches Potential usw.) sind Funktionen dieser Variablen. Das thermodynamische Potential ist die Entropie S, eine extensive Größe, die durch den Logarithmus der mikrokanonischen Zustandssumme gegeben ist.
2. Im kanonischen Ensemble sind die zwei der drei unabhängigen Variablen extensiv: Volumen $\mathcal{V}$ und Teilchenzahl N, während die Temperatur T (oder β) intensiv ist. Das thermodynamische Potential ist die freie Energie F, eine extensive Funktion proportional zum Logarithmus der kanonischen Zustandssumme.
3. Im großkanonischen Ensemble gibt es nur eine extensive Variable, das Volumen $\mathcal{V}$, die beiden anderen unabhängigen Größen sind intensiv: Temperatur T und chemisches Potential μ. Das großkanonische Potential Φ ist extensiv und proportional zum Logarithmus der großkanonischen Zustandssumme.

In der Regel geht man davon aus, dass die drei Ensembles für makroskopische Systeme äquivalent sind. Freilich ist die statistische Beschreibung jeweils anders. Im kanonischen Ensemble etwa ist die Energie nicht strikt auf ein Intervall mit der Breite ΔE eingeschränkt, sondern kann im Rahmen der Boltzmann-Verteilung auch außerhalb dieses Intervalls fluktuieren. Es stellt sich allerdings heraus, dass diese Fluktuationen in einem makroskopischen System relativ zum Mittelwert der Energie sehr klein sind. Man macht also nur einen kleinen Fehler, wenn man annimmt, dass die Energie innerhalb eines festen Bands ΔE liegt. Auf diese Weise kann man die mittlere Energie im kanonischen Ensemble mit der mikrokanonischen Energie E identifizieren:

$$\langle \widehat{H} \rangle_{\mathrm{c}} = E \tag{46}$$

Genauso fluktuiert im großkanonischen Ensemble die Teilchenzahl um ihren Mittelwert $\langle \widehat{N} \rangle$, diese Fluktuationen sind in einem makroskopischen System aber sehr klein im Vergleich zum Mittelwert.[2] Wir können also diesen Mittelwert mit der (festen) Teilchenzahl im mikrokanonischen und kanonischen Ensemble identifizieren:

$$\langle \widehat{N} \rangle_{\mathrm{gc}} = N \tag{47}$$

2-a Im mikrokanonischen Ensemble

Die Beziehungen (12) und (13) geben uns die Bedeutung der partiellen Ableitung der Entropie S nach den Variablen E und N. Untersuchen wir nun die Ableitung nach dem Volumen $\mathcal{V}$.

2 Es gibt Ausnahmen von dieser Regel, etwa das ideale, kondensierte Bose-Gas. Dort sind die großkanonischen Fluktuationen der Teilchenzahl auch in einem makroskopischen System vergleichbar mit der mittleren Teilchenzahl. Es handelt sich hier um ein sehr spezielles System, in dem kanonisches und großkanonisches Ensemble für gewisse physikalische Größen thermodynamisch nicht äquivalent sind.

Es ändere sich also das Volumen um $\mathrm{d}\mathcal{V}$ bei fester Teilchenzahl und ohne Austausch von Wärme (die Wände des Systems sind perfekt isolierend). Wenn p der innere Druck des Systems ist,* gibt es an die Umgebung eine Arbeit $p\,\mathrm{d}\mathcal{V}$ ab. Die innere Energie des Systems ändert sich also um

$$\mathrm{d}E = -p\,\mathrm{d}\mathcal{V} \tag{48}$$

Weil keine Wärme ausgetauscht wird, folgt mit der thermodynamischen Relation $\mathrm{d}Q = T\,\mathrm{d}S$, dass die Entropie konstant ist (*adiabatische Zuständsänderung*):

$$\mathrm{d}S = \left.\frac{\partial S}{\partial \mathcal{V}}\right|_{N,E} \mathrm{d}\mathcal{V} + \left.\frac{\partial S}{\partial E}\right|_{N,\mathcal{V}} \mathrm{d}E = 0 \tag{49}$$

Der zweite Term enthält die inverse Temperatur gemäß Gl. (12), wir erhalten also

$$T\left.\frac{\partial S}{\partial \mathcal{V}}\right|_{N,E} \mathrm{d}\mathcal{V} + \mathrm{d}E = 0 \tag{50}$$

Nun ist die Energieänderung $\mathrm{d}E$ wegen Gleichung (48) durch den Druck gegeben. Wir erhalten somit

$$p = T\left.\frac{\partial S}{\partial \mathcal{V}}\right|_{N,E} = k_{\mathrm{B}}T\left.\frac{\partial \log Z}{\partial \mathcal{V}}\right|_{N,E} \tag{51}$$

und haben im letzten Schritt Gl. (10) verwendet. Auf diese Weise kann man im mikrokanonischen Rahmen den Druck berechnen.

In § 1-a-β haben wir bereits Änderungen der Energie E und der Teilchenzahl N (bei jeweils konstant gehaltenen anderen Größen) und ihren Einfluss auf die Entropie untersucht. Unsere Rechnung vervollständigt dies mit der Ableitung nach der dritten unabhängigen Variablen des thermodynamischen Potentials Entropie. Sein totales Differential ist also

$$\boxed{\mathrm{d}S = \frac{1}{T}\,\mathrm{d}E + \frac{p}{T}\,\mathrm{d}\mathcal{V} - \frac{\mu}{T}\,\mathrm{d}N} \tag{52}$$

2-b Im kanonischen Ensemble

Wir haben oben gesehen, dass man in einem makroskopischen System den Mittelwert $\langle H\rangle$ in der freien Energie (32) durch die mikrokanonische Energie E ersetzen kann. Wir bilden durch Ableiten das Differential $\mathrm{d}F$ und erhalten

$$\mathrm{d}F = \mathrm{d}E - T\,\mathrm{d}S - S\,\mathrm{d}T \tag{53}$$

* Anm. d. Ü.: Wir folgen hier der für die Thermodynamik üblichen Notation für den Druck. In den Ergänzungen $\mathrm{B_{XV}}$ und $\mathrm{H_{XV}}$ wird er mit P bezeichnet, um eine Verwechslung mit Teilchenimpulsen zu vermeiden.

Wenn wir das Differential $\mathrm{d}S$ gemäß Gl. (52) hier einsetzen, heben sich die Terme mit $\mathrm{d}E$ auf und wir erhalten das totale Differential

$$\boxed{\mathrm{d}F = -S\,\mathrm{d}T - p\,\mathrm{d}\mathcal{V} + \mu\,\mathrm{d}N} \tag{54}$$

an dem wir die natürlichen Variablen des thermodynamischen Potentials F im kanonischen Ensemble ablesen können.

Mit Hilfe dieser Beziehung können wir das chemische Potential anschaulich interpretieren. Es beschreibt das Anwachsen der freien Energie, wenn man dem System (bei konstanten Volumen und Temperatur) ein Teilchen hinzufügt.[3] Für den Druck p lesen wir aus Gl. (54) die Formel

$$p = -\left.\frac{\partial F}{\partial \mathcal{V}}\right|_{N,T} \tag{55}$$

ab, was gemäß Gl. (34) auch auf

$$p = k_{\mathrm{B}}T\left.\frac{\partial \log Z_{\mathrm{c}}}{\partial \mathcal{V}}\right|_{N,T} \tag{56}$$

führt, ähnlich zu Gl. (51). Wir können so den Druck des physikalischen Systems als Funktion von Volumen und Temperatur ausdrücken. Diese Beziehung nennt man im Allgemeinen die *Zustandsgleichung*.

Die mittlere Energie $\langle\widehat{H}\rangle$ berechnen wir aus den Beziehungen (30) und (31), was auf

$$\langle\widehat{H}\rangle = \frac{1}{Z_{\mathrm{c}}}\,\mathrm{Tr}\left\{\widehat{H}\,\mathrm{e}^{-\beta\widehat{H}}\right\} = -\frac{1}{Z_{\mathrm{c}}}\frac{\partial}{\partial\beta}\,\mathrm{Tr}\left\{\mathrm{e}^{-\beta\widehat{H}}\right\} \tag{57}$$

führt; die Ableitung wird bei konstanten N und $\mathcal{V}$ ausgeführt. Es ergibt sich somit

$$\langle\widehat{H}\rangle = -\frac{1}{Z_{\mathrm{c}}}\left.\frac{\partial Z_{\mathrm{c}}}{\partial\beta}\right|_{N,\mathcal{V}} = -\left.\frac{\partial \log Z_{\mathrm{c}}}{\partial\beta}\right|_{N,\mathcal{V}} \tag{58}$$

2-c Im großkanonischen Ensemble

Die Teilchenzahl fluktuiert in einem makroskopischen System in der Regel sehr wenig (relativ gesehen), so dass wir in der Definition (44) des großkanonischen Potentials Φ den Mittelwert $\langle N\rangle$ durch N ersetzen können. Man erhält dann für das Differential

$$\mathrm{d}\Phi = \mathrm{d}F - \mu\,\mathrm{d}N - N\,\mathrm{d}\mu \tag{59}$$

---

3 Bei der Temperatur $T = 0$ fällt die freie Energie mit der gewöhnlichen (*inneren*) Energie E zusammen, so dass man μ als das Anwachsen der Energie nach Hinzufügen eines Teilchens verstehen kann.

Den Ausdruck (54) für $\mathrm{d}F$ hier eingesetzt, verschwinden die Terme mit $\mu\,\mathrm{d}N$ und es bleibt

$$\boxed{\mathrm{d}\Phi = -S\,\mathrm{d}T - p\,\mathrm{d}\mathcal{V} - N\,\mathrm{d}\mu} \tag{60}$$

In diesem statistischen Ensemble ist das Volumen $\mathcal{V}$ die einzige extensive Zustandsvariable. Bei konstanter Temperatur und chemischem Potential entsteht im thermodynamischen Grenzfall (großes Volumen) ein makroskopisches System, dessen Energie, Entropie und Teilchenzahl proportional zu $\mathcal{V}$ sind. Wir haben also einfach

$$\Phi = -p\mathcal{V} \tag{61}$$

Das großkanonische Potential, geteilt durch $\mathcal{V}$, ergibt also direkt den Druck, es ist keine partielle Ableitung nötig.

Gemäß der Beziehung (45) sind die mittlere Teilchenzahl und der Druck nun durch die Formeln

$$\begin{aligned} N &= -\left.\frac{\partial\Phi}{\partial\mu}\right|_{\mathcal{V},T} = k_{\mathrm{B}}T\left.\frac{\partial \log Z_{\mathrm{gc}}}{\partial\mu}\right|_{\mathcal{V},T} \\ p &= -\frac{\Phi}{\mathcal{V}} = \frac{k_{\mathrm{B}}T}{\mathcal{V}}\log Z_{\mathrm{gc}} \end{aligned} \tag{62}$$

gegeben. Indem man das chemische Potential μ aus diesen beiden Formeln eliminiert, erhält man die Zustandsgleichung des Systems, die die Teilchenzahl pro Volumen mit dem Druck p und der Temperatur T verbindet.

2-d Weitere Ensembles

Die drei thermodynamischen Ensembles, die wir bislang untersucht haben, sind die (in der Physik) am meisten verwendeten, es gibt aber noch weitere. Im isotherm-isobaren Ensemble etwa ist das System an ein Wärmebad gekoppelt, mit dem es Energie und Volumen austauschen kann, aber keine Teilchen – die Zahl N ist also fest. Diese ist die einzige extensive Variable, die anderen beiden Variablen sind die intensiven Größen Temperatur T und Druck p. Dazu gehört als thermodynamisches Potential die Gibbs-Energie G, die durch

$$G = E + p\mathcal{V} - TS \tag{63}$$

definiert ist. Das totale Differential dieser Funktion berechnet man ganz analog zu den bereits betrachteten Fällen. Wenn man das Differential $\mathrm{d}G$ bildet und die Beziehung (52) einsetzt, stellt man fest, dass die Terme mit $\mathrm{d}E$ und $p\,\mathrm{d}\mathcal{V}$ sich wegheben; man erhält

$$\mathrm{d}G = \mathcal{V}\,\mathrm{d}p - S\,\mathrm{d}T + \mu\,\mathrm{d}N \tag{64}$$

Das Potential G ist extensiv: Wächst die Teilchenzahl N (bei konstantem Druck und Temperatur) ins Makroskopische, dann ist G proportional zur Größe des Systems, und es ergibt sich einfach

$$G = \mu N \tag{65}$$

Verändert man die Temperatur oder den Druck eines Systems mit fester Teilchenzahl N, dann erhalten wir die Variation des chemischen Potentials, indem wir Gleichung (64) durch N teilen, $\mathrm{d}N = 0$ setzen und Gl. (65) verwenden. Das Ergebnis ist die Gibbs-Duhem-Gleichung

$$\boxed{\mathrm{d}\mu = \frac{\mathcal{V}}{N}\,\mathrm{d}p - \frac{S}{N}\,\mathrm{d}T} \tag{66}$$

Das isotherm-isobare Ensemble ist besonders gut geeignet, um das Gleichgewicht zwischen zwei Phasen zu untersuchen, etwa eine Flüssigkeit und ihren Dampf, wenn für beide Druck und Temperatur dieselben Werte haben.

Die an einer ausführlicheren Darstellung interessierten Leser können mehr über die Prinzipien der statistischen Mechanik und ihre Anwendungen in den Lehrwerken von Diu, Guthmann, Lederer und Roulet (1989); Huang (1963); Reif (1965) sowie von Pathria (1972) erfahren.

Anhang VII
Die Wigner-Transformation

Einleitung

In der klassischen Mechanik wird der kinematische Zustand eines Massenpunkts durch beliebig genaue Daten für die Position **r** und den Impuls **p** (also die Geschwindigkeit) festgelegt. Ist der Zustand nur statistisch bekannt, dann wird das klassische Teilchen durch eine Verteilung im Phasenraum beschrieben (s. Anhang III, § 3-a), die wir mit $\rho_{\text{kl}}(\mathbf{r}, \mathbf{p})$ notieren wollen. Dies ist eine positive Funktion, deren Integral auf eins normiert ist; sie kann durchaus Korrelationen zwischen dem Ort und der Geschwindigkeit enthalten.* In der Quantenmechanik liegen die Dinge anders. Es ist zwar üblich, zwei Darstellungen (Verteilungen) zu verwenden, eine im Ortsraum und eine andere im Impulsraum; man geht mit einer Fourier-Transformation von der einen zur anderen über. Diese beiden Darstellung schließen sich allerdings gegenseitig aus: In der Ortsdarstellung ist alle Information über den Impuls des Teilchens verlorengegangen während die Impulsverteilung keine Information über den Ort enthält. Es ist klar, dass auf diese Weise keine Information über eventuelle Korrelationen zwischen diesen beiden Koordinaten verfügbar ist.

* Anm. d. Ü.: Damit ist gemeint, dass $\rho_{\text{kl}}(\mathbf{r}, \mathbf{p})$ nicht in ein Produkt $f(\mathbf{r})\, g(\mathbf{p})$ zerfällt.

https://doi.org/10.1515/9783110649130-040

Wir stellen in diesem Anhang eine quantenmechanische Darstellung vor, die zwischen diesen beiden Extremfällen anzusiedeln ist. Sie liefert Zugang zu Orts- und Impulskoordinaten, ohne die allgemeinen Regeln der Quantenmechanik zu verletzen. Diese begrenzen dabei die Genauigkeit der Koordinaten im Phasenraum. So eine Darstellung wird durch die Wigner-Transformation vermittelt, die in der Quantenmechanik eine Funktion $\rho_{\mathrm{W}}(\mathbf{r}, \mathbf{p})$ (die Wigner-Funktion*) vermittelt, mit der man Mittelwerte von Teilchenkoordinaten auf dieselbe Art berechnen kann, wie man es mit einer klassischen Verteilung $\rho_{\mathrm{kl}}(\mathbf{r}, \mathbf{p})$ tun würde. Eugene P. Wigner hat diese Transformation eingeführt,[1] um Quantenkorrekturen zum thermischen Gleichgewicht zu berechnen (Wigner, 1932; Hillery, O'Connell, Scully und Wigner, 1984). Es stellt sich heraus, dass sie uns ein vielseitiges Werkzeug zur Verfügung stellt, das in natürlicher Weise semiklassische Entwicklungen in Potenzen von $\hbar$ erlaubt, etwa um die zeitliche Entwicklung eines Quantensystems zu beschreiben. Wir werden sehen, dass sie sogar eine Vorschrift für die Quantisierung eines Systems liefert, aus der man korrekt symmetrisierte Produkte von quantenmechanischen Operatoren ausgehend von klassischen Funktionen von Ort und Impuls erhält. Es gibt eine Reihe von physikalischen Gebieten, wo die Wigner-Funktion nützlich, wenn nicht unverzichtbar ist.

Wir wollen in diesem Anhang zeigen, wie man zu jedem quantenmechanischen Dichteoperator ρ eine *Wigner-Verteilung* $\rho_{\mathrm{W}}(\mathbf{r}, \mathbf{p})$ konstruieren kann (manchmal wird sie die *semiklassische Verteilung* genannt), und einige ihrer Eigenschaften diskutieren. Die Wigner-Transformation ordnet in ähnlicher Weise jeder Observablen A, die als Operator auf dem Hilbert-Raum der Zustände wirkt, eine auf dem Phasenraum definierte Funktion $A_{\mathrm{W}}(\mathbf{r}, \mathbf{p})$ zu.

Wenn die physikalischen Eigenschaften des Systems räumlich langsam veränderlich sind, liegt eine klassische und semiklassische Situation vor und die Funktion $\rho_{\mathrm{W}}(\mathbf{r}, \mathbf{p})$ besitzt alle Eigenschaften einer klassischen Verteilung. Sie ist positiv, und wenn man sie mit $A_{\mathrm{W}}(\mathbf{r}, \mathbf{p})$ multipliziert und über den Phasenraum integriert, dann erhält man den Mittelwert des Operators A. Wir werden sehen, dass die Wigner-Verteilung in diesem Fall dann einfach die Strömung der Wahrscheinlichkeitsdichte wiedergibt (s. Kapitel III, § D-1-c-β). Und weil die Funktion $\rho_{\mathrm{W}}(\mathbf{r}, \mathbf{p})$ auch die Korrelationen zwischen Ort und Impuls abbildet, bietet sie sich für eine Reihe von Fragestellungen an, insbesondere in der Quantentheorie von Transportprozessen, die für viele Anwendungen eine Rolle spielt.

1 Wigner erwähnt in seiner Arbeit, dass L. Szilard dieselbe Transformation schon früher, in einem anderen Zusammenhang, verwendet hatte. In der mathematischen Statistik wird auch die Bezeichnung *Wigner-Ville-Transformation* verwendet, nach dem französischen Mathematiker Jean-André Ville.

* Anm. d. Ü.: In vielen Büchern wird die Wigner-Funktion selbst mit dem Buchstaben W bezeichnet. Wir weichen von dieser Konvention ab, um herauszustellen, dass ρ_{W} lediglich eine Art ist, den Dichteoperator ρ darzustellen. Die Notation W verwenden wir in diesem Anhang für den Weyl-Operator, s. Gl. (4).

In Situationen, in denen Quanteneffekte wichtig sind (schnell veränderliches Verhalten im Ortsraum), bleiben die klassischen Formeln gültig, die die Wigner-Verteilung mit den Mittelwerten von Operatoren verknüpfen. Die Verteilung ist also auch in diesem Fall nützlich. Es erscheint aber ein wichtiger Unterschied im Vergleich zu einer gewöhnlichen Wahrscheinlichkeitsverteilung: Die Wigner-Funktion $\rho_{\mathrm{W}}(\mathbf{r}, \mathbf{p})$ kann auch *negativ* werden. Wir werden sehen, dass sie auch „geisterhafte" Komponenten aufweisen kann – sie ist dann in einem Gebiet des Phasenraums ungleich null, in dem die Wahrscheinlichkeit, ein Teilchen zu finden, verschwindet. Somit ist es nicht mehr möglich, das Produkt $\rho_{\mathrm{W}}(\mathbf{r}, \mathbf{p})\, \mathrm{d}^3 r\, \mathrm{d}^3 p$ als ein Wahrscheinlichkeitsmaß in einer infinitesimalen Zelle des Phasenraums zu interpretieren. So eine Interpretation würde übrigens auch im Widerspruch zu den Heisenbergschen Unschärferelationen stehen. Man hat deswegen den Begriff der *Quasiverteilung* oder *Quasiwahrscheinlichkeit* für $\rho_{\mathrm{W}}(\mathbf{r}, \mathbf{p})$ eingeführt – ein Werkzeug, um alle relevanten Mittelwerte zu berechnen, das man freilich nicht mit einer gewöhnlichen Wahrscheinlichkeitsverteilung identifizieren kann. (Wir werden hier dem allgemeinen Sprachgebrauch folgen und ρ_{W} kurz die Wigner-Funktion nennen.)

Dieser Anhang stellt die Werkzeuge bereit, um die genannten Fälle zu untersuchen, insbesondere eine Entwicklung nach Gradienten, die man direkt als eine Potenzreihe in $\hbar$ auffassen kann. Der § 1 ist ein technisches Vorspiel, in dem wir eine bequeme Form der δ-Funktion eines Operators einführen. Sie verhilft uns in § 2 dazu, die Wigner-Verteilung des Dichteoperators für ein spinloses Teilchen zu konstruieren. Wir besprechen einige ihrer Eigenschaften, insbesondere für ein gaußförmiges Wellenpaket. In § 3 gehen wir zu der Wigner-Transformation der Operatoren über und zeigen, wie sich Formeln für quantenmechanische Mittelwerte ergeben, die dieselbe Struktur wie für eine klassische Verteilung haben. Ein wichtiger Zwischenschritt ist die Berechnung der Wigner-Transformierten eines Operatorprodukts. Wir skizzieren, wie diese Konzepte auf Teilchen mit Spin und mehrere Teilchen in Wechselwirkung übertragen werden können (§ 4). Schließlich besprechen wir den physikalischen Inhalt der Wigner-Transformation und analysieren ein quantenmechanisches Interferenzexperiment (§ 5). Wir zeigen insbesondere, dass dort „geisterhafte" Komponenten zum Vorschein kommen, die auf einer kleinen Skala unter Wechsel des Vorzeichens oszillieren (etwa als Funktion des Impulses); an diesen Komponenten kann man einen typischen Quanteneffekt ablesen.

1 δ-Funktion eines Operators

Sei A ein hermitescher Operator mit einem kontinuierlichen Spektrum; wir notieren α seine Eigenwerte. Wir definieren einen Operator $D_A(a)$, der von einem reellem Parameter a abhängt:

$$D_A(a) = \frac{1}{2\pi} \int \mathrm{d}x\, \mathrm{e}^{\mathrm{i}x(A-a)} \tag{1}$$

Dies ist in gewisser Weise eine *operatorwertige δ-Funktion*, die von der Differenz des Operators A und der Zahl a abhängt. Seien $|\alpha, s\rangle$ die Eigenvektoren von A (der diskrete Index s zähle sie im Fall eines entarteten Eigenwerts α ab). Ist ein Quantenzustand durch den Dichteoperator ρ definiert, dann ist der Mittelwert des Operators aus Gl. (1)

$$\begin{aligned}\langle D_A(a)\rangle &= \frac{1}{2\pi}\int \mathrm{d}x \; \mathrm{Tr}\left\{\rho\, \mathrm{e}^{\mathrm{i}x(A-a)}\right\} \\ &= \frac{1}{2\pi}\int \mathrm{d}x \int \mathrm{d}\alpha \sum_s \langle \alpha, s|\,\rho\, \mathrm{e}^{\mathrm{i}x(\alpha-a)}\,|\alpha, s\rangle \end{aligned} \tag{2}$$

Den Faktor $\mathrm{e}^{\mathrm{i}x(\alpha-a)}$ können wir aus dem Matrixelement herausziehen, und das $\mathrm{d}x$-Integral liefert $2\pi\delta(\alpha - a)$:

$$\langle D_A(a)\rangle = \sum_s \langle a, s|\,\rho\,|a, s\rangle = \mathscr{P}(a) \tag{3}$$

Hierbei ist $\mathscr{P}(a)\,\mathrm{d}a$ die Wahrscheinlichkeit, bei einer Messung des Operators A das Ergebnis in einem Intervall der Länge $\mathrm{d}a$ um den Wert a zu finden.

2 Wigner-Darstellung des Dichteoperators

Betrachten wir nun ein quantenmechanisches Teilchen (ohne Spin), dessen Zustand durch den Dichteoperator ρ beschrieben sei. Wir wollen eine Funktion $\rho_{\mathrm{W}}(\mathbf{r}, \mathbf{p})$ konstruieren, die uns Wahrscheinlichkeiten für Messergebnisse liefert, wenn man sowohl den Ortsoperator $\mathbf{R}$ als auch den Impulsoperator $\mathbf{P}$ misst.* Nun sind dies inkompatible Observablen: Es ist also offensichtlich unmöglich, exakte Vorhersagen für beide Arten von Messungen gleichzeitig zu machen, die Genauigkeit muss durch die Heisenbergschen Unschärferelationen begrenzt sein. Die gesuchte Funktion wird sich also aus einem Kompromiss ergeben, der die unvermeidliche Quantenunschärfe berücksichtigen muss. Wie in der Einleitung erwähnt, kann man auf diese Weise nur eine *Quasiverteilung* konstruieren, selbst wenn sie im üblichen Sprachgebrauch die *Wigner-Verteilung* genannt wird.

2-a Definition der Wigner-Verteilung

Wir gehen in Analogie zum Beispiel (1) vor und konstruieren den sogenannten *Weyl-Operator*, den wir hier mit $W(\mathbf{r}, \mathbf{p})$ bezeichnen wollen. Dieser Operator ist in gewisser Weise eine *operatorwertige δ-Funktion* in den beiden Operatoren $\mathbf{R} - \mathbf{r}$ und $\mathbf{P} - \mathbf{p}$. Wir

* Anm. d. Ü.: Wir kommen in diesem Anhang auf die Konvention der Bände I und II zurück, gemäß der Operatoren mit großen Buchstaben bezeichnet werden. So vermeiden wir „Dächer“ und Akzente.

definieren

$$W(\mathbf{r},\mathbf{p}) = \frac{1}{\hbar^3}\int\frac{d^3\kappa}{(2\pi)^3}\int\frac{d^3x}{(2\pi)^3}\exp i\left[\boldsymbol{\kappa}\cdot(\mathbf{R}-\mathbf{r})+(\mathbf{P}-\mathbf{p})\cdot\mathbf{x}/\hbar\right] \tag{4}$$

Die Integrationsvariable $\boldsymbol{\kappa}$ kann man als Wellenvektor auffassen, während $\mathbf{x}$ die Dimension eines Ortsvektors hat. W ist ein hermitescher Operator, denn den Vorzeichenwechsel beim Konjugieren kann man durch zwei Variablensubstitutionen wieder wettmachen. Die Wigner-Verteilung eines Quantenzustands (zum Zeitpunkt t) konstruieren wir nun als den Erwartungswert des Weyl-Operators:

$$\boxed{\rho_W(\mathbf{r},\mathbf{p};t) = \langle W(\mathbf{r},\mathbf{p})\rangle} \tag{5}$$

Wird das System durch einen Dichteoperator $\rho(t)$ mit der Spur eins beschrieben, dann ist offenbar

$$\rho_W(\mathbf{r},\mathbf{p};t) = \mathrm{Tr}\left\{\rho(t)W(\mathbf{r},\mathbf{p})\right\} \tag{6}$$

Für einen normierten (reinen) Zustand $|\Psi\rangle$ ergibt sich

$$\rho_W(\mathbf{r},\mathbf{p};t) = \langle\Psi(t)|\, W(\mathbf{r},\mathbf{p})\,|\Psi(t)\rangle \tag{7}$$

Der Dichteoperator und der Zustandsvektor sind dimensionslose Größen. Wegen der $\hbar$-Faktoren in Gl. (4) haben $W(\mathbf{r},\mathbf{p})$ und $\rho_W(\mathbf{r},\mathbf{p})$ die physikalische Dimension von $\hbar^{-3}$. Das Produkt $\rho_W(\mathbf{r},\mathbf{p})\,d^3r\,d^3p$ ist demnach dimensionslos, wie es auch für eine Wahrscheinlichkeit der Fall wäre. Wir werden im Folgenden eine Reihe von nützlichen Eigenschaften dieser Verteilung besprechen.

Wir werden die Matrixelemente des Weyl-Operators $W(\mathbf{r},\mathbf{p})$ im Ortsraum benötigen. Dafür gibt es die Formel

$$\langle\mathbf{r}_1|\, W(\mathbf{r},\mathbf{p})\,|\mathbf{r}_2\rangle = \frac{e^{-i\mathbf{p}\cdot(\mathbf{r}_2-\mathbf{r}_1)/\hbar}}{(2\pi\hbar)^3}\,\delta\!\left(\tfrac{1}{2}(\mathbf{r}_1+\mathbf{r}_2)-\mathbf{r}\right) \tag{8}$$

Beweis von Gl. (8):
Wir verwenden aus Band I, Ergänzung B_{II} die Glauber-Formel (63)*

$$e^{A+B} = e^A\, e^B e^{-\frac{1}{2}[A,B]} \tag{9}$$

die für zwei Operatoren A und B gilt, die mit ihrem Kommutator $[A,B]$ vertauschen. Mit dieser Formel können die Orts- und Impulsoperatoren im Exponenten von (4) auseinanderziehen. Dazu wählen wir

$$A = i\boldsymbol{\kappa}\cdot(\mathbf{R}-\mathbf{r}) \qquad B = i(\mathbf{P}-\mathbf{p})\cdot\mathbf{x}/\hbar \tag{10}$$

* Anm. d. Ü.: Gleichung (9) wird häufig die Baker-Campbell-Hausdorff-Formel genannt, wobei vergessen wird, dass Baker, Campbell und Hausdorff eigentlich den allgemeinen Fall beschreiben, in dem $[A,B]$ nicht mit A und B kommutiert.

Der Kommutator dieser beiden Operatoren ist

$$[A, B] = -\mathrm{i}\,\boldsymbol{\kappa}\cdot\mathbf{x} \tag{11}$$

also eine Zahl, so dass die Glauber-Formel (9) anwendbar ist. Wir setzen sie ein, um den Weyl-Operator (4) wie folgt umzuformen:

$$\langle \mathbf{r}_1|\, W(\mathbf{r},\mathbf{p})\,|\mathbf{r}_2\rangle = \frac{1}{\hbar^3}\int\frac{\mathrm{d}^3\kappa}{(2\pi)^3}\int\frac{\mathrm{d}^3x}{(2\pi)^3}\,\mathrm{e}^{\mathrm{i}\boldsymbol{\kappa}\cdot\mathbf{x}/2}\,\langle\mathbf{r}_1|\,\mathrm{e}^{\mathrm{i}\boldsymbol{\kappa}\cdot(\mathbf{R}-\mathbf{r})}\mathrm{e}^{\mathrm{i}(\mathbf{P}-\mathbf{p})\cdot\mathbf{x}/\hbar}\,|\mathbf{r}_2\rangle \tag{12}$$

Nun ist der Impulsoperator $\mathbf{P}$ der Erzeuger von räumlichen Verschiebungen, so dass das Exponential $\mathrm{e}^{\mathrm{i}\mathbf{P}\cdot\mathbf{x}/\hbar}$ einfach eine Translation um $-\mathbf{x}$ des Ortseigenvektors vornimmt [s. Band I, Ergänzung E_{II}, Gl. (13)]:

$$\mathrm{e}^{\mathrm{i}(\mathbf{P}-\mathbf{p})\cdot\mathbf{x}/\hbar}\,|\mathbf{r}_2\rangle = \mathrm{e}^{-\mathrm{i}\mathbf{p}\cdot\mathbf{x}/\hbar}\,|\mathbf{r}_2-\mathbf{x}\rangle \tag{13}$$

Das Matrixelement in Gl. (12) vereinfacht sich zu

$$\langle\mathbf{r}_1|\,\mathrm{e}^{\mathrm{i}\boldsymbol{\kappa}\cdot(\mathbf{R}-\mathbf{r})}\mathrm{e}^{\mathrm{i}(\mathbf{P}-\mathbf{p})\cdot\mathbf{x}/\hbar}\,|\mathbf{r}_2\rangle = \mathrm{e}^{\mathrm{i}\boldsymbol{\kappa}\cdot(\mathbf{r}_1-\mathbf{r})}\,\mathrm{e}^{-\mathrm{i}\mathbf{p}\cdot\mathbf{x}/\hbar}\delta(\mathbf{r}_1-\mathbf{r}_2+\mathbf{x}) \tag{14}$$

Das d^3x-Integral wird durch die δ-Funktion trivial, und wir dürfen im Integranden $\mathbf{x} = \mathbf{r}_2 - \mathbf{r}_1$ setzen. Dies bringt Gl. (12) schließlich in die Form

$$\langle\mathbf{r}_1|\, W(\mathbf{r},\mathbf{p})\,|\mathbf{r}_2\rangle = \frac{1}{(2\pi\hbar)^3}\int\frac{\mathrm{d}^3\kappa}{(2\pi)^3}\,\mathrm{e}^{\mathrm{i}\boldsymbol{\kappa}\cdot[(\mathbf{r}_1+\mathbf{r}_2)/2-\mathbf{r}]}\mathrm{e}^{-\mathrm{i}\mathbf{p}\cdot(\mathbf{r}_2-\mathbf{r}_1)/\hbar} \tag{15}$$

Das $\mathrm{d}^3\kappa$-Integral erzeugt eine δ-Funktion, und wir erhalten Gl. (8).

2-b Ausdrücke für die Wigner-Funktion

Unsere Definition (5) der Wigner-Transformation führt auf eine Reihe von Ausdrücken, je nachdem, welche Darstellung im Zustandsraum gerade verwendet wird.

α In der Ortsdarstellung

Wird die Spur in Gl. (6) in der Ortsdarstellung ausgewertet, dann erhalten wir

$$\begin{aligned}\rho_{\mathrm{W}}(\mathbf{r},\mathbf{p};t) &= \int\mathrm{d}^3r_2\int\mathrm{d}^3r_1\,\langle\mathbf{r}_2|\,\rho(t)\,|\mathbf{r}_1\rangle\,\langle\mathbf{r}_1|\,W(\mathbf{r},\mathbf{p})\,|\mathbf{r}_2\rangle\\ &= \int\mathrm{d}^3R\int\mathrm{d}^3x\,\left\langle\mathbf{R}+\tfrac{1}{2}\mathbf{x}\right|\rho(t)\left|\mathbf{R}-\tfrac{1}{2}\mathbf{x}\right\rangle\left\langle\mathbf{R}-\tfrac{1}{2}\mathbf{x}\right|W(\mathbf{r},\mathbf{p})\left|\mathbf{R}+\tfrac{1}{2}\mathbf{x}\right\rangle\end{aligned} \tag{16}$$

In der zweiten Zeile haben wir die Variablen gemäß $\mathbf{R} = (\mathbf{r}_1+\mathbf{r}_2)/2$ und $\mathbf{x} = \mathbf{r}_2 - \mathbf{r}_1$ substituiert. Setzen wir Gl. (8) in diesen Ausdruck ein, finden wir ein $\delta(\mathbf{R}-\mathbf{r})$, was das d^3R-Integral kompensiert, und erhalten die Darstellung

$$\boxed{\rho_{\mathrm{W}}(\mathbf{r},\mathbf{p};t) = \frac{1}{(2\pi\hbar)^3}\int\mathrm{d}^3x\,\mathrm{e}^{-\mathrm{i}\mathbf{p}\cdot\mathbf{x}/\hbar}\left\langle\mathbf{r}+\tfrac{1}{2}\mathbf{x}\right|\rho(t)\left|\mathbf{r}-\tfrac{1}{2}\mathbf{x}\right\rangle} \tag{17}$$

Diese Form wird häufig als Definition der Wigner-Funktion verwendet.

Wir lesen folgende nützliche Eigenschaft ab: Integriert man die Wigner-Verteilung $\rho_W(\mathbf{r}, \mathbf{p}; t)$ über die Impulsvariable $\mathbf{p}$, dann entsteht ein $(2\pi\hbar)^3\, \delta(\mathbf{x})$ und somit

$$\int d^3p\, \rho_W(\mathbf{r}, \mathbf{p}; t) = \langle \mathbf{r}|\, \rho(t)\, |\mathbf{r}\rangle = n(\mathbf{r}, t) \tag{18}$$

Wir finden hier eine Eigenschaft der klassischen Verteilungen im Phasenraum wieder: Das Integral über die Impulse liefert die Wahrscheinlichkeitsdichte $n(\mathbf{r}, t)$, das Teilchen am Punkt $\mathbf{r}$ zu finden.

Befindet sich das Teilchen in einem reinen Zustand $|\Psi\rangle$ [s. Gl. (7)], dann ergibt sich als Definition der Wigner-Funktion

$$\boxed{\rho_W(\mathbf{r}, \mathbf{p}; t) = \frac{1}{(2\pi\hbar)^3} \int d^3x\, e^{-i\mathbf{p}\cdot\mathbf{x}/\hbar}\, \Psi(\mathbf{r} + \tfrac{1}{2}\mathbf{x}; t)\, \Psi^*(\mathbf{r} - \tfrac{1}{2}\mathbf{x}; t)} \tag{19}$$

wobei $\Psi(\mathbf{r}, t)$ die Wellenfunktion in der Ortsdarstellung ist,

$$\Psi(\mathbf{r}, t) = \langle \mathbf{r}|\Psi(t)\rangle \tag{20}$$

β In der Impulsdarstellung

Da unsere Überlegungen Ort und Impuls immer in symmetrischer Weise behandeln, dürfen wir erwarten, dass es eine analoge Formel gibt, in die Matrixelemente des Dichteoperators ρ in der Impulsdarstellung eingehen. In der Tat kann man zeigen

$$\boxed{\rho_W(\mathbf{r}, \mathbf{p}; t) = \frac{1}{(2\pi\hbar)^3} \int d^3q\, e^{i\mathbf{q}\cdot\mathbf{r}/\hbar} \left\langle \mathbf{p} + \tfrac{1}{2}\mathbf{q} \middle| \rho(t) \middle| \mathbf{p} - \tfrac{1}{2}\mathbf{q} \right\rangle} \tag{21}$$

was in der Tat eine zu Gl. (17) parallele Struktur hat. Auch dies kann alternativ als Definition der Wigner-Verteilung verwendet werden.

Wie oben für Gl. (18) ergibt sich sofort

$$\int d^3r\, \rho_W(\mathbf{r}, \mathbf{p}; t) = \langle \mathbf{p}|\, \rho(t)\, |\mathbf{p}\rangle \tag{22}$$

Wie bei einer klassischen Verteilung im Phasenraum liefert das Integral der Wigner-Funktion über die Ortskoordinate $\mathbf{r}$ die Wahrscheinlichkeitsdichte im Impulsraum.

Beweis von Gl. (21):
Wir setzen in das Matrixelement in Gl. (17) zweimal eine Vollständigkeitsrelation mit normierten ebenen Wellen (mit den Impulsen $\mathbf{q}'$ und $\mathbf{q}''$) ein. So entstehen die Skalarprodukte

$$\begin{aligned} \left\langle \mathbf{r} + \tfrac{1}{2}\mathbf{x} \middle| \mathbf{q}' \right\rangle &= \frac{e^{i\mathbf{q}'\cdot(\mathbf{r}+\mathbf{x}/2)/\hbar}}{(2\pi\hbar)^{3/2}} \\ \left\langle \mathbf{q}'' \middle| \mathbf{r} - \tfrac{1}{2}\mathbf{x} \right\rangle &= \frac{e^{-i\mathbf{q}''\cdot(\mathbf{r}-\mathbf{x}/2)/\hbar}}{(2\pi\hbar)^{3/2}} \end{aligned} \tag{23}$$

und es folgt

$$\rho_\mathrm{W}(\mathbf{r},\mathbf{p};t) = \frac{1}{(2\pi\hbar)^6}\int \mathrm{d}^3x\,\mathrm{e}^{-\mathrm{i}\mathbf{p}\cdot\mathbf{x}/\hbar}\int \mathrm{d}^3q'\int \mathrm{d}^3q''\,\mathrm{e}^{\mathrm{i}\mathbf{q}'\cdot(\mathbf{r}+\mathbf{x}/2)/\hbar}\mathrm{e}^{-\mathrm{i}\mathbf{q}''\cdot(\mathbf{r}-\mathbf{x}/2)/\hbar}\left\langle \mathbf{q}'\middle|\rho(t)\middle|\mathbf{q}''\right\rangle \quad (24)$$

Es erscheint eine δ-Funktion

$$\frac{1}{(2\pi\hbar)^3}\int \mathrm{d}^3x\,\mathrm{e}^{\mathrm{i}[(\mathbf{q}'+\mathbf{q}'')/2-\mathbf{p}]\cdot\mathbf{x}/\hbar} = \delta(\tfrac{1}{2}(\mathbf{q}'+\mathbf{q}'')-\mathbf{p}) \quad (25)$$

und mit der Substitution auf die Variablen $\mathbf{Q} = \frac{1}{2}(\mathbf{q}'+\mathbf{q}'')$ und $\mathbf{q} = \mathbf{q}'-\mathbf{q}''$ erhält man Gl. (21).

Für ein Teilchen in einem reinen Zustand $|\Psi\rangle$ wird aus Gl. (21)

$$\boxed{\rho_\mathrm{W}(\mathbf{r},\mathbf{p};t) = \frac{1}{(2\pi\hbar)^3}\int \mathrm{d}^3q\,\mathrm{e}^{\mathrm{i}\mathbf{q}\cdot\mathbf{r}}\overline{\Psi}(\mathbf{p}+\tfrac{1}{2}\mathbf{q},t)\overline{\Psi}^*(\mathbf{p}-\tfrac{1}{2}\mathbf{q},t)} \quad (26)$$

mit der Wellenfunktion in der Impulsdarstellung

$$\overline{\Psi}(\mathbf{p},t) = \langle\mathbf{p}|\Psi(t)\rangle \quad (27)$$

Falls die Wellenfunktion in ein Produkt zerfällt, also in der Form[2]

$$\overline{\Psi}(\mathbf{p},t) = \overline{\psi}_x(p_x,t)\,\overline{\psi}_y(p_y,t)\,\overline{\psi}_z(p_z,t) \quad (28)$$

geschrieben werden kann, dann sehen wir aus Gl. (26), dass auch die Wigner-Funktion faktorisiert:

$$\rho_\mathrm{W}(\mathbf{r},\mathbf{p};t) = \rho_\mathrm{W}^x(x,p_x;t)\,\rho_\mathrm{W}^y(y,p_y;t)\,\rho_\mathrm{W}^z(z,p_z;t) \quad (29)$$

mit

$$\rho_\mathrm{W}^x(x,p_x;t) = \frac{1}{2\pi\hbar}\int \mathrm{d}q\,\mathrm{e}^{\mathrm{i}qx/\hbar}\overline{\psi}_x(p_x+\tfrac{1}{2}q,t)\overline{\psi}_x^*(p_x-\tfrac{1}{2}q,t) \quad (30)$$

Analoge Definitionen gelten für die Faktoren $\rho_\mathrm{W}^y(y,p_y;t)$ und $\rho_\mathrm{W}^z(z,p_z;t)$. In diesem besonderen Fall kann man die Phasenraumkoordinaten in den drei Raumrichtungen getrennt behandeln.

γ Umkehrung: Darstellung des Dichteoperators

Wir haben gesehen, dass man jedem Dichteoperator eine wohldefinierte Wigner-Verteilung zuordnen kann. Ist umgekehrt diese Verteilung gegeben, dann kann man den zugehörigen Dichteoperator konstruieren, indem man seine Matrixelemente berechnet. Dazu nehmen wir die inverse Fourier-Transformation von Gl. (17) (mit $\mathrm{e}^{\mathrm{i}\mathbf{p}\cdot\mathbf{z}/\hbar}$ multiplizieren und über $\mathbf{p}$ integrieren):

$$\int \mathrm{d}^3p\,\mathrm{e}^{\mathrm{i}\mathbf{p}\cdot\mathbf{z}/\hbar}\rho_\mathrm{W}(\mathbf{r},\mathbf{p};t) = \frac{1}{(2\pi\hbar)^3}\int \mathrm{d}^3p\int \mathrm{d}^3x\,\mathrm{e}^{\mathrm{i}\mathbf{p}\cdot(\mathbf{z}-\mathbf{x})/\hbar}\left\langle \mathbf{r}+\tfrac{1}{2}\mathbf{x}\middle|\rho(t)\middle|\mathbf{r}-\tfrac{1}{2}\mathbf{x}\right\rangle \quad (31)$$

2 Es kommt auf dasselbe hinaus, ob die Wellenfunktion nun in der Impulsdarstellung oder in der Ortsdarstellung faktorisiert.

Das d^3p-Integral erzeugt $\delta(\mathbf{z} - \mathbf{x})$ auf der rechten Seite, und wir erhalten

$$\int d^3p \; e^{i\mathbf{p}\cdot\mathbf{z}/\hbar} \rho_W(\mathbf{r}, \mathbf{p}; t) = \left\langle \mathbf{r} + \tfrac{1}{2}\mathbf{z} \middle| \rho(t) \middle| \mathbf{r} - \tfrac{1}{2}\mathbf{z} \right\rangle \tag{32}$$

Nun brauchen wir nur noch $\mathbf{r}_1 = \mathbf{r} + \mathbf{z}/2$ und $\mathbf{r}_2 = \mathbf{r} - \mathbf{z}/2$ einzusetzen und erhalten folgenden Ausdruck für die Matrixelemente von ρ in der Ortsdarstellung:

$$\boxed{\langle \mathbf{r}_1 | \rho(t) | \mathbf{r}_2 \rangle = \int d^3p \; e^{i\mathbf{p}\cdot(\mathbf{r}_1 - \mathbf{r}_2)/\hbar} \rho_W(\tfrac{1}{2}(\mathbf{r}_1 + \mathbf{r}_2), \mathbf{p}; t)} \tag{33}$$

Es ist also auch umgekehrt so, dass die Wigner-Verteilung $\rho_W(\mathbf{r}, \mathbf{p})$ den Dichteoperator ρ eindeutig bestimmt.

Ganz analog erhalten wir aus Gl. (21) durch eine inverse Fourier-Transformation die Matrixelemente in der Impulsdarstellung:

$$\boxed{\langle \mathbf{p}_1 | \rho(t) | \mathbf{p}_2 \rangle = \int d^3r \; e^{i(\mathbf{p}_2 - \mathbf{p}_1)\cdot\mathbf{r}/\hbar} \rho_W\left(\mathbf{r}, \tfrac{1}{2}(\mathbf{p}_1 + \mathbf{p}_2); t\right)} \tag{34}$$

2-c Eigenschaften der Wigner-Funktion

Nehmen wir Gl. (17) und konjugieren sie komplex. Der Dichteoperator ist hermitesch, also gilt

$$\left\langle \mathbf{r} + \tfrac{1}{2}\mathbf{x} \middle| \rho(t) \middle| \mathbf{r} - \tfrac{1}{2}\mathbf{x} \right\rangle^* = \left\langle \mathbf{r} - \tfrac{1}{2}\mathbf{x} \middle| \rho(t) \middle| \mathbf{r} + \tfrac{1}{2}\mathbf{x} \right\rangle \tag{35}$$

Wir wechseln das Vorzeichen der Integrationsvariablen $\mathbf{x}$ und erhalten erneut Gl. (17). Die Wigner-Verteilung $\rho_W(\mathbf{r}, \mathbf{p})$ und ihr komplex Konjugiertes fallen zusammen, sie muss also reellwertig sein.

Berechnen wir das Integral von $\rho_W(\mathbf{r}, \mathbf{p}; t)$ über den ganzen Phasenraum. Wenn wir den Ausdruck (18) über $\mathbf{r}$ integrieren, ergibt sich

$$\int d^3r \int d^3p \; \rho_W(\mathbf{r}, \mathbf{p}; t) = \int d^3r \; \langle \mathbf{r} | \rho(t) | \mathbf{r} \rangle = \mathrm{Tr}\,\{\rho(t)\} = 1 \tag{36}$$

Im letzten Schritt haben wir verwendet, dass der Dichteoperator auf eine Spur von eins normiert ist. Die Wigner-Verteilung des Dichteoperators ist somit eine reelle Funktion, die im Phasenraum auf eins normiert ist, wie es auch für eine klassische Verteilung der Fall ist.

Bemerkung:
Es gibt eine stärkere Einschränkung an den Dichteoperator als die Normierung auf Spur eins. Er ist in der Tat positiv definit; damit ist gemeint, dass

$$\langle \varphi | \rho(t) | \varphi \rangle \geq 0 \tag{37}$$

für jeden Ket $|\varphi\rangle$ gilt.* Nun ist diese Bedingung *nicht* äquivalent dazu, dass die Wigner-Funktion selbst positiv ist. Wir werden in der Tat weiter unten sehen, dass die Wigner-Verteilung eines Dichteoperators durchaus an gewissen Punkten im Phasenraum negative Werte annehmen kann. Physikalisch akzeptable Wigner-Funktionen für ein Quantensystem sind allerdings nur diejenigen, die der Bedingung (37) genügen. In der Quantenmechanik ist es also nicht so offensichtlich, an einer Verteilung im Phasenraum abzulesen, ob sie physikalisch sinnvoll ist.

Die Formeln (33) und (34) können wir in der einfachen Operatorform zusammenfassen

$$\rho(t) = (2\pi\hbar)^3 \int d^3r \int d^3p\, \rho_W(\mathbf{r}, \mathbf{p}; t)\, W(\mathbf{r}, \mathbf{p}) \tag{38}$$

Hier ist $\rho_W(\mathbf{r}, \mathbf{p}; t)$ die Wigner-Verteilung, also eine Funktion der Phasenraumkoordinaten $(\mathbf{r}, \mathbf{p})$, während $W(\mathbf{r}, \mathbf{p})$ der Weyl-Operator aus Gl. (4) ist. Um dies zu zeigen, berechnen wir die Matrixelemente dieses Ausdrucks in der Ortsdarstellung und vergleichen mit (33). Unter Verwendung von Gl. (8) entsteht auf der rechten Seite von Gl. (38) das Matrixelement

$$\begin{aligned}
&(2\pi\hbar)^3 \int d^3r \int d^3p\, \rho_W(\mathbf{r}, \mathbf{p}; t)\, \langle \mathbf{r}_1 |\, W(\mathbf{r}, \mathbf{p})\, | \mathbf{r}_2 \rangle \\
&\quad = \int d^3r \int d^3p\, \rho_W(\mathbf{r}, \mathbf{p}; t)\, e^{-i\mathbf{p}\cdot(\mathbf{r}_2-\mathbf{r}_1)/\hbar}\, \delta\big(\tfrac{1}{2}(\mathbf{r}_1 + \mathbf{r}_2) - \mathbf{r}\big) \\
&\quad = \int d^3p\, \rho_W\big(\tfrac{1}{2}(\mathbf{r}_1 + \mathbf{r}_2), \mathbf{p}; t\big)\ e^{-i\mathbf{p}\cdot(\mathbf{r}_2-\mathbf{r}_1)/\hbar}
\end{aligned} \tag{39}$$

was in der Tat das Integral (33) liefert.

2-d Gaußsches Wellenpaket

Das Gaußsche Wellenpaket ist ein Beispiel, für das man die Integrale in der Wigner-Verteilung explizit auswerten kann. Wir betrachten es in einer Raumdimension wie in Band I, Ergänzung G_I. Aus Gleichung (1) dort entnehmen wir seine normierte Wellenfunktion $\psi_x(x)$ in der Ortsdarstellung. Wir ändern sie leicht ab, indem wir das Wellenpaket um den Punkt x_0 zentrieren und statt k den Impuls $p = \hbar k$ verwenden. (Analog schreiben wir $p_0 = \hbar k_0$.) So entstehen die Formeln (der Einfachheit halber lassen wir für den Augenblick die Zeitargumente weg)

$$\begin{aligned}
\psi_x(x) &= \frac{\sqrt{a}}{(2\pi)^{3/4}} \int \frac{dp}{\hbar}\, e^{-a^2(p-p_0)^2/4\hbar^2}\, e^{ip(x-x_0)/\hbar} \\
&= \left(\frac{2}{\pi a^2}\right)^{1/4} e^{ip_0(x-x_0)/\hbar} e^{-(x-x_0)^2/a^2}
\end{aligned} \tag{40}$$

* Anm. d. Ü.: In der Tat gibt Gl. (37) die Wahrscheinlichkeit an, dass sich das System im Zustand $|\varphi\rangle$ befindet. Damit folgt auch eine obere Schranke von eins an dieses diagonale Matrixelement.

wobei die zweite Zeile der Gl. (9) in Ergänzung G_I entspricht, wenn man die Verschiebung um x_0 berücksichtigt. Das Wellenpaket ist also mit einer Breite $\simeq a$ um den Punkt x_0 zentriert und hat den mittleren Impuls p_0.

Die ebenen Wellen werden durch die Wellenfunktionen $(2\pi\hbar)^{-1/2}\,\mathrm{e}^{\mathrm{i}px/\hbar}$ dargestellt (normiert als verallgemeinerte Eigenzustände des Impulses). Aus der ersten Zeile in Gl. (40) lesen wir damit sofort die Wellenfunktion in der Impulsdarstellung ab:

$$\overline{\psi}_x(p) = \frac{1}{(2\pi)^{1/4}}\sqrt{\frac{a}{\hbar}}\,\mathrm{e}^{-a^2(p-p_0)^2/4\hbar^2}\,\mathrm{e}^{-\mathrm{i}px_0/\hbar} \tag{41}$$

Die Wigner-Verteilung (30) wird dann wie folgt ausgerechnet:

$$\begin{aligned} \rho_W^x(x,p) &= \frac{a}{(2\pi)^{3/2}\,\hbar^2}\int \mathrm{d}q\,\mathrm{e}^{-a^2\left[(p-p_0+q/2)^2+(p-p_0-q/2)^2\right]/4\hbar^2}\,\mathrm{e}^{\mathrm{i}q(x-x_0)/\hbar} \\ &= \frac{a}{(2\pi)^{3/2}\,\hbar^2}\mathrm{e}^{-a^2(p-p_0)^2/2\hbar^2}\int \mathrm{d}q\,\mathrm{e}^{-a^2q^2/8\hbar^2}\,\mathrm{e}^{\mathrm{i}q(x-x_0)/\hbar} \end{aligned} \tag{42}$$

Das dq-Integral ist eine Fourier-Transformation, die wir in Band II, Anhang I, Gl. (50) aufgeschrieben haben.* So ergibt sich erneut eine Gauß-Funktion

$$\begin{aligned} \rho_W^x(x,p) &= \frac{a}{(2\pi)^{3/2}\,\hbar^2}\mathrm{e}^{-a^2(p-p_0)^2/2\hbar^2}\,\frac{\sqrt{8\pi}\,\hbar}{a}\mathrm{e}^{-2(x-x_0)^2/a^2} \\ &= \frac{1}{\pi\hbar}\mathrm{e}^{-a^2(p-p_0)^2/2\hbar^2}\,\mathrm{e}^{-2(x-x_0)^2/a^2} \end{aligned} \tag{43}$$

Im Vergleich mit den Ausdrücken (40) und (41) sehen wir, dass die Wigner-Verteilung einfach das Produkt der Wahrscheinlichkeitsdichten in Orts- und Impulsraum ist:

$$\rho_W^x(x,p) = |\psi_x(x)|^2\,|\overline{\psi}_x(p)|^2 \tag{44}$$

Dies ist ein besonders einfaches Ergebnis: die Wigner-Transformierte der Gaußschen Wellengruppe (40) ist selbst ein Produkt einer Gauß-Funktion des Impulses und einer der Ortskoordinate, enthält also keine Korrelation zwischen den Koordinaten x und p. Entlang der Impulsachse ist die Verteilung bei dem mittleren Impuls p_0 zentriert, mit einer Breite von der Größenordnung $\hbar/a$. Entlang der x-Achse liegt das Maximum bei x_0 und hat eine Breite $\simeq a$. Diese beiden Breiten liegen genau in den Grenzen der Heisenbergschen Unschärferelation zwischen Ort und Impuls. Wir halten weiter fest, dass die Wigner-Verteilung für alle Punkte im Phasenraum positiv ist, wie in den semiklassischen Fällen in § 2-e weiter unten.

Bemerkung:

Wir haben bislang die zeitliche Entwicklung der Wellengruppe außen vor gelassen. Nehmen wir etwa ein freies Teilchen, dann muss man in Gl. (41) die Wellenfunktion im Impulsraum (eine Eigenfunktion der kinetischen Energie!) mit dem Faktor $\mathrm{e}^{-\mathrm{i}\omega_p t}$ multiplizieren, wobei

$$\hbar\omega_p = \frac{p^2}{2m} \tag{45}$$

---

* Anm. d. Ü.: Wir können auch das dp-Integral aus Gl. (40) mit der Ersetzung $a \mapsto a/\sqrt{2}$ abschreiben. Es erzeugt einen Koeffizienten $\hbar\sqrt{4\pi}/a \mapsto \sqrt{8\pi}\,\hbar/a$.

mit der Teilchenmasse m die Energie-Impuls-Beziehung (Dispersionsrelation) angibt. So entsteht in der zweiten Zeile von Gl. (42) ein zusätzlicher Faktor $\exp[-ipqt/m\hbar]$. Für die Fourier-Transformation läuft dies auf die Ersetzung

$$x \mapsto x - \frac{p}{m}t \tag{46}$$

hinaus. Dies beschreibt einfach die freie Bewegung des Teilchens mit der Geschwindigkeit p/m. Wenn wir dies in die Formel (43) einsetzen, stellen wir fest, dass die Wigner-Verteilung erneut ein Produkt aus zwei Gauß-Verteilungen ist. Sie zerfällt allerdings nicht mehr in ein Produkt einer Funktion von p und einer Funktion von x: Es sind also Korrelationen zwischen den beiden Variablen entstanden.*

2-e Semiklassischer Grenzfall

Bis zu welchem Grad darf man die Wigner-Transformierte als eine vollwertige Wahrscheinlichkeitsverteilung auffassen? Die Beziehungen (18) und (22) scheinen dies nahezulegen, weil die Integrale über die Impuls- oder die Ortskoordinate in der Tat die Verteilung in der jeweils anderen Koordinate liefern, also die Wahrscheinlichkeit, das Teilchen an einem gegebenen Ort oder mit einem gewissen Impuls zu finden. Die genannten Integrale heißen *Marginalverteilungen* und beide sind somit korrekte Wahrscheinlichkeitsverteilungen.† Allerdings reicht dies nicht aus, um sicherzustellen, dass die Funktion $\rho_W(\mathbf{r}, \mathbf{p})$ selbst (vor der Integration) positiv ist. In der Einleitung haben wir bereits erwähnt, dass das Produkt $\rho_W(\mathbf{r}, \mathbf{p})\, d^3r\, d^3p$ *nicht* als die Wahrscheinlichkeit verstanden werden darf, dass das Teilchen die infinitesimale Zelle $d^3r\, d^3p$ am Phasenraumpunkt $(\mathbf{r}, \mathbf{p})$ besetzt. Diese Einschränkung kann man leicht verstehen: So eine Verteilung kann in der Quantenmechanik nicht sinnvoll sein, weil die Heisenberg-Relation Quantenzustände verbietet, in denen sowohl Ort als auch Impuls beliebig scharf definiert sind.

Es gibt allerdings einfache Grenzfälle, die wir als *semiklassisch* bezeichnen wollen, in denen die Wigner-Funktion einer klassischen Verteilung sehr ähnelt. Dies wird dann der Fall sein, wenn bestimmte physikalische Größen räumlich langsam veränderlich sind. (Wir werden die entsprechende Längenskala noch genauer abschätzen.) Mit diesen Fällen wollen wir uns nun befassen. In dem darauffolgenden Abschnitt

* Anm. d. Ü.: Aufgetragen im Phasenraum sieht man, dass das Wellenpaket „geschert" worden ist, d. h., die schnelleren Komponenten eilen den langsameren voraus. Unter der Scherung bleibt die Wigner-Funktion weiterhin eine Gauß-Verteilung, auch die *Fläche unter dem Peak* ist erhalten.

† Anm. d. Ü.: Wird die Wigner-Funktion in einer dreidimensionalen Darstellung als Fläche („Gebirge") über der Phasenraumebene dargestellt, dann darf man sich die Marginalverteilungen als die „Schattenwürfe" dieses Gebirges vorstellen, und zwar projiziert entlang der x- oder der p-Achse. (Natürlich ist diese geometrische Vorstellung nur für ein Teilchen in einer Raumdimension anschaulich.) Man kann auch Marginalverteilungen entlang beliebig gedrehter Richtungen im Phasenraum betrachten und sie dazu verwenden, die Wigner-Funktion zu *tomographieren*.

werden wir weitere Beispiele in den Blick nehmen, in denen die Wigner-Funktion ein ganz anderes Verhalten zeigt; eine Interpretation als Wahrscheinlichkeitsdichte ist also in voller Allgemeinheit nicht möglich.

α Wellenpaket mit langsam veränderlicher Einhüllenden

Wir betrachten eine Wellenfunktion in der Darstellung

$$\psi(\mathbf{r}) = C(\mathbf{r})\, \mathrm{e}^{\mathrm{i}S(\mathbf{r})} \tag{47}$$

mit Betrag $C(\mathbf{r})$ und Phase $S(\mathbf{r})$. Die Dichte der Aufenthaltswahrscheinlichkeit ist $[C(\mathbf{r})]^2$, während die quantenmechanische Stromdichte $\mathbf{J}(\mathbf{r})$ von dem Gradienten der Phase abhängt [s. Band I, Kapitel III, Gl. (D-17) und Kapitel XVI, Gl. (B-14)]:

$$\mathbf{J}(\mathbf{r}) = \frac{\hbar}{m}\, [C(\mathbf{r})]^2\, \nabla S(\mathbf{r}) \tag{48}$$

Der entsprechende Dichteoperator hat als Matrixelemente

$$\left\langle \mathbf{r}' \middle| \rho(t) \middle| \mathbf{r}'' \right\rangle = C(\mathbf{r}')\, C(\mathbf{r}'')\, \mathrm{e}^{\mathrm{i}[S(\mathbf{r}')-S(\mathbf{r}'')]} \tag{49}$$

Wir nehmen an, dass sich die Wellenfunktion lokal wie eine ebene Welle verhält. Sei $\bar{\mathbf{r}}$ eine beliebige Ortskoordinate, dann soll gelten

$$\psi(\mathbf{r}) \simeq C(\bar{\mathbf{r}})\, \mathrm{e}^{\mathrm{i}[\mathbf{K}(\bar{\mathbf{r}})\cdot(\mathbf{r}-\bar{\mathbf{r}})+\alpha(\bar{\mathbf{r}})]} \quad \text{für } \mathbf{r} \text{ in einer Umgebung von } \bar{\mathbf{r}} \tag{50}$$

wobei sich die Amplitude $C(\mathbf{r})$ und die beiden Größen $\mathbf{K}(\mathbf{r})$ und $\alpha(\mathbf{r})$ als Funktion von $\mathbf{r}$ nur langsam verändern sollen. Genauer seien sie konstant auf Längenskalen von der Ordnung der lokalen De-Broglie-Wellenlänge $2\pi/K(\mathbf{r})$. Sind die Punkte $\mathbf{r}'$ und $\mathbf{r}''$ in Gl. (49) nun genügend nah beieinander, dann dürfen wir das Argument der e-Funktion entwickeln. Die Matrixelemente des Dichteoperators vereinfachen sich dann zu

$$\left\langle \mathbf{r}' \middle| \rho(t) \middle| \mathbf{r}'' \right\rangle \simeq C(\mathbf{r}')\, C(\mathbf{r}'')\, \mathrm{e}^{\mathrm{i}\mathbf{K}\cdot(\mathbf{r}'-\mathbf{r}'')} \tag{51a}$$

wobei $\mathbf{K}$ wie folgt mit dem Gradienten der Phase zusammenhängt:

$$\mathbf{K} = \nabla S\big|_{\mathbf{r}=\frac{1}{2}(\mathbf{r}'+\mathbf{r}'')} \tag{51b}$$

β Hydrodynamische Interpretation

Wir wollen nun semiklassische Situationen etwas allgemeiner beschreiben und dafür mit dem Dichteoperator des Systems arbeiten.* Wir nehmen an, es gebe keine lang-

* Anm. d. Ü.: Damit können wir auch gewisse Eigenschaften eines Vielteilchensystems beschreiben, d. Ü.

reichweitige Ordnung, so dass[3]

$$\left|\left\langle \mathbf{r}' \middle| \rho(t) \middle| \mathbf{r}'' \right\rangle\right| \to 0 \quad \text{für} \quad \left|\mathbf{r}' - \mathbf{r}''\right| \gg l \tag{52}$$

wobei l eine mikroskopische Kohärenzlänge ist. In einem reinen Zustand wird l durch die Größe des räumlichen Bereichs beschrieben, in dem der Betrag $C(\mathbf{r})$ der Wellenfunktion nicht verschwindet. In einem gemischten Zustand ist die Lage anders. Die Phasen der verschiedenen Einteilchenzustände können destruktiv interferieren, so dass l viel kleiner sein kann. Wir werden allerdings annehmen, dass die Kohärenzlänge größer als die De-Broglie-Wellenlänge ist, $l \gg 2\pi/K$. Das Verhalten der Matrixelemente des Dichteoperators werde durch folgendes Modell beschrieben:*

$$\left\langle \mathbf{r}' \middle| \rho(t) \middle| \mathbf{r}'' \right\rangle \simeq F(\overline{\mathbf{r}})\, g(\mathbf{r}' - \mathbf{r}'')\, \mathrm{e}^{\mathrm{i}\mathbf{K}\cdot(\mathbf{r}'-\mathbf{r}'')} \quad \text{mit} \quad \overline{\mathbf{r}} = \tfrac{1}{2}(\mathbf{r}' + \mathbf{r}'') \tag{53}$$

Dabei fällt die Funktion $g(\mathbf{s})$ für $|\mathbf{s}| \gg l$ rasch auf null ab und ist auf $g(\mathbf{0}) = 1$ normiert. Dieser Ausdruck ist eine Verallgemeinerung des Ansatzes (51a), den wir für einen reinen Zustand gemacht haben. Die reellen Funktionen $F(\overline{\mathbf{r}})\, g(\mathbf{r}' - \mathbf{r}'')$ ersetzen das Produkt der Beträge $C(\mathbf{r}')\, C(\mathbf{r}'')$. Im Ansatz (53) nehmen wir an, dass die Abhängigkeit des Matrixelements von $\mathbf{r}'$ und $\mathbf{r}''$ auf der Skala l im Wesentlichen durch den Phasenfaktor und die Funktion $g(\mathbf{r}' - \mathbf{r}'')$ gegeben ist, während sich $F(\overline{\mathbf{r}})$ und $\mathbf{K}$ nur wenig ändern.

Im Rahmen dieses Ansatzes sind die Werte der Variablen $\mathbf{x}$, über die in Formel (17) integriert wird, größenordnungsmäßig auf den Bereich $|\mathbf{x}| \lesssim l$ begrenzt, so dass die Wigner-Verteilung durch

$$\rho_{\mathrm{W}}(\mathbf{r}, \mathbf{p}) \simeq \frac{1}{(2\pi\hbar)^3} \int \mathrm{d}^3x\, \mathrm{e}^{-\mathrm{i}\mathbf{p}\cdot\mathbf{x}/\hbar} F(\mathbf{r})\, g(\mathbf{x})\, \mathrm{e}^{\mathrm{i}\mathbf{K}(\mathbf{r})\cdot\mathbf{x}} \tag{54}$$

genähert wird. Wir dürfen F aus dem Integral ziehen und weil offenbar $\langle \mathbf{r}|\rho(t)|\mathbf{r}\rangle = F(\mathbf{r})$ gilt, haben wir

$$\rho_{\mathrm{W}}(\mathbf{r}, \mathbf{p}) \simeq \frac{1}{(2\pi\hbar)^3} \langle \mathbf{r}|\, \rho(t)\, |\mathbf{r}\rangle \int \mathrm{d}^3x\, g(\mathbf{x})\, \mathrm{e}^{\mathrm{i}[\mathbf{K}(\mathbf{r})\cdot\mathbf{x} - \mathbf{p}\cdot\mathbf{x}/\hbar]} \tag{55}$$

$$\simeq \langle \mathbf{r}|\, \rho(t)\, |\mathbf{r}\rangle\, \overline{g}(\mathbf{p} - \mathbf{p}_0(\mathbf{r})) \tag{56}$$

In der zweiten Zeile haben wir folgende Größen definiert:

$$\overline{g}(\mathbf{p}) = \frac{1}{(2\pi\hbar)^3} \int \mathrm{d}^3x\, g(\mathbf{x})\, \mathrm{e}^{-\mathrm{i}\mathbf{p}\cdot\mathbf{x}/\hbar} \tag{57}$$

$$\mathbf{p}_0(\mathbf{r}) = \hbar\, \mathbf{K}(\mathbf{r}) \tag{58}$$

---

3 Diesen Begriff haben wir in Ergänzung A_{XVI}, § 2-a und § 3-c eingeführt. Er hängt eng mit dem Kondensieren von Bosonen in einem makroskopisch besetzten Zustand zusammen. Unsere Annahme schließt den Fall aus, dass der Dichteoperator ρ ein kondensiertes Bose-System beschreibt.

* Anm. d. Ü.: Dieser Ansatz wird in der Kohärenztheorie als *quasihomogene* Form der Korrelationsfunktion bezeichnet. In diesem Zusammenhang würde eine homogene Korrelation nur von der Differenzvariablen $\mathbf{r}' - \mathbf{r}''$ abhängen.

Hier ist $\overline{g}(\mathbf{p})$ eine normierte, um $\mathbf{p} = 0$ zentrierte Impulsverteilung mit der Breite $\Delta p \sim \hbar/l$. [In der Tat liefert das Integral über alle $\mathbf{p}$ in Gl. (57) ein $\delta(\mathbf{x})$, was auf $g(\mathbf{0}) = 1$ führt.] In Gl. (56) wird diese Verteilung bei $\mathbf{p} - \mathbf{p}_0(\mathbf{r})$ ausgewertet, so dass die Wigner-Transformierte bei dem Impuls $\mathbf{p} = \mathbf{p}_0(\mathbf{r})$ ein Maximum hat. Weil dieser Wert von $\mathbf{r}$ abhängt, liegen in $\rho_W(\mathbf{r}, \mathbf{p})$ Korrelationen zwischen Orten und Impulsen vor.

Den Ausdruck (56), den wir für die Wigner-Verteilung $\rho_W(\mathbf{r}, \mathbf{p})$ erhalten haben, kann man als eine Strömung (die *Wahrscheinlichkeitsströmung*) im Phasenraum interpretieren. Er ist ein Produkt aus der lokalen Wahrscheinlichkeits- (oder Teilchen-)dichte $\langle \mathbf{r}|\rho(t)|\mathbf{r}\rangle$ mit einer Verteilung $\overline{g}(\mathbf{p} - \mathbf{p}_0(\mathbf{r}))$ der Impulse, die um den Wert $\mathbf{p}_0(\mathbf{r})$ aus Gl. (58) zentriert ist. Nun liefert dieser Impuls genau die Geschwindigkeit, mit der man durch Multiplizieren mit der Teilchendichte die Stromdichte $\mathbf{J}(\mathbf{r})$ erhält. Wir beobachten, dass die Impulsverteilung um $\mathbf{p}_0(\mathbf{r})$ eine gewisse Breite von der Ordnung $\hbar/l$ besitzt, die mit der Heisenberg-Relation verträglich ist.* Es bleibt festzuhalten, dass die Wigner-Verteilung in semiklassischen Situationen direkt die räumliche Verteilung der Aufenthaltswahrscheinlichkeit sowie der dazugehörigen lokalen Stromdichte wiedergibt; sie beschreibt also im Phasenraum das „Strömen" der Wahrscheinlichkeit (s. Band I, Kapitel III, § D-1-c-β), ähnlich wie in der klassischen statistischen Physik die Verteilung der Teilchen einer strömenden Flüssigkeit im Phasenraum dargestellt wird.

2-f Nichtklassisches Verhalten. Quasiwahrscheinlichkeiten

In den soeben behandelten Beispielen verhielt sich die Wigner-Funktion fast wie eine klassische Wahrscheinlichkeitsverteilung. Dies ist allerdings nicht immer der Fall. Wir diskutieren nun einfache Beispiele, in denen die Wigner-Transformation scheinbar überraschend auf negative Werte führt.

α Ungerade Wellenfunktion

Hier kann man sich sofort von dem nichtklassischen Verhalten der Wigner-Verteilung überzeugen. Wir beschränken uns der Einfachheit halber wieder auf eine Raumdimension und betrachten einen reinen Zustand mit einer ungeraden Wellenfunktion. Dies entspricht etwa dem ersten angeregten Zustand eines harmonischen Oszillators. Wir haben dann gemäß Gl. (19)

$$\begin{aligned} \rho_W^x(x = 0, p_x = 0) &= \frac{1}{2\pi\hbar} \int \mathrm{d}y\, \psi_x(y/2)\psi_x^*(-y/2) \\ &= -\frac{1}{2\pi\hbar} \int \mathrm{d}y\, |\psi_x(y/2)|^2 \end{aligned} \tag{59}$$

* Anm. d. Ü.: Offenbar liegt das Produkt von Breite Δp und Kohärenzlänge l an der unteren Grenze der Unschärferelation. Weil die räumliche Breite Δr der Dichteverteilung $F(\mathbf{r})$ nach Konstruktion viel größer als l ist, haben wir im semiklassischen Fall $\Delta r\, \Delta p \gg \hbar$.

was offensichtlich negativ ist. Solche ungeraden Wellenfunktionen treten in der Quantenmechanik häufig auf: Es gibt also viele Fälle, in denen die Wigner-Verteilung unerwartete Eigenschaften zeigt. Deswegen müsste man in aller Strenge immer von einer *Quasiverteilung* sprechen.

β Wellenfunktion mit zwei Maxima

Betrachten wir nun eine Wellenfunktion, die eine Überlagerung aus zwei Wellenpaketen ist. Das eine Wellenpaket sei um den Ort $x = b$ lokalisiert, das andere um $x = -b$:

$$\psi_\chi(x) = \frac{1}{\sqrt{2}}\left[\varphi(x-b) + e^{i\chi}\varphi(x+b)\right] \tag{60}$$

Dabei ist $\varphi(x)$ ein normiertes, um $x \simeq 0$ lokalisiertes Wellenpaket und χ eine beliebige relative Phase. Um die Diskussion zu vereinfachen, nehmen wir an, dass $\varphi(x)$ eine gerade Funktion ist, die nur innerhalb des Intervalls $|x| < a$ nicht verschwindet. Sei weiterhin $b \gg a$, so dass die beiden Wellenpakete in der Wellenfunktion (60) weit voneinander getrennt sind.

Wir berechnen nun die Wigner-Verteilung im Punkt $x = 0$, also an einer Stelle, in der die Wellenfunktion $\psi_\chi(x)$ verschwindet. In einer Dimension liefert Gl. (19)

$$\begin{aligned}\rho_W^\chi(x=0,p_x) = \frac{1}{4\pi\hbar}\int dy\, e^{-ip_x y/\hbar}\left[\varphi\left(\tfrac{1}{2}y - b\right) + e^{i\chi}\varphi\left(\tfrac{1}{2}y + b\right)\right] \\ \times\left[\varphi^*\left(-\tfrac{1}{2}y - b\right) + e^{-i\chi}\varphi^*\left(-\tfrac{1}{2}y + b\right)\right]\end{aligned} \tag{61}$$

In diesem Ausdruck sind die Funktionen φ um verschiedene Orte lokalisiert.* Der Träger von $\varphi(\frac{1}{2}y - b)$ liegt etwa bei $y = 2b$, während der von $\varphi^*(-\frac{1}{2}y - b)$ bei $y = -2b$ liegt. Das Produkt dieser Funktionen verschwindet also. Wenn man die Klammern ausmultipliziert, bleiben also nur die gekreuzten Produkte übrig. Weil φ eine gerade Funktion ist, erhält man deswegen

$$\rho_W^\chi(0,p_x) = \frac{1}{4\pi\hbar}\int dy\, e^{-ip_x y/\hbar}\left[e^{-i\chi}\left|\varphi\left(b - \tfrac{1}{2}y\right)\right|^2 + e^{i\chi}\left|\varphi\left(b + \tfrac{1}{2}y\right)\right|^2\right] \tag{62}$$

Wenn wir im zweiten Term das Vorzeichen der Variablen y wechseln, kann man das Integral in der Form

$$\rho_W^\chi(0,p_x) = \frac{1}{2\pi\hbar}\int dy\, \cos(p_x y/\hbar + \chi)\left|\varphi\left(b - \tfrac{1}{2}y\right)\right|^2 \tag{63}$$

aufschreiben. Gehen wir nun zu dem Grenzfall über, dass die Breite a des Wellenpakets klein ist. Dann kann man das Quadrat der Wellenfunktion als eine δ-Funktion in $b - y/2$ auffassen, und es ergibt sich

$$\rho_W^\chi(0,p_x) \simeq \frac{1}{\pi\hbar}\cos(2bp_x/\hbar + \chi) \tag{64}$$

* Anm. d. Ü.: Wir erinnern, dass der Träger einer Funktion der Bereich der reellen Achse ist, für die die Funktion nicht verschwindet. Für das Wellenpaket $\varphi(x)$ ist der Träger das Intervall $-a \le x \le a$.

An diesem Ergebnis kann man gleich zwei unerwartete Eigenschaften der Wigner-Verteilung ablesen. Zunächst einmal ist die Verteilung im Punkt $x = 0$ ungleich null, obwohl die Aufenthaltswahrscheinlichkeit des Teilchens dort verschwindet. Weiterhin ist ρ_W^x dort eine oszillierende Funktion der Impulskoordinate, die zwischen positiven und negativen Werten pendelt, – eine klassische Verteilung müsste natürlich nichtnegativ sein. Die beiden Eigenschaften hängen miteinander zusammen: Wenn man die Verteilung über alle Impulse p_x integriert, dann ergibt sich in der Tat null, wie es wegen Gl. (18) auch sein muss. Dieses Integral (Projektion auf die x-Achse) liefert die Aufenthaltswahrscheinlichkeit des Teilchens. Wir kommen in § 5-a noch einmal auf die Eigenschaften der Wigner-Verteilung für eine Wellenfunktion mit zwei *Peaks* zurück.*

3 Wigner-Transformierte eines Operators

Wir konstruieren nun die Wigner-Transformierte $A_W(\mathbf{r}, \mathbf{p})$ für einen beliebigen Operator A, der auf dem Zustandsraum des Teilchens wirkt. Sie wird analog zu der Wigner-Transformierten eines Dichteoperators definiert, aber ohne den Vorfaktor $1/(2\pi\hbar)^3$ vor den Integralen in Gl. (17) und (21):

$$\begin{aligned} A_W(\mathbf{r}, \mathbf{p}) &= \int d^3x \, e^{-i\mathbf{p}\cdot\mathbf{x}/\hbar} \left\langle \mathbf{r} + \tfrac{1}{2}\mathbf{x} \right| A \left| \mathbf{r} - \tfrac{1}{2}\mathbf{x} \right\rangle \\ &= \int d^3q \, e^{i\mathbf{q}\cdot\mathbf{r}/\hbar} \left\langle \mathbf{p} + \tfrac{1}{2}\mathbf{q} \right| A \left| \mathbf{p} - \tfrac{1}{2}\mathbf{q} \right\rangle \end{aligned} \tag{65}$$

[Um die Notation zu vereinfachen, haben wir die Zeitargumente weggelassen, die Definition ist aber direkt auf $A(t)$ im Heisenberg-Bild anwendbar und würde auf eine Funktion $A_W(\mathbf{r}, \mathbf{p}; t)$ führen.] Die Umkehrungen (33) und (34) ergeben sich zu

$$\begin{aligned} \langle \mathbf{r}_1 | A | \mathbf{r}_2 \rangle &= \frac{1}{(2\pi\hbar)^3} \int d^3p \, e^{i\mathbf{p}\cdot(\mathbf{r}_1 - \mathbf{r}_2)/\hbar} A_W\left(\tfrac{1}{2}(\mathbf{r}_1 + \mathbf{r}_2), \mathbf{p}\right) \\ \langle \mathbf{p}_1 | A | \mathbf{p}_2 \rangle &= \frac{1}{(2\pi\hbar)^3} \int d^3r \, e^{i(\mathbf{p}_2 - \mathbf{p}_1)\cdot\mathbf{r}/\hbar} A_W\left(\mathbf{r}, \tfrac{1}{2}(\mathbf{p}_1 + \mathbf{p}_2)\right) \end{aligned} \tag{66}$$

Wenn man Gl. (65) einmal komplex konjugiert, stellt man schnell fest, dass die Wigner-Transformierte A_W eines hermiteschen Operators A eine reelle Funktion ist. Aus dem komplex Konjugierten von Gl. (66) kann man schließen, dass eine reelle Wigner-Transformierte einen hermiteschen Operator erzeugt. Die beiden Bedingungen sind also zueinander äquivalent.

* Anm. d. Ü.: So ein Zustand entsteht etwa bei der Beugung am Doppelspalt, s. § 5-a. Wir wissen, dass die Impulsverteilung des Teilchens dann (im Fernfeld) Interferenzstreifen mit der Periode $\hbar/(2b)$ aufweist. Die Oszillationen in Gl. (64) erzeugen diese Streifen, wenn man die Wigner-Verteilung auf die p-Achse projiziert. Es ist sogar die Verschiebung der Position der Maxima als Funktion der relativen Phase χ abzulesen.

Weil in der Definition (65) der Vorfaktor fehlt, nimmt die Darstellung (38) des Dichteoperators für einen beliebigen Operator A die Form

$$A = \int d^3r \int d^3p \, A_W(\mathbf{r}, \mathbf{p}) W(\mathbf{r}, \mathbf{p}) \tag{67}$$

an, wobei $W(\mathbf{r}, \mathbf{p})$ der Weyl-Operator ist. Von ihm hatten wir oben gesehen, dass er hermitesch ist. Wir können mit Gl. (67) also für jede reelle Funktion $A_W(\mathbf{r}, \mathbf{p})$ von Ort und Impuls einen hermiteschen Operator A konstruieren. Anders ausgedrückt haben wir hier eine Vorschrift für die Quantisierung erhalten, die man auf jede klassische Funktion anwenden kann. Sie wird häufig als *Weyl-Quantisierung* oder *Quantisierung im Phasenraum* bezeichnet (Perelomov, 1986; Zachos, Fairlie und Curtright, 2005; Athanasiu und Fioratos, 1994). Beginnt man mit zwei Funktionen $A_W(\mathbf{r}, \mathbf{p})$ und $B_W(\mathbf{r}, \mathbf{p})$ die natürlich miteinander kommutieren, dann erhält man zwei Operatoren A und B, die im Allgemeinen nicht kommutieren. Manchmal wird auch der Begriff *geometrische Quantisierung* für ein Verfahren verwendet, bei dem man auf dem Phasenraum eine nichtkommutative Struktur definiert.

3-a Mittelwert eines hermiteschen Operators

Wie berechnet man den Mittelwert des Operators A in der Wigner-Darstellung? Ist der Dichteoperator $\rho(t)$ des Systems gegeben, dann kennen wir bereits den Ausdruck

$$\langle A \rangle = \mathrm{Tr}\{\rho(t) A\} \tag{68}$$

Wir beweisen unten die Formel

$$\boxed{\langle A \rangle = \int d^3r \int d^3p \, \rho_W(\mathbf{r}, \mathbf{p}; t) \, A_W(\mathbf{r}, \mathbf{p})} \tag{69}$$

Diese Beziehung ist exakt analog zu der für eine klassische Verteilung. Sie liefert den Grund dafür, die Wigner-Transformierte des Dichteoperators als eine *quasiklassische Verteilung* oder kurz *Verteilung* zu bezeichnen.

Beweis von Gl. (69):

Wir schreiben die Spur in (68) in der Ortsdarstellung aus und schieben eine Vollständigkeitsrelation zwischen die Operatoren ein:

$$\begin{aligned}\langle A \rangle &= \int d^3r_1 \int d^3r_2 \, \langle \mathbf{r}_1 | \rho(t) | \mathbf{r}_2 \rangle \, \langle \mathbf{r}_2 | A | \mathbf{r}_1 \rangle \\ &= \frac{1}{(2\pi\hbar)^3} \int d^3r_1 \int d^3r_2 \int d^3p \, e^{i\mathbf{p}\cdot(\mathbf{r}_1 - \mathbf{r}_2)/\hbar} \int d^3p' \, e^{-i\mathbf{p}'\cdot(\mathbf{r}_1 - \mathbf{r}_2)/\hbar} \\ &\qquad \times \rho_W\left(\tfrac{1}{2}(\mathbf{r}_1 + \mathbf{r}_2), \mathbf{p}; t\right) \, A_W\left(\tfrac{1}{2}(\mathbf{r}_1 + \mathbf{r}_2), \mathbf{p}'\right)\end{aligned} \tag{70}$$

wobei wir die Matrixelemente (33) und (66) eingesetzt haben. Wir substituieren die Variablen $\mathbf{r}_1$ und $\mathbf{r}_2$ auf

$$\mathbf{r} = \tfrac{1}{2}(\mathbf{r}_1 + \mathbf{r}_2) \quad \text{und} \quad \mathbf{x} = \mathbf{r}_2 - \mathbf{r}_1 \tag{71}$$

Das d^3x-Integral erzeugt die δ-Funktion

$$(2\pi)^3\ \delta((\mathbf{p}-\mathbf{p}')/\hbar) = (2\pi\hbar)^3\ \delta(\mathbf{p}-\mathbf{p}') \tag{72}$$

das d^3p'-Integral wird damit trivial, und wir erhalten die Behauptung.

3-b Einfache Beispiele

Ist der Operator A eine Funktion des Ortsoperators allein,

$$A = F(\mathbf{R}) \quad \text{und damit} \quad \langle \mathbf{r}_1|\,A\,|\mathbf{r}_2\rangle = F(\mathbf{r}_1)\,\delta(\mathbf{r}_1-\mathbf{r}_2) \tag{73}$$

dann führt die erste Gleichung in (65) auf

$$A_W(\mathbf{r},\mathbf{p}) = F(\mathbf{r}) \tag{74}$$

Seine Wigner-Transformierte ist also einfach die Funktion $F(\mathbf{r})$ und hängt nicht von der Impulskoordinate ab.

In gleicher Weise ergibt sich für eine Funktion des Impulsoperators allein:

$$A = G(\mathbf{P}) \quad \text{und damit} \quad \langle \mathbf{p}_1|\,A\,|\mathbf{p}_2\rangle = G(\mathbf{p}_1)\,\delta(\mathbf{p}_1-\mathbf{p}_2) \tag{75}$$

Die zweite Gleichung in (65) führt auf

$$A_W(\mathbf{r},\mathbf{p}) = G(\mathbf{p}) \tag{76}$$

Nun betrachten wir das Beispiel eines Operators, in dessen Wigner-Transformierte A_W Ort und Impuls eingehen:

$$A_W(\mathbf{r},\mathbf{p}) = \mathbf{r}\cdot\mathbf{p} \tag{77}$$

Gemäß Gl. (66) finden wir die Matrixelemente

$$\begin{aligned}\langle \mathbf{r}_1|\,A\,|\mathbf{r}_2\rangle &= \frac{1}{(2\pi\hbar)^3}\int d^3p\ e^{i\mathbf{p}\cdot(\mathbf{r}_1-\mathbf{r}_2)/\hbar}\,\frac{\mathbf{r}_1+\mathbf{r}_2}{2}\cdot\mathbf{p} \\ &= \frac{\hbar}{i}\,\frac{\mathbf{r}_1+\mathbf{r}_2}{2}\cdot\nabla_{\mathbf{r}_1}\,\delta(\mathbf{r}_1-\mathbf{r}_2)\end{aligned} \tag{78}$$

Wir erkennen hier das Matrixelement des Impulsoperators wieder: den Gradienten (mal $\hbar/i$) einer δ-Funktion. Die Faktoren $\mathbf{r}_1$ und $\mathbf{r}_2$ entstehen durch die Wirkung des Ortsoperators auf den Ket nach rechts und den Bra nach links. So ergibt sich die Operatorform

$$A = \frac{1}{2}\,(\mathbf{R}\cdot\mathbf{P}+\mathbf{P}\cdot\mathbf{R}) \tag{79}$$

was ein hermitescher Operator ist, wie es ja auch sein muss, weil seine Wigner-Transformierte reell ist [s. nach Gl. (66)]. Es ist bemerkenswert, dass die Wigner-Weyl-Konstruktion eines quantenmechanischen Operator automatisch die Orts- und Impulsoperatoren in eine symmetrische Reihenfolge bringt. Es stellt sich heraus, das dies eine allgemeine Eigenschaft der Wigner-Transformation ist: Ausgehend von klassischen Funktionen werden in den Orts- und Impulsoperatoren symmetrisierte Operatoren konstruiert. Sie liefert somit ein vollwertiges Quantisierungsverfahren.

3-c Wigner-Transformierte eines Operatorprodukts

Wir werden nun sehen, dass es eine allgemeine Eigenschaft der Wigner-Transformation ist, Operatorprodukte nicht einfach auf das Produkt ihrer Wigner-Transformierten abzubilden.

α Allgemeine Form

Wir verwenden Gl. (65), um die Wigner-Transformierte eines Produkts aus den Operatoren A und B zu berechnen. Eine Vollständigkeitsrelation in der Ortsbasis $|\mathbf{z}\rangle$ eingeschoben, erhalten wir

$$(AB)_\mathrm{W}(\mathbf{r},\mathbf{p}) = \int \mathrm{d}^3x\, \mathrm{e}^{-\mathrm{i}\mathbf{p}\cdot\mathbf{x}/\hbar} \int \mathrm{d}^3z\, \left\langle \mathbf{r}+\tfrac{1}{2}\mathbf{x}\right| A \left|\mathbf{z}\right\rangle \left\langle \mathbf{z}\right| B \left|\mathbf{r}-\tfrac{1}{2}\mathbf{x}\right\rangle \tag{80}$$

Wir ersetzen die Matrixelemente von A und B durch ihre Ausdrücke (66):

$$\begin{aligned}(AB)_\mathrm{W}(\mathbf{r},\mathbf{p}) &= \frac{1}{(2\pi\hbar)^6} \int \mathrm{d}^3x \int \mathrm{d}^3z\, \mathrm{e}^{-\mathrm{i}\mathbf{p}\cdot\mathbf{x}/\hbar} \int \mathrm{d}^3p_1 \int \mathrm{d}^3p_2\, \mathrm{e}^{\mathrm{i}\mathbf{p}_1\cdot(\mathbf{r}+\frac{1}{2}\mathbf{x}-\mathbf{z})/\hbar} \mathrm{e}^{-\mathrm{i}\mathbf{p}_2\cdot(\mathbf{r}-\frac{1}{2}\mathbf{x}-\mathbf{z})/\hbar} \\ &\quad \times A_\mathrm{W}\left(\tfrac{1}{2}(\mathbf{r}+\mathbf{z}) + \tfrac{1}{4}\mathbf{x}, \mathbf{p}_1\right) B_\mathrm{W}\left(\tfrac{1}{2}(\mathbf{r}+\mathbf{z}) - \tfrac{1}{4}\mathbf{x}, \mathbf{p}_2\right)\end{aligned} \tag{81}$$

Statt der Ortsdarstellung kann man auch in der Impulsdarstellung arbeiten, also die zweiten Gleichungen in (65) und (66) verwenden. Auf diese Weise erhält man den analogen Ausdruck

$$\begin{aligned}(AB)_\mathrm{W}(\mathbf{r},\mathbf{p}) &= \frac{1}{(2\pi\hbar)^6} \int \mathrm{d}^3q \int \mathrm{d}^3q'\, \mathrm{e}^{\mathrm{i}\mathbf{q}\cdot\mathbf{r}/\hbar} \int \mathrm{d}^3x \int \mathrm{d}^3y\, \mathrm{e}^{-\mathrm{i}(\mathbf{p}+\frac{1}{2}\mathbf{q}-\mathbf{q}')\cdot\mathbf{x}/\hbar}\, \mathrm{e}^{\mathrm{i}(\mathbf{p}-\frac{1}{2}\mathbf{q}-\mathbf{q}')\cdot\mathbf{y}/\hbar} \\ &\quad \times A_\mathrm{W}\left(\mathbf{x}, \tfrac{1}{2}(\mathbf{p}+\mathbf{q}') + \tfrac{1}{4}\mathbf{q}\right) B_\mathrm{W}\left(\mathbf{x}, \tfrac{1}{2}(\mathbf{p}+\mathbf{q}') - \tfrac{1}{4}\mathbf{q}\right)\end{aligned} \tag{82}$$

In einem konkreten Fall wird entweder die Form (81) oder (82) einfacher zu verwenden sein. Beide Ausdrücke sind exakt, aber relativ kompliziert. Sie vereinfachen sich für einige Spezialfälle, die wir nun betrachten wollen.

β Einfache Beispiele

Als erstes Beispiel nehmen wir für den Operator A den Ortsoperator $\mathbf{R}$, während B beliebig sei. In Gl. (81) wird die Wigner-Darstellung A_W nicht von $\mathbf{p}_1$ abhängen [s. Gl. (76)], so dass das d^3p_1-Integral eine δ-Funktion $\delta(\mathbf{r}+\frac{1}{2}\mathbf{x}-\mathbf{z})$ liefert, die das d^3z-Integral erledigt. So erhält man

$$(\mathbf{R}B)_\mathrm{W}(\mathbf{r},\mathbf{p}) = \frac{1}{(2\pi\hbar)^3} \int \mathrm{d}^3x\, \mathrm{e}^{-\mathrm{i}\mathbf{p}\cdot\mathbf{x}/\hbar} \int \mathrm{d}^3p_2\, \mathrm{e}^{\mathrm{i}\mathbf{p}_2\cdot\mathbf{x}/\hbar} \left(\mathbf{r}+\tfrac{1}{2}\mathbf{x}\right) B_\mathrm{W}(\mathbf{r},\mathbf{p}_2) \tag{83}$$

Mit dem ersten Term $\mathbf{r}$ in der Klammer erzeugt das d^3x-Integral eine Funktion $\mathbf{r}\,\delta(\mathbf{p}_2-\mathbf{p})$. Der Summand $\mathbf{x}/2$ ergibt die Ableitung $(\hbar/2\mathrm{i})\nabla_{\mathbf{p}_2}\delta(\mathbf{p}_2-\mathbf{p})$. Das d^3p_2-Integral führt nach einer partiellen Integration auf

$$(\mathbf{R}B)_W\,(\mathbf{r},\mathbf{p}) = \mathbf{r}\,B_W(\mathbf{r},\mathbf{p}) - \frac{\hbar}{2\mathrm{i}}\nabla_{\mathbf{p}}B_W(\mathbf{r},\mathbf{p}) \tag{84}$$

Ändern wir nun die Reihenfolge der Operatoren $\mathbf{R}$ und B, läuft dies in der vorangegangenen Argumentation darauf hinaus, die Impulse $\mathbf{p}_1$ und $\mathbf{p}_2$ zu vertauschen. Aus dem d^3p_2-Integral entsteht ein $\delta(\mathbf{r} - \frac{1}{2}\mathbf{x} - \mathbf{z})$, und das nun triviale d^3z-Integral führt auf

$$(B\mathbf{R})_W\,(\mathbf{r},\mathbf{p}) = \frac{1}{(2\pi\hbar)^3}\int \mathrm{d}^3x\,\mathrm{e}^{-\mathrm{i}\mathbf{p}\cdot\mathbf{x}/\hbar}\int \mathrm{d}^3p_1\,\mathrm{e}^{\mathrm{i}\mathbf{p}_1\cdot\mathbf{x}/\hbar}\,B_W(\mathbf{r},\mathbf{p}_1)\left(\mathbf{r} - \tfrac{1}{2}\mathbf{x}\right) \tag{85}$$

Im Vergleich zum Zwischenergebnis (83) hat sich lediglich das Vorzeichen des Summanden $\mathbf{x}$ in der Klammer geändert. Wir erhalten also in Gl. (84) das andere Vorzeichen vor dem Gradienten. Zusammengefasst finden wir für den Kommutator die Wigner-Transformierte

$$[\mathbf{R}, B]_W\,(\mathbf{r},\mathbf{p}) = -\frac{\hbar}{\mathrm{i}}\nabla_{\mathbf{p}}B_W(\mathbf{r},\mathbf{p}) \tag{86}$$

Dieselben Überlegungen führen ausgehend von Gl. (82) auf

$$(\mathbf{P}B)_W\,(\mathbf{r},\mathbf{p}) = \mathbf{p}\,B_W(\mathbf{r},\mathbf{p}) + \frac{\hbar}{\mathrm{i}}\nabla_{\mathbf{r}}B_W(\mathbf{r},\mathbf{p}) \tag{87}$$

Diese Beziehung können wir iterieren und finden

$$\left(\mathbf{P}^2B\right)_W(\mathbf{r},\mathbf{p}) = \mathbf{p}^2\,B_W(\mathbf{r},\mathbf{p}) + 2\frac{\hbar}{\mathrm{i}}\mathbf{p}\cdot\nabla_{\mathbf{r}}B_W(\mathbf{r},\mathbf{p}) - \hbar^2\nabla_{\mathbf{r}}^2B_W(\mathbf{r},\mathbf{p}) \tag{88}$$

Auf diese Weise erhalten wir die Wigner-Transformierte für den Kommutator des Quadrats des Impulses mit einem beliebigen Operator:

$$\left[\mathbf{P}^2, B\right]_W(\mathbf{r},\mathbf{p}) = \frac{2\hbar}{\mathrm{i}}\,\mathbf{p}\cdot\nabla_{\mathbf{r}}B_W(\mathbf{r},\mathbf{p}) \tag{89}$$

Diese Beziehung wird sich in der Folge als nützlich erweisen.

γ Gradientenentwicklung

Wir zeigen unten, dass man den allgemeinen Ausdruck (81) in eine Reihe von Ableitungen aufsteigender Ordnung der Funktionen A_W und B_W entwickeln kann:

$$(AB)_W\,(\mathbf{r},\mathbf{p}) = A_W(\mathbf{r},\mathbf{p})\,B_W(\mathbf{r},\mathbf{p}) + \frac{\hbar}{2\mathrm{i}}\,\{B_W(\mathbf{r},\mathbf{p}), A_W(\mathbf{r},\mathbf{p})\} + \cdots \tag{90}$$

Dabei ist der zweite Term die klassische Definition der „Poisson-Klammer“ aus der Hamiltonschen Mechanik (Landau und Lifschitz, 1997; Goldstein, 2012):

$$\begin{aligned}&\{B_W(\mathbf{r},\mathbf{p}), A_W(\mathbf{r},\mathbf{p})\}\\ &\quad = \nabla_{\mathbf{r}}B_W(\mathbf{r},\mathbf{p})\cdot\nabla_{\mathbf{p}}A_W(\mathbf{r},\mathbf{p}) - \nabla_{\mathbf{r}}A_W(\mathbf{r},\mathbf{p})\cdot\nabla_{\mathbf{p}}B_W(\mathbf{r},\mathbf{p})\end{aligned} \tag{91}$$

In Gl. (90) ist die niedrigste Ordnung in $\hbar$ der Wigner-Transformierten eines Produkts also einfach das Produkt der entsprechenden Wigner-Transformierten. In der ersten Ordnung kommt eine Korrektur hinzu, in der die Poisson-Klammer der beiden Wigner-Transformierten auftritt. Es ist bemerkenswert, dass diese klassische Definition hier innerhalb einer rein quantenmechanischen Konstruktion erscheint. Es ist auch klar, dass diese Ergebnisse gut für die Untersuchung des klassischen Grenzfalls der Quantenmechanik geeignet sind.

In Gl. (90) haben wir die Entwicklung nach den Ableitungen mit der ersten Ordnung abgebrochen. Die weiteren Terme mit höheren Ableitungen enthalten entsprechend höhere Potenzen von $\hbar$. [Die vollständige Entwicklung wird als *Groenewold-Formel* bezeichnet, s. dazu etwa Hillery, O'Connell, Scully und Wigner (1984).]

Beweis von Gl. (90):
Wir führen die zu Gl. (71) analoge Substitution durch:

$$\overline{\mathbf{p}} = \tfrac{1}{2}(\mathbf{p}_1 + \mathbf{p}_2) \quad \text{und} \quad \mathbf{q} = \mathbf{p}_1 - \mathbf{p}_2 \tag{92}$$

Dies überführt Gl. (81) in den Ausdruck

$$\begin{aligned}(AB)_{\mathrm{W}}(\mathbf{r},\mathbf{p}) = \frac{1}{(2\pi\hbar)^6} &\int \mathrm{d}^3x \int \mathrm{d}^3z \int \mathrm{d}^3\overline{p} \int \mathrm{d}^3q\, \mathrm{e}^{\mathrm{i}(\overline{\mathbf{p}}-\mathbf{p})\cdot\mathbf{x}/\hbar} \mathrm{e}^{\mathrm{i}\mathbf{q}\cdot(\mathbf{r}-\mathbf{z})/\hbar} \\ &\times A_{\mathrm{W}}\big(\tfrac{1}{2}(\mathbf{r}+\mathbf{z}) + \tfrac{1}{4}\mathbf{x}, \overline{\mathbf{p}} + \tfrac{1}{2}\mathbf{q}\big) B_{\mathrm{W}}\big(\tfrac{1}{2}(\mathbf{r}+\mathbf{z}) - \tfrac{1}{4}\mathbf{x}, \overline{\mathbf{p}} - \tfrac{1}{2}\mathbf{q}\big)\end{aligned} \tag{93}$$

Wenn beide Wigner-Transformierte A_{W} und B_{W} nur langsam von ihren Orts- und Impulskoordinaten abhängen, können wir die Taylor-Entwicklungen [mit der Abkürzung $\mathbf{r}' = \frac{1}{2}(\mathbf{r}+\mathbf{z})$]

$$\begin{aligned} A_{\mathrm{W}}\big(\mathbf{r}' + \tfrac{1}{4}\mathbf{x}, \overline{\mathbf{p}} + \tfrac{1}{2}\mathbf{q}\big) &= A_{\mathrm{W}}\big(\mathbf{r}', \overline{\mathbf{p}}\big) + \tfrac{1}{4}\mathbf{x}\cdot\nabla_{\mathbf{r}}A_{\mathrm{W}} + \tfrac{1}{2}\mathbf{q}\cdot\nabla_{\mathbf{p}}A_{\mathrm{W}} + \cdots \\ B_{\mathrm{W}}\big(\mathbf{r}' - \tfrac{1}{4}\mathbf{x}, \overline{\mathbf{p}} - \tfrac{1}{2}\mathbf{q}\big) &= B_{\mathrm{W}}\big(\mathbf{r}', \overline{\mathbf{p}}\big) - \tfrac{1}{4}\mathbf{x}\cdot\nabla_{\mathbf{r}}B_{\mathrm{W}} - \tfrac{1}{2}\mathbf{q}\cdot\nabla_{\mathbf{p}}B_{\mathrm{W}} + \cdots \end{aligned} \tag{94}$$

vornehmen. Nimmt man nur die führenden Terme mit (also die nullte Ordnung in der Gradientenentwicklung), dann liefern die d^3x- und d^3q-Integrale in Gl. (93) jeweils $\delta(\overline{\mathbf{p}}-\mathbf{p})$ und $\delta(\mathbf{r}-\mathbf{z})$ und kürzen den Vorfaktor $(2\pi\hbar)^{-6}$. So ergibt sich einfach

$$(AB)_{\mathrm{W}}(\mathbf{r},\mathbf{p}) = A_{\mathrm{W}}(\mathbf{r},\mathbf{p})\, B_{\mathrm{W}}(\mathbf{r},\mathbf{p}) + \cdots \tag{95}$$

In dieser Näherung bildet die Wigner-Transformation also ein Operatorprodukt auf das Produkt der Wigner-Transformierten ab.
Sehen wir uns jetzt die Terme in erster Ordnung aus Gl. (94) an. Der Gradient $\nabla_{\mathbf{r}}A_{\mathrm{W}}$ kommt mit einem Faktor $\mathbf{x}$, so dass aus dem d^3x-Integral die Ableitung einer δ-Funktion entsteht [s. auch nach Gl. (83)]:

$$\frac{1}{(2\pi\hbar)^3}\int \mathrm{d}^3x\, \mathrm{e}^{\mathrm{i}(\overline{\mathbf{p}}-\mathbf{p})\cdot\mathbf{x}/\hbar}\mathbf{x} = \frac{\hbar}{\mathrm{i}}\nabla_{\overline{\mathbf{p}}}\delta(\overline{\mathbf{p}}-\mathbf{p}) \tag{96}$$

Das $\mathrm{d}^3\overline{p}$-Integral in Gl. (93) erzeugt nun (einmal partiell integriert) eine Ableitung nach der Impulskoordinate an der Stelle $\mathbf{p}$. Das d^3q-Integral wird genauso wie oben ausgewertet und ersetzt $\mathbf{z}$ durch $\mathbf{r}$. Der entsprechende Term ist damit

$$-\frac{\hbar}{4\mathrm{i}}\nabla_{\mathbf{p}}\cdot\left[B_{\mathrm{W}}(\mathbf{r},\mathbf{p})\,\nabla_{\mathbf{r}}A_{\mathrm{W}}(\mathbf{r},\mathbf{p})\right] \tag{97}$$

Den Term $\nabla_{\mathbf{p}} A_{\mathrm{W}}$ aus der Entwicklung von A_{W} [erste Zeile von Gl. (94)] behandelt man in derselben Weise. Er kommt mit dem Faktor $\mathbf{q}$, der auf die Ableitung $-(\hbar/\mathrm{i})\nabla_{\mathbf{z}}\delta(\mathbf{r}-\mathbf{z})$ führt. (Beachte das Vorzeichen von $\mathbf{z}$ im Exponenten $\mathrm{e}^{\mathrm{i}\mathbf{q}\cdot(\mathbf{r}-\mathbf{z})/\hbar}$ und einen Faktor 1/2 aus der partiellen Integration.) Die d^3x- und $\mathrm{d}^3\overline{p}$-Integrale werten wir wie oben aus und erhalten

$$\frac{\hbar}{4\mathrm{i}}\nabla_{\mathbf{r}}\cdot\left[B_{\mathrm{W}}(\mathbf{r},\mathbf{p})\,\nabla_{\mathbf{p}}A_{\mathrm{W}}(\mathbf{r},\mathbf{p})\right] \tag{98}$$

Zusammen mit Gl. (97) heben sich die zweiten Ableitungen von A_{W} weg, und es bleibt übrig

$$\frac{\hbar}{4\mathrm{i}}\left[\nabla_{\mathbf{r}}B_{\mathrm{W}}(\mathbf{r},\mathbf{p})\cdot\nabla_{\mathbf{p}}A_{\mathrm{W}}(\mathbf{r},\mathbf{p})-\nabla_{\mathbf{r}}A_{\mathrm{W}}(\mathbf{r},\mathbf{p})\cdot\nabla_{\mathbf{p}}B_{\mathrm{W}}(\mathbf{r},\mathbf{p})\right] \tag{99}$$

Die Terme aus der Entwicklung von B_{W} in erster Ordnung (zweite Zeile von (94)) erhalten wir, indem wir die Rollen von A_{W} und B_{W} vertauschen und das Vorzeichen ändern. Es entsteht so ein weiteres Mal das Ergebnis (99). Damit haben wir die Formel (90) bis zur ersten Ordnung in der Gradiententwicklung bewiesen.

3-d Entwicklung des Dichteoperators in der Wigner-Darstellung

Die Zeitentwicklung des Dichteoperators wird bekanntlich von der Von-Neumann-Gleichung erzeugt:

$$\mathrm{i}\hbar\frac{\mathrm{d}}{\mathrm{d}t}\rho(t)=\left[H(t),\rho(t)\right] \tag{100}$$

Unter der Wigner-Transformation wird aus dieser Gleichung

$$\mathrm{i}\hbar\frac{\partial}{\partial t}\rho_{\mathrm{W}}(\mathbf{r},\mathbf{p};t)=\frac{1}{(2\pi\hbar)^3}\left[H,\rho\right]_{\mathrm{W}}(\mathbf{r},\mathbf{p};t) \tag{101}$$

mit der Wigner-Darstellung $[H,\rho]_{\mathrm{W}}$ des Kommutators zwischen $H(t)$ und $\rho(t)$. Der Vorfaktor $(2\pi\hbar)^{-3}$ entsteht dadurch, dass wir ihn in der Wigner-Transformierten des Dichteoperators mitnehmen, aber nicht in der des Hamilton-Operators. Wir haben gesehen, dass ein Operatorprodukt im Allgemeinen auf eine komplizierte Wigner-Transformierte führt, dasselbe gilt auch für den entsprechenden Kommutator.

α Klassischer Grenzfall

Wenn wir uns wie in Gl. (90) auf die erste Ordnung in den Gradienten beschränken, dann heben sich im Kommutator die Terme nullter Ordnung weg und die Produkte $H(t)\rho(t)$ und $\rho(t)H(t)$ liefern die Poisson-Klammer mit demselben Gewicht. Den Vorfaktor $\hbar$ können wir dann auf beiden Seiten kürzen und erhalten im Rahmen dieser Näherung

$$\frac{\partial}{\partial t}\rho_{\mathrm{W}}(\mathbf{r},\mathbf{p};t)=\left\{H_{\mathrm{W}}(\mathbf{r},\mathbf{p};t),\rho_{\mathrm{W}}(\mathbf{r},\mathbf{p};t)\right\}+\hbar\ldots \tag{102}$$

wobei die Poisson-Klammer von $H_{\mathrm{W}}(t)$ und $\rho_{\mathrm{W}}(t)$ in Gl. (91) definiert ist. Wie in § 3-c-γ erwähnt, sind die Terme nächster Ordnung proportional zu $\hbar$ und verschwinden im klassischen Grenzfall $\hbar \to 0$. Wir haben also die gewöhnlichen Gleichungen der klassischen Mechanik gefunden, d. h., die Dynamik in der Quantenmechanik enthält diese als Grenzfall, wenn die Gradienten der Wigner-Transformierten in Ort und Impuls klein sind.

β Teilchen in einem Potential

Eine exakte Rechnung ist möglich, wenn der Hamilton-Operator eines Teilchens aus kinetischer Energie und einem äußeren Potential besteht:

$$H(t) = \frac{\mathbf{P}^2}{2m} + V(\mathbf{R}, t) \tag{103}$$

(m ist die Masse des Teilchens). Den Beitrag der kinetischen Energie zu der Bewegungsgleichung (101) folgt sofort aus Gl. (89) für den Kommutator:

$$\left.\frac{\partial}{\partial t}\right|_{\text{kin. E.}} \rho_W(\mathbf{r}, \mathbf{p}; t) = -\frac{\mathbf{p}}{m} \cdot \nabla_{\mathbf{r}} \rho_W(\mathbf{r}, \mathbf{p}; t) \tag{104}$$

Dieser Term führt zu der konvektiven Ableitung der Wigner-Verteilung (man nennt dies häufig den Drift-Term), die genau so auch in der klassischen Physik auftritt.

Den Beitrag der potentiellen Energie können wir auf ähnliche Weise wie zu Beginn von § 3-c-β berechnen; wir müssen nur den Operator $\mathbf{R}$ durch die Funktion $V(\mathbf{R})$ ersetzen. Aus den Beziehungen (83) und (85) mit $B = \rho$ werden dann die Ausdrücke

$$\begin{aligned} &[V(\mathbf{R})\rho]_W(\mathbf{r}, \mathbf{p}) \\ &= \frac{1}{(2\pi\hbar)^3} \int d^3x\, e^{-i\mathbf{p}\cdot\mathbf{x}/\hbar} \int d^3p_2\, e^{i\mathbf{p}_2\cdot\mathbf{x}}\, V\left(\mathbf{r} + \tfrac{1}{2}\mathbf{x}; t\right) \rho_W(\mathbf{r}, \mathbf{p}_2; t) \end{aligned} \tag{105}$$

und

$$\begin{aligned} &[\rho V(\mathbf{R})]_W(\mathbf{r}, \mathbf{p}) \\ &= \frac{1}{(2\pi\hbar)^3} \int d^3x\, e^{-i\mathbf{p}\cdot\mathbf{x}/\hbar} \int d^3p_1\, e^{i\mathbf{p}_1\cdot\mathbf{x}}\, \rho_W(\mathbf{r}, \mathbf{p}_1; t)\, V\left(\mathbf{r} - \tfrac{1}{2}\mathbf{x}; t\right) \end{aligned} \tag{106}$$

Als Bewegungsgleichung für die Wigner-Verteilung erhalten wir also

$$\begin{aligned} &\frac{\partial}{\partial t}\rho_W(\mathbf{r}, \mathbf{p}; t) + \frac{\mathbf{p}}{m} \cdot \nabla_{\mathbf{r}} \rho_W(\mathbf{r}, \mathbf{p}; t) \\ &= \frac{1}{i\hbar} \frac{1}{(2\pi\hbar)^3} \int d^3x \int d^3p'\, e^{i(\mathbf{p}'-\mathbf{p})\cdot\mathbf{x}/\hbar} \left[V\left(\mathbf{r} + \tfrac{1}{2}\mathbf{x}; t\right) - V\left(\mathbf{r} - \tfrac{1}{2}\mathbf{x}; t\right)\right] \rho_W(\mathbf{r}, \mathbf{p}'; t) \end{aligned} \tag{107}$$

Dieser Ausdruck ist exakt, enthält also alle Quanteneffekte für die Zeitentwicklung des Teilchens. Daraus folgt die Kontinuitätsgleichung, also die lokale Erhaltung der Wahrscheinlichkeit, in derselben Form wie in der klassischen Mechanik:

$$\frac{\partial}{\partial t} n(\mathbf{r}, t) + \nabla_{\mathbf{r}} \cdot \mathbf{J}(\mathbf{r}, t) = 0 \tag{108}$$

Dabei ist $n(\mathbf{r}, t)$ die lokale Wahrscheinlichkeitsdichte gemäß Definition (18) und $\mathbf{J}(\mathbf{r}, t)$ die zugeordnete Stromdichte

$$\mathbf{J}(\mathbf{r}, t) = \int \mathrm{d}^3 p \, \frac{\mathbf{p}}{m} \rho_{\mathrm{W}}(\mathbf{r}, \mathbf{p}; t) \tag{109}$$

Wir erhalten Gl. (108), indem wir (107) über $\mathbf{p}$ integrieren. Auf der linken Seite entstehen sofort die Terme in der Kontinuitätsgleichung (wie in der klassischen kinetischen Theorie). Auf der rechten Seite erzeugt das $\mathrm{d}^3 p$-Integral ein $\delta(\mathbf{x})$, das die Differenz der Potentiale zum Verschwinden bringt.

Zeigt das Potential genügend langsame räumliche Veränderungen, dann können wir in Gl. (107) die Entwicklung

$$V\left(\mathbf{r} + \tfrac{1}{2}\mathbf{x}; t\right) - V\left(\mathbf{r} - \tfrac{1}{2}\mathbf{x}; t\right) = \mathbf{x} \cdot \nabla_{\mathbf{r}} V(\mathbf{r}, t) + \cdots \tag{110}$$

vornehmen. Der Vorfaktor $\mathbf{x}$ führt im $\mathrm{d}^3 x$-Integral auf $(\hbar/\mathrm{i})\nabla_{\mathbf{p}'}\delta(\mathbf{p}' - \mathbf{p})$, und es ergibt sich

$$\frac{\partial}{\partial t}\rho_{\mathrm{W}}(\mathbf{r}, \mathbf{p}; t) + \frac{\mathbf{p}}{m} \cdot \nabla_{\mathbf{r}}\rho_{\mathrm{W}}(\mathbf{r}, \mathbf{p}; t) = \nabla_{\mathbf{r}} V(\mathbf{r}, t) \cdot \nabla_{\mathbf{p}}\rho_{\mathrm{W}}(\mathbf{r}, \mathbf{p}; t) + \cdots \tag{111}$$

Wir erkennen hier die Liouville-Gleichung aus der klassischen Mechanik wieder. Die vernachlässigten Terme ... enthalten Korrekturen, die durch höhere Gradienten des Potentials $V(\mathbf{r}, t)$ erzeugt werden; sie enthalten ebenfalls höhere Potenzen von $\hbar$. Sie stellen somit Quantenkorrekturen dar: Je schneller sich ein Potential räumlich ändert, umso mehr Terme muss man mitnehmen. Ein Potential mit langsamer Variation ist dagegen durch die klassische Bewegungsgleichung bereits in guter Näherung beschrieben.

4 Verallgemeinerungen

4-a Auf ein Teilchen mit Spin

Eine Basis im Zustandsraum wird hier durch die Kets $|\mathbf{r}, \nu\rangle$ gebildet, wobei $\mathbf{r}$ der Eigenwert des Ortsoperators und ν der Eigenwert der Spinprojektion entlang der Quantisierungsachse ist. Die Matrixelemente des Dichteoperators haben dann die Form

$$\langle \mathbf{r}, \nu | \rho(t) | \mathbf{r}', \nu' \rangle \tag{112}$$

Für jeden Wert des Paars (ν, ν') konstruieren wir analog zu Gl. (17) eine Wigner-Transformierte

$$\rho_{\mathrm{W}}^{\nu\nu'}(\mathbf{r}, \mathbf{p}; t) = \frac{1}{(2\pi\hbar)^3} \int \mathrm{d}^3 x \, \mathrm{e}^{-\mathrm{i}\mathbf{p}\cdot\mathbf{x}/\hbar} \left\langle \mathbf{r} + \tfrac{1}{2}\mathbf{x}, \nu \middle| \rho(t) \middle| \mathbf{r} - \tfrac{1}{2}\mathbf{x}, \nu' \right\rangle \tag{113}$$

und erhalten einen Satz von Wigner-Funktionen.

Für ein Spin-1/2-Teilchen etwa haben die Spinindizes zwei mögliche Werte, die wir $\nu = \pm$ notieren. Es gibt dann vier Wigner-Funktionen, die man in einer 2×2-Matrix anordnen kann:

$$\begin{pmatrix} \rho_{\mathrm{W}}^{++}(\mathbf{r},\mathbf{p};t) & \rho_{\mathrm{W}}^{+-}(\mathbf{r},\mathbf{p};t) \\ \rho_{\mathrm{W}}^{-+}(\mathbf{r},\mathbf{p};t) & \rho_{\mathrm{W}}^{--}(\mathbf{r},\mathbf{p};t) \end{pmatrix} \tag{114}$$

Man überprüft leicht, dass dies eine hermitesche Matrix ist:

$$\left[\rho_{\mathrm{W}}^{+-}(\mathbf{r},\mathbf{p};t)\right]^* = \rho_{\mathrm{W}}^{-+}(\mathbf{r},\mathbf{p};t) \tag{115}$$

Eine derartige Darstellung wird häufig verwendet, um den Spintransport oder Spinwellen in Quantenflüssigkeiten zu beschreiben.

4-b Auf mehrere Teilchen

Zwei spinlose Teilchen werden durch eine Wigner-Verteilung beschrieben, die eine leichte Verallgemeinerung von Gl. (17) ist:

$$\rho_{\mathrm{W}}(\mathbf{r}_1,\mathbf{p}_1;\mathbf{r}_2,\mathbf{p}_2;t) = \frac{1}{(2\pi\hbar)^6}\int d^3x_1 \int d^3x_2\, e^{-i\mathbf{p}_1\cdot\mathbf{x}_1/\hbar} e^{-i\mathbf{p}_2\cdot\mathbf{x}_2/\hbar} \times \left\langle \mathbf{r}_1 + \tfrac{1}{2}\mathbf{x}_1, \mathbf{r}_2 + \tfrac{1}{2}\mathbf{x}_2 \right| \rho(t) \left| \mathbf{r}_1 - \tfrac{1}{2}\mathbf{x}_1, \mathbf{r}_2 - \tfrac{1}{2}\mathbf{x}_2 \right\rangle \tag{116}$$

Eine beliebige Zahl von Teilchen kann analog behandelt werden. Deren Spin würde man wie oben beschreiben, obwohl dies schnell auf eine sehr große Zahl von Wigner-Funktionen führt (für N Teilchen mit Spin 1/2 wären es 4^N).

Die Wigner-Verteilung eines Systems mit N Teilchen hängt damit von $6N$ Variablen ab (für spinlose Teilchen). Haben die Teilchen einen Spin 1/2, dann hat man es nicht nur mit einer Wigner-Verteilung, sondern mit einer Matrix mit 4^N Elementen zu tun. In der Praxis wird man in der Regel mit der Wigner-Verteilung für den reduzierten Einteilchen-Dichteoperator arbeiten, den man durch eine partielle Spur über die anderen $N-1$ Teilchen erhält. Manchmal wird auch der reduzierte Zweiteilchen-Dichteoperator von Interesse sein.

5 Anschauliche Interpretation. Nichtklassisches Verhalten

Kennt man die Wigner-Verteilung, kann man die Mittelwerte von beliebigen Observablen daraus berechnen, wie wir in Gl. (69) gesehen haben. Insbesondere können wir die Wahrscheinlichkeit eines Messergebnisses erhalten, denn diese ist ja nichts anderes als der Mittelwert des Projektors auf den Eigenraum zu dem gemessenen Eigenwert. Man berechnet also die Wigner-Darstellung dieses Projektors, multipliziert mit $\rho_{\mathrm{W}}(\mathbf{r},\mathbf{p};t)$ und integriert über den Phasenraum. Von diesem pragmatischen Standpunkt aus enthält die Wigner-Verteilung $\rho_{\mathrm{W}}(\mathbf{r},\mathbf{p};t)$ bereits alle Information. Freilich unterstreichen die Beispiele aus § 2-f, dass man nicht allzu viel Physik in die Wigner-Verteilung selbst hineinlegen sollte. Etwas vorsichtiger formuliert erscheint sie eher als ein mächtiges und bequemes Rechenwerkzeug denn als ein direktes Abbild der physikalischen Eigenschaften des Systems.

Ein gutes Beispiel für das Verhalten der Wigner-Funktion in einer von Quanteneffekten geprägten Situation ist ein Interferenzexperiment. Dieses sehen wir uns jetzt näher an. (Wir vertiefen dazu die Überlegungen aus § 2-f-β.)

5-a Ein Interferenzexperiment

Wenn die Materiewelle eines Teilchens einen Schirm mit zwei Löchern oder Spalten durchquert, dann entstehen zwei räumlich getrennte, kohärente Wellenpakete, die sich in den Raum hinter dem Schirm ausbreiten und dort irgendwann überlappen, so dass es zur Interferenz kommt. In Abb. 1 (links) sind die beiden Wellenpakete skizziert, sie laufen beide nach rechts in das Gebiet R, wo sie sich überlagern werden. Die Ausbreitung erfolgt im freien Raum, so dass die Bewegungsgleichung für die Wigner-Verteilung einfach durch Gl. (104) gegeben ist, mit derselben Struktur wie für eine klassische Phasenraumverteilung. Wie kann es also sein, dass in der Region R quan-

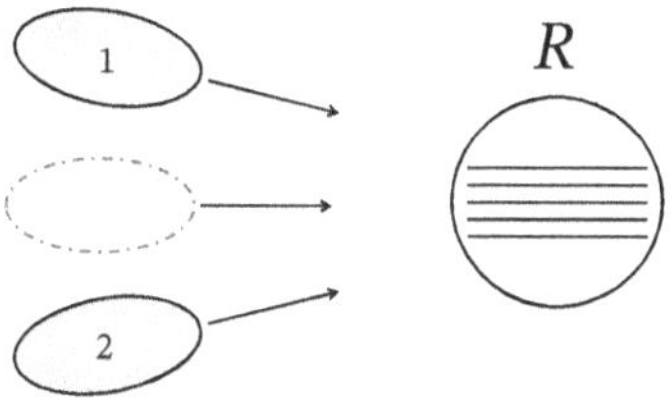

Abb. 1: Die Materiewelle eines Quantenteilchens wird in zwei Komponenten 1 und 2 geteilt, etwa durch eine Doppelspaltblende oder in einem Interferometer.
(links) Solange die beiden Wellenpakete räumlich gut getrennt sind, ist die Wigner-Verteilung eine Summe aus drei Komponenten, die schematisch im Ortsraum der Abbildung eingetragen sind. Zwei Komponenten sind bei den beiden Wellenpaketen 1 und 2 lokalisiert, während eine dritte Komponente (gestrichelt) sich in der Mitte zwischen den beiden anderen ausbreitet. Diesen dritten Beitrag nennt man die *geisterhafte Komponente*, denn wenn man die Position des Teilchens misst, wird man es niemals dort finden (diese Komponente ist also leer an Teilchen). Die Wigner-Verteilung der geisterhaften Komponente oszilliert rasch alsFunktion des Impulses $\mathbf{p}$.
(rechts) Später überlappen die beiden Wellenpakete und die drei Komponenten der Wigner-Verteilung befinden sich alle in demselben Raumgebiet R. Die Oszillationen entlang der Impulskoordinate der geisterhaften Komponente sind dann langsamer oder verschwinden. Diese Komponente spielt eine zentrale Rolle: Erst wenn man sie zu den Komponenten 1 und 2 der Wigner-Verteilung addiert, entstehen Dichteoszillationen, die helle und dunkle Streifen in der Teilchendichte erzeugen (durch die Striche in R angedeutet). Die geisterhafte Komponente bleibt also *virtuell*, solange die Wellenpakete weit entfernt sind, wird aber wesentlich, wenn sie sich überlappen, weil sie dann zu den quantenmechanischen Interferenzen führt.

tenmechanische Interferenz auftritt? Um diese Frage zu beantworten, verwenden wir den Ausdruck (19) oder sein Pendant (26) im Impulsraum, um ausgehend von der Wellenfunktion des Teilchens die Wigner-Transformierte zu berechnen.

Die Wellenfunktion kann nach dem Durchgang durch die Blende als Summe von zwei Komponenten $\Psi_1(\mathbf{r}, t)$ und $\Psi_2(\mathbf{r}, t)$ geschrieben werden, die jeweils durch den einen oder den anderen Spalt gegangen sind [s. auch Gl. (60)]

$$\Psi(\mathbf{r}, t) = \Psi_1(\mathbf{r}, t) + \Psi_2(\mathbf{r}, t) \tag{117}$$

In die Formel (19) für die Wigner-Funktion geht Ψ quadratisch ein, es ergeben sich aus Gl. (117) also vier Beiträge:

$$\rho_W(\mathbf{r}, \mathbf{p}; t) = \rho_W^1(\mathbf{r}, \mathbf{p}; t) + \rho_W^2(\mathbf{r}, \mathbf{p}; t) + \rho_W^{1,2}(\mathbf{r}, \mathbf{p}; t) + \rho_W^{2,1}(\mathbf{r}, \mathbf{p}; t) \tag{118}$$

Hier entspricht ρ_W^1 der Wigner-Funktion für das Wellenpaket Ψ_1 und ρ_W^2 der Wigner-Funktion für Ψ_2. Den gekreuzten Beitrag $\rho_W^{1,2}$ erhält man, indem man in Gl. (19) an der Stelle von Ψ das Wellenpaket Ψ_1 und statt Ψ^* nun Ψ_2^* einsetzt. Durch Austausch der Indizes 1 und 2 entsteht die Vorschrift für $\rho_W^{2,1}$. Auf diese Weise ergibt sich beispielsweise für $\rho_W^{1,2}$ der Ausdruck

$$\rho_W^{1,2}(\mathbf{r}, \mathbf{p}; t) = \frac{1}{(2\pi\hbar)^3} \int d^3x \, e^{-i\mathbf{p}\cdot\mathbf{x}/\hbar} \Psi_1\left(\mathbf{r} + \tfrac{1}{2}\mathbf{x}, t\right) \Psi_2^*\left(\mathbf{r} - \tfrac{1}{2}\mathbf{x}, t\right) \tag{119}$$

Die äquivalente Beziehung (26) im Impulsraum erzeugt eine andere Darstellung der Wigner-Verteilung durch die Fourier-Transformierten $\overline{\Psi}_1$ und $\overline{\Psi}_2^*$. Es ist leicht zu überprüfen, dass die beiden Verteilungen $\rho_W^{1,2}$ und $\rho_W^{2,1}$ zueinander komplex konjugiert sind; ihre Summe ist somit reell, so dass dies auch für die gesamte Verteilung ρ_W der Fall ist.

Betrachten wir wie in § 2-d das konkrete Beispiel von Gaußschen Wellenpaketen. Wenn diese sich im freien Raum ausbreiten, bleiben sie zu jedem Zeitpunkt gaußförmig (s. Band I, Ergänzung G_I). Ihre Breite im Impulsraum ist konstant, aber die Breite im Ortsraum verändert sich mit der Zeit. Um die Rechnungen zu vereinfachen, beschränken wir uns auf eine räumliche Dimension und lassen die Zeitabhängigkeit weg. Das Wellenpaket 1 sei um $x = x_0$ zentriert, das andere bei $x = -x_0$. Aus Gl. (41) entnehmen wir somit die Impulsdarstellung

$$\begin{aligned} \overline{\psi}_1(p) &= \frac{1}{(2\pi)^{1/4}} \sqrt{\frac{a}{2\hbar}} e^{-a^2(p-p_0)^2/4\hbar^2} \, e^{-ipx_0/\hbar} \\ \overline{\psi}_2(p) &= \frac{1}{(2\pi)^{1/4}} \sqrt{\frac{a}{2\hbar}} e^{-a^2(p-p_0)^2/4\hbar^2} \, e^{ipx_0/\hbar} \end{aligned} \tag{120}$$

(Ein hier enthaltener Faktor $1/\sqrt{2}$ sichert die Normierung der Gesamtwellenfunktion. Wir nehmen dazu $a \ll x_0$ an, so dass die beiden Wellenpakete räumlich nicht überlappen und ihre Normquadrate sich addieren.) Dieselbe Rechnung wie in § 2-d liefert nun

$$\begin{aligned} \rho_W^1(x,p) &= \frac{1}{2\pi\hbar} e^{-a^2(p-p_0)^2/2\hbar^2} e^{-2(x-x_0)^2/a^2} \\ \rho_W^2(x,p) &= \frac{1}{2\pi\hbar} e^{-a^2(p-p_0)^2/2\hbar^2} e^{-2(x+x_0)^2/a^2} \end{aligned} \tag{121}$$

Die gekreuzten Beiträge müssen wir ein wenig anders ausrechnen. Wegen der verschiedenen Vorzeichen von x_0 in den beiden Zeilen von Gl. (120) entsteht in dem Produkt $\overline{\psi}_1(p + \frac{1}{2}q)\overline{\psi}_2^*(p - \frac{1}{2}q)$ ein Faktor $e^{2ipx_0/\hbar}$. Bevor wir das Integral aus Gl. (42) auswerten, bieten sich einige Umformungen an:

$$\begin{aligned} &\rho_W^{1,2}(x,p) + \rho_W^{2,1}(x,p) \\ &\quad = \frac{1}{2} \frac{a}{(2\pi)^{3/2}\hbar^2} \int dq\, e^{-a^2\left[(p-p_0+\frac{1}{2}q)^2+(p-p_0-\frac{1}{2}q)^2\right]/(4\hbar^2)} e^{iqx/\hbar} \left[e^{-2ipx_0/\hbar} + e^{2ipx_0/\hbar}\right] \\ &\quad = \frac{a}{(2\pi)^{3/2}\hbar^2} \cos(2px_0/\hbar) e^{-a^2(p-p_0)^2/(2\hbar^2)} \int dq\, e^{-a^2q^2/(8\hbar^2)} e^{iqx/\hbar} \end{aligned} \tag{122}$$

Das Gaußsche Integral führt auf

$$\rho_W^{1,2}(x,p) + \rho_W^{2,1}(x,p) = \cos(2px_0/\hbar) e^{-a^2(p-p_0)^2/(2\hbar^2)} e^{-2x^2/a^2} \tag{123}$$

Die gesamte Wigner-Verteilung ist somit

$$\begin{aligned} \rho_W(x,p) = \frac{1}{2\pi\hbar} e^{-a^2(p-p_0)^2/(2\hbar^2)} \Big[& e^{-2(x-x_0)^2/a^2} + e^{-2(x+x_0)^2/a^2} \\ & + 2\cos(2px_0/\hbar) e^{-2x^2/a^2} \Big] \end{aligned} \tag{124}$$

Die ersten zwei Terme in den eckigen Klammern sind einfach zu verstehen: Sie sind einfach die Summe der Wigner-Transformierten (121) der beiden Wellenpakete. Beide Terme sind um das Maximum des jeweiligen Wellenpakets zentriert, also bei $x = \pm x_0$. Der dritte Term ist der gekreuzte, entsteht also gewissermaßen durch Interferenz der beiden Wellenpakete. Überraschend ist hier, dass er bei $x = 0$ zentriert ist, also auf „halber Strecke" zwischen den beiden Wellenpaketen; außerdem oszilliert er als Funktion der Impulskoordinate p mit einer Frequenz proportional zum Abstand $2x_0$ der beiden Wellenpakete.

5-b Geisterhafte Komponente

Die Wigner-Verteilung $\rho_W^1(\mathbf{r}, \mathbf{p}; t)$ bewegt sich durch den Phasenraum, wie man es für ein Teilchen erwartete würde, das durch ein Wellenpaket, nämlich $\Psi_1(\mathbf{r}, t)$, beschrieben wird. Genauso verhält es sich mit $\rho_W^2(\mathbf{r}, \mathbf{p}; t)$ und dem Wellenpaket $\Psi_2(\mathbf{r}, t)$ für sich genommen. Wären dies alle Beiträge, dann würden sich die Wigner-Verteilungen einfach addieren, wenn die beiden Wellenpakete überlappen; schließlich entwickeln sie sich gemäß der klassischen Gleichungen. Diese Addition würde zu keinen quantenmechanischen Interferenzen führen.

Aber in der Quasiverteilung (118) haben wir ebenfalls die gekreuzten (oder Interferenz-)Terme zu berücksichtigen, die sich in ihren Eigenschaften deutlich von den beiden anderen unterscheiden. Ein erster Unterschied, den man in Gl. (124) ablesen kann, ist natürlich die Oszillation als Funktion des Impulses, wobei die Verteilung notwendigerweise positive und negative Werte annimmt. Dies ist ein reiner Quanteneffekt, denn eine klassische Verteilung muss immer nichtnegativ sein. Weiterhin befindet sich dieser gekreuzte Term in der Wigner-Transformierten in einem Intervall der Ortskoordinate, in dem die Wellenfunktion selbst verschwindet. Er kann zu keiner Aufenthaltswahrscheinlichkeit für das Teilchen gehören. Man kann in der Tat überprüfen, dass das Integral über die Impulse im letzten Term in Gl. (124) null ergibt (dazu verwende man die Bedingung $x_0 \gg a$ von deutlich getrennten Wellenpaketen). Die Summe $\rho_W^{1,2}(x,p) + \rho_W^{2,1}(x,p)$ wird manchmal *Phantomkomponente* der Wigner-Verteilung genannt. (In der Quantenoptik begegnet man auch dem Begriff Tamas-Komponente.*) Misst man die Position des Teilchens, dann wird man es in der Tat niemals in dieser Komponente finden.[4] Ihr Wert ist immer reell, aber wegen der Oszillationen nicht immer positiv.

Solange die beiden Wellenpakete 1 und 2 deutlich voneinander getrennt sind, ist die Wigner-Funktion des Teilchens eine Summe von drei unabhängigen Komponenten. Zwei beschreiben separat die Bewegung der beiden Wellenpakete, und die geisterhafte Komponente breitet sich in der Mitte zwischen den beiden Wellengruppe aus. Wenn sich die Wellenpakete später in der Region R überlappen, dann gilt dies auch für die drei Komponenten der Wigner-Verteilung. Die Phantomkomponente mit ihren Oszillationen addiert sich zu den anderen beiden und erzeugt eine Modulation der Aufenthaltswahrscheinlichkeit des Teilchens. So entstehen die von der Quantenmechanik vorhergesagten Interferenzstreifen. Die Phantomkomponente transportiert gewissermaßen die Quanteneffekte der Wellenfunktion des Teilchens.

---

4 Deswegen spricht man auch von der *leeren Komponente*.

* Anm. d. Ü.: Tamas ist im Hinduismus eine der Eigenschaften der Materie, die mit Dunkelheit und Trägheit verbunden wird. Im Sinne von „dunkler Strahl" wurde die Tamas-Komponente von dem indischen Physiker E. C. G. Sudarshan (1979) eingeführt.

Fazit

Die Quantenmechanik ist eine Theorie, die sich stark von der klassischen Mechanik unterscheidet. Es war deswegen von vornherein überhaupt nicht klar, dass man mit Hilfe der Wigner-Transformation die quantenmechanischen Gleichungen in eine Form bringen kann, die dermaßen eng an die klassische Zeitentwicklung im Phasenraum angelehnt ist. Außerdem haben wir gesehen, dass einer beliebigen klassischen Funktion von Ort und Impuls in diesem Formalismus ein hermitescher, auf dem Zustandsram wirkender Operator zugeordnet werden kann. Im semiklassischen Grenzfall $\hbar \to 0$ erscheinen in den quantenmechanischen Bewegungsgleichungen dieselben Poisson-Klammern wie in den kanonischen Gleichungen der klassischen Hamilton-Mechanik. Die Ähnlichkeiten zwischen der Quanten- und der klassischen Theorie werden somit deutlich sichtbar. Trotzdem treten Quanteneffekte auf, und zwar an mehreren Stellen:

1. Die Entwicklung der Wigner-Verteilung kann sich stark von der klassischen Dynamik unterscheiden, wenn die Potentiale auf Skala der De-Broglie-Wellenlänge (vergleichbar mit $\hbar/p$) schnell veränderlich sind: Die Terme mit Gradienten höherer Ordnung spielen dann eine wichtige Rolle.
2. Die Wigner-Verteilung ist nicht immer positiv definit. Wir haben im Beispiel eines Interferenzexperiments die geisterhafte Komponente gesehen, die in gewisser Weise die Quanteneffekte parallel zu den üblichen Komponenten im Phasenraum „transportiert".
3. Während jede Verteilung im klassischen Phasenraum physikalisch akzeptabel ist, solange sie positiv und normiert ist, ist dies in der Quantenmechanik nicht mehr der Fall. Es sind nur solche Wigner-Verteilungen zugelassen, die zu einem positiv definiten Dichteoperator gehören. Diese Bedingung kann man an der Verteilung nicht ohne Weiteres ablesen.

Die Wigner-Transformation wird in der Quantenphysik häufig verwendet. Wir erinnern an die Arbeit von Wigner (1932), wo er Quantenkorrekturen zum thermischen Gleichgewichtszustand berechnete. Sie spielt in der Transporttheorie vermutlich eine noch wichtigere Rolle, wo man eine Zeitentwicklung ähnlich der Boltzmann-Gleichung untersucht und dank der Wigner-Verteilung sowohl Information über die Positionen als auch über die Impulse der Teilchen mitnehmen kann. Die Wigner-Transformation erlaubt es weiterhin, in recht allgemeiner Weise quantenmechanische Effekt zu verstehen und zu quantifizieren, wobei man etwa ihre negativen Werte in gewissen Gebieten des Phasenraums verwenden kann.* Es ist sogar möglich, die Wigner-Transformation für die Konstruktion einer „Quantenmechanik im Phasenraum" zu verwenden (Perelomov, 1986; Zachos, Fairlie und Curtright, 2005). Dieser

* Anm. d. Ü.: In der Quantenoptik wurde diese Beobachtung verwendet, um Maße dafür anzugeben, inwieweit ein Zustand des Strahlungsfelds von *nichtklassischer* Natur ist.

Formalismus ist in Bezug auf Zustandsräume und Operatoren vollständig äquivalent zur üblichen Quantenmechanik und liefert damit eine vollwertige Quantisierungsvorschrift. In recht allgemeiner Weise gehört die Wigner-Transformation zu den sogenannten Liouville-Formulierungen der Quantenmechanik (Balazs und Jennings, 1984), die zahlreiche Anwendungen finden.

Schließlich gibt es viele Gebiete der Physik (insbesondere in der Signalverarbeitung), wo die Wigner-Transformation nur ein Beispiel für Verfahren ist, die ein Signal in gemischter Form in der Zeit-Frequenz-Ebene darstellen. Es gibt dafür zahlreiche Beispiele (Fourier-Transformation mit gleitendem Fenster, *Wavelet*-Transformationen usw.), die je nach Anwendung mehr oder weniger gut geeignet sind. Auch in der Quantenmechanik gibt es neben der Wigner-Darstellung weitere quasiklassische Verteilungen, etwa die Husimi- oder die Kirkwood-Transformationen, sowie die Glauber-Verteilung, die mit den Erzeugungs- und Vernichtungsoperatoren des elektromagnetischen Felds arbeitet.* Die Leserin findet eine Übersichtsdarstellung bei Hillery, O'Connell, Scully und Wigner (1984). Von der Wigner-Verteilung ist freilich festzuhalten, dass sie eine der bequemsten ist und in vielen interessanten Fällen analytische Berechnungen erlaubt.

* Anm. d. Ü.: In der Quantenoptik heißen entsprechende Quasiverteilungen auf dem Phasenraum die Q-Funktion (Husimi) und P-Funktion (Glauber-Sudarshan). Siehe dazu das Buch von Schleich (2001).

Bibliographie

L. Allen, S. M. Barnett und M. J. Padgett, *Optical Angular Momentum*, IOP Publishing (2003).

M. F. Andersen, C. Ryu, P. Cladé, V. Natarajan, A. Vaziri, K. Helmerson und W. D. Phillips, „Quantized rotation of atoms from photons with orbital angular momentum", *Phys. Rev. Lett.* **97**, 170406 (2006).

M. R. Andrews, C. G. Townsend, H. J. Miesner, D. S. Durfee, D. M. Kurn und W. Ketterle, „Observation of interference between two Bose condensates", *Science* **275**, 637–641 (1997).

A. Aspect, „Closing the door on Einstein and Bohr's quantum debate", *Physics* **8**, 123 (2015), enthält Literaturverweise auf Experimente zu Bellschen Ungleichungen.

G. G. Athanasiu und E. G. Fioratos, „Coherent states in finite quantum mechanics", *Nuclear Physics B* **425**, 343–364 (1994).

S. H. Autler und C. H. Townes, „Stark effect in rapidly varying fields", *Phys. Rev.* **100**, 703–722 (1955).

N. L. Balazs und B. K. Jennings, „Wigner's function and other distribution functions in mock phase spaces", *Phys. Rep.* **104**, 347–391 (1984).

J. Bardeen, L. N. Cooper und J. R. Schrieffer, „Theory of superconductivity", *Phys. Rev.* **108**, 1175–1204 (1957).

J. S. Bell, „On the Einstein-Podolsky-Rosen paradox", *Physics* **1**, 195–200 (1964), Nachdruck in Bell (2004, Kapitel 2).

J. S. Bell, *Speakable and Unspeakable in Quantum Mechanics*, Cambridge University Press, 2. Aufl. (2004).

M. Le Bellac, *Physique Quantique*, CNRS Editions und EDP Sciences (2013), Band II, Kapitel 12.

R. A. Beth, „Mechanical detection and measurement of the angular momentum of light", *Phys. Rev.* **50**, 115–125 (1936).

I. Białynicki-Birula, „Photon wave function", *Progress in Optics* **36**, 245–294 (1996).

J. P. Blaizot und G. Ripka, *Quantum Theory of finite Systems*, MIT Press (1986).

I. Bloch, J. Dalibard und W. Zwerger, „Many-body physics with ultracold gases", *Rev. Mod. Phys.* **80**, 885–964 (2008).

N. Bohr, „Can quantum-mechanical description of physical reality be considered complete?", *Phys. Rev.* **48**, 696–702 (1935).

N. Bohr, „On the notions of causality and complementarity", *Dialectica* **2**, 312–319 (1948), Science, New Series **111**, 51–54 (1950).

D. Bouwmeester, J. W. Pan, M. Daniell, H. Weinfurter und A. Zeilinger, „Observation of three-photon Greenberger-Horne-Zeilinger entanglement", *Phys. Rev. Lett.* **82**, 1345–1349 (1999).

J. Brossel und F. Bitter, „A new 'Double resonance' method for investigating atomic energy levels. Application to Hg $^3P_1$", *Phys. Rev.* **86**, 308–316 (1952).

https://doi.org/10.1515/9783110649130-041

J. Brossel und A. Kastler, „La détection de la résonance magnétique des niveaux excités“, *C. R. Acad. Sci. (Paris)* **229**, 1213 (1949).

E. Hanbury Brown und R. Q. Twiss, „A test of a new type of stellar interferometer on Sirius“, *Nature* **178**, 1046–1048 (1956).

B. Cagnac, G. Grynberg und F. Biraben, „Spectroscopie d'absorption multiphotonique sans effet Doppler“, *J. Phys. (Paris)* **34**, 845–858 (1973).

D. M. Ceperley, „Path integrals in the theory of condensed helium“, *Rev. Mod. Phys.* **67**, 279–355 (1995).

S. Chu, J. Bjorkholm, A. Ashkin und A. Cable, „Experimental observation of optically trapped atoms“, *Phys. Rev. Lett.* **57**, 314–317 (1986).

S. Chu und C. Wieman (Hg.), *Sonderheft „Laser cooling and trapping of atoms“*, *J. Opt. Soc. Am. B* **6**, Nummer 11 (1989).

V. Coffman, J. Kundu und W. K. Wootters, „Distributed entanglement“, *Phys. Rev. A* **61**, 052306 (2000).

C. Cohen-Tannoudji, „Observation d'un déplacement de raie de résonance magnétique causé par l'excitation optique“, *C. R. Acad. Sci.* **252**, 394–396 (1961).

C. Cohen-Tannoudji, „Théorie quantique du cycle de pompage optique. Vérification expérimentale des nouveaux effets prévus“, *Ann. Phys. (Paris)* **13**(7), 423–461; 469–504 (1962).

C. Cohen-Tannoudji und J. Dupont-Roc, „Experimental study of light shifts in weak magnetic fields“, *Phys. Rev. A* **5**, 968–984 (1972).

C. Cohen-Tannoudji, J. Dupont-Roc und G. Grynberg, *Photons and Atoms: Introduction to Quantum Electrodynamics*, Wiley-VCH, Berlin (1997), *Photons et Atomes, Introduction à l'Electrodynamique Quantique*, InterEditions und Editions du CNRS, Paris (1987).

C. Cohen-Tannoudji, J. Dupont-Roc und G. Grynberg, *Atom-Photon Interactions. Basic Processes and Applications*, Wiley-VCH, Berlin (1998), *Processus d'Interaction entre Photons et Atomes*, InterEditions und Editions du CNRS, Paris (1988).

C. Cohen-Tannoudji und D. Guéry-Odelin, *Advances in atomic physics. An overview*, World Scientific, Singapour (2011), *Avancées en physique atomique. Du pompage optique aux gaz quantiques*, Hermann (2016).

M. Combescot und S. Y. Shiau, *Excitons and Cooper pairs*, Oxford University Press (2016).

R. J. Cook und R. K. Hill, „An electromagnetic mirror for neutral atoms“, *Opt. Commun.* **43**, 258–260 (1982).

M. Ben Dahan, E. Peik, J. Reichel, Y. Castin und C. Salomon, „Bloch oscillations of atoms in an optical potential“, *Phys. Rev. Lett.* **76**, 4508–4511 (1996).

J. Dalibard und C. Cohen-Tannoudji, „Laser cooling below the Doppler limit by polarization gradients: simple theoretical models“, *J. Opt. Soc. Am. B* **6**, 2023–2045 (1989).

Wikipedia-Eintrag „Dichtefunktionaltheorie“, https://de.wikipedia.org/wiki/Dichtefunktionaltheorie_(Quantenphysik), aufgerufen im März 2020.

P. A. M. Dirac, „The Quantum Theory of the Emission and Absorption of Radiation“, *Proc. Roy. Soc. A* **114**, 243 (1927).

B. Diu, C. Guthmann, D. Lederer und B. Roulet, *Physique Statistique*, Hermann (1989).

J. N. Dodd, W. N. Fox, G. W. Series und M. J. Taylor, „Light beats as indicators of structure of atomic energy levels“, *Proc. Phys. Soc.* **74**, 789–790 (1959).

E. A. Donley, N. R. Claussen, S. L. Cornish, J. L. Roberts, E. A. Cornell und C. E. Wieman, „Dynamics of collapsing and exploding Bose-Einstein condensates“, *Nature* **412**, 295–299 (2001).

A. Einstein, „Über einen die Erzeugung und Verwandlung des Lichtes betreffenden heuristischen Gesichtspunkt“, *Ann. Phys.* (Leipzig) **322**, 132–148 (1905).

A. Einstein, „Zur Quantentheorie der Strahlung“, *Phys. Zeitschr.* **18**, 121–128 (1917).

A. Einstein, „Quantenmechanik und Wirklichkeit“, *Dialectica* **2**, 320–324 (1948).

A. Einstein, B. Podolsky und N. Rosen, „Can quantum-mechanical description of physical reality be considered complete?“, *Phys. Rev.* **47**, 777–780 (1935), *Quantum Theory of Measurement*, J. A. Wheeler und W. H. Zurek eds., Princeton University Press (1983), 138–141.

R. P. Feynman und A. R. Hibbs, *Quantum Mechanics and Path Integrals*, McGraw Hill (1965).

N. Gisin, G. Ribordy, W. Tittel und H. Zbinden, „Quantum cryptography“, *Rev. Mod. Phys.* **74**, 145–195 (2002).

R. J. Glauber, „Coherent and Incoherent States of the Radiation Field“, *Phys. Rev.* **131**, 2766–2788 (1963a).

R. J. Glauber, „Photon Correlations“, *Phys. Rev. Lett.* **10**, 84–86 (1963b).

S. Gleyzes, S. Kuhr, C. Guerlin, J. Bernu, S. Deléglise, U. B. Hoff, M. Brune, J.-M. Raimond und S. Haroche, „Quantum jumps of light recording the birth and death of a photon in a cavity“, *Nature* **446**, 297–300 (2007).

H. Goldstein, C. P. Poole Jr. und J. L. Safko Sr., *Klassische Mechanik*, Wiley-VCH, Berlin (2012).

P. Grangier, G. Roger und A. Aspect, „Experimental evidence for a photon anticorrelation effect on a beam splitter: a new light on single-photon interferences“, *Europhys. Lett.* **1**, 173–179 (1986).

D. M. Greenberger, M. A. Horne, A. Shimony und A. Zeilinger, „Bell's theorem without inequalities“, *Am. J. Phys.* **58**, 1131–1143 (1990).

D. M. Greenberger, M. A. Horne und A. Zeilinger, „Going beyond Bell's theorem“, in M. Kafatos (Hg.), *Bell's Theorem, Quantum Theory and Conceptions of the Universe*, S. 69–72, Kluwer Academic Publishers (1989).

M. Greiner, O. Mandel, T. Esslinger, T. W. Hänsch und I. Bloch, „Quantum phase transition from a superfluid to a Mott insulator in a gas of ultracold atoms“, *Nature* **415**, 39–44 (2002).

G. Grynberg, A. Aspect und C. Fabre, *Introduction to quantum optics. From the Semiclassical Approach to Quantized Light*, unter Mitwirkung von F. Bretenaker und

A. Browaeys, Cambridge University Press (2010), *Introduction aux lasers et à l'optique quantique*, Editions Ellipses (1998).

T. W. Hänsch, „Passion for precision", *Rev. Mod. Phys.* **78**, 1297–1309 (2006).

T. W. Hänsch und A. Schawlow, „Cooling of gases by laser radiation", *Opt. Comm.* **13**, 68–69 (1975).

B. Hensen, H. Bernien, A. E. Dréau, A. Reiserer, N. Kalb, M. S. Blok, J. Ruitenberg, R. F. Vermeulen, R. N. Schouten, C. Abellan, W. Amaya, V. Pruneri, M. W. Mitchell, M. Markham, D. J. Twitchen, D. Elkouss, S. Wehner, T. H. Taminiau und R. Hanson, „Experimental loophole-free violation of a Bell inequality using electron spins separated by 1.3 km", *Nature* **526**, 682–686 (2015).

M. Hillery, R. F. O'Connell, M. O. Scully und E. P. Wigner, „Distribution functions in physics: Fundamentals", *Phys. Rep.* **106**, 121–167 (1984).

J. T. Höffges, H. W. Baldauf, W. Lange und H. Walther, „Heterodyne measurements of the resonance fluorescence of a single ion", *J. mod. Optics* **44**, 1999–2010 (1997).

M. Horodecki, P. Horodecki und R. Horodecki, „Separability of mixed states: necessary and sufficient conditions", *Phys. Lett. A* **223**, 1–8 (1996).

K. Huang, *Statistical Mechanics*, Wiley (1963).

J. D. Jackson, *Klassische Elektrodynamik*, De Gruyter, Berlin (2013).

E. T. Jaynes und F. W. Cummings, „Comparison of quantum and semiclassical radiation theories with application to the beam maser", *Proc. IEEE* **51**, 89–109 (1963).

L. P. Kadanoff und G. Baym, *Quantum Statistical Mechanics*, Benjamin (1976).

A. Kastler, „Quelques suggestions concernant la production optique et la détection optique d'une inégalité de population des niveaux de quantification spatiale des atomes. Application à l'expérience de Stern et Gerlach et à la résonance magnétique", *J. Phys. Radium* **11**, 255–265 (1950).

A. Kastler, „Optisches Pumpen als Beispiel internationaler Zusammenarbeit", *Physikalische Blätter* **23**, 362 (1967).

A. Kastler, „Projet d'expérience sur le moment cinétique de la lumière", *Mémoires de la Société des Sciences physiques et naturelles de Bordeaux* (28. Jan. 1932).

M. Keil, O. Amit, S. Zhou, D. Groswasser, Y. Japha und R. Folman, „Fifteen years of cold matter on the atom chip: promise, realizations, and prospects", *J. mod. Optics* **63**, 1840–1885 (2016).

W. Ketterle und N.L Van Druten, „Evaporative cooling of trapped atoms", *Adv. At. Mol. Opt. Phys.* **37**, 181–236 (1996).

W. Ketterle und M. Zwierlein, „Making, probing and understanding ultracold Fermi gases", in M. Inguscio, W. Ketterle und C. Salomon (Hg.), *Proceedings of the International School of Physics Enrico Fermi, Course CLXIV, Varenna*. IOS Press (Amsterdam), (2008), arXiv:0801.2500v1.

H. J. Kimble, M. Dagenais und L. Mandel, „Photon antibunching in resonance fluorescence", *Phys. Rev. Lett.* **39**, 691–694 (1977).

D. Kleppner, „Rereading Einstein on Radiation", *Physics Today* **58**(2), 30–33 (2005).

F. Laloë, „The hidden phase of Fock states, quantum non-local effects", *Eur. Phys. J. D* **33**, 87–97 (2005), F. Laloë und W. J. Mullin, „Non-local quantum effects with Bose-Einstein condensates", *Phys. Rev. Lett.* **99**, 150401 (2007).

F. Laloë, *Do we really understand quantum mechanics?*, Cambridge University Press (2012), *Comprenons-nous vraiment la mécanique quantique?*, CNRS Editions und EDP Sciences (2011).

W. E. Lamb, „Capture of neutrons by atoms in a crystal", *Phys. Rev.* **55**, 190–197 (1939).

W. E. Lamb, „Anti-photon", *Appl. Phys. B* **60**, 77–84 (1995).

W. E. Lamb und M. O. Scully, „The photoelectric effect without photons", in *Polarisation, matière et rayonnement*, Festschrift zu Ehren von Alfred Kastler, S. 363–369, Presses Universitaires de France (1969), online im Archiv der NASA: https://www.ntrs.nasa.gov/search.jsp?R=19690054849.

L. D. Landau und E. M. Lifschitz, *Mechanik*, Europa-Lehrmittel, Haan-Gruiten (1997), § 42.

M. Lax, „The Lax–Onsager regression ‚theorem' revisited", *Opt. Commun.* **179**, 463–76 (2000).

A. J. Leggett, *Quantum Liquids*, Oxford University Press (2006).

P. D. Lett, R. N. Watts, C. I. Westbrook, W. D. Phillips, P. L. Gould und H. J. Metcalf, „Observation of atoms laser coooled below the Doppler limit", *Phys. Rev. Lett.* **61**, 169–172 (1988).

E. Majorana, „Atomi orientati in campo magnetico variabile", *Nuovo Cimento* **9**, 43–50 (1932).

D. Mermin, *Quantum Computer Science*, Cambridge University Press (2007).

G. Mie, „Beiträge zur Optik trüber Medien, speziell kolloidaler Metallösungen", *Ann. Phys. (Leipzig)* **330**, 377–445 (1908).

R. A. Millikan, „On the elementary electric charge and the Avogadro constant", *Phys. Rev.* **2**, 109–143 (1913).

B. R. Mollow, „Power spectrum of light scattered by two-level systems", *Phys. Rev.* **188**, 1969–1975 (1969).

E. J. Mueller, Tin-Lun Ho, M. Ueda und G. Baym, „Fragmentation of Bose-Einstein condensates", *Phys. Rev. A* **74**, 033612 (2006).

J. W. Pan, D. Bouwmeester, H. Weinfurter und A. Zeilinger, „Experimental entanglement swapping: entangling photons that never interacted", *Phys. Rev. Lett.* **80**, 3891–3894 (1998).

S. Pancharatnam, „Light shifts in semiclassical dispersion theory", *J. Opt. Soc. Am.* **56**, 1636 (1966).

R. D. Parks, *Superconductivity*, Band 1 und 2, Dekker (1969).

R. K. Pathria, *Statistical Mechanics*, Pergamon Press (1972).

A. Perelomov, *Generalized Coherent States and their Applications*, Springer (1986), insbesondere Kapitel 16.

A. Peres, „Unperformed experiments have no results“, *Am. J. Phys.* **46**, 745–747 (1978).

A. Peres, „Separability criterion for density matrices“, *Phys. Rev. Lett.* **77**, 1413–1415 (1996).

L. Pitaevskii und S. Stringari, *Bose-Einstein Condensation*, Oxford University Press (2003).

R. V. Pound und G. A. Rebka Jr., „Apparent Weight of Photons“, *Phys. Rev. Lett.* **4**, 337–341 (1960).

J. V. Prodan, W. D. Phillips und H. Metcalf, „Laser production of a very slow monoenergetic atomic beam“, *Phys. Rev. Lett.* **49**, 1149–1153 (1982).

N. F. Ramsey, *Molecular Beams*, Oxford University Press (1956).

J. Reichel und V. Vuletić (Hg.), *Atom Chips*, Wiley-VCH (2011).

F. Reif, *Fundamental of Statistical and Thermal Physics*, McGraw-Hill (1965).

C. Salomon, J. Dalibard, W. D. Phillips, A. Clairon und S. Guellati, „Laser cooling of Cesium atoms below 3 μK“, *Europhys. Lett.* **12**, 683–688 (1990).

W. P. Schleich, *Quantum Optics in Phase Space*, Wiley-VCH, Berlin (2001).

E. Schrödinger, „Die gegenwärtige Situation in der Quantenmechanik“, *Naturwissenschaften* **23**, 807–812; 823–828; 844–849 (1935).

E. Schrödinger, „Discussion of probability relations between separated systems“, *Proc. Cambridge Phil. Soc.* **31**, 555–563 (1935), „Probability relations between separated systems“, *Proc. Cambridge Phil. Soc.* **32**, 446–452 (1936).

J. W. Simmons und M. J. Guttmann, *States, Waves and Photons: a modern Introduction to Light*, Addison-Wesley (1970), Kapitel 9.

E. C. Stoner, „Collective Electron Ferromagnetism. II. Energy and Specific Heat“, *Proc. Roy. Soc. (London) A* **169**, 339 (1939).

P. Storey und C. Cohen-Tannoudji, „The Feynman integral approach to atomic interferometry. A tutorial“, *J. Phys. II (France)* **4**, 1999–2027 (1994).

E. C. G. Sudarshan, „Equivalence of Semiclassical and Quantum Mechanical Descriptions of Statistical Light Beams“, *Phys. Rev. Lett.* **10**, 277–279 (1963).

E. C. G. Sudarshan, „Pencils of rays in wave optics“, *Phys. Lett. A* **73**, 269–272 (1979).

M. Tinkham, *Introduction to Superconductivity*, Dover Books on Physics (2004).

P. J. Ungar, D. S. Weiss, E. Riis und S. Chu, „Optical molasses and multilevel atoms: theory“, *J. Opt. Soc. Am. B* **6**, 2058–2071 (1989).

L. S. Vasilenko, V. P. Chebotayev und A. V. Shishaev, „Line shape of two-photon absorption in a standing-wave field in a gas“, *JETP Lett.* **12**, 113–116 (1970).

D. F. Walls und G. J. Milburn, *Quantum Optics*, Springer (1994).

T. A. Welton, „Some observable effects of the quantum-mechanical fluctuations of the electromagnetic field“, *Phys. Rev.* **74**, 1157–1167 (1948).

R. F. Werner, „Quantum states with Einstein-Podolsky-Rosen correlations admitting a hidden variable model“, *Phys. Rev.* **A 40**, 4277–4281 (1989).

J. A. Wheeler, „Niels Bohr in today's words“, in J. A. Wheeler und W. H. Zurek (Hg.), *Quantum Theory and Measurement*, Princeton University Press (1983), 182–213.

E. Wigner, „On the quantum correction for thermodynamic equilibrium“, *Phys. Rev.* **40**, 749–759 (1932).

D. J. Wineland und H. Dehmelt, „Proposed $10^{14}\,\delta\nu < \nu$ laser fluorescence spectroscopy on Tl^+ mono-ion oscillator III (sideband cooling)“, *Bull. Am. Phys. Soc.* **20**, 637 (1975).

A. M. Yao und M. J. Padgett, „Orbital angular momentum: origins, behavior and applications“, *Adv. Opt. Photon.* **3**, 161–204 (2011).

C. K. Zachos, D. Fairlie und T. L. Curtright (Hg.), *Quantum Mechanics in Phase Space*, World Scientific, Singapore (2005), T. L. Curtright und C. K. Zachos, „Quantum Mechanics in Phase Space“, *Asia Pacific Newsletters* **01**, 37–46 (Mai 2012); arXiv:1104.5269v2.

J. Zinn-Justin, *Intégrale de Chemin en Mécanique Quantique: Introduction*, CNRS Editions und EDP Sciences (2003).

W. Zwerger, *The BCS-BEC Crossover and the unitary Fermi Gas*, Springer (2012).

Sach- und Namenverzeichnis

Übungsaufgaben sind mit dem Kürzel „(ü)“ gekennzeichnet.

https://doi.org/10.1515/9783110649130-042

www.ingramcontent.com/pod-product-compliance
Lightning Source LLC
Chambersburg PA
CBHW080333220326
41598CB00030B/4496